ENCYCLOPÉDIE

DES

SCIENCES RELIGIEUSES

IMPRIMERIE D. BARDIN, A SAINT-GERMAIN

ENCYCLOPÉDIE

DES

SCIENCES RELIGIEUSES

PUBLIÉE SOUS LA DIRECTION

DE

F. LICHTENBERGER

DOYEN DE LA FACULTÉ DE THÉOLOGIE PROTESTANTE DE PARIS

TOME X

ONCTION — PROTESTANTISME

PARIS
LIBRAIRIE SANDOZ ET FISCHBACHER
G. FISCHBACHER Successeur
33, RUE DE SEINE, 33

1881

ENCYCLOPÉDIE

DES

SCIENCES RELIGIEUSES

ONCTION. — I. Rite religieux en usage dès la plus haute antiquité et dont l'origine remonte probablement aux anciens cultes du feu. L'huile ayant la propriété de donner beaucoup de lumière en brûlant, était considérée comme participant de la nature divine du feu qu'elle recélait en elle, et comme possédant des qualités merveilleuses qu'elle communiquait aux corps qui en étaient oints. — Il est fréquemment question d'onctions dans l'Ancien Testament. On oignait les objets qu'on voulait consacrer au culte, et cette coutume semble avoir été établie chez les Hébreux bien avant qu'il soit question de la législation mosaïque. C'est ainsi que Jacob dans sa fuite, érige une pierre sacrée, et la consacre en versant de l'huile sur la cime (Gen. XXVIII, 18 ; XXXV, 14). Plus tard, de la même façon, l'Eternel ordonne à Moïse de préparer l'huile d'onction (huile d'olives parfumée) et d'en oindre la tente du rendez-vous, l'arche, la table et tous les ustensiles servant au culte (Exod. XXX, 22 ss.). Ces objets sont rendus saints par l'onction, de sorte qu'il faut être soi-même consacré pour pouvoir y toucher (Exod. XXX, 29). Cette huile ne devait servir à aucun usage profane, et il était interdit d'en préparer de pareille. Appliquée à des hommes, l'onction les consacrait, les remplissait d'une lumière divine et leur communiquait l'esprit de Jéhovah (1 Sam. X, 1. 6 ; XVI, 13 ; Esaïe LXI, 1 ; Zach. IV ; cf. Apoc. XI, 4). Ainsi furent consacrés par l'onction Aaron et ses fils (Exod. XXVIII, 41 ; XXIX, 7 ; XL, 12-15 ; Lévit. VIII, 12) ; ainsi Elie reçut de Jéhovah l'ordre d'oindre Elizée comme prophète (1 Rois XIX, 16). L'onction était aussi employée pour la consécration des rois (1 Sam. X, 1 ; XVI, 12 ss ; 2 Sam. XIX, 11 ; 1 Rois I, 34 ; XIX, 15-16 ; 2 Rois IX, 3) ; de là le nom d'*Oint*, de *Messie* (Mâchiakh Yahweh) donné aux rois d'Israël, ou en général à un prince (1 Sam. XXIV, 7. 11 ; XXVI, 16 ; 2 Sam. I, 14. 16 ; Dan. IX. 25-26), et plus tard au roi idéal annoncé par les prophètes, quoique ce terme ne soit pas employé par eux pour le désigner (Ps. II, 2; Dan. IX, 24). L'onction était en outre employée comme moyen ou symbole de purification pour les lépreux (Lévit. XIV, 17 ; XVIII, 28-29). — C'était chez les Israélites un usage très répandu de s'oindre les cheveux et la barbe ; on le faisait surtout dans les banquets et dans les circonstances heureuses (Ps. XXIII, 5 ; CIV, 15 ; Amos VI, 6). En signe de tristesse, de deuil ou de jeûne, on négligeait de le faire (2 Sam. XII, 20 ; XIV, 2). On employait l'huile comme remède dans les maladies et pour le traitement des blessures (Es. I, 6). Dans le langage de l'Ancien Testament, l'huile est un symbole de force (Ps. LXXXIX, 21 ; XCII, 11), de luxe, d'abondance (Deut. XXVIII, 40 ; Ps. XXIII, 5 ; Ecclés. IX, 8), de joie (Es. LXI, 3 ; Ps. XLV, 8) de lumière spirituelle. — La plupart de ces usages existaient encore au temps apostolique, et nous en retrouvons des traces dans le Nouveau Testament (Luc VII, 38, 46 ; X, 34 ; Matth. VI, 17 ; Marc VI, 13 ; Jacq. V, 14) ; l'onction y représente symboliquement les lumières du St-Esprit (Act. IV, 27 ; X, 38 ; 2 Cor I, 21 ; 1 Jean II, 20-27 ; Apoc. XI, 4). Il est très probable qu'au premier siecle le seul usage religieux de l'huile ait été l'onction des malades, accompagnée de prières, recommandée par Jacques (V, 14 ss.) dans le but d'obtenir leur guérison. Mais l'onction ne tarda pas à jouer un rôle secondaire, il est vrai, dans un certain nombre de rites religieux. On oignait les catéchumènes au moment où ils se présentaient pour être admis comme tels ; le baptême fut de bonne heure suivi d'une onction sur le sommet de la tête, symbole du sacerdoce spirituel (Tertul., *De Baptismo*, c. 7) ; lorsque la confirmation fut séparée du baptême, elle fut accompagnée de l'onction du saint-chrême sur le front, symbole de la grâce qui découle du Saint-Esprit, et du parfum des vertus chrétiennes ; enfin l'onction des prêtres et des rois de l'ancienne alliance, se retrouva dans le sacrement de l'ordination et dans le sacre des rois. Mais de tous ces rites religieux, le plus important est l'*extrême-onction*, le cinquième des sept sacrements de l'Eglise catholique, qu'on administre aux mourants après la confession et l'eucharistie. Cet usage est venu insensiblement d'une fausse application du passage déjà cité de Jacques V, 14-15 : « Quelqu'un parmi vous est-il malade, qu'il fasse appeler les anciens de l'Eglise, et que ceux-ci prient pour lui, après l'avoir oint d'huile au nom du Seigneur ; la prière de la foi sauvera le malade, le seigneur le relèvera, et s'il a commis des péchés ils lui seront pardonnés. » C'est là une simple recommandation apostolique : Jacques ne dit pas que cet usage vienne de Jésus, comme le fait Paul lorsqu'il parle de la sainte-cène. Il est évident d'un autre côté, qu'il s'agit là surtout de la guérison du malade. C'est le but principal du rite recommandé : Si le malade a commis des péchés (considérés comme étant la cause de la maladie, Matth. IX, 2 ; Jean V, 14 ; IX, 2), ces péchés lui seront pardonnés, et la guérison sera ainsi obtenue. L'huile ne joue du reste ici qu'un rôle secondaire : c'est la prière de la foi qui sauvera le malade. Les mêmes observations s'appliquent au passage Marc VI, 13, qui est moins explicite, et où on a voulu voir l'institution de l'extrême-onction par Jésus-Christ ou par les apôtres. Cet usage de l'huile dans les maladies n'a rien d'extraordinaire, car déjà chez les Israélites et dans toute l'antiquité on trouve la croyance aux propriétés médicinales de l'huile. Cette tradition se conserva longtemps dans l'Eglise chrétienne. Tertullien raconte que le chrétien Proculus guérit avec de l'huile le païen Sévérus, père de l'empereur Antonin (*Ad scapul.*, IV). Au quatrième siècle, on prenait de l'huile dans les lampes des églises pour s'en servir comme d'un préservatif ou comme d'un remède (Chrys., *Hom.* 32, *in Matth.*, c. 6; cf. Marheineke, *Symbol.*, I, p. 258). On se servait de la même façon de l'eau du baptême. Une source d'huile, qui avait jailli sur le tombeau de saint Félix de Nola, attirait tous les ans, au cinquième siècle, des foules de pèlerins qui venaient y chercher la guérison. On trouve dans la vie des saints, beaucoup de guérisons obtenues par des onctions d'huile consacrée, et Grégoire de Tours raconte qu'un certain Artemius fut ainsi guéri par saint Népotianus (*Hist. eccl. Franc.*, I, 41). Jusqu'au septième siècle, on retrouve des traces de ces onctions dans un but purement médical. Bède le Vénérable dit à propos du passage Jacques V, 14. 15 : *Hoc et apostolos fecisse in evangelio legimus, et nunc ecclesiæ consuetudo tenet ut infirmi oleo consecrato ungantur a presbyteris et oratione comitante « sanentur.* » C'est encore l'usage recommandé par Jacques dans toute sa simplicité, et il faut reconnaître qu'il y a loin de cet usage au sacrement de l'extrême-onction tel qu'il a été défini par le concile de Trente. La transition se fit lentement et ne commença pas de bonne heure : on n'en trouve pas trace avant le cinquième siècle, ni dans l'Eglise d'Orient ni dans celle d'Occident. Origène, énumérant les moyens que les chrétiens ont à leur disposition pour obtenir le pardon de leurs péchés, cite comme septième moyen la pénitence, et y voit l'accomplissement de la promesse apostolique : *si quis autem infirmatur, vocet presbyteros ecclesiæ et imponant ei manus, ungentes eum oleo, in nomine Domini, et si in peccatis fuerit, remittentur ei* (*In Levit.*, *Hom.* II, ch. IV). Origène pense évidemment ici à une maladie morale, et l'onction dont il parle n'est à ses yeux qu'un rite de pénitence. Chrysostôme (*De Sacerdot.*, III, 196) cite le passage de Jacques comme une preuve de la puissance du prêtre pour le pardon des péchés : et quand les exégètes grecs parlent des propriétés physiques et spirituelles de l'huile, cela ne s'applique pas nécessairement à l'extrême-onction, car il y avait, comme nous l'avons vu, bien d'autres onctions en usage dans l'Eglise. Tertullien et Cyprien, qui fournissent tant de renseignements sur les usages de l'Eglise d'Occident, n'en disent rien. Denys l'aréopagite, dans son énumération des mystères, cite non un sacrement des mourants, mais un sacrement des morts, venant sans doute de la coutume d'oindre les morts en usage chez les païens et chez les juifs (*De hier. eccl.*, c. 7). Il existait du reste un sacrement des mourants, le seul qui soit cité, l'eucharistie, le *viaticum*, déjà mentionné comme un ancien usage au concile de Nicée (ἐφόδιον, can. 13). La première trace de l'extrême-onction, comme sacrement des mourants, se trouve non dans l'Eglise, mais chez les hérétiques. Irénée raconte que les gnostiques marcosiens oignaient la tête de leurs mourants d'un mélange d'huile et d'eau, et accompagnaient cette onction de prières pour que leurs âmes devinssent invisibles et inaccessibles aux attaques des puissances ennemies du monde des esprits (I, 21, 5). Epiphane dit la même chose des héracléonites (*Hæres.* XXXVI, 2) et Théodoret des gnostiques en général (*Hæret. Fab.*, I, 2). Les apologistes catholiques, Bellarmin, Benterim, Klée, concluent du passage d'Irénée que l'extrême-onction existait aussi dans les usages de l'Eglise, parce que Irénée ne parle, dit-on, dans ce chapitre, que des usages chrétiens plus ou moins corrompus par les hérétiques. Cet argument a peu de valeur en présence du silence gardé à cet égard par l'Eglise toute entière. D'un autre côté l'usage hérétique mentionné par Irénée s'explique fort bien par le dualisme familier aux sectes gnostiques, sans qu'il soit nécessaire de recourir à un emprunt fait à l'Eglise chrétienne. On pourrait plutôt soupçonner la tradition chrétienne d'avoir subi l'influence des idées gnostiques ; on trouve au moyen âge et jusqu'à l'époque de la Réformation la croyance qu'il y a, au chevet des mourants, un ange et un démon, attendant au passage l'âme du défunt ; une formule de la *Liturgia ambrosiana* montre qu'on considérait l'onction comme un moyen d'échapper aux attaques de Satan (*ungo te eleo sanctificato, ut, more militis uncti præparatus ad certamen, aëreas possis superare potestates*) ; cette idée passa même dans la doctrine officielle, car, d'après le concile de Trente, un des buts de l'extrême-onction est de fortifier le mourant contre les attaques du diable (session XIV, decr. 2). — Il est question de l'extrême-onction pour la première fois dans l'Eglise d'Occident au cinquième siècle, dans une lettre de l'évêque de Rome, Innocent Ier à l'évêque Décentius. C'est ici seulement qu'on saisit la transition de l'usage médicinal de l'huile à son usage sacramentel. Après avoir dit dans cette lettre que le passage Jacq. V, 14, se rapporte à l'usage d'oindre les malades de l'huile sainte préparée par les évêques, mais dont les fidèles peuvent se servir aussi bien que les prêtres, il ajoute: ... *pœnitentibus istud infundi non potest, « quia genus est sacramenti. » Nam quibus reliqua sacramenta negantur, quomodo unum genus putatur posse concedi? His igitur, frater carissime, omnibus quæ tua dilectio voluit a nobis exponi, prout potuimus, respondere curavimus, ut ecclesia tua romanam consuetudinem servare valeat atque custodire* (*Ep.* XXV, *Ad Decent.*, ch. 8). Il résulte de ce passage que l'onction était alors en usage dans l'Eglise de Rome, et y était considérée comme un *genus sacramenti*, c'est-à-dire d'une manière générale, comme quelque chose de mystérieux. Mais on l'administrait encore aux malades et non aux mourants, et le but final paraît avoir encore été la guérison. A partir du huitième siècle, l'extrême-onction est fréquemment mentionnée dans les conciles. Théodulfe d'Orléans en signale pour la première fois (vers 798), l'existence dans l'Eglise d'Orient, dans son 2me capitulaire (imprimé dans le XIIIe vol. de Mansi). Le Synode de Châlons (813, can. 48) y voit un remède qui guérit les maladies du corps et de l'âme (*medicina quæ animæ corporisque medetur languoribus* ; Mansi, XIV, 104). Le deuxième concile d'Aix-la-Chapelle (836) en parle encore comme d'un pieux usage ne reposant que sur une simple croyance (*unctio sancti olei, in quo salvatio infirmorum creditur*; Mansi, XIV, 678); mais dans le 26e canon du premier concile de Mayence (847) elle est déjà réunie à la pénitence et à l'eucharistie (*viaticum*), mais précède ces deux sacrements (Mansi, XIII, 1009; XVI, 910); un peu plus tard; un synode y voit un *salutare sacramentum*, un *magnum et valde appetendum mysterium*, qu'il faut recevoir, avec foi, qui procure le pardon des péchés et « par suite » (*consequenter*) rétablit la santé du corps (*Syn. Regiaticina*, can. 8; Mansi, XIV, 932). La guérison du malade jouait encore, comme on le voit, un grand rôle dans les idées qu'on se faisait de l'extrême-onction, mais on y voyait en même temps un rite sacramentel de pénitence, et on la considérait de plus en plus comme quelque chose d'extrêmement sérieux. Les croyances populaires se développèrent surtout dans ce sens : on croyait que le malade rétabli après l'extrême-onction devait vivre désormais dans des conditions toutes particulières, qu'il ne devait plus toucher la terre avec les pieds nus, qu'il devait s'abstenir de tout rapport conjugal; plusieurs conciles combattirent inutilement ces superstitions; et le résultat fut que peu à peu on n'eut plus recours à l'onction que dans les cas extrêmes, et lorsque la mort paraissait imminente; et comme, dans ces conditions, l'onction était plus fréquemment suivie de la mort que de la guérison, recevoir l'extrême-onction et être mourant devinrent synonymes dans la langue du peuple. De là les expressions *sacramentum exeuntium et extrema unctio*, qui deviennent d'un usage général au douzième siècle, et nous montrent le dernier période de la longue transformation qui, de l'usage recommandé par Jacques, fit le sacrement catholique de l'extrême-onction. L'usage s'étant ainsi établi par adjonction successive d'éléments qui y étaient d'abord étrangers, il s'agissait de fixer la doctrine. La théologie ne tarda pas à se mettre à l'œuvre; Hugues de Saint-Victor s'occupa le premier de l'extrême-onction dans son système de théologie (*De sacram. fid.*, lib. II, p. 15; *Summa sentent.*, tractat. VI, c. 15). Pierre Lombard la mit comme cinquième après la pénitence, dans la liste des sept sacrements qu'il a formée le premier (*Sentent.*, lib. IV, dist. 23). Ces premiers rudiments de doctrine furent développés par la scolastique et surtout par Thomas d'Aquin (*Summ. suppl.*, pars III); enfin le pape Eugène IV, au concile de Florence (1439, Mansi, XXXI, p. 1058) et le concile de Trente (1551 sess. XIV, *De extrema unctione*) l'ont définitivement fixée. Toutefois ce n'est pas sans peine que certains points en furent définitivement arrêtés. C'est sur la nature du rite qu'on hésita le moins. Considérée, dès le cinquième siècle, comme un *genus sacramenti*, elle fut élevée à la dignité d'un vrai sacrement par les siècles suivants, et le concile de Trente, confirmant cette tradition, déclara dans son premier décret sur la matière que l'extrême-onction est un vrai sacrement, distinct de ce qui est simplement sacramentel, comme l'onction des catéchumènes, par exemple. La question de l'institution fut très débattue. Les textes du Nouveau Testament invoqués ne donnent, en effet, pas une grande lumière à cet égard. Pierre Lombard en fait remonter l'origine aux apôtres (loc. cit.); Alexandre de Halès, à Jésus-Christ qui l'aurait instituée par l'intermédiaire des apôtres (*Summa.* pars IV, qu. 8, memb. 2, art. 1); Bonaventure, au Saint-Esprit, par l'intermédiaire des apôtres (*Summ. th.*, lib. IV, dist. 23; art. 1, qu. 2). Thomas d'Aquin pense que Jésus-Christ a institué l'extrême-onction, mais a laissé à ses apôtres le soin de la faire connaître, parce qu'elle ne présentait que peu de difficulté pour la foi, et n'était pas absolument nécessaire au salut (loc. cit.). — Le concile de Trente a décidé que ce sacrement, institué par Jésus-Christ, a été *insinué* dans l'Evangile de saint Marc et *publié* par Jacques (*Instituta est sacra unctio infirmorum, tanquam vere et proprie sacramentum, a Christo apud Marcum insinuatum, per Jacobum autem apostolum... fidelibus commendatum et promulgatum*, sess. XIV, dec. 1). Le décret du concile portait d'abord *institutum* au lieu de *insinuatum;* mais un théologien fit observer que les apôtres, au moment où, d'après saint Marc, ils oignaient les malades pour les guérir, n'étaient pas encore prêtres (l'Eglise tenant que le sacerdoce ne leur fût conféré que lors de la dernière cène), et que, par conséquent, cette onction ne pouvait être un sacrement. Bellarmin dit la même chose, mais il abandonne la théorie de l'insinuation pour ne voir dans l'onction dont parle Marc qu'une préfiguration symbolique de l'extrême-onction (Bellarmin, *Disp. de contr.*, III, lib. I, c. III : *respondeo non esse eamdem unctionem Marci VI et Jacobi V, nisi eo modo quo dicuntur idem figura et figuratum*). La matière du sacrement est toujours l'huile d'olives (*liquor non ex quavis pinqui et crassâ naturâ, sed ex olearum baccis tantum modo expressus*, *Cat. Trid.*, II, ch. VI, 9; *Conc. Trid.*, sess. XIV, dec. 1). Thomas d'Aquin invoque à ce sujet la puissance adoucissante et pénétrante de l'huile, symbole de consolation, d'espérance et de salut (loc. cit., qu. 29, art. 4). Le catéchisme du concile de Trente emprunte à Théophylacte ses remarques à propos de Marc VI, sur les propriétés de l'huile : *Ut oleum ad mitigandos corporis dolores magnopere proficit, ita sacramenti virtus animæ tristitiam ac dolorem minuit; oleum præterea sanitatem restituit, hilaritatem affert, et lumini tanquam pabulum præbet : tum vero ad recreandas defatigati corporis vires maxime accommodatum est* (II, VI, 9). L'huile doit être consacrée par l'évêque avec l'exorcisme habituel, en même temps que le saint-chrême, le jeudi saint pendant la messe. On en envoie à chaque doyen, et celui-ci la partage aux desservants des paroisses. S'il y en a de trop, on brûle le reste au bout de l'année; s'il n'y en a pas assez, on peut y ajouter de l'huile non consacrée, mais seulement en petite quantité. La forme déprécative a été adoptée au concile de Florence et au concile de Trente. A l'origine, selon le conseil de Jacques, l'onction était accompagnée d'une prière pour les malades. Mais à mesure que l'onction inclinait à devenir un sacrement, la forme déprécative tendait à disparaître et à être remplacée par la forme indicative. On trouve au moyen âge des formules des deux espèces. Mais Bonaventure (loc. cit., art. 1, qu. 4) et Thomas d'Aquin (loc. cit., qu. 29, art. 8) se prononcèrent pour la forme déprécative, qui fut désormais seule conservée. Voici la formule donnée par le catéchisme du concile de Trente, et qui doit être employée à chaque onction : *per istam sanctam unctionem indulgeat tibi Deus quidquid oculorum (sive narium, sive tactûs) vitio deliquisti* (*Cat. Trid.*, II, ch. VI, 11). La forme déprécative, qu'on retrouve dans ce seul sacrement, vient, d'après le même catéchisme, de ce que l'extrême-onction, outre les grâces spirituelles qu'elle confère, a aussi pour but la guérison du malade; mais comme cette guérison n'arrive pas toujours, la forme déprécative a pour but d'obtenir de la bonté de Dieu ce que la force propre du sacrement ne parvient pas toujours à effectuer (*ibid.* 14). — La question la plus difficile à résoudre fut celle des effets produits par le sacrement. D'après Pierre Lombard, le but de l'extrême-onction est d'obtenir le pardon des péchés et la guérison des maladies du corps (*peccatorum remissio et corporalis infirmitatis alleviatio*, loc. cit.). Mais Albert le Grand remarque fort justement que le baptême a déjà effacé le péché originel et la pénitence les péchés actuels. L'extrême-onction ne peut donc avoir à effacer que les *restes* (*reliquiæ*) du péché qui empêchent l'âme de trouver la paix (*Summ. th.*, lib. IV, dist. 23, art. 14); mais que sont ces « restes » du péché? Thomas d'Aquin y voit une sorte de faiblesse spirituelle, résultant du péché originel et des péchés actuels. Il fait remarquer que, du reste, l'extrême-onction n'efface les péchés que quand il y en a, car Jacques s'exprime conditionnellement, « s'il a commis des péchés » (V, 15), et il peut arriver que les péchés du malade aient déjà été effacés par la pénitence et l'absolution. La guérison des malades n'est qu'un but secondaire qui n'est pas toujours atteint (loc. cit., qu. 30, art. 1. 2). D'après Bonaventure, l'extrême-onction efface non les restes du péché, mais les péchés véniels. Dans le cours de la vie, ces péchés véniels sont inévitables et reviennent toujours. L'extrême-onction, administrée à la fin de la vie, les efface si parfaitement que leur retour n'est plus possible, et que l'âme délivrée reçoit de nouvelles forces pour s'élever jusqu'à Dieu, ce qui agit sur le corps pour le guérir, mais pas nécessairement (*Summ.*, lib. IV, dist. 23, art. 1., qu. 1). Le concile de Trente ne se prononce pas très explicitement sur cette subtile question. Il déclare que l'extrême-onction efface les restes du péché, soulage l'âme du malade, et quelquefois même lui donne la santé du corps, quand c'est pour le salut de l'âme (*unctio delicta, si qua sint adhuc expianda, ac peccati reliquias abstergit, et ægroti animam alleviat et confirmat, sanitatem corporis interdum, ubi saluti animæ expedierit, consequitur.* sess. XIV, dec. 2). Le catéchisme du concile de Trente s'écarte un peu de la teneur de ce décret, sans parvenir toutefois à une plus grande clarté. Il distingue cinq effets produits par le sacrement : 1° il efface les péchés légers et véniels (c'est le sacrement de la pénitence qui efface les péchés mortels); 2° il délivre l'âme de la langueur et de la faiblesse qui sont la suite du péché, et de tous les autres restes du péché; 3° il chasse la tristesse et dispose l'âme à attendre la mort avec joie; 4° il fortifie le mourant contre les assauts de Satan qui ne sont jamais plus terribles qu'à l'approche de la mort, 5° enfin il rend la santé, si la guérison doit être utile à l'âme (ch. VI, 28). Bellarmin a senti ce qu'il y a de vague et d'insaisissable dans ces *reliquiæ peccati*, qui semblent n'avoir été inventés que pour les besoins de la cause. Il a cherché à en donner une idée plus nette et plus précise. Ce sont, d'après lui, les péchés véniels ou mortels dans lesquels le malade peut tomber après la confession et l'eucharistie, ou qui, malgré ces deux sacrements, n'ont pas été effacés, parce que ces sacrements auraient été reçus inconsciemment, ou d'une façon imparfaite qui en aurait empêché l'effet. Ce sont aussi l'angoisse et la tristesse qui sont les suites du péché, et qui rendent amère l'heure de la mort (loc. cit., ch. 8). Les dogmatistes catholiques récents ne se sont pas inquiétés de ce problème, et se sont bornés à reproduire les décisions du concile de Trente en cherchant à les appuyer par un grand luxe de citations. — L'onction doit être faite par le prêtre, agissant au nom de Jésus-Christ et de la communauté. Les laïques ne peuvent pas administrer ce sacrement (*Conc. Trid.*, sess. XIV, dec. 2; *Cat. Trid.*, loc. cit., 26). Il est administré aux malades, selon l'ancienne tradition, mais surtout à ceux qui sont en danger de mort (... *esse hanc unctionem infirmis, adhibendam, illis vero præsertim qui tam periculose decumbunt, ut in exitu vitæ constituti videantur. Conc. Trid.*, ibid., dec. 3). Il ne peut être administré qu'à ceux qui sont atteints de maladies graves; ni ceux qui sont sur le point de courir de graves dangers, comme les marins, au moment de s'embarquer, ou les soldats la veille d'une bataille, ni les condamnés à mort, au moment de marcher au supplice, ne peuvent y être admis. Les enfants et ceux qui sont privés de leur bon sens en sont également exclus. Ceux-ci pourtant peuvent recevoir l'extrême-onction, s'ils ont des moments lucides, et s'ils sont animés de dispositions pieuses au moment où ils demandent le sacrement, ou s'ils ne sont tombés en démence qu'après l'avoir demandé en pleine connaissance. Il faut pourtant conseiller aux malades de ne pas attendre trop longtemps et de réclamer l'extrême-onction de manière à être encore en possession de leurs facultés au moment où ils la recevront, le sacrement étant alors plus efficace (*Cat. Trid.*, ibid., 17-19). Thomas d'Aquin dit qu'il faut oindre les yeux, les oreilles, le nez, la bouche, les mains, organes des sens, dans lesquels réside la *vis cognoscitiva*, les reins (*vis appetitiva*), les pieds (*vis motiva*); mais les onctions des organes des sens sont les seules nécessaires, la *vis appetitiva* et la *vis motiva* n'étant que les principes secondaires du péché. La catéchisme du concile de Trente cite également les organes des sens (*in quibus potissimum sentiendi vis eminet*), les reins (*veluti voluptatis et libidinis sedes*), et les pieds, organes du mouvement (ibid., 21). Dans la pratique on se borne habituellement aux organes des sens. En tout cas, l'onction des reins est toujours omise chez les femmes. — Au douzième siècle, au moment où les idées sacramentelles l'emportaient, se présenta la question si l'extrême onction peut être renouvelée. Godefroi, abbé de Vendôme, s'adressa, pour élucider cette question à l'évêque Ives de Chartres, qui se prononça contre le renouvellement. L'extrême-onction était à ses yeux un *genus sacramenti*, comme la pénitence publique, qui, d'après Augustin et Ambroise, ne peut pas plus être renouvelée que le baptême (God. de Vend., *Epist.*, lib. II, 19. 20; Ives de Chartres, *Epist.*, 257). Godefroi adopta la même décision dans son traité : *Quid sit sacramenti iteratio ?* Cette doctrine ne prévalut pas. Pierre le Vénérable, abbé de Cluny, soutint le premier que le sacrement pouvait être renouvelé, parce que le retour du péché, contre lequel le sacrement a été institué, est inévitable (lib. V, p. 7). Hugues de Saint-Victor et Pierre Lombard sont du même avis. Bonaventure justifie cette opinion par le fait que l'extrême-onction n'imprime aucun caractère indélébile (loc. cit., art. 2, qu. 4) et Thomas d'Aquin par celui que ce sacrement ne produit aucun effet permanent (loc. cit., qu., 33, art. 1). La seule question agitée est celle de savoir quand ce renouvellement est licite. Albert le Grand voulait un intervalle d'un an au moins entre la première administration et le renouvellement (loc. cit., art. 20). Bonaventure est d'avis qu'un intervalle pareil n'a pas de raison d'être, et qu'il convient de renouveler le sacrement toutes les fois que le malade est à l'extrémité. Cette doctrine a prévalu : Thomas d'Aquin (qu. 33 art. 2) et le concile de Trente l'ont adoptée. Le catéchisme du concile de Trente fait toutefois cette restriction que l'extrême-onction ne peut être administrée qu'une fois dans le cours d'une même maladie (ibid., 22). — Les usages et la doctrine de l'Eglise grecque ne diffèrent pas beaucoup de ceux de l'Eglise romaine. L'onction des malades est le septième sacrement institué par Jésus-Christ (Marc VI) et devenu coutume apostolique (Jacq. V). Elle est désignée non sous le nom d'extrême-onction (ἐσχάτη χρίσις), mais sous celui de εὐχέλαιον (de ἔλαιον et εὐχή) et administrée, non à l'heure de la mort, mais lorsqu'il y a encore espoir de guérison. Ceux qui sont atteints de maladies graves sont administrés à domicile, ceux qui peuvent encore sortir se rendent à l'église ; le jeudi saint les malades y viennent en foule pour recevoir ce sacrement. Ils doivent s'y préparer par la pénitence et l'absolution. Le rite est un peu plus compliqué que dans l'Eglise romaine. On place sur une table un vase contenant des grains de blé, emblème de la résurrection (Jean XII, 24 ; Cor. XV, 36-38) et sur ces grains un autre vase contenant de l'huile et du vin (Luc X, 34). D'après Mogilas, l'huile doit être pure. Une première prière chantée est destinée à préparer le malade au sacrement et à consacrer l'huile (qui doit l'être pour chaque cas particulier). Puis vient le rite de l'onction. D'après Kritopoulos, on oint le front, la poitrine, les mains et les pieds en forme de croix. D'après l'*Euchologium*, sept onctions sont faites chacune par un prêtre. mais le sacrement peut être administré par moins de sept officiants, et, au besoin, par un seul. A chaque onction, on répète les paroles sacramentelles : « Père saint, souverain bien de l'âme et du corps, à la gloire de ton fils unique Jésus-Christ notre Seigneur, qui guérit toute infirmité et qui nous sauve de la mort, guéris aussi ton serviteur. » Le malade reçoit ensuite l'eucharistie, et le tout est terminé par une prière. L'effet du sacrement est le pardon des péchés, obtenu infailliblement chez ceux dont la pénitence est sincère, et quelquefois la guérison. L'onction de l'Eglise grecque est, comme on le voit, un peu moins éloignée des anciennes traditions, que l'extrême-onction de l'Eglise romaine (Kritopoulos, *Conf. fidei*, c. XIII ; Mogilas, *Conf. orthod.*, qu. 117-119 ; Boissard, *L'Eglise de Russie*, I, p. 409). — La Réformation rejeta l'extrême-onction comme sacrement. L'Apologie de la Confession d'Augsbourg n'y voit qu'un rite reçu par nos pères, que l'Eglise n'a jamais considéré comme nécessaire au salut, et qui n'est pas d'institution divine. Il est donc nécessaire de le distinguer des sacrements expressément institués par Jésus-Christ, et auxquels sont attachées les promesses de la grâce (art. VII, 6). Dans leurs écrits, les réformateurs s'expriment quelquefois plus explicitement. Luther ne voyait aucun mal à ce qu'on oignît les malades, pourvu qu'on priât pour eux et qu'on les exhortât, mais il ne pouvait voir dans cet usage un sacrement (*Œuvres*, Erlang., XXX, 371). On connaît son jugement sur l'épître de Jacques, et on peut en inférer qu'il n'accordait pas une grande autorité au passage où la pratique de l'onction est recommandée. Calvin, plus radical, poursuivait l'extrême-onction de ses sarcasmes ; il l'appelle : *fictitium sacramentum*, *histrionica hypocrisis* (*Instit.*, VI, 19, 18). De fait, ce sacrement disparut complètement des Eglises protestantes. Ni l'Ecriture, ni les usages apostoliques, ni la première tradition chrétienne ne peuvent légitimer l'extrême-onction. Les théologiens catholiques l'ont souvent compris eux-mêmes, et le cardinal Cajétan, au seizième siècle, avant le concile de Trente, il est vrai, déclarait encore expressément, dans son commentaire sur l'épître de Jacques, que le passage V, 14. 15 ne pouvait pas être appliqué au sacrement de l'extrême-onction. D'un autre côté ce sacrement est une véritable superfétation, une inutilité, si bien qu'aucun théologien catholique n'est encore parvenu à en exprimer clairement la nature et les effets. L'Eglise y a tenu, malgré les difficultés de doctrine qu'elle y a rencontrées, parce qu'ayant un rite de consécration à l'entrée de la vie, elle a naturellement désiré en avoir un pour l'heure de la mort (*Cat. Trid.*, II, VI, 2 ; cf. Bellarmin, op. cit., III, liv. I, chap. v). Le *viaticum* de l'ancienne Eglise suffisait à ce but ; mais il n'était pas le sacrement spécial des mourants ; l'Eglise a donc adopté le vieil usage de l'onction, et l'a développé de son mieux pour le but qu'elle se proposait. Elle a réussi à en faire une annexe de la pénitence et de l'eucharistie, et à amener à l'heure de la mort, une accumulation de rites et de sacrements qui ont tous, au fond, la même signification, et qui se nuisent réciproquement, chacun d'eux n'ayant sa raison d'être que dans l'insuffisance des autres. — Voyez Launoy, *De sacramento unctionis ægrotorum*, Paris, 1673 ; Daillé, *De duobus Latinorum ex unctione sacramentis*, Gen., 1659 ; Pfaff, *De unctionibus christi et christianorum*, Tub., 1727 ; Woldike, *De unctione fidelium*, 1732; Augusti, *Denkwürdigkeiten aus der christl. Archæologie*, Leipz., 1817-31; Hase, *Handbuch der protestantischen Polemik*, Leipz., 1862, etc.

II. L'onction, en homilétique, est une qualité de la prédication qui est particulière à l'éloquence de la chaire. Il est plus facile d'en constater la présence ou l'absence que d'en donner une définition exacte et précise; aussi n'est-il pas étonnant que celles qu'en donnent les traités d'éloquence de la chaire soient passablement différentes l'une de l'autre. D'après l'Académie, l'onction est ce qui, dans un discours, touche le cœur et le porte à la dévotion et à l'attendrissement. C'est à peu près l'idée de Maury, pour qui elle n'est autre chose que le pathétique chrétien. Blair y voit un mélange de gravité et de chaleur. D'après Dutoit-Membrini, l'onction est pour le prédicateur ce que l'enthousiasme est pour le poète. C'est, dit-il, « cette chaleur moelleuse, douce, nourrissante et tout à la fois lumineuse, qui éclaire l'esprit, pénètre le cœur, l'intéresse, le transporte... » Vinet la définit : « une gravité accompagnée de tendresse, une sévérité trempée de douceur, la majesté unie à l'intimité. » Ath. Coquerel père y voit un « mélange d'élévation d'esprit, de gravité et de charité. » L'onction est le contraire de la sécheresse ; elle est incompatible avec le ton dogmatique et tranchant; elle suppose la richesse du sentiment, l'abondance, le coulant de la parole. Elle peut se rencontrer dans le style et dans le débit, mais en tout cas elle est l'expression des sentiments tendres et élevés que fait naître l'Evangile. Il faut qu'elle parte naturellement du cœur. Tous les efforts pour la produire artificiellement n'aboutissent le plus souvent qu'à l'emphase, à l'affectation et à une éloquence mielleuse et douceâtre, qui devient bien vite fade et ridicule. — Voyez Maury, *Essai sur l'éloquence de la chaire*, ch. LXXIII; Blair, *Cours de rhétorique et de belles-lettres*, trad. Prévost, leçon XXIX; Vinet, *Théologie pastorale*, p. 259 ss.; Ath. Coquerel père, *Observations pratiques sur la prédication*, p. 313.

EUG. PICARD.

ONDOIEMENT. Voyez *Baptême*.

ONÉSIME, Ονήσιμος, esclave fugitif appartenant à Philémon de Colosse, que l'apôtre Paul renvoya à son maître, après l'avoir converti à l'Evangile, avec l'épitre qui porte le non de Philémon (voy. cet article). D'après les *Canons apostoliques* (73), Onésime aurait été mis en liberté et consacré par Paul, évêque de Bérée en Macédoine, puis il aurait subi le martyre à Rome. Dans l'épître d'Ignace aux Ephésiens (ch. I), il est fait mention d'un Onésime, évêque de la communauté d'Ephèse. Le martyrologe romain dit qu'il succéda, dans cette charge, à Timothée, et place sa fête au 16 février. Les Grecs la célèbrent le 15 décembre.

ONÉSIPHORE, Ονησιφόρος, chrétien d'Ephèse qui entoura l'apôtre saint Paul, à Ephèse comme à Rome, des marques de la plus vive sollicitude (2 Tim. I, 16; IV, 19). Les Grecs lui donnent tantôt le titre d'évêque de Corone, tantôt celui de Colophon, et même de Césarée. Ils célèbrent sa fête le 29 avril. Le martyrologe romain dit qu'il souffrit dans l'Hellespont, où il était allé prêcher la foi avec saint Porphyre, et place sa fête au 16 septembre.

ONIAS, Ονίας, grand-prêtre des Juifs, fils et successeur de Jeddoa ou Jaddus, gouverna la république des Hébreux du temps d'Alexandre le Grand (Josèphe, *Antiq.*, XI, 8-7). Il eut deux fils, Simon le Juste qui lui succéda et Eléazar. — Onias II, fils de Simon le Juste, succéda à son grand oncle Manassé et faillit causer la ruine de sa patrie en refusant de payer à Ptolémée Evergète le tribut que les Hébreux devaient aux rois d'Egypte, et que les grands prêtres avaient coutume de payer de leurs propres deniers. Le peuple effrayé des menaces de Ptolémée, allait déposer son premier magistrat, lorsque Joseph, neveu d'Onias, calma ce monarque en prenant à ferme, pour un prix élevé, les tributs que l'Egypte percevait en Syrie et en Palestine (Josèphe, *Antiq.*, XII, 4-1). — Onias III, fils du grand-prêtre Simon II, et grand-prêtre lui-même sous Séleucus Philopator. Il se rendit recommandable par sa piété et sa justice, et les rois ses voisins le prirent plusieurs fois pour arbitre dans leurs différends. Le second livre des Machabées nous apprend que ce fut sous son pontificat qu'eut lieu l'histoire d'Héliodore. Onias ayant été calomnié auprès du roi de Syrie, se rendit à Antioche pour se justifier. Antiochus Epiphanes venait de succéder à Séleucus, et Jason, frère d'Onias, obtint du nouveau roi la sacrificature moyennant une forte somme d'argent (2 Mach. IV, 7 ss.) Trois ans après Jason fut dépossédé par Ménélaüs, qui fut lui-même dépouillé par Lysimaque. Cependant Ménélaüs avait dérobé une partie des trésors du temple ; il partagea les produits de son larcin avec Andronicus, lieutenant d'Antiochus, et il le décida à faire périr Onias, qui était instruit de ce crime. Antiochus, du reste, fut assez juste pour faire périr le meurtrier dans l'endroit même où Onias avait été tué (2 Mach. IV, 33 ss.; cf. Josèphe, *Antiq.*, XII, 5-1).

ONKELOS. Le Talmud Babli (babylonien) semble confondre Onkelos avec Aquila, car il en raconte exactement ce que le Talmud de Jérusalem rapporte sur Aquila, c'est-à-dire qu'il a été un prosélyte et neveu de l'empereur Tite. Ce qui est certain c'est qu'Onkelos, fut l'ami et le disciple de Gamaliel Ier, dont il honora la mémoire par de splendides funérailles ; il vécut donc à peu près à l'époque de Jésus-Christ. Onkelos, et c'est là ce qui importe davantage, est l'auteur de la première paraphrase chaldaïque (*Targum*) sur le Pentateuque. La version d'Onkelos est claire et exacte ; on voit qu'il était en possession d'une bonne tradition exégétique, car il n'omet aucun passage du texte original. Son interprétation des passages difficiles ou obscurs se base sur des raisons internes tirées du contexte, et à ce titre il aurait mérité un peu plus d'attention de la part des exégètes modernes. Sans doute l'influence dogmatique se montre aussi dans l'ouvrage d'Onkelos, mais abstraction faite des nombreuses interpolations qu'il ne serait pas difficile de constater, on voit que ses idées dogmatiques sont encore dépouillées de tout le formalisme des écoles juives postérieures. La langue du

Targum d'Onkelos est simple; elle se rapproche beaucoup du chaldaïsme biblique; c'est dire qu'elle a une teinte très hébraïque, qu'elle évite les archaïsmes des siècles suivants, comme la contraction des substantifs, et que surtout elle renferme relativement peu de mots grecs et aucun mot latin. On y trouve des expressions dont les talmudistes déjà ne comprenaient plus le sens. Le texte d'Onkelos aurait besoin de corrections nombreuses; les meilleures éditions sont celles d'Alkala (*Biblia complutensis*), de Venise, 1526, et les Polyglottes de Paris et de Londres. — Sources : *Megillah*, f. 3, 1, Luzzato, *Philoxenus, sive de Onkelosi paraph. chald.*, 1830; Winer, *De Onkeloso*.

ONTOLOGISME, nom par lequel on désigne une théorie de la connaissance qui se rattachait à Platon, saint Augustin, saint Anselme, Malebranche, Bossuet, Gerdil. Elle enseignait que nous connaissons Dieu par une apparition de Dieu lui-même à notre raison, et en lui nous contemplons les vérités nécessaires, les idées générales ou archétypes des objets contingents. Aussi dans les recherches philosophiques l'esprit ne doit point suivre la méthode d'autorité, mais consulter la raison et croire à l'évidence. Cette théorie, professée en France par Mgr Baudry, Mgr Maret, Mgr Hugonin, l'abbé Fabre; en Belgique par Mgr Laforet, le chanoine Claessens, M. Ubags; en Italie par Mgr Audisio, le professeur Seni, les pères Milone et Vercellonne, fut légèrement modifiée par dom Gardereau, qui, au lieu d'attribuer à la raison une vue immédiate de Dieu, admettait, dans le sanctuaire intime de l'âme, un sens mystérieux, échappant aux investigations de la science, par lequel nous atteignons l'infini et qui nous procure une possession inconsciente des vérités premières. L'ontologisme, qui comptait encore de nombreux adhérents vers 1860, a dû se replier devant une doctrine mieux agréée de la hiérarchie, celle de MM. Kleutgen, Sanseverino, Tongiorgi, Liberatore, Prisco, qui se réclament d'Aristote et ne voient dans les idées générales, dans l'idée de Dieu, que des inductions de l'intelligence, auquelles la sanction de l'autorité est nécessaire pour que nous ayons la certitude. — Voyez : abbé Méric, *Une nouvelle phase de la philosophie catholique*, *Leçon d'ouverture à la Sorbonne*, 1875; et *Revue politique*, 16 janvier 1875.

OPHEL, endroit près du mur d'enceinte de Jérusalem, du côté oriental, habité par les Nathinéens (2 Chron. XXVII, 3; XXXIII, 14; Néh. III, 26; XI, 21). Josèphe (*de bello jud.*, 5. 6. 1; cf. 6, 6. 3), le mentionne sous le nom d'Ὀφλα (Ὀφλλᾶς), et donne à entendre qu'il était situé dans le voisinage du torrent de Cédron et du temple où les Nathinéens faisaient leur service journalier.

OPHIR (Ophir; Οὐφείρ, Σωφιρά, Σωφηρά, Σουφίρ, Σρωφαρά), pays que la Genèse (X, 29) nomme à côté des districts arabes habités par les Joktanides et d'où Salomon, au moyen de vaisseaux équipés dans les ports de l'Idumée et qui restèrent en route pendant trois ans, tira de l'or, des pierres précieuses, du bois d'ébène, des aromates, de l'ivoire, des paons, des singes, etc. (1 Rois IX, 28; X, 11; XXII, 49).

L'or d'Ophir était réputé non seulement le meilleur, mais aussi le plus abondant (Job. XXVIII, 16; Ps. XLV, 10; Es. XIII, 12). Les indications de la Bible ne suffisent pas pour nous faire connaître la position de cette contrée. Parmi les nombreuses conjectures qui ont été faites et les opinions diverses qui ont été émises sur la question, il n'en est guère que deux qui présentent une certaine probabilité, celle qui place Ophir dans l'Inde, et celle qui la met dans l'Arabie. Parmi les partisans de la première se trouve l'historien Josèphe (*Antiq.*, 3, 6.4), qui a rallié à son sentiment la plupart des anciens interprètes et quelques-uns parmi les modernes (Holstenius, *Annotat. in Géogr. sacram;* Vitringa, *Geogr. sacra*, p. 114 ss.; Varerius, *De Ophira*, dans les *Crit. sacr.*, VI, 459 ss.; Reland, *Dissert. miscell. partes tres*, I, 4; Cellarius, *Geogr. ant.*, III, 873 ss). Parmi ceux qui veulent qu'Ophir se trouve dans l'Arabie, nous nommerons Michaëlis, *Spicilegium*, II, 184 ss.; Gosselin, *Recherches sur la Géogr. des anc.*, II, 118; Tychsen, *De commerc. Hebr.*, dans les *Comment.* de la Soc. de Gœttingue, XVI, 164 ss., Rosenmüller, *Alterthümer*, III, 177 ss.; Ritter, *Erdkunde*, XIV, 348 ss. D'autres encore, et parmi eux surtout Quatremère de Quincy (*Mémoire sur le pays d'Ophir*, Paris, 1835) cherchent le pays d'Ophir sur la côte orientale de l'Afrique. Sam. Bochart (*Phaleg.*, II, 27) admettait l'existence de deux Ophir, l'un en Arabie, l'autre dans l'Inde. La question n'a aucune importance et paraît d'ailleurs insoluble, vu le peu de données que nous possédons. Si les défenseurs de l'hypothèse indienne s'appuient sur l'absence de gisements aurifères considérables dans la presqu'île arabique et sur la longueur du voyage, les partisans de l'hypothèse arabe répliquent que les mines d'or de l'Arabie peuvent avoir été de bonne heure épuisées et que les habitudes de l'antiquité et des circonstances particulières, à nous inconnues, ont pu motiver le séjour de trois années dans ces parages relativement lointains. « *India vero et Arabia*, dit Gesenius (*Thesaurus linguæ hebraïcæ*, I, 141), *argumentis tam gravibus commendari possunt, ut in tanta hujus rei ambiguitate certam sententiam dicere nos ausim, malinque in argumentis æqua lance ponderandis acquiescere.* »

OPHITES. On donne le nom d'ophites aux gnostiques adorateurs du serpent. Ce nom semble n'avoir désigné tout d'abord qu'une secte particulière, celle des naasséniens (de l'hébreu n a a s « serpent »); le mot ophites n'est que la traduction grecque de leur nom sémitique; mais on l'a étendu de bonne heure à un certain nombre d'autres sectes, différentes d'origine, mais qui se ressemblaient par une certaine unité de doctrines et par la place éminente qu'occupait le serpent dans leurs systèmes religieux et dans leur culte. Parmi ces sectes, les principales sont, à côté des ophites proprements dits ou naasséniens, les stratiotiques, les phibionites, les borboriens, qui paraissent n'avoir eu que peu d'importance; puis les pérates, les caïnites, les séthiens, sectes autant païennes que chrétiennes; enfin, les nicolaïtes, les archontiques et les justiniens. Les doctrines des ophites ne nous sont guère connues que par les écrits des Pères et des historiens ecclésiastiques. Parmi ces écrits, les plus importants pour l'objet qui nous occupe, sont la *Réfutation de la fausse science*, d'Irénée, et le *Panarium* de saint Epiphane. Irénée ne traite que des ophites proprements dits, mais il a donné un aperçu philosophique très profond de leur doctrine. Leur système, tel qu'il l'expose, se rapproche beaucoup de celui de Valentin. Saint Epiphane a tracé, dans son *Panarium*, un tableau très vivant des nombreuses sectes au milieu desquelles il avait vécu ; c'est par lui que nous connaissons la plupart de celles dont il a été question plus haut. Le *Traité contre Celse*, d'Origène, contient également un morceau important pour l'intelligence du système des ophites : la description du tableau célèbre, connu sous le nom de « Diagramme des ophites, » qui figurait la disposition du *Cosmos*. A ces auteurs, il faut joindre Théodoret, chez lequel il y a aussi beaucoup à prendre, puis Tertullien, Clément (d'Alexandrie), saint Augustin, Philastre, saint Jean de Damas. Enfin, dans ces derniers temps, l'histoire du gnosticisme et des ophites en particulier, s'est enrichie d'une nouvelle source qui l'a entièrement renouvelée sur bien des points, les *Philosophoumena*, qu'on attribue soit à Origène, soit à saint Hippolyte. Les *Philosophoumena* ont fait la lumière sur le caractère oriental et presque païen des ophites, et montré par quels liens intimes leurs doctrines secrètes se rattachaient aux cosmogonies qui faisaient le fond commun des religions de l'Asie occidentale, et se transmettaient par les mystères. — Toutes les sectes que l'on confond sous le nom d'ophites, ne forment qu'une seule famille ; elle se distingue, c'est Baur qui en fait la remarque, par un trait particulier : l'impossibilité d'en ramener les divers rameaux à un fondateur. On ne leur connaît pas d'ancêtres historiques, comme c'est le cas pour les autres branches du gnosticisme ; et lorsque la tradition leur en a donné, qu'ils s'appellent Euphratès ou Seth, il suffit d'un peu d'attention pour reconnaître qu'on est en présence de personnages mythologiques. Mais, s'il y a entre elles diversité d'origine, il y a unité de conception : leurs différences ne sont que des modifications d'un même point de vue fondamental, d'une conception du monde et de la matière dont il faut chercher l'origine en dehors du christianisme. — Le Cosmos apparaissait aux ophites comme divisé en trois domaines : le domaine de l'absolu, celui de la matière et celui du devenir, c'est-à-dire de l'évolution de l'esprit au sein de la matière. Cette division est personnifiée dans l'homme idéal, l'Adam céleste, qui est à la fois esprit absolu, idée et matière, et elle se poursuit dans le monde réel, où les hommes sont partagés en trois classes : hommes pneumatiques, psychiques et matériels. Ainsi, l'être universel est, d'une part, l'esprit absolu, mais, d'autre part, il est la matière mauvaise, qui est en guerre avec l'esprit. Comment s'opère la conciliation entre ces deux éléments contradictoires ? Au moyen d'une série d'émanations successives qui doivent remplir l'intervalle qui sépare le monde idéal du monde réel. La première de ces émanations est le Fils de l'homme, qui est encore tellement caché dans les profondeurs de l'abstraction qu'il se confond par moments avec le premier homme. Il n'y a entre eux qu'une différence métaphysique: l'un engendre et l'autre est engendré; leur relation est marquée par ces deux mots: *fuit et exstitit*. C'est ce second homme qui est le père de tous les Eons; mais les Eons eux-mêmes sont tous compris dans le troisième homme, Christ. Le Christ n'est pas un être historique, il n'est que la personnification de tout l'esprit répandu dans le monde; il est présent dans le monde, mais d'une façon insaisissable, il est l'idée dans la matière. Ainsi, tout l'effort de la pensée des ophites n'aboutit qu'à accentuer la triple division qui forme le point de départ de leur système. Le rôle de Jésus, dans ce système, est de relever la matière et de la ramener à Dieu. A un certain moment, en effet, les trois éléments se sont réunis en Jésus, fils de Marie; Jésus se rattache donc d'une façon accidentelle au plan du salut; mais il n'a pas de place logique dans le système des ophites. Le personnage important, c'est le Christ; pour être sauvé, il faut arriver à la conscience de Dieu, il faut savoir que l'on participe à la nature divine, et l'on y participe par le fait même de cette connaissance. Tout ce qui n'est pas spirituel n'existe pas; le monde est dénué de toute réalité, c'est ce « rien » qui a été fait sans Dieu. Aussi, à la résurrection, les élus, si petit qu'en soit le nombre, rempliront tout, et les hommes matériels, si nombreux qu'ils soient, seront anéantis. — On remarquera que l'élément féminin, qui joue un rôle si considérable dans le système de Valentin, paraît à peine chez les ophites. Il n'est pourtant pas entièrement absent de leur système. Pour donner naissance aux Eons, le Fils s'unit à l'Esprit. Le Fils, dans cette union, joue le rôle de père, l'Esprit celui de mère; un hymne conservé par les *Philosophoumena* nous l'apprend; mais tous deux se confondent dans le nom sublime d'Adamas. La distinction est tout autrement marquée dans le système des ophites, tel que nous le peint Irénée. Là, nous voyons l'Esprit, la première femme, la mère des vivants, planer au-dessus du chaos. Epris de sa beauté, le père et le fils s'unissent à elle, et c'est de cette union que naissent le Christ et la sagesse, Achamoth, dont les chutes, les repentances et le relèvement représentent les souffrances de l'esprit captif dans la matière et son affranchissement. — Tel est, dans ses grands traits, la doctrine des ophites. Le pivot de tout le système, c'est l'homme céleste, Adamas. Il est symbolisé par le serpent, non pas le serpent de la Genèse, le tentateur, mais le symbole de la matière humide, sans laquelle rien ne saurait exister, ni des choses mortelles, ni des immortelles. Le serpent est donc bon, et il renferme tout en lui, « comme la corne de la licorne. » Il n'est donc pas différent, en réalité, d'Adamas, qui est l'ensemble de tous les éléments spirituels, animaux et matériels qui remplissent le monde. Par là s'explique la place capitale et presque exclusive qu'il occupait dans le culte des ophites. Il figurait sur tous leurs monuments et dans tous leurs temples; pour les ophites l'idée de culte et l'idée de serpent étaient inséparables; partout où il y a un temple (naos) et par conséquent des mystères, il y a un serpent (naas), et, par un de ces jeux de mots si familiers aux gnostiques, afin de prouver leur théorie, ils identifiaient les deux mots. Leur culte avait d'ailleurs, comme celui de tous les gnostiques en général, un caractère purement ésotérique; c'étaient des mystères auxquels on n'était admis qu'à la suite d'une initiation. La littérature des ophites était fort riche; elle se composait de quelques livres du Nouveau Testament, d'évangiles apocryphes, l'Evangile aux Egyptiens et celui de Thomas, et surtout de chants et d'hymnes innombrables, dont les *Philosophoumena* nous ont conservé quelques fragments, et qui sont pleins d'un profond sentiment religieux. — Quelle est la patrie des ophites? cette question a donné lieu à de nombreuses controverses. Les emprunts si nombreux qu'ils faisaient aux mystères de la Phrygie, et à ces cosmogonies, d'origine plus ou moins chaldéenne, qui avaient cours dans toute l'Asie occidentale, nous les représentent comme une secte asiatique, et à peine chrétienne. C'était d'ailleurs une opinion anciennement répandue, et Origène, dans son Traité contre Celse, affirme que les ophites n'étaient pas chrétiens. Autre est la question de savoir lequel, d'Irénée ou des *Philosophoumena*, présente la forme la plus ancienne de leur doctrine. Baur, Bunsen et M. de Pressensé pensent que les *Philosophoumena* nous offrent la forme primitive de cette hérésie. M. Lepsius au contraire pense que nous n'avons là qu'un rameau détaché des ophites d'Egypte, et que leur doctrine est une altération de celle que nous fait connaître Irénée. — A côté des ophites proprement dits, ou naasséniens, viennent se placer un certain nombre d'autres sectes gnostiques qu'on a mentionnées plus haut. On y retrouve les mêmes traits distinctifs : la trichotomie du monde et le culte du serpent; mais quelques-unes d'entre elles au moins présentent avec le système des ophites des différences assez considérables pour qu'il soit utile de les exposer. — On ne fera que citer les stratiotiques, les phibionites et les borboriens dont nous devons la connaissance à saint Epiphane, et que certains anciens déjà confondaient avec les ophites. Tout autrement importants sont les pérates, les caïnites et les séthiens. — Les pérates ne nous sont connus que par les *Philosophoumena*; leur doctrine a été étudiée par M. Baxmann (*Niedners Zeitschr.*, 1860, I, p. 235 ss.) et par Zeller (*Theol. Jahrbücher*, 1853). Les pérates prétendaient tirer leur origine d'un certain Euphrates. Ce personnage a-t-il jamais existé? cela est fort douteux; il est probable qu'il ne faut y voir qu'une personnification allégorique, peut-être une allusion à leur fleuve sacré, l'Euphrate, qui était pour eux l'eau vive à laquelle toute la nature vient s'abreuver, le symbole et l'image sensible du serpent. Les grandes lignes du système des pérates sont les mêmes que celles du système des naasséniens. Nous y retrouvons les trois grandes divisions du monde, qui sont partagées chacune en un nombre infini de sections, de telle sorte que tous les êtres participent aux trois éléments dont se compose le monde. Les pérates développaient cette théorie d'une façon beaucoup plus païenne encore que les ophites. Le seul de leurs ouvrages dont les *Philosophoumena* nous aient conservé un morceau, les *Habitants des faubourgs de l'Ether*, n'est qu'une longue cosmogonie à la façon de celles de Bérose, de Damascius et de Sanchoniaton. Ils se figuraient le Fils sous la forme d'un serpent animé d'un mouvement perpétuel. Le Fils se tourne vers le Père et en reçoit des puissances qui portent son empreinte, puis il se tourne vers la matière qui est informe et y transporte ses idées. Mais en face du bon serpent se trouvent les serpents des magiciens d'Egypte, et à leur tête le démiurge, le prince de la matière, qui reçoit du Fils les idées et les enferme dans des corps. La création est donc une œuvre de mort. Les pérates retrouvaient toutes leurs idées au ciel, dans les figures des constellations, qu'ils expliquaient d'une façon allégorique, grâce à un sytème qui présente avec celui d'Aratus de grandes analogies. — Les *séthiens* ont été connus de tout temps. Les auteurs ecclésiastiques qui en parlent les placent aussitôt après les ophites. Chez eux encore on retrouve la même grande division, mais avec un dualisme plus accentué. L'antithèse est marquée par la lumière et les ténèbres ; entre elles, se trouve l'Esprit pur. La lumière, semblable aux rayons du soleil, plonge jusqu'au sein des ténèbres qui cherchent à la retenir captive, et c'est de cette combinaison que naissent le ciel et la terre, qui nous apparaissent sous la forme d'une matrice ayant un ombilic au milieu. Toutes les autres créations successives ne font que reproduire l'image de cette première matrice. Dans aucun autre système gnostique on ne sent un caractère oriental et païen aussi fortement marqué. La conception du monde comme une matrice est une donnée franchement sémitique ; elle est le pivot des luttes cosmogoniques qui forment le fond de la mythologie chaldéenne. C'est Omôroka, le grand abîme, la mère de tous les êtres, que Bel pourfend pour en faire sortir l'œuf du monde. Seulement, dans le système des séthiens, le verbe, Seth, ne pourfend pas la matrice, il s'y introduit sous la forme d'un serpent, et il délivre ainsi l'étincelle captive de son corps de ténèbres. Le héros des séthiens est le patriarche Seth, qui personnifie le verbe céleste. Il occupe dans la seconde triade (Caïn, Abel, Seth) la même place que le serpent dans la première (Adam, Eve, le Serpent), et joue, dans le système des séthiens, le même rôle que le second homme chez les ophites, le Fils chez les pérates, Phanès dans les mystères orphiques. Toutes les manifestations de l'esprit et sa manifestation suprême, Jésus, sont considérées comme des apparitions de Seth. L'importance capitale de ce personnage permet-elle de voir en lui un simple développement de la tradition biblique, et ne faut-il pas chercher sous ses traits une divinité païenne, un des grands dieux du panthéon sémitique, que les séthiens auraient identifié avec le héros biblique ? Cette solution s'impose à l'esprit, quoique la démonstration n'en ait pas encore été faite d'une façon définitive. Les nombreux livres dont il est le héros, nous conduisent au même résultat. En dehors de la *Paraphrase de Seth*, citée par les *Philosophoumena*, et des sept livres du même nom que mentionne saint Epiphane, il faut en effet rapporter à la même origine les *Mystères cachés des livres de Seth*, le *Livre de l'agriculture nabatéenne*, et une foule d'autres écrits fort en honneur chez les sabiens, dont la religion n'était qu'un mélange d'idées persanes et chaldéennes. — Après les pérates, les séthiens et les caïnites, qui différaient peu de ces derniers, il faudrait encore mentionner le système de Justin, dont les *Philosophoumena* nous donnent une analyse détaillée, et celui des nicolaïtes. Mais ces deux sectes se rapprochent beaucoup plus du judaïsme que les précédentes. Le rôle qu'y joue le serpent peut s'expliquer par le récit de la Genèse ; on n'y reconnaît pas les traits distinctifs des systèmes proprement ophites. Eloeim n'est pas un démiurge mauvais, qui fait la guerre à l'Esprit ; c'est un être inférieur, mais bon, retenu captif dans les liens d'Edem, et qui finit par retourner auprès du Dieu bon. Edem irritée de son départ devient l'âme de la résistance à Dieu, et, dans cette lutte, Naas le serpent est son instrument, comme Baruch est celui d'Eloeim. C'est un judaïsme transformé en mythologie. Ce qui caractérise les systèmes ophites, au contraire, c'est l'invasion dans le christianisme des théories cosmogoniques de l'Orient ; ils sont nés du désir d'appliquer à l'explication du christianisme les doctrines philosophiques et religieuses qui avaient cours dans l'Asie occidentale à l'époque de son apparition, et dont étaient imbues les populations asiatiques qui acceptèrent le fait du christianisme, sans en avoir adopté l'esprit. — Pour toute la bibliographie relative aux ophites, voir l'article *Gnosticisme*. PHIL. BERGER.

OPITZ (Henri), savant orientaliste, né à Altenbourg en 1642; mort en 1712, professa l'hébreu et la théologie à Kiel. On a de lui plusieurs écrits, entre autres 1° *Atrium linguæ sanctæ*, Hamb., 1671 ; 2° *Biblia parva hebræo-latina*, 1673 ; Leipz., 1682, 1689, etc., in-12; 3° *Synopsis linguæ chaldaicæ*, Iéna, 1614, in-4° ; 4° *De Samaritanorum litterarum spurra antiquitate*, Kiel, 1683 ; 5° *Novum lexicon hebræo-chaldeo-biblicum*, Leipz., 1692 ; Hamb., 1705 et 1714 ; 6° *De statura et ætate resurgentium*, Kiel, 1707 ; 7° *Biblia hebraica cum optimis impressis et manuscriptis et juxta Masoram emendata*, Kiel, 1709; Leipz., 1712, in-4°. Cette édition, à laquelle Opitz travailla pendant trente ans, est son plus grand titre de gloire; elle surpasse en exactitude toutes les précédentes.

OPTAT (Saint), évêque de Milève, en Numidie, né en Afrique vers l'an 315, mort après l'an 386, ne nous est connu que par ses écrits et par les éloges qu'ont faits de sa vertu et de son savoir Jérôme (*De viris illustr.*, 121) ; saint Augustin (*De doctrina christ.*, II, 4 ; *Contra Parmen.*, I, 3; *De unitate eccles.*, 19); Fulgence (*Ad monimum*, II, 13); et Honorius d'Autun (*De scriptorib. eccles.*, 3). On a de lui un ouvrage qui a pour but de réfuter les erreurs des donatistes; il est intitulé *De schismate donatistarum*, et a été édité pour la première fois par Cochlæus à Mayence, 1549. La meilleure édition est celle qui a été donnée par Ellie Dupin, Paris 1700 ; Amsterdam, 1701; Anvers, 1702; Venise, 1769, avec une introduction renfermant l'histoire du schisme donatiste, un aperçu de la géographie ecclésiastique de l'Afrique du

Nord et une série de documents relatifs à la querelle donatiste (cf. Cellier, *Hist. des aut. sacr. et ecclés.*, VI, 625).

OPTIMISME, nom donné à l'affirmation que ce monde est le meilleur (*optimus*), que dès lors nous ne devons et ne pouvons en souhaiter un autre. L'optimisme absolu, c'est-à-dire l'idée que tout ici-bas serait pour le mieux, n'a jamais été soutenu sérieusement; c'est dans l'ardeur de la polémique et pour déverser le ridicule sur les optimistes, qu'on leur a parfois prêté une telle assertion. Ils ne contestent pas qu'il y ait des souffrances nombreuses; ils prétendent seulement que, dans cet univers, tout est si bien disposé, il y règne une telle sagesse protectrice, que nous devons accepter l'existence comme un bienfait. Cette doctrine compte de nombreux représentants, soit dans la philosophie antique, Platon, les stoïciens, les Alexandrins; soit dans la théologie chrétienne, Tertullien (*Adv. Marc.*), Augustin (*Civ. Dei*, l. 12. 4), Anselme (*De veritate*, 7), Abélard (*Introd.*, III, 5), Thomas (*Summa*, I, quest. 47, art. 2). Dans les temps modernes, Descartes, Malebranche, Fénelon et Bossuet le professèrent. Mais ce fut surtout Leibnitz qui, dans ses *Essais de Théodicée sur la bonté de Dieu, la liberté de l'homme et l'origine du mal*, 1710, attira l'attention des savants sur cette proposition, à laquelle il rattachait la plupart des problèmes de la théologie spéculative, tandis qu'en France Rousseau en appelait au témoignage du sentiment religieux dans la *Lettre* du 18 août 1756, où il combattait l'esprit désolant du *Poème* de Voltaire *sur le désastre de Lisbonne*, 1755. L'argument fondamental sur lequel s'appuie l'optimisme est demeuré constamment le même; tel que nous le lisons dans le *Timée* (p. 29 et 30) ou dans l'*Epître* 65 de Sénèque, tel nous le retrouvons chez Leibnitz et Rousseau : Dieu est bon, donc son œuvre est bonne. Toutefois, si légitime que soit cette application du principe de causalité, il importe de remarquer que le mot « bon » est susceptible d'acceptions diverses et qu'il y a lieu d'en préciser le sens. De plus, la conclusion de cet argument *a priori* porte un jugement sur une réalité au sein de laquelle nous nous mouvons journellement. L'expérience doit donc être admise à contrôler la justesse de ce raisonnement, comme aussi elle contribuera à préciser le sens du mot bonté. Sans doute, une expérience incomplète, trop restreinte, n'aura pas d'autorité; mais on ne doit pas objecter que nous ne connaissons pas la totalité des faits et que le problème demeurera expérimentalement insoluble, tant que nous n'aurons pas fait une somme exacte des maux et des biens de l'univers. La même objection pourrait être élevée contre toute notion inductive et générale, de quelque ordre qu'elle soit; car nous n'avons jamais épuisé le champ de l'expérience. Si les philosophes, pour concevoir un système de l'univers, n'attendent pas que toutes les sciences particulières aient dit leur dernier mot; si une pareille généralisation répond à un besoin irrésistible de notre pensée, il est permis aussi d'essayer une appréciation générale du mérite de la création, pouvant servir de contrôle à la valeur de l'argument déductif sur lequel se fonde l'optimisme. Or toute notion générale réclame un point de vue dominant auxquels les faits soient coordonnés, et, en particulier, si l'on veut rechercher le mérite du Cosmos, il faut posséder un principe d'appréciation. A cet effet, nous avons à choisir entre trois points de vue différents : le sensible, le rationnel et l'éthique. On les a souvent associés, mêlés; mais il est utile de les isoler pour discerner la signification spéciale de chacun. Le premier point de vue, que nous croyons devoir placer au rang inférieur, est celui qui s'inspire des exigences de notre être sensible; la seule mesure d'appréciation de ce monde qu'il conçoive, c'est la somme de bien-être et de jouissances que nous y trouvons. Quant aux maux de la vie, on ne peut, à ce point de vue, leur reconnaître quelque opportunité qu'à titre d'assaisonnements, pour nous faire mieux goûter des plaisirs dont nous avons été privés d'abord. Peut-être y a-t-il quelques satisfaits, qui, dans un moment de prospérité, sont optimistes de cette manière. Mais, pour la plupart des hommes, les peines sont trop fortes; et si l'on n'avait d'autre consolation à leur offrir que la théorie des assaisonnements, ce soulagement leur paraîtrait dérisoire. Aussi nous voyons ceux qui n'estiment la vie que pour les jouissances qu'elle leur offre, conclure plutôt au pessimisme. C'est le point de vue où Voltaire se place dans le conte qu'il publia en 1759, *Candide*, que Mme de Staël appelait « un ouvrage d'une gaieté infernale,... d'une philosophie si indulgente en apparence, si féroce en réalité. » Il faut dire à la décharge de Voltaire, que son écrit visait moins l'optimisme de Leibnitz que l'*Essai sur l'homme*, 1733, de Pope. Le poète anglais prouvait par le menu que tout est pour le mieux dans notre monde, et que partout le mal est compensé par le bien : le mendiant, dans les vapeurs du vin, s'imagine être un roi; le sot est enchanté de lui-même; les vices mêmes tournent à l'avantage de la société, puisque les gens de bien ne savent pas s'accorder ensemble. On conçoit que cet eudémonisme banal ait excité la verve du terrible railleur. Le point de vue rationnel se tient dans un ordre de considérations plus élevé. Cependant la dialectique a parfois des hardiesses singulières, et nous rangeons dans cette catégorie l'idée que le mal n'aurait pas d'existence réelle; il ne serait qu'un élément négatif, un non être. Cette thèse est bien énoncée par Origène (*In Joh.*, II, 7) et Augustin (*Civ. Dei*, XI, 9 : *Mali nulla natura est, sed amissio boni mali nomen accepit*); mais ni l'un ni l'autre n'attachent plus d'importance qu'elle ne mérite à cette subtilité de l'Ecole. Le raisonnement est mieux inspiré, quand il écarte de la question tout ce qui n'est pas souffrance positive, ce qui n'est que limite de notre être borné. C'est ce que Leibnitz appelle le mal métaphysique : Dieu ne nous a pas doués de la perfection absolue, identique à la sienne, et si ces limites de notre puissance sont pour nous un sujet de mécontentement, nous ne devons imputer ce chagrin qu'à l'égarement de notre ambition. La philosophie rationnelle nous invite de plus à ne pas nous arrêter aux faits particuliers, aux individus, mais à considérer l'effet total : car Dieu s'occupe de l'ensemble et non des détails. Malebranche dit : « Si vous jugez des ouvrages de Dieu uniquement par rapport à vous,

vous blasphèmerez bientôt contre la Providence » ; et il compare les imperfections aux ombres distribuées sur quelques parties d'une belle peinture; Leibnitz, aux dissonances indispensables pour la beauté d'une symphonie. Cette manière de voir était déjà en usage dans l'antiquité : la divinité ne s'occupait que des objets dignes de sa grandeur et ne s'abaissait pas aux petits. L'Evangile nous enseigne une philosophie meilleure : Il ne tombe pas en terre un passereau sans la permission de notre Père. Dieu a mis en nous l'aspiration au bonheur personnel, et ce mouvement instinctif trouverait une maigre satisfaction dans la pensée que nos peines contribuent à l'harmonie de l'effet général. Malebranche sent l'insuffisance de son argument et il le complète par l'idée de l'incarnation : autant le monde, sans le divin, est profane, indigne de Dieu, autant il devient, par la présence du Verbe, digne des perfections de son Créateur; et Leibnitz reproduit cette pensée. Mais le philosophe de Hanovre a surtout préparé, dans quelques indications rapides, l'argument principal de la philosophie moderne, savoir l'idée de la perfectibilité indéfinie. Il ne faut pas considérer le monde tel qu'il est à un moment donné, mais dans sa transformation progressive et incessante, qui lui permet d'espérer une magnifique carrière : ce monde est le meilleur, parce qu'il s'avance sans cesse vers ce qui est meilleur, parce que le plan sur lequel il est conçu est le meilleur. Toutefois, sans nier la justesse de cette pensée, on peut renouveler l'objection que soulevait l'idée de l'ensemble auquel les détails seraient sacrifiés ; ici, de même, on peut se demander si les premières générations ne sont pas sacrifiées au profit des dernières, et aussi se demander si cette conception toute logique suffit pour expliquer la présence de la douleur dans ce monde. Le troisième point de vue subordonne tous les événements et tous les intérêts au principe éthique, que nous ne séparons pas du principe religieux. Il aboutit à cette conclusion : que la création est parfaitement organisée pour le développement complet de notre vie spirituelle. Comme cet ordre d'idées est exposé dans d'autres articles encore (voyez les articles *Mal*, *Providence*, *Création*, etc.), il suffit de l'indiquer sommairement. Non seulement les souffrances ont un rôle utile dans notre condition actuelle, mais au mal qui tient son origine de l'abus que la créature a fait de sa liberté, Dieu a opposé une réparation, une rédemption où il se donne à nous. S'il y a des détresses qui dépriment les âmes et brisent leur ressort, c'est que ces âmes se sont d'avance affaiblies en se détournant de Celui qui est la source de toute bonne énergie. Car l'homme qui s'assure en Dieu est assez fort pour dominer les misères d'ici-bas; les épreuves ne lui sont pas toujours épargnées, mais il demande à son Père de pouvoir les surmonter par la paix de Christ. Ce que Dieu a fait pour nous dépasse tellement nos pensées, que nous ne saurions concevoir des bienfaits plus grands. Quant à la question que Pierre Lombard discute doctement (*Sentent.*, l. I, dist. 44) : Si Dieu n'aurait pas pu faire encore mieux et plus, il faudrait la souveraine sagesse du Créateur pour pouvoir y répondre pertinemment. — Voyez, outre les ouvrages déjà cités, Bilfinger, *Comm. philos. de origine et permiss. mali præc. moralis*, 1774 ; Kant, *Ueber das Misslingen aller philos. Versuche in der Theodicee*, 1791 ; Jos. de Maistre, *Soirées de Saint-Pétersbourg*, 1822 ; B. H. Blasche, *Das Böse im Einklang mit der Weltordnung*, 1827, H. C. Sigwart, *Das Problem des Bösen*, 1840 ; W. Gass, *Optimismus u. Pessimismus, der Gang der christl. Welt-u. Lebensansicht*, 1876. A. Matter.

ORACLE. Chez plusieurs peuples de l'antiquité, ni les gouvernements, ni les simples particuliers n'auraient osé s'engager dans quelque affaire importante sans consulter les dieux et sans avoir leur avis sur l'entreprise projetée. La réponse divine à ces consultations s'appelait un oracle (*oraculum* chez les latins, μαντεῖον chez les Grecs). On donnait également ce nom aux lieux où les dieux faisaient connaître leur opinion à ceux qui les consultaient. Les sanctuaires où se rendaient des oracles, étaient nombreux en Egypte. Les plus fréquentés étaient celui de Meroé qni passait pour le plus ancien, celui de Thèbes et celui d'Ammonium. Ils n'étaient pas moins nombreux dans la Grèce. L'oracle de Dodone était le plus ancien ; c'est du moins le seul qui soit mentionné dans Homère. Celui de Delphes acquit une célébrité plus grande encore. Après l'établissement de la ligue amphictyonique, il prit un caractère national ; il devint même plus tard l'oracle du monde entier, *oraculum orbis*, comme dit Cicéron (*Pro M. Fonteio*, § 13). Les Romains eurent aussi des oracles qui remontaient très haut, mais qui disparurent de bonne heure. Ils s'adressèrent alors à ceux de l'Egypte et de la Grèce, principalement à celui de Delphes. — A en juger par les moyens puérils ou grossiers par lesquels on croyait que les dieux faisaient connaître leur volonté, il faut admettre que les oracles remontent très haut et qu'ils ont dû prendre naissance dans des siècles de barbarie et de complète ignorance. Benj. Constant (*De la religion*, III, p. 369) prétend qu'ils survécurent chez les Grecs à la destruction du gouvernement sacerdotal ; qu'à la suite de cette révolution, ils perdirent de leur prestige et de leur influence ; mais que la curiosité inquiète et la crédulité leur rendirent en partie leur ancien crédit. Que l'on admette ou non cette hypothèse d'un changement religieux et politique survenu dans la Grèce à une époque reculée, on n'en doit pas moins reconnaître que dans les temps historiques les oracles se présentent dans ce pays avec un caractère national, que les prêtres qui en étaient les interprètes, ne séparaient pas leurs intérêts de ceux de la nation elle-même, et subissaient l'inspiration des grandes assemblées politiques (l'oracle de Delphes par exemple, celle de la ligue amphictyonique). — M. Alfr. Maury (*Hist. des religions de la Grèce antiq.*, II, 510-539) fait remarquer que des nombreux documents que les écrivains de la Grèce nous ont laissés sur les oracles (documents qu'il a soin d'indiquer), on est autorisé à conclure qu'ils méritaient la confiance et le respect général et qu'ils étaient placés entre les mains de prêtres sages et vertueux. Dans leurs réponses on retrouve toujours la préoccupation des intérêts de la Grèce, le désir de maintenir la bonne harmonie entre les divers Etats qui la composaient et de prévenir ou d'empêcher les agressions injustes. Sous un autre rapport, les oracles exercèrent un effet moral salutaire, et contribuèrent à adoucir les mœurs des Hellènes encore barbares, en condamnant l'homicide, la trahison, les violations du droit public et privé, et en réclamant en faveur des sentiments d'humanité contre les excès des vengeances privées et les violences des dissensions intestines. Sous le rapport religieux, ils s'opposèrent aux écarts de la superstition populaire, recommandèrent constamment de s'en tenir aux cultes établis par les lois ou la coutume. Quand on demande à l'oracle de Delphes quel est le meilleur des cultes, il répond toujours : Conformez-vous à celui qui est reçu dans votre pays (Hérodote, VI, 66). Ils réprimandaient enfin les peuples qui négligeaient l'exercice de la religion (Alf. Maury, *ibid.*, II, 11 ss.). Il n'est pas inutile d'ajouter que la Pythie célébra à plusieurs reprises les mérites et la vertu des grands citoyens. Elle déclara que Lycurgue s'approchait plus de la nature des dieux que de celle des hommes (Hérodote, I, 65) ; elle proclama Socrate le plus vertueux des mortels (Pline, *Hist. natur.*, VII, 35). — La ruine de la liberté dans la Grèce, porta un coup funeste aux oracles ; elle leur enleva l'esprit national qui les avait inspirés et soutenus, et les mit sous la dépendance de maîtres étrangers, auxquels leurs interprètes ne surent pas résister. L'affaiblissement des croyances et les progrès de la culture générale, contribuèrent en même temps à leur déclin. Ils ne disparurent pas cependant à l'avènement du christianisme, comme plusieurs anciens écrivains ecclésiastiques l'ont prétendu, mais ils n'étaient plus que l'ombre d'eux-mêmes, quand ils furent supprimés par l'empereur Théodose. — Les chrétiens les attribuèrent aux esprits du mal. Cette opinion a été adoptée par l'Eglise. Rollin lui-même la partage (*Hist. ancien.*, I, 387). « Dieu, dit-il, pour punir l'aveuglement des païens, permit quelquefois que les démons rendissent des réponses conformes à la vérité. » Elle fut attaquée par Ant. van Dale, dans son *De oraculis Ethnicorum dissertationes duæ*, Amstel., 1673, in-12, ouvrage arrangé en français par Fontenelle sous ce titre : *Histoire des oracles*, Paris, 1687, in-12°. Ces deux écrivains soutiennent que les oracles sont dûs uniquement à la fourberie des prêtres païens, et ce sentiment a été admis par la plupart des écrivains du dix-huitième siècle. Le jésuite Baltus opposa à l'ouvrage de Fontenelle *Réponse à l'histoire des oracles*, Strasb., 1707 et 1709, 2 vol. in-12 ; et un théologien allemand, du nom de Georg. Mœbius, qui avait déjà soutenu l'opinion orthodoxe touchant l'origine et la cessation des oracles dans *Tractatus theologicus de oraculorum origine, propagatione et duratione*, en publia en 1685 une troisième édition dans laquelle il prit à partie van Dale. — On a beaucoup écrit sur les oracles, la plupart du temps sans critique ; il ne servirait de rien de donner la liste de ces ouvrages. Nous nous contenterons d'indiquer l'article *Oracle* par M. Guigniaut dans l'*Encyclopédie des gens du monde*, et la *Real Encyclopédie* de Pauly, II, 1125 ss. — Les Hébreux avaient aussi un oracle ; voyez le mot *Urim*.

M. NICOLAS.

ORAISON DOMINICALE (Matth. VI, 9-13, et Luc XI, 2-4). — 1. *Caractère* *et but.* En donnant à ses disciples ce modèle de prière, Jésus a sans doute voulu leur montrer ce que doit être la vraie prière, soit pour la forme (plénitude dans la brièveté, par opposition aux vaines redites des Juifs et des païens), soit aussi pour le fond (subordination des intérêts de l'homme à ceux de Dieu et des besoins temporels aux besoins spirituels, place faite dans la prière à l'intercession et à la confession des péchés, etc.). Que Jésus ait, ou non, reproduit cette même formule dans deux occasions différentes, l'exemple des premiers chrétiens et les variantes mêmes qui distinguent le texte de Luc de celui de Matthieu nous montrent que les apôtres ne crurent pas qu'il fallût en user d'une manière exclusive et servile. On comprend toutefois que les chrétiens de tous les temps, se trouvant en présence d'un spécimen de prière aussi substantiel que concis, sorti de la bouche même du Maître et pouvant être appelé justement un *breviarium totius Evangelii* (Tertullien), aient trouvé bon, pour éviter, dans leur culte public, domestique ou individuel, l'écueil d'un subjectivisme excessif, d'employer largement cette formule solennelle, qu'ils pouvaient répéter plus que toute autre « au nom du Seigneur » et avec la certitude de l'exaucement. Chose curieuse ! Tandis que, dans l'ancienne Eglise, on estimait que l'oraison dominicale ne devait être répétée que par les personnes qui avaient demandé et reçu le baptême de régénération, les quiétistes et les plymouthistes ont enseigné plus tard que cette prière avait été formulée par Jésus en vue de l'état, plus juif que chrétien, qui était, avant la Pentecôte, celui de ses disciples, et que le chrétien, affranchi par l'esprit d'adoption, pouvait et devait user, en parlant à son Dieu, d'un tout autre langage. Ces deux exagérations opposées se détruisent mutuellement. — 2. *Occasion et date.* Matthieu insère l'oraison dominicale dans l'instruction sur la prière qui fait partie du Sermon sur la montagne ; Luc la place passablement plus tard et en fait la réponse du Seigneur à la requête d'un disciple qui, l'ayant vu en prière, lui avait dit : « Maître, enseigne-nous à prier, comme Jean l'a enseigné à ses disciples. » Il n'est pas absolument impossible que Jésus ait répété, à la demande d'un individu isolé, la formule qu'il avait déjà proposée antérieurement à la foule qui l'écoutait sur la montagne. Toutefois, comme l'étude comparée des Evangiles nous montre que Matthieu a souvent fait rentrer dans le cadre d'un seul et même discours suivi des préceptes émis par son Maître en divers temps et en diverses circonstances, et comme l'introduction de l'oraison dominicale dans le Sermon de la montagne semble interrompre la suite, ou du moins appesantir la marche du discours, la plupart des commentateurs modernes n'hésitent pas à penser que Luc nous raconte plus exactement que Matthieu l'occasion dans laquelle le Seigneur enseigna cette prière à ses disciples. Il se peut, en revanche, que Matthieu ait indiqué plus exactement que Luc l'époque du ministère de Jésus où l'oraison dominicale fut communiquée aux apôtres. — 3. *Texte authentique.* Matthieu et Luc ne sont pas non plus tout à fait d'accord sur la teneur même de l'oraison dominicale. Le texte original de Luc est plus court que celui de Matthieu : l'invocation y est réduite au seul mot de « Père » et il y manque la troisième demande et la seconde moitié de la sixième. Quelques critiques (Schleiermacher, Holtzmann, Kamphausen) préfèrent cette recension du troisième Evangile ; ils pensent que le rédacteur du premier Evangile a développé le texte de l'oraison dominicale, soit pour élever les demandes au chiffre sacré de sept, soit pour fixer plus clairement le sens véritable des paroles de Jésus. Toutefois, comme les parties que Matthieu possède seul offrent une parfaite vraisemblance interne, nous nous joindrons au plus grand nombre des commentateurs pour donner la préférence à la recension du premier Evangile. Bleek pense que Luc nous donne l'oraison dominicale telle qu'elle a été rédigée primitivement d'après les souvenirs d'un seul disciple, tandis que Matthieu nous l'a conservée telle qu'elle a été reconstituée plus exactement d'après les communications de plusieurs auditeurs. La doxologie qui termine l'oraison dominicale dans le texte reçu du premier Evangile, est manifestement inauthentique, ainsi que l'*amen* qui la couronne elle-même. — 4. *Origine et sources.* Bruno Bauer a soutenu que l'oraison dominicale ne provenait nullement de Jésus, mais qu'elle s'était formée peu à peu dans l'Eglise ; aucun critique de sens rassis n'a cru devoir appuyer cette injustifiable assertion. Rhode, Richter, Seyffarth et Herder lui-même ont avancé que Jésus avait tiré les éléments de cette prière du Zendavesta ; cette hypothèse, que Gebser combattit dans une dissertation spéciale (Iéna, 1824) est aujourd'hui tout à fait abandonnée. Grotius, Cappel, Lightfoot et surtout Wetstein ont pensé que les demandes de l'oraison dominicale avaient toutes été empruntées par le Seigneur à diverses prières rabbiniques usitées de son temps, et Seb. Moeller, allant plus loin encore dans la même voie, et entraînant après lui Augusti, a cru que ces demandes étaient les premières phrases d'autant de prières juives dont le Seigneur aurait recommandé l'usage à ses disciples. Mais la seule ressemblance qui existe entre les textes produits et l'oraison dominicale consiste en ceci que, dans les prières du *Makhouzor* (rédigé au moyen âge) et du *Sépher Mouzâr* (écrit vers 1500), Dieu est quelquefois invoqué sous le nom de Père, et qu'on lui demande de rétablir le royaume d'Israël; en outre, dans une formule appelée le *Kaddisch* (qui existait déjà au milieu du troisième siècle), on lit ceci : « Que le grand nom de Dieu soit glorifié et sanctifié dans le monde qu'il a créé selon son bon plaisir, et qu'il fasse régner son règne durant votre vie et dans vos jours et pendant la vie de toute la maison d'Israël, etc. » Voilà tout. Et encore est-il extrêmement douteux que les prières en question fussent déjà récitées du temps de Jésus. — 5. *Plan et marche.* L'oraison dominicale se compose d'une invocation et d'un certain nombre de demandes. Les demandes (nous en comptons six) forment deux séries parallèles : les trois premières, qui sont plutôt des vœux (troisième personne du subjonctif), ont trait à la gloire de Dieu; les trois dernières, qui sont des requêtes positives (deuxième personne de l'impératif), se rapportent directement aux besoins de l'homme. Cette priorité donnée à la cause de Dieu implique chez celui qui prie un dépouillement de soi-même qui suppose l'action de la grâce dans son cœur. Dans la seconde partie de l'oraison dominicale, le chrétien dit « nous » et non pas « moi ; » l'intercession se confond sur ses lèvres avec la supplication personnelle ; l'esprit fraternel vient compléter l'esprit filial. Dans la première demande de chacune des deux séries, Dieu est considéré plutôt comme le créateur et le conservateur de toutes choses ; dans la deuxième demande, comme le restaurateur et le rédempteur du monde ; dans la troisième demande, comme l'auteur de la régénération et de la sanctification des hommes. Il semble donc qu'il y ait là comme une allusion intentionnelle à l'œuvre à la fois triple et une du Père, du Fils et du Saint-Esprit (Tholuck, Ebrard). La connaissance du rôle médiateur de Christ et de l'Esprit était sans doute réservée à une période ultérieure de la révélation ; mais une fois ce progrès accompli, les chrétiens devaient être tout naturellement amenés à interpréter en conséquence la prière modèle qu'ils s'étaient mis à adresser à Dieu « au nom de Jésus » (Jean XIV, 13 ; XV, 16 ; XVI, 24. 26). En revanche, les rapprochements établis entre les sept demandes de l'oraison dominicale et les sept péchés capitaux, les sept sacrements, les sept dons de Dieu et les sept béatitudes (Bonaventure), les diverses époques de l'Eglise (Stapfer), les divers âges de la vie, les divers commandements de la Loi (Stier), nous semblent tous fort artificiels.

6. *Usage liturgique.* L'oraison dominicale n'est pas mentionnée dans les quelques passages du Nouveau Testament et des Pères apostoliques qui nous parlent de prières faites en commun par les chrétiens, mais cela ne prouve pas qu'elle ne figurât jamais dans ces prières. Son usage régulier était en tous cas établi dans l'Eglise dès la fin du second et le commencement du troisième siècles. Le *De Oratione* de Tertullien, écrit avant l'an 200, est essentiellement une explication de l'oraison dominicale, envisagée comme l'*oratio legitima et ordinaria ;* le *De Oratione dominica* de Cyprien appelle cette prière *publica nobis et communis oratio*, et la seconde partie du Περὶ εὐχῆς d'Origène est un commentaire sur l'oraison dominicale. Au quatrième et au cinquième siècles, le témoignage de Chrysostome, d'Augustin, etc., nous montre que la prière du Seigneur avait acquis une place fixe dans les liturgies de l'Eglise universelle. Pendant tout le règne de la discipline du secret, l'usage de l'oraison dominicale fut réservé aux fidèles baptisés ; on pensait que les catéchumènes, n'ayant pas encore reçu dans le baptême l'esprit d'adoption, et n'étant pas encore admis à participer à la cène, ne pouvaient, ni invoquer Dieu comme leur Père, ni lui demander le *panem supersubstantialem*. Les *Constitutions apostoliques* (l. VII, c. 24) recommandent de répéter l'oraison dominicale trois fois par jour, et la même prescription fut faite, à la même époque, par plusieurs conciles provinciaux. La prière du Seigneur figura de bonne heure aussi dans l'office du bap-

tême et de l'eucharistie. Au moyen âge, les inventeurs du grand rosaire y placèrent quinze *Pater* à côté de cent cinquante *Ave Maria*. Les Eglises de la Réformation, qui développèrent l'usage catéchétique de l'oraison dominicale, rétrécirent plutôt, tout en le maintenant, son usage liturgique. La prière du Seigneur ne se répète cependant encore pas moins de cinq fois dans l'office dominical du matin de l'Eglise anglicane. — 7. *Littérature.* L'oraison dominicale a donné lieu à un nombre immense de productions littéraires, artistiques et scientifiques de toute nature. Elle a été traduite en prose et en vers dans toutes les langues du monde et illustrée par le pinceau, le burin ou le ciseau d'une foule d'artistes. Les traités, commentaires et sermons sur la prière du Seigneur forment toute une bibliothèque dont nous ne pouvons donner ici qu'un aperçu. — Les plus remarquables des écrits qui nous ont été légués sur ce sujet par l'antiquité chrétienne sont ceux de Tertullien, *De Oratione liber*; Cyprien, *De Oratione dominicâ;* Origène, Περὶ εὐχῆς, c. XVIII; Chrysostome, *Hom. XIX in Matth.*; *Hom. de instituenda secondum Deum vitâ;* Cyrille de Jérusalem, *Cateches.*, XXIII, §§ 11-18; Grégoire de Nysse, *De Oratione*; Jérôme, *Dial. contra Pelagianos*, l. III, c. XV; Augustin, *Sermo Domini in Monte*, l. II, c. V-XI; *Sermones in Matth. VI.* — Parmi les auteurs qui ont écrit sur l'Oraison dominicale pendant ces quatre derniers siècles, nous signalerons les suivants. En latin : Geiler de Kaisersberg, Strasb., 1509, etc.; Nicolas de Dinkelsbühl, Strasb., 1516; Chemnitz, *Harmonia evangelistarum*, 1593, etc.; Witsius, *Exercitationes sacræ*, éd. 3, 1697; G. Olearius, *Observationes sacræ*, Lips., 1713; J.-A. Schmid, Helmst., 1723; J.-Geo. Walch, Iéna, 1729; Stapfer et N. Brunner, dans la *Tempe helvetica*, t. I et II, Tigur., 1735-36; Nœsselt, *Exercitationes*, Halle, 1803; Gebser, Königsb., 1830, avec un catalogue détaillé des ouvrages antérieurs. — En français : Bossuet, *Méditat. sur l'Ev.*, 22e-27e jours; Bourdaloue, *Pensées;* Nicole, dans ses ouvrages théol., le *Pater;* les sermons spéciaux de Jaq. Martin, Gen., 1838, etc.; Ph. Bridel, Laus., 1846; Ath. Coquerel père, Paris, 1850; les méditations de Mme de Witt, Toulouse, 1867; l'étude catéchétique d'A.-L. Montandon, Paris, 1851. — En allemand : Luther, *Ausleg. des Vaterunsers*, 1518; *Grosser* et *Kl. Catechismus*, 1529; *Predigten üb. Matth. VI*, 1530, etc.; Ursinus et Olevianus, *Heidelb. Catechismus*, 1563. Les commentaires ou traités sur le Sermon sur la montagne de Tholuck, Hamb. 1833, etc.; de Kling, Marb., 1841; d'Achelis, 1876; de Hülle, 1876; de Bode, Giessen, 1869, et de Thiersch, Augsb., 1878. Les dissertations spéciales sur l'Oraison dominicale de R. Matthæi, Gött, 1853; S.-F. Evertsbusch, Lennep, 1861 et A. Kamphausen, Elberf., 1866. Les sermons ou méditations de Kiesselbach, Francf., 1790; Girardet, Leipz., 1817; Breiger, Gött., 1819; G.-F.-W. Schulz, Spire, 1821; J. John, Hamb., 1829, etc.; J. Küpper, Berl., 1829; Bender, Barmen, 1832; Zimmer, Francf., 1834; Fikenscher, Nüremb., 1834; W. Lœhe, Nüremb., 1837, etc.; F. Arndt, Berl., 1837, etc.; K. Zimmermann, Neustadt, 1837; Kl. Harms, Kiel, 1838; G.-T.-F. Seidel, Nüremb., 1838; Marheineke, Berl., 1840; Posner, Grünberg,

1840; Niemann, 1844; J.-F. Bruch, Strasb., 1853; C. Josephson, 1856; Ém. Frommel, Carlsr., 1861; Rud. Müller, Berlin, 1870; Em. Müller, Bern., 1879; Haffner, Erlangen, 1879 ou 1880. — En anglais, les expositions ou prédications de W. Tyndale, 1532; l'év. Latimer; J. Bradford; H. Broughton; H. Greenwood; l'év. Andrewes; H. Scudder, Lond., 1630; l'év. H. King, Lond., 1634; l'év. Downamé, Lond., 1640; sir M. Hale; A. Farindon; sir R. Baker, Lond., 1640; T. Manton, Lond., 1684, 1841; l'arch. Leighton; l'év. Hopkins, Lond., 1698; T. Beverley, Lond., 1692; W. Clagett; sir H. Campbell, Edimb., 1709; B. Chandler, Lond., 1714; l'év. Blackall, Lond., 1727; J. Blair; P. Newcome; J. Jackson, Lond., 1728; T. Boston; T. Bisse, Oxf., 1740; T. Mangey, Lond., 1750; W. West, Lond., 1758; l'év. Newton; S. Ogden; C. Churchill; J. Witty, 1772; M. Lort, Lond., 1790; G. Burder; S. Wix; T. Scobell, Lond., 1815; J. Brewster; R. Dickinson; J. Clowes, Lond., 1820; C. Benson, 1820; J. Fawcett; H. Marriott; W. Langford; J.-A. Busfield; T. Young, York, 1827; J. Knight, Lond., 1832; W. Howell, Lond., 1835; J. Perowne, Lond., 1835; P. Dusautoy; P.-D. Maurice, Lond., 1848; J. Williams; Saphir, Lond , 1851; C. Kingsley; Vaughan. F. Chaponnière.

ORANGE (*Civitas Arausicorum*, *Arausio*), évêché de la province d'Arles, autrefois cité de la province Viennoise. Le diocèse ne comptait que vingt et une paroisses. La cathédrale, consacrée en 1208, est dédiée à Notre-Dame. Les origines en sont peu connues. On trouvera le rapide récit de cette histoire dans le vol. I du *Gallia christiana*. Le siège d'Orange fut uni à celui de Saint-Paul-Trois-Châteaux du commencement du neuvième siècle à l'année 1107. L'évêché fut supprimé après la révolution. Orange a possédé une université depuis 1365. Un synode fut tenu en 441, dans l'*Ecclesia Justinianensis*, au diocèse d'Orange, mais on n'a pas retrouvé ce lieu (voyez les collections de Mansi et Sirmond, et surtout l'édition des bénédictins des conciles de la Gaule, vol. I, 1879, et la *Bibl. eccles.* de Bruns, qui reproduit les textes des bénédictins, II, 2; Hefele, t. II, 2e éd., 1875). Ce synode émit d'importants canons de discipline. Un deuxième concile, celui de 529, fut dirigé contre le semi-pelagianisme. Les actes se trouvent aux mêmes endroits, et dans le vol. X des œuvres de saint Augustin, *Appendice*, p. 157. Il est longuement discuté dans le livre de M. de Héfelé.

ORANGE (Le protestantisme à). La principauté d'Orange, après avoir passé par mariage en 1393 de la maison de Baux à celle de Châlons, fut transférée de même en 1530 à celle de Nassau-Dillembourg, Philibert, dernier comte de Châlons, l'ayant léguée à Réné, fils de sa sœur Claude, épouse de H. de Nassau; il eut pour successeur son cousin germain Guillaume le Taciturne. Enclavé dans le comtat Venaissin, sauf à l'ouest où le Rhône le séparait du Languedoc et facilitait sa communication avec le Dauphiné au nord et la Provence au sud, ce petit territoire de quatre lieues et demie de large sur trois lieues de long, comptait une ville forte, Orange, trois villes secondaires, Courthézon, Jonquières et Gigondas, trois villages, dix mille âmes. Sa position, à la fois centrale, formant comme le point de jonction de quatre provinces, et politiquement indépendante des souverains à qui elles appartenaient, lui donnait une importance de beaucoup supérieure à son étendue, et devait en faire d'un côté le refuge des persécutés, de l'autre le constant point de mire des ambitions voisines que rendait plus redoutables son propre isolement. Orange relève de princes tour à tour alliés ou ennemis de la France ou de l'Espagne, hostiles ou favorables à la Réforme ; aussi son histoire, dans sa sphère restreinte, est-elle étroitement liée à celle des grandes luttes nationales et religieuses du seizième et du dix-septième siècles, dont elle a ressenti tous les contre-coups, souvent avec les plus cruelles aggravations. — La Réforme y fut préparée par les vaudois du comtat et de la Provence qui prirent de bonne heure l'habitude d'y chercher un asile. François Ier s'était emparé de la principauté en 1543; il la rendit à Guillaume en 1545, l'année des massacres de Mérindol et de Cabrières; en 1547, Martin d'Auriac d'Orange est condamné à l'amende honorable pour avoir mal parlé de la religion ; en 1548, l'abbesse de Saint-Pierre quitte la ville avec toutes ses religieuses et se retire à Genève ; en 1552, quatre habitants de Courthezon sont torturés, dont le plus jeune succombe à ses souffrances ; en 1555, deux jeunes gens sont condamnés à la prison pour hérésie, et y passent six années. Le nombre des Réformés ne cessait cependant de s'accroître; Genève envoyait ses colporteurs évangéliques. En 1560, Picard, après des prédications dans la cathédrale, établit une première forme d'exercice, réglé plus tard par Georges Corneille ou Caroli, dont le ministère avait été demandé à Galvin par l'Eglise naissante ; mais bientôt un édit du prince, provoqué par le légat d'Avignon, interdit « tous prêches publics et particuliers sans expresse licence des consuls et vicaire de l'évêque, à peine de confiscation et d'exil. » Le duc de Guise offrait à Guillaume de lui faire prêter par le roi de France autant de gendarmerie qu'il lui serait nécessaire pour extirper les sectaires. Cependant la guerre civile commençait en Provence sous du Puy-Montbrun; les Orangeois, accusés de favoriser les rebelles, apaisent La Motte-Gondrin par un don de 2,000 écus, et l'assemblée des Etats défend les prêches qui ne se continuent plus que de nuit. A la paix de 1561, le prince accorde la même liberté de conscience qu'en France et son pardon « à condition de croire catholiquement. » On le prévient que les prêches de jour reprennent et que le « ministre à gages » a corrompu la plupart des habitants de Courthézon et de Jonquières. Un nouvel édit contre les ministres, l'exercice et la résidence des réfugiés (Bréda, 6 juillet 1561) est de nul effet. L'élan se propage; un ancien adversaire, le président du parlement Parpaille se convertit, les moines jacobins offrent leur temple, l'exercice devient public dans les églises catholiques dévastées et pillées, la messe est supprimée, et le 21 décembre une communion solennelle « selon le rit de Genève » réunit les consuls, les conseillers et officiers principaux. Guillaume venait de conclure un mariage protestant et se rattachait de plus en plus à la Réforme. L'ordre et les deux cultes sont rétablis un peu avant Vassy, puis la guerre extérieure reprenant, les protestants de la ville s'y rendent les maîtres; Parpaille va conférer à Lyon avec les chefs huguenots, est arrêté au retour par les Contadins, conduit à Avignon et exécuté, tandis que Fabrice Serbelloni, commandant des troupes papales, aidé de Sommerive, sénéchal de Provence, arrive à l'improviste devant Orange le 6 mai 1562, prend le château d'assaut, le brûle et livre la ville à un massacre dont les historiens nous ont conservé les effroyables détails. Le ministre Patac y périt; les protestants fugitifs rejoignent le baron des Adrets et s'unissent à ses représailles sanglantes. La place est successivement gouvernée par le catholique La Tour, reprise et reperdue deux fois par les réformés (1562), assiégée par Montbrun (1563), occupée le 21 mars par de Crussol devenu protestant, et enfin comprise dans l'édit de paix du 26 août, les catholiques rentrant en possession de leurs églises, les réformés obtenant pour six mois celle des Jacobins et des lieux de culte à Courthezon, Jonquières et Gigondas. L'année suivante, envoi de commissaires qui, après avoir fait dire une messe et prêcher des catholiques, nomment des consuls huguenots et, sur l'essai d'intervention de Catherine de Médicis à son passage, lui refusent le choix du gouverneur. Le sieur de Varick signe avec le Comtat une paix maintenue jusqu'à la deuxième guerre de religion. Le 3 janvier 1568 les catholiques la rompent en s'emparant, sous La Suze, de Jonquières et de Courthezon où ils prennent trois ministres, Jean Guers brûlé vif à Avignon et les deux autres pendus. Profitant du ban prononcé par Philippe II contre Guillaume, Charles IX somme Orange de se rendre; la ville capitule, Varick s'éloigne suivi de 500 protestants qui rejoignent à Gap l'armée de Mouvans. — Pendant deux ans Orange est gouverné au nom du roi de France, d'abord par La Molle qui défend l'exercice, fait brûler la Bible, redire la messe dans le temple et ordonner aux réformés d'y assister, puis par Saint-Jaille qui démolit le château et traite rigoureusement les protestants jusqu'à la paix de 1570 dont l'article 30 porte remise en possession de ses terres du prince d'Orange. Damville, chargé de l'exécution, refuse le gouverneur choisi et nomme Monmejan qui, le 6 janvier 1571, laisse accomplir par les catholiques et les soldats contadins un massacre aussi horrible et plus prolongé que le premier, vrai prélude de la Saint-Barthélemy. Ils exigent que tous les protestants étrangers, même après dix ans de résidence, sortent dans les deux jours; le 4 février, ils égorgent encore Jean de Langes « homme de marque pour beaucoup de vertus et qui avait dès longtemps manié les affaires de la ville » et ses deux fils; le sang coule du 2 au 17, et quand le député des réchappés d'Orange vient à La Rochelle rendre compte à Ludovic de Nassau, à la reine de Navarre, aux princes et à l'amiral, « tous furent merveilleusement émus tant par la compassion qu'ils avaient de ceux qu'on avait si cruellement traités que de voir de sitôt des troubles. » Enfin Barchon est reconnu comme gouverneur au nom du prince; après la Saint-Barthélemy, les réfugiés affluant des provinces françaises adjacentes, Charles IX lui écrit de les expulser (22 oct.), et réclame la rentrée de tous les catholiques (14 déc.) ; de son côté, Bellièvre lui mande « qu'il ne peut faire moins que de se conformer à ce que le roi fait, faire retirer les ministres, interdire les assemblées. » Le gouverneur s'en réfère au prince et les exercices continuent. Après une surprise momentanée du château par le dauphinois Glandaige (1573-1574) pendant la troisième guerre de religion, la paix se rétablit jusqu'en 1578 où les protestants d'Orange supplantent Barchon par Merles, surpris à son tour et expulsé en 1579 par Chabert qui cède le poste aux sieur de Blacons. Ce dernier le conserve neuf ans sans être reconnu par le prince d'Orange, dont un édit venait d'accorder une subvention annuelle de 2,400 livres sur les biens ecclésiastiques, pour l'entretien des ministres, des collèges et des œuvres pies. C'est le moment où le Taciturne, répondant par son Apologie au ban du roi d'Espagne, insiste sur sa souveraineté absolue dans Orange : « Il n'y a prince pour le regard de ma dite principauté duquel j'ay besoin de l'amitié et bonne grâce, sinon le roi de France. » Un an après son mariage avec Louise de Coligny, Guillaume était assassiné ; son second fils Maurice occupa la régence pendant la longue captivité en Espagne de son aîné Philippe-Guillaume. Blacons devenu presque indépendant, après avoir pris une part active aux guerres de Provence et du Dauphiné et imposé au Comtat une redevance annuelle, crut pouvoir léguer par testament le royaume à son fils (1590), d'où un long conflit de celui-ci avec le Parlement retiré à Courthezon et une guerre ouverte entre les deux villes. Les commissaires envoyés par Maurice réclamèrent la médiation de Lesdiguières et des Eglises réformées. — L'Eglise d'Orange qui, dès le synode provincial de Lyon (avril 1561), avait requis d'être adjointe touchant « la doctrine et la police ecclésiastique » à la province du Dauphiné, et que le synode de Montélimart avait rattachée au colloque des Baronnies, n'a cessé qu'à de rares intervalles de députer aux synodes, s'est soumise pour le choix et la mutation de ses pasteurs à toutes leurs décisions et a demandé, à plusieurs reprises, à participer même aux réunions politiques. En lui contestant ce droit (voir plaintes des Orangeois à Privas et à Tonneins), les Eglises lui témoignaient leurs sympathies. Après le massacre de 1571 le synode général de Nîmes lança un appel en sa faveur, rappelant les 1,200 familles orangeoises réfugiées dans le seul Dauphiné. L'assemblée de Gap n'hésita pas à se prononcer pour Blacons contre le commissaire Saint-Aldegonde et celle d'Uzès répondit de même à Brederode. Soutenu par Lesdiguières, son parrain, et par les ministres de Serre et Julien, Blacons se maintient jusqu'à la paix de Vervins (1599), est confirmé par Philippe-Guillaume sorti enfin de captivité, le reçoit à Orange, et, à son départ, y commande de nouveau en maître. Au second voyage du prince, en 1603, les pasteurs plaident la cause du gouverneur « qui leur a déclaré ne tenir la place que pour les Eglises ; » la guerre reprend entre Orange et Courthezon ; l'église d'Orange réclame un secours d'argent du synode d'Embrun, et du synode de Die une intervention auprès du prince : les réponses très affectueuses dans la forme, « on est membre d'un même corps et d'abondant proches voisins, » sont négatives dans le fond. En 1604 seulement, sur l'ordre formel de Henri IV, Lesdiguières exige le départ de Blacons. En 1605 la ville, dit Elie Benoît, n'était presque habitée que par des réformés, et les députés de Provence demandent au synode de Grenoble qu'on s'occupe de sa conservation « comme importante aux Eglises. » L'édit de paix donné par Philippe-Guillaume le 1er septembre 1607 établit définitivement l'accord entre les deux cultes avec une protection et des droits égaux; l'église de Saint-Martin est attribuée aux réformés, la salle de la maison commune à ceux de Courthezon, le grand cimetière sera partagé par moitié, le Parlement et le corps consulaire seront mi-partis; il est expressément défendu d'enlever les enfants pour les baptiser; les unions des prêtres et personnes religieuses sont autorisées; mais un conseiller réformé assistera aux consistoires et assemblées générales, et les ministres, diacres et anciens devront prêter serment au prince à chaque mutation. La méfiance du souverain catholique et de tendances espagnoles se révèle dans ces dernières clauses, et les Actes des assemblées politiques et synodales en fournissent des preuves répétées. Les Eglises de France prenaient en effet en main la cause d'Orange, que sur le terrain ecclésiastique elles s'étaient habituées à regarder comme la leur. Dès l'assemblée de Châtellerault, émues du départ de Blacons, elles recevaient de Lesdiguières la promesse que la place serait commise à gouverneur et garnison réformés. En 1607 elles relèvent, dans une requête présentée au roi, la non-exécution par le prince de toutes les conventions : le gouverneur est catholique comme les troupes, comme les régents des classes, et surtout l'union de doctrine et de discipline avec les Eglises du royaume de France, autorisée le 3 septembre 1605, a été suspendue, le prince ayant interdit la tenue des colloques convoqués à Orange et l'assistance des ministres aux synodes de Dauphiné et de Languedoc. Le roi répond par l'envoi au prince du duc de Bouillon; le synode de Montélimart lui députait en même temps Montbrun et Chamier et se concertait avec le synode de Languedoc, « par la communion que nous avons ensemble, l'intérêt de l'Eglise d'Orange est le nôtre. » Les cahiers de l'assemblée de Gergeau (1609), ainsi que ceux de Saumur (1611), réclament une intervention directe du roi auprès du prince qui ne tient pas ses promesses à Bouillon et conserve le gouverneur; l'assemblée de Grenoble (1615) se plaint des entraves mises à Orange à l'exercice du culte; la même année, le synode de Mens unit ses efforts à ceux des protestants orangeois pour empêcher la nomination d'un conseiller catholique; l'année suivante le synode de Dieulefit s'occupe de la désunion qu'on a voulu faire des Eglises de la principauté d'avec celles de France et exhorte les pasteurs à redoubler de diligence, de jeûnes, prières et protestations « et en somme témoigner toute vigueur avec le respect dû au prince. » Tout paraît se calmer à l'avènement du prince Maurice (1618) qui nomme un lieutenant réformé et fortifie Orange. A la reprise des guerres civiles en France, Monbrun essaie en vain, près de la ville, le passage du Rhône. Sous Frédéric-Henri (1625) de nouveaux désordres éclatent; le gouverneur Valkembourg entre en conflits avec le parlement et traite secrètement avec la France pour la reddition de la place, moyennant cent mille écus, trahison empêchée par sa mort violente et par le rétablissement de l'autorité légitime. — Orange jouit enfin d'une période de repos et de prospérité. Sous le gouvernement éclairé du comte Christ. de Dohna, dont la belle-sœur avait épousé le prince et auquel succéda son fils, l'Eglise fut justement estimée « la plus heureuse de toutes celles de France. » Elle comptait de trois à quatre pasteurs à la fois : après l'historien Jean de Serres on remarque d'Espagne que le prince d'Orange obtint pour la Haye du synode de Briançon, et les deux Pineton de Chambrun; le père, deux fois député aux synodes nationaux, vit augmenter son Eglise de moitié dans son ministère de vingt années. Elle possédait deux temples, le plus grand érigé par Frédéric-Henri, et un collège dont le principal et trois régents sur quatre appartenaient à la foi réformée. Et surtout, comme le déclare le maréchal de Plessis dans ses Mémoires : « il n'y avait plus de retraite en France pour les huguenots que celle-là; » raison suffisante aux yeux de Louis XIV pour détruire, par quelque moyen que ce fût, ce dernier boulevard du protestantisme et de la liberté de conscience. La minorité de Guillaume III, les contestations entre l'aïeule et la mère du jeune prince, l'appel de la princesse-mère à l'arbitrage du roi de France lui fournirent un premier prétexte. Pendant son séjour à Avignon, n'ayant pu corrompre Dohna, il le fit sommer de céder la place; dans l'impossibilité de recevoir des secours de Hollande, le gouverneur dut se retirer devant les troupes de Plessis-Praslin (1660): après avoir visité la place, le roi fit raser les fortifications redoutables qui lui portaient ombrage; c'est le prélude à la longue persécution et à la série de violations du droit des gens, dont le second Pineton de Chambrun nous a conservé le douloureux récit. Dès cette première usurpation, on essaie d'introduire à Orange les armes employées en France, achat de conversions, enlèvements d'enfants, controverses de jésuites (toute controverse y avait été interdite depuis longtemps), publications de la déclaration contre les relaps, fustigation publique et barbare d'un garçon de neuf ans. En 1665, on reprend solennellement possession d'Orange au nom du prince et le calme règne jusqu'à la guerre entre la France et la Hollande. Le 11 janvier 1673, un arrêt du Conseil d'Etat adjuge la principauté, par droit de représailles, au comte d'Auvergne; le comte de Grignan y rentre et rase le château. La paix de Nimègue ramène la domination de Guillaume (1678), mais, quatre ans après, sous prétexte de la construction d'une muraille défensive, Louis XIV y fait entrer Montanègre, lieutenant général du Languedoc, comme dans une ville conquise, et accorde à ses dragons un pillage de quinze jours. Non seulement on ordonne de chasser les écoliers français, mais l'intendant revient saisir les relaps; d'où plaintes portées en cour de France par le grand pensionnaire Heinsius. En 1684, le roi envoie défense aux ministres d'Orange de recevoir dans les temples de ses sujets relaps, ou de « travailler à pervertir les catholiques pour leur faire embrasser l'hérésie ». Louis XIV parlait déjà en maître. Mais, de plus en plus, ses sujets persécutés se réfugiaient sur cette terre privilégiée ; il y en avait douze mille en 1685 ; les enfants y étaient portés au baptême de quinze à vingt lieues de distance : en septembre, tous les exercices étant supprimés en Vivarais et en Provence et tous en Dauphiné sauf deux, la foule des communiants du dehors obligea de dresser trois tables dans chacun des temples. L'orage grondait tout autour d'eux ; la Révocation est signée. Le parlement d'Orange, espérant le conjurer, ordonne en octobre la sortie en trois jours des étrangers ; il en part six mille au moment de l'arrivée de Grignan (23 octobre), bientôt suivi de Tessé et de ses dragons. On arrête les pasteurs, on profane, puis on démolit les temples, enfin on livre aux dragons la population protestante toute entière : « on n'épargne de ces rigoureux traitements ni le sexe, ni l'âge, ni les personnes distinguées par leur mérite, par leur naissance, non plus que les chétifs paysans. » Les lettres de Tessé à Louvois sont tristement significatives (*Bull.*, III) : le peuple « se catolicise en masse, » après avoir voulu en appeler à son souverain légitime. Louvois répond : « Sa Majesté aura bien agréable qu'on en use de même pour le plat pays que pour la ville.... Il n'y a que le ministre Chambrun, patriarche du pays, qui continue à ne pas vouloir entendre raison. » Harcelé en vain par quarante-deux dragons, quatre tambours battant jour et nuit à son chevet, le pasteur malade, mais obstiné, est transporté de Saint-Esprit à Valence, où il finit, dans un accès de souffrance, non par abjurer, mais par promettre « de se réunir, » paroles dont il manifesta un si éclatant et si touchant repentir. En 1686, il parvint à gagner Genève, mais ses quatre collègues, Petit, Chion, Gondrand et Aunet, restèrent douze ans enfermés à Saint-Esprit et n'osèrent répondre qu'après sept ans aux condoléances du synode Wallon, de Rotterdam, « nous sollicitons le ciel et la terre pour votre liberté » (Lettres, *Bull.*, VI). Elle ne leur fut rendue qu'à la paix de Ryswick (1697), où ils firent une rentrée triomphante, acclamés par le peuple qui se pressait à leur rencontre, demandant à être réunis dans la paix de l'Eglise. — Avec le rétablissement du culte, renaît l'irritation de Louis XIV. Les populations du Languedoc, privées depuis longtemps de secours spirituels, se portèrent en foule vers « cette oasis de paix et de liberté » (Peyrat). Une première déclaration du roi du 25 novembre 1697, défend à ses sujets de s'établir à Orange et d'y faire exercice de la R. P. R., ordonnant à ceux qui s'y trouveraient de revenir dans les six mois, leur interdisant d'y contracter mariage, d'y envoyer leurs enfants être baptisés ou instruits, le tout sous peine de mort pour les contrevenants. On ne leur permet que les voyages de commerce, cas limité par une seconde déclaration du 13 janvier 1698 : « plusieurs ayant abusé sous ce faux prétexte d'un commerce qu'ils ne font pas, s'y transportant pour y faire les exercices que nous leur avons défendus », l'autorisation n'est maintenue que sur justification aux gouverneur, commissaire ou intendant de l'étendue et de la nature de leur trafic. Le zèle ne se ralentissant pas, on crée une milice spéciale pour empêcher ces déplacements et dont les protestants payent les frais. Grâce à elle, d'après le Mercure historique, dès le 6 septembre 1698, on avait arrêté et condamné plus de quatre cents personnes pour s'être rendues au culte à Orange, et du 13 juin au 28 octobre pour ce seul délit, 101 hommes furent condamnés aux galères perpétuelles, 33 femmes à cinq ans de prison (*Archives de l'Intendance du Languedoc à Montpellier*). Brousson écrivait alors, dans une de ses missions héroïques : « Je me suis enhardi d'aller à Orange pour y avoir ma part de la consolation publique. » — Les destinées protestantes d'Orange se terminaient. Quand éclata la guerre de la succession d'Espagne, le gouverneur de Lubières, sans défense dans une place démantelée, obtint de Guillaume III l'autorisation de se retirer à Genève ; il y fut suivi d'un nombre considérable des principaux habitants ; une centaine émigrèrent à Canstadt. La branche directe des Nassau s'éteignit avec Guillaume en 1702. Deux jours après sa mort, le prince de Conti, de par les prétentions de la maison de Longueville dont était sa mère, et appuyé par un arrêt du Conseil, se mit en possession de la principauté, promettant de ne rien innover et de laisser aux protestants leurs libertés. Illusion de courte durée : Louis XIV, sur l'incitation de l'évêque, exigeait cette fois l'extirpation radicale de l'hérésie, et, sur le refus de Conti, lui offrait bientôt un échange de territoire, motivé dans la déclaration royale du 15 novembre « par les désordres que l'exercice de la R. P. R., professée dans Orange, a causés dans les provinces méridionales et surtout dans le Languedoc. » Une dernière fois, le 23 mars 1703, le troupeau se réunit et chante à genoux, en pleurant, le psaume LI ; puis le comte de Grignan interdit les ministres et ferme le temple, mais l'intercession de Conti obtient du roi des passeports pour Genève pour tous ceux qui ne voudraient pas abjurer. Presque tous en profitèrent, malgré les conditions désastreuses de la vente de leurs biens, et quoique l'exode fut rendu plus douloureux encore par les vexations imposées, obligation pour les hommes, à partir de l'âge de sept ans, de prendre le détour montagneux de cent lieues par Nice et les Alpes ; pour les femmes, de rester deux jours sur le rivage au nombre de 600, avec leurs jeunes enfants, sans nourriture, au grand soleil, dans l'attente des barques où elles furent entassées pendant une navigation de six semaines. Convenant donne la liste nominative de ces expatriés ; elle en comprend près de quinze cents divisés en groupes de familles : officiers de la garnison 15, du parlement 68, des domaines 20 ; pasteurs et anciens 67, dames nobles 65, avocats 61, médecins 62, notaires 18, bourgeois 153, marchands 99, laboureurs 247, artisans 562. La Suisse les recueillit pendant un an ; le 31 août, il restait 2,000 Orangeois à Genève, Zurich en prit 252, Berne 358, Bâle 131 ; les autres se partagèrent entre Schaffouse, Saint-Gall, Neuchâtel, Mulhouse et Bienne. Tous les pays protestants s'émurent et colleclèrent en leur faveur : en Angleterre, sur des lettres patentes de la reine Anne et des circulaires épiscopales. En juin 1704, la moitié des fugitifs se rendirent dans le Brandebourg : ils n'avaient cessé de se réclamer du roi de Prusse Frédéric Ier, fils unique de Louise-Henriette d'Orange, plus proche héritier de Guillaume III, et qui ne renonça à ses droits sur la principauté qu'au traité d'Utrecht; ils s'établirent à Aschersleben, Burg, Halle, Neuhaldenstein et Magdebourg. Berlin reçut les principaux représentants de la noblesse; le parlement subsista en corps et parut ainsi, en 1707, aux obsèques de la reine « où le mortier du président et les robes rouges des conseillers formaient un spectacle nouveau ; » on fonda pour les indigents la Maison d'Orange dont les gouverneurs furent d'anciens dignitaires de la principauté, MM. de Lubières, d'Alenson, de Beaufain. Une émigration suprême se rendit en Suisse en 1711. — A Orange même, malgré tant d'expatriations, il subsistait encore quelques lumignons évangéliques. Le synode national du désert décida, en 1744, que le Languedoc prêterait un ministre à Orange. En 1765, Choiseul envoyait des volontaires des Cévennes empêcher les réunions ; les protestants, que Paul Rabaut encourageait dans leur résistance, répondirent par un placet qu'appuya le commandant lui-même. Cependant, le 8 mars 1768, les soldats surprenaient dans les grottes d'Orange une assemblée de 80 personnes chantant le psaume CXIX : quatre chefs de famille, Tournier, Berlin, Jourdan et Guillaume se livrèrent pour les autres et subirent quelques mois de prison. Les prédications de nuit du pasteur Pie et de quelques autres n'en continuèrent pas moins. — Au moment de la réorganisation des cultes, le pasteur Molines évalue son troupeau à cent familles; dans l'état statistique de la population protestante du département de Vaucluse, celle d'Orange est de 400 âmes, celle d'Avignon de 80. Le culte fut solennellement rétabli le 7 messidor an XI, le temple consacré en 1811 et une annexe établie à Avignon en 1813. L'Eglise protestante d'Orange compte actuellement environ 250 membres, possédant un pasteur et deux écoles; celle de Courthezon a complètement disparu. — Sources: De la Pise, *Tableau de l'histoire des princes et principauté d'Orange*, La Haye, 1639, in-fol.; Crespin, *Histoire des martyrs;* Aymon, *les Synodes*; El. Benoit, *Histoire de l'édit de Nantes;* de Thou, *Histoire de France; Mémoires de l'état de France sous Ch. IX*, Middelbourg, 1574; Louis de Pérussis, *Histoire des guerres de Provence et du comtat Venaissin* dans les pièces fugitives du marquis d'Aubaïs; le père Justin, *Histoire des guerres excitées dans le comt. Venaissin et dans les environs par les calvinistes du XVIe siècle*, Carpentras; marquis du Plessis et marquis de Monglat, *Mémoires ;* Pineton de Chambrun, *Les Larmes*, rééd. par Ad. Schaeffer, Paris, 1854; Convenant, *Histoire abrégée des dernières révolutions arrivées dans la princ. d'Orange*, Londres, 1704, dont extraits dans Gaitte, *Emigration protestante de la princ. d'Orange*, Orange, 1859; Erman et Réclam, *Mémoires pour servir à l'histoire des réfugiés français dans les Etats du roi*, Berlin, 1794; *The Bishop of Salisbury's sermon upon the reading of the Brief for the persecuted exiles of Orange*,

Londres, 1704, in-4°; le P. Fornier, *Discours prononcés dans le temple d'Orange* (1719), *le jour qu'il a été changé en église*, Orange, 1732; Rabaut, *Annuaire protestant*, 1808; Gaitte, *Informations historiques et statistiques sur l'Eglise d'Orange*, 1852; Moerikœfer, *Histoire des réfugiés de la Réforme en Suisse*, Paris, 1878; Haag, *La France protestante*, passim; *Bulletin de l'hist. du prot. français*, passim. — Sources manuscrites : Actes des assemblées politiques; procès-verbaux des synodes du Dauphiné et principauté d'Orange (1598-1620). Papiers Rabaut-Pomier. F. de Schickler.

ORANGISTES (*Orange men*) est le nom donné d'abord par les catholiques d'Irlande après la défaite de la Boyne aux partisans protestants de la dynastie nouvelle fondée par Guillaume III, chef de la maison d'Orange : il signifiait tantôt protestant et tantôt oppresseur politique. Bientôt les protestants d'Irlande l'acceptèrent eux-mêmes en l'appliquant aux assiociations destinées à combattre les Irlandais révoltés et connus sous le nom d'*Orange lodges*. En 1795 on en comptait 1500 en Irlande et 350 en Angleterre, avec près de 300,000 membres. Elles se sont dissoutes de 1836 à 1840, mais l'expression même d'orangistes n'est pas encore tombée complètement en désuétude.

ORATOIRE, terme qui désigne, à proprement parler, un lieu particulier destiné à la prière. On a d'abord donné le nom d'oratoire aux petites chapelles qui étaient jointes aux monastères, et où les moines priaient avant qu'ils eussent des églises. Plus tard, ce mot a passé aux autels ou chapelles qui étaient dans les maisons particulières, et même aux chapelles bâties à la campagne qui n'avaient pas droit de paroisse. Plusieurs conciles mentionnent ces sortes d'oratoires. Le droit de concession d'oratoires privés n'appartient qu'au pape, mais les oratoires des hôpitaux, des hospices de vieillesse, d'orphelins, de prisons, ceux des palais épiscopaux, des séminaires, des couvents de réguliers, collèges, etc., sont reconnus comme des lieux établis pour l'utilité publique, et une autorisation de l'évêque suffit pour y célébrer la messe. — Les protestants ont adopté également ce nom pour désigner des lieux de culte de moindre importance.

ORATOIRE (Prêtres de l') ou Oratoriens. — Il y a deux congrégations de prêtres de l'oratoire : l'une, établie à Rome sous le titre de Sainte-Marie en la Valicella, a été instituée par Philippe de Néri (voy. ce nom); l'autre a été fondée en France par le cardinal Pierre de Bérulle (voy. ce nom), sous le titre d'Oratoire de Jésus. — 1° La congrégation de Saint-Philippe de Néri, fondée en 1550 sous le nom de confrérie de la Trinité, fut d'abord destinée à donner des secours aux pèlerins venus à Rome. Quelque temps après, le fondateur ayant entrepris d'instruire les enfants, se fit aider par de jeunes ecclésiastiques qu'on nommait oratoriens, parce qu'ils se plaçaient devant l'église pour appeler le peuple à la prière. Ce nom s'étendit bientôt à l'ordre entier. Philippe de Néri ne donna aux membres de sa congrégation, ni vœu, ni règle particulière; il voulut qu'elle fût établie dans une seule maison de Rome, et que les autres maisons qui se formeraient sur son modèle, dans les différentes villes, ne fissent point corps avec elle ; cependant celles de Naples, de San-Severino et de Lanciano lui sont unies. Cette communauté est composée d'un supérieur et de quatre prêtres qui lui servent d'assistants ; ils ne demeurent que trois ans en charge. Les sujets y jouissent de leurs bien, et ceux qui n'en ont pas sont entretenus aux frais de la congrégation. — 2° La congrégation de l'Oratoire de France a été établie en 1611 par Pierre de Bérulle et confirmée en 1613 par le pape Paul V. Elle avait pour but « d'honorer l'enfance, la vie et la mort de Jésus-Christ, » d'instruire la jeunesse, d'élever des clercs pour l'Eglise dans les séminaires, d'enseigner le peuple par la prédication et les missions. Elle formait un corps composé d'un grand nombre de maisons et elle était gouvernée par un supérieur général, aidé de trois assistants. L'autorité suprême résidait dans le corps dûment assemblé, auquel le général demeurait soumis. Quoiqu'on ne fît pas de vœux dans cette congrégation, les membres étaient cependant tenus d'obéir aux statuts qui se faisaient dans les assemblées générales, qui avaient lieu tous les trois ans. L'ordre de l'Oratoire a produit beaucoup d'hommes distingués, tels que Malebranche, Massillon, Mascaron, Richard Simon, le père Lelong, La Bletterie, Foncemagne, Dotteville, Daunon, etc., et a rendu de grands services à l'enseignement : ses collèges les plus renommés étaient ceux de Juilly et du Mans. Etabli d'abord rue Saint-Jacques à Paris, il eut dans la suite son chef-lieu dans l'Eglise de l'Oratoire du Louvre, rue Saint-Honoré. Les oratoriens inclinèrent au dix-septième siècle vers le jansénisme et partagèrent la défaveur que le pouvoir témoigna à cette tendance religieuse. Supprimé en 1790, l'Oratoire a été rétabli à Paris en 1853, par l'abbé Pétitot, curé de Saint-Roch, sous le titre d'*Oratoire de l'Immaculée Conception*. Le 22 mars 1864, un décret de la congrégation des évêques et réguliers l'ayant canoniquement érigé lui a donné le nom d'*Oratoire de Jésus et de Marie Immaculée*. Malgré l'éclat passager que jeta sur lui le père Gratry (voy. ce nom), l'ordre des nouvaux oratoriens ne s'est guère répandu et ne compte aujourd'hui que peu de membres. — Voyez surtout A. Perraud, *L'Oratoire de France au dix-septième et au dix-neuvième siècle*, Paris, 1866, 2e éd.

ORCADES. Les Orcades forment avec les Shetlands deux archipels d'îles pour la plupart désertes, puisque sur 67 Orcades il n'y en a que que 27 d'habitées avec 31,455 âmes, et sur 90 Shetlands 25 avec 31,078 âmes. Le passage du Gulf-Stream assure à quelques-unes de ces îles un climat et une faune presque méridionaux, mais l'hiver y est long et humide, le ciel brumeux, la mer sauvage et inhospitalière. Les rapports avec le continent demeurent rares et irréguliers. On va même jusqu'à affirmer que l'arrivée de chaque nouveau navire venu de terre ferme fait éclater dans la population des fièvres d'un caractère tout particulier. Ces archipels se rattachent aujourd'hui à l'Ecosse et à l'Eglise presbytérienne, mais ils ont longtemps fait partie des Etats du Nord. Les origines du christianisme aux Orcades sont difficiles à retrouver à cause de la rareté des documents et de la situation géographique elle-même. Il est probable que Lona fut la métropole des missions chrétiennes dans cette contrée, dont les premiers prêtres furent des moines culdéens. Une légende fit venir aux Orcades saint Servandès (450), une autre parle de prêtres venus des Hébrides. On ne sait rien sur l'étendue de cette première mission, pas plus que sur la population primitive, qui devait être celtique et adonnée au culte des druides, si l'on en croit le témoignage de quelques dolmens restés debout. L'invasion normande, qui sema de ruines toutes les côtes des îles, fit disparaître cette civilisation naissante, à laquelle succéda le culte farouche d'Odin. La seconde révolution religieuse des Orcades est due à Olaf Trygvœson, le grand convertisseur du Nord, qui avait à son service un argument peu évangélique, mais extérieurement efficace, la mort ou le baptême. En 998, Sigismond Bresterson, gagné par lui à l'Evangile, apporta le christianisme aux îles Féroé. Lui-même força l'année suivante le sarl des Orcales, Sigurd Lœdvison, à recevoir le baptême en le menaçant, en cas de refus, de faire périr son fils qu'il avait retenu en otage. Sigur entra plus tard en relations avec Maleslm, roi d'Ecosse, mais le paganisme avait jeté de si profondes racines dans les îles, et le clergé avait tellement dégénéré, que nous voyons les habitants, après que saint Olaf eut raffermi le pouvoir de sa couronne, demander des missionnaires à l'archevêque Adalbert de Brême. La chronique mentionne une lutte ardente qui s'éleva à cette époque entre les évêques nommés par Adalbert et les candidats de l'archevêque d'York, qui voulut maintenir des droits déjà séculaires. Quoi qu'il en soit, aucun de ces prélats ne figure sur la liste officielle des évêques des Orcades. Le premier dont il soit fait mention est Guillaume Ier, qui se rendit en pèlerinage à Jérusalem et mourut en 1168. Vers 1250, le siège de l'évêché fut transféré à Kirkwall. En 1468, quand Christian de Danemark donna sa fille Marguerite en mariage à Jacques II d'Ecosse, il lui remit en gage de la dot considérable qu'il lui avait promise les Orcades qui depuis lors ont suivi les destinées politiques et religieuses de l'Ecosse et embrassé en même temps qu'elle la Réforme. — Sources : Maurer, *Die Bekehrung d. Norw. Stæmme*; Münter, *Kirchl. Gesch. von Dænem. und Norw.*, Leipz., 1823.

A. Paumier.

ORCAGNA (Andrea de' Cione), célèbre artiste florentin, né en 1329, mort en 1389, fils d'un habile orfèvre, se distingua à la fois dans la peinture, la sculpture et l'architecture. Elève du Giotto, il orna la chapelle Strozzi de Sainte-Marie-Nouvelle, à Florence, d'une grande peinture à fresque, le *Jugement dernier*, représentant le Christ entouré de ses anges avec des trompettes et les instruments de la passion ; à ses genoux, dans une attitude suppliante pleine de douceur, la Madone et Jean-Baptiste ; à ses côtés, en deux rangées, assises sur des nuées, les figures mâles et énergiques des apôtres ; tout au bas, les ressuscités, la foule des saints et des fidèles, figures lumineuses sur un fond d'un bleu foncé. Le *Paradis*, dans la même chapelle, est plus remarquable encore par les douze rangées de chaque fois sept figures de saints dont les têtes ont une expression admirablement belle. La couleur est claire, chaude, bien fondue; les visages, d'un ovale extrêmement pur, respirent la jeunesse et la noblesse; les profils sont très fins et les contours modelés avec un soin infini. Le tableau qui surmonte l'autel, et qui représente Jésus-Christ donnant les clefs à saint Pierre et le livre à saint Thomas d'Aquin, est également du plus bel effet. Orcagna se surpassa dans les grandes peintures à fresque du *Jugement dernier* et du *Triomphe de la mort* qui ornent le campo santo de Pise. Jamais on n'a mieux rendu le contraste entre l'insousiance gracieuse et élégante des groupes pleins de vie que menace, dans le lointain, la mort sous l'image d'une femme horrible aux longs cheveux noirs flottants et à la faulx menaçante, et entre la riche moisson de morts, princes et seigneurs de ce monde, dont les âmes sont emportées par des démons et par des anges. L'*Enfer* qui, comme à Sainte-Marie-Nouvelle, fait pendant au *Jugement dernier* et au *Paradis*, est l'œuvre de Bernard Orcagna, le frère d'André : c'est une imitation malheureuse des divers genres de supplices décrits dans l'*Enfer* du Dante, et auxquels le peintre, lui aussi, ne s'est pas refusé la satisfaction de condamner ses ennemis. Comme sculpteur, Orcagna est surtout célèbre par l'admirable tabernacle qui orne le maître-autel de la chapelle d'Or-san-Michel, à Florence, ainsi que par les médaillons en relief de la belle *loggia de' Lanzi*, construite en 1376, avec une remarquable beauté dans les proportions, après un concours où luttèrent les plus grands architectes du temps. Dans la plupart des édifices élevés par Orcagna, et en particulier dans le bâtiment de la *Monnaie* de Florence, les voûtes à plein cintre remplacent l'ogive.

ORDALES. Voyez *Jugements de Dieu*.

ORDERIC VITAL ou Vitalis, moine de Saint-Evroul, né à Atcham, sur la Saverne, en 1075, mort après l'an 1143, était d'origine française. L'an 1086, il prit l'habit monastique à Saint-Evroul, et on lui fit quitter le nom d'Orderic pour celui de Vital, en l'honneur de saint Vidal, dont on célébrait la fête ce jour-là. On a de lui une *Histoire ecclésiastique*, qui contient beaucoup de faits très intéressants, tant par rapport à la Normandie et à l'Angleterre que par rapport à la France. Cette histoire a paru pour la première fois en 1619, dans le recueil de Duchesne, *Historiæ Normannorum scriptores*. On en trouve une grande partie dans la *Collection des histor. de France*, IX-XII. Aug. le Prévost en a donné une excellente édition, Paris, 1838-1855, 5 vol. in-8°, et en 1853 et 1854. — Voyez *Histoire littér. de la France*, XII, 190 ss.

ORDINAIRE, *ordinarius*, terme qui, en jurisprudence canonique, signifie l'archevêque, l'évêque ou tout autre prélat qui a la juridiction ecclésiastique dans un territoire, parce qu'il y est établi et qu'il juge selon le droit commun et ordinaire. On appelle aussi *ordinaire* celui qui a la collation d'un bénéfice de droit commun; et on appelle le pape l'*ordinaire des ordinaires*, parce qu'il est l'évêque des évêques et qu'il s'arroge de droit divin la juridiction sur toute l'Eglise.

ORDINATION. Voyez *Consécration*.

ORDO ROMANUS. Voyez *Bref*.

ORDRE (Sacrement de l'). Voyez *Sacerdoce*.

ORDRES MONASTIQUES. Voyez *Moines*.

ORDRE TEUTONIQUE. Voyez *Teutonique* (Ordre).

ORGUE (L') a la prééminence sur les instruments de musique, comme la Bible l'emporte sur le reste des livres ; de même que celle-ci s'appelle le livre (τὸ βιβλίον), celui-là s'appelle l'instrument, sans épithète (*organum*), c'est-à-dire l'instrument par excellence, dont la puissance et l'éclat ne peuvent être égalés par aucun autre. Un orgue se compose de milliers de tuyaux, pour la plupart en étain, auxquels une soufflerie envoie de l'air comprimé, et qu'on fait parler à l'aide d'un ou de plusieurs claviers à la main (ordinairement quatre ou cinq) et d'un clavier de pédales. La dimension des tuyaux varie entre trente-deux pieds de hauteur et quelques pouces, entre six pieds de circonférence et quelques lignes de diamètre. L'extrémité inférieure de tous ces tuyaux, placés debout, est engagée dans une boîte appelée sommier, où l'air est emmagasiné. Ces tuyaux, ouverts ou bouchés par le haut (les bouchés parlent une octave en dessous de ceux qui sont ouverts), se terminent en cône par le bas et sont percés à leur extrémité d'un trou en rapport avec leur dimension, par lequel l'air s'introduit. Une rangée de tuyaux de la même espèce représentant tous les sons d'une gamme chromatique de plusieurs octaves, forme ce qu'on nomme un jeu. Les jeux, différents entre eux par leur timbre, leur force et leur étendue, se subdivisent en deux familles, celle des tuyaux à bouche et celle des tuyaux à anche. Tout le monde connaît les tuyaux à bouche placés à la montre des orgues ; leur ouverture taillée en biseau et munie d'une lèvre fixe intérieure, rappelle quelque peu la bouche humaine ; c'est en frappant la lèvre et en s'échappant par l'ouverture que l'air rend un son. Dans les tuyaux dépourvus de cette ouverture, on place une anche en laiton dont la vibration produit un son strident qui constitue le mordant de l'orgue, tandis que les tuyaux à bouche, qui sont de véritables flûtes, lui donnent toute sa douceur. Parmi les jeux à bouche, on distingue les jeux d'octave ou de fonds et les jeux de mutation. Ces derniers, destinés à reproduire les sons concomitants ou secondaires que font entendre, à côté du son principal, tous les corps sonores mis en vibration, offrent la particularité la plus étrange et la plus mystérieuse de la construction de l'orgue. Ces jeux, composés de plusieurs rangées de tuyaux, donnent avec chaque note la quinte, l'octave, la dixième, la douzième, la dix-septième, la dix-neuvième, etc., et feraient à eux seuls une perpétuelle cacophonie. Pour la couvrir, on l'accompagne de nombreuses octaves, lesquelles n'en laissent entendre que ce qui suffit pour frapper l'oreille d'une sensation vague, mais pénétrante et riche d'harmonie. Tous les tuyaux, quelle qu'en soit la nature, reposent sur une planchette garnie de trous correspondant à chaque tuyau, laquelle en glissant horizontalement quelque peu dans une rainure, présente aux tuyaux soit une surface non percée, qui les bouche, alors le jeu est fermé, soit un trou auquel s'adapte la pointe du cône percée elle-même, alors le jeu est ouvert. Cette planchette s'appelle registre ; elle est mise en mouvement par un bouton que l'organiste tire pour ouvrir le jeu, et qu'il repousse pour fermer le même jeu. Quand le registre est ouvert, l'air comprimé dans le sommier est encore séparé du tuyau par une soupape, qui s'ouvre lorsque l'organiste appuie sur une touche du clavier, et qui se referme dès qu'il abandonne cette touche. Le son se prolonge uniforme aussi longtemps que le doigt reste sur la touche. C'est en vertu d'un mécanisme savant et compliqué, véritable chef-d'œuvre de l'esprit humain, que les registres obéissent au bouton, et les milliers de soupapes, au clavier. Pour se faire une idée des combinaisons qu'il a fallu inventer afin de mettre les divers sommiers en rapport avec la main et le pied de l'organiste, on n'a qu'à se souvenir que l'orgue, célèbre au dix-huitième siècle, de l'abbaye de Weingarten, comptait soixante-six jeux et six mille six cent soixante-six tuyaux d'étain, sans parler des autres. L'orgue de Saint-Sulpice compte cent jeux, cent dix-huit registres et six mille six cent cinquante-six tuyaux. Tandis que chaque instrument n'a qu'un timbre particulier, la plupart des jeux de l'orgue ont un timbre différent, imitant la flûte, le hautbois, la clarinette, le basson, la voix humaine, la trompette, etc. Grâce à cette multiplicité de timbres et aux dimensions variées de ses tuyaux, l'orgue peut rendre des sons légers et aériens comme le zéphyr, ou bruyants et retentissants comme la foudre et la tempête. Il écrase tous les orchestres par son ampleur et sa majesté ; mais en revanche il manque de grâce et de légèreté. En outre, tandis que chacun des instruments qui composent l'orchestre est, pour ainsi dire, animé par l'archet ou le souffle de l'artiste, et en reçoit quelque chose de personnel qui contribue à l'unité et à l'expression de l'ensemble ; l'orgue, dépourvu qu'il est de la faculté d'accroître ou de diminuer l'intensité du son, d'exécuter ni crescendo ni decrescendo, conserve une allure mécanique, impersonnelle, inexpressive, et jusqu'à un certain point monotone, en raison même de la constante égalité, de la perpétuelle plénitude de ses sons. Aussi le rôle de l'orgue est-il essentiellement différent de celui de l'orchestre. A l'un, l'expression des passions humaines et des sentiments de tout ordre, dans un langage magique, universel, qui est celui de l'imagination ailée, gracieuse, fantastique, terrible, sombre, voilée, mystérieuse, paisible, enthousiaste, rayonnante, embrassant l'infini de tous les mondes, y compris celui de la foi et de la piété ; à l'autre, un domaine moins étendu et plus austère, celui de l'âme s'élevant à Dieu par des accents soumis et résignés, toujours simples, graves et pénétrés de la pensée de l'Etre éternel, saint et miséricordieux. — Les progrès gigantesques qui ont porté l'orgue bien près de sa perfection, ne datent que de la création de la musique, c'est-à-dire de la fin du seizième siècle. Il n'y a, pour ainsi dire, rien de commun entre l'orgue d'aujourd'hui et l'orgue du moyen âge, dont les touches massives ne pouvaient être abaissées qu'à coups de poing, à coups de coude ou à coups de marteau ; les sons si purs d'un orgue de Cavaillé-Coll diffèrent du tout au tout de ceux du premier orgue qu'on entendit en France, savoir celui dont l'empereur grec Constantin Copronyme fit présent à Pépin le Bref (757), qui le plaça dans l'église Sainte-Corneille, à Compiègne. C'était une hydraule (ὕδωρ eau, αὐλός flûte) ou orgue hydraulique, dont l'invention est attribuée à Ctésibius, mathématicien d'Alexandrie, qui vivait cent vingt ans avant Jésus-Christ. D'après M. Danjou, la syrinx ou flûte de Pan, composée d'abord de sept, puis de neuf tuyaux, aurait déjà été, du temps de Pindare, placée sur un coffre garni de petits soufflets, et Ctésibius n'aurait fait que perfectionner l'instrument en y refoulant l'air par l'impulsion de l'eau. En somme, on ne sait pas au juste à quel usage l'eau était destinée. Quelques-uns, s'appuyant sur un passage de Pollux, écrivain du commencement du second siècle, veulent voir dans l'hydraule un instrument à vapeur. Pollux décrit, en effet, un instrument qui rendait des sons produits par l'eau bouillante et dans lequel la vapeur paraît avoir eu le rôle assigné aujourd'hui à l'air comprimé. On ne jouait sur ces hydraules que des mélodies ; les accords ne vinrent que beaucoup plus tard. Toutefois la polyphonie s'appela aussi *organum* au moyen âge, d'où Forkel conclut qu'elle a commencé sur l'orgue et peut être par suite d'accident ou de maladresse, tandis que Fétis démontre qu'elle est originaire des pays du Nord et doit le jour aux instruments à cordes, notamment à une sorte de violon sans échancrure qui faisait constamment entendre quatre notes à la fois. L'introduction générale de l'orgue dans les églises ne date que du dixième siècle ou des commencements du onzième. Les premiers développements qu'il reçut consistèrent dans des jeux accordés à l'octave, à la tierce, à la quinte. Il y eut un temps où chaque touche donnait l'accord parfait. Ce n'est qu'au quinzième siècle que les divers jeux furent rendus indépendants les uns des autres, et qu'on les distingua par des noms particuliers, cromorne, chèvre, prestant, bourdon, bombarde, etc. Depuis la fin du dix-septième siècle, on s'est efforcé d'ôter à l'orgue son caractère spécifique, c'est-dire la planitude ou la constante égalité des sons. La première idée de l'orgue expressif appartient au médecin Claude Perrault, auteur de la colonnade du Louvre. Il essaya vainement de donner au son une intensité proportionnelle à la pression exercée sur la touche. Au fond, on voulait transformer l'orgue en orchestre, et c'est à cette idée, selon nous absolument fausse, qu'il doit ses plus grands perfectionnements. On obtient aujourd'hui, particulièrement dans certains jeux, une parfaite instantanéité : la touche parle aussitôt qu'elle est pressée, sans le moindre intervalle, ce qui permet une rapidité d'exécution et une précision qu'on ne pouvait obtenir autrefois. La musique d'orchestre, la musique de piano peut être exécutée sur les orgues de fabrication récente ; mais on ne saurait trop le répéter, ce n'est pas par ces tours de force contraires à sa nature que l'orgue brille. Il n'est pas fait pour cela, mais pour chanter largement, puissamment, pour prolonger sans efforts les accords tenus, liés et syncopés qui constituent sa supériorité, pour emplir de ses ondes sonores les voûtes des temples et des cathédrales, non pour étonner et stupéfier une salle de concert. La musique religieuse convient seule à l'orgue; c'est là qu'il règne, qu'il domine. Pourquoi deviendrait-il imitateur? Ce serait descendre et non monter. Grétry s'égarait complètement en rêvant de le substituer à l'orchestre. Parlant, en 1793, de l'orgue de Sébastien Erard qui produisait des crescendo et des decrescendo, il s'écriait : « C'est la pierre philosophale en musique que cette trouvaille... L'orgue remplacera peut-être un jour un orchestre de cent musiciens. Si Erard achève sa superbe invention, s chaque tuyau d'orgue devient susceptible de toutes les nuances sous le doigt de l'organiste, quel grand parti ne tirera-t-on pas de cet instrument alors parfait! » Ne fût-ce, ajoutait-il, que pour jouer l'opéra en province? — Bien éloignés de ce système qui tend à laïciser l'orgue, plusieurs réformateurs, Calvin entre autres, le trouvaient trop mondain et corrupteur pour être conservé dans l'église. Ce jugement reposait sur un idéalisme véritablement excessif. L'âme humaine n'est pas d'une seule pièce; surtout elle n'est pas la froide raison s'immolant elle-même, s'anéantissant sur l'autel de la divinité; elle est aussi cœur, conscience, sensibilité, imagination, et certes de beaux chants, pourvu qu'ils aient la gravité nécessaire, pourvu qu'ils soient véritablement religieux, ont une grande puissance pour l'amener repentante et désireuse de sainteté au pied du trône éternel de la beauté morale et de la miséricorde infinie. Calvin proscrivit les orgues et le chant à plusieurs parties; il obligea tous les fidèles à chanter avec soin, mais à l'unisson et sans accompagnement. A Bâle, les orgues furent rétablies de son vivant, en 1561, non sans opposition. En Hollande, on n'y avait pas renoncé absolument, puisque le synode de Dordrecht (1574) en ordonnait la suppression absolue, et qu'un autre synode, tenu au même lieu en 1577, insistait encore pour qu'on n'en jouât pas, surtout avant la prédication. Heureusement Luther, plus complet, plus véritablement humain, et grand amateur de musique, exerça une plus heureuse influence sur l'art. C'est grâce à l'impulsion donnée par la Réforme à la musique, qu'elle a pour ainsi dire créée, que les organistes allemands ont été les premiers du monde durant plusieurs siècles, et que le plus grand de tous, Jean-Sébastien Bach, a écrit des chorals et des morceaux d'orgue, véritables chefs-d'œuvre qui ne seront pas dépassés. — Il n'est guère aujourd'hui de temple de ville qui n'ait son orgue ou son harmonium, et tous les amis de l'édification saine et de bon aloi doivent faire des vœux pour que cet usage se répande aussi dans les campagnes. Nous ne le cacherons pas, nous voudrions que, outre l'accompagnement des psaumes et des cantiques, outre le prélude, la ritournelle ou interlude, l'entrée et la sortie que personne n'écoute, il y eût çà et là quelques belles phrases d'orgue entre les divers actes du culte. D'un dimanche entier passé à écouter l'orgue de Saint-Sulpice, nous avons gardé l'impression que, s'il y a trop de musique dans l'Eglise catholique, il n'y en a peut-être pas assez dans la nôtre. Un recueil de courts morceaux d'orgue, extrait des œuvres des grands maîtres fait par un esprit judicieux et sévère, serait sous ce rapport de la plus grande utilité; car le grand écueil à éviter, c'est le manque de gravité qui distingue une certaine école d'organistes, la pire de toutes, celle qui recherche l'effet, le brillant, le rapide, qui se permet même à l'occasion des ornements dans l'accompagnement au lieu d'exécuter ce qui est écrit. De tels artistes qui n'ont de respect ni pour le culte ni pour l'art, sont un véritable fléau. — Voir Dom Bedos, *L'art du facteur d'orgues*, Paris, 1761, 3 vol. in-folio; M.-J. Régnier, *L'orgue, sa connaissance, etc.*, Nancy, 1850, in-8°; D'Ortigue, *Dictionn. de plain-chant*, Paris, 1854, in-4°; Roret, *Manuel du facteur d'orgues*, Paris; Fétis, Préface de la *Biographie des musiciens*, édit. de Bruxelles, 1857, in-8°. O. DOUEN.

ORIENT (EXTRÊME-). Par Extrême-Orient, nous entendons : 1° la Chine propre (sans les annexes); 2° le Japon, qui est géographiquement un archipel chinois; 3° l'Indo-Chine, limitrophe de la Chine; 4° la Malaisie qui géographiquement est une annexe de l'Indo-Chine et même de la Chine. Nous allons parler de ces quatre régions dans l'ordre sus-indiqué.

I. CHINE. Trois formes religieuses se partagent depuis longtemps la Chine; deux sont indigènes, la troisième est d'importation étrangère. Ce sont : 1° le confucianisme qu'on peut appeler la religion officielle, nationale, et qui est le représentant authentique de l'esprit religieux en Chine; 2° le taosséisme ou taouisme (tauism, écrivent les Anglais), représentant dégénéré, abâtardi, des anciennes traditions; 3° le bouddhisme, d'origine indienne. Ce culte étranger est celui qui compte le plus d'adeptes, et, à cet égard, pourrait venir au premier rang; le taosséisme pourrait aussi, par certaines raisons chronologiques, réclamer la première place (car Lao-tseu, qui en est réputé le fondateur, a précédé Confucius); néanmoins nous observerons l'ordre suivant : confucianisme, taosséisme, bouddhisme. — 1. *Confucianisme.* Kong-tseu ou Kong-fou-tseu, dont les missionnaires jésuites ont latinisé le nom en Confucius, est le législateur moral et religieux de la Chine. Toute la littérature date de lui, quoiqu'il n'ait pour ainsi dire rien écrit. Ce n'est pas qu'il n'existât une littérature antérieure à Confucius, mais elle a été tout entière revisée, remise en ordre par lui : il l'a condensée dans six ouvrages appelés livres classiques (king). Ces livres, réduits à cinq par la disparition du livre de la musique (Yo-king), sont : le Livre de changements (I-king), le Livre par excellence (Chou-king), le Livre des vers (Che-king), le Livre des rites (Li-king), enfin le Livre du printemps et de l'automne (Tchoun-tsieou), sorte d'annales. C'est là ce qui reste de l'ancienne littérature chinoise : ces ouvrages ont reçu de Confucius leur forme actuelle. Il n'est sans doute pas facile de se rendre compte des modifications qu'il a fait subir aux textes; on doit croire néanmoins qu'il y a peu mis du sien, et c'est là seulement et dans quelques inscriptions très anciennes qu'on peut rechercher les traces de la tradition primitive. Quant à Confucius, quatre ouvrages sont considérés comme écrits par lui ou sous son inspiration, soit immédiate, soit indirecte. Ce sont : la grande Etude ou l'Enseignement des adultes (Ta-hio) ; l'Invariabilité dans le milieu (Tchong-young) ; les Entretiens philosophiques (Lun-yu); enfin le Meng-Tseu, ouvrage du philosophe de ce nom, lequel n'avait pu connaître Confucius ; ces ouvrages, publiés par des disciples, sont des commentaires de discours du maître, ils sont remplis de citations de paroles qu'il aurait prononcées. En somme, il n'existe pas de livre dont on puisse dire qu'il est de Confucius lui-même. Les cinq livres sacrés ont été rédigés par lui avec des matériaux étrangers ; les quatre livres classiques ont été composés par ses disciples d'après ses déclarations et sont comme des échos de sa parole. Malgré la diversité des sujets traités, ces livres se distinguent par un trait commun, l'autorité morale ; ils sont écrits pour apprendre le devoir, pour diriger dans la voie du bien. Cet enseignement moral est soutenu par une idée religieuse, la souveraineté du ciel. Tout arrive par l'autorité du ciel ; le ciel est la règle des actions humaines, la cause des événements terrestres. Qu'est-ce que ce ciel (thien) dont le nom revient si souvent dans les livres chinois, particulièrement dans ceux de l'école de Confucius ? Il est douteux que ce terme soit pris dans un seul et même sens. Tantôt il désigne quelque chose de bon et d'immuable par rapport à la terre dont la nature est changeante et inférieure ; tantôt il représente un principe cosmogonique pur et mâle qui s'allie à un principe impur et femelle pour former les êtres (quoique ces deux principes aient chacun leur nom *yang* et *in*), tantôt enfin il désigne un être puissant, un Dieu suprême dont l'indépendance à l'égard du monde est douteuse, mais dont l'autorité spirituelle est incontestable. Dans cette dernière acception, il est identique au *Chang-ti* (Seigneur suprême), qui est aussi le nom de l'objet le plus ancien et le plus révéré de l'adoration des Chinois. Disons en passant que ce mot *ti*, qui désigne le souverain Seigneur, a été rapproché à tort ou à raison de la racine indo-européenne *de* ou *te* (latin *de*-us, grec *the*-os, sanskrit *de*-v-a). — Nous trouvons donc ces trois notions : celle du ciel matériel auquel on accorde une sorte de prééminence sur le monde terrestre, d'un dualisme où le ciel joue le rôle du principe actif et mâle, d'un spiritualisme ou du moins d'un monothéisme qui admet un souverain régulateur de toutes choses. On a soutenu que le monothéisme est la religion primitive des Chinois, que ce monothéisme remonte aux traditions les plus anciennes de l'humanité, qu'il s'est maintenu pur pendant de longs siècles sans se perdre dans le polythéisme et l'idolâtrie, sans exiger le recours à une révélation dont la littérature chinoise ne nous donne aucune idée : la révélation pour les Chinois serait la révélation primitive. Il y a en effet de fortes présomptions en faveur de ce monothéisme primitif. Il ne faut cependant pas perdre de vue l'existence du dualisme, qui ne se présente pas seulement comme un système philosophique ou cosmogonique, mais qui apparaît dans le culte, et dans un culte qui doit être fort ancien. Les Chinois associaient dans leur adoration le ciel et la terre, de sorte que le monothéisme, bien ébranlé par ce dualisme, ne peut subsister que si le Chang-ti (le suprême Seigneur) est reconnu comme bien distinct du ciel (thien), supérieur à ce ciel, et par conséquent à la terre et à toutes choses. Cette démonstration pourra sans doute être faite ; nous ne pensons cependant pas qu'elle l'ait été d'une manière définitive. Au-dessus du ciel et de la terre, les Chinois reconnaissaient des génies, des esprits, les uns célestes, les autres terrestres, et ils leur rendaient un culte. Enfin les ancêtres étaient le dernier objet de leur adoration. En Chine, le culte des ancêtres n'est pas seulement une sorte de renouvellement, de commémoration des cérémonies funèbres, c'est un acte d'adoration envers la puissance créatrice et vivifiante dont les ancêtres sont considérés comme ayant été les intermédiaires. — Le culte rendu aux divers objets d'adoration consistait dans une série de sacrifices célébrés sur une montagne, soit naturelle, soit artificielle (*tan*), entourée d'une double enceinte (*kiao*). Ces sacrifices, assez nombreux, variaient selon leur objet et selon les saisons. Il y avait le sacrifice au ciel et le sacrifice à la terre, le sacrifice royal appelé *ti*, qu'on célébrait tous les cinq ans, et dans lequel on faisait des libations pour amener la descente des esprits. Ce sacrifice était, paraît-il, un grand mystère ; Confucius avouait qu'il n'en comprenait pas le sens. « Celui qui en connaîtrait le sens, disait-il, tout ce qui est sous le ciel serait pour lui clair et manifeste. » Confucius déclarait le sacrifice automnal presque aussi difficile à comprendre : on y demandait au ciel des conditions favorables à l'agriculture et une abondante récolte. Dans les sacrifices offerts lors de l'équinoxe de printemps et des solstices d'été et d'hiver, on demandait au ciel sa protection pour les semences, la chaleur nécessaire pour mûrir les grains et les fruits, sa protection pour l'année nouvelle. On sacrifiait aux génies et aux ancêtres. Le sacrifice au ciel était précédé et suivi d'une invocation aux ancêtres, pour les avertir de ce qu'on allait faire et les remercier ensuite de leur intercession. Une salle des ancêtres dont il est très souvent question, était, à cet effet, réservée dans le lieu où se célébrait le sacrifice au ciel. Le sacrifice aux ancêtres terminait la cérémonie. Indépendamment de ce sacrifice aux ancêtres presque divinisés, les funérailles proprement dites avaient un caractère quasi-religieux. « Il faut être attentif à accomplir dans toutes leurs parties les rites funéraires envers les parents décédés, et à accomplir les sacrifices. » Si ce précepte de Confucius ne s'applique pas aux obsèques proprement dites, il peut être considéré comme relatif à des cérémonies qui n'en seraient que la continuation. — On vient de voir qu'il se faisait des libations dans les sacrifices ; mais on immolait aussi des victimes. A l'équinoxe de printemps, on immolait un bœuf, au solstice d'hiver un jeune taureau. Il y avait aussi un sacrifice du mouton qu'un prince voulut abolir. Confucius s'y opposa : « Vous n'êtes occupé que du mouton sacrifié, dit-il ; moi, je ne le suis que de la cérémonie. » — Qu'était la prière dans le culte chinois ? Elle était inhérente au sacrifice, mais pouvait exister en dehors. Une sentence d'un livre dit: «Adressez vos prières aux génies d'en haut (c'est-à-dire du ciel), et d'en bas» (c'est-à-dire de la terre). Cette phrase fut citée à Confucius malade, qui avait exprimé un doute quand on lui avait proposé de prier pour lui les esprits et les génies. En entendant la citation, il répondit que « sa prière était permanente. » Il semble donc que Confucius était dans un état constant de supplication envers les êtres supérieurs dont la puissance était inconnue; il avait peu de penchants pour les invocations spéciales et accidentelles qui cependant faisaient partie de la pratique habituelle. Tels sont les linéaments que l'on peut tracer de la religion officielle de la Chine, religion assez simple dans son essence, dans ses formes, dans son histoire. Confucius paraît avoir émoussé, rabaissé l'enseignement religieux traditionnel, avoir dépouillé la théodicée du caractère élevé, spiritualiste, qu'elle avait dans les temps anciens. Ce trait de sa dogmatique est rendu particulièrement sensible par l'abandon qu'il aurait fait du terme *Chang-ti* (suprême seigneur) bien plus propre que le mot *Thien* (ciel) à exprimer l'idée d'un Dieu personnel, indépendant de la matière; *Thien* est un mot équivoque et favorable à des interprétations matérialistes. Or l'expression *Chang-ti* revient souvent dans le Chou-King, compilation de Confucius, il est vrai, mais formée d'éléments anciens. Dans les écrits de Confucius lui-même, ou plutôt de ses disciples, cette expression est à peu près absente; on semble ne connaître que le ciel (Thien). — On peut observer dans la morale de Confucius le même caractère que dans sa théodicée, beaucoup de sagesse et de bon sens, la connaissance exacte des droits et des devoirs: mais point de principe supérieur, générateur de la morale. La bonté naturelle de la nature humaine est généralement supposée, quelquefois même proclamée; mais point d'explication de l'origine du mal; le moraliste se borne à constater son existence et à le combattre avec énergie. On trouve dans Confucius le précepte de faire aux autres ce que nous voudrions qu'ils nous fissent. Quand on lui demanda s'il fallait répondre à des injures par des bienfaits: «Il faut payer la haine et les injures par l'équité, les bienfaits par des bienfaits » répondit-il. Il a chaudement prêché l'humanité, surtout aux gouvernants. C'est là le plus beau titre de gloire de Confucius et de ses disciples. Les livres de son école éveillent le souvenir d'une oppression odieuse exercée sur les populations par divers tyrans, ayant plus ou moins de puissance mais aussi peu de scrupules les uns que les autres. Les sages protestèrent courageusement et sans faiblir contre cet état de choses; tout ce qu'il y a eu depuis eux, de justice, de bon ordre dans le gouvernement chinois, semble devoir être attribué à leur généreuse initiative, à leur persévérance indomptable, à leur raison supérieure. C'est un des plus remarquables triomphes que la philosophie pratique ait remportés, une des plus belles victoires de la morale et de la sagesse sur la force brutale et le déchaînement des passions. — Avant de passer au taosséisme, nous devons signaler, dans la littérature et dans la pratique usuelles, deux systèmes qui, sans faire, à proprement parler, partie de la religion, lui tiennent cependant d'assez près pour ne pouvoir guère en être séparés : le premier est celui des *Koua*, le deuxième est le *Fong-Chouy*. — Le livre des Changements (*I-King*), un des cinq livres fondamentaux remaniés par Confucius, renferme l'exposé du premier de ces systèmes. On raconte que Fo-hi, fondateur de la monarchie, imagina huit signes composés de trois lignes continues (—) ou discontinues (— —), et représentant respectivement le ciel, — la terre, — la foudre et les éclairs, — les montagnes, — le feu, — les nuages, — les eaux, — le vent. Ces huit signes ou trigrammes sont les *Koua* de Fo-hi : ils résumaient en quelque sorte la science du temps. L'œuvre de Fo-hi fut perfectionnée après lui ; les huit trigrammes primitifs, combinés diversement entre eux, donnèrent naissance à soixante-quatre figures, signes ou hexagrammes composés chacun de six lignes continues ou discontinues. C'est l'empereur Wen-Wang qui aurait dressé le tableau définitif. Chacun de ces 64 signes ou hexagrammes, (*Koua* de Wen-Wang) a son nom spécial, et l'ensemble forme un système dans lequel les idées religieuses, mais surtout les notions métaphysiques, morales, physiques des anciens Chinois sont réunies. Le *I-King* et ses commentaires en font connaître la forme extérieure et le sens profond. — On vient de voir que les deux derniers des 8 trigrammes ou *Koua* de Fo-hi représentent l'eau (*Chouy*) et le vent (*Fong*). Ces deux mots chinois *Fong-Chouy* « vent—eau », forment précisément le nom du deuxième système dont nous avons à parler et qui se rattache par un lien très apparent à l'antique système, expliqué dans le I-King. Réduit à ses termes les plus simples, le Fong-Chouy est la science ou l'art de choisir la place favorable pour construire une maison ou élever un tombeau ; il a pour but un choix heureux pour la demeure des vivants et des morts. C'est là le Fong-Chouy populaire, celui des plus humbles praticiens de cet art, celui que la foule comprend le mieux et qui la porte quelquefois à de terribles excès, spécialement quand elle croit que les prescriptions du Fong-Chouy ont été violées à l'égard des tombes. Pris dans son ensemble, le Fong-Chouy comporte quatre divisions : 1° *Li*, les lois de la nature ; 2° *Sou*, les proportions numériques de la nature (ces deux sections constituent le Fong-Chouy savant, elles se rapportent à des données astronomiques et mathématiques) ; 3° *Hi*, le souffle de la nature ; 4° *Ying*, l'aspect des formes de la nature. Ces deux dernières sections, relatives à la direction des vents et des eaux, à la circulation atmosphérique et à la configuration du sol, sont d'une utilité réelle, en dépit des superstitions et des procédés charlatanesques, dont l'application en est enveloppée. Aussi les Chinois s'étonnent-ils de voir les Européens, qui violent quelquefois si scandaleusement les règles du Fong-Chouy, agir souvent comme s'ils les connaissaient très bien. Le Fong-Chouy, dans sa forme actuelle, est moderne, et bien postérieur à Confucius : de plus il n'est pas spécial à une religion ; il est d'un usage universel. Par son origine, il se rattache visiblement aux plus anciennes traditions du pays. C'est la forme populaire et rajeunie, ou du moins renouvelée, d'une antique science revêtue d'un caractère religieux. — 2. *Lao-tseu et le tao-sséisme.* Lorsque Confucius naquit en 551 avant notre ère, Lao-tseu, né en 604, était arrivé à l'âge de 54 ans, et, comme il mourut octogénaire alors que Confucius avait déjà 28 ans, ils purent se rencontrer. C'est ce qui arriva : le vieux philosophe, qui allait terminer sa carrière, chargé d'ans et de gloire, après avoir élevé à la philosophie un monument impérissable, reçut la visite du jeune moraliste dont le nom était déjà célèbre et qui devait exercer sur son peuple une si durable influence. L'entretien ne fut pas très cordial. Confucius questionna Lao-tseu sur les rites, les anciennes pratiques. Lao-tseu rappela la modestie des anciens sages qui cachaient leur science et l'opposa à l'ostentation de Confucius qui faisait parade de la sienne. Confucius étonné dit à ses disciples à la suite de cet entretien: « Je sais que les oiseaux volent, que les poissons nagent, etc.; mais j'ignore comment le Dragon peut s'élever jusqu'au ciel. J'ai vu aujourd'hui Lao-tseu ; n'est-il pas comme le Dragon ? » On a remarqué dans les livres de Confucius une phrase qui doit être une allusion à Lao-tseu et qui est loin d'avoir ce ton admiratif. « L'homme né dans ce siècle et soumis aux lois de ce siècle qui retourne à la *voie de l'antiquité...* doit s'attendre à éprouver de grands maux. » La *voie de l'antiquité* est une expression de Lao-tseu, et comme Confucius s'est déclaré lui-même ami et disciple des anciens, le blâme qu'il émet doit s'appliquer à son rival. Lao-tseu fut historiographe et archiviste d'un prince de la dynastie régnante (celle des Tcheou) ; il fit, chose assez rare, un voyage lointain dans les régions occidentales à une époque de sa vie qui paraît avoir été assez tardive. On a imaginé sur lui une foule de légendes, jusqu'à le faire naître avec des cheveux et des sourcils blancs après une gestation de quatre-vingts ans. Le fait est que sa vie fut peu accidentée et marquée seulement (si l'on excepte la particularité de ses voyages) par la composition de son livre, un des plus profonds ouvrages de philosophie qui existent, et qui se trouve être à la fois le plus ancien et le plus authentique de toute la littérature chinoise; le plus ancien, car il existait déjà quand Confucius donna aux écrits antérieurs la forme sous laquelle ils nous sont parvenus (en sorte que ces livres, plus anciens par le fond, sont plus récents par la rédaction); le plus authentique, car il fut excepté de l'incendie auquel l'empereur Thsin-chi-Hoang-ti condamna les livres chinois en 213, et, lorsque plus tard un empereur mongol prononça une sentence pareille contre les livres des disciples de Lao-tseu, celui du maître fut encore excepté. On peut dire que cet ouvrage est unique : Lao-tseu a bien eu des disciples qui ont écrit après lui; mais il les efface par sa supériorité. L'importance du livre qu'il a laissé tient non seulement à sa valeur intrinsèque, mais aussi à ce qu'il est, selon des critiques autorisés, la véritable expression philosophique des plus anciennes croyances de la Chine, malgré l'influence de certaines doctrines étrangères accueillies par Lao-tseu, mais en parfaite harmonie avec son propre système. *Tao-*

Te-King est le titre de ce livre fameux. *King* signifie « livre canonique, » *Te* « vertu ; » quant au mot *Tao*, proprement « voie, » il se prend dans des acceptions assez diverses. On n'a pas trouvé de meilleur terme pour rendre le *logos* de saint Jean, et il est certain que Lao-tseu le prend dans le sens le plus élevé qu'on puisse lui donner. Le *Tao-Tè-King* est donc le « Livre de la Raison suprême et de la vertu » (Dieu et la morale). Nous signalerons quatre points importants dans ce livre : la notion du Tao, la vertu, la triade, le triple nom. — Qu'est-ce que le Tao ? « Avant que le ciel et la terre existassent, il y avait un être d'une perfection incompréhensible, combien calme ! combien supérieur aux sens ! Lui seul est immortel, immuable, toujours agissant et exempt d'altération. On peut le considérer comme la mère de l'univers. Je ne sais pas son nom ; si je veux le désigner, je l'appelle Tao... L'homme a sa règle dans la terre, la terre a la sienne dans le ciel, le ciel a la sienne dans le Tao, le Tao a la sienne en lui-même » (ch. xxv). Nous trouvons ici le dualisme du ciel et de la terre à peine indiqué et, dans tous les cas, subordonné au Tao. Voici encore une définition du Tao accompagnée de celle de la vertu : « Le Tao qu'on peut exprimer par la parole n'est pas le Tao éternel. Le nom que l'on peut prononcer n'est pas le nom éternel. Celui qui n'a pas de nom est la cause première du ciel et de la terre ; celui qui a un nom est la mère de tous les êtres (*wen*). Celui qui est constamment sans passion en voit l'essence spirituelle ; celui qui est toujours en proie aux passions n'en voit que l'enveloppe extérieure. — Ces deux choses ont la même origine et des noms différents. Ensemble ils s'appellent la profondeur, la profondeur de la profondeur. C'est la porte de toutes les choses spirituelles » (ch. i). La suprême vertu n'est donc qu'un effet du Tao et c'est seulement en elle, dans le silence des passions, que l'on peut comprendre le Tao. Le rôle attribué à la vertu est encore exprimé dans cette sentence : « Le Tao produit les êtres, la vertu les nourrit. » — Voici maintenant comme Lao-tseu définit sa triade : « Du Tao est né le un, du un le deux, du deux le trois, du trois sont nés tous les êtres : tous êtres portent (en eux) l'inertie et aspirent à l'activité... » (ch. xlii). Dans ce passage célèbre qui nous montre clairement trois principes créateurs dont le dernier dérive du premier par le second, on a vu l'énoncé de la Trinité. Nous ne pouvons entrer dans les discussions longues et profondes que cette question exigerait. — Plus curieux encore est le ch. xiv où Lao-tseu qualifie de trois manières « l'être innommé. » « On le regarde, et on ne le voit pas ; son nom est *I* ; on l'écoute, et on ne l'entend pas, son nom est *HI* ; on veut le saisir, et on n'atteint point à lui, son nom est *WEI*. Il est impossible de scruter ces trois noms ; aussi les réunit-on et ils n'en forment qu'un. En lui le haut n'est pas clair, le bas n'est point obscur. Il sera à jamais impossible de lui donner un nom, et ainsi il retourne au néant. C'est l'image de celui qui n'a pas d'image, la forme de celui qui n'a pas de forme. C'est une chose absolument incompréhensible. On va au-devant de lui, on ne voit point sa tête ; on le suit, on ne voit point son dos. Si l'on s'attaque au Tao' de l'antiquité pour diriger l'existence présente, alors on peut se rendre compte des commencements de l'antiquité ; c'est ce qu'on appelle former la trame du Tao » (ch. XIV). Nous sommes astreint à la brièveté. Le sens de chacun des termes *I-HI-WEI* est obscur et discuté, et cela viendrait à l'appui de l'opinion de ceux qui voient dans ce trissyllabe le nom de Dieu en hébreu, le tétragramme *I-H-V-H*. La lecture Jahveh (Yahveh) qu'on veut substituer aujourd'hui à Jéhovah et qui réduit à deux le nombre des syllabes de ce nom, ne constituerait pas une objection sérieuse. Les Chinois, reproduisant des noms étrangers, décomposent en syllabes distinctes les groupes de consonnes et, entendant les Hébreux dire *Ya-hveh*, auront très bien pu écrire *I-hi-veh*. On prétend donc que Lao-tseu aurait eu connaissance du nom hébreu, soit que ses voyages l'eussent conduit jusqu'en Assyrie, où la race juive avait été transportée, soit qu'une colonie juive, à la faveur de la dispersion, eût poussé jusqu'en Chine. L'emprunt que Lao-tseu aurait fait de ce nom divin s'expliquerait par la conformité qu'il aurait découverte entre ses vues personnelles fondées sur les traditions anciennes de son pays et la doctrine des adorateurs de Jahveh. Aussi ce passage (et en général toute l'œuvre de Lao-tseu) est-il l'un des principaux arguments de ceux qui soutiennent le monothéisme primitif des Chinois. — La doctrine de Lao-tseu est profonde, élevée, hors de la portée du vulgaire. Il en est de même de sa morale. Lui aussi, il a protesté contre l'affreuse tyrannie de son temps; mais il n'a pas obtenu le succès qui était destiné à son jeune rival. Il prêche une sorte de renoncement, d'ascétisme intérieur, d'indifférence, qui peut convenir à certaines natures, mais incompatible avec les exigences de la vie sociale. Aussi ne faut-il pas s'étonner si, d'une part, la direction morale de la société a passé à l'école adverse et si, d'autre part, les sectateurs de Lao-tseu sont tombés dans un état de dégradation qui n'a rien de commun avec les spéculations sublimes du chef dont ils se réclament. Les Tao-sse, « maîtres, docteurs du Tao, » admettent selon les idées chinoises, outre le Tao de Lao-tseu qu'ils ne comprennent pas, l'existence de génies célestes et terrestres, sur lesquels les actions humaines produisent une impression appelée *kan* ; les génies réagissent par l'application d'une punition ou d'une récompense appelée *Ing*. Les bonnes actions assurent à leur auteur le bonheur, une longue vie, la protection des génies, la faveur de devenir lui-même un génie, ou tout au moins un immortel, soit un immortel du ciel (titre acquis par 1300 bonnes actions, et qui confère le droit de voler par les airs et de s'élever jusqu'au ciel), soit un immortel de la terre (titre qui permet de retarder le terme de la vie, de mettre un frein au temps : 300 bonnes actions suffisent pour le conquérir). Les mauvaises actions produisent la réduction du temps de la vie, suivant la gravité des fautes, des maladies, des calamités personnelles, des fléaux de même nature pour la postérité des coupables ; et, après la mort, l'entrée dans la légion des mauvais génies. Le repentir des fautes, le retour du mal au bien prévient le malheur et ramène la félicité. Les bonnes et les mauvaises actions ont été énumérées, et la nature ou le degré de la récompense ou du châtiment qui s'applique à chacune d'elles indiquées avec soin. Parmi les vertus, nous signalons un cœur compatissant pour tous les êtres vivants (ce qui paraît un emprunt fait au bouddhisme) et parmi les vices, l'opposition faite aux bons effets des arts libéraux et « magiques ; » trait qui nous indique la tendance du taosséisme descendu progressivement à la pratique de la sorcellerie et aux jongleries les plus grossières. Le taosséisme eut de temps à autre les faveurs du pouvoir. L'incendiaire des livres des lettrés, Thsin-Chi-Hiang-ti était un de ses protecteurs; plus tard, l'empereur Wou-ti (140-86 av. J.-C,), s'abreuvait du nectar d'immortalité inventé par les docteurs de cette école et mourait fort dépité, il est vrai, contre ceux qui l'avaient trompé. Kao-Tsoung, fondateur de la dynastie des Thang, fit ériger un temple à Lao-Tseu et lui rendit de grands honneurs (666 ap. J.-C.). Hoey-Tsoung (1101-1115) de la dynastie de Soung, eut l'audace de donner à un docteur Tao-sse la qualification de *Chang-ti* l'antique nom de Dieu en chinois: ce qui fut considéré comme un blasphème. Depuis, l'école Tao-sse déclina ; un des empereurs mongols, Khubilaï-Khan, zélé pour le bouddhisme, ordonna l'incendie des livres tao-sse, en exceptant toutefois l'ouvrage de Lao-tseu. Le bouddhisme et le confucianisme l'emportèrent définitivement sur le taosséisme, dont les docteurs ne sont plus que des devins exploitant la crédulité publique, produisant des apparitions, évoquant les esprits, exécutant des sortilèges ; ils sacrifient aux esprits soit un cochon, soit une poule, soit un poisson. Le chef des Tao-sse, dans sa résidence de la province de Kiang-si, est visité par une foule de pèlerins qui reçoivent dévotement les papiers où il a tracé ses caractères magiques auxquels on attribue une vertu mystérieuse. — On estime à quatre millions le nombre des adeptes du taosséisme en Chine. Mais il est difficile de faire une statistique exacte à cause des hommages qu'une foule de gens rendent aux trois religions du pays. Elles sont toutes les trois tenues pour bonnes. Il est certain néanmoins que le confucianisme est la religion officielle, celle des lettrés, le taosséisme celle d'une faible partie du vulgaire, et le bouddhisme celle de l'immense majorité.—3. *Bouddhisme.* Le bouddhisme a pris naissance dans l'Inde au sixième ou au cinquième siècle avant notre ère, et après plus de mille ans d'existence, finit par y être anéanti ; il ne s'en établit que plus solidement dans plusieurs pays étrangers où il avait déjà pris pied avant d'être proscrit sur sa terre natale. L'introduction des statues et des images du Buddha dès le deuxième siècle avant notre ère, l'extension des conquêtes de la Chine sous les Han, l'ardeur entreprenante des docteurs bouddhistes avaient déjà fait connaître en Chine le nom et les doctrines du Buddha, quand, en l'an 62 de notre ère, l'empereur Ming-ti envoya des commissaires dans l'Inde pour chercher et rapporter les livres qui renfermaient la doctrine de ce Buddha (ou Fo, comme disent les Chinois, transcrivant et abrégeant à la fois le mot Buddha dont Fo représente les deux premières lettres). Cette introduction officielle ne préserva pas le bouddhisme d'une longue et redoutable opposition. Combattu par les lettrés et les tao-sse, proscrit par certains empereurs, mais protégé par d'autres, il gagna toujours du terrain. L'intérêt qu'il excitait fut assez vif pour que du quatrième au dixième siècle des docteurs chinois entreprissent de longs et difficiles voyages afin de visiter soit les contrées où le bouddhisme avait pris naissance, soit celles où il florissait, et rapporter des livres. Les conquérants mongols du treizième siècle, lui donnèrent un appui sérieux, et, malgré son origine étrangère, malgré l'opposition qu'il a rencontrée et dont les traces subsistent jusque dans la langue (le mot *Fo* est formé d'un caractère qui signifie « ennemi, hostile, celui qui dit *non* ; » *tcheou*, nom des invocations bouddhiques, signifie « maudire »), malgré la multitude de noms indiens transcrits ou traduits qui rendent la lecture des livres bouddhiques particulièrement difficile, il prit rang parmi les religions nationales. Les livres bouddhiques indiens ont été traduits en chinois, et avec les ouvrages des docteurs indigènes composés en général de fragments ou d'explications des livres canoniques, ils forment une immense collection dont l'étude est longue et épineuse. On sait que le bouddhisme se partage en deux grandes branches, celle du Nord et celle du Sud, identiques par leur origine, distinctes par leur développement. La littérature bouddhique n'est pas assez complètement connue pour qu'on puisse dire exactement à laquelle des deux elle se rattache, ou plutôt dans quelle proportion elle se rattache à l'une et à l'autre. Il semble certain qu'elle procède de toutes les deux. Néanmoins, la part de la branche du Nord paraît être de beaucoup la plus forte, et l'on peut dire que, en somme, le bouddhisme chinois relève du bouddhisme septentrional. — Nous ne pouvons nous étendre ici sur la doctrine et la constitution du bouddhisme, cette confrérie de moines mendiants, fondée par un prince dégoûté de la vie, cette doctrine étrange qui supprime Dieu et la cause première, attribue aux seuls efforts de l'homme une perfection dont le terme est le néant, qui mêle à ce rationalisme intraitable toutes les inventions les plus extravagantes que peut suggérer la notion égarée du surnaturel, mais qui, par le sentiment profond qu'elle a de la responsabilité morale, par le rapport qu'elle établit entre les destinées et les actions des individus, par les récits au moyen desquels elle prétend prouver la réalité de ce rapport dont les termes s'échelonnent sur de longues séries d'existence, réveille le sens moral en même temps qu'elle pique la curiosité. Nous ne pouvons qu'insister sur ce qu'il y a de particulier au bouddhisme chinois. Il est arrivé en Chine au bouddhisme ce qui est arrivé au christianisme en Europe : de même que Jésus a été peu à peu relégué à l'arrière-plan pour faire place à de nouveaux objets d'adoration, les saints, Marie, de même le Buddha historique a été négligé pour des êtres de fantaisie, créés par le travail d'une pensée peut-être mal satisfaite, et d'une imagination surexcitée. Amitâbha est devenu un des principaux objets d'adoration, presque le dieu des bouddhistes chinois ; Amitâbha est un « Buddha de la contemplation » ; on le considère comme la pensée, l'image intellectuelle de Çàkyamuni ; il est à croire que ce rapport établi entre le Buddha historique et le Buddha fantastique aura favorisé la popularité de celui-ci et fait oublier ou du moins négliger celui-là, qui paraissait suffisamment honoré. Sukhavati, la résidence d'Amitâbha, est un lieu de plaisance dont l'entrée promise aux gens de bien, fait oublier les spéculations profondes, peu intelligibles, peu attrayantes et peu consolantes du Nirvâna-néant. Au culte d'Amitâbha il faut joindre celui d'Avalokiteçvara, qui est un Bodhisattva ou futur Buddha. Par une méprise assez singulière, les Chinois en ont fait une femme appelée par eux Kwan-yin qui refusa de se marier, endura toutes sortes d'épreuves pour observer son vœu de célibat, échappa à tous les dangers, fit des prodiges, et mérita ainsi de devenir un Buddha en herbe. Ce qu'il y a de plus singulier encore, c'est qu'on la représente avec un enfant dans les bras, cette femme ennemie du mariage. Le livre de Kwan-yin (Avalokiteçvara) et celui de A-mi-to-fo (Amitâbha) sont très répandus en Chine. Amitâbha, « éclat sans mesure, » Sukhavati, « qui possède le bien-être, » Avalokiteçvara, « le seigneur qui regarde avec pitié, » sont des noms sanskrits. C'est au Tibet que le culte d'Amitâbha et d'Avalokiteçvara s'est établi. Le célèbre Dalaï-Lama n'est autre qu'Avalokiteçvara lui-même. L'article *Tibet* nous fournira l'occasion de mieux faire connaître cette partie du bouddhisme. — La société bouddhique est exclusivement composée de moines mendiants. Tout ce qui est en dehors de la confrérie est de fait en dehors du bouddhisme, mais peut aisément s'y rattacher en remplissant certaines conditions, entre autres, celle de faire l'aumône aux moines. Le nombre et la qualité des aumônes donnent la mesure de la sympathie populaire. Or, l'état prospère des couvents bouddhiques, leur nombre, la magnificence de la plupart d'entre eux disent assez pour qui est la préférence des populations. Certains moines sont très versés dans leur littérature sacrée ; mais la masse de la confrérie comme du peuple est fort ignorante ; des cérémonies extérieures généralement pleines d'ostentation que les uns accomplissent, et auxquelles les autres assistent, des libéralités plus ou moins considérables de la part des laïques, de vaines paroles et des simagrées de la part des moines constituent à peu près tout le fond de la religion. Signalons en passant certains couvents dirigés par des dignitaires d'une nature spéciale, et sur lesquels il y a aura lieu de revenir en parlant du Tibet, parce que les plus remarquables sont dans ce pays. Nous dirons seulement ici que le nom de « Buddha vivant, » donné par quelques auteurs (entre autres Huc et Gabet) à ces personnages, est tout à fait impropre. Ces dignitaires sont des bodhi sattvas. — Les ressemblances constatées par les voyageurs et par les missionnaires eux-mêmes entre le bouddhisme et le catholicisme romain ont suggéré diverses explications. Celle des missionnaires consiste à voir dans le bouddhisme une contrefaçon du catholicisme dont Satan serait l'auteur. Pour ceux qui cherchent une autre explication, il est difficile d'arriver à des conclusions précises. Beaucoup de choses qui se ressemblent en apparence et même en réalité ont pu se produire spontanément, sans emprunt de l'une à l'autre. D'ailleurs, il y a toujours des différences dont il faut tenir compte. On a été tenté d'attribuer une grande influence à l'introduction du christianisme en Chine par des nestoriens dans le deuxième quart du septième siècle, événement rappelé par une inscription de 781, découverte en 1626, dont l'authenticité, longtemps combattue, semble maintenant admise. Ces missionnaires auraient commencé par obtenir de grands succès ; mais leur œuvre déclina graduellement, et malgré la trace profonde qu'elle a laissée dans l'Asie centrale, il est délicat de déterminer la part de leur influence dans les choses religieuses. Nous ne dirons rien du christianisme et de l'islamisme en Chine non plus que du mouvement religieux mal défini qui se mêlait à l'insurrection prolongée qui éclata vers 1850. Nous ferons seulement remarquer que les trois religions officielles vivent non seulement d'accord, mais pour ainsi dire en commun ; car d'abord elles se sont fait des emprunts plus ou moins conscients et volontaires, et ensuite les sectateurs de l'une ne se font pas scrupule de porter leurs hommages aux autres. On peut voir le même individu faire ses génuflexions à Confucius, recueillir les papiers magiques des Tao-sse, répéter dévotement le nom d'Amitâbha et faire l'aumône aux moines bouddhistes. Les docteurs ou les prêtres de chaque culte font leur métier et la foule s'adresse à tous, préférant les uns sans dédaigner les autres. Les bouddhistes doivent à l'éclat de leurs cérémonies et peut-être à certains enseignements simples et en même temps propres à frapper les imaginations la vogue qu'ils ont obtenue. C'est en partie à ce mélange de croyances diverses qu'il faut attribuer certaines difficultés qu'éprouvent les missionnaires, entre autres celle d'exprimer le nom de Dieu. L'expression *Thien-tchou*, « Seigneur du Ciel », employée par les catholiques, qui paraissent l'avoir inventée, n'est peut-être pas exempte d'inconvénients : elle s'appliquerait assez bien à l'Indra indou accueilli par les bouddhistes ; les protestants ont préféré l'ancienne expression *Chang-ti* (Maître suprême), plus conforme à la tradition indigène, et qui, ayant servi, comme on le suppose, à exprimer le monothéisme chinois primitif, semble pouvoir bien s'adapter au monothéisme chrétien. Mais nous n'avons pas le temps d'insister sur ces particularités : il nous faut passer au Japon.

II. Japon. Il y a au Japon deux religions, la religion primitive et nationale, communément appelée sinto ou sintoïsme et le bouddhisme, importation étrangère. — 1. *Sintoïsme*. Le sintoïsme, qu'on pourrait appeler plus justement le culte des Kamis, est une religion assez complexe dans laquelle on peut distinguer la doctrine savante et la croyance populaire. La doctrine savante qui, probablement, n'est pas sans avoir subi l'influence chinoise, est principalement cosmogonique, et paraît formée de plusieurs mythes greffés les uns sur les autres. Elle admet le dualisme chinois, la double action du principe mâle et du principe femelle. Du chaos primitif sort Kounitoko-nomitoko, puis deux autres génies, Kounitatsou, Toyokoumou, procédant du premier et représentant respectivement l'Empire, l'eau et le feu. Ce sont des génies mâles et célestes auxquels correspondent des génies femelles et terrestres représentant le bois, le métal, la terre sous le nom de Oukitsi-no-mikoto, Ohototsi et Omotarou. Toutefois on ne s'en tient pas toujours à cette parfaite symétrie de nombres, qui constitue une double triade, et l'on compte parfois sept génies célestes et cinq terrestres. La création de la terre, au moins de la terre habitable, est spécialement attribuée à deux génies plus connus du vulgaire que les autres, Izanaqui et Izanami, l'un mâle, l'autre femelle. Des gouttes de l'Océan que Izanaqui fit jaillir avec la pointe de sa lance et qui se figèrent, la première terre, l'île Onokoro, fut formée ; puis les continents avec les végétaux et les animaux qu'ils renferment furent successivement créés par la coopération d'Izanaqui et d'Inazami. Après avoir donné naissance à une nombreuse postérité, les deux génies créateurs se retirèrent laissant le gouvernement du monde à leur fille Ten-yo-dai-dzin, appelée aussi Amatera-sou-oho-Kami, et qui n'est autre que le soleil. Amaterasou régna fort longtemps et eut quatre successeurs. Le dernier rejeton de cette dynastie divine, Dzen-mon-ten-wou, fut le fondateur de la dynastie humaine des mikados; c'est alors que commence l'histoire du Japon. — Ces mikados ont été déifiés à peu près comme les empereurs romains, et le sintoïsme devint ainsi ce que peut-être il a toujours été dans la croyance populaire, une sorte de culte des ancêtres ; car l'apothéose ne fut pas restreinte aux princes, elle fut étendue à tous les héros qui se distinguèrent. Parmi ces héros, il faut comprendre les divinités protectrices qui ne sont que des personnages ayant excellé dans telle ou telle vertu, dans tel ou tel art. On peut penser si le nombre en est grand. Daïkokou, le distributeur des richesses, Yebis, le patron des pêcheurs, Tossi-Kotou, le dieu des affaires commerciales, etc. S'il y a de bons génies, il y a aussi de mauvais génies, Raiden, qui lance le tonnerre, Riou-gou, qui produit les typhons, etc., dont il faut fléchir la colère. Chaque province à son Kami protecteur, dont le temple s'élève dans la capitale. Les prêtres sintoïstes sont mariés : les offrandes publiques et privées servent à leur entretien et à celui du culte. L'enseignement du sintoïsme sur la vie future est assez indécis. Les ancêtres divinisés sont considérés comme poursuivant une existence heureuse. Mais quelle sera la destinée des vivants ? Ils sont avertis qu'ils auront à errer plus ou moins longtemps pour se purifier avant d'avoir accès auprès des ancêtres. Du reste, les vraies notions du sintoïsme sur la vie future sont peu connues ; il est douteux qu'elles aient pu se conserver pures, elles ont plus ou moins subi l'influence déjà très ancienne du bouddhisme.—2. *Bouddhisme.* Le bouddhisme, introduit de la Corée au Japon dès la fin du troisième siècle de notre ère, y gagna promptement du terrain, malgré l'opposition des sintoïstes, et devint dès le septième siècle la religion dominante. Les bouddhistes japonais essayèrent bien de se mettre en communication directe avec l'Inde, la patrie du bouddhisme, et il est resté de ces tentatives des traces curieuses ; néanmoins la Chine, qui était leur voisine, fut aussi leur véritable institutrice ; et le bouddhisme japonais, malgré tout ce qu'il peut avoir d'original, n'est après tout que la reproduction du bouddhisme chinois. Amitâbha et Kwan-Yin (Kannon) sont les principaux objets d'adoration et d'invocation. Çakyamuni, escorté, suivant l'usage, de ses deux principaux disciples, n'est ni inconnu ni négligé. Mais Amitâbha est au-dessus de tout. « Répétez le nom d'Amitâbha aussi souvent que vous pourrez et surtout à l'heure de la mort, et vous irez droit à Sukhavati, et vous serez heureux pour toujours. » Voilà le grand précepte que l'on suit au Japon. La faveur dont Amitâbha jouit dans ce pays nous a valu la découverte d'un texte sanskrit sur ce personnage. M. Max Muller vient de le publier avec une traduction et toute une étude dans le Journal Asiatique de Londres (avril 1880). C'est le sûtra intitulé *Sukhavatî-vyûha*, « description de Sukhavatî » ; on en connaissait bien des traductions tibétaine et chinoise ; mais l'original sanskrit était ignoré ; c'est le Japon qui nous l'a fait connaître. Toutefois cette universalité du culte d'Amitâbha n'existe en réalité que pour la foule ; elle y trouve la meilleure satisfaction de ses besoins religieux. Les moines, qui sont les savants, ne s'assujettissent pas à cette uniformité. Ils sont partagés en dix sectes formées en des temps différents, dont chacune s'attache de préférence à quelque légende, à quelque doctrine, à quelque institution du bouddhisme. Ainsi c'est celle des siodosyu qui a adopté le culte d'Amitâbha et qui a le plus de succès, parce qu'elle admet et prêche une sorte d'immortalité ; celle des sensyu au contraire enseigne la théorie de Nirvâna-néant ; elle ne réussit guère qu'auprès des grands ; les fokke-syu révèrent surtout Çâkyamuni, le Buddha historique, et ont ainsi une doctrine plus pure ; François Xavier, qui assista à leurs conférences religieuses nocturnes, en fut émerveillé. Une autre secte est formée de moines qui ne vivent que dans les forêts, réfugiés sous des arbres ; ce régime est l'exagération d'un point du règlement bouddhique. La secte des ikkosyu est adonnée à la magie, aux sortilèges ; car il faut bien que cet élément soit représenté dans le clergé bouddhique. Les membres des sectes jenghi et goghi se chargent de venir en aide aux pèlerins, de les héberger et de les guider, car les pèlerinages sont fort en honneur dans le bouddhisme. Au Japon, le plus suivi est celui qui se fait aux trente-trois temples de Kan-non (Avalokiteçvara). Enfin il est une secte qui a mélangé le bouddhisme et le sintoïsme, c'est celle des Riobo-Sinto. Du reste, il y a aussi une secte qui reconnaît Confucius. Au Japon comme en Chine, on adhère volontiers à différents cultes. Néanmoins, le bouddhisme a une majorité écrasante, et on estime que sur 34,388,300 habitants que le Japon renferme, il n'y en a pas plus de 100,000 qui puissent être considérés comme adeptes du sintoïsme ; le bouddhisme reçoit les hommages de tout le reste. Nous n'avons pas le temps de parler de la constitution extérieure, soit du bouddhisme, soit du sintoïsme, des couvents de femmes bouddhistes. Ce que nous avons dit suffira, nous l'espérons, pour donner une idée des croyances religieuses qui ont cours au Japon.

III. Indo-Chine. L'Indo-Chine comprend quatre États civilisés (nous exceptons les Européens), qui sont en partant de l'est : l'Annam, le Cambodge, le Siam, la Birmanie. Il y a de plus un assez grand nombre de tribus sauvages. Ces tribus, dont quelques-unes ne sont connues que de nom, sont généralement païennes, quelques-unes sont bouddhistes au moins de nom. Le bouddhisme est la religion de tous les peuples civilisés de l'Indo-Chine. Les Annamites, entièrement soumis à l'influence chinoise, ont adopté le bouddhisme chinois. Le taosséisme paraît compter quelques adeptes parmi eux. Mais en somme, ils sont fort indifférents, et c'est ce qui a permis aux missionnaires catholiques romains d'obtenir parmi eux quelques succès. Quant au Cambodge, à Siam, à la Birmanie, le bouddhisme y règne sans partage sous la forme dite méridionale. Le centre ou pour mieux dire, les plus savants docteurs du bouddhisme méridional sont à Ceylan ; cependant, c'est dans l'Indo-Chine qu'il aurait eu son refuge et aurait été sauvé de la ruine à une certaine époque. On assure que tous les livres bouddhiques ayant été détruits à Ceylan dans le douzième siècle par des envahisseurs malabars, il fallut aller en chercher en Birmanie de nouvelles copies. La place nous manque pour rendre compte ici du bouddhisme méridional ; nous dirons seulement que, identique par le fond au bouddhisme septentrional, il en ignore les développements exubérants, qui du Népal se sont répandus au Thibet, en Chine et au Japon. On ne sait ce que c'est qu'Amitâbha et Avalokiteçvara en Birmanie, à Siam et au Cambodge. Du reste, l'esprit et les formes de la religion sont les mêmes. Là comme ailleurs, les moines vivent d'aumônes, sont richement entretenus, très vénérés, et répandent largement l'instruction, une instruction très élémentaire, il est vrai, mais préférable à l'ignorance absolue. Toutefois, malgré l'empire exercé par le bouddhisme, on peut dire qu'il y a chez les peuples de l'Indo-Chine, surtout les Birmans et les Siamois, une religion populaire très différente de la religion officielle. On y trouve une foule d'astrologues, de devins, de sorciers, d'exorcistes qui vivent de la superstition de la foule. La religion vulgaire paraît être en définitive, le culte des génies, on en met partout : les arbres, les fleuves, les murs des maisons, tout a son génie, bienfaisant ou malfaisant, qu'il faut gagner ou fléchir. Ces génies ont des noms indigènes, comme les Nats (dieux bienfaisants) et les Bilous (démons malfaisants) des Birmans, ou bien des noms indiens, comme les Yaks (sanscrit Yaxa) et les Nâgs (sanscrit Nâgas), de Birma, du Siam et du Cambodge. C'est que ces peuples ont ajouté à leurs génies propres, ceux dont le brahmanisme et même le bouddhisme leur enseignait l'existence ; ils ont pu quelquefois aussi identifier tel génie de leur invention avec tel autre cité dans les livres indiens. Le bouddhisme n'est nullement contraire au culte des génies ; il a adopté de bonne heure ceux du brahmanisme et s'est ainsi mis dans la nécessité de pactiser avec toutes les superstitions des pays où il a pénétré. Partout il se montre très accommodant, on peut dire qu'il l'est trop et que l'on voit se commettre dans les contrées où il domine, des atrocités par trop révoltantes Quand le monstre qui règne en Birmanie, le roi Thibau ordonnait, il y a quelques mois (1880), d'enterrer vivants ou d'égorger tous les jours des jeunes garçons ou des jeunes filles, pour mettre un terme à une épidémie de variole, il n'obéissait certes pas aux principes du bouddhisme. Il serait peut être injuste d'en rendre cette religion responsable; et cependant peut-on l'en décharger complètement? Il est certain que les moines bouddhistes se prêtent à des cérémonies superstitieuses qu'ils devraient réprouver. On les voit toutefois blâmer aussi vigoureusement qu'inutilement, certaines pratiques condamnables, les combats de coqs, par exemple, contre lesquels ils tonnent avec véhémence et vers lesquels la population se précipite avec fureur. Le bouddhisme est loin d'avoir fait tout le bien qu'on pouvait attendre d'une religion qui vise au calme des passions : mais ayons pour lui quelque indulgence. Rendons-nous le christianisme responsable de tous les crimes qui se sont commis ou se commettent, de toutes les superstitions misérables qui se pratiquent en son nom ?

IV. Malaisie. Aux îles océaniennes désignées par ce nom, nous ajoutons la presqu'île de Malakka. Le bouddhisme a pénétré dans une portion de la Malaisie, mais il n'y existe plus qu'à l'état de souvenir et de curiosité archéologique. L'islamisme qui l'a supplanté a pénétré bien plus loin : on le trouve presque partout, mais plus ou moins altéré par les superstitions indigènes. Ces superstitions sont même restées vivaces et à peu près intactes, sauf certaines influences dont on croit retrouver la trace çà et là, chez un bon nombre de tribus. Nous ne pouvons en faire un inventaire exact et complet, nous allons essayer d'en donner une idée sommaire. — Pirmen est le créateur, selon les habitants de la presqu'île de Malakka, il habite dans le ciel. Après avoir élevé les montagnes les unes au-dessus des autres, pendant que la plaine était encore inondée, il fit flotter sur un radeau un homme et une femme. Du mollet de celle-ci, naquirent deux enfants qui furent les ancêtres des Binnas (hommes du pays). Quand les hommes se furent multipliés, Pirmen leur envoya un roi. Les Jins sont les intermédiaires entre Pirmen et la race humaine. Ces Jins sont très multipliés, il s'en trouve partout, mais le Jin Bhumi est le plus puissant : quand Pirmen l'a envoyé quelque part, il y apporte la maladie. Il faut alors que le poyan (prêtre) appelle les dieux (devadeva) par ses incantations. Si ceux-ci obtiennent de Pirmen le remède salutaire, ils le passent au poyan et la guérison s'accomplit ; sinon, la maladie suit son cours, la divinité l'a voulu. Il est aisé de reconnaître que l'influence indienne s'est exercée sur ces traditions. Pirmen doit être Brahma; Deva-Deva, Jin, Jin-bhûmi sont des mots sanscrits : Jin est un terme bouddhique. C'est même un des titres, un des noms du Buddha. L'influence s'est étendue plus loin que les noms ; mais elle ne paraît pas avoir complètement transformé les croyances primitives. — L'île Timor nous présente un dualisme plus accusé. Le soleil et la lune sont les premiers entre les bons esprits auxquels on ne rend pas de culte, puisqu'il n'y a aucun mal à redouter de leur part; mais on invoque les mauvais esprits (Nieto), représentés par des figures de pierre ou de bois qui se transmettent de génération en génération, et qu'on change quelquefois mais rarement. Les alligators et les requins exigent davantage; on leur offre des buffles, des cochons, des moutons, des poules: jadis même on allait jusqu'à leur sacrifier des jeunes filles. A Bornéo, le dualisme existe aussi avec de plus grands développements. Les Dayaks connaissent bien un Dieu suprême, Hatalla ou Tonggal, « l'unique », mais ils admettent des génies du monde supérieur (Sengiang) et des génies du monde inférieur (Jâta), ceux-ci aussi nombreux que les ruisseaux de Bornéo; au-dessous du dieu suprême, sont encore le roi du bonheur Râja Ontong et le roi du malheur Râja Sial. Tempon tellon est le dieu des morts; Tellon, son serviteur, est chargé de lui amener les âmes. Les mauvais génies logés dans les arbres sont très malfaisants; Behutei, le démon des forêts, peut prendre toutes les formes. Le Râja Hantuen ou Dohong pousse les personnes dans lesquelles il est entré et qui en sont possédées à errer la nuit pour sucer le sang. Les Kloa font avorter les femmes qui leur font des vœux pour obtenir un heureux accouchement. Les prêtres célèbrent des cérémonies appelées Sangen, en l'honneur des génies supérieurs dont ils racontent l'histoire au peuple; d'autres cérémonies, expiatrices ou purificatrices, appelées Mapaspali, sont célébrées dans certaines circonstances, après un décès, à la suite de l'apparition d'un serpent, etc. — A certains traits de ce résumé, on peut encore reconnaître la trace de l'influence indienne; Râja, Jâta sont des mots sanskrits; le dieu des morts n'a pas un nom indien; mais son serviteur Tellon fait exactement l'office du serviteur du Yama brahmanique. — Cette influence est encore plus probable, je dirais volontiers plus manifeste chez les Macassars de Célèbes, qui croient à la transmigration des âmes et, par ce motif, s'abstiennent de verser le sang des animaux, excepté celui du cochon et des oiseaux considérés l'un comme trop immonde, les autres comme trop petits pour recevoir des âmes humaines. Leur respect pour la vie animale ne les empêche pourtant pas d'offrir des buffles, des vaches, des boucs, aux constellations du soleil et de la lune, particularité qui pourrait avoir encore une origine indienne. Les deux grands astres sont leur principal objet d'adoration; ils les saluent à leur lever et à leur coucher; et quand le temps est couvert, ils offrent leurs hommages aux images de ces astres conservés dans leurs demeures. Selon eux, le soleil et la lune existent de toute éternité; mais dans une querelle qui s'éleva entre eux, la lune laissa tomber une masse (la terre) qui s'entr'ouvrit: deux géants en sortirent, dont l'un vit dans l'eau et soulève les tempêtes par ses éternuements, et l'autre, logé sous le sol, produit les métaux et cause les tremblements de terre quand il est courroucé. La lune doit encore enfanter d'autres mondes, mais d'une façon plus régulière; car les deux astres ayant reconnu le danger de leurs querelles, se sont réconciliés et se sont partagé le gouvernement du monde. — Aux Philippines, Bathala (ou Bathara) est le nom de la divinité suprême; mais on adore aussi le soleil et la lune, l'oiseau bleu Tigma manoquin qui représente Bathala, la corneille Meylupa, « le maître du sol, » et Nono le crocodile, considéré comme le grand-père. La présence de l'oiseau Tictic annonce l'arrivée du démon Osvang, qui apporte la maladie aux enfants et se nourrit de chair humaine, etc. Les prêtresses appelées Catalonas par les uns, Babaylan par d'autres, présentent les offrandes; certains conjurateurs nommés Mangisalat, sont appelés aux mariages. Les Irayas et les Igorrotes adorent Cambunian, et dans les jours de fête, la lune et les étoiles. Pour apaiser le tonnerre, ils lui sacrifient un cochon, et, après l'orage, ils adressent leurs hommages à l'arc-en-ciel. Anito est leur dieu du foyer en même temps que le représentant des ancêtres. Le mot sanskrit Devata est le nom de Anito chez d'autres tribus, entre autres les Manobos qui révèrent aussi les éclairs et le tonnerre, et divinisent les fléaux qu'ils redoutent, le crocodile, la maladie, le malheur. On trouve aussi chez ces peuples des exemples de divinités mâles et femelles; pour certaines tribus, Cambunian a deux fils et deux filles, les Attabanes, portion des Igorrotes, honorent Cubiga et son épouse Buya, les Gaddanes, autre tribu, Amanolay et son épouse Dabingay. — Nous terminerons cet exposé en rappelant quelques croyances des tribus répandues dans les îles malaises, et désignées par le nom générique d'Alfuras ou Arafuras. Ceux des Moluques s'efforcent de faire prendre de la nourriture à leurs morts, et, n'y pouvant parvenir, les portent dans la forêt et détruisent tout ce qui leur avait appartenu. Ils n'ont aucune idée d'une vie future. Ceux de Célèbes considèrent Lumimu-ut comme le créateur des hommes. Lumimu-ut, du sexe féminin, sortie de la terre en même temps que Kareima, être féminin également, et engrossée par le vent, sous l'influence de sa compagne, aurait donné naissance à un fils avec lequel elle aurait ensuite procréé plusieurs enfants; de l'un de ces derniers serait issue la race humaine. Ils célèbrent le sacrifice Tumalinga-Siloko, quand un village a été frappé par quelque calamité, et alors, deux prêtres habiles sont aux écoutes pour entendre le cri de l'oiseau Manguni. — Un exposé complet des croyances de ces peuples exigerait des détails minutieux et multipliés, et se compliquerait d'une étude ethnographique très vaste et difficile à cause de la diversité des tribus et du mélange des races. On voit que, en général, ces religions combinent ou font subsister côte à côte l'adoration des objets naturels vivants ou privés de vie, le culte des génies, le culte des ancêtres, un dualisme fondé sur l'opposition du bien et du mal physique, ou sur l'action réciproque du principe mâle et du principe femelle, et qu'enfin elles ont conservé certaines traces plus ou moins effacées d'une influence indienne. — Sources : Abel Rémusat, *Mémoire sur la vie et les ouvrages de Lao-tseu*, l'*Invariable milieu*, *le Livre des récompenses et des peines*, Paris, 1816, in-12; *Mélanges asiatiques*; Stanislas Julien, *Le Livre de la raison et de la vertu*; *Voyages de pèlerins bouddhistes*, Paris, in-8°; Pauthier, *La Chine*, in-8°, Paris, 1853; *Confucius et Mencius*, Paris, in-8°; Morrison, *Horæ Sinicæ*, in-8°, Londres, 1812, Victor von Strauss, *Lao-tse's Tao-te King*, 1870, Leipzig, in-8°; Beal, *A Catena of Buddhist scriptures*, 1870, London, in-8°; Eitel, *Handbook for the student of Chinese Buddhism*, Londres, in-8°, 1870; *Three lectures on Buddhism*, in-8°, Londres, 1871; *Feng-Shui*, Londres, in-8°, 1873; Charlevoix, *Histoire du Japon*, 1715; Maget, *Annales de l'extrême Orient* (oct.-nov. 1878); Spence Hardy, *Eastern Monachism*, Londres, in-8°: *A Manual of Budhism*, Londres, in-8°, 1853; La Loubère, *Description de Siam*, 1 vol. in-12; Pallegoix, *Description du royaume Thai*, Paris, 1854, 2 vol. in-12; Adolf Bastian, *Studien und Reisen*, *Die Vœlker des östlichen Asiens*, 6 vol. in-8°, 1866-1875; Gervaise, *Description historique du royaume de Macassar*, 1715; Semper, *Die Philippinen*, Würzbourg, 1869. L. FEER.

ORIENTAUX (Chrétiens). On comprend sous ce nom: 1° les Grecs schismatiques; 2° les Jacobites, Syriens, Egyptiens ou Cophtes et les Ethiopiens; 3° les nestoriens de la Perse et des Indes; 4° les Arméniens (voyez ces divers articles).

ORIFLAMME (*auriflamma, aurea flamma, oliflamma, oloflamma*), étendard de l'abbaye de St-Denis. C'était une espèce de bannière faite de soie couleur de feu, brodée d'or et attachée au bout d'une lance en guise de gonfanon. Elle ne servait d'abord qu'au comte de Vexin, avoué de St-Denis, pour défendre les biens de ce monastère; mais lorsque Louis VI eut acquis le comté de Vexin, il fit porter l'oriflamme dans les expéditions militaires, après l'avoir reçue des mains de l'abbé de St-Denis. Quelquefois les rois la portaient autour du cou, mais sans la déployer. Depuis la bataille de Rosbecque, gagnée sur les Flamands par Charles VI, en 1382, il n'est plus question de l'oriflamme.

ORIGÈNE, surnommé Adamantinos, l'homme d'airain, le plus libre esprit de l'ancienne Eglise en même temps que l'un des plus grands cœurs chrétiens qui aient jamais battu, naquit à Alexandrie sous le règne de Commode en 185. Quoique son nom fût emprunté à une ancienne divinité d'Egypte, Or ou Orus, il est certain que ses parents étaient chrétiens (Eusèbe, *H. E.*, VI, 19). Grâce à l'aisance dont ils jouissaient, ils lui donnèrent une éducation libérale et lui firent traverser le cycle des écoles de sa ville natale; il y apprit ce qu'on appelait les sciences encycliques ou préparatoires, qui comprenaient la géométrie, l'arithmétique et la grammaire. Son père Léonidès ne laissa à personne le soin de l'initier à la connaissance de la foi chrétienne. Le jeune homme montra de suite la piété la plus fervente et cette profondeur d'esprit qui lui faisait chercher le sens caché, « l'au-delà » en toutes choses (ζήτεῖν τι πλέον; Eusèbe, *H. E.*, VII, 2). Le divin éclatait si admirablement dans cet adolescent qui ne vivait que pour Dieu, que son père se relevait la nuit pour baiser sa poitrine où il voyait un sanctuaire de l'esprit (ὥσπερ θείου πνεύματος ἔνδον, Eusèbe, *H. E.*, VI, 2). De très bonne heure il suivit l'enseignement si large et si fécond des grands catéchistes d'Alexandrie, Pantenus et Clément, et il apprenait d'eux à concilier la religion nouvelle avec tout ce qui l'avait préparée dans la culture antique. L'école de la sainteté ne lui manqua pas plus que celle de la science chrétienne ; c'était à cette époque l'école de la souffrance et du martyre. Après un temps de calme sous Commode qui, comme la plupart des mauvais empereurs, se préoccupait fort peu de défendre les anciennes religions contre la nouvelle, la persécution avait de nouveau éclaté sous Sulpice Sévère. Léonidès, le père d'Origène, fut jeté en prison. Son fils lui prodigua les marques de son affection. la meilleure preuve qu'il crut pouvoir lui en donner fut de le supplier de n'écouter ni la chair ni le sang pour demeurer fidèle au Christ jusqu'à la mort ; il lui fit passer ces mots qui disaient tout : « Mon père, ne fléchis pas à cause de nous » (Eusèbe, *H. E.*, VI, 2). Origène brûlait de monter sur le même bûcher; aussi sa mère devait-elle cacher ses vêtements pour l'empêcher de s'exposer inutilement. Le père mort, les biens de la famille furent confisqués et Origène, à dix-huit ans, resta le seul soutien de la maison. Il trouva quelque temps un refuge chez une riche dame d'Alexandrie qui logeait sous son toit un hérétique probablement adepte de l'une des nombreuses fractions du gnosticisme. Il se nommait Paul, Origène ne subit à aucun degré son influence; il se refusait même à prier avec lui pour ne pas couvrir de mots sacrés une dangereuse équivoque (Eusèbe, VI, 2). C'est sans doute à cette date que remonte chez lui la vive répulsion qu'il montra toujours pour toute spéculation qui met en péril cette liberté morale dont il devait faire l'âme de son système. Désireux de s'affranchir de toute tutelle ou protection gênante, il essaya de gagner sa vie et celle de sa mère en donnant des leçons de grammaire. En même temps il reprit, malgré sa grande jeunesse, l'enseignement catéchétique interrompu depuis la retraite de Clément en Asie Mineure. Il ne fit ainsi que répondre au désir de jeunes païens avides de vérité, parmi lesquels prirent place Plutarque et Héraclas, plus tard évêque d'Alexandrie (Eusèbe, *H. E.*, VI, 3). Demetrius, l'évêque d'alors, reconnaissant ses beaux dons, lui conféra la charge de catéchiste, qu'il avait remplie jusqu'alors à titre purement privé, et il se trouva ainsi le successeur du plus illustre apologiste de l'époque. La persécution sévissait toujours; aussi les leçons se donnaient-elles furtivement, souvent interrompues par de sanglants incidents. Tel disciple était soudain traîné au cirque; Origène, qui brûlait de l'y suivre, l'accompagnait jusqu'à l'heure du supplice et lui donnait le baiser de paix (Τούς μάρτυρας φιλήματι προσαγορεύοντα). Il était alors dans un véritable état d'exaltation. C'est à cette situation d'esprit qu'il faut attribuer la mutilation sur lui-même qui lui fut tant reprochée (Eus., *H. E.*, VI, 8). Il est étrange que l'exégète de l'allégorisme effréné ait été conduit à cet acte imprudent par une exagération de littéralisme dans sa manière de comprendre une parole de Jésus-Christ (Matth. XIX, 12). L'erreur était grande bien que le motif de cet acte étrange fût digne de tout respect. Son seul but était d'étouffer les désirs de la jeunesse. Il prenait également à la lettre tout ce que dit l'Evangile sur la pauvreté et se refusait presque le nécessaire. Il avait vendu sa riche bibliothèque classique formée de manuscrits copiés de sa main, pour une somme de quatre oboles qu'on lui payait journellement (Eus., *H. E.*, VI, 3). Vêtu misérablement, plus misérablement nourri, couchant sur la dure pendant les quelques heures qu'il dérobait au travail, il refusait tout salaire de ses disciples. Ce rigorisme extrême dans la pratique de la vie n'ôtait rien à la largeur de son esprit. Il était dévoré de l'ardeur du savoir ; ses lectures étaient immenses. Nul scrupule ne l'arrêtait quand il s'agissait d'enrichir son esprit. C'est ainsi qu'il n'hésita pas lui chrétien déclaré, à suivre l'enseignement d'Ammonius Scacas, le père du néoplatonisme, dans lequel il voyait avec raison l'héritier de la grande philosophie grecque sous sa dernière forme (Eus., *H. E.*, VI, 19). Il y rencontra Porphyre, qui devait plus tard combattre ses plus chères convictions, mais qui n'a pas moins rendu témoignage à sa haute valeur intellectuelle. « Je me rappelle, disait-il, avoir vu Origène dans sa jeunesse ; sa gloire alors était grande et elle a été bien confirmée auprès des siens par les ouvrages qu'il a laissés » (Eusèbe, *H. E.*, VI, 19). Origène profita de la paix qui fut rendue à l'Eglise sous le règne de Caracalla pour se rendre à Rome. Il n'y fit pas un long séjour. Il n'y trouva que le trouble et la dispute. L'Eglise de cette ville était en pleine crise, grâce aux menées du parti hiérarchique et sacerdotal mené par l'habile Callixte (voir l'article sur *saint Hippolyte*). Peut-être se souvenait-il de son séjour de Rome quand il parlait plus tard, dans une de ses homélies, de certaines Eglises où la piété est exploitée au profit de l'ambition et qui sont transformées en cavernes de voleurs (Orig., *in Matth.*, XVI, 22 ; *Opera*, vol. III, p. 752, d'après l'édition bénédictine de de la Rue). De retour à Alexandrie, il reprit son enseignement avec un tel éclat que sa réputation se répandit au loin dans le monde païen. Un général romain lui fit demander une entrevue du fond de l'Arabie et au retour il dut se rendre au désir de Mammée, la mère d'Alexandre Sévère, qui désirait l'entendre sur sa doctrine (Eusèbe, *H. E.*, VI, 19-22). C'est à cette époque qu'il se mit sérieusement à l'étude de l'hébreu dans l'intérêt de ses travaux exégétiques. — Son activité d'écrivain prit dès lors une large extension, grâce à l'appui que lui valut l'amitié d'un riche habitant d'Alexandrie nommé Ambroise, qui était devenu le meilleur de ses amis depuis qu'il s'était dégagé sous son influence des liens de l'hérésie. Il le recueillit dans sa demeure et lui donna sept secrétaires pour écrire sous sa dictée assistés de nombreux copistes (Eusèbe, *H. E.*, VI. 23). Origène a décrit lui-même cette vie d'infatigable labeur à laquelle nous devons tant de précieux écrits (*Epist. ad quemdam de Ambros. Oper.*, I, 113). C'est à cette époque que remontent ses *Exaples*, vaste tableau synoptique dans lequel il mettait en regard le texte hébreu, la tradition des Septante et plusieurs autres traductions (Epiph., *Hæres.*, 64). Il commença alors à écrire ses commentaires sur les Psaumes et sur saint Jean. On peut placer à la même date ses *Stromates* ou mélanges malheureusement perdus et son livre *Sur les principes* dont la hardiesse étonna et fournit des prétextes à ses ennemis, sans qu'il dépasse pourtant la *regula fidei* généralement acceptée qui n'avait pas la précision des symboles d'une chrétienté centralisée. Les adversaires d'Origène lui en voulaient bien plutôt pour sa largeur ecclésiastique que pour sa largeur théologique, car la cause première et principale de sa condamnation ne fut pas son livre *Sur les principes* connu depuis longtemps, mais un conflit avec son évêque sur une question de discipline. Cet évêque était Démétrius, esprit étroit et autoritaire. Déjà quelques années auparavant, il s'était montré offusqué de ce qu'Origène avait prêché à Césarée sur l'invitation des évêques de Palestine et il s'était hâté de le rappeler (Eus., *H. E.*, VI, 19). Son indignation fut sans bornes quand il apprit qu'Origène, appelé par les mêmes évêques pour discuter avec des hérétiques, avait reçu la consécration d'ancien dans la même Eglise (πρεσβυτερίου χειροθεσίαν ἐν καισαρείᾳ πρὸς τῶν τῇδε ἐπισκόπων ἀναλαμβάνει. Eus., *H. E.*, VI, 23). Il n'y avait là aucune dérogation aux règles établies; l'Eglise n'était pas divisée en diocèses strictement déterminés, la chrétienté évangélique n'était rien moins qu'une catholicité constituée. Sans doute elle avait déjà dans son sein un parti hiérarchique qui tendait à supprimer ses anciennes libertés. Démétrius lui appartenait sans réserve; aussi n'hésita-t-il pas à frapper un grand coup; deux synodes d'évêques d'Afrique, composés à sa guise, décidèrent sans débat contradictoire la déposition d'Origène de sa charge de catéchiste et de prêtre. On se référa après coup pour prononcer son excommunication à ses prétendues erreurs doctrinales (Eusèbe, *H. E.*, VI, 26 : ὁ Δημήτριος ἅμα τισίν επισκόποις Αἰγυπτίοις καὶ τῆς ἱερωσύνης ἀπεκήρυξε. Phot., Cod., 18.) La conduite d'Origène fut admirable dans ces cruelles circonstances. Par esprit de conciliation, il avait quitté l'Egypte dès les premières menaces de l'évêque. Quand il fut frappé injustement et exclu de l'Eglise dont il était la gloire la plus pure, il protesta sans s'irriter, réservant les droits de la liberté chrétienne, mais n'en accordant aucun à la colère personnelle, à l'indignation la mieux justifiée. Dans la lettre qu'il écrivit à ses amis d'Alexandrie sur cette crise si cruelle de sa vie, il se borna à ces paroles fermes et nobles : « Maintenant est accompli l'oracle: *Les chefs de mon peuple m'ont ignoré; ils sont sages pour faire le mal, mais ils ne savent pas faire le bien.* Nous devons bien plutôt les prendre en compassion que les haïr et bien plus prier pour eux que les maudire. Nous avons été créés pour bénir et non pas pour maudire » (*Quorum magis misereri quum eos odisse debemus. Epist. ad amic., Alexandr., Oper.*, I, p. 3). Origène chercha la plus noble consolation dans ses féconds labeurs. « Ayant retrouvé quelque sérénité, dit-il, je ne veux pas différer de reprendre la suite de mes travaux; je demande à Dieu qui veut m'enseigner dans le sanctuaire de mon âme, de m'assister afin que je termine l'édifice de mes commentaires sur saint Jean » (*In Johann.*, t. VI, *Oper.*, vol. IV, p. 101). Après avoir visité pour la première fois les lieux saints, il se retira à Césarée au sein de cette Eglise de Palestine qui ne lui montrait que respect et affection; il y poursuivit sa tâche immense de catéchiste, d'exégète, de prédicateur et d'écrivain. Obligé de fuir en Cappadoce, à cause de la persécution soulevée par Maxime et qui fut l'occasion de son *Exhorta-*

tion aux martyrs, il trouva un asile chez l'évêque Firmilien. Il fut bientôt après recueilli par une riche dame nommée Juliana qui avait hérité de la bibliothèque de Symmaque, le traducteur syriaque de l'Ancien Testament. C'est sous son toit qu'il écrivit son traité *Sur la prière.* Nous le trouvons bientôt après à Césarée, puis à Nicomédie. A Athènes il écrivit son commentaire *Sur le cantique des cantiques.* Revenu à Césarée, il acheva son commentaire sur saint Jean, écrivit ses commentaires sur les évangiles et les épîtres, sur Esaïe et Ezéchiel (Eusèbe, *H. E.*, VI, 32). Son autorité morale ne faisait que grandir comme le prouve l'appel qui lui fut adressé par le synode des évêques d'Arabie; ils lui demandèrent de chercher à ramener à la vraie doctrine sur la personne de Jésus-Christ Béryle, évêque de Botsra. Il y réussit (Eusèbe, *H. E.*,VI, 33). Il ne fut pas moins heureux dans une autre tentative du même genre, également sollicitée par les mêmes évêques auprès d'obscurs hérétiques de la contrée (Eus., *H. E.*, VI, 37). Profitant des bonnes dispositions de Philippe Arabe pour les chrétiens, il lui adressa une lettre apologétique. Puis sur l'invitation pressante d'Ambroise, il écrivit son grand livre apologétique contre Celse. Son enseignement avait plus de puissance et d'éclat que jamais, à en juger par le témoignage d'un de ses disciples, Grégoire le Thaumaturge, qui était venu du Pont pour l'entendre à Césarée. Ce n'est pas tant son savoir et son habile méthode qui faisait sa force, c'était sa sainteté, car comme le dit son apologiste, on pouvait dire de lui : « Tel homme, telle vie ! » (voir Orig. *Oper.*, vol. IV, *Appendice*, p. 55). Origène ne se contentait pas de l'enseignement scientifique; il y joignait la prédication sous forme d'homélies suivies sur la plupart des livres de l'Ecriture sainte. Un grand nombre se retrouvent dans ses œuvres. Le moment approchait où il allait enfin trouver le repos. La persécution de Dèce le contraignit de se réfugier à Tyr. Il n'échappa pas néanmoins aux mauvais traitements. Chargé de liens, le cou serré dans un collier de fer, il fut mis aux ceps pendant quatre jours (Eusèbe, *H. E.*, VI, 31). Il mourut de la suite de ces glorieuses souffrances après avoir envoyé un suprême appel à ses frères. Son tombeau subsista longtemps à Tyr. On eut pu y graver un mot de lui qui résumait tout son christianisme : *Charitas est passio* (*In Ezech. Homil.* VI, *Oper.*, III, p. 376. Il avait vraiment achevé par sa charité la passion du Christ pour son corps qui n'est pas seulement l'Eglise déjà formée, mais l'humanité entière destinée à y entrer.

Nous allons considérer maintenant tour à tour en lui le prédicateur, l'apologiste et le théologien. — 1. La prédication occupe une très large place dans les œuvres d'Origène. Nous avons vu qu'il a expliqué sous forme d'homélies un grand nombre de livres de l'ancien et du nouveau Testament. Rien de plus uni, de plus simple que sa forme d'exposition, la pensée seule est souvent subtile. S'il abuse de l'allégorie, il évite les mouvements oratoires. C'est une exposition suivie du texte sacré où il développe ses idées favorites avec de nombeuses applications morales. On y respire le souffle de sa piété si large et si élevée. — 2. L'apologiste chez Origène n'a qu'un rival dans l'antiquité chrétienne : c'est Clément, son maître, auquel il doit ses principes fondamentaux, mais qu'il surpasse pour l'exposition méthodique et la dialectique. Il est vrai que dans son livre contre Celse il n'a en vue qu'un seul adversaire qui avait su avec un grand art réunir en un faisceau toutes les objections qu'un païen lettré peut faire au christianisme. Ce Celse paraît avoir appartenu à l'éclectisme ou syncrétisme philosophique du temps qui, tout en se rattachant à Platon, exagérait à tel point le côté oriental et dualiste de son système qu'il effaçait presque complètement le caractère moral de sa doctrine. On comprend que grâce à cet effacement de ce qu'il y avait de plus noble dans la philosophie de l'Academie, on put accuser Celse d'affinités avec l'épicuréisme, comme le fait Origène, bien qu'à coup sûr son adversaire ne fut pas proprement épicurien (*Contre Celse*, I, 8). Il suffit, pour s'en convaincre, de se rappeler sa théorie de Dieu et des démons. La polémique à son sujet a été renouvelée par le savant livre de Keim (*Celsus*, *Wahres Wort*), dont M. Aubé a adopté les vues en grande partie dans son intéressant ouvrage sur l'antiquité chrétienne (*Histoire des persécutions de l'Eglise, la polémique païenne à la fin du deuxième siècle*, Paris, 1878). Origène parle de deux Celses ; le premier qui aurait vécu sous Néron et qui est hors de cause, le second serait l'ami bien connu de Lucien (*Contre Celse*, I, 8). C'est ce dernier auquel il répond. L'espèce de doute qu'il exprime sur la posibilité d'un troisième Celse (*C. Celse*, IV, 36) n'a aucune importance; car il est certain que pour lui l'auteur du *Discours véritable* qui contenait la grande attaque contre le christianisme à laquelle il répliquait, est bien celui qui était né au temps d'Adrien (*C. Celse*, I, 8). Le livre de Celse a été écrit dans la dernière période du règne de Marc Aurèle. Il est notoire que le traité intitulé *Alexandre ou le faux Prophète*, que Lucien lui dédia, n'a pu avoir été écrit qu'après l'an 181 (Aubé, liv. cit., p. 168). Les allusions que Celse fait à la situation du christianisme, à son importance et aux persécutions qu'il subit se rapportent parfaitement à cette époque (*Contre Celse*, VIII, 69). On ne saurait faire remonter le *Discours véritable* à une date antérieure, puisqu'il y est parlé des marcionites qui n'ont apparu que vers l'an 142 après Jésus-Christ et des marcelliens gnostiques de la secte de Carpocrate qui vint à Rome vers l'an 159 (Irénée, *adv. Hæres.*, I, 24). Il nous paraît douteux que, comme le prétend M. Aubé, Tertullien en ait eu connaissance avant d'écrire son apologie, car l'auteur de l'Apologie prend dans leur généralité les objections courantes des païens de son temps, telles qu'elles se retrouvent partout, sans qu'il relève les attaques particulières de Celse. Le livre de ce dernier a été perdu, mais Origène l'avait sous les yeux quand il le réfutait. Grâce aux larges citations qu'il nous en donne, on peut en quelque mesure le reconstruire sans qu'on soit pourtant jamais assuré de reproduire le plan de l'ouvrage, car, d'après Origène, l'argumentation manquait de méthode et péchait par une certaine confusion (πολλά τῦρης τυγκεχυμένως τῷ κέλσῳ εἰρημένα δί ὅλης βίβλιου ; *Contre Celse*, I, 40). MM. Keim et Aubé ont donné une reproduction suivie de l'Ἀληθὴς λόγος. Ils y ont introduit la logique qui y manquait. L'analyse que nous en avons donnée nous même (*Histoire des trois premiers siècles de l'Eglise*, III, p. 49 ss. et 186) est très analogue à la leur, sauf quelques détails (voir aussi Baur, *Die drei erst. Jahrhunderte*, p. 371). — Celse commençait par opposer au christianisme toutes les objections de la synagogue, il mettait en scène un juif tout imbu des doctrines et des passions de ses compatriotes contre la religion nouvelle. Le récit évangélique était d'abord attaqué dans sa crédibilité (*Contre Celse*, II,1), puis tourné en dérision dans son objet. La naissance obscure du Christ qu'il traitait même d'infâme (*Contre Celse*, I, 39), ses humiliations, sa mort ignominieuse sur la croix étaient retournées contre sa divinité (*id.*, II, 20, 41) ; sa résurrection était présentée comme une fable inventée après coup, manquant de toute authenticité dans l'obscurité où elle s'était produite sans témoins dignes de foi (*id.*, III, 35). Après avoir emprunté au judaïsme ses armes les plus perfides, il se retournait contre lui pour l'envelopper dans la même condamnation que le christianisme, dans tout ce que sa doctrine avait de commun avec l'Evangile, en commençant par railler impitoyablement les origines et le mode de la révélation mosaïque, fondement de la chrétienne... « Ces misérables bergers, disait-il, et surtout leur Moïse se sont laissés prendre à des ruses grossières et qui étaient bien dignes d'eux pour croire en un Dieu unique » (*id.*, I, 23 ἀγροικοις ἀπάταις ψυχαγωγηθέντες ενα ενόμισαν εἶνα Θεόν; *Cont. Cels.*, I, 23). Celse accuse les deux Testaments de plagiat, car ils n'ont fait l'un et l'autre que mélanger en les altérant les mythes de l'Orient et de la Grèce (*id.*, VI, 22, 24), mais ils ont eu bien soin de laisser de côté ses belles méthodes philosophiques et la fine dialectique des Hellènes, pour se contenter d'une foi aveugle (*id.*, I, 2, 9). Rien ne lui était plus odieux que le théisme des saintes Ecritures, il lui opposait les principes dualistes et panthéistes qui faisaient le fond de la spéculation païenne, en insistant beaucoup sur la doctrine des démons qui étaient à ses yeux comme des divinités intermédiaires entre l'être absolu, immuable, l'unité incompréhensible et le monde créé (ὁ μὲν θεός οὐδὲν θνητον ἐποιησεν αλλὰ μόνα ἀθανατα, τὴ θνήτα ἄλλων ἔστιν ἔργα (*id.*, IV, 54 ; VII, 68 ; VIII, 2, 11). Il ne s'élève pas avec moins d'énergie contre la notion de la liberté morale que contre celle du Dieu libre, si essentielle au théisme. « Il n'y a eu, dit-il, ni plus ni moins de mal. La nature de l'univers est toujours identique μία ἡ τῶν ὅλων φύσις καὶ ἡ αυτή (*id.*, IV, 62). Le monde est un tout parfait ; le mal n'existe pas. La matière, qui est un principe nécessaire, a seule produit le mal (ὕλη πρόσκειται ; *id.*, IV, 10). La liberté est inconciliable avec la prescience divine (*id.*, VI, 63). Après s'être ainsi attaqué aux dogmes communs à l'Ancien et au Nouveau Testament, Celse passe à ceux qui sont propres à l'Evangile seul, tels que la rédemption et l'incarnation. Il invoque contre le surnaturel l'immutabilité de Dieu (*id.*, IV, 34) et sa dignité qui n'est pas compatible avec l'apparition de son fils dans un misérable coin de l'univers. Rien de plus ridicule qu'une telle croyance (ὀυ καταγελάστοτερον ; *id.*, VI, 73). Il accuse les chrétiens d'un hideux matérialisme, car ils n'hésitent pas à traîner la divinité dans toutes les misères corporelles (*id.*, VII, 36). Leurs miracles ne sont que de la magie (*id.*, I, 18; II, 50). Leurs espérances d'une régénération future et d'une céleste récompense après la résurrection des morts reposent sur de vains rêves. La conversion est une chimère, on ne change pas sa nature (*id.*, III, 64). S'imaginer qu'ils subsisteront seuls quand Dieu aura allumé le feu du jugement comme un cuisinier, c'est couronner par une espérance insensée une vie abjecte (*id.*, V, 14). L'une des parties les plus originales du livre de Celse, est celle qui est consacrée à ravaler l'humanité, à la traîner dans la boue, à la mettre au-dessous de l'animalité pour mieux faire ressortir l'absurdité de l'abaissement de Dieu au profit de cette misérable fourmilière humaine (*id.*, IV, 23, 76-84). Dans cette race misérable, il y a une lie surtout digne de mépris, ce sont les chrétiens. Celse raillait amèrement leur pitié pour les pauvres, les esclaves et les ignorants, masse abjecte au sein de laquelle ils se recrutaient (ἀνοήτων ἀνθρώπων ὅμιλον; *Id.*, III, 50). Pour son aristocratisme intellectuel, c'était le dernier degré de la honte (*id.*, III, 58). Et encore si ce ramassis d'êtres dégradés s'entendait, mais ils ne savent que se diviser et se disputer (*id.*, III, 12). Inutiles au monde dont ils se séparent (*id.*, IV, 68), ils se mettent eux-mêmes hors la loi, et la proscription dont on les frappe prouve leur indignité. « Vous êtes, leur disait-il, les dignes disciples d'un supplicié, voués vous-mêmes au supplice » (*id.*, III, 34). Il ne manquait plus que de leur lancer ce trait perfide : « Le lien de votre association est la rébellion (*id.*, III, 14). Il n'est pas permis de dissoudre les institutions qui ont appartenu de tout temps à un pays» (παραλύειν οὐχ ὅσιον εἶναι τὰ ἐξ ἀρχῆς κατὰ τόπους νενομισμένα), *id.*, V., 121). Celse semble avoir terminé son livre par un appel aux chrétiens de revenir au giron de l'Empire en acceptant ses lois, en suivant ses coutumes et en acceptant le culte des démons, seul moyen de trouver place dans le panthéon de ce paganisme syncrétique ouvert à toutes les doctrines non exclusives (*Celse*, VIII, 66-73; cf. Aubé, livre cité, p. 370 ss.). Telle est cette attaque, la plus habile, la plus savante qui ait été dirigée contre le christianisme dans la période des luttes héroïques. Elle dénote à elle seule l'importance qu'il avait acquise même dans la sphère de la haute culture. La réponse d'Origène est un chef-d'œuvre; sur presque tous les points, elle n'a pas vieilli. Nous ne pouvons en reproduire les larges développements. Contentons-nous d'en indiquer les grandes lignes. Origène demeure en tout point fidèle aux principes de Clément. Pas plus que son maître il n'admet un dualisme entre la foi et la raison; en fait la foi n'est-elle pas partout le préliminaire de la science qui débute par un acte de confiance? (*Contre Celse*, I, 11). L'Evangile est pour lui la plus haute des philosophies (*id.*, I, 9; III, 45, 74). Il prétend user des procédés légitimes sur lesquels repose la certitude (τὰ τῆς πίστεως ἡμῶν ταῖς κοιναῖς ἐννοιαῖς ἀρχῆθεν συναγορεύοντα, *id.*, III, 40). C'est à la conscience interrogée dans ses aspirations profondes et dans ses manifestations multiples, telles qu'elles ressortent du développement des religions et des philosophies, qu'il demande de témoigner en faveur de l'Evangile. C'est ainsi qu'il voit un pressentiment de l'incarnation dans les fables de la mythologie (*id.*, I, 37). Le Verbe divin est au fond de l'âme humaine, bien que parfois il semble sommeiller comme le Christ dans la nacelle du lac de Tibériade (*Adhuc in infidelibus dormitat sermo divinus, vigilat in sanctis* (*In Cantic. Homil.*, II, 59 ; *Oper.*, III, 37). La vaste science d'Origène lui permit de puiser dans l'histoire profane des arguments de fait qui écartent les accusations de plagiat (*id.*, VI, 2 ; VII, 41, 54 ; III, 20-21). Sa connaissance approfondie de la philosophie antique donne une très grande importance à son argumentation pour établir la différence entre l'Evangile et le platonisme (*id.*, VI, 4, 8-9-10, 17). Le Verbe chrétien n'est pas une simple idée, mais un être vivant, la sagesse et la vérité (σοφία παζ ἀλήθεια. *id.*, VI, 17). Il met hors de doute la crédibilité de l'histoire évangélique dont il dégage le fait central de la résurrection du Christ pour montrer la valeur des témoignages qui lui sont rendus (*id.*, II, 55-70). La preuve du miracle n'est point séparée par lui de son caractère moral et il l'élève bien haut au-dessus de la notion du simple prodige. Il ne faut pas seulement en effet considérer le merveilleux en soi, mais encore la fin à laquelle il vise (τὸ τέλος ἴδωμεν (*id.*, VIII, 46). Sa réponse au réquisitoire de la synagogue est foudroyante; il montre au juif que pour renier Jésus-Christ il faut qu'il commence par renier Moïse, et il établit l'accord admirable des deux Testaments dans de larges développements où éclate sa vaste science exégétique (voir les liv. I et II du *Contre Celse*). Il se montre non moins compétent dans la discussion philosophique proprement dite pour prouver la supériorité du théisme sur le fatalisme panthéiste (*id.*, IV, 54) ; il relève la nature humaine si misérablement bafouée par son adversaire. La raison qui procède du Verbe divin établit un lien essentiel entre elle et Dieu (όυx ἐᾷ τό λογικὸν ζῶον πάντῃ ἀλλότριον νομισθῆναι θεοῦ. *id.*, IV, 257). Elle est de race divine et aspire à retrouver Dieu (*id.*, IV, 25). Ses homélies sur le *Cantique des cantiques*, qui ont un caractère essentiellement apologétique, ont rendu avec une incomparable beauté cette grande pensée de notre parenté de l'homme avec Dieu qui avait été exprimée avec tant de puissance par saint Paul dans cette même ville d'Athènes où ces discours ont été prononcés. C'est l'âme humaine qui est cette fiancée du Cantique, cherchant en tout lieu Celui pour qui elle est faite et qui n'est autre que le Verbe (*In Cantic.*, *lib.* I, *Oper.* III, 37). Dieu avait écrit d'avance en elle ce qu'il lui a enseigné plus tard par les prophètes et par les apôtres (οὐδὲν Θαυμαστὸν τὸν αὐτον Θεὸν ἅπερ ἐδίδαξε διὰ τῶν προφητῶν καὶ τοῦ σωτῆρός, εγκατεσπαρκέναι ταῖς ἁπαντῶν ἀνθρώπων ψυχαῖς; *Cont. Celse*, I, 3; cf., VIII, 72). La liberté qui est son apanage à la fois glorieux et périlleux, cette liberté qu'Origène proclame tout d'abord en Dieu, est l'explication de la déchéance comme de la réparation (*id.* II, 20 ; IV, 54) ; elle explique l'égarement de la créature (*id.*, VI, 70 ; IV, 3), comme aussi l'abaissement volontaire de l'amour divin pour la sauver (*id.*, IV, 7). C'est elle enfin qui peut seule l'amener, en se tournant vers la lumière, à discerner la vérité dans ce qui semble une folie à l'orgueil et au péché (*id.*, III, 69). Origène ne cesse de multiplier les appels qu'il lui adresse, sachant bien que sans la détermination de la volonté le retour à Dieu est impossible. Pour discerner la beauté du Verbe il faut monter sur les hauteurs comme Pierre et Jean. Jugée d'en bas elle est vile et méprisable (ἀναβαινάντι αὐτῷ εἰς τό ὑψηλον ὄρος θεοτέραν μορφὴν ἔχεϊ; *id.*, VI, 71 ; *id.*, II, 68). Rien de plus éloquent que la portion de son apologie où il reprend, pour les tourner en titres de gloire, les outrages de Celse à la simplicité de la doctrine chrétienne et à son recrutement parmi les déshérités du monde. Cette simplicité est une divine philanthropie (ὡς φιλάνθρωπος ἰατρός; *id.*, III, 71), l'abaissement de la charité qui veut sauver les plus misérables (*id.*, III, 49). La puissance du christianisme éclate précisément dans ce relèvement admirable des êtres les plus dégradés ou les plus ignorants (*id.*, III, 86). Les souffrances et les humiliations de ses disciples qu'on lui oppose prouvent la force de leur conviction. Le martyre est sa couronne sanglante (*id.*, VIII, 70) comme la croix est la glorification de son Dieu, car la sainte victime du calvaire ne sera blâmée que le jour où l'humanité cessera d'admirer Socrate (*id.*, I, 3 ; II, 17). Venant aux insidieuses accusations de Celse contre les chrétiens présentés par lui comme des citoyens inutiles et des rebelles, Origène oppose au premier reproche le bienfait moral des vertus et des prières d'Eglise qui en fait en réalité le pilier de la société qui la prescrit (*id.*, VIII, 74). Quant au second, il répond que l'Empire n'a pas de sujets plus dociles pour tout ce qui est juste, mais qu'il est des lois iniques qu'il faut savoir braver pour obéir au législateur suprême. « Nous pensons, dit-il, qu'il faut savoir mépriser la faveur des rois, non seulement quand elle s'achète au prix du crime, mais encore quand il faut lui sacrifier son Dieu (*id.*, VIII, 68). Origène tire un grand avantage de la propagation du christianisme au milieu de tant de périls et de souffrances, alors qu'il avait tout contre lui (I, 28, 30), comme de son influence puissante sur la vie de ses disciples (I, 3, 26). Il écarte l'objection que Celse tirait des divisions des chrétiens, par cette noble réponse où se révèle le libéralisme qui anime toute sa théologie : « Ce n'est pas l'esprit de division et d'ambition qui a produit les sectes, mais plutôt le désir de comprendre la doctrine chrétienne (οὐ διὰ στάσεις καὶ τό φιλόνεικον αἱρέσεις, ἀλλά διατὸ συνδάξειν συνιέναι τά χριστιανισμοῦ; *id.*, III, 12). — 3. La théologie d'Origène forme un vaste système dont tous les éléments sont ramenés à une pensée centrale qui est le principe de liberté. Il s'est placé d'emblée à l'extrême opposé du gnosticisme qui, réduisant l'univers entier à une cosmologie panthéiste ou émanatiste, attribuait au mal comme au bien une place nécessaire. Il lui enlevait ainsi son caractère véritable, puisqu'il l'identifiait à la matière, et qu'il en faisait la condition de toute existence limitée qui forcément pour être produite avait dû se détacher de l'unité absolue. Prenant la contre-partie de ces théories, il subordonne toute la cosmogonie à la morale, puisque c'est la liberté qui dresse l'échelle des êtres et marque à chacun sa place. Les degrés de cette gradation de l'existence correspondent exactement aux déterminations des créatures. Tout se résout en volonté. Cependant si tranchée que soit une telle opposition à la gnose, Origène ne s'est pas défait de toutes les erreurs de cette grande philosophie platonicienne dont le gnosticisme exagérait les erreurs en négligeant ses vérités. Son Dieu ressemble encore trop à la monade métaphysique de l'académie (*Intellectualis natura simplex sed ut sit ex omni parte* μονὰς, *De Princ.*, II, 1, 6). Il se suffit à lui-même; lui seul est l'absolu, car la conscience qu'il a de lui-même dépasse de beaucoup celle qu'en possède le Verbe. Sa propre contemplation est supérieure à celle du Fils (τῇ ἑαυτου θεωρίᾳ ουσῃ μείζονι τῆς ἐν υἱῷ θεωρίας (1 Jom. XXXII, 8, Oper. IV, p. 449). Le Fils ou le Verbe n'existe que pour la création dont il contient en lui-même tous les types, toutes les idées (Ἀρχέτυπος εἰκῶν πχειόνων (*In Johann.*, II, 12). De là sa subordination tranchée vis-à-vis du Père. Le Père est seul Dieu par lui-même (αὐτόθεος ὁ Θεὸς ἐστι (*In Johom.*, II, 2 ; *Princ.*, 1, 2, 13). Le fils ne l'est que par dérivation. L'esprit saint lui est tout autant subordonné qu'il l'est au Père, (ἐλάττων πρὸς τόν πατέρα ὁ υἱος, ἔτι δέ ἧττον τὸ πνεῦμα) (*De Princ.*, 1, 3, 5). L'Esprit règne sur les saints comme le Verbe sur tous les êtres créés (*De Princ.*, 1, 3, 5). Le Verbe n'est pas le Dieu suprême mais simplement Dieu (ουκ ὁ θέος ἀλλάθεός, *In Johann.*, II, 12), son éternité tient à l'éternité de la création, car Dieu n'a pas cessé de créer et de déployer l'attribut de sa puissance (Photius, *Cod.* 235; Orig., *De Princip.*, II, 9). Le Verbe néanmoins ne doit pas être confondu avec la création, bien qu'il n'existe que pour le monde. Il n'a pas été créé, mais engendré (*sine initio. De Princip.*, I, 2). Il n'est pas seulement science mais puissance (*De Princip.*, IV, 34. Il est une hypostase vivante (ὑποστασιν ζωσὰν, *In Joh.*, I, 37). Lui seul est l'image adéquate du Père, bien qu'il n'exprime pas tout l'absolu (*Cont. Celse*, I, 57 ; VIII, 12). La matière n'a pas plus de commencement que la création ; elle n'est pas identifiée au mal ; son essence subtile, indéfiniment muable, la rend capable de se prêter aux divers modes d'existence qui se produiront et seront gradués selon les déterminations de la volonté (*Ex rebus ipsis apparet quod diversam variamque permutationem recipiat natura corporea, ita ut possit ex omnibus in omnia transformari* (*Princip.*, II, 1, 4). Il est bien difficile à Origène de distinguer absolument l'élément matériel du mal une fois qu'il mesure exactement à sa prédominance dans un être le dégré de sa déchéance. Toutes les créatures ont reçu primitivement une nature spirituelle, car Dieu et tous les esprits sont de la même substance (*De Princip.*, IV, 36). La différence entre Dieu et les esprits créés, c'est que Dieu possède le bien par essence, tandis que les esprits créés sont susceptibles du mal (*Omnis creatura rationabilis laudis et culpæ capax. De Princip.*, I, 35). Leur destinée dépend, non de leur condition première, mais de leur mérite (*Ex merito non per conditionem prærogativam. De Princip.*, I, 5). Origène a consacré presque tout le troisième livre de son traité des *Principes* à établir le libre arbitre contre les objections gnostiques et les fausses interprétations des textes sacrés. Chaque être a traversé son épreuve et se classe selon sa détermination. Tout être qui a une forme corporelle a prévariqué, les créatures célestes ont péché elles aussi, bien qu'à un moindre degré. De là, leur forme diaphane, aérienne (*Princ.*, I, 8). Les anges sont préposés aux divers pays du monde. Le soleil, la lune et les étoiles sont également des êtres déchus. Les démons sont au plus bas degré de la vie morale et constituent le royaume des ténèbres. Satan a été l'initiateur du mal auquel Origène conserve son caractère strictement moral, car il se caractérise pour lui par la révolte, l'orgueil et l'égoïsme (*Cont. Celse*, VI, 5; *Homil. in Ezech.*, IX, 2). Les hommes occupent une région intermédiaire, position qui est dans un rapport exact avec leurs déterminations morales dans la vie antérieure (*Ita dispersi sunt filii illius Adam sicut illorum merita postulabant* (*In numer. Homil.*, 28, 4). Le récit de la Genèse n'est qu'un symbole de cette histoire avant l'histoire. Le caractère n'est point une fatalité de la nature, mais le résultat de la vie antérieure (*In Johan.*, XX, 2). L'homme est à la fois esprit, âme et corps (*Spiritus, anima, corpus. In Exod. Homil.*, III, 3). Il a en lui le germe du Verbe et peut redevenir un être divin (σπεύδωμεν γενεσθαι θεόι. *In Johan.*, XX, 23). Une fois sur la terre il subit les influences de l'hérédité et du milieu, mais c'est lui-même qui s'est marqué sa place (*In Roman.* V, 1, *Oper.* vol. IV, 550). Origène était trop profondément chrétien par le cœur, pour se contenter d'un salut qui ne serait que l'illumination de la pensée. Sa notion si sérieuse du péché entraînait comme conséquence une rédemption effective. Seulement ses vues platoniciennes l'amenaient à modifier sensiblement le dogme de l'incarnation. Il n'était pas possible que le Verbe lui-même s'unît à un corps, et pourtant il fallait qu'il entrât en contact avec la nature humaine pour la relever. Aussi n'est-ce pas à elle directement qu'il s'est uni, mais à l'âme sainte de Jésus qui descendit du ciel où elle avait conservé sa pureté native pour pénétrer le corps conçu miraculeusement dans le sein de la vierge Marie (*Nascitur Deus homo, illa substantia media subsistente. De Princ.* II, 6, 3). Le Verbe put alors se communiquer tout entier au Christ qui opéra la rédemption par sa sainteté parfaite et par sa mort sur la croix à laquelle le Verbe lui-même demeure totalement étranger (ἀπέθανεν ὁ ἄνθρωπος ουχ ἀπέθανεν ὁ θεὸς λὸγος. *In Johan.* I, 28, 14). Cette mort fut une rançon payée à Satan et non à Dieu, car la justice du Père ne se sépare pas de son amour et il n'exige rien en fait de châtiment (*In Ezechiel Hom.*, I, 21). Satan au contraire, a des droits sur la race qui s'est volontairement asservie à lui (ἔδωκε τὴν ψυχὴν αυτοῦ λύτρον τῶ πονηρῷ. *In Matth.* XXVI, 16). Cette rançon fut comme une divine fraude, car l'âme de Jésus échappa à l'esprit des ténèbres et la résurrection fut la confusion du diable (*In Matth.* XVI, 8; *In Rom.*, V, 10). Le corps du ressuscité fut tellement glorifié et spiritualisé, qu'il se rendit invisible à tous ceux qui n'avaient pas la foi (μηκέτι ἔχοντα χωρητὸν ὁραθῆναι τοῖς πολλοῖς. *Cont. Cels.*, II, 64). Les contradictions abondent dans cette conception. On ne comprend pas comment l'âme sainte de Jésus a pu s'unir à un corps, puisque la corporalité est toujours le châtiment du péché. On ne comprend pas non plus pourquoi le sacrifice du Calvaire opère une rédemption universelle qui s'étend à tout l'univers (*Jesum propitiatorem non solum credentiun, verum et totius mundi In Rom. comment.*, III, 8. *Non solun por terrestribus sed et an pro cælestibus oblata est hostia Jesu. De Levitic. Homil.*, I). Le grand caractère moral de la doctrine d'Origène reparaît dans sa doctrine de l'appropriation du salut qui est comprise par lui comme une véritable assimilation de l'œuvre rédemptrice, la repentance nous faisant une même plante avec la mort du Christ, et la foi nous incorporant au ressuscité pour vivre d'une vie nouvelle (*In Rom.*, IX, 39, vol. IV, 66). La sainteté se consomme dans la charité (*Series, in Matth.*, 19, vol. III, 843). La notion d'Eglise d'Origène est empreinte, comme celle de Clément, du plus généreux spiritualisme. Il distingue avec soin l'Eglise visible de l'Eglise invisible qu'il appelle l'Eglise par excellence (τῆς μὲν κυρίως ἐκκλησίας *De Orat.* 20). La première est toujours entachée de péché et n'est pas plus infaillible dans son jugement que dans son interprétation de la vérité. Origène a énergiquement combattu l'esprit d'ambition d'un épiscopat usurpateur qui le rend semblable aux marchands du temple flagellés par Jésus-Christ (*In Matth.*, *Homil.*, 16. 2). La pierre sur laquelle repose l'Eglise n'est pas un apôtre primat, mais la foi même à laquelle il rendit témoignage quand il reçut l'approbation du maître (*Petra Christus est. In numer. Homil.*, 19-31). Le sacerdoce universel n'a pas eu de partisan plus déclaré qu'Origène (*Potest unus quisque nostrum etiam in semetipso constituere tabernaculum In Lev.* 9-4 ; *In Johann.*, XII ; 52, *Discipuli sui veri sacerdotes ; In Levit.* 7, 1). Origène admet les diversités sur les points secondaires ; il n'accepte d'autre moyen pour ramener les hérétiques que la libre persuasion. Comme le prouve son attitude vis-à-vis de Berylle de Bostra, il ne veut que le glaive de l'esprit, *gladium spiritus* (*In Matth. comment Series*, 1, 10 vol. III, 917). Parfois il semble un théopneuste des plus rigides (*In Matth.*, 1, 2 ; *In Jerem.*, 39) ; dans d'autres passages il fait la part de la faillibilité humaine dans le langage des écrivains sacrés. Il admettait même des degrés dans l'inspiration (*In Johan.*, I, 5 ; *In Numer. Homil*, 16, 4, *Oper.*, II, 336). Au reste l'inspiration littérale ne le gêne guère, grâce à la funeste théorie du triple sens de l'Ecriture, le sens littéral, moral et allégorique, qui correspondait à ses yeux à la trichotomie dans l'homme. Dans sa lettre à Jules Africain (*Oper.*, vol. I, 16) sur le livre de Suzanne, il incline vers l'idée d'un canon providentiel et indiscutable. Il est vrai qu'à son époque la question restait encore ouverte pour plus d'un livre du Nouveau Testament. Il rejette toute idée d'*opus operatum* dans le baptême (*si quis peccans ad lavacrum venit ei non fit remissio peccatorum. In Luc. Homil.* 21), et écarte résolument de la sainte Cène ce qui de près ou de loin ressemblerait à une présence corporelle. Il ne voit que des types et des figures dans les éléments eucharistiques (*Spiritualia sacrificia jugulemus. Non panem illum visibilem corpus tuum dicebat verbum sed verbum — in Matth. comment. Series*, 85, vol. III, 898 ; cf. *in Matth.* XI, *in numero.* 16, 9). « La cène du Seigneur, dit-il, n'est salutaire qu'à celui qui y participe avec une conscience droite » (*In Matth. comment. Series*, 86). Son eschatologie aboutit au rétablissement universel, la croix ayant été dressée pour l'univers entier (*In unum finem putamus quod bonitas Dei per Christum suum universam revocet creaturam. De Princ.*, I, 1). Ce rétablissement aura lieu après que les âmes pieuses auront passé au travers de plusieurs purifications dans des régions supra terrestres (*De princip.*, II, 11, 6), et les âmes des méchants dans l'Ades. Il admet une lutte suprême sur la terre entre le Christ et l'Antéchrist, mais en écartant toute idée d'une restauration même momentanée de l'ancien peuple de Dieu. C'est blasphémer, d'après lui, contre la Jérusalem promise, que de la placer sur la terre (*Contra Cels.*, VI, 48). — Tel est ce système grandiose, animé d'un souffle si généreux, si pur, plus puissant que le résidu d'erreurs que ce grand esprit transporte du platonisme dans le christianisme, sans toutefois enlever à celui-ci son caractère spécifique. Il reste une des plus nobles tentatives de la pensée chrétienne pour expliquer le monde et l'histoire. Rien ne montre mieux l'étendue de la liberté dont elle jouissait avant les grands conciles, que de voir ces hardiesses supportées et approuvées par une grande partie de l'Eglise du troisième siècle, sans que les adversaires d'Origène aient osé les condamner en forme dans les deux synodes convoqués contre lui. — Nous avons indiqué les principaux ouvrages d'Origène à la date probable de leur composition. Nos citations sont empruntées à la grande édition bénédictine de Delarue, 4 in-f°, Paris. 1740. Lomatsch a publié également une édition complète, Berlin, 1831. Huet avait publié ses écrits exégétiques existant en grec : *Origenis in sacr. scriptur. commentar. quæcumque græce reperiri potuerunt*, Paris, 679. Le livre contre Celse a été publié par Spencer (Cambridge, 1685), et le livre des Principes par Redepenning (Leipzig, 1836). Voir aussi l'édition de Schnitzer (Stuttgard, 1835). Monfaucon a donné des fragments des *Exaples*, Paris, 1703. Sur sa vie, voir Eusèbe, *H. E.*, VI; les *Origeniana* de Huet; *Thomasius Origenes*, Nuremberg, 1837. Dorner a étudié sa christologie dans son grand livre sur *la Doctrine de la personne de Jésus-Christ*. Voir aussi Neander, *K. G.*, I; Baur, *Der drei erst. Jahrhund.*; Bœhringer, *Kirchengesch. in Biograph.*, I; Pressensé, *Histoire des trois premiers siècles de l'Eglise, passim.*, vol. I, II, V-VI ; Mœhler, *Patrologie*. La plus belle monographie d'Origène est celle de Redepenning, 2 vol. 1846. Nous avons déjà cité le livre de Keim sur l'Αληθης λογος de Celse et celui de M. Aubé, *Histoire des persécutions de l'Eglise, la polémique païenne*. Le système d'Origène donna lieu à d'ardentes disputes théologiques après sa mort. L'évêque Méthodius attaqua son idée de la création éternelle, Pamphile de Césarée avec son ami Eusèbe le défendit dans une apologie enthousiaste, et ne s'interrompit dans cette œuvre que pour marcher au supplice. Eusèbe acheva le livre. A la fin du quatrième siècle un violent orage fut soulevé contre sa mémoire à la suite de la traduction latine de Rufin. Saint Jérôme et Epiphane se signalèrent par la véhémence de leurs attaques contre sa doctrine, mais sans obtenir une condamnation formelle par suite de la résistance de l'évêque de Jérusalem. L'évêque Théophile d'Alexandrie ne garda pas ces ménagements et persécuta Origène dans ses disciples. Chrysostome lui-même ne parvint pas à les protéger et pour l'avoir essayé attira contre lui l'animadversion. Il n'y eut cependant de condamnation formelle d'Origène qu'au synode de 545 à Constantinople, sous l'influence du patriarche Mennas, ennemi juré de l'évêque de Césarée Théodore Askidas, qui avait profité de la protection de Justinien Ier pour favoriser l'origénisme. E. DE PRESSENSÉ.

ORLANDINI (Niccolo), l'un des biographes officiels de la compagnie de Jésus, né en 1554 à Florence d'une famille patricienne, entra en 1572 dans la société dont il devait plus tard raconter les exploits, dirigea d'abord le collège de Nola, puis le noviciat de Naples, et finit par être appelé à Rome pour assister en qualité de secrétaire le général de son ordre. Nous possédons de lui: *Annuæ litteræ Soc. Jes.*, ann. 1583-1585, Rome, 1585-1587, 3 vol in-8°; *Historia Soc. Jes.*, *Pars I sive Ignatius*, 1613, in-f°. Cette biographie de Loyola ne comprend pas moins de 16 livres, et fut éditée après la mort de l'auteur par le père Sacchini. Le recueil, continué par d'autres membres de l'ordre, fut conduit par eux jusqu'au milieu du dix-septième siècle, le tome VII et dernier parut en 1650; *Vita Petri Fabri qui primus fuit e decem sociis S. Ignatii*, Lyon, 1617, in-8° (traductions française et italienne). Orlandini mourut à Rome le 17 mars 1606.

ORLÉANAIS (Le protestantisme dans l'). Au seizième siècle l'Orléanais proprement dit ou duché d'Orléans, ne comprenait guère que la banlieue étendue de cette ville (*Aurelianensis pagus*, 64 kil. de long sur 56 de large), réunie à la couronne en 1498. Nous y joignons le Blésois ou comté de Blois, qui en dépendait ainsi que le Dunois. Ces trois territoires étaient bornés au nord-ouest par le pays Chartrain, au nord-est et à l'est par le Gâtinais, au sud-est et au sud par le Berry, au sud-ouest par la Touraine, et à l'ouest par le Vendômois et le Perche. L'Orléanais relevait au civil du parlement de Paris, et fut le siège d'un évêché suffragant de Sens (*provincia Senonensis*) jusqu'en 1622, époque à laquelle il passa dans la *provincia Parisiensis* nouvellement créée. L'évêché de Blois, également suffragant de Paris, ne fut créé qu'en 1697-98, aux dépens du diocèse de Chartres. En 1790, il devint suffragant de Bourges, fut supprimé en 1802 et réuni au diocèse d'Orléans, puis rétabli en 1822 et rendu à sa métropole primitive. L'Orléanais, Blésois et Dunois forment aujourd'hui une partie des départements du Loiret (jusque vers Gien), du Loir-et-Cher (moins les environs de Vendôme), et de l'Eure-et-Loir (environs de Chateaudun). — Le protestantisme pénétra de bonne heure dans cette province, et y eut une destinée bien plus brillante qu'on ne pourrait le supposer d'après ce qui en reste aujourd'hui. La première date connue de son apparition est l'année 1527. Vers cette année, Thomas Malingre, qui s'appelait parfois Matthieu, et commença par être dominicain avant de devenir un des premiers ouvriers de la Réformation dans la Suisse romande, prêche à Blois « en détestant publiquement la messe. » Il s'appelle lui-même Malingre de Bloys, soit qu'il fût né dans cette ville, soit qu'il y naquit aux idées évangéliques, mais il la quitte de bonne heure, puisque dès 1530 il paraît être à Neuchâtel.

Il faut croire que sa voix ne fut pas isolée, car en 1528, les conciles de Sens et de Bourges prennent des mesures contre les luthériens, et en cette même année on constate à Orléans l'existence formelle du protestantisme. Cette ville était, en effet, le siège d'une université célèbre, possédant seule le privilège d'enseigner le droit civil, et fréquentée par un nombre considérable d'étudiants, venus de toutes les parties de la France et de l'Europe, et partagés en 10 nations, dont la nation allemande était la plus fameuse; il est certain dès lors que la Réforme y fut connue peu après sa naissance en Allemagne. Des hommes éclairés comme Nicolas Beraud, Jean Coras, Pierre de l'Etoile, avaient enseigné ou enseignaient à Orléans, et en 1528, les nouvelles doctrines y furent plus ou moins publiquement professées par Melchior Volmar, qui y étudiait le droit en donnant des leçons de grec et recevant des pensionnaires, François Daniel, avocat, et Nicolas Duchemin, « tenant escoliers en pension. » C'est à l'influence de ce milieu et de ces hommes qu'il est permis d'attribuer la conversion des deux réformateurs Calvin et de Bèze. Le premier paraît être venu à Orléans dès 1527, y resta temporairement jusqu'en 1534, et y « employa ses meilleures heures à l'estude de théologie, en laquelle il profita de telle sorte en peu de temps, qu'étant la science conjointe avec son zèle, il avança merveilleusement le royaume de Dieu en plusieurs familles, enseignant la vérité non point avec un langage affecté dont il a toujours été ennemi, mais avec une telle profondeur de savoir et telle et si solide gravité en son langage, qu'il n'y avait dès lors homme l'écoutant, qui n'en fust ravi en admiration. » Quant à de Bèze, il fut dès l'âge de dix ans le pensionnaire de Volmar à Orléans et à Bourges (du 5 déc. 1528 au 1er mai 1535), revint à cette époque étudier le droit à Orléans en qualité de membre de la nation de Bourgogne, dont il n'a pas volé le trésor comme l'en accuse F. de Rémond, et ne quitta cette ville après s'y être fait recevoir licencié, en 1539, que pour y revenir plus tard. De 1534-1556, divers emprisonnements et exécutions (1534, Martin Boys et autres escoliers; 1544, Guillaume Husson, apothicaire de Blois, brûlé vif; 1549, Estienne Peloquin, de Blois, aussi brûlé à Paris, ainsi qu'Anne Audebert et Claude Thierry, à Orléans; 1553, Denis Peloquin, frère d'Etienne, brûlé à Lyon, etc.) prouvent que la semence ainsi répandue n'était pas tombée sur une terre ingrate. En 1555, les écoliers allemands des universités de Poitiers, Bourges et Orléans obtiennent néanmoins de Henri II la liberté de culte, et, malgré les supplices infligés aux Français, ceux-ci songent à s'organiser en Eglises dès 1556. — A Orléans, où l'Evangile avait été annoncé d'une manière régulière et avec « grand fruict » par un débris de l'Eglise de Meaux, Faron-Mangin (1546-1557), neuf personnes, dont un jeune étudiant revenu de Paris, nommé Colombeau, un serger, François de la Fie, un cardeur, Jean Chenet, et un autre, François Doubte, se décident à « commencer l'Eglise » en 1557. Colombeau obtient de celle de Paris « un jeune homme fort docte nommé Ambroise le Balleur » et même provisoirement, Antoine de Chandieu auquel succéda Faget. Le Balleur s'étant trop avancé, on le remplace par Robert le Maçon dit de la Fontaine, et on lui adjoint Pierre Gilbert dit de la Bergerie, qui avait « exercé aux terres de Berne. » La même année les protestants de Blois se constituent en Eglise régulière. Déjà en 1556, Simon Brossier, fondateur des Eglises de Bourges et d'Issoudun, les y avait engagés, et François Chassebœuf dit de Beaupas, qui avait évangélisé Angers, y avait prêché « sans autre vocation. » En février 1557, Jean Gérard dit du Gué, angevin, y est envoyé de Genève, mais comme il est « timide et mal portant, » Antoine Chanorier dit Desmeranges, vient encore de Genève, le remplacer en mai 1558. Cette date marque aussi la fondation de l'Eglise de Romorantin avec Barthélemy Corradon pour premier pasteur. Celle de Blois montra fort peu de courage l'année suivante. Les protestants furent si effrayés par l'arrivée du roi, que Desmeranges se trouva sans auditeurs et voulut retourner en Suisse ; son Eglise resta dix-huit mois « espouvantée », mais il fut arrêté au passage par celle d'Orléans (23 nov. 1559) auprès de laquelle il remplaça Faget. C'est incontestablement dans cette dernière ville et aux environs que le succès des prédicateurs fut le plus grand. Il fallait qu'un nombre très considérable de personnes y eussent embrassé l'Evangile pour que dès sa fondation, l'Eglise requît le ministère de trois pasteurs auxquels deux autres ne tarderont pas à se joindre, bien que la persécution sévisse avec assez de rigueur pour que de 1549 à 1560 on retrouve à Genève plus de cent réfugiés orléanais. Mais partout on avait soif de vérité ; des assemblées et des conversions, même de prêtres, avaient lieu à la Huestre, la Prenanchère, Gidy, Sercottes, Marchenoir, Meung et Jargeau déjà ébranlés en 1550, Beaugency qui avait entendu la bonne nouvelle dès 1534, Pithiviers, Chilleurs et Neuville, « et furent finalement quasi toutes (ces localités) fournies de ministres particuliers. » Le mouvement continua en 1560 et 1561 malgré la terrible répression de l'échauffourée d'Amboise, dont Orléans fut particulièrement le théâtre, en raison de la détention dans cette ville du prince de Condé (13 oct. 1560-13 mars 1561). On y augmenta le nombre des prisons, et du 18 oct. au 14 nov. 1560 l'Eglise y fut toute « dissipée. » Les trois pasteurs sus-nommés continuèrent néanmoins à exercer leur ministère, et chacun reprit courage lorsqu'au mois de décembre on entendit aux états généraux, le tiers reprocher au clergé son ignorance, son avarice et son luxe, et la noblesse même réclamer contre la non résidence des prélats, reproches et réclamations que l'orateur du clergé se flattait vainement d'annuler en s'écriant : « Il n'est pas question ici de réformer l'Eglise ; elle ne peut tomber dans l'erreur, elle n'a ni taches ni rides ! » Aussi voyons-nous qu'en 1561, le culte est célébré publiquement à Orléans, d'abord dans des cours et des granges, puis à l'église des Cordeliers. Gilbert de la Bergerie étant mort le 13 février est remplacé par Nicolas Folion dit la Vallée, que la persécution avait chassé de Toulouse, et dès cette année Hugues Sureau dit du Rozier, paraît avoir prêté son concours aux trois collègues. Ces faits n'étonneront pas quand on saura que cinq à six mille personnes participèrent à la cène du 2 juin. Le culte a lieu publiquement aussi à Blois au temple Ste-Soulène, et les Eglises de Mer et de Sully s'organisent. A Mer, le premier pasteur de Blois, François Chassebœuf avait annoncé l'Evangile avec tant de succès que le 18 juin il écrivait à Viret que sauf sept ou huit personnes, toute la ville en fait profession. Pendant plus de vingt années, cette Eglise paraît n'en avoir fait qu'une avec celle de Blois, et avoir compté ainsi plus de deux mille adhérents. A Sully ce sont des chanoines qui se convertissent et appellent un pasteur. Bref, au moment où le massacre de Vassy sonna le tocsin de la guerre civile, les douze églises de l'Orléanais, savoir Orléans, Blois, Mer, Chilleurs, Sully, Jargeau, Beaugency, Romorantin, Marchenoir, Bazoches, Dangeau et Chateaudun paraissent avoir été définitivement constituées, sauf peut-être ces trois ou quatre dernières. Les vicissitudes de la guerre et de la persécution en augmenteront le nombre en permettant à quelques-unes de se dédoubler, ou les diminueront en en obligeant deux ou trois à se réunir pour n'avoir qu'un seul pasteur, mais elles se maintiendront presque toutes jusqu'au milieu ou vers la fin du dix-septième siècle. — On sait que pendant les premiers troubles, Orléans, occupée par d'Andelot et Condé dès le commencement d'avril 1562, devint la place d'armes du protestantisme français. Condé, Coligny, de Bèze y furent l'âme de la résistance et y firent cette armée huguenote, ces appels aux Eglises, ces mémoires justificatifs et cette discipline intérieure qui seront à jamais célèbres. A ce moment presque toute la ville et la plupart des localités environnantes étaient protestantes, et pendant une année au moins l'idéal religieux rêvé par nos pères fut une réalité : « Outre les prédications ordinaires et les prières aux corps de garde, on faisait des prières générales extraordinairement à six heures du matin, à l'issue desquelles les ministres et tout le peuple, sans nul excepter, allaient travailler aux fortifications de tout leur pouvoir, se retrouvant chacun derechef à quatre heures du soir aux prières ; et fut aussi un lieu assigné pour recueillir les blessés, qui étaient pansés et traités très humainement par les femmes les plus honorables de la ville, n'y épargnant leurs biens ni leurs personnes : en quoi firent entre autres un merveilleux devoir les demoiselles des Marets, la baillive d'Orléans et de Martinville, dignes de perpétuelle mémoire. » Mais le bris des images que les chefs ne purent que blâmer, et les excès effroyables commis par les catholiques et suivi de resprésailles huguenotes, reléguèrent bientôt ce tableau dans le passé. La ville de Blois, où Jacques du Plessis avait été envoyé par Calvin comme ministre, est prise le 4 juillet et, sur l'ordre du duc de Guise, « ceux de la religion qui n'étaient sortis de la ville furent traités d'une terrible façon, les faisant attacher à des perches et jeter en l'eau, outre ceux qui furent assommés par les rues avec le violement de plusieurs femmes et filles. » Ceux de Mer ont le même sort. Leur pasteur, François Chassebœuf, qui avait été pris à Beaugency avec quelques autres, est emprisonné puis mené à Châteaudun, puis à Talcy, « étant lié à la queue d'un cheval ; il fut finalement présenté au duc de Guise, lequel après l'avoir ouï parler, le fit pendre sur le champ à un noyer. » C'est dans ce même château de Talcy qu'Agrippa d'Aubigné, qui était alors le pensionnaire et l'élève de Matthieu Beroalde à Orléans, se réfugiera dix ans plus tard. Le siège d'Orléans qui, le 5 février 1563 où le Portereau fut pris par force, coûta la vie à huit cents huguenots, le 7 à plusieurs de ceux de Sully, et le 24 au duc de Guise lui-même, marque la fin des premiers troubles. Grâce à l'empressement que Condé met à traiter, Catherine de Médicis entre dans la ville le 1er avril, et le roi lui-même le 26. — A partir de ce moment la réaction ne néglige rien pour ruiner cette Eglise, une des plus considérables du royaume, et d'année en année on peut constater sa décroissance. Elle avait, il est vrai, quatre ou même cinq pasteurs, Antoine Chanorier, Robert le Maçon, Daniel Toussaint (depuis 1562), Nicolas des Gallars (depuis 1564), et Hugues Sureau du Rozier qui fut injustement emprisonné en 1566, devait abjurer en 1572 et fut sans doute remplacé (1566?) par Pierre Baron. Il paraît même qu'elle posséda pendant quelque temps une école de théologie, mais elle n'était pas toujours unie, témoin les exhortations à l'humilité et à la paix que de Bèze adressa à Baron et du Rozier qui revendiquaient pour l'assemblée entière des fidèles le droit de juger en dernier ressort les questions de doctrine et de mœurs, et la haine des catholiques était extrême. En octobre 1567 (seconds troubles), La Noue ne fait que l'augmenter en s'emparant de la ville pour le prince de Condé, bien qu'il n'y commette aucun excès. Lorsque après la paix de 1568 elle fut, ainsi que Beaugency et Blois, rendue au roi, celui-ci y envoya une forte garnison et au mois d'août il fit prêter serment de fidélité aux protestants alors encore nombreux et considérables, puisque parmi les huit cents qui consentirent (d'autres refusèrent) on remarque plus de trente avocats, cinq libraires, sept apothicaires, cinq orfèvres, onze procureurs, cinq professeurs de l'Université, quatre échevins, un conseiller au grand conseil, un président aux enquêtes, un bailli et une centaine de marchands. Cette soumission ne désarma nullement le fanatisme catholique, qui incendia le temple de la rue d'Illiers, assaillit (5 septembre) les huguenots à coups de pierres et en tua ou blessa cent cinquante, pour mettre ensuite le feu au (deuxième?) temple. Depuis il ne se passa presque pas de jour sans violences. En juillet 1569 le lieutenant-général ayant, sous prétexte de pourvoir à la sûreté de la ville, fait emprisonner les protestants dans la Maison-Carrée, dite des Quatre-Coins et tour de Martinville, le peuple attaqua et brûla ces prisons : plus de cent quarante protestants périrent dans les flammes. Ce fut pour les survivants le signal de la dispersion ; la plupart d'entre eux se retirèrent à Montargis, puis à Sancerre et à la Charité. Ils revinrent, sans doute après la paix qui termina la troisième guerre civile, et durent célébrer dès-lors leur culte hors des portes, à l'Isle, où le bailli d'Orléans, huguenot et dont la maison de ville est aujourd'hui l'Hôtel de Ville, avait sa résidence. Toussaint, revenu de Montbéliard, le Maçon, et peut-être Baron, continuèrent à les édifier et à les consoler jusqu'à la Saint-

Barthélemy, à laquelle les deux premiers réussirent à échapper. — Ce massacre prit, à Orléans, des proportions épouvantables. Une preuve de la préméditation se trouve dans le fait qu'en mai et juin 1572 Arnaud Sorbin, prédicateur du roi, vint aux frais de la ville y faire de la propagande catholique et que ce fut lui qui communiqua l'ordre du roi le 26 août. Le carnage et le pillage durèrent plusieurs jours, et un témoin oculaire, dont on possède une relation extrêmement détaillée, Jean de Bötzheim, porte le nombre des victimes à près de quinze cents. Le reste, peut-être un millier de personnes, fit semblant d'abjurer ou s'enfuit, mais ces derniers furent en petit nombre, car on ne retrouve à Genève les noms que d'une cinquantaine de réfugiés orléanais de 1572 à 1574. Nous ne savons si les autres Eglises de la province passèrent par les mêmes épreuves qui détruisirent presque entièrement celle d'Orléans, mais nous avons lieu de croire qu'elles ne furent pas épargnées. Dans tous les cas leur existence fut extrêmement précaire jusqu'à l'édit de Nantes, puisque la plupart des villes de l'Orléanais se déclarèrent pour la Ligue. En février 1594 Orléans se soumet à Henri IV. Mais les passions ligueuses étaient encore si fortes qu'à Beaugency le prêche était supprimé, et à Marchenoir le temple dévasté; qu'à Blois on poursuivait ceux qui ne tendaient pas le devant de leurs maisons pour les processions; qu'à Châteaudun on allait jusqu'à enlever en plein jour un enfant que l'on portait au pasteur, pour le faire baptiser par le curé ; et que les protestants orléanais, surchargés de taxes, exclus de l'échevinage et de l'aumône générale, ainsi que leurs enfants des écoles publiques, ne pouvaient se réunir et ensevelir secrètement leurs morts qu'à Jargeau, c'est-à-dire à une distance de plus de dix kilomètres. Cette Eglise, qui avait été la plus florissante, fut encore diminuée par l'appui que le pape et Henri IV lui-même donnèrent au catholicisme en 1601, à l'occasion de la reconstruction de l'église Sainte-Croix détruite lors des seconds troubles. Aussi, pendant le dix-septième siècle, est-ce l'Eglise de Blois, qui pourtant ne comptait que deux cents familles en 1598, qui devient la plus importante de la province. — Pendant la période de l'édit de Nantes ces Eglises forment un des trois colloques de la province ecclésiastique du Berry. Voici, autant qu'il nous a été possible de les retrouver, leurs noms et ceux de leurs pasteurs : Orléanais : *Orléans* eut pour lieu de culte Bionne et pour pasteurs Joachim Dumoulin (1594-1612 ou 14), Jean de Claves (1614), Jacques Imbert Durand (1617-1643), Jean Perreaux (1641-1668), Claude Pajon (1668-1685) et des Mahis (1679-1683); *Chilleurs* et *Bondarroy*, qui paraissent avoir formé deux Eglises distinctes avant l'édit, eurent pour annexes à diverses époques Courtempierre, le Puysot, Chamerolles, Lumeau, Brandelon, Illières, et pour pasteurs du Granier (1610-1618), Benjamin Delaunay (1610-1617), Pierre Vauloi (1619-1623), David Home (1623-1634), Louis Thuysart (1636-1643 ?), Abram Longuet (1660); *Jargeau* qui, antérieurement, paraît avoir quelquefois été remplacée par Châteauneuf, eut pour pasteurs Daniel Bourguignon (1610-1616?), David Home (1617-1623), François de la Gallère (1641), Jean-Louis Teussault (1643); *Sully*, qui fut d'abord réunie à Jargeau, et que le duc de ce nom ne soutint que médiocrement, forma une Eglise distincte, à partir de 1617, avec Henrichemont et Aubigny dans le Berry et même avec Bourges (1627), et eut pour pasteurs Isaac Babault (1617), Louis Thuysart (1618-1623), Jehan Alix (1623-1627), Paul Guez (1629-1643) ; *Beaugency*, qui paraît ne s'être reformée comme Eglise distincte qu'en 1610, et qui, de 1636 à 1643 fut réunie à Mer, puis peut-être même à Marchenoir, eut pour pasteurs Jehan Guérin (1610-1632 ?) et Louis Thuysart (1634-1636). — Blésois : *Blois* eut pour pasteurs Cuzin (1598), Seguyer (1599), Nicolas Vignier (1601-1643 ?), Jehan Albanel (1611-1614 ?), N. Vignier fils (1625), Paul Testard (1626-1643 ?), Paul de Lafon, Giles de Sauvage et Michel Janiçon (1660); *Ouchamps* qui commença et finit par être une annexe de Blois, forma une Eglise distincte de 1617 à 1632, avec Salomon Pigeault pour pasteur ; *Mer*, qui fut après Blois l'Eglise la plus importante de la province au dix-septième siècle, puisqu'elle requit pendant quelque temps le ministère de deux pasteurs, fut desservie par Pierrins (1566), Sauvage (1582), Laurent Bourguignon (1601 ? - 1614), Elie Péju (1614-1632), Philippe la Pierre (1618-1623), Etienne de Monsenglard (1626), Daniel Jurieu (1629-1660), seul pasteur à partir de 1632, puisqu'une épidémie avait diminué l'Eglise de moitié, Pierre Jurieu (1660-1674 ?) ; *Marchenoir* et *Lorges* eut pour pasteurs Textor (1601), Samuel de Chambaran (1610-1616), Isaac Garnier (1618-1642 ?), Jacques Daneau (1643-1646), Jean Ardillon (1646-1650), Claude Pajon (1650-1668), Jean Barbin (1668-1683) ; *Romorantin* eut pour pasteurs Chartier (1601), Jacob Brun (1610-1643 ?), Daniel du Temps (1660). — Dunois : *Châteaudun* eut pour pasteurs Berger (avant et après 1601), Alexandre Simpson (1610-1614), Jacques L'Amy (1611-1633 ?), Abel Dargent (1636), Cyrus Dumoulin (1638-1660 ?); *Dangeau* fut desservie par Liévin (1601), Salmon (avant 1610), Jehan Alix (1610-1618 et 1636-1641), Louis Thuysart (1619-1634), Joseph Lardillon (1641-1643), Duprat (1660) ; enfin *Bazoches*, qui eut pour annexes Denonville, Chameville, Sancheville, et fut remplacée en 1641 par Chastenay-Lazare, eut pour pasteurs Hiérosme Belon (1610-1641), Bernard Toussaint le Gendre (1641-1643), et Paul Lenfant (1653-1661 ?). Lorsqu'on étudie dans les procès-verbaux des synodes provinciaux, l'histoire intérieure de ces Eglises, on remarque que jusque vers 1620 ou même au delà, elles se développèrent progressivement : ainsi, en 1619, elles furent obligées de s'imposer pour entretenir des moines convertis ; elles observèrent strictement la doctrine et la discipline, rappelant par exemple, en 1611, aux seigneurs qu'ils devaient n'avoir que des domestiques de la religion, faisant prêter serment de « taciturnité » à chaque délégué, et blâmant sévèrement les nouveautés dogmatiques ; elles firent de grands efforts pour soutenir le ministère en entretenant plusieurs proposants et écoliers, et maintenir leurs droits vis-à-vis des persécuteurs, en réclamant avec persévérance et en apaisant les différends entre pasteurs ou laïques. Malheureusement, l'égoïsme ou la pauvreté de plusieurs Églises paralysèrent ces efforts. Déjà en 1582, nous lisons que « touchant les ingrats qui, ayant des moyens et facultés, ne veulent néanmoins contribuer à l'entretien du saint ministère et autres nécessités de l'Eglise, le synode a ordonné qu'ils seront appelés au consistoire jusqu'à deux ou trois fois pour leur faire les remontrances qu'il jugera propres et convenables pour l'édification de l'Eglise, et conservation d'icelle, et ou ils refuseront d'obéir aux dites remontrances et de se conformer aux autres de l'Eglise, ils seront privés de la cène. » En 1611 on loue l'Eglise de Mer de nommer publiquement ces « ingrats, » et en 1620 on renchérit sur ces mesures par les suivantes : « Pour amener à leurs debvoirs les particuliers des Eglises qui ne se taxent pas comme il fault pour l'entretien du pasteur, soit fait assemblée en ces lieux là de toute l'Eglise ; où après l'invocation du nom de Dieu, seront choisis cinq ou six personnages à la pluralité des voix, qui feront les taxes. Et au cas que les particuliers se rendent opiniastres à ne vouloir fournir leur taxe, selon qu'il aura été advisé par la pluralité, ils seront poursuivis par toutes censures ecclésiastiques, et mesme suivant l'édit du Roy, par contraincte civile. » — Ainsi au moment où le clergé catholique redoublait d'efforts et de sacrifices, plusieurs Eglises abandonnaient leur devoir le plus élémentaire. Comment s'étonner qu'elles aient entièrement disparu au milieu de la tourmente? A partir de 1624, les deniers royaux leur sont retirés, et dès 1626, un commissaire du roi surveille leurs assemblées. En 1619, on avait commencé à attaquer les protestants de Beaugency, et en 1623, les temples de Romorantin et de Jargeau avaient été détruits, et le culte resta suspendu dans cette dernière Eglise. Celle de Chilleurs fut également atteinte vers cette époque, et son pasteur interdit comme étranger en 1634. Le 23 novembre 1668, un arrêt prononce sur les exercices établis à Blois, Mer et Romorantin. Il est interlocutoire à l'égard de Blois, définitif pour les deux autres, interdisant l'exercice à Romorantin et le confirmant à Mer, pour pouvoir faire démolir le temple et reléguer le culte dans le faubourg. En 1678, on sévit contre les protestants de Blois où sur 15 maîtres orfèvres on en compte 13 protestants, et en 1682, contre ceux de Mer. Le 20 juillet de la même année, l'exercice est interdit à Lorges et le 15 février 1683 à Dangeau, où depuis l'abjuration du marquis de ce nom, « le zèle de ses sœurs, filles d'un rare mérite et d'une vertu éminente, l'avait toujours maintenu. » L'Eglise d'Orléans est frappée au moment où son pasteur A. Pajon meurt, et l'exercice arrêté en même temps à Marchenoir, et peu après partout où il subsistait encore. — Le protestantisme persistait néanmoins dans la province, puisqu'en 1688, le roi écrit à l'intendant d'Orléans au sujet de ceux qui sont « opiniastres dans leur mauvaise religion, » de les faire « conduire au plus prochain lieu sur la frontière, sans qu'ils puissent, sous quelque prétexte que ce soit, emporter aucuns meubles ny effets de quelque nature que ce soit, lesquels je veux estre de nouveau saisis, s'il en est besoin. » Les récalcitrants étaient envoyés au château de Loches ou aux nouvelles catholiques de Blois et d'Orléans.

Une seule abjuration fit beaucoup de bruit, celle du pasteur Isaac Papin de Blois, en 1690, mais elle ne convertit pas Mme Papin, puisqu'en 1697 on lui retire ses enfants et sa pension sous prétexte qu'elle est mauvaise catholique. Cette année marque la création de l'évêché de Blois dont le premier titulaire N. de Berthier cherche à ramener les derniers protestants « tristes restes d'un troupeau desollé. » Ils lui répondent par une lettre collective qu'ils se feraient un plaisir de le reconnaître pour leur pasteur « si les mouvements intérieurs de nos consciences ne combattoient l'inclination naturelle que nous avons d'obéir en cela et en toutes autres choses, aux ordres du Roy, » et demandent qu'on prouve leur erreur. Plusieurs faits de détail montrent qu'on ne put avoir raison de toutes les consciences et que ceux qui persévérèrent se réunirent çà et là secrètement pendant le dix-huitième siècle. Le dernier débris de l'Eglise de Bazoches apparaît à Guillonville, où M. de Cypierre recommande aux protestants, en 1780, de ne pas dépasser le chiffre de 15 à 16 dans leurs assemblées. L'année suivante, un nommé Racine est pasteur de l'Orléanais. En 1790, une chapelle de l'église St-Paul à Orléans est assignée au culte renaissant. Lombard Lachaud en fut le pasteur en 1793, et Darnaud vers 1800. A cette époque il y avait un culte « partiel » à Mer. En 1802, deux oratoires sont désignés pour le Loiret, à Orléans et à Patay ; ce dernier ne fut pas organisé mais remplacé par celui de Châtillon-sur-Loire. En 1806, les deux furent annexés à l'Eglise de Paris. Enfin en 1822 seulement, Orléans put être érigée en Eglise consistoriale, comprenant Orléans, Châtillon-sur-Loire, Marsauceux, Aulnay-Mer, Sancerre et Asnières-les-Bourges. Il paraît qu'en 1819 une Eglise de 200 prosélytes se forma à Pithiviers, mais nous ne croyons pas qu'elle dura dix ans. En 1839, un poste d'évangélisation chercha à rassembler à Josnes les souvenirs de l'Eglise de Marchenoir, et obtint la reconnaissance officielle en 1847. La reconstitution officielle de l'Eglise de Blois, où il ne reste peut-être pas un seul descendant des huguenots, n'eut lieu qu'en 1865. Aujourd'hui l'ancien Orléanais renferme six paroisses officielles, autant de pasteurs, six ou sept annexes, neuf temples, huit écoles de semaine, huit écoles du dimanche, un orphelinat, deux pensionnats, et environ deux mille protestants. Il ne reste rien des Eglises de Châteaudun, Dangeau, Bazoches, Romorantin, Jargeau et Beaugency. Ajoutons enfin que l'Orléanais est la patrie des protestants Bongars, Le Vassor et Denis Papin. — Sources : Outre les sources générales de l'histoire de la Réforme française, nous avons consulté les *synodes provinciaux et colloques de l'Orléanais et Berry* (1582-1643) que renferme le vol. Mss. du F. fr. 15,829 à la Bibliothèque nationale, et le vol. 23 des *papiers Coquerel* à la Bibliothèque du protestantisme français. Il y a aux archives de la préfecture de Blois et à Orléans d'autres documents que nous n'avons pu consulter, mais dont M. le pasteur de Félice de Mer, qui a bien voulu diriger nos recherches, révélera le contenu dans l'histoire du protestantisme orléanais qu'il prépare. N. Weiss.

ORLÉANS (*Aurelianis*) évêché suffragant de Sens, puis de Paris. On n'en sait rien avant saint Euverte (*Evurtius*), qui fut évêque de 374 à 391 (voyez *AA. SS.*, 7 septembre, III; Bimbenet, *Episc. de saint E. et de saint Aignan*, O., 1861; Ch. Lenormant, *Mém. sur le tombeau de saint E.*, Mém. soc. arch. de l'Orléanais, 1862). Saint-Aignan (*Anianus*) s'est illustré, au moment de la prise d'Orléans par Attila, en 451, par ses prédictions, son courage, et la part qu'il prit à la délivrance de la ville par Aétius (ses Actes, dans Surius, au 17 novembre; Theiner, *Saint A. où le siège d'O.*, P., 1832; la lettre de Sidoine Apollinaire à Prosper, successeur d'Aignan, VIII, 15; Grégoire de Tours, *H. Fr.*, II, 7; Lebrun-Desmarettes, *Mém. sur la sépult. de saint A.*, Mercure de Fr., 1733, septembre, p. 1983). La basilique de saint Aignan, où l'évêque Namatius fut enseveli en 587 (Greg. Tur., IX, 18), devint en 1029 une célèbre église collégiale. L'église de Saint-Avit, élevée sur le tombeau du bienheureux Avitus, abbé de *Miciacus* ou Mici, au Perche (Gr. Tur., *H. Fr.*, VIII, 2; *Gl. C.*, 99) fut également le siège d'un chapitre de chanoines, dont les biens furent attribués en 1670 au grand séminaire, qui l'occupe encore aujourd'hui. Quatre grands conciles furent tenus à Orléans, en 511, 533, 538 et 541; leurs décisions sont importantes, on les trouvera dans les recueils de conciles, en particulier dans le 1er volume des conciles des Gaules, des bénédictins (1789), et dans le vol. II d'Héfelé, 2e édit., 1875. Nous savons par Grégoire de Tours (VIII, 1) qu'en 585 la population d'Orléans comprenait des juifs et des Syriens. C'est à Saint-Péravy la Colombe (*S. Petrus ad vicum Columnæ*), auprès de Patay, que Clodomir fit mettre à mort en 523 son prisonnier, Sigismond, roi des Bourguignons, sa femme et ses enfants (Greg. Tur., III, 6). Les corps des victimes furent jetés dans un puits, à Saint-Sigismond, et de là transportés à Saint-Maurice où ils opérèrent des miracles. La célèbre abbaye de Mici, qu'Avitus gouvernait à ce moment, avait été fondée, avec les libéralités de Clovis, par le vénérable vieillard Euspicius et par Maximinus ou saint Mesmin, qui lui donna son nom (Delisle, *Le Cab. des Mss.*, II, p. 408). Sous Charlemagne, Orléans brilla d'un vif éclat, Théodulfe en était évêque; né sans doute en Espagne, il était évêque d'Orléans et abbé de Fleury en 788; disgracié sous Louis le Débonnaire, il mourut en 821, peut-être encore en exil. Il a laissé de nombreuses poésies (ses *Œuvres*, par Sirmond, P., 1646, in-8°, et avec additions dans les *Opera* de Sirmond, II; Mabillon, *Analecta*, I; Baunart, *Théodulfe*, P. et O., 1860; Hauréau, *Singularités*, P., 1861; Rzehulka, *Theodulf*, Bresl., 1875, thèse; Dümmler, *Neues Archiv.*, IV, 2, 1879, p. 241; Ebert, *Literatur des Mittelalters*, II, 1880). Ce célèbre prélat cultivait les arts, il éleva une belle église à Germini, sur le modèle de la basilique d'Aix. Pour nous, il est plus remarquable encore par ses travaux sur la Bible. Théodulfe est l'auteur d'une recension nouvelle de la Bible latine, non moins digne d'attention que celle d'Alcuin, et nous en avons conservé, à Paris et au Puy, deux manuscrits splendides, copiés sous ses yeux (Hedde, *Essai sur un ms. enrichi de tissus du neuvième siècle*, au Puy, 1839; Delisle, *Les Bibles de Théod.*, Bibl. Ec. Chartes, 1879, I; Fritzsche, *Zeitschr. f.*

wiss. Theol., 1881, I). Jonas († 843) vint après lui; il a laissé un célèbre ouvrage, *De Cultu imaginum*, contre Claude de Turin (Migne, CVI; Bibl. Patr. Max., XIV) et deux écrits, l'*Institutio laicalis* et l'*Institutio regia* (d'Achéry, *Spicil.*, I, in f°, etc.; voyez Ebert). En 1022 un important concile est tenu à Orléans, en présence du roi Robert, dans l'église cathédrale de Sainte-Croix, contre les nouveaux manichéens (voyez Raoul Glaber, les *Actes*, publiées par d'Achéry et Adhémar de Chabanais; Héfelé, IV, 2ᵉ éd., 1879). Ces hérétiques avaient pour chefs le clerc Hériberl, Etienne, directeur de la *schola* dite *puellaris* (Saint-Pierre le Puellier) et Lisoi, chanoine de Sainte-Croix; ils professaient une sorte de docétisme; treize personnes furent brûlées, dont dix chanoines de la cathédrale. Les monastères étaient nombreux à Orléans et dans le diocèse; nous y trouvons, avec ceux qui sont nommés plus haut, Saint-Liphard, Saint-Jean, Bonne-Nouvelle (*S. Maria Puellaris*; *Monast. Gallic.*, pl. 62), Saint-Pierre en Pont, l'illustre abbaye de Fleury (voyez cet article), Saint-Loup, Saint Euverte, Beaugency (*Mém. soc. arch.*, 1879, Vignat), etc. De la célèbre université où enseigna M. Wolmar, nous ne dirons rien en ce moment, non plus que nous ne pouvons suivre jusqu'à l'éminent évêque Dupanloup l'histoire de la cité de Jeanne d'Arc. — Voyez le *Gallia Christiana*, VIII; les *Ann. Eccl. Aurel.*, de Saussey, P., 1615, in-4°; Guyon, *Hist. de l'Egl. et du Dioc.*, *Ville et Univ. d'O.*, O., 1647, in-f°; Le Maire, *Hist. de la Ville et duché d'O.*, 1648, 2 vol. in-f°; Cochard, *Les Saints du dioc. d'O.*, O., 1879; dans la *Jeanne d'Arc* de M. Wallon, 1875, la bannière de la procession du 8 mai, commémorative de la délivrance d'Orléans; Mˡˡᵉ de Villaret, *Les lettres et les sc. dans l'Orl.*, Soc. arch., 1875. S. BERGER.

ORMUZD Voyez *Perse*.

ORNEMENTS SACERDOTAUX. Voyez *Costume sacerdotal*.

OROBIO ISAAK, professeur de philosophie à l'université d'Alcala et ensuite médecin à Séville, était fils de parents chrétiens, mais qui, juifs d'origine et de tradition, n'avaient accepté qu'extérieurement les dogmes de l'Église romaine. L'inquisition ayant conçu des soupçons de son orthodoxie, l'arrêta et, pendant trois ans, il subit les terreurs des cachots et des tortures de ce tribunal. Remis en liberté, il se rendit à Toulouse où il fut nommé professeur de médecine. Las de dissimuler sa foi, il quitta cette ville et vint à Amsterdam où il embrassa la religion de ses pères et échangea son nom de baptême, Baltazar, contre celui de Isaak. On a de lui un traité dirigé contre Jean Bredenbourg, marchand de soie à Rotterdam qui, dans une réfutation du système de Spinoza, avait fait à ce philosophe des concessions dangereuses. Dans son ouvrage intitulé *Certamen philosophicum propugnatæ Veritatis divinæ ac naturalis adversus Joh Bredenburg principia* (Amstel., 1684 et 1703, in-8°; traduction espagnole, 1721). Orobio s'applique à démontrer que la religion dépasse la sphère plus étroite de la raison et que la négation du dogme de la création du monde aboutit à l'athéisme. Il eut avec Philippe van Limborch, pasteur à Gouda en 1657 et plus tard, en 1668, professeur des rémonstrants à Amsterdam, une conférence que ce dernier publia avec un commentaire dogmatique sous le titre de *De veritate relig. Christ. amica collatio cum erudito Judæo* (Gouda, 1687, in-4°; Bas., 1740, in-8°). Orobio réfuta le docteur arminien en cherchant à prouver que le salut ne pouvait pas dépendre de la foi au Messie. Basnage (*Histoire des Juifs*, IX, III; La Haye, 1716, p. 1041 ss), mentionne encore quatre traités inédits dont il donne une analyse succinte *Obras del doctor Ishac Orobio de Castro* (*aliàs Don Baltazar*) : 1° *Réponse à un Prédicateur sur l'observation perpétuelle de la Loi divine;* 2° *Explication du chapitre LIII d'Esaïe;* 3° *Explication et paraphrase de la prophétie de Daniel concernant les soixante-dix semaines;* 4° *Lettre à un Juif philosophe et médecin.* Ce dernier opuscule porte le titre de : *Epistola invectiva contra un Judio Philosopho Medico que negava la Ley de Mosseh y, siendo ateista, affectava la Ley de naturaleza;* et est cité par J. R. de Castro (*Bibl. españ.*, I, Madrid, 1781, p. 605) sous le titre plus exact de *Epistola invectiva contra Prado, un philosofo medico.* Le même auteur parle d'un traité que Basnage ne connaît pas : *Prevenciones divinas contra la vana idolatría de las Gentes.* Orobio mourut à Amsterdam en 1687. — Voyez : D. M. Menendez Pelayo, *Hist. de los Heterodoxos españoles*, Madr., 1880, t. II, 599. EUG. STERN.

OROSE, prêtre chrétien et historien de renom, vécut au cinquième siècle de notre ère, sous le règne d'Arcadius et d'Honorius. Le prénom de Paul qu'on lui a donné n'est pas antérieur au treizième siècle et doit probablement son origine à l'initiale P du mot presbytre accolée dans les manuscrits au nom d'Orose. On cite la ville de Tarragone et de Braga comme lieu de sa naissance. P. J. Dalmases y Ros (*Dissertacion historica por la patria de Paulo Orosio*, Barcel., 1702, in-f°) s'est prononcé, contre le marquis de Mondejar, pour la première de ces villes. D'autres auteurs affirment que la Galice est la patrie d'Orose. Gams (*Die Kirchengeschichte von Spanien*, 2e vol. I, p. 399, Regensb., 1864) cite entre autres témoignages celui de Braulio, évêque de Saragosse, qui, dans une lettre adressée à Fructueux de Braga, mentionne Orose parmi les hommes les plus illustres nés dans la province qu'habite son ami (Florez-Risco, *Esp. Sagr.* XXX, p. 395). Sous l'empire d'une impulsion secrète, irrésistible (*Commonit.*, I), Orose quitta sa malheureuse patrie qui, à cette époque, était infestée de peuples barbares et déchirée par d'innombrables hérésies et se rendit, en 413, à Hippone, auprès de saint Augustin. Là, il composa son opuscule *Consultatio ou Commonitorium de errore Priscillianistarum et Origenistarum.* Augustin lui répondit en écrivant son livre : *Ad Orosium, contra Priscillianistas et Origenistas*, lib. I. Rempli d'ardeur pour l'étude et encouragé par l'évêque d'Hippone qui lui donna des lettres de recommandation pour Jérôme, Orose vint à Jérusalem. Il assista au synode qui eut lieu dans cette ville, le 28 juillet 415, contre les Pélagiens, consulta Jérôme sur la question de l'origine de l'âme (Aug., *Ep.* 166), et eut, lors de la fête de la dédicace, le 13 septembre 415, une discussion assez vive avec l'évêque Jean de Jérusalem. Dans son *Apologie contre Pélage* (*Liber apologeticus contra*

Pelagium de libertate arbitrii), il réfuta les arguments des Pélagiens, et donna d'intéressants détails sur la situation ecclésiastique de la Palestine. Chargé par le prêtre Avitus, de Braga, de transporter en Espagne les prétendues reliques de saint Etienne, Orose vint à Rome et de là, il passa en Afrique au moment où les évêques de la province s'assemblaient à Carthage pour s'occuper de l'hérésie pélagienne. En 418, nous le trouvons dans l'île de Minorque. A ce que rapporte la tradition, l'arrivée des reliques du premier martyr de l'Eglise ranima la foi des fidèles et provoqua la conversion d'un grand nombre de juifs. L'évêque de Port-Mahon, Sévère, décrit ce mouvement dans une lettre (*Epist. de miraculis s. Stephani protom.*, dans l'appendice de Augustin, *De Civitate Dei*) qui déroule un tableau animé des traditions et coutumes de l'Eglise chrétienne dans les Baléares. De l'île de Minorque, Orose se rembarqua pour l'Afrique où nous perdons ses traces. — Son ouvrage capital, *Historiarum libri septem adversus Paganos*, est une apologie du christianisme. Composé à Carthage et à Hippone, il est dédié à saint Augustin et porte divers titres, entre autres *De Cladibus et miseriis mundi*; *De totius mundi calamitatibus*; *De Orchestra mundi* où *De Ormesta mundi, id est, miseriarum christiani temporis*. On a expliqué le mot de Ormesta de diverses manières. Les uns y voient une corruption des manuscrits et lisent : P. Orosii, *Moesta mundi* ou *Orbis miseria;* d'autres y trouvent ce qu'ils appellent le nom ecclésiastique d'Orose : *Hormidas* ou *Hormesta;* d'autres une contraction des mots : *Orosii mundi historia;* d'autres enfin traduisent *Ormesta* par *tragoedia mundi*, d'après l'analogie d'un mot d'Etienne de Tournai qui, dans une lettre adressée à Guillaume de Rheims (1179-1202), s'exprime ainsi : *Ormesta est, non parabola quam propono* (Gams, l. c., 409). Dans ce livre, Orose s'applique à fournir la preuve historique de la démonstration théologique qui fait le sujet de la *Cité de Dieu*, de saint Augustin. Il réfute l'idée des païens qui voyaient dans les malheurs des temps un châtiment divin infligé à l'humanité, pour avoir déserté le culte des dieux et embrassé la religion chrétienne ; et prouve que les calamités déplorées par les contemporains sont le triste cortège de l'histoire du monde et que seul le christianisme est capable de consoler ceux qui en sont frappés. Le dernier livre surtout est remarquable par les digressions théologiques qu'il renferme et les aperçus historiques qu'il donne sur le développement de l'Eglise pendant les premiers siècles de l'ère chrétienne. Les sources d'Orose sont : César, Tite-Live, Eutrope, Ptolémée et surtout Justin. Lui-même est devenu la source principale des chroniqueurs du moyen âge. Cassiodore recommande la lecture de son livre aux moines et aux clercs (*De inst. div.*, 17), et sa manière d'envisager l'histoire a été adoptée par tous les auteurs chrétiens postérieurs à son époque. Le pessimiste de l'Eglise primitive, tenté de ne voir dans le monde que le règne du mal et de la mort, et dans le paganisme que le développement des vices de l'humanité, n'a pas eu de représentant plus original qu'Orose, ni d'apologiste plus puissant que saint Augustin. — Parmi les traductions, on cite une version en langue arabe. La plus célèbre est celle qu'on attribue à Alfred le Grand (Jos. Borsworth, *The Anglo-Saxon version from the historian Orosius by Alfred the Great*, London, 1859). Potthast (*Bibliotheca historica medii ævi*, Berol. 1862) cite onze manuscrits. Les éditions les plus importantes sont les suivantes : Augustæ Vind., 1471, in-f°; Vicentiæ, 1475; Venetiis, 1475, in-f°; 1483, in-f°; 1484, in-f°; 1499, in-f°; 1500, in-f°; Paris, 1510 et 17, in-4°; 1524 et 34, in-f°; Coloniæ, 1526, in-f°; 1536-42-61, in-8°. La meilleure édition est celle de Sigeb. Havercamp, Lugd. Batav., 1738-67, reproduite par Migne, *Patrol. lat.*, XXXI, 1846.—Voyez: Fabricius, *Bibl. lat.*, V, 174; Schrœckh, *Kirchengesch.*, VII, 335 ss.; G. Fr. H. Beck., *Diss. de Orosii historici Fontibus et auctoritate*, Gotha, 1834; Th de Mœrner, *De Orosii vita ejusque historiarum lib. VII, adv. paganos*, Berol., 1844; F. Bæhr, *Geschichte der röm. Literatur*, II, § 285, p. 315; *Suppl.* II, § 141, 4° éd., Carlsruhe, 1869. EUG. STERN.

ORTHODOXIE. Voyez *Hérésie.*

OSÉE (Hôchéa, délivrance; Ωσηε, *Osee*), le prophète. Contemporain d'Amos, mais plus jeune que lui, il prophétisa sous le règne de Jéroboam II roi d'Israël, vers la fin de ce règne, et pendant toute la période d'anarchie, de violences et d'invasions qui s'étend de la mort de ce roi à la ruine du royaume des Dix Tribus (722). Tandis qu'Amos était du royaume de Juda, Osée était du royaume d'Israël, qu'il nomme « le pays » (I, 2), et dont il appelle le roi « notre roi » (VII, 5). Il est nommé dans la suscription de ses prophéties « Osée, fils de Beéri », afin de le distinguer de son contemporain Osée, fils d'Ela, le dernier roi de Samarie. Ce Beéri, totalement inconnu, a été identifié à tort par quelques rabbins avec un certain Beéra, mentionné dans 1 Chron. V, 6, comme un des chefs de la tribu de Ruben; d'où l'on a conclu parfois que ce prophète était originaire du pays situé au delà du Jourdain, où, d'après le voyageur Burckardt, les Arabes montrent encore son tombeau, près de l'emplacement de l'ancienne Ramoth de Galaad. — Le livre d'Osée se divise en deux parties très distinctes. Dans la première, qui embrasse les trois premiers chapitres et qui fut manifestement composée avant la mort de Jéroboam II, ou, au plus tard, sous le règne si court de son fils, puisqu'il y prédit la ruine de la maison de Jéhu (I, 4), il censure sous une image étrange, mais singulièrement énergique, l'adultère spirituel dont la nation israélite s'est rendue coupable à l'égard de son divin époux et montre les funestes conséquences qui en résulteront nécessairement : la ruine politique, la privation de la pitié divine et du titre même de peuple de Dieu. Toutefois Dieu fera de ce châtiment même le moyen de sa conversion et de son relèvement. Une seconde parabole, dans le même genre que la première, met en lumière cette dernière idée. — La plupart des Pères de l'Eglise, excepté Jérôme, Luther et beaucoup de théologiens luthériens ont cru à la réalité du double mariage dont parle le prophète et essayé de le justifier par diverses considérations et suppositions aussi peu admissibles les unes que les autres. Jérôme, Calvin, la plupart des théologiens réformés et des exégètes modernes voient avec raison dans ce récit une pure allégorie. Il est certain que plusieurs des actions symboliques racontées par les prophètes n'ont pas été accomplies réellement (cf. Jér. XIII, 1-7; XXV, 15 ss.; Ez. IV, 1-12; XII, 1-7, etc.). Non seulement Osée n'a pu s'imaginer avoir reçu un tel ordre de Jéhovah, mais une pareille union, prolongée pendant plusieurs années, aurait complètement manqué son but: elle aurait exposé inutilement le prophète pendant longtemps au mépris public et encouragé le peuple à l'immoralité. — La seconde partie des prophéties d'Osée (chap. IV-XIV) paraît se composer de deux discours (IV-XI et XII-XIV). Dans l'une et l'autre il censure les crimes, les vices et l'idolâtrie de son peuple, blâme la politique équivoque et incohérente de la cour, qui, au milieu des invasions assyriennes (Touglat-pal-asar, Salman-asar), fait alliance tantôt avec l'Assyrie, tantôt avec l'Egypte, et déclare à ses compatriotes qu'en punition de leurs péchés ils seront bientôt transportés en Assyrie ou obligés de s'enfuir en Egypte. Mais Dieu prendra pitié d'eux, les ramènera d'Egypte et d'Assyrie et rendra Israël plus prospère que jamais. Cette dernière idée est exprimée à la fin des chap. XI et XIV. Les deux autres, censure des péchés et annonce du châtiment, se reproduisent sous mille formes diverses. Il est probable que ces deux discours sont le résumé, rédigé plus tard, des nombreux discours prononcés par le prophète pendant la période d'anarchie qui suivit la mort de Jéroboam II. Les allusions aux détrônements et aux meurtres de cette triste époque y sont nombreuses. On peut supposer qu'au moment de la ruine du royaume des Dix Tribus, qu'il avait si souvent annoncée, Osée se retira dans le royaume de Juda, auprès de son grand contemporain Esaïe et du roi Ezéchiah, et que là il mit par écrit cette portion de son livre. Rien n'autorise en tout cas à mettre en doute l'exactitude de la suscription, qui dit qu'il prophétisait encore sous Ezéchiah. Seulement il est probable, d'après des documents assyriens récemment mis au jour, qu'entre la mort de Jéroboam II et la ruine de Samarie (6e année d'Ezéchiah), il ne s'est pas écoulé 60 ans environ, comme on l'admettait généralement autrefois, mais seulement la moitié de ce temps; de sorte qu'il n'y a plus rien d'étonnant à ce qu'Osée ait commencé son ministère à la fin du règne de Jéroboam II et l'ait continué jusqu'à l'époque de la ruine de Samarie. — Le livre d'Osée est l'un des plus obscurs, si ce n'est même le plus obscur, de la littérature prophétique, principalement dans la seconde partie. Ce prophète passe rapidement, brusquement, d'une idée à une autre, d'une image, d'une forme de langage à une autre; d'un coup de pinceau vigoureux il esquisse des tableaux nombreux, variés, qu'il laisse à l'imagination du lecteur le soin d'achever. — Il a imité en plusieurs endroits son prédécesseur Amos, comme celui-ci avait imité Joël, et Joël, Abdiah (cf. Os. IV, 15 à Am. V, 5, VIII, 14; Os. VIII, 14 à Am. I, 4, 7. etc.; Os. XI, 10 à Am. I, 2, Joël IV, 16; Os. IV, 5, etc. (Beth-aven) à Am. V, 5). Pour plus de détails, voyez mon *Histoire de la littérature prophétique depuis les origines jusqu'à la mort d'Isaïe*, les commentaires de

Hitzig, Ewald, Umbreit, Simson (1851), Keil (1866), Wünsche (1868), Schmoller (1872), etc.; le plus récent est celui de Nowack.

BRUSTON.

OSÉE, dernier roi d'Israël, fils d'Ela, régna de l'an 739 à l'an 730 avant J.-C. Il conspira contre l'usurpateur Phacée, le tua et s'empara du trône. Il s'adonna à l'idolâtrie, fut vaincu par Salmanassar, roi d'Assyrie, auquel il s'engagea à payer tribut; mais ayant plus tard cherché à s'affranchir, il attira de nouveau sur son royaume les armes des Assyriens. Osée, de nouveau vaincu, fut envoyé à Babylone où il mourut (2 Rois XV, 30; XXII, 1 ss.).

OSIANDER (André), dont les opinions particulières sur la justification donnèrent lieu à de longues et vives controverses, était né en 1498; son nom allemand était Hosemann. Après avoir étudié la théologie à l'université catholique d'Ingolstadt, il enseigna l'hébreu dans le couvent des augustins de Nuremberg. Aussitôt que les idées de Luther eurent pénétré dans cette ville, il se déclara pour elles et devint prédicateur; la consolidation de la Réforme à Nuremberg fut principalement son œuvre. Théologien savant (en 1537, il publia à Bâle, in-f°, une *Harmonia evangelica*, en grec et en allemand), mais porté à la spéculation mystique, il enseigna dès 1524, que celui qui reçoit avec foi la parole, reçoit Jésus-Christ lui-même, puisque le Christ est la parole; Christ habite en lui et devient, en vertu de sa parole divine, sa justice que Dieu accepte. C'est là un des points qui distinguent Osiander du mystique Schwenckfeld; ce dernier rejette la doctrine de l'imputation, Osiander au contraire la maintient, mais ce que selon lui, Dieu impute au croyant, ce n'est pas le « mérite » du sacrifice du Christ, c'est la « justice » du Christ qui pénètre dans notre intérieur. Le fond de cette opinion consiste dans ce qu'on a appelé *inhabitatio Christi*. — A la diète d'Augsbourg de 1530, Osiander communiqua sa manière de voir à Mélanchthon; comme cette « haute vérité » ne fut pas insérée dans la confession, il s'en plaignit en termes amers. L'autorité de Luther empêcha alors une controverse; celle-ci n'éclata qu'en 1549 avec une violence extrême. Forcé par l'Intérim de quitter Nuremberg, Osiander vint en Prusse, où le duc Albert le nomma professeur de théologie à Kœnigsberg. Là il soutint aussitôt des thèses sur ses opinions. Pour apprécier celles-ci, il faut se souvenir que dans sa simplicité primitive la doctrine protestante de la justification s'était réduite à la formule: à cause de la foi et en vertu des mérites de Jésus-Christ, le pécheur est « accepté » de Dieu comme juste avant de l'être en réalité; en d'autres termes, justification était synonyme de rémission des péchés. Il y avait là deux éléments, l'acceptation de l'acte de la foi par pure miséricorde, et l'imputation des mérites du Christ. On n'avait pas tardé à faire ressortir cette dernière d'une manière trop exclusive; de là le danger de voir la justification diminuée dans son importance, comme si l'homme était suffisamment « rendu » juste par le seul fait que Dieu lui impute les mérites du Sauveur, ou comme si la foi à la déclaration que Dieu nous accepte comme justes, pouvait nous dispenser de la sanctification. Contrairement à ces conceptions charnelles, comme Osiander les appelait, il insistait sur l'élément mystique et intérieur, en disant qu'il est vrai sans doute que par sa mort, Jésus-Christ nous a rachetés de la punition, mais que nous devenons justes, non par l'imputation extérieure de ses mérites, mais par l'union avec lui quand il habite en nous. Il prenait ainsi le mot justifier, moins dans le sens de « déclarer » juste comme le faisaient les autres théologiens protestants, que dans celui de « rendre » juste, comme le faisaient les théologiens catholiques du seizième siècle ; mais entre ces derniers et Osiander il y a cette différence considérable que, suivant les catholiques, l'homme justifié devient capable de faire par lui-même des œuvres méritoires, tandis que pour Osiander il n'y a pas d'œuvres méritoires, tout le bien que fait l'homme n'est qu'un effet du Christ qui habite en lui. — Dans un écrit publié en 1550 sur l'image de Dieu, Osiander expose l'idée que Jésus-Christ est l'image de Dieu invisible sous tous les rapports, que par conséquent il est aussi la justice essentielle de Dieu ; quand donc il vient habiter en nous, nous avons en nous cette justice essentielle, et c'est par elle que nous devenons justes. De là suivait pour Osiander que le Christ ne peut être appelé médiateur qu'en le considérant dans sa nature divine ; dans sa nature humaine il n'a eu qu'à nous manifester l'image de Dieu. L'œuvre humaine du Christ perdait ainsi beaucoup de sa valeur. Ce qu'il y avait de fondé dans l'opinion d'Osiander, c'est qu'il maintenait la doctrine que la foi doit être un principe de vie pour la régénération intérieure de l'homme; ce qu'il y avait d'erroné, c'est que dans ses spéculations sur la personne du Christ il négligeait le côté humain, et qu'il reléguait à l'arrière-plan le fait historique de la rédemption. — Pour examiner ces conceptions d'une manière impartiale, il aurait fallu un calme qui manquait à cette époque de polémique ardente. Des deux côtés on se mit à des points de vue extrêmes, qui rendirent impossible tout rapprochement. A Konigsberg il y eut dans les chaires de l'université et dans celles des églises des disputes fort vives; Osiander perdit toute mesure et attaqua ses adversaires avec autant de grossièreté que d'injustice. En 1551, le duc Albert de Prusse, qui lui voulait du bien, demanda aux Etats protestants des consultations de leurs théologiens sur les questions débattues ; la plupart se prononcèrent contre la doctrine nouvelle, comme étant une altération du principe fondamental du protestantisme. Mélanchthon la combattit, en appuyant surtout sur le principe que « l'inhabitation » de Jésus-Christ était une « suite » de la justification, tandis que pour Osiander elle en était la « cause ». Ce dernier, de plus en plus irrité, publia contre Mélanchthon les pamphlets les plus injurieux. La consultation des Wurtembergeois, rédigée par Brenz, fut la seule qui essayât de démontrer qu'on pourrait s'entendre; les points controversés y étaient résumés en six thèses. qu'en Prusse les deux partis trouvèrent orthodoxes, mais que tous les deux rejetèrent parce que chacun aurait pu les interpréter dans son sens particulier. — Après la mort d'Osiander, en octobre 1557, son gendre, Jean Funck, prédicateur de la cour, devint le chef des osiandristes. Ceux-ci, toujours combattus, surtout par les flaciens, offrirent des concessions, mais ne réussirent pas à désarmer des adversaires, qui leur attribuaient les conséquences les plus absurdes. Ils finirent par renoncer à leurs formules, et se rattachèrent aux théologiens de Wittemberg, qu'Osiander avait tant malmenés ; cela ne servit qu'à les faire accuser aussi d'être philippistes. Dans les complications politiques du temps, Funck périt sur l'échafaud en 1566. L'année suivante l'osiandrisme fut condamné en Prusse comme une hérésie ; il n'avait plus, du reste, qu'un petit nombre de partisans et ne tarda pas à disparaître de la théologie. CH. SCHMIDT.

OSIUS ou Hosius, évêque de Cordoue, promoteur et ardent défenseur de la foi nicéenne, occupe une place importante dans l'histoire ecclésiastique du quatrième siècle de notre ère. Confesseur, lors de la persécution de Maximin (Athanasii, *Hist. Arian. ad Monachos*, c. 44; Athan., *Opera*, I, I, Patav., 1777, p. 292), il prit part, en 306, aux délibérations du concile d'Elvire. Dans les actes, sa signature figure au second rang, après celle de Félix d'Acci (cf. Gams, *Kircheng. von Spanien*, Regensb., 1864, II, I. p. 21). Lorsque Constantin, victorieux de Maxence, se déclara favorable à la foi chrétienne, Osius exerça une influence prépondérante sur ses décisions. En 313, l'empereur ordonne à Cécilien, évêque de Carthage, de distribuer les sommes qu'il lui envoie pour les fidèles, d'après les indications d'un bref d'Osius (Eusèbe, *Hist. eccl.*, X, 6). Ecrivant au sujet de l'affranchissement des esclaves, il adresse sa lettre à ce dernier (*De manumissis in ecclesia*, 18 avril 321). Pendant le schisme des donatistes et la lutte de l'orthodoxie contre l'arianisme, l'évêque de Cordoue est son conseiller et son confident. Les donatistes lui reprochent d'avoir provoqué les mesures de rigueur dont ils furent frappés (Aug., *Ad. Parm.*, I, 8) et c'est lui qui est chargé de porter à l'évêque Alexandre l'épître impériale destinée à étouffer dans son germe le schisme gros d'orages dont la défection d'Arius menaçait Alexandrie et l'Eglise tout entière (Eus., *Vita Const.*, II, 63; cf. Gelas, Cyz. II et Socr. I, 7 ; Soz. I, 16). D'après une note de l'historien arien Philostorgius (*Eccl. hist.*, I, 7), l'ambassadeur de Constantin réunit un Concile à Nicomédie qui excommunia l'hérétique et se prononça pour la consubstantialité du Père et du Fils. Si cette donnée est douteuse, il est certain que Osius s'est déclaré contre Arius. Après cet essai infructueux de conciliation, l'empereur prenant conseil d'Osius (Sulp. Sever., *Hist. sacra*, II, 40) ou des évêques (Rufin, *Hist. eccl.*, I, 1), convoqua, en 325, le célèbre concile de Nicée. Parmi les signatures, celles de Osius et des prêtres romains Vitus et Vincent occupent la première place (Mansi, *Collect. Concil.*, II, 692 et 697 ; cf. la version copte, *Spicilegium Solesmense*, 1852, I, p. 513, 516, 529). Cette circonstance a amené la plupart des théologiens catholiques à admettre que Osius a exercé au concile les fonctions de président au nom de l'évêque de Rome (Gams, l. c., p. 148, ss.; J. Hefele, *Concilieng.*, I, 2e éd., p. 38 ss., Frib., 1873; l'opinion contraire, W. Ernesti, *Dissertatio qua Hosius conc. Nic. non præsedisse os-*

enditur, Lips., 1758). Mais aucun témoignage historique certain ne peut être invoqué à l'appui de cette hypothèse. Les combinaisons ingénieuses de Gams, concernant l'introduction du système métropolitain en Espagne, manquent également de tout fondement solide. Ce savant infère des signatures des prélats espagnols présents au concile de Sardique que, grâce aux efforts de Osius, l'organisation métropolitaine fit, à cette époque, sa première apparition en Espagne. Suivant l'opinion de cet historien, Osius représente à cette assemblée la Bétique; Florentius d'Emerite, la Lusitanie; l'évêque de Castulo, la province de Carthagène; l'évêque d'Asturica, la Galice; l'évêque Castus de Saragosse, la Tarraconaise, et l'évêque de Barcelone, les îles Baléares (Gams, l. c., p. 166-191). Mais rien ne prouve la délégation des provinces et rien l'autorité supérieure des évêques délégués sur les sièges voisins. — Le synode de Sardique (343), au lieu de réconcilier les partis ennemis, acheva de les diviser. Malgré les tentatives conciliatrices de Osius, les ariens refusèrent de siéger avec les évêques déposés et ouvrirent à Philippopolis en Thrace un concile rival qui, sans ménagement aucun, excommunia Osius, Protogène, Athanase, Marcelle, Asclépas, Paul et le pape Jules lui-même. En même temps, les pères réunis à Sardique prononcèrent l'anathème contre les chefs du parti arien et donnèrent, sous la présidence de Osius, l'auteur principal de la foi nicéenne (Ath., *Hist. Ar. ad mon.*, 42, ἐν Νικαίᾳ πίστιν ἐξέθετο), une formule explicative des doctrines orthodoxes qui, en 362, fut rejetée par le synode d'Alexandrie. Parmi les canons introduits pour la plupart par les mots : « L'évêque Osius dit :» celui qui accorde au pape le droit de juger la cause des évêques en dernier ressort, acquit la plus grande renommée (can. X). Osius et Protogène adressèrent à l'évêque de Rome une courte lettre sur la portée et les visées du concile (Ballerini, *Op. s. Leonis*, III, 597; Mansi, *Collect. conc.*, VI, 1209). — Lorsque, après la mort de Constant, Constance devint seul maître de l'empire, la situation changea (353). Arien convaincu, l'empereur s'appliqua à faire triompher en Occident la doctrine que la majorité des évêques orientaux avait adoptée. Dans une lettre pleine de tristesse, l'évêque de Rome, Libérius, confia à Osius la défection de ses légats, Vincent et Marcelle qui, envoyés à Arles pour obtenir la convocation d'un concile à Aquilée avaient consenti à la condamnation d'Athanase (Hilar., *Fragm.*, VI, p. 1335, 3; Mansi, l. c., III, p. 200). Lui-même, cité à la cour, expia par l'exil la franchise et la hardiesse de ses déclarations (Ath., *Hist. Arian. ad mon.*, 35-39). Enfin ce fut le tour de Osius. Malgré son âge avancé et le respect dont il était entouré, il fut obligé de comparaître devant Constance, et si, grâce à son attitude pleine de noblesse, il obtint la permission de retourner dans son diocèse, les sollicitations et les calomnies de ses ennemis finirent par triompher de la bonne volonté de l'empereur. La lettre courageuse qu'il adressa au prince pour le supplier de ne pas condamner Athanase sans l'avoir entendu et de ne pas s'immiscer dans les affaires ecclésiastiques, puisque « Dieu, qui lui a confié l'Empire, a remis l'Eglise aux soins des évêques, » ne reçut d'autre réponse que l'ordre de se rendre en exil à Sirmum (355). Là, la prison, les vexations, les coups, le désir de rentrer dans sa patrie et de mourir en paix firent faiblir le vieillard presque centenaire. Cédant à la force, il signa la deuxième formule de Sirmium dont Hilaire le déclare, mais à tort, l'auteur (*De syn.*, cap. 3). Revenu à Cordoue, le malheureux évêque regretta sa faiblesse et se rétracta publiquement (Ath., l. c., 42-45). Il mourut en 359, âgé de plus de cent ans. Gams qui, dans sa biographie, s'est appliqué à revendiquer pour Osius le Grand la couronne et l'auréole du saint (l. c., ch. 10-11, p. 300 ss.), a cherché à atténuer ce qu'on a appelé la chute de l'évêque de Cordoue. Contrairement au témoignage des historiens, il rapporte que Osius mourut à Sirmium et que Constance fit transporter son cadavre à Cordoue. Les appréciations de A. de Broglie qui, dans son livre : *L'Eglise et l'Empire romain au quatrième siècle* (6 vol., Paris, 1867-1869, I et II), représente Osius comme doué de peu d'intelligence, n'expliquent ni le rôle important qu'il a joué à la cour, ni l'influence qu'il a exercée sur les princes, ni le respect dont Athanase, malgré sa faute, entoure son nom et sa mémoire. Parmi les écrits de Osius, la lettre à Jules de Rome et celle à Constance (Ath., l. c., 44), nous sont seules parvenues. Son écrit intitulé *De virginitate* et dédié à sa sœur (Isid., *De vir. illust.*, I) est perdu. — Outre les ouvrages sur Osius déjà cités, il convient de mentionner Florez, *Esp. sagr.*, X, (1775) p. 165 ss. ; *El santo y gran Padre Osio* ; Tillemont, *Mémoires*, VII, p. 300 ; R. Ceillier, *Hist. des auteurs sacrés* (nouv. éd.), III, p. 397, et la dissertation du jésuite J. Maceda, *Hosius vere Hosius, h. e. Hosius vere innocens, vere sanctus, Dissertationes duæ*, Bononiæ, 1790, in-4°, 492 p. EUG. STERN.

OSMOND (Saint), fils du comte bas-normand de Séez, accompagna Guillaume le Conquérant dans son expédition contre l'Angleterre, prit part à la bataille de Hastings et reçut de son maître le comté de Dorset et la charge de grand chancelier. Mais en 1076 ou 1078, selon quelques historiens, il renonça à toutes ses dignités, entra dans les ordres et fut nommé évêque de Salisbury. Les chroniques signalent avec éloge la pureté de ses mœurs, son activité pastorale et son amour des pauvres. Le seul acte répréhensible de son long épiscopat est la faiblesse qu'il eut d'abandonner par crainte du roi, ainsi que presque tous les autres évêques, la cause de son archevêque Anselme à l'assemblée de Rockingham, mais il ne tarda pas à s'en repentir amèrement. Frappé de l'état de désordre dans lequel était tombé le culte public, il travailla à un traité sur les offices, qui demeura en usage dans l'Eglise d'Angleterre jusqu'au règne d'Henri VIII et qui a été publié sous divers titres et dans de nombreuses éditions. Osmond, mort le 3 décembre 1099, a été canonisé en 1458. — Sources : G. de Malmesbury, *De regibus Angl.*, I, 4 ; Butler, *Lives of the Saints*; *Hist. litt. de France*, VIII, 574.

OSSÉNIENS. Voyez *Elkésaïtes*.

OSTENSOIR, vase sacré consistant en une boîte d'argent ou de vermeil, entourée de rayons, et dans laquelle on renferme l'hostie consacrée pour l'exposer à la vénération des fidèles. Il se nomme aussi *soleil* en raison de sa forme. Dans certains rites, et principalement dans le Milanais, l'ostensoir a la forme d'un reliquaire à tourelles monté sur un pied. On retrouve souvent le figure de ce dernier dans d'anciennes peintures ou gravures. Le croissant, *lunula*, doit être en or, ou du moins en argent doré ; pour l'ostensoir, il peut être en matière moins précieuse, par exemple en bronze doré ou argenté. L'usage de l'ostensoir remonte à l'époque où fut instituée la Fête-Dieu, c'est-à-dire au treizième siècle.

OSTERVALD (Jean-Frédéric), second réformateur de Neuchâtel, naquit dans cette ville, d'une famille noble, le 25 novembre 1663, et y mourut le 14 avril 1747. Il est surtout connu par son catéchisme et sa traduction française de la Bible, qui sont encore en usage dans un grand nombre d'églises ; mais il mérite d'être connu aussi par l'opposition constante et victorieuse qu'il fit à une orthodoxie morte et exclusive. Il s'est révélé à nous sous cet aspect nouveau dans la correspondance qu'il soutint, du 22 mai 1697 au mois de mai 1736, avec le célèbre pasteur et professeur genevois, Jean-Alphonse Turrettin, et dont le dossier considérable se trouve à la Bibliothèque publique de Genève. Ces deux amis, qui forment avec Samuel Werenfels, de Bâle, ce qu'on appelait de leur temps « le triumvirat helvétique », se communiquaient avec effusion leurs pensées, leurs sentiments les plus intimes, et c'est là qu'il faut les étudier si l'on veut les connaître à fond. Ils ne provoquèrent dans leurs églises aucune innovation, ils ne publièrent aucun ouvrage sans s'être mutuellement consultés, et ils purent ainsi accomplir de concert une œuvre de piété et de libéralisme chrétien dont le protestantisme tout entier devait recueillir l'inappréciable bienfait. — Ostervald fit ses premières études dans sa ville natale, puis à Zurich, où il apprit l'allemand. Quand il eut atteint l'âge de seize ans, il alla étudier la philosophie et la théologie dans les grandes universités de France, à Saumur, à Orléans, à Paris, où il eut pour professeurs Jacques Cappel, Claude Pajon, Pierre Alix. Ces maîtres, qu'il voyait aussi dans l'intimité, appartenaient à la tendance libérale : ils étaient universalistes, antiprédestinatiens, faisant à côté de la grâce divine la part de la liberté humaine dans l'œuvre du salut ; et ils confirmèrent le jeune étudiant dans les principes de largeur évangélique, qui étaient du reste pour lui un héritage paternel. Après sept mois passés en outre à Genève pour perfectionner ses études (octobre 1682-mai 1683), il rentra à Neuchâtel et fut consacré, le 5 juillet 1683, avec son parent et ami, Charles Tribolet : il n'avait pas encore vingt ans. Il épousa, le 17 octobre 1684, la fille d'un conseiller d'état et trésorier général, Salomé Le Chambrier, qui lui donna trente et un ans de bonheur. Nommé diacre, le 6 mai 1686, il fut appelé à instruire la jeunesse, et il s'acquitta si bien de ses fonctions, que le conseil de la ville demanda et obtint qu'il prêchât une fois dans la semaine, le mardi. L'affluence des auditeurs fut telle, qu'on dut construire un nouveau et vaste temple dans le bas de la ville. Le succès du prédicateur s'explique par autre chose que la pureté de sa voix, la correction de son style et l'élégance de sa diction : il s'applique surtout par ce fait, très exceptionnel à la fin du dix-septième siècle, qu'il se préoccupait avant tout de la vie morale, et que ses exhortations, ses appels, frappaient au bon endroit de la conscience et du cœur. Il exposa lui-même sa méthode homilétique dans son sermon d'entrée : « On n'élève pas un édifice pour appuyer des fondements, dit-il, mais on pose des fondements pour soutenir un édifice. Les dogmes ont leur usage, ils doivent être solides ; mais le grand point est la sainteté, l'union, la charité, en un mot, la paix de l'âme. Les spéculations, les disputes entre frères, l'arrangement des décrets divins, les subtilités métaphysiques sur les mystères ne font rien à ce grand but, et pourraient même le faire perdre de vue. » Sans avoir aucune des grandes qualités qui constituent l'orateur, à savoir l'éclat des images, la richesse de l'imagination, l'ampleur des formes, la puissance du débit, il attira et retint au pied de sa chaire une multitude avide d'entendre sa parole, parce qu'on ne sortait jamais du sanctuaire sans emporter quelque force pour le bon combat. Il n'a publié cependant qu'un volume de sermons (1722, Genève, in-8°); ils furent réimprimés dans la même ville, en 1724, en 1725, et en 1756 à Copenhague et à Genève, en deux volumes (on y a joint deux sermons de son fils, Jean-Rodolphe, pasteur à Bâle). Une traduction allemande parut à Bâle, en 1722, in-8°, et une flamande, à Amsterdam, 1723 in-12. — Dans une série de prédications du mardi, Ostervald avait recherché quelles pouvaient être les causes de la corruption qu'on remarquait parmi les chrétiens de son temps. Et sur les instances de ses auditeurs, il rédigea sous une autre forme la substance de ses sermons, et publia son *Traité des sources de la corruption qui règne aujourd'hui parmi les chrétiens* (Amsterdam et Neuchâtel, 1700 ; réimprimé en 1702, 1708, 1709, 1744, 1774 ; traduit en anglais, Londres, 1702 ; en flamand, Leyde, 1703 ; en allemand, deux traductions, l'une à Leyde, 1713, et l'autre à Francfort et à Leipzig, en 1716). Ce traité a deux parties : dans la première, l'auteur examine les mauvaises dispositions où se trouvent la plupart des disciples de Christ et qui les empêchent de s'appliquer à la pitié : l'ignorance, les préjugés et les fausses idées sur la religion, les sentiments et les maximes dont on se sert pour autoriser la corruption, l'abus de l'Ecriture sainte, la mauvaise honte, le renvoi de la conversion, la paresse et la négligence des hommes dans les choses de la Religion, les occupations corporelles, le genre de vie. La seconde partie recherche les causes provenant des institutions du temps et de l'exercice du ministère évangélique : l'état présent de l'Eglise et de la religion en général, le défaut de discipline, le défaut des pasteurs, le défaut des princes et des magistrats, l'éducation, l'exemple et la coutume, les livres. Après avoir pendant treize ans rempli les fonctions de catéchiste et de prédicateur du mardi, Ostervald fut élu pasteur de la ville, le 14 juin 1699. L'année suivante, il fut nommé membre de la Société royale établie à Londres pour la propagation de la foi. Il acquit dès lors une plus grande autorité morale et put travailler avec succès aux importantes réformes qu'il méditait depuis quelque temps. La première fut relative au service divin. « Il importe souverainement, dit-il à Turrettin, de penser à la réformation du culte, car il est sur un pied déplorable parmi nous; et nos adversaires ont raison quand ils disent que Calvin a introduit une forme de culte inconnue à toute l'antiquité. Plus de la moitié des pasteurs de cet Estat sont convaincus de cela, et soupirent après cette réformation. Mais ce sont de ces changemens qu'il ne faut proposer qu'avec prudence » (Lettre du 23 juillet 1701). Et le 10 mai 1702: « Nous voulons établir dans notre ville des prières qui se feront tous les samedis au soir, sur les six heures. Mais nous ne prétendons pas de faire ces prières comme les autres, et de lire la longue prière de notre liturgie qui, à mon avis, est peu propre pour l'édification. Notre dessein est de faire ce qu'on appelle le service divin, car on ne peut dire que nous le fassions, et nos réformateurs l'ont horriblement défiguré, sous prétexte de réforme. Nous voulons faire entrer dans notre forme de culte, les actes essentiels, l'adoration, la louange, la confession des péchés, la lecture et les prières. » Ces tentatives de réforme le firent accuser d'être morave ou piétiste; et à cette accusation qu'on voulait rendre injurieuse, il répondait : « Plus j'entens parler de piétisme, plus je me confirme dans ce que j'ay dit sur ce sujet dans mon *Traité des sources de la corruption*. Le mal vient des ecclésiastiques qui ne travaillent pas à la réformation de l'Eglise et des mœurs, et qui franchement ne prêchent pas l'Evangile. On ne peut pas dire que l'Evangile soit prêché en certains lieux, et je ne m'étonne point si certaines gens ont du dégoût pour les prédications. Tels que sont les piétistes, je crois qu'il en entrera plus en Paradis que de ceux qui les persécutent... Ce sont de terribles gens que les théologiens, et on ne les gagne pas comme les autres » (Lettre du 25 février 1702). Il revient souvent sur cette idée. Après un voyage qu'il fit à Genève dans l'automne de 1703, il put apprendre à son ami qu'enfin le culte était rétabli « pour tous les jours de la semaine soir et matin. » Les jours de sermon et le dimanche il se faisait comme dans les autres églises. « La chose est passée en conseil, aussi bien que dans notre compagnie, et on ne la mettra plus en délibération », ajoute-t-il avec une satisfaction marquée (Lettre du 4 octobre 1703). Le service était court, pour que le peuple pût y assister, et on chantait debout. Genève allait entrer dans cette voie, et Ostervald conjure Turrettin de s'y employer de son mieux. « Au nom de Dieu, lui dit-il (13 octobre 1703), concourons à cette bonne œuvre; l'établissement d'un bon culte va changer les idées qu'on a de la religion, faire tomber les folles disputes, réunir les esprits et les porter à la piété. » Et il donnait le conseil suivant: « Il importe surtout de se conformer autant qu'on pourra à l'ancienne pratique dont l'Eglise anglicane approche beaucoup. Car si jamais les protestans conviennent d'une forme de culte, il est sûr qu'on se règlera beaucoup par ce qui se fait en Angleterre. Ce qu'on m'écrit de Berlin fait voir qu'on a le désir d'imiter les Anglois. » La liturgie de Neuchâtel fut modifiée selon ces principes, et l'on en doit à Ostervald les plus belles portions qui se distinguent par une onction calme et sérieuse et une mesure parfaite. Elle resta longtemps manuscrite; et, chose curieuse, elle fut d'abord imprimée en anglais (1710) Neuchâtel ne suivit cet exemple qu'en 1713, sous le décanat de Tribolet; l'ouvrage fut dédié au roi de Prusse par la vénérable compagnie. Pour rendre le culte public plus profitable, une heureuse innovation fut encore introduite dont bénéficièrent les Eglises de France. Ostervald nous dira ce dont il s'agissait, dans une lettre du 27 avril 1709: « Nous avons fait depuis peu une petite addition à notre culte ordinaire, que chacun trouve excellente, c'est qu'outre le petit argument qui précède la lecture du chapitre, lorsque la lecture est achevée, nous adressons une courte exhortation qui instruit le peuple de l'usage qu'il doit faire de ce qu'il vient d'entendre. Et afin que cela ne dégénère peu à peu en espèce de sermon, si la forme de l'exhortation étoit à la discrétion des ministres, ce qui prolongeroit le culte, ces exhortations sont réglées et on les lit comme le reste. On m'a chargé de les composer, ce qui n'est pas un petit travail: car il en faut sur toute la Bible. Je trouve des chapitres sur lesquels je ne sais que dire, et j'en trouve d'autres si riches, que l'abondance de la matière m'arreste et me réduit presque à ne rien dire. Je crois pourtant que ce dessein étant bien exécuté aura son utilité; » et il prie Turrettin de lui envoyer « quelque échantillon. » L'œuvre se fit rapidement et eut un plein succès. L'archevêque de Cantorbéry, Guillaume Wake, qui était avec le pasteur de Neuchâtel en correspondance suivie, ayant appris que ce dernier avait écrit des *Arguments et réflexions sur l'Ecriture sainte*, s'en fit donner un exemplaire, et le fit traduire en anglais par la société pour la propagation de la foi: l'Ancien Testament fut publié en 1716, 2 vol. grand 8°, le Nouveau Testament, en 1718, l'un et l'autre à Londres. Des libraires de Hollande tourmentèrent alors Ostervald pour qu'il mît son ouvrage sous presse, le menaçant, s'il n'y consentait, de traduire de l'anglais en français. Il livra donc son manuscrit, et la publication s'en fit à Neuchâtel en 1720, in-4°. Il y eut bientôt d'autres éditions: 1722 à Genève; 1723 à Bâle, traduction allemande. Enfin, en 1724, la Bible parut à Amsterdam, avec les *Arguments* à la tête et les *Réflexions* à la fin de chaque chapitre. Ce fut comme le travail de toute sa vie. Déjà en 1713, il disait qu'il avait lu huit ou neuf fois la Bible, depuis douze ans qu'il s'en occupait; et au moment de l'achever, il s'étonnait lui-même d'avoir osé l'entreprendre. « Il y a plusieurs chapitres, dit-il, dont un seul m'a donné plus de peine qu'un sermon n'aurait fait. » La meilleure édition est celle qu'il fit imprimer sous ses yeux à Neuchâtel, en 1744, à l'âge de plus de quatre-vingts ans. — Toujours désireux d'améliorer le service divin, il s'empressa de faire adopter par son Église la nouvelle version des Psaumes en vers français, qui venait d'être inaugurée à Genève. Mais il fut « extrêmement mortifié » d'apprendre que Jurieu, par un écrit violent, avait réussi à faire repousser cette version par les Églises de Hollande. « Quel sujet de triomphe, dit-il, pour nos adversaires, de voir que nous nous déchirons, et que nosÉglises ne sçachent convenir de rien. Ce monsieur Jurieu est né pour troubler l'Eglise, et jamais homme ne fit plus le tyran et le pape. Il a bonne grâce, après ce bel ouvrage, d'accuser de tyrannie papale, une Eglise qui donne avis d'une manière honeste et douce de ce qu'elle a fait luy qui ose se déclarer contre cette Eglise et contre plusieurs autres qui ont fait ce changement » (Lettre du 21 septembre 1700). — L'un des ouvrages les plus populaires d'Ostervald est sans contredit son catéchisme. Il lui fut demandé au commencement de 1701, et après avoir consulté ses amis, surtout Turrettin, sur le plan à suivre et sur les détails de l'exécution, il put écrire à celui-ci, le 19 juillet 1702 : « Mon catéchisme est prêt. Il sera imprimé dans six semaines au plus tard. Il aura 300 pages in-8° ou un peu plus... Les théologiens de Zurich l'approuvent, si ce n'est que quelques-uns se plaignent que je n'y parle point *de externa hominum electione*, etc. Il faut avoir de plaisantes idées d'un catéchisme pour vouloir que cette matière y entre... Je justifie mon silence par des raisons, mais surtout par des authorités qui, chez la plupart des théologiens valent mieux que des raisons. J'allègue divers catéchismes où il n'y a pas un mot de la prédestination ; mais surtout le synode de Dordrecht: *De prædestin.*, art. XIV, p. 281 où il y a ces mots : *Ista doctrina cum spiritu discretionis, religiosè et sanctè, suo loco et tempore*, etc. *est proponenda*. Et je demande là-dessus si c'est le lieu et le tems, quand on a à faire à des catéchumènes. » On l'accusa d'être arien, socinien. Les ecclésiastiques de Berne prétendirent que le livre ne valait rien et cherchèrent à lui susciter des affaires (lettre du 15 novembre 1702). Mais il ne répondit ni aux insultes ni aux insinuations malveillantes, et le catéchisme fit tout seul son chemin. Il fut traduit en anglais, en allemand, en flamand ; et l'abrégé de l'histoire sainte qui ouvre le volume fut imprimé séparément et traduit en arabe (1720) pour être envoyé aux Indes Orientales. Le catéchisme se divise en deux parties : *La Foi chrétienne* ou les vérités à croire, et *La Vie chrétienne* ou les devoirs à pratiquer. Sur la demande de bien des personnes, de Turrettin en particulier, l'auteur publia bientôt un abrégé de son catéchisme, qui a été réimprimé depuis lors une infinité de fois, et même revisé (par Paul Rabaut notamment, et même de nos jours); mais cet abrégé, dans lequel la plénitude de la pensée est sacrifiée à la concision, ne peut donner qu'une idée bien imparfaite de son *Grand Catéchisme*. — Toujours préoccupé de sanctification, Ostervald aborda un sujet délicat entre tous ; il publia en 1707 un *Traité contre l'impureté* (Amsterdam, 418 p., in-8°). Première partie : *De l'impureté* ; section I. Que l'impureté est un péché ; II. Des suites de l'impureté ; III. Des sources de l'impureté ; IV. Réponse à ce qu'on allègue pour excuser l'impureté ; V. Du devoir des coupables. Seconde partie : *De la chasteté* : section I. De la nature de la chasteté ; II. Des motifs de la chasteté ; III. Des moyens d'acquérir la chasteté. L'ouvrage reçut un bon accueil en général : c'était la première fois qu'un théologien osait aborder une semblable matière. Il fut réimprimé à Neuchâtel en 1708, et cette même année il fut imprimé en anglais à Londres; en 1714, une traduction allemande fut publiée à Hambourg. Mais l'auteur eut à subir des attaques des mêmes hommes qui avaient critiqué ses précédents ouvrages. On ne le trouvait « pas assez orthodoxe » ; on l'accusait, dans les conseils qu'il donnait, de ne pas parler de la régénération par le saint Esprit; on disait qu'il avait l'air de faire tout dépendre de l'homme. C'était de Zurich que venaient ces critiques. A Bâle, il y avait des gens qui croyaient encore à la damnation des païens, et Ostervald écrit à ce sujet : « Il y a encore bien des ténèbres en ces pays ! » (Lettre du 20 mars 1708). Le Clerc, dans sa *Bibliothèque choisie*, parla de ce traité avec éloge, mais il terminait par certaines réflexions qui déplurent à l'auteur, celles-ci par exemple : qu'il y a des inconvénients à se marier jeune; qu'il n'y a aucun discours qui puisse changer ce qui est purement corporel et qui est une suite inévitable de la santé ; qu'on n'arrêtera jamais un torrent impétueux par des paroles etc. Mais Ostervald ne crut pas devoir répondre à ces réflexions. — Quelques ouvrages théologiques furent imprimés avec son nom : *Ethica christiana* (Londres, 1727, in-8°; Bâle, 1739, in-12; une traduction flamande en 1730, une traduction française à la Neuveville, en 1740, in-8°); *Theologiæ compendium* (Bâle, 1739, 8°, réimprimé à Bâle en 1754) ; et un *Traité de l'exercice du ministère sacré* (Bâle, 1739, in-12), sur une édition faite en Hollande quelques années auparavant. Mais ces ouvrages furent imprimés à l'insu et contre le gré de l'auteur, sur des copies fautives fournies par quelques-uns de ses élèves. Ostervald donna, en effet, dès 1702 et pendant quarante-quatre ans, des leçons de théologie aux candidats au saint ministère, leçons qui attirèrent même plusieurs étudiants étrangers. Il fut un peu fâché de ce zèle indiscret des élèves qui, sans le consulter, avaient livré ses cours à l'impression. « J'ai reçu de Londres ma morale imprimée, écrit-il à Turrettin le 17 novembre 1728. J'ai été, en la lisant, d'autant plus mortifié de cette édition, qu'elle fourmille de fautes, et même de solécismes et de barbarismes. » Les pasteurs français cependant tenaient sa théologie en grande estime, et ils le faisaient solliciter de la publier lui-même. Bétrine, qui signait alors Mathieu, écrit à Antoine Court, à Lausanne, le 4 septembre 1731 : « Je prend encore la liberté de vous prier de faire vos efforts auprès de l'illustre M. Obsterval le père, pour obtenir de lui qu'il fasse imprimer sa théologie. Je ne croi pas, ou je suis bien trompé, que nous ayons une meilleure théologie que la sienne » (Papiers Court à la Bibl. pub. de Genève, L. A. C., t. V, f. 541). — On parle toujours de la traduction française de la Bible par Ostervald, mais c'est par abus de langage : cette prétendue traduction est tout simplement une série de corrections plus ou moins considérables qu'il fit à la marge d'un exemplaire de la vieille traduction d'Olivetan revue par les pasteurs de Genève. Ce curieux et intéressant manuscrit se trouve à la bibliothèque des pasteurs de Neuchâtel. Nous renvoyons, pour l'appréciation de cette œuvre, à l'article *Versions*. Nous avons dit qu'Ostervald appartenait, comme ses amis Turretin et Werenfels, à la tendance libérale de l'époque. On a pu en juger par les rapides citations que nous avons faites de ses lettres intimes. Nous pourrions en faire beaucoup d'autres non moins significatives. Bornons-nous à transcrire quelques lignes qu'il écrivait au pasteur de Genève, le 16 juin 1725, après que celui-ci eût fait abolir l'obligation de la confession de foi : « Je vous félicite de bien bon cœur, lui dit-il, de ce que vous avez fait dans votre compagnie. Voilà la synagogue tout à fait ensevelie. Dieu veuille que votre exemple soit suivi ailleurs, à quoi il y a peu d'apparence, et que vous puissiez réussir de même dans tous les autres projets que vous formerez pour remettre les choses à plusieurs autres égards sur le pied où elles devraient être. » — Nous nous reprocherions de ne pas signaler ici, pour achever de faire connaître Ostervald, qu'il prit le plus vif et le plus constant intérêt aux réfugiés français et aux galériens pour la foi. La haute influence dont il jouissait à la cour de Prusse et en Angleterre lui facilitait les moyens de leur être utile et il s'y employa de tout cœur. — Après un ministère de soixante-un ans, le pieux et vaillant serviteur tomba sur le champ de bataille : il fut frappé d'apoplexie en chaire, le dimanche matin, 24 août 1746, comme il commençait la tractation d'un sermon sur Jean XX, 1-8. Il ne fut cependant rappelé à Dieu que le vendredi matin, 14 avril de l'année suivante. Par reconnaissance pour les services rendus, les magistrats voulurent que son corps reposât dans le temple qu'on avait construit à son intention, au pied de la chaire du haut de laquelle, durant un demi-siècle, il avait prêché avec tant d'édification.—Voyez *Journal helvétique*, avril 1747, p. 369-416; *Galerie suisse*, I, p. 503-512, art. de L. Henriod. Il y a un beau portrait d'Ostervald à la bibliothèque publique de Genève, salle Lullin. CH. DARDIER.

OSWALD (Saint). Pendant le règne de son oncle Edwin, Oswald, fils d'Ethelfrid le ravageur, s'était réfugié chez les Scots et y avait reçu des moines culdéens la connaissance de l'Evangile. Quand Edwin eut péri à Heathfield en 634, dans une expédition contre le roi de Mercie révolté, Penda, qui s'était assuré le concours de Cadwallader, roi des Bretons occidentaux, Oswald rentra en Northumbrie à la tête de quelques troupes fidèles pour reconquérir son royaume. Il engagea la bataille près Saint-Oswald, un peu au nord de Hexham. La légende rapporte que Colomba lui apparut pendant la nuit et lui promit la victoire. Elle fut décisive, car Cadwallader resta sur le champ de bataille et les Bretons se retirèrent derrière la Severn. Oswald exerça de 635 à 642 une souveraineté temporaire sur toute l'heptarchie avec le titre de brethwalde ou empereur. Il fit appel à ses chers moines culdéens d'Ecosse ; Corman, venu le premier, échoua à cause de sa sévérité excessive, qu'Aidan lui reprocha à son retour en pleine assemblée des moines. Envoyés par Seghen, le quatrième successeur de Colomba, à Jona, Aidan refusa de se fixer à York, déjà évangélisé par le moine romain Paulin, sous le règne d'Edwin, soit par opposition à Rome, soit pour étendre sur un terrain nouveau l'action de l'Evangile. Il se fixa dans l'île de Lindisfarne, aux frontières d'Angleterre et d'Ecosse, réunie temporairement au continent, comme le mont Saint-Michel, à l'heure du reflux, et répandit l'Evangile par ses prédications missionnaires, l'exemple de sa vie simple et austère et la fondation de nombreux couvents. Oswald le seconda de tout son pouvoir et épousa Kineburga, fille d'un roi des Saxons de l'Est, qu'il réussit à convertir. Mais il succomba à trente-huit ans sur le champ de bataille de Masserfield (5 août 642) sous les coups de Penda de Mercie. Il avait mérité par sa douceur l'épithète de « *main bienfaisante.* » C'est sous son règne que le prêtre romain Birinus, envoyé en mission par le pape Honorius, s'établit avec son appui en Wessex, dont il convertit le roi, qui fonda pour lui l'évêché de Dorchester. Les missionnaires culdéens ont répandu le culte de Saint-Oswald dans toute l'Allemagne. Notker Labeo a rédigé un office en son honneur; Zug l'a pris pour patron; les poètes allemands du moyen âge l'ont chanté. — Sources: Bède, *Hist. eccl.*, III, 1; Guil. de Malmesbury, *De gestis reg.*, I, 3; Licquet, *Hist. des Anglo-Saxons*; de Montalembert, *Moines d'Occident*, IV, 1-37; Blumhardt, *Hist. du christ.*, II.

A. PALMIER.

OSWALD, archevêque d'York. Lorsque Dunstan, après la mort misérable du roi anglo-saxon Edwy, eut saisi le pouvoir sous les règnes d'Edgard et d'Edouard le martyr, il chercha à s'entourer d'hommes animés des mêmes sentiments que lui et disposés à servir d'instruments dociles à ses desseins. Oswald, d'origine danoise, parent de l'archevêque Odon, élève de l'abbaye bénédictine de Fleury et partisan convaincu de la réforme, fut l'un de ces hommes. Elevé successivement à l'évêché de Worcester (960-972) et à l'archevêché d'York (972-992), Oswald joua un rôle considérable dans les intrigues de la cour et travailla dans l'esprit du maître à une épuration sévère du clergé. Il chassa de son diocèse tous les prêtres qui refusaient de renoncer à leurs femmes légitimes, se fit rendre par le roi les terres enlevées autrefois à l'Eglise et fonda plusieurs monastères soumis à la règle stricte de saint Benoît. Les invasions danoises avaient presque effacé les travaux civilisateurs d'Alfred le Grand; Oswald fit venir de France Abbon de Fleury, qui pendant deux ans donna aux moines de Ramsey l'instruction classique élémentaire. Le règne d'Edgard fut pacifique et glorieux, mais Oswald put voir avant de mourir les ravages nouveaux des Danois et pressentir les malheurs des règnes suivants. Sa vie a été écrite par le moine Eadmer. — Sources: *Anglia sacra*; Licquet, *Hist. des Anglo-Saxons*, Rouen, 1836; Turner, *Hist. des Angl.-Sax.*; Lingard, *History of England.*

OTFRID DE WISSEMBOURG. Le poème d'Otfrid sur les Evangiles est un des plus anciens monuments de la langue allemande. On ignore le lieu et l'année de la naissance de l'auteur; sur sa vie on ne peut faire que des conjectures, fondées sur deux ou trois faits positifs. Par le dialecte dont il se sert, bien qu'on y rencontre quelques éléments alémanniques, il se trahit comme ayant été de race franque. Il nous apprend lui-même qu'il a été prêtre et moine à Wissembourg, après avoir eu pour maître Raban Maur, un des hommes les plus savants du neuvième siècle. Raban dirigea l'école de Fulde jusqu'à ce qu'en 822 il devint abbé de ce monastère; c'est donc à Fulde et avant 822 qu'Otfrid a été son élève. Comme un de ses professeurs, dont il vante les connaissances et la sagesse, il nomme encore Salomon qui, à l'époque où il parle de lui, était évêque de Constance. Avant d'occuper ce siège en 839, Salomon avait été moine à Fulde et plus tard à Saint-Gall; Otfrid peut avoir suivi ses leçons dans l'un ou l'autre de ces deux couvents, probablement dans le second, où vers 870 Salomon fut chargé de la direction de l'école. Vers 830 on le trouve dans la grande et riche abbaye de Wissembourg, remplissant les fonctions de notaire et peut-être aussi celles d'écolâtre. Il existe une donation faite à ce monastère, au bas de laquelle on lit : *Ego Otfrid scripsi et subscripsi*; elle est sans date, mais peut bien être de la fin de 830; une autre, de 851, a la même suscription (*Traditiones Wissenb.*, ed. Zeuss, Spire, 1842, in-4°, p. 153-195). Le dernier éditeur du poème d'Otfrid, M. Paul Piper, I, p. 15 (voy. à la fin de cet article), conclut du fait que trois témoins mentionnés dans la charte sans date le sont aussi dans une du 17 novembre 830, qu'elle est de la fin de cette année. Des voyages qu'Otfrid aurait faits à Saint-Gall, vers 840 et vers 854, sont possibles, mais trop problématiques pour qu'on puisse les admettre avec quelque certitude. — Outre les Pères, les poètes chrétiens et les écrivains ecclésiastiques de son temps, Otfrid a connu quelques classiques latins et n'a pas trop mal écrit cette langue. Il raconte que quelques frères et une matrone vénérable, nommée Judith, choqués des chansons «obscènes» des laïques, s'engagèrent à faire «en langue franque ou théotisque» un poème sur les Evangiles, afin de remplacer par des chants chrétiens ceux auxquels était habitué le peuple et qui paraissent avoir été des restes de la littérature du paganisme germanique. Pour satisfaire à ce désir, il composa son livre. Il l'accompagna d'une dédicace en prose latine à Lintbart, archevêque de Mayence depuis 873, et de trois autres en rimes allemandes, au roi Louis le Germanique, à l'évêque Salomon, de Constance, et à Hartmut et Werinbreht, religieux de Saint-Gall. L'ouvrage, auquel il travailla longtemps, fut terminé vers 868. C'est une paraphrase des Evangiles, divisée en cinq livres; le premier traite de la naissance du Christ jusqu'à son baptême ; le second et le troisième, des miracles et de l'enseignement du Seigneur ; le quatrième, de la passion et de la mort; le cinquième, de la résurrection et de l'ascension du Christ, auxquelles il ajoute des chapitres sur le jugement dernier et sur les joies du paradis. Il a fait cinq livres, dit-il, parce que nous avons cinq sens, dont chacun nous fait commettre des fautes que nous apprenons à éviter par la lecture de la Parole de Dieu. Dans la disposition des matières d'après les quatre évangélistes, Otfrid procède librement, sans se rattacher à l'harmonie latine qui existait alors; ce n'est que dans le premier livre qu'il suit une marche à peu près analogue. Il débute en expliquant pourquoi il a écrit en langue théotisque : il a voulu faire pour la nation franque, dont il célèbre les grandes qualités, ce qu'ont fait les poètes des Grecs et des Romains; ceux-ci ont chanté les exploits de leurs héros ; quant à lui, il veut apprendre à ses compatriotes à chanter les louanges de Dieu et du Christ. Comme son œuvre était destinée, non seulement à la lecture, mais aussi au chant, il subdivisa chaque livre en un certain nombre de chapitres, formant en quelque sorte autant de chansons distinctes. Il emprunta à quelques poètes latins de l'Eglise la forme des strophes rimées, composées chacune de quatre vers très courts, faciles à imprimer à la mémoire ; dans les chapitres sur le jugement et le paradis il y a même des refrains. — Au fond, toutefois, son poème est peu populaire ; c'est à la fois l'œuvre d'un moine, qui avait passé la plus grande partie de sa vie loin du monde, derrière les murs d'un cloître, celle d'un savant plus occupé d'études sur la métrique et sur la grammaire que des rêves de sa fantaisie, et celle d'un théologien plus versé dans l'art de l'interprétation morale et mystique que dans celui de la conception poétique. Il est inférieur, sous ce rapport, à l'auteur saxon qui a fait de l'Harmonie des Evangiles une véritable épopée, le *Héliand*, bizarre seulement par la germanisation trop absolue des personnages du Nouveau Testament. Sa tendance est avant tout didactique ; ce n'est que par moments que son sentiment l'emporte sur la réflexion et s'élève assez haut pour révéler un talent lyrique, entravé par le dessein d'instruire le peuple. Les applications morales ou mystiques, dont il fait suivre beaucoup de ses récits, font ressembler son poème à une prédication rimée, généralement monotone, quoique respirant une foi intime et vivante. Fort souvent ses explications des textes ne font que reproduire ce qu'il avait lu dans les écrits de Bède le Vénérable, d'Alcuin, de Raban Maur. Ce qu'il y a de plus curieux c'est que, tout en écrivant pour le peuple, il ne fait jamais allusion aux coutumes et aux croyances, qui étaient exprimées sans doute dans ces « chansons obscènes des laïques » qu'il s'était proposé de faire disparaître. — Il parle des difficultés qu'il a dû vaincre pour écrire dans une langue « barbare, inculte, indisciplinable, » dédaignée des savants et n'ayant de règles ni pour la grammaire ni pour la désignation des sons. La peine qu'il a dû s'imposer pour fixer cette langue prouve que son livre, loin d'avoir été créé d'un jet, lui a demandé des années de travail préparatoire ; on s'aperçoit même qu'il n'est pas encore tout à fait maître de son instrument ; il emploie des mots inutiles, des amplifications, des tours forcés qui laissent parfois la pensée dans l'obscurité. Pour sacrifier au goût d'un siècle, qui faisait grand cas des jeux d'esprit, il a fait laborieusement des acrostiches sur les noms du roi Louis, de l'évêque Salomon et de ses deux amis de Saint-Gall. Néanmoins, eu égard à son époque et à son but, son poème est une œuvre étonnante, digne de l'admiration de la postérité. En « disciplinant » la langue, Otfrid en rendit l'usage plus facile aux écrivains et aux prédicateurs, en même temps qu'il habitua les poètes à se servir des formes régulières et harmonieuses de la strophe et de la rime ; et en faisant chanter ses vers sur les Evangiles, il propagea la connaissance du christianisme parmi des populations qui, en grande partie, n'étaient encore chrétiennes que de nom. Ce n'est pas ici le lieu de parler de l'idiome d'Otfrid, de sa grammaire, de sa syntaxe, de sa prosodie. Dans ces dernières années on a publié à ce sujet, en Allemagne, quelques travaux très érudits. — On connaît trois manuscrits du livre, dont deux, l'un à Heidelberg (Zeuss, l'éditeur des *Traditiones Wissenburgenses*, signale, p. v., l'identité de l'écriture de la copie de plusieurs chartes avec celle de ce manuscrit), l'autre, à Vienne, passent pour être écrits de la main même de l'auteur ; un troisième qui jadis avait appartenu à un couvent de Freisingen et qui est aujourd'hui à Munich, est une copie faite au commencement du dixième siècle. Dans diverses bibliothèques on a découvert des feuillets isolés, provenant d'une quatrième transcription, également très curieuse. Trithémius fut le premier à rappeler le nom d'Otfrid ; il a connu son ouvrage sur les Evangiles ; il parle aussi de lettres et de sermons, qui jusqu'à présent n'ont pas été retrouvés ; un *Psalterium*, qu'il lui attribue, paraît être plutôt la version de Notker dit Labeo. L'humaniste alsacien Béatus Rhénanus vit le manuscrit de Freisingen et en publia quelque vers dans le deuxième livre de ses *Res germanicæ*, Bâle, 1531, in-f°, p. 107. Matthias Flacius donna, dans un intérêt plus religieux que littéraire, la première édition du texte complet, Bâle, 1571 ; une nouvelle édition, préparée par Schilter, avec des notes et une version latine, fut achevée par Scherz et insérée dans le t. I du *Thesaurus antiquitatum teutonicarum*, Ulm, 1727, in-f°. L'édition de Graff, Kœnigsberg, 1831, in-4°, établit le texte d'après les manuscrits, mais a le grand défaut de n'ajouter aucune note explicative. Les meilleures éditions sont celles de Kelle, Ratisbonne, 1856 ss., 2 vol., et de Paul Piper, Paderborn, 1878, 2 vol. Au moment où nous écrivons cet article, le 2e vol. de Piper, contenant le glossaire, n'a pas encore paru. Un glossaire annoncé par Kelle n'a jamais été publié. Kelle publia en outre une traduction du poème en allemand moderne, Prague, 1870 ; une autre, par Rapp, Stuttgard, 1858, est faite trop librement pour donner une idée de l'original. CH. SCHMIDT.

OTHMAR (Saint). Pendant quatre vingts ans les disciples de saint Gall continuèrent en commun l'œuvre de leur maître dans la contrée où il avait fini ses jours, se contentant de donner à l'un d'entre eux par l'élection le titre de *Custos* ou *pastor sancti Galli*. Othmar, qui fit ses études à Coire et y devint prêtre, est considéré comme le premier abbé en titre de Saint-Gall, qu'il administra pendant quarante ans, de 720 à 760. Il fut pendant son long ministère la victime des événements politiques et des luttes de juridiction, que l'abbaye de Saint-Gall eut à soutenir contre les prétentions des évêques de Constance et des abbés de Reichenau. Maîtres de l'Allemanie, les Francs ne pouvaient avoir que de la répulsion pour une institution qui semblait représenter et défendre les instincts particularistes et nationaux du pays conquis. Le comte Waldram, dont la famille ne cessa dès l'origine de protéger l'abbaye de Saint-Gall, fit don de l'abbaye à Pépin, et sut par cette manœuvre habile lui assurer un moment la protection du conquérant, qui éleva en 720 Othmar à la dignité d'abbé. Mais ces bonnes dispositions ne tardèrent pas à changer et il souleva contre l'abbaye un violent orage en embrassant le parti des dignitaires de Constance et de Reichenau. Les historiens modernes ont reconnu la légitimité des revendications de l'évêque, que la chronique de Saint-Gall a dépeint sous les plus noires couleurs. Mais M. Gabriel Monod a prouvé (*Revue critique*, 1873, II) que les évêques de Constance, en particulier Sidonius, avaient mis au service de leur cause un acharnement coupable et des moyens que l'humanité réprouve. Après avoir réussi une première fois à se justifier, Othmar se vit arrêté lors de son second voyage à la cour. Condamné sans jugement sous l'odieux prétexte d'immoralité, et successivement enfermé sur les bords du lac de Constance et à Stein, dans une île du Rhin, il y succomba le 16 novembre 759 aux mauvais traitements de ses adversaires. Son corps fut rapporté à Saint-Gall en 769 et y accomplit aussitôt des miracles. Sa béatification date du neuvième siècle. Nous possédons des fragments de sa vie écrite par l'abbé Gozbert (816-837) qui assura cette indépendance de l'abbaye, pour laquelle il était mort. Walafrid Strabon a repris cette œuvre en lui donnant de nouveaux développements, et Ekkehard IV a composé un poème en son honneur. Enfin Yson a écrit un traité complet sur ses miracles. — Sources : Wattenbach, *Deutschl. Gesch.-Quellen*, I, 219 ; Pertz, *Monum. Germ. Hist.*, II, 41-47 ; Rettberg, *Kirch. G. Deutschl.*, II, 107 ; voir aussi la bibliographie de l'article *Gall* (Saint). A. Paumier.

OTHON DE BAMBERG. L'église Saint-Michel de Bamberg possède encore le monument funèbre de l'un de ses plus illustres évêques, Othon, né sur les bords du lac de Constance en 1069. Sa famille appartenait à la plus haute noblesse du pays, mais était réduite à une situation voisine de la pauvreté. Lui-même, orphelin de bonne heure, réussit par ses talents à se concilier à la fin de ses études la faveur du duc de Pologne Wladislas Hermann II, dont il devint le chapelain. Appelé par la faveur de l'empereur Henri IV à entrer dans la chancellerie impériale, il sut, tout en demeurant un partisan convaincu des réformes grégoriennes, maintenir, grâce à une grande souplesse d'esprit, des relations affectueuses avec un empereur excommunié. Nous le voyons joindre à ses travaux politiques la fondation d'un hôpital à Würzbourg, et travailler à l'achèvement de la cathédrale de Spire. Elevé par Henri IV à la dignité d'évêque de Bamberg, poste avancé à cette époque de la civilisation chrétienne et de l'ambition germanique sur les frontières slaves, il ne s'estima vraiment évêque que quand il eut reçu de Pascal II la crosse et l'anneau. Simple, bon, généreux, il remplit avec zèle toutes les fonctions de sa charge ; grand admirateur de la vie monastique, il fonda l'abbaye bénédictine de Michelsberg ; l'école épiscopale de Bamberg, encouragée déjà par ses prédécesseurs, a jeté sous lui un vif éclat. Le clerc Adalric dédia à l'évêque de Würzbourg un recueil de lettres avec actes à l'appui, qui avait pour but d'apprendre aux futurs hommes d'Etat le maniement des affaires. Mais ce qui a valu à Othon le souvenir reconnaissant de la postérité, c'est sa brillante œuvre missionnaire en Poméranie. Evêque de Bamberg depuis 1103, il fut invité en 1124 par le duc

Boleslas III à évangéliser la Poméranie. Dans son premier voyage, après avoir traversé la Bohême, il se rencontra sur les frontières de la Poméranie avec le duc Wartislas, dont la femme, princesse saxonne, était déjà chrétienne. Il le gagna à la religion chrétienne et le fit renoncer à la polygamie. A Pyritz, il baptisa en quelques jours sept mille prosélytes, dans la fontaine qui porte depuis son nom et sur laquelle un monument commémoratif a été élevé en 1824. Bien accueilli à Cammin, Othon dut s'enfuir de Wollin, dont les habitants voulaient le faire périr. A Stettin il réussit, après cinq mois de travaux difficiles à gagner à l'Evangile de nombreux disciples et reprit avec plus de succès l'œuvre de Wollin pour rentrer ensuite à Bamberg à la fin de 1125. Il y retrouva l'occasion de se dévouer pour les populations de son vaste diocèse décimées par la peste. En 1128, Boleslas l'engagea à reprendre son œuvre, qui n'avait pas encore jeté de profondes racines et que menaçait une vive réaction païenne. Pénétrant dans le pays par l'ouest, Othon évangélisa successivement Demmin, Usedom et Güskow. Ayant échoué dans une tentative de gagner les insulaires de Rügen, il reconquit à Stettin le terrain perdu depuis son départ, et nomma Adalbert premier évêque de Wollin. Rentré dans son diocèse, il s'occupa de fondations pieuses jusqu'à sa mort survenue le 11 juin 1139. Nous devons reconnaître que l'appui des chefs lui fut d'un grand secours. Tout en ayant recours à de riches présents, il employa surtout les deux grands moyens évangéliques de l'instruction de la jeunesse et de la prédication de la parole dans la langue du pays. Nous possédons un éloge d'Othon rédigé dès 1147; sa *Vie* par Eloi dans les *Monum. Germ. Hist.*, XII, 822; par un moine de Priefling, *Monum.*, XX, 697. — Sources: *Acta SS.* Juli 1, 449; Wattenbach, *Deutschl. Gesch. quellen*, II, 139; Sell, *Otto von B.*, Stettin 1792; Busch, *Mem. Ott.*, Ienæ, 1824; Bernard, *Otto unser Apostel*, Bamberg, 1833; Neander, *Kirch. Gesch.*, 4e éd., VII, 1-38.

A. Paumier.

OTHON DE FREISINGEN. Des nombreux enfants du margrave d'Autriche, Léopold IV et d'Agnès, parente de la famille impériale, le troisième, Othon, naquit le 11 décembre 1109. Son père lui avait réservé la direction d'un des nombreux monastères qu'il avait fondés, mais le jeune Othon voulut d'abord faire ses études à Paris, où il devint l'auditeur d'Abélard et le disciple de Gilbert de Poitiers. Il en rapporta dans sa patrie le culte d'Aristote. A son retour, il s'arrêta avec sa suite dans l'abbaye de Morimond, monastère de l'ordre de Cîteaux fondé dans le diocèse de Langres, et fut tellement frappé de la grandeur et de l'austérité de cet ordre, qu'il y prononça sur-le-champ ses vœux avec tous les membres de sa suite, sans pourtant avoir jamais professé les opinions extrêmes de saint Bernard dans toute leur rigidité. En 1130, il devint abbé du couvent de Morimond et fut appelé en 1136 à l'évêché de Freisingen. La discipline s'était relâchée; profitant des malheurs des temps, les nobles du pays, en particulier les Wittelsbach, avaient accaparé le plus clair des revenus et des biens de l'évêché. Othon engagea contre la noblesse une lutte acharnée.

Exposé aux plus durs traitements de la part des Wittelsbach, il les flétrit dans plusieurs passages de sa chronique qui ont disparu de quelques-uns des manuscrits, quand cette maison fut parvenue au pouvoir. Grâce à ses parentés princières et à sa valeur intellectuelle, Othon prit une grande part à toutes les affaires de son temps, accompagna l'empereur Conrad dans sa malheureuse croisade et joua surtout un rôle considérable sous le règne de l'empereur Frédéric Ier. Il mourut à Morimond le 22 septembre 1158, au moment où il se disposait à accompagner l'empereur en Italie et fut enseveli dans l'église du monastère. Othon de Freisingen est surtout connu comme écrivain. Outre son *Historia Austriaca*, qui n'est point parvenue jusqu'à nous, et les *Gesta Friderici*, il a composé vers 1146 une chronique dédiée à Frédéric Ier et qui se distingue des autres histoires contemporaines par son point de vue philosophique élevé. Il développe dans son histoire, qui remonte jusqu'à la chute, la double cité de Dieu et de la fragilité des choses humaines. Son pessimisme est profond et s'inspire du spectacle lamentable, que lui offre l'histoire de son temps. Il reconnaît pourtant l'action providentielle de Dieu dans le développement des quatre monarchies prophétisées par Daniel. Tout son huitième livre est consacré à la peinture de la fin du monde et du jugement à venir. Sa chronique devint bientôt populaire dans toute l'Allemagne. — Sources : Pertz, *Mon. Germ. Hist.*, XX ; Piper, *Monumentale Theologie*, 508 ; Bonif. Huber, *Otto von Freisingen*, Munich, 1847 ; Wattenbach, *Deutschl. Gesch. quellen*, II, 206 ; Dubois, *Gesch. der Abt. Morimund.*

A. PAUMIER.

OTHON DE PASSAU. Sous ce nom nous possédons un traité d'édification qui date des dernières années du quatorzième siècle et qui se rattache à la tendance religieuse des amis de Dieu de Strasbourg et de Bâle. Comme eux, l'auteur du traité des vingt-quatre vieillards ou du trône d'or, titre emprunté à un passage de l'Apocalypse, veut publier un manuel d'édification en langue vulgaire, accessible, dans ces temps troublés, aux âmes si malheureuses et si angoissées, mais il suit la tradition de l'Eglise et sait éviter le mysticisme panthéiste d'un maître Eckhart, comme il est incapable de reproduire les accents vivants et populaires de la prédication de Tauler. Suivant un usage assez commun du moyen âge il se plaît à citer des fragments de plus de cent auteurs divers de l'antiquité profane, des premiers temps de l'Eglise et du moyen âge, tout en laissant de côté les mystiques allemands et les écrivains en langue vulgaire. Malgré son surnom, il a passé la plus grande partie de son existence religieuse à Bâle. Son traité a joui de son temps d'une grande réputation, mais Wackernagel lui reproche sa sécheresse, son ton dogmatique et son défaut de méthode. L'ouvrage a été écrit en 1386. La première édition imprimée est de 1470 et a pour titre : *D ss Buch ist genant die vier und tzwanzig Alten, oder der Gu din Tron gesetzet von Bruder Otton von Passowe*, petit in-folio, 162 pages avec 26 gravures sur bois. L'édition la plus citée a été imprimée à Augsbourg, chez Ant. Lorg., in-fol. 1480 ; on en compte cinq éditions successives ainsi que plusieurs traductions hollandaises. L'ouvrage d'Othon de Passau a paru en dernier lieu en 1836 à Landshut en style moderne. — Sources: Schmidt, *Le mysticisme au quatorzième siècle* dans les *Mémoires de l'Ac. des sicences mor. et pol.*, 1847; Brunet, *Manuel du libraire.*

A. PAUMIER.

OTHONIEL, Othniél, Γοθονιήλ, fils de Cénès, frère puîné de Caleb (Jos. XV, 17; Juges III,9), appartenait à la tribu de Juda. Il s'empara, du temps de Josué, de la ville de Kirjath-Sepher et obtint en récompense de cet exploit la main de sa nièce Axa, la fille de Caleb. Plus tard, il se mit à la tête des Israélites et les délivra du joug de Cuschan Rischataim, roi de Mésopotamie. Il gouverna les Hébreux pendant quarante ans.

OUDIN (Remi-Casimir), savant critique et historien, né à Mézières (Ardennes) en 1638, mort à Leyde en 1717. Il fut élevé au collège des jésuites de Charleville, prit le nom de Casimir en entrant dans l'ordre de Prémontré (1655), fit sa théologie à l'abbaye de Bucilly (arrond. de Vervins, Aisne), fut nommé professeur à l'abbaye de Mureau en 1669 et devint, dit-on, grand prieur de ce monastère l'année suivante. Toutefois M. Melleville, ayant trouvé son Histoire latine de la maison de Bucilly inscrite à la date de 1672 sur le cartulaire du lieu, en conclut qu'Oudin était encore à Bucilly. Après avoir obtenu la cure d'Epinay-sous-Gamaches en 1675, il retourna à Bucilly en 1678, pour s'y livrer tout entier à l'étude. En l'absence de l'abbé et du prieur, il dut complimenter (1680) Louis XIV visitant le couvent à l'improviste. Le roi, charmé de l'ingénieuse flatterie dont un rayon de soleil saluant son arrivée avait fourni le sujet, s'étonnait qu'un homme de si grand mérite restât inconnu et confiné dans un désert; mais Oudin eut la maladresse de laisser percer son dégoût de la vie monastique, et se perdit par là irrévocablement dans l'esprit étroit du monarque. Peu après, l'abbé de Prémontré, Michel Colbert, le chargea d'extraire des archives de l'ordre les pièces susceptibles de servir à une histoire littéraire dont il s'occupait. Au retour du voyage qu'il avait fait dans ce but, Oudin fut nommé, en 1682, sous-prieur de l'abbaye de Cuissy (arrond. de Laon, Aisne). En 1685 il vint habiter Paris, et se mit en relation avec les bénédictins de Saint-Maur et avec le savant ministre Jurieu, réfugié en Hollande. Cette dernière liaison le fit reléguer à l'abbaye de Ressons (arrond. de Beauvais, Oise) où on le traita avec une grande sévérité. Evadé de ce couvent, il passa en Hollande en 1690, abjura publiquement à Leyde, et fut nommé sous-bibliothécaire de l'université, place qu'il conserva jusqu'à sa mort. Il rendit compte des motifs de sa conversion dans un opuscule publié en 1692 sous ce titre: *Le Prémontré défroqué*, et fit paraître plusieurs ouvrages importants sur les auteurs ecclésiastiques. Dans sa *Trias dissertationum criticarum* parue à Leyde l'année de sa mort, « il combat, dit Michaëlis, l'antiquité du *codex alexandrinus*, et prétend qu'il n'a été écrit qu'au dixième siècle, pour l'usage d'un monastère de l'ordre des acœmètes. Mais ce traité paraît avoir été écrit en partie pour favoriser un libraire et pour faciliter la vente de l'édition des Septante publiée par

Bos, qui suivait ou prétendait suivre le texte du *codex vaticanus*, et en partie, comme Schulze le suppose, par inimitié personnelle contre Grabe. » — Voir la *France prot.*; Michaëlis, *Introd. au Nouveau Testament*, II, 132 ; Paris, 1822, in-8° ; Nicéron, *Mémoires*, I et X ; Moréri, *Dict. historiq.*; Paquot, *Mémoires*; Hugo, *Annales ord. Præm.*, I, col. 55; Bouillot, *Biogr. ardennoise*, II ; A. Piette, *Notice sur l'abbaye de Bucilly.*

OUDIN (François), érudit champenois, né le 1er novembre 1673 à Vignon, un petit village de la Haute-Marne, commença ses études sous la direction de son oncle Jean Oudin, un docte chanoine de Langres, pour les poursuivre chez les jésuites de la même ville. Il manifesta de si heureuses dispositions que du banc de l'écolier il passa presque sans transition dans la chaire de professeur et enseigna la rhétorique, puis la théologie dans le collège où il avait passé sa jeunesse. On ne peut qu'admirer l'aisance avec laquelle il s'assimila plusieurs langues étrangères ; outre le latin qu'il écrivait avec une pureté remarquable, Oudin parlait couramment l'anglais, l'italien, le portugais, l'espagnol. Sa vie, qui s'écoula dans une heureuse obscurité à Langres sauf de courts séjours à Paris, fut toute consacrée aux lettres et à une correspondance suivie avec plusieurs savants étrangers qui appréciaient tout à la fois la variété de ses connaissances et le charme de son commerce. Aujourd'hui son abondance poétique n'a pu le sauver de l'oubli. On mentionne de lui : *Somnia*, poème, Dijon, 1697, in-8°; *Sancto Francisco Xaviero hymni IX et officium*, Dijon, 1705, in-12 ; *Sylva distichorum moralium*, 1720, in-8° ; *Hymni novi*, 1720, in-12 ; *Bernardi Monetæ epicedium*, 1729, sans compter plusieurs autres pièces de vers insérées dans les *Poemata didascalica*. Oudin inséra également diverses dissertations historiques et théologiques dans le *Journal des savants*, les *Mémoires de Trévoux* et autres recueils. Il mourut à un âge avancé à Dijon, le 28 avril 1752.

OUEN (Saint). Voyez *Rouen*.

OVERBECK (Frédéric), peintre célèbre, né en 1789 à Vienne, où il passa sa jeunesse, se forma dans la lecture et dans la contemplation des œuvres du moyen âge et prit pour modèle, dans ses tableaux et dans ses dessins religieux, Fra Giovani da Fiesole. Idéaliste convaincu, il considérait comme une hérésie tout ce qui, dans l'imitation de la nature, de ses formes plastiques et de sa couleur locale, dépasse le point de vue du quatorzième siècle. Dans beaucoup de ses œuvres on respire le souffle d'une paix profonde, d'une émotion vraie et chaste, d'une piété sincère et intime : ainsi dans l'*Entrée du Christ à Jérusalem* (1827) et dans la *Sépulture du Christ* (1829), qui se trouvent dans l'église Ste-Marie à Lübeck. Il en est de même dans les quarante dessins représentant des scènes tirées de la vie de Jésus, acquis par le baron Lotzbeck de Francfort, et dans lesquels domine la note suave. Dans d'autres compositions, au contraire, plus savantes mais bien inférieures aux premières, comme dans le *Triomphe de la Religion* que possède le musée Stædel à Francfort, c'est la réflexion et le goût pour l'allégorie qui prédominent. Conséquent avec lui-même, Overbeck quitta sa patrie pour aller se fixer à Rome, ce siège authentique de la piété catholique et des traditions classiques de l'art. Son atelier au palais Cenci devint le foyer de toute une école de peintres dont l'idéal était la résurrection du moyen âge romantique et dévot. Parmi les meilleures productions de la période romaine de l'activité d'Overbeck nous mentionnerons l'*Adoration des Mages* et la *Crucifixion*, puis les peintures à fresque de la villa Massimi, un *St-François-d'Assise*, dans l'église degli Angeli, au-dessous d'Assise (1830), l'*Assomption de Marie* dans le dôme de Cologne (1855), ainsi que les *Sept sacrements*, et un tableau allégorique « Jésus précipité du rocher par les pharisiens et les juifs, mais doucement porté par les anges, » destiné à rappeler les vicissitudes du pontificat de Pie IX (1860). Les œuvres d'Overbeck se distinguent par la pureté et la beauté des lignes plus que par la richesse du coloris et l'énergie de l'expression.

OXFORD (Université d'). L'origine de l'université d'Oxford est assez obscure. Les auteurs s'accordent généralement aujourd'hui à rejeter la légende qui attribuait sa fondation à Alfred le Grand. Elle paraît être sortie d'écoles particulières, érigées dans la ville pour l'instruction de la jeunesse. La première charte lui conférant des privilèges et la reconnaissant comme un corps organisé, date de Henri III. Les statuts actuels remontent dans leur ensemble à l'année 1629 ; le roi Charles Ier les confirma par une charte de 1635. L'université d'Oxford ressentit pendant assez longtemps le contre-coup des querelles religieuses ou politiques qui agitèrent l'Angleterre. Au treizième siècle, elle avait pour grand maître Duns Scot et était un ardent foyer de théologie scolastique. Vers la fin du règne d'Edouard III et durant celui de Richard II, elle compta parmi ses professeurs ou réformateurs avant la Réforme Jean de Wicliff ou Wiclef ; cependant elle était encore considérée comme un nid du papisme. Pendant la réaction catholique de Marie Tudor, au contraire, elle était suspecte d'hérésie. Sous le règne de Charles Ier, elle acquit le privilège d'envoyer deux représentants à la Chambre des communes; cette époque était, comme on sait, troublée par les guerres civiles et la tranquillité des études s'en ressentit à Oxford. Les bâtiments de l'université furent pendant quelque temps transformés en casernes par Charles Ier, qui avait fait de la ville son quartier général. Depuis le règne de Jacques II, l'université put enfin être indépendante, à l'abri des troubles de toute espèce et poursuivre une carrière glorieuse. — D'après ses statuts, ses membres ne peuvent porter d'autres noms que ceux « de chancelier, maîtres et étudiants de l'université d'Oxford. » Elle se compose de deux assemblées : la chambre de la congrégation qui confère les grades, et la chambre de la convocation qui comprend tous les docteurs et maîtres ès arts, inscrits sur les registres. — Le plus haut dignitaire est le chancelier qui est élu par les membres de la convocation. Dans le principe, l'élection se faisait pour un, deux ou trois ans; maintenant le chancelier est à vie. Autrefois on choisissait toujours un ecclésiastique; sir John Mason, élu en 1553, a été le premier chancelier laïque. — Le vice-chancelier est nommé pour quatre ans ; c'est toujours un membre résidant de l'université et le président de l'un des collèges. Les autres principaux dignitaires sont le sénéchal ou *steward* ; deux *proctors* qui ont pour mission de surveiller la conduite des membres de l'université et qui sont chargés de tout ce qui concerne la discipline et le bon ordre ; quatre *pro-proctors*, un assesseur, des bibliothécaires, etc., etc. — L'université d'Oxford comprend 19 collèges et 5 *halls* ou hôtels. En voici la liste : 1° *University College*, dont la tradition attribue la fondation à Alfred le Grand ; il fut restauré par William de Durham qui mourut en 1249. Il offre une façade de 85 mètres, renferme une chapelle remarquable et un beau monument érigé à sir William Jones, le célèbre orientaliste ; 2° *Balliol College*, fondé en 1263 par John Balliol (père de John Balliol, roi d'Ecosse), et sa femme Devorguilla ; il a compté John Wiclef parmi ses professeurs ; une croix de fer marque l'endroit où furent brûlés sous Marie Tudor, Cranmer, Ridley et Latimer ; 3° *Merton College*, fondé en 1264 par Walter de Merton, évêque de Rochester et lord chancelier d'Angleterre. La chapelle, d'un style gothique remarquable, renferme un tableau attribué au Tintoret et le monument funéraire de sir Thomas Bodley, fondateur de la fameuse bibliothèque bodléienne ; 4° *Exeter College*, fondé en 1314 par Walter de Stapledon, évêque d'Exeter et lord trésorier d'Angleterre ; il a été rebâti en 1835 ; 5° *Oriel College*, fondé par Edouard VI, en 1326 ; 6° *Queens College*, fondé en 1340, par Robert Eglesfield, confesseur de la reine Philippa, femme d'Edouard III ; il est regardé comme étant sous la protection spéciale des reines d'Angleterre ; 7° *New College*, fondé en 1386 par William de Wykeham, évêque de Winchester et lord chancelier d'Angleterre. La chapelle possède les plus belles orgues du royaume ; 8° *Lincoln College*, fondé en 1427 par Richard Fleming, évêque de Lincoln ; 9° *All Souls College*, fondé en 1437 par Henry Chichale, archevêque de Canterbury ; les bâtiments en sont vastes et magnifiques ; 10° *Magdalene College*, fondé en 1456, par William de Waynefleete, évêque de Winchester et lord chancelier d'Angleterre ; il est obligé, par ses statuts, de donner l'hospitalité aux rois d'Angleterre et à leurs fils, quand ils se trouvent à Oxford ; il a des jardins splendides ; 11° *Brasenose College*, fondé en 1509 par William Smith, évêque de Lincoln. Son nom (*nez d'airain*) lui vient de ce qu'il fut bâti sur l'emplacement de deux anciens hôtels, dont l'un avait pour marteau de porte un anneau de fer fixé dans un nez de bronze ; 12° *Corpus Christi College*, fondé en 1516, par Richard Fox, évêque de Winchester ; 13° *Christ Church College*, le plus magnifique de tous, fondé en 1526 par le cardinal Wolsey qui voulait en faire le plus grand établissement de ce genre dans toute l'Europe. La grande salle est une des plus vastes qui existent en Angleterre ; elle contient une collection de portraits des étudiants les plus célèbres du collège. L'église, dont la cloche appelée *Great Tom*, pèse près de 17,000 livres, est la cathédrale d'Oxford ; 14° *Trinity College*, fondé par Edouard III, et supprimé du temps de la Réformation, fut rétabli par sir Thomas Peyse en 1554 ; 15° *St-John's College*, fondé en 1555 par sir Thomas

White, maire de Londres ; il est entouré de beaux jardins et sa bibliothèque contient une belle tapisserie représentant le *Christ et les disciples d'Emmaüs* ; 16° *Jesus College*, fondé en 1571 par le Dr Hugh Price ; 17° *Wadham College*, fondé en 1613 par Nicolas Wadham et sa femme Dorothée ; 18° *Pembroke College*, fondé en 1624 par Thomas Tesdale ; 19° *Worcester College*, fondé en 1714, par sir Thomas Cookes. — Quant aux cinq établissements désignés sous le nom de *halls* et qui sont : *St-Mary Hall*, *Magdalene Hall*, *New Inn Hall*, *St-Alban Hall*, *St-Edmund Hall*, ils sont richement dotés pour la plupart — Les vingt-quatre établissements d'Oxford comptent environ cinq mille membres, et jouissent d'un revenu total de près de onze millions. Les bâtiments de l'université proprement dite forment dans *Broad street* un groupe spécial et majestueux. La plus grande partie de l'étage supérieur est occupée par la bibliothèque bodléienne. L'étage inférieur a été consacré aux archives de l'université, aux examens et à cette magnifique collection de marbres grecs trouvés à Paros au seizième siècle, et qui ont pris le nom du célèbre comte d'Arondel qui les a fait connaître à l'Europe. Quant au musée situé au troisième étage de l'édifice, il est riche en portraits de savants et d'écrivains éminents. Parmi les dépendances de l'université, il faut citer le théâtre qui peut contenir 4,000 personnes, l'imprimerie de Clarendon, la bibliothèque Radcliffe, joli bâtiment surmonté d'un dôme élevé, l'observatoire, etc. — Les professeurs titulaires de l'université sont au nombre de vingt-huit. Les étudiants prennent pour la plupart le grade de bachelier, puis celui de maître ès-arts, qui confère pour toute la vie le droit de voter dans les affaires de l'université. A. Gary.

OZANAM (Antoine-Frédéric) descendait, les éditeurs de ses œuvres complètes le disent, et son nom l'indique assez, d'une famille arabe qui avait, depuis plusieurs siècles, établi sa demeure en Provence. Il naquit à Milan le 23 avril 1813 ; mais ce fut à Lyon qu'il passa sa jeunesse et qu'il reçut la première instruction, sous la direction de sa mère, zélée catholique, Marie Nantas, et de l'abbé Noirot. A dix-huit ans, il déclarait qu'il se sentait déjà voué à la défense de la religion chrétienne. Pourquoi ne fut-il pas prêtre ? Sans doute il pensait, comme Ballanche, cet autre écrivain délicat, cet autre malade, de Lyon aussi, catholique attaché à son Eglise également (il est impossible de ne pas remarquer entre eux une frappante ressemblance) qu'on peut, sans vivre à l'écart, hors du siècle, aimer la religion et servir l'Eglise. Ce qu'on ne peut nier, c'est qu'il exécuta résolument, sinon d'une manière tout à fait satisfaisante et jusqu'au bout, ce qu'il s'était proposé de faire. Tout ce qu'on lui doit d'important, cours, actes, écrits, est dû à cette inspiration. Ne disons rien des *Réflexions sur la doctrine de Saint-Simon* publiées à Lyon en 1831. L'auteur n'avait pas vingt ans quand il voulut porter un jugement sur cette doctrine. Pouvait-il seulement la connaître ? Vers 1832, après les *Réflexions*, le dernier de divers *essais* confiés à des recueils périodiques de province, Ozanam vient étudier le droit à Paris. Là, sans le vouloir, pour ainsi dire, et certainement sans prévoir le progrès rapide, le succès prodigieux de l'entreprise, il devient, pendant ses années d'études, le principal fondateur de la Société de Saint-Vincent-de-Paul. Hôte d'Ampère, le jeune écrivain recevait en littérature les conseils des maîtres, Châteaubriand, Ballanche, Lacordaire, Montalembert. Il allait souvent à l'église. Profondément religieux, que lui manquait-il encore ? La charité, la visite des pauvres et des malades. A ce moment-là même, un fervent catholique, Bailly de Surcey, qui réunissait chaque soir quelques jeunes gens pieux, propose à Ozanam et à sept étudiants de ses amis, de former une association en vue de bonnes œuvres à faire. Tous acceptent, et en mai 1833, neuf personnes rédigent le premier règlement de la Société. L'ambition, l'intrigue, une obéissance passive telle que des jésuites peuvent seuls l'exiger, en un mot, tout ce qu'on peut reprocher aujourd'hui à la société de Saint-Vincent-de-Paul, tout cela (est-il nécessaire de l'écrire ?) était bien éloigné de la pensée des fondateurs, comme on le voit en lisant les principaux articles du règlement. Art. 1er La Société reçoit dans son sein tous les jeunes gens chrétiens qui veulent s'unir de prières et participer aux mêmes œuvres de charité, en quelques lieux qu'ils se trouvent. Art. 2. Le but principal est la visite des pauvres. Mais les membres de la Société doivent saisir l'occasion de porter des consolations aux malades, aux prisonniers, l'instruction aux enfants pauvres, abandonnés ou détenus, et les secours religieux à ceux qui en manquent au moment de la mort. — Le succès fut grand, rapide ; on eut de nombreux adhérents, à Paris, dans les départements, à l'étranger. Déjà Ozanam, séduit lui-même, entraîné, perdait de vue les premières préoccupations et la pensée primitive, quand il disait, à Florence, dans son discours à la conférence de Saint-Vincent-de-Paul, en janvier 1853 : « *In quel tempo un numero indefinito di principi filosofici ed eterodossi si agitava d'intorno noi, e noi sentivamo il desiderio e il bisogno di mantenere la nostra fede in mezzo agli attachi che le muoverano le scuole diverse dei falsi sapienti (materialisti, sansimoniani, foriaristi, deisti).* Nous sommes deux mille aujourd'hui, ajoutait-il, visitant cinq mille familles. » Les derniers calculs publiés constatent bien d'autres progrès : 204,900 membres actifs pour le monde entier. Mais avec le plan, le but actuels, le fondateur lui-même aurait-il pu rester membre de la Société ? Ce n'est pas vraisemblable. D'une part, le bien à faire n'est plus le principal souci des affiliés d'aujourd'hui ; et d'autre part, un rédacteur du *Correspondant*, un catholique libéral tel que Frédéric Ozanam, sûr de déplaire aux fanatiques, n'éviterait guère d'être accusé de tiédeur ou d'indifférence. Ainsi, bornons-nous à signaler le fait : au premier jour de leur association, ni le jeune étudiant, ni ses pieux amis, ne pouvaient prévoir un tel résultat. Docteur en droit en 1836, docteur ès-lettres en 1838, Ozanam n'est appelé à occuper la chaire de littérature étrangère à la Sorbonne, d'abord comme suppléant de Fauriel, puis comme professeur, qu'en 1841. C'était là, non dans la chaire de droit commercial à Lyon, qu'un ministre avait eu l'idée tout à fait originale de mettre à sa disposition pendant un an, qu'il devait exécuter son grand projet de défense du christianisme. Il divisa son cours de manière à terminer en dix années environ une *Histoire de la civilisation aux temps barbares.* Il se proposait de prouver que le christianisme acheva l'œuvre qui avait désespéré la politique des Césars. Gibbon et ses disciples ne voient que décadence dans ces siècles. Ils se trompent. Une providence bienfaisante organise, grâce aux prédicateurs chrétiens, cette barbarie. A mesure que l'antique Rome perd du terrain et des batailles, une autre Rome toute spirituelle, avec la pensée, la parole, attend les barbares pour les maîtriser quand ils deviennent maîtres de tout. Il s'agissait donc, au cours des premiers siècles, d'exposer la longue éducation des peuples par l'Eglise. On arrivait bientôt à Charlemagne, à Grégoire VII, à tout ce que le moyen âge a de grand et de glorieux. On étudiait ensuite la poésie chevaleresque qui est le commencement des langues modernes, et l'on rencontrait pour finir la *Divine comédie* qui ferme et résume cette grande époque. Voilà le plan tracé longtemps à l'avance par celui que M. Caro appelle « un apologiste chrétien au dix-neuvième siècle.» Malheureusement l'œuvre devait rester inachevée. Quelques défaillances dans l'exécution, une faible santé, la mort à quarante ans (septembre 1853), empêchèrent Frédéric Ozanam de remplir son vaste programme. Deux volumes sur l'*Histoire de la civilisation au cinquième siècle*, les *Etudes germaniques* comprenant *les Germains au temps du christianisme* et la *Civilisation chrétienne chez les Francs*, Paris, 2 vol. in-8°, 1847-1849, et, si l'on veut, *Dante et la philosophie catholique au treizième siècle* (sa thèse de docteur ès-lettres), Paris, 1839, voilà tout ce qu'on peut trouver sur ce sujet dans la publication faite par des amis indulgents, de ses *Œuvres complètes*, Paris, Lecoffre, 1855, 8 vol. in-8°. Les deux livres qui restent, sans parler des *Mélanges*, *les poètes Franciscains en Italie au treizième siècle*, Paris, 1852, in-8°, et *Le Pèlerinage au pays du Cid*, 1854, n'ayant pas été écrits sous la même inspiration, ne peuvent être acceptés comme faisant partie de ce grand travail. Faut-il le dire? Dans le véritable culte que les excellents amis d'Ozanam ont gardé pour son nom, pour sa mémoire, il paraît y avoir plus de réelle et profonde sympathie pour sa personne que d'admiration sincère et surtout justifiée pour l'écrivain. Les qualités diverses qui l'élevaient à leurs yeux au rang d'homme supérieur, sa parole entraînante, sa piété, ses vertus, sont précisément des qualités que la génération nouvelle, les étrangers ou les indifférents ignorent. Elles disparaissent avec l'homme. Frédéric Ozanam trouve l'occasion en parlant de la civilisation chrétienne aux temps barbares, surtout dans les études germaniques, de louer, racontant leurs actes en style de panégyrique, saint Eloi, saint Colomban, saint Boniface, saint Grégoire, et c'est, il faut le reconnaître, un travail intéressant, bien fait. Mais sa critique est faible quand il entreprend, lui, l'apologiste chrétien, pour combattre l'incrédulité moderne, au lieu d'engager la discussion sur le fond de la doctrine, de démontrer aux Allemands ce qu'ils savent à merveille à moins d'être fous d'orgueil, que la race à laquelle ils appartiennent n'est pas plus pure et incomparablement mieux douée que la nôtre, puisque, au fond, tout nous révèle au point de vue de la race, l'unité radicale des peuples indo-européens! Mais il a, quand il parle de la religion protestante, tous les préjugés du catholicisme le plus étroit! Son apostrophe aux protestants qui, pour se créer une généalogie jusqu'aux temps apostoliques, ont pensé à se prévaloir des attaques de Dante contre Rome, « troublant ainsi jusque dans sa couche funèbre le repos du pauvre proscrit » est comique, pour ne rien dire de plus. Bien plus, il est aveuglé jusqu'au contre-sens et au paradoxe, quand il soutient (*Correspondant*, 1838, *le Protestantisme et la Liberté*), qu'on n'est libre qu'au sein de l'Eglise catholique, et que, réformation est synonyme de radicalisme et d'esclavage. Voilà le penseur, l'écrivain, même si l'on oublie qu'il n'a rien terminé; étroit, moins riche qu'on ne l'a cru d'idées nouvelles en son travail d'apologiste, malgré la conviction qu'il y apporte, et malgré l'érudition. Au contraire, cesse-t-il d'être l'homme d'un système, d'une école, aussitôt le chrétien reparaît; on est intéressé, et même édifié, voilà le mot, en lisant ce qu'il a écrit. Il est chaste (et cela fait sourire) jusqu'à trouver que Bossuet a glissé dans l'oraison funèbre de la duchesse d'Orléans, aux endroits où il a dû parler de sa vie privée, des allusions trop peu discrètes. Il adresse à Dieu, et même il écrit, peu de jours avant sa mort, la plus simple et la plus touchante prière: « Je sais que j'ai une femme jeune et bien-aimée, un charmant enfant, d'excellents frères, une carrière honorable, des travaux conduits au point où ils pourraient servir de fondement à un ouvrage longtemps rêvé. Faut-il donc quitter tous ces biens que vous-même, ô mon Dieu, m'avez donnés?... Si je sacrifiais mon amour-propre littéraire? Si je vendais la moitié de mes livres pour en donner le prix aux pauvres?... Mais vous n'acceptez pas ces offrandes intéressées!... » On voudrait tout citer. C'est par là que Frédéric Ozanam se fait aimer. Comme un parfum, cette piété profonde et vraie, sans excès, sans affectation, se répand sur tout ce qu'il écrit. Ses amis le comprirent, et voilà comment ils firent, on peut néanmoins l'affirmer, une chose bonne et utile en donnant au public une édition où tout est flatté (depuis le portrait gravé de l'auteur, au début, jusqu'aux derniers jugements, après la conclusion) des œuvres complètes de cet écrivain qui, manquant de largeur et de souffle, ne réussit qu'à réunir quelques fragments littéraires, au lieu d'achever la grande apologie du catholicisme qu'il avait rêvée, comme ce jour où parti, c'est lui-même qui le raconte dans son meilleur petit ouvrage, pour un long pèlerinage à Saint-Jacques-de-Compostelle, il dut borner sa course pour éviter l'épuisement, et s'arrêter au pays du Cid. — Voyez Legeay, *Etude biographique sur Ozanam*, Paris, 1854, in-8°; Caro, *Revue contemporaine*, juillet 1856, XXVI; Ampère, *Journal des Débats* des 9 et 12 octobre 1858; Karker, *O., sein Leben u. seine Werke*, Paderb., 1867; Hardy, *O. Ein Leben im Dienste der Wahrheit u. Liebe*, May., 1878; Mlle Kathleen O'Meara, *O., his life and works*, Edimb., 1876. JULES ARBOUX.

OZIAS. Voyez *Azarias*.

P

PACCA (Barthélemy), cardinal, doyen du sacré collège, né en 1756, à Bénévent, d'une famille noble, évêque de Velletri, remplit deux nonciatures importantes sous Pie VI, la première à Cologne (1786-1794) où il lutta contre les électeurs ecclésiastiques, jaloux de maintenir leurs privilèges vis-à-vis de Rome ; la seconde à Lisbonne (1795-1802) où il séjourna pendant la captivité du pape à Savone. Hautement estimé pour l'habile fermeté et le zèle pour les intérêts du saint-siège dont il avait fait preuve, Pacca reçut, dès l'avènement de Pie VII, le chapeau de cardinal (1801), devint son principal ministre en 1808, rédigea et lui fit signer la bulle d'excommunication lancée contre Napoléon en 1809, fut par suite enlevé de Rome en même temps que Pie VII et enfermé au fort piémontais de Fénestrelle, où il vécut dans le recueillement, occupé de travaux littéraires. Il rejoignit le pape à Fontainebleau en mars 1813, le détermina à rétracter les concessions qu'il venait de faire par le concordat du 25 janvier et, après un court exil à Uzès, rentra avec lui à Rome le 24 mai 1814. Bientôt après, agent actif de l'esprit réactionnaire qui souffla sur l'Europe, il fit rétablir l'ordre des jésuites et l'inquisition (1816). Bien que trois cardinaux moins doués et moins éminents que Pacca eussent été préférés à celui-ci dans les conclaves de 1823, 1829 et 1831, il n'en jouit pas moins d'une haute considération et remplit avec le plus grand zèle, jusqu'à un âge avancé, les fonctions dont la confiance des papes l'avaient chargé dans les diverses congrégations de la curie romaine. Il mourut en 1843. Le cardinal Pacca a laissé d'intéressants *Mémoires* sur les événements auxquels il a été mêlé. Composés à Fénestrelle, ils parurent à Rome de 1829 à 1832, en 4 vol. Ils ont été traduits en français par l'abbé Jamet, Caen, 1832 ; par Bellaguet, Paris, 1833, et par Queyras, 1843. Ses *Œuvres complètes* ont été publiées et traduites par Queyras en 1845. — Voyez *Biographie universelle*, LXXVI, p. 171 ss.

PACK (Othon de), conseiller et vice-chancelier du duc George de Saxe, fut chargé par celui-ci de diverses missions importantes. Très actif, très habile, mais peu loyal, il n'hésitait pas à sacrifier le bien général à ses intérêts particuliers. Séduit par une récompense de 10,000 florins que lui avait promise Philippe, landgrave de Hesse, le gendre du duc George, auprès duquel Pack se trouvait en mission à Cassel, il lui fit l'aveu d'un projet de ligue qui aurait été conclu à Breslau contre les princes protestants par le roi Ferdinand et plusieurs de ses alliés catholiques, lui en remit une prétendue copie, en laissant entrevoir qu'il pourrait aussi livrer l'original. Malgré la répugnance de l'électeur de Saxe, Jean-Frédéric, et les remontrances de ses théologiens, le landgrave de Hesse, pour prévenir le danger qui le menaçait, réunit une armée de 18.000 hommes et, de concert avec l'électeur, adressa un appel aux Etats protestants (9 mars 1528), pour la défense de la cause de la Réforme. Le duc George et les princes catholiques nièrent énergiquement l'existence d'un traité d'alliance; Othon de Pack, dénoncé comme l'auteur de la trahison, fut arrêté à Cassel, jugé au milieu d'un grand appareil, reconnu coupable de fraude, et, après un emprisonnement d'un an, mis en liberté. Il voyagea en Angleterre, en France et dans les Pays-Bas où il fut de nouveau arrêté par ordre de l'empereur et décapité (1537). Son tort avait été de faire passer, au moyen d'un document apocryphe, comme réellement conclu un traité d'alliance qui n'existait encore qu'à l'état de projet plus ou moins arrêté. — Voyez Ranke, *Deutsche Geschichte im Reform. Zeitalter*, III, 44 ss.; Neudecker, *Urkunden aus der Reform. Zeit*; Rommel, *Gesch. von Hessen*, III, 2; Walch, *Luther's Schriften*, XVI, 445 ss.; de Wette, *Luther's Briefe*, III, 317 ss.; Strauchii, *Dissert. de tumultu Packiano*, etc.; Wideburg, *Dr. O. v. Pack*, Halle, 1751.

PACOME (Saint), le principal fondateur des communautés monastiques, né dans la Thébaïde en 292, mort en 348, appartenait à une famille païenne. La tradition rapporte que, forcé à l'âge de vingt ans de s'enrôler dans les nouvelles levées que Maximin fit faire en 312, il fut si touché de la charité qu'il vit pratiquer à quelques chrétiens, qu'à la fin de la guerre il revint dans la Thébaïde et embrassa le christianisme; puis il se plaça sous la conduite d'un anachorète nommé Palémon, disciple de saint Antoine, et se livra aux exercices ascétiques et aux œuvres de la charité avec une telle ardeur que sa réputation se répandit bientôt dans les villes voisines et attira un grand nombre de chrétiens à Tabéna, île du Nil, où Pacôme s'était établi. En vertu d'une révélation divine, il construisit, vers 340, à Tabéna, le premier κοινόβιον, c'est-à-dire un monastère dans lequel Pacôme réunit les anachorètes qui jusqu'alors avaient vécu isolément et auxquels il imposa une discipline et des règles communes, et tout particulièrement une stricte obéissance à l'égard de leur directeur (Ἀββᾶς, Ἡγούμενος, Ἀρχιμανδρίτης). Peu à peu ses disciples augmentèrent tellement qu'il fut obligé de les répartir entre dix monastères qui renfermaient jusqu'à trois mille moines. Palladius, qui visita l'Egypte vers la fin du quatrième siècle, compta quatorze cents moines dans la maison-mère et sept mille dans tous les cloîtres réunis. Pacôme construisit aussi le premier couvent de femmes, pour sa sœur, aux bords du Nil, non loin de Tabéna. Lorsque Athanase visita les Eglises de la haute Thébaïde, Pacôme alla au devant de lui avec tous ses religieux qui chantaient des hymnes et des psaumes. Nous ne connaissons pas la règle de Pacôme dans sa forme primitive et authentique. Les deux règles que nous possédons sous son nom sont d'origine postérieure. La plus courte se trouve dans Palladius, *Historia Lausiaca*, c. XXXVIII, et dans Sozomène, III, 14; la plus longue, dont on ne connaît que la traduction latine par Jérôme, a été publiée par Statius, Rome, 1575 ; par Lucas Holstein, *Codex regularum*, I, 26 ss. et par Gazæus, dans son édition du *De cœnobiorum institutis*, de Cassius, Francf., 1722, p. 800 ss. On a publié aussi quelques écrits ascétiques attribués au célèbre anachorète de Tabéna tels que les *Monita ad monachos*, les *Verba mystica*, et des *Lettres* à des directeurs de couvents, ses amis. — Voyez *Vita Pachomii*, dans les *AA. SS.*, XIV, Maji ; Gennadius, *De viris illustr.*, c. 7 ; Ceillier, *Hist. des aut. sacr. et ecclés.*, IV, 456 ss. ; Hélyot, *Hist. des ordres monast.*, I.

PAGANISME. Dans le pays de langue latine, probablement en Italie et vers la fin du second siècle, les chrétiens commencèrent à désigner l'ancien culte gréco-romain sous le nom méprisant de religion des paysans, *religio paganorum* (les gens de la campagne, *ex locorum agrestium compitis et pagis pagani vocantur*. Orose, *préface*). De là le nom de paganisme. Ce terme de *religio paganorum*, entendu dans ce sens, devint bientôt d'un usage général. On le trouve dans une loi de Valentinien Ier de l'an 368 (*Cod. Theodos.*, XVI, 11, 18). On ne tarda pas à l'appliquer indistinctement à toutes les religions autres que le christianisme et le judaïsme. C'est dans ce sens qu'il est employé dans notre langue. Cela n'avait pas le moindre inconvénient aussi longtemps qu'on n'avait pas d'idée exacte des religions des peuples non chrétiens, et qu'on croyait qu'elles étaient l'œuvre du diable pour la perte des âmes ; mais depuis qu'on a renoncé à cette opinion, et que les connaissances historiques se sont rectifiées et étendues, il ne devrait plus être permis de comprendre dans une même catégorie, et sous le terme générique de paganisme, des religions qui présentent des caractères si différents, dont les unes sont polythéistes et les autres monothéistes, celles-ci idolatriques et celles-là absolument iconoclastes, en un mot qui n'ont entre elles rien de commun que ce qui est propre à toutes les religions sans aucune distinction, savoir le recours à une protection divine. En réalité, le nom de paganisme (*religio paganorum*) ne convient qu'aux anciennes superstitions qui survécurent à la propagation du christianisme au milieu des divers peuples qui, dans l'Europe occidentale, avaient fait partie de l'empire romain. C'est dans ce sens que nous le prenons ici. — Il était dans l'ordre des choses que les cultes anciens persistassent plus longtemps dans les campagnes que dans les villes. Il serait superflu d'en énumérer les raisons. Ce n'est pas cependant sans quelque surprise qu'on les y voit durer pendant un si grand nombre de siècles. Les pouvoirs publics avaient fait en quelque sorte une obligation de la profession du christianisme, la religion nouvelle semblait solidement établie en tous lieux, que les habitants des campagnes continuaient à pratiquer les cérémonies païennes, publiquement dans les lieux écartés, et en secret, là où ils avaient à craindre la surveillance des agents de l'autorité. On en a des témoignages irrécusables. Dans la seconde moitié du quatrième siècle, du moins dans les Gaules et dans la Grande-Bretagne, et probablement aussi en Espagne et en Italie, les temples des idoles étaient debout et les arbres druidiques attiraient encore une foule d'adorateurs. On sait que ce ne fut pas sans courir des dangers sérieux que saint Martin de Tours (326-397) entreprit dans son diocèse de renverser les uns et de faire abattre les autres (Sulpice Sévère, *Divi Martini vitæ*, lib. I). Un siècle après, c'est saint Grégoire de Tours (539-593) qui nous l'apprend (*De gloria confessorum*, cap. 2 et 77, dans la *Maxima bibliotheca Patrum*, t. XI, p. 872), on faisait des pèlerinages publics au lac du mont Hélanus (dans le Gévaudan) et on promenait processionnellement la statue de Bérécynthe autour des champs et des vignes (cf. *Divi Martini vitæ*, cap. 9). Les choses n'avaient pas changé au septième siècle. On a de cette époque un discours de saint Eloi (598-659), *De rectitudine catholicæ Conversationis*, qu'il adresse à ses ouailles et qu'on dirait uniquement destiné à convertir des païens au christianisme. Les personnes auxquelles il parle sont convaincues de la puissance de Neptune, de Pluton, de Diane, etc., et croient devoir les invoquer. Elles ont l'habitude de se rendre avec des cierges auprès des pierres dressées et des allées couvertes. Elles prennent part à des cérémonies auprès des sources et des arbres, et aux carrefours des grandes routes. Elles appellent le soleil notre Seigneur et la lune notre Dame. Les femmes portent à leur cou des amulettes, et quand elles travaillent à des ouvrages de tissage ou de tapisserie, elles invoquent Minerve (Dom Martin, *La Religion des Gaulois*, t. I, p. 69-71). Ces personnes sont censées appartenir à l'Église chrétienne ; en réalité, elles professent le culte de l'époque gallo-romaine, mélange de druidisme et de paganisme de la Rome antique. A la fin du huitième siècle, il fallait encore interdire la profession et la pratique de ce culte. Les capitulaires des rois francs (*Capitularia regum francorum, edid. Steph. Baluzius*, Parisiis, 1677, 2 vol. in-f°) sont pleins de défenses de ce genre. Dans un capitulaire de 789, il est interdit d'allumer des luminaires devant les arbres, les sources et les pierres levées (*ibid.*, I, col. 235) ; et cet article est reproduit dans un capitulaire de Charlemagne (*ibid.*, I, col. 713), et dans deux autres, (*ibid.*, I, col. 990 et 991, et I, col. 1094 et 1095 ; cf. *ibid.*, I, col. 518). Un autre capitulaire de l'année 794 ordonne la destruction des arbres et des bosquets sacrés (*ibid.*, I, col. 269). Le premier capitulaire de Carloman nous apprend que ces cérémonies réprouvées se pratiquaient même à côté des églises chrétiennes, *juxta ecclesias*, et sous le nom de saints martyrs, *sub nomine sanctorum martyrum* (*ibid.*, I, col. 147 et 148). Ce capitulaire est reproduit presque en entier dans un capitulaire de Charlemagne de l'année 769 (*ibid.*, I, col. 191, 824, 825 et 1050). La coutume de pousser des hurlements aux convois funèbres, d'y chanter des chants diaboliques (d'anciens hymnes païens) et de célébrer des banquets sur les tombeaux, est sévèrement interdite dans un capitulaire de Charlemagne et de Louis le Débonnaire (*ibid.*, I, col. 957). Le second capitulaire de Carloman condamne à quinze sous d'amende quiconque prend part à des cérémonies païennes, et donne, sous ce titre *Indiculus superstitionum et paganiarum*, une liste de ces cérémonies, au nombre de trente. Voyez encore *capitulare aquisgranense*, de l'année 789 (*ibid.*, I, col. 235); *capitulare francofordiense* de l'année 794 (*ibid.*, I, col. 269) ; *capitulare secundum anni* 805, § 25 (*Ibid.*, I, col. 428-430) ; *capitulare Pippini, regis Italiæ*, § 31 et 32 (*ibid.*, I, col. 539-540, etc., etc.). Les synodes de Nantes, § 8, d'Arles, § 23 et d'Agde, § 5, de la même époque contiennent des condamnations de la coutume de placer des luminaires devant des arbres (*Ibid.*, II, col. 726). De même au synode d'Auxerre, ch. 4 (*ibid.*, II, col. 683, etc.) Voyez encore un autre *Indiculum superstitionum et paganiarum* (*ibid.*, II, col. 1235) ; enfin pour le culte rendu aux arbres dans la Gaule, en Italie, en Germanie, en Afrique et dans d'autres contrées, art. *Arbor* dans le *Glossarium mediæ et infimæ latinitatis* de Ducange, article dans lequel est donnée une longue liste des passages des écrivains ecclésiastiques sur ce sujet. Pour gagner au christianisme ces païens obstinés et peu intelligents, les ordonnances des rois et les anathèmes des conciles avaient été impuissants. L'Eglise employa un procédé qui lui avait jusqu'alors réussi. Elle fit, si on peut ainsi dire, la part du feu. La plupart des cérémonies furent tolérées ou même adoptées avec quelques légères modifications, qui les rendaient propres, du moins en quelque mesure, au culte chrétien. Ces adaptations au christianisme de rites païens auxquels les habitants des campagnes étaient habitués et qu'ils avaient jusqu'alors pratiqués, contribuèrent puissamment à remplacer par de nouvelles habitudes religieuses les souvenirs de la religion antérieure, On peut citer parmi les cérémonies païennes christianisées, la procession qui se faisait dans l'ancien culte le 25 avril pour bénir les champs. On n'eut qu'à changer quelques mots dans les hymnes qu'on y chantait, pour en faire une solennité chrétienne. On faisait toutes les années dans la Gaule un grand pèlerinage au lac du mont Hélanus ; on bâtit une église consacrée à saint-Hilaire de Poitiers, on y plaça quelques reliques de ce saint évêque et on laissa se continuer le pèlerinage, qui peu à peu devint un acte de dévotion, non plus au lac, mais au saint évêque, Grégoire de Tours (*De gloria confessorum*, cap. 2). Astruc (*Mémoire pour l'histoire naturelle du Languedoc*, p. 616), qui parle de cette transformation, nous apprend qu'on en fit autant pour un pèlerinage païen à un lac des environs des Pyrénées, pèlerinage qui finit par devenir une solennité chrétienne en l'honneur de saint Barthélemy, à qui on avait élevé une église sur les bords de ce lac. Il se fit certainement bien d'autres transformations de ce genre. Là où se trouvait une source vénérée depuis des siècles par les populations voisines, on éleva une église ; les dévots païens continuèrent à y accourir pour rendre hommage à la source, et bientôt ils s'habituaient à vénérer le saint à qui l'Eglise était consacrée. Les sanctuaires antiques du druidisme furent remplacés par des chapelles ou par des monastères ; et la vénération qu'on avait pour les premiers se transforma peu à peu en vénération pour les seconds. Cela se fit peut-être lentement ; mais enfin la superstition se déplaça en définitive du culte païen au culte chrétien. Le pape Grégoire le Grand avait recommandé ce procédé au moine Augustin qu'il avait envoyé dans la Grande-Bretagne pour convertir les païens. « Il faut, lui écrivait-il (lib. IX, epist. 71), conserver les temples païens et les faire passer du service des démons au service du vrai Dieu, afin que les populations païennes viennent plus facilement adorer aux lieux accoutumés. » Cette politique avait été déjà celle de l'empereur Constantin qui, au dire d'Eusèbe, pour rendre la religion chrétienne plus plausible aux païens, y transféra les ornements extérieurs que ceux-ci employaient dans leur culte. La transition de la religion ancienne à la religion nouvelle devenait ainsi plus facile. « En introduisant dans le culte chrétien, dit P. Bayle (*Œuvres diverses*, III, p. 56), diverses cérémonies païennes, on crut que ce serait le moyen d'apprivoiser les infidèles et de les attirer à Jésus-Christ par un changement en quelque façon imperceptible. » Mais si le procédé était habile et d'un succès assuré, il avait aussi ses dangers. Il était à craindre qu'en christianisant le paganisme, on ne paganisât dans la même mesure le christianisme. C'est ce qu'ont prétendu un certain nombre d'anciens écrivains protestants qui ont essayé de montrer avec plus ou moins de bonheur que la plupart des cérémonies du culte catholique ne sont que des transformations des cérémonies des religions païennes.—Voyez entre autres *Les conformitez des cérémonies modernes avec les anciennes, où il est prouvé par des autorités incontestables que les cérémonies de l'Eglise romaine sont empruntées des païens*, par P. Mussard, S. L. (Leyde), 1667, pet. in-8°.

M. NICOLAS.

PAGI (Antoine), cordelier, célèbre critique, né à Rogues, en Provence, en 1624, mort à Aix en 1699, se livra avec succès à la prédication, et fut nommé quatre fois provincial de son ordre. Il était très versé dans l'histoire et dans la chronologie. Parmi ses ouvrages nous citerons : 1° une édition en latin des *Sermons inédits* d'Antoine de Padoue, Avignon, 1685 ; 2° *Critica historico-chronologica in Annales ecclesiasticos Baronii*, Paris, 1689-1705, 4 vol. in-fol.; Genève, 1724, où il rectifie année par année les erreurs de Baronius. — Son neveu, François Pagi, aussi cordelier, né à Lambesc en 1654, mort à Orange en 1721, fut son collaborateur pour la *Critique* de Baronius, et donna une histoire abrégée des papes, *Breviarium historico-chronologico-criticum illustriora Pontificum Romanorum gesta, conciliorum generalium acta*, Anvers, 1717-1727, 4 vol. in-4°, que termina son neveu Antoine.

PAIN. Les Hébreux faisaient cuire le pain de froment, d'orge ou d'épeautre (Ezéch. IV, 9. 12) dans un four, assez semblable à une grande cruche de grès autour de laquelle ils appliquaient la pâte lorsque la cruche était échauffée (Es. XLIV, 15), ou sous la cendre, ou sur des platines échauffées. On remplaçait le bois, quand il était rare, par du fumier. Chaque famille cuisait journellement son pain en petite quantité : c'était l'occupation de la femme (Gen. XVIII, 6 ; Lév. XXVI, 26 ; 1 Sam. VIII, 13 ; XXVIII, 24 ; Matth. XIII, 33) ; ce n'est qu'exceptionnellement qu'il est fait mention de boulangers (Osée VII, 4.6; Jér. XXXVII, 21). Lorsque l'on était pressé, on supprimait le levain (Gen. XIX, 3 ; Ex. XII, 34 ss.; Juges VI, 19; 1 Sam. XXVIII, 24). Durant la fête de Pâques et lors des sacrifices, les Hébreux ne mangeaient que des pains azymes ou sans levain, en souvenir de la sortie d'Egypte, coutume qui s'est scrupuleusement conservée jusqu'à nos jours (Lév. II, 11 ; Amos, IX, 5). Les pains avaient une forme oblongue ou celle de gâteaux ronds de la grandeur d'une assiette et de l'épaisseur d'un pouce (Exode XXIX, 23 ; 1 Sam. II, 36 ; Juges VIII, 5). On en emportait dans les voyages (1 Sam. XXV, 18 ; XVI, 1 ; Prov. VI, 26). Le pain n'était pas coupé, mais rompu (Es. LVIII, 7 ; Matth. VIII, 19 ; XXVI, 26 ; Actes X, 11 ; 1 Cor. XI, 24), usage qui s'est perpétué dans la célébration de la sainte cène. — On donnait le nom de *pains de proposition* aux pains que le prêtre de semaine mettait tous les jours de sabbat sur la table d'or qui était placée dans le sanctuaire. Il y en avait douze, pour désigner les douze tribus, et on employait pour chacun deux assarons de farine qui font environ six pintes. On les servait tout chauds, et on ôtait en même temps ceux qui avaient été exposés pendant la semaine précédente ; ils ne pouvaient être mangés que par les prêtres. La nécessité seule a pu justifier David et ses compagnons lorsqu'ils en mangèrent. L'offrande de ces pains était accompagnée d'encens et de sel (Lév. XXIV, 8 ; 1 Chron. IX, 32 ; XXIII, 29 ; Néh. X, 34 ; 2 Mach. I, 8 ; Matth. XII, 4 ; Luc VI, 4 ; Héb. IX, 2). — L'Eglise catholique donne le nom de *pain d'autel*, de *pain céleste*, de *pain des anges* au pain qui sert à la consécration de l'eucharistie. Les prêtres furent longtemps chargés de préparer eux-mêmes ces pains ou du moins d'assister à leur préparation. On appelle *pain bénit* le pain que l'on offre à l'église pour le bénir, le partager et le manger avec dévotion. Cet usage remonte au septième siècle. D'après la doctrine catholique le pain bénit mangé dans l'esprit de l'Eglise efface les péchés véniels par les bons mouvements qu'il excite en nous ; il peut même guérir les maladies du corps (Le Brun, *Explic. des cérém. de la messe*, II, 228).

PAJON (Claude), théologien protestant français, né à Romorantin en 1626, mort à Carré près d'Orléans le 27 septembre 1685, auteur d'un système théologique qui, de son nom, s'est appelé le pajonisme. Après de brillantes études à Saumur, il fut nommé pasteur de l'Eglise de Marchenoir (1650), où il exerça un ministère remarqué. Il avait, au dire de Jurieu « l'esprit beau, un jugement net et beaucoup de pénétration. » A de si rares qualités, il unissait une ardeur extrême de prosélytisme et savait par le charme de la discussion gagner de nombreux partisans à ses idées, surtout les « les proposants qu'il empaumait » raconte Bayle. Ce fut au synode de Saumur (3 mai 1665), qu'il laissa entrevoir plutôt qu'il n'exposa son système dans un discours qui, avec l'aide de quelques rares documents, a permis de reconstituer son système théologique. — Les longs débats suscités par l'*Universalisme hypothétique* avaient laissé des traces profondes dans l'Eglise réformée, dont l'ancienne foi acceptée officiellement était cependant l'objet de critiques aussi sérieuses que respectueuses. Si la doctrine prédestinatienne se maintenait encore avec toutes ses austérités, il n'en était pas moins vrai que l'arminianisme comptait des partisans chaque jour plus nombreux, mais qui par crainte de la discipline n'osaient s'avouer ouvertement. Pajon tenta une conciliation entre des systèmes si opposés, et voulut, restant fidèle à l'ancienne dogmatique réformée, atténuer ses rigueurs en faisant une place plus large à la liberté de l'homme dans l'œuvre de la conversion. Il admettait une espèce de grâce et même de grâce irrésistible, mais en affirmant pourtant que « quelque puissante, quelque forte, quelque invincible que soit la grâce de Dieu, elle ne convertira point en dépit de la volonté de l'homme.» Etrange contradiction qu'il tentait de résoudre en se séparant de la manière ordinaire de voir sur le mode même de la conversion. Que le saint Esprit en fût l'auteur, c'est ce qu'il ne niait point, mais il voulait que la conversion se produisît sous l'influence de la parole. C'était cette pensée qui lui faisait dire dans son discours de 1665 : « Il me sembloit à mesure que je vous parlois du Seigneur que je voyais son image qui se formoit en vos âmes. Il me sembloit en vous parlant de son esprit, que j'en voyais naître les mouvements en vos cœurs. Il me sembloit en vous entretenant de la liberté qne je voyais vos chaînes se rompre et les fers du péché vous tomber des mains. » Il confondait ainsi des actions que l'ancienne théologie avait toujours séparées, accordant au ministère de la prédication le pouvoir « de peindre tout ensemble le Seigneur Jésus-Christ dans nos cœurs et de nous fournir le Saint-Esprit ! » Et il pouvait alors s'écrier: « O merveille de la puissance de la prédication! » (sermon de 1665. p. 20). Pajon croyait ainsi éloigner cette action du saint Esprit, qui illumine soudainement les âmes et les transforme même contre leur volonté. A l'objection très forte qui lui fut faite, que son système n'expliquait point la différence que Dieu met entre les élus et les réprouvés, parce que rien n'empêchait qu'une même prédication faite à deux personnes dans les mêmes dispositions d'esprit, eut pour résultat la conversion de l'une sans que l'autre eût été touchée, Pajon répondait en niant le concours particulier de la Providence. Il prétendait que Dieu, en créant les créatures, leur avait imprimé les mouvements qu'il voulait qu'elles eussent, et « qu'il fallait que les choses arrivassent dans la nature, de la manière qu'elles arrivent par la force de la première impression que Dieu a donnée immédiatement à toutes les parties qui composaient l'univers quand il fut créé. » C'était tomber malgré soi dans le fatalisme, et les adversaires de Pajon ne manquèrent pas de le dire. L'académie de Saumur réclamait un homme aussi distingué, mais s'il fut nommé professeur, ce ne fut pas sans luttes, car au synode de Pruilly (14 juillet 1667), il fut attaqué avec violence, et accusé « d'avoir enseigné une très mauvaise doctrine. » Son professorat, du reste, n'eut pas une longue durée, car il l'abandonna dès 1669 pour se consacrer au service de l'Eglise d'Orléans. Pendant son séjour à Saumur il avait pris une grande part à la publication du livre de *La Réunion du christianisme*, qui provoqua tant de troubles et amena la destitution de d'Huisseau qui en était l'auteur. L'influence de Pajon grandissait, car il ne se lassait pas de soutenir une immense correspondance, et de composer une foule d'écrits manuscrits, pour défendre ses idées. Il avait du reste bien mérité de la Réformation en la défendant contre Nicole dans son beau livre l'*Examen du livre qui porte pour titre : Préjugés légitimes contre les calvinistes*, dont Saurin devait dire plus tard : « Jamais cause n'a été mieux défendue que la nôtre l'a été par M. Pajon. » On comprit la nécessité de combattre des doctrines que les disciples de Pajon accentuaient plus que ne le faisait leur maître. Claude accepta en 1676 quelques conférences avec lui, où il fit preuve de l'esprit le plus conciliant; mais la division s'accentuait de plus en plus. Le pasteur d'Orléans, à cause de la beauté de son esprit et de la noblesse de son caractère était l'objet d'une déférence qui faisait sans doute respecter sa personne, mais qui n'épargnait point sa doctrine. Elle fut en effet condamnée, et de la manière la plus rigoureuse, par différents synodes provinciaux, bien qu'on eût évité de le nommer. Les divisions grandissaient de jour en jour au sein des Eglises, quoiqu'elles fussent menacées déjà dans leur existence par la politique religieuse de Louis XIV. Pajon refusait de reconnaître l'autorité des synodes provinciaux et en appelait à un synode général qui ne pouvait se réunir. Ses partisans se voyaient poursuivis et les certificats d'études étaient refusés aux étudiants qui ne voulaient pas souscrire à la condamnation formelle d'une doctrine qu'on appelait déjà le pajonisme. Le consistoire de Charenton devenait le théâtre des discussions les plus pénibles entre les adversaires et les amis du pasteur d'Orléans, qui propageait dans Paris ses doctrines particulières. Claude ne pouvait cacher la douleur que lui causaient ces controverses, tristes présages de la ruine de l'Eglise réformée de France. Pajon ne voulait point céder, et ses beaux talents et la finesse de son esprit ne se dépensaient que pour augmenter le nombre de ses partisans, lorsqu'il mourut le 27 septembre 1685, déclarant que les protestants étaient frappés d'une manière si cruelle par la persécution, parce que « leur Eglise refusait d'embrasser la vérité. » Le pajonisme ne survécut pas longtemps à la mort de son fondateur; l'acte d'uniformité de Rotterdam (1686) le condamna formellement et ses partisans furent éloignés de toutes les chaires wallonnes. Du reste, les disciples avaient dépassé le maître dont le système théologique fut promptement oublié, après avoir été l'objet d'une sérieuse réfutation de Jurieu.— Sources : Saigey *Revue de Théologie*, XIV, 335 ; Schweitzer, *Der Pajonismus Zeller's Théol. Jarhb.*, 1853, 1 et 2 ; *Dictionnaire* de Chauffepié, art. *Pajon* : Haag, *France Protestante*, art. *Pajon* ; F. Puaux, *Les Précurseurs français de la Tolérance*, 1881.

FRANK PUAUX.

PALAFOX DE MENDOZA (Jean de), prélat espagnol, né en 1600 dans l'Aragon, mort en 1659, fut nommé en 1639 évêque d'Angélopolis, dans le Mexique, avec des pouvoirs administratifs étendus, puis évêque d'Osma en 1653. Il mit tous ses soins à rendre moins dure la condition des Indiens et publia, dans ce but, un livre plein de charité, *Virtute del l'Indio* ; mais il fut obligé, à la suite de démêlés avec les jésuites, de revenir en Espagne. On a de lui une *Histoire de la conquête de la Chine par les Tartares*, trad. par Collé, 1678 ; une *Histoire* *du siège de Fontarabie*, 1629 ; un *Mémorial sur la dignité épiscopale*; des *Homélies sur la Passion*, etc., etc. Les *Œuvres complètes* de Palafox ont été publiées à Madrid, 1762, 15 vol. in-fol. — Voyez Ant. Gonzalès de Résende, *Vie de Palafox*, Madrid, 1666, in-fol. ; trad. en franç., Paris, 1690.

PALAMAS (Grégoire), né à Constantinople en 1296, vivait à la cour de l'empereur Jean Cantacuzène, qui le combla de biens et d'honneurs, ainsi que ses deux frères. Mais séduit par l'idéal de la vie monastique, Palamas se retira sur le mont Athos et embrassa avec ardeur les doctrines mystiques qui y fleurissaient. Après un séjour de dix ans dans le couvent de Berrée, il se rendit à Thessalonique où il fut impliqué dans la querelle des *hésychastes* (c'est-à-dire quiétistes), nom qui fut donné d'abord à des moines grecs du onzième siècle qui, sous la conduite de Siméon le Jeune, abbé de Xérocace, s'adonnaient à la contemplation, et qui, dans la ferveur de leurs méditations, croyaient voir sortir de leur nombril une lumière qu'ils disaient être céleste et semblable à la gloire du Thabor. Palamas adopta avec passion ces doctrines en faveur desquelles il fit la propagande la plus active. Il soutint l'idée d'une lumière incréée, dans laquelle Dieu habite et qui est distincte de son essence, il enseigna que par le moyen de la contemplation mystique, comme du degré supérieur de la vie chrétienne, les créatures pouvaient participer à la lumière increéée. Cette doctrine, qui se répandit surtout à Constantinople, y provoqua de violentes disputes, et donna lieu à quatre synodes, à des censures, à des livres nombreux qui furent écrits pour ou contre. Palamas parvint à faire successivement condamner Barlaam, moine de saint Basile, qui avait traité les hésychastes de massaliens, d'euchytes et d'ombilicaires (1341), et Grégoire Acyndinus, qui prétendait que les attributs, les propriétés, les opérations de la Divinité n'étant point distinguées de son essence, une créature ne pouvait en recevoir une portion sans participer à l'essence divine (1351). Palamas, dont la doctrine finit par triompher, fut nommé archevêque de Thessalonique (1349), et se retira plus tard dans l'île de Lemnos. La fin de sa vie est inconnue. On lui attribue plus de soixante ouvrages, soit mystiques, soit polémiques, dont cinq saulement ont été imprimés. On en trouve les titres dans Fabricius, *Bibl. græc.*, XI, 494 ss.

PALEARIO (Aonio) ou Antonio della Paglia, célèbre martyr de la réforme italienne, naquit à Véroli vers 1503. Les lettres et la philosophie anciennes l'occupèrent d'abord exclusivement, et c'est pour s'y perfectionner qu'il visita successivement de 1520 à 1532 Rome, Pérouse, Sienne, Padoue où il suivit les leçons du renommé B. Lampridio, Bologne, pour s'arrêter à Sienne en 1534 et y défendre avec une éloquence victorieuse son ami Antonio Bellanti, citoyen distingué, calomnié par la faction populaire. Après ce triomphe il retourna à Padoue pour y travailler avec plus de tranquillité à son poème *De animarum immortalitate*. Ce poème, aujourd'hui oublié, dédié à Ferdinand, roi des Romains, valut à son auteur des éloges excessifs de la part de Vida, de Sanazzaro, de Vossius et même de Sadolet, qui le jugea puissant pour *animos incendere ad amorem puræ religionis.* En 1536, Paleario revit la Toscane où l'appelaient de nombreux amis ; il se fixa à Cecignano près de Colle, y vécut au milieu de ses livres et y épousa, en 1538, une jeune personne instruite et vertueuse de la famille Guidotti. De 1538 à 1541 le Siennois Ochinus prêcha plusieurs fois dans sa ville natale et Paleario, qui jusqu'alors peut-être ne s'était pas occupé de questions religieuses, sentit son âme se troubler à la voix puissante du célèbre capucin. Il étudia les saintes Ecritures et les écrits des réformateurs espérant, comme plusieurs autres personnages éclairés et pieux de son époque, une réforme de l'Eglise dans l'Eglise et par l'Eglise. Paleario s'était suscité plusieurs ennemis à Sienne par sa défense Bellanti ; fut-il plus tard imprudent dans ses paroles? fit-il connaître ses lectures hérétiques? nous ne savons ; mais le fait est que le peuple fut soulevé contre lui, qu'il fut calomnié auprès du duc, et qu'ayant défendu les novateurs contre les ignorantes allégations du moine Colta, celui-ci dès lors jura sa perte (1540) ; aussi, peu de temps après, lorsqu'il concourut à une chaire d'éloquence à l'université de Sienne, les moines l'accusèrent d'hérésie et le firent repousser par le Sénat. Une conjuration plus sérieuse fut ourdie contre lui au commencement de 1542. Pendant qu'il se trouvait à Rome, jouissant de l'amitié de Bembo et de Sadolet, trois cents moines de Saint-Jean, dirigés par Colta, renouvelèrent leur accusation d'hérésie à Rome et à Sienne. Bembo et Sadolet firent annuler le procès commencé à Rome et Sadolet se rendit à Sienne pour y défendre son ami auprès de l'évêque F. Bandini. Il recommanda la prudence à Paleario, mais lorsqu'il se fut éloigné, grâce à de nouvelles intrigues, la Seigneurie cita ce dernier devant son tribunal, comme prévenu d'hérésie. Dans son *Oratio pro se ipso ad patres conscriptos rei publicæ Senensis*, il ne fit pas seulement sa propre apologie, mais aussi celle de l'Ecriture sainte et des réformateurs étrangers qui l'avaient remise en honneur. Voilà pourquoi son *Oratio* devint, en 1568 et 1569, la base de son second procès. En 1546 Paleario se rendit à Lucques comme professeur de belles-lettres, et y vécut jusqu'en 1555, mais sans manifester ses opinions religieuses. Il y fut chargé par le Sénat de composer le discours de réception pour l'éventuelle réunion des empereurs après la paix de Cateau-Cambrésis, mais son *Oratio de pace*, qui exposait les désirs de son pays et des chrétiens pour la réouverture du concile, ne fut pas prononcée (1559). Sous le pontificat de Pie IV Paleario vécut avec sa famille sans être inquiété ; il jouissait au contraire de toute la confiance du Sénat milanais ; mais lorsque Ghislieri fut nommé pape et que les réformés italiens furent poursuivis avec fureur (1566), Paleario dut se préparer au martyre. Accusé et arrêté par l'inquisiteur Angelo de Crémone, son procès, d'abord instruit à Milan, fut évoqué à Rome en 1568, et dans cette même année l'érudit et célèbre professeur, lié comme un brigand, fut conduit à Rome et écroué à la prison de Tordinona, d'où il ne sortit que pour monter sur l'échafaud. Condamné le 15 octobre 1569 à être pendu et brûlé, la sentence ne fut exécutée que le 8 juillet

1570. Les *Mémoires de la compagnie de la miséricorde de Saint-Jean décollé des Florentins de Rome* affirment qu'il mourut repentant et réconcilié avec la « sainte Eglise romaine, » mais les lettres que Paleario écrivit aux siens peu de temps avant son supplice, prouvent la fausseté de cette assertion. Les limites de cet article ne nous permettent pas de nous étendre sur les ouvrages de Paleario, nous ne ferons que les indiquer en renvoyant le lecteur au livre classique de M. Jules Bonnet : *Aonio Paleario*, Paris, 1863 : 1° *De immortalitate animarum*, imprimé par Gryphius Lugdini en 1536, et par D. Pereo en 1631 ; 2° plusieurs *Orationes* (voyez *Orationes latinæ virorum*, etc., Fribourg, 1835, et *Brunelli Epistolæ*, Berne, 1837 ; 3° *Actio in Pontifices Romanos et eorum Asseclas ad Imper. Rom. Reges et Princ.,... conscripta cum de concilio Tridentino deliberetur*, Leipzig, 1606 ; 4° *Aonii Palearii Epistolarum libri IV*, Lugduni, 1552. Les œuvres complètes de Paleario furent publiées par Hallbauer en 1728 ; 5° longtemps l'excellent traité du *Beneficio di Gesu Cristo crocifisso verso i cristiani*, fut attribué à Paleario. Ce dernier écrivit, il est vrai, et fit publier en 1542 un traité, introuvable aujourd'hui, qui portait le titre de : *Della pienezza, sufficienza e satisfactione della passione di Cristo ;* mais celui-ci n'a rien à faire avec le célèbre opuscule de la réforme italienne, dont l'auteur est sans contredit, d'après les dépositions de Carnesecchi (Procès, miscellanea di Storia Patria, t. X, Turin, 1870), de Antonio Caracciolo dans sa vie de Paul IV et dans son *Compendium inquisitorum* « un certain moine bénédictin, de San Severino, appelé *Don Benedetto da Mantova*. » Don Benedetto écrivit le traité et Flaminius l'orna de son beau style. — Sources : *Rivista Cristiana*, année 1876, livraisons de janvier, mars, avril ; année 1877, livraison de juillet ; Schelhorn, *Amœnitates...* Francfort, 1738 ; C. Cantu, *Gli eretici d'Italia*, t. II, Turin, 1867 ; M. Young, *The life and times of A. Paleario...*, Londres, 1860. P. Long.

PALESTINE.— I. Situation, noms, limites et divisions géographiques. Sous le nom de Palestine, nous comprenons le pays habité autrefois par les Israélites, et qui s'étend entre les 31° et 33°30' environ de latitude N. et entre les 32° et 34° de longitude E. Sa longueur totale, du N. au S., est de 60 lieues environ et sa largeur varie de 30 à 40 lieues ; sa superficie est de 1,300 lieues carrées en nombre rond. Le nom de Palestine, appliqué à ce pays, est relativement moderne. Il nous a été transmis par les auteurs grecs et il a été employé par Josèphe et Philon. Il dérive du nom hébreu Peleschet (Philistie, terre des Philistins), qui ne désignait d'abord que la partie sud-ouest du pays occupé par les Philistins (voyez article *Philistie*), et qui s'est étendu à tout l'ancien pays d'Israël. Le plus ancien nom de ce pays qui se rencontre chez les auteurs hébreux est celui de Canaan ou terre de Canaan (Ex. VI, 4), du nom générique des tribus kouchites qui s'y étaient établies. Ce nom ne désignait pas seulement la partie située entre le Jourdain et la Méditerranée, mais il comprenait : au S. la Philistie, au N. la Phénicie, le Liban ; en un mot, toute la contrée qui s'appela plus tard la Syrie. Depuis l'entrée des Hébreux, la

Palestine reçoit plusieurs autres dénominations, telles que : Terre des Hébreux (Gen. XL, 15), Terre d'Israël (1 Sam. XIII, 19). Après l'exil de Babylone, elle fut appelée Terre de Juda, d'où vient le nom de Judée, dont se servent les auteurs romains. Le prophète Zacharie l'appelle Terre sainte, nom qui fut en faveur auprès des Juifs alexandrins et devint d'un usage constant parmi les chrétiens, dès le second siècle. — *Limites.* Les limites de la Palestine varièrent beaucoup à différentes époques. Les frontières que Moïse avait assignées aux Hébreux (Nombres XXXIV, 2-12) et qui n'étaient autres que celles de Canaan, au moins à l'O. du Jourdain, ne furent atteintes qu'exceptionnellement et en partie, sous David et Salomon. Elles s'étendirent alors à l'Orient, au delà du Jourdain et au N. de Hamath, jusque dans le désert, vers l'Euphrate. Sous Salomon, qui bâtit Tadmor (Palmyre), la ville de Thapsacus sur l'Euphrate, fut le point extrême du royaume vers le N.-E., tandis qu'au S. la frontière s'étendit jusque au delà d'Elath sur le golfe d'Akabah. Mais la Phénicie ne fut jamais soumise à Israël. Quant à la Philistie, elle ne fut qu'un moment tributaire. Après le schisme des dix tribus, toutes les contrées situées au N. de l'Hermon passent des mains des rois d'Israël aux mains des rois de Damas. Hamath, la Cœlésyrie et les parties du désert qui confinent à l'Euphrate sont successivement perdues, et la frontière redevient ce qu'elle était après l'établissement des Hébreux dans la terre de Canaan. Au N., elle aboutit au territoire de Damas, à l'Hermon et au territoire de Tyr. La limite occidentale est formée par les possessions des Tyriens et des Philistins, et ne touche à la Méditerranée que sur quelques points. La frontière méridionale recule d'Elath, sur le golfe d'Akabah, jusque vers la pointe méridionale de la mer Morte. A l'E. de cette mer et du Jourdain, les possessions des Hébreux ne dépassaient pas vers le midi le torrent d'Arnon (ouady Modjib), qui les séparait du pays des Moabites. La conquête de Samarie par Saryoukin et celle de Jérusalem par Nabuchodonosor, tout en altérant profondément l'état politique et social du pays, en modifièrent peu les limites. Toutes les tribus du N. et celles qui étaient établies à l'E. du Jourdain formèrent d'abord une province de l'empire d'Assyrie et plus tard, après la prise de Jérusalem, toute la terre des Hébreux devint une satrapie de l'empire chaldéen. Après la captivité, les anciennes divisions entre les tribus, d'ailleurs dispersées, disparurent. Un seul Etat, celui de Juda, avec limites indécises, continua à exister au S. de la contrée seulement, souvent attaqué, du reste, par les Iduméens. Les districts du centre furent colonisés par les Couthéens qui, mélangés aux anciennes populations, devinrent la souche des Samaritains. — Quant aux limites respectives des douze tribus, elles ne peuvent être déterminées qu'approximativement, parce que beaucoup de localités ont disparu du sol sans laisser de traces ; 1° *Juda* occupait la partie méridionale du pays, entre la mer Morte à l'E., l'Idumée et le torrent d'Egypte au S., Ephraïm et Benjamin au N., la mer Méditerranée à l'O. La plus grande partie du territoire philistin était échue à cette tribu qui ne put, du reste, s'en emparer d'une manière durable ; 2° le territoire de *Siméon* était enclavé dans celui de Juda, au sud de la Palestine, avec les villes de Jiclag, Hormah, Beersçéba ; 3° *Benjamin*, au N.-E. de Juda, avait pour limite orientale le Jourdain et s'étendait à l'O. jusqu'à Qiriath Jearîm. Sa limite méridionale passait au sud de la ville de Jébus (Jérusalem), et sa limite septentrionale, au N. de Béthel ; 4° *Dan*, au N. de Juda et à l'O. de Benjamin, touchait à la Méditerranée et possédait le port de Yafo (Joppé). Une colonie de Danites prit la ville de Laïch, à l'extrémité septentrionale du pays, et lui donna le nom de Dan ; 5° *Ephraïm*, au centre, allait des limites de Benjamin et de Dan au delà du mont Ebal, et du Jourdain à la Méditerranée, avec Sichem pour capitale ; 6° la demi-tribu de *Manassé*, au N.-O. d'Ephraïm, s'étendait jusqu'à la Méditerranée et possédait le littoral, depuis le torrent de Kana jusqu'au Carmel. Les villes principales étaient Dor et Meggido. Samarie fut plus tard bâtie sur son territoire ; *Issachar*, au N.-E. et à l'E. d'Ephraïm, touchait au torrent du Kison et au Carmel, contournait Manassé à l'O. confinait à Ephraïm un peu à l'E. de Sichem et venait s'appuyer sur le Jourdain, à l'E. Les villes principales étaient Jizréel, Gelboë, Beth Sçan, etc. ; 8° *Asser* occupait la côte, au N.-E. d'Issachar, depuis le Carmel jusqu'au territoire de Tyr ; 9° *Zabulon* était enclavé dans un pays montagneux des limites d'Asser au mont Tabor et au lac de Génézareth ; 10° *Naphtali*, au N. de Zabulon et à l'E. d'Asser, touchait au territoire des Phéniciens, à l'O., et au Jourdain supérieur, à l'E. ; 11° *Ruben* à l'E. de la mer Morte et du Jourdain, avait pour limites : au S., l'Arnon (ouady Modjib) ; à l'E., le désert ; au N., le territoire de Gad ; 12° *Gad* était établi entre la tribu de Ruben au S. et la demi-tribu orientale de Manassé, au N. Elle occupait une grande partie du pays de Galaad, le long du Jourdain, jusqu'au delà du lac de Génézareth. Enfin, à l'E. de ce lac, la demi-tribu de Manassé était établie dans l'ancien pays de Basçan (Haourân actuel), mais ses limites orientales n'étaient pas nettement tracées. La tribu de Lévi n'eut point de territoire particulier, étant vouée toute entière au service du culte. Un certain nombre de villes, disséminées dans toutes les tribus, lui furent assignées pour résidence. — Durant la domination persane, le pays fut divisé en districts (pélecs) dont chacun était administré par un capitaine (sçar). Après les conquêtes d'Alexandre le Grand, des colonies grecques furent fondées en Palestine, notamment Ptolemaïs (Acre), Pella (Fahîl) et Gerasa (Djérach), au delà du Jourdain. Au S., les Nabatéens supplantèrent les Madianites et les Edomites et étendirent leurs limites jusqu'au nord de l'Arnon. La Palestine passa alternativement des mains des rois d'Egypte aux mains des rois de Syrie. Tout le territoire des anciens Hébreux, alors appelé Judée, ne fut momentanément réuni sous l'autorité des Maccabées que pour tomber au pouvoir des Romains. Sous Hérode le Grand, la Palestine comptait 4 provinces : la Judée, la Samarie, la Galilée et la Pérée. A la mort d'Hérode, elle fut divisée en une ethnarchie comprenant la Judée, l'Idumée et la Samarie, et deux tétrarchies, savoir : la Galilée et l'Iturée

(Djedour), avec la Trachonitide (Ledjah). Mais après la déposition de l'ethnarque Archélaüs, la Judée et la Samarie revinrent aux Romains, et furent gouvernées par des procurateurs. Une nouvelle ethnarchie fut reconstituée au profit d'Agrippa Ier, avec la Judée, la Samarie et la Galilée ; mais, après la destruction de Jérusalem par Titus, la Palestine fit partie du gouvernement de Syrie et fut administrée par des proconsuls. Au cinquième siècle, elle forma trois provinces qui dépendaient du diocèse administratif de l'Orient : la Palestine Ire, comprenant la majeure partie de la Judée, avec la côte philistine et la Samarie, capitale Césarée ; la Palestine IIe avec la Galilée et la partie septentrionale de la Pérée, capitale Scythopolis (Beth Sçan) ; la Palestine IIIe ou salutaire, comprenant les environs de la mer Morte, la partie méridionale de la Judée et de la Pérée, et une grande partie de l'Arabie Pétrée, avec Pétra pour capitale. Les trois provinces ne renfermaient pas moins de 70 villes épiscopales. Le royaume latin, fondé par les Croisés, comprenait, outre le domaine propre du roi, quatre grandes baronnies, quatorze seigneuries secondaires et un assez grand nombre de petits fiefs dont plusieurs, tels qu'Ybelin, la Blanche-Garde (Tell es-Safiyéh), Mirabel, le Merle, etc., furent cependant fort importants. Le domaine propre du roi était formé des districts de Jérusalem, Naplouse (Nabloûs), Acre, Tyr et Barut (Beyrout). Les quatre grandes baronnies étaient : le comté de Japhe (Jaffa) et d'Ascalon ; la seigneurie de Krak (Kérak) et de Montréal ou terre d'Oultre-le-Jourdain ; la principauté de Galilée et celle de Sagette (Sidon). Les seigneuries secondaires étaient : le Daroum, Saint-Abraham (Hébron), Arsur, Césarée, le Bessan (Beïsan), le Caïmont, Cayphas (Khaïfa), le Toron avec Château-Neuf et Belinas, le fief de Saint-Georges, Scandelion et Barut (Beyrout). Les divisions ecclésiastiques comprenaient : le patriarcat de Jérusalem, avec les évêchés de Bethléem, de Lydda, de Hébron ; l'archevêché de Kérak avec l'évêché du mont Sinaï ; l'archevêché de Césarée, avec l'évêché de Sébaste (Samarie) ; l'archevêché de Nazareth, avec l'évêché de Tibériade et le prieuré du Tabor ; l'archevêché de Tyr, avec les évêchés de Béryte (Beyrout), Sidon (Saïda), Pœnéas et Ptolémaïs (Acre). —Après la destruction du royaume de Jérusalem, la Palestine devint une province des sultans d'Egypte, jusqu'au moment où Sélim la conquit et la plaça avec la Syrie sous la domination des Turcs ottomans, Elle forma alors deux des cinq pachaliks de la province de Syrie : celui de Saïda, transféré plus tard à Saint-Jean-d'Acre, qui comprenait une partie de l'ancienne Palestine du nord et s'étendait aussi en Syrie, et celui de Palestine, dont le chef-lieu fut tantôt Gaza, tantôt Jérusalem. Cette division subsista sans changements notables jusqu'à Méhémet-Ali, qui divisa le pays en provinces et en districts. Après le rétablissement du pouvoir ottoman, la Palestine eut un pacha spécial subordonné au pacha de Beyrout. Les districts du Liban et de la contrée orientale du Jourdain faisaient partie du pachalik de Damas. Mais aujourd'hui le territoire de la Palestine est administré par un vali (gouverneur général), dépendant directement de la Porte et ayant sa résidence à Jérusalem. — *Population.* La population de la Palestine n'a pas subi moins de changements que ses divisions géographiques. D'après le livre des Nombres (I, 46), les hommes capables de porter les armes étaient au nombre de 603,550, ou, d'après d'autres données du même livre (XXVI, 51) 601,730. Les Israélites, au moment où ils pénétrèrent en Palestine, formaient donc une population d'environ deux millions et demi, sans compter la tribu de Lévi, et, si nous ajoutons à ce nombre celui des populations cananéennes restées dans le pays, parmi leurs conquérants, nous pouvons évaluer à trois millions au moins le nombre des habitants de l'ancienne Palestine. Sur une superficie d'environ 1,300 lieues carrées (à peu près l'étendue de la Suisse), ce chiffre de population nous donnerait par lieue carrée 2,307 habitants ou 115 habitants par kilomètre carré, tandis que la moyenne correspondante de la population en Suisse est de 80 environ. Cette densité de l'ancienne population palestinienne n'a rien de surprenant pour tout voyageur qui a vu les ruines innombrables éparses dans la contrée. Aujourd'hui, d'après les statistiques les moins défectueuses, la Palestine compterait environ 143,000 contribuables musulmans et 31,000 contribuables chrétiens et juifs, en tout 174,000 familles donnant ensemble approximativement une population de 700,000 habitants. Le district de Jérusalem, y compris Gaza et Jaffa, compterait 30,495 familles ; celui de Naplouse, 18,007 ; celui d'Acre, avec Nazareth, Safed, etc., 5,896. Le Haourân, avec le Djébel Adjloûn, nourrit de 4,000 à 4,500 familles. Mentionnons enfin les tribus bédouines, qui campent dans la vallée du Jourdain, dans la plaine de Saron et dans quelques autres districts de la Palestine, et notamment celles qui possèdent les plateaux fertiles de la Moabitide et de l'Ammonitide, de l'Arnon (ouady Modjib) au lac de Génézareth et au Djébel Hourân. Ce sont les Beni Hamidèh, les Beni Sakkr, les Adouân. On n'a que des données fort vagues sur le chiffre de population de ces nomades.

II. Géographie physique, configuration du sol, montagnes, lacs, rivières.—La Palestine est formée par la portion méridionale du grand plateau qui s'étend du cours central de l'Euphrate à la mer Méditerranée, dans la direction du nord-est au sud-ouest. Elle s'appuie au N. au Liban, dont la chaîne imposante s'abaisse en descendant vers le Léontès (Nahr el-Leïtani), qui prend dans la partie inférieure de son cours, un peu au N. de Sour (l'ancienne Tyr), le nom de Nahr-el-Kasimiyèh. Les sommets les plus élevés de la branche méridionale du Liban, sont : le Djébel Barouk (2,051 mètres) le Djébel Nîha (1,845 mètres), le Djébel Rihân et le Djébel Chouqif. Parallèlement au Liban, court une chaîne moins élevée : c'est l'Anti-Liban (Djébel ech-Charqi), qui se termine au S. par le massif du grand Hermon (Djébel ech-Cheïkh, et pousse du côté de l'E. ses derniers rameaux au delà de Damas, dans la direction de Palmyre. Entre le Liban et l'Anti-Liban, s'étend sur une longueur de 112 kil., la vallée de la Cœlésyrie, qui se resserre vers le S. pour former la vallée de El-Bkâa et se termine en un petit plateau montueux qui unit les dernières pentes de l'Anti-Liban à la profonde vallée, adossée au Liban, où coule le Nahr el-Leïtani. De l'autre côté du Nahr el-Leïtani, au S., s'étend une région montagneuse, sillonnée d'innombrables ravins. Deux petites chaînes parties, l'une du Ras el Abyad (cap Blanc), l'autre, du cap Carmel, se dirigent du N.-O. au S.-E., des bords de la mer dans l'intérieur des terres, laissant entr'elles la vaste plaine d'Esdrelon. Les sommets les plus remarquables de la première chaîne, sont, en allant du N.-O. au S.-E : le Djébel Belât (778 mèt.), le Djébel Adâthir (1,023 m.), le Djébel Safed et, plus au S., le Tabor (Djébel et-Toûr) (614 mèt.), le petit Hermon (Djébel ed-Dahy, 552 mèt.), les monts Gelboë (Djébel Fôkouah), (521 mèt.) Cette chaîne se relève ensuite en se rapprochant de la première vers le S.-O. et forme le Djébel Araba (695 mèt.), pour s'abaisser de nouveau en une sorte de pointe, le Râs el-Akra, qui vient s'appuyer au mont Ebal. La chaîne méridionale commence au Carmel (Djébel Mâr Elias) et se dirige au S.-E. s'éloignant de la mer. Elle forme d'abord une crête assez étroite, de 400 à 600 mèt. de hauteur, et dont les pentes s'abaissent brusquement; à l'O., vers la mer ; à l'E., vers la plaine d'Esdrelon. Elle se relève ensuite et ses sommets principaux sont: les monts Ebal (915 mètres) et Garizim (868 mètres), dans la Samarie, les monts d'Ephraïm et de Juda, le mont des Oliviers (800-828 mètres), le mont Nébi Samouïl, les monts d'Hébron (882 mètres). Les plus hauts points du plateau ont donc de 800 à 900 mètres d'altitude. Au delà des hauteurs d'Hébron s'étend un vaste plateau montueux qui va se terminer en pentes adoucies vers les plages de la Méditerranée (entre Gaza et Péluse) et aux bas-fonds de l'isthme de Suez (entre Péluse et la tête de la mer Rouge). Il a pour limite au S. le Djébel et-Tîh, qui couvre l'entrée de la presqu'île sinaïtique. La chaîne de montagnes, étroite et élevée, qui traverse la Palestine du N. au S., s'abaisse par pentes assez rapides à l'O. vers la Méditerranée. Les mamelons qui forment comme les échelons du massif sont séparés par d'étroits ravins dont quelques-uns sont très profonds, où se précipitent dans la saison des pluies, de rapides torrents. Il convient de distinguer dans cette partie montagneuse une région basse, formant comme le premier étage du massif et composée de collines peu élevées, séparées par de grandes plaines et admirablement disposées pour servir de forteresses. C'est peut-être dans cette région intermédiaire qu'il faut placer la Séphélah (plaine) de Josèphe, plutôt que dans la plaine proprement dite. A l'O. de ces montagnes s'étend jusqu'à la mer, de Qaisarièh (Césarée) à Jaffa, la plaine de Saron, et de Jaffa à Ascalon et à Gaza, la plaine de Falastine (Séphélah), l'ancien pays des Philistins, qui a donné son nom à la Palestine. Ces plaines en partie cultivées et boisées par endroits, sont d'une fertilité merveilleuse, formées d'un sol d'alluvion qui produit chaque année des moissons considérables, sans engrais et presque sans travail. Vient enfin la ligne des dunes qui court parallèlement à la mer. Les rivières qui arrosent la plaine et dont le lit est marqué par une bordure de lauriers-roses ou de roseaux, forment des marais et disparaissent par endroits sous le sol, pour reparaître près du rivage, sous forme de lagunes. Les principales de ces rivières sont, sur le versant méditerranéen, en allant du S. au N. : le ouady Ethneîd, formé de la jonction du ouady el-Hasy et du ouady Simsim ; le ouady es-Samt, qui reçoit près de la mer le ouady Frandj.; le ouady Sarar, qui prend dans sa partie inférieure le nom de Nahr Roubîn ; le Nahr-el-Aoudjèh, qui prend naissance au Râs el-Aïn ; le Nahr Fala'ik (Mayet et-Timsah), rivière marécageuse qui doit son nom aux crocodiles qu'elle nourrit encore. Après avoir recueilli les eaux des montagnes d'Ephraïm par de nombreux ouadys, tels que le ouady ech-Cherk, le ouady ech-Cha'ïr, le ouady Massîn, il forme près de son embouchure un étang nommé Basset el-Fala'ik (l'étang de la Coupure) et aussi Basset Oumm el-Alak (étang de la mère des sangsues). Plus loin, est le Nahr Abou Zabourah, le *flumen salsum* des croisés, qui draine la partie méridionale du Carmel ; le ouady el-Akhdar, rivière marécageuse mentionnée par les historiens des Croisades sous le nom de *flumen mortuum*. Dans la plaine d'Esdrelon, coule le Kison (Nahr el-Mouqatta ; voyez ce mot). Plus au N., la plaine n'est plus qu'une bande étroite, large de 8 à 10 kilom., et que resserrent vers le N. les contreforts de la chaîne de la Galilée, dont l'un forme le Râs en-Nakoûrah (*Scala Tyriorum*), tandis qu'un autre forme un peu plus au N. le Râs el-Abyad. Nous n'avons à signaler dans cette plaine étroite que le Nahr Na'aman, l'antique Bélus. Le Râs en Nakoûrah formait la limite entre les possessions tyriennes et le pays d'Israël. Au delà de cette côte rocheuse, s'ouvre la petite plaine de Tyr, arrosée par les eaux du Râs el-Aïn et qui pourrait retrouver son ancienne splendeur si elle était cultivée avec soin ; enfin, la limite septentrionale de la Galilée est marquée par le Nahr el-Kasimiyèh, ou Nahr el-Leïtani, l'antique Léontès, qui après avoir drainé une partie des eaux du Liban et de l'Anti-Liban, et traversé du N. au S. la Cœlésyrie, au-dessous de Ba'albek, se creuse un profond sillon dans les rochers du Liban et se jette dans la Méditerranée un peu au N. de Tyr. La chaîne de montagnes de la Palestine s'abaisse plus rapidement encore à l'E., pour former la profonde vallée du Jourdain. Ce fleuve prend sa source au-dessus de Hasbeya, au pied du Djébel ech-Cheïkh et porte d'abord le nom de Nahr Hasbâni. Après avoir reçu les eaux qui sortent à Tell el-Qâdi et à Banias du pied méridional du Djébel ech-Cheïkh, il prend le nom de Nahr el-Cheriat. Il traverse une plaine basse, marécageuse, connue sous le nom de Ard et-Houlèh, et tombe dans le Bahr el-Houlèh (voyez *Mérom*, lac). Il se fraie ensuite un passage le long des coulées basaltiques du Djaoulân et entre dans le lac de Tibériade ou mer de Galilée (Bahr Tabariyèh ; voyez ce nom). Il en sort vers le S., continue sa route à travers une large vallée, aujourd'hui déserte, nommée el-Ghôr, et se perd dans la mer Morte ou lac Asphaltite, après un parcours de 97 kil. à vol d'oiseau, mais en réalité de plus de 300 kil., à cause des méandres sans nombre qu'il trace dans la vallée. Les principaux affluents du Jourdain sont, en allant du N. au S. : sur la rive droite, le Nahr Djaloûd, qui vient du massif de Gelboë et passe près de Beth-Sçan (l'ancienne Scythopolis) ; le ouady Fariâ, qui sort du massif de Naplouse et coule du N.-O. au S.-E. dans une profonde vallée, au pied du massif d'Ephraïm ; sur la rive gauche, le Cheriat el-Mandour ou Nahr Yarmouk (Hieromax), qui contourne au N. le Djébel Adjloûn et le Zerqa (le Jabbok), qui coule au pied du massif du Belkâa. — Le fait le plus remarquable au point de vue physique que présente la Palestine, est la dépression de la vallée du Jourdain à un niveau considérable au-dessous de la mer Méditerranée. Ce vaste sillon déprimé ou ghôr commence en réalité dans la Cœlésyrie (Syrie creuse) et se continue au S.-S.-O. au delà de la mer Morte, par le ouady Arabah jusqu'au golfe d'Akabah, qui lui fait suite. Les opérations entreprises par divers voyageurs pour calculer cette dépression ont produit des chiffres un peu différents. Suivant M. Bertou, le point culminant de la vallée du Jourdain serait élevé de 183 mètres au-dessus du niveau de la Méditerranée, et la mer Morte, où ce fleuve vient se perdre, serait à 419 mètres au-dessous. De la source au lac Bahr el-Houlèh, la vallée aurait une inclinaison de 189 mètres, de 224 entre ce lac et celui de Tibériade ; enfin de 195 mètres entre le lac de Tibériade et la mer Morte. Suivant M. Delcros, la dépression totale serait de 426 mètres ; elle serait, suivant M. Symonds, de 427, et de 436, d'après les calculs du lieutenant Lynch (voyez *mer Morte*). A l'E. du Jourdain s'étend une région récemment explorée (Haourân, Ledjah), succession de plateaux qui, à cause de leur élévation au-dessus de la vallée du Jourdain, présentent l'apparence d'une chaîne de montagnes, connue sous le nom de monts de Gilead, d'Abarim, de Moab et d'Edom. C'est d'abord, au N., le plateau du Djaoulân (l'ancienne Gaulanitide), qui s'étend du pied de l'Hermon jusqu'au dessous du lac de Tibériade. Il est bordé à l'E. d'une ceinture de mamelons élevés nommés tells, dont quelques-uns ont de 1,000 à 1,200 mètres d'altitude. Il se continue à l'E. et au N. par le plateau du Djedoûr (l'ancienne Iturée), qui confine au plateau volcanique du Ledjah (Trachonitide). Au S.-E. du Ledjah, s'élève le Djébel Haourân ou Djébel Druz (montagne des Druses), dont les pentes boisées et fertiles forment un des cantons les plus prospères de la Syrie et à l'O. duquel s'étend une vaste plaine fertile, nommée En-Noukra Haourân (la plaine du Haourân). Le plateau du Djaoulân se continue au S. par le Djébel Adjloûn et par une série de plateaux que dominent quelques sommets de 600 à 900 mètres d'élévation, jusqu'au massif imposant du Belkâa et du Djébel Oscha ou Djebel es-Salt (1056 mètres), au delà de la profonde coupure du ouady Zerqa. Vient alors le pays montagneux d'Ammon et de Moab, où l'on remarque le Djébel Chihân (838 mètres). Cette chaîne se relève vers le S. et atteint une assez grande hauteur (1,200 à 1,300 mètres) près de Chôbek et de Pétra.

III. Géologie, minéralogie. La géologie de la Palestine a été l'objet de travaux remarquables, parmi lesquels nous signalerons les recherches de MM. Louis Lartet, à l'E. de la mer Morte et du Jourdain, E. G. Rey, de Vogüé et Waddington dans le Haourân. Voici un rapide aperçu de ces travaux d'après la remarquable étude de M. Louis

Lartet (*Essai sur la géologie de la Palestine*, t. II). Les roches granitiques qui constituent les massifs cristallins de la presqu'île du Sinaï et forment la bordure orientale du ouady Akabah, ne pénètrent pas en Palestine. — Les roches porphyriques sont représentées par un petit gisement de porphyrite, découvert par M. Lartet, près du littoral méridional de la mer Morte, au milieu des alluvions anciennes qui bordent la rive droite du ouady Safiyèh. Les roches volcaniques sont très répandues à l'E. du Ghôr, de la mer Morte au lac de Tibériade. On les trouve à l'état de débris sur les plateaux calcaires où s'élèvent les ruines de Rabbath Moab. Le basalte, dont on retrouve de nombreux blocs taillés employés dans les murs et les voûtes des anciens édifices de cette ville, est une lave très peu celluleuse, d'un noir brunâtre. Le Djébel Chihân, au N. de Rabbath Moab et les plateaux que découpe le ouady Modjib, sont couronnés d'une nappe de basalte noir compacte. On en retrouve encore dans la partie supérieure du ouady Haïdân, sur les flancs du Djébel Attarûs, dans le ouady Zerqa Maïn et jusque sur les falaises orientales de la mer Morte. Les roches ignées se retrouvent plus au N. dans les environs du lac de Tibériade. Le massif volcanique de Safed est regardé par Russeger comme le centre des éruptions volcaniques de cette région. Les plateaux noirâtres du Djaoulân sont formés de vastes nappes de basalte, interrompues çà et là par de petites éminences coniques. A Banias, une coulée descend dans la vallée, contourne le pied du Djébel ech-Cheïkh et s'étale dans la plaine d'Ard el-Houlèh, en laissant échapper des masses d'eaux souterraines. Mais c'est dans le Haourân que les phénomènes volcaniques se sont produits avec la plus grande intensité. Les laves couvrent une contrée qui n'a pas moins de un degré de long sur un degré de large, et forment, au S.-E. de Damas, des montagnes élevées, que Josèphe désigne sous le nom de « Σιδηροῦν ὄρος » la montagne de fer. On ne voit dans cette contrée que cônes et cratères et d'immenses coulées volcaniques recouvertes en partie d'un terreau gras que perce à chaque instant le basalte. Le plateau de Ledjah, au N.-O. du Haourân, est une vaste nappe de basalte, qui paraît avoir été vomie par quatre cônes volcaniques, alignés du S.-O. au N. E. « Rien ne peut mieux donner une idée des formes fantastiques qu'ont prises les torrents de laves en se solidifiant que l'aspect des vagues soulevées par une violente tempête, ou bien encore de gigantesques écailles de tortues brisées » (G. Rey, *Voyage dans le Haourân*, 1857-1858). — Des grès se rencontrent sur le versant oriental de la vallée du Jourdain, à l'entrée du ouady Zerqa, au ouady Nimrim, au ouady Sir, au ouady Hesbân, au pied des montagnes de l'Ammonitide. Ces roches constituent la plus grande partie des falaises orientales de la mer Morte et se présentent près du ouady Zerqa Maïn, en couches épaisses de grès blanc, grès et psammites bigarrés, grès rouge et grès blanc. Le ouady Modjib coule au milieu des grès depuis le Djébel Chihân. Du ouady Modjib à la Liçan, les grès inclinent légèrement vers le S. et disparaissent même dans les environs de cette presqu'île pour se relever ensuite insensiblement et constituer le pied des escarpements du ghôr méridional. — Les calcaires crétacés forment la plus grande partie de la charpente de la Palestine, surtout à l'ouest du Jourdain. Près du Djébel ech-Cheïkh et à la base occidentale de l'Anti-Liban, le long du Nahr Hasbany, court une rangée de collines crayeuses qui séparent ce ruisseau du Nahr Kasimiyèh (voy. ci-dessus) et porte, entre Hasbeya et el-Qala'at, le nom de Djébel ed-Daher. Ces marnes crayeuses, en général blanchâtres, sont fréquemment imprégnées de bitume. Quelques-unes renferment de nombreuses empreintes de fossiles, telles que des inoceramus, baculites, pecten, acteon, turritella, ammonites. Ces collines crétacées se prolongent fort loin au S.-O. et rejoignent celles de la Galilée qui peu à peu vont se transformer en chaîne montagneuse pour se continuer, par les monts de Judée, jusqu'au désert de Tîh. Des couches de marnes et de calcaires crayeux blanchâtres dominent dans toute la Galilée, Nazareth est adossée à des collines de craie blanche très tendre et sans silex. On rencontre également ces collines crayeuses au mont Carmel, où elles renferment des silex à certains niveaux, et dans les collines de Samarie. Aux environs de Naplouse, les marnes blanches sont recouvertes par des calcaires gris contenant des nummulites. Les silex se développent de plus en plus vers le sud. Dans la chaîne de Juda, les marnes blanches à silex ne forment plus que des lambeaux épars sur les hauteurs et sont rejetées sur les deux flancs de la chaîne où elles s'étendent en bandes stériles. Au S.-E., les mêmes roches se montrent dès que cessent les coulées basaltiques du Djaoulân qui les recouvrent. Les montagnes d'Adjloûn, du Belkâa, de l'Ammonitide, de la Moabitide en sont formées et une ceinture de ces calcaires entoure le bassin de la mer Morte. — Les terrains tertiaires sont représentés par quelques gisements nummulitiques, près de Sébastièh (Samarie) et de Naplouse (Sichem). — Signalons enfin les dépôts marneux et arénacés des bords de la mer Morte, que M. Lartet désigne sous le nom de dépôts de la Liçan. Ils se présentent en général sous la forme d'innombrables feuillets de marnes d'un gris clair, alternant avec des couches extrêmement minces, de couleur et quelquefois de nature toutes différentes, telles que du gypse lenticulaire ou des argiles salifères. Au nord de la mer Morte, ces sédiments s'étendent dans la vallée, de chaque côté du Jourdain. — Le pays est pauvre en minéraux proprement dits. On trouve du fer dans quelques cantons de la Judée. Les eaux de la mer Morte renferment dans une notable proportion du bromure de potassium et des chlorures de magnésium, de calcium, de sodium et de potassium. — *Cavernes.* Les montagnes de la Palestine sont creusées de cavernes nombreuses, parmi lesquelles il en est de très considérables, notamment près du lac de Tibériade et dans la Judée, aux environs de Beït Djibrin, à Doubbân, au Djébel Foureïdis (montagne des Franks), au S.-E. de Bethléem, et, en général, dans tout le pays occupé autrefois par les Horim (habitants des cavernes). Ces grottes, dont la destination est encore inconnue, n'offrent, du reste, rien d'intéressant au point de vue géologique. Signalons enfin la curieuse grotte du Djébel Ousdoum, au S.-O. de la mer Morte. — *Tremblements de terre*. Le bassin du Jourdain présente des traces d'anciens volcans. Le lac Asphaltite laisse parfois échapper des tourbillons de fumée et montre sur ses rivages des crevasses de formation récente. Les tremblements de terre qui se sont succédé à des intervalles divers, depuis l'antiquité jusqu'à nos jours, menacent encore les populations de ces pays, et en particulier, celles de la côte. Safed a été deux fois ruinée par un tremblement de terre, en 1769 et 1837. Ce dernier fit périr plus de 5,000 personnes. Il se fit cruellement sentir à Tibériade, dont l'enceinte fut à moitié renversée.

IV. Agriculture, botanique. Les principaux produits agricoles de la Palestine sont : le blé, l'orge, les fèves, les lentilles, les pois chiches, l'huile, le coton, le sésame, la vigne, la laine, le tabac. La vigne et le mûrier réussissent admirablement dans le Liban. Les cotons de Safed sont aussi blancs que ceux de Chypre. L'huile est un produit important de la Galilée et de la Samarie. Les vallées de Naplouse et de Samarie sont remarquablement fertiles et les arbres y prospèrent admirablement. La vallée du Jourdain abonde en pâturages, surtout dans la partie supérieure. La plaine d'Esdrélon produit en abondance un froment dont le grain est long et mince ; les plaines du Haourân, qui sont comme le grenier de la Syrie, donnent un grain plus estimé. Le territoire de Eriha (ancienne Jéricho) produit deux espèces de baume : l'une l'*amyris opobalsamum*, baume de la Mekke ou de Judée, était déjà célèbre dans l'antiquité ; l'autre, appelée dans le pays Zaqqoûm (*elæagnus angustifolius*), fournit une amande dont l'huile, employée comme vulnéraire, est l'objet du seul commerce qui se fasse à Eriha. Parmi les arbres épineux de Jéricho, de la vallée du Jourdain et du Tabor, mentionnons le Nabq (*zizyphus spina Christi*), qui produit un petit fruit jaune de la grosseur d'une cerise et très agréable au goût, nommé nabqah. Les branches de cet arbuste ont, dit-on, formé la couronne du Christ. Mentionnons aussi la rose de Jéricho (*anastatica hierochuntica*), plante presque ligneuse, à tige très basse, dont les fleurs, closes quand elles sont desséchées, se rouvrent et reprennent leur couleur, même après de longues années, quand on les imbibe de quelques gouttes d'eau. — La Judée proprement dite, très montueuse et généralement stérile, a cependant des cantons qui donnent de bonnes récoltes, surtout en vins ; celui de Bethléhem, par exemple, produit d'excellent vin blanc. Le nopal à cochenilles, l'indigo croissent naturellement sur quelques points de la vallée du Jourdain. La plaine de Séphélah présente un sol noir et gras, mais privé d'eaux courantes, et rend, à proportion de l'abondance des pluies hivernales, de l'orge, du sésame, des pastèques et des fèves. Le palmier, qu'on trouve déjà sous une latitude plus élevée, commence seulement à Jaffa à porter de bons fruits. Les oliviers acquièrent, dans la même région, un développement considérable. Les paysages des environs de Gaza annoncent déjà l'Egypte, avec ses plaines roses, ombragées de quelques bouquets de dattiers. Parmi les arbres fruitiers et forestiers mentionnons : le caroubier, autrefois plus abondant que de nos jours; le sycomore (*ficus sycomorus*); le térébinthe, assez rare. Une variété de pins (*pinus aleppensis* et *pinus maritima*) croît sur le littoral et dans quelques régions sablonneuses du Liban et de l'Hermon. Parmi les herbes et arbustes sauvages, une plante aromatique de la famille des labiées et analogue à notre hysope, l'origan (*origanum libanoticum*, Boissier), jouait un grand rôle dans le culte mosaïque. Cette plante aime un sol sec et pierreux et se rencontre au milieu des ruines. La saponaire croît dans les endroits humides. L'indigo, qui vit à l'état sauvage sur les bords du Jourdain, acquiert par la culture des qualités qui le font rechercher. Le *styrax officinalis* à belles panicules blanches se trouve dans la plaine d'Esdrélon. Des touffes de genêt (*ratam*) servent à entretenir les feux des Bédouins. Le célèbre « kikajon » du prophète Jonas est très commun dans les endroits sablonneux, en particulier à Aïn Soultân. C'est le ricin (*ricinus communis*). Le papyrus (*cyperus syriacus*) croît en abondance au lac el-Houlèh. On le trouve aussi dans la plaine de Saron. Parmi les plantes nuisibles, la Bible mentionne les pakhnôth (2 Rois IV, 39), espèce de concombres sauvages (*cucumis prophetarum*) ; l'absinthe ; le rôseh (Deut. XXIX, 18), que quelques commentateurs ont pris pour la coloquinte , dont les gourdes renferment un poison violent (2 Rois, IV, 39) ; d'autres y ont vu la ciguë; d'autres encore, la zizanie (ζιζάνιον, *lolium temulentum*, l'ivraie annuelle des botanistes). Citons enfin le *solanum coagulans*, de Forskal, que l'on trouve dans le voisinage de la mer Morte et de Jéricho, et qui est quelquefois rempli de poussière, lorsqu'il est attaqué par un insecte. Hasselquist l'avait pris pour «l'arbre de Sodome.» (Deut. XXXII, 32). Les arbustes d'agrément sont représentés par la plante que les Arabes nomment El-hennèh (*lawsonia inermis*, Linné), la mandragore (*mandragora officinarum*); le laurier-rose (*nerium oleander*), qui orne de ses bouquets odorants les bords du lac de Génézareth et les rives des ruisseaux au bas des vallées. La Palestine offre une grande variété de fleurs: la jacinthe, la jonquille, le lis, les cyclamen à fleurs roses (*cyclamen aleppicum*), la tulipe (*tulipa oculus solis*), qui émaille les terres incultes ; la mauve (*khoubbaizeh*), dans laquelle plusieurs commentateurs ont voulu voir la rose du Cantique. des cantiques, le narcisse, une petite iris bleue (*iris sisyrinchium*), qui se plaît au bord des chemins; la giroflée, l'anémone, la renoncule à fleurs rouges (*renonculus asiaticus*), l'œillet, le géranium, la clématite, le chèvre-feuille, etc.

V. Zoologie. — 1. *Animaux domestiques.* Les animaux domestiques sont : le cheval, l'âne, le chameau, le bœuf et le buffle. — Le cheval est surtout réservé à la selle par les Arabes qui préfèrent, dit-on, les juments aux chevaux parce qu'elles ne hennissent pas. Les plus beaux chevaux arabes sont ceux des Bédouins Anazieh. Les mulets sont très robustes. — L'âne sauvage (*asinus hemippus*) se rencontre dans le Haourân. L'âne domestique offre deux variétés : le grand âne du désert syrien, généralement de robe blanche, et qui se rapproche de l'âne du Caire, et l'âne vulgaire, supérieur à nos espèces d'Europe. Les bœufs sont nombreux, d'une espèce petite et laide. C'est le *bos brachyceros* de M. Rütimeyer. On s'en sert presque exclusivement pour le labourage. Le buffle se rencontre dans la vallée du Jourdain, surtout dans le Ard el-Houlèh. Il est employé aux travaux agricoles. Le chameau est surtout employé par les Bédouins de la Palestine transjordanienne et sert en particulier au transport des denrées. Les paysans en empruntent souvent aux Bédouins, surtout à l'époque du labourage. Le dromadaire est le chameau de course. Les moutons sont de grande taille et bien fournis de laine, mais leur chair, dès qu'ils sont parvenus à un certain âge, a un goût de suif très prononcé: aussi ne mange-t-on guère que celle des agneaux. Chez beaucoup de variétés, la queue, grossie par la chair qui s'amasse autour des vertèbres caudales, prend un accroissement énorme avec l'âge. Le lait des brebis est très estimé. Le désert et les parties montagneuses de la contrée offrent à ce précieux animal une nourriture suffisante. On rencontre, du reste, des troupeaux de brebis dans toute la Palestine; mais ils abondent surtout, de nos jours comme autrefois, dans la plantureuse région du Belkâa, à l'E. du Jourdain. Les chèvres noires, à longues oreilles, servent à la nourriture des classes pauvres et donnent beaucoup de lait. C'est la chèvre mambrine (*hircus mambricus*). Les chiens, ordinairement de couleur fauve, vivent à l'état de nature, comme dans tout l'Orient. On a remarqué que la rage est rare parmi eux, ce qui démontre que la chaleur n'est pour rien dans le développement de cette maladie. — 2. *Animaux sauvages.* Parmi les mammifères sauvages, il faut citer : le chacal (*canis aureus*), le renard (*vulpes vulgaris*; *V. niloticus* et *V. flavescens*); le loup (*dîb*), qui n'est pas rare dans le Liban; la hyène, qui s'aventure parfois jusqu'aux portes de Jérusalem. Les rives du Jourdain servent de repaire à une foule de sangliers (*sus scrofa*). On trouve, dans quelques cantons montagneux, la panthère (*felis leopardus*) ou once (*nimr*). Une autre panthère (*felis Jubata*), appelée Chetah par les Arabes, existe à Gilead et même en Galilée, sur le Tabor. Un grand chat (*felis chaus*) et le *felis caracal* vivent encore dans le Liban. Mentionnons aussi le blaireau et l'*hyrax syriacus* ou Chaphan de la Bible, dans le désert de Judée. L'ours (*ursus syriacus*) se rencontre encore dans le Liban et sur l'Hermon. Le lièvre (*lepus syriacus*) est très commun. Le *lepus Judeæ* vit dans la vallée du bas Jourdain; le lapin est très rare. Le rat-taupe (*spalax typhlus*), aveugle, étudié déjà par Aristote, se trouve dans la plaine de la Bekâa et dans les parties chaudes du Liban. Le genre cerf est représenté par le *cervus barbarus* et par la gazelle (*gazella Dorcas*). — 3. *Oiseaux.* On voit dans tous les villages des poules picorer devant la porte des maisons. Leur chair et leurs œufs sont une ressource précieuse pour les Arabes. Parmi les oiseaux sauvages, mentionnons : le pigeon (*columba livia*); la tourterelle (*turtur auritus*, *T. senegalensis*), et la *columba Palestinæ*, dont le plumage est d'une blancheur éblouissante. Le francolin (*franco-*

lianus vulgaris), habite les bois du Liban et du Carmel. Une grosse variété de perdrix (*Caccabis schukar*) est commune sur toutes les collines. Une perdrix jaunâtre et plus petite, la poule du désert (*ammoperdix Heyi*) habite près de la mer Morte et dans la vallée du Jourdain. Les cailles abondent. L'extrémité méridionale du lac d'el-Houlèh est le séjour favori des poules d'eau. — Parmi les passereaux mentionnons : le moineau, l'alouette, la grive, le rossignol, le corbeau, le rollier (*coracias garrula*) bel oiseau bleu et vert, et le guêpier (*merops apiaster*). — Les échassiers et les palmipèdes sont assez communs dans les plaines, où ils sont respectés par les paysans. Citons la grue, la cigogne et le vanneau huppé, dont la huppe est recourbée en arrière comme une corne. Les cigognes ne font que traverser la Palestine pour passer en Asie Mineure. Le pélican se voit, quoique rarement, sur les bords du lac el-Houlèh. — Parmi les oiseaux de proie, mentionnons l'aigle, l'épervier, le vautour (*neophron percnopterus*). La petite chouette (*athene persica*), se voit partout, sur les monts et sur les rochers. — 4° *Reptiles*. Les serpents venimeux abondent en Syrie, mais leur morsure est rarement mortelle. Parmi les sauriens, on compte quelques lézards. L'un d'eux, le *gecko*, est très commun. Le caméléon se rencontre surtout dans les districts maritimes et dans la plaine d'Esdrelon. Le crocodile existe encore dans le Nahr Zerqa (l'ancien fleuve Crocodilus) et le Kison (Nahr Mouqatta). D'après M. le docteur Lortet, qui a pu l'observer, il diffère de celui d'Egypte. La tortue commune (*testudo mauritanica*) est assez abondante ; la petite tortue d'eau (*emys caspica*) est plus rare. Dans le lac de Tibériade se trouvent de grandes tortues (*cistudo Europæa*). On pêche fréquemment sur les côtes de Syrie, la grande tortue (*Chelonia chouanna*). — 5. *Poissons*. Les poissons sont extrêmement communs et variés dans les lacs et cours d'eau de la Palestine. Ils appartiennent presque tous aux genres *chromis*, *Capoeta*, *mugil*, *barbus*, *alburnus*, *cyprinodon*. Dans tous les cours d'eau rapides, le *capoeta damascena* est pêché sous le nom de truite. Le lac de Tibériade, extrêmement poissonneux, nourrit les espèces suivantes : *capoeta damascena* ; un siluré, le *clarias macracanthus*, le *barbus beddomii*, plusieurs *chromis*, entre autres, les *chromis andreæ*, *chromis simonis* et le curieux *chromis pater familias*, découvert par M. le docteur Lartet, qui nourrit et porte pendant plusieurs semaines plus de 200 petits dans sa cavité buccale. — 6. *Insectes*. Les moustiques, les puces, les punaises, sont le fléau du pays. Les papillons sont nombreux. Les abeilles sont cultivées, particulièrement dans le plaine de el-Houlèh. On rencontre divers scarabées, surtout le scarabée sacré des Egyptiens (*Ateuchus sacer*). Le scorpion est commun et la piqûre en est très douloureuse. L'insecte que les Palestiniens ont le plus à redouter est la sauterelle. Après un hiver chaud, on voit les sauterelles venir du désert de l'E. par épaisses nuées. Rien ne peut préserver le pays de leurs ravages. L'oiseau samarmar (*pastor roseus*) en détruit rapidement une grande quantité, mais il n'y a qu'une seule chance sérieuse de salut : c'est que le vent d'E. s'élève avec violence et pousse l'essaim destructeur dans la mer, avant qu'il ne se soit abattu.

VI. Climat, vents, populations, races. En raison de la division naturelle du terrain en pays plat et pays de montagnes, la Palestine a deux climats: l'un très chaud, celui de la côte et des plaines intérieures ; l'autre, celui qui règne dans les montagnes, tempéré et presque semblable au nôtre. Sous ce dernier climat, l'hiver, qui est vif et rigoureux, se passe rarement sans neige. Le printemps et l'automne y sont fort doux et l'été n'y a que des chaleurs très supportables. Dans le pays plat, l'hiver est si tempéré que les orangers, les dattiers, les bananiers prospèrent en pleine terre, mais dès le milieu d'avril, on passe subitement à des chaleurs accablantes, qui ne finissent qu'avec le mois d'octobre. Sur les montagnes et dans toute la plaine élevée qui s'étend à l'E. du Jourdain, l'air est léger, pur et sec, salubre pour les poitrines bien constituées. Sur la côte, règnent des fièvres intermittentes. Les pluies commencent à la fin d'octobre, mais elles ne deviennent abondantes qu'aux mois de décembre et de janvier. Il pleut encore quelque peu en mars et en avril. Ce terme passé, on voit peu de nuages; à partir de l'équinoxe de septembre, les vents du N.-O et du S.-O règnent alternativement. En mars, les vents du S. commencent à souffler et sont remplacés en juin par les vents d'E. De juin à septembre il arrive souvent que le vent fait en un jour le tour de l'horizon, passant avec le soleil de l'E. au S., et du S. à l'O. pour revenir enfin au N. — La population de la Palestine, très mélangée, peut se ramener à trois races principales : la race turque, la race arabe ou syrienne, la race arménienne; la race grecque n'entre que comme un très faible élément dans la composition des populations urbaines de la côte et ne se trouve que là. Les Turcs ottomans n'habitent que les villes, où ils exercent les emplois de guerre, d'administration et de magistrature. Les Arabes ou Syriens composent presque entièrement la population rurale et le bas peuple des villes; ils sont généralement assez hospitaliers. Mentionnons parmi eux les Métoualis, qui habitent la région entre Safed et Tyr, et le canton de Ba'albek ; les Druses, nombreux dans le Liban et dans le Haourân; les Bédouins, groupés par tribus, nombreux et puissants dans l'E. du Jourdain et dans le désert de Syrie. — Les Juifs commencent à former une fraction notable de la population dans certaines villes, notamment à Jérusalem, Tibériade, Safed, Khaïfa, Hébron.

Bibliographie : Maspero, *Histoire anciene des peuples de l'Orient ;* Munck, *Palestine ;* Arnaud, la *Palestine ancienne et moderne ;* Tristram, *The land of Israël* ; le même, *The land of Moab* ; Louis Lartet, *Essai sur la géologie de la Palestine* ; W. M. Thomson, *The land and the Book ;* E. G. Rey, *Voyage dans le Haourân* ; le même, *Les Principautés franques du Levant* ; de Vogüé, *Syrie centrale ;* Isambert et Ad. Chauvet, *Itinéraire de l'Orient*, III. Ad. Chauvet.

PALESTRINA (Giovanni Pierluigi), célèbre compositeur italien, né à Palestrina, l'ancien Préneste, près de Rome, vers 1529, mort à Rome en 1594, surnommé le *Prince de la musique.* Entre tous, il a le mérite d'avoir opéré une réforme complète de la musique religieuse, en donnant l'exemple de composer tout exprès pour l'Eglise des airs appropriés à la gravité du sujet. Formé à Rome à l'école de Goudimel, Palestrina fut nommé successivement maître de chapelle de Saint-Jean-de-Latran, de Sainte-Marie-Majeure et de Saint-Pierre du Vatican. La décadence de la musique sacrée au commencement du seizième siècle était profonde. Des messes et des motets se chantaient sur des airs profanes et même vulgaires et indécents. Désespérant de porter remède à cet abus, qui datait de loin, les Pères du concile de Trente étaient enclins à bannir toute autre musique que le chant grégorien de l'enceinte des églises (sessio 22, *Decretum de observandis et evitandis in celebratione missæ*). Une commission fut instituée par le pape Pie IV dans le but de poursuivre la réforme du chant d'église. Elle se réunit sous la présidence du cardinal Charles de Borromée. Se rappelant les compositions de Palestrina, en particulier ses *Improperia* ou chants de la Passion sur les paroles de Michée VI, 3 ss., qui avaient laissé une profonde impression, elle le chargea de composer une messe dont le succès déciderait si la musique serait à l'avenir tolérée dans l'Eglise ou non. Palestrina en composa trois dont la dernière, *missa papæ Marcelli*, fut surtout remarquée et donna gain de cause aux défenseurs de la musique d'église. On connaît, en tout, de ce maître, 13 livres de messes, 6 de motets, une foule d'hymnes, de litanies, d'offertoires, parmi lesquels nous signalerons seulement son *Stabat mater*, son *Magnificat*, son *Miserere*, son *O bone Jesu*, son *Popule meus*, etc., etc. On y admire la puissance d'invention, l'habileté de la composition, la variété du style, une harmonie large et simple, une douceur angélique: ce sont comme des accords chastes et sublimes venus des sphères célestes. — Voyez Baini, *Memorie storico-critiche della vita e delle opere di G. P. da Palestrina*, Rome, 1828.

PALEY (William), apologiste anglais, né en 1734 à Peterborough, dans le Northamptonshire, mort à Sunderland en 1805. Il acheva à Cambridge son éducation que son père, latiniste distingué, avait dirigée avec le plus grand soin. Il se familiarisa avec le droit comme avec la théologie et la philosophie, devint successivement fellow du Christ's college à Cambridge, archidiacre de Carlisle et obtint une prébende à la cathédrale de Saint-Paul. En qualité de professeur de l'université, Paley vit se grouper autour de lui, de 1767 à 1776, un nombreux auditoire qui goûtait fort ses leçons sur la théologie naturelle et sur les livres historiques du Nouveau Testament. Devenu haut dignitaire de l'Eglise anglicane, il continua par ses écrits l'influence considérable qu'il avait exercée par ses cours. Les principaux de ces écrits sont par ordre chronologique: 1° *Principles of moral and political philosophy*, 1785, 2 vol. Cet ouvrage qui a eu seize éditions a été traduit en allemand par Grave, et en français par Vincent, Paris, 1817, 2 vol. L'auteur y donne pour fondement à la morale la volonté de Dieu manifestée par l'intérêt général: ce qui est, au fond, la doctrine de l'utilité professée par Hume et développée par Bentham. Le seul but de la révélation est de montrer à l'homme qu'il est appelé à une vie future, afin de l'exciter par là à pratiquer la vertu. La valeur philosophique de cet ouvrage est nulle : ce qui en fait le succès, ce sont les nombreux exemples au moyen desquels l'auteur illustre ses préceptes ; 2° *Horæ Paulinæ, or the thruth of the scripture history of S. Paul evinced*, Londres, 1787 ; traduit en français par Levade, Nîmes, 1809, et en allemand par Henke ; l'auteur cherche à établir la concordance qui existe entre les épîtres de Paul et le récit des Actes des apôtres : c'est le plus original parmi tous les ouvrages de Paley ; 3° *A view of the evidences of christianity*, 1794, 2 vol. ; trad. en français par Levade, Paris, 1806. Cet ouvrage, devenu classique en Angleterre, est la base de la culture théologique que les étudiants reçoivent à l'université de Cambridge. Il a eu dix éditions augmentées de suppléments. La méthode apologétique de Paley est essentiellement historique. Dans une première partie, il démontre l'évidence du christianisme en la distinguant de celle qu'on allègue en faveur d'autres religions : il prouve que les miracles sur lesquels il repose ont été attestés par des témoins oculaires qui ont confirmé leurs assertions par leur vie, leurs travaux, leurs souffrances et leur martyre. L'auteur a compilé un nombre prodigieux de témoignages empruntés aux auteurs profanes et sacrés. Dans une seconde partie, Paley traite des preuves auxiliaires en faveur du christianisme, par où il entend les prophéties, le caractère moral de la religion de Jésus, la sincérité des auteurs du Nouveau Testament, l'identité du caractère du Christ dans les synoptiques et dans l'évangile de saint Jean, enfin l'accord des faits historiques cités dans les Evangiles avec les écrits des auteurs profanes contemporains. La dernière partie contient un examen abrégé de « quelques objections rebattues, » telles que les divergences que l'on rencontre dans les Evangiles, les erreurs que l'on trouve dans les épîtres, la fausse exégèse des passages de l'Ancien Testament, etc., etc. Il va sans dire que la valeur scientifique des *Evidences* de Paley a été singulièrement amoindrie, pour ne pas dire plus, par les travaux de la critique biblique moderne ; 4° *Natural theology, or evidences of the existence and the attribute of the Deity, collected from the appearances of nature*, 1802 ; c'est une exposition populaire de la preuve dite téléologique en faveur de l'existence de Dieu, fondée surtout sur l'anatomie du corps humain. Pictet en a donné une traduction française, Genève, 1804 ; Villanuovo, une traduction espagnole, 1825 ; Hauff, une traduction allemande, 1837. Nous mentionnerons encore de Paley ses *Sermons and Tracts ;* son ouvrage de théologie pastorale intitulé : *The clergyman's companion in visiting the sick*, etc., etc. — Voyez Meadley, *Memoirs of W. Paley*, Edimb., 1810. La meilleure édition de ses œuvres est celle qui a été publiée à Londres en 1825 en 7 vol. in-8°.

PALISSY (Bernard) naquit, vers 1510, à la Chapelle-Biron en Périgord, près du château et dans la paroisse de Biron (Dordogne), dépendante de l'ancien diocèse d'Agen. C'était, nous dit-il lui-même, « un simple artisan, bien pauvrement instruit aux lettres, » et par conséquent étranger au grand mouvement de la Renaissance. Ses contemporains le mentionnent à peine, et l'on ne sait guère de lui que ce qu'il en a dit incidemment dans ses écrits. Il employa plusieurs années à faire son tour de France, comme peintre-verrier et géomètre-arpenteur, travaillant pour vivre et s'instruisant lui-même, non par l'étude du grec et du latin, mais en approfondissant « ce beau livre » ouvert à tous, le ciel et la terre, regardant, observant, cherchant à tout ce qui le frappait une explication, avec cette indomptable ténacité qui fait partie du génie. Après avoir séjourné quelque temps à Tarbes et dans les Ardennes, il s'établit à Saintes (Charente-Inférieure) vers 1539, s'y maria, et ne tarda pas à négliger le gagne-pain de sa famille pour chercher le secret de la faïence. « Sache, dit-il dans son *Traité de l'art de terre*, qu'il y a vingt-cinq ans passés qu'il me fut montré une coupe de terre, tournée et émaillée, d'une telle beauté, que dès lors j'entrai en dispute avec ma propre pensée, en me remémorant plusieurs propos(des railleries huguenotes)qu'aucuns m'avoient tenus en se moquant de moi, lorsque je peindois les images. Or, voyant que l'on commençoit à les délaisser au pays de mon habitation, aussi que la vitrerie n'avoit pas grande requête, je pensois que si j'avois trouvé l'invention de faire des émaux, je pourrois faire des vaisseaux de terre et autre chose de belle ordonnance, parce que Dieu m'avoit donné d'entendre quelque chose de la pourtraiture, et dès lors sans avoir égard que je n'avois nulle connaissance des terres argileuses, je me mis à chercher les émaux, comme un homme qui tâte en ténèbres... Il bâtela ainsi l'espace de quinze ou seize ans, » de 1545 à 1560 environ. Quand il eut trouvé l'émail blanc, il se crut sauvé ; mais il ne savait ni le préparer convenablement, ni le faire cuire. « J'étois, ajoute-t-il, en une telle angoisse que je ne saurois dire: car j'étois tout tari et desséché à cause du labeur et de la chaleur du fourneau ; il y avoit plus d'un mois que ma chemise n'avoit séché sur moi ; encore pour me consoler se moquoit-on de moi, et même ceux qui me devoient secourir alloient crier par la ville que je faisois brûler le plancher, et par tel moyen l'on me faisoit perdre mon crédit, et m'estimoit-on être fol. Les autres disoient que je cherchois à faire de la fausse monnoie, qui étoit un mal qui me faisoit sécher sur les pieds, et m'en allois par les rues, tout baissé, comme un homme honteux : j'étois endetté en plusieurs lieux, et avois ordinairement deux enfants aux nourrices, ne pouvant payer leurs salaires ; personne ne me secouroit. Mais au contraire, ils se moquoient de moi, en disant : il lui appartient bien de mourir de faim, parce qu'il délaisse son métier. » En rentrant chez lui trempé de pluie ou de sueur, exténué, à demi-mort, il trouvait « en sa chambre une seconde persécution pire que la première, » c'est-à-dire les reproches d'une femme que la gêne rendait acariâtre. Enfin il découvrit les émaux de diverses couleurs, et commença les plats ornés de poissons, reptiles, fruits, insectes, etc., auxquels il doit sa gloire. Mais il arrivait que le vert des lézards était brûlé avant que celui des serpents fût cuit, ou que tous les deux étaient gâtés avant que le blanc fût à point. « Toutes ces fautes, poursuit-il, m'ont causé un tel labeur et tristesse d'esprit, qu'auparavant que j'aie eu rendu mes émaux fusibles à un même degré de feu, j'ai cuidé entrer jusques à la porte du sépulcre: aussi en me travaillant à tels affaires, je me suis trouvé l'espace de plus de dix ans si fort écoulé en ma personne, qu'il n'y avoit aucune forme ni apparence de bosse aux bras ni aux jambes; ains étoient mesdites jambes toutes d'une venue, de sorte que les liens de quoi j'attachois mes bas de chausses étoient, soudain que je cheminois, sur les talons avec le résidu de mes chausses. » La misère de l'artiste, sa passion de découvrir et d'inventer, n'étaient pas les seules causes qui lui attirassent les calomnies et les risées: il avait commis un crime bien autrement irrémissible: il était devenu hérétique, ayant embrassé, avec l'ardeur qu'il mettait à toutes choses, la Réforme, dont la Saintonge avait reçu, en 1546, les premiers germes par le ministère de quelques moines bientôt envoyés au supplice. Il était connu comme l'un des fondateurs de l'Eglise réformée du lieu. « Il y avoit à Saintes. dit-il, un artisan pauvre et indigent à merveille, lequel avoit un si grand désir de l'avancement de l'Evangile, qu'il le démontra un jour à un autre artisan aussi pauvre et d'aussi peu de savoir (car tous deux n'en savoient guère). Toutefois le premier dit à l'autre que s'il vouloit s'employer à faire quelque exhortation, ce seroit la cause d'un grand bien. Celui-ci, un dimanche matin, assembla neuf ou dix personnes et leur fit lire quelques passages de l'Ancien et du Nouveau Testament, qu'il avoit mis par écrit. Il les expliquoit en disant que chacun, selon les dons qu'il avoit reçus de Dieu, devoit les distribuer aux autres. Ils convinrent que six d'entre eux exhorteroient chacun de six en six semaines, le dimanche seulement... En peu d'années, les jeux, banquets et superfluités avoient disparu. Plus de violences ni de paroles scandaleuses. Les procès diminuoient. Les gens de la ville n'alloient plus jouer aux auberges, mais se retiroient dans leurs familles. Les enfants mêmes sembloient hommes. Vous eussiez vu le dimanche les compagnons de métier se promener par les prairies et bocages, chantant par troupes psaumes, cantiques et chansons spirituelles. Vous eussiez vu les filles, assises dans les jardins, qui se délectoient ensemble à chanter toutes choses saintes. » Le ministre et futur martyr, Philibert Hamelin, étant tombé entre les mains de ses ennemis (1557), Palissy les sollicita courageusement et vainement en sa faveur, leur déclarant « qu'ils avoient emprisonné un prophète ou ange de Dieu, envoyé pour annoncer sa parole, et jugement de condamnation aux hommes sur le dernier temps. » Lorsque éclata la guerre civile, l'immortel potier, sorti de l'obscurité, avait reçu des commandes du plus grand personnage de France, le connétable de Montmorency ; mais il n'était point encore à l'abri de la pauvreté, car le connétable fut obligé de lui faire des avances pour ses fours et son atelier, établi dans l'une des tours des remparts de Saintes, appelée en 1577 la tour de maître Bernard. En 1562, comptant sur la protection du connétable, il osa, seul de tous les réformés, demeurer dans la ville abandonnée à la plus furieuse réaction catholique. Il fut arrêté, malgré la sauvegarde que lui avait donnée le duc de Montpensier. La Rochefoucauld, le sire de Pons et sa femme, Anne de Parthenay, qui avait rimé à Ferrare avec Marot, et retrouvait dans les œuvres de Palissy la même grâce et le même charme qu'en son poète favori, travaillèrent sans succès à lui faire rendre la liberté. Du fond de sa prison, Palissy écrivit au connétable. A la sollicitation de celui-ci, Catherine de Médicis donna l'ordre de relâcher l'artiste, que ses protecteurs n'avaient pu empêcher d'être livré aux « juges brûleurs » de Bordeaux, et lui accorda en même temps le titre d'inventeur des rustiques figulines (*figulus*, potier de terre, *figulinus*, poterie) du roi et de monseigneur le duc de Montmorency. Ce fut sans doute durant les loisirs de sa prison que maître Bernard écrivit son premier ouvrage, paru l'année suivante et dédié au fils du connétable : *Recette véritable par laquelle tous les hommes de la France pourront apprendre à multiplier et augmenter leurs trésors. Item, ceux qui n'ont jamais eu connoissance des lettres pourront apprendre une philosophie nécessaire à tous les habitants de la terre, etc.*, La Rochelle, 1563 et 1564, in-4°. Cette philosophie était la philosophie expérimentale, dont Palissy, devançant Bacon d'un demi-siècle, est le véritable créateur. « Je sais, écrivait-il, que toute folie accoutumée est prise comme par une loi et vertu ; mais à ce je ne m'arrête, et ne veux aucunement être imitateur de mes prédécesseurs ès choses spirituelles et temporelles, sinon en ce qu'ils auront bien fait selon l'ordonnance de Dieu. Je vois de si grands abus et ignorances en tous les arts, qu'il semble que tout ordre soit la plus grande part perverti. » Tandis que, de son côté, Ramus ruinait l'autorité d'Aristote sur laquelle avaient jusque-là reposé les sciences philosophiques, Palissy fondait les sciences naturelles sur l'observation, et faisait des découvertes admirables dans tous les domaines qu'il cultivait, physique, chimie, histoire naturelle, minéralogie et géologie. « Il est tout à fait, dit M. Chevreul, au-dessus de son siècle par ses observations sur l'agriculture et la physique du globe. » C'est avec raison qu'il a pu prétendre que la *Recette véritable* contenait « plusieurs beaux secrets de nature et d'agriculture, » et ajouter : « Parce que je vois que la terre est cultivée par gens ignorants qui ne la font qu'avorter, j'ai mis plusieurs enseignements en ce livre, qui pourront être le moyen qu'il se pourra cueillir plus de quatre millions de boisseaux de grain, par chacun an, en la France, plus que de coutume, pourvu qu'on veuille suivre mon conseil. » Son procédé n'était autre que le marnage accompagné d'engrais. Toutefois jusqu'au dix-huitième siècle, Palissy ne fut célèbre que comme artiste ; on ne découvrit en lui le savant que plus de cent cinquante ans après sa mort. Ses idées sur la cristallisation, les pétrifications, les fossiles, les puits artésiens qu'il pressent, sur l'attraction moléculaire ou chimique des diverses substances, sur les tremblements de terre qu'il attribue à la force expansive de la vapeur, etc., ne furent rappelées par Fontenelle, Réaumur, Buffon, que lorsque les sciences physiques commençant à sortir du chaos, on s'enquit de leur histoire et de leurs origines. C'est notre siècle qui a fait revivre tout entier ce beau génie, et l'a montré sous toutes ses faces. Ses œuvres artistiques, ingénieuses et naïves, pleines de vie, et d'un coloris splendide mais peu varié, sont, on le sait, des bassins rustiques, des statuettes, des vases, des aiguières, des coupes, des salières, des vidercomes, des écritoires, des flambeaux, des corbeilles, des groupes représentant des sujets de l'histoire sainte et de la mythologie. Il y a des Palissy un peu partout; mais le plus grand nombre de ses chefs-d'œuvre est au Louvre, au musée de Cluny, et dans les collections Rallier, Rothschild, Roussel, Sellières et Soltikof. Les poissons, les lézards, etc., ont été moulés sur nature ; les mendiants, les joueurs de cornemuse, leurs vêtements bariolés ou en lambeaux, sont traités avec un réalisme touchant dont Rembrandt aurait pu s'inspirer, tandis que dans certaines pièces, le nu se distingue par une grande pureté de style. On cite entre autres la nourrice qui allaite, une vierge tenant sur ses genoux l'enfant Jésus, et un jeune garçon enlevant des chiens nouveau-nés à leur mère. Lorsque Palissy sortit de prison, les rustiques figulines étaient à la mode comme ornement des salles à manger, des parcs, des jardins. Durant plusieurs années les châteaux se le disputèrent : de celui d'Ecouen, qui était au connétable, il passa à celui d'Anet qu'habitait Diane de Poitiers, puis à ceux de Chaulnes, de Nesle, en Picardie, de Reux en Normandie, etc. La reine mère ayant ensuite entrepris la construction des Tuileries, lui confia la décoration des jardins à laquelle il travaillait, en 1570, avec deux de ses fils, Nicolas et Mathurin. Il avait installé son atelier près de la tuilerie; de là le nom de Bernard des Tuileries qu'on lui donne parfois. En creusant les fondations de la partie du Louvre qui porte le nom de nouvelle salle des Etats (1865), on a retrouvé un de ses fours sur la place du Carrousel, au pied de la grille, à vingt mètres environ de la porte située à gauche de l'arc de triomphe, ainsi que le moule d'un terme, sorte de monstre tout composé de coquillages et destiné à la grotte en terre émaillée du jardin, laquelle a disparu comme celle d'Ecouen. A la Saint-Barthélemy il fut épargné, aussi bien qu'Ambroise Paré, cet autre homme de génie dépourvu d'humanités, par Catherine de Médicis, qui avait encore besoin de ses services. Il dut sans doute la vie au soin qu'il avait eu de ne pas révéler les procédés à l'aide desquels il obtenait ses émaux. Durant le carême de 1575, il lui vint à l'esprit d'exposer dans un cours public ses notions sur l'histoire naturelle du globe ; mais se défiant de lui-même, il convoqua d'abord les savants à trois séances préparatoires dans lesquelles il résuma toutes ses observations. N'ayant été contredit par personne, il ouvrit son cours et le continua l'année suivante, au grand applaudissement de nombre de personnes notables, des médecins du roi et notamment d'Ambroise Paré. Palissy avait recueilli et classé par ordre des curiosités qu'il invitait le public à visiter ; ce cabinet d'histoire naturelle est très probablement le premier qui ait existé en France. On en trouve le catalogue raisonné à la fin de son second ouvrage : *Discours admirables de la nature des eaux et fontaines, tant naturelles qu'artificielles, des métaux, des sels et salines, des pierres, des terres, du feu et des émaux, avec plusieurs autres excellents secrets des choses naturelles, etc.*, Paris, 1580, in-8°, dédié à Antoine de Pons. Ce livre se compose de douze traités: 1° *Des eaux et fontaines*; 2° *Du mascaret*; 3° *Des métaux et alchimie*, contre les chercheurs de la pierre philosophale ou faiseurs d'or; 4° *De l'or potable*; 5° *Du mitridat ou thériaque*; 6° *Des glaces*; 7° *Des sels divers*; 8° *Du sel commun*; 9° *Des pierres*; 10° *Des terres d'argile*; 11° *De l'art de terre, de son utilité, des émaux et du feu*; 12° *Pour trouver et connaître la terre nommée marne*. Outre le surprenant mérite du fond, les deux ouvrages de Palissy ont aussi celui de la forme et du style à un degré tout à fait supérieur. « Il est impossible, écrivait Lamartine, de ne pas proclamer ce pauvre ouvrier d'argile, un des plus grands écrivains de la langue française. Montaigne ne le dépasse pas en liberté, J.-J. Rousseau en sève, La Fontaine en grâce, Bossuet en énergie lyrique. » La Ligue, devenue maîtresse de Paris, s'empressa de jeter dans un cachot l'illustre et vénérable huguenot (1588), dont le ministre apostat Matthieu de Launoy (voir ce mot) demandait et pressait le supplice, tandis que Mayenne, moins haineux, s'efforçait de faire durer et d'allonger le procès. D'Aubigné rapporte que Henri III ayant dit à Palissy: «Mon bon homme, si vous ne vous accommodez pour le fait de la religion, je suis contraint de vous laisser entre les mains de mes ennemis, la réponse fut: Sire, j'étois bien tout prêt de donner ma vie pour la gloire de Dieu; si c'eût été avec quelque regret, certes il seroit éteint en ayant oui prononcer à mon grand roi: Je suis contraint; c'est ce que vous et ceux qui vous contraignent ne pourrez jamais sur moi, pour ce que je sais mourir. » Peu importe que cette sublime réponse soit ou non de l'invention de D'Aubigné; si la bouche de Palissy ne l'a point prononcée, ses actes prouvent qu'il ne fut pas seulement « le héros de l'art céramique, » selon l'expression de M. Brongniart, mais encore un de ces héros de la conscience capables de sacrifier leur vie à leurs convictions. On lit, en effet, dans le *Journal de L'Estoile*: « En cet an 1590, mourut aux cachots de la Bastille de Bussi (Leclerc) maître Bernard Palissy, prisonnier de la religion, âgé de quatre-vingts ans, et mourut de misère, nécessité et mauvais traitements, et avec lui trois autres pauvres femmes détenues prisonnières pour la même cause de religion, que la faim et la vermine étranglèrent. Deux pierres sont en mon cabinet que j'aime et garde soigneusement en mémoire de ce bon vieillard, que j'ai aidé et soulagé en sa nécessité, non comme j'eusse bien voulu, mais comme j'ai pu. La tante de ce bonhomme qui m'apporta lesdites pierres, y étant retournée le lendemain voir comme il se portoit, trouva qu'il étoit mort; et lui dit Bussi que, si elle le vouloit voir, qu'elle le trouveroit avec ses chiens sur le rempart, où il l'avoit fait traîner comme un chien qu'il étoit. » Ainsi rien n'a manqué à ce grand homme, ni le caractère antique, ni le zèle et la constance de la piété, ni le génie créateur dans les sciences et dans l'art, ni le talent de grand écrivain, ni la « pauvreté » qui « empêche les bons esprits de parvenir, » ni l'adversité, ni le succès, ni la persécution, ni le martyre, qui font de lui un homme complet, et l'un des plus admirables de son admirable siècle. Joseph de Maistre parlait d'élever à Voltaire une statue par la main du bourreau; en 1868, une statue a été érigée au potier de Saintes dans la ville qu'il avait longtemps habitée, par un comité ultra-catholique, dont le secrétaire s'est cru tout permis pour atténuer le protestantisme de Palissy, et pour essayer de démontrer qu'il n'a pas fait au roi des mignons la réponse « insolente » que lui prête d'Aubigné. — Voir *Bullet. de l'hist. du Prot. fr.*, I, 23, 83; II, 234, 522, 540; III, 4; X, 176; XI, 136, 252, 322, 405; XII, 135; XIII, 277; XIV, 340; 2e série III, 434, 495; IV, 40, 97; Alfred Dumesnil, *Vie de Bernard Palissy*, Paris, 1851, in-18; Henry Morley, *The life of Bernard Palissy, his labours and discoveries in art and science*, Londres, 1852, 1 vol. in-8°; Sauzay et Delange, *Monographie de l'œuvre de Palissy*, Paris, 1865, in-f°; Camille Duplessis, *Etude sur Palissy*, couronnée par la Soc. d'Agriculture d'Agen, 1855, in-8°; Chevreul, *Journal des savants*, 1849; Brongniart, *Traité des arts céram.*, Paris, 1854, 2 vol. in-8°; Lesson, *Lettres sur la Saintonge*, 1842; Delécluze, *Revue fr.*, 1838; Champollion-Figeac, *Cabinet de l'amateur*, 1842, Louis Audiat, *Bernard Palissy. Etude sur sa vie et ses travaux*, Paris, 1868, in-12; *La France prot.*; Michelet, *Guerres de Religion*, 78; Hœfer, *Hist. de la chimie*, II, année 1843; Louis Figuier, *Savants de la Renaissance*, Paris, 1880, in-12; *Intermédiaire*, I, 124; II, 64; V, 665; VI, 51.

O. Douen.

PALLADE, évêque d'Hélénopolis, en Bithynie, né vers l'an 367, mort vers l'an 430, embrassa la vie monastique à l'âge de vingt ans, résida dans divers couvents de la Palestine et de l'Egypte, et devint évêque d'Hélénopolis, puis d'Aspona en Galatie. Il fut mêlé aux querelles antiorigénistes et se montra toujours zélé défenseur de Chrysostome, pour lequel il essuya de cruelles persécutions. Pendant son exil il parcourut diverses provinces, recueillant avec soin les actions édifiantes des anachorètes. C'est d'après ces mémoires qu'il forma son histoire des solitaires, intitulée *Historia Lausiaca, sive paradisus de vitis Patrum*, parce qu'il la composa à la prière de Lausius, gouverneur de Cappadoce, auquel il la dédia. La fraîcheur et la naïveté des descriptions, l'absence relative de miracles grotesques, témoignent en faveur de l'authenticité de cet ouvrage, composé vers l'année 420, qui n'a été connu jusqu'au seizième siècle que par des traductions latines. Le texte grec a été publié par Meursius, Leyde, 1616, in-4°. Fronton du Duc en a donné une édition plus complète dans son *Auctuarium*, t. II, Paris, 1624, et il a été imprimé depuis dans les éditions des Pères de l'Eglise, ainsi que dans Rosweyd, *Vitæ Patrum*. On ne sait s'il faut attribuer à Pallade le *Dialogus cum Theodoro, Eccles. Rom. diacono, de vita et conversatione Joannis Chrysostomi*, qui a paru d'abord traduit en latin par Ambroise le Camaldule, Venise, 1532, et dont le texte grec a été publié par Bigot, Paris, 1680, in-4°; 1738, in-4°. — Voyez Martini, *Disputatio de vita et fatis Palladii Helenopolitani*, Altorf, 1754; Ceillier, *Hist. des aut. sac. et eccl.*, X, 66 ss.; Cave, *Hist. eccl. liter.*, I, 377; Du Pin, *Nouv. Biblioth. des aut. eccl.*, III, 93; Tillemont, *Mé-*

moires, XI, 530 ; Fabricius, *Bib. græca*, IX, 8 ss.; Schrœckh, *Kirchengesch.*, VII, 208 ; X, 525 ss.

PALLADE (Saint), apôtre des Scots, né à Rome, mort à Fordun, près d'Aberdeen, en Ecosse, vers l'an 450, était diacre de l'Eglise de Rome lorsqu'il proposa au pape Célestin d'envoyer en Angleterre Germain évêque d'Auxerre, pour y combattre l'hérésie de Pélage. D'après la chronique de Prosper d'Aquitaine (cf. Bède, *Hist. eccl.*, I, 17), Pallade lui-même fut sacré en 431, par Célestin, premier évêque des Scots établis dans l'Hibernie. Le Bréviaire d'Aberdeen et les calendriers d'Ecosse ont placé sa fête au 6 juillet.

PALLAVICINI ou Pallavicino (Pietro-Sforza), jésuite, né en 1607 à Rome, mort en 1667, professa la philosophie, puis la théologie, et fut nommé cardinal par Alexandre VII en 1659. Il prit part aux travaux de la congrégation qu'Innocent X avait instituée pour examiner la doctrine de Jansénius. Parmi ses nombreux ouvrages, son *Histoire du Concile de Trente* (Rome, 1656-1657, 2 vol. in-f° ; 1664, 3 vol. in-4°; la meilleure édition moderne est celle du jésuite Zaccaria, Faënza, 1792-99, 6 vol. in-4° ; trad. en latin, Anvers, 1672, 3 vol. in-4° ; en français, Paris, 1844, 3 vol. in-4°) occupe le premier rang. Elle a été composée pour réfuter l'histoire du même concile publiée par le moine vénitien Paolo Sarpi qui contient les plus vives attaques contre le concile de Trente et l'esprit qui présida à ses délibérations. Aveuglément dévoué à la curie romaine, familier avec les discussions théologiques, habile à mettre en œuvre les nombreux documents que Sarpi avait vainement cherché à se procurer, Pallavicini était l'homme qu'il fallait pour entreprendre l'apologie du concile de Trente dont il approuvait toutes les tendances. Nous citerons encore de lui : *Vindicationes Soc. Jesu*, Rome, 1649 ; *Gli Fasti sacri*, 1637 ; *Massime ed espressioni di civile ed ecclesiastica prudenza*, 1713. — Voyez Alegambe, *Bibl. scriptor. Soc. Jesu* ; Tiraboschi, *Storia della Letteratura italiana*, VIII, 132 ss.; Ranke, *Fürsten u. Vœlker von Südeuropa*, IV, 270 ss.

PALLE (*palla*, couverture), nom d'une pièce de toile ou d'étoffe de soie qui couvre l'autel lorsque le prêtre y a placé le calice et ce qui est nécessaire au sacrifice. Dans le *Sacramentaire* de Grégoire le Grand, le corporal (voy. ce mot) et la palle sont appelés *pallæ corporales*, pour les distinguer des nappes d'autel, qui sont simplement nommées *pallæ*. Dans la suite, on a donné le nom de corporal au linge qui est au-dessous du calice, et celui qui est au-dessus a retenu le nom de *palla*. — Voyez Le Brun, *Explicat. des cérém. de la messe*, II, 25.

PALLIUM, ornement pontifical propre aux papes, aux patriarches, aux primats et aux métropolitains, qui le portent sur leurs habits pontificaux. Il est en laine blanche, et a la forme d'une bande large de trois doigts, qui entoure les épaules, ayant des pendants longs d'une palme par devant et par derrière, avec de petites lames de plomb arrondies aux extrémités, couvertes de soie noire avec quatre croix rouges. L'origine du *pallium* est expliquée d'une manière différente. Les uns la trouvent dans les ornements sacerdotaux du grand-prêtre chez les Juifs ; d'autres croient la voir dans le manteau impérial dont les empereurs accordaient l'usage aux hauts dignitaires, en particulier aussi aux papes et aux patriarches. Les textes invoqués (Symmaque, 501, chez Mansi, *Collect. conc.*, c. VIII, fol. 228 ; Fejer, *Codex diplom. Hungar.*, ad. an. 504) pour faire remonter l'usage du pallium au commencement du sixième siècle de l'ère chrétienne, manquent de solidité. Ce n'est guère que sous Grégoire Ier que l'envoi du *pallium* apparaît certain. Boniface, l'apôtre de la Germanie, en fait le premier mention (*Epist.* 73, *ad Cudberthum*, chez Würdtwein, *Bonifacii epistolæ*, Mogunt., 1789). Depuis lors, trois mois après leur consécration, les archevêques sont obligés de faire la réquisition du *pallium*, et jusqu'à ce qu'ils l'aient obtenu, ils ne peuvent exercer leurs fonctions, si ce n'est pour accorder des démissoires. Le *pallium* doit être réclamé à nouveau pour l'administration de chaque nouvelle province ecclésiastique : il est enterré avec son propriétaire. Tandis que le pape peut le porter en toute occasion, l'archevêque ne peut le mettre que dans sa province et dans l'exercice de ses fonctions. Dans l'origine, le *pallium* était délivré gratuitement ; plus tard les papes en réclamaient un prix élevé, ce qui donnait parfois lieu à des contestations entre les titulaires et la curie romaine. Le *pallium* est fabriqué avec de la laine prise sur des agneaux qui sont solennellement bénis par le pape depuis le balcon du Vatican à la fête de sainte Agnès, puis emmenés à l'église de ce nom et placés sur l'autel pendant la messe *Agnus Dei*. Les sœurs de Sainte-Agnès les élèvent avec le plus grand soin, les tondent et filent la laine. Les *palliums* sont bénis par le pape aux vêpres de la fête de saint Pierre et de Paul, le 18 juin, et passent la nuit sur l'autel élevé sur la tombe de saint Pierre dans l'église du Vatican ; ensuite ils sont serrés dans une armoire pratiquée au-dessus de la *cathedra Petri*, jusqu'au jour où le pape les envoie aux archevêques nouvellement promus. Primitivement réservé à ces derniers, le *pallium* a aussi été donné à certaines catégories d'évêques, comme en Orient où tous les évêques le portent. — Voyez Thomassin, *Discipline de l'Eglise* ; Bocquilot, *Liturgie sacrée*, p. 170 ; le père de Bralion, *Pallium archiepiscopale* ; Barthel, *De pallio*, 1753 ; Pertsch, *De origine, usu et authoritate palli archiepiscopalis*, 1754 ; Calcagni, *De pallio*, 1820.

PALMER (Chrétien-David-Frédéric), né à Winnenden, dans le Wurtemberg, en 1811, mort en 1875 à Tubingue, où il professa la théologie depuis 1843, a laissé la réputation d'un esprit aimable, d'un écrivain facile et fécond, d'un orateur populaire, simple et ingénieux. Ses sermons, en particulier les deux recueils *Evangelische Casualreden*, 1846, et *Predigten aus neuerer Zeit*, 1874, se distinguent par leur forme élégante et claire, leur chaleur fortifiante et leur caractère pratique. Peut-être pèchent-ils, comme toutes les productions de Palmer, par un certain manque de profondeur et d'énergie : ils ne stimulent pas assez la réflexion propre des auditeurs ou des lecteurs. Ce sont les diverses branches de la théologie pratique que Palmer a traitées avec une prédilection et une aptitude marquées. Son *Evangel. Homiletik*, 1842, son *Evangel. Katechetik*, 1841, son *Evangel. Pæ-*

dagogik, 1852, son *Evangel. Pastoraltheologie*, 1860, son *Evangel. Hymnologie*, 1865, comptent parmi ses meilleurs ouvrages. Nous n'en pouvons dire autant de son manuel, *Die Moral des Christenthums*, 1864. Citons encore un recueil d'études diverses ou de mélanges intitulé *Geistliches und Weltliches*, 1873. Palmer se rattachait au parti évangélique. Conciliant par tempérament et par conviction, il était opposé au luthéranisme batailleur, au piétisme hostile à toute culture scientifique, à la théosophie prétentieuse des disciples de Beck. Alliant un rare bon sens à une imagination fraîche et poétique, il savait, comme le bon père de famille, tirer de l'inépuisable trésor de l'Ecriture « des choses anciennes et des choses nouvelles ; » il excellait, en particulier, dans l'art heureux de rajeunir les vieilles choses.

PALMYRE. Voyez *Tadmor*.

PAMIERS (*Apamiæ*, Ariège), évêché supprimé en 1801, rétabli en 1833, dépendant de Toulouse, érigé en 1295 seulement au lieu de l'abbaye de Frédelaz, qui était consacrée à saint Antonin, martyr ; Jacques Fourniel (Benoît XII) y fut élu pape ; on vit sur ce siège, de 1550 à 1557, Jean de Barbançon, suspect d'hérésie ; de 1626 à 1643, l'historien Henri de Sponde ; on se souvient que l'évêché de Pamiers fut mêlé, sous Louis XIV, à la querelle de la *régale* (*Gallia christiana*, XIII).

PAMMAQUE (Saint), prêtre de Rome, mort en 409, appartenait à la noble famille Furia. Il devint le gendre de Paule, dont il épousa la seconde fille, Pauline, et, après la mort de sa femme, il distribua ses biens aux pauvres, embrassa la vie monastique, et établit à Porto, près de Rome, un hôpital en faveur des étrangers. Ami intime de Jérôme, qui l'appelle *vir omnium nobilium christianissimus et christianorum nobilissimus*, il devint le confident de sa pensée et son correspondant favori (voyez par ex. *Adversus errores Joh. Hieros. ad Pammachum*). Paulin de Nole (*Epist.* 37) décrit un repas que donna Pammaque, dans une église de Rome, aux pauvres. — Voyez Jérôme, *Epistolæ* XXVI, XXX, XXXIII, L, LII ; Tillemont, *Mémoires*, X, 240.

PAMPHILE (Saint), savant presbytre de Césarée, né à Béryte, en Phénicie, vers l'an 240, mort à Césarée, dans la Palestine, en 309, exerça d'abord dans son pays de hautes fonctions dans la magistrature. Plus tard, il se consacra uniquement à l'étude et à la propagation de la connaissance des saintes Ecritures, et à la lecture des ouvrages d'Origène, dont il transcrivit la plus grande partie de sa propre main. Plein de zèle pour la science, Pamphile se plaisait à protéger les savants, et il forma une bibliothèque contenant plus de trente mille volumes, qu'il donna à l'Eglise de Césarée. Il associa Eusèbe à ses travaux, et tous deux collationnèrent avec soin les diverses copies de la Bible. Il ne nous reste de lui que son premier livre de l'*Apologie* d'Origène qu'il écrivit alors qu'il avait été jeté en prison par le préfet Urbanus, pendant la persécution qui sévit en Palestine sous Maximin (307). Eusèbe ajouta un sixième aux cinq livres composés par Pamphile. Le premier seul nous a été conservé dans la traduction latine de Rufin (397). L'*Apologie* est adressée aux *confessores ad metalla Palæstinæ* *damnatos*, afin de les faire revenir des préjugés qu'ils nourrissaient contre Origène et contre sa doctrine. — Une biographie de Pamphile par Eusèbe a été perdue. Voyez Eusèbe, *Hist. eccl.*, VI, 32. 33; VII, 32; *De martyr. Pal.*, c. 11; Socrate, III, 7; Jérôme, *Catal.*, 75; *Epist. ad Marcellam*, II, 711; *Acta passionnis S. Pamphili Mart.*, dans les *AA. SS.*, Junii, I, 64.; Ceillier, *Hist. des aut. sacr. et ecclès.*, III, 435 ss.

PAMPHYLIE, Παμφυλία, province d'Asie Mineure, bornée à l'est par la Cilicie, à l'ouest par la Lycie, au nord par la Pisidie, et au sud par la Méditerranée. C'était un étroit district maritime, ondulé, bien arrosé, fertile, peuplé de villes considérables, telles que Attalie, Perges, Side, etc. La chaîne du Taurus le séparait de la Cilicie. La navigation et la piraterie étaient les principales occupations des habitants qui parlaient un dialecte grec très corrompu. Sous la domination syrienne et romaine, la Pamphylie formait une province particulière. Paul et Barnabas prêchèrent à Perges de Pamphylie qui est plusieurs fois mentionnée dans les Actes des Apôtres (II, 10; XIII, 13; XIV, 24; XV, 38; XXVII, 5).

PANAGIE (Παναγία), terme grec qui signifie *toute sainte*, et qui s'applique habituellement à la vierge Marie. Les Grecs l'emploient pour désigner une cérémonie que font les moines dans leur réfectoire, surtout pendant le temps pascal. D'après les évangélistes, Jésus-Christ ressuscité apparut à ses disciples pendant qu'ils étaient à table et mangea avec eux. Or, selon une tradition de l'Église grecque, les apôtres, en mémoire de ce fait, lorsqu'ils habitaient encore à Jérusalem avec la mère de Jésus, laissaient toujours une place vide à leur repas et déposaient à cette place un morceau de pain destiné au Sauveur qu'ils attendaient toujours pour présider leur repas. Cet usage se perpétua et se répandit dans l'Eglise grecque, et il fut pratiqué non seulement par les prêtres, les religieux et les religieuses, mais encore par l'empereur de Constantinople. Quant au pain dont on se servait, il devait avoir une forme triangulaire, comme symbole de la Trinité. Il était placé sur une table, devant une image de la Vierge, dans un vase particulier nommé Παναγιάριον. — Voyez Codin, *De officialibus palatii Constantinopolitani* et *De officiis magnæ Ecclesiæ*, 7, 32; Leo Allatius, *De Ecclesiæ orient. et occident. perpetua consensione*; Goar, *Eucologium Græcorum*, p. 867.

PANCRACE (Saint). Plusieurs saints de l'ancienne Eglise portent ce nom. Le plus connu est un jeune Romain qui périt, à l'âge de quatorze ans, dans la persécution de Dioclétien. Une chrétienne, appelée Octabille ou Octaville, sauva son cadavre et l'enterra dans le cimetière de Saint-Calépode, qui prit ensuite son nom. Ses reliques furent expédiées en grand nombre par les papes en Gaule et en Angleterre, et y produisirent des miracles. Beaucoup d'églises en France, en Espagne et en Allemagne portent le nom de ce saint. Grégoire de Tours (*De gloria martyrum*, c. 39) appelle Pancrace le vengeur des parjures, et dit que Dieu, par un miracle continuel, punit visiblement les faux serments qui ont été faits en présence de ses reliques. Le martyrologe romain fait mention du martyre de saint Pancrace le 12 mai. — Voyez Grégoire le Grand, *Epistol.*, VI, 49; Bède, *Hist. ecclés.*, III, 39; *AA. SS.*, Maii, t. III; Tillemont, *Mémoires*, V; Jenichen, *Dissert. de s. Pancratio urbis et ecclesiæ prim. Giessensis patrono*, 1758.

PANORMITAIN. Voyez *Tedeschi.*

PANTÈNE (Saint), fondateur de l'école des catéchètes d'Alexandrie. Son origine est obscure. Les uns le font naître à Athènes, les autres en Sicile vers l'an 155. Il se livra d'abord à l'étude de la philosophie stoïcienne. Après sa conversion, il alla se fixer à Alexandrie où nous le trouvons, en 180, à la tête de l'école des catéchètes. Il compta parmi ses disciples Clément d'Alexandrie et Alexandre de Jérusalem. Nous ne savons rien de certain de son activité ni à quelle époque il fit le fameux voyage missionnaire en Judée dont parlent Eusèbe et Jérôme. D'après Jérôme, qui dit que c'est Démétrius, évêque d'Alexandrie, qui établit Pantène apôtre des nations orientales, ce voyage n'aurait eu lieu qu'après l'an 190. Il se pourrait bien que le nom Inde désignât l'Arabie méridionale. Pantène a laissé, au rapport de Jérôme, divers commentaires sur les Ecritures dont il ne nous reste qu'un court fragment cité par Clément d'Alexandrie et recueilli par Halloix, *Illustr. eccl. orient., script.*, 1633, et par Routh, *Reliq.*, I, 339 ss. — Voyez Eusèbe, *Hist. ecclés.*, V. 9. 10; VI, 14. 19; Clément, *Strom.*, I, 274; Jérôme, *Catal.*, 38; Ceillier, *Hist. des aut. sacr. et eccl.*, II, 237 ss.

PANTHÉISME. Ce mot est de création moderne. Il a été employé pour la première fois par John Toland vers 1700, pour désigner les systèmes philosophiques, qui comme l'indique l'étymologie (παν, tout et Θεος, Dieu), prétendent que Dieu est tout, c'est-à-dire d'après lesquels *ponitur omnia quæ sint ad unum redire, idque unum esse Deum* (Buhle, *De ortu et progressu Pantheismi,* dans les *Comment. societatis Gotting.*, 1790, X), ou encore d'après lesquels, selon l'expression de Spinosa, il n'existe que Dieu et les manières d'être de Dieu, *Deus et modi essendi Dei.* Il est étrange qu'il se soit écoulé tant de siècles avant qu'on ait donné un nom à ces systèmes qui se sont produits presque dans tous les temps et dans tous les lieux, et qui présentent entre eux des ressemblances si frappantes dans leurs doctrines, leurs formules et leur langage. Cela ne peut s'expliquer que par ce fait que, avant le commencement du dix-huitième siècle, on n'en comprenait ni le sens, ni la nature, ni l'origine scientifique ou psychologique; et en effet on les prenait pour des systèmes enseignant l'athéisme, c'est-à-dire précisément pour le contraire de ce qu'ils sont (l'athéisme veut établir qu'il n'y a pas de Dieu, et le panthéisme que Dieu seul existe). — Le panthéisme se présente sous deux formes principales, qui se fondent quelquefois ensemble dans un même système, mais qui sont cependant distinctes, et dont l'une domine là même où elles se rencontrent toutes les deux. Il apparaît en effet dans l'histoire tantôt comme une doctrine essentiellement religieuse, tantôt comme une doctrine essentiellement dialectique. Sous sa forme religieuse, il se montre dans les systèmes mystiques spéculatifs : le sankya de Patandjali, et le Bagava Ghita, dans l'Inde; la doctrine de Fohi en Chine, le sufisme dans l'Asie centrale, le panthéisme de la Kabale, celui des néoplatoniciens, celui des frères du libre esprit au quatorzième siècle, etc., porta le même caractère. Sous sa forme dialectique, il se rencontre dans l'école d'Elée, dans Giordano Bruno, dans Spinoza, dans l'hégélianisme. Le panthéisme religieux a son origine et sa source dans une exaltation du sentiment religieux livré à l'imagination et en dehors de tout contrôle de la raison; le panthéisme dialectique est le produit d'une spéculation exclusive et d'un travail purement logique et à priori de l'entendement. — Nous renvoyons pour le panthéisme religieux à ce qui, dans l'article *Mysticisme*, se rapporte au mysticisme spéculatif ou extatique, Nous ne parlerons ici que du panthéisme dialectique. Ce panthéisme commence avec les premiers essais de philosophie dans la Grèce, mais il n'a pris une forme scientifique que dans les temps modernes. Déjà les philosophèmes des Ioniens trahissent une tendance au panthéisme, quoiqu'elle soit bien certainement inconsciente d'elle-même. Elle se révèle dans cette singulière prétention de donner tout ce qui existe pour des transformations diverses d'une même substance, soit de l'eau, soit de l'air, soit du feu. Les éléates sont plus hardis; ils nient la réalité du monde phénoménal, qui n'est, à ce qu'ils assurent, qu'une illusion de l'esprit, et ne laissent de réalité qu'à la substance éternelle, immuable, immobile, etc. Ce système ne fut qu'une protestation et une réaction contre des doctrines qui prétendaient que tout dans le monde est soumis à un changement incessant; au seizième siècle Giordano Bruno essaya de donner une démonstration raisonnée du panthéisme idéaliste des éléates (voyez sur ce philosophe la *Beilage* du *Ueber die Lehre des Spinoza*, par H. Jacobi). — Ces essais informes furent jetés dans l'ombre par le système que Spinoza tira de la philosophie de Descartes (sur les rapports du catésianisme et du spinozisme, voyez l'*Histoire de la révolution cartésienne* par M. Er. Bouillet. Un écrivain, d'ailleurs fort médiocre, du dix-septième siècle, Noël Aubert de Versé, avait déjà inventé que le cartésianisme est l'origine de spinozisme dans l'*Impie convaincu ou dissertation contre Spinoza*, Amsterd., 1685, in-8°). Il est manifeste que la substance qui existe par elle-même de Descartes est le Dieu de Spinoza, et que la substance qui n'existe que par le concours continuel de la précédente, du premier, ne peut-être que les *modi essendi dei* du second, ce qui est d'ailleurs la conséquence de la doctrine cartésienne, que la conservation des êtres et des choses n'est que l'effet d'une création continue. En outre de la formule *Deus et modi essendi Dei*, Spinoza se sert parfois dans son *Ethique* de cette autre: ***Natura naturans et natura naturata***, formule qui lui est de beaucoup antérieure et qui présente le même sens. Il n'est pas inutile d'ajouter que pour lui les *modi essendi dei* peuvent et doivent être fort nombreux; mais qu'il n'en est que deux, la manifestation de Dieu sous la forme de l'étendue et celle sous la forme de la pensée, qui nous soient perceptibles. — Schelling qui, quoiqu'il se refuse à le reconnaître, tient de si près à Spinoza, parle comme lui de la nature (l'étendue) et de l'esprit (la pensée) et les fait dériver du même être, qu'il appelle l'absolu. Cet absolu est l'indifférence des différents, c'est-à-dire en lui les choses différentes (la nature et l'esprit) cessent de l'être et se réduisent à une identité absolue (d'où le nom de système de l'identité absolue qui a été donné à cette philosophie). Il est un point cependant sur lequel les deux systèmes diffèrent. Tandis que pour Spinoza les manifestations de Dieu (les *modi essendi dei*) se succèdent sans cesser d'être semblables, les manifestations de l'absolu sont pour Schelling de véritables évolutions de son être. Cet être, ou pour mieux dire, l'être a une vie propre; à mesure qu'il vit, il se développe, et la conscience qu'il a de lui-même est proportionnelle à ses développements. L'idée du progrès, du devenir, fort obscure encore à l'époque où vivait Spinoza, entre décidément, avec Schelling, dans le panthéisme. Le système du philosophe hollandais est la description des manières d'être de Dieu ; celui du philosophe allemand est, ou pour être plus exact, voudrait être l'histoire de ses évolutions. Il faut reconnaître toutefois que Schelling n'a pas su le présenter dans ce sens ; entre ses mains, cette idée est restée stérile. — C'est à Hegel que revient le mérite d'avoir fait du panthéisme l'histoire progressive de Dieu. Ce philosophe appelle Dieu, non plus l'absolu comme Schelling, mais l'idée, l'idée en elle-même, à son point de départ, pourrait-on dire, s'il ne s'agissait d'un être éternel. Considérée en elle-même, l'Idée est l'abstraction pure, par conséquent l'absolument négatif, et cet absolument négatif pris immédiatement, ne diffère en rien du néant (*Encycl. der philos. Wissensch.*, 3e édit., § 86 et 87). Hegel ajoute en forme de développement : « De là suit cette seconde définition de l'absolu : il est le néant. » Mais cette Idée, par une suite de *processus*, par une sorte d'éducation progressive, va se rendre capable de devenir tout ce qu'elle peut être. En sortant de son état primitif, état tellement vague, tellement indéterminé qu'elle y ressemble au néant même de l'existence, elle se manifeste d'abord sous la forme du monde, comme nature. Puis se dégageant des liens de la matière, elle devient libre, prend conscience d'elle-même et passant alors par ces deux degrés de développement, savoir d'esprit individuel dans l'homme et d'esprit général dans la nation, elle s'élève à la sphère idéale, et là se saisissant elle-même, elle se voit se contemple, s'étudie, se connaît et se sent Dieu, Dieu parfait, Dieu infini, Dieu éternel. — Ce panthéisme dialectique a rencontré un nombre infini de contradicteurs, on ne saurait s'en étonner. Ils lui ont reproché de nier la personnalité humaine, la liberté morale et la responsabilité, faits de conscience, sans lesquels la vie de l'homme n'a plus ni sens, ni but, et avec lesquels disparaît toute notion de moralité. Ils lui ont reproché non moins vivement de donner de Dieu des idées qui blessent profondément nos sentiments les plus intimes, qui répugnent à la droite raison, qui sont en opposition directe et radicale avec nos besoins religieux. Autant vaudrait prêcher ouvertement l'athéisme. Comment d'un autre côté n'éprouverait-on pas une sorte de sentiment d'horreur en voyant ce système transporter en Dieu les erreurs, les folies, les crimes qui se commettent parmi les hommes, et les donner pour des actes du développement auquel il est soumis par les lois de sa propre nature? Au point de vue pratique, ces reproches ne sont pas certainement sans fondement. — Au point de vue spéculatif ou de théorie scientifique, le panthéisme dialectique n'est pas exposé à de moindres difficultés. Déjà son point de départ prête à bien des objections. Qu'est-ce que cet être purement abstrait, qui est une sorte de négation de l'existence, un *venerabile nihil*, qui est tout au moins absolument indéterminé, dont on ne peut dire qu'il est ceci ou cela, ni même qu'il est? Et cependant il faut commencer par là ; le panthéisme n'est possible qu'à la condition de cette indétermination absolue. L'être purement abstrait ne pourrait en effet prendre toutes les formes imaginables, même celles qui sont contradictoires, si par nature il était primitivement un être ayant une détermination quelconque. S'il était ceci, il pourrait bien se développer dans toutes les conséquences de ce ceci ; mais il ne pourrait pas devenir cela, et encore moins se développer dans toutes les conséquences de ce cela, sans renoncer d'abord à être ceci. Qui doit devenir tout, même les contraires, doit commencer par être rien. Mais comment ce qui est rien deviendra-t-il quelque chose, toutes les choses possibles? Dira-t-on qu'il est dans la nature de ce rien de devenir quelque chose? Mais la nature de rien est de rester éternellement rien. Dira t-on que ce rien est le possible de toute réalité? Cela se comprend peu. La réalité n'est pas la conséquence nécessaire de la simple possibilité.. Sans doute la réalité suppose une possibilité antérieure ; mais pour que la transition du possible au réel s'opère, il y faut un peu d'aide. On dit bien qu'il y a un chêne possible dans le gland. Mais ce chêne possible ne deviendra un chêne réel, que si ce gland est mis dans des conditions de germination favorables. Qui mettra l'être purement abstrait, le possible primitif en position de devenir l'être réel? Schelling a vivement reproché à Hégel (sans paraître se douter que son reproche atteignait son propre système de l'identité absolue, comme d'ailleurs tous les autres systèmes panthéistes de ce genre) d'avoir transformé, sans aucune raison, son Idée qui n'est tout au plus qu'un être possible, en un être réel. Il est impossible, lui dit-il, « d'attribuer à la notion purement logique la faculté de se transformer par sa nature même en son contraire, et de retourner à soi, de redevenir elle-même, chose qu'on peut bien penser d'un être réel, vivant, mais qu'on ne saurait dire de la simple notion, sans la plus absurde des fictions » (Schelling, *Préface à la traduction allemande de la Préface des Fragments philosophiques de M. Cousin, traduite par M. Willm*). — Le panthéisme appartient à ce genre de système, que dans le langage scolastique, on appelle le réalisme. Il part comme lui de l'hypothèse que les seules réalités sont les *universalia ante rem*, et il prétend que les lois de l'être et celles de la pensée sont identiques, de sorte qu'on peut dire de l'être ce qu'on peut dire de la pensée, et que l'ontologie se confond avec la logique. Cette identification est une vraie chimère, Hégel nous dit en vain que puisque nous ne connaissons l'être que par l'idée que nous avons de cet être, les lois qui régissent les êtres sont les mêmes que les lois d'après lesquelles nous lions et coordonnons nos pensées ou nos connaissances. Les idées générales n'ont pas d'existence séparée ; elles ne sont pas les causes de nos conceptions particulières ; elles n'en sont que des conséquences, des résumés. Les êtres viennent, non de l'idée que nous en avons, mais d'autres êtres qui les ont produits. Il n'y a pas d'êtres généraux ; il n'y en a point dont on puisse seulement dire : il est, c'est-à-dire qui ne soit que l'être pur et rien de plus. Si cela se dit à la rigueur de Dieu, c'est que nous ne connaissons pas sa nature même, et que nous répugnons à nous faire de lui un tableau de fantaisie. C'est par suite d'une retenue, d'une réserve, que la raison nous commande. Les panthéistes n'ont pas de ces scrupules, et ce n'est pas là un de leurs moindres défauts. — En outre des ouvrages cités dans cet article, on peut consulter sur le panthéisme : Jœsche, *Der Pantheismus nach seinen Hauptformen*, Kœnigsberg, 1827-1832, 3 vol, in-8° ; J.-F. Romang, *Der neueste Pantheismus oder die jung hegelsche Weltanschauung*, Zurich, 1848, in-8° ; A. von Schaden, *Ueber den Gegensatz des theistischen und pantheistischen Standpunctes; ein Sendschreiben an Feuerbach*, Erlangen, 1848, in-8° ; P. Volkmuth, *Der dreieinige Pantheismus von Thales bis Hegel*, Cologne, 1854, in-8° ; E. Bohmer, *De panthéismi nominis origine et usu et notione*, Halœ Saxon., 1851, in-8° ; *Dictionn. des sciences philosoph.*, 2e édit., p. 1237 ss., article *Panthéisme*; Herzog, *Real Encykl.*, XI, p. 64-77 ; Krug, *Encykl.-philosoph. Lexicon*, 2e édit., III, p. 146-149, où se trouve l'indication de plusieurs autres écrits, d'une date plus ancienne, sur le panthéisme.

M. NICOLAS.

PANTHÉON, temple de l'ancienne Rome bâti en forme de dôme, pour représenter le ciel. Bien que consacré originairement à Jupiter Vindicator, il fut ensuite destiné à recevoir les statues de tous les dieux. Construit l'an de Rome 729 sous Auguste, aux frais de son gendre Agrippa, dans le champ de Mars, il fut restauré par Adrien, après avoir été en partie détruit par la foudre. Dépouillé par les barbares de toutes ses richesses, il courait risque d'être ruiné complètement, lorsque le pape Boniface IV l'obtint de l'empereur Phocas et le sauva en en faisant une église qu'il consacra à la Vierge et à tous les martyrs (610). De là son double nom de *Santa Maria ad Martyres* et *Santa Maria Rotunda*, à cause de sa forme ronde. C'est sous ce dernier nom de Notre-Dame de la Rotonde que le Panthéon existe encore à Rome près de la Minerve. La dédicace du Panthéon a donné lieu à la fête de Tous les Saints (voyez *Toussaint*).

PANZER (George-Wolfgang), critique célèbre, né à Sulzbach en 1729, mort en 1805, fit ses études à l'université d'Altorf, y prit, en 1749, le grade de docteur en philosophie, et, plus tard, celui de docteur en théologie. Il devint pasteur à l'église de Saint-Sébald à Nuremberg et publia un certain nombre de travaux remarquables par l'exactitude des recherches et l'étendue des connaissances qu'ils révèlent. Nous citerons notamment, outre ses célèbres *Annales typographiques* : 1° *Notice sur les plus anciennes Bibles allemandes imprimées au quinzième siècle et conservées à la bibliothèque de Nuremberg*, 1777 ; 2° *Histoire des éditions de la Bible faites à Nuremberg depuis l'invention de l'imprimerie jusqu'à nos jours*, 1778 ; 3° *Description détaillée des plus anciennes éditions de la Bible publiées à Augsbourg*, 1780 ; 4° *Essai d'une histoire succincte de la traduction allemande de la Bible par les catholiques*, 1781 ; 5° *Esquisse d'une histoire littéraire des traductions luthériennes de la Bible en allemand, écrites de* 1517 à 1581, 1783 et 1791.

PAPE. Le concile du Vatican a définitivement écarté le *système épiscopal*, qui fut la doctrine du concile de Constance, et proclamé le *système papal*. Le pape est, dans la théorie officielle de l'Eglise, *évêque universel*. Ses prérogatives sont de deux espèces : 1° *Primauté de juridiction* ; le pape représente l'Eglise vis-à-vis de l'Etat, et il gouverne l'Eglise : « Nous enseignons et nous définissons comme un dogme divinement révélé, que le Pontife Romain, lorsqu'il parle du haut de sa chaire, c'est-à-dire lorsque, faisant fonctions de pasteur et de docteur de tous les chrétiens, il définit, de sa suprême autorité apostolique, la doctrine de la foi et des mœurs qui doit être tenue par l'Eglise universelle, jouit, par l'assistance divine, de l'infaillibilité dont le divin Rédempteur a voulu que son Eglise fût pourvue pour la définition de la doctrine de la foi et des mœurs ; d'ou il suit que les définitions de cette nature, émanées du souverain Pontife, sont irréformables par elles-mêmes (*ex sese*), et non par le consentement de l'Eglise » (*Conc. Vat. I*, 4° session, 18 juillet 1870). 2° *Primauté d'honneur*. Le titre de « pape » n'est autre chose que le nom de père. Hésychius dit : « Pappas, nom d'amitié que les enfants donnent à leur père. » L'antiquité donnait ce nom à tous les évêques ; Clovis, écrivant aux prélats de son royaume, leur dit : *Orate pro me, domini sancti et apostolica sede dignissimi papæ* (Mansi, VIII, 346) ; dans l'Eglise d'Orient, c'était le titre de tous les clercs, et l'empereur Isaac Comnène appelle un lecteur *simplicem papam*. Le pape Sirice (384-398) est le premier qui ait pris ce nom comme un titre (Coustant, *ep.* 659), et l'usage, incertain jusqu'au septième siècle, a été établi solennellement par la célèbre *dictée* de Grégoire VII : *Quod hoc unicum est nomen in mundo*. La vieille langue française écrivait, par une singulière erreur, *la pape*. Il faut remarquer qu'en Orient le patriarche d'Alexandrie et le pape de Rome sont seuls à s'appeler παππάς, génitif παππᾶ, tandis que le nom des clercs se décline παππάτος. L'évêque de Rome est encore appelé *apostolicus* (*apostoiles* en vieux français) ; nous venons de voir ce titre appliqué à tous les évêques ; *Souverain pontife* : Brunon, archevêque de Cologne en 953, se parait encore de ce titre, que Léon Ier paraît avoir pris le premier ; *vicaire de saint Pierre* (Saint Boniface le nommait ainsi en 722) et *vicaire de Jésus-Christ* ou *de Dieu* : ce n'est qu'Innocent III qui s'est attribué ce nom. Saint Grégoire Ier s'est appelé le premier *serviteur des serviteurs de Dieu* (591). L'appellation de « saint » et « très saint père » et de « votre sainteté », était, comme tous les titres de la papauté, commune autrefois à tous les évêques. Les insignes de la papauté sont : le pallium, la tiare ou trirègne et le bâton droit (*pedum rectum*), par différence avec la crosse des évêques ; à son couronnement, le pape s'entend dire : « Recevez la tiare ornée de trois couronnes et sachez que vous êtes le père des évêques et des rois, le recteur du monde sur la terre, le vicaire de Notre Sauveur Jésus-Christ, auquel est honneur aux siècles des siècles. » Les catholiques non souverains lui baisent le pied, c'est l'*adoratio ;* Grégoire VII disait dans sa *dictée* : *quod solius papæ pedes omnes principes deosculentur* ; l'empereur lui tenait l'étrier (*officium strepæ*). Le pape était le chef du temporel de l'Eglise ; par l'encyclique du 1er novembre 1870, Pie IX a protesté contre la destruction de l'Etat pontifical ; c'est alors qu'il a prononcé le mot : « Nous déclarons et protestons devant Dieu et l'univers catholique, que nous nous trouvons en une telle captivité, qu'il ne nous est nullement possible d'exercer sûrement, avec succès et librement, notre autorité de suprême pasteur. » On sait que la personne papale et son administration spirituelle sont l'objet de la *Loi des garanties* du 13 mai 1871. — Les lettres des papes se divisent en bulles et en brefs ; les premières commencent ainsi : *Leo episcopus servus servorum Dei*, les autres, dont l'importance est moindre : *Leo P. P. XIII* ; au milieu du moyen âge, les bulles à effet durable, traitant, par exemple, de fondations et de privilèges, étaient, à ce que l'on croit généralement, attachées avec des cordons de soie, et les actes à effet temporaire, avec des cordons de chanvre ; voici à cet égard les dernières règles édictées par Léon XIII (29 octobre 1878) : « Que les lettres apostoliques soient écrites en caractères latins ordinaires sur parchemin ; que la bulle de plomb avec les cordelettes soit réservée pour les lettres de collation, d'érection ou de démembrement des bénéfices majeurs et pour les autres actes solennels du saint-siège ; pour les autres lettres, nous lui substituons l'impression d'un sceau de couleur rouge qui sera fait à neuf. » Du *Grand bullaire*, ou recueil bien incomplet des bulles jusqu'à 1739 (par Cocquelines, 28 vol. in-f°), nous dirons seulement qu'il est réimprimé à Turin, depuis 1857, in-4°, avec supplément, et continué, pour Benoît XIV, à partir de 1754 (réimpression à Malines, 1826, avec supplément, 13 vol. in-8°) et de Clément XIII à Pie VIII (1835 ss.), par Barberi. Les *Décrétales* ne sauraient nous retenir en ce moment ; nous nous bornerons à indiquer la nouvelle et admirable édition du *Corpus Juris canonici*, qui les a recueillies (par M. Friedberg, I, Leipzig, in-4°, 1879) et, pour les *Fausses décrétales*, l'édition de Hinschius, 1863. Les lettres des papes jusqu'en 460 ont été publiées par Coustant (vol. I, Paris, 1721, in-f°), de 460 à 523, par M. Thiel, Braunsberg, 1868, vol. I ; le *registre* de Grégoire Ier est imprimé dans ses œuvres, édition des Ballerini ; M. Paul Ewald se dispose à le réimprimer dans les *Monumenta Germaniæ* (voyez *Neues Archiv.*, III, 3) ; celui de Grégoire VII a été publié par Jaffé, le *registre* d'Innocent III, par Baluze et Bréquigny, les lettres d'Honorius III, par M. Horoy (continuation de Migne, vol. I, 1878), le *registre* d'Innocent IV, publié par M. E. Berger, paraît en ce moment. Telles sont les principales collections de lettres pastorales. Aux nombreux recueils manuscrits, qui ont servi de base aux collections conciliaires et qui sont énumérés en particulier dans l'*Histoire des sources du droit canon*, de Maassen, on peut ajouter aujourd'hui l'importante *Collection Britannique*, que vont publier les *Monumenta Germaniæ* (voyez *Neues Archiv.*, 1880). Les *Analecta juris pontificii* ont apporté beaucoup d'additions aux anciennes publications ; la *Patrologie* de Migne contient des éditions parfois fort utiles. Toutes les bulles imprimées sont résumées et classées dens les *Regestes* de Jaffé (jusqu'en 1198 — M. Wattenbach en prépare une nouvelle édition) et de Potthast (1198-1304). Le cardinal Hergenröther a annoncé la publication d'un catalogue des *registres* qui contiennent depuis Innocent III la copie du plus grand nombre des lettres des papes ; pour le moment, il faudrait lire sur ce sujet M. Delisle (*Mém. sur les Actes d'Innocent III, Bibl. Ec. ch.*, 1857 et 1858), Kaltenbrunner, *Die acusseren Merkmale der pæpstl. Briefe im 12. Jahrh.*, et Munch, *Aufschlüsse über das päpstliche Archiv.*, traduit du danois en allemand par Löwenfeld, Berlin, 1880. Les règles de la chancellerie papale ont été commentées par B. Riganti (*Com. in Regulas*, etc. *Cancell. Apost.*, R., 1744 ss.) ; elles ont été peu changées depuis Nicolas V. Le *Liber diurnus* (voyez cet article) contenait les formules usitées par la chancellerie pontificale du cinquième au onzième siècle ; il a été publié par M. de Rozière en 1869. Les *ordines romani*, qui remontent aux temps les plus anciens, montrent le pape à l'autel ; Mabillon, dans son *Musæum Italicum*, II, 1724 et Muratori, dans sa *Liturgia romana vetus* (1748 ; cf. Migne, 78) les ont conservés ; c'est l'ordre de la liturgie romaine ; le *Pontifical* en occupe aujourd'hui la place. Le pape, en dehors de rôle de chef de l'Eglise, fonctionne tour à tour comme évêque de Rome (son diocèse comprend la ville et la campagne dans un rayon de quelques milles, Saint-Jean de Latran en est la cathédrale, *omnium urbis et orbis ecclesiarum mater et caput*) ; comme archevêque de la province romaine, qui comprend trente-sept évêchés en outre des six évêchés suburbicaires d'Ostie et Velletri, de Porto, de la Sabine, de Palestrina, de Frascati et d'Albano, comme primat d'Italie, enfin comme patriarche d'Occident. Sur la primauté du pape, nous mentionnerons seulement la *Bibliotheca maxima pontificia* de Roccaberti, Rome, 1695 ss., 21 vol. in-f°, Roskovany, *Rom. Pontif. tanquam Primas Ecclesiæ et princeps civilis demonstratus*, Neutra et Komorn, 5 vol., 1867 (recueil de textes), Ballerini, *De vi ac ratione Primatus romanorum Pontificum*, Vérone, 1766, 4 vol. in-4° ; Maassen, *der Primat*, etc., Bonn, 1853, les ouvrages de polémique de Janus, 1869, et de Friedrich, *Zur æltesten Geschichte des Primates in der Kirche*, 1879 ; les titres du temporel sont dans le *Codex diplomaticus dominii temporalis* de Theiner, 1861 ss., 3 vol. in-f°. On peut à peine retracer brièvement ici les vicissitudes de l'élection pontificale. Les meilleures auteurs de la matière sont sans doute Cartwright, *On papal conclaves*, Edimb., 1868, trad. fr.; Floss, *Die Papstwahl unter den Ottonen*, 1858; Zœpffel, *Die Papstwahlen vom 11. bis z. 14. Jahrh.*, 1871, dont il faut rapprocher les commentaires du décret de Nicolas II, en dernier lieu celui de Scheffer-Boichorst, 1879; l'*Histoire des Conciles* de Hefele, 2e édit., *passim*, et les traités de droit canon. L'élection du pape devait être faite, dans les premiers siècles, comme toute élection d'évêque (*universæ fraternitatis suffragio* et *episcoporum judicio*, dit Cyprien, ép. 68, parlant en général ; voyez le canon 4 de Nicée, etc.), par le clergé et le peuple, avec l'assistance des évêques voisins; néanmoins les origines de l'élection pontificale sont obscures. Cyprien nous dit que saint Corneille fut élu, en 251, *de clericorum pæne omnium testimonio, de plebis quæ tunc affuit suffragio et de sacerdotum antiquorum et bonorum virorum collegio* ; il dit ailleurs que Corneille fut élu par seize évêques. Les empereurs chrétiens respectèrent la libre élection du pape, mais leur autorité ne tarda pas à se montrer dans les élections contestées ; ainsi dès 384. Honorius fit même une loi pour régler les cas semblables, et pour ordonner en ce cas « une nouvelle ordination », c'est-à-dire un nouveau choix (les textes sont dans Gratien, *Dist.* LXXIX, *c.* 8, etc). Théodoric avait servi d'arbitre entre Symmaque et Laurentius ; un synode de 499, tenu sous Symmaque, dispose que si le pape n'a pas eu le temps de décider de l'élection de son successeur, *vincat sententia plurimorum*. Ce canon ne fut pas exécuté. Le pouvoir des Goths ariens pesa lourdement sur l'élection des papes, et l'empire grec ne fit qu'aggraver le poids de la main séculière. Au reste, cette autorité du pouvoir civil était pleinement reconnue, et le *Liber diurnus* (entre 685 et 751) conserve les preuves de la confirmation demandée à l'exarque de Ravenne, représentant de l'empereur, dans les cas mêmes d'élection simple et régulière. Les laïques mentionnés, au septième et huitième siècle, comme électeurs, sont tantôt les sénateurs, les *optimates*, l'armée, ou *populi generalitas*. Il n'y avait certainement pas de principes constants. La papauté ne fut pas moins soumise aux Carlovingiens ; un capitulaire de Lothaire, de 824, exige des électeurs et de l'élu le serment de fidélité. Au milieu des ténèbres du dixième siècle, Léon VIII († 965) dans un décret qui ne nous est pas conservé dans un texte authentique, paraît avoir exclu le peuple de l'élection, au bénéfice du patrice, c'est-à-dire de l'empereur Othon Ier ; mais les textes sont douteux et les temps troublés. Hildebrand rétablit l'ordre de sa puissante main. Le décret de Nicolas II (1059) ordonne, dans sa rédaction papale, seule authentique : « qu'avant tout les cardinaux-évêques délibèrent (*tractantes*) de l'élection, qu'ils s'adjoignent ensuite les cardinaux-clercs, et qu'alors le reste du clergé et le peuple donnent leur consentement à l'élection : que ces hommes religieux (les cardinaux-évêques) soient promoteurs de l'élection, que les autres les suivent ; qu'ils élisent le pape dans le sein de l'Eglise de Rome, s'il se trouve une personne convenable, sinon, qu'il soit pris ailleurs; sauf l'honneur et la révérence de notre cher fils Henri, roi et futur empereur, et de ses successeurs qui auront obtenu personnellement ce droit (?) du siège apostolique ; si une élection pure et sans argent ne peut se faire dans Rome, que les cardinaux-évêques avec des hommes religieux, même s'ils sont peu, élisent le pape où ils jugeront le plus convenable. » Ainsi les cardinaux-évêques sont *præduces*, promoteurs de l'élection ; les autres, *sequaces*, suivent (voy. l'art. *Nicolas* II). Que penser, et du bien fondé de ce droit reconnu aux évêques, et de l'exercice qui en a été fait? Pierre Damien, à ce moment cardinal-évêque d'Ostie, dit exactement de même : «Que l'élection se fasse par le *principale judicium* des cardinaux-évêques, que secondement le clergé prête son assentiment, et troisièmement le peuple ses applaudissements, » et ailleurs : « *Quem cardinales episcopi unanimiter vocarunt, quem clerus elegit, quem populus appetivit.* » Ce mode d'élection correspond parfaitement à l'ancienne discipline de l'Eglise ; néanmoins la question est obscure. Quant aux temps suivants, le procès-verbal de l'élection de Grégoire VII mentionne comme seuls électeurs les clercs, soit les acolytes, sous-diacres, diacres et prêtres ; les évêques sont présents, le peuple approuve ; cela est d'accord avec le décret de 1059, car nous avons vu les évêques *proposer* impérativement le choix au vote des clercs plutôt que voter eux-mêmes. La falsification des textes contribua sans doute à égaliser promptement les droits des cardinaux. En même temps la confirmation impériale tombe en désuétude. Le droit moderne est inauguré par le décret du troisième concile du Latran (1179), qui exige les deux tiers des voix des cardinaux, par le deuxième concile de Lyon (1273), qui règle la clôture du conclave, et par Clément V dans ses décrétales. L'élection, aujourd'hui, est régie par la bulle *Æterni pastoris* de Grégoire XV (1621). L'électorat est exercé par les cardinaux présents au lieu du vote, l'éligibilité est liée aux conditions nécessaires pour être évêque. L'élection a lieu dans le conclave, douze jours après la vacance, 1° par acclamation ou *quasi inspiration*, ou 2° *per compromissum*, c'est-à-dire par des délégués unanimement désignés, enfin 3° au *scrutin*, ou au *scrutin et accès*. Les cédules portent ces mots : *Ego Bonifacius cardinalis Gaetanus* (2 cachets) *Eligo in summum Pontificem R. D. meum cardinalem Baronium* (2 cachets) ; numéro et devise. Ainsi le nom de l'élu est visible, la devise et le nom de l'électeur sont scellés. On lit les noms des cardinaux désignés sans lever les cachets, puis on enfile les cédules qui sont brûlées si l'élection est faite au premier tour. L'*accessus* a pour but d'obtenir à un deuxième tour la majorité des deux tiers des voix. La cédule d'*accession* porte le mot : *Accedo R. D. meo D. Cardinali*... On ne peut accéder qu'à un des cardinaux qui ont eu au moins une voix au scrutin, et personne ne peut accéder à celui auquel il a donné sa voix au scrutin, mais l'électeur peut écrire : *Nemini.* Les voix de l'accession sont ajoutées à celles du *scrutinium*, et le vote se fait à la majorité, avec condition des deux tiers des voix. La levée des cachets qui couvre les devises garantit les conditions de l'*accès*. Par son acceptation, l'élu, qui change son nom, reçoit la juridiction papale. S'il n'est pas évêque, il est consacré, sinon bénit. Le couronnement était joint à la prise de possession du Latran. Les grands Etats catholiques, l'Autriche, successeur de l'empire, la France et l'Espagne ont le droit de déclarer chacun un seul cardinal inéligible (*exclusiva*) ; l'exclusive était exercée autrefois par le cardinal protecteur de la nation, aujourd'hui elle pourrait l'être par un cardinal désigné, au moment où l'élection de l'exclu paraît assurée. L'Espagne a exclu Baronius. — On ne nous demandera pas de parler ici des cardinaux et de la curie ; on trouvera tous les renseignements personnels qui y ont trait dans la *Gerarchia cattolica e la familia ponteficia* (ancien *Annuario pontefìcio*), qui paraît chaque année à Rome. L'article qu'on vient de lire ne prétend à aucune originalité ; il est pour la plus grande partie emprunté aux traités allemands de droit canon, parmi lesquels il faut citer Phillips (vol. V, 2, 1857); Hinschius, I, 1869 et Friedberg, 1880. L'histoire des papes ne doit pas nous occuper en ce moment ; on trouvera à l'article *Liber Pontificalis* des renseignements sur la source la plus ancienne de cette histoire ; les *Vitæ Pontificum Romanorum* de Watterich (2 vol., Braunsberg, 1864) contiennent les documents les plus intéressants pour les années 872-1198, les *Vitæ Paparum Avenionensium* de Baluze, ceux de l'époque d'Avignon. Nous ne parlons pas des temps modernes. Parmi les historiens, il serait superflu de citer Grégorovius (3e édition) et Alfred de Reumont ; on peut mettre à côté d'eux le petit livre du modeste Papencordt (1857) et la *Politik der Paepste* de Baxmann (2 vol., 1868); M. Zœpffel publie, dans l'*Encyclopédie* de Herzog et de feu G. Plitt, des articles dont la bibliographie est extrêmement riche. La critique de la période antérieure à 352 se trouve dans le manuel de M. Lipsius, *Chronologie der rœmischen Bischœfe*, 1869. L'historien de la papauté, nous ne dirons que ce seul mot, ne doit être ni guelfe ni gibelin, il n'a pas à venger l'injure de Canosse, non plus qu'à faire l'apologie d'un passé dont les fautes sont jugées et dont les grandeurs se louent d'elles-mêmes. Nous terminerons cet article par une énumération des papes, non point suivant une liste critiquement établie (les éléments de cette critique se retrouveront aisément dans les articles de cette *Encyclopédie*) mais d'après la liste officielle, telle qu'elle est publiée dans la *Gerarchia Cattolica* : 1. S. Pierre, 42-67. 2. S. Lin, 67-78. 3. S. Clet, 78-90. 4. S. Clément I, 90-100. 5. S. Anaclet, 100-112. 6. S. Evariste, 112-121. 7. S. Alexandre I, 121-132. 8. S. Sixte I, 132-142. 9. S. Télesphore, 142-154. 10. S. Hygin, 154-158. 11. S. Pie I, 158-167. 12. S. Anicet, 167-175. 13. S. Soter, 175-182. 14. Eleuthère, 182-193. 15. S. Victor I, 193-203. 16. S. Zéphyrin, 203-220. 17. S. Calixte I, 221-227. 18. S. Urbain I, 227-233. 19. S. Pontien, 233-238. 20. S. Antéros, 238-239. 21. S. Fabien, 240-253. 22. S. Corneille, 254-255. 23. S. Lucius I, 255-257. 24. S. Etienne I, 257-260. 25. S. Sixte II, 260-261. 26. S. Denys, 261-272. 27. S. Félix I, 272-275. 28. S. Eutychien, 275-283. 29. S. Caius, 283-296. 30. S. Marcellin, 296-304. 31. S. Marcel, 304-309. 32. S. Eusèbe, 309-311. 33. S. Melchiade, 311-314. 34. S. Silvestre I, 314-337. 35. S. Marc, 337-340. 36. S. Jules I, 341-352. 37. S. Libère, 352-363.

38. S. Félix II, 363-365. 39. S. Damase, 366-384. 40. S. Sirice, 384-398. 41. S. Anastase I, 399-402. 42. S. Innocent I, 402-417. 43. S. Zosime, 417-418. 44. S. Boniface I, 418-423. 45. S. Célestin I, 423-432. 46. S. Sixte III, 432-440. 47. S. Léon I, 440-461. 48. S. Hilaire, 461-468. 49. S. Simplice, 468-483. 50. S. Félix III, 483-492. 51. S. Gélase I, 492-496. 52. S. Anastase II, 496-498. 53. S. Symmaque, 498-514. 54. S. Hormisdas, 514-523. 55. S. Jean I, 523-526. 56. S. Félix IV, 526-530. 57. Boniface II, 530-532. 58. Jean II, 532-535. 59. S. Agapet, 535-536. 60. S. Silvère, 536-538. 61. Vigile, 538-555. 62. Pélage I, 555-560. 63. Jean III, 560-573. 64. Benoît I, 574-578. 65. Pélage II, 578-590. 66. S. Grégoire I, 590-604. 67. Sabinien, 604-606. 68. Boniface III, 607. 69. S. Boniface IV, 608-615. 70. S. Adéodat I, 615-619. 71. Boniface V, 619-625. 72. Honorius I, 625-638. 73. Séverin, 640. 74. Jean IV, 640-642. 75. Théodore I, 642-649. 76. S. Martin I, 649-655. 77. S. Eugène I, 655-656. 78. S. Vitalien, 657-672. 79. Adéodat II, 672-676. 80. Donus I, 676-678. 81. S. Agathon, 678-682. 82. S. Léon II, 682-683. 83. S. Benoît II, 684-685. 84. Jean V, 685-686. 85. Conon, 686-687. 86. S. Serge I, 687-701. 87. Jean VI, 701-705. 88. Jean VII, 705-707. 89. Sisinnius, 708. 90. Constantin, 708-715. 91. S. Grégoire II, 715-731. 92. S. Grégoire III, 731-741. 93. S. Zacharie, 741-752. 94. S. Etienne II, 752. 95. Etienne III, 752-757. 96. S. Paul I, 757-767. 97. Etienne IV, 768-771. 98. Adrien I, 771-795. 99. Léon III, 795-816. 100. Etienne V, 816-817. 101. S. Pascal I, 817-824. 102. Eugène II, 824-827. 103. Valentin, 827. 104. Grégoire IV, 827-844. 105. Serge II, 844-847. 106. S. Léon IV, 847-855. 107. Benoît III, 855-858. 108. S. Nicolas I, 858-867. 109. Adrien II, 867-872. 110. Jean VIII, 872-882. 111. Marin I, 882-884. 112. Adrien III, 884-885. 113. Etienne VI, 885-891. 114. Formose, 891-896. 115. Boniface VI, 896. 116. Etienne VII, 897-898. 117. Romain, 898. 118. Théodore II, 898. 119. Jean IX, 898-900. 120. Benoît IV, 900-903. 121. Léon V, 903. 122. Christophe, 903-904. 123. Serge III, 904-911. 124. Anastase III, 911-913. 125. Lando, 913-914. 126. Jean X, 915-928. 127. Léon VI, 928-929. 128. Etienne VIII, 929-931. 129. Jean XI, 931-936. 130. Léon VII, 936-939. 131. Etienne IX, 939-942. 132. Marin II, 943-946. 133. Agapet II, 946-956. 134. Jean XII, 956-964. 135. Benoît V, 964-965. 136. Jean XIII, 965-972. 137. Benoît VI, 972-973. 138. Donus II, 973. 139. Benoît VII, 975-984. 140. Jean XIV, 984-985. 141. Boniface VII, 985. 142. Jean XV, 985-996. 143. Jean XVI, 996. 144. Grégoire V, 996-999. 145. Jean XVII, 999. 146. Silvestre II, 999-1002. 147. Jean XVIII, 1003. 148. Jean XIX, 1003-1009. 149. Serge IV, 1009-1012. 150. Benoît VIII, 1012-1024. 151. Jean XX, 1024-1033. 152. Benoit IX, 1033-1044. 153. Grégoire VI, 1044-1046. 154. Clément II, 1046-1047. 155. Damase II, 1048. 156. S. Léon IX, 1049-1054. 157. Victor II, 1055-1057. 158. Etienne X, 1057-1058. 159. Benoît X, 1058-1059. 160. Nicolas II, 1059-1061. 161. Alexandre II, 1061-1073. 162. S. Grégoire VII, 1073-1085. 163. Victor III, 1087. 164. Urbain II, 1088-1099. 165. Pascal II, 1099-1118. 166. Gélase II, 1118-1119. 167. Calixte II, 1119-1124. 168. Honorius II, 1124-1130. 169. Innocent II, 1130-1143. 170. Célestin II, 1143-1144. 171. Lucius II, 1144-1145.

172. Le bienh. Eugène III, 1145-1153. 173. Anastase IV, 1153-1154. 174. Adrien IV, 1154-1159. 175. Alexandre III, 1159-1181. 176. Lucius III, 1181-1185. 177. Urbain III, 1185-1187. 178. Grégoire VIII, 1187. 179. Clément III, 1187-1191. 180. Célestin III, 1191-1198. 181. Innocent III, 1198-1216. 182. Honorius III, 1216-1227. 183. Grégoire IX, 1227-1241. 184. Célestin IV, 1241. 185. Innocent IV, 1243-1254. 186. Alexandre IV, 1254-1261. 187. Urbain IV, 1261-1264. 188. Clément IV, 1265-1269. 189. Le bienh. Grégoire X, 1271-1276. 190. Innocent V, 1276. 191. Adrien V, 1276-1277. 192. Jean XXI, 1277. 193. Nicolas III, 1277-1280. 194. Martin IV, 1281-1285. 195. Honorius IV, 1285-1287. 196. Nicolas IV, 1288-1292. 197. S. Célestin V, 1294. 198. Boniface VIII, 1294-1303. 199. Le bienh. Benoît XI, 1303-1304. 200. Clément V, 1305-1314. 201. Jean XXII, 1316-1334. 202. Benoît XII, 1334-1342. 203. Clément VI, 1342-1352. 204. Innocent VI, 1352-1362. 205. Le bienh. Urbain V, 1362-1370. 206. Grégoire XI, 1370-1378. 207. Urbain VI, 1378-1389. 208. Boniface IX, 1389-1404. 209. Innocent VII, 1404-1406. 210. Grégoire XII, 1406-1409. 211. Alexandre V, 1409-1410. 212. Jean XXIII, 1410-1415. 213. Martin V, 1417-1431. 214. Eugène IV, 1431-1447. 215. Nicolas V, 1447-1455. 216. Calixte III, 1455-1458. 217. Pie II, 1458-1464. 218. Paul II, 1464-1471. 219. Sixte IV, 1471-1484. 220. Innocent VIII, 1484-1492. 221. Alexandre VI, 1492-1503. 222. Pie III, 1503. 223. Jules II, 1503-1513. 224. Léon X, 1513-1521. 225. Adrien VI, 1522-1523. 226. Clément VII, 1523-1534. 227. Paul III, 1534-1549. 228. Jules III, 1550-1555. 229. Marcel II, 1555. 230. Paul IV, 1555-1559. 231. Pie IV, 1559-1565. 232. S. Pie V, 1566-1572. 233. Grégoire XIII, 1572-1585. 234. Sixte V, 1585-1590. 235. Urbain VII, 1590. 236. Grégoire XIV, 1590-1591. 237. Innocent IX, 1591-1592, 238. Clément VIII, 1592-1605. 239. Léon XI, 1605. 240. Paul V, 1605-1621. 241. Grégoire XV, 1621-1623. 242. Urbain VIII, 1623-1644. 243. Innocent X, 1644-1655. 244. Alexandre VII, 1655-1667. 245. Clément IX, 1667-1669. 246. Clément X, 1670-1676. 247. Innocent XI, 1676-1689. 248. Alexandre VIII, 1689-1691. 249. Innocent XII, 1691-1700. 250. Clément XI, 1700-1721. 251. Innocent XIII, 1721-1724. 252. Benoît XIII, 1724-1730. 253. Clément XII, 1730-1740. 254. Benoît XIV, 1740-1769. 256. Clément XIV, 1769-1774. 257. Pie VI, 1775-1799. 258. Pie VII, 1800-1823. 259. Léon XII, 1823-1829. 260. Pie VIII, 1829-1830. 261. Grégoire XVI, 1831-1846. 262. Pie IX, 1846-1878. 263. Léon XIII, 1878.

S. BERGER.

PAPEBROCH ou Papenbroek (Daniel), savant jésuite, né à Anvers en 1628, mort en 1714, professa en Belgique dans plusieurs collèges de son ordre, et travailla, depuis 1659, avec Henschenius à la rédaction des *Acta Sanctorum*, commencés par Bollandus. Il fit à cet effet un voyage en Allemagne, en France et en Italie pour recueillir des matériaux pour son savant ouvrage (1660-1662) ; puis il s'établit à Anvers, rédigea tout seul le mois d'avril, ainsi que les trois premiers volumes de mai, et il collabora aux sept volumes du mois de juin. Il dut se retirer de son œuvre en 1708 à cause de sa mauvaise santé. On a imprimé à part sa *Vita S. Ferdinandi, regis Castellæ et Legionis*,

Anv., 1864. Papebroch eut de grands démêlés avec les religieux de l'ordre des carmes, parce qu'il avait traité de fabuleuse l'opinion qui attribuait au prophète Elie la fondation de cet ordre, et il se défendit dans un ouvrage intitulé: *Responsio ad exhibitionem errorum*, Anv., 1696-1699, 3 vol., contre l'édit de condamnation lancé par le tribunal de l'inquisition de Tolède contre les 14 premiers volumes des bollandistes. Papebroch a aussi laissé en manuscrit les *Annales Antwerpienses*, dont le premier volume a paru à Anvers, 1845. — Voyez les *Mémoires de Trévoux*, janv. 1718; le *Journal des Savants*, 1670, 1696, 1716, 1724 et 1733; Nicéron, *Mémoires*, II.

PAPHNUCE (Saint), disciple de saint Antoine, né en Egypte, mort vers l'an 360, fit profession dans le monastère de Pispir, d'où il sortit pour être évêque d'une ville de la haute Thébaïde dont on ignore le nom. Pendant la persécution de Galère, il fut condamné aux mines après avoir subi de cruelles tortures qui lui firent perdre un œil. Paphnuce assista au concile de Nicée où Constantin l'entoura d'une grande considération, et combattit énergiquement l'arianisme. Il protesta contre le célibat que l'on voulait imposer aux prêtres, déclarant que l'union conjugale était honorable et pure et qu'une sévérité exagérée exposerait l'Eglise à de graves dangers, vu que tous ne sont pas capables de pratiquer la continence. Pourtant, conformément à l'ancienne tradition, il accorda que le mariage, après l'entrée dans les rangs du clergé, était illégitime. Cet avis prévalut. — Voyez Socrate, *Hist. eccl.*, I, 8. 11; Sozomène, I, 10; II, 25.

PAPHOS, Πάφος, nom de deux villes situées dans l'île de Chypre. L'ancienne était à dix stades de la mer et célèbre par son culte phénicien d'Aphrodite; la nouvelle (Nea Paphos), nommée aujourd'hui Baffo, est sur la côte même, avec un bon port, à l'ouest de l'île. Colonie grecque d'Arcadie, située dans une vaste plaine très fertile, elle était une ville de commerce importante, et possédait également plusieurs beaux temples. Elle était la capitale de l'île sous la domination romaine et la résidence du proconsul. C'est dans cette dernière ville que l'apôtre Paul et ses compagnons Barnabas et Jean-Marc abordèrent dans leur premier voyage missionnaire, et convertirent le proconsul romain Serge Paul (Actes XIII, 4 ss.). L'évêché de Paphos a été successivement sous les métropoles de Salamine, de Famagouste et de Nicosie. On en connaît onze évêques, dont le premier fut Epaphras, disciple de saint Paul. Cette ville a en outre quinze évêques latins, dont le premier, Nicolas, siégeait en 1298. — Voyez Pococke, *Morgenland*, III, 328; Mannert, *Reise*, VI, 585 ss.; Lequien, *Oriens christ.*, II, 1059; III, 1218.

PAPIAS, le plus ancien des auteurs qui aient recueilli la tradition chrétienne primitive, exerce sur les critiques modernes une attraction d'autant plus persistante que nous ne connaissons à peu près rien de sa vie et ne possédons que des fragments peu étendus de ses écrits. Il fallut au dix-septième siècle toute l'imagination du jésuite Halloix pour reconstituer de pied en cap la biographie de ce saint personnage, depuis sa naissance jusqu'à sa mort, en l'agrémentant de copieux détails sur l'éducation pieuse qu'il avait reçue, les études auxquelles il s'était livré, son ordination, son activité pastorale, ses travaux littéraires (Halloix, *Vitæ S. Papiæ illustrium ecclesiæ orientalis scriptorum Sæc. I Vitæ et documenta*, Duaci 1633, in-fol). Nous savons seulement qu'il fut au deuxième siècle évêque de Hiérapolis dans la petite Phrygie. Irénée en parle comme d'un homme du passé (ἀρχαῖος ἀνήρ) d'un auditeur de Jean et d'un ami de Polycarpe. D'après la chronique pascale il aurait subi à Pergame le martyre approximativement à la même date qu'à Smyrne son compagnon de foi et de travaux (165-167). Comme d'autre part Polycarpe parvint à un âge très avancé, on ne peut sans invraisemblance reculer beaucoup plus haut que la sienne, la carrière fournie par l'évêque de Hiérapolis. Papias est redevable de la place importante qu'il occupe aujourd'hui dans l'histoire de l'Eglise à l'ouvrage intitulé : λογίων κυριακῶν ἐξήγησις (explication du discours du Seigneur) mais à l'exception de quelques maigres et rares fragments qui nous ont été conservés par Irénée. Eusèbe de Césarée, Œcomenius, Maxime le Confesseur, Anastase le Sinaïte, nous sommes obligés de nous contenter à son égard de témoignages de seconde main. Le but de Papias fut de réunir tous les discours du Seigneur en les éclairant par un commentaire, mais nous pouvons conclure des fragments que nous possédons, que son livre contenait en outre une partie narrative consacrée à l'activité publique de Jésus et de ses disciples immédiats. Les renseignements lui auraient été fournis par des témoins oculaires et auriculaires des paroles par lui citées et des faits racontés, mais il est plus difficile d'établir d'où provenait en réalité cette tradition orale des apôtres eux-mêmes ou simplement de leurs disciples. Nous lisons au commencement de son récit le passage suivant qui a fortement exercé la perspicacité des commentateurs : ὀυχ ὀκνήσω δέ σοι καὶ ὅσα ποτέ παρὰ τῶν πρεσβυτέρων καλῶς ἔμαθον καί καλως ἐμνημόνευσα συντάξαι ταῖς ἑρμηνείαις διαβεβαιούμενος ὑπὲρ αὐτῶν ἀληθείαν... εἰδέπου καὶ παρηκολουθηκώς τις τοῖς πρεσβυτέροις ἔλθοι τούς τῶν πρεσβυτέρων ἀνεκρινον λόγους· τί Ἀνδρέας ἤ τί Πετρὸς εἶπεν ἤ τι Φίλιππος ἤ τι Θωμᾶς ἤ Ιάκωβος ἤ ωάνiης ἤ Ματθαίος ἤ τις ἕτερος τῶν τοῦ κυρίου μαθητῶν ἅ τε Αριστίων καὶ ὁ πρεσβύτερος Ιωάννης οἱ του κυρίου μαθηταὶ λέγουσιν (Eusèbe III, 39 ; 3 et 4). Tout revient donc à savoir ce qu'il faut au juste entendre par ces presbytres, ces garants du zélé collectionneur. D'après Irénée, ce seraient les évêques et les anciens de l'Eglise d'Asie qui auraient joui de l'enseignement des apôtres et Eusèbe aurait raison de déclarer que Papias, à s'en tenir aux paroles de sa préface, n'avait jamais vu les apôtres ni recueilli de leur bouche les discours du Seigneur. D'autre part, comme il n'est parlé que de presbytres morts et que, dans le milieu du deuxième siècle, à l'époque où fut vraisemblablement rédigée l'*Explication*, on aurait pu facilement rencontrer en Asie Mineure des disciples immédiats des apôtres, des savants modernes. Ritschl et Rothe entre autres, se sont appuyés sur cette considération pour établir qu'il s'agissait bien en réalité dans le passage en question des apôtres dont la parole seule pouvait prétendre à une autorité extraordinaire. Parmi les Douze,

Papias n'avait pu entretenir de relations un peu suivies qu'avec Jean. Nous nous voyons donc renvoyés au problème si complexe de l'apôtre et du presbytre qui tous deux portaient ce nom. Ce qui nous frappe tout d'abord quand nous parcourons les fragments qui nous ont été transmis de l'évêque d'Hiérapolis, c'est l'excessive valeur par lui accordée à la tradition orale encore vivante dans le souvenir des témoins oculaires, l'incontestable préférénce qu'il lui octroye sur les documents écrits, Il dit en tout autant de termes : οὐ γὰρ τὰ ἐκ τῶν βιβλίων τοσοῦτόν με ὠφελεῖν ὑπελάμβανον, ὅσον τὰ παρὰ ζώσης φωνῆς καὶ μενούσης (Eusèbe III, p. 4). Ce langage se comprend : la période apostolique venait de se clore et tous ses héros avaient successivement disparu du théâtre des événements. Il se restreignait chaque jour le cercle de ceux qui avaient joui de leur commerce intime et entendu de leur bouche des renseignements dignes de foi. Papias tint donc pour indispensable de suivre avec un zèle pieux ces traces qui bientôt auraient disparu pour toujours, afin d'en conserver une empreinte aussi nette et aussi fidèle que possible aux générations futures. Ce devoir s'imposa d'autant plus impérieusement à lui que demeuraient plus profondément gravés dans sa mémoire les souvenirs de sa jeunesse. Les documents qui lui arrivaient par cette voie se rehaussaient à ses yeux de la personnalité à laquelle les unissait un étroit lien, des sympathiques accents qui retentissaient encore à ses oreilles, des explications de tout genre qui les accompagnaient et les éclairaient. L'évêque phrygien dans son zèle de chercheur et de collectionneur se transforma insensiblement en un antiquaire, et l'épithète d'ἀρχαιώτης que lui appliquèrent avec une nuance de dédain les historiens postérieurs, lui servit de signature authentique. Tandis que par une réaction bien compréhensible toute pièce écrite disait toujours moins à son cœur et révêtait le caractère d'une lettre morte, il accueillait avec une joie trop marquée les paroles vivantes pour en scruter rigoureusement la valeur. Ainsi il nous racontera avec le plus grand sérieux de Judas, que son corps en punition de son crime avait si fortement enflé, qu'il n'avait pu se préserver en temps opportun d'un chariot lancé à toute vitesse et dont les roues avaient répandu au loin ses entrailles ; de Juste surnommé Barsabas, qu'il absorbait sans danger de fortes doses de poison; des quatre filles de Philippe, qu'elles avaient en présence de leur père ressuscité un mort. Eusèbe nous paraît dans son droit lorsqu'il reproche à son devancier une soif malsaine pour le merveilleux et le taxe d'esprit crédule. Cependant, malgré cet amas de puériles anecdotes l'*Explication* conserve pour nous une inestimable valeur. Nous apprenons en effet par elle le sens qu'au milieu du deuxième siècle un évêque attachait au mot de tradition ; il lui demandait de préserver contre toute altération et de transmettre à la postérité sous sa forme la plus littérale l'image que s'était formée du Seigneur la génération apostolique. Quelle position en deuxième lieu Papias affecta-t-il vis-à-vis de l'Ecriture ? Quels livres connut-il parmi ceux qui furent plus tard admis dans le canon du Nouveau Testament? Il faudrait pour résoudre convenablement la question, donner un résumé critique de tous les travaux publiés depuis le commencement de notre siècle sur les Evangiles. Bornons-nous à rappeler que le vieil évêque dit de Matthieu : Ματθαῖος μὲν οὖν ἑβραίδι διαλέκτῳ τὰ λόγια συνεγράψατο, ἡρμένευσις δε αὐτὰ ὡς ἦν δυνατὸς ἕκαστος et de Marc : Μάρκος μὲν ἑρμηνευτὴς Πέτρου γενόμενος ὅσα ἐμνημόνευσεν ἀκριβῶς ἐ γραψένι οὐ μέντοι ταξει τὰ ὑπὸ τοῦ Χριστοῦ ἤ λεχθέντα ἤ πραχθέντα. L'*Expiication* d'après Eusèbe, aurait en outre mentionné la 1re épitre de Pierre et la 1re de Jean, mais n'aurait rien dit en revanche, ni de Paul ni d'aucune de ses lettres. Baur voit même dans cette omission une preuve du mauvais vouloir des judaïsants. Quant au silence gardé par le même livre sur le 4e évangile, Scholten et l'école de Tubingue en tirent des conclusions diamétralement contraires à celles auxquelles se sont arrêtés les partisans de l'authenticité. Ritschl regarde à bon droit l'ouvrage de Papias comme un des monuments les plus essentiels de l'Eglise catholique primitive (*Alt. Katholische Kirche*). De cette origine découlent et sa tendance légaliste (l'Evangile est appelé à plusieurs reprises un commandement nouveau καινὴ ἐντολή) et sa méthode d'interprétation allégorique. Comme plus tard Méliton de Sardes et Apollinaire de Hiérapolis, Papias voit dans le récit de la création et l'œuvre des six jours, un type des six âges du monde auxquels succèdera le millénium. De là enfin son eschatologie matérialiste. Chacun connaît cette description de la félicité des élus qui ne ressusciteront qu'après la consommation des siècles, mais qui, en attendant le jugement dernier, jouissent dans le royaume du Christ du fruit d'une nouvelle vigne dont la qualité répond à la nature de leur nouvelle chair. « Alors, dit le Seigneur aux presbytres, il y aura des ceps dont chacun portera 10,000 sarments, chaque sarment 10,000 rameaux, chaque rameau 10,000 grappes, chaque grappe 10,000 grains, chaque grain fournira 25 mététres de vin, et lorsqu'un des élus voudra cueillir une grappe, une autre lui criera : Prends-moi, je suis meilleure. De même une tige de blé donnera 18,000 épis, chaque épi 10,000 grains, chaque grain, 5 kilogrammes de pure farine. Les autres arbres seront dans une proportion correspondante chargés de semences et de fruits. Les animaux se nourriront dans une paix mutuelle du produit des récoltes et serviront l'homme avec une obéissance parfaite. Cela est croyable pour les croyants. Lorsque Judas demande sur un ton de défiance comment de pareils prodiges seront accomplis par le Seigneur, il lui est répondu : Ceux qui vivront jusque là en feront l'expérience. » Ce grossier chiliasme fit tenir Papias en faible estime par l'école spiritualiste d'Alexandrie. Eusèbe le traite carrément de cerveau borné (σμικρὸς τὸν νοῦν). Lorsque des conceptions moins élevées prévalurent au sein de l'Eglise, l'évêque d'Hiérapolis jouit d'un retour de faveur et bénéficia des reflets de lumières que répandait sur lui l'apôtre Jean. Anastase le Sinaïte ne craint pas de le nommer : ὁ ἐν τῷ ἐ πιστηθίῳ φοιτήσας, l'auteur d'une chaîne johannique lui décerne le titre d'honneur de Εὐδιωτός et rapporte que le disciple bien-aimé lui aurait dicté son évangile. De nos jours, Papias demeure une personnalité un peu étrange mais d'un vif intérêt pour l'historien. Il nous apparaît comme un homme méticuleux, ennemi des nouveautés, obstinément attaché à ce qu'il a une fois vu faire ou entendu dire par ses prédécesseurs, un homme en un mot non point d'invention mais de tradition. Il est regrettable que son livre qui, au dire de Galland, aurait encore existé en 1218 dans les archives de la cathédrale de Nîmes, soit à tout jamais perdu pour nous. — Sources : Routh, qui dans ses *Reliquiæ sacræ* a donné la meilleure édition des fragments, Irénée, V, 33; Eusèbe, *Hist. eccl.*, III, 39; Jérôme, *De viris illustribus*; Möhler, *Patrologie*; Rothe, *Les commencements de l'Eglise chrétienne*; Ritschl, *L'Eglise catholique primitive*; Baur, *Hist. eccl.*, I; Hilgenfeld, *Les Evangiles*; Zeller, Köstlin, *Annales théologiques*, 1847-1851; Réville, *Etudes sur l'Evangile selon St-Matthieu*; Weiffenbach, *Le fragment de Papias conservé par Eusèbe, étude exégétique*, Giessen 1874; Leimbach, *Le fragment de Papias*, Gotha, 1876. E. STRŒHLIN.

PAPIN (Isaac), né à Blois, le 27 mars 1657, devint le disciple de son oncle C. Pajon, qu'il dépassa par la hardiesse de la pensée, bien que plus tard il soit devenu catholique. Après avoir quitté l'académie de Saumur, sans avoir reçu les certificats ordinaires, par suite de son refus de souscrire la condamnation du pajonisme, il passa en Angleterre peu après la révocation de l'édit de Nantes. Malgré ses croyances arminiennes, l'évêque d'Ely lui accorda les ordres de l'Eglise anglicane, et il fut honoré de la confiance du célèbre Burnet, dont il devait plus tard livrer la correspondance à Bossuet. Ce fut en Hollande qu'il révéla ses tendances par la publication d'un petit livre qui eut son heure de célébrité : *La Foy réduite à ses véritables principes et renfermée dans ses justes bornes*. Il reprenait, pour les défendre, les idées de d'Huisseau, reprochant aux confessions de foi leur étroitesse et demandant qu'on en vint « à la simplicité et à la brièveté du symbole des apôtres. » Avec une extrême hardiesse il en appelait au sens commun pour résoudre nombre de questions épineuses sinon inutiles de la scolastique. « Nos confessions de foy, disait-il, ne devraient être regardées que comme des thèses de théologie, à quoy chacun a tel égard que bon lui semble. » C'était une parole d'une grande sagesse que celle de ce jeune théologien : « pour les vérités qui sont controversées entre les chrétiens mêmes, elles ne peuvent être controversées qu'à cause de leur obscurité et dès là qu'elles sont obscures. La connaissance n'en est pas essentielle au chrétien en tant que chrétien. » Malheureusement le livre était précédé d'une préface de Bayle, et le livre lui-même attaquait les doctrines de l'orthodoxie. Jurieu poursuivit la condamnation de cet ouvrage au synode de Bois-le-Duc (1687), et Papin dut quitter la Hollande. Attaché pendant quelque temps aux Eglises de Hambourg et de Dantzig, il finit par demander à Bossuet de lui faciliter son retour en France et abjura entre ses mains (15 janv. 1690). Jurieu, pour se défendre de l'accusation portée contre son intolérance, cause, disait-on, de l'abjuration de Papin, publia une lettre pastorale sur l'apostasie de ce pasteur, où il essaya de faire voir les « tristes suites de l'esprit d'indifférence sur les religions. » Ainsi se termina une carrière commencée d'une manière si remarquable ; Papin n'eut pas assez de caractère pour soutenir des idées qui devaient l'emporter et par une méprisante punition fut condamné par son apostasie à combattre des principes dont il s'était fait l'éloquent défenseur. — Après sa mort sa veuve fit paraître un *Recueil des ouvrages composés par feu M. Papin en faveur de la Religion*, qui ne renferment que des apologies du système autoritaire romain et des attaques contre l'intolérance protestante. — Sources: Chauffepié, art.. *Papin*; Haag, *France protestante*, etc. ; F. Puaux, *Les Précurseurs de la Tolérance*, 1881. FRANCK PUAUX.

PAQUE (Pésakh, de Pâsakh, passer outre, épargner, Exod. XII, 27; τὸ πάσχα, Matth. XXVI, 2, venant de la forme aramaïque Paskhâ). On appelle ainsi la fête religieuse célébrée par les Juifs en souvenir de la sortie d'Egypte, et dans l'Eglise chrétienne en souvenir de la résurrection de Jésus-Christ. — I. Chez les Juifs, la Pâque est la première des trois grandes fêtes annuelles (Exod. XXIII, 14); elle se célèbre le premier mois de l'année (Abib, plus tard Nisan, correspondant à la fin de mars et au commencement d'avril), au moment de la pleine lune. D'après le livre de l'Exode, la fête de Pâque fut instituée par Moïse lui-même sur l'ordre de Jéhovah, le jour qui précéda la sortie d'Égypte (Exod. XII, 1-27). Ce jour-là, les Israélites reçurent l'ordre d'immoler pour chaque famille un agneau mâle d'un an, sans défaut, de mettre du sang de l'agneau sur les deux jambages et sur la traverse supérieure des portes. Ils devaient ensuite faire rôtir l'agneau au feu et le manger pendant la nuit, avec des herbes amères et des pains sans levain ; ils devaient prendre ce repas à la hâte, les reins ceints, les pieds chaussés, le bâton à la main, et manger l'agneau complètement, ou faire disparaître ce qui en resterait en le brûlant au feu le matin. Les Israélites se conformèrent à ces prescriptions, et cette même nuit Jéhovah parcourut l'Egypte et fit mourir tous les premiers-nés ; mais il épargna les maisons des Israélites reconnaissables au sang dont les jambages des portes étaient aspergés. En souvenir de cet événement, les Israélites devaient célébrer ce jour par une fête perpétuelle ; chaque année désormais, le quatorzième jour du premier mois, ils devaient immoler un agneau ou un chevreau de la façon prescrite, et manger des azymes depuis le soir du quatorzième jour jusqu'au soir du vingt-et-unième. Le premier et le septième jour de la fête devaient être solennisés d'une façon particulière; aucun travail n'était permis en ces jours-là. Il règne dans tout ce XIIe chap. de l'Exode une certaine confusion, et il est à peu près impossible de distinguer les événements historiques qui sont censés avoir eu lieu ce jour-là, des prescriptions faites par Moïse en vue de l'avenir. La recommandation de célébrer désormais annuellement la Pâque, se trouve reproduite dans la suite avec plus ou moins de détails, et quelquefois avec des détails nouveaux, comme si elle n'avait pas encore été faite précédemment (Exod. XII, 43-50; XIII, 1-16; XXIII, 15; XXXIV, 18; Lévit. XXIII, 4 ss.; Nomb. IX, 1 ss.; XXVIII, 16 ss.; Deutér. XVI, 1 ss.). Dans le passage Exod. XII, 43-50, il n'est question que de l'agneau pascal, et il n'est pas fait mention des pains sans levain ; aucun étranger n'assistera à la Pâque, à moins qu'il ne soit circoncis ; l'agneau sera mangé dans la maison uniquement, et aucun os n'en sera rompu ; au contraire dans le chap. suivant, XIII, 1-16, il n'est pas question de l'agneau pascal ; après la recommandation de manger des azymes pendant sept jours, se trouve l'ordre de consacrer tous les premiers-nés mâles à l'Eternel, et de racheter les premiers-nés de l'homme « parce que l'Eternel a mis à mort tous les premiers-nés au pays d'Egypte. » Dans les deux autres passages de l'Exode, il n'est question que de la fête des azymes (XXIII, 15 et XXXIV, 18). Nous trouvons pour la première fois Nomb. XXVIII, 19 ss., le détail des sacrifices et des offrandes qui seront faits pendant les sept jours de la fête des pains sans levain. Chaque jour, outre les sacrifices ordinaires, on devait offrir en holocauste deux jeunes taureaux, un bélier, sept agneaux d'un an sans défaut et un bouc expiatoire, en y joignant une offrande de fleur de farine trempée d'huile, trois dixièmes pour chaque taureau, deux dixièmes pour le bélier et un dixième pour chacun des agneaux. Enfin, d'après Deutér. XVI, 5-7, le sacrifice de la Pâque doit se faire exclusivement « dans le lieu que l'Eternel choisira pour y fixer son nom » ; c'est là également que l'agneau sera cuit et mangé. Cette restriction ne se rencontre nulle part dans les autres passages où il est question de la Pâque. A l'origine chaque père de famille immolait lui-même l'agneau pascal : peu à peu dans la suite, les lévites furent chargés de ce soin (2 Chron. XXX, 17 ; XXXV, 11 ; Esdras VI, 20). Mais ce sont là des variantes sans grande importance : la tradition elle-même qui fait remonter l'institution de la Pâque à Moïse semble très sujette à caution. Il est très peu question de la célébration de la Pâque dans la suite de l'histoire des Israélites : nous la trouvons mentionnée dans le désert de Sinaï, la deuxième année après la sortie d'Egypte (Nomb. IX, 1 ss.), à Gilgal, après le passage du Jourdain (Jos. V, 10-11), au temps d'Ezéchias (2 Chron. XXX, 1 ss.), sous Josias (2 Rois XXIII, 21 ss ; 2 Chron. XXXV, 1 ss.) et enfin du temps de Zorobabel (Esdras VI, 19 ss.). Nous lisons en outre 2 Chron. VIII, 13, que Salomon célébrait, selon l'ordre de Moïse, la fête des azymes, celle des semaines et celle des tabernacles. La plupart des passages que nous venons de citer se bornent à mentionner la célébration de la fête, sans entrer dans aucun détail sur la façon dont on la célébrait. De plus, les deux mentions que nous trouvons dans le 2e livre des Chroniques (XXX et XXXV) et qui sont plus circonstanciées et plus étendues, semblent faire double emploi et se rapporter au même événement que la tradition aura attribué à deux rois différents, et qui se trouve rapporté également 2 Rois XXIII, 21 ss. Or dans ce passage nous trouvons cette affirmation étonnante que pareille Pâque n'avait pas été célébrée depuis l'époque des Juges, et durant toute la période des rois d'Israël et des rois de Juda (XXIII, 22 ; cf. 2 Chron. XXX, 26 ; XXXV, 18). Il n'y a, pour expliquer ce passage, que deux hypothèses possibles : ou bien la fête de Pâque a été célébrée jusqu'au temps des Juges, telle qu'elle est prescrite Deutér. XVI, 1 ss., et est tombée totalement en oubli jusqu'à la découverte du Livre de la Loi, la 18e année du règne de Josias ; ou bien, si jusque-là on a célébré une fête de Pâque, on la célébrait tout autrement, et elle avait une autre signification. La première hypothèse n'est guère admissible. Si on avait célébré jusqu'au temps des Juges une fête nationale de cette importance, elle ne serait pas tombée si complètement en oubli. Il est donc probable que la fête de Pâque n'a pris que vers l'époque de Josias la signification qu'elle a conservée depuis. Il y a eu très anciennement chez les Israélites trois fêtes agricoles; une fête du printemps, une fête des moissons et une fête des vendanges ; ces deux dernières se trouvent mentionnées avec ce caractère dans diverses énumérations des fêtes israélites (Exod. XXIII, 16 ; XXXIV, 22, etc.); mais elles ont revêtu peu à peu un caractère différent : la fête des vendanges est devenue la fête des tabernacles en souvenir du séjour des Israélites au désert (Lévit. XXIII, 33. 43); beaucoup plus tard le souvenir de la promulgation de la loi sur le Sinaï se rattacha à la fête des moissons. C'est de la même façon que la fête de Pâques fut d'abord une fête du printemps qui devint dans la suite une fête historique commémorative de la sortie d'Egypte. Cette fête du printemps n'est pas mentionnée expressément sous ce titre dans le Pentateuque; mais nous y trouvons des usages qui peuvent très bien avoir appartenu primitivement à une fête de ce genre. Nous lisons Lévit. XXIII, 10, qu'au moment de commencer la récolte, les Israélites devaient apporter au prêtre la première gerbe de la moisson pour être offerte par agitation devant l'Eternel, en même temps qu'on sacrifierait un agneau d'un an sans défaut; cette offrande de la gerbe devait avoir lieu le lendemain du sabbat (premier jour de la Pâque), sept semaines avant la fête des moissons, c'est-à-dire le 16 du mois de nisan (cf. Joseph., *Antiq.*, III, 10, 5). Cet usage, conservé au milieu des rites consacrés au souvenir de la sortie d'Egypte, ne peut être qu'un reste de l'ancienne fête du printemps. Un autre fait non moins digne de remarque c'est que la Pâque se composait de deux fêtes nettement distinguées dans certains passages (Lévit. XXIII, 5-6 ; Nomb. XXVIII, 16-17) : la fête de Pâque proprement dite, célébrée le 14, et dont le symbolisme ne peut guère s'appliquer qu'au souvenir de la sortie d'Egypte et la fête des pains sans levain (khag hammaçot) qui ne se rapporte pas d'une façon aussi certaine à cet événement. D'après certains passages de l'Exode (XII, 34. 39), les Israélites quittèrent l'Egypte tellement à l'improviste et d'une façon si précipitée qu'ils emportèrent leur pâte avant qu'elle eût eu le temps de fermenter, et c'est cette circonstance toute fortuite que rappellerait la fête des pains azymes. Le Deutéronome (XVI, 3) donne de cette fête la même explication : « Pendant sept jours tu mangeras des azymes, pain du malheur, parce que tu sortis précipitamment du pays d'Egypte. » Mais nous lisons Exod. XII, 3. 8. 15-16, que l'institution de la fête des pains sans levain est antérieure à cette circonstance et que les Israélites reçurent avant le dixième jour l'ordre de manger avec des pains azymes l'agneau sacrifié avant le départ. L'explication historique des v. 34 et 39 nous paraît peu naturelle; car, s'il ne s'était agi que de rappeler cette circonstance fortuite, on ne comprendrait guère ni l'ordre de ne conserver aucune trace de levain dans les maisons et même dans tout le territoire, ni la peine de mort prononcée contre quiconque, étranger ou indigène, aurait mangé pendant ces sept jours d'un aliment fermenté (Exod. XII, 19; XIII, 7, etc.). Il est beaucoup plus probable que les anciens Israélites considéraient la fermentation comme un commencement de corruption et y attachaient une idée d'impureté; de là la défense d'offrir le sang des victimes sur du pain fermenté (Exod. XXIII, 18; XXXIV, 25); de là probablement aussi l'abstinence de boissons fermentées qui caractérisait le naziréat. Nous retrouvons du reste cette signification symbolique du levain dans la bouche de Jésus et sous la plume de l'apôtre Paul (Matth. XVI, 6; 1 Cor. V, 8). Les pains sans levain auraient été ainsi un symbole de purification, de renouvellement dont l'usage, probablement très ancien (Ewald, *Alterth.*, p. 358) ne se rattache pas nécessairement au souvenir de la sortie d'Egypte, pas plus que celui d'offrir à l'Eternel les premiers-nés (Exod. XIII, 11 ss.). Dans deux documents très anciens, la fête des azymes est nommée seule à côté de la fête des moissons et de celle des vendanges (Exod. XXIII, 15; XXXIV, 18). Il est donc très probable qu'il y a eu très anciennement chez les Israélites une fête du printemps ou du commencement de la moisson, qui se célébrait lors de la pleine lune du premier mois, et qui était rattachée à la fête de la fin de la moisson, célébrée sept semaines après; que cette fête, caractérisée d'abord par l'usage des pains sans levain et par l'offrande de la première gerbe, s'est enrichie dans la suite de nouveaux rites et a été consacrée au souvenir de l'événement le plus frappant de l'histoire d'Israël; enfin que c'est la dix-huitième année du règne de Josias que pour la première fois cette fête fut célébrée avec son rituel complet et sa pleine signification. Cette fête était anciennement désignée sous le nom de fête des azymes, ou peut-être de fête de Pâque; ce mot, qui signifie *passage*, pouvant très bien avoir eu une signification astronomique sans rapport avec l'événement relaté Exod. XII, 27. — Voici de quelle façon la fête se célébrait, d'après le Talmud : Dès le mois précédent, on prenait les précautions les plus minutieuses pour être en état de pureté, afin de pouvoir célébrer la fête au temps prescrit. Ceux qui, par suite de quelque circonstance fortuite, se trouvaient en état d'impureté, devaient célébrer la Pâque le quatorzième jour du deuxième mois (Nomb. IX, 10; 2 Chron. XXX, 15). L'agneau pascal devait, d'après la loi, être choisi dès le dixième jour du mois (Exod. XII, 3), mais cette règle n'était pas observée par les étrangers qui souvent n'arrivaient à Jérusalem qu'un ou deux jours avant la fête, et achetaient un agneau dans la cour du Temple. Le 14 nisan était consacré à des soins de toilette minutieux : on prenait un bain, on se coupait les ongles et les cheveux; mais l'œuvre principale de ce jour était la recherche du pain fermenté qui pouvait se trouver dans la maison.

Chaque chef de famille prenait une chandelle allumée et visitait soigneusement tous les recoins de la maison; le pain fermenté était recueilli dans un plat, puis brûlé dans un feu allumé à ciel ouvert. L'eau et la farine destinées à la fabrication des azymes étaient soigneusement examinées, et les pains cuits dans la matinée. Après midi, tant que le temple exista, la fête était annoncée au son des trompettes; chaque chef de famille portait alors son agneau au temple. Après le sacrifice du soir, les agneaux, préalablement examinés, étaient égorgés par les prêtres qui en répandaient le sang sur l'autel. Chacun remportait alors son agneau à la maison où il était rôti. Quand tout était prêt pour le repas pascal, le père de famille faisait circuler une coupe pleine de vin en prononçant une prière. Puis la coupe circulait une seconde fois, pendant que le père de famille rappelait à ses enfants la signification de la fête (Exod. XII, 26 ss.); on chantait ensuite les psaumes CXIII-CXVIII, puis on mangeait l'agneau pendant que pour la troisième fois circulait la coupe, qu'on appelait coupe de bénédiction (cf. 1 Cor. X, 26). La coupe circulait une dernière fois à la fin du repas. Souvent on faisait passer la coupe une cinquième fois et on chantait les psaumes CXX ss. A minuit les portes du temple s'ouvraient et le peuple arrivait en foule pour offrir des sacrifices d'actions de grâces. Le 16 nisan on coupait cérémonieusement la première gerbe qui était offerte selon les rites prescrits; pendant la durée de la fête des azymes, on offrait chaque jour les sacrifices prescrits Nomb. XXVIII, 18-25.

II. Dans l'Eglise chrétienne, la fête de Pâque fut généralement célébrée au deuxième et au troisième siècle en souvenir de la mort de Jésus; au quatrième siècle elle rappela à la fois sa mort et sa résurrection; à partir du cinquième siècle elle devint exclusivement la fête de la résurrection. Le fait que Jésus est mort au moment de la Pâque devait nécessairement amener l'Eglise chrétienne à célébrer cette fête en lui donnant une signification nouvelle. Nos évangiles ne sont pas d'accord, il est vrai, sur la date précise de la mort de Jésus: d'après les synoptiques, il célébra avec ses disciples le repas pascal le 14 nisan, et fut crucifié le 15; d'après le quatrième évangile au contraire, il ne mangea pas la Pâque et fut crucifié le 14 nisan, jour de la préparation (Matth. XXVI, 17. 30; Marc XIV, 12; Luc XXII, 7. 15; Jean XVIII, 28; XIX, 14. 31). Il y a de plus contradiction dans les données mêmes des synoptiques, d'après lesquels le jour de la mort de Jésus n'était pas un jour de grande fête (Matth. XXVII, 62; Marc XV, 21. 42. 46; Luc XXIII, 26. 56). Il est donc probable que Jésus mourut, comme le rapporte le quatrième évangile, le 14 nisan, au moment même où l'on immolait l'agneau pascal: la tradition à peu près unanime de la primitive Eglise consacre ce fait, et il est tout naturel que cette coïncidence de dates ait amené les apôtres à considérer Jésus lui-même comme l'agneau pascal (1 Cor. V, 7; Jean XIX, 33. 36; cf. Exod. XII, 46; Apoc. passim). Les judéo-chrétiens continuèrent à célébrer la fête de Pâque en y ajoutant le souvenir de la mort de Jésus. Il est plus difficile d'établir quels furent à cet égard les usages des premières communautés chrétiennes issues du paganisme. Le passage 1 Cor. V, 7-8, ne prouve pas qu'on ait célébré la Pâque dans l'Eglise de Corinthe. Les Pères apostoliques ne font nulle part mention des fêtes chrétiennes annuelles qui auraient été célébrées de leur temps. De très bonne heure, le vendredi, jour de la mort de Jésus, fut consacré à la tristesse et au jeûne (Hermas, *Pastor*, lib. III; sim. V, ch. I). Le dimanche était au contraire une fête joyeuse rappelant la résurrection, pendant laquelle on n'admettait ni jeûne, ni génuflexion (Tertull., *De Cor. milit.*, ch. III). Chaque semaine était ainsi une commémoration de la mort et de la résurrection de Jésus; on observait donc non la date du mois, mais le jour de la semaine où les événements dont on rappelait la mémoire étaient arrivés. Ce détail a son importance, car il nous explique la différence de rites qui suscita à la fin du second siècle la longue querelle connue sous le nom de *controverse pascale*. Ces fêtes hebdomadaires devant avoir naturellement un caractère plus solennel au printemps de chaque année, quand elles coïncidaient, ou à peu près, avec l'anniversaire de la mort ou de la résurrection de Jésus, il en résulta dès le second siècle, deux fêtes annuelles distinctes, l'une la fête de Pâque, fête de jeûne et de tristesse, consacrée au souvenir de la passion de Jésus; l'autre, la Pentecôte, fête joyeuse qui durait 50 jours, et qui célébrait la résurrection, l'ascension et l'effusion du saint Esprit sur les apôtres (Tertull., *De Baptismo*, 19; Origène, *Contra Cels.*, VIII, 22). Il n'est pas douteux que la fête de Pâque n'ait eu, à l'origine, exclusivement cette signification. Les anciens Pères partent tous de l'idée que Jésus a été le véritable agneau pascal; ils vont même jusqu'à rapprocher πάσχα de πάσχειν (Justin, *Dial.*, 40; Irén., *Hæres.*, IV, 10, 1; Tertull., *Adv. Jud.*, 10). Pour eux, Jésus est mort nécessairement le 14 nisan, au moment où on immolait l'agneau pascal (Irén. *Hæres.*, IV,10, 1; Tertull., *Adv. Jud.*, 8. 11; Orig., *Hom.*, X, 2, *in Levit.*). C'était donc le souvenir de la mort de Jésus que les chrétiens du second et du troisième siècle célébraient le vendredi qui tombait sur le 14 nisan ou qui venait immédiatement après. On célébrait ce jour par un jeûne solennel et rigoureux qui continuait le samedi, se prolongeait jusqu'au dimanche matin (Tertull., *De Jejunio*, 14; *Ad Uxor.*, II, 4; *De orat.*, 14), et était clos par l'Eucharistie. Alors commençait la fête de la résurrection. — Cet usage de célébrer la Pâque *toujours un vendredi*, qu'il tombât sur le 14 nisan ou sur une date postérieure, n'était pourtant pas généralement suivi. Dans les Eglises d'Asie Mineure, on se conformait à l'usage juif, et on célébrait la Pâque *toujours le 14 nisan*, que ce fût un vendredi ou un autre jour de la semaine. Le jeûne ne se prolongeait pas au delà de ce jour. De part et d'autre, la Pâque était consacrée au souvenir de la mort de Jésus. La seule différence était que le jour consacré à cette fête était déterminé d'une façon différente en Asie Mineure et dans les Eglises d'Occident. Il en résulta un débat dont on n'a pas toujours bien compris la cause et la portée, et dont l'histoire a pris une certaine importance depuis que l'école de Tubingue a cherché à en faire un argument contre l'authenticité du quatrième évangile. La première trace de cette célèbre controverse remonte à l'an 160. Polycarpe, évêque de Smyrne, étant allé visiter Anicet, évêque de Rome, on en vint à parler de la fête de Pâque et de la manière différente dont on la célébrait en Asie Mineure et à Rome. Les deux évêques défendirent chacun les usages de leurs Eglises respectives, mais sans parvenir à se convaincre mutuellement. Le débat fut du reste amical, et ils se séparèrent en fort bons termes, après avoir assisté ensemble à l'Eucharistie (Eusèbe, *Hist. ecclés.*, V, 23, 24 ss.). Dix ans plus tard, en 170, une controverse pascale d'une tout autre nature, éclata dans le sein même des Eglises d'Asie Mineure, à Laodicée. Il y avait là un parti qui, s'appuyant sur la relation des synoptiques, prétendait que Jésus avait mangé la Pâque avec ses disciples le 14 nisan, et qu'il était mort le 15; ils célébraient le 14 une fête commémorative du dernier repas pascal de Jésus, et avaient des tendances judaïsantes très prononcées. Ils célébraient bien une fête le 14 nisan, mais ce n'était pas la fête de Pâque dans le sens qu'on lui donnait alors. Apollinaris d'Hiérapolis et Méliton de Sardes combattirent ce parti dans des écrits, dont quelques fragments nous ont été conservés dans la chronique pascale. Ces évêques répondent que Jésus, comme étant le véritable agneau pascal, est mort le 14 nisan, et n'a par conséquent, pas mangé la Pâque l'année de sa mort (Eusèbe, *Hist. eccl.*, IV, 26, 3). Ce débat, comme on le voit, était tout à fait en dehors de la controverse entre les Eglises d'Asie Mineure et celle de Rome, et qui allait bientôt reprendre avec plus de vivacité. L'évêque de Rome Victor, ardent et ambitieux, et déjà pénétré de l'idée de la primauté du siège de Rome, supportait avec impatience que certaines Eglises eussent, concernant la fête de Pâque, un usage qui se prétendait apostolique et qui différait des usages de son Eglise. En l'an 196, il voulut imposer les usages de Rome à la chrétienté toute entière. Il réussit à faire prévaloir ses idées, sauf en Asie Mineure. Des synodes tenus dans plusieurs provinces, en Palestine, dans le Pont, en Gaule, à Alexandrie, à Corinthe, approuvèrent les usages romains : mais les évêques d'Asie Mineure opposèrent une vive résistance. Polycrate, évêque d'Ephèse, répondit au nom des Eglises que celles-ci ne pouvaient pas se départir d'une vénérable coutume sanctionnée par les apôtres Philippe et Jean, par Polycarpe, Papyrius, Melito, tous évêques et martyrs, qui avaient toujours célébré la Pâque le 14 Nisan selon l'Evangile. Puis s'appuyant sur tous ses collègues, les évêques actuels d'Asie-Mineure, il terminait en disant qu'il vaut mieux obéir à Dieu qu'aux hommes. Victor, irrité de cette résistance, cessa toutes relations avec les évêques d'Asie Mineure, et voulut engager les autres Eglises à en faire autant. Mais beaucoup d'évêques, même du parti de Victor, désapprouvèrent cette violence, entre autres l'évêque de Lyon, Irénée, qui rappela à Victor la conduite plus sage tenue par son prédécesseur Anicet, en lui faisant remarquer que la différence entre Rome et l'Asie était purement rituelle, et ne touchait en rien à l'unité de la foi. Tel fut le véritable caractère de cette controverse pascale. Il y avait donc en présence trois usages différents : 1° à Rome on célébrait la Pâque le vendredi qui tombait sur le 14 nisan ou qui venait immédiatement après, mais toujours un vendredi et on jeûnait jusqu'au dimanche matin; 2° en Asie Mineure, on célébrait la Pâque le 14 nisan, quel que fût le jour de la semaine, et le jeûne ne se prolongeait pas au delà de ce jour; 3° enfin, à Laodicée, le parti à tendances judaïsantes combattu par Apollinaris, partant de l'idée que Jésus était mort le 15 nisan, célébrait le 14 une fête commémorative du dernier repas pascal de Jésus. Ce n'est pas ainsi que l'école de Tubingue a compris le débat. Baur et Hilgenfeld ont prétendu que tous les *Quartodécimans* d'Asie Mineure (c'est le nom qu'on donnait à ceux qui célébraient la Pâque le 14 nisan) avaient partagé les idées du parti de Laodicée; qu'ils célébraient par conséquent le 14 nisan, le souvenir du dernier repas pascal de Jésus et non sa mort, qui, d'après eux, aurait eu lieu le 15; qu'Apollinaris, qui combattit ces idées, avait été gagné au parti de Rome; et comme les Eglises d'Asie Mineure invoquaient l'exemple de l'autorité de l'apôtre Jean, qui avait été lui-même quartodéciman, ils en ont conclu qu'il était impossible que cet apôtre qui, d'après ce raisonnement, fixait au 15 nisan le jour de la mort de Jésus, fût l'auteur du quatrième évangile, d'après lequel Jésus mourut le 14. Nous n'avons pas à entrer dans plus de détails sur cette question, qui ne touche qu'indirectement au sujet qui nous occupe (voy. Hilgenfeld, *Der Paschastreit und das Evangelium Johannis*, *Theol. Jahrb.*, 1849; Baur, *Das Christenthum und die christliche Kirche der ersten Jahrhund.*, p. 141 ss.; Steitz, *Die Differenz der Occidentalen und der Kleinasiaten*, *Theol. Stud. u. Krit.*, 1856, et les répliques de Baur et Hilgenfed, *Theol. Jahrb.*, 1857, p. 242 ss.; 523 ss. etc.). — Le débat se prolongea pendant tout le troisième siècle. Le parti de Laodicée chercha à s'introduire jusqu'à Rome avec un certain Blastus qui enseignait qu'il faut célébrer la Pâque le 14 selon la loi de Moïse (Tertull., *De præscr. hæret.*, c. 53). Il fut combattu par Irénée (Euseb., *Hist. Eccl.*, V, 20), et plus tard par Hippolyte (*Philos.*, VII, 18) et finit par disparaître peu à peu. Les partisans de Rome eux-mêmes n'étaient pas absolument d'accord. Les Romains mettaient l'équinoxe au 18 mars, les Alexandrins au 21; de là d'inévitables différences. Le concile de Nicée (325) trancha toutes ces questions. Il décida que la fête de Pâque serait célébrée désormais non pas en même temps que la Pâque juive, mais le même jour qu'à Rome (Socrate, *Hist. eccl.*, I, 9). Eusèbe dit que la plupart des Eglises d'Asie Mineure se soumirent à la décision de Nicée (*Vit. Const.*, III, 7. 19). Cependant plus d'une communauté asiatique resta fidèle aux anciens usages. Le concile d'Antioche les excommunia en 341, et à partir de ce moment, on confondit sous le nom de quartodécimans tous les hérétiques qui célébraient la fête de Pâque autrement qu'à Rome. On n'a du reste que très peu de données sur eux. Il est question, au commencement du quatrième siècle d'un débat entre le quartodéciman Tricentius et l'évêque alexandrin Pierre (*Chron. pasc.*, éd. Dindorf, p. 7). Epiphane (*Hæres.*, 50, 1) signale, outre les quartodécimans qui avaient conservé les coutumes asiatiques, des hérétiques qui avaient substitué au 14 nisan la date correspondante du calendrier romain, l'année de la mort de Jésus, le 25 mars, et d'autres qui célébraient la Pâque le jour de la pleine lune qui précédait immédiatement le 25 mars. Mais la plupart des quartodécimans restèrent fidèles au 14 nisan (Theodoret, *Hæret. fab. compend.*, III, 4). Les montanistes asiatiques et les novatiens de Phrygie furent aussi quartodécimans. — A partir du quatrième siècle les fêtes chrétiennes commencèrent à se grouper différemment ; le souvenir de la résurrection, d'abord rattaché à la fête de la Pentecôte, se rattacha à la fête de Pâque, qui comprit ainsi deux fêtes désignées sous les noms de πασχα σταυρώσιμον, et π. αναστάσιμον (Euseb., *Vit. Const.*, III, 18 ; *Chron. pasc.*, I, 515 ; *Cod. Theodos.*, lib. II, tit. VIII, lex. 2). Cependant Epiphane désigne encore la mort de Jésus comme étant le principal objet de la fête (*Hæres.*, 75, 3). Ces deux fêtes ne tardèrent pas à se disjoindre de nouveau. Déjà dans les Constitutions apostoliques le jeûne de la fête de Pâque comprenait six jours, depuis le lundi jusqu'au dimanche matin. Pendant ces jours on ne mangeait que du pain, du sel et des légumes, et on ne buvait que de l'eau ; du vendredi au dimanche matin, le jeûne était absolu (chap. 18). Ce jeûne qui précédait et accompagnait la fête de Pâque s'étendit bientôt sous le nom de *carême* à quarante jours (Chrysost., *Hom. III. contr. Jud.*) et la semaine de la Pâque s'y trouva englobée. Il en résulta un nouveau groupement (dès le cinquième siècle) : le carême fut consacré au souvenir de la mort de Jésus et la fête de Pâque, célébrée le dimanche après le 14 nisan, devint exclusivement la fête de la résurrection. Précédemment quand le 14 nisan était un samedi, la fête de Pâque se célébrait le vendredi suivant : d'après la nouvelle fixation de la fête, elle se célébrait le dimanche 15 (*Chron. pasc.*, p. 424). — De très bonne heure la vigile qui précédait le dimanche de la résurrection eut un caractère particulièrement solennel ; la tristesse des jours précédents faisait place à la joje de la résurrection. Quand le christianisme fut devenu religion d'Etat, cette joie se manifesta extérieurement ; à Constantinople on allumait des torches et des flambeaux dans toute la ville. Constantin lui-même passait la nuit en veilles et en prières au milieu de la communauté (Eusèbe, *Vit. Const.*, IV, 22). La solennité de cette nuit était rehaussée par le baptême des catéchumènes qui prenaient part, immédiatement après, à l'Eucharistie. Un autre rite de cette vigile était la bénédiction du cierge pascal, symbole de Jésus ressuscité, dont Grégoire le Grand fait le premier mention (lib. XI, ep. 33). Cette vigile donna lieu à beaucoup d'abus ; dès le sixième siècle, les actes des conciles sont remplis de plaintes à cet égard ; et comme on ne parvint pas à les faire disparaître, la durée de la vigile fut peu à peu restreinte ; elle finit par être abolie tout à fait, et les différents rites qu'on y accomplissait furent reportés au jour de Pâques. Voici, d'après le missel romain : comment se célèbre la fête elle-même. Les autels sont couverts de leurs ornements qui en avaient été enlevés les jours précédents. On allume au moyen d'une étincelle tirée d'un caillou, un feu que le prêtre bénit. Les cierges de l'Eglise, préalablement éteints, sont rallumés avec ce nouveau feu ; puis on chante l'hymne : *Exultet jam angelica turba*. Le cierge pascal est ensuite allumé et bénit, puis on lit douze passages tirés des livres historiques et prophétiques de l'ancienne alliance. Dans l'ancienne Eglise, on préparait pendant cette lecture les catéchumènes au baptême, qui était précédé de la bénédiction de l'eau baptismale (*benedictio fontis*). Ce dernier rite s'accomplit encore aujourd'hui avec les exorcismes habituels. Ensuite la messe commence, mais sans introitus, parce que les rites accomplis précédemment en tiennent lieu. Toute la fête a un caractère joyeux très marqué : les cloches muettes depuis deux jours, sonnent à toute volée, et le peuple, surtout dans les Etats catholiques du midi de l'Europe, manifeste sa joie d'une manière bruyante, et salue la fin du carême. A Rome le pape dans toute la pompe de ses vêtements pontificaux et la tête couverte de la tiare à triple couronne, donne, à midi, sa bénédiction solennelle *urbi et orbi*, du haut du balcon de Saint-Pierre. Quelques usages païens se sont conservés au milieu de tout ce symbolisme chrétien. Dans l'Allemagne du nord les feux de Pâque, analogues aux feux de la Saint-Jean allumés dans d'autres contrées, rappellent une ancienne fête du printemps. La coutume la plus répandue est celle des œufs de Pâque, antique symbole du renouvellement de la vie et de la puissance productrice de la nature, qui, dans la pensée populaire, ne représente plus aujourd'hui que la cessation du carême. — Dans l'Eglise grecque la fête de Pâque se célèbre également au milieu des manifestations de la joie publique. Les églises sont ornées de fleurs, le culte revêt toute sa pompe. L'usage le plus caractéristique de cette Eglise est la salutation qu'on emploie ce jour-là. Le matin de la fête, après la prière publique, le prêtre s'avance jusqu'à l'entrée du chœur, portant sur sa poitrine l'évangile fermé, et dont la couverture est ornée d'une croix. Un des fidèles s'avance, baise la croix, puis l'épaule du prêtre en disant : Christ est ressuscité ! Le prêtre l'embrasse à son tour et répond : Il est vraiment ressuscité ! Tous les assistants s'embrassent de la même façon en se saluant des mêmes paroles. Cet usage est général ce jour-là dans toute l'Eglise grecque : les parents et amis qui se visitent ou se rencontrent dans la rue s'abordent en se donnant le baiser fraternel et en répétant les paroles : Christ est ressuscité ! — Les Eglises protestantes ont naturellement renoncé au symbolisme qui joue un si grand rôle dans le culte de l'Eglise catholique et de l'Eglise grecque. Elles célèbrent très simplement le vendredi-saint et la fête de Pâques. Les sentiments des fidèles, célébrant ces grands souvenirs de l'histoire évangélique, s'expriment par la prière, le chan des cantiques et la célébration de la sainte cène. Le dimanche qui précède la fête de Pâque est généralement consacré à la confirmation des catéchumènes, qui, le jour de Pâque participent pour la première fois à la sainte cène. Le lendemain de Pâque est également célébré par un culte dans certaines Eglises. — Voyez, outre les ouvrages déjà cités : Augusti, *Denkwürdigkeiten aus der christl. Archæologie*, 2ᵉ vol. ;

Binterim, *Die vorzüglichsten Denkwürdigkeiten der christkatholischen Kirche*, Ve vol., 1e part.; Weitzel, *Passahfeier*, 1848. Eug. Picard.

PARA DU PHANJAS (François), abbé philosophe, né au château du Phanjas dans le Dauphiné, en 1724, mort à Paris en 1797, entra chez les jésuites d'Embrun, et professa avec éclat les mathématiques et la philosophie dans plusieurs maisons de son ordre, notamment à Besançon. En 1791 il prêta serment à la constitution civile du clergé ; mais il s'empressa de le rétracter dès la publication des brefs pontificaux. Il a laissé, outre des écrits sur la physique, les mathématiques, etc.: 1° *Eléments de métaphysique sacrée et profane* ou *Théorie des êtres insensibles*, Besançon, in-8°, remaniés dans la 2e édition, Paris, 1779, 3 vol., ouvrage remarquable par la méthode, l'élévation des pensées et la clarté du style ; 2° *Les principes de la saine philosophie conciliés avec ceux de la religion* ou *la Philosophie de la religion*, Paris, 1774, 2 vol.; 3° *Institutiones philosophicæ*, 1800 ; 4° *Tableau historique et philosophique de la religion*, 1784.

PARABOLAINS ou parabolaires (de παραβάλλεσθαι, sc. τὴν ψυχήν), nom donné, dans les premiers siècles de l'Eglise, à certains clercs d'Alexandrie qui allaient dans les hôpitaux soigner les malades et même les pestiférés. Il est probable que le nom de *parabolani* (παραβολοί) fut donné à ces clercs à cause de la fonction périlleuse qu'ils exerçaient et qui rappelait les athlètes qui, dans les jeux de l'amphithéâtre, s'exposaient à combattre contre les bêtes féroces. Les païens donnaient aux chrétiens ce même nom par mépris et par dérision, soit parce qu'on les condamnait souvent aux bêtes, soit parce qu'ils s'exposaient à une mort presque certaine en embrassant le christianisme. Au concile d'Ephèse de 449, dit le brigandage d'Ephèse, ces parabolains, qui étaient des gens incultes et avaient la poigne rude, intervinrent dans les débats d'une manière peu évangélique. Théodose donna ordre au préfet d'Alexandrie de les surveiller avec soin.

PARABOLES. Voyez *Similitudes*.

PARACLET. Voyez *Saint-Esprit*.

PARADIS (ʿédèn; LXX, παράδεισος), contrée située à l'Orient (Gen. II, 8), et servant de demeure aux premiers hommes. Elle était arrosée par un fleuve qui, en dehors du jardin, se divisait en quatre bras (Gen. II, 18) : le premier, Pisçon, entourait le pays de Hévilah, produisant l'or, le bellium (gomme résineuse) et l'onyx ; le second, Gîhôn, coulait autour du pays de Kûsch ; le troisième, Khiddèkèl, s'étendait à l'est d'Assûr ; le quatrième enfin, le plus connu de tous, était l'Euphrate (Phreât). Ces données géographiques en apparence très positives, ont exercé de tout temps l'esprit des historiens et des théologiens qui ont cherché à l'envi à préciser la position occupée par l'Eden du Paradis (voyez Bochart, *Opp.*, II, p. 9 ss.; Ugolini, *Thesaurus*, VII ; Schulthess, *Das Paradies*, etc.., Zurich, 1816). D'après les commentateurs les plus consciencieux (Calvin, Huet, Morinus), il faudrait admettre que le fleuve du Paradis se divisait, à sa sortie d'Eden en quatre bras, dont deux coulaient vers le Nord et deux vers le sud. Le Pisçon et le Gîhôn seraient ainsi les deux principales embouchures du Schât-el-Arab (Euphrate et Tigre) réunies, Kûsch, le Chusistum de la Perse, Hévilah, le pays adjacent de l'Arabie. D'après cette hypothèse il faudrait chercher le Paradis dans le voisinage de Korna (31° 0'28" latit. nord et 47° 29'18" longit. est), c'est-à-dire là où le Tigre et l'Euphrate se réunissent. On peut objecter à cette hypothèse : 1° Que le nom de Kûsch aurait une signification qu'il n'a nulle part dans l'Ancien Testament; 2° que les deux embouchures principales du Schâl-el-Arab n'étaient pas nettement connues dans l'antiquité. Les autres hypothèses, formulées par Le Clerc (Clericus), Reland, Dom Calmet, Michaëlis, ne sont pas plus concluantes. Aussi les savants modernes sont-ils tombés d'accord en admettant que les indications géographiques de la Genèse avaient un caractère plutôt traditionnel que scientifique, semblable à celui du jardin des Hespérides et du voyage d'Ion, et qu'il était scientifiquement impossible de déterminer la position géographique exacte du Paradis. Malgré cela quelques auteurs modernes, Sickler, Hartmann, Buttmann, ont continué, sans résultat plus marqué, leurs recherches sur la situation des fleuves et des pays dénommés par la Genèse, et ont transporté tour à tour le Paradis vers l'ouest ou sur les bords de l'Indus; ou ont admis que la légende du Paradis est originaire de l'est et n'a été connue dans l'ouest que par la suite des temps. Il nous faut nous résigner à l'opinion de Ritter (*Erdkunde*, II, 1803 et VII,70 ss.), qui reconnaît, avec sa haute compétence scientifique, que les contrées désignées par ces savants ne présentaient à aucun point de vue le caractère paradisiaque dont parle l'Ancien Testament. Renonçant à déterminer la position géographique du Paradis, nous examinerons maintenant le rôle qu'il a joué dans l'histoire des premiers hommes. — Le récit de la Genèse touchant le séjour des premiers hommes dans le jardin d'Eden et leur expulsion à la suite de leur péché, ne saurait être considéré que comme un philosophème sur l'origine du mal physique et moral dans le monde et la perte de l'âge d'or de l'humanité. C'est là le point de vue auquel se sont placés tous les exégètes modernes, non influencés par leurs préjugés théologiques. Dans le jardin d'Eden il y avait deux arbres : l'arbre de vie et l'arbre de la connaissance du bien et du mal (Gen. II, 9). La jouissance des fruits du premier aurait donné aux hommes l'immortalité physique, celle du second, le pouvoir de discerner le bien du mal (l'expression hébraïque désigne l'état inconscient, et par suite, inimputable de l'enfance). Il était défendu, sous peine de mort, à l'homme, de manger le fruit de l'arbre de la connaissance du bien et du mal (Gen. II, 17 ; III, 3), car Dieu seul est à la fois immortel et sage, et pour son propre bien, l'homme ne devait être qu'immortel, c'est-à-dire physiquement impérissable. Tant qu'il n'enfreignit pas la défense de Dieu, il vécut content et heureux, dans un état d'innocence candide, sans douleur et sans travail, la richesse du sol lui offrant tout ce qui était nécessaire à son entretien. Mais bientôt sonna l'heure de la tentation ; elle vint du dehors (la tentation des sens est la source du mal moral) par l'entremise du serpent, (allégorie postérieure pour le Satan), qui réunit en lui la méchanceté et la ruse. La femme y succomba d'abord, et ensuite l'homme, par ses flatteries ; tous deux mangèrent du fruit à l'arbre et la suite immédiate de cette faute fut la faculté morale de discerner le bien du mal (c'est-à-dire le sentiment de la faute commise) ; la suite médiate, la punition infligée par Dieu, fut la perte de cette vie sans douleurs et sans travail, l'exclusion du jardin d'Eden, laquelle entraîna pour l'homme l'obligation du travail et pour la femme les douleurs de l'enfantement et l'inconstance (Gen. III, 16), pour tous deux la mortalité, c'est-à-dire un retour futur à la poussière. Au sentiment de la faute commise vint s'ajouter celui de la pudeur, inconnue à l'humanité dans l'état d'enfance, et le besoin impérieux de vêtement. — Voyez les parallèles des philosophèmes d'autres peuples dans le Zendavesta ; Bauer, *Mythologie*, I, 96 ss ; Pustkuchen, *Urgeschichte der Menschheit*, I, 186 ss.; Rosenmüller, *Alterthümer*, I, 1, 180 et Tuch, *Genesis*, p. 50 ss. — Le mot *Eden* désigne en outre une vallée riante près de Damas (Amos I, 5), ainsi qu'une contrée dont les habitants étaient en relations de commerce avec les Tyriens (Ezéch. XXVII, 23), et qu'il faut chercher probablement en Mésopotamie, parce qu'elle est nommée avec *Haran* et *Channé*. E. Scherdlin.

PARAGUAY. La république du Paraguay, située dans l'intérieur de l'Amérique méridionale, présente, pour l'histoire ecclésiastique, un intérêt tout particulier. C'est là en effet que l'ordre des jésuites a réalisé de la manière la plus complète son idéal politique et religieux. Dès 1556, une mission de l'ordre s'était établie dans le pays et avait commencé à y travailler à la conversion des indigènes. L'éloignement des côtes, la rivalité des Espagnols et des Portugais, permirent aux missionnaires un développement tout à fait indépendant de l'action de la métropole. L'autorité nominale des souverains européens se faisait si peu sentir dans la région, qu'à partir de 1608, les jésuites crurent pouvoir s'affranchir de toute tutelle tant espagnole que portugaise et constituer un état indépendant dont l'ordre était le souverain. Les succès des missionnaires parmi les Indiens avaient été considérables. La plupart d'entre eux avaient renoncé au paganisme et à la vie nomade et étaient venus s'établir autour des missions ou stations, y formant des communautés dont les pères étaient à la fois les pasteurs et les chefs civils. Les jésuites initièrent graduellement leurs disciples aux usages et aux arts de l'Europe, exerçaient sur eux une autorité toute paternelle et trouvaient le moyen de tirer d'eux de grandes richesses, grâce à une agriculture fort avancée et à une industrie relativement développée. D'après les récits des missionnaires, le Paraguay était une vraie terre promise et leurs sujets jouissaient d'un bonheur sans mélange. Ces relations ne sont vraisemblablement pas sans exagération ; mais aucun document étranger aux jésuites ne permet de contrôler leurs affirmations. Car, sous prétexte d'empêcher la corruption européenne de pénétrer dans le pays, l'ordre exerçait aux frontières la police la plus sévère et ne laissait pénétrer aucun étranger dans ses missions. Ces récits idylliques, répandus en Europe par les *Lettres édifiantes*, attirèrent enfin l'attention des puissances européennes intéressées. En 1750, un traité mit d'accord l'Espagne et le Portugal et ces Etats firent valoir, chacun pour leur part, leurs prétentions à la souveraineté de ce territoire. La dissolution de l'ordre des jésuites amena la dispersion définitive de la mission. Jusqu'en 1809, le Paraguay resta une simple colonie. A ce moment il prit part à la révolte des possessions espagnoles contre la métropole et réussit à en secouer le joug. Mais ce n'était que pour retomber sous un joug nouveau et plus bas peut-être. L'un des chefs du parti national, le docteur Francia, ancien professeur de théologie, réussit à s'emparer du pouvoir et pendant vingt-sept ans fut, comme dictateur, maître absolu du pays. Pour assurer son pouvoir, Francia reprit le système d'isolement dont s'étaient servis les jésuites et sépara absolument le Paraguay du reste du monde. Dans ses rapports avec l'Eglise, il se montra tantôt bienveillant et tantôt sévère, mais toujours tyrannique et absolu. Depuis 1840, époque de la mort de Francia, le pouvoir passa, pour trente ans, aux mains des Lopez, neveux et petits-neveux de Francia, qui en général se montrèrent favorables au catholicisme. La fin du gouvernement des Lopez se termina par des calamités sans exemple. Depuis 1865, une guerre terrible avec le Brésil désola le pays ; l'on peut juger de l'étendue du mal par ce fait qu'en 1857, le pays comptait 1,337,439 habitants, et qu'en 1872, à la fin de la guerre, il n'y en avait plus que 221,079, une diminution de plus de cinq sixièmes, et, dans cette population, il n'y avait presque plus que des femmes et des enfants, 28,746 hommes, 106,254 femmes, 86,079 enfants de moins de quinze ans. — Le catholicisme, fortement établi par les jésuites, est la seule religion du pays. Les protestants sont tout au plus au nombre de 120, Anglais ou Allemands. Le Paraguay forme un diocèse épiscopal, celui de l'Assomption, suffragant de Buenos-Ayres (érigé en 1547). Des difficultés avec le saint-siège ont eu pour résultat, qu'il n'a pas été pourvu depuis plusieurs années à la vacance du siège, qu'occupe par intérim un administrateur apostolique. — Bibliographie : *Almanach de Gotha*, 1880 ; Martin, *The Statesman's Year Book*, 1880 ; L. A. Demersay, *Histoire du Paraguay et des établissements des jésuites*. Paris, 1865 ; Alfred du Graty, *La République du Paraguay*, Bruxelles, 1861 ; K. Johnston, *Paraguay*, dans le *Geographical Magazine*, 1875 ; Charles Quentin, *Le Paraguay*, Paris, 1866 ; Ch. A. Washburn, *The history of Paraguay*, Boston, 1871, etc.

PARALIPOMÈNES (ou Chroniques, Esdras et Néhémie). Dans la bible hébraïque, ces livres ferment la série des hagiographes et par cela même la collection tout entière de l'Ancien Testament; mais par un arrangement assez singulier, Esdras et Néhémie précèdent les Chroniques ; les Grecs et, après eux, les latins et les modernes les ont joints aux autres livres historiques en rétablissant entre eux la succession chronologique. Le nom de Chroniques remonte à saint Jérôme par la Vulgate ; les Grecs usaient de celui de Paralipomènes, qui signifie les choses omises, s'imaginant que cet ouvrage avait été destiné à servir de supplément à la série des livres de Samuel et des Rois. —Voici le résumé de ces livres : Les neuf premiers chapitres de I Chroniques donnent la nomenclature des générations qui se sont succédé depuis Adam jusqu'à David (voy. l'article *Généalogies* chez les Hébreux). Ces tableaux généalogiques « servent de préambule à une relation historique qui doit commencer à l'avènement de David, le véritable fondateur de Jérusalem, capitale de son royaume, laquelle, du temps de notre historien, était la métropole du judaïsme. Tout ce qui a précédé le règne du fils d'Isaï n'est représenté ici que par une sèche statistique, qui ne doit nous apprendre qu'une chose, c'est que toutes les familles juives, reliées entre elles par des liens de parenté, rattachaient leur origine au premier homme par une filiation documentée dans des textes authentiques » (Reuss). La narration commence (IX, 35) par le récit de la mort de Saül, puis l'auteur, passant à la proclamation de David appelé au trône par la volonté unanime de la nation, poursuit l'histoire de la monarchie, de manière à s'occuper du royaume de Jérusalem seul, à l'exclusion de celui des dix tribus, jusqu'à la destruction de Jérusalem. Cette narration remplit la fin du premier livre des Chroniques et le second tout entier. « Le récit du livre d'Esdras commence à son tour à ce qu'on appelle généralement la fin de l'exil, au moment où le roi Cyrus autorise les Juifs à rebâtir leur temple (536). Les six premiers chapitres donnent des détails sur cette reconstruction, gênée et interrompue par suite des intrigues des voisins et enfin conduite à bonne fin sous le règne de Darius, en 516. Après cela, il y a dans l'histoire une lacune d'une soixantaine d'années, jusqu'à l'arrivée d'une seconde colonie conduite par le prêtre Esdras, sous le règne d'Artaxerxès Longue-Main, en 458. Les quatre derniers chapitres (VII à X) s'occupent de l'activité de ce nouveau chef et organisateur, sans en terminer la relation. Avant de la reprendre, le texte introduit un autre personnage qui occupa dans la colonie une position tout autre qu'Esdras. C'est Néhémie, envoyé comme gouverneur par le même roi, treize ans plus tard (445). Tout en travaillant aussi à l'amélioration de l'état social de la communauté et au redressement d'un certain nombre d'abus dont souffrait la chose publique, son principal soin fut de mettre la ville à l'abri d'un coup de main de la part des populations et autorités plus ou moins hostiles du voisinage. Ces faits remplissent les sept premiers chapitres du livre qui porte aujourd'hui son nom. Ensuite Esdras reparaît sur la scène, promulguant la loi de Moïse et présidant à l'assermentation du peuple qui promet de l'observer fidèlement (chap. VIII à X). Viennent ensuite de nouvelles notices sur la population de Jérusalem, surtout aussi sur les familles de la caste sacerdotale, ainsi que le récit de la fête célébrée lors de la consécration du nouveau mur d'enceinte de la ville (chap. XI et XII). Le livre se termine par une courte note sur l'activité de Néhémie, lors d'un second voyage qu'il fit à Jérusalem en 432 » (Reuss). Depuis longtemps on a remarqué l'affinité de ces divers livres entre eux ; un examen attentif montre qu'il y faut voir les différentes parties d'un même tout et que les divisions adoptées par la suite en voilent l'unité primitive. C'est ce que M. Reuss a fait ressortir, entre autres, d'une façon très heureuse, en mettant en lumière l'inspiration de l'œuvre, mieux qu'on ne l'avait fait avant lui. « Il est facile de constater, dit-il, que ce qui est raconté dans le livre d'Esdras et de Néhémie se rapporte exclusivement, soit à la restauration du temple, soit à la réglementation du culte qui s'y rattachait et à la discipline ecclésiastique ; soit enfin aux intérêts matériels de la cité de Jérusalem et de ses habitants. Qu'on n'objecte pas que cela va sans dire et que ce cadre était donné à l'auteur. Cela n'est pas du tout le cas. Ce cadre est librement tracé par lui, car la population de Jérusalem formait alors une très petite minorité de la nation israélite, dont une bien plus grande portion occupait le reste de la Palestine ou était établie à l'étranger, surtout à Babylone. L'auteur ne s'intéresse qu'à cette minorité, qu'il considère évidemment comme le noyau de la nation, comme la souche de ce judaïsme qui, à l'époque où il écrivait, étendait déjà son influence au loin et était devenu une espèce de puissance. Et bien! il circonscrit son cadre d'une manière analogue dans sa première partie, dans le livre des Chroniques. Il y avait là certainement bien des choses à dire et des plus importantes, qui y sont omises à dessein, quoique l'auteur dépende, à n'en pas douter, des sources qui en parlaient. C'est qu'il n'a en vue que Jérusalem, son temple et son culte. Il commence avec David qui, selon lui, a fondé le sanctuaire autour duquel se groupera la nation et sur les parvis duquel elle apprendra à connaître et ses devoirs et ses véritables destinées. Les victoires de ce monarque illustre et surtout les mémorables aventures de sa jeunesse sont passées sous silence ou à peine effleurées dans de maigres extraits, tandis que tout ce qui dans son règne se rapporte aux affaires religieuses, au culte, à la hiérarchie, est soigneusement enregistré... Et dans l'histoire des rois Isaïdes, ce sont encore les choses de l'Eglise (comme nous dirions aujourd'hui) qui ont le privilège de le préoccuper... S'il touche à des faits militaires et politiques, c'est toujours de manière à les mettre dans un rapport intime avec les tendances religieuses des princes qui y sont engagés!... » M. Reuss a donc proposé de confondre ces différents livres sous l'appellation commune de *Chronique ecclésiastique de Jérusalem*, qui indique d'une façon frappante la nature de leur contenu. — Il n'y a guère d'hésitations sur la date qu'il convient d'assigner à la composition de l'ouvrage ; on peut le rapporter avec toute vraisemblance au troisième siècle avant l'ère chrétienne. Il devient ainsi le témoin singulièrement instructif des idées en honneur dans les cercles sacerdotaux du judaïsme jérusalémite de cette époque. — Mais en dehors de cet intérêt qui est considérable, le livre de la Chronique-Esdras-Néhémie doit être apprécié comme source pour l'histoire des temps qu'il retrace. A cet égard, il faut distinguer un double cas : ou bien le récit de cet auteur est parallèle à d'autres récits de date antérieure, comme cela se rencontre pour l'histoire de la dynastie des Isaïdes, déjà retracée dans les livres de Samuel-Rois, ou bien il est seul à témoigner de certains faits, comme il arrive pour la double restauration judéenne à laquelle sont consacrées les parties de son ouvrage détachées par l'usage sous les noms d'Esdras et de Néhémie. Pour ce qui est du premier cas (1er et 2e livre des Chroniques) les écrivains modernes tendent à considérer comme des modifications intentionnelles « tendancielles » les différences constatées avec les textes les plus anciens, et ce jugement ne semble pas devoir être réformé dans son fond. Toutefois, de récents critiques ont pensé pouvoir établir par une discussion minutieuse que « la Chronique relate des faits assez nombreux que nous ne connaissons que par elle. Parmi ces faits, il y en a que la critique la plus soupçonneuse n'a pas de motifs suffisants de révoquer en doute » (Reuss). « Mais, ajoute le même écrivain, dans une proportion bien plus grande encore, l'histoire est présentée sous un jour tout différent de celui que lui prêtent les relations plus anciennes. C'est que l'ouvrage en question nous la raconte comme on la concevait de son temps. » Et M. Reuss conclut comme le feront tous ceux qui s'occupent des sources de l'histoire ancienne sans y apporter de parti-pris : « Nous sommes si peu disposé à leur en faire un reproche, que nous soutenons que c'est là plus ou moins le cas de tous les historiens, notamment de la plupart de ceux qui ont traité l'histoire ecclésiastique. Les institutions établies et consacrées au quatrième siècle avant notre ère, après avoir mis un certain temps à recevoir leur forme définitive, sont reportées par l'opinion publique, partagée par notre auteur, à une lointaine antiquité. » Le résidu historique est d'une bien autre importance pour l'époque de la restauration jérusalémite; c'est là en effet notre seule source, et ce document, quelles qu'en soient les imperfections, est d'une grande valeur. L'auteur a profité ici de deux ouvrages contemporains des faits, dus à la plume des principaux acteurs eux-mêmes, des mémoires d'Esdras et de Néhémie, dont il nous donne des extraits. « Ces extraits, dit M. Reuss, nous intéressent d'autant plus, que ce sont les seules pages de toute la littérature historique des Hébreux, qui proviennent d'écrivains contemporains des événements qu'ils racontent... Il est seulement à regretter que l'usage qui est fait ici de ces mémoires ait été la principale cause de leur perte. Il est arrivé à leur égard ce que l'histoire de la littérature ancienne constate si souvent : l'habitude d'abréger les compositions plus étendues pour en mettre la substance à la portée du grand nombre, finissait par faire disparaître les originaux... » Les fragments authentiques des mémoires de Néhémie se trouvent Néhémie I, 1-VII, 5; XII, 27-42; XIII, 4-31. On constate aisément que ces trois textes ne peuvent pas s'être suivis de près dans l'original et que ceux qui les séparent aujourd'hui ont été puisés à d'autres sources. Les extraits des mémoires d'Esdras sont à la fois moins étendus et moins intéressants; ils sont d'ailleurs moins aisés à marquer avec certitude. « La première trace directe, dit M. Reuss, se rencontre à la fin du VIIe chap. (vers. 27), à partir duquel endroit, jusqu'à la fin du chap. IX, Esdras parle à la première personne. Il n'y a ici que les deux derniers versets du chap. VIII qui paraissent être une intercalation du rédacteur. Mais rien ne nous empêche de supposer qu'une partie des faits relatifs à Esdras, et contenus tant dans le dernier chapitre du livre de ce nom, que dans les chap. VIII et suivants du livre de Néhémie, ont pu être puisés à la même source, bien qu'ici nous n'ayons en général que la rédaction du Chroniqueur et non plus le texte original. » Outre les extraits de mémoires d'Esdras et de Néhémie, on peut signaler Esdras IV, 8-VI, 18, comme emprunté à un ouvrage écrit en dialecte araméen et postérieur à Esdras, etc. — Les dimensions de cet article ne nous permettant que l'indication des résultats les plus saillants obtenus par l'étude critique de la *Chronique de Jérusalem*, nous renverrons pour tout le reste à la *Bible* de Reuss, Ancien Testament, IVe partie (*Introduction*, p. 3-51). M. VERNES.

PARAN. Voyez *Pharan*.

PARASCH ou parascha, mot hébreu qui signifie *séparation, division*. Il désigne chez les Juifs une section du Pentateuque, telle qu'on la lit dans les synagogues.

PARÉ (Ambroise), créateur de la chirurgie moderne, appartient à cette génération d'hommes d'élite, Palissy, Clément Marot, Louis Bourgeois, Goudimel, Ducerceau, Jean Cousin, Jean Goujon, les Estienne, Coligny, La Noue, dont le talent, la piété, le génie et le ferme caractère, sont l'honneur de la Réforme. Comme Palissy, il ignorait le grec et le latin ; « car n'a plu à Dieu, disait-il, tant faire de grâce à ma jeunesse. » Ambroise, dont le père était coffretier, naquit à Laval (Mayenne) en 1517, et fit sans doute son apprentissage sous la direction d'un de ses frères, chirurgien à Vitré. Venu ensuite à Paris et admis à l'Hôtel-Dieu, il y passa trois années au bout desquelles il fut reçu maître barbier-chirurgien, et conduit à l'armée du Piémont par M. de Montéjean, colonel-général des gens de pied (1536). En vertu de la doctrine universellement admise, les blessures faites par les armes à feu étaient traitées par l'huile bouillante, traitement meurtrier que tous les praticiens suivaient aveuglément. Aussi la perplexité de Paré fut-elle grande lorsque l'huile vint à manquer au camp, et qu'il ne put appliquer à certains blessés que des cataplasmes émollients ; il s'attendait à les trouver le lendemain matin dans un état désespéré et empoisonnés par la poudre. A sa profonde surprise ce fut le contraire qui arriva ; ceux qui excitaient ses craintes étaient bien moins fiévreux et en meilleure voie de guérison que ceux qu'il avait pansés suivant les règles prescrites par Jean de Vigo. Il renonça donc à torturer et à tuer les malades par respect pour la routine. Mais par quoi remplacer l'huile bouillante ? Un spécifique paraissait indispensable. Il existait un baume secret auquel on attribuait une grande vertu ; à force de sollicitations et de promesses, Paré en obtint la formule et la rendit aussitôt publique : « De tels secrets, dit-il, ne doivent être ensevelis en la terre. » Ce baume composé d'huile de lys, dans laquelle on faisait bouillir des petits chiens, n'était qu'une drogue de charlatan, toutefois il fallut des années pour que Paré s'en désabusât. Il n'y renonça qu'au siège de Rouen (1562) où périt Antoine de Bourbon. Malgré ce tribut payé aux erreurs du siècle, Paré ne tarda pas à être reconnu pour plus habile que ses confrères, de sorte que la plupart des blessés lui étaient confiés, et qu'à la mort du maréchal de Montéjean (1539), le maréchal d'Annebaut, son successeur, supplia le jeune chirurgien de rester à l'armée. Cependant celui-ci revint à Paris, où il épousa en 1541 Jeanne Masselin. Mais la guerre ayant recommencé presque aussitôt, il s'attacha au vicomte de Rohan et le suivit dans toutes ses campagnes. Sur les instances du célèbre docteur Sylvius, qui l'en priait « de grande affection », il mit par écrit *La méthode de traiter les plaies faites par hacquebutes et autres bâtons à feu, etc.* La préface de ce premier travail, imprimé en 1545. se termine par cette invocation toute imprégnée d'une fervente piété; « A tant je supplie le Créateur, frères et amis, heureusement conduire nos œuvres sous sa grâce, augmentant toujours nos bonnes affections de sorte qu'il en puisse sortir quelque fruit et utilité, au support de l'infirmité de la vie humaine, et à l'honneur de celui en qui sont cachés tous les trésors de science, qui est le Dieu éternel. » Science et conscience, le service de Dieu et celui de l'humanité, telle fut la devise dont Paré ne se départit jamais. En 1550 il publia une *Briève collation de l'administration anatomique, avec la manière de rejoindre les os, etc.*, dediée au vicomte de Rohan. Deux ans plus tard il suivit de nouveau l'armée, et fit réimprimer, en le dédiant à Henri II, son premier livre considérablement augmenté. Pour ne pas abandonner à l'ennemi un soldat qui avait reçu sept blessures graves à la tête et cinq autres sur les bras, on allait le jeter à demi-mort dans une fosse creusée à la hâte, lorsque Paré « mû de pitié », demanda la permission de l'emmener dans une charrette ; à force de soins il réussit à le sauver. « Je le pansai jusques à la fin de la cure, dit-il, et Dieu le guarit. » Il acquit durant cette campagne un nouveau titre à la reconnaissance des peuples. Jusque-là on ne connaissait d'autre moyen d'arrêter l'hémorrhagie résultant des amputations, que de cautériser les chairs mises à nu.; à ce procédé cruel et presque toujours fatal, Paré substitua la ligature des artères, qui est l'une des plus grandes découvertes et l'un des plus grands bienfaits de la chirurgie. Bientôt, nommé chirurgien ordinaire du roi, il fut envoyé à Metz et réussit à pénétrer dans la ville à travers l'armée espagnole qui l'enserrait de toutes parts. Sa présence rendit le courage aux assiégés, non sans raison; car avant son arrivée presque tous les blessés mouraient et ils guérirent dès qu'ils furent entre ses mains. Lors de la reddition de Hesdin (Pas-de-Calais), en 1553, il fut fait prisonnier et se déguisa pour n'avoir à payer qu'une faible rançon ; mais trahi par l'habileté avec laquelle il opérait un officier prisonnier comme lui, il résista aux sollicitations du chirurgien de l'empereur et aux menaces du duc de Savoie, qui parlait de l'envoyer aux galères pour son refus de servir les ennemis de la France ; enfin un colonel qu'il guérit lui rendit la liberté. En 1554, la faculté de médecine de Paris lui décerna les honneurs de la réception gratuite au baccalauréat, à la licence et au doctorat, en lui accordant la faveur exceptionnelle de ne pas soutenir les examens en latin. Il conserva sous François II et Charles IX sa place de chirurgien ordinaire du roi, et publia en 1561 deux nouveaux ouvrages : *La méthode curative des plaies et fractures de la tête humaine, etc.*, et l'*Anatomie universelle du corps humain, etc.* Trois ans plus tard parurent ses *Dix livres de chirurgie avec le magasin des instruments nécessaires*. Cette publication faillit être la dernière de Paré ; le fanatisme ne recula point devant un attentat qui eût privé la science et l'humanité des incomparables services que leur rendait ce grand homme. « Après la prise de Rouen, raconte-t-il, me trouvant à dîner en quelque compagnie, où en avoient quelques-uns qui me hayoient à mort pour la religion, on me présenta des choux où il y avait du sublimé ou arsenic ; de la première bouchée n'en aperçus rien ; à la seconde, je sentis une grande chaleur et cuiseur et grande astriction en la bouche, et principalement au gosier, et saveur puante de la bonne drogue ; et l'ayant aperçue, subit je pris un verre d'eau et de vin et lavai ma bouche, aussi en avalai bonne quantité et promptement allai chez le proche apothicaire ; subit que je fus parti, le plat aux choux fut jeté en terre. » La peste qui ravageait l'Ile-de-France en 1568, et dont Paré fut atteint, lui permit, d'étudier le redoutable fléau ainsi que les moyens de le combattre ; à la demande de Catherine de Médicis, il écrivit le *Traité de la peste, de la petite vérole et rougeole, avec une brève description de la lèpre*. En voici quelques lignes qu'on croirait sorties de la plume de Th. de Bèze, lequel mit au jour, en 1578, un opuscule où il examinait si et jusqu'à quel point il est permis au chrétien d'éviter la peste par la fuite : « Concluons donc que la peste et autres maladies dangereuses sont témoignage de la fureur divine sur les péchés, idolâtries et superstitions qui règnent en la terre, comme même un auteur profane (Hippocrate) est contraint de confesser qu'il y a quelque chose de divin aux maladies. Et pour tant, lorsqu'il plaît au seigneur des seigneurs, et créateur de toutes choses, user de ses justes jugements, nulle de ses créatures ne peut éviter sa fureur épouvantable ; voire même ciel et terre en tremblent, ainsi que David nous enseigne (Ps. LXVIII, trad. de Bèze) : Les cieux fondirent en sueur ; | La terre bondit de la peur | De sa face terrible. | Que sera-ce donc de nous, pauvres humains, qui nous écoulons comme la neige ?.. Apprenons de nous convertir de nos voies mauvaises à la pureté du service de Dieu, et ne suivons point l'exemple des fols malades, qui se plaignent de la chaleur et altération de la fièvre et cependent rejettent la médecine qui leur est représentée pour les guarir de la cause de la maladie. » Paré ajoute que, si la maladie est envoyée aux hommes par la volonté de Dieu, Dieu nous ordonne aussi d'user des remèdes qu'il a mis à notre portée, et que nous ne pouvons mépriser sans ingratitude. Le pieux chirurgien qui avait échappé à la peste, échappa aussi au massacre de la Saint-Barthélemy. Non seulement « ce grand personnage, maître Ambroise Paré, qui était fort huguenot », dit Brantôme, assista l'amiral blessé ; mais il passa près de lui la nuit du 24 août, et s'y trouvait encore lorsque, vers les quatre heures du matin, Karl Dianowitz, surnommé Behme (Bohème) se précipita dans la chambre du malade à la tête des assassins. Sur l'ordre de l'amiral, les quelques amis présents s'enfuirent par les toits, Paré fut du nombre de ceux qui réussirent à se sauver, et se réfugia près de Charles IX. Brantôme a ignoré ce détail, rapporté par un témoin oculaire (sans doute Merlin) à l'auteur de la vie de Coligny (1575) attribuée à Hotman de Villiers; il a cru que Paré avait couché au Louvre, où le roi « incessamment criait : Tuez, tuez, et n'en voulut jamais sauver qu'un, sinon maître Ambroise Paré, son premier chirurgien et le premier de la chrétienté, et l'envoya quérir et venir le soir dans sa chambre et garde-robe, lui commandant de n'en bouger, et disait qu'il n'était raisonnable qu'un qui pouvait servir à tout un petit monde fût ainsi massacré, et si ne le pressa point de changer de religion, non plus que sa nourrice. » Nul, écrit Sully, n'avait la confiance du roi comme Paré, « quoiqu'il fût huguenot », et c'est à lui que, peu après le massacre, le malheureux prince fit part de ses remords : « Ambroise, je ne sais ce qui m'est survenu depuis deux ou trois jours ; mais je me trouve l'esprit et le corps aussi émus que si j'avais la fièvre. Il me semble à tout moment, aussi bien veillant que dormant, que ces corps massacrés se présentent à moi les faces hideuses et couvertes de sang... L'ordre qui fut publié les jours suivants de faire cesser la tuerie fut le fruit de cette conversation. » Devenu roi de France sous le nom de Henri III (1573), le principal auteur de la Saint-Barthélemy ne se borna pas à s'attacher Paré comme premier chirurgien, il en fit son valet de chambre et lui donna une charge de conseiller, ainsi qu'on le voit au titre et dans le privilège des *Œuvres de M. Ambroise Paré*, Paris, 1575, in-fol. « Jamais, dit l'éminent chirurgien auquel est due la meilleure édition de ces œuvres, feu Malgaigne, dans l'ancien cabinet duquel nous écrivons ces lignes, jamais depuis le livre de Guy de Chauliac, un aussi beau et aussi vaste monument n'avait été élevé à la chirurgie. Anciens et modernes, autant qu'il a pu en découvrir et en lire, Paré les a fait comparaître, triant avec soin les doctrines, les méthodes, les procédés, et sur une foule de questions ajoutant les résultats de sa longue expérience. » Les envieux, car Paré n'en manquait pas, reprochèrent à cet ouvrage, qui « fut dès son apparition le Code de la chirurgie, » d'être écrit en langue vulgaire. D'après Malgaigne, le trait saillant du caractère de Paré était sa profonde piété : « Il n'est pas un seul de ces ouvrages où il ne cherche l'occasion de rendre gloire à son créateur. Avant comme après la Saint-Barthélemy, son langage demeure le même ; il n'effaça jamais une ligne de ce que lui avait dicté ce sentiment religieux... Plein de tolérance pour les autres, donnant ses soins également aux huguenots et aux catholiques, et comme le samaritain de l'Evangile, versant du baume sur toutes les plaies,... il fraie volontiers avec les barbiers ses anciens confrères,... et vante les jeunes chirurgiens qu'il a formés sans jamais en prendre d'ombrage. » L'intègre citoyen garda son franc parler même sous la Ligue. « Me souviens, dit L'Estoile, que huit ou dix jours avant la levée du siège (29 août 1590), M. de Lyon (d'Espinac, archevêque de Lyon, l'un des plus ardents ligueurs) passant au bout du pont Saint-Michel, comme il se trouva assiégé d'une foule de menu peuple mourant de faim, qui lui criait et lui demandait du pain ou la mort, et ne s'en sachant comment dépêtrer, maître Ambroise Paré, qui se reucontra là, va lui dire tout haut : Monseigneur, ce pauvre peuple que vous voyez ici autour de vous meurt de male rage de faim et vous demande miséricorde. Pour Dieu, Monsieur, faites-la lui, si vous voulez que Dieu vous la fasse... Voyez-vous pas que Paris périt au gré des méchants, qui veulent empêcher l'œuvre de Dieu qui est la paix ? » Paré ne vit pas cette paix ; il mourut dans sa soixante-treizième année, et fut inhumé le 22 décembre 1590 dans l'église Saint-André-des-Arts, sa paroisse (il demeurait rue de l'Hirondelle), «au bas de la nef, proche du clocher. » Entièrement étranger à notre histoire, à notre phraséologie religieuse, ne rencontrant dans les ouvrages de l'illustre chirurgien aucune trace de passion anticatholique, ne se doutant pas même que Paré cite constamment l'Ecriture sainte d'après la version huguenote, Malgaigne l'avait naïvement cru bon catholique, malgré le témoignage de Sully et de Brantôme, jusqu'au moment où il découvrit le récit de la tentative d'empoisonnement pour cause de religion. De ce récit, qui ne se trouve que dans l'édition originale des *Œuvres* de Paré, Malgaigne conclut ensuite que celui-ci avait été protestant au moins de 1562 à 1575. Puis désorienté de nouveau par l'apparente anomalie d'un huguenot enterré dans une église catholique, et bien qu'il eût constaté lui-même que le langage de Paré fut après la Saint-Barthélemy ce qu'il était auparavant, le biographe supposa que Paré était retourné au catholicisme après 1575, et ne vit pas qu'un protestant rentré dans le giron de l'Eglise romaine n'aurait pu, sans rétracter son abjuration, ajouter à l'édition de ses *Œuvres*, publiées en 1585, un passage où il invoque l'autorité du traité *De la religion chrétienne* de Du Plessis-Mornay, ouvrage condamné au feu comme hérétique. Un peu de reflexion eût préservé le consciencieux éditeur de prêter à son héros une versatilité et une sorte de déloyauté, démenties par toute la vie de ce grand homme de bien. En effet, comment un enterrement « à la mode de Genève » eût-il été possible durant la période la plus aiguë de la Ligue, dont le but hautement avoué était l'extermination de l'hérésie ? L'édit du 16 octobre 1585 n'avait accordé que quinze jours aux protestants pour se faire catholiques ou sortir du royaume. L'Eglise réformée de Paris, privée de pasteur depuis le bannissement de J. Du Moulin (1584) et dispersée çà et là, avait ployé sous l'orage. Gabriel d'Amours, qui avait osé entrer dans la ville en 1588 pour nouer des intelligences royalistes avec son frère, conseiller au parlement, avait été découvert et mis à la Bastille l'année suivante. Les deux sœurs Foucault, compagnes de Palissy dans le terrible donjon, avaient été brûlées en place de Grève, ainsi que Guittel, en 1588, et une pauvre huguenote « laquelle ne se voulut jamais dédire », en 1589. Palissy lui-même étranglé par la faim et la vermine, son cadavre dévoré par les chiens sur les remparts, disaient assez le sort dont était menacé quiconque se fût aventuré à conduire un cercueil au cimetière Saint-Germain ou à celui de la Trinité. L'usage de ces deux cimetières, où quelques protestants avaient été enfouis nuitamment et sans cérémonie sous la protection d'un archer du guet, à partir de 1576 (et peut-être un peu auparavant dans le premier), ne devint habituel et régulier que sous l'édit de Nantes. Jusque-là, conformément aux édits de 1563 et de 1568, «ceux de la religion de la vicomté de Paris étaient enterrés ès cimetières de la paroisse dont étaient les maisons auxquelles ils avaient passé de vie à trépas.» Parfois, il est vrai, la populace les déterrait et les jetait à la voirie. L'édit de 1570 est le premier qui ordonne l'établissement de cimetières particuliers pour les protestants; mais cet édit et les suivants rencontrèrent chez les catholiques tant de mauvais vouloir, que leur non-exécution soulevait encore en 1597 d'innombrables plaintes au sein des Eglises réformées. Certains membres du clergé, si violent à l'égard de tous ceux qui prétendaient se passer de son ministère, s'adoucissaient ou fermaient les yeux quand on recourait à eux pour rendre les derniers devoirs à des adeptes de la foi nouvelle (voir Rossier, *Histoire des prot. de Picardie*, 1861, in-12, p. 48). Ils évitaient par là le scandale d'une cérémonie protestante, et percevaient des émoluments dont ils fixaient eux-mêmes le chiffre. On vit même, en 1601, le curé de Saint-Jacques de la Boucherie enlever de force le cadavre d'un marchand huguenot qu'on allait transporter au cimetière de la Trinité, et l'inhumer dans son église pour faire croire qu'il était mort catholique. Nombre de familles qui avaient embrassé la Réforme possédaient des caveaux dans des édifices religieux, et entendaient maintenir leur droit d'y être déposées, soit par un prêtre, soit même par un ministre du nouveau culte, et notamment les familles nobles ayant des chapelles dans leurs maisons ou le patronage des églises de leurs fiefs. Claude Hatton, curé de Provins, s'élève à plusieurs reprises, dans ses Mémoires, contre des inhumations de ce genre et contre les services funèbres célébrés par des pasteurs dans l'intérieur des églises. Une foule d'arrêts, un entre autres rendu par le parlement de Bordeaux en 1594, autorisent l'exhumation des réformés enterrés dans les cimetières et les églises catholiques. Sur la demande formelle de l'assemblée du clergé, l'article dix de l'édit de décembre 1606 porte que désormais ces cimetières et ces églises seront fermés à la dépouille mortelle des protestants, même dans le cas où ils en auraient été les fondateurs. Cependant, en 1618, une protestante, comtesse de Roucy, était encore inhumée dans le chœur de l'église de ce lieu, en vertu des droits seigneuriaux (voir notre *Essai historiq. sur les Egl. de l'Aisne*, p. 42, et Bèze, *Hist eccl.*, II, 349). — Telles étaient les circonstances qui obligèrent la veuve de Paré, Jacqueline Rousselet, qu'il avait épousée en secondes noces vers 1574, à solliciter la permission de faire porter sans bruit le corps de son mari dans le caveau où reposait la première femme du défunt. Or le curé de la paroisse était Aubry, l'un des plus furieux ligueurs; il consentit cependant, on ignore pour quel motif, à permettre l'inhumation. Il se peut du reste qu'elle ne fût que temporaire; car Paré ne figure pas dans le recueil des épitaphes de Saint-André-des-Arts, où l'on trouve des noms bien moins célèbres que le sien. — Malgaigne n'avait évidemment aucun parti pris; après lui est venu M. Jal, qui, niant l'évidence, affirme que Paré ne fut jamais protestant, et en donne pour unique preuve les actes de naissance, baptême, inhumation (au nombre de vingt-cinq), inscrits dans les registres de Saint-André-des-Arts. On s'étonne d'avoir à rappeler à l'auteur du *Dictionnaire critique de biographie et d'histoire* (1867) que le clergé était alors le seul officier de l'état civil; que l'ordonnance de 1539 avait rendu obligatoire l'inscription sur les registres de la paroisse; que l'omission de cette formalité légale pouvait entraîner la nullité du mariage et l'exhérédation des enfants; que les édits de 1561 et 1562 défendaient expressément de célébrer des mariages et des baptêmes dans les assemblées protestantes, et prononçaient d'avance l'illégitimité des enfants nés de ces mariages. Cette législation était, on en conviendra, de nature à inspirer aux protestants de sérieuses réflexions. Ceux qui n'avaient rien à perdre ou à espérer, les caractères ardents qui n'écoutaient que leurs convictions et leur répulsion pour le catholicisme, passaient outre sans s'inquiéter des lois que réprouvait leur conscience; mais les familles riches, les esprits modérés, ceux que leur position obligeait à certains ménagements, se soumettaient et empruntaient le ministère légal du prêtre, tout en demeurant fermement attachés aux principes évangéliques. Paré appartenait à cette dernière catégorie, laquelle considérait sans doute la modération et la prudence comme des parties essentielles de la religion. Les documents sur lesquels s'appuie M. Jal ne prouvent absolument rien autre chose. — La ville de Laval s'est honorée en élevant une statue au plus glorieux de ses enfants; Sens a rendu le même hommage à Jean Cousin; Saintes, à Palissy; Châtillon-sur-Loing, à Coligny, et Jean Goujon figure, en compagnie d'Henri Estienne et de madame de Staël, dans la collection de grands hommes sculptée pour le nouvel Hôtel-de-Ville de Paris.—Voir *Bullet. de l'hist. du prot. fr.*, II, 347; XI, 132, etc.; 2ᵉ série, III, 173; *La France prot.*; *L'Intermédiaire*, V, 87, 191, 234, 301, 606, 709; VI, 27, 58, 203; A. Coquerel fils, *Nouvelle revue de théologie*, VII, 346, et *Précis de l'hist. de l'Egl. réf. de Paris*; Vimont, *Eloge d'A. Paré*; Paris, 1814, in-8°; Willaume, *Recherches biographiq. sur A. Paré*, Epernay, 1838, in-8°; Malgaigne, *Introduction des Œuvres de Paré*, Paris, 1840, in-8°; Richerand, dans la *Galerie franç.*, I; B. Hauréau, *Hist. littér. du Maine*, Paris, 1848-1852, in-8°. O. Douen.

PARÉNÈSE. Ce mot désigne une exhortation morale faite pour une circonstance particulière, telle qu'une prise d'habit dans un ordre religieux, la présentation d'un nouveau directeur dans un établissement d'éducation, un discours avant la confession ou la communion des élèves d'un petit séminaire, etc.

PAREUS (David), proprement Wængler, savant théologien réformé, né à Frankenstein, dans la haute Silésie, en 1548, mort à Heidelberg en 1622. Il remplit diverses fonctions de pasteur et de pédagogue, jusqu'à ce qu'il fut nommé, en 1598, professeur de théologie à l'université de Heidelberg, définitivement gagnée au rite réformé. Parmi les nombreux travaux de Pareus nous citerons : 1° une *Traduction allemande de la Bible*, Neustadt, 1587, qui n'est à la vérité qu'une réédition de celle de Luther, mais accommodée au goût des calvinistes, ce qui engagea l'auteur dans une ardente controverse avec Jacob Andreæ et d'autres théologiens luthériens; 2° des *Explicationes catecheticæ* qui forment un commentaire intéressant du catéchisme de Heidelberg ; 3° *Irenicum sive de unione et synodo Evangelicorum concilianda*, 1615, avec une traduction allemande de la même année, le plus important des écrits publiés par Pareus en faveur de l'union des deux Eglises protestantes sur la base de la confession d'Augsbourg, que les réformés comprennent et appliquent mieux, d'après lui, que les luthériens; 4° *Exercitationes philosophicæ et theologicæ*, Heidelb., 1609 ; 5° *Disputationes theologicæ*, Francf., 1610; 6° *Commentarius in Epistolam ad Romanos*, 1609 ; 7° *Thesaurus biblicus*, 1621. Les *Opera theologica* de Pareus ont paru à Genève, 1642-1650, et à Francfort, 1647, 4 vol. in-fol., mais ne comprennent que ses commentaires et ses ouvrages de controverse ; le premier volume contient le catalogue complet de ses autres ouvrages, même de ceux qui se sont perdus lors de la dévastation du Palatinat. On y trouve aussi la *Biographie* de Pareus, rédigée par son fils Philippe, et publiée séparément en 1633.

PARIS (Statistique ecclésiastique). L'histoire religieuse de Paris trouvera sa place à la fin de cette publication. Nous ne voulons tracer ici qu'un tableau statistique de ses cadres actuels, de ses lieux de culte, de son personnel ecclésiastique, de ses établissements d'instruction et de propagande religieuses, d'assistance charitable. L'activité que Paris déploie dans ce domaine est prodigieuse, et chaque jour voit s'accroître la multitude de ces œuvres d'intérêt public, se développer et s'épanouir, dans son austère beauté, le génie secourable de la grande cité. Sans doute les plaies qu'il s'agit de guérir sont immenses, elles aussi; la misère matérielle et la détresse morale ne comptent pas le nombre de leurs victimes : mais un combat incessant est engagé contre elles, et l'humanité, inspirée par le pur évangile du Christ, arrache chaque jour quelque portion nouvelle au vaste empire où règnent l'égoïsme et le péché. On l'a dit éloquemment : « Tout le bien qu'on peut dire de Paris est vrai, et tout le mal qu'on en dira est vrai aussi. Paris contient le pire et le meilleur de l'espèce humaine. N'est-ce pas le sort de toutes les villes immenses et civilisées à l'excès ? C'est la ville des plaisirs faciles..., mais elle est en même temps par excellence la ville du travail. L'étranger n'aperçoit que cette population tout en dehors, qui s'agite sur les boulevards et aux Champs-Elysées ; il s'imagine que tout Paris est en fête et que sa vie est un divertissement perpétuel. Il n'aperçoit pas la population active et silencieuse des grands travailleurs ; il ignore absolument le Paris qui médite, qui cherche et qui découvre. Et surtout, il est à peu près impossible qu'il pénètre sous cette surface bruyante et en pleine lumière où s'arrête son regard, qu'il saisisse ce qu'il y a d'excellent, de sérieux et d'intact dans ses mœurs si légèrement jugées, la vie de famille, la religion du foyer (quel peuple entoure ses chers morts d'un culte plus tendre et plus passionné !), le labeur acharné, bien des vertus modestes que la chronique légère ne connaît pas, des dévouements qui n'ont pas d'histoire, toutes sortes de qualités délicates ou fortes, qui conservent la substance d'une race et qui font que ce peuple, si souvent exposé par ses propres fautes à la calomnie, n'a pourtant pas son égal au monde pour le travail et pour l'épargne, pour l'industrie et pour la pensée. C'est le champ d'expérience, toujours remué, où l'idée éclot; c'est la patrie des chercheurs et des inventeurs. Enfin, s'il est vrai que l'excès même de la civilisation produise chaque jour des formes nouvelles de la misère et du vice, n'est-il pas vrai aussi que, par une compensation merveilleuse, il se déploie dans les différentes classes une émulation toujours nouvelle de science et de charité pour réduire le mal, s'il est impossible de le détruire » (Caro, *Discours à l'Académie française*, le 23 décembre 1880). — L'erreur profonde de la démocratie parisienne, et en particulier du conseil municipal qui en est l'expression, c'est de méconnaître absolument la nature et la puissance du sentiment religieux qu'elle identifie avec les dogmes absurdes, les pratiques de dévotion puériles ou écœurantes, les entreprises réactionnaires favorisées par l'esprit clérical. Si nous saluons volontiers comme un progrès les efforts faits pour laïciser les divers services urbains et pour ramener l'Eglise dans ses frontières d'où elle est imprudemment sortie pour le plus grand dommage de la cause qu'elle représente, nous ne pouvons oublier pourtant les services qu'elle a rendus dans le passé, alors que, en des siècles moins éclairés, elle a pris l'initiative de l'instruction et de l'assistance populaires, initiative généreuse pour laquelle notre société moderne devrait montrer plus de reconnaissance, alors même que l'Eglise tente de s'en prévaloir comme d'une sorte de monopole et qu'elle l'a mainte fois exploitée au bénéfice de ses passions confessionnelles. Replacer chaque association sous le régime du droit commun, assurer à chaque citoyen, sans distinction de culte, les bienfaits de l'instruction et de l'assistance charitable, mêler dans les écoles publiques les enfants de la même cité et de la même patrie, faire disparaître les emblèmes et les signes extérieurs qui symbolisent, entretiennent et perpétuent des divisions regrettables, créer, susciter, si l'on peut, chez les infirmières et dans les établissements d'éducation laïques, le même dévouement, la même abnégation, la même constance, les mêmes soins intelligents et délicats que chez les sœurs de charité et dans les pensionnats religieux ; habituer les paroisses à ne plus solliciter les subventions de la ville et faire entendre aux fidèles que, pour soutenir leur culte et leurs œuvres de propagande, ils ne doivent plus compter que sur eux-mêmes, sur leur esprit de foi et de sacrifice : tout cela nous paraît légitime et louable. Ce que nous blâmons, ce sont les procédés souvent durs et brusques, l'intervention lourde et intempestive, le manque d'égards pour les personnes, de respect pour les sentiments, de compréhension pour les doctrines; ce sont les théories subversives de toute liberté de conscience et de culte; c'est l'erreur funeste de ne voir qu'un obstacle et un ennemi là où il faudrait se ménager un auxiliaire; c'est la folie enfin de prétendre administrer une ville et gouverner un peuple, sans tenir compte d'un des sentiments les plus profonds, les plus puissants (pour le bien et pour le mal, suivant qu'il est bien ou mal éclairé et dirigé) de l'âme humaine, le sentiment religieux. — La proportion entre les divers cultes de la capitale est très difficile à établir. Les recensements de 1876 et de 1881 n'ayant pas tenu compte du culte des habitants, il faut nous reporter à celui de 1872 qui, sur une population de 1,852,000 âmes, n'enregistre que 42,000 protestants et 28,000 israélites. Mais ces chiffres officiels, comme nous le montrerons plus loin, sont fort sujets à caution. Ce que nous pouvons retenir, c'est qu'en effet les cultes dissidents ne forment, au sein de la capitale de la France, comme dans le pays tout entier, qu'une infime minorité.

I. Culte catholique. L'Eglise catholique à Paris, par son personnel bien discipliné et choisi avec soin, par ses œuvres et ses associations dont le nombre et la variété égalent la richesse, par l'esprit de piété et de sacrifice qui anime ses fidèles, en dépit des attaques passionnées et de la défection partielle dont elle est l'objet, exerce sur les destinées de la cité une influence considérable. L'organisation paroissiale de cette Eglise est admirablement appropriée au but qu'elle se propose; son clergé, généralement instruit, de mœurs correctes, de manières affables et d'un dévouement infatigable, excelle à se servir de toutes les forces qu'il rencontre pour leur faire produire toute l'action et même toute l'initiative qui sont compatibles avec la discipline romaine. « La vie et le mouvement de ces paroisses, dit M. Vollet (*Journal du Protestantisme français*, 25 décembre 1880), offrent à quiconque sait regarder, un sujet d'observations vraiment intéressantes. Chacune d'elles reproduit fidèlement l'image de la population avec toutes ses particularités locales, et même avec ses particularités religieuses. Car certaines tendances jansénistes se sont perpétuées dans les quartiers de Saint-Séverin, de Saint-Nicolas-du-Chardonnet, de Saint-Médard. Et l'autorité diocésaine, malgré ses prétentions à l'uniformité, a toujours consenti à accorder à ces traditions certaines satisfactions dans la composition du clergé de la paroisse et la décoration des églises... Les *œuvres de la paroisse*, qui prévoient tous les besoins et offrent à tous une satisfaction, forment les cadres vivants qui enserrent tous les membres de la paroisse, et le ressort vivant qui les fait participer tous à l'action commune. » L'action du clergé paroissial est puissamment secondée, parfois même mise à l'ombre et comme éclipsée, par celle des congrégations religieuses dont le nombre, les ressources et l'influence, en particulier sur les classes élevées de la société, s'accroissent journellement. Ajoutez-y l'élément relativement récent des associations et des cercles catholiques, dont la direction se trouve entre les mains des chefs laïques du parti clérical, qui sont pleins de respect et de déférence pour l'archevêché, tout en lui imposant leurs décisions, et qui tendent à enrégimenter la masse du peuple catholique pour la croisade réactionnaire qu'ils ont entreprise : et l'on comprendra la puissance d'une Eglise qui n'a rien perdu de sa vitalité ni renoncé à aucune de ses prétentions. — 1. *Organisation diocésaine.* Paris est le siège d'un archevêché à la tête duquel se trouve actuellement le cardinal Joseph-Hippolyte Guibert (depuis 1871), assisté d'un coadjuteur (depuis 1875) et de six vicaires généraux. Le chapitre de l'Eglise de Paris se compose de 16 chanoines d'honneur de Notre-Dame (érigée en basilique mineure par Pie VII en 1805) ; de 16 chanoines titulaires, de 8 chanoines prébendés ; de 2 anciens chanoines titulaires résidants ; de 44 chanoines honoraires résidants ; de 12 chanoines honoraires non résidants ; du doyen, du vice-doyen et des 3 chapelains de l'Eglise patronale de Ste-Geneviève. — Le diocèse de Paris se subdivise en trois archidiaconés : 1° Celui de Notre-Dame, comprenant la Cité, l'île St-Louis et toutes les paroisses de Paris situées sur la rive droite de la Seine, savoir : Ier arrondissement : St-Germain-l'Auxerrois (1re classe), St-Eustache, St-Roch, St-Leu (2e classe) ; IIe arr. : Notre-Dame-des-Victoires (1re classe), Notre-Dame-de-Bonne-Nouvelle (succursale) ; IIIe arr. : St-Nicolas-des-Champs (1re cl.), St-Denis-du-St-Sacrement, Ste-Elisabeth, St-Jean-St-François (suc.); IVe arr.: Notre-Dame (1re cl.), St-Gervais, St-Méry (2e cl.), St-Louis en-l'Ile, Notre-Dame-des-Blancs-Manteaux, St-Paul-St-Louis (suc.); VIIIe arr. : Ste-Madeleine (1re cl.), St-Augustin, St-Philippe-du-Roule (suc.) ; IXe arr. : Notre-Dame de Lorette (1re cl.), St-Louis-d'Antin (2e cl.), St-Eugène, la Ste-Trinité (suc.) ; Xe arr. : St-Laurent (1re cl.), St-Martin, St-Vincent-de-Paul (suc.); XIe arr. : Ste-Marguerite (1re cl.), St-Ambroise, St-Joseph (suc.) ; XIIe arr. : Notre-Dame de Bercy (1re cl.), St-Antoine (2e cl.), St-Eloi, l'Immaculée-Conception (suc.) ; XVIe arr. : St-Pierre de Chaillot (1re cl.), l'Annonciation de Passy, St-Honoré, Notre-Dame d'Auteuil (suc.) ; XVIIe arr. : Ste-Marie des Batignolles, (1re cl.), St-Ferdinand des Ternes, St-Michel des Batignolles, St-François-de-Sales (suc.); XVIIIe arr. : St-Pierre de Montmartre (1re cl), St-Bernard de la Chapelle, St-Denis de la Chapelle, Notre-Dame de Clignancourt (suc.) ; XIXe arr. : St-Jean-Baptiste de Belleville (1re cl.), St-Jacques-St-Christophe de la Villette, St-Georges (suc.) ; XXe arr. : St-Germain de Charonne (1re cl.), Notre-Dame-de-la-Croix de Ménilmontant (suc.). L'archidiaconé de Notre-Dame compte 50 curés et 355 vicaires, prêtres habitués, diacres d'office ou catéchistes. — 2° L'archidiaconé de Ste-Geneviève comprend toutes les paroisses de Paris situées sur la rive gauche de la Seine, savoir: Ve arr.: St-Etienne-du Mont (1re cl.), St-Médard, St-Séverin (2e cl.), St-Jacques du Haut-Pas, St-Nicolas-du-Chardonnet (suc.) ; VIe arr. : St-Sulpice (1re cl.), St-Germain-des-Prés , Notre-Dame-des-Champs (suc.) ; VIIe arr. : Ste-Clotilde (1re cl.), St-Thomas-d'Aquin (2e cl.), St-François-Xavier,

St-Pierre du Gros-Caillou, St-Louis des Invalides (suc.) ; XIIIe arr. : St-Marcel de la Salpêtrière (1re cl.), Notre-Dame de la Gare, St-Marcel de la Maison-Blanche (suc.) ; XIVe arr. : St-Pierre du Petit-Montrouge (1re cl.), Notre-Dame de Plaisance (suc.); XVe arr. : St-Lambert de Vaugirard (1re cl.), St-Jean-Baptiste de Grenelle (suc.). L'archidiaconé de Ste-Geneviève compte 20 curés et 144 vicaires, prêtres habitués, diacres d'office ou catéchistes. — 3° L'archidiaconé de St-Denis comprend toutes les paroisses de la banlieue de Paris, savoir : Arr. de St-Denis : St-Denis (1re cl.), Aubervilliers, La Cour-Neuve, Dugny, Epinay, Ile-St-Denis, St-Ouen, Ste-Geneviève de la Plaine, Pierrefitte, Stains, Villetaneuse (suc.); Neuilly (1re cl.), Billancourt, Boulogne, Clichy, Levallois-Perret (suc.); Nanterre (2e cl.), Asnières, Colombes, Courbevoie, Gennevilliers, Puteaux, Suresnes, Bagnolet, Bobigny, Bondy, Drancy, Le Bourget, Les Lilas, Noisy-le-Sec, Pantin, Pré-St-Gervais, Romainville, Ste-Marthe aux Quatre-Chemins (suc.) ; Arr. de Sceaux : Sceaux (1re cl.), Antony, Bagneux, Bourg-la-Reine, Châtenay, Châtillon, Clamart, Fontenay-aux-Roses, Issy, Grand-Montrouge, Malakoff, Plessis-Piquet, Vanves (suc.) ; Charenton-le-Pont (1re cl.), Bonneuil, Bry-sur-Marne, Champigny, Créteil, Joinville-le-Pont, Maisons-Alfort, Nogent-sur-Marne, St-Maur, St-Maurice (suc.) ; Vincennes (1re cl.), Montreuil (2e cl.), Fontenay-sous-Bois, St-Mandé, Rosny, Villemomble, Villejuif (2e cl.), Arcueil, Chevilly, Choisy-le-Roi, Fresnes-les-Rungis, Gentilly, Ivry, L'Hay, Orly, Thiais, Vitry (suc.). L'archidiaconé de St-Denis compte 74 curés et 81 vicaires. — La faculté de théologie catholique de la Sorbonne compte 7 professeurs et un suppléant ; le séminaire de St-Sulpice a, dans sa maison de Paris (théologie), un supérieur, 5 directeurs et 8 professeurs ; dans la maison d'Issy (philosophie), elle a un supérieur, 2 directeurs et 4 professeurs. L'université ou institut catholique de Paris, dans la rue de Vaugirard, a pour vice-recteur 1 chanoine honoraire ; l'école supérieure de théologie compte 4 professeurs ; les autres facultés ont dans leur personnel 5 professeurs ecclésiastiques. A cette université est attaché un séminaire dirigé par les prêtres de St-Sulpice, avec 1 supérieur, 2 directeurs et 1 maître de conférences. Le petit séminaire de Notre-Dame-des-Champs a 1 supérieur, 1 directeur et 17 professeurs ; celui de St-Nicolas-du-Chardonnet a 1 supérieur, 1 directeur et 9 professeurs. — 2. *Aumônerie.* On compte à Paris 65 aumôniers catholiques des prisons, hospices et établissements de bienfaisance, dont la suppression graduelle n'est plus qu'une question de temps, savoir à l'hôpital Beaujon, à la Charité (2), à la Clinique de l'école de médecine, à Cochin, à l'Hôtel-Dieu, à Lariboisière (2), à Lourcine, à la Maternité, à l'hôpital du Midi, à Necker, à la Pitié (2), à St-Antoine, à Ste-Eugénie, aux Quinze-Vingts, à St-Louis (2), à la Maison municipale de Santé, à l'hôpital militaire de St-Martin, au Val-de-Grâce (2), au Gros-Caillou, à l'hospice de Bicêtre (2), à celui de la Salpêtrière (4), à l'asile Ste-Anne pour les aliénés, aux Enfants malades, aux Enfants trouvés, aux Enfants incurables, aux Enfants convalescents, à l'hospice d'Enghien de la rue Picpus, à la maison Eugène-Napoléon, à l'hôpital Laennec de la rue de Sèvres, à l'hospice Le Prince, à l'hospice des Frères hospitaliers de St-Jean-de-Dieu, à l'institution de Ste-Périne, à l'hôpital Tenon, aux orphelinats de Ménilmontant, de St-Charles et de St-Vincent-de-Paul, à la maison de retraite Chardon-Lagache, à celle de La Rochefoucault, à l'asile de la Providence à Montmartre, à la maison de Charenton, à l'asile des oûvriers convalescents du bois de Vincennes, à la maison de convalescence de Drancy, à l'hospice Greffulhe à Levallois, à l'Hôtel-Dieu de St-Denis, à l'hospice des Incurables d'Ivry (2), à l'institution des Jeunes Economes à Conflans, à la maison de retraite des Vieillards à Issy (2), à l'hospice St-Michel à St-Mandé, à l'asile de Notre-Dame des Sept-Douleurs à Neuilly, à la maison de retraite de Ste-Anne à Neuilly, au refuge de Ste-Anne à Clichy, à la maison de retraite de Ste-Anne à Châtillon, à l'hospice Ste-Geneviève à l'Hay, à l'hôpital militaire de Vincennes. — Les prisons occupent 12 aumôniers, savoir à la Conciergerie, à Mazas (3), à Ste-Pélagie, à la Santé, à la Roquette, à St-Lazare (2), aux Jeunes-Détenus, à la Maison de correction militaire de la rue du Cherche-Midi, à la Maison de correction de St-Denis. Il y a, de plus, 4 aumôniers militaires titulaires, 13 auxiliaires et 19 volontaires. Une soixantaine de prêtres sont attachés comme aumôniers à diverses maisons religieuses. — Parmi les confesseurs en langue étrangère, on en compte 17 pour les Allemands, 8 pour les Italiens, 6 pour les Anglais, 5 pour les Espagnols, 3 pour les Polonais, 2 pour les Bretons, 1 pour les Flamands, 1 pour les Portugais, 5 pour les sourds-muets. Deux aumôniers sont attachés au nouveau cimetière de St-Ouen, 2 à l'ancien et 2 au nouveau cimetière d'Ivry, 1 à la Chapelle expiatoire, 1 à la chapelle Notre-Dame de la Compassion sur la route de la Révolte, 1 au cercle de la jeunesse de la rue St-Antoine. — L'Eglise catholique possède également des aumôniers à l'Ecole normale supérieure, à l'Ecole normale primaire d'Auteuil, aux lycées Louis-le-Grand (2), St-Louis (2), Henri IV (2), et Vanves (2) ; aux collèges Rollin (2), Chaptal (2), Ste-Barbe (2), Fontenay-aux-Roses, à l'école vétérinaire d'Alfort, à l'école commerciale St-Paul, à la maison d'éducation de la Légion d'Honneur (3), à l'institution des Jeunes-Aveugles, à celle des Sourds-Muets. — 3. *Ecoles.* L'Eglise catholique possède à Paris un certain nombre d'écoles secondaires dirigées par des prêtres et dont quelques-unes jouissent d'une grande réputation et d'une prospérité remarquable. Ce sont : sur la rive droite : les écoles Massillon (dirigée par les oratoriens), Fénelon, St-Ignace, rue de Madrid (naguère dirigée par les jésuites), Rocroy, St-Michel (dirigée par les clercs de St Viateur), l'institut de Ste-Marie et celle des frères de la Ste-Famille; sur la rive gauche : le collège Stanislas, qui a le privilège de concourir avec les lycées de l'Université ; l'école Bossuet, l'institution Ste-Geneviève, rue Lhomond, anc. rue des Postes (naguère dirigée par les jésuites), celle de St-Nicolas (dirigée par les Frères des écoles chrétiennes), celle de Notre-Dame du Val-de-Grâce, l'école libre de l'Immaculée-Conception, le pensionnat des frères maristes à

Plaisance ; l'école Albert-le-Grand à Arcueil (naguère dirigée par les dominicains), l'institution de St-Nicolas et la petite communauté des clercs de St-Sulpice à Issy, l'école de Ste-Anne à St-Ouen (dirigée par les pères oblats de St-François-de-Sales), l'institution de Notre-Dame de Ste-Croix à Neuilly. Tous ces établissements ont dû, en vertu de l'application des récents décrets, se constituer en sociétés civiles, et faire passer ostensiblement leur direction des mains des congréganistes à celles des prêtres séculiers ou d'anciens fonctionnaires de l'université investis de la confiance des chefs du parti catholique. — En ce qui concerne l'instruction primaire, qui tend à perdre entièrement son caractère confessionnel, 114 salles d'asile communales dont 93 laïques et 21 congréganistes ; 139 écoles communales de garçons dont 119 laïques et 20 congréganistes ; 142 écoles communales de filles dont 106 laïques et 36 congréganistes sont nominalement rattachées aux diverses paroisses, mais entretenues aux frais de la ville de Paris et placées sous la direction de l'inspecteur d'Académie délégué à cet effet. Pour remplacer les écoles congréganistes laïcisées jusqu'au 1er mars 1880, les catholiques de Paris avaient déjà ouvert à cette date 38 écoles congréganistes libres de garçons et 55 de filles. Ce chiffre va s'augmenter encore avec la disparition des dernières écoles congréganistes. Il est intéressant de consigner ici que le budget des écoles de Paris, qui n'était que de 6 millions, en 1870, à la fin de l'Empire, est aujourd'hui, sous la République, de 18 millions, et que les trois conseils municipaux élus depuis 1871 ont consacré 42 millions à la création de groupes scolaires. En présence des sacrifices vraiment princiers que la ville de Paris fait pour l'installation matérielle, le mobilier et les récompenses scolaires, telles que distributions fréquentes de prix, livrets à la caisse d'épargne, voyages d'instruction, etc., etc., la concurrence faite à l'enseignement public par l'enseignement libre devient de plus en plus difficile et onéreuse. — 4. *Congrégations.* Les commumunautés ou congrégations religieuses d'hommes autorisées, inscrites au bref du diocèse de Paris, sont au nombre de 10, savoir : Les frères des écoles chrétiennes, les frères de St-Antoine, les frères de Ste-Croix, dits de St-Joseph à Neuilly, les frères de la Société de Marie, les Frères du St-Esprit et du St-Cœur de Marie, l'Association des frères laïques de la Congrégation de la Mission dite de St-Lazare. Ces six communautés, dont la plupart sont déjà autorisées depuis le commencement de ce siècle, se vouent à l'instruction et dirigent un grand nombre d'écoles libres et quelques écoles communales ; elles ont leur maison-mère à Paris même. Il y a en outre la congrégation de la mission de Saint-Lazare, celle du séminaire des missions étrangères, la compagnie des prêtres de Saint-Sulpice, la congrégation des missionnaires de Saint-François-de-Sales qui sont également autorisées. Les congrégations d'hommes non autorisées qui, en vertu du décret du 29 juin 1880, ont été dissoutes le 5 novembre de la même année *manu militari*, sont au nombre de 24, savoir : les pères augustins de l'Assomption, les carmes déchaussés, les barnabites ou clercs de Saint-Paul, la congrégation des Sacrés-Cœurs de Jésus et de Marie-Immaculée, les dominicains, les eudistes, les franciscains, les capucins, les hospitaliers de Saint-Jean de Dieu, les maristes, les cordeliers, les prêtres de la Miséricorde, les oblats de Marie-Immaculée, les prêtres de l'Oratoire de Jésus et de Marie, les rédemptoristes, les prêtres du Saint-Sacrement, les prêtres de Notre-Dame de Sion, les prêtres de Notre-Dame de Sainte-Croix du Mans à Neuilly. Les jésuites de la rue de Sèvres avaient été expulsés le 30 avril, ceux de la rue Lhomond et de la rue de Madrid, qui se vouaient à l'enseignement, ainsi que les dominicains d'Arcueil, le 31 août. Les pères passionnistes anglais de l'avenue Hoche ont obtenu un sursis. — Le nombre des congrégations de femmes qui ont pour la plupart leur siège à Paris est de 88; 40 d'entre elles sont plus spécialement vouées à l'enseignement ou à la direction d'orphelinats : les dames de Sainte-Clotilde, les dames augustines anglaises, les fidèles compagnes de Jésus, les dames de l'Assomption, les sœurs de Notre-Dame de Sion, les dames zélatrices de la Sainte-Eucharistie, les dames Augustines de la Miséricorde, les dames dominicaines de la Croix, les dames auxiliatrices des âmes du purgatoire, les religieuses dominicaines de Nancy, la congrégation de Notre-Dame, les sœurs oblates, les sœurs de la Présentation de la Sainte-Vierge, les sœurs de la Providence de Ribeauvillé, les sœurs de la Providence de Sens, les sœurs de la Providence de Ruillé-sur-Loir, les sœurs de Saint-Régis, les sœurs du Très-Saint-Sacrement, les sœurs du Saint-Nom de Jésus, les dames du Saint-Enfant-Jésus, les sœurs de l'Intérieur de Marie, les sœurs de l'Immaculée-Conception de Castres, les sœurs de la Sainte-Famille de Bordeaux, les religieuses Trinitaines, les dames du Sacré-Cœur de Jésus et de Marie, les dames bénédictines du Saint-Sacrement, les sœurs de la Visitation Sainte-Marie, les sœurs de la Miséricorde, les dames franciscaines de Sainte-Elisabeth, les dames du Sacré-Cœur de Coutances, les sœurs aveugles de Saint-Paul, les dames augustines du Saint-Cœur de Marie, les sœurs de Notre-Dame des Anges, les sœurs de la Sainte-Enfance de Jésus, les servantes du Sacré-Cœur-de-Jésus, les servantes du Sacré-Cœur-de-Marie, les sœurs de la Croix de Saint-André, les dames auxiliatrices de l'Immaculée-Conception, les sœurs de Notre-Dame de Bethléhem, les religieuses de Bon-Secours, les sœurs de Notre-Dame de Bon-Secours, les sœurs du Saint-Cœur de Marie de Nancy, les franciscaines oblates du Sacré-Cœur, les petites sœurs de l'Immaculée-Conception, les sœurs de Saint-Joseph de Cluny, les sœurs de Saint-Joseph de Bon-Secours, les sœurs de Marie-Auxiliatrice, les servantes de Marie. 12 congrégations sont à la fois enseignantes et hospitalières : les filles de la charité de Saint-Vincent-de-Paul, les sœurs de la Mère de Dieu, les dames de Saint-Thomas de Villeneuve, les sœurs de Saint-Charles de Nancy, les ursulines, les sœurs de Saint-Maur, les sœurs de la Sagesse, les sœurs de Saint-Paul de Chartres, les sœurs de la Croix, les sœurs de la Providence de Portieux, les sœurs de la Compassion de la Sainte-

Vierge, les sœurs de Sainte-Marie. 12 congrégations sont plus spécialement hospitalières : les sœurs de Notre-Dame de l'Assistance maternelle, les petites sœurs de l'Assomption, les dames augustines de Meaux, les dames augustines du Saint-Cœur de Marie, les dames augustines hospitalières, les dames augustines hospitalières de Belgique, les sœurs de Notre-Dame du Calvaire, les sœurs de la Charité de Nevers, les sœurs de l'Espérance, les sœurs de Saint-Joseph de Bourg, les sœurs de l'Immaculée-Conception de Buzançois, les petites sœurs des pauvres. 4 congrégations s'occupent de la direction des maisons pénitentiaires : les dames de la charité de Notre-Dame du Bon-Pasteur, les dominicaines de Clichy, les sœurs de Marie-Joseph, les dames de la Charité de Notre-Dame du Refuge. Enfin 12 congrégations sont plus particulièrement vouées à la vie contemplative et aux œuvres de dévotion proprement dites : les sœurs de l'Adoration réparatrice, les bénédictines du Temple, les carmélites, les clarisses, les sœurs de l'Immaculée-Conception d'Avignon, les sœurs de Sainte-Marie de Broons, les sœurs de Sainte-Marie de la Famille, les religieuses de Marie réparatrice, les dames de la Retraite, les dames de la Retraite chrétienne, les religieuses du Saint-Sacrement, les servantes du Saint-Sacrement. — 5. *Orphelinats et Sociétés de patronage.* L'Association des mères de famille (1836) a pour but de venir en aide aux pauvres femmes en couches qui ne sont pas dans les conditions exigées par les bureaux de bienfaisance et la société de la charité maternelle (1324 familles secourues en 1878). L'Association des jeunes économes (1823) pourvoit gratuitement à l'éducation morale et religieuse, à l'instruction, à l'apprentissage et au placement des jeunes filles pauvres, autres que les orphelines et les enfants trouvées. L'Œuvre maternelle de Sainte-Madeleine (1846) entretient une crèche, un asile et un ouvroir. L'Œuvre des faubourgs (1848) a été créée en vue d'entretenir ou de ramener l'esprit d'ordre et les sentiments religieux au sein des familles pauvres des quartiers excentriques, et d'assurer aux enfants la fréquentation régulière des écoles. L'Œuvre de Sainte-Geneviève poursuit le même but dans les paroisses pauvres de Paris et de la banlieue, par la fondation de maisons d'école et d'œuvres charitables. La Société charitable des écoles chrétiennes du VIIe arrondissement et la Société charitable d'éducation et d'instruction primaire de Sainte-Clotilde favorisent l'instruction dans l'esprit confessionnel. L'Œuvre des orphelins de l'archevêque de Paris (1871) a pour but de recueillir les orphelins des deux sièges de Paris : elle a adopté plus de 500 enfants. L'Œuvre de l'Adoption (1869) recueille et adopte les orphelins de 7 à 18 ans, et les orphelines de 7 à 21 ans ; elle publie des annales sous le titre d'*Ange de la famille*. La Société d'adoption pour les enfants trouvés, abandonnés ou orphelins (1843) recueille les garçons de cette catégorie et les occupe aux travaux de la campagne, dans les colonies agricoles du Mesnil-Saint-Firmin et de Merles. La Société de patronage des orphelins agricoles (1868) a pour but de créer et de développer les institutions destinées à donner aux enfants assistés et aux orphelins pauvres l'instruction primaire, religieuse et agricole : en 1879, elle a subventionné 36 orphelinats ; elle publie un journal, l'*Orphelin*. L'Œuvre de Sainte-Anne (1824) est destinée à pourvoir gratuitement à l'instruction, à l'éducation religieuse, au placement et à l'entretien de jeunes filles pauvres, abandonnées ou orphelines. L'Œuvre des enfants délaissées (1803) a pour but l'adoption gratuite de jeunes orphelines de mère. Les Œuvres des catéchismes dans les paroisses ont pour but de fournir l'habillement des enfants pauvres de la première communion et de les placer en apprentissage. L'Œuvre de Notre-Dame de la première communion reçoit les jeunes garçons qui ont été privés du bienfait du catéchisme. L'Œuvre de la première communion des petits ramoneurs et fumistes, l'Œuvre de l'instruction et de la persévérance des petits ramoneurs, des jeunes fumistes et autres ouvriers des rues de Paris, ont pour but de faciliter l'accomplissement de leurs devoirs religieux, d'assurer le bienfait de l'instruction élémentaire et de subvenir aux besoins matériels de cette partie si intéressante de la population parisienne (150 familles assistées). L'Œuvre de la première communion de la rue de Chabrol, pour les garçons et les filles, et l'Œuvre de Saint-Nicolas (1827) reçoivent les jeunes garçons de la classe ouvrière et leur donnent avec une éducation religieuse, l'instruction primaire et industrielle : cette dernière a trois maisons, l'une à Paris, l'autre à Issy, la troisième à Igny, près Bièvres. Il y a, en outre, dans Paris, 8 orphelinats catholiques pour les garçons, et 72 pour les filles. L'Œuvre des apprentis et des jeunes ouvrières (1851-1873), placée sous la direction des frères des écoles chrétiennes et des sœurs de Saint-Vincent de Paul, a des cours du soir, des salles de récréation avec jeux, bibliothèques, patronage, etc. Une œuvre semblable a été fondée par la Société de Saint-Vincent de Paul : elle s'occupe spécialement de soustraire les enfants aux plaisirs dangereux du dehors, et de leur faire passer chrétiennement et agréablement la journée du dimanche. La Société des amis de l'enfance (1828), pour l'éducation et l'apprentissage des jeunes garçons pauvres de la ville de Paris, a fondé une maison de famille pour les apprentis malades ou momentanément privés de travail. L'Œuvre de Saint-Jean (1838) s'occupe de l'apprentissage des jeunes garçons. L'Œuvre de la Providence Sainte-Marie comprend une salle d'asile, 7 classes primaires d'externes, 5 classes d'adultes, une école professionnelle de 150 jeunes filles, un orphelinat de filles, un autre de garçons, un patronage de 500 jeunes apprenties, un autre de 200 apprentis, une maison de retraite pour les jeunes aveugles, un lieu de réunion des dimanches pour les mères de familles et les vieillards des deux sexes. L'Œuvre des ouvriers et apprentis du papier peint poursuit un but analogue. L'Œuvre Sainte-Rosalie (1860) comprend plusieurs écoles libres, un ouvroir, le patronage, les visites et les secours religieux aux malades du XIIIe arrondissement. L'Association des institutrices (1839) se propose de protéger les jeunes filles qui se destinent à l'enseignement comme aussi de donner aux familles et aux institutions des maîtresses sûres et capables ; elle est placée sous la direction des dames de la Retraite. L'Association et Société de secours mutuels pour les demoiselles employées dans le commerce (1861) est dirigée par les sœurs de la Présentation de la Sainte-Vierge de Tours. La Société de secours mutuels pour les jeunes ouvrières et les institutrices est dirigée par les religieuses de Marie-Auxiliatrice. L'Œuvre générale des écoles professionnelles catholiques est spécialement destinée aux jeunes filles qui veulent embrasser les diverses carrières de l'industrie et du commerce : elle subventionne 11 écoles laïques et 18 écoles congréganistes. L'Œuvre de Notre-Dame de la Persévérance (1857) a pour but d'offrir un asile aux jeunes filles orphelines ou éloignées de leur famille. L'Œuvre de Notre-Dame de Bonne-Garde et les Ateliers chrétiens pour les jeunes filles poursuivent le même but. L'Association des domestiques, dites Servantes de Marie (1849), a pour but de donner aux personnes en service un centre où elles retrouvent l'affection et les conseils de la famille absente, et un asile assuré lorsqu'elles sont malades ou sans place. L'Œuvre de Notre-Dame-Auxiliatrice, pour les domestiques sans place, loge et nourrit annuellement plus de deux mille jeunes filles sans place. Il existe, de plus, deux bureaux de placement gratuit en faveur des membres hommes et femmes des œuvres catholiques (1878). L'Association catholique du patronage de Saint-Joseph donne également asile aux jeunes filles sans place. L'Œuvre de Notre-Dame de Bethléhem (1857) recueille les femmes et les filles qui se trouvent sans famille, sans domicile, sans ouvrage, sans pain, et cherche à leur procurer du travail. L'Œuvre de Notre-Dame de Sion (1844) donne un asile et l'instruction religieuse aux jeunes filles israélites qui demandent le baptême. — 6. *Assistance charitable*. La Société de Saint-Vincent de Paul, fondée en 1833 par de jeunes chrétiens qui, pour sauvegarder l'intégrité de leur foi et la pureté de leurs mœurs, se réunirent dans la pratique de la charité, a pour but principal la visite des pauvres à domicile. Elle a créé des patronages d'apprentis, 24 fourneaux économiques, des caisses de loyers, le bureau d'avocat des pauvres; elle a fondé des vestiaires, des bibliothèques, etc. Elle se divise en conférences qui sont établies dans toutes les paroisses de Paris. Il existe également des associations de dames de charité dans la plupart des paroisses de Paris, sous la présidence du curé. L'Œuvre de la Miséricorde (1833), pour les pauvres honteux, a pour but de secourir les personnes qui, d'une position élevée ou aisée, sont tombées dans la misère. L'Œuvre des pauvres malades (1840), placée sous la direction des lazaristes, a pour but de visiter à domicile les pauvres malades et de leur donner les secours religieux et matériels dont ils ont besoin; elle a une section qui, depuis 1872, s'occupe plus spécialement des pauvres malades dans les faubourgs où elle a établi douze maisons de secours. — 7. *Hôpitaux*. Nous nommerons tout d'abord : la Maison des frères hospitaliers de Saint-Jean de Dieu (1843) pour le traitement des étudiants et autres personnes éloignées de leurs familles; la Maison de santé des dames augustines pour les dames malades; la Maison de convalescence Saint-Louis (1847) pour de jeunes garçons envoyés par les hôpitaux, avec un orphelinat; l'Asile du Saint-Cœur de Marie, destiné à recevoir des jeunes filles convalescentes; l'Œuvre de l'Enfant-Jésus pour la convalescence et la première communion des jeunes filles pauvres. L'Œuvre des Petites-Sœurs des pauvres, fondée en 1840, a pour but de donner un asile gratuit aux vieillards indigents des deux sexes en recueillant chaque jour, par des quêtes à domicile, les vivres, la desserte des tables, les dons de tout genre nécessaires pour subvenir à l'entretien des pensionnaires; elle possède cinq maisons à Paris, pouvant recueillir plus de mille vieillards, et une à Saint-Denis. La Maison de retraite de Notre-Dame de Nazareth, destinée principalement aux vieillards visités par les conférences de Saint-Vincent de Paul, et dix-sept autres asiles de moindre importance pour hommes ou pour femmes âgés. L'Infirmerie de Marie-Thérèse reçoit les prêtres âgés ou infirmes du diocèse de Paris. Notre-Dame des Sept Douleurs, à Neuilly, est un asile pour jeunes filles incurables (1853) dont 200 à titre gratuit. L'Asile des jeunes garçons incurables a 200 lits. L'Œuvre des dames du Calvaire (1874) offre un asile aux femmes incurables. L'Œuvre de patronage des aliénés convalescents (1841) a pour but de venir en aide aux aliénés des deux sexes qui sortent des asiles du département de la Seine: elle comprend un asile-ouvroir, des secours à domicile, des réunions du dimanche. L'Asile pour les jeunes filles aveugles de la rue de Reuilly, celui des sœurs aveugles de Saint-Paul de la rue Denfert-Rochereau recueillent les aveugles orphelins et pauvres. Les Sociétés de Saint-François-Xavier (1827) ont pour but de procurer aux ouvriers l'instruction chrétienne et les secours de tout genre en cas de maladie. La Société de Saint-François-Régis (1826) a pour but de faciliter le mariage civil et religieux des indigents du diocèse de Paris, et la légitimation de leurs enfants naturels. En 1878, 1016 mariages ont été réalisés et 389 enfants légitimés. Les résultats obtenus, depuis la fondation de la société jusqu'au 31 décembre 1878, sont de 57,312 mariages réalisés et 30,872 enfants légitimés. — 8. *Maisons de correction*. Le Refuge de Notre-Dame de Charité et de Saint-Michel (1724) a pour but de recueillir les jeunes filles et les femmes qui se sont écartées de la bonne voie et de les ramener à une vie régulière; une classe spéciale, dite de Grande-Persévérance, a été créée pour celle des pénitentes qui veulent finir leur existence dans la maison; l'Œuvre compte actuellement 300 enfants ou jeunes filles de la classe ouvrière, amenées par leurs familles. Depuis 1826, le Refuge reçoit les jeunes filles mineures envoyées par la justice à la Correction paternelle (120 jeunes filles). Une autre division (1874) reçoit les jeunes personnes d'un rang plus élevé, ayant donné à leurs parents quelques motifs de plainte. La Société de patronage des jeunes filles détenues et libérées (1838) est destinée à recueillir les jeunes filles enfermées à Saint-Lazare, afin de leur donner une éducation religieuse et réformatrice; le patronage se poursuit lorsqu'elles sont rendues à leurs familles. La Maison et l'Œuvre du

Bon-Pasteur (1819) s'efforce également de ramener au bien les jeunes filles tombées dans le désordre (138 pensionnaires). La Maison de Notre-Dame de la Miséricorde, dite Ouvroir de Vaugirard, reçoit 80 jeunes filles abandonnées ou confiées par leurs familles; l'Asile-Ouvroir de Gérando (1839) renferme 50 jeunes filles repentantes et convalescentes. L'Œuvre de la préservation a pour but de donner un asile aux jeunes filles de la classe moyenne et ouvrière, afin de les préserver des dangers auxquels elles seraient exposées, soit par leur caractère, soit par leur pauvreté. Le Petit ouvroir de Saint-Vincent de Paul (1849) est destiné à recueillir les petites filles pauvres chez lesquelles se manifestent de précoces dispositions au vice; l'Asile Sainte-Madeleine recueille des jeunes filles et des femmes après une première faute. — 9. *Propagande religieuse.* L'Œuvre de la propagation de la foi a pour but d'aider, par des prières et par des aumônes, les missionnaires catholiques chargés de la prédication de l'Evangile dans les pays d'outre-mer, et de secourir les Eglises catholiques dans les pays protestants ou schismatiques d'Europe. Ses membres s'engagent à donner un sou par semaine à l'Œuvre. L'Œuvre de la Sainte-Enfance a pour but le rachat, le baptême et l'éducation chrétienne des enfants nés de parents infidèles et abandonnés par eux, en particulier en Chine; elle reçoit comme associés les enfants depuis l'âge le plus tendre, moyennant une cotisation de 5 centimes par mois. L'Œuvre des Ecoles d'Orient a pour but d'entretenir et de multiplier en Orient les écoles, asiles, crèches, orphelinats, ouvroirs, etc., etc. Les souscriptions, comme pour les deux œuvres précédentes, se recueillent par dizaines. Une Œuvre spéciale s'occupe de l'entretien des missions d'Afrique. L'Association catholique de Saint-François de Sales pour la défense et la conservation de la foi (1857) contribue surtout, à Paris, à la création des nouvelles églises dans les faubourgs et la banlieue. L'Œuvre des campagnes se propose de procurer des missions aux paroisses rurales pauvres, de concourir à l'établissement des sœurs institutrices et hospitalières, etc., etc. Toutes ces Œuvres publient des feuilles ou bulletins mensuels. L'Œuvre du Vœu national au Sacré-Cœur de Jésus, créée en 1870, s'occupe de l'érection sur la colline de Montmartre d'un sanctuaire dédié au Sacré-Cœur de Jésus, pour obtenir la délivrance du souverain pontife et le salut de la France. L'Œuvre des Saintes familles a pour but de faciliter aux familles pauvres la pratique de leurs devoirs religieux et de leur accorder quelques secours : elle a 25 lieux de réunion avec exercices religieux, lectures intéressantes, distribution de vêtements, etc. L'Institut des dames de Sainte-Geneviève a pour but la vie sérieusement chrétienne au milieu du monde, la prière pour l'Eglise et la France, et le culte de sainte Geneviève, patronne de Paris et de la France, au moyen de prédications, prières et bonnes œuvres. La cotisation ordinaire est de 1 franc par an. L'œuvre du Denier de Saint-Pierre a pour but de subvenir aux besoins du saint-siège par les offrandes volontaires des fidèles. La cotisation est de 1 franc par an. Recueillies par les chefs des dizaines, elles sont centralisées par les comités locaux et versées à l'archevêché. L'Œuvre des tombes et des prières pour les victimes de la guerre de 1870-71, après avoir fait élever 186 monuments à la mémoire des soldats morts en captivité ou sur les champs de bataille, et fondé cent anniversaires de messes en Allemagne, continue à recevoir des souscriptions pour fonder en France, à perpétuité, des anniversaires et des messes dans les paroisses où des monuments ont été élevés sur les tombes des soldats français. L'Archiconfrérie des mères chrétiennes a pour but de réunir les mères chrétiennes afin de prier en commun pour leurs enfants ou leurs familles. Ces exercices ont lieu une fois par mois à la chapelle de Notre-Dame de Sion et à l'église Saint-Augustin. L'Archiconfrérie de l'adoration perpétuelle et de l'Œuvre de l'eucharistie, fondée en 1846, a pour but le culte de l'eucharistie. Chaque associé s'engage à faire une heure d'adoration par mois et à payer, s'il le peut, une cotisation de 1 franc par an. Le produit des quêtes et souscriptions est employé à secourir les églises pauvres et à leur procurer les ornements, linge d'église, vases sacrés, flambeaux et tout ce qui sert au culte. L'Œuvre apostolique (1838) se propose le même but dans les pays infidèles. L'Œuvre des lampes du Très Saint-Sacrement a été fondée en 1856 pour permettre aux paroisses pauvres de satisfaire à l'obligation de placer une lampe toujours allumée dans les sanctuaires où le Saint-Sacrement est conservé. L'Œuvre des pèlerinages en Terre-Sainte a été fondée en 1853 pour faciliter la visite des lieux saints aux catholiques. Il est organisé en général deux voyages par an, avec un chiffre minimum de 12 pèlerins pour chaque voyage dont la durée est environ de six semaines. L'Œuvre des pèlerinages, fondée en 1872, a pour but de favoriser en France le mouvement des pèlerinages, soit en les provoquant et en les organisant lui-même, soit en aidant les initiatives individuelles par des démarches auprès des compagnies de chemins de fer. L'Institut apostolique des frères de Saint-Vincent de Paul a pour but de préparer des hommes dévoués aux besoins de la classe ouvrière : elle a fondé une école à Chaville et un séminaire à Paris. L'Œuvre du vénérable de La Salle a pour but de favoriser les vocations religieuses par la création de bourses dans les noviciats des frères des écoles chrétiennes. L'Œuvre de Notre-Dame de la Retraite se propose pour but spécial de recevoir et d'aider les femmes de toutes conditions, qui veulent consacrer quelques jours au soin exclusif de leur salut, dans les exercices d'une retraite particulière ou commune. Des directeurs éclairés prêtent leur concours aux retraitantes. Les retraites communes durent huit jours ; les retraites particulières ne durent pas moins de trois jours. Les religieuses de Marie-Réparatrice et les Dames du Sacré-Cœur donnent des retraites particulières aux personnes du monde et l'instruction religieuse à celles qui désirent la recevoir. Le Comité catholique de Paris s'inspire de la pensée que le devoir social fait partie du devoir chrétien. Son programme se définit ainsi : propager les œuvres de prières, garantir le respect du dimanche, aider au développement de l'enseignement catholique et préserver sa liberté; favoriser la diffusion des publications chrétiennes, travailler au rétablissement de l'harmonie sociale, et enfin concourir par toutes les voies légales à la défense des intérêts religieux. L'Union des œuvres ouvrières catholiques, fondée en 1871, a pour mission d'être : 1° un centre de secours pour aider à fonder, à soutenir et à développer les œuvres ouvrières, crèches et asiles, patronages d'ouvriers et apprentis, cercles d'ouvriers, cercles militaires, etc.; 2° un centre de renseignements destiné à faire participer chaque directeur de l'œuvre à la lumière et à l'expérience de tous; 3° un centre de propagande, par la publication d'un bulletin hebdomadaire, et par le moyen d'un congrès annuel des directeurs d'œuvres, préparé par les soins de l'Union. L'Association de Notre-Dame du Salut a pour but de travailler au salut de la France par la prière et par la moralisation des ouvriers. Le Cercle catholique du Luxembourg, établi en 1851, offre un centre et un lieu de réunion aux jeunes gens qui achèvent leurs études à Paris, avec bibliothèques, salons de lecture, de travail, de billard et de conversation, conférences de droit, de littérature, de philosophie, de sciences, de médecine, concerts et jeux. Le prix de la cotisation annuelle est de 84 francs pour les jeunes gens au-dessous de trente ans. Il n'est que de 20 francs pour les élèves des écoles du gouvernement, les internes des hôpitaux et les volontaires d'un an. L'Œuvre des cercles catholiques d'ouvriers entretient dix lieux de réunions à Paris. La cotisation des sociétaires est de 50 centimes par mois. Le cercle est ouvert tous les soirs de la semaine et le dimanche toute la journée. Il existe aussi un Cercle catholique des employés avec bibliothèque, cours gratuits, conférences, billard, piano, etc. La cotisation est de 3 francs par mois. Le Cercle de Notre-Dame des Victoires est destiné aux jeunes gens du commerce. La cotisation est de 36 francs par an. Le Cercle des ouvriers maçons et tailleurs de pierre poursuit un but analogue. Le Cercle de la jeunesse, fondé en 1854, a créé une maison de famille avec chambres meublées dont les prix varient de 20 à 45 fr. par mois. Les jeunes gens y trouvent, avec toutes les facilités pour mener une vie chrétienne, une grande variété de distractions et d'amusements. La Société générale d'éducation et d'enseignement a pour but de travailler à la propagation et au perfectionnement de l'instruction fondée sur l'éducation religieuse, et de favoriser la création d'écoles, de cours, de conférences et la publication de livres relatifs à l'enseignement. La Société d'économie charitable, fondée en 1847, s'occupe de l'étude et de la discussion des différentes questions qui se rattachent à l'économie sociale, à l'assistance publique et à la charité privée. La Société de Saint-Jean pour l'encouragement de l'art chrétien, fondée en 1872, a pour but principal la régénération de l'art par la religion, et se propose d'encourager les artistes qui produiront les œuvres les plus remarquables dans cet ordre d'idées. A cet effet, elle établit des expositions, des concours, etc., etc. La Société bibliographique, fondée en 1868 et unie, depuis 1879, à la

Société des publications populaires, a pour but la publication et la diffusion des ouvrages utiles à la religion et à la science. Elle publie le *Polibyblion*, revue bibliographique mensuelle, l'*Illustration pour tous*, journal à 5 centimes; la *Bibliothèque à 25 centimes*, composée de volumes in-32 de 128 pages, traitant les questions de religion, de morale, d'histoire, d'économie sociale, etc.; les *Classiques pour tous*, à 50 centimes; une collection de brochures populaires sur la Révolution française; des traités proprement dits, etc., etc. L'Œuvre de Saint-Michel, pour la publication et la diffusion des bons livres, se propose, avec le secours de la charité, de publier et de propager les bons livres au meilleur marché possible. Elle publie chaque année un certain nombre d'ouvrages nouveaux des meilleurs écrivains de la presse catholique, et elle en réédite d'anciens. L'Œuvre des bibliothèques des sous-officiers et soldats a été fondée en 1873 dans le but de procurer des bibliothèques aux hôpitaux militaires, aux casernes et aux corps de garde; elle a aussi fondé des cercles dans les casernes de l'Ecole militaire, du Château-d'Eau et du Mont-Valérien. Indépendamment des bibliothèques paroissiales, signalons encore la Bibliothèque des bons livres, fondée en 1868, dans la Maison des dames de la Retraite, la Bibliothèque des femmes chrétiennes, dans la Maison des dames de Marie-Réparatrice. L'Œuvre de Saint-Paul a pour but d'utiliser l'imprimerie au service de l'Eglise; elle a fondé une imprimerie à Fribourg et une autre à Paris, rue de Lille, 51, et a publié un grand nombre d'ouvrages conformes au but de l'Œuvre. La maison reçoit et loge des ouvrières et des apprenties âgées de quatorze ans au moins. L'Œuvre des vieux papiers s'occupe de réunir les ressources nécessaires pour la fondation et l'entretien des cercles militaires de Vincennes, du camp de Saint-Maur, de Courbevoie, etc. Dans ce but elle reçoit les vieux papiers, les livres de tous genres, cartons, cartes de visite, journaux, objets de piété, etc. Les objets utilisables sont employés en nature. Les mauvais livres et les correspondances sont lacérés avant d'être vendus, ainsi que les vieux papiers, au profit de l'œuvre. Pour terminer cette longue nomenclature, nous devons citer encore le Comité de patronage catholique des Alsaciens-Lorrains, fondé en 1872, pour établir des écoles et des services religieux en langue allemande destinés aux émigrants et pour leur distribuer des secours en nature et en argent. L'Œuvre de Sainte-Rosalie, celle des sœurs de Saint-Charles de Nancy, celle de Saint-Joseph des Allemands poursuivent la même œuvre. La Société de patronage des orphelins d'Alsace-Lorraine recueille et adopte, avec le consentement de leurs parents ou tuteurs, des orphelins pauvres, des enfants abandonnés, nés dans les provinces cédées à la Prusse, et les place dans des établissements ruraux pour leur donner une éducation chrétienne. L'orphelinat alsacien-lorrain du Vésinet pour jeunes filles placé sous l'administration de la Société de protection des Alsaciens-Lorrains, contient 40 lits et est confié aux sœurs de Saint-Charles de Nancy. — Mentionnons enfin le culte vieux-catholique, dirigé par M. Loyson.

II. Cultes protestants. Le dernier recensement (1872) qui se soit occupé des cultes, enregistre 42,000 protestants sur 1,852,000 habitants. Ce chiffre officiel est en complet désaccord avec l'annuaire de M. de Prat et avec les évaluations généralement admises par les protestants eux-mêmes, qui comptent 40,000 réformés (au lieu de 19,423), 40,000 luthériens (au lieu de 12,634) et 10,000 (9,615) protestants d'autres dénominations dans lesquels sont compris un grand nombre d'étrangers. Si ce dernier chiffre peut être regardé comme exact, il y a lieu de considérer comme singulièrement inférieures à la réalité les constatations officielles relatives aux deux grandes communions protestantes, ce qui d'ailleurs s'explique aisément par la rapidité et la négligence avec lesquelles procèdent d'ordinaire les recenseurs et le peu d'importance qu'attachent souvent à la mention du culte les recensés eux-mêmes. Cette part faite à l'erreur manifeste dont se sont rendus coupables les tableaux officiels de 1872, nous croyons non moins exagérés les chiffres des annuaires protestants. La vérité est que rien n'est moins aisé que d'arriver, en cette matière, à un résultat même approximativement exact, soit que l'on prenne pour base le registre électoral, comme cela se fait dans l'Eglise réformée, soit que l'on calcule d'après la moyenne des actes pastoraux (baptêmes, mariages, enterrements) célébrés chaque année, comme cela a lieu dans l'Eglise luthérienne. Qu'il nous suffise de dire que, par une série de déductions qu'il serait trop long d'énumérer ici, nous pensons pouvoir affirmer que le nombre des protestants de Paris ne dépasse en aucun cas 75,000, soit 35,000 réformés, 30,000 luthériens et 10,000 appartenant à d'autres dénominations. — Si, par leur nombre, les protestants ne forment qu'une infime minorité au sein de la population parisienne, il est juste de dire que par leur richesse, leur position sociale, leur savoir et leur moralité, ils y jouissent d'une considération et y exercent une influence qui sont hors de toute proportion avec leur force numérique. Au point de vue ecclésiastique, l'action du protestantisme parisien serait peut-être plus efficace encore si ses efforts étaient moins éparpillés et son organisation moins défectueuse. Les discordes lamentables qui, depuis plus de quinze ans, ont éclaté entre les divers partis religieux, et les rivalités jalouses entre les Eglises de dénominations différentes qui se disputent souvent le même champ de travail, paralysent les progrès de l'évangélisation parmi les catholiques et jettent dans l'indifférence un grand nombre de protestants eux-mêmes. Ajoutons que l'impulsion donnée par les classes dirigeantes offre, comme dans l'Eglise romaine, une prise légitime à la critique au point de vue de la largeur des vues et de l'intelligence des véritables destinées du protestantisme. C'est aux résistances des chefs laïques, plus encore qu'au mauvais vouloir des membres du corps pastoral, que l'on doit ce régime particulier, qui livre entre quelques mains privilégiées, maîtresses du terrain électoral, le gouvernement d'une Eglise centralisée à outrance. D'autre part, l'étranger qui visite la capitale s'étonne de voir, en dépit du nombre et de la valeur des prédicateurs, le culte public si peu fréquenté dans la plupart des temples et des chapelles. Quant aux œuvres protestantes, elles sont proportionnellement aussi nombreuses, aussi variées, aussi prospères que les œuvres catholiques : il est seulement à regretter que la plupart d'entre d'elles aient pris l'habitude, pour réunir des fonds, d'avoir recours aux ventes annuelles de charité, cette forme très discutable et, à tout prendre, fort rudimentaire de l'esprit de sacrifice chrétien. En somme, c'est beaucoup moins par le prestige ecclésiastique et par l'action collective, qui vont en s'affaiblissant, que par l'influence individuelle de ses membres, que le protestantisme se maintient, se recommande et pénètre dans des couches sociales de plus en plus nombreuses : c'est l'esprit de la Réforme et son application aux questions sociales qui font des conquêtes, plutôt que ses dogmes ou les formes particulières de son culte. — 1. *Eglise réformée.* Paris est le siège d'un consistoire réformé qui embrasse les départements de la Seine, de Seine-et-Oise, de l'Oise et d'Eure-et-Loir, et comprend dans son ressort six Eglises : celles de Paris, de Versailles, de St-Germain, des Ageux, de Marsauceux et de Chartres. Par suite d'une disposition anormale, l'Eglise de Paris, qui compte plus de 35,000 membres et plus de 3,500 électeurs, n'a qu'un seul conseil presbytéral qui se compose, dans une proportion contraire au principe protestant de la prépondérance de l'élément laïque, de 12 pasteurs (sans compter les auxiliaires) et de 12 laïques, chargés d'administrer les intérêts de tous les réformés de la capitale. Pour faciliter l'exercice de l'activité pastorale, l'Eglise réformée de Paris a été divisée en 1860 en huit paroisses qui n'ont pas encore reçu un caractère officiel : 1° celle de l'Oratoire avec un lieu de culte, le temple de l'Oratoire (1811) et 2 pasteurs ; 2° celle du St-Esprit avec 2 lieux de culte, le temple du St-Esprit (1859) et la chapelle Milton (1878) et 2 pasteurs ; 3° celle de Pentemont, avec le temple du même nom (1830) et 2 pasteurs ; 4° celle de Ste-Marie, avec le temple du même nom (1803) et 2 pasteurs ; 5° celle de Batignolles, avec le temple du même nom, 1 pasteur et 1 pasteur auxiliaire pour l'annexe de Montmartre ; 6° celle de Plaisance, avec deux chapelles, l'une à Plaisance, l'autre à la Glacière, et 1 pasteur-adjoint ; 7° celle de Passy avec un temple et 1 pasteur ; 8° celle de Belleville, avec un temple à Belleville et une chapelle à la Villette, 1 pasteur. Les annexes de Vincennes, avec Charenton, St-Maur et Ivry, de Neuilly, de Courbevoie et de Boulogne-sur-Seine hors Paris sont desservies par 3 pasteurs auxiliaires ou délégués. L'Eglise réformée compte à Paris et dans sa banlieue 23 écoles du dimanche. Un aumônier et un aumônier suppléant sont chargés de la visite des prisons ; tous les pasteurs se partagent le service de l'aumônerie dans les hôpitaux et les hospices ; 5 pasteurs font celui des lycées, collèges, etc. L'aumônerie militaire occupe 3 pasteurs. — Dix diaconats avec 120 diacres ont pour mission de distribuer les aumônes de l'Eglise : ils dépensent environ 100,000 fr. par an, secourent environ 2,000 indigents à domicile, 159 vieillards placés dans les hospices et les asiles, 213 enfants placés dans des orphelinats ou des pensionnats. — 6 écoles communales de garçons, 3 de filles ; 12 écoles libres de garçons, 20 écoles libres de filles ; 2 salles d'asile communales, 7 salles d'asiles libres sont rattachées au consistoire : sur les 63,000 fr. que coûtent les écoles libres, 30,000 étaient à la charge de la ville de Paris. Mais, dans sa séance du 23 décembre 1880, le Conseil municipal a retranché la subvention de 90,000 fr. qu'il accordait aux écoles des cultes dissidents, en exprimant le vœu que ces écoles fussent aussi laïcisées. — Au consistoire se rattachent également, par un lien plus ou moins étroit, un certain nombre d'œuvres de bienfaisance : le pensionnat de jeunes filles de la rue de Reuilly (1819), avec une soixantaine d'enfants, la plupart orphelines ; l'Œuvre des familles ou des dizaines (1850), au nombre de 30 environ, qui soutient 50 à 60 familles indigentes ; l'Œuvre du patronage des jeunes apprentis (1853), qui surveille 260 apprentis ; l'Asile de la Muette (1854), qui offre l'hospitalité à une soixantaine de vieillards isolés et nécessiteux des deux sexes ; l'orphelinat évangélique des Batignolles (1854), qui peut recueillir une cinquantaine de jeunes filles : un ouvroir y est annexé ; l'orphelinat de garçons de l'avenue d'Eylau (1873), qui abrite une quarantaine d'enfants ; l'orphelinat de Plaisance (1855), qui renferme une cinquantaine de jeunes filles pauvres, orphelines ou abandonnées : un atelier de composition typographique y est annexé ; l'Œuvre évangélique de Clichy (1862), qui comprend un culte, une école de filles, une salle d'asile et la visite des familles ; la Société de bienfaisance des jeunes gens (1866) ; la Maison de convalescence pour les femmes protestantes sortant des hôpitaux, à Passy (1867) ; la Mission intérieure de Belleville avec une école industrielle pour les enfants insoumis (1872) ; l'Ouvroir de Ste-Marie (1862). — L'Œuvre des prédications protestantes libérales (1868), placée sous la direction du Comité libéral de l'Eglise réformée de Paris, à deux lieux de culte, l'un à la salle Saint-André, l'autre au boulevard Richard-Lenoir, avec 2 pasteurs ; elle entretient une école et un orphelinat de garçons à ce même boulevard ainsi qu'une école et un orphelinat de filles, à Belleville ; le soin des pauvres est confié à la Réunion protestante de charité. Un comité particulier a fondé en 1864 une Eglise évangélique à Neuilly, qui est soutenue par les dons volontaires des fidèles ; elle est dirigée par 1 pasteur assisté d'un comité de laïques et compte environ 500 membres. L'Eglise de l'Etoile (1873) se distingue par son culte liturgique particulier ; elle est dirigée par un comité présidé par M. le pasteur Bersier, qui, après avoir rompu ses liens avec l'Union des Eglises libres, a été attaché, ainsi que son suffragant, en qualité de pasteur auxiliaire au consistoire réformé (1878). Une école professionnelle avec une soixantaine de jeunes filles y est annexée. — 2. L'*Eglise de la Confession d'Ausgbourg* forme un consistoire qui se compose de 10 pasteurs et de 20 membres laïques. Comme sa sœur, l'Eglise réformée, et par suite de la même anomalie, elle n'est administrée que par un seul conseil presbytéral dont les membres sont les mêmes que ceux du consistoire. Le nombre des électeurs est de 1300, celui des actes pastoraux (en 1879) de 1663, savoir : 765 baptêmes, 283 mariages, 615 services funèbres. Pour les besoins de l'activité pastorale, elle se subdivise ainsi : 1° Eglise de la Rédemption avec 3 lieux de culte, le temple du même nom (1842), la salle de l'Abbaye et l'Oratoire du Gros-Caillou, 3 pasteurs et 1 vicaire; 2° Eglise des Billettes, avec 2 lieux de culte, le temple de ce nom (1809) et la salle de la rue Oberkampf, 1 pasteur et 2 auxiliaires; 3° Eglise de St-Marcel, avec un oratoire et un pasteur; 4° Eglise de Bon-Secours, avec 1 oratoire et 1 pasteur; 5° Eglise de Montmartre avec 1 oratoire et 1 pasteur ; 6° Eglise de la Villette avec 1 oratoire et 1 pasteur; 7° Eglise de Batignolles, avec un temple et 1 pasteur auxiliaire ; 8° Eglise de la Résurrection, à Grenelle, avec 1 temple et 1 pasteur auxiliaire ; 9° Eglise de la Maison-Blanche, avec 1 oratoire et 1 pasteur. Au consistoire sont annexées les Eglises de Puteaux, de Bourg-la-Reine, de St-Denis et d'Elbeuf avec 3 pasteurs auxiliaires. Le service dans les hôpitaux et dans les prisons est réparti entre les divers pasteurs du ressort. Le diaconat, subdivisé en douze diaconies, comprend 40 diacres; il distribue environ 40,000 francs par an à près de 1,200 familles et individus pauvres. — 9 écoles de garçons (dont 4 communales), 14 écoles de filles (dont 4 communales), 16 salles d'asiles ou écoles enfantines (dont 2 communales) se rattachent au consistoire, qui dépense, dans ce but, 45,000 fr. par an, indépendamment de la subvention municipale de 40,000 fr. qui vient de lui être retranchée. Le consistoire recommande aussi les œuvres de bienfaisance suivantes : le pensionnat des jeunes orphelines des Billettes (1830), qui renferme une quarantaine d'enfants ; la Société des Amis des pauvres (1832), qui patronne une cinquantaine de familles; la Mission intérieure (1840), qui a pour but de procurer aux luthériens, en dehors des services ordinaires, les moyens d'instruction et d'évangélisation dans le ressort du consistoire; le Comité de patronage des apprentis (1847), qui patronne 80 jeunes apprentis et ouvriers, et a ouvert en 1855 une maison ouvrière ; l'Œuvre évangélique du quartier St-Marcel (1847), qui entretient de belles écoles, un pensionnat, une école normale d'institutrices, avec des visites dans les familles; l'Asile de Bon-Secours (1862), qui reçoit une trentaine d'orphelins et de vieillards; une Maison de diaconesses (1875). — 3. Les *Eglises indépendantes* rattachées à l'Union des Eglises évangéliques de France sont au nombre de 5 : 1° l'Eglise Taitbout (1830), avec 2 chapelles, l'une rue de Provence, l'autre rue Charlot et 3 pasteurs; 2° l'Eglise St-Maur (1856), avec 1 chapelle, 5 écoles, 1 pasteur ; 3° l'Eglise St-Antoine (1858), avec 1 chapelle, 3 écoles, 1 pasteur; 4° l'Eglise du Luxembourg (1862), avec une chapelle, 2 écoles, 1 pasteur ; 5° l'Eglise réformée évangélique ou du Nord (1849), avec 1 chapelle, 1 oratoire dans la rue Royale, où se tiennent des réunions quotidiennes d'évangélisation, et 2 pasteurs. Elles comptent environ 500 membres actifs. — 4. L'*Eglise baptiste* (1850) a une chapelle rue de Lille, une annexe à Plaisance, et une autre à Charenton, 3 pasteurs et 2 évangélistes. Elle compte une centaine de membres. — L'*Eglise méthodiste* (1820) a 5 lieux de culte, dont les deux principaux sont la chapelle Malesherbes et celle des Ternes, 4 écoles, une salle d'asile et 3 pasteurs. Le nombre des membres est de 60 environ. — 6. 80 à 100 *darbystes* se réunissent dans la cité du Retiro, au faubourg St-Honoré. — 7. Des cultes en *langue anglaise* se célèbrent : dans la chapelle anglaise congrégationaliste de la rue Royale (1853), dans la chapelle anglicane de l'avenue Marbeuf (1824), dans celle de la rue d'Aguesseau (1834), dans la chapelle méthodiste de la rue Roquépine (1861), dans le temple de l'Oratoire (Eglise nationale d'Ecosse) (1858), dans la chapelle américaine de la rue de Berri (1857) ; dans la chapelle américaine épiscopale de la rue Bayard : 7 pasteurs sont attachés à ces diverses œuvres. — 8. Des cultes en *langue allemande* se célèbrent aux temples des Billettes, de la Rédemption et à l'oratoire des Buttes-Chaumont, par 1 pasteur auxiliaire de nationalité française et 2 pasteurs allemands : un culte suédois se célèbre à la chapelle du boulevard Ornano (1 pasteur) et un culte norvégien au temple de la Rédemption (1 pasteur). — Outre les œuvres particulières à chacune des Eglises protestantes de Paris, il en est un certain nombre qui sont communes à toutes ou à plusieurs : l'Asile Lambrechts, à Courbevoie (1823), qui renferme une cinquantaine de vieillards et d'orphelins ; l'Hospice Devillas, de la rue du Regard (1832), qui a 7 lits réservés à des vieillards protestants ; l'Institution des diaconesses de la rue de Reuilly (1841), qui comprend une maison de santé pour femmes et enfants malades, avec 68 lits dont 12 gratuits, et la retenue disciplinaire pour les jeunes filles vicieuses ; l'Asile de Nanterre destiné aux femmes infirmes et aux petites filles en bas âge, avec 50 places ; la Maison de santé pour hommes, dite de la Cité des Fleurs, à Neuilly (1866), avec 21 places ; l'Asile chrétien des servantes à Batignolles (1869) ; l'Œuvre du Refuge pour les femmes repenties à Bourg-la-Reine (1876) ; l'Œuvre protestante des prisons de femmes (1839) ; l'Œuvre évangélique des mariages (1858), qui procure gratuitement les pièces nécessaires pour le mariage civil et religieux et pour la légitimation des enfants ; la Société de patronage pour les prisonniers libérés (1869) ; les Ouvroirs chrétiens de Boulogne (1871) ; l'Œuvre de la Chaussée du Maine (1871), avec un ouvroir et trois écoles ; l'Atelier-Ecole qui s'en est détaché en 1880 ; l'Ecole professionnelle de M. et de Mme Du Tremblay pour les jeunes filles protestantes à Montrouge ; l'Œuvre de Mlle de Broen à Belleville (1871), avec un ouvroir, un dispensaire et deux écoles ; l'Association protestante bienfaisante (1825) ; la Société protestante de prévoyance et de secours mutuels (1825) ; la Société de la Ruche (1830), qui donne des vêtements aux enfants pauvres ; la Société protestante de travail (1868), qui a pour but de servir d'intermédiaire entre les patrons et leur personnel ; le Comité de secours aux victimes de la guerre (1871) ; les Unions chrétiennes de jeunes gens (1852) qui ont des lieux de réunion sur cinq ou six points de Paris et de la banlieue; la Commission mixte des aumôniers militaires (1855); le Comité de secours religieux aux condamnés de la Nouvelle-Calédonie (1873) ; la Société des visiteuses bibliques (1862); la Mission évangélique de M. Mac All parmi les ouvriers de Paris (1871), qui compte aujourd'hui 24 stations avec écoles du dimanche, réunions de prières, classes bibliques, etc.; la Mission évangélique dirigée par M. Gibson, qui compte 4 stations et des conférences gratuites dans la salle du boulevard des Capucines. Nous ne parlerons pas ici des Sociétés religieuses dont le centre est à Paris, mais dont l'activité embrasse la France entière, ni de la Faculté de théologie protestante, de l'Ecole préparatoire de théologie, des Ecoles normales de Courbevoie et de Boissy-St-Léger, de la Maison des Missions, que l'on trouvera mentionnées à l'article *France protestante*.

III. Culte israelite. La communauté juive de Paris date de la Révolution. Les juifs avaient été expulsés de France en 1396 et ce n'est que vers 1760 que, grâce à la tolérance de l'administration, on en voit reparaître quelques-uns à Paris, entre autres le fameux Jacob Rodrigues Pereire, instituteur des sourds-muets. La Révolution leur donna droit de cité. Ils étaient environ 10,000 au commencement de ce siècle, ils sont aujourd'hui 32 à 35,000 (pour cette statistique, comme pour l'histoire de la communauté juive de Paris, voir *Biographie d'Albert Cohn*, par Isidore Lœb, Paris, 1878). La plupart sont venus d'Alsace et de Lorraine, 4,000 environ sont originaires du midi (Bayonne, Bordeaux, Marseille, Avignon et Carpentras) et ont un rite à part appelé rite portugais. Les premières et modestes synagogues de la communauté ont toutes disparu. Actuellement elle possède quatre synagogues : rue Notre-Dame-de Nazareth (1822), rue de la Victoire (1874), rue des Tournelles (1876) et rue Buffault (synagogues du rite portugais, 1877). L'administration juive a permis aussi l'ouverture d'un certain nombre d'oratoires (environ 6), parmi lesquels on signale spécialement l'oratoire de la rue de la Boule et celui des juifs polonais, rue Beautreillis. A ces synagogues sont attachés les fonctionnaires suivants : 1 grand-rabbin du consistoire central, 1 grand-rabbin du consistoire de Paris, 4 rabbins, 7 ministres-officiants pour la célébration des offices, 2 rabbins-adjoints pour les inhumations, 1 rabbin-aumônier des hôpitaux et prisons et un personnel assez nombreux pour la circoncision d'une part, d'autre part pour la surveillance des boucheries juives, où l'on vend de la viande abattue suivant les rites particuliers et qui aurait des qualités hygiéniques très remarquables. Les juifs de Paris ont trois cimetières (1 au Père Lachaise, 1 au cimetière Montmartre, 1 au cimetière Montparnasse). Leur communauté est administrée par le consistoire israélite de la Seine (5 membres, nommés par suffrage universel), lequel délègue une grande partie de ses pouvoirs à des administrations spéciales chargées de diriger les principales institutions de la communauté. — Ces institutions sont pour la bienfaisance : 1° le Comité de bienfaisance (budget d'environ 280,000 francs par an) ; 2° l'Hôpital Rothschild, rue Picpus, fondé en 1852 (174 lits), avec maison de retraite pour les vieillards et incurables (1878); 3° l'Orphelinat (rue Lamblardie), fondé et doté tout entier par Mme la baronne douairière James de Rothschild (50 enfants); 4° le fourneau (rue Malher); 5° l'Œuvre des femmes en couches; 6° la Maison de refuge (à Auteuil). — Etablissements d'instruction et d'éducation : 1° Le séminaire israélite. Cette institution, où se forment les rabbins français, était autrefois à Metz. Elle a été transférée à Paris par décret du 1er juillet 1859. Le séminaire est subventionné par le gouvernement, et le consistoire de Paris y consacre des sommes importantes. Il reçoit 10 élèves boursiers. Les élèves qui y entrent sont la plupart préparés dans une école annexée à l'établissement sous le nom de *Talmud tora* et entretenue par le consistoire et par des dons; 2° écoles primaires israélites. Elles se divisent en écoles communales, entretenues par la ville, et écoles consistoriales, entretenues par le consistoire sous la direction d'un comité des écoles. Les écoles communales, contenant chacune une école de garçons, une école de filles et un asile, sont au nombre de deux : l'une située rue des Tournelles, l'autre au marché des Blancs-Manteaux. Les écoles consistoriales sont au nombre de trois (boulevard Latour-Maubourg, boulevard La Chapelle, rue Poliveau); une quatrième vient d'être construite aux frais de M. le baron Gustave de Rothschild, dans le quartier du Panthéon. La population totale de ces écoles est de 2,000 élèves. On y admet gratuitement tous les enfants qui demandent à y entrer. Le personnel enseignant comprend 35 professeurs et adjoints. Il y a en outre à Paris plusieurs institutions libres israélites, dont la plus importante est l'institution Ziegel et Carter, rue de la Tour-d'Auvergne, qui reçoit des élèves de toutes les parties du monde, principalement de l'Orient; 3° l'Ecole de travail (rue des Rosiers), destinée à enseigner des métiers aux élèves sortant des écoles. Elle a 50 apprentis. Cette école a été reconnue d'utilité publique par décret du 15 avril 1878. Les temples et toutes les institutions consistoriales sont soutenus en majeure partie par des dons et souscriptions volontaires. — Les institutions ne dépendant pas du consistoire sont : 1° Alliance israélite universelle, société fondée en 1860 pour la protection et le progrès des israélites dans les pays non civilisés. Cette société compte 24,000 membres, recrutés dans les différents pays d'Europe. Elle a fondé en Turquie d'Europe et d'Asie, en Tunisie et en Maroc, 40 écoles de garçons et de filles et des œuvres d'apprentissage. Les professeurs de ces écoles sont formés à Paris, dans une école normale, fondée par l'Alliance et qui a été reconnue d'utilité publique par décret du 12 février 1879; 2° Institution Bischoffsheim pour les garçons, fondée en 1864 par un don de feu Bischoffsheim, pour seconder les jeunes gens israélites dans les études secondaires et supérieures; 3° Institution Bischoffsheim pour les filles, fondée par un legs du même donateur en 1872, et où 50 jeunes filles reçoivent une éducation professionnelle; 4° Sociétés de secours mutuels, ayant principalement pour objet d'assurer aux sociétaires des secours en cas de maladie, une concession perpétuelle dans les cimetières et les honneurs religieux à leur décès. Le nombre de ces sociétés est considérable, et il y en a dont la création remonte à la fin du dernier siècle. On compte au moins 30 sociétés d'hommes et 8 sociétés de femmes. Une de ces sociétés, celle du Repos éternel, donne, moyennant une somme très modique, une place perpétnelle dans des caveaux qu'elle fait construire et arrive presque à la suppression de la fosse commune. Une autre a pour objet spécial de soutenir des écoles en Palestine et d'y envoyer des aumônes. — Institutions scientifiques et divers : 1° la Société des bons livres, fondée vers 1854, qui a publié la *Bibliothèque des Familles*, le *Dictionnaire hébreu-français* de MM. Sander et Trénel, etc. Cette société depuis longtemps ne donne plus signe de vie; 2° il en est de même de la Société scientifique littéraire, fondée en 1865; 3° la Société des études juives, fondée en 1879, œuvre strictement et purement scientifique, qui paraît destinée à un meilleur avenir que les sociétés précédentes. Elle compte 400 membres. Cette société publie une revue trimestrielle sous le titre de *Revue des Etudes juives*, dont le premier numéro a paru en septembre 1880; 4° la Bibliothèque de l'Alliance israélite universelle, contenant 10,000 volumes consacrés à l'histoire et à la littérature juive. Le catalogue de cette bibliothèque sera publié prochainement; 5° les journaux israélites : les *Archives israélites*, journal hebdomadaire, fondé en 1840; l'*Univers israélite*, journal bi-mensuel, fondé en 1844. D'autres journaux israélites de Paris, tels que l'*Israélite francais*, la *Paix*, la *Sentinelle juive*, la *Vérité israélite*, la *Presse israélite*, la *Revue israélite*, n'ont eu que quelques années d'existence. — On peut consulter sur la communauté juive de Paris, les *Comptes rendus des travaux du Consistoire*, les journaux israélites, la *Biographie d'Albert Cohen* citée plus haut et les deux *Annuaires israélites*, publiés à Paris.

IV. Nous devons mentionner encore, pour reproduire la physionomie complète de l'activité bienfaisante et moralisatrice à Paris, un certain nombre d'œuvres ou d'institutions municipales ou philanthropiques créées sans distinction de culte. Nous les rangerons sous les rubriques suivantes : 1. *Enfance* : la Société de charité maternelle (fondée en 1788, réorganisée en 1810), pour venir en aide aux pauvres mères en couches; elle encourage le mariage en ne secourant que des femmes mariées, et elle préserve les nouveau-nés de l'abandon, en imposant aux mères le devoir de nourrir elles-mêmes leurs enfants ou de les élever près d'elles pendant la première année; la Société protectrice de l'enfance (1865), pour faire surveiller par des médecins inspecteurs les enfants envoyés en nourrice, avec secours aux mères indigentes, mariées ou non mariées; la Société nationale des amis de l'enfance pour la propagation de l'allaitement maternel (1876); l'Œuvre des crèches, en vue de garder pendant les heures de travail l'enfant de quinze jours à trois ans, dont la mère travaille au dehors et se conduit bien (42 dans le département de la Seine, dont 14 laïques et 28 congréganistes). Il existe une Société des crèches (1869) qui a, pour but d'aider à fonder et à soutenir les crèches, et de perfectionner et de propager l'institution. L'OEuvre nationale des orphelins de la guerre (1871) soutient cinq mille orphelins ou orphelines. La Maison d'éducation de Saint-Denis (1809), avec les succursales d'Ecouen et des Loges, reçoit gratuitement les filles légitimes des membres de la Légion d'honneur qui sont sans fortune. — 2. *Jeunesse.* La Société d'apprentissage de jeunes orphelins (1822) adopte sans distinction de nationalité ni de culte, place en apprentissage, entretient et habille les garçons pauvres, orphelins ou abandonnés; elle leur fait donner des cours du soir et leur ouvre son Agence-Ecole les dimanches et fêtes toute la journée. L'Association pour le placement en apprentissage et le patronage des enfants des deux sexes poursuit le même but. La Société de patronage, pour le renvoi dans leurs familles des jeunes filles sans place et des femmes délaissées (1844), s'occupe aussi du rapatriement des convalescentes et des filles-mères sortant des hôpitaux. Depuis la fondation de l'œuvre jusqu'au 1er janvier 1879, 10,244 personnes ont été rapatriées. — 3. *Assistance.* L'administration générale de l'Assistance publique est chargée de la direction des hospices et hôpitaux civils, du service des secours à domicile, des bureaux de bienfaisance et du service des enfants assistés. Elle a été fondée en 1801 et organisée à nouveau par la loi du 10 janvier 1849. Elle se compose d'un directeur nommé par le Ministre de l'Intérieur, d'un conseil de surveillance, dont les membres sont nommés par le chef de l'Etat, sur la proposition du préfet de la Seine, de quatre divisions et de quatre inspecteurs. Le budget de l'Assistance publique de 1881 a été fixé à 37,518,172 fr.; la subvention municipale à 13,029,424 fr., et la subvention municipale complémentaire pour travaux d'amélioration des établissements hospitaliers à 6,000,000 fr. Un crédit de 25,838 fr. a été voté par le conseil municipal pour les écoles d'infirmiers et d'infirmières laïques de Bicêtre, de la Salpêtrière et de la Pitié. — Le soin des pauvres, à Paris, était confié, avant 1789, au grand bureau des pauvres, établi sous François Ier; il était présidé et dirigé par le procureur général du Parlement et prélevait chaque année une taxe d'aumône sur tous les habitants de Paris. En 1793, le grand bureau fut remplacé par 48 comités de bienfaisance correspondant aux divisions municipales de la cité. Ceux-ci firent place à leur tour, en 1816, à douze bureaux de charité, qui en 1830 prirent le nom de bureaux de bienfaisance. En 1860, lors de l'agrandissement de Paris, le nombre de ces bureaux fut porté à vingt, comme celui des arrondissements. Les bureaux de bienfaisance sont chargés de la distribution des secours à domicile. Chaque bureau se compose du maire de l'arrondissement, de ses adjoints et de douze administrateurs nommés par le préfet de la Seine. Un nombre indéterminé de commissaires ou de dames de charité, nommés par le bureau, viennent en aide aux administrateurs pour la visite des pauvres et la répartition des secours. Des médecins et des chirurgiens attachés à chaque bureau donnent des consultations et des soins gratuits aux indigents. Soixante-douze maisons confiées aux sœurs sont affectées à la distribution des secours, aux consultations gratuites, à la pharmacie, au dépôt de linge, vêtements et combustible. Nul ne peut être inscrit au rôle des indigents s'il ne réside pas depuis un an révolu à Paris. Les ressources des bureaux de bienfaisance consistent dans une somme variable que l'administration de l'Assistance publique alloue tous les ans à chaque bureau; dans les collectes, souscriptions, quêtes faites par le bureau lui-même, aumônes spéciales déposées dans les églises, les mairies, les justices de paix, droit des pauvres perçu dans les théâtres et autres lieux de réjouissance publique, etc.; dans les legs et donations faites en faveur des pauvres de Paris. Les deux dépôts de mendicité de Villers-Cotterets et de St-Denis relèvent également de l'Assistance publique. La Société philanthropique (1780) a pour but de soulager les besoins du pauvre par la création de six dispensaires auxquels sont attachés des médecins, chirurgiens et pharmaciens qui traitent gratuitement les malades non inscrits au bureau de bienfaisance, par l'organisation de 36 fourneaux économiques, par la répartition, à titre de primes d'encouragement, à des ouvriers laborieux et économes qui veulent s'établir, des sommes provenant de divers legs, par l'œuvre de l'hospitalité de nuit qui a pour but d'offrir un abri gratuit et temporaire aux hommes (2 maisons) et aux femmes (1 maison) sans asile. La Société philanthropique savoisienne (1833) a pour but de venir en aide aux Savoisiens privés d'ouvrage ou de ressources. — Il faudrait, pour être complet, nommer encore les caisses d'épargne, les caisses de retraite pour la vieillesse, les caisses d'assurance en cas de décès ou d'accidents, le Mont-de-Piété, la Société des prêts de l'enfance au travail (1862), destinée à faciliter l'achat des instruments, outils ou matières premières nécessaires au travail, les Sociétés des institutions de prévoyance (1875), les Caisses des loyers, les Sociétés de secours mutuels. — 4. *Hôpitaux.* Le bureau central dépendant de l'Assistance publique donne tous les jours des consultations gratuites et prononce l'admission aux hôpitaux et aux hospices de son ressort qui sont : l'Hôtel-Dieu (514 lits et 16 berceaux), l'hôpital de la Pitié (693 lits et 16 berceaux), l'hôpital de la Charité (472 lits et 32 berceaux), l'hôpital St-Antoine (624 lits et 23 berceaux), l'hôpital Necker (400 lits et 18 berceaux), l'hôpital Cochin (205 lits et 16 berceaux), l'hôpital Beaujon (400 lits et 16 berceaux), l'hôpital Lariboisière (654 lits et (36 berceaux), l'hôpital Laennec (550 lits et 20 berceaux), l'hôpital Tenon (587 lits et 48 berceaux), l'hôpital St-Louis (793 lits et 30 berceaux), pour les maladies chroniques ou contagieuses, l'hôpital du Midi (336 lits), pour les maladies syphilitiques chez les hommes, l'hôpital de Lourcine (219 lits et 24 berceaux), pour les mêmes maladies chez les femmes, la Maternité (240 lits et 76 berceaux), pour les femmes en couches, l'hôpital des Cliniques (74 lits et 64 berceaux), pour les maladies qui présentent un intérêt particulier au point de vue de la science, l'hôpital Ste-Eugénie (427 lits), pour les enfants de deux à quinze ans, l'hôpital de l'Enfant-Jésus (518 lits), de même ; l'hôpital du Val-de-Grâce (750 lits), pour les militaires, ainsi que l'hôpital du Gros-Caillou (640 lits), l'hôpital de St-Martin (450 lits) et l'hôpital de Vincennes (642 lits) : ces quatre hôpitaux dépendent du ministère de la guerre ; la Maison municipale de santé ou Maison Dubois (351 lits), pour les malades qui, ne pouvant se faire soigner chez eux, sont à même de payer un prix de journée qui varie de 12 à 4 francs ; l'hospice des enfants assistés (542 lits), pour les enfants abandonnés ou arrêtés. L'Assistance publique place aussi les enfants assistés en nourrice en province et donne des secours en layette et en argent aux mères indigentes. Nous signalerons en outre : l'hôpital St-Jacques fondé par la Société médicale homéopathique de France, l'hôpital Hahnemann (1870) fondé par une réunion de médecins homéopathes ; la fondation Monthyon pour les convalescents sortant des hôpitaux, qui relève de l'Assistance publique ; l'Asile national de Vincennes (1855), pour les ouvriers atteints de blessures ou de maladies et les convalescents envoyés par les hôpitaux de Paris ; l'Asile national du Vésinet (1855), pour les femmes convalescentes ; l'hospice des Ménages à Issy (1,317 lits et 70 lits d'infirmerie), destiné à recevoir des vieux époux en ménage ou des veufs ou veuves qui n'ont pas les moyens d'existence suffisants pour vivre d'une manière indépendante ; la Maison de retraite de La Rochefoucauld (226 lits et 20 lits d'infirmerie), pour hommes et femmes âgés ou infirmes ; l'Institution de Ste-Périne (225 lits et 34 lits d'infirmerie), destinée à venir en aide à d'anciens fonctionnaires ou veuves d'employés, à des personnes qui, après avoir été dans l'aisance, se trouvent dans la gêne ou la misère ; la maison de retraite Chardon-Lagache (150 lits et 15 lits d'infirmerie), qui reçoit des époux en ménage, des veufs ou veuves, des célibataires, tous âgés au moins de soixante ans ; la maison de retraite de Belleville (25 lits), l'hospice Leprince (23 lits), l'hospice Devillas (65 lits), l'hospice Lenoir-Joussereau à St-Mandé (100 lits), l'Asile de la Providence (50 lits), l'hospice d'Enghien (1819), pour les anciens serviteurs de la famille d'Orléans. L'Hôtel des Invalides (600 lits dont 100 lits d'infirmerie) relève du ministère de la guerre ; l'hospice de la vieillesse de Bicêtre (1,628 lits, 166 lits d'infirmerie et 600 lits pour le service des aliénés) pour les septuagénaires, les épileptiques, les cancéreux, les aveugles et les indigents atteints d'infirmités incurables ; l'hospice St-Michel (1830) pour douze vieillards de soixante-douze ans, l'hospice de la Reconnaissance ou Brézin (1833), à Garches, pour servir d'asile aux ouvriers âgés et infirmes : il renferme 320 lits ; la Fondation Tisserand (48 lits). L'hospice de la vieillesse de la Salpêtrière (2,780 lits, 289 lits d'infirmerie, 720 lits d'aliénées), destiné aux femmes. L'hospice des incurables à Ivry (1,920 lits, 109 lits d'infirmerie), pour hommes et pour femmes. La Maison nationale de Charenton (580 lits) pour les aliénés des deux sexes ; l'Asile Ste-Anne, qui a le même objet. L'hospice national des Quinze-Vingts a pour but de secourir des aveugles français, adultes et indigents, des deux sexes : il a des pensionnaires internes et externes (1700) ;

l'Institution nationale des jeunes aveugles (300), consacrée à l'instruction des jeunes garçons et des jeunes filles aveugles (120 boursiers de l'Etat) ; l'Institution nationale des sourds-muets (140 boursiers de l'Etat et 40 de la ville de Paris), avec une Société fondée en 1850, ayant pour but l'amélioration du sort physique et moral des sourds-muets ; la Société générale d'éducation, de patronage et d'assistance en faveur des sourds-muets et des jeunes aveugles, fondée en 1849, qui a créé 5 écoles communales de garçons et trois écoles communales de filles, et délivre aux bons élèves des livrets de patronage; elle a aussi établi des cours pour les adultes et fournit des secours aux malades, aux infirmes et aux vieillards ; la Société pour l'instruction et la protection des sourds-muets (1866) par l'enseignement simultané des sourds-muets et des entendants-parlants, grâce à l'emploi de la méthode phonomimique ; l'Institution des bègues. Les écoles pour former des infirmières qui ont été ouvertes à la Salpêtrière, à Bicêtre et à la Pitié, et les essais tentés pour remplacer dans le service hospitalier les sœurs par des infirmières laïques, sont loin d'avoir produit des résultats satisfaisants. Il en serait vraisemblablement de même si l'on voulait pratiquer cette substitution dans les maisons de retraite, de refuge, et dans les établissements pénitentiaires. — 5. *Correction*. Des enfants qui, reconnus coupables d'un délit, ont été acquittés pour avoir agi sans discernement, mais doivent rester entre les mains de la justice jusqu'à l'âge de vingt ans au plus tard, sont placés dans des colonies agricoles pénitentiaires, et en particulier à Mettray (800 places). A leur sortie, ils sont placés chez des cultivateurs et restent sous le patronage de la Société paternelle qui exerce sur eux une tutelle bienveillante. Le comité de patronage des prévenus acquittés (1836) a pour but de procurer un asile temporaire à un certain nombre de prévenus qui paraissent dignes d'intérêt. La Société de patronage pour les jeunes détenus et les jeunes libérés du département de la Seine (1833); la Société générale pour le patronage des libérés 1871); l'Œuvre des prisons pour le soulagement des prisonniers. Nous citerons enfin dans un autre ordre d'idées la Société nationale d'encouragement au bien, fondée en 1862, qui a pour but de propager dans toutes les classes les principes de religion, de moralité, les habitudes d'ordre, d'économie et de dévouement. Elle distribue tous les ans des récompenses consistant en médailles d'honneur, diplômes, etc., et encourage la publication de livres moraux et instructifs ; l'Association française contre l'abus du tabac et des boissons alcooliques, fondée en 1868, avec des conférences, des publications spéciales, etc., etc.; la Société française de tempérance, fondée en 1872 dans le but de combattre les progrès incessants et les effets désastreux de l'ivrognerie. — 6. *Œuvres en faveur des étrangers*. Bien que les étrangers soient reçus dans les hôpitaux de Paris dans les mêmes conditions que les Français, et qu'en cas d'urgence ils soient secourus par l'Assistance publique et par la charité privée, sans distinction de nationalité, il existe dans Paris un certain nombre d'œuvres spéciales en leur faveur. Telles sont, indépendamment de celles que nous avons mentionnées sous d'autres rubriques, la Société de bienfaisance allemande, la Société de bienfaisance américaine, l'Association charitable pour les Anglais (*British charitable fund*); l'Asile pour les jeunes bonnes et institutrices anglaises (1872), avec un fourneau économique et une crèche. La Conférence de St-Vincent de Paul en faveur des catholiques anglais pauvres, l'hôpital de Levallois-Perret (30 lits); la Société de bienfaisance austro-hongroise; l'Association catholique pour les Espagnols et les Américains du sud, l'Œuvre des Flamands; la Société de bienfaisance italienne, l'œuvre de la Ste-Famille italienne, la Mission polonaise, la Conférence de St-Casimir, la Société de bienfaisance des dames polonaises, l'Œuvre des pauvres malades polonais, la Société des imposés volontaires en faveur des Polonais, l'Œuvre du catholicisme en Pologne, l'Orphelinat et la maison de retraite de St-Casimir, l'Institution des demoiselles polonaises, l'Ecole polonaise des Batignolles, la Bibliothèque polonaise, la Société helvétique de bienfaisance (1820), la Société suisse de secours mutuels, l'Asile suisse pour les vieillards des deux sexes (1865). Nous devons également mentionner ici l'œuvre à la fois philanthropique et patriotique accomplie depuis 1871 par les deux Associations en faveur des émigrés d'Alsace-Lorraine. Celle qui a son siège dans la rue de Provence, outre l'orphelinat du Vésinet dont il a déjà été question, s'occupe surtout d'envoyer des colons en Algérie dans les villages créés par le comte d'Haussonville, tandis que son émule du boulevard Magenta entretient surtout des boursiers dans les écoles des divers degrés de la capitale et organise chaque année, à Noël, une gigantesque distribution d'étrennes aux enfants des émigrés pauvres, avec le concours dévoué de l'industrie parisienne. Les deux sociétés distribuent d'ailleurs aux familles nécessiteuses des secours en argent, en vêtements, en instruments de travail, en billets de circulation sur les chemins de fer, etc., etc., et ont organisé des bureaux de placement.

Bibliographie. Pour le culte catholique: *Ordo divini officii... ad usum cleri parisiensis*, Par., 1880; *Manuel des Œuvres ou Institutions religieuses et charitables de Paris*, 1880. Pour les cultes protestants: de Prat: *Annuaire protestant*, 1878; Puaux, *Agenda protestant*, 1881; Decoppet, *Paris protestant*, 1876; Borel, *Statistique des associations protestantes*, Paris, 1864. Pour le culte israélite, nous avons inséré une note due à la plume si compétente de M. Lœb. Voyez aussi l'important ouvrage de M. Maxime Du Camp, *Paris, ses organes, ses fonctions et sa vie*, 5e édit., Paris, 1875, 6 vol. F. Lichtenberger

PARIS (François de), né à Paris le 30 juin 1690 et mort dans la même ville le 1er mai 1727, à l'âge de trente-sept ans, était fils d'un conseiller au parlement de Paris. Elevé par ses parents dans les sentiments de la piété, il répondit de bonne heure aux soins que l'on prenait de lui et s'adonna dès son enfance aux choses de la religion. Après avoir fait de bonnes études qui le conduisirent jusqu'à la licence, on lui fit comprendre qu'on le destinait à la magistrature où l'on espérait qu'il succéderait à son père, mais une vocation irrésistible le poussait vers la vie ecclésiastique. Entré au séminaire de St Magloire, il s'y appliqua à l'étude de l'hébreu et du grec, consacrant ses moments de loisir à suivre les leçons du célèbre abbé d'Asfeld sur l'Ecriture sainte et à instruire, à son tour, des enfants pauvres. Il entra bientôt dans les ordres et fut fait diacre. On voulut le nommer curé de Saint-Côme, et même chanoine de Reims, mais son humilité le porta à refuser ces emplois. Son idéal de la vie chrétienne était la solitude; après avoir visité plusieurs monastères pour s'inspirer du régime sévère que l'on y suivait, il résolut de se choisir une retraite et d'y passer ses jours dans une austérité profonde. Il alla se loger d'abord au troisième étage d'une maison de la rue de l'Arbalète, au faubourg Saint-Marceau; puis, quelque temps après, au faubourg Saint-Jacques, près du Val-de-Grâce. Mais, ne se trouvant pas assez retiré du monde, il retourna au faubourg Saint-Marceau, et s'établit à la rue des Bourguignons, dans une maison non loin de celle où, il y a une trentaine d'années, se voyait encore l'institution dirigée par le pieux et regretté Jérome Decaut, l'une des plus saintes figures du jansénisme contemporain. Dans cette nouvelle demeure, le diacre Pâris se soumit à une existence si dure qu'on peut la considérer comme un suicide. La bulle *Unigenitus* avait trouvé en lui un de ses opposants les plus décidés; « appelant et ré-appelant, » il mourut en confirmant ses diverses protestations. Enterré dans le cimetière de Saint-Médard, son tombeau fut un lieu de pèlerinage pour tous les opprimés de cette époque de lutte et d'exaltation; les miracles et les prodiges qui, dit-on, s'accomplissaient là sont connus de tout le monde, et nous ne répéterons pas ici ce que nous en avons dit ailleurs (voir les articles *Jansénisme* et *Montgeron*). Le diacre Pâris a laissé quelques ouvrages ayant une certaine originalité; ils sont en général bien écrits, le style manque peut-être un peu de chaleur, mais il y règne une onction douce et pénétrante. Ces ouvrages qui mériteraient de sortir de l'oubli où ils demeurent depuis longtemps, sont: 1° *Explication de l'Epître aux Galates*, Paris, 1733, in-12; 2° *Analyse de l'Epître aux Hébreux*, s. l., 1733, in-12; 3° *Explication de l'Epître aux Romains* (les neuf premiers chapitres), 1732, in-12; 4° *Plan de la Religion*, en France, 1740, in-12; 5° *Science du Vrai*, en France, in-12 de 55 pages. — Sources: *Vie de M. François de Pâris, diacre* (par Barbeau de la Bruyère), 1731, in-12 de 80 pages; *Vie de M. de Pâris, diacre du diocèse de Paris* (par Barthélemi Doyen), 1731, in-12 de 198 pages, augmentée par l'abbé Goujet, 1733 et 1743; *Vie de M. de Pâris*, par P. Boyer, 1731, in-12; *Nécrologe des Appelans et Opposans*; *Nécrologe des plus célèbres défenseurs et confesseurs de la vérité*, II: *Biblioth. Jansén.*, et un ouvrage moderne très bien fait, intitulé: *Histoire des Miraculés et des Convulsionnaires de Saint-Médard*, par P.-F. Mathieu, où se trouve une vie du diacre Pâris, écrite avec beaucoup de soin et de précision, dont le contenu a été d'ailleurs puisé aux meilleures sources. A. MAULVAULT.

PARKER (Matthieu). Parker, second archevêque protestant de Cantorbéry, né à Norwich le 6 août 1504, au sein d'une famille de la haute bourgeoisie, fit ses études au collège de Corpus-Christi à Cambridge, et reçut la prêtrise en 1527. Il révéla dès cette époque un talent remarquable pour les travaux archéologiques et historiques, et repoussa les offres brillantes de Wolsey pour se consacrer avec quelques amis, partisans comme lui de la Réforme, à la méditation de la parole de Dieu. Dès 1533, il obtint de l'archevêque Cranmer la permission de prêcher dans toute l'Angleterre et se fit bientôt remarquer par la ferveur de son zèle évangélique. Ami de la retraite, nature timide et concentrée, ce ne fut qu'après les plus grandes luttes morales qu'il accepta les fonctions de chapelain d'Anne Boleyn. Appelé successivement à diriger les collèges de Stoke-Clare et de Corpus-Christi, élevé en 1545 à la dignité de vice-chancelier, il déploya dans ces fonctions si conformes à ses goûts les plus rares aptitudes et introduisit dans l'enseignement des réformes salutaires. Nommé doyen de Lincoln par le roi Edouard VI, Parker réussit à échapper aux sicaires de Marie la Sanglante et vécut dans la pauvreté et la retraite pendant ce triste règne. L'avènement d'Elisabeth l'obligea à remplir bien malgré lui la première charge ecclésiastique du royaume. L'affection que lui avait témoignée Anne Boleyn et l'amitié de lord Cecil le désignaient au choix de sa souveraine, qui trouvait en lui le seul homme capable de réaliser, grâce à la largeur de ses convictions évangéliques et à ses tendances ecclésiastiques, l'œuvre délicate de la reconstitution de l'Eglise anglicane, juste milieu entre le catholicisme et le puritanisme. Parker a joué un rôle décisif dans cette œuvre qui lui a valu les reproches amers de plus d'un écrivain protestant. On peut l'accuser d'intolérance à l'égard des puritains qui se virent contraints d'abandonner leurs cures pour ne point porter ce qu'ils appelaient les ornements papistes, mais on doit reconnaître aussi les nécessités politiques du moment ainsi que l'étroitesse de ses adversaires entraînés par une réaction furieuse contre Rome. Quand, après six mois de résistance, Parker eut cédé aux ordres d'Elisabeth, il ne put être consacré que le 17 décembre 1589, bien que sa nomination fût datée du 18 juillet, et l'on dut avoir recours au ministère de trois évêques et d'un évêque suffragant du temps d'Edouard VI, qui avaient seuls survécu à la persécution. La succession épiscopale de l'Eglise anglicane se rattache donc à Edouard VI plus qu'à Rome, et est parfaitement régulière, malgré les insinuations calomnieuses des historiens catholiques. Parker se mit à l'œuvre sur-le-champ et eut à lutter non seulement contre les catholiques et les puritains, mais encore contre le favori Leicester et les caprices de la reine. Il s'empressa de consacrer évêques quatorze pasteurs réformés, de réorganiser le culte, la discipline, les canons, de rendre la prédication obligatoire et de reconstituer les revenus du clergé dilapidés pendant le règne précédent. C'est dans ce but qu'il rédigea un catéchisme d'après l'édition latine de Poinet, qu'il édita un livre d'homélies, des canons de discipline (1571), les XXXIX articles primitivement au nombre de XLII, enfin une revision de la grande bible de Cranmer, qui prit le titre de

Bible des Evêques et qui se rapproche de l'édition de Genève en laissant de côté les additions de la Vulgate. Parker y ajouta des notes, des réflexions et des cartes et en rédigea la préface. Tout en menant un train conforme à son rang et aux devoirs de sa charge, il était simple dans ses goûts, sévère dans sa discipline, hospitalier et facile d'abord. Il rassembla à grands frais de nombreux manuscrits et peut être considéré comme le père de l'archéologie nationale, il signala l'importance pour l'histoire des documents saxons qu'il édita avec un glossaire paru après sa mort et publia plusieurs chroniques en particulier celle de Matthieu Paris. S'il se montra rigoureux envers les non-conformistes, ce fut par respect pour des lois qu'il n'avait point faites, et il eut à souffrir, lui aussi, de l'âpreté des haines théologiques, des intrigues de cour et de cruelles infirmités physiques. Il est mort le 17 mai 1575. — Sources : G. Burnet, *Hist. of the Ref. of the Ch. of Eng.*, Londres, 1845 ; Strypes, *Life of Mat. Parker*, 1693 ; Soames, *Hist. of the Ref. of the Ch. of Eng.*, London, 1825-28 ; L. Ranke, *Eng. Gesch.* ; G. Weber, *Gesch. der akath. Sekten in Grossbrit.* ; Schœll, article *Parker* dans la *Real Encycl.* de Herzog. A. Paumier.

PARKER (Théodore), le représentant le plus distingué de la nouvelle école unitaire, l'un des plus éminents orateurs religieux de l'Amérique, appartenait à une vieille famille puritaine originaire du comté d'York, émigrée depuis 1635 de l'autre côté de l'Atlantique ; lui-même avait vu le jour le 24 août 1810 dans un endroit immortalisé par la guerre de l'indépendance, à Lexington dans le Massachussets. Son père, John Parker, un fermier versé dans la connaissance des mathématiques, était un homme froid et fort, membre d'une congrégation unitaire, profondément attaché au devoir, passablement sceptique à l'endroit du surnaturel. Sa mère, qui mourut jeune, mais n'en laissa pas moins à sa famille un ineffaçable souvenir, était, comme il nous l'apprend lui-même dans son *Autobiographie*, gracieuse, délicate, adroite comme une fée et charitable comme une sainte. Théodore reçut donc dans son enfance de profondes impressions religieuses, mais jouit en même temps pour la formation de ses croyances d'une entière liberté. « Ma tête, dit-il quelque part, n'est pas plus nécessaire à mon corps que la religion à mon âme. » Dans la patriarcale famille de Lexington on lisait la Bible, on se rendait exactement à l'église, mais on cherchait avant tout dans le livre sacré et dans la prédication hebdomadaire ce qui allait au cœur, ce qui éclairait la conscience, ce qui parlait de Dieu à l'âme sans s'inquiéter beaucoup du reste. « Durant toute mon enfance, avait-il coutume de dire, je n'entendis pas mes parents proférer un seul mot qui fût irréligieux ou superstitieux. » A côté de l'érudition qu'il acquit à force de labeurs et de veilles, le futur réformateur hérita de son père le sens pratique, de sa mère l'inclination pour le mysticisme et la poésie, de son aïeul, un vétéran des luttes contre la Grande-Bretagne, l'humeur fière et belliqueuse. Ses parents cherchèrent à développer systématiquement en lui les facultés dont l'usage contribue le plus à mûrir le jugement : l'observation, la comparaison, l'habitude de se décider en se rendant compte des motifs déterminants. Dès l'âge de huit ans Théodore Parker se montra un lecteur infatigable. Il n'avait, il est vrai, que peu de volumes à sa disposition, mais ce petit nombre valait des bibliothèques beaucoup plus considérables par l'excellence de son contenu : la Bible, les poètes anglais, favoris de sa mère, quelques classiques anciens, Homère, Plutarque, Virgile, qu'il lut d'abord dans des traductions, ensuite dans les originaux lorsqu'un ministre unitaire des environs, M. William White, lui eut donné des leçons de grec et de latin. Son père possédait quelques livres de mathématiques, d'histoire naturelle et de voyages ; il les dévora de manière à les savoir bientôt par cœur, tout en trouvant les loisirs nécessaires pour l'étude du français et de l'espagnol. A dix ans il avait catalogué à sa manière la flore des environs. Il ne tarda pas à dépasser par son savoir précoce la plupart des enfants élevés dans les villes, et en véritable Américain il découvrait toujours quelque procédé ingénieux pour parer aux inconvénients de sa position. Comme il désirait ardemment avoir une Bible pour son usage exclusif, il se mit à cueillir des myrtilles dans la forêt voisine et en vendit au marché de Boston jusqu'à concurrence de la somme heureusement peu élevée, nécessaire en Amérique pour l'achat d'un exemplaire du volume sacré. — Dans l'été de 1830, lorsque fut arrivé pour Théodore Parker le moment de se subvenir à lui-même pour embrasser une carrière libérale, il passa l'examen requis pour son admission au collège d'Harward et s'appropria les matières enseignées pendant le cycle académique tout en exerçant le métier d'instituteur, gagnant 70 à 80 francs comme sous-maître dans une école privée, consacrant la majeure partie de ses nuits à l'étude, triomphant par son entrain et son énergie des innombrables obstacles qui se pressaient sur sa route, demeurant fidèle à l'antique devise de sa famille : *Semper aude*. Lorsque la lutte fut devenue impossible à Boston, il se transporta dans une petite ville des environs, à Watertown, et y ouvrit une école qui débuta avec deux élèves, mais en réunit bientôt plus de cinquante, grâce à ses remarquables aptitudes pédagogiques et à l'affection extraordinaire qu'il savait leur inspirer. Le pasteur unitaire de Watertown, M. Francis, un homme des plus instruits, qui devait peu après occuper à Cambridge une chaire universitaire, mit libéralement à sa disposition sa riche bibliothèque. Parker, qui avait appris l'allemand pendant son séjour à Boston, se plongea avec délices dans la littérature et la théologie germaniques. Son guide favori fut de Wette, mais aucun élément essentiel de connaissance ne fut laissé de côté par lui : Leibnitz et Spinosa, Lessing et Herder, Stäudlin et Storr aussi bien que Wegscheider, Gesenius et Eichhorn. A Cambridge enseignaient les représentants les plus distingués du vieil unitarisme très éclairé, très affranchi en matière de dogme, très actif dans le domaine de la philanthropie et des réformes sociales, mais quelque peu froid et sec, dépourvu de mysticité, moins riche pour la théologie proprement dite en résultats qu'en bonnes intentions. D'autre part la vieille orthodoxie calviniste que prêchait avec éclat à cette époque Lyman Beecher avec ses dogmes favoris de la prédestination et des peines éternelles, lui était déjà profondément antipathique. Il était loin au début de soupçonner toutes les conséquences de la virile résolution qu'il avait prise de chercher la vérité religieuse en toute indépendance. Lorsqu'il avait commencé à lire l'*Introduction à l'Ancien Testament* d'Eichhorn, c'est à genoux qu'il avait demandé à Dieu de ne pas être égaré dans ses travaux par les raisonnements des incrédules. Dans une lettre du 7 août 1834, par laquelle il donne à un de ses neveux un résumé de ses croyances, nous voyons qu'il conservait encore à cette date un minimum d'orthodoxie et admettait la réalité de quelques-uns des miracles bibliques. L'université de Cambridge trouva en lui comme le collège d'Harward un infatigable travailleur, scrutant beaucoup de questions et de toujours plus près, lisant les Pères, s'initiant par lui-même aux investigations de la critique moderne sur les livres sacrés, à l'histoire de l'Eglise et des dogmes, à celle encore plus importante des religions et des mythologies comparées, menant de front avec l'étude de la théologie celle d'une douzaine de langues mortes ou vivantes, envoyant à la *Revue Unitaire* le *Scriptural Interpreter* des comptes rendus de l'exégèse allemande sur le LIIe chapitre d'Esaïe et les prophéties messianiques, entreprenant de traduire et d'annoter l'introduction à l'Ancien Testament de de Wette. Un hymne à Jésus qu'il composa en 1836 prouve que la fraîcheur de son sentiment religieux n'avait été nullement altérée par son libre et persévérant labeur. — La petite congrégation unitaire de West-Roxbury fit choix pour son pasteur de Théodore Parker en 1837, au moment où il sortait de l'université. Le voisinage de Boston lui permit de fréquenter assidûment la maison de l'aimable et illustre Channing et de profiter de ses derniers entretiens. Ses paroissiens écoutaient avec plaisir ses sermons pleins d'originalité, de poésie, d'application à leur vie simple et honnête; ils acceptaient volontiers ses idées malgré leur nouveauté et leur hardiesse; son sérieux moral et son charmant caractère achevèrent de lui gagner tous les cœurs. Peu à peu cependant l'idylle fit place au drame. Un article sur la *Vie de Jésus*, du docteur Strauss, dont il signalait avec autant d'impartialité que de pénétration, soit les incontestables mérites, soit les trop réelles lacunes, d'autres publiés de concert avec le philosophe Emerson, dans la *Revue*, le *Dial*, sur les éléments mythiques contenus dans la Bible, l'immanence de Dieu dans le monde et dans l'histoire, un sermon sur le progrès indéfini, remplirent d'effroi les vieux unitaires; plusieurs de ses collègues déclarèrent qu'ils ne lui céderaient plus leurs chaires, et il devint à la mode dans les cercles aristocratiques de Boston d'énoncer des jugements perfidement charitables sur le pauvre incrédule de West-Roxbury. Un sermon par lui prêché à Boston le 13 mai 1841, pour la consécration de Mr Jared Sparks, sur ce qui passe et ce qui demeure dans le christianisme, mit le feu aux poudres. A propos de quelques expressions imprudentes il s'engagea une controverse qui occupa pendant des mois la presse quotidienne et périodique du Massachussets et dans laquelle le jeune prédicateur à peu près abandonné à lui-même, tint tête à une foule d'attaques et d'injures fanatiques parties de tous les coins de l'horizon. Ses paroissiens de West-Roxbury qui, depuis quatre ans déjà qu'ils suivaient ses discours, s'étaient familiarisés avec ses prétendues hérésies, lui surent gré de sa franchise, de son zèle pour leur perfectionnement religieux et moral et résistèrent à toutes les démarches du parti adverse. A Boston, les hommes de progrès et d'initiative que n'effrayait pas la croisade prêchée contre un théologien dont le seul crime consistait à mettre son enseignement en harmonie avec son savoir et sa conscience, ne voulurent pas que cette voix courageuse fût étouffée et prirent à l'unanimité la résolution suivante : « Le révérend Théodore Parker sera entendu à Boston. » Parker répondit à cet appel, qui lui ouvrait la métropole intellectuelle et commerciale de la Nouvelle-Angleterre, et y rencontra des sympathies qui dépassèrent son attente. Les conférences qu'il y donna pendant l'hiver de 1841 à 1842 ont été réunies en un volume intitulé : *Discourse of Matters pertaining to Religion* (*Discussion de sujets religieux*) et qui offre selon nous le meilleur résumé de ses vues théologiques. Il y examina successivement la religion dans sa généralité et dans ses rapports avec Dieu, le christianisme, la Bible, l'Eglise, pour aboutir à la conclusion suivante : « Toutes les communautés protestantes actuelles sont trop étroites, trop esclaves de la lettre biblique. La critique nous affranchira de cette dernière servitude. L'avenir appartient au spiritualisme qui se propose pour but suprême l'identité de volonté de l'homme avec Dieu et qui subordonne tout : Eglise, culte, formes religieuses, à la grande chose seule nécessaire, à la seule religion qu'on puisse dire éternelle :« Amour de Dieu et amour des hommes.» Une exposition aussi nette de ses vues n'était point faite pour gagner les âmes indécises à l'audacieux novateur. Channing, qui seul aurait pu faire entendre au milieu de l'orage une voix conciliante et universellement respectée, mourut au moment où étaient publiées les conférences de son disciple. Il fut question d'exclure de l'association des ministres unitaires le pasteur de West-Roxbury. On pria dans plusieurs conventicules piétistes pour son châtiment ou sa conversion ; on refusa de publier ses travaux, de s'asseoir à la même table, de monter dans le même omnibus, mais rien ne put ébranler son courage et il continua à mener de front l'activité pastorale la plus dévouée avec le travail de cabinet le plus absorbant. — A la longue cependant, sa santé qui avait déjà souffert à l'université de veilles excessives, se trouva sérieusement ébranlée et ses amis furent unanimes à lui conseiller avec un voyage en Europe, une année de repos, qui fut de son propre aveu la plus fructueuse de sa vie. Il entendit en effet à Paris, Victor Cousin, Jules Simon, Damiron; à Berlin, Vatke, Schelling, Twesten ; à Halle, Tholuck, à Tubingue, Ewald et Baur, à Heidelberg, Schlosser et Gervinus. En Angleterre il se rencontra avec Carlyle et Sterling et prêcha dans la chapelle du révérend James Martinéau. Il faut, pour e faire une juste idée de sa verve descriptive, relire dans son journal de voyage, les pages tout à la fois si nettes et si fines qu'il a consacrées à Rome et à Venise, à Prague, à Florence et à Naples. — Ce fut à la fin de 1844 que Théodore Parker revint dans sa délicieuse cure de West-Roxbury, mais à peine était-il de retour que la guerre contre ses idées et sa personne recommença. Des discours sur les *Signes des temps*, un sermon sur ce texte dont on devine l'application : Aucun des chefs ou des pharisiens a-t-il cru en lui ? en redoublèrent la véhémence. Plus que jamais il fut mis à l'index de la société unitaire, à plus forte raison de la majorité orthodoxe. Le 10 février 1845 ses partisans de Boston jugèrent le moment venu de lui procurer pour ses prédications un local régulier affecté il est vrai, pendant la semaine à des concerts et à des représentations théâtrales, mais qui en dépit des anathèmes, devint trop petit pour contenir chaque dimanche un auditoire toujours grossissant : le Mélodéon. En 1846, ils fondèrent même sous le nom de Vingt-huitième congrégation une Eglise spéciale plus large que celle des unitaires et dont l'action régénératrice se fit graduellement sentir au sein des autres communautés. Son discours d'inauguration roula sur la vraie idée d'une Eglise chrétienne, c'est-à-dire sur le but qui doit se proposer une Eglise fidèle au caractère chrétien, au principe essentiel du christianisme pour remplir sa mission au sein d'une société qui a sa grandeur, ses besoins, ses mœurs propres et ne trouve la plupart du temps dans les Eglises traditionnelles que des maximes et des institutions faites pour le moyen âge, tout au plus pour les deux derniers siècles, rien qui réponde réellement et puissamment aux aspirations du nôtre. Une foule compacte accueillit ce mâle et franc discours avec une sympathie marquée et à partir de ce jour, Théodore Parker fut avec Henry Ward Beecher l'orateur le plus écouté de toute l'Amérique. Boston, malgré le local plus vaste du Music Hall qu'il occupa à partir du 20 novembre 1852, malgré la propagation de ses discours au moyen de la sténographie et de la presse jusqu'aux confins les plus reculés du territoire, ne suffit plus à son activité missionnaire. Il se servit du puissant réseau de communications qui sillonnait le Nord pour secouer le lourd fardeau d'étroitesse et d'ignorance religieuses qui pesait sur ses compatriotes et se faire entendre à des milliers d'auditeurs. Le nombre de ses conférences s'éleva bientôt à une centaine par année sans que cela nuisît à la préparation toujours très soignée de ses discours hebdomadaires. Ajoutez-y une correspondance d'une étendue prodigieuse, une quantité de lectures non moins surprenante, la direction d'une revue : *Massachuset's Qualerly Review*, des réunions chez lui à jour fixe où il enchantait ses auditeurs par le feu et l'humour de sa conversation et l'on comprendra qu'il put dire : « Le temps s'étend quand on veut comme de la gomme élastique. » Parmi ceux qui le soutinrent le plus activement de leurs sympathies nous citerons le philosophe Emerson, le naturaliste Desor, le sénateur Sumner, miss Stevenson qui réorganisa les hôpitaux pendant la guerre de sécession et se signala par son admirable dévouement pour les blessés. — Quoique le discours religieux proprement dit fût une des grandes joies de Parker et qu'il eût écrit à un de ses amis. « Un poète n'éprouve pas plus de joie à chanter que moi à prêcher, » il agit plus puissamment encore sur l'opinion publique comme réformateur social. L'avancement religieux et moral de ses compatriotes, une guerre sans trêve ni merci déclarée aux ignorances, aux servitudes et aux corruptions de toute espèce, telle fut la grande et sainte tâche qu'il accomplit sans jamais se décourager contre les coteries ecclésiastiques, une presse vénale et paresseuse, des sénateurs et des députés infidèles à leur conscience, des capitalistes « adorant le dieu dollar et le servant lui seul. » Il fit également ce qui serait impossible à Paris ou à Londres en flétrissant du haut de sa chaire les hommes d'Etat les plus populaires de l'Union lorsqu'ils dévièrent du droit chemin pour obéir à des vues ambitieuses et intéressées : Daniel Webster lorsqu'il eut passé dans le camp des planteurs, Quincy Adams, Zachary Taylor ; mais ce fut à propos de l'esclavage qu'il déploya les plus splendides ressources oratoires et que son courage plus encore que son éloquence atteignit les suprêmes hauteurs. Nous regrettons de ne pouvoir de ces luttes émouvantes retracer même la rapide esquisse. Nous nous bornerons à rappeler les sagaces pronostics de Parker sur la politique de la majorité à partir de 1850 et les périls que préparait à l'Union la complaisance toujours plus manifeste du Nord pour les planteurs, ses viriles protestations contre le bill de Kidnappers (1850) et le rapt d'Anthony Burns (1854), les reconfortantes paroles qu'il adressa à sa communauté à propos de l'esclave fugitif Shadrach (15 février 1851), le dramatique discours qu'il prononça pour la bénédiction du mariage de William et d'Hélène Craft, deux noirs à tout jamais soustraits par sa courageuse initiative à un retour offensif de leurs ravisseurs. — Cette noble et riche carrière fut prématurément interrompue. Une nuit d'hiver passée toute entière en wagon au milieu des prairies inondées de l'Etat d'Albany et suivie de lectures fatigantes lui fut fatale. Depuis lors une toux opiniâtre ne cessa de le tourmenter. Le dimanche 9 janvier 1859 presque au moment de monter en chaire il fut atteint d'une hémorragie pulmonaire du plus mauvais caractère et dut écrire à sa communauté déjà réunie qu'il lui était impossible de prêcher ce jour-là. Les médecins lui ordonnèrent un congé d'une année en lui conseillant de le passer à Santa-Cruz, une des Antilles danoises. Avec le voisinage de la mer et le splendide climat des tropiques les forces lui revinrent comme par enchantement et il en profita pour écrire son *Autobiographie* sous le prétexte de répondre à une lettre des plus affectueuses qu'il avait reçue de ses paroissiens. On crut qu'un voyage en Europe achèverait sa guérison. Le 1er mai 1859 il abordait à Londres pour traverser ensuite à petites journées la France et la Suisse au milieu des alternatives tour à tour favorables ou alarmantes de la maladie qui devait l'emporter. L'été s'écoula dans le Jura neuchâtelois, à Combe-Varin, en compagnie de quelques hommes d'élite réunis sous le toit hospitalier de M. Desor. Une sorte d'entraînement le poussa aux approches de l'hiver vers Rome dont il désirait consulter les bibliothèques, mais où la phtisie fit des progrès effrayants. Il lui répugnait de rendre le dernier soupir à l'ombre du Vatican, sur cette terre chargée d'une double malédiction. M. Desor emmena en veturino à Florence l'illustre malade déjà tombé dans une complète prostration, mais toujours passionné pour la liberté et qui retrouva quelques forces pour bénir au passage de la frontière les couleurs italiennes. Ce fut dans la capitale de la Toscane qu'une de ses ferventes admiratrices, qui a donné plus tard l'édition complète de ses œuvres, miss Cobbe, eut la joie de le voir pour la première fois et de recueillir ses *Novissima verba*, tout empreints de la poésie et du sentiment religieux qui l'avaient soutenu à travers les vicissitudes de son héroïque carrière. Le 10 mai 1860 tout était fini. L'infatigable lutteur s'était éteint avec le calme d'un enfant qui s'endort sur le sein de sa mère. — L'illustre réformateur avait eu raison lorsqu'il avait dit à miss Cobbe, avec la prophétique pénétration d'un mourant : « Il y a maintenant deux Théodore Parker, l'un se meurt en Italie, l'autre je l'ai planté en Amérique. Celui-là vivra et achèvera mon œuvre. » En effet, quoiqu'il n'ait fondé ni une Eglise ni même une école; que son ministère, ses paroles, ses écrits, sa vie tout entière aient été plutôt une démonstration d'esprit et de puissance que l'édification de quelque chose de visible et de régulièrement constitué, nous n'en saluons pas moins en lui un des plus sympathiques apôtres du théisme chrétien, de cette religion qui à un dogme très simple et très sobre, unit une richesse inépuisable d'applications pour la vie individuelle et sociale. Après cela nous n'éprouvons aucun embarras à signaler les points faibles, à reconnaître par exemple que si Parker posséda la justesse du coup d'œil il manqua du génie spéculatif; que son érudition, bien que sûre et variée, fut souvent de seconde main. Nous regrettons aussi que sa polémique ait eu trop fréquemment quelque chose d'âpre, d'amer, d'agressif et qu'il se soit élancé au combat contre les dogmes de l'orthodoxie traditionnelle, l'œil en feu, la tête baissée, avec la fougue du pionnier du Far-West, en entonnant le *Go Ahead* du Yankee. Mais après avoir fait la part aussi large que possible à l'imperfection humaine, nous admirons en Parker plus et mieux qu'un moraliste, un théologien ou un philosophe : un initiateur, un chantre inspiré de l'avenir. Il est une des apparitions modernes qui nous permettent le mieux de comprendre les antiques héros religieux d'Israël ; à la vue de cet homme qui aurait pu vivre paisible au milieu des fleurs et à l'ombre des sapins de son presbytère, et qui, saisi par une idée d'une simplicité grandiose, implicitement contenue dans les institutions politiques de sa patrie et la religion de ses ancêtres, consume ses forces dans une lutte acharnée contre « les péchés de son peuple, » nous sommes obligés de nous écrier : « Lui aussi au dix-neuvième siècle fut un prophète. » — Les œuvres complètes de Parker, recueillies par miss Cobbe, et précédées d'une remarquable introduction, ont été publiées en 1863 à Londres par Trubner en

14 volumes : I. *Discussion de sujets religieux*; II. *Dix sermons sur la Religion avec un choix de prières*; III. *Discours théologiques*; IV. *Discours politiques*; V. VI. *Discours contre l'esclavage*; VII. *Discours relatifs aux questions sociales*; VIII. *Discours sur divers sujets;* IX. X. *Essais critiques;* XI. *Sermons sur le Théisme, l'Athéisme et la Théologie populaire;* XII. *Autobiographie et mélanges;* XIII. *Les Hommes historiques américains* (Franklin, Washington, John Adams, Jefferson); XIV. *Essai sur le monde humain et le monde de la matière.* — Sources : Henry Channing, *Vie de Théodore Parker*, 1860; Desor, *Revue Suisse*, janvier 1861 ; A. Réville, *Revue des Deux Mondes*, 15 octobre 1861 ; *Théodore Parker, sa Vie et ses Œuvres*, Paris, 1865 ; Weiss, *Théodore Parker, sa Vie et sa correspondance*, Londres, 1862 ; Barkhausen, *Théodore Parker*, *Revue de théologie*, 2e série, VIII, 1864 ; Park et Taylor, *Bibliotheca sacra*, XVIII ; Frotingham, *Théodore Parker*, Londres, 1876. E. STRŒHLIN.

PAROLE DE DIEU. Voyez *Bible*.

PAROUSIE. Voyez *Eschatologie*.

PARSISME. Voyez *Perse*.

PARSONS (Robert), jésuite, né à Nether-Stowey, près de Bridgewater, en 1546, mort à Rome l'an 1610, montra de bonne heure un goût prononcé pour les controverses théologiques. Protestant zélé, il visita Louvain, où il se lia avec le père Goed, son compatriote. De là il passa à Padoue, étudia quelque temps la médecine ; puis il se rendit à Rome, où il abjura le protestantisme. Il ne tarda pas à entrer chez les jésuites, et, pendant le reste de sa vie, se montra un ardent défenseur de la foi catholique. La plupart de ses écrits sont pseudonymes ou anonymes; nous citerons : 1° *A brief discourse containing the reasons why catholics refute to go to church*, Londres, 1580; 2° *De persecutione anglicana*, Rome, 1582; 3° *Christian directory, guiding men to their salvation*, Louv., 1598; 4° *Treatise of the three conversions of paganism to the christian religion*, Saint-Omer, 1603-1604, 3 vol. in-8° ; 5° *The liturgy of the sacrement of the mass*, 1620.

PARTHENAY. Voyez *Larchevêque*.

PARTHES. Voyez *Perses*.

PARTICULARISME. On désigne sous ce nom, en opposition avec celui d'*universalisme*, la théorie d'après laquelle Jésus-Christ n'est pas mort pour tous les hommes, mais pour les prédestinés seulement, auxquels, à l'exclusion de tous les autres, s'appliquent le salut et la grâce *particulière* de Dieu. Voyez les articles *Prédestination* et *Rédemption*.

PARVIS (h â t s ê r; *atrium, parvisium*). Les Hébreux donnaient ce nom aux trois grandes cours qui tenaient au temple de Jérusalem. Les païens pouvaient entrer dans la première; il était permis aux Israélites de pénétrer dans la seconde, pourvu qu'ils fussent purifiés; ils pouvaient aussi amener les victimes qu'ils offraient jusqu'à un certain mur qui se trouvait dans la troisième ; mais ils ne devaient jamais entrer dans ce parvis des prêtres hors l'occasion de leurs sacrifices. Esther parle également des parvis du palais d'Assuérus (IV, 11 ; V, 1 ; VI, 4), et les évangélistes de celui du grand prêtre

(Matth. XXVI, 58; Jean XVIII, 15). — En français, le mot de parvis s'entend de la place qui s'étend devant la porte principale d'une église, et particulièrement d'une église cathédrale. L'étymologie est incertaine. Il est probable que le bas-latin *parvisius*, *paravisus* vient de *paradisus*, paradis (ancienne forme *paraïs*, d'où paravis, parvis), parce que dans la représentation des mystères qui, à l'origine, se jouaient devant les églises, le lieu le plus proche de l'entrée principale figurait le paradis. D'autres ont prétendu que le mot *parvis* n'était que l'adjectif latin signifiant *pour les petits*, et concordant avec le substantif latin *pueris*, enfants, sous entendu, parce que c'était l'endroit où se tenait autrefois l'école des garçons.

PASCAL Ier (Saint), Romain, fut pape entre Etienne IV et Eugène II, de 817 à 824. Homme faible et sans consistance, il abaissa la papauté. Le diplôme de confirmation par lequel Louis le Débonnaire ajoutait aux donations de ses prédécesseurs la Sardaigne et la Sicile, dont l'empereur ne disposait point, accordant, contrairement à l'histoire, la pleine liberté de l'élection papale, et confirmant à saint Pierre le gouvernement de Rome et de son duché, est justement contesté. L'empereur, au contraire, n'était rien moins que disposé à sacrifier ses droits de suzerain, le pape dut envoyer à Aix une ambassade avec des présents pour s'excuser de n'avoir pas demandé la confirmation papale; il avait, disait-il humblement, reçu cette charge malgré lui. Bientôt Lothaire, fils de l'empereur et associé à l'Empire, arriva à Rome accompagné de Wala, qu'il laissa auprès du pape pour y représenter l'autorité impériale. Mais à peine Lothaire parti, deux des chefs du parti franc eurent les yeux crevés dans le palais du pape, et le pape fut accusé de cet attentat. Il dut se justifier par serment ainsi que tout son clergé; mais l'humiliation de la papauté avait été vivement ressentie par les Romains. A la mort de Pascal, ils ne voulurent permettre qu'il fût enterré à Saint-Pierre; on le déposa à Sainte-Praxède dont il avait fait exécuter les belles mosaïques, de même que celles de Sainte-Cécile et de la Navicella, dans le tombeau que du reste il s'était préparé auprès de plusieurs de ses prédécesseurs. Contre l'empire d'Orient et les iconoclastes, Pascal avait défendu avec énergie Théodore de Mopsueste. — Voyez AA. SS., 16 mai; Grégorovius III, 3e éd. et de Reumont, II; Baxmann, I; Simson, *Jahrb. d. fr. Reiches u. Ludw. d. Fr.*, I; comme source, les *Annales* d'Eginhard, Pertz, *Scr.*, I. S. BERGER.

PASCAL II (1099-1118). A la mort d'Urbain II, Rainier, natif de Bieda près de Viterbe, moine clusinien, monta sur le trône. L'antipape Clément III fut d'abord à vaincre; il mourut en 1100, mais après sa mort il fit des miracles, il fallut jeter ses os dans le Tibre; deux autres concurrents, Thierry et Albert, qui n'ont pas même de nom, s'élèvent après lui, le pape en a bientôt raison; un quatrième, Magninulfe, Silvestre IV, ensanglanta Rome en 1105, appuyé par le marquis d'Ancône et le duc de Spolète et défendu par la famille des Corsi. Cependant Henri IV, excommunié, sans armée, captif, détrôné, s'en allait mourir à Liège le 7 août 1106, et le cadavre du vaincu de Canossa attendit cinq ans dans une île de la Meuse que le successeur de Grégoire VII lui accordât à Spire une sépulture chrétienne. Henri V avait été, contre son malheureux père, l'allié de l'Eglise ; vainqueur, il l'oublia, et le pape n'était pas Hildebrand. Après des négociations pénibles, le roi des Romains entre en Italie par Trente et par Aoste (1110), et arrivé à Sutri, presque devant Rome, il fait concéder par les ambassadeurs du pape, le 9 février 1111, l'abandon à l'empire de tout le temporel (duchés, marches, comtés, droit de monnaie et de péage) des évêques allemands, réduits à une simple dîme en échange du renoncement de l'empereur à l'investiture. Mais l'esprit féodal se souleva contre cette solution toute moderne qui était la séparation de l'Eglise et de l'Etat. L'empereur entre en procession dans Saint-Pierre, mais à l'instant de la signature du traité, ce sont les évêques allemands qui font émeute dans la basilique même ; tout est rompu, le pape est prisonnier, le peuple de Rome se souleva et Henri V dut s'enfuir après un jour de bataille, entraînant son captif. Le pape céda et renonça de nouveau et sans échange à l'investiture ; l'œuvre de Grégoire VII était détruite. Alors Henri V fut couronné ; Pascal, renié par les siens, remit le jugement de la querelle à un concile réuni en 1112 au Latran, et le concile rejeta l'accord conclu avec l'empire. C'est en 1115 que mourut la grande comtesse Mathilde, et son testament, gravé sur le marbre et dont les restes se lisent dans les grottes du Vatican (son tombeau est depuis 1635 à Saint-Pierre, la scène de Canosse y est gravée), fut accepté par le pape qui n'avait pas le pouvoir de prendre possession de ses vastes Etats. De nouveau Rome se soulève, à propos d'une question municipale, contre le pape qui est insulté à coups de pierres, et à peine a-t-il pu rentrer dans la ville qu'Henri V revient l'en chasser. Il trouva, pour le couronner, Bordinho qui fut plus tard antipape ; au milieu de sa résistance, Pascal mourut auprès du château Saint-Ange où son parti tenait bon ; ainsi finit le pénible règne d'un pape inférieur à une tâche immense. Les querelles avec la France (Pascal avait été en France en 1107), avec l'Angleterre, les efforts en faveur de la croisade, avaient rempli les moments que lui laissait la guerre contre l'empire. Pascal II est enterré au Latran. Il s'était condamné lui-même au concile du Latran de 1116 en prononçant l'anathème contre la concession de l'investiture qu'il avait faite : *Feci autem ut homo, quia sum pulvis et cinis.* — Les sources de l'histoire de ce triste règne, la vie des papes par Pierre de Pise, les textes relatifs aux investitures et les extraits des chroniqueurs, sont dans le vol. II de Watterich. L'histoire est dans de Reumont II ; dans Grégorovius, IV, 3ᵉ éd. ; dans Héfelé (la 2ᵉ éd. du tome V va paraître). Comparez en dernier lieu Riant, *Lettres historiques des Croisades*, I, II, 1880. S. BERGER.

PASCAL (Blaise), né à Clermont-Ferrand, le 19 juin 1623, fut élevé par un père instruit et capable, qui, pour mieux vaquer à l'éducation de ses enfants, vint se fixer à Paris en 1631 et y fonda bientôt avec des savants tels que Mersenne, Roberval, Carcavi, Le Pailleur, une sorte de société, premier berceau de l'Académie des sciences. Voulant

« tenir toujours son enfant au-dessus de son ouvrage », et le rendre capable d'étudier avec intelligence, il attendit à l'âge de douze ans pour lui enseigner le latin, et commença par lui donner quelques notions générales de linguistique raisonnée. Il lui parlait aussi des phénomènes de la nature, et quand l'enfant, qui « voulait savoir la raison de toutes choses », ne trouvait pas suffisantes les réponses qui lui étaient faites, on le voyait en chercher lui-même. C'est ainsi qu'à douze ans il avait fait déjà une série d'expériences sur les sons et composé là-dessus un petit traité ; à peu près dans le même temps il découvrait comme d'instinct la marche des démonstrations géométriques, auxquelles son père avait jusqu'alors refusé de l'initier, et avec des « barres » et des « ronds » charbonnés sur les carreaux, arrivait tout seul à la 32e proposition d'Euclide. A seize ans il avait composé un traité des sections coniques. Bientôt après, à Rouen, où son père venait d'être envoyé comme intendant de Normandie, il invente la machine arithmétique ; puis il entreprend une série de travaux sur l'équilibre des liqueurs et sur le vide, et à ce propos fait exécuter au sommet du Puy-de-Dôme et exécute lui-même sur le haut de la tour Saint-Jacques-la-Boucherie à Paris la célèbre expérience qui démontre la pesanteur de l'air au moyen du baromètre. Mais ces brillants débuts dans les sciences devaient être brusquement interrompus. — En 1646 des amis introduisirent dans la famille de Pascal quelques écrits jansénistes et en particulier le petit traité de Jansénius traduit par d'Andilly : *De la réformation de l'homme intérieur*, où se trouve sévèrement blâmée cette « recherche des secrets de la nature qui ne nous regardent point, qu'il est inutile de connaître et que les hommes ne veulent savoir que pour les savoir seulement. » De telles lectures agirent puissamment sur l'âme de Pascal, qui communiqua son ardeur religieuse à son père, à sa sœur aînée, Mme Gilberte Périer, et surtout à sa sœur cadette Jacqueline (née en 1625), qu'il persuada de renoncer au mariage et de se consacrer à Dieu. De cette dernière, Vinet a pu dire qu'il doutait « d'avoir rencontré nulle part un caractère d'homme ou même de femme plus accompli, » et qu'il éprouvait pour elle « une admiration plus entière et plus respectueuse » encore que pour son frère. En tous cas, Jacqueline fut la digne sœur de Blaise, non seulement par une précocité remarquable, qui lui valut comme enfant le bienveillant intérêt de Richelieu et la rentrée en grâce de son propre père faussement accusé de troubles civils, mais plus encore par la fermeté d'esprit et par la noblesse de caractère dont elle fit preuve au sein d'une vie toute consacrée à l'obéissance et à l'humilité, et dont on retrouve dans ses lettres l'expression parfois sublime. Entrée à Port-Royal des Champs en 1652 sous le nom de sœur Euphémie, elle y exerçait les fonctions de sous-prieure et de maîtresse des novices (voyez d'elle le *Règlement pour les nfants de P.-R.*), lorsque survint l'affaire du Formulaire (voyez l'art. *Port-Royal*). Elle protesta d'abord absolument contre une adhésion qui lui paraissait lâche et peu franche, déclarant avec une fermeté virile que lorsque « les évêques ont des courages de filles, les filles doivent avoir des courages d'évêques ; » puis, cédant enfin à l'autorité du grand Arnauld et à l'exemple de son entourage, elle signa elle aussi le Formulaire, non sans ajouter en son nom propre un éclaircissement restrictif plus net encore que celui dont tout Port-Royal avait fait précéder son adhésion. Cette précaution du reste ne tranquillisa point assez sa conscience pour l'empêcher de tomber aussitôt malade de regret et de douleur, et de mourir le 4 octobre 1661, « première victime de la signature » (Sources : Cousin, *Jacq. P.*, 1843 ; Faugère, *Lettres, etc... de Mme Périer, Jacq. P.*, etc, 1845 ; E. Saisset, *Critiq. et hist. de la philos.*; S. de Sacy, dans les *Débats*, 31 oct. 1844; Vinet, dans ses *Etudes sur P.*)—Quant à Blaise, qui dès l'âge de dix-huit ans n'avait point passé de jour sans souffrir, il en arrivait à un tel état de santé que les médecins lui ordonnaient impérieusement la distraction. A partir de 1649 et pendant cinq ans environ, on le trouve donc vivant dans le monde, sans dérèglement il est vrai, mais avec dissipation. C'est surtout le cas à partir de la mort de son père en 1651 ; il écrit encore très pieusement à ce propos, mais d'autre part il met des entraves aux vœux religieux de sa sœur, il revient aux mathémathiques et aux inventions (calcul des probabilités, haquet, omnibus à 5 sous, etc.), écrit, assez géométriquement il est vrai, *Sur les Passions de l'amour*, et songe à se marier. Mais tout change en 1654. Depuis quelque temps déjà troublé dans sa conscience et travaillé sans doute par sa sœur Jacqueline, Pascal reçoit une impression décisive d'un accident de voiture qui faillit le faire périr au pont de Neuilly. Condorcet a publié le premier, en lui donnant à tort le nom d'*Amulette*, une pièce autour de laquelle on a cherché dès lors à grouper d'autres indices d'une prétendue folie de Pascal : c'est une page émue, mais point folle, qui fut retrouvée à la mort de Pascal dans la doublure de son habit : il l'avait portée ainsi tout le temps de sa vie à partir de 1654 comme un « mémorial » de la crise par laquelle il avait passé et qui l'avait définitivement retiré du monde. On y lit entr'autres ces mots : « Dieu d'Abraham, Dieu d'Isaac, Dieu de Jacob, non des philosophes et des savants. Certitude. Sentiment. Joie. Paix. Dieu de Jésus-Christ. » Le nouveau converti se mit aussitôt en relation avec les solitaires de Port-Royal ; il y vint même habiter par moments, et, lui qui ne faisait rien à demi, accepta dans toute sa rigueur la morale janséniste, qu'il porta même aux excès les plus outrés. On souffre de voir cet impitoyable ascète refuser à son pauvre corps malade les plus innocentes satisfactions, s'enfoncer dans les flancs une ceinture de clous, et se croire obligé de tout faire pour éviter l'attachement des siens à son indigne personne; néanmoins on ne peut s'empêcher même alors d'admirer avec effroi l'énergie indomptable qui réside en ce frêle roseau. Au reste, Pascal ne passait point tout son temps à se torturer ; il priait, lisait et méditait l'Ecriture sainte, qu'il avait fini par savoir presque par cœur ; souvent il recevait la visite de gens qui venaient le consulter en matière spirituelle, puis il s'occupait des pauvres, pour lesquels son amour était intense, enfin il écrivait : les *Provinciales* et les *Pensées* datent en effet de cette époque, ainsi qu'une étude sur la courbe nommée roulette ou cycloïde, distraction qu'il se permit pendant une violente crise de maux de dents. Les quatre dernières années de la vie de Pascal ne furent qu'une longue agonie acceptée avec la soumission la plus parfaite, et qui se termina par vingt-quatre heures de convulsions le 19 août 1662. — Les *Provinciales* ou plutôt *Lettres écrites à un provincial par un de ses amis* furent composées et publiées à courts intervalles entre le mois de janvier 1656 et le mois de mars de l'année suivante, à propos du procès de doctrine qu'Arnauld subissait en Sorbonne (voy. l'art. *Jansénisme*). Le but de ces lettres, en partie anonymes, puis signées du pseudonyme Louis de Montalte, était d'intéresser le public à la cause du grand docteur janséniste ; leur succès fut immense, car, malgré les efforts des autorités pour en empêcher la diffusion, elles se répandirent dans le public et rencontrèrent jusqu'à la dernière l'accueil le plus empressé. Il faut dire que jamais français pareil ne fut écrit : ironie fine et comique, dialectique incisive et lumineuse, haute éloquence, fougue passionnée, viennent animer tour à tour un style d'une pureté transparente et faire de ce recueil un chef-d'œuvre sans égal. Les trois premières de ces lettres sont consacrées à la question de la grâce : Pascal y démontre le ridicule et l'odieux de la position prise par les thomistes qui, dans le procès d'Arnauld, votaient contre lui tout en ayant au fond ses idées ; puis il fait voir l'absurdité de la censure décrétée enfin contre ce dernier. A partir de la quatrième lettre Pascal, abandonnant la défensive et attaquant vigoureusement ses adversaires sur leur propre terrain, se met à exposer la morale relâchée des jésuites ; à mesure qu'il avance son indignation va croissant, elle éclate à la fin de la dixième lettre, la dernière qui soit censée adressée à un ami. Les suivantes le sont aux jésuites eux-mêmes que Pascal prend à partie avec une magnifiqne puissance : tour à tour il réfute les objections qu'ils ont essayé de faire à ses précédentes lettres, et les calomnies dont ils cherchent à accabler les jansénistes ; enfin dans les deux dernières Provinciales, la dix-septième et la dix-huitième, Pascal s'adresse au père jésuite Annat, auteur d'un livre intitulé *La bonne foi des jansénistes*, et s'efforce de blanchir Port-Royal de tout soupçon d'hérésie. Les *Provinciales* renferment une foule de citations de casuistes que Pascal n'avait pas tous lus ; c'étaient ses amis de Port-Royal qui les lui fournissaient, mais il déclare qu'il les a toujours soigneusement contrôlées et qu'il a du reste lu et relu lui même le principal de ces auteurs, Escobar. On a pu relever çà et là quelques inexactitudes de détail, qui s'expliquent du reste sans peine, mais rien qui atteigne le fond même des choses. En vain les *Provinciales* furent-elles condamnées à Rome et brûlées par le parlement de Provence, en vain le père Daniel a-t-il essayé plus tard de les réfuter dans ses *Entretiens de Cléandre et d'Eudoxe* (1694), et J. de Maistre de les décrier dans son *Eglise gallicane* (1821) sous le nom de « Menteuses » : elles demeurent immortelles et continuent à peser de tout leur poids, non seulement sur le jésuitisme, mais d'une manière plus générale sur les malsains raffinements de cette morale scolastique dont elles ont détrôné pour jamais la méthode et les sophismes au profit de la voix de la conscience et du bon sens moral. — Les *Pensées*, qui constituent l'autre part du trésor littéraire de Pascal, ne sont ni un ouvrage achevé ni même un ouvrage unique. Une partie de cette collection, qui est allée s'enrichissant à mesure qu'on découvrait de nouveaux morceaux inédits de Pascal, comprend divers opuscules indépendants les uns des autres et remontant à des époques variées. Nous citerons dans le nombre, comme datant probablement des années 1647-51, un fragment d'un *Traité du vide*, où Pascal s'élève avec force contre l'emploi de l'autorité en matière de sciences et où il exprime l'idée, alors méconnue, du progrès; les deux fragments *Sur l'esprit géométrique* et *Sur l'art de persuader*, probablement composés peu de temps avant les *Provinciales*, renferment de précieuses indications sur la logique de Pascal. Mais ces opuscules divers ne forment que la moindre part du recueil : le reste se compose d'une foule de fragments sans suite, plus ou moins longs et plus ou moins achevés, quelques-uns s'étendant jusqu'à un certain nombre de pages assez complètement rédigées, d'autres se réduisant à une seule ligne à peine compréhensible. Si l'on écarte encore du nombre de ces fragments quelques-uns d'entre eux qui sont relatifs à divers sujets spéciaux, notes concernant les *Provinciales* et la polémique qui les a suivies, remarques littéraires, etc, on reste en présence des matériaux rassemblés par Pascal en vue d'une apologie de la religion chrétienne, à laquelle il travaillait dans les dernières années de sa vie, mais que la maladie et la mort l'ont forcé de laisser inachevée. On ne peut dire avec certitude l'apparence extérieure qu'eut revêtu cet ouvrage, mais certaines notes prouvent que Pascal songeait à lui donner le plus de vie possible en usant par places de la forme épistolaire ou dialoguée. Quant au plan même de l'apologie, on rencontre aussi dans les *Pensées* quelques mots qui peuvent servir d'indices à cet égard ; de plus on possède de la main d'Etienne Périer, neveu de Pascal, le récit d'un entretien qui dut avoir lieu vers 1658 et où le grand écrivain exposa le plan qu'il avait l'intention de suivre. Du rapprochement de ces données et de quelques autres avec les fragments mêmes de l'apologie on peut déduire à peu près ce qui suit: Pascal estimait que les démonstrations d'une évidence absolue et inéluctable n'appartiennent guère qu'à la sphère des mathématiques, tandis que dans d'autres domaines, dans celui de la religion en particulier, le jugement se trouve toujours influencé dans un sens ou dans l'autre par des préventions favorables ou hostiles, ce que la Bible elle-même reconnaît quand elle déclare que Dieu reste caché pour ceux qui ne le cherchent pas ; il pensait en conséquence que les preuves de l'Evangile, quelques solides qu'elles fussent, ne sauraient agir d'une manière efficace que sur un esprit déjà plein de respect et d'affection pour cet Evangile et désireux de le voir fermement établi, sur un esprit dégagé tout au moins de ce secret désir qu'a tout cœur irrégénéré de trouver la religion fausse. Le point de départ de Pascal devait être dans ce tragique tableau de la misère et de la grandeur de l'homme, auquel appartiennent bon nombre des plus admirables Pensées : reprenant une idée qu'il exprimait déjà lors de sa première visite à Port-Royal dans un entretien avec M. de Saci (voy. art. *Montaigne*), il voulait montrer ensuite que les philosophes n'ont point su rendre compte de ce dualisme de la nature humaine, mais tour à tour en ont méconnu l'un ou l'autre élément ; puis il aurait fait voir l'Evangile, au contraire, dépeignant fort bien l'homme comme un être grand par ses origines mais corrompu par sa déchéance, et il aurait ajouté tout aussitôt que cette même religion, qui a si admirablement connu l'homme, proclame l'existence d'un réparateur offert par Dieu à notre race déchue. Une âme préparée par les angoisses des premiers chapitres, ne saurait manquer d'entendre cette nouvelle avec une joyeuse émotion et d'être toute disposée à en accueillir les preuves, si du moins ces preuves existent. C'est alors seulement qu'eût commencé l'exposition de ces dernières : dans des chapitres dont les matériaux sont moins achevés que ceux des premières parties, Pascal comptait examiner la crédibilité historique de l'Ancien Testament, puis parler des miracles ; ces derniers, en effet, constituaient à ses yeux un des points les plus capitaux, impressionné qu'il était par celui dont il estimait avoir été honoré, ainsi que le jansénisme tout entier, dans la personne de sa nièce, Marguerite Périer. C'est même, paraît-il, cette guérison merveilleuse qui lui aurait suggéré sa première idée d'écrire une apologie de la religion. Après les miracles serait venu ce qui concerne les figures ou types réalisés dans la personne du Messie, puis les prophètes, sujet que Pascal avait beaucoup étudié, enfin le Nouveau Testament, le Sauveur, les apôtres et l'Eglise. La puissante originalité de Pascal est sensible jusque dans les détails de ces derniers chapitres, mais elle éclate surtout dans l'idée de la première partie : sans avoir vu lui-même un argument proprement dit dans l'accord qu'il relève si bien entre l'Evangile et la nature humaine, il a plus contribué que personne à introduire en apologétique la méthode de la preuve interne. Il faut ajouter comme formant une des inspirations fondamentales du livre entier des *Pensées* cette distinction des trois « ordres de grandeur » que Pascal développe avec une sublime éloquence à propos de Jésus-Christ, et d'après laquelle la sphère de la charité se trouve infiniment plus élevée encore au-dessus de celle de la pensée et de la science que cette dernière l'est au dessus du domaine de la force et de la grandeur matérielle. — Nous ne pouvons détailler ici les attaques qu'ont subies les *Pensées*, de la part de l'abbé de Villars dans le cinquième dialogue *De la Délicatesse* (1671), du père Hardouin dans ses *Athei detecti* (Op. varia, 1733), de Voltaire dans ses *Remarques*, jointes aux *Lettres philos.* (1734) et ailleurs ; mais nous devons dire un mot de l'accusation de scepticisme souvent élevée contre Pascal, et en particulier par V. Cousin (déjà en 1830 dans son *Hist. de la philos. au dix-huitième siècle*) et par ses disciples. Rien n'est plus faux que de peindre ainsi Pascal en proie à l'incertitude absolue, se jetant par désespoir et les yeux fermés dans les bras de la religion, mais ne parvenant pas même au prix de ce suicide intellectuel à trouver la paix. La religion de Pascal peut être sombre, triste, et cela même n'est vrai qu'à moitié, mais sûrement elle est aussi convaincue que possible et n'a point le scepticisme à sa source. Sans l'avoir lui-même pour base, Pascal aurait-il cru du moins pouvoir s'en servir comme moyen apologétique, et essayé de faire sérieusement ce que Montaigne avait fait semblant de faire? Ceci encore est inexact : le scepticisme de Montaigne, que Pascal avait beaucoup lu et que souvent il ne fait que citer ou paraphraser, a sa place, il est vrai, dans l'organisme des *Pensées*, il rentre dans le tableau de la faiblesse humaine, mais pour trouver tout à côté sa limite et son correctif. On doit concéder que Pascal va parfois si loin quand il plaide la cause du pyrrhonisme et démontre les impuissances de la raison, surtout en matière de droit naturel, qu'on ne voit plus pour lui le moyen de revenir; mais il faut tenir compte ici de l'impétuosité naturelle de son caractère, qui lui a fait sans doute jeter au courant de la plume bien des mots dont il eût plus tard adouci la fougue exagérée. En tous cas le plan de son apologie est inconciliable avec la méthode du scepticisme théologique, sans parler du fait que cette méthode suppose toujours l'appel à une autorité absolue, tandis que Pascal, au moins le Pascal des dernières années, est fort loin de vouloir courber la tête sous aucune autre autorité que celle du ciel : *ad tuum, Domine Jesu, tribunal appello!* Restent certains mots où l'on a prétendu voir la négation de toute certitude en même temps que de toute philosophie, mais qui marquent simplement les limites de la démonstration logique, l'impuissance où le raisonnement se trouve de suppléer partout l'intuition, le caractère précaire de la religion dite naturelle et de ses preuves rationnelles. Sur tous ces points Pascal entre en lutte avec les tendances de Descartes; on comprend dès lors qu'il ait si fort déplu à l'éclectisme français et se soit vu traiter par lui de sceptique, tout comme Kant, avec lequel Pascal a tant de points de contact. En somme, bien loin qu'il y ait à reconnaître, comme quelques-uns le prétendent, une opposition d'esprit entre deux chefs-d'œuvre qui sont presque contemporains l'un de l'autre, les *Pensées* ne font qu'appliquer à la religion la même méthode que les *Provinciales* appliquaient à la morale. Ici encore, si Pascal rejette les raisonnements abstraits et sans vie de la métaphysique d'école, ce n'est point pour en appeler à un autoritarisme sceptique, mais à l'intuition, à ce « cœur » comme il l'appelle, qui « a ses raisons que la raison ne connaît pas », et sans le secours duquel cette dernière ne peut que s'égarer dans la recherche de la vérité religieuse et morale. Quant aux qualités littéraires des *Pensées*, elles ne peuvent être les mêmes que celles de ces *Provinciales* dont la dernière fut refaite jusqu'à treize fois; les fragments de Pascal, à part quelques-uns, ne sont guère travaillés, il en est même de très négligés et très incorrects, mais presque tous portent l'empreinte d'une originalité sans égale, d'une vigueur incisive et parfois effrayante, d'une « simplicité ferme et nue. » — Pour les écrits relatifs aux mathématiques et à la physique, voyez les *Œuvres complètes*, publiées par Bossut, 5 vol. in-8°, 1779 et 1819, ou l'édit. popul. Hachette, 3 in-12, 1864, avec préf. par J(ules) S(imon); on y trouve aussi les *Factums pour les curés de Paris* (1658), et autres pièces qui sont en partie au moins de Pascal. — Les *Provinciales* furent réunies pour la première fois en 1657 et sans cesse réimprimées dès lors; traduct. latine avec notes, par Wendrockius (Nicole, voy. cet art.) en 1658. Les *Pensées* furent en 1670 (in-12, Paris), puis en 1678, publiées par les amis de Pascal, non pas « sans y rien ajouter ni changer, » ainsi que le prétend leur préface, mais au contraire avec toutes sortes d'altérations, qui devaient d'une part donner plus de cohésion à l'ouvrage et de l'autre éviter pour lui les accusations de jansénisme ou de hardiesse excessive. Ce texte corrompu reparut longtemps dans les éditions qui suivirent, mais augmenté parfois de quelques autres morceaux découverts çà et là; il faut citer l'édition avec *Eloge de Pascal* (par Condorcet) 1776, et la même avec nouvelles notes (par Voltaire), 1778, puis celle où Frantin (Dijon, 1835 et 1853) a essayé de rétablir le plan de l'apologie. En 1842, V. Cousin (voy. *Des Pensées de Pascal*, 1844, et *Blaise Pascal*, 1848) annonça que le texte imprimé était loin d'être conforme au manuscrit de la Bibl. nat. M. Faugère publia les *Pensées* d'après le manuscrit en 1844 (2 vol. in 8° avec préf., fac-simile et portrait). M. Havet en 1852 (in-8°, puis in-12) enrichit ce texte de notices et d'un commentaire. M. Astié en 1857 (2 vol. in-12) donne le même texte au complet, avec les pièces qui s'y rattachent et des notes, le tout suivant un plan conforme à l'idée fondamentale de Pascal. En 1867-69 M. Molinier publie le texte du manuscrit plus correctement que M. Faugère (voir *Rev. polit. et litt.*, 24 mai 1879 et *Rev. de phil. et théol.* de Lausanne, nov. 1880) avec préf. et notes (2 vol. in-8° avec portr., Paris, Lemerre). Une nouv. édit. Astié, tenant compte de ces derniers travaux, est sous presse. Il faut ajouter, comme étant demeuré jusqu'ici en dehors des édit. des *Pensées* (sauf l'édit. Molinier) un *Abrégé de la vie de Jésus*, par Pascal (peut-être simple traduction), publié avec son *Testament*, par Faugère, 1846, Paris. — Pour la vie de Pascal, voyez sa biogr., par sa sœur Mme Périer (en tête des édit. des *Pensées*), puis le Mémoire de sa nièce Marg. Périer et divers autres documents (dans le vol. de Cousin, par exemple). — Sources : Bayle, *Dict.*; Perrault, *Hom. illustres* (avec portrait); (Boullier), *Sentiments sur la critiq. de P., par Voltaire*, 1741-53; Raymond, dans la *Biogr. univ.* de Michaud; Nisard, *Hist. de la litt. fr.*; Villemain, *Disc. et mél.*; François de Neufchâteau, *Meilleurs ouvr. fr.* (en tête du Pascal de Lefèvre); *Eloge de P.*, par Dumesnil (1813), par Faugère et par Bordas-Demoulin (1842); Prévost-Paradol, *Moralist. fr.*; abbé Flottes, *Etudes sur P.*, Montpellier, 1846; abbé Maynard, *Pascal*, 1850, 2 in-8°; Vinet, *Etudes sur P.*, 2me édit. 1856; Sainte-Beuve, *Port-Royal*, liv. III; Recolin, *Apologétiq. de P.*, Toulouse, 1850; Th. Lorriaux, *Etud. sur les Pensées de P.* Strasbourg, 1862; Lescœur, *Méthode philos. de P.*, Dijon, 1850; Saisset, *Le scepticisme;* Franck, dans son *Dict. des sc. phil.*; Tissot, *Réflex. sur les Pensées*, 1869; Alaux, *Religion progressive*, 1871; Fouillée, *Hist. de la phil.*; Bouillier, *Hist. de la phil. cartés.*, I, xxv; Ollé-Laprune, *Certitude morale*, ch. iv, 1880; Lélut, *Amulette de P.*, 1846; Reuchlin, *P's Leben*, Stuttgard, 1840; Neander, *Geschicht. Bedeut. der Pensées*, Berlin, 1846, et *Wissenschaftl. Abhandlg.*, p. 74 ss.; Ecklin, *Blaise P.*, Bâle, 1870 (en all. avec portr.); Dreydorff, *P' s Leben u. s. Kämpfe.* Leipzig, 1870 (voy. le *Compte-rendu* de Genève, mars 1870); articles de Fréd. Chavannes dans *Rev. de théol et phil. chrét.*, 1854, et le *Lien*, 29 janv. et 12 fév. 1859; d'Astié, *Rev. chrét.*, 1854; de L. Vuillemin, *Rev. chrét.*, nov. 1857; d'Eugène Rambert et d'E. Naville, *Bibl. univ. suisse*, 1858; de Schérer, *Nouv. rev. de théol.*, juil. et oct. 1858; de E. de Pressensé, *Rev. chrét.*, sept. 1858; *Rev. polit. et litt.*, 18 sept. 1880; de Havet, *Rev. des Deux-mond.*, 1 oct. 1880, etc., etc. PH. BRIDEL.

PASCHASE RADBERT. Voyez *Radbert.*

PASQUALIS (Martinez), chef de la secte d'illuminés dits *Martinistes*, né vers 1715, en Provence, mort à Saint-Domingue en 1779, était d'origine juive. Il se fit connaître, en 1754, par l'introduction d'un rite cabalistique d'élus dits *cohens*, mot hébreu qui signifie prêtres, rite qu'il parvint à introduire dans quelques loges maçonniques de France. C'est à Bordeaux qu'il initia à ses opérations, qu'il appelait *théurgiques*, Louis-Claude de Saint-Martin, alors officier au régiment de Foix, qui s'attacha à lui, mais sans conserver toutes ses idées. Martinez, qui présentait sa doctrine comme un enseignement biblique secret dont il avait reçu la tradition, l'apporta en 1768 à Paris, et fit un assez grand nombre d'adeptes. C'est dans la cabale juive que Martinez trouvait la science qui nous révèle tout ce qui concerne Dieu et les intelligences créées par lui. Il admettait la chute des anges, le péché originel, le Verbe réparateur, la divinité des saintes Écritures; mais il prétendait que, quand Dieu créa l'homme, il lui donna un corps matériel; qu'auparavant (c'est-à-dire avant sa création), l'homme avait un corps élémentaire, que le monde aussi était dans l'état d'élément, et que Dieu coordonna l'état de toutes les créatures physiques à celui de l'homme. En 1778, Martinez quitta soudain Paris, s'embarqua pour Saint-Domingue, et termina sa carrière au Port-au-Prince en 1779.

PASSAGIENS (*Pasagii, Pasagini, Passagii, Passagini, Passageni, Passagerii, Passagieri, Passageres*). On a donné ce nom à une secte qui remonte à la seconde moitié du douzième siècle et qui fut condamnée par le pape Luce III, dans la constitution de l'an 1184, faite au concile de Vérone. Les seuls textes qui parlent de la doctrine des passagiens se trouvent chez Bonacursus, *Manifestatio hæresis Catharorum*, dans le *Spicilegium* d'Achéry, I, 212, et dans un traité de G. Bergamensis, écrit vers 1230, *Specimen opusculi contra Catharos et Pasagios*, chez Muratori, *Antiq. Ital. medii ævii*, V, 152. Ces deux documents prétendent que les passagiens auraient enseigné que la loi mosaïque devait être observée à la lettre, que le sabbat, la circoncision et les autres prescriptions de la loi, à l'exception des sacrifices, avaient conservé toute leur valeur, que le mystère de la Trinité devait être rejeté, et que le Christ n'était que la première créature de Dieu dans l'ordre du temps et de la pureté. Les passagiens paraissent s'être maintenus jusqu'à la fin du treizième siècle. Peut-être faut-il chercher leur origine, sur laquelle plane d'ailleurs une grande obscurité, chez les chrétiens ou chez les juifs de la Palestine, car le mot de *passagium*, passage, était surtout employé pour désigner les pèlerinages au Saint-Sépulcre. L'empereur Frédéric II, dans son rescrit sur les hérétiques de 1224, les appelle *circumcisi;* d'autres auteurs identifient le nom de *pasagii* avec celui de *vagabundi*, terme qui s'applique également aux juifs. En tous les cas, l'étymologie proposée par Ducange, πᾶς ἅγιος, tout-saint, doit être rejetée, ainsi que l'opinion qui assimile les passagiens aux cathares. — Voyez Mansi, *Sacr. Concil. nova et ampl. collectio*, XXII, 477; Neander, *Kirchengesch.*, V. 796; Ch. Schmidt, dans la *Real-Encykl.* de Herzog, XI, 130.

PASSION DE JÉSUS-CHRIST. Ce terme est employé d'ordinaire pour désigner les souffrances de Jésus-Christ, dans leur rapport avec son œuvre de rédemption (voy. ce mot). Il se dit aussi du temps de l'année où l'Eglise célèbre le mystère de la Passion. A partir du dimanche qui suit le quatrième dimanche de carême, l'Eglise prend le deuil dans ses vêtements sacrés, ses chants et ses cérémonies. Elle retranche plus sévèrement encore que dans le carême tout passage de ses prières et de ses chants qui pourrait exprimer l'allégresse, comme le *Gloria Patri*, le *Gloria in excelsis*, l'*Alleluia*, etc. Elle couvre d'un voile violet les tableaux et les croix de tous les autels; elle supprime le psaume *Judica*, que le prêtre récite ordinairement au bas de l'autel en commençant la messe. La quinzaine entre le dimanche de la Passion et la veille de Pâques se nomme le *Temps de la Passion*. — On appelle passionnaire (*passionarius*) la partie des évangiles qui contient la Passion de Jésus-Christ, qu'on chante dans la semaine sainte. Le mot de *passionalia* désigne les livres dans lesquels on écrivait les actes des martyrs. — Voyez Ducange, *Glossarium;* D. Macri, *Hierolexicon;* Bergier, *Diction. de théol.*, V, 173 ss.

PASSION (Confrères de la). Voyez *Drame religieux.*

PASSIONEI (Dominique), cardinal, né à Fossombrone en 1682, mort près de Rome l'an 1761, fut successivement agent diplomatique du pape à La Haye, député près des congrès d'Utrecht et de Bade, nonce en Suisse, puis auprès de la cour impériale, secrétaire des brefs et directeur de la bibliothèque du Vatican. Archevêque d'Ephèse *in partibus*, il fut promu au cardinalat en 1738 et eut dix-huit voix au conclave de 1758. Il avait formé dans la villa de Frascati un riche musée d'antiquités. Il eut part à la revision du *Liber diurnus pontificum*, et forma un grand recueil d'*Inscriptions antiques*, publié à Lucques, 1765, par Fontanini. On a en outre de lui les *Acta apostolicæ legationis Helveticæ*, Zug, 1729; Rome, 1738, in-4°, des *Lettres*, qui ont été insérées dans la *Tempe helvetica*, IV, et dans le *Commercium epistolicum* d'Uffenbach; et quelques discours, parmi lesquels une *Oraison funèbre du prince Eugène*, en latin et en italien, 1737. — Voyez *Journal des Savants*, 1726 et 1731; G. Moroni, *Diction.*, LI, 271.

PASSIONISTES, ou clercs déchaussés de la sainte Croix et de la Passion de Notre-Seigneur, ordre religieux fondé en Italie par le vénérable Paul de la Croix, né en 1694 à Ovada en Sardaigne. En 1720, il reçut des mains de l'évêque d'Alexandrie une tunique noire et l'autorisation de porter le surnom de la Croix. Il habita un ermitage dans le voisinage de l'église de San Carlo di Castellazo, et obtint, en 1725, à l'occasion du grand jubilé, du pape Benoît XIII, l'approbation de son institut naissant des passionistes, qui comptait alors dix novices. La première maison s'éleva sur le Monte Argentaro. Paul de la Croix mourut le 18 octobre 1775, après avoir vu son ordre approuvé par les papes Benoît XIV et Pie VI. Sous Clément XIV, sa congrégation s'établit à Rome sur la colline Célienne, où le supérieur général fixa sa résidence. A partir de 1775, elle se répandit de plus en plus. En 1782, on lui confia la mission de Bulgarie et de Valachie, et, de cette époque à 1841, vingt-quatre membres, dont quatre évêques, y furent envoyés. Depuis 1841, la Belgique, l'Angleterre, la France et la Nouvelle-Hollande ont été dotées d'établissements de passionistes. Leur but est de prêcher aux populations le mystère de la Passion. Ils portent une tunique noire, faite d'un drap grossier, et un pallium de même couleur qui descend jusqu'aux genoux; au côté gauche de la tunique et du pallium se trouve le nom de Jésus avec un petit cœur surmonté d'une croix blanche. Ils sont couverts d'un chapeau misérable et chaussés de sandales. — Voyez *Annales de la Propagation de la foi*, 1842, 1845; Fehr, *Hist. génér. des ordres relig.*, II, 57 ss.

PASTEUR. Voyez *Sacerdoce*.

PASTORALES (Epîtres), trois épîtres du Nouveau Testament attribuées à l'apôtre Paul et adressées à deux de ses disciples, Timothée et Tite. L'appellation n'est pas très exacte, puisqu'elle s'applique, dans la langue usuelle, à toute instruction adressée aux fidèles par l'autorité ecclésiastique. Mais un usage spécial de la langue théologique l'a réservée aux trois épîtres dont nous venons de parler, qui s'adressent aux conducteurs officiels de l'Eglise et traitent du caractère et des devoirs de leurs charges. Leur trait commun, en effet, est d'être essentiellement des écrits ecclésiastiques. Paul envoie à ses disciples plus jeunes et qui deviendront ses successeurs, des conseils pratiques sur la manière dont ils doivent se conduire dans l'Eglise, en garder soigneusement l'enseignement traditionnel, pourvoir à tous les besoins qui surgissent, réprimer les hérésies, développer chez tous les membres la piété et les bonnes mœurs (1 Tim. I, 5; III, 15; VI, 3; Tite I, 9; II, 1; 2 Tim. I, 13; III, 14, etc.). Sauf quelques particularités très intéressantes de la seconde épître à Timothée dont nous aurons à tenir compte, ces trois lettres ont entre elles des liens de parenté si intimes, qu'elles forment un groupe à part, et un groupe indissoluble, dans la collection des écrits de saint Paul. Même tendance pratique, mêmes soucis ecclésiastiques, même polémique contre un gnosticisme naissant, mêmes pensées et même style. A tous ces égards on peut dire qu'elles se séparent des autres lettres du grand apôtre dans la même mesure où elles se rapprochent l'une de l'autre. Qu'elles aient eu un même auteur et soient nées d'un milieu historique identique, il ne semble pas possible d'en douter, du moins à les prendre dans leur forme actuelle. C'est condamner d'avance toutes les hypothèses qui les séparent par un long intervalle et s'efforçent d'en sauver une en condamnant les deux autres: c'est-à-dire, les deux hypothèses par lesquelles a passé tour à tour M. Reuss, qui tout d'abord plaçait la première épître à Timothée et celle à Tite dans un voyage fait par Paul pendant son séjour à Ephèse (55-57) et réservait la seconde à Timothée pour la captivité de Rome (*Geschichte der heil. Schrift.*, II, 87-89 et 126 ss.) et récemment dans sa *Bible* française, a abandonné l'authenticité des deux premières en maintenant celle de la seconde. L'indécision du savant professeur de Strasbourg montre non seulement combien est obscur et difficile le problème posé à la critique historique par les épîtres pastorales, mais encore de quels éléments contradictoires et irréductibles, il est constitué aux yeux de tout exégète impartial. Avec MM. Reuss, Hitzig et bien d'autres savants peu suspects d'attachement superstitieux à la tradition, il nous est impossible, quand nous lisons certains chapitres de la seconde lettre à Timothée (2 Tim. I, 5-17, et surtout IV, 6-22), de les comprendre dans la supposition de l'inauthenticité absolue de nos épitres. Non seulement il n'y a rien dans ces textes qui ne convienne à l'apôtre ; mais encore il est absolument inadmissible à qui a pratiqué la littérature apocryphe du second siècle, qu'un chrétien de cet âge, écrivant vers 130 ou 170, ait pu reconstituer une situation historique si nettement déterminée, avec des détails et des circonstances à la fois si désintéressées et si parlantes et retrouver et rendre, ce qui est plus incroyable encore, les dispositions d'âme, les émotions et les sentiments au milieu desquels Paul quitta la vie. D'un autre côté, nous ne sommes pas moins embarrassé, en lisant la première lettre adressée à Timothée et celle qui est écrite à Tite. Venant de Paul, nous devons avouer que nous ne les comprenons absolument pas à aucun moment de sa carrière, et, à l'époque de l'épître aux Galates et des épîtres aux Corinthiens, moins qu'à tout autre. Tout serait bien s'il était possible de les séparer comme a cru devoir le faire M. Reuss. Mais après une nouvelle étude attentive, nous devons avouer que les deux épîtres les plus suspectes ne se présentent point comme des imitations simples de la lettre qui serait authentique. Les chapitres II et III de la seconde à Timothée sont absolument du même style et de la même couleur un peu grise de la première et de la lettre à Tite. Un même rédacteur a passé partout et les a reliées toutes les trois d'une façon indissoluble. Soit pour, soit contre l'authenticité de ces épîtres, nous ne pourrions décider qu'en faisant violence à notre conviction intérieure et en dépassant par la logique d'un système *à priori* les résultats positifs d'une exégèse impartiale. Nous allons donc nous borner à raconter les diverses phases qu'a traversées le problème, en indiquant à la fin de quel côté peut-être se trouve la solution. — Dans l'antiquité chrétienne, nos épîtres ne paraissent avoir été rejetées que par quelques hérétiques. Marcion, par exemple, ne les avait point admises dans sa collection des lettres de Paul. Tatien acceptait la lettre à Tite et rejetait les deux autres. Quelques autres hérétiques ne repoussaient que la seconde à Timothée. Mais de tous on peut répéter ce que disait Jérôme, que leur critique n'était dirigée que par leurs dogmes et qu'ils repoussaient *à priori* tout ce qui y paraissait contraire (*Comm. in epist. ad Titum, proœmium*). D'un autre côté jusque vers le milieu du second siècle, nous ne rencontrons guère de leur présence et de leur autorité dans l'Eglise que des traces fort obscures et contestables et, chose assez curieuse, la première à Timothée, la plus suspecte de nos jours, est la plus favorisée à cet égard. On a signalé en effet, dans l'épître de Clément Romain, dans l'épître à Barnabas, dans les lettres d'Ignace, des bouts de phrase, des mots qui se retrouvent aussi dans les *Pastorales* : Clément, *Epist. ad Corinth.*, 29, ἁγνὰς καὶ ἀμίαν τους χεῖρας αἴροντεσ πρὸς αὐτὸν, cf. 1 Tim. II. 8 ; ibid. 54 : Τοῦτο ὁ ποιήσας ἑαυτῶ μέγα κλέος ἐν κυρίῳ περιποιήσεται ; cf. 1 Tim. III, 13 : Dans la lettre des Eglises de Vienne et de Lyon, Eusèb., *H. E.*, V, 1 : στῦλον καὶ ἑδραίωμα ; cf. 1 Tim. III, 15 et encore ibid., in fine, V, 3 ; cf. 1 Tim. IV. 3 et 4 ; Barnab., *Epist.* 7, ὁ υἱὸς τοῦ θεοῦ ὢν κύριος καὶ μέλλων κρίνειν ζῶντας; καὶ νεκρούς ; cf. 2 Tim. IV, 1 ; Ignace, *ad Eph.* 2, ἀναψύξει cf. 2 Tim. I, 16, etc. Tous ces rapprochements dont nous avons cité les plus remarquables ne prouvent pas grand chose, puisqu'ils portent sur de simples mots ou sur des locutions tout à fait générales et qui pouvaient revenir souvent dans le langage religieux du temps. Le seul passage qui fait l'effet d'une citation ou reproduction positive est celui que nous trouvons dans l'épître de Polycarpe *aux Philippiens* (ch.), 'Αρχὴ δέ πάν των χαλεπῶν φιλαργυρία, εἰδότες οὖν ὅτι οὐδὲν εἰσηνέγκαμεν εἰσ τὸν κόσμον, ἀλλ' οὐδε ἐξενεγκεῖν τι ἔχομεν ; cf. 1 Tim. VI, 7-10. Bien que la pensée morale soit d'un caractère proverbial, la ressemblance est telle ici, qu'il faut bien admettre une parenté entre les deux textes, et comme il serait insoutenable de prétendre que nos épîtres ont suivi Polycarpe, il ne reste plus qu'à admettre qu'elles étaient, entre l'an 130 et l'an 150 au plus tard, connues et lues dans les assemblées chrétiennes. Voilà tout ce que l'on peut affirmer avec certitude. Entre cette date et la mort de saint Paul, il reste un assez long intervalle vide et obscur pour expliquer et justifier jusqu'à un certain point les doutes et les hypothèses de la critique. A partir de l'an 160 ou 180, avec Théophile d'Antioche, Irénée et Clément d'Alexandrie, leur origine apostolique est pleinement établie dans la tradition de l'Eglise. Eusèbe les a classées parmi les homologoumènes du Nouveau Testament et jusqu'à notre siècle, aucun doute ne les a plus effleurées. — Schleiermacher, le premier, souleva le problème en mettant en question l'authenticité de la 1re à Timothée qui lui paraissait une compilation sans originalité des deux autres (*Ein krit. Sendschreiben an Gass*, Berlin, 1807, recueilli dans les écrits théologiques, tom. II). Son esprit pénétrant était allé droit au point faible et y avait fait brèche. La critique ne s'arrêta pas là.

Dans son *Introduction* aux livres du *N. T.* (*Einleit. in d. N. T.*, III), Eichhorn insista sur le lien interne des trois épîtres et leur solidarité devant la critique; ils les condamna toutes les trois comme l'œuvre d'un écrivain postérieur qui s'est déguisé, dans les meilleures intentions, sous le masque de Paul. De Wette vint à son tour formuler avec plus d'autorité le même jugement: la première épître à Timothée étant décidément inauthentique, les deux autres qui, par le style, les idées, les hérésies combattues, le point de vue dogmatique trahissent la même origine et le même auteur, ne peuvent pas ne pas l'être (*Einleit. in das N. T.*). A cette solution purement négative, Baur essaya de faire succéder un résultat critique positif, en assignant à nos lettres leur vraie date historique. Dans les hérétiques des *Pastorales*, il crut reconnaître les gnostiques du second siècle et, en particulier, les marcionites et, dès lors en marqna l'origine entre 160 et 170 au moment où se constituait l'unité de l'Eglise catholique (*Die sog. Pastoral briefe*, 1835). Plus tard Ewald, Credner, MM. Renan, Hausrath, Holzmann, etc., se sont également prononcés pour l'origine postérieure de nos lettres. Neander, Lücke semblent avoir repoussé la première à Timothée et admis les deux autres. M. Reuss, ainsi que nous l'avons dit, après avoir essayé de leur trouver une place dans la vie de Paul, a fini par abandonner non sans scrupule, l'épître à Tite et la première à Timothée, en maintenant encore la seconde. D'autres critiques ont ouvert une autre voie. Credner, dans son *Introduction au N. T.* avait émis une hypothèse ingénieuse qu'il abandonna plus tard, mais qui fut le principe de nouvelles recherches. Il trouvait dans notre seconde épître à Timothée deux billets authentiques de Paul réunis et étendus par un écrivain postérieur qui aurait aussi composé la première. Hitzig, insistant avec force sur l'originalité historique de la fin de la seconde épître, essayait de dégager aussi deux ou trois billets de l'apôtre qui seraient à la base de nos *Pastorales*. MM. Hausrath, Krenkel, Renan, semblent être arrivés au même résultat qui est moins une solution que la preuve de l'impossibilité où nous sommes d'en donner une pleinement satisfaisante. Il va sans dire que les défenseurs de l'authenticité de nos trois lettres n'ont pas manqué, parmi lesquels il faut citer: Bertholdt, Hug, Guericke, dans leurs introductions au *N. T.*; Heydenreich dans son commentaire, (*Die Pastoralbriefe Pauli erlaüt*,, 1826-1828), M. Baumgarten (*Die Aechtheit der Pastor briefe*, contre Baur, 1837), Matthies (*Erklærung der Past. briefe*, 1840, Wieseler, et enfin Otto (*Die geschicht. Verhæltnisse der Pastor. briefe*, 1860), etc. Mais aucun d'eux n'a réussi pleinement à expliquer les particularités littéraires et dogmatiques de ces lettres ni surtout à leur trouver une place historique assurée dans la vie de Paul. La tradition ecclésiastique étant insuffisante pour établir l'origine paulinienne des *Pastorales*, c'est à l'étude de leur caractère et de leur contenu que la critique en doit toujours revenir. Nous passerons en revue les cinq points suivants sur lesquels roule toujours la discussion. — 1. Le *style*. Les objections tirées des mots et des tournures propres à nos trois lettres qu'on trouvera soigneusement relevées chez de Wette, sont, comme l'a très bien vu M. Reuss, les moins convaincantes. Il faut songer en effet que nous ne possédons que quelques pages de Paul, et qu'il est téméraire de vouloir marquer avec ces documents la limite précise de son vocabulaire et de sa grammaire. Il faut rappeler en outre que si les *Pastorales* ont des termes nouveaux, il n'est aucune des épîtres authentiques qui ne se trouve dans le même cas. La langue chrétienne était en formation, et si l'on admet un développement progressif dans la pensée théologique de l'apôtre, il est fort naturel que son style se transforme aussi. Quelque juste que soit cette observation, elle ne lève pourtant pas toute difficulté, car nos trois épîtres présentent moins un enrichissement qu'un appauvrissement réel dans la langue de Paul; nous voulons dire une sorte d'atténuation et d'effacement des traits caractéristiques et saillants du style le plus original du siècle apostolique. Ce style esssentiellement individualiste tend à devenir dans les *Pastorales* une sorte de langage officiel et traditionnel; il se décolore dans des phrases générales et proverbiales, en des lieux communs de morale; il procède par énumérations et additions; mais il est sans mouvement ni progrès logique. La dialectique nerveuse des épîtres précédentes de Paul est perdue. On dirait un corps assez bien conservé au dehors, mais dont l'âme intérieure est partie. — 2. Il faut dire exactement la même chose du *type doctrinal* qui se dégage de ces épîtres. Ce sont bien en gros les doctrines de Paul, et cependant ce n'est plus son enseignement personnel et vivant. Les formules essentielles y sont : justification par la foi, la foi agissante par la charité, l'universalisme de l'Evangile, etc.; l'accent manque. Le paulinisme a pris un caractère essentiellement conservateur; il a perdu sa pointe tranchante des premiers jours, il est déjà devenu une tradition. Dans l'épître aux Philippiens, écrite en 62 ou 63, nous lisons encore ces paroles où éclate l'activité et le mouvement toujours progressif de son esprit : « Je n'estime pas encore avoir atteint le but; mais je fais une chose: oubliant les choses qui sont derrière moi, je tends et je marche vers celles qui sont en avant... Si vous différez d'avis sur quelque point, Dieu vous révèlera la vérité; en attendant restons unis dans la mesure de vérité à laquelle nous sommes parvenus. » Il n'est plus question de progrès dans les *Pastorales*. L'Evangile est un dépôt, un dépôt sacré qu'il faut mettre tous ses soins à garder fidèlement. Les bonnes doctrines (λογοὶ ὑγιαινοῦντες) sont simplement opposées aux mauvaises, comme la foi traditionnelle aux nouveautés et l'orthodoxie aux hérésies. Encore ici le travail intime de la pensée a cessé pour Paul. D'où il est arrivé, par conséquence logique, que le lien organique entre la foi et la vie, l'unité primitive de la justification et de la régénération dans la foi, s'est relâchée sinon dissoute, et que nous assistons à un commencement de décomposition du christianisme, entre une doctrine orthodoxe qu'il faut croire et une morale orthodoxe qu'il faut pratiquer (1 Tim. IV, 6-10; VI, 3-6; Tite III, 9-11; II, 1-8, etc.). Ces impressions purement littéraires et essentiellement subjectives ne sont pas décisives, car la transformation n'est pas assez profonde pour permettre d'affirmer qu'elle n'a pu se faire dans la vie même de l'apôtre des Gentils. La distance est sensible entre les épîtres aux Thessaloniciens et la lettre aux Galates, entre celle-ci et l'épître aux Colossiens. Il est certain qu'en face du gnosticisme naissant qui menaçait de dissoudre le caractère moral et les faits évangéliques de la prédication primitive transformés en mythes et symboles métaphysiques, la pensée de Paul prenait un caractère conservateur au lieu de garder la hardiesse agressive qu'elle avait eue en face du judéo-christianisme. Cet élément traditionnel de l'évangile paulinien s'accuse déjà dans 1 Cor. III, 11; XI, 23; XV, 1 ss. et paraît mieux encore dans toutes les épîtres suivantes dites de la captivité (Philipp. II, 1-16; III, 1-1; Eph. III, 1-5; IV, 5, 6, 14, 15; Col. II, 6-8, 16-23, etc.). Dans toute révolution, ne voit-on pas les hardis pionniers du premier jour devenir les conservateurs du lendemain? Si les *Pastorales* sont absolument incompréhensibles dans la grande et belle période de la vie de Paul (54-60) et en tant que contemporaines des grandes épîtres, peut-on l'affirmer également des années de vieillesse, si toutefois vieillesse il y a eu pour l'apôtre, alors que la lassitude et un certain affaissement se font naturellement et généralement sentir? Ce n'est sans doute là qu'une hypothèse. Pour savoir si elle est suffisante, il faut examiner encore quelques points plus graves que tous ceux que nous avons touchés jusqu'ici. — 3. Les *hérétiques*. Si la critique parvenait à fixer et à reconnaître la physionomie historique des hérétiques combattus dans les *Pastorales*, rien ne serait plus propre à nous en révéler la date. Malheureusement la peinture que nous y trouvons est si vague, la polémique est maintenue dans de telles généralités, qu'on en est réduit à deviner ceux auxquels s'adressent les allusions. Il ne semble pas douteux que nous ne soyons en présence de la *gnose*, expressément nommée 1 Tim. VI, 20. Mais de quels gnostiques s'agit-il? Ici les réponses varient avec les critiques. Baur y voyait les marcionites, précisément à cause de ce texte 1 Tim. VI, 20, où il découvrait le titre même d'un ouvrage de Marcion (ἀντιθεσεις τῆς ψευδωνύμου γνώσεως). Mais partout ailleurs les faux docteurs sont considérés comme des gnostiques judaïsants. Leurs mythes sont appelés des fables juives: eux-mêmes s'appellent des νομοδιδάσκαλοι et abusent de la loi, ce qui est absolument contraire à Marcion et à ses disciples qui rejetaient toute la révélation de l'Ancien Testament. Or, on s'accorde généralement à reconnaître que dans nos trois épîtres ce sont bien les mêmes erreurs dénoncées et combattues (1 Tim. I, 4-9; IV, 7; 2 Tim. II, 16, 23; III, 13; IV, 4; Tite I, 14; III, 9, etc.). On a pensé encore aux valentiniens (Schewgler), dont on croyait voir les éons et les syzygies dans les γενεαλογίαι ἀπεράντοι de 1 Tim. I, 4; cf. avec Tite III, 9. Mais ces mots se trouvent dans des contextes, où le caractère judaïsant des hérétiques visés est mis dans tout son jour, et, dès lors, avec toute raison, on est conduit à voir dans ces généalogies, non pas les éons polythéistes de Valentin, mais des interprétations allégoriques des tables généalogiques de la Genèse ou des spéculations théosophiques sur les hiérarchies des anges, comme en faisaient déjà avant l'ère chrétienne les esséniens, Philon et son école (cf. Col. II, 16-23). D'autres, comme M. Schenkel, ont voulu reconnaître la secte des ophites dont nous ne savons rien d'assez précis pour permettre ici une assimilation tant soit peu légitime (*Bibellexicon. Pastoralbriefe.*) M. Mangold, suivant une voie ouverte par M. Ritschl, a rapporté ces hérésies à l'essénisme. C'est une hypothèse très séduisante, mais à laquelle manque aussi toute confirmation historique. Nos épîtres n'entrent jamais dans une discussion théorique des erreurs qu'elles réprouvent; elles insistent beaucoup plus sur les tendances morales fâcheuses que sur les erreurs dogmatiques particulières. Ce sont les péchés qui sont opposés aux saines doctrines; c'est une conduite pure qui est présentée comme le critère de l'enseignement évangélique (1 Tim. I, 10; Tit. II, 7; I, 12 ss.). Si nous reconnaissons pourtant des gnostiques, c'est au dualisme que révèle leur ascétisme moral, 1 Tim. IV, 3-5 à, la négation de la résurrection des corps (2 Tim. II,18), aux noms mêmes de μύθοι, γενεαλογίαι, donnés à leurs doctrines. Mais c'est une gnose tout à fait juive encore. C'est le développement naturel de germes que nous trouvons déjà chez les ascètes de l'épître aux Romains (XIV, 1-15) et surtout chez les faux docteurs de Colosses (Col. II, 16-83). Comme nous sommes convaincu que le gnosticisme est, par ses racines premières, même antérieur au christianisme, il n'y a plus aucune impossibilité à son apparition dans les Eglises chrétiennes du vivant même de Paul. Toutefois, dans la manière dont il est combattu, dans l'ensemble d'idées traditionnelles et d'aphorismes officiels qui lui sont opposés, il est bien difficile de ne pas reconnaître un temps quelque peu postérieur. C'est ainsi que 1 Tim. IV, 10 renferme une formule assez singulière de l'universalisme chrétien. De même, on est un peu étonné de ce qui est dit du salut de la femme διὰ τεκνογονίας (II, 15). — 4. *L'organisation ecclésiastique* en présence de laquelle nous mettent nos trois épîtres, est bien plus faite pour augmenter nos doutes que pour les lever. Sans doute elles ne sont pas de prime abord en contradiction avec les données des autres livres du Nouveau Testament. Ailleurs aussi nous trouvons l'existence d'un presbytérat et d'un diaconat à la tête et pour le service de l'Eglise; mais on ne peut se refuser à penser que cette organisation primitive a reçu, à l'époque des *Pastorales*, un développement et une régularité officielle qui suppose un assez long temps écoulé. N'est-ce pas l'idée de la grande Eglise catholique visible que nous voyons poindre dans des passages comme 2 Tim. II, 19-21 et 1 Tim. III, 15, idée qu'il n'est pas impossible de rattacher à celle de l'Eglise corps du Christ, de l'épître aux Ephésiens, mais qui se rapproche beaucoup plus de l'idéal de Clément Romain que de celui de saint Paul? Les charges du *presbuteros* et de l'*episcopos* sont bien encore identiques; mais est-ce un simple fait du hasard que le second terme ne se présente jamais qu'au singulier, ou un indice que l'évêque surgissait déjà du presbytérat? Est-ce bien saint Paul qui aurait interdit l'épiscopat à l'homme marié en secondes.

noces? L'auteur veut de plus qu'on n'appelle pas à cette charge un *néophyte*, règle excellente, mais qui montre que l'Eglise avait déjà un assez long passé. Nous en dirons autant de l'institution d'un ordre spécial de veuves, chargé d'une mission religieuse auprès de la partie féminine de l'Eglise, car c'est bien un *ordo viduatus* que nous trouvons dans 1 Tim. V, 9-15. Voilà déjà des raisons de douter. En voici de plus fortes encore tirées de la chronologie même de la vie de Paul. — 5. Il est absolument impossible de trouver une place à nos trois lettres dans la vie connue de l'Apôtre. Si l'on veut essayer de caser la première à Timothée et la lettre à Tite, on n'a que les deux ans de séjour à Ephèse et l'hypothèse d'un voyage circulaire entre Ephèse, l'île de Crète, Corinthe, Nicopolis en Epire et la Macédoine; mais outre qu'il est impossible en ce cas de faire concorder les données géographiques de l'épître à Tite avec celles de la première à Timothée, on fait de ces deux lettres les contemporaines de l'épître aux Galates et de la fondation de l'église même d'Ephèse, ce qui est de tout point inadmissible. L'état ecclésiastique que nous offre la première à Timothée suppose au moins à l'Eglise d'Ephèse dix ou quinze ans d'existence. M. Reuss, dans sa *Bible* française, a donc avec raison abandonné sa première hypothèse et, même sacrifié l'authenticité de ces deux épîtres Mais il a cru pouvoir maintenir la seconde à Timothée, en la mettant pendant la captivité de Rome, avant l'épître aux Philippiens. Cela est encore impossible. Outre qu'une telle solution méconnaît absolument la parenté originelle de nos trois épîtres actuelles, nous avons un texte décisif. Paul, prisonnier à Rome, écrit : « J'ai laissé Trophime malade à Milet, » et non, comme semble traduire M. Reuss: « Trophime est resté malade à Milet » (IV, 20). Il s'agit évidemment ici d'un fait assez récent. Or, au moment où Paul, d'après M. Reuss, écrivait cette lettre, il y avait plus de trois ans et demi qu'il n'avait pas été à Milet. On peut tirer une objection semblable quoique moins décisive des commissions que l'apôtre donne à Timothée (IV, 13). Donc, s'il y a dans ce problème des *Pastorales* un point parfaitement clair et établi, c'est qu'elles ne sauraient à aucun point de vue, ni se comprendre ni trouver place dans les limites de la vie de Paul tracées par le livre des *Actes*. Mais qu'est-il arrivé à l'apôtre après ses deux ans de prison à Rome dont nous parle saint Luc? Cette brusque fin de son récit est bien singulière. Si Paul a été délivré on gagne 4 ou 5 ans dans lesquels les défenseurs de l'authenticité peuvent reléguer nos trois épîtres, et il faut bien avouer qu'en 66 ou 67, plusieurs de leurs traits caractéristiques peuvent s'expliquer qui ne se comprennent pas dix ans plus tôt. Malheureusement l'hypothèse d'une seconde captivité reste une simple hypothèse que rien ne confirme sérieusement (voyez l'art. *Paul*). Nos lettres elles-mêmes semblent l'ignorer, car elles ne font aucune allusion à une première délivrance. Dès lors, il faut bien avouer que les doutes de la critique sont légitimes. Ajoutez que l'on ne comprend vraiment pas l'apôtre Paul écrivant des généralités morales aussi élémentaires que celles qui remplissent ces épîtres à des disciples, à des amis de vieille date comme Timothée et Tite. Comment ne trouvait-il rien à leur dire de plus spécial, de plus intime que les conseils assez superflus de la première à Timothée et de l'épître à Tite? Ces collaborateurs de vingt ans n'avaient donc rien appris à son école! Sauf quelques passages sur lesquels nous allons revenir, il faut avouer que l'attitude de Paul vis-à-vis de ses disciples, trahit plutôt l'idée que la tradition subséquente se faisait de leurs rapports, que la réalité d'une correspondance intime dont nous avons dans le billet à Philémon un spécimen si différent et si précieux. Nous ne pensons donc pas qu'on puisse soutenir victorieusement l'authenticité immédiate d'aucune de ces trois lettres. D'un autre côté, il est dans l'épître à Tite et surtout dans la seconde à Timothée des passages et des détails absolument inexplicables dans l'hypothèse d'une fraude du second siècle. Non, ce n'est pas un contemporain de Justin Martyr ou d'Ignace qui a écrit le dernier chapitre et le premier de notre seconde lettre à Timothée. Hitzig, suivi de MM. Hausrath, Krenkel, Renan, ne se sont pas trompés. Un certain nombre de fragments portent bien la marque de Paul : 2 Tim. I, 1-18 ; 2 Tim. IV, 6-22 ; Tite III, 1-7 ; 12-15. Y a-t-il un moyen de concilier ces résultats contradictoires de la critique? Qu'on nous permette d'émettre la seule hypothèse qui nous paraisse rendre compte de tous ces faits. Nos lettres, inauthenthiques sous leur forme actuelle, sont nées cependant dans le sein de la tradition paulinienne qui s'y affirme avec vigueur, dans le cercle des héritiers et des successeurs du grand apôtre. C'est là un premier point reconnu de tout le monde. D'un autre côté, par la présence du billet à Philémon parmi nos épîtres canoniques, nous sommes en droit d'affirmer que Paul a dû laisser un certain nombre de billets plus ou moins développés écrits à d'autres amis ou disciples pour une cause tout accidentelle ou toute spéciale. Tite et Timothée ont dû en recevoir plus d'un. Par exemple les recommandations de 2 Tim. IV, 11-18 se comprendraient très bien, écrits de Césarée par Paul captif, après sa première comparution devant Félix et avant son voyage à Rome. Quoi qu'il en soit, et dans l'impossibilité de reconstruire ces messages, nous admettrions volontiers que les disciples de Paul, après sa mort, en avaient réuni un certain nombre qui ne pouvaient servir, tels qu'ils étaient, à la lecture publique dans les églises. Avec leur concours, l'un d'entre eux aura rédigé les trois lettres que nous possédons, les appropriant aux besoins de la direction et de l'édification de l'Eglise, au milieu des graves discussions qui s'élevaient dans son sein. Les quelques pages qu'il y avait insérées de Paul, la certitude qu'il avait d'être l'expression fidèle de ses enseignements, lui aura permis de les mettre sous son nom. Je n'ignore pas qu'on répugnera à l'idée de qu'on appelle une fraude et une fraude commise par des amis et des héritiers fidèles. Mais le fait même qu'ici ce sont des amis et des héritiers de saint Paul qui ont rédigé ces lettres prouve avec quelle bonne conscience ils agissaient. Ils avaient le sentiment très net qu'ils continuaient son œuvre et la développaient au lieu de lui faire du tort. En Orient et à cette date, le texte d'un livre appartient à tout le monde; l'idée même de fraude ne venait à personne; chacun trouvant dans la mesure de sa foi intime la limite qu'il s'imposait dans ces essais de compilation ou de remaniement. Ainsi comprises, les *Pastorales* que nous ferions volontiers contemporaines de l'épître de Clément Romain, avec laquelle elles ont tant de ressemblance et pour le ton et pour les idées et pour les préoccupations ecclésiastiques dominantes, restent un document précieux de la tradition paulinienne, après saint Paul. C'est son testament non tel qu'il l'aurait rédigé lui-même, mais tel que l'ont pu rédiger ses amis les plus fidèles et que l'a recueilli et accepté l'Eglise catholique du second siècle. — Littérature : Outre les ouvrages cités dans le cours de cet article, les *Introductions générales* au N. T. et les *Commentaires* de de Wette et Meyer, nous donnerons les indications suivantes : Planck, *Bemerkungen über den erst. Br. an Tim.*, 1808, réponse à la critique de Schleiermacher; Ad. Curtius, *De tempore quo prior ep. ad Tim. exarata sit.*, 1828; Good, *Authenticité des épîtres past.*, Montauban, 1848; Scharling, *Die neuesten Untersuch. über die sog. Past. briefe*, 1848; Hitzig, *Johannes Marcus*, 1842; A. Saintes, *Etudes critiques sur les lettres past. attribuées à saint Paul*, 1852; M.-J. Mack, *Comm. über die Past. briefe*, 1841; T. Rudow, *De argum. histor. quibus epp. pastor origo paulina impugnata est*, 1852; A. Dubois, *Etude crit. sur l'auth. de la Ire épître à Timothée*, Strasb., 1856; W. Mangold, *Die Irrlehrer der Past. briefe.*, 1856; F. G. Ginella, *De authenticis epp. P. Pastor.*, 1865; Belin, *Etude sur les tendances hérét. combattues dans les ép. past.*, Strasbourg, 1865; Holzmann, *Die Pastor. briefe*, 1879.

A. Sabatier.

PATAGONIE. On connaît, sous le nom de Patagonie, l'extrémité méridionale de l'Amérique, la seule partie du nouveau continent qui soit restée sous la domination des indigènes et dont la race blanche n'ait pas pris possession. L'Espagne, il est vrai, prétend à une souveraineté nominale sur ces vastes régions; mais comme elle n'y possède aucun établissement, son autorité n'y est reconnue ni par les habitants ni par les autres puissances. En fait, les Patagons sont donc maîtres chez eux. Ces indigènes, dont il n'est pas possible d'évaluer le nombre, appartiennent à plusieurs groupes ethniques distincts. A l'extrême sud, dans l'archipel de la Terre-de-Feu, nous trouvons les tribus peu nombreuses des Pecherais, race misérable et fétichiste, remarquable par le fait que ses établissements sont les plus méridionaux de tout le globe. Sur le continent nous rencontrons les Patagons, la nation la plus puissante de la région, composée de tribus nomades païennes et plusieurs branches de la famille chilienne, Araucans, etc. Les Européens n'ont pas réussi à fonder sur ce territoire des colonies durables. Les essais tentés par les Espagnols, en 1582, n'ont pu se maintenir. Le travail des missions a rencontré dans le climat et dans les habitants des obstacles jusqu'ici insurmontables. L'Eglise catholique paraît y avoir renoncé. Les protestants anglais ont organisé en 1844 une société des missions patagoniennes, qui fonda, avec Allen Gardener, quelques établissements dans la Terre-de-Feu. Les travaux des missionnaires ne furent qu'un long martyre; abandonnés sur cette terre inhospitalière, ils finirent par y mourir de faim en 1857. Après une interruption de quelques années, l'œuvre fut reprise par la Société des Missions de l'Amérique du Sud, qui entretient quelques ouvriers sur le continent, à la Terre-de-Feu et aux îles Falkland. Les résultats sont encore minimes. Aux îles Falkland, possession anglaise, on trouve quelques chrétiens européens, tant protestants que catholiques. Quant aux conversions d'indigènes, elles sont fort rares jusqu'à présent, et l'avenir paraît encore bien sombre.

PATARÉENS ou Patarins (*Patareni*, *Patarini*, *Paterini*, *Patarelli*), nom donné d'abord au diacre Arialde de Milan, adversaire passionné du mariage des prêtres, dont les disciples se réunissaient, vers 1058, dans le quartier de la *Pataria*, c'est-à-dire des chiffonniers, qui, à Milan, comme dans d'autres villes italiennes, formaient une corporation particulière connue sous le nom de *patarie* (de *pates*, en patois, vieux linge). Cette étymologie, adoptée par les bénédictins dans leurs additions au *Glossaire* de Ducange, détruit l'opinion de ce dernier, d'après laquelle le nom de pataréens dériverait d'un certain Paternus Romanus qui aurait répandu l'hérésie des manichéens en Italie et en Bosnie. Nous ne mentionnerons pas les autres étymologies erronées qui ont été données du mot de pataréens. Bornons nous à dire qu'au douzième et treizième siècles, il servait à désigner toute espèce d'hérétiques, mais plus particulièrement les cathares, parce que, comme le diacre Arialde et ses adhérents, ils condamnaient résolûment le mariage. Au commencement du treizième siècle les cathares s'approprièrent eux-mêmes ce nom, parce qu'ils croyaient pouvoir le faire dériver de *pati*, souffrir. — Voyez Arnulphus, *Hist. Mediol.*, chez Muratori, *Script. rer. ital.*, IV, 39 ; Krone, *Fra Dolcino u. die Patarener*, Leipz., 1844 ; G. Moroni, *Diction.*, LI, 284.

PATIENCE. La patience consiste à savoir souffrir et à savoir attendre. Ce n'est point, comme on pourrait le croire, la vertu des faibles ; elle est nécessaire à tous ; car, d'une part, la souffrance qu'il s'agit d'endurer (ὑπομένειν, ὑπομόνη) est le lot de tous, soit comme douleur à accepter avec résignation *pati*, *patientia* ; *dulden*, *Geduld*), soit comme lutte à livrer avec une vaillante persévérance ; d'autre part, le résultat qu'on espère est souvent beaucoup plus éloigné qu'on ne pense. Aussi la soumission et la constance, double aspect sous lequel les écrivains sacrés envisagent la patience, font-elles nécessairement partie du caractère chrétien (voyez le portrait du chrétien complet : 2 Pierre I, 5-7). La patience est un des fruits de l'esprit (Gal. V, 22). — C'est sur la foi en la bonté et en la sagesse de Dieu que repose ce devoir. En effet, si le chrétien souffre, il supporte la douleur avec patience, une patience entière (Jacques I, 4), assuré qu'elle est, entre les mains de Dieu, un moyen d'éducation spirituelle (Hébr. XII, 4-11 ; Rom. V, 3 ; VIII, 28), que ce n'est pas volontiers qu'il l'afflige (Lament. III, 33), qu'il enverra la consolation et la délivrance au moment qu'il a Lui-même fixé (Ps. XXXVII, 5. 7. 39 ; Lam. III, 26 ;

Habac. II, 3), enfin qu'après les peines de la vie présente et ses joies incomplètes, le repos et la gloire de la vie à venir attendent le fidèle (2 Cor. IV, 17 ; Colos. III, 3. 4; Tite II, 13 ; 1 Pierre I, 4. 5). Si le chrétien gémit de n'apercevoir encore aucun résultat de ses efforts, il accepte ces délais avec patience, sachant qu'il entre dans les plans de la sagesse divine que le « laboureur, c'est-à-dire tout ouvrier, dans le monde extérieur, ou dans le monde moral, travaille d'abord, et peut-être très longtemps, avant de recueillir des fruits » (2 Tim. II, 6 ; Jacques V, 7 ; Gal. VI, 9). Dieu détermine, de sa propre autorité, les temps et les moments (Actes I, 7) (*Deus habet suas horas et moras*). La patience est donc toujours unie à la foi (Hébr. VI, 11. 12) ; elle est, par conséquent, pour le chrétien, une force véritable. L'impatience, au contraire, est la marque d'une âme qui, au lieu de chercher en Dieu son appui, le cherche précipitamment dans des ressources humaines (exemple : Matth. XXVI, 51-54), ou bien se laisse abattre et déconcerter par les circonstances (Ps. XLII, 5. 11 ; XLIII, 5). Les exhortations à la patience sont fréquentes dans l'Ecriture sainte, soit qu'il s'agisse de la confiance avec laquelle il faut savoir attendre un avenir que nous ne voyons pas (Rom. VIII, 25 ; Hébr. X, 36 ; Jacques V, 7), ou de la constance qu'il faut opposer aux adversaires de la foi (Luc XXI, 12-19), ou du support qu'il faut montrer, entre chrétiens, (Ephés. IV, 2 ; Colos. III, 12. 13 ; 1 Cor. XIII, 4), et envers tous (1 Thess. V, 14), ou de la douceur avec laquelle le chrétien doit endurer les mauvais traitements (Rom. XII, 12 ; Jacques V, 11 ; 1 Pierre II, 20), ou du moyen d'entretenir en nous une ferme espérance (Rom. XV, 4). La patience est particulièrement recommandée aux pasteurs (1 Tim. VI, 11 ; 2 Tim. II, 24). Les exemples bibliques de patience sont nombreux. Le plus grand de tous est celui de Jésus (Hébr. XII, 1, 2), cet agneau de Dieu (Jean I, 29) qui, après avoir accepté docilement la volonté de Dieu toute entière (Matth. XXVI, 39), se laissa conduire comme une brebis à la boucherie, sans ouvrir la bouche (Es. LIII, 7 ; Actes VIII, 32). La patience des prophètes, sous la persécution (Jacques V, 10), celle de Job, sous le coup de l'épreuve (Jacques V, 11), celle de tous les serviteurs de Dieu de l'ancienne alliance (Hébr. VI, 12), nous est proposée pour modèle. Abraham montra sa patience en présence d'une promesse longtemps différée (Hébr. VI, 15). Le Psalmiste rappelle sans cesse qu'il attend l'Eternel (Ps. XL, 1 ; LXII, 5 ; CXXX, 6) et exhorte Israël à l'attendre comme lui (Ps. XXVII, 14 ; CXV, 9 ; CXXX, 7). Paul se rend à lui-même avec simplicité le témoignage qu'il a montré, comme serviteur de Dieu, beaucoup de patience dans les tribulations (2 Cor. VI, 4. 5 ; 2 Tim. III, 10) ; il se soumet à l'écharde que, malgré sa triple supplication, Dieu a laissée dans sa chair (2 Cor. XII, 8) et, par un élan de sainte charité pour ses frères, il surmonte l'impatience avec laquelle il attendait le moment d'être réuni à Christ (Philip. I, 23. 24). Toute l'Eglise primitive appelait de ses vœux ardents et, en même temps, attendait avec patience la venue de Jésus-Christ (Jacques V, 8). — La « patience de Dieu » (ἀνόχη, μακροθυμία) est le long support dont Il use envers les pécheurs, afin de les ramener de leur égarement (Rom. III, 26 ; 2 Pierre III, 9. 15 ; Ps. CIII, 8. 9). C'est elle que Jésus met en lumière dans la parabole du figuier stérile (Luc XIII, 6-9). Que l'homme puisse mépriser les trésors de la patience et de la longanimité de Dieu, c'est pour l'apôtre une chose inconcevable (Rom. II, 4). Cette longanimité est aussi en Christ, et Paul en a ressenti personnellement les effets (1 Tim. I, 16). — Remarquons, en terminant, que la patience chrétienne n'a rien de commun avec le quiétisme fataliste de certaines sectes religieuses ou de certaines écoles philosophiques, lequel n'est que l'insensibilité systématisée, ni avec la résignation farouche des stoïciens, qui les plaçait en dehors et au-dessus de l'humanité. La vraie patience, en nous remplissant de courage pour accepter la douleur et pour persévérer dans le travail, suppose, au contraire, le déploiement de toutes les forces de l'âme humaine, dans le domaine réel de la vie. Elle est l'œuvre de l'humilité et de la foi.

JEAN MONOD.

PATMOS, Πάτμος, île rocheuse et aride de la mer Egée, faisant partie du groupe des Sporades, entre Naxos et Samos, non loin des côtes de l'Asie Mineure. Patmos était un lieu d'exil sous les empereurs romains et la légende ecclésiastique y fait séjourner l'apôtre saint Jean, martyr de sa foi sous l'empereur Domitien en l'an 95. C'est pendant cet exil qu'il aurait rédigé l'Apocalypse (I, 9 ; cf. Eusèbe, *Hist. eccl.*, III, 18 ; Origène, *In Matth.*, III, 720 ; Clément d'Alexandrie, *Quis div. salv.*, 42). On montre encore aujourd'hui, près du port de Nestie, la grotte dans laquelle l'apôtre aurait eu ses visions. Au-dessus d'elle s'élève le couvent grec Apocalypsis. L'île de Palmosa compte aujourd'hui 4 à 5,000 habitants, tous chrétiens, et qui se distinguent par leur piété, leur moralité et leur industrie. — Voyez Pline, 4, 23 ; Strabon, 10, 488 ; Cellarius, *Geogr. ant.*, II, 23 ; Manner, *Alt. Geogr.*, VI, 300 ; Pococke, *Reise*, III, 36 ss. ; Schubert, *Reise*, III, 423 ss.

PATOUILLET (Louis), jésuite, né à Dijon en 1699, mort à Avignon en 1779, professa la philosophie à Laon, et se fit connaître comme publiciste et comme prédicateur. Ses principaux ouvrages sont : 1° *Dictionnaire des livres jansénistes*, Lyon, 1752, 4 vol. in-12, qui n'est qu'une édition augmentée de la *Bibliothèque janséniste* du père Colonia ; il fut mis à l'index par décret du 17 mars 1754 et réfuté par le père Rulié ; 2° *Le Progrès du jansénisme*, Quiloa, 1753 ; 3° *Histoire du pélagianisme*, Avignon, 1763, 2 vol. in-12. Patouillet a été un des principaux rédacteurs du *Supplément aux Nouvelles ecclésiastiques*, que les jésuites opposèrent à la publication de la *Gazette janséniste*, et après la mort du père Halde, il fut chargé de continuer le recueil des *Lettres édifiantes et curieuses* dont il a publié quelques volumes. — Voyez *Journal des Savants*, 1750, p. 402.

PATRIARCHES. Le Nouveau Testament ne donne le nom des patriarches qu'à Abraham (Hébr. VII, 4), aux douze fils de Jacob (Actes VII, 8), et à David (Actes II, 29). Ce terme désigne en général les ancêtres du peuple d'Israël que saint Paul appelle οἱ πατέρες (Rom. IX, 5; XI, 28). Se fondant sur ces précédents bibliques, on a appelé patriarches tous les chefs de famille des premiers âges de la race humaine, y compris les douze fils de Jacob (Heidegger, *Exercitat. select. de historia sacra patriarchar.*, Amstel, 1667, 2 vol. in-4°. et Hess, *Geschichte der Patriarchen*, Zurich, 1776, 2 vol. in-8°). L'Ancien Testament donne un double tableau généalogique des patriarches antérieurs au déluge, Gen. IV, 17 ss., et Gen. V. Ce dernier chapitre énumère les descendants de Seth, y compris Adam, et donne dix patriarches, dont l'âge est partout indiqué. Ce fragment est élohistique à l'exception d'une partie du verret 29. Le premier tableau, au contraire, nomme les descendants de Caïn à partir du moment de son établissement dans le pays de Nod ; il y a cinq patriarches jusqu'à Lamech, le fondateur de la race y compris. A partir de Lamech, la race se divise en deux lignes, dont l'une comprend deux et l'autre un patriarche, mais le récit ne donne pas leur histoire ultérieure. Ce tableau, intercalé par le compilateur, ne donne pas de notices chronologiques, mais des indications purement historiques. Si l'on compare les deux tableaux, on remarquera sans peine qu'ils présentent en partie les mêmes noms, en partie des noms analogues et il ne serait pas difficile de rétablir la même succession au moyen de quelques transpositions. Nous en conclurons que la tradition primitive ne connaissait qu'une seule table généalogique qui fut bientôt divisée en deux, mais dont la première renfermait les noms primitifs. La seconde table, du reste, avec ses dix patriarches antérieurs au déluge, s'accorde avec les dix souverains antédiluviens de la légende chaldaïque et les dix ancêtres de la mythologie indoue. On remarquera dans cette seconde liste l'âge élevé des patriarches, problème physiologique que les savants n'ont pas réussi à résoudre. Jusqu'à Noé, à l'exclusion de Hénoch qui fut transporté au ciel (qui ne parut plus), le récit de la Genèse attribue à chaque patriarche un âge de 900 ans et au delà. En effet, Adam doit avoir vécu 930 ans, Seth 912, Enos 905, Kenan 910, Mahalaleel 895, Jared 962, Méthusalah 969, Noé 950, son fils Sem n'aurait atteint que 600 ans. A partir de là, l'âge des chefs de famille diminue sensiblement ; le récit assigne en effet à Abraham 175 ans, à Jacob 147, à Joseph 110, à Moïse 120, à Josué 110. Ces dernières données ne sauraient être considérées comme contraires à la science, parce qu'il est avéré qu'en principe, le corps humain pourrait durer 200 ans (Hufeland, *Makrobiotik*, I, 122); mais il n'en est plus de même quand il s'agit de l'âge des premiers patriarches. Nous ne mentionnerons pas ici les hypothèses émises pour l'expliquer, car elles n'ont aucune valeur scientifique. La croyance à la vie plus longue des patriarches se rattache à cette autre croyance qui leur attribue une force corporelle et une stature exceptionnelles. Pour établir, au moyen de quelques noms sauvés de l'oubli, une table généalogique suivie, on dut nécessairement leur attribuer une existence plus longue. Quant aux chiffres eux-mêmes, ils sont purement légendaires. E. Scherdlin.

PATRIARCHES (chez les Grecs). Le mot de Πατριάρχης, chef de famille était originairement un titre d'honneur commun à tous les évêques, jusqu'à ce que le concile de Chalcédoine en limita l'usage aux seuls primats. Il est sans doute emprunté à la hiérarchie des juifs qui, depuis le deuxième siècle, avaient à leur tête un chef spirituel portant le nom de patriarche. A mesure que le gouvernement de l'Eglise devint plus aristocratique et plus centralisateur, la constitution métropolitaine remplaça la constitution épiscopale, et bientôt les métropolitains durent se subordonner à leur tour aux patriarches. L'Orient en comptait tout d'abord trois, correspondant aux grandes divisions politiques: Antioche, dont le diocèse embrassait quinze provinces; Alexandrie qui en avait six d'une grande étendue; Constantinople avec vingt-huit provinces. On y ajouta, par honneur pour la ville qui avait été le berceau du christianisme, le patriarcat de Jérusalem qui n'avait que trois provinces pauvres et de peu d'étendue. L'évêque de Rome portait aussi, mais seulement en Orient, le titre de patriarche. Les droits des patriarches de l'Eglise d'Orient n'étaient pas les mêmes pour tous. D'une manière générale, ils avaient la préséance sur les autres métropolitains, ainsi que le droit de les ordonner, de convoquer les conciles provinciaux et d'exercer une haute inspection sur toutes leurs provinces. Nommés par la cour de Byzance, les patriarches étaient le plus souvent dans la dépendance des empereurs. L'Eglise russe se sépara en 1447 du patriarche de Constantinople, qui, en 587, s'était fait attribuer le titre de patriarche œcuménique. Le czar Pierre le Grand en exerça lui-même les droits, de même que les rois de Grèce depuis 1833. — Le titre de patriarche a été également porté par quelques évêques d'Occident, celui de Bourges par exemple, par les évêques des nations qui se sont séparées de l'Eglise grecque ou de l'Eglise romaine, par les principaux fondateurs d'ordres religieux, tels que saint Basile, saint Benoît, etc. Il y a aujourd'hui douze patriarches: 1° de Constantinople; 2° d'Alexandrie; 3° d'Antioche; 4° de Jérusalem; 5° de Venise; 6° de Lisbonne; 7° d'Antioche des Grecs melchites; 8° d'Antioche des maronites; 9° d'Antioche des Syriens; 10° de Babylone de la nation des Chaldéens en Mésopotamie; 11° de Cilicie; 12° des Arméniens. — Voyez Le Quien, *Oriens christianus*; Scheelstrate, *Dissert. sur les cinq patriarcats d'Orient et sur le patriarcat d'Occident*; Ch. de St-Paul, *Geographia sacra*, Amst., 1704; Thomassin, *Discipl. de l'Egl.*, I, c. VII ss.; G. Moroni, *Diction.*, LI, 294 ss.

PATRICE. Peu de noms sont aussi célèbres que celui de l'apôtre de l'Irlande, peu de vies sont aussi légendaires que la sienne et les nombreuses difficultés chronologiques qu'elle présente ont même entraîné quelques écrivains jusqu'à l'hypothèse inadmissible du caractère apocryphe de son existence, dont la réalité historique est bien nettement établie. Patrice ou Patrick est né sur les côtes de l'Armorique vers 372, de parents chrétiens. Les uns placent près de Boulogne-sur-Mer le lieu de sa naissance et lui donnent pour mère une gallo-romaine, parente de saint Martin de Tours et enlevée de bonne heure par les pirates. Le plus grand nombre le font naître à Bunaven, village situé près de Glasgow et qui s'est appelé depuis

Kil Patrick. Il aurait porté le nom de Sukkat et son père aurait été diacre de l'église de son village. Sa jeunesse fut mondaine et agitée, s'il faut en croire sa propre confession, mais à seize ans il tomba entre les mains de pirates Scots, qui infestaient à ce moment les côtes de Bretagne et de France et se livraient à une véritable traite des hommes et des femmes. Vendu à un petit chef de clan de l'Irlande Milcon, Patrice vécut six ans dans l'exil, employé à la garde des troupeaux. L'Irlande, qui avait entièrement échappé à la domination romaine, avait pu développer en paix une civilisation purement celtique et avait déjà entendu les premières prédications évangéliques. Les souffrances du jeune breton n'en furent pas moins cruelles et les méditations que ses épreuves lui suggérèrent dans sa solitude, amenèrent sa conversion aussi profonde que durable, qui confirme cette grande vérité que Dieu châtie ceux qu'il aime. Arraché par une dispensation providentielle à ses persécuteurs, il retomba trois ans plus tard entre leurs mains, mais sa seconde captivité ne dura que deux mois. Revenu chez ses parents, il se sentit poussé par une vocation irrésistible à aller annoncer l'Evangile à cette île où, malheureux, il avait appris à connaître le Seigneur. Il crut apercevoir pendant son sommeil un homme revêtu du costume national et qui, comme naguère le Macédonien à saint Paul, lui répétait : Passe en Irlande et viens nous secourir. Des circonstances dont nous ne connaissons pas le détail retardèrent l'accomplissement de ses généreux desseins. Nous le voyons passer successivement quelques années dans le célèbre couvent de Marmoutier, fondé par saint Martin de Tours, où il fut ordonné clerc et ensuite à Lérins près de Marseille, où il apprit à connaître la thébaïde du midi. Puis, suivant les chroniques catholiques, il se rendit à Rome pour recevoir les instructions du pape. Ce voyage à Rome est une fable manifeste, et ses plus ardents apologètes sont bien forcés de constater avec Montalembert les divergences qui séparaient l'Eglise primitive de l'Irlande de la papauté et qui attestent la parfaite indépendance de son développement religieux qui, comme celui de l'Angleterre, se rattachait aux influences primitives de l'Asie Mineure. Appelé en 429 à accompagner le pieux évêque d'Auxerre saint Germain dans sa mission auprès des pélagiens de la Grande-Bretagne, il parvint enfin à aborder dans cette Irlande, qu'il a tant aimée, qu'il a gagnée à la foi et qu'il ne devait plus quitter. Les légendes populaires nous ont conservé le souvenir des luttes que Patrice eut à soutenir contre les chefs du pays et surtout contre les bardes, ces chantres inspirés de la religion des druides. Elles mettent le saint aux prises avec le légendaire Ossian, qu'elles convertissent et transforment en un champion inspiré du Christ. Nous savons que Patrice convoquait au son des cymbales les foules à la prédication de la parole et que l'un de ses jeunes néophytes, auquel il avait donné le nom de Bénignus, charmait ses auditeurs par la douceur de ses chants. Nous savons également qu'un grand nombre de jeunes filles devinrent les collaboratrices fidèles du grand apôtre. Patrice introduisit en Irlande les mœurs de la Gaule monastique et ses nombreux couvents devinrent une pépinière de prédicateurs de l'Evangile et de missionnaires pleins de zèle, soutenus par une foi qui n'était plus apostolique sans doute, mais qui n'avait rien de romain. Nous retrouvons dans sa confession, à côté d'une humilité profonde, la conscience de la vocation que Dieu lui a envoyée, de la puissance de convaincre, de consoler et de guérir, et des exemples remarquables de son empire sur les âmes, de ses succès dans sa lutte contre les institutions déplorables de la piraterie et de l'esclavage, enfin de son influence auprès des chefs de clan, parmi lesquels il convertit quelques-uns des ancêtres des plus illustres familles de l'île des Saints. Appelé par la confiance de ses convertis à l'œuvre de législateur, Patrice a contribué à la rédaction du code de lois connu sous le nom de *Sanchus-Mor*, dont le premier volume a été réédité en 1865. On croit aussi avoir retrouvé des fragments d'une traduction populaire de la Bible, qu'il répandait parmi le peuple. Avant de mourir, Patrice put voir naître et grandir une Eglise vivante, nombreuse, appelée bientôt à devenir missionnaire à son tour ; il s'endormit en 465 rassasié de jours, sans avoir revu sa patrie, mais laissant après lui le parfum de bonne odeur d'une vie féconde et toute consacrée au Seigneur. — Sources : *Acta SS.*, Martii II ; Warnæus, *Opusc. Patric.*, London, 1658 ; Usserii, *Brit. Eccl.*, *antiq.* Dub., 1639 ; Edgan, *Trias thaumathurgia*, Lov., 1647 ; Lanigan, *Eccl. hist. of Ireland*, Dub., 1829 ; Münter, dans les *Stud. u. Krit.*, 1831, I; Mignet, *Mém. hist.*; Montalembert, *Moines d'Occ.*, II ; Neander, *Denkwürdigkeiten*, 400, 410 ; J. Alton, *Essay on the history of Irland.* A. PAUMIER.

PATRIMOINE DE SAINT PIERRE. Voyez *Etats de l'Eglise.*

PATRIPASSIENS, hérétiques ainsi appelés parce qu'ils croyaient qu'il n'y avait qu'une seule personne en Dieu et qu'elle se nommait le Père, le Fils et le Saint-Esprit, selon la différence de ses opérations au dehors (τὸν αὐτὸν εἶναι πατέρα καὶ υἱὸν καὶ ἅγιον πνεῦμα). Le Père, disaient-ils, a souffert comme le Fils. De là le nom de *passionistes* qu'on leur a aussi donné. En Orient, d'après le témoignage d'Athanase (*De Synodis*, VII : πατροπασσιανοὶ μὲν παρὰ Ῥωμαίοις, Σαβελλιανοὶ δὲ παρ'ἡμιν), on leur préférait le nom de *sabelliens* (voy. cet article).

PATRISTIQUE. Voyez *Pères de l'Eglise.*

PATRON, PATRONAGE, *patronus*, *patrona*, terme qui signifie *qui tient lieu de père*, tuteur, s'emploie, dans le langage ecclésiastique : 1° du saint ou de la sainte dont on porte le nom, ou sous la protection desquels sont fondées les Eglises ; comme aussi de ceux qui ont établi certains ordres ou de ceux qu'on a choisis pour protecteur de confrérie, de communautés, de royaumes, de provinces, de corps de métiers ; 2° de ceux qui ont fondé ou doté des Eglises. Le patronage confère le droit de nommer ou de présenter à un bénéfice vacant. Ce n'est qu'au cinquième siècle que l'on commença à accorder ce droit, qui jusqu'alors avait été exercé par les évêques, à ceux qui fondaient ou dotaient des Eglises (voyez p. ex. les canons des conciles d'Orange, de l'an 441 ; d'Arles, de l'an 452 ; d'Orléans, de l'an 341). Le patronage se divisait en ecclésiastique, laïque et mixte. — Voyez l'article *Juridiction ecclésiastique.*

PAUL (Saint) Παῦλος, Σαῦλος, S c h a h o u l, le plus grand des premiers disciples du Christ, non seulement par l'étendue de l'œuvre missionnaire, mais encore par l'originalité et la vigueur de la pensée. Sa tâche essentielle semble avoir été d'émanciper l'Evangile du judaïsme et d'en faire la religion de l'humanité. Par ses missions, il le fait sortir des limites de la Palestine et l'introduit dans tous les grands centres de l'empire romain. Par ses lettres et sa polémique, il brise les chaînes dans lesquelles l'enserrait la loi mosaïque et les préjugés d'Israël ; il en dégage le principe essentiel et lui donne une expression théologique indépendante. De Jérusalem à Rome, du sermon sur la montagne à l'épître aux Romains : voilà le double chemin que le nouvel apôtre a fait parcourir à la religion du Christ. D'un autre côté, il est le seul des hommes apostoliques dont la physionomie originale émerge tout à fait hors de l'ombre et dont il nous soit parvenu, sans contestation possible, un certain nombre d'écrits authentiques. Aussi est-il le seul dont il soit loisible d'essayer une biographie. Encore les commencements et la fin restent-ils dans l'obscurité, mais le milieu, grâce aux lettres aux Galates, aux Corinthiens, aux Romains, est éclairé de la plus vive lumière. Le Nouveau Testament renferme treize lettres de Paul, sans compter l'épître aux Hébreux qui n'aurait jamais dû lui être attribuée. Les quatre principales que nous venons de nommer sont absolument inattaquables. Six autres, les épîtres aux Thessaloniciens, aux Ephésiens, aux Colossiens, à Philémon, aux Philippiens, malgré les objections qu'elles soulèvent, restent maintenues à Paul par la critique la plus saine et la plus impartiale. Les trois dernières, au contraire, dites *épîtres pastorales*, adressées à Timothée et à Tite, sont assez généralement aujourd'hui regardées (voy. l'art. *Pastorales*) comme des fruits postérieurs de l'école paulinienne. Ce sont là les premières sources de la vie de Paul, il y faut joindre le livre des Actes des apôtres dont la seconde moitié, rédigée par un compagnon de l'apôtre, véritable journal de voyage, est d'un prix infini. La critique moderne s'est obstinée à rabaisser ce livre et à l'expliquer par des préoccupations systématiques ou apologétiques dont on se plaît à abuser contre lui. On en reviendra lorsqu'on voudra bien se demander ce que nous saurions des origines de l'Eglise chrétienne sans lui. Il va sans dire néanmoins que dans une biographie de Paul, il ne vient qu'en seconde ligne et que ses données doivent être toujours contrôlées par celles des épîtres. Mais ce n'est pas déjà une mince présomption en sa faveur que la facilité avec laquelle les lettres authentiques de l'apôtre s'encadrent dans ses récits. Enfin il ne vaut presque pas la peine de mentionner les traditions postérieures, comme celles qu'ont recueillies Clément Romain, l'auteur du canon dit de Muratori, celui du roman de Paul et de Thécla, Clément d'Alexandrie ou Jérôme. A peine y peut-on glaner deux ou trois traits auxquels la critique ait le droit de s'arrêter.

I. Education juive de Paul et conversion. Paul naquit à Tarse dans une famille juive de la tribu de Benjamin (Act. IX, 11; XXII, 3; Philip. III, 5). Contre cette indication positive et répétée de Luc ne saurait prévaloir la légende que semble avoir accueillie Jérôme et qu'il rapporte deux fois, d'après laquelle le lieu de naissance de l'apôtre serait Gischala, petite ville de Galilée, d'où ses parents auraient émigré à Tarse, lorsque ce bourg fut pris par les Romains (*Vir. ill.*, 5; *Comment. ad Philem.*). Tout au plus pourrait-on admettre, s'il fallait lui accorder quelque crédit, que la famille de Paul était originaire de Gischala, d'où elle serait allée, avant sa naissance, s'établir dans la grande ville de Tarse. Encore moins faut-il s'arrêter à l'explication que le même Père de l'Eglise donne du changement de ce nom juif de Saul en celui de Paul. C'est une pure conjecture tirée de ce que le livre des Actes, qui d'abord nomme constamment l'apôtre de son nom juif, lui donne son nom latin à partir de la conversion du proconsul de Chypre, Sergius Paulus (XIII, 9) dont le missionnaire aurait pris le nom comme un trophée de victoire. Non seulement Luc ne donne à entendre rien de semblable, mais on peut affirmer que si le nom de Paul succède à celui de Saul dans son récit, cela tient uniquement à la diversité des documents qu'il met en œuvre. Jusque-là il avait puisé à des sources à peu près exclusivement araméennes; maintenant il insère dans son histoire une narration grecque et paulinienne. Or, nous savons qu'en qualité d'apôtre des gentils, en tête de ses épîtres, Saul de Tarse s'est toujours nommé Paul. Luc a senti seulement la convenance qu'il y avait à lui rendre ce nom au moment où il entrait dans ses missions païennes. Ce serait encore une conjecture non moins vaine que de supposer que Saul avait lui-même changé son nom au moment de sa conversion, pour exprimer qu'un nouvel homme était alors apparu en lui. Ce double nom s'explique plus naturellement par l'habitude générale qu'avaient les Juifs hellénistes de se donner deux noms homophones, l'un hébreu et l'autre grec ou latin. Ainsi Jésus et Jason, Joseph et Hégésippe, Eliakim et Alcime, etc. Il est donc probable que l'apôtre a dû ces deux noms à son père lui-même qui était tout à la fois un pharisien zélé et un citoyen romain, et qui aura donné à son fils son second nom latin pour lui confirmer l'héritage de ce privilège (Act. XXII, 28; XXIII, 6). — Il est impossible de préciser l'époque de la naissance de Paul. Les deux seules indications qui nous restent sont l'épithète de νεανίας (Act. VII, 58) qui lui est donnée par Luc à l'époque de la lapidation d'Etienne et celle de πρεσβύτης qu'il se donne lui-même en écrivant à Philémon, vers l'an 60. Ces deux expressions sont bien vagues, et il faut même les étendre beaucoup pour les faire concorder. Comme la dernière, la plus authentique, indique que Paul, vers l'an 60, avait au moins dépassé la cinquantaine, on en peut conclure qu'il n'était pas né plus de dix ans après Jésus-Christ; peut-être même était-il son contemporain. C'est ce qu'il faudrait admettre, s'il était permis d'accorder quelque crédit à une indication contenue dans l'*oratio encomiastica in principes apostolorum Petrum et Paulum eorumdemque gloriosissimum martyrium*, qui est faussement attribuée à saint Chrysostome, mais qu'on trouve dans ses œuvres (éd. de Montfaucon, VIII). Nous y lisons en effet que Paul mourut à l'âge de soixante-huit ans après avoir servi trente-cinq ans le Seigneur. Nous ne savons rien du reste de sa famille, sinon qu'il avait une sœur mariée plus tard à Jérusalem (Act. XXII, 35). Lui-même se maria-t-il jamais? Clément d'Alexandrie l'affirme (Eusèbe., *H. E.*, III, 30). Une tradition semblable reparaît dans la dernière recension des épîtres d'Ignace (*Ad Philadelph.*, 4). Mais ce sont deux exceptions qui troublent à peine, par leur peu d'autorité, l'unanimité de la tradition catholique en sens contraire. Le texte de 1 Cor. VII, 8, que l'on a cité assez souvent pour prouver qu'à ce moment-là Paul était veuf, ne paraît pas de nature à trancher la question. Tout ce qu'on dit encore du vif sentiment de famille qu'il manifeste avec tant de délicatesse en maints passages de ses épîtres n'est pas plus probant en faveur de l'hypothèse de son mariage. — Fils d'un juif orthodoxe, circoncis le huitième jour, ayant appris d'abord à parler dans la langue de Canaan, il était tout préparé à devenir l'élève ardent du pharisaïsme. On se plaisait naguère encore à parler de l'éducation classique et grecque de Paul. On utilisait pour lui les brillantes écoles de Tarse. Des philologues allemands faisaient des rapprochements entre son style et celui de Thucydide ou de Démosthènes. C'était pure fantasmagorie. Nous avons le propre témoignage de Paul qui relève, avec une sorte de jalousie et d'orgueil, la pureté de sa descendance et de son éducation hébraïques. « Si quelqu'un a sujet de se glorifier d'avantages charnels, j'en ai plus que lui : circoncis le huitième jour, de la race d'Israël, de la tribu de Benjamin, Hébreu issu d'Hébreux, pharisien pour le culte de la loi, j'ai poussé le zèle jusqu'à persécuter l'Eglise, et quant à la justice légale, j'étais sans reproche » (Phil. III, 4-6 ; Gal. I, 13,14 ; 2 Cor. XI, 22). Les quatre vers grecs que l'on relève dans ses écrits ou dans ses discours, ne prouvent absolument rien, car ce sont des dictons devenus proverbes que l'apôtre a entendus souvent dans ses voyages ou lus sur des monuments. Bien plus, cette pauvreté de citations grecques, chez un homme qui n'écrit pas trois lignes sans citations, qui marche toujours armé de textes comme un jurisconsulte, prouve que la littérature classique lui était inconnue. L'araméen fut sa langue maternelle dans laquelle éclosait naturellement sa pensée. Il est obligé de la traduire en grec en écrivant ; de là les hébraïsmes et les violences grammaticales de son style. S'il parlait le grec assez couramment, il ne lui était pas également facile d'écrire ; il aimait à dicter ses lettres à quelque secrétaire qui devait lui aider à régulariser le jet puissant de sa logique ou de son inspiration. L'éducation de Paul fut donc celle d'un juif rigide et scrupuleux. Dès sa première enfance, il quitta la ville de Tarse et vint à Jérusalem (ἀνατεθραμμηένος ἐν τῇ πόλει ταύτῃ, Actes XXII, 3). Ses parents voulaient en faire un rabbi, et, dès l'âge de douze ans, il entra dans l'école pharisienne de Gamaliel (παρὰ τοὺς πόδας Γαμαλιὴλ πεπαιδευμένος κατὰ ἀκρίβειαν τοῦ πατρῴου νόμου). Il n'y a pas la moindre raison de mettre en doute ces renseignements, puisque toute la suite de la vie de Paul répond à ces commencements et que le fond de sa théologie comme le tour de sa dialectique et de son exégèse attestent chez lui une première culture rabbinique. L'apôtre des gentils ne fut pas comme les autres apôtres un homme du commun. C'est un rabbin converti qui donna à l'Eglise naissante son premier théologien. Qu'il n'ait pas hérité de la tolérance de son maître Gamaliel, il ne faut pas s'en étonner. Paul était d'un autre tempérament; il ne s'arrêtait pas aux nuances. Son esprit tout d'une pièce ne voyait aucune transition entre la vérité divine et l'erreur humaine. Il était impatient de la contradiction et avait en lui une nature étroite et violente, que la grâce évangélique ne parvint que lentement et difficilement à dompter et à transformer. Avec plus de raison que Jean, Jésus l'aurait nommé « le fils du tonnerre. » S'il ne prit point à Gamaliel la douceur de mœurs et la modération d'idées qui semblent avoir caractérisé ce célèbre docteur, il apprit à son école toute la science rabbinique de son temps. Lui-même nous a parlé de son zèle et de ses premiers succès (Gal. I, 14). — Cette théologie scolastique qui fut sa première nourriture et qu'il n'a jamais bien digérée consistait avant tout dans l'art subtil d'interpréter l'Ancien Testament. Hillel avait réduit en système les règles de cette exégèse qui remplit tout le Talmud. Paul y devint un maître, et nous la retrouvons chez lui avec la même dialectique ingénieuse et la théorie du double sens. Elle fit sa grande force de polémiste (Gal. IV, 25.26 ; 1 Cor. IX, 9 ; Gal. III, 16 ; Rom. X, 6, etc., etc.). L'étude de l'Ecriture fut, dès l'origine, le sujet constant et presque unique de ses méditations. Il ne la lut jamais avec la liberté de Jésus, mais avec les scrupules et les raffinements d'un casuiste. Le texte original était déjà si éloigné pour le judaïsme de cette époque, qu'il se servait habituellement de la version des LXX, ce que faisait aussi Josèphe, originaire cependant de Jérusalem. Toutefois, il n'est pas dans la dépendance exclusive des Alexandrins et sait recourir à l'original (1 Cor. XIV, 21; Gal. III, 11 ; Rom. IX, 17). Il a lu avec soin toutes les parties du canon de l'Ancien Testament : la loi, les prophètes et les hagiographes. Les apocryphes lui étaient également familiers, en particulier le livre de la Sapience. Il lisait tous ces livres à la lumière de la tradition rabbinique dont plusieurs éléments apocryphes sont encore restés dans ses lettres (1 Cor. X, 4, la pierre roulante suivant la colonne des Israélites au désert ; Gal. IV, 29, qui se rapporte aux persécutions d'Ismaël contre Isaac racontées dans le livre des Jubilés ; Gal. III, 19 où est mentionnée la promulgation de la loi par des anges, etc.). On trouve de même dans cette théologie rabbinique les principales doctrines que l'apôtre a rendues chrétiennes en les transformant, et qui sont restées jusqu'à la fin le cadre de son système : notion de Dieu, de la justice, du péché ; notions anthropologiques, doctrine de la prédestination, des deux Adam ; eschatologie, démonologie, nature du paganisme et de ses dieux, etc. — Tout cela, il le possédait en commun avec ses maîtres et ses condisciples ; ce qui était bien à lui, c'était son caractère ; nous en avons déjà signalé la ferveur et la droiture. Il abondait en contrastes saillants: puissance dialectique et inspiration mystique ; énergie pratique et tendance à l'extase et à la contemplation, et pardessus tous les autres, le contraste d'une organisation physique débile et d'une âme héroïque (2 Cor. IV, 16). Il était de petite taille et d'apparence médiocre. A Lystre, c'est Barnabas qui est pris pour Jupiter et lui passe tout au plus pour Mercure. Voici comment le représente l'auteur du roman de *Paul et Thécle* (cap. 2, édit. Tischendorf, p. 41): « Elle vit venir Paul, homme petit de taille, chauve, les jambes arquées, les sourcils rapprochés, le nez légèrement recourbé. » A Corinthe, ses adversaires disaient que si ses lettres étaient graves et fortes, sa présence était faible et sa parole sans force. A ce reproche la personne de l'apôtre devait au moins fournir quelque prétexte. Dans toutes ces lettres il gémit sur la faiblesse ou les souffrances corporelles qui pèsent sur sa vie et rendent son action plus difficile (1 Cor. II, 3; Gal. IV, 14 ; 2 Cor. V, 2 ; IV, 7, 10). L'évangile dont il est le porteur lui paraît être un trésor dans un vase d'argile. Outre ces sympômes généraux d'une constitution maladive, sa seconde lettre aux Corinthiens renferme une allusion à une souffrance particulière qu'il nomme une « écharde en sa chair, un ange de Satan toujours prêt à le souffleter. » Par trois fois, il a demandé à Dieu de l'en délivrer; mais sa prière n'a pas été exaucée, et il a fini par accepter cette épreuve comme un moyen dont Dieu se sert pour le préserver de l'orgueil. On a fait beaucoup de suppositions sur la nature de ce mal. Les uns y ont vu une affection douloureuse des yeux, d'autres des crises d'épilepsie qui auraient accompagné ses moments d'extase. Quoi qu'il en soit, nous découvrons chez lui un système nerveux d'une susceptibilité exquise, qui le faisait passer rapidement par les émotions les plus extrêmes ; prompt à s'abattre, prompt à se relever, il nous laisse jusque dans son style sentir les puissantes pulsations de son cœur, et sa nature entière nous révèle autant de passion que de conscience, autant de vivacité que de profondeur dans les sentiments. Tel est l'homme qui, en persécutant les premiers chrétiens, allait audevant de Jésus. — Si nous ne nous trompons point, si le jeune Saul est venu de bonne heure à Jérusalem et y a reçu toute son éducation de rabbin, il devient très probable qu'il avait pu rencontrer et même entendre le Messie galiléen (2 Cor. V, 16). La mort sur la croix était à ses yeux la punition et la preuve de son audace sacrilège et mensongère. Saul en jugeait comme tous les Juifs orthodoxes de son temps. Nous le rencontrons pour la première fois engagé dans les controverses soulevées par Etienne dans les synagogues des affranchis, des Cyrénéens, des Alexandrins, des Ciliciens et d'Asie. C'est probablement dans la synagogue de ses compatriotes que le disciple de Gamaliel, qui pouvait alors avoir 25 ou 30 ans, fit ses premières armes contre les Nazaréens; il participa à la mort d'Etienne et, dès ce moment, se montra le plus zèlé et le plus actif parmi les persécuteurs de la secte (Gal. I, 14). Il aurait voulu l'anéantir; il accepta du souverain sacrificateur une commission pour aller à Damas rechercher les adhérents de Jésus.

C'est durant ce voyage de huit à neuf jours à travers le désert que s'accomplit soudainement la révolution qui fit du persécuteur un disciple et un apôtre (Act. IX, 1-9; XXII, 3 ss.; XXVI; 12 ss.; Gal. I, 14-17). Luc raconte que ce fut une apparition de Jésus qui amena cette crise. Il en a répété trois fois le récit avec de légères différences dans les circonstances extérieures. Le point essentiel est confirmé par le témoignage même de Paul. C'est une christophanie qui l'a fait apôtre (1 Cor. IX, 1; XV, 3), christophanie qu'il n'hésite pas à mettre sur le même rang que celles accordées aux premiers témoins de la résurrection. Dès qu'il a été convaincu de cette résurrection, Paul s'est fait chrétien; car ce témoignage divin illumine du même coup le fait de la mort de Jésus sur la croix, qui était pour le Juif le grand scandale et qui devient pour le croyant le grand mystère de l'amour de Dieu. La folie apparaît sagesse, et la faiblesse, puissance (1 Cor. I, 23.24). Comment faut-il se représenter cet événement? On y doit distinguer deux éléments, un événement extérieur et physique, et une révélation intérieure et morale. On n'arrivera jamais à déterminer exactement la nature du premier; chacun, suivant sa tendance rationaliste ou supranaturaliste, le définira autrement. Mais c'est le point le moins important. Le vrai miracle est le miracle moral, et celui-ci, Paul l'a décrit avec tant de soin et de force, qu'il est impossible à la critique de le dénaturer. On se trompe, en effet, quand on veut le réduire à une vision créée dans l'âme de l'apôtre par ses espérances messianiques, par l'argumentation exégétique des chrétiens, par les troubles de sa conscience et les dispositions maladives de son tempérament. D'abord il ne semble pas que Paul, dans sa jeunesse, et avant cette crise du chemin de Damas, ait été sujet aux infirmités dont on a parlé. C'est plutôt cette commotion première qui semble avoir dérangé l'équilibre de son tempérament et ouvert en lui les sources de la vie mystique. De plus, il a le sentiment d'une différence très nette entre la révélation qui l'a fait apôtre et les visions qu'il a eues plus tard. Ici, c'est Jésus qui est descendu vers lui; là, c'est lui qui est enlevé au ciel. Il a raconté la première en toute liberté et franchise; une sorte de pudeur l'arrête lorsqu'il veut parler des autres. Mais surtout il a l'impression très nette et très forte que sur le chemin de Damas violence lui a été faite; il n'est pas venu naturellement ni progressivement au christianisme; il se compare lui-même à un avorton (ἐκτρώμα) amené à la vie par force et avant terme. Sa nature a été brisée, son indépendance perdue; il est sorti de la lutte meurtri et subjugué à jamais par la puissance mystérieuse qui l'a saisi et dont il se sent l'esclave. Qu'on n'oublie pas ce caractère de son apostolat. Il n'est pas libre d'être autre chose que ce qu'il est devenu. D'autres ont joyeusement et de plein gré répondu à l'appel du maître; lui a cédé à la contrainte toute-puissante de la grâce divine. « Malheur à moi si je n'évangélise pas! » Il est là comme un esclave à la chaîne, comme un captif dompté de haute lutte et que Dieu traîne à travers le monde, à la suite de son char triomphal (1 Cor. XV, 8-10; IX, 16, ἀνάγκη γὰρ μοι ἐπικεῖται; 2 Cor. II,

14, Τῷ δὲ θεῷ χάρις τῷ πάντοτε θριαμβεύοντι ἡμᾶς ἐν χριστῷ etc.). — Nous insistons sur cette impression que Paul a gardée vivante jusqu'à la fin de sa vie. Cette conversion a une autre face non moins originale et non moins fortement accusée. Si l'expérience de la violence supérieure qu'a subie son âme a ployé l'apôtre devant Dieu, elle l'a redressé du même coup devant les hommes et assuré son indépendance à l'égard de tous. Une de ses affirmations les plus constantes, c'est qu'il ne tient son évangile d'aucun homme, mais de la révélation directe de Jésus-Christ à son âme, qu'il est apôtre non par la volonté des hommes, mais par celle du Christ et du Père ; aussi, pour entrer dans sa nouvelle carrière, n'a-t-il eu souci ni besoin de consulter la chair et le sang, c'est-à-dire les Douze ou ceux qui avaient vu le Seigneur durant sa vie terrestre ; il a trouvé en lui-même, ou pour mieux dire dans la grâce de Dieu qui l'appelait à ce ministère, la force et l'autorité de l'accomplir avec une pleine efficacité et vertu (Gal. I, 1, 11-17 ; 2 Cor. III, 4). On peut voir par là quel sens il faut accorder à cette expression « mon évangile » qui revient si souvent sous la plume de l'apôtre. Il ne s'agit point d'un système de théologie élaboré par son génie, mais d'une vérité qui lui a été donnée par Dieu avec mission de la prêcher. C'est la révélation qu'il a reçue dans sa conversion et qu'il appelle sienne parce qu'elle est pleinement indépendante du témoignage des autres apôtres et subsiste en dehors d'eux. Tel a été le double caractère de cette conversion qui en précise la nature et la portée. Ce fut véritablement pour Saul le commencement d'une vie nouvelle. Désormais, ce n'est plus lui qui vit, c'est Christ qui vit en lui. Là est la source non seulement de son héroïque apostolat à travers l'Asie et l'Europe, mais encore de sa théologie et de sa vie morale tout entière. Dans sa conversion, en effet, la loi est virtuellement vaincue et déclarée impuissante pour le salut, le judaïsme renié, l'antithèse flagrante entre la grâce et les œuvres ; l'élection divine éclate dans sa toute-puissance avec son caractère de liberté absolue ; la mort et la résurrection de Jésus apparaissent comme les deux pôles de la rédemption, c'est-à-dire de la vie humaine détruite comme vie charnelle et restaurée comme vie de l'esprit. La théologie de Paul aura ce caractère éminent d'être la traduction sous la forme du raisonnement et de l'idée des expériences de sa vie intime. Sa conversion est comme un fait-principe où nous trouvons, dans une sorte d'unité embryonnaire, avant toute analyse et division, le germe d'où est issu l'arbre entier de sa pensée et de sa vie. L'une et l'autre n'en sont que l'expression prolongée et parallèle.

II. Chronologie de la vie de Paul. On voudrait pouvoir fixer, sans hésitation, la date de cette conversion. Mais les chronographes sont loin d'être d'accord, et leurs déterminations varient dans un intervalle de dix ans, de l'an 32 à l'an 42 et plus généralement de l'an 35 à l'an 38. Aucune indication historique n'est à elle seule suffisante pour trancher le débat. Pour fixer cette date comme toutes les autres de la première moitié de la vie de Paul, il faut établir un système chronologique d'ensemble dont la cohérence intérieure sera le meilleur critère. Il s'agit, pour y réussir, de trouver tout d'abord dans la longue carrière de l'apôtre une date parfaitement certaine qui puisse servir de point de départ. Nous ne la rencontrons qu'à la fin de sa vie. On sait que captif à Césarée, il fut envoyé à Rome par Portius Festus quelques mois après l'arrivée de ce gouverneur en Palestine (Act. XXIV, 27). Or, cette arrivée n'a pas été antérieure à l'an 60, ni postérieure à l'an 62. On ne peut donc hésiter qu'entre 60 et 61 (cf. les données suivantes : Tacite, *Ann.*,XIV, 65 ; Josèphe, *Anti.*,XX, 8, 9-11; *Bell. Jud.*, VI, 5, 3). Nous préférons l'année 60,parce qu'avec cette date la mission de Festus, remplacé en automne 62 par Albinus, n'aura encore duré que deux ans, et qu'une seule année nous paraît trop courte pour tout ce que nous en rapporte Josèphe. Du récit des Actes, il ressort que Festus entra en charge vers le milieu de l'été et qu'en automne, Paul s'embarqua pour Rome. Il y avait deux ans alors qu'il était prisonnier à Césarée, ce qui place le commencement de sa captivité à la Pentecôte de l'an 58 (Act. XXIV, 27 ; XXI, 27-33 ; XX, 16). Il avait célébré la Pâque de cette même année à Philippe, en Macédoine (XX, 6). Il avait passé les trois mois d'hiver à Corinthe, pendant lesquels il avait apaisé les troubles de cette Eglise et écrit son épître aux Romains (Act. XX, 3; cf. avec Rom. XV, 25-31).Il était donc arrivé à Corinthe vers la fin de l'année 57. Ce qui avait rempli pour lui cette année, nous le savons très positivement par ses deux lettres aux Corinthiens, dont la seconde fut écrite de Macédoine, en automne, et la première d'Ephèse, aux environs de la Pâque, La concordance remarquable dans cette période de sa vie entre les données des grandes épîtres et celles du livre des Actes donne au récit de ce dernier une autorité particulière et prouve que nous sommes à ce moment sur le sol historique le plus circonscrit et le plus ferme. Or, d'après Act. XX, 31, nous apprenons qu'il avait séjourné trois ans dans la province d'Asie ou à Ephèse, en sorte qu'il avait dû y arriver au printemps de l'an 55, si nous admettons, ce qui est le plus vraisemblable, que l'apôtre compte ces trois ans à partir du discours de Milet, prononcé peu après la pâque de l'an 58; ou bien, si l'on veut prendre ses paroles en toute rigueur, il faudrait aller jusqu'au printemps de l'an 54, ce qui serait encore plus favorable à la conclusion où nous allons aboutir. Mais prenons la première date que le sens du récit nous impose. Paul arrivait à Ephèse d'Antioche, où il avait passé l'hiver de 54 à 55 et où il avait eu probablement sa discussion avec Pierre et Barnabas (Gal. II, 11-15; Act. XVIII, 23). Paul avait déjà fait alors son second voyage missionnaire (Act. XVI-XVIII), dont la durée ne peut être fixée à moins de deux ans ou deux ans et demi, puisque le seul séjour à Corinthe a duré plus de dix-huit mois (XVIII, 11), ce qui nous force à placer le commencement de ce voyage au plus tard dans l'été ou au printemps de l'an 52 et un peu auparavant (hiver de 51-52) la conférence de Jérusalem, à laquelle Paul venait d'assister (Actes XV, 40). — Toute cette chronologie, tirée de la seconde partie du livre des Actes, d'une autorité historique toute particulière, est comme forcée, car on avouera qu'une période de 6 ans (de 52 à 58) n'est pas trop longue pour enfermer tous les événements de la vie de Paul et toute son activité durant cette période que nous connaissons de la façon la plus positive. Toutefois un détail de la vie de Paul à Corinthe nous permet encore une sorte de vérification approximative. L'apôtre rencontra dans cette ville Priscille et Aquilas, juifs de Rome expulsés par un édit de l'empereur Claude. Si nous connaissions l'année de cet édit, nous aurions la date exacte du séjour de Paul à Corinthe. Malheureusement cette indication fait défaut ; car Orose, qui donne la septième année du règne de Claude, ne mérite aucun crédit. D'un passage de Tacite (*Ann.*, XII, 52) il est plus facile de conjecturer que cette mesure appartient aux dernières années de son règne. Or Claude mourut en septembre 54. L'arrivée de Paul à Corinthe est donc en tout état de cause antérieure à cette année. Si l'édit fut rendu, comme le croient les meilleurs critiques, en 52, Priscille et Aquilas durent arriver à Corinthe à peu près en même temps que l'apôtre. Mais là n'est pas le point important ; l'essentiel pour le reste de la chronologie de Paul est de fixer le terme au delà duquel ne peut être reculée la conférence de Jérusalem, qui va nous servir de point de départ pour la première moitié de la vie de Paul, comme l'arrivée de Festus nous en a servi dans la seconde. Or, de tout ce qui précède, comme aussi de la date de la mort de Claude, on ne peut aller en avant au delà de 53. La plupart des critiques se partagent entre les années 51 et 52 (Hugh, Eichhorn, Anger). Paul a raconté cette conférence dans son épître aux Galates, car nous considérons comme un fait établi le parallélisme de Gal. II et Act. XV. S'il en est ainsi, nous trouvons sous la plume de Paul tous les éléments d'une chronologie précise. On sait, en effet, qu'au commencement de son épître, voulant surtout établir l'indépendance de son apostolat, il détermine de la manière la plus nette ses rapports avec les Douze et ses visites à Jérusalem, dont il fait le compte : deux en tout, jusques et y compris la réunion de la conférence apostolique. Dans une telle argumentation, il est clair que Paul ne peut omettre aucun voyage dans la ville sainte, car cette omission serait un mensonge. Le voyage mentionné Act. XII, 30, est donc exclu non seulement par le caractère de Paul, mais encore par Gal. I, 22. On voit que les premiers récits de ce livre n'ont pas la même valeur que les derniers et doivent être corrigés par le témoignage des épîtres. C'est ainsi que Luc, s'il ajoute un voyage à Jérusalem, oublie le voyage d'Arabie et ne se fait pas la moindre idée positive du temps qui s'est écoulé entre la conversion de Paul et sa première visite aux apôtres (Act. IX, 23, ἡμέραι ἱκαναί = 3 ans, d'après Gal. I, 18). Il nous faut donc renoncer à presser une narration si vague et nous tenir à l'exposition de Paul. Heureusement celle-ci, dans sa concision, est des plus nettes. L'apôtre raconte que trois ans après sa conversion, il fit son premier voyage à Jérusalem (Gal. I, 18) où il vit seulement Pierre et Jacques. Puis il vint prêcher l'Evangile en Syrie et en Cilicie. Ce n'est que quatorze ans après qu'il fit son second voyage à l'occasion de la conférence apostolique. Comme nous avons fixé déjà la date de cette conférence, hiver 51-52, pour avoir la date de sa conversion, il suffit de savoir quel est le point de départ d'où il calcule ces quatorze années antérieures. A notre avis, il n'y a pas de doute possible. L'adverbe πάλιν (Gal. II, 1) qui montre que Paul compte ses voyages à la ville sainte et en mesure l'intervalle, la préposition διὰ (au lieu de μετὰ, que l'on rencontre v. 18) laquelle indique le temps durant lequel il n'a pas mis les pieds à Jérusalem, prouvent en toute évidence que le *terminus a quo* du chiffre 14 est la date de son dernier voyage (I, 18) et non celle de sa conversion. Donc, pour avoir la date de celle-ci, il faut additionner ces quatorze ans passés en Syrie et en Cilicie avec les trois ans passés en Arabie ou à Damas. Il y avait donc dix-sept ans que Paul était chrétien, quand il vint à la conférence de Jérusalem en 51-52, ce qui reporte sa conversion en 35 au plus tard. La seule objection qu'on puisse faire à ce chiffre est que le meurtre d'Etienne tombe alors nécessairement avant l'an 36, c'est-à-dire avant le rappel de Pilate comme gouverneur de Judée, ce qui ne paraît pas probable, dit-on, puisque Pilate présent n'aurait point permis aux Juifs cette usurpation. Mais voyez à quoi a tenu la vie de Paul dans une semblable occurrence (Act. XXI, 31). L'exécution tumultueuse d'Etienne a pu se faire avant que les Romains aient été avertis et l'on peut supposer une absence de Pilate aussi bien qu'un intérim durant lequel d'ailleurs la puissance romaine ne restait jamais sans représentants. Il est fâcheux que l'histoire de la ville de Damas soit trop obscure pour nous permettre d'utiliser les renseignements que Paul nous donne (2 Cor. XI, 32). Comme le roi Arétas se retira à Pétra avant la mort de Tibère (36), il est probable qu'en guerre avec Hérode et les Romains à partir de ce moment, il cessa d'avoir un représentant à Damas et fut destitué de tous les droits et privilèges qu'on lui avait laissés dans cette ville. Ceci confirmerait la date 35 que nous avons fixée pour la conversion de l'apôtre. — Revenons maintenant à la fin de sa vie pour y ajouter les deux ou trois indications que nous pouvons recueillir encore. Embarqué pour Rome dans l'automne de l'année 60, il dut, après un naufrage, hiverner à Malte et n'arriva dans la ville qu'au printemps de l'an 61. Luc ajoute qu'il y resta deux ans prisonnier et nous laisse ensuite devant l'inconnu. Comme l'incendie de Rome et la persécution qui le suivit éclatèrent en juillet et août 64, il était assez naturel de supposer que Paul disparut dans cette tourmente. Cependant nous ferons remarquer que les deux dernières années du livre des Actes finissent au printemps de l'an 63, ou si l'on veut forcer d'une année nos calculs, au printemps de l'an 64, soit, en tout état de cause, avant la persécution qui ne dut survenir qu'en août ou septembre au plus tôt. Paul avait donc pu quitter Rome et nous ignorons totalement l'année de sa mort. Ce qui est positif, c'est qu'il mourut martyr à Rome (Clém. Rom., *Epist. ad Corinth.*, V). Sa carrière apostolique à nous connue a duré vingt-neuf ou trente ans. Elle se divise en trois périodes bien distinctes que nous résumons dans la chronologie suivante : *Première période essentiellement missionnaire*, de l'an 35 à l'an 52 : 35, conversion de Paul ; 38, premier voyage à Jérusalem ; 38-49, missions diverses en Syrie et en Cilicie, Tarse et Antioche ; 50-51, premier grand voyage missionnaire. Chypre et la Galatie (Act. XIII et XIV) ; 52, conférence de Jérusalem (Gal. II ; Act. XV). — *Deuxième période. Les grandes luttes et les grandes épîtres*, de l'an 52 à 58 : 52-54, deuxième grand voyage missionnaire d'Antioche à Corinthe ; 53-54, lettres aux Thessaloniciens ; 54, retour à Antioche, discussion avec Pierre (Gal. II, 12 ss.); 55-57, mission à Ephèse et en Asie ; 56, lettre aux Galates ; 57 (Pâques), première lettre aux Corinthiens : 57 (automne), deuxième lettre aux Corinthiens ; 57-58 (hiver), séjour à Corinthe, lettre aux Romains ; 58 (Pentecôte), emprisonnement de Paul. — *Troisieme période. La captivité*, de l'an 58 à ? : 58-60, captivité de Césarée ; 58-60, lettres aux Ephésiens, aux Colossiens, à Philémon ; 60 (automne), départ pour Rome ; 61 (printemps), arrivée à Rome ; 62 ou 63, lettre aux Philippiens ; 63, fin du récit des Actes des apôtres. — *Nota.* Les épîtres pastorales tombent de toute nécessité en dehors de la vie connue de Paul.

III. Première période (35 à 52). Il n'est pas nécessaire d'insister sur l'importance capitale de la constatation de ces trois périodes distinctes pour l'histoire progressive de son œuvre et de sa pensée. On comprend en particulier que celle-ci ne pouvait du premier jour prendre la forme antithétique et dialectique que lui donnera seulement l'opposition judaïsante à partir de la conférence de Jérusalem, ni la forme spéculative que lui apportèrent et les premières apparitions de la gnose chrétienne et les réflexions d'une longue captivité. La première période de son apostolat qui dura dix-sept ans et qui nous est la plus mal connue fut surtout remplie par les travaux missionnaires. Il conquiert alors, parmi les païens, le théâtre sur lequel nous le trouvons plus tard établi et où il pourra lutter d'une façon triomphante contre les intrigues des judaïsants. Cette première prédication ne devait pas ressembler à sa polémique. Les récits de la vie et de la mort de Jésus, les preuves de sa résurrection sa propre conversion apportée en témoignage et surtout les longs développements des preuves scripturaires devaient en faire le fonds habituel. Il y ajoutait devant les païens l'unité du vrai Dieu, la fraternité des hommes, et ce qui dans leurs usages ou leurs traditions pouvait favoriser leur adhésion à l'Evangile. C'est ce qui ressort en toute évidence d'une comparaison attentive des discours que lui prête le livre des Actes et des deux épîtres aux Thessaloniciens, écrites avant l'ouverture de la lutte avec les judaïsants. De ces documents se dégage le type très simple d'un paulinisme primitif où se trouvent seulement les germes de la théologie qui s'épanouira plus tard dans les grandes lettres. Sorti de Damas, Paul se rend tout d'abord en Arabie (Arabie Pétrée). Comme le nom d'Arabie réveille l'idée de désert, on a voulu supposer qu'il y cherchait le recueillement et la solitude. C'est une erreur. La Pétrée avait des villes et des villages ; les groupes de juifs n'y manquaient pas et d'après Actes IX, 22 ; 2 Cor. XI, 32 et le mot apostolique de Paul « Malheur à moi si je n'évangélise! » nous avons bien plutôt à penser à une activité missionnaire qu'à une contemplation mystique et à l'élaboration d'une théologie. Il nous raconte que trois ans après, il vint à Jérusalem pour faire la connaissance de Pierre qu'il vit en même temps que Jacques. Il désirait sans doute entendre de leur bouche les récits authentiques de la vie de Jésus. Tout en insistant partout avec force qu'il ne tient son évangile d'aucun homme (nous avons vu plus haut dans quel sens il faut l'entendre), il n'en confesse pas moins à plusieurs reprises que, pour les faits et les discours de la vie du Christ, il est le disciple d'une tradition recueillie sans nul doute à Damas et à Jérusalem (1 Cor. XV, 3). Jusqu'où allait cette connaissance positive de l'histoire évangélique, nous pouvons le pressentir en lisant sous sa plume le récit si précis et si exact de l'institution de la cène, ceux de la résurrection et de la prochaine venue du Seigneur (1 Cor. XI, XV ; 1 Thess. IV, 5). Là où lui manque une parole du Maître, il le marque justement (1 Cor. VII, 25). Si les citations expresses de paroles de Jésus sont fort rares, les allusions et les réminiscences sont fort nombreuses. La plupart des métaphores de Jésus ont passé dans son style (Gal. VI, 7 ; 1 Cor. XV, 35 ; IV, 13 ; VII, 5 ; XIII, 2 ; VI, 2 ; Rom. V, 1 ; XIII, 7. 9 ; XII, 14. 19 ; 1 Thess. IV, 17, etc.). S'il n'a rien bâti sur cette histoire et ne nous en a pas donné une image précise et complète, cela tient non pas à son ignorance mais au caractère de sa théologie, qui n'est pas l'explication de la doctrine de Jésus, mais le développement de la conscience chrétienne dont Jésus forme le contenu intérieur, toujours présent et vivant. — Après quinze jours passés à Jérusalem, il se rendi en Syrie et en Cilicie. Il put être encore témoin de l'émotion que causait alors dans toute la Palestine (an 39) la tentative de Caligula pour introduire sa statue dans le temple de Jérusalem. Sur les dix années que dura l'activité de Paul autour de Tarse et d'Antioche, nous ne savons rien ; mais nous comprenons comment cette dernière ville devint pour lui et pour les missions parmi les païens, ce que Jérusalem était pour les Douze et la mission des Juifs. Paul a ici élu domicile. Antioche sera désormais pour toutes ses courses missionnaires son point de départ et son point d'arrivée. Ainsi se formaient dans l'Eglise primitive comme deux mondes ayant chacun sa capitale et ses représentants : le monde judéo-chrétien et le monde paganochrétien. Vers l'an 49 ou 50, Paul, en compagnie de Barnabas et de Jean Marc, entreprend son premier grand voyage missionnaire en Chypre, dans la Pamphilie et la Lycaonie (province romaine de la Galatie). Les chapitres XIII et XIV du livre des Actes qui nous le racontent n'appartiennent sans doute pas au journal de voyage que l'on reconnaît seulement à partir du ch. XVI. Mais ils proviennent certainement d'une source paulinienne que Luc a utilisée et qui reste au point de vue historique de la plus grande valeur. Nous y voyons quelle était la méthode simple et naturelle de Paul. Il avait un métier, celui de faiseur de tapis ou de tentes, qui le mettait tout de suite en contact avec la masse des ouvriers et des petites gens. Il voyageait donc à peu près comme un compagnon qui fait encore aujourd'hui son tour de France. Il travaillait de ses propres mains pour gagner sa nourriture et n'être à charge à personne. Les relations et les correspondances étaient étroites entre toutes les juiveries de l'empire. Paul en profitait ; il allait d'une synagogue à l'autre. Il y paraissait le jour du sabbat; le plus souvent on l'invitait comme étranger à prendre la parole. Il en profitait pour annoncer la venue du Messie attendu. L'émotion était grande à l'ouïe de cette nouvelle. La parole ardente, les démonstrations scripturaires de l'apôtre l'augmentaient encore. L'auditoire se partageait et, si la majorité se montrait hostile, il était rare qu'un certain nombre ne suivît pas le prédicateur étranger. C'était le noyau d'une Eglise future. Repoussé par les Juifs, il allait vers les païens qui recevaient souvent avec avidité la prédication d'une religion toute spirituelle et morale où pouvaient se réaliser les aspirations du cœur et s'apaiser tous les troubles de la conscience. Les hardis missionnaires visitèrent d'abord Chypre, patrie de Barnabas qui considéra toujours cette île comme son domaine ; puis ils vinrent à Perge en Pamphilie. Paul, qui jusque-là semble ne venir qu'au second rang, prend le premier rôle. La hardiesse de ses projets et peut-être aussi celle de ses doctrines firent rebrousser Jean Marc qui vint à Jérusalem et dut y raconter la témérité du nouvel apôtre et son peu de souci de la loi juive. Paul et Barnabas prêchèrent à Antioche de Pisidie, à Iconie, à Lystre, où ils sont pris pour des dieux, et à Derbe. Des Eglises nombreuses se formèrent dans cette contrée que Paul appelait de son nom romain officiel, la Galatie et où l'épître aux Galates fut certainement adressée. Le roman de Paul et de Théclée qui s'y passe en grande partie, prouve que le nom de l'apôtre s'y était conservé en très grand honneur jusqu'à la fin du second siècle. Les missionnaires revinrent par le même chemin, achevant d'organiser les nouvelles communautés et s'embarquèrent à Attalie pour retourner à Antioche.

IV. Deuxième période. Les grandes luttes et les grandes épitres. La constitution d'une chrétienté pagano-chrétienne qui, pour la première fois se dessinait très nettement après ce premier voyage, allait soulever la grosse question de cet âge, celle du maintien ou de l'abrogation de la loi mosaïque. A Jérusalem, les succès de Paul causèrent autant d'embarras que de plaisir. Le nouveau missionnaire avait fait totalement abstraction de la loi en prêchant l'Evangile aux païens. Il ne l'avait pas encore niée ou condamnée; il l'avait omise, prêchant le salut uniquement par la foi en la mort et la résurrection du Christ. Qu'allaient faire les chrétiens juifs? Laisseraient-ils tomber la loi pour les païens ou la leur imposeraient-ils? La question ne devait pas être soulevée par l'Eglise d'Antioche en grande majorité d'origine païenne. C'est Jérusalem qui fit éclater le conflit. L'épître aux Galates et les Actes des Apôtres s'accordent à raconter que des chrétiens pharisiens, c'est-à-dire zélés pour la loi mosaïque, vinrent à Antioche et déclarèrent aux païens qu'ils ne pouvaient être sauvés, c'est-à-dire entrer dans le royaume du Messie et appartenir à son peuple que s'ils se faisaient circoncire. C'était le point décisif, car la circoncision était le signe par lequel on était incorporé au peuple théocratique et, si l'on peut parler ainsi, naturalisé juif. L'affaire était grave surtout par ses conséquences. Le judaïsme et le christianisme étaient en présence et luttaient pour l'hégémonie. Il s'agissait de savoir si l'Evangile avait une valeur indépendante du judaïsme ou n'avait d'efficacité que dans les limites de ce dernier ; s'il était une religion absolue et universelle, ou une simple secte, un accident dans l'histoire intérieure du mosaïsme. On comprend l'émoi de Paul venant, au retour d'un voyage si heureux et si plein de promesses, se heurter aux étroites prétentions des pharisiens de l'Eglise. Ceux-ci parlaient haut ; ils invoquaient l'autorité des Douze ; ils troublaient beaucoup de consciences. L'apôtre des païens comprit tout de suite qu'il perdait son temps à disputer avec eux. Au milieu de ses perplexités il eut une illumination intérieure qui lui montrait Jérusalem comme le lieu où devait être porté et tranché le débat. Il fallait mettre les Douze qu'on lui opposait toujours en demeure de se prononcer, et se garantir pour l'avenir de semblables menaces. Il prit avec lui Barnabas qui lui servait de caution auprès des jérusalémites, et Tite, païen converti, dont la seule présence devait poser la question d'une façon claire et pratique. — Les deux récits qui nous restent de ces conférences ne sont pas, quoiqu'on en ait dit, absolument inconciliables ; mais ils sont faits à deux points de vue et avec des intérêts tout différents. Le récit de Luc est ecclésiastique et apologétique tout ensemble ; celui de Paul est plus vif et plus personnel. Des deux parts il ressort que si l'on aboutit à un accord final, ce ne fut pas sans luttes et sans efforts. Les judaïsants que l'apôtre n'hésite pas à appeler des faux frères et qui n'étaient que des fanatiques, voulurent contraindre Tite à la circoncision. Paul leur résista énergiquement et il réussit à gagner à sa cause les colonnes de l'Eglise, Pierre, Jacques et Jean. Ceux-ci approuvèrent l'Evangile qu'il prêchait aux païens et n'y proposèrent de complément d'aucune sorte. Ils reconnurent son apostolat auprès des gentils et lui donnèrent, en qualité d'apôtres des juifs, la main d'association en lui recommandant, pour entretenir la communion fraternelle, de se souvenir des pauvres de Jérusalem. Il ressort de cette brève narration que la loi, restant obligatoire pour les juifs, ne le serait pas pour les païens ; dès lors, pour entretenir la communion entre les deux groupes, il devait suffire de recommander les règles observées par les prosélytes de la porte, non comme nécessaires au salut des païens, mais comme indispensables pour assurer les rapports des chrétiens juifs avec eux. Si Paul ne parle point de ces préceptes dits noachiques, c'est qu'il ne voulait pas qu'on pût les considérer dogmatiquement comme des additions à son évangile. La preuve qu'il n'avait rien contre eux, pris comme moyens d'édification, c'est que lui-même dans sa première épître aux Corinthiens en réclame l'observation de la libre charité des fidèles. Mais s'il avait pu les accepter parce qu'ils ne portaient aucune atteinte à la vérité de son évangile, il est clair que les judaïsants, désormais ses adversaires déclarés, les interprétaient d'une autre façon. Ils croyaient y trouver le droit de ne considérer les pagano-chrétiens que comme des prosélytes de la porte restant encore au seuil du royaume de Dieu et appuyés sur ce qui leur paraissait une première victoire; ils avaient toujours l'espoir et l'ambition d'en faire des prosélytes de la justice. En somme la conférence de Jérusalem, visant à l'édification pratique et à la paix, avait voilé plutôt que résolu la contradiction des principes. L'accord intervenu ne pouvait être qu'une trêve. Bientôt le conflit reparaîtra plus profond et plus violent. — Heureux, en attendant, d'avoir refoulé les prétentions de ses adversaires et garanti sa liberté d'action, Paul, revenu à Antioche, songe à de plus grandes entreprises. Il se sépare de Barnabas et de Jean-Marc qui n'étaient plus en harmonie avec lui, prend Silvanus à Antioche, Timothée à Lystre, fait circoncire ce dernier suivant sa règle de conduite (1 Cor. IX, 19-23) et s'enfonce en Asie. Il traverse la péninsule presqu'en diagonale et arrive à Troas, en face des rivages de l'Europe. A l'appel d'une voix qu'il entend en songe et qui l'appelle en Macédoine, il s'embarque pour Néapolis, fonde des communautés chrétiennes à Philippe, à Thessalonique, à Bérée, arrive à Athènes où il ne paraît pas avoir eu le même succès, et enfin à Corinthe dans le courant de l'année 53. L'accueil qu'y rencontra sa prédication lui fit prolonger son séjour; il y resta dix-huit mois et y laissa une Eglise nombreuse qui fut toujours pour lui un objet de sollicitude et une cause de soucis, encore plus qu'une cause de joie. S'embarquant à Kenchrées avec Aquilas et Priscille qu'il laissa à Ephèse en promettant d'y bientôt revenir, il fit voile vers Antioche où se préparait une crise violente. Durant les péripéties de ce long voyage, Paul avait oublié les premières luttes de Palestine qu'il croyait d'ailleurs apaisées. Les deux lettres aux Thessaloniciens qu'il écrivit de Corinthe dans un but d'exhortation pastorale toute pratique, ne trahissent à cet égard aucune préoccupation; elles sont même des plus pacifiques à l'égard des « saints de Judée » qu'il propose comme un exemple de foi et de piété à ces nouveaux convertis (1 Thess. II, 14 ss.). Il y présente son évangile sous forme de prédication missionnaire sans qu'on y sente nulle part la pointe de sa polémique. C'est que l'apôtre ne s'est pas encore armé en guerre, et ces deux lettres, bien qu'appartenant par leur date à la seconde période de sa vie, ne nous donnent encore que la première phase de sa pensée. — Tout allait changer. Paul rencontra Pierre à Antioche. Subissant l'ascendant de l'esprit nouveau, celui-ci ne fit d'abord aucune difficulté de se joindre aux pagano-chrétiens, de communier et de manger avec eux (Gal. II, 12). Mais des émissaires de Jacques étant arrivés de Jérusalem, crièrent au scandale : ils accusèrent Pierre de renier la loi dont l'observation avait été déclarée obligatoire pour les juifs par la conférence de Jérusalem. C'était aux païens à venir aux chrétiens juifs, ce n'était pas à ceux-ci à aller à eux, puisqu'ils ne pouvaient le faire qu'en reniant leur foi séculaire. Tout semble prouver en effet que c'était bien là la position dogmatique qu'avait prise Jacques à la conférence de Jérusalem et qu'il maintint jusqu'au bout avec une indomptable ténacité (Act. XV, 13-21 ; cf. Act. XX, 20. 21). Pierre, qui avait d'abord agi par entraînement de cœur plus que par réflexion, ne sut pas résister à cette logique ; il fit volte-face, évita les païens chrétiens comme souillés, leur fixant des conditions de communion fraternelle et entraîna Barnabas et bien d'autres avec lui. C'étaient, on le voit, sous une forme nouvelle, les mêmes prétentions déjà repoussées par Paul qui reparaissaient, et, cette fois, plus dangereuses puisqu'elles avaient Jacques, Pierre, Barnabas pour représentants. La question était un peu autre, il est vrai, car on ne songeait plus à imposer la circoncision aux païens, mais on leur faisait payer cette liberté du prix de leurs privilèges de membres du Christ. Paul n'hésita point. Il était arrivé par cette lutte même à la pleine conscience du principe de son évangile et des négations qu'il impliquait en s'affirmant. Non seulement il reprocha en termes très durs à Pierre et à Barnabas, la duplicité et l'inconséquence de leur conduite, mais, avec une dialectique acérée, il leur fit sentir l'illogisme de leur doctrine. « Par qui et par quoi avez-vous été sauvés ? Est-ce par la loi ? Non, car vous avez désespéré d'arriver par elle à la justice, et vous êtes venus au Christ comme l'ont fait les païens. Qu'est-ce à dire ? sinon que votre foi en Christ a été la négation même de l'efficacité et de l'autorité de la loi. Il vous faut choisir, car vous ne pouvez servir deux maîtres. Ou c'est par le Christ que vous êtes sauvés et alors la loi ne vous sert plus de rien, et vous ne pouvez mettre votre confiance que dans le Christ : ou c'est la loi qui vous sauve et alors, vous n'êtes plus chrétiens, le Christ est inutile et il est mort pour rien. » Telle est, dans son essence, l'antithèse dans laquelle s'enferme désormais la pensée théologique de Paul et qu'il développera avec une puissance de logique, une souplesse d'exégèse et une profondeur de mysticisme vraiment incomparables, dans les grandes épîtres qui vont suivre. — Cette discussion d'Antioche marque une date capitale non seulement dans l'histoire de la pensée de Paul, mais encore dans celle de sa vie. Désormais ses derniers amis judéo-chrétiens l'abandonnent ; nous le voyons, à partir de ce moment, entouré d'un groupe de disciples d'origine païenne recrutés dans ses églises d'Europe et d'Asie. En même temps les chrétiens pharisiens organisent contre lui une véritable croisade et il va rencontrer partout en Galatie, à Ephèse, en Macédoine, à Corinthe, à Rome, leurs émissaires acharnés qui le suivent comme à la piste, le dénoncent comme un faux apôtre, éveillent les défiances contre lui, et détruisent son œuvre sous le prétexte pieux de la corriger et de la compléter. C'est l'obligation de leur faire face partout à la fois, de réfuter leurs calomnies, de défendre son évangile et son apostolat qui lui fait écrire dans l'espace de deux ou trois ans ses grands épîtres qui sont restées pour nous les monuments de sa foi et de son génie. Paul repartit pour Ephèse au commencement de l'année 55 et travailla pendant deux années consécutives à évangéliser la province d'Asie. C'est là qu'il apprit la prompte défection des Galates, c'est-à-dire des Eglises d'Antioche de Pisidie, d'Iconie, de Derbe et de Lystre. Placées dans le voisinage et sous l'influence d'Antioche leur métropole, elles avaient été les premières envahies par les missionnaires judaïsants. Ceux-ci avaient d'abord présenté la prédicatiou de Paul comme incomplète; c'était une simple préparation à l'évangile vrai et parfait qu'ils apportaient avec eux, l'évangle des Douze, les témoins et les apôtres authentiques de Jésus. Ils niaient l'apostolat de Paul, qui s'était improvisé apôtre de sa propre autorité et qui s'était mis hors de la droite voie et de l'Eglise messianique en rompant avec les autorités de Jérusalem. Le peu qu'il savait du Christ il le tenait des apôtres, et maintenant par orgueil et par ambition mondaine, il se mettait hors de leur dépendance et ne prêchait plus le véritable sauveur. Pierre et Barnabas avaient confondu l'hérétique à Antioche et l'avaient renié. Il était aisé d'ailleurs de découvrir son erreur, puisque sa prédication ruinait l'autorité divine de l'Ancien Testament, non moins que celle du Christ et de ses témoins, et ouvrait la barrière à toutes les licences en renversant et abolissant la loi divine, seule protection efficace de la sainteté du peuple élu. Le succès de cette attaque aussi habile que perfide fut considérable, et les Galates se hâtaient de se faire naturaliser juifs en se faisant circoncire. A l'ouïe de ces nouvelles, la surprise de l'apôtre des gentils égala sa douleur; nous avons dans l'épître aux Galates la réplique foudroyante par laquelle, semble-t-il, il déconcerta cette première tentative et retint sous son influence des Eglises près de lui échapper (1 Cor. XVI, 1). — A peine était-il libre de ce côté, que de Corinthe lui vinrent de nouveaux et encore plus graves soucis. Il ne s'agissait d'abord que de quelques divisions dont les mérites de divers prédicateurs étaient le prétexte (1 Cor. I, 12), de quelques écarts de conduite à réprimer (1 Cor. V et VI), de quelques questions de pratique chrétienne à résoudre (VII, VIII) ou de quelques erreurs extérieures à combattre. Il pouvait espérer que sa lettre écrite vers Pâques de l'an 57 et la visite de Timothée suffiraient pour tout aplanir. Il n'en fut rien. Des émissaires judaïsants munis de lettres apostoliques arrivèrent à Corinthe et envenimèrent tout de leurs accusations et de leurs intrigues. Paul avait voulu faire usage de son autorité apostolique pour punir un incestueux, ses adversaires lui contestèrent ce droit et amenèrent une révolte de l'Eglise. Timothée n'eut pas la force de résister à l'orage et revint auprès de l'apôtre pour lui apprendre toute la gravité de la situation nouvelle. Celui-ci écrivit une lettre terrible, qui, peut-être précisément à cause de sa sévérité extrême, ne nous a pas été conservée, et dépêcha Tite, plus âgé et plus expérimenté que Timothée, pour aller faire rentrer les Corinthiens dans l'ordre. Il attendit dans une anxiété et dans un trouble extrêmes l'issue de cette lutte nouvelle, la plus douloureuse qu'il eut encore rencontrée. Dans ses heures de crainte, il se demandait si, dans sa lettre, il n'avait pas excédé la mesure de la prudence et de la charité. Son éloquence et son autorité une fois de plus l'emportèrent. Sa lettre commentée par Tite, expliquée dans ce qu'elle pouvait avoir d'excessif, amena un revirement heureux dans l'esprit des Corinthiens qui témoignèrent avec larmes de leur repentir, de leur zèle et de leur fidélité. Pour être plus tôt informé, Paul avait quitté Ephèse et était allé en Macédoine au-devant de son messager. C'est là qu'il le rencontra. Les bonnes nouvelles qu'il lui apportait furent accueillies par un soupir de soulagement et de joie, et c'est dans l'émotion toute vibrante encore de son âme, qu'il dicta notre seconde épître aux Corinthiens, la quatrième en réalité, dont les premiers chapitres sont comme un chant de délivrance et les derniers comme les éclats d'une triomphante ironie. C'est de cette lettre, à notre avis, que la personnalité de l'apôtre se dégage le mieux dans toute son originalité et avec ses dramatiques contrastes de force intérieure et de faiblesse physique, de rigueur d'esprit et de tendresse d'âme, de sensibilité irritable et d'héroïsme moral. — Quand on lit au chap. XII l'esquisse rapide que l'apôtre trace de ses travaux et de ses souffrances, de ses épreuves du dehors et de son martyre intérieur, on voit aisément que le récit des Actes des apôtres, si précieux et si exact pour toute cette période, est bien loin de nous avoir rendu toute l'agitation et toutes les vicissitudes de sa carrière apostolique. En particulier Paul en ce moment nous parle d'une épreuve qui le laissa dans la plus effroyable détresse, d'un danger où il désespéra de la vie et porta sur lui-même une sentence de mort (2 Cor. I, 7). Il n'est pas possible de reconnaître dans ces paroles trop obscures, l'émeute de Démetrius à Ephèse (Act. XIX). C'est une autre aventure plus tragique d'où Paul n'échappa que par une sorte de résurrection. Nous ne relèverions pas ce fait de détail s'il n'avait à nos yeux une importance très grande dans l'histoire de la pensée de Paul. Si l'apôtre sauva sa vie de ce péril, il y laissa quelque chose. Jusque-là, il avait gardé l'eschatologie apocalyptique des autres apôtres et ne doutait pas qu'il ne dût assister vivant encore au glorieux avènement du Christ sur les nuées du ciel (1 Thess. IV, 15; 1 Cor. XV, 51). Maintenant cette espérance personnelle est brisée ; dans le danger qu'il vient de courir, il a eu la claire vision du martyre ; au lieu d'un triomphe, il aperçoit au bout de sa carrière la croix et la passion du Maître ; il doit se préparer au supplice non à la gloire, ou plutôt, comme Jésus, ce n'est que par la mort qu'il arrivera à la vie. Telle est la perspective nouvelle qu'il a toujours devant les yeux dans ses dernières lettres. Sa foi y trouve l'occasion d'un nouveau triomphe. Elle surmonte la mort comme elle a surmonté tout le reste ; les ombres de l'*hadès* s'évanouissent ; il sait qu'étant uni à Christ, rien ne l'en peut séparer, et qu'il lui appartiendra dans la mort comme dans la vie. Telle est la première apparition dans l'histoire de ce qu'on pourrait appeler l'espérance spécifiquement chrétienne de la vie éternelle (Rom. IX, 38 et 39 ; XIV, 8 ; 2 Cor. IV, 16 ; V, 1-10 ; Phil. I, 21.23), Il faut ajouter en même temps que la morale de Paul, qui paraît dans les épîtres aux Corinthiens entachée de quelque ascétisme, parce qu'elle était opprimée par l'eschatologie juive, se dégage de ces liens étroits et retrouve toute l'universalité, la spiritualité et la largeur sociale que devait lui donner son principe (Col. III et IV; Eph. V et VI; Phil. IV, 8). — Paul vint enfin à Corinthe et y passa les trois mois d'hiver (57-58) dans une paix assez grande, puisqu'il eut le loisir d'écrire sa grande lettre à l'Eglise de Rome. Il touchait alors au plein midi de sa carrière. Jetant un regard vers l'Orient, il pouvait de Damas en Illyrie mesurer le chemin qu'il avait parcouru et que marquaient comme des étapes les nombreuses Eglises qu'il avait fondées. L'agitation judaïsante se montrait impuissante et le grand apôtre devant qui l'horizon allait s'élargissant, entrevoyait dans l'Occident un nouveau champ de travail non moins vaste. De grandioses projets surgirent alors dans son âme: il voulait porter l'Evangile jusqu'aux extrémités de la terre. L'Italie, la Germanie, la Gaule, l'Espagne, l'Afrique s'ouvraient devant lui. Dans cet immense horizon, un point attirait et fixait surtout son regard, c'était Rome, la capitale de l'empire. Une Eglise, en majorité judéo-chrétienne, mais n'appartenant à aucun apôtre et neutre encore au milieu des débats qui avaient passionné l'Orient, y existait déjà au moins depuis une douzaine d'années. Son zèle et sa foi étaient célèbres. Paul résolut de la gagner à la cause des missions païennes et de s'en faire un nouveau point d'appui pour évangéliser l'Occident, quelque chose de ce qu'Antioche avait été pour lui jusqu'à l'heure présente (Rom. I, 1.15; XV, 22.29). Pour se la concilier tout à fait et s'y préparer un accueil favorable, il résolut de lui exposer pacifiquement, mais à fond et dans son ensemble, l'Evangile qu'il avait prêché, en réfutant théoriquement les objections qu'on y avait faites partout. Il y avait dans l'œuvre de l'apôtre, pour les consciences timides de cette époque, deux pierres d'achoppement, deux grandes causes de scandale. La première était la substitution de l'évangile de la grâce à la loi, du salut par la foi seule au salut par la justice des œuvres légales. La seconde était le transfèrement du royaume de Dieu, de la nation juive qui le repoussait, aux peuples païens qui l'accueillaient au contraire avec joie. De là les deux parties capitales de son plaidoyer: dans les neuf premiers chapitres, il établit sa doctrine de la justification par la foi; dans les suivants (IX, X et XI) il explique et justifie le plan de la Rédemption divine qui appelle les uns après les autres, mais les embrasse et doit les sauver tous. La pensée de l'apôtre a retrouvé ici toute sa sérénité et se développe avec une ampleur et une puissance admirables; elle réussit à surmonter l'antithèse violente entre la foi et la loi qui avait paru l'enfermer un moment, et s'élève à une synthèse historique où tous les éléments du passé retrouvent leur valeur relative et leur droit positif. Cette haute philosophie de l'histoire religieuse de l'humanité, cette théodicée chrétienne la conduisait à la phase spéculative et métaphysique que représentent les épîtres de la captivité et qui n'attend que la faveur des cisconstances pour s'épanouir. — Un devoir pressant retenait Paul encore en Orient et le ramenait une dernière fois à Jérusalem. Il avait pris l'engagement de ne pas oublier les pauvres de cette ville; il tient lui-même à le remplir soit pour compenser en quelque mesure le tort qu'il leur avait fait en les persécutant autrefois, soit pour désarmer les judaïsants et maintenir pour son propre compte la communion fraternelle de tous les membres du corps du Christ. Il avait institué en Galatie, en Macédoine, en Asie, en Achaïe une grande collecte pour cet objet et il veut aller la porter lui-même à Jérusalem avant de s'éloigner pour jamais. Parti de Corinthe au printemps, il passa la semaine de Pâques à Philippe, longea les côtes de l'Asie Mineure, s'arrêta à Milet où il avait donné rendez-vous aux pasteurs d'Ephèse. Le discours si pathétique qu'il y prononça forme la transition de cette seconde période à la troisième. C'est un discours d'adieu prononcé et écouté avec larmes. Paul y laisse échapper le pressentiment sombre qui oppressait son âme depuis son départ de Corinthe (Rom. XV, 31). Il connaît l'intolérance et le fanatisne des Juifs ; il n'espère plus y échapper. Des chaînes et peut-être la mort l'attendent à Jérusalem. De tristes présages lui arrivent de tous côtés. En vain ses amis veulent le faire renoncer à son dessein. C'est la route que Dieu lui montre, il ira jusqu'au bout. Ainsi Jésus s'était décidé à monter de Galilée à Jérusalem pour y mourir. L'apôtre, dont les années ont grandi, épuré et attendri la foi, marchera sur les traces de son maître. Il fait comme lui le voyage de sa *passion*. Prévenus de son retour, ses ennemis l'attendaient et avaient excité tous les esprits contre le traître et l'apostat. En vain, pour conjurer l'orage, Jacques impose-t-il à Paul, qui se laisse faire, une démonstration de piété juive. Sa présence dans le temple y suscite une émeute où l'apôtre aurait perdu la vie, si le tribun romain n'était accouru pour le protéger et l'arracher aux mains des fanatiques. Mais il n'échappait à la mort que pour entrer dans une longue captivité.

V. Troisième période. La captivité. Félix, le frère du fameux affranchi Pallas, gouvernait alors la Palestine, selon le mot de Tacite, avec le pouvoir d'un roi et l'âme d'un esclave. Il avait sa résidence à Césarée. Le tribun Lysias, en apprenant que Paul était citoyen romain, l'y fit conduire sous bonne escorte et engagea les Juifs à aller y soutenir leurs accusations. Félix accueillit avec le même dédain le prévenu et ses accusateurs. Paul cependant semble avoir un moment frappé son esprit. Comme il savait que l'apôtre avait apporté d'assez grosses sommes à Jérusalem, il espéra en tirer une rançon et suspendit son procès. En le laissant en prison, du même coup il évitait de se brouiller avec les Juifs. Cette captivité de Césarée dura deux ans. Elle ne semble avoir été ni bien dure ni bien étroite. Le prisonnier, selon la coutume, fut confié à un soldat qui en répondait sur sa tête, mais avec lequel on pouvait trouver des accommodements. Paul put donc sans trop de difficulté continuer son apostolat et voir ses disciples et ses amis. Ceux-ci étaient nombreux autour de lui ; ils lui servaient de messagers à ses Eglises. De cette époque datent les trois lettres aux Ephésiens, aux Colossiens et à Philémon. La dernière n'est qu'un court billet ; mais ces vingt lignes sont d'un prix infini puisqu'elles nous montrent ce qu'était Paul dans le commerce de la vie intime et de l'amitié. Partout ailleurs nous le voyons dans le feu de l'action ou de la lutte, cuirassé de logique et hérissé d'arguments. Il apparaît ici au repos, dans l'abandon et la joie du foyer, dans l'expansion douce d'une affection sans inquiétude. On l'entend causer, si je puis ainsi dire et sa parole est toute aiguisée d'esprit et trempée de sentiment. L'émotion est dans son cœur et le sourire sur ses lèvres. Rien n'est touchant comme la petite histoire qui lui mit la plume à la main. Philémon et sa femme Aphia étaient de riches chrétiens des environs de Colosses dont un esclave, coupable d'un vol, s'était enfui. Cet Onésime, qui sans doute avait déjà vu et entendu Paul en Phrygie, le retrouva à Césarée. La parole de l'apôtre le fit rentrer en lui-même; il se repentit, devint chrétien et, dès lors, sur ses conseils, ne songea plus qu'à regagner la maison de son maître pour en obtenir le pardon. Paul le lui assura et lui remit ce petit billet à Philémon qui devait le lui procurer. Il l'y nomme son fils, le fils de ses chaînes. « J'aurais voulu le garder avec moi, dit-il, parce qu'il pouvait m'être utile dans l'œuvre de l'Evangile. Mais je n'ai rien voulu faire sans ton avis, car je veux le tenir de toi non par nécessité mais de ta bonne volonté. Ce n'est plus un esclave, c'est bien plus ; c'est un frère aimé, un frère à moi et encore plus à toi, un frère par la nature et par l'Evangile. Reçois-le comme tu me recevrais moi-même. » Voilà le vrai principe chrétien d'où devait sortir tôt ou tard l'abolition même de l'esclavage. — Cette lettre à Philémon, dont l'authencité est au-dessus de toute contestation, sert à son tour de garantie et de signature aux deux autres épîtres de cette date (*Ephésiens* et *Colossiens*). Les trois lettres en effet sont unies par le lien le plus étroit. Portées par les mêmes messagers, Tychique et Onésime, elles renferment des salutations venant des mêmes personnes et s'adressant aux mêmes chrétiens (Col. IV, 7-17 ; cf. avec Phil. 2 et 23 et Eph. VI, 21); elles se font ainsi de l'une à l'autre des signes perpétuels, décèlent la même situation, les mêmes préoccupations d'esprit chez l'apôtre, et ont eu la Phrygie pour destination commune. Dans aucune des nombreuses hypothèses qu'on a faites, elles ne s'expliquent mieux que dans celle de l'authenticité. Il est vrai que la pensée théologique de Paul s'y présente sous une forme nouvelle plus haute et plus large. De la sphère anthropologique et historique où elle s'était mue jusqu'alors, elle a passé dans celle de la métaphysique. La personne du Christ n'est plus seulement un principe de salut moral, mais un principe cosmique universel. Ce n'est plus la doctrine de la justification par la foi, c'est cette doctrine christologique nouvelle qui est devenue le centre de gravité du système paulinien. Du même coup sa morale s'est élargie et les besoins et les devoirs de la vie de famille et de la vie sociale se sont dégagés de l'oppression que faisait peser sur eux l'eschatologie. Mais aucune de ces nouveautés qui attestent le progrès constant et ascensionnel de la pensée de Paul ne sont de nature à compromettre l'authenticité de ces épîtres. Non seulement elles sont dans la ligne droite de la logique qui avait déjà conduit Paul à la grande synthèse de l'épître aux Romains; mais encore elles s'expliquent à merveille soit par les longues heures de méditation que lui imposait sa captivité, soit mieux encore par l'apparition des tendances gnostiques au sein de ses Eglises, tendances auxquelles Paul ne pouvait rien faire de mieux que d'opposer sa gnose chrétienne, la philosophie parfaite cachée dans l'Evangile de Jésus-Christ (voy. les articles *Colossiens* et *Ephésiens*). — En l'an 60, le procurateur Félix fut rappelé à Rome (Josèphe, *Anti.* XX, 8, 5). Son successeur, Portius Festus, avait surtout souci de rétablir l'ordre et la paix dans le pays, soulevé par les violences et les rapines de Félix. Pour plaire aux Juifs il aurait peut-être, à l'exemple de Pilate, sacrifié Paul au sanhédrin. L'apôtre, qui n'avait pas perdu le dessein d'aller à Rome, prévint cette issue fatale en en appelant à César. Ne sachant trop comment rédiger son rapport sur le compte de son prisonnier et heureux aussi de répondre à la curiosité d'Agrippa II et de sa sœur Bérénice qui étaient venus le saluer, il le fit comparaître devant eux. Il ressortit de cette nouvelle audience que Paul n'était coupable d'aucun crime punissable. Mais il en avait appelé à César et il fut envoyé à César. La saison d'automne était fort avancée quand Paul s'embarqua sur un vaisseau d'Adramitte avec Luc et Aristarque. Arrivés à Myre en Lycie, ils montèrent sur un navire alexandrin. Le récit de ce voyage que nous lisons dans les Actes et qui nous vient d'un témoin oculaire, est si précis, si plein de justes observations et de données exactes, qu'il est encore pour le savant, avec le chapitre de Végèce, la meilleure source à consulter sur l'art de la navigation à cette époque. Une longue et terrible tempête jeta le navire à la côte de l'île de Malte. Les naufragés y passèrent les trois mois d'hiver et au printemps de l'an 61, Paul fit son entrée dans la capitale de l'empire; il fut probablement remis à Barrhus, alors préfet du prétoire. Avertis de son approche, des chrétiens de Rome étaient venus au-devant de lui jusqu'aux Trois-Tavernes. On s'étonne d'autant plus après cela que dans son entrevue avec les chefs de la juiverie romaine, ceux-ci, dans le discours que leur prête l'auteur des Actes, aient l'air de ne connaître que par ouï-dire et de très loin la secte chrétienne. Il est absolument impossible de prendre leurs paroles au pied de la lettre. Ou bien ils se font par pure politique plus ignorants qu'ils ne sont en réalité, ou bien l'auteur des Actes a imaginé ce discours pour montrer ici comme partout, les Juifs hostiles à l'Evangile, expliquer leur rejet et l'évangélisation des païens (Act. XXVIII, 28). — Si l'apôtre avait espéré obtenir à Rome une prompte solution de son affaire, il fut amèrement déçu. Sa captivité y dura deux ans. Il est fort difficile de comprendre le brusque arrêt du récit des *Actes* et le silence complet qu'ils gardent sur la situation de Paul à Rome et sur son dénouement. L'épître aux Philippiens, écrite vers la fin de ces deux années, jette une dernière lueur sur ces ténèbres où descend la vie de l'apôtre. Il prêcha l'Evangile dans le prétoire, parmi les soldats, les clients et les esclaves. Sa parole gagna de nombreux disciples, jusque dans l'entourage de Néron, alors sous l'influence de Poppée, qui inclinait vers le judaïsme et entendit peut-être l'évangile nouveau. Ce prisonnier d'un genre à part, éveilla la curiosité et fut bientôt célèbre dans la maison de l'empereur (Phil. I, 13. 14; IV, 22). Néanmoins de cruelles épreuves vinrent assombrir sa vie. La plus amère, sans nul doute, lui vint des chrétiens judaïsants, ses frères, dont la haine opiniâtre le poursuivit jusque dans sa prison. Son épître aux Romains tout d'abord, son arrivée ensuite, en posant plus nettement la question de l'abrogation de la loi et de l'avènement des païens, avaient provoqué à Rome la crise qui avait déjà troublé toutes les Eglises d'Orient. La partie juive de la communauté romaine se prononça contre lui. Ses nouveaux amis étaient timides; les anciens étaient absents ou l'avaient renié: il se trouva en outre dans la plus grande indigence, jusqu'au moment où ses fidèles Philippiens vinrent à son aide par l'intermédiaire d'Epaphrodite. C'est pour leur témoigner son affection et sa reconnaissance qu'il leur écrivit la lettre que nous possédons. A travers la joie que ce bon souvenir lui a fait éprouver, il n'est pas difficile de sentir une certaine lassitude intérieure et une profonde mélancolie. Sans croire encore son procès perdu, il se prépare à mourir et trouve la mort meilleure que la vie; il est tout à fait détaché du monde et par la foi s'élève au-dessus de toutes les vicissitudes qui peuvent l'atteindre. Dans cette crise dernière, sa vie chrétienne achève de mûrir. Quelques mots amers qui lui échappent encore à l'adresse des partisans de la circoncision prouvent bien que le vieux lutteur n'est point disposé à déserter le combat avant l'appel de son Maître : cependant tout son être s'est comme adouci. L'imitation de Jésus dont il a fait dès le principe la règle de sa vie et le principe de sa morale, l'a de plus en plus transformé. Plus que jamais, il paraît à cette heure rapproché de cet idéal. Ses dernières paroles ont une onction pénétrante, une tendresse émue, une largeur et une sérénité qui ne laissent point regretter sa dialectique ou son éloquence des grandes épîtres. Toute cette fin a la douceur et le charme d'un soir d'été qui tombe après la chaleur du jour. — A partir de ce moment nous ne pouvons plus recueillir sur la vie de Paul et sa fin que des légendes. La chronologie montre que Paul pouvait à la rigueur avoir été délivré et avoir quitté Rome lorsque la persécution se déchaîna dans l'automne de l'an 64. Mais ce n'est là qu'une possibilité naissant du silence que garde le livre des Actes. Il paraîtra toujours plus vraisemblable que Paul a disparu dans cette effroyable tempête. L'hypothèse d'une seconde captivité compte encore des défenseurs éminents : Gieseler, *Lehrb. der K. G.;* Neander, *Pflanzung der ch. K.*; Credner, *Einl. in d. N.T.*; Bleek, *idem;* Dœllinger, *Christenthum und Kirche;* Ewald, *Ap. zeital.;* Hoffmann, *Die heil. Schrift. untersucht*, etc. Les adversaires ne sont ni moins nombreux ni de moindre autorité, Eichhorn, de Wette, Reuss, Baur, Wieseler, etc. Le problème a ceci de particulier qu'il tourne dans un cercle. On a besoin d'une seconde captivité pour faire une place dans la vie de Paul aux trois épîtres dites pastorales, et d'un autre côté ces dernières sont le seul appui sérieux de cette hypothèse. Tout dépend donc du jugement que l'on porte sur l'origine de ces trois dernières lettres qui restent absolument en dehors du cadre connu de la vie de l'apôtre. Or, leur authenticité au moins complète paraît bien difficile à défendre. Par la plupart des traits qu'elles présentent, elles semblent dépasser l'âge de l'apôtre. Hérétiques, constitution de l'Eglise, conception dogmatique, style ecclésiastique, tout mène la pensée au delà de lui. Ces lettres sont bien pauliniennes, mais elles appartiennent à l'histoire du paulinisme, à une période où le paulinisme est déjà devenu une tradition (voyez l'article *Pastorales*). Dans cet état de la question, on comprend qu'il est aussi inutile qu'impossible d'utiliser leur témoignage pour la suite de la vie de Paul. Il faut reconnaître que partisans et adversaires d'une seconde captivité discutent dans les ténèbres et nous arrêter à un simple aveu d'ignorance. Les textes patristiques des trois premiers siècles ne nous apprennent rien. Celui de la lettre de Clément, *Epist. ad Cor.*, V, nous dit bien que Paul « ayant prêché la justice dans le monde entier et étant venu jusqu'à la limite de l'Occident » (ἐπὶ τὸ τέρμα τῆς δύσεως ἐλθών) fut retranché du monde après avoir confessé sa foi devant les maîtres de l'empire. Mais, dans ce style oratoire, il est impossible de savoir si l'auteur, sous cette expression. τέρμα τῆς δύσεως, entend l'Espagne ou Rome (des expressions semblables se trouvent dans Ignace, *Epist. ad Rom.*, II, et dans la lettre de Clément à Jacques en tête des *Homélies Clémentines*, où c'est toujours Rome qui est désignée). Tout au plus ressort-il de tout le contexte que Paul, ainsi que Pierre, fut supplicié à Rome sous Néron, non confondu avec une foule de chrétiens anonymes, mais après jugement distinct et condamnation spéciale. Après ce texte, la première mention d'un voyage de l'apôtre en Espagne se rencontre dans le fameux fragment dit de Muratori. Est-ce autre chose, en cet endroit et sous cette forme, qu'une conjecture tirée de Rom. XV, 24 et 28 ? Pour retrouver ce prétendu voyage en Espagne, il faut attendre les légendes du quatrième et du cinquième siècle. Denys de Corinthe écrivant aux Romains vers l'an 170, se montre bien mal informé en faisant de Pierre et de Paul les fondateurs des églises de Corinthe et de Rome, et d'ailleurs n'affirme qu'une chose, c'est qu'ils souffrirent le martyre en même temps (Eusèb., *H. E.* II, 25. Origène ne sait que ce que nous savons, c'est que Paul, après avoir prêché de Jérusalem jusqu'en Illyrie, vint enfin à Rome et y fut martyr sous Néron (Eusèb., *H. E.*, III, 1). Le premier auteur qui parle expressément d'une délivrance de l'apôtre et d'une seconde captivité, c'est Eusèbe (*ibid.*, II, 22) et encore la rapporte-t-il comme un « on-dit » (λόγος ἔχει) auquel la seconde épître à Timothée peut servir d'appui. A partir du quatrième siècle, ce fut une opinion courante que Paul, délivré de sa première captivité, exécuta le voyage d'Espagne dont il avait eu l'idée (Athanase, *epist. ad Dracontium*, c. 4 ; Chrysostome, *de laudibus s. Pauli*, II, 515, édit. de Montf.; Jérôme, *De viris ill.*; 5, *in Isaïam*, IV, 11; Théodoret, *in Psalm.* CXVI ; *in Philip.*, I, 25. En général, voyez le recueil de tous ces témoignages patristiques dans Otto Kunze, *Præcipua patrum ecclesiast. testimonia quæ ad mortem Pauli spectant*,

1848). Dès le troisième siècle, on montrait sur la route d'Ostie la place où Paul avait été décapité (Eusèb., *H. E.*, II, 25). Aujourd'hui l'on voit les trois fontaines nées des trois bonds qu'aurait faits sur le sol la tête de l'apôtre roulant sous l'épée du bourreau. — Plusieurs productions apocryphes ont été mises sous le nom de Paul : une épître aux Corinthiens retrouvée en Arménie, une lettre aux Laodicéens, une correspondance échangée entre Paul et Sénèque. De tous les produits apocryphes qui se rattachent à son nom, le plus intéressant sans contredit est le roman de Paul et de Théclée. Tous les *acta Pauli* qui ont circulé dans l'antiquité chrétienne et dont une partie seulement nous est parvenue ne sont utiles que pour écrire la légende de Paul. Ajoutons-y encore une apocalypse dont on trouve des traces au moyen âge. Malgré cette auréole assez tardive de la légende, on peut dire que l'apôtre Paul est resté fort étranger à l'Eglise catholique. On est surpris du grand silence qui se fait sur son compte après sa mort. Il est curieux de ne trouver son nom ni chez Papias, ni chez Hégésippe, ni surtout chez Justin martyr. Au point de vue ecclésiastique, il a été sacrifié à Pierre, et à Jean au point de vue théologique. D'ailleurs les haines qu'il avait provoquées pendant sa vie l'ont poursuivi après sa mort. Il est impossible de ne pas le reconnaître sous le masque de Simon le magicien, l'hérésiarque que Pierre suit à la piste et confond partout, dans le roman des *Homélies Clémentines*. La secte des ébionites refusa toujours de recevoir ses écrits et de reconnaître son caractère d'apôtre. L'Eglise catholique corrigea ces excès ; elle mit Paul à côté de Pierre, mais sur le second plan ; encore n'y eut-il jamais qu'une juxtaposition extérieure et diplomatique qui ne permettait pas au principe théologique de Paul de se faire jour. Ce principe essentiellement subjectif de la justification par la foi et de la conscience chrétienne individuelle inspirée directement par le saint Esprit, ne pouvait convenir à une Eglise qui faisait du christianisme une institution objective et soumettait tout à une légalité extérieure inflexible. Ce treizième apôtre, fait apôtre par une inspiration immédiate et personnelle, était un élément hétérogène et discordant dans la hiérarchie cléricale et la succession apostolique qui la soutenait. Captif et comprimé pendant quinze siècles, l'esprit de Paul triompha et prit une revanche éclatante au seizième. C'est lui qui a fait la Réforme. Apôtre protestant au milieu des Douze et de la tradition apostolique, il a fait le protestantisme, et c'est de ses lettres qu'est sorti toute la dogmatique protestante depuis Luther.

Littérature : Chrysostome, *Homiliæ in laudem S. Pauli*, *Opera*, II, éd. de Monfaucon ; Major, *Vita S. Pauli*, 1555 ; Garcœus, *Narratio de S. Paulo*, 1566 ; A. Godeau, *La vie de saint Paul*, 1647 ; Menken, *Blicke in das Leben des Ap. Paulus*, 1828 ; J.-T. Hemsen, *Der Apostel Paulus*, 1830 ; F.-C. Baur, *Paulus der Apostel Jesu*, 1845 ; Ad. Monod, *Saint Paul*, cinq discours ; M. Krenkel, *Paulus der Apostel der Heiden*, 1869 ; Bungener, *Saint Paul*, 1864 ; Valloton, *Vie de saint Paul*, 1870 ; Renan, *Saint Paul*, 1869 ; A. Sabatier, *L'apôtre Paul*, 2e édit., 1870 ; Howson, *The Life of S. Paul* ; Hausrath, art. *Paulus* dans le *Bibellexcion* de

Schenkel; P. Lange, art. *Paulus* dans Herzog, *Realencyclopædie*. En général, toutes les introductions critiques au Nouveau Testament.

A. SABATIER.

PAUL Ier succéda le 29 mai 757 à son frère, Etienne II, mort le 24 avril. Les querelles qui entourèrent son élection furent le prélude des difficultés de son règne. Didier venait d'être reconnu comme roi des Lombards, et aussitôt il reprit la politique traditionnelle d'hostilité contre l'Eglise. Il étend la main sur les duchés de Spolète et de Bénévent, que le pape attire sous la protection du roi des Francs, en même temps que ses négociations avec Constantinople inquiètent le pape ; il manque aux engagements pris par Astolphe et par lui-même. Pépin était occupé des affaires de son royaume, et les plaintes du pape étaient longues à pénétrer jusqu'à lui. Paul Ier mourut le 28 juin 767, sa mort fut le signal de nouvelles divisions ; son sucesseur Etienne III et Adrien devaient remporter la victoire définitive. Paul Ier avait élevé, près de la voie Flaminia, dans sa propre maison, une église qu'il consacra à saint Etienne et à saint Sylvestre, et un couvent ; c'est san Sylvestro *in capite*. C'est lui qui retira des catacombes les ossements qui y étaient profanés par les assauts des Lombards. Ses lettres, dont la chronologie est obscure, sont dans le *Codex Carolinus*, on peut les lire dans l'édition de Jaffé. Le pape avait envoyé à Pépin des livres précieux et importants, « un antiphonier et un livre de répons, la grammaire d'Aristote, les livres de Denys l'Aréopagite, la géométrie, l'orthographe, la grammaire, » etc. (*Cod. Carol.*, 25).

PAUL II, Pietro Barbo, Vénitien, cardinal du titre de Saint-Marc, élu pape le 30 août 1464, était neveu d'Eugène IV. Son premier soin après son élection fut d'annuler la capitulation que lui avait imposée le collège des cardinaux et de soustraire à tout contrôle les actes de son gouvernement. Peu lettré lui-même il voyait de mauvais œil les humanistes que Pie II avait attirés à Rome et placés dans le collège des Abréviateurs. Sous prétexte d'abus commis en grand nombre au préjudice de la cour de Rome, il supprima en 1466 ce collège, ce qui lui valut les colères et la haine des littérateurs du quinzième siècle. Quoique surtout occupé des affaires intérieures, de la construction et des embellissements de son palais, des fêtes et des divertissements par lesquels il gagna le peuple de Rome, Paul II ne perdit pas entièrement de vue les intérêts de l'Italie et la croisade contre les Turcs. Il fit alliance avec Venise contre le roi de Naples et essuya une défaite en 1469, il renouvela en 1470 la Ligue des Etats italiens contre les Ottomans. Jaloux de son autorité spirituelle il tente de faire abolir la Pragmatique sanction en France, et charge un légat de faire vérifier en Parlement les lettres-patentes que Louis XI avait accordées : le procureur-général et le recteur de l'Université de Paris protestent énergiquement contre les prétentions du pape et menacent d'en appeler au futur concile. Paul II, riche et magnifique, prodigua ses trésors aux cardinaux qui étaient sans ressources, aux princes dépossédés du Levant qui venaient demander un asile à Rome ; ces libéralités qu'on lui a reprochées ne l'empêchèrent pas de consacrer des sommes considérables aux fêtes qu'il donnait dans son palais et aux acquisitions de statues, de vases d'or et d'argent, de tapis précieux et de médailles, sans compter la tiare, appelée *Triregnum*, qui coûta seule cent vingt mille florins d'or. Sous ce pontificat, la première imprimerie s'établit à Rome, au couvent des bénédictins de Subiaco (1463), et les statuts romains revisés par ordre du pape furent imprimés en 1470. Paul II mourut le 26 juillet 1471. — Voir ap. Muratori, t. III, 2, 993-1050.

PAUL III. Alexandre Farnèse, évêque d'Ostie, fut élu à l'unanimité le 13 octobre 1584. Dès l'année 1536 il tomba d'accord avec Charles V pour réunir un concile général qui ne s'assemblera que le 13 décembre 1545; à la même époque il publie la bulle *In cœna Domini*, qui défend d'appeler du pape au concile, de restreindre la juridiction ecclésiastique, d'exiger du clergé des contributions pour les besoins de l'Etat, sans le consentement du pape, sous peine d'anathème; en 1538 il excommunie Henri VIII d'Angleterre; en 1540 il accueille sous conditions le projet d'association d'Ignace de Loyola et de ses compagnons, et reconnaît en 1543 la société de Jésus qu'ils avaient fondée. Malgré ces apparences d'un zèle religieux, Paul III fut avant tout préoccupé de la grandeur des Farnèse, et régla sa conduite sur les avantages que son fils Pierre-Louis, sa fille, son neveu pouvaient en retirer. Pour contracter des alliances de famille avec les Habsbourg ou les Valois, il rompit tantôt avec la France, tantôt avec l'Empire, et pour tenir la balance égale entre Charles V et François Ier il n'hésita pas à sacrifier les intérêts de l'Eglise catholique; c'est ce que l'on vit dans la guerre de Smalkalde, lorsque Paul III, effrayé des rapides succès des armes impériales, rappela subitement ses troupes d'Allemagne en même temps qu'il transférait le concile de Trente à Bologne pour arrêter l'action pacificatrice qu'il commençait à exercer. Les desseins ambitieux que Paul avait conçus pour sa famille et poursuivis avec autant d'adresse que d'énergie ne réussirent pas : Pierre-Louis, duc de Parme, détesté de ses sujets, engagé dans la conspiration des Fieschi contre les Doria de Gênes, périt assassiné en 1547; l'empereur fait occuper Plaisance, et le petit-fils du pape, Octave, reconnu à Parme, refuse de céder ce domaine à Paul III, qui, pour le soustraire aux armées impériales, veut l'incorporer aux Etats de l'Eglise. Paul meurt désespéré par l'ingratitude de sa famille, le 10 novembre 1549, à l'âge de quatre-vingt-deux ans. Paul III nomma deux cardinaux célèbres dans les lettres : Contarini et Sadolet; il offrit même, dit-on, le chapeau à Erasme qui le refusa. En 1546 il fait reprendre les travaux de Saint-Pierre sous la direction de Michel-Ange, qui modifie le plan primitif du Bramante; il quitta le palais du Vatican pour s'établir sur le Quirinal dans le palais qui fut dans la suite embelli par Paul V et achevé par Clément XII. — Voir Onuphrius Panvinius, *Vita Pauli III;* Brosch, *Geschichte des Kirchenstaates*, I, Gotha, 1880.

PAUL IV. Jean-Pierre Caraffa, Napolitain, fut élu le 23 mai 1555 à l'âge de soixante-dix-neuf ans. Sa dévotion, son mépris des grandeurs humaines, promettaient un pontificat exclusivement consacré aux réformes et au relèvement de l'Eglise. Paul IV prit en effet dès son avènement les mesures les plus énergiques en envoyant des moines en Espagne pour y rétablir la discipline des couvents, en instituant une congrégation pour la réforme universelle. Mais la situation des affaires générales, l'état de l'Italie et la haine que Paul IV portait à l'Espagne jetèrent la papauté dans les luttes politiques. Charles V menacé dans les Pays-Bas, abandonné par l'Allemagne, semblait perdu pour peu que Henri II et ses alliés fissent quelques efforts. Paul IV n'hésita pas à s'unir avec la France pour délivrer « la pauvre Italie des Espagnols, ces damnés de Dieu, cette semence de juifs et de maures, cette lie du monde. » La guerre qui suivit ne fut heureuse ni pour la France ni pour le pape : celui-ci battu par le duc d'Albe, livré à ses seules ressources depuis le départ du duc de Guise, ne signa la paix qu'après que sa capitale fut menacée pour la seconde fois par les troupes espagnoles. Paul IV, malgré la modération de Philippe II, se rendit à l'évidence et renonça définitivement à chasser les Espagnols de Naples et de Milan, à humilier les Médicis, les Farnèse et les Colonna, alliés du vainqueur. Réduit à faire amende honorable à Philippe et à le traiter en ami, il tourna son attention vers les affaires intérieures et consacra les derniers mois de sa vie à la défense de l'Eglise. Ennemi du népotisme, il avait néanmoins accueilli et comblé les membres de sa famille parce qu'ils partageaient sa haine contre l'Espagne, et qu'ils pouvaient lui être utiles dans la lutte qu'il avait décidée. Les neveux du pape abusèrent de sa confiance, et Paul IV, quand il connut leurs excès et leurs violences, chassa toute sa famille de Rome et reprit aussitôt les plans de réforme qu'il avait trop longtemps oubliés. Tout fut changé dans le gouvernement, tous les abus réprimés. Dans l'ordre spirituel il ne laissa plus passer un seul jour sans publier une ordonnance destinée à ramener l'Eglise à sa pureté primitive; il restitua l'inquisition dans tous ses droits, il lui en conféra de nouveaux, il établit la fête de Saint-Dominique. Pour répondre à ceux qui niaient que saint Pierre eût siégé à Rome, il ordonna pour le 18 janvier la fête de la Chaire de Saint-Pierre; pour faire revivre les anciennes prérogatives des papes il refusa la confirmation à l'empereur Ferdinand. Enfin Paul IV repoussa les avances de la reine Elisabeth, sous prétexte qu'elle était bâtarde et que Rome pouvait disposer librement de la couronne d'Angleterre. Jean-Pierre Caraffa fonda en 1524 avec Gaetano l'ordre des théatins, clercs réguliers qui sans costume distinctif se vouaient à la prédication et secondaient le clergé séculier. Paul IV mourut le 18 août 1559. — Voir Bromato, *Vita di Paolo IV*; Brosch, *Geschichte des Kirchenstaates*.

PAUL V. Camille Borghèse, Romain, cardinal de Saint-Chrysogone, fut élu le 16 mai 1605. Il débuta par des actes de sévérité, renouvela les décrets du concile de Trente sur la résidence et prétendit exercer en toute rigueur le pouvoir des clefs qui lui avait été confié.

Il ne tarda pas à entrer en conflit avec les Etats italiens au sujet de la juridiction ecclésiastique : Naples, la Savoie, la Toscane, Gênes consentent à un arrangement; Venise, poussée à la résistance par l'intérêt public et par les intérêts des particuliers, refuse de sacrifier l'autorité civile à la puissance spirituelle et d'après l'avis de Paolo Sarpi, le *consultor* d'Etat, elle maintient le pouvoir du *prince* et exige du clergé la même soumission que des laïques. En 1606 Paul V excommunie solennellement le doge, le sénat, toutes les autorités de la République, y compris les *consultores*; les prêtres vénitiens mis en demeure de choisir se décident pour la République ; les théatins, les jésuites et les capucins seuls font exception. Le schisme était imminent et déjà Paul V pensait à recourir aux armes et comptait pour cela sur l'appui de l'Espagne et de la France ; mais ni Henri IV ni Philippe III n'étaient d'humeur à mettre leurs forces au service d'un pape qui renouvelait les prétentions surannées d'Innocent III ; ils s'entremirent avec grand zèle et décidèrent les Vénitiens à promettre « qu'ils se conduiraient à l'avenir avec leur piété accoutumée. » Paul V se contenta de cet engagement sans portée ; il n'eut même pas la satisfaction de faire rentrer les jésuites sur le territoire de Venise, ni de pouvoir donner l'absolution publique à ceux qu'il avait frappés des censures ecclésiastiques. Pendant ces démêlés avec Venise, Paul V eut à s'occuper de l'affaire des dominicains et des jésuites; quoiqu'inclinant vers les premiers il ne put se décider à leur donner raison parce que les jésuites avaient vaillamment soutenu la cause de l'Eglise contre la République : en 1607 il renvoie les parties en se réservant de faire connaître sa décision plus tard. Paul V donna la dernière forme à la bulle *In cœna Domini*, 1610, il confirma l'ordre des religieuses de la *Visitation*, institué par François de Sales et la baronne de Chantal, l'institut de Sainte-Ursule, la congrégation de l'Oratoire de France ; il fit condamner par le saint-office l'ouvrage du jésuite Becan sur la puissance du roi et du souverain pontife; il canonisa Charles Borromée. Sous ce pontificat l'église de Saint-Pierre fut achevée par Bernini, la fontaine d'Auguste fut rétablie et alimentée par un aqueduc qui porte le nom d'Acqua Paola. Paul V mourut le 28 janvier 1621. — Voir Brosch, *Geschichte des Kirchenstaates ;* Cornet, *Paolo V e la Republ. Veneta*, Vienna, 1859; Sarpi, *Lettere ed. Polidori*, Firenze 1863. G. Leser

PAUL DE THÈBES (Saint), premier anachorète dont le nom ait été conservé, né dans la basse Thébaïde vers l'an 228, mort vers l'an 342. Né au sein de l'opulence, mais de bonne heure orphelin, il avait à peine seize ans lorsque la persécution de l'empereur Décius, le fit fuir dans le désert (250); il se renferma dans une grotte, où il passa le reste de ses jours, uniquement occupé de la contemplation de Dieu. Il reçut la visite de saint Antoine, lui annonça le moment de sa mort, et le pria de l'ensevelir dans le manteau qu'Athanase lui avait donné. C'est Jérôme qui nous donne ces détails dans sa *Vita S. Pauli Eremitæ*, destinée à exalter les imaginations pieuses en faveur de l'ascétisme monastique. On peut dire que le but qu'il se proposa dans ce roman, où le merveilleux chrétien occupe une grande place, n'a été que trop atteint. L'Eglise célèbre, le 10 janvier, la fête de saint Paul l'Ermite. — Il y a un ordre religieux appelé communément les *ermites de S. Paul* ou les *frères de la mort*, qui reconnaissent Paul de Thèbes pour leur patron. Cet ordre fut institué en Hongrie, vers l'an 1215, par Eusèbe de Strigonie, et réformé vers l'an 1563 par Paul, évêque de Vesprim. En 1553, il s'est établi, en Espagne et en Italie, une autre congrégation d'ermites de S. Paul.

PAUL DE SAMOSATE, célèbre unitaire du troisième siècle. Né à Samosate, capitale de la Comagène, en Syrie, il fut élevé sur le siège épiscopal d'Antioche vers l'an 262, et cumulait avec ses fonctions ecclésiastiques la charge de percepteur des impôts (*ducenarius*, cf. Suétone, *Octavius*, c. 32 ; *Claudius*, c. 24 ; *Cod. Justin.*, X, 19, 1). Il affecta les manières d'un magistrat plutôt que celles d'un évêque, en déployant un luxe et une ostentation jusque-là inusités. En matière théologique, Paul de Samosate était un défenseur énergique de l'unité de Dieu contre les tendances trinitaires de son temps ; il regardait Jésus comme un homme conçu du Saint-Esprit, placé sous une influence spéciale de la sagesse divine. Le Logos habitait en lui, comme il avait habité, d'une manière moins sensible, en Moïse et dans les prophètes. La conduite et la doctrine de l'évêque furent examinées dans trois synodes tenus à Antioche en 264, en 267 et en 269. On lui reprochait de tirer un profit illicite de sa juridiction épiscopale, de se laisser aller à des emportements incompatibles avec le caractère sacerdotal, d'autoriser des applaudissements et des ovations jusque dans le sanctuaire, etc., etc. Paul fut excommunié, mais, protégé par la reine Zénobie, il continua à occuper son siège et à propager ses doctrines, jusqu'à ce que la reine de Palmyre fut vaincue par l'empereur Aurélien (272). Le parti de Paul de Samosate (*Samosateniani*, *Pauliani*, *Paulianistæ*) fut condamné par le concile de Nicée, qui ordonna de rebaptiser ceux qui avaient été baptisés selon leur rite. Il se maintint jusque vers le milieu du quatrième siècle. — Voyez Eusèbe, *Hist. eccl.*, VII, 27-30. Le chapitre 30 contient la lettre circulaire du synode d'Antioche de 269 aux évêques ; cf. Léonce de Byzance, *Contra Nestor. et Eutych. libri* III, dans Mansi, I, 1033; *Epist. episcoporum ad Paulum*. Des fragments des ouvrages de Paul de Samosate se trouvent dans la *Contestatio ad clerum Constantinop.*, insérée dans les actes du concile d'Ephèse, chez Mansi, V, 393 ; et dans Justinien, *Contra Monophysitas*, dans la *Nova collect.* d'Angel. Majus, VII, 68, 299 ; cf. Epiphane, *Hæres.*, LXV, 1 ; Athanase, *Histor. Arianor. ad monachos*, c. LXI ; Augustin, *De Hæresibus*, c. XLIV ; Théodoret, *Hæret. Fabul.*, II, 8, 11 ; Tillemont, *Mémoires*, IV ; Ehrlich, *Dissert. de erroribus Pauli Samos.*, Lips., 1745 ; Feuerlin, *Diss. de hæresi Pauli Sam.*, Gœtting., 1741 ; Schwab, *Diss. de Pauli Sam. vita atque doctrina*, Herbipoli, 1839 ; Baur, *Dreieinigkeit*, I, 293 ; Neander, *Kirchengesch.*, II, 1035 ; Gieseler, *Kirchengesch.*, I, 300 ; A. Réville, *Le christianisme unitaire au troisième siècle*, dans la *Revue des deux Mondes*, 1er mai 1868, Poivez, *Paul de Samosate*, Genève, 1873.

PAUL DIACRE, né à Forum-Julii, dans le Frioul, appartenait par son père Warnefrid à la noblesse lombarde. Il fut élevé selon l'usage germanique à la cour du roi Rachis (744-749) et vécut dans l'intimité du dernier duc lombard et de sa femme, Adelgise, fille du roi Didier, dont il surveilla l'éducation et pour laquelle il rédigea une histoire romaine, qui s'étendait jusqu'au règne de Justinien. Retiré au Mont-Cassin, où l'on ignore s'il prononça ses vœux, il entra vers 782 en rapport avec Charlemagne, dont le zèle éclairé et la bienveillance lui firent oublier dans une certaine mesure les maux qu'il avait infligés à sa patrie. Il n'en resta pas moins fidèle au culte qu'il avait voué à la famille royale des Lombards et composa au Mont-Cassin l'épitaphe en vers d'Arichis. Il sollicita de Charlemagne le pardon de son frère compromis dans la dernière insurrection lombarde et la restitution de ses biens, qui avaient été confisqués à la suite de la répression. Du reste, Paul Diacre ne fit pour ainsi dire que passer à la cour de Charlemagne. Ce grand roi, frappé de l'ignorance profonde du peuple aussi bien que du clergé de son vaste empire et voulant subvenir aux besoins les plus pressants, chargea Paul Diacre de réunir un *Omiliarius* ou recueil d'homélies empruntées aux pères et aux docteurs et qui devaient être lues dans les églises aux jours de fête et pendant le carême. Ce travail est assez remarquable pour qu'on l'ait longtemps attribué à Alcuin (Ranke, *Stud. u. Krit.*, 1855, H. 2; 1856, H. 2). A la requête d'Agilram, évêque de Metz, Paul Diacre composa un ouvrage, *Gesta Episcoporum Mettentium*, ou histoire des évêques de Metz, à laquelle les critiques ne reconnaissent pas une grande valeur. Il n'en est pas de même de son écrit sur l'origine de la nation des Lombards, dont le style, malgré de nombreuses fautes de grammaire, est clair et simple, le ton sincère et véridique, l'exposé assez complet, sauf en ce qui concerne la conversion du peuple au christianisme, que Paul Diacre présuppose mais dont il ne parle pas. Il nous a conservé bien des traditions intéressantes qui sans lui se seraient perdues, et des renseignements non sans valeur sur les constructions d'églises par les rois lombards et sur les monuments de cette période importante de l'art chrétien. Nous possédons aussi de Paul Diacre une exposition de la règle de saint Benoit, une vie de Grégoire le Grand compilée d'après les écrits de ce pape et l'ouvrage de Bède le Vénérable, une vie de sainte Scolastique, des homélies, des lettres, des poèmes retrouvés par Lebœuf, parmi lesquels un éloge du lac de Côme, des vers en l'honneur d'Arichis, des épitaphes, des hymnes, dont la plus connue commence par ce vers :

Ut queant laxis resonare fibris.

Paul Diacre est mort vers 801, au Mont-Cassin. — Sources : Mabillon, *Analecta*, I, 319 ; Lebeuf, *Diss. sur l'hist. de Fr.*, 1739 ; Bluhme dans *Monum. Germ. Hist.*, IV, 641; Bethmann, *Paul Diac.*, *Archiv.*, X, Dahn, *Des Paulus D. Leben*, 1876 ; O. Abel, *P. Diac.*, Berlin, 1849 ; Wattenbach, *Deutschl. Gesch. Quellen*, I, 134-140. A. Paumier.

PAULE (Sainte), dame romaine, née en 347, morte à Bethléhem en 404, était fille des Scipions et descendante des Gracques. Après la mort de Toxotius, son époux, elle se consacra à Dieu, répandit dans Rome d'abondantes aumônes et, accompagnée de sa fille Eustochie, elle se rendit à Bethléhem en 383. Sous la direction de saint Jérôme elle se voua à une pénitence austère, apprit l'hébreu pour mieux entendre l'Ecriture sainte, et fonda à Bethléhem quatre monastères, un pour les hommes et trois pour les filles. Jérôme lui écrivit une lettre pour la consoler de la mort de Blésille, sa fille aînée ; Pauline, sa seconde fille, épousa le sénateur Pammaque qui, après la mort de sa femme, distribua ses biens aux pauvres, embrassa la vie monastique et établit à Porto, près de Rome, un hôpital en faveur des étrangers. Ce fut à Eustochie, qui ne quitta jamais le monastère de Bethléhem, que Jérôme adressa la lettre que l'on appelle l'épitaphe de sainte Paule. On célèbre sa fête le 26 janvier.

PAULIANISTES. Voyez *Paul de Samosate*.

PAULICIENS, sectaires dualistes fort répandus depuis le milieu du septième siècle en Arménie et en Asie Mineure. Leur surnom leur vient de la vénération particulière qu'ils professaient pour l'apôtre Paul ; leurs chefs portaient le nom d'un des compagnons de l'apôtre, leurs communautés celui des Eglises fondées par lui ; aussi les a-t-on rattachés de préférence aux marcionites. Leur fondateur, Constantin, originaire du bourg de Mananalis près de Samosate, fut vivement impressionné par la lecture d'un Nouveau Testament qu'un diacre revenant de captivité lui avait donné, et se sentit appelé à ramener le christianisme à la simplicité des temps apostoliques. Il s'opéra dans son esprit un mélange bizarre entre le spiritualisme évangélique de Paul et le dualisme gnostique si répandu dans son pays natal. Il prit le nom de Sylvain et parcourut l'Arménie en prêchant sa doctrine ; la première communauté qu'il fonda fut celle de Kibossa (660), qu'il appela Macédoine. En 685, il fut lapidé sur l'ordre de Constantin III Pogonat. A partir de ce moment, la secte eut à souffrir de fréquentes persécutions que nous ne pouvons raconter ici en détail, et fut en proie à d'incessantes divisions intérieures. Au commencement du neuvième siècle, elle était profondément déchue, surtout sous l'administration de son chef Baanès, dit le Sale (ὁ ῥυπαρός), et dut être réformée par Sergius, surnommé Tychique, qui fut son second fondateur. De nouvelles persécutions amenèrent un grand nombre d'entre les sectaires à se réfugier dans la partie de l'Arménie soumise aux musulmans et à s'allier à ceux-ci contre l'empire grec. Ils ravagèrent à plusieurs reprises l'Asie Mineure, jusqu'à ce que Basile le Macédonien réussît, après plusieurs expéditions infructueuses, à prendre leurs places fortes et à obtenir leur soumission (871). En 970, l'empereur Jean Tzimiscès transporta une grande partie d'entre eux en Thrace, sur les instances du patriarche d'Antioche que leur voisinage avait inquiété, et leur confia la défense de la frontière septentrionale de l'empire. Au douzième siècle, Alexis Comnène entreprit de les convertir ; il eut personnellement avec eux de longues discussions théologiques, et ceux que ses arguments ou ses promesses réussirent à ramener à l'Eglise, il les établit dans la ville d'Alexiopel, nouvellement bâtie en face de Philippopel (1115). Depuis lors ils disparaissent peu à peu ; Villehardouin cependant les mentionne encore sous le nom de « poplicans ». — Les renseignements fort incomplets que nous possédons sur la doctrine et le culte des pauliciens, montrent qu'ils admettaient l'existence de deux principes éternels, l'un mauvais, créateur du monde matériel et qui s'est révélé dans l'Ancien Testament, l'autre bon, créateur du monde spirituel et qui s'est révélé dans le Nouveau Testament. D'après un passage assez obscur d'une lettre de Sergius, la désobéissance du premier homme au Dieu de l'Ancien Testament a été la première victoire de l'âme humaine sur le démiurge, victoire dont les effets se sont transmis aux descendants d'Adam et les ont rendus capables de résister au principe mauvais. Le corps de Christ, selon eux, n'a pas été engendré par Marie, à laquelle ils refusaient l'épithète de mère de Dieu (θεοτόκος) ; il est descendu directement du ciel (docétisme). Ils rejetaient toutes les cérémonies extérieures de l'Eglise, principalement la vénération de la croix et des images, et célébraient même le baptême et la cène sans le secours d'aucun élément matériel, par la simple parole, Christ ayant dit qu'il est lui-même l'eau vivifiante et le pain de vie. La prière paraît avoir occupé la place principale dans leur culte, car leurs lieux de réunion s'appelaient maisons de prière (προσευχαί). Leur chef veillait à la conservation de la doctrine ; à ses côtés se trouvaient un certain nombre de « compagnons de voyage » (συνέκδημοι), qui partageaient avec lui les fatigues du ministère et qui finirent même, à partir de la mort de Sergius, par se substituer entièrement à lui dans l'administration de la secte. Le chef et ses compagnons ne se distinguaient par aucun signe extérieur des simples fidèles, toute hiérarchie sacerdotale étant étrangère à la secte. Les communautés avaient chacune un « pasteur », appelé aussi « précepteur » (διδάσκαλοι, ποιμένες). L'influence de Paul se fait surtout sentir dans la morale de nos hérétiques ; leur ascétisme paraît avoir été bien moins rigoureux que celui d'autres sectaires dualistes. Le mariage était permis à tous les membres de la secte, et la nature des aliments considérée comme chose indifférente. Quelques-uns d'entre eux ont même, d'après la relation du patriarche d'Arménie Jean d'Oznun (vers 720), poussé l'antinomisme jusqu'à des conséquences immorales, ce qui a nécessité la réforme de Sergius. D'autres, opposant la ruse à la violence, se sont accommodés extérieurement aux pratiques et aux doctrines de leurs persécuteurs, témoin le cas de Gegnesius, chef de la secte au commencement du huitième siècle, que Léon III l'Isaurien fit venir à Constantinople pour le placer devant le tribunal du patriarche, et qui réussit, à force d'explications ingénieuses, à se faire délivrer un certificat d'orthodoxie. — Voyez Petrus Siculus (officier impérial qui fit en 868 un séjour prolongé chez les pauliciens en qualité d'ambassadeur de Basile), *Hist. Manichæorum qui Pauliciani dicuntur*, édit. de Rader, Ingolst., 1604 ; Joh. Ozniensis, *Oratio c. Paulicianos*, in opp. édit. Aucher, Ven., 1834 ; Photius, *Adversus recent. Manichæos,* chez Wolf, *Anecdota græca*, I et II, Hamb., 1722, ou dans la *Bibl. PP.* de Galland, XIII, 603; F. Schmid, *Hist. Paulicianorum orientalium*, Copenh., 1827; Gieseler, *Untersuch. über d. Gesch. d. Paulicianer*, *Stud. u. Krit.*, 1829, I, 79; Neander, *Kirchengesch.*, III, 341 ss.; Kurz, *Hand. d. allg. Kirchengesch.*, 2e éd., Mitau, 1858, I, 3e part., 72 ss. A. JUNDT.

PAULIN DE NOLE (Saint) naquit en 353 à Bordeaux, mais sa famille, race patricienne alliée aux plus célèbres gentes de Rome, devait être d'origine italienne. Après avoir fait ses études avec le poète Ausone, il entra dans le barreau et remplit successivement toutes les grandes charges de l'Etat; il fut même consul subrogé et chargé d'une mission dans cette Campanie, qui devait devenir une seconde patrie pour lui après sa conversion. Sa fortune était princière et il en faisait un noble usage. Son ami Ausone fait le plus grand éloge des poèmes, qu'il composa dans la première partie de sa vie, et en particulier d'un panégyrique de Théodose. Mais d'autres sentiments prirent bientôt possession de son âme. Poussé par son épouse Thérasia, qui avait embrassé avec ardeur les théories ascétiques apportées d'Orient, attristé par la mort d'un unique enfant, par les malheurs des temps et par cette mélancolie que le christianisme a fait naître, il renonça au monde en 394 après un séjour de quatre ans en Espagne, où il reçut la prêtrise par une douce violence des chrétiens admirateurs de sa piété. Comme l'a dit avec énergie Hase, il dégrada sa femme à la condition de sœur, vendit une partie de ses biens et se prépara par la prière aux rigueurs de la vie ascétique. Cette conversion éclatante d'un consulaire excita une grande joie dans l'Eglise; saint Martin de Tours, saint Ambroise, saint Augustin, saint Jérôme adressèrent au nouvel athlète du Christ leurs plus ardents éloges. Nous possédons, par contre, les poèmes touchants, quoique pleins d'emphase, par lesquels Ausone chercha vainement à combattre la résolution désespérée de son ami. Nous ne partageons pas les préoccupations littéraires d'Ausone, mais nous devons avouer que cette conception de la vie chrétienne, qui cherche dans l'ascétisme et la pauvreté un refuge contre les devoirs de la vie privée et publique et les tentations de la richesse, nous semble contraire à l'esprit de l'Evangile. Toutefois Paulin resta fidèle à son amitié pour Ausone et pour Pélage, qu'il regardait comme un grand serviteur du Christ. A son passage à Rome il se vit exposé aux mauvais procédés de l'évêque Siricius, jaloux de son influence, et se retira à Nole, où il exerça pendant de longues années les fonctions d'évêque, en fait jusqu'en 409, en droit jusqu'à sa mort, survenue le 22 juin 431. Paulin avait sans doute conservé une grande partie de sa fortune, qu'il employa à l'embellissement de sa ville épiscopale et à la construction de nombreux sanctuaires. Il avait voué un culte tout particulier à saint Félix (voir *Félix de Nole*), auquel il consacre quinze poèmes, qui nous révèlent les analogies réelles entre la piété d'alors et celle des Napolitains de nos jours. Ampère a traduit un passage, qui raconte comment un paysan recouvra ses bœufs, petit chef-d'œuvre qui nous montre combien déjà était profonde la décadence de la piété. Paulin ne cessa d'écrire jusqu'à sa mort; il mit en vers la vie de saint Martin par Sulpice-Sévère et entretint une correspondance active avec les hommes les plus illustres de son temps. Peu instruit, il se garde d'aborder les questions dogmatiques et s'en tient aux enseignements des docteurs, qu'il consulte avec une naïve humilité. Sa seule hérésie est bien l'erreur d'un cœur aimant; il croit au salut final de tous ceux qui auront reçu le baptême et qui hériteront non la gloire, mais la béatitude. Toutefois sa piété est déjà bien superstitieuse. Il croit au miracle du bois de la sainte croix, qui se renouvelle de lui-même, il attache une importance excessive aux reliques et laisse entrevoir une vénération spéciale pour la sainte Vierge. Il fit peindre dons sa nouvelle basilique des scènes de l'Ancien et du Nouveau Testament, qui devaient être comme la Bible parlante des ignorants et des simples. La description de son église a fourni quelques renseignements précieux à l'archéologie chrétienne (Piper, *Monum. Theol.*; Augusti, *Beit. zur christl. Kunstg.*, 1841). Nous y trouvons quelques détails sur l'abside, sur les autels multiples qui remplacent déjà l'unique autel du chœur, sur les croix entourées de colombes symboliques. C'est à tort qu'on a attribué à Paulin l'usage fort postérieur des cloches, dont le nom vient de l'*Æs campanum*. Vigilance allait bientôt protester contre cette corruption du culte en esprit. La réputation de sainteté de Paulin et de sa compagne préserva son diocèse des ravages des Goths et des Vandales, et sa charité était si grande qu'elle a donné naissance à la légende de sa captivité en Afrique. La meilleure édition de ses œuvres est celle de Muratori, Vérone, 1736, in-f°; voir aussi Mai, *Nicetæ et Paulini scripta*, Rome, 1827. — Sources: *Acta SS.*, *Junii*, IV, 198-225; Gilly, *Vigilantius and his times*, London, 1844; Ampère, *Hist. de la litt. en France avant le XII*e *siècle*, I; Buse, *Paulinus und seine Zeit.*, Regensb., 1856, 2 vol.; Lagarde, *Paulin de Nole*, Paris, 1877; Villemain, *Eloq. chr. au IV*e *siècle*.

A. Paumier.

PAULIN D'AQUILÉE. Un des caractères les plus remarquables du génie de Charlemagne, c'est le don de reconnaître les hommes éminents et de se les attacher par des liens durables. En 773, dans l'un de ses premiers voyages en Italie, il fit la connaissance du grammairien Paulin, qui professait avec éclat dans quelques-unes des principales villes d'Italie et qui était né vers 726, selon les uns, en Austrasie et plus vraisemblablement, selon les autres, en Frioul. Il lui fit don aussitôt d'un domaine, l'attacha à son service et le nomma dès 776 patriarche d'Aquilée. Nous voyons le nouveau primat étendre son action missionnaire sur les provinces de Frioul et de Carinthie, longtemps négligées par les Francs, mais qui avaient entendu au sixième siècle une première prédication de l'Evangile. Les efforts du clergé d'Aquilée furent couronnés de succès et les Eglises fondées dans ces deux provinces, même celle de Laibach, demeurèrent jusqu'en 1434 sous la juridiction du siège d'Aquilée. On ne sait pas si l'œuvre missionnaire de Paulin auprès des Avares a un caractère suffisamment historique. Paulin a composé pour Eric, duc de Frioul, un *Liber* *exhortationis*, traité de morale, qui a joui d'une réputation considérable et qui fut assez longtemps attribué à saint Augustin. La Styrie elle-même fut visitée par lui à plusieurs reprises. Sur les confins du monde grec et du monde latin Paulin eut à prendre part aux polémiques qui divisaient les deux Eglises et qui présageaient un schisme prochain. Nous le voyons en 796 présider à Forum-Julii un synode de sa province, où l'adoptianisme fut encore une fois condamné et la fameuse formule latine : *Filioque*, défendue contre l'Eglise grecque, qui ne voulait faire procéder le Saint-Esprit que du Père seul. Ami de cœur d'Alcuin, qui ne tarit pas en éloges sur son compte et avec lequel il entretint une correspondance active, Paulin se vit appelé à prendre une large part dans les querelles religieuses de l'époque et à assister aux conciles de Ratisbonne (792) et de Francfort (794), où il combattit avec succès l'hérésie de Félix d'Urgelles. Nous possédons de Paulin deux traités sur cette question : *Sacrosyllabus contra Elipandum* et *Libri tres contra Felicem*. Dans le premier de ces ouvrages il relève avec bonheur le caractère spirituel de l'épiscopat et conjure Charlemagne de dispenser ses évêques des agitations de la vie publique et du service militaire incompatible avec leur ministère. Paulin a composé également un poème sur la règle de foi, sur la mort d'Eric, duc de Frioul, et sur divers sujets, et a laissé une nombreuse correspondance. Il mourut le 11 janvier 804. Ses œuvres ont été publiées en 1737 à Venise, par Madrisius. — Sources : *Histoire littéraire de France*, IV, 284-295 ; *Acta Sanct.*, XI, Januar 1, 317 ; Baehr, *Gesch. d. rœm. Litt. im Karol. Zeital.*, Carlsr., 1840 ; Wattenbach, *Deutschl. Gesch. Quellen*, passim. A. PAUMIER.

PAULUS (Henri-Eberhard-Gottlob), l'un des représentants les plus éminents du rationalisme allemand, né à Léonberg, près de Stuttgard, en 1761, mort à Heidelberg en 1851. Son père, qui était pasteur, s'adonna, depuis la mort de sa femme, à la croyance aux visions et poussa fort loin le mysticisme ; il fut même, pour ce motif, déposé de ses fonctions. Averti par cet exemple, le jeune Paulus apprit à se défier de tout ce qui était en contradiction avec sa raison, et revendiqua la rigueur des démonstrations mathématiques pour toutes les vérités de l'ordre religieux. Doué d'un vif désir de connaître et d'un esprit très cultivé, il voyagea, après avoir terminé ses études à Tubingue, dans divers pays, et visita un grand nombre de notabilités dans toutes les branches du savoir humain. Puis il débuta à Iéna par l'enseignement des langues orientales, à une époque (1789) où le goût pour ces études n'était pas encore très répandu. Nommé à Wurtzbourg en 1803 et à Heidelberg en 1811, Paulus déploya une activité infatigable et écrivit une masse prodigieuse d'ouvrages durant sa longue carrière de professeur. Il travaillait avec ardeur à répandre l'instruction parmi le peuple, se déclara partisan de toutes les réformes libérales en matière politique et ecclésiastique et, sous le coup d'incessantes dénonciations, ne laissait passer aucune occasion pour défendre les principes de la tolérance et du libre examen. Il nous est impossible d'énumérer toutes les productions littéraires de Paulus, parmi lesquelles nous trouvons une *Grammaire arabe*, une foule d'écrits relatifs à l'Orient, en particulier un *Nouveau répertoire de la littérature biblique et orientale,* publié dans la suite sous le titre de *Memorabilien*, une anthologie des principaux voyages en Terre sainte et de nombreux articles dans la *Gazette littéraire* de Halle et dans les *Annales* de Heidelberg. — Mais les cours et les ouvrages de Paulus qui ont fait le plus de sensation, ce sont ceux dans lesquels le savant exégète traite de la *Vie de Jésus* (1828, 2 vol.) et des *Evangiles synoptiques* (*Philologisch-Kritischer Commentar über das N. T.*, 1800; *Exeget. Handbuch zu den drei ersten Evangelien,* 1830-33). A côté d'observations philologiques et critiques solides nous y trouvons l'application d'une méthode exégétique des plus singulières. L'auteur nous annonce dès l'abord qu'il se propose de propager une conception vraiment morale de Jésus et du christianisme. D'après ce principe, il n'admet comme s'étant passé réellement que ce qui, au point de vue de la philosophie de Kant, est possible. Tout ce qui a été doit pouvoir s'expliquer par une cause naturelle. A propos de chaque récit miraculeux l'auteur s'adresse deux questions : « Le fait raconté s'est-il réellement produit, et comment a-t-il pu naturellement se produire ?» S'appliquant dès lors à distinguer le fait objectif ou réel du récit subjectif ou légendaire, Paulus, à l'aide de sa brillante érudition, imagine les combinaisons les plus ingénieuses et les plus bizarres, les hypothèses les plus baroques et les plus absurdes. C'est ainsi que la grossesse de Marie du Saint-Esprit est une pieuse hallucination; les anges, au moment de la naissance du Christ, peuvent avoir été des apparitions phosphorescentes, telles qu'on les rencontre, la nuit, dans des pays de pâturage. Les miracles de guérison s'expliquent par une ellipse historique constante : les évangélistes ont omis de mentionner les remèdes naturels que Jésus a employés. Quand Jésus est censé chasser des démons, il manifeste son pouvoir sur de pauvres aliénés, et les résurrections de morts n'ont eu lieu que sur des hommes tombés en léthargie. Le miracle de Cana est le récit d'une bonne plaisanterie de noce; la marche de Jésus sur la mer s'explique par le seul mot de ἐπι qui, dans ce passage, ne signifie pas sur, mais auprès de, au bord de la mer. La transfiguration du Christ est née des souvenirs confus des disciples, plongés dans le sommeil, qui virent Jésus s'entretenant avec deux inconnus par un beau soleil couchant. De tout cet amas d'exagérations, d'erreurs et de fables que l'auteur découvre dans les Evangiles, il dégage l'image de Jésus, homme absolument pur, docteur chargé de promulguer le nouveau code de l'honnêteté, en vue du vrai bien-être de l'humanité. Ce qui fait défaut à Paulus, c'est le sens du divin ou plus simplement le sens religieux. Il ne peut admettre la possibilité pour l'homme de communiquer directement avec Dieu et de posséder un organe capable de percevoir les choses divines. Paulus a vécu conformément à ses principes d'une morale irréprochable. Sobre, économe, laborieux, honnête, il savait allier des convictions profondes à une grande douceur vis-à-vis de ses adversaires. Il avait une foi candide dans l'avenir du rationalisme, et assista impassible au rapide et fécond développement d'une époque nouvelle qu'il finit par ne plus comprendre. — Voyez surtout la riche monographie de Reichlin-Meldegg : *Paulus et son temps, d'après ses œuvres posthumes, ses lettres inédites et ses conversations*, Stuttg., 1852-53, 2 vol. F. LICHTENBERGER.

PAUMIER (Louis-Daniel), né à Autretot (Seine-Inférieure) le 23 février 1789, fit partie de la dernière volée du séminaire d'Antoine Court, à Lausanne. En 1813 il accepta la vocation des six Eglises disséminées autour de Bolbec et fut nommé en 1817 à Rouen. Paumier prit une large part au réveil religieux qui suivit en France les événements de 1815. En rapport avec quelques-uns des membres les plus influents des diverses Eglises d'Angleterre, notamment avec les beaux-frères d'Elisabeth Fry, avec lesquels il entretint une correspondance active, il travailla à faire renaître et à développer la vie religieuse dans sa vaste paroisse. Avec l'aide d'une compagne dévouée, fille du pasteur Alègre de Bolbec, il créa dès 1820 une école du dimanche à laquelle il joignit l'enseignement d'après la méthode de Lancaster, en attendant de pouvoir ouvrir des écoles, qu'il parvint à faire communaliser. Secondé à partir de 1832 par son beau-frère, il constitua une société biblique auxiliaire, un comité de secours pour les pauvres avec le concours de la duchesse de Broglie, enfin une bibliothèque populaire à laquelle il joignit une collection d'ouvrages rares et précieux sur les origines de l'Eglise, provenant en majeure partie de la bibliothèque de l'ancien temple de Quévilly. Dans une étude sur la Saint-Barthélemy en Normandie (*Bulletin de l'Hist. du prot.*, 1858, 465 ss.), il réfuta les allégations de plusieurs historiens sur la prétendue tolérance de l'évêque Le Hennuyer, à Lisieux, de Sigognes à Dieppe et de Levasseur de Carouge, à Rouen. Il publia dans le même bulletin une biographie du pasteur Marlorat. Elu en 1832 membre de l'académie de Rouen, il choisit pour son discours de réception les rapports entre la science et le récit biblique de la création, et ce discours fut traduit dans plusieurs revues anglaises. En 1840 il prononce l'éloge de Samuel Bochard dans la séance qu'il présidait. Fermement dévoué à l'orthodoxie du réveil, mais non moins attaché aux principes ecclésiastiques de son Eglise, Paumier sut les maintenir en face des attaques du rationalisme, tout en conservant cet esprit de prudence et de modération qui a inspiré les décisions du synode de 1848. Par son caractère, son tact, son autorité morale, il sut faire honorer le protestantisme au sein d'une population catholique, qui applaudit à la décoration qui lui fut accordée en reconnaissance de son dévouement pendant le choléra de 1832. Nous pouvons considérer comme le couronnement de son ministère, l'ouverture d'un hôpital protestant, dû en grande partie à des legs catholiques, et la formation de la section de Normandie de la Société centrale, qui a créé le poste d'Elbeuf, encouragé l'œuvre de prosélytisme de Sainte-Opportune et Famechon, et élevé un temple à Darnétal. Paumier est mort à Rouen le 15 septembre 1865 après un ministère de cinquante-deux années. A. PAUMIER.

PAUPÉRISME. Ce mot d'origine anglaise n'est pas synonyme de pauvreté : il ne désigne pas la situation de l'ouvrier qui, n'ayant pour capital que ses bras, gagne au jour le jour le pain de sa famille. Il s'applique à la misère absolue qui attend de la charité seule, nourriture, vêtement, abri, surtout quand cette misère sévit contre des classes nombreuses, et qu'elle est prolongée, permanente ou périodique. — Le paupérisme ainsi défini constitue le plus formidable des problèmes ; car il a nécessairement des causes durables et profondes : il a sa source dans l'état même de la société, dans l'organisation du travail humain et dans l'imprévoyance humaine. Affreuse en elle-même avec son cortège de maladies, de vices, de crimes, la misère est une menace constante pour la sécurité publique. Que de révolutions ont surgi de ce fond insondable des souffrances de la multitude dont la patience était poussée à bout et des terribles colères exploitées par des politiques ambitieux! — Le paupérisme est-il un fait nécessaire comme l'inégalité des fortunes ? Est-il le résultat inévitable de l'imperfection humaine et par conséquent voulu de Dieu? Cette étrange opinion a été soutenue par quelques théologiens qui s'appuient sur deux textes de l'Ecriture : « Le pauvre et le riche se rencontrent, C'est l'Eternel qui les a faits » (Prov. XXII, 32). « Vous aurez toujours des pauvres avec vous, mais vous ne m'aurez pas toujours » (Math. XXVI, 11). Il suffit de faire observer que si le premier de ces textes constate l'existence du pauvre et du riche, il affirme aussi leur titre égal à la protection de Dieu ; et que dans le second Jésus-Christ s'adressant à ses disciples qui blâment l'action de Marie, il leur fait remarquer seulement que les occasions de soulager les pauvres ne leur manqueront pas. On peut donc, sans hésiter, soutenir que l'enseignement de la Bible est tout à fait étranger à une doctrine désolante que réprouve la conscience aussi bien que l'histoire entière du progrès de l'humanité. Sans doute il y aura toujours des imprévoyants, des incapables et des infirmes. La misère existera dans tous les temps, mais il est permis d'espérer que, grâce au progrès de l'influence chrétienne et au développement des caractères et des principes de justice, les sociétés, dans un avenir plus ou moins éloigné, n'offriront plus le spectacle affligeant de milliers d'êtres humains, étalant à côté des raffinements de l'opulence, toutes les horreurs d'un dénuement absolu. Toutefois cette espérance consolante ne peut pas nous empêcher de reconnaître l'immense difficulté du problème. Avant d'en aborder directement l'étude, il ne sera pas inutile de jeter un coup d'œil sur l'histoire du paupérisme, en indiquant les principales solutions entrevues par les législateurs des différents siècles.

I. Histoire. Le Pentateuque nous apprend que Moïse voulant « qu'il n'y eût aucun pauvre parmi les Hébreux » (Deut. XV, 4) commença par attribuer à chaque famille une part égale du pays de Canaan. Un héritage pouvait être laissé pour gage d'une dette, mais non aliéné d'une manière définitive (Lévit. XXV, 23). Le droit de rachat était permanent. Si le vendeur n'avait pu réunir les ressources nécessaires pour l'exercer, la propriété lui faisait retour au bout de sept années. Cette mesure avait pour but d'empêcher la pauvreté de se perpétuer dans les mêmes familles, dans la même classe déshéritée. Elle peut n'avoir eu qu'une valeur temporaire et locale, mais, à l'honneur de la législation mosaïque, elle offre un saisissant contraste avec l'institution des castes dans l'Inde et ailleurs, qui faisait peser sur les parias, de génération en génération, tout le fardeau de la misère. — Comment la charité publique et privée essaya-t-elle de remédier au paupérisme, à Athènes, dans l'ancienne Rome et dans le monde entier, jusqu'à notre époque? Nous avons, à une autre place, traité longuement cet intéressant sujet (voir article l'*Hôpitaux*). Nous ajouterons seulement que toutes les villes de l'antique Hellade n'étaient pas animées du même esprit d'humanité que cette noble Athènes qui élevait un autel à la Pitié. L'aristocratie militaire instituée à Sparte par Lycurgue, était impitoyable pour les faibles et les malheureux. Lorsqu'une extrême misère était sur le point de provoquer une révolte parmi les îlotes, on se bornait à les massacrer en masse. La turbulence proverbiale de la démocratie hellénique et les révolutions fréquentes dont beaucoup de cités étaient le théâtre, n'avaient souvent d'autre origine que l'excès des souffrances des pauvres. Il était facile aux démagogues de séduire par leurs promesses ces multitudes exaspérées. A Athènes on faisait aux citoyens la distribution du *triobole* et du *théorique*, qui n'étaient que des aumônes déguisées dont aucun orateur ne pouvait proposer la suppression sous peine de mort. Mais dans plusieurs autres villes, à Sicyone par exemple, les changements de gouvernement étaient parfois de véritables révolutions sociales : les pauvres se substituaient purement et simplement aux riches qui étaient exilés. — Dès les premiers temps de l'histoire romaine, la misère extrême des classes inférieures provoqua cette lutte plusieurs fois séculaire des plébéiens et des patriciens dont la retraite sur le mont Aventin forme l'un des plus célèbres épisodes. Les lois contre les débiteurs insolvables étaient d'une dureté surprenante : le créancier pouvait les emprisonner, couper une livre de leur chair, les vendre comme esclaves. Lorsque l'émeute était triomphante, on affichait les *Novæ tubulæ* qui indiquaient une diminution de toutes les dettes équivalant souvent à leur suppression. Les clients attachés à quelques familles patriciennes avaient les ressources de la *sportule*, distribution quotidienne de vivres faite aux frais de leur patron ; les plébéiens périssaient de misère. Beaucoup de ces infortunés se vouaient pour la vie au service militaire dans le seul but de ne pas mourir de faim. « Les Romains ne pouvant subsister dans leur pays, conquirent l'univers faute de mieux. » On remédia dans une certaine mesure à cette situation en envoyant les pauvres dans les pays conquis où ils formaient des colonies prospères. On leur attribuait aussi des portions du domaine public. Tel fut l'objet des lois agraires proposées par les Gracques. L'un deux s'écriait avec éloquence : « Les bêtes fauves ont des tanières, les oiseaux ont leurs nids, et les citoyens romains, qu'on appelle les maîtres du monde, n'ont pas une chaumière pour s'abriter. » Malgré ces mesures l'équilibre finissait toujours par être rompu au profit des riches. C'est ainsi que se forma cette plèbe misérable de la Rome impériale qui ne demandait à ses maîtres que du pain et des spectacles: *panem et circenses*. Les distributions du blé tiré de Sicile et de l'Egypte se faisaient alors aux frais de l'Etat. — Le développement de la charité privée sous l'influence du christianisme naissant, parut un moment avoir résolu le problème. « Il n'y avait plus de pauvres parmi les chrétiens, et personne ne disait que ce qu'il possédait fût à lui » (Actes IV, 32). Des auteurs qui ne connaissent les choses religieuses que de loin, ont cru voir dans ce fait la communauté des biens établie à Jérusalem entre les membres de la primitive Eglise. Il n'en est rien. Cette communauté apparente ne fut qu'un élan sublime de charité: elle ne consacrait pour personne ni un droit ni un devoir. Les dons généreux de ceux qui possédaient quelque chose étaient tout spontanés. Aucune obligation de donner ne leur était imposée, ainsi que le prouve surabondamment l'histoire d'Ananias et de Saphira. On ne peut au contraire, refuser de reconnaître au christianisme l'honneur d'avoir introduit dans le vieux monde dont le principe était l'égoïsme, le principe nouveau de la charité qui a tout transformé, dans les relations des pauvres et des riches, et qui a produit un développement remarquable de l'assistance publique et privée, inconnu jusqu'alors (voir l'article *Hôpitaux*). Après les invasions barbares et pendant tout le moyen âge, la misère fut affreuse en Europe. L'humanité parut reculer. Les esclaves de l'antiquité étaient du moins nourris par leurs maîtres. Les serfs, « taillables et corvéables à merci » n'avaient point la même certitude. Les mendiants étaient innombrables; ils avaient à Paris plusieurs repaires inaccessibles connus sous le nom de *Cours des miracles*. Le principal était au centre de la capitale. L'état des campagnes constamment ravagées par les routiers, pendant la guerre de Cent ans, arrache à Michelet ce cri de pitié: « L'horreur de ce temps était épouvantable.» Provoquée par l'excès du mal, la Jacquerie fut étouffée dans des flots de sang. Aux époques les plus brillantes de la monarchie, particulièrement à la fin du règne de Louis XIV, la misère publique atteignit souvent sa limite extrême. *La Dîme royale* (1707), l'éloquent et inutile plaidoyer de Vauban en faveur des classes populaires, en renferme les preuves les plus évidentes. Le problème se posa alors dans toute son horreur. Le dix-huitième siècle qui prépara le grand mouvement de 89, l'examina avec passion et contribua à en atténuer l'acuité par l'affirmation généreuse du droit égal que tout homme possède aux avantages de la vie sociale. La suppression des biens de main morte, en permettant la constitution de la propriété, fit disparaître en France une des causes d'inégalité dont les masses avaient le plus souffert. En même temps naissait une science nouvelle, l'économie politique qui étudiait méthodiquement les lois qui président à la formation et à la distribution des richesses dans les sociétés. Quesnay (1758) faisait ressortir l'importance suprême des progrès de l'agriculture; Turgot (1766) et Adam Smith (1776) vantaient les bons effets du libre échange, particulièrement dans le commerce des grains; Ricardo (1772-1823) étudiait l'organisation du crédit, enfin J.-B. Say (1703-1830) fondait sur des bases vraiment scientifiques cette partie du savoir humain. D'autre part, l'essor prodigieux des sciences au commencement de ce siècle et leur application à l'industrie ont aussi exercé sur la condition des classes pauvres, une influence qui doit être étudiée avec soin. Tandis que l'aisance générale faisait d'incontestables progrès, particulièrement dans les campagnes, les vastes agglomérations d'ouvriers, dans les villes manufacturières, créaient pour les pauvres une existence précaire et souvent très misérable. Beaucoup se croyaient privés brusquement de leur gagne-pain, par l'invention des machines qui remplacent l'action humaine au moyen de la force motrice de la vapeur où d'ingénieuses combinaisons font mieux et plus vite que des centaines d'ouvriers. De là, bien des souffrances et des plaintes. Malgré tout on doit reconnaître que le bien-être s'est étendu et que la somme des misères, encore trop grande, a considérablement diminué.

II. Théorie. C'est une vérité qu'il importe d'établir solidement, si l'on veut bien comprendre l'étendue de la question qui nous occupe et sa véritable solution. Comparons la société du moyen âge à celle du dix-neuvième siècle. Incontestablement la situation matérielle est meilleure de nos jours; l'homme moderne est mieux nourri, mieux vêtu, mieux logé. Il produit plus avec moins de peine. Avons-nous plus d'énergie que nos aïeux? La nature est-elle de nos jours plus clémente et plus féconde? L'homme naît-il plus intelligent ou meilleur? Non, nous avons une seule supériorité sur nos ancêtres : nous savons ce qu'ils ignoraient; nos connaissances nous permettent de tirer de la nature plus de ressources pour satisfaire nos besoins. Les machines qui représentent en Europe seulement, le travail de plus de cent millions d'ouvriers produisent beaucoup en consommant très peu. Nos connaissances industrielles, et par conséquent notre force productrice augmentant sans cesse pendant que nos besoins essentiels demeurent les mêmes, chaque progrès nouveau réalisé dans le domaine de la science et de l'industrie est une atténuation au paupérisme. Le travail humain bien dirigé un jour deviendra assez fructueux pour subvenir à nos besoins physiques, et même nous permettre un peu de superflu. Mais de nos jours et dans l'état de notre civilisation, brillante à la surface, mais profondément incomplète, la difficulté de vivre est encore très sérieuse pour beaucoup. L'immense majorité des hommes ne peuvent soutenir leur existence que par un travail dont la durée dépasse dix heures par jour. Dans les familles nombreuses, le père, la mère, et même (spectacle digne de pitié), l'enfant dès l'âge de douze ans, de huit ans parfois, sont astreints dans nos cités industrielles, à un travail monotone et machinal qui ne leur laisse ni force ni loisir. Ce n'est pas la cupidité qui les amène, ce n'est pas pour l'avenir qu'ils amassent: ils marchent sous l'impulsion d'une nécessité étroite et pour vivre au jour le jour. L'absence d'équilibre assuré, entre la puissance productrice et les besoins de la consommation quotidienne, entre le gain et la dépense, qui peut être rompu sous l'influence d'une foule de causes: la maladie, le chômage etc., demeure de nos jours encore la cause principale et permanente de la misère. — Après la cause générale du paupérisme viennent *les causes accidentelles*. On ne doit nullement méconnaître la gravité de ces causes secondaires, mais il importait de bien faire ressortir que si les questions qu'elles soulèvent paraissent urgentes, il ne suffit pas de les résoudre pour venir à bout du mal. Ne songer, comme plusieurs écrivains socialistes, qu'à certaines injustices dans la répartition des produits, aux grandes fortunes héréditaires, à quelques parasites sociaux, c'est considérer la question à un point de vue étroit et inférieur. Supprimez ces difficultés, elles renaîtront sous mille formes, selon les pays et les époques, tant que la difficulté de vivre par le travail restera la même. Tel est le problème : il ne se résoudra pas par un effort unique, ni magiquement par quelques mesures infaillibles. Il se résout tous les jours ; chaque découverte est un pas en avant ; la civilisation marche sans reculer ; la science acquiert toujours et ne perd jamais ; le bien qu'on fait aux hommes est passager, les vérités qu'on leur laisse sont éternelles. Voilà pourquoi il est nécessaire d'appeler à la lutte, à la conquête de la vérité cette foule d'intelligences d'élite qui végètent dans les couches profondes des masses populaires, sans connaître la vie de l'esprit, ni les ardeurs de l'étude. Répandre l'instruction à flots est le remède véritable ; la société sera payée au centuple de ses sacrifices si quelque génie inconnu tiré de l'obscurité et formé dans ses écoles lui apporte une découverte nouvelle, féconde pour le bonheur de l'humanité. Elle sera l'œuvre de la science. Tandis que la science poursuit ainsi son œuvre lente mais impérissable, et élève pierre à pierre l'édifice de la civilisation future, il appartient aux hommes d'État et aux philanthropes de rechercher dans un esprit de charité et de justice les moyens d'amoindrir, dans la mesure du possible, les souffrances que le paupérisme inflige aux générations présentes, en combattant des difficultés d'un autre ordre dont quelques-unes sont temporaires et locales. Ces causes secondaires du paupérisme étaient jadis l'esprit militaire de l'époque féodale, la lenteur des communications, les entraves mises au commerce des grains, l'inflexible monopole des corporations qui interdisait au public une foule de ressources; elles sont aujourd'hui : l'agglomération sur certains points du globe de populations nombreuses tandis que des régions vastes et fertiles demeurent incultes et inhabitées ; le mouvement qui entraîne vers les grandes villes les populations des campagnes ; l'imprévoyance des misérables qui dissipent leur gain au jour le jour sans songer à la maladie ni au chômage ; la démoralisation qui s'empare souvent de l'homme quand il perd l'espérance d'un meilleur avenir ; l'abaissement des salaires par suite de la concurrence universelle ; la suppression subite de la main-d'œuvre dans certaines opérations industrielles exécutées par quelques machines nouvelles ; l'importance et la soudaineté des crises commerciales qui se font sentir dans le monde entier, lorsque l'horizon politique s'assombrit ; l'antagonisme devenu plus aigu entre le capital et le travail depuis que l'industrie a pris un développement aussi extraordinaire. A ces causes sociales, il faut y joindre les catastrophes passagères produites par les mauvaises récoltes ; la guerre, les épidémies et les bouleversements de la nature. Enfin et surtout les causes religieuses et morales. C'est un fait digne d'être noté ; que malgré toutes ces causes l'homme qui se distingue par une forte éducation chrétienne et des principes religieux éclairés trouve dans cette éducation et dans ses croyances, quel que soit le milieu social où il vive, un degré supérieur de lumière, d'intelligence et d'énergie qui l'élève visiblement au-dessus de l'ordinaire. S'il n'est pas plus habile dans son métier, il a une supériorité de conduite qui lui permet de tirer un meilleur parti des avantages que sa position lui assure et de se défendre mieux, par sa prévoyance intelligente, contre l'instabilité de l'avenir. Le problème de la misère est à la fois matériel et moral. Si en effet avec de l'instruction, de la prévoyance, une vie tempérante et réglée, l'homme a plus de chances d'éviter une extrême détresse, il lui est cependant toujours difficile, lorsqu'un travail excessif, des privations sans nombre, et la force des circonstances l'accablent, d'échapper au découragement ; c'est là ce qui impose à tout chrétien le devoir de porter sur son cœur le noble souci des souffrances de l'ouvrier, ce qui rend pour lui urgents l'étude de ces graves problèmes et l'examen sympathique des plaintes formulées par les travailleurs sur la condition qui leur est faite par l'organisation actuelle de l'industrie. — Ils disent : « La lutte est trop inégale, entre celui qui possède par droit d'héritage et celui qui entre dans la vie n'ayant que ses bras et son intelligence ; le crédit, âme du commerce, n'est accordé qu'au riche ; nos salaires, loin de nous permettre de constituer un capital sérieux, suffisent à peine à former quelques économies pour les mauvais jours ; dans nos luttes avec les patrons, nous n'avons d'autre arme que la grève, désastreuse pour tous et surtout pour nous ; il nous est impossible de faire donner une instruction supérieure à nos enfants qui seront les héritiers de notre misère. » On doit craindre d'être injuste et imprudent en ne reconnaissant pas ce qu'il y a de fondé dans ces réclamations. Elles sont faites avec sagesse, par des hommes qui repoussent toute idée de violence. Les esprits que passionne aujourd'hui le parallèle si facile et si amer de l'extrême opulence et du dénuement absolu deviennent de plus est plus rares. On a compris que la richesse des uns n'est point la cause de la misère des autres ; que la suppression des grandes fortunes n'entraînerait pas la suppression de l'indigence ; enfin que le paupérisme a pour cause plutôt l'exiguité du total des produits que les injustices de détail dans leur répartition. L'opinion d'ailleurs est unanime sur un point : une révolution violente nuirait à tous et ne profiterait à personne. Cette conviction est le fondement de la paix publique. C'est une raison de plus pour ne pas lasser la patience de ceux qui souffrent. Le progrès, les réformes sont une nécessité urgente ;

la société est un organisme vivant pour lequel l'immobilité, c'est la mort. —En pareille matière l'Etat a sa tâche qu'il ne faut pas exagérer. Nous ne partageons pas l'opinion de ceux qui pensent qu'il doit intervenir seul. Les divers moyens proposés : Les sociétés coopératives, les sociétés en participation, les caisses de retraite pour le travailleur, les chambres syndicales, l'accès des établissements d'instruction publique à tous les degrés ouvert, à tous pour qu'une intelligence d'élite ne soit pas condamnée, faute de ressource, à voir les carrières supérieures se fermer devant elle ; les banques populaires, les caisses d'épargne, les sociétés de secours mutuels, les cités ouvrières, tout cela est l'œuvre de tous : à l'Etat l'ordre, la paix, l'exécution des lois, le développement des moyens de transport, la diffusion de l'instruction ; à l'initiative privée de faire le reste. Toutes ces institutions diverses, ces combinaisons habiles ne suffiront pas certainement à supprimer les effets désastreux du paupérisme. Les hommes de bien qui ont consacré leur vie à cette grande œuvre savent que cela est impossible ; le mal est trop profond, l'imprévoyance humaine est trop grande. Mais si le mal ne peut être supprimé, il peut être atténué considérablement. Et c'est à cette atténuation que tous les hommes de cœur et tout disciple de Christ doit travailler. — Voilà comment, pour nous chrétiens, doit se poser et se résoudre le problème du paupérisme. Nous devons prendre notre part de l'œuvre commune, nous associer à toutes les entreprises généreuses, vivre largement de la vie de nos contemporains et marcher à la tête de toutes les œuvres qui ont pour but le soulagement de la misère. Cela a, dans tous les temps, été la gloire du christianisme, qui faisant, dans la solution de ces problèmes sociaux, intervenir la charité comme une puissance irrésistible, a remplacé par la pitié et la reconnaissance les sentiments de mépris séculaires d'envie et de crainte qui semblaient inévitables quand un pauvre et un riche étaient en présence. Nous ne tracerons point ici le tableau détaillé de l'œuvre magnifique et touchante de la charité, nous avons fait cet exposé à une autre place (art. sur les *hôpitaux*). Elle n'est pas, nous le reconnaissons, la solution définitive du problème, mais elle aide et doit aider toujours davantage à préparer cette solution et, en attendant, elle atténue les effets douloureux du mal qu'il s'agit de conjurer : Les progrès de la civilisation sont lents et la faim et la souffrance n'attendent pas. Hôpitaux, hospices, maisons de refuge, orphelinats, écoles industrielles, sociétés de patronage pour les libérés, les enfants abandonnés ou vicieux, les ouvroirs, les diaconats, les secours à domicile, fourneaux économiques, etc., telles sont les principales créations de la charité, qui prend pour secourir la misère les formes les plus variées. Le détail de ces œuvres serait infini. C'est elle qui a fourni à l'Etat les premiers éléments de son organisation de l'assistance publique, de ses bureaux de bienfaisance et de ses asiles pour les enfants trouvés ou abandonnés. — Le concours de l'un et de l'autre, se prêtant un mutuel appui par une féconde émulation de l'Etat et des particuliers, atténue en partie le mal. Mais le mal est si grand ! L'Irlande subirait d'une manière permanente les horreurs de la famine sans le refuge que les Etats-Unis offrent chaque année à sa population misérable en accueillant ses milliers d'émigrants. Même remarque pour l'Allemagne qui ne compte pas moins aujourd'hui de 200.000 mendiants. Et l'Angleterre elle-même ne présente-t elle pas le spectacle de la misère la plus affreuse, vivant côte à côte avec la plus extrême opulence. Dans une telle situation, le concours de toutes les forces vives de l'humanité, science, industrie, action législative, puissance de l'association, charité individuelle, nous paraît indispensable. Quelques mots résumeront notre opinion sur cette question du paupérisme, qui est la question sociale proprement dite. Dans l'état actuel de notre civilisation, l'extinction totale de la misère est une espérance chimérique. Mais travailler à l'atténuation de ce grand mal, source de tant de souffrances, de démoralisation et de crimes, est le premier devoir de l'Etat, des hommes de cœur et surtout de ceux qui se disent les disciples de celui qui a jeté dans le monde cette grande parole d'espérance et cette promesse à tous ceux qui plient sous le fardeau : « Venez à moi, je vous soulagerai ! » C'est aux disciples à accomplir la parole du Maître. C'est la gloire de l'Evangile d'en faire trouver les moyens. — Voyez Vauban, *Dîme royale*, 1707 ; Gérando, *La bienfaisance publique*, 1839 ; L. Blanc, *L'organisation du travail*, etc., etc. E. ROBIN.

PAUVRES DE LYON. Voyez *Vaudois*.

PAVANES (Jacques), Boulenois. « Celui-ci, dit Crespin, a été des premiers qui ont enduré la mort, au pays de France, pour la vraie doctrine de la cène du Seigneur, laquelle en ce temps commença à être mise en avant. Guillaume Briçonnet, évêque de Meaux en Brie, se montra en ce temps fort affectionné tant à connaître la vérité de l'Evangile venant en lumière, qu'à la notifier aux autres. Icelui visitant d'entrée son diocèse, trouva que le pauvre peuple était du tout (entièrement) destitué de la connaissance de Dieu, et que les cordeliers et semblables besaciers n'enseignaient sinon une vieille ânerie, pour donner et apporter aux couvents. Ledit évêque, ému pour lors d'un bon zèle, et bien informé de leurs impostures et tromperies, leur interdit généralement la chaire et sermons par tout son diocèse, et appela à soi, pour suppléer au défaut, beaucoup de gens de bien et de savoir, tant docteurs qu'autres, comme M. Jacques Faber (Lefèvre) d'Etaples, M. Guillaume Farel étant à Paris, M. Michel d'Arande, M. Martial (Mazurier), qui depuis a été pénitencier de Paris, M. Gérard Rufi (Roussel), qui puis après fut fait évêque d'Oleron, et autres par la diligence desquels, et par la ferveur de cet évêque qui prêchait lui-même la vérité, n'épargnant or ni argent pour donner des livres à ceux qui désiraient d'y entendre, la connaissance de l'Evangile commença à s'augmenter comme d'une école ouverte à toute piété. Or, entre ceux que ledit évêque entretenait à cette fin, il y avait M. Jacques Pavanes, du pays de Boulenois (Pas-de-Calais), homme de grande sincérité et intégrité, lequel, constitué prisonnier l'an 1524 et durant sa prison, fut sollicité par gens devenus froids et tépides, a sauvé sa vie en faisant amende honorable. Et sur tous ledit M. Martial, docteur de Sorbonne, disputant contre Pavanes, et ne le pouvant détourner, lui disait souvent ces mots: Vous verrez, Jacobé, vous n'avez pas vu au fond de la mer, mais seulement au-dessus des ondes et vagues, voulant signifier par ces paroles que Pavanes était encore tout nouveau, et trop ardent pour un commencement, et, au contraire, que Martial, qui avait fait aucune fois profession de la vérité, n'avait été si scrupuleux, qu'au besoin il n'acquiesçât et changeât d'opinion pour sauver sa vie. Ce personnage donc, agité par telles manières de gens, fit amende honorable le lendemain de Noël, audit an 1524. Depuis cela il n'eut que regrets et soupirs, et les déclarait souvent à ceux qui le visitaient, de sorte que, peu de temps après, et par écrit et devant les juges, il a tellement maintenu la pure confession de la religion chrétienne, et surtout le point de la cène, que de rechef il fut emprisonné, condamné, et tôt après brûlé vif à Paris, en la place de Grève, l'an 1525, au grand honneur de la doctrine de l'Evangile, et édification de plusieurs fidèles, qui pour lors ignoraient le vrai usage et institution de la cène du Seigneur Jésus-Christ. Pavanes fut suivi quelque temps après par un surnommé l'Hermite de Livry, qui est une bourgade sur le chemin de Meaux, lequel fut brûlé vif à Paris, au parvis du grand temple qu'ils appellent Notre-Dame, avec une grande cérémonie, étant sonnée la grosse cloche de ce temple à grand branle, pour émouvoir tout le peuple de la ville, disant et affirmant les docteurs (qui le voyaient passer avec une constance invincible) que c'était un homme damné qu'on menait au feu d'enfer. » — Nous avons reproduit tel quel ce récit de Crespin (*Hist. des martyrs*), d'abord parce qu'il est admirable, ensuite parce qu'aucun des écrits postérieurs (*Hist. des Egl. réf.*, 1580, in-8°; *Gérard Roussel*, par Ch. Schmidt, 1845, in-8°; *Petite chroniq. prot. de France*, par Crottet, 1846, in-8°; *Hist. de la réf. du seizième siècle*, par Merle d'Aubigné, 1847, in-8°; *La France prot.*, 1858, in-8°; *Précis de l'égl. réf. de Paris*, par A. Coquerel fils, 1862, in-8°) n'a pu y rien ajouter, sauf un seul détail. Farel rapporte qu'un docteur de Sorbonne se serait écrié « qu'il voudrait avoir coûté à l'Eglise un million, et que l'on n'eût jamais laissé parler Jacques Pauvant devant le peuple. » O. Douen.

PAVILLON (Nicolas), fils d'un correcteur à la chambre des comptes, naquit à Paris, le 17 novembre 1597. Elevé dans une famille pieuse, il montra lui-même, dès son enfance, un grand attachement pour tous les devoirs et les pratiques de la religion. Entré au collège de Navarre où il fit ses premières études, il suivit à la Sorbonne ses cours de théologie. Mis en relation avec Vincent de Paul, il fut employé par ce dernier à divers emplois parmi les prêtres de Saint Lazare, emplois dans lesquels il montra autant d'aptitude que de piété. Il ne voulut entrer dans les ordres qu'à l'âge de trente ans, son humilité le portant à se croire indigne du sacerdoce, dont il devait pourtant être l'un des plus éminents représentants à son époque. Rempli de l'esprit de son ministère, on le vit dès lors en exercer les devoirs avec un grand zèle ; conférences, prédication, visites des pauvres et des malades occupaient tout son temps. Le cardinal de Richelieu, instruit de ses vertus et de son mérite, le nomma à l'évêché d'Alet, qu'on eut beaucoup de peine à lui faire accepter. Cet homme simple et vraiment humble se jugeait insuffisant pour des fonctions aussi élevées. Il fallut céder pourtant, et après avoir été sacré (1639), Pavillon se rendit dans son diocèse qu'il trouva dans un état déplorable, par suite du relâchement de ses prédécesseurs. Aussitôt après son arrivée à Alet, on le voit fonder des écoles pour les deux sexes, visiter les paroisses, tenir des synodes, ouvrir des conférences ecclésiastiques, prêcher fréquemment et établir un séminaire dans sa propre maison. Son zèle le poussa à combattre les désordres et les scandales avec toute la force d'un chrétien et l'autorité d'un évêque, zèle qui lui attira des difficultés ; dénoncé à la cour comme étant un homme à idées étranges et excessives, il ne se troubla point. La cour lui rendit justice en lui donnant gain de cause contre ses accusateurs qui ne le taxaient de rigoureux qu'à cause de leur dissipation. Il éloigna de son diocèse plusieurs ordres de religieux, notamment les jésuites, ce que ces derniers ne lui pardonnèrent jamais. L'évêque d'Alet montra une grande indépendance dans l'affaire de la régale, et dans celle du Formulaire. Lié avec les solitaires de Port-Royal, tout spécialement avec Arnauld, il embrassa la cause du célèbre monastère, et ne craignit pas de s'opposer aux empiètements de Rome en diverses circonstances. Une épidémie ayant éclaté dans son diocèse, Pavillon se dépensa pour secourir les victimes du fléau et donna de sa personne pour porter assistance à ceux qui en étaient victimes. Il réalisa le type de l'évêque dans toute l'étendue du terme. Sa vie fut un enseignement encore plus que ses paroles. Pour s'en convaincre, il faut lire dans un opuscule de Lancelot, intitulé *Voyage d'Alet*, ce que dit ce religieux sur notre prélat. Homme de devoir et de prière, aussi pieux que savant, Pavillon a été certainement l'une des plus hautes et des plus saintes figures de l'épiscopat français à cette époque si féconde cependant en prélats remarquables. Il mourut frappé de disgrâce, à l'âge de plus de quatre-vingts ans, le 8 décembre 1677, dans sa ville épiscopale qu'il n'avait pas quittée depuis trente-huit ans. On a de lui : 1° *Les instructions du Rituel du diocèse d'Alet*, 1667, in-4° ; 1670, in-4° et in-18 ; ouvrage excellent, l'un des meilleurs du genre. Il fut condamné par Rome à l'instigation des jésuites, mais plusieurs évêques de France s'étant élevés contre cette condamnation, le livre continua d'être reçu pour l'enseignement du clergé. Il s'en fit un grand nombre d'éditions qui contribuèrent à augmenter le nombre des bons ecclésiastiques, soit dans le diocèse auquel il était destiné, soit dans les autres diocèses de France; 2° *Des ordonnances et des statuts synodaux*, 1675, in-12.—Ouvrages à consulter: *Nécrologe de l'abbaye de Port-Royal* (au 8 décembre) ; *Mémoires pour servir à la vie de M. Pavillon* ; *Vie de M. Pavillon* ; (l'abbé Racine) *Abrégé de l'Hist. ecclésiastique*, t. XIII, p.14 à 40, notice fort bien faite ;

(Dom Clémencet) *Hist. génér. de Port-Royal*, t.VII; *Nécrologe des plus célèbres défenseurs et confesseurs de la vérité*, I. A. MAULVAULT.

PAYS-BAS (Histoire religieuse). La prédication de l'Evangile aux Pays-Bas n'y a commencé que dans la première moitié du septième siècle, quoique l'on y mentionne quelques vestiges douteux de la religion chrétienne du temps des Romains. C'est un roi de France, Dagobert Ier, qui fit construire à Utrecht la première chapelle. Ce sont des missionnaires français, saint Amand et saint Eloi, protégés par Dagobert, qui les premiers annoncèrent la foi nouvelle sur les frontières méridionales du pays. Les Pays-Bas étaient alors habités presque entièrement par les Frisons, peuple aussi sérieux que brave, prédisposé par son caractère national à la religion chrétienne, mais hostile aux princes français, dont le zèle ne leur semblait pas moins inspiré par la politique que par la piété. Or aux yeux des Frisons, la domination franque et le christianisme n'étaient qu'une seule et même chose. Leur résistance se personnifia, pour ainsi dire, en leur roi Radbout, type de leur fierté nationale et de leur noble passion pour l'indépendance. Mais sa bravoure fut impuissante contre les armes françaises; il fut vaincu par Pépin d'Héristal (689), puis une seconde fois par Charles Martel (717). En même temps arrivaient d'Angleterre et d'Irlande de nouveaux missionnaires, au premier rang desquels il faut placer saint Willibrod. C'est lui qui mérite d'être appelé le vrai fondateur de l'Eglise chrétienne dans les Pays-Bas. Il mourut en 739, âgé de plus de quatre-vingts ans. Saint Boniface, évêque de Mayence, compatriote de Willibrod et pendant quelque temps son collaborateur dans les Pays-Bas, veilla pieusement après la mort du grand missionnaire à la continuation de son œuvre, et périt lui-même, martyr de l'Evangile, non loin de Dockum, dans la partie septentrionale du pays (755). Nous passons sous silence les autres messagers du Christ, qui travaillèrent à la conversion des Frisons, ne faisant d'exception que pour un seul, saint Ludger, qui mérite d'être mentionné à part, comme ayant été le seul apôtre de race frisonne. Il faisait dans son œuvre usage des services d'un barde nommé Bernlef, à qui il avait rendu la vue, et qui, après avoir jadis glorifié dans ses vers les exploits des vieux Frisons et de leurs rois, depuis sa conversion se mit à chanter devant ses auditeurs les psaumes de David. Voilà un moyen tout à fait personnel de propagande. Il y en avait d'autres, dont on se servait plus généralement. Tantôt on organisait de pompeuses processions, dans lesquelles on portait des crucifix brillants dans la main et de mystérieux reliquaires sur la poitrine. Tantôt on adressait aux foules d'ardentes allocutions sur les joies du ciel et les terreurs de l'enfer. On s'efforçait surtout de gagner les cœurs par des œuvres de charité et de miséricorde. Tout le monde sait quels services Charlemagne a rendus à l'Eglise, dont il voulait étendre les limites en agrandissant son empire. Ce vainqueur des Saxons fut en même temps le vainqueur des Frisons, qui, soit par des récompenses, soit par des menaces (ainsi s'exprime Alcuin), furent convertis au christianisme. Utrecht devint la métropole religieuse des Pays-Bas. C'est là que résidaient les évêques. Le premier d'entre eux, saint Willibrod, que nous venons de mentionner, fut doté de grands biens par Pépin d'Héristal, par Charles Martel et par d'autres puissants de la terre. Plusieurs rois et empereurs suivirent cet exemple en faveur des évêques suivants. L'empereur Othon Ier surtout s'appliqua, ainsi que ses successeurs, à agrandir leur territoire, de sorte que l'évêché d'Utrecht finit par constituer une grande principauté temporelle, qui couvrait environ le tiers du territoire des Pays-Bas actuels. Dès le neuvième siècle, le peuple habitant ces contrées passa pour converti au christianisme. En réalité, la masse n'avait guère fait plus que d'adopter quelques formes ecclésiastiques. Elle ne semblait pas même avoir conscience d'être entrée par son changement de religion dans le concert des nations chrétiennes. Il fallut, pour le lui faire sentir, la grande secousse des croisades. « Dieu le veut ! » redisent les échos de Clermont. Les Frisons l'entendent à leur tour, et s'armant pour la conquête du saint Sépulcre, ils découvrent qu'ils sont membres du grand corps des chrétiens. — Mais les formes ecclésiastiques et les guerres de religion ne sont pas ce qui profite à la vie chrétienne, et c'est de cette vie que l'on avait avant tout besoin. Le petit peuple joignait l'ivrognerie, la fureur des jeux de hasard et le parjure aux vices ordinaires dont souffrent les classes non cultivées. Les nobles étaient adonnés à la rapine, à la violence et à l'orgueil. Le clergé ne se signalait que trop souvent par son avarice, par son intempérance et par sa luxure. Il y avait là des maladies morales, qui ne pouvaient que fort lentement faire place à un état de santé meilleur. Il s'opéra cependant quelque progrès. Malgré l'ébranlement produit dans l'Eglise par le grand schisme papal et, en outre, dans les Pays-Bas par des schismes épiscopaux, le besoin de piété vivait dans les cœurs et parvint à faire valoir ses droits. Les moyens auxquels elle eut recours pour se manifester, servirent en même temps à la propager. Tels furent ces vastes temples, fondations dues à la dévotion des croyants, érigés toujours avec le produit de leurs offrandes, souvent aussi par leur labeur personnel. Tels furent encore ces couvents de tous ordres, dont la plupart ont été fondés par des enfants du peuple, afin qu'ils pussent y trouver un pieux asile. Tel fut enfin ce bel essor de la littérature populaire, cette éclosion d'écrits d'édification, dans lesquels se sont épanchées et conservées les plus saintes aspirations de l'âme. Aussi, quel éloquent témoin du courant de vie morale et religieuse dans les Pays-Bas au quatorzième et quinzième siècles, que ce grand réveil, auquel on donna alors le nom de « dévotion moderne » et qui fut provoqué par Gérard Groote. — Gérard Groote, contemporain de Tauler et de Ruysbroeck, mais plus jeune qu'eux, naquit à Déventer en 1340. Il conquit le degré de maître ès arts à l'Université de Paris. Son érudition était peu commune, mais ses mœurs laissaient à désirer. Parvenu à l'âge de trente-quatre ans, il se convertit et se retira du monde pendant cinq années, dont il passa plus de deux dans un monastère. Enfin, cédant aux instances de ses amis, il se mit à prêcher partout dans l'évêché d'Utrecht. Sa parole eut un grand retentissement, mais elle lui attira la haine du clergé, qui ne lui pardonnait pas la hardiesse avec laquelle il s'élevait contre les péchés des prêtres. Trois ans et demi après lui avoir donné l'autorisation de prêcher, son évêque la lui retira. Peu après il mourut, âgé de quarante-quatre ans (1384). Gérard Groote a été le représentant et le prophète de l'esprit moral et religieux des Pays-Bas au quatorzième siècle. Son œuvre lui survécut et se développa, après sa mort, en trois branches distinctes. Ceux de ses disciples qui continuaient à vivre au sein de la société, se firent les propagateurs de la dévotion, surtout dans l'intérieur des familles. Ceux qui, déjà de son vivant et sous ses auspices, avaient commencé à vivre en commun, les « frères de la vie commune, » s'en firent les apôtres parmi les écoliers et les clercs. Enfin ceux qui après sa mort fondèrent le monastère de Windesheim (1387) et, quelques années plus tard (1395), la congrégation du même nom, devenue depuis si fameuse, introduisirent cette dévotion dans de nombreux monastères de chanoines réguliers répandus dans les Pays-Bas, en Belgique, en Allemagne, en Suisse et dans la partie septentrionale de la France. Le chef-d'œuvre de la riche littérature à laquelle la « dévotion moderne » a donné naissance, est l'*Imitation de Jésus-Christ*. Le célèbre Thomas à Kempis, auquel (après toutes les discussions à ce sujet tant dans les temps passés que de nos jours) nous n'hésitons pas à attribuer cet excellent ouvrage, était l'un des chanoines réguliers de la congrégation de Windesheim. — La vie religieuse et morale ne fut pas seule à se manifester. Les forces intellectuelles de l'esprit néerlandais, elles aussi, commencèrent à se mettre en action et produisirent des œuvres considérables. Il suffira de citer, comme preuve, trois noms bien connus : celui de Rodolphe Agricola, le grand humaniste († 1485), celui de Wessel Gansfort, le profond théologien († 1489), et celui du célèbre Erasme, humaniste et théologien à la fois († 1536). Tout le monde connaît l'édition, faite par Erasme, du Nouveau Testament grec; tout le monde admire son *Eloge de la folie*. L'idéal qu'il avait conçu était une réforme de l'Eglise, opérée par l'Eglise même. Son ami Philippe de Bourgogne, évêque d'Utrecht, homme d'une grande érudition et d'une rare activité, s'efforça de réaliser tant soit peu cet idéal, en abolissant quelques abus et en réformant quelques usages. Mais ce n'était pas ainsi que l'Eglise pouvait être sauvée. Luther s'éleva en Allemagne et la Réforme pénétra aussi dans les Pays-Bas. — Il ne faut pas croire cependant, que les premiers Néerlandais à qui répugnèrent les dogmes de Rome, fussent des luthériens. Le nom, qui leur convient est plutôt celui de « sacramentaires », c'est-à-dire d'adversaires du sacrement de l'eucharistie. Ce fut là le type le plus ancien de la Réforme dans les Pays-Bas. Cette forme a dominé pendant une dizaine d'années, environ de l'an 1520 à l'an 1530. Un simple citoyen d'Utrecht, le tonnelier Guillaume fils de Thierry (Willem Dirks), homme trop obscur pour avoir un nom de famille, en fut le premier martyr (1525). Après les sacramentaires parurent les anabaptistes, qui s'appelaient eux-mêmes les « associés ». Leur influence caractérise la période de 1531 à 1566. Un grand nombre de martyrs leur appartiennent. Vers l'an 1566, la religion dans les Pays-Bas septentrionaux, c'est-à-dire dans les Pays-Bas actuels, prit la forme du calvinisme. — Voici comment le calvinisme fut importé dans ces pays. Charles-Quint, par un concours de circonstances favorables à son ambition, se voyant maître de toutes les provinces néerlandaises, y compris le territoire temporel de l'évêque d'Utrecht, persécuta les protestants avec rigueur. Son fils, Philippe II, qui lui succéda en 1555, imita cet exemple, en redoublant de violence. Sous le règne de ces deux princes, des centaines d'habitants quittèrent leur patrie, les uns s'embarquant pour l'Angleterre ou pour la Frise orientale, les autres prenant la voie de terre et se réfugiant dans le Palatinat et dans le pays de Clèves. Ils fondèrent dans ces différents pays des Eglises néerlandaises « sous la croix », en se conformant au type plus ou moins calviniste qu'ils y trouvèrent ou qui commençait à y prévaloir. Dans le même temps, le calvinisme s'avançant par la France, pénétrait dans les Pays-Bas méridionaux, la Belgique actuelle. Là aussi se constituèrent sous son influence des Eglises « sous la croix », les premières Eglises wallonnes, lesquelles eurent leurs synodes particuliers au plus tard à partir de 1563. On peut nommer le calvinisme le fruit le plus mûr de la religion au seizième siècle. C'était la forme du protestantisme la plus profonde et la plus austère, qui présentait le système de doctrine le plus complet et l'organisation de l'Eglise la plus solide. Le calvinisme était en outre animé de l'esprit le plus antipapal et le plus démocratique, au point de proclamer la révolte légitime, quand les intérêts de la conscience le commandent. Il répondait donc très exactement aux aspirations d'un peuple sérieux d'esprit, ennemi du vague, énergique, passionné pour la liberté, et en même temps opprimé par un prince qui foulait aux pieds les privilèges du pays et ne tenait aucun compte des droits sacrés de la conscience. — En vain la voix des opprimés s'éleva vers le trône. Au compromis des nobles, qui ne produisit guère plus qu'une démonstration courtoise, succéda le compromis des marchands, qui avaient derrière eux les consistoires, véritables foyers de résistance, couvrant le pays comme d'un réseau, dont le point central se trouvait à Anvers. Après les prêches d'abord occultes, puis publics de la religion nouvelle, vinrent les excès regrettables de la fureur iconoclaste. Après le refus du roi de donner la liberté de conscience pour le prix de trois millions de florins (6,300,000 francs), on se décida à enrôler des troupes pour résister à la tyrannie et on en confia le commandement à Henri de Brédérode, ami intime de Guillaume d'Orange. Tout cela rend l'année 1566 une des plus remarquables, tant dans l'histoire politique que dans l'histoire ecclésiastique des Pays-Bas. Mais la tentative échoua. Les troupes de la Réforme furent défaites. Le duc d'Albe vint prendre les rênes du gouvernement au nom du roi, et des milliers de protestants s'enfuirent, pour aller rejoindre leurs frères déjà réfugiés en Angleterre et dans les autres pays d'asile, que nous avons nommés plus haut. — C'est dans cet exil, que les Eglises réformées néerlandaises donnèrent un témoignage admirable de leur foi. Dans la sainte persuasion « que le Seigneur ouvrirait tôt ou tard la porte à la prédication de sa parole », elles organisèrent un synode à Wesel dans le pays de Clèves (1568), et trois ans plus tard un autre à Emden dans la Frise orientale (1571). Ces deux synodes élaborèrent des règlements complets et détaillés pour l'Eglise à venir ; on fixa les époques des réunions régulières des synodes nationaux ; on divisa en classes le pays que le duc d'Albe remplissait de terreur et de sang. — Suivirent plus de quatre ans d'oppression et de martyre jusqu'à la prise de la Brille par les « gueux de mer » (1er avril 1572). Ce fait d'armes fut le signal d'une insurrection générale sous la direction du généreux prince Guillaume d'Orange. Il ne faut pas entendre ce terme comme si tout le pays s'était soulevé. Deux provinces seules, la Hollande et la Zélande, aidées uniquement par deux petites villes de la Gueldre, Bommel et Buren, soutinrent pendant quatre ans et demi la guerre contre le puissant roi d'Espagne. Mais, pour ces héroïques combattants, la guerre de l'indépendance était une guerre pour la foi. C'étaient les réformés en armes, tant ceux qui se décidèrent à se déclarer en faveur de la nouvelle religion, que ceux qui revinrent de l'étranger. Ils ne formaient pas plus de la dixième partie de la nation ; mais ayant embrassé de tout leur cœur le calvinisme, ils représentèrent la force, le courage, l'énergie du peuple entier. Ce ne fut qu'en novembre 1576 que d'autres provinces commencèrent à prendre part à la lutte. Une union plus étroite, conclue à Utrecht en 1579, constitua les Pays-Bas en un corps tant soit peu politique. On y stipula, quant à la religion, qu'il serait permis à la Hollande et à la Zélande d'être aussi antipapistes qu'elles désireraient l'être, et aux autres provinces de faire les ordonnances qui leur sembleraient les meilleures pour la conservation de l'ordre et de la prospérité dans leur territoire, à condition qu'elles s'abstiendraient de toute inquisition et de toute persécution. L'union d'Utrecht n'autorisait ainsi l'établissement d'une religion d'Etat que dans deux provinces ; mais les racines que le calvinisme avait poussées dans le cœur même de la nation étaient si vivaces, que quatre ans plus tard (1583) l'Eglise réformée se trouvait, en fait, l'Eglise de l'Etat dans tous les Pays-Bas septentrionaux. En 1651 elle fut légalement proclamée comme telle. — Le nouvel ordre des choses, comme nous venons de le voir, s'étant premièrement borné à la Hollande et à la Zélande, le synode convoqué à Dordrecht en 1574, ne put être qu'un synode provincial. Un nouveau synode tenu dans la même ville en 1578, fut le premier qui eut le caractère d'un synode national. Du reste, dans tous les synodes, on s'en tint à la confession de foi, publiée par Guy de Bray en 1561, au catéchisme de Heidelberg, traduit l'année même de son impression (1563), et aux psaumes de Dathène, pâle traduction de ceux de Bèze et de Marot (1566). Il va sans dire qu'en tout on en appelait à la Bible, dont chaque année venait augmenter les éditions déjà nombreuses. Cette unité de doctrine et de culte fit des Eglises réformées néerlandaises un corps compacte, et forma les ecclésiastiques en une phalange, sinon dangereuse, du moins inquiétante aux yeux des politiques, qui parfois eurent besoin de toute leur habileté pour parvenir à calmer les passions théologiques et à tenir en équilibre la balance de l'Etat. Les longues controverses, tristement fameuses, entre les arminiens et les gomaristes, ou plutôt entre les remonstrants et les contre-remonstrants, qui se terminèrent par la victoire des derniers au synode de Dordrecht (nov. 1618 jusqu'à mai 1619), ne furent point du tout, comme on se plaît à croire, de simples querelles dogmatiques sur la prédestination éternelle et sur le libre arbitre, ni de vaines disputes ecclésiastiques entre les partisans de la confession de foi et les défenseurs de l'unique autorité de la parole de Dieu ; mais ces longs débats portèrent tout autant sur l'autonomie de l'Eglise et la suprématie de l'Etat. Le dogme, le symbole, l'autonomie, tout fut sauvé, sauf cependant que sur ce dernier point l'Eglise eut plus d'une concession à faire à l'Etat. Malgré ces luttes, la vie chrétienne, nourrie par la lecture de la Bible, des martyrologes et d'une grande quantité de livres d'édification, se maintenait dans le peuple, qui, tout en prenant part à ces luttes, n'oubliait pas que la seule chose nécessaire est après tout la bonne part. — Il en fut de même pendant le cours du dix-septième siècle. Certes, si l'on n'avait eu alors dans les Pays-Bas que les pasteurs dogmatisants, qui ne prêchaient guère que la doctrine de l'Eglise, et que les théologiens controversistes, qui, depuis 1658, rangés en deux partis hostiles nommés l'un d'après Vœtius, l'autre d'après Coccéïus, se disputaient au sujet de la « théologie fédérale », notamment au sujet de l'observation du sabbat, le sel de l'Eglise aurait risqué de perdre toute sa saveur. Les partis se subdivisaient eux-mêmes en fractions, et le peuple, toujours enclin à créer des noms, en inventa souvent d'assez curieux pour désigner les défenseurs de certaines subtilités théologiques ; ainsi il parlait des vœtiens morts et des vœtiens vivants, des coccéïens sérieux et des coccéïens verts. La philosophie intervint dans la dogmatique ; d'abord l'influence de Descartes fut grande ; puis celle de Spinoza se fit sentir ; en un mot, la paix de l'Eglise laissa beaucoup à désirer, et un nouveau schisme, non moins grave que celui dont elle venait d'être déchirée à Dordrecht, était à craindre. C'est alors que le stadhouder Guillaume III, roi d'Angleterre, sauva la paix du pays en se déclarant contre la convocation d'un synode national, auquel on voulait déférer l'arbitrage des questions controversées. Il ordonna aux Etats de Hollande de faire un règlement pour la conservation du repos et de la paix des Eglises. Le règlement fut publié en 1694. Il fut ordonné que de part et d'autre on eût à s'en tenir aux écrits symboliques de l'Eglise, et à s'abstenir de querelles sur les points qui n'avaient pas été décidés à Dordrecht. Il s'en fallut de beaucoup que les passions fussent apaisées tout d'un coup ; néanmoins peu à peu la paix rentra dans les cœurs. — Heureusement la piété conserva vivant ce que le dogmatisme menaçait d'étouffer. Vœtius et Coccéïus eux-mêmes, hommes d'une érudition aussi vaste que solide, étaient en même temps des hommes vraiment religieux. Mais c'est surtout aux sermons édifiants de ceux qui aimaient avant tout la vie chrétienne, aux pieuses assemblées que les laïques organisaient entre eux, à la lecture quotidienne de la Bible au sein des familles et à celle d'un grand nombre d'écrits piétistes et mystiques, que l'on doit la conservation de la vie dans ce vaste champ de la mort. Parmi les auteurs nationaux dont les écrits exercèrent cette salutaire influence, nous ne nommerons que les frères Teellinck, les A-Brakel, père et fils, Lodenstein, Kœlman; et parmi les écrivains étrangers, dont on traduisait les ouvrages, Pierre Du Moulin, Richard Baxter, Jean Arndt. Le peuple, au foyer domestique, se nourrissait l'âme de leurs écrits; on imprimait et réimprimait ces livres; il y en eut qui parvinrent à douze, même à vingt éditions et plus. — L'espace nous manque pour compléter ce petit tableau de l'histoire religieuse des Eglises réformées des Pays Bas. Il nous faut mentionner brièvement les catholiques, les baptistes, les remonstrants et les autres sectes qui purent subsister dans ce pays si profondément calviniste. A en croire les placards, que les Etats des provinces édictèrent à plusieurs reprises contre les papistes et les sociniens, on dirait que l'oppression et la persécution étaient à l'ordre du jour. Quand on y regarde de plus près, on s'aperçoit que les placards étaient faits pour contenter les ecclésiastiques, mais que l'on observait la tolérance à l'égard des catholiques et des sectaires. Je dis la tolérance et non pas la juste appréciation de ce qu'ils avaient de bon. On ne leur faisait guère de mal, mais on ne leur faisait pas de bien. Cependant des centaines de milliers d'habitants étaient catholiques et servaient Dieu (plus ou moins clandestinement, il est vrai) selon les rites de l'Eglise de Rome, sous la direction de leur clergé, dont personne n'ignorait l'existence, et d'un grand nombre de missionnaires, parmi lesquels les pères jésuites se distinguaient par leur forte organisation et par leur ardeur. Les luthériens et les baptistes avaient leurs lieux de culte; même les remonstrants eux-mêmes, dont les prédicants avaient été bannis en 1619, prêchaient publiquement dès 1630 à Amsterdam, et, quatre ans plus tard, inauguraient dans cette ville un séminaire. D'autres sectes moins considérables jouirent aussi d'une assez grande liberté; tel fut le cas des jansénistes, des brownistes, des labadistes, des quakers, des frères moraves. Quant aux sociniens ou unitaires, ils furent très mal vus; on défendit la vente de leurs écrits, parce qu'on les considéra comme dangereux pour la religion. Pour le reste, tout le monde sait que les Pays-Bas étaient le refuge de tous ceux que la persécution menaçait dans leur patrie. Nulle part les juifs ne jouirent d'une aussi grande liberté; Descartes et Bayle y trouvèrent un asile; les réfugiés protestants de France y furent accueillis avec un amour vraiment fraternel et donnèrent à leur tour de l'éclat aux Eglises wallonnes, qui, fidèles à leur glorieux passé, avaient continué de vivre modestement et utilement à côté de leur sœur cadette, l'Eglise réformée des Pays-Bas. — La fin du dix-huitième siècle vit proclamer la liberté de tous les cultes. « Chaque citoyen est libre de servir Dieu selon la conviction de son cœur, » est-il dit dans le « règlement d'Etat» de 1798. Il ne doit point y avoir d'Eglise privilégiée; la religion que professe chaque citoyen ne peut lui procurer ni avantage ni détriment. Le principe était posé et il se maintint malgré les troubles du temps, à travers la tyrannie de Napoléon, et sous la Restauration. Longtemps encore, il est vrai, les traditions du vieux régime en empêchèrent la mise en pratique complète. Le roi Guillaume Ier organisa de son chef l'Eglise réformée (1816), comme s'il en eût été le souverain, lui qui n'en était que membre. Il fit persécuter les dissidents (1835), qui, se piquant d'être les vrais représentants de la religion des pères du seizième siècle, s'étaient séparés de l'Eglise officielle, infidèle à leurs yeux. Pourtant ils ne demandaient que le droit d'exercer leur culte en public, droit que la loi leur assurait. Ce droit, après être longtemps resté lettre morte, fut enfin reconnu. La séparation de l'Eglise et de l'Etat, de nouveau proclamée dans la législation de 1848, passa de plus en plus dans les faits. Il ne reste plus entre les deux corps que des liens exclusivement financiers, les derniers vestiges des liens plus intimes d'autrefois venant d'être rompus par la mise en vigueur de la récente loi sur l'enseignement supérieur (1876). La faculté de théologie y a été maintenue dans les universités de l'Etat, mais la dogmatique, la théologie pratique et tout ce qui a rapport aux besoins particuliers des différentes Eglises, a été banni du programme. — Quoique l'Eglise réformée ait cessé d'être dans les Pays-Bas l'Eglise privilégiée, et que le nombre des catholiques s'y soit considérablement augmenté depuis le commencement de ce siècle, elle n'a pas cessé pour cela d'être la plus importante. Les réformés comptent à peu près deux millions d'âmes, les catholiques un million trois cent mille, les luthériens, les baptistes, les remonstrants et les réformés dissidents, ensemble, deux cent vingt-cinq mille. Quant aux derniers, ils représentent à eux seuls environ la moitié de ce nombre. — Pour le reste, ceux qui ne sont pas étrangers au monde religieux de nos jours, ne s'étonneront pas de nous entendre dire que dans les Pays-Bas, comme dans tous les pays protestants, les différences entre les sectes tendent à s'effacer devant la lutte engagée entre les deux grands courants religieux qui constituent ce que presque partout on appelle le parti orthodoxe et le parti libéral. Chacun de ces partis se fractionne en nuances plus ou moins nombreuses, soit au point de vue des conceptions dogmatiques, soit au point de vue de la question ecclésiastique. Le parti orthodoxe se transforme de plus en plus en parti « confessionnel; » le parti libéral est nommé d'ordinaire parti « moderne. » Entre les deux existe un parti du centre, qui se nomme lui-même le parti évangélique. Heureusement qu'au sein de tous les partis et de toutes les nuances, se trouvent des cœurs vraiment pieux. Ceux-là seront les gardiens de la vie religieuse.—Voyez Moll, *Kerkgeschiedenis van Nederland voor de Hervorming*, Arnh., 1864, 6 vol.; De Hoop Scheffer, *Geschiedenis der Kerkhervorming in Nederland van haar ontstaan tot* 1531, Amst., 1873, 2 vol.; Hooijer, *Oude kerkordeningen der Nederlandsche Hervormde gemeenten*, Zalt-Bommel, 1865;

Ypeij et Dermout, *Geschiedenis der Nederlandsche Hervormde kerk*, Breda, 1819, 4 vol. J.-G.-R. Acquoy.

PAYS-BAS. Le royaume des Pays-Bas (non compris le grand-duché de Luxembourg) compte une population de 3,580,771 habitants, que le recensement officiel répartit ainsi que suit entre les différents cultes: réformés, 2,074,734 habitants, luthériens 68,067, catholiques romains 1,313,052, catholiques grecs 32, chrétiens d'autres dénominations (mennonites, etc.) 55,725, juifs 68,003, plus 5,161 individus dont la religion n'a pu être constatée. La Hollande est donc au premier chef un pays mixte, avec un peu plus de trois cinquièmes de protestants et un peu moins de deux cinquièmes de catholiques. De ce mélange des confessions est résulté nécessairement pour l'Etat néerlandais la nécessité d'une très large tolérance en matière religieuse. Cette tolérance est en effet de tradition en Hollande, et, sauf quelques exceptions (arminiens, catholiques ultramontains), a généralement été pratiquée par le gouvernement du pays. Le dernier document qui en fasse foi est la constitution du 3 novembre 1848, qui proclame pour les adhérents de tous les cultes une entière liberté de conscience et une complète égalité civile et politique. Mais en même temps, l'union de l'Eglise et de l'Etat a longtemps été très étroite dans les Pays-Bas, et cela s'explique facilement. C'est une question religieuse qui a donné lieu à la formation de la République des Provinces-Unies. La cause nationale et la cause protestante se sont confondues dans la lutte contre la domination espagnole, et l'indépendance politique a été en même temps la victoire de la foi réformée. Aussi n'est-il pas étonnant que les deux causes qui l'emportèrent ensemble soient longtemps restées étroitement unies. Fortement rattachés l'un à l'autre au seizième siècle, l'Etat et l'Eglise réformée ont longtemps vécu dans un grand accord. Jusqu'à ces dernières années, ces liens n'ont fait que se resserrer davantage, et lorsqu'en 1816 le rationalisme régnant voulut reviser l'ancienne constitution ecclésiastique, les modifications qu'il y apporta eurent pour effet de rendre l'Eglise encore plus dépendante de l'Etat. Depuis quinze ans seulement, la théorie de la séparation des deux pouvoirs a fait en Hollande de grands progrès et a amené le relâchement des anciens liens. Aujourd'hui on peut dire qu'à moins de revirements imprévus dans l'opinion, la cause de la séparation est gagnée dans les Pays-Bas et que sa complète réalisation n'est plus qu'une affaire de temps. La conclusion dans ce sens est déjà préparée par la renonciation du souverain à plusieurs des prérogatives importantes qu'il possédait dans le gouvernement ecclésiastique, par la suppression de l'administration des cultes comme ministère distinct, et plus récemment encore par la réorganisation des facultés de théologie, dans un sens qui leur ôte tout caractère ecclésiastique. — Le corps ecclésiastique le plus nombreux est l'Eglise réformée proprement dite, qui comptait, en 1865, 1,817,000 membres dont environ 10,000 réformés wallons et les autres réformés hollandais. Cette Eglise forme 1,284 paroisses avec 1,524 pasteurs. La paroisse est le degré inférieur des autorités ecclésiastiques.

A sa tête est placé le conseil d'Eglise, composé du pasteur, président, et d'un certain nombre d'anciens (*ouderlingen*). La réunion de plusieurs paroisses forme ce que l'on appelle un *ringvergaeringe*, autorité plutôt officieuse qu'officielle des pasteurs, sous la présidence d'un *prætor* élu par eux et parmi eux. Cette assemblée n'est guère qu'une conférence pastorale et l'autorité officielle immédiatement supérieure à la paroisse réside plutôt dans le *Classical Moderamen* ou *Classical-Klerk-Bestuur*. La réunion générale de cette assemblée, qui se tient une fois ou deux tous les ans, se compose de tous les pasteurs du ressort et d'un nombre proportionnel d'anciens. Les affaires courantes sont administrées par une commission permanente beaucoup moins nombreuse. La réunion des classes d'une province forme le *Provincial Moderamen*, composé d'un pasteur délégué à chaque classe et d'un ancien désigné à tour de rôle par chacune des classes du ressort. Audessus des autorités provinciales se trouve, comme autorité suprême de l'Eglise réformée hollandaise, le synode général, composé de délégués des synodes provinciaux. Dans tous les corps ecclésiastiques le roi possédait naguère le droit de faire un certain nombre de nominations importantes; mais il a renoncé à un certain nombre des privilèges qui lui étaient accordés sur ce point. Les Eglises wallonnes font partie de l'Eglise réformée hollandaise, dont elles forment une classe spéciale; dans ces Eglises le culte se célèbre en langue française. Il existe également quelques communautés presbytériennes anglaises et écossaises incorporées à l'Eglise nationale. Les pasteurs hollandais font leurs études dans les universités du pays, Leyde, Groningue et Utrecht, auxquelles s'en est joint récemment une quatrième à Amsterdam. Les facultés de théologie se rattachent à des tendances diverses, Utrecht à l'orthodoxie modérée, Groningue à un rationalisme qui rappelle celui de l'Allemagne il y a soixante ans, Leyde à des idées plus avancées, au parti que l'on appelle en Hollande le parti moderne. Les progrès des idées de séparation de l'Eglise et de l'Etat ont amené depuis quelques années un changement considérable dans la constitution des facultés de théologie. Elles ont cessé d'avoir un caractère ecclésiastique pour devenir des établissements purement universitaires, et pour bien marquer ce changement, on a retranché de leur programme officiel l'enseignement de la dogmatique et celui de la théologie pastorale, Mais en même temps, la loi laisse aux Eglises la faculté d'entretenir à leurs frais dans les établissements de l'Etat des professeurs chargés d'enseigner les matières que l'Etat a fait disparaître de son programme. Comme dans plusieurs autres pays, le zèle pour la vocation pastorale a beaucoup diminué en Hollande. Les trois facultés de théologie qui en 1834 comptaient 522 étudiants inscrits, n'en avaient plus que 107 en 1877. En janvier 1874, 180 paroisses étaient sans pasteurs et 30 candidats seulement étaient disponibles pour remplir ces postes. — A côté de l'Eglise réformée officielle, nous trouvons plusieurs branches qui s'en sont détachées, mais qui appartiennent néanmoins au type réformé. Le plus ancien de ces rameaux séparés est celui des arminiens ou remonstrants, qui forment, depuis le synode de Dordrecht, une communion distincte de l'Eglise réformée nationale. Leur nombre est aujourd'hui fort peu considérable, 5,270 en 1865 avec 27 paroisses et 25 pasteurs. Ils reconnaissent l'autorité d'un synode et possèdent à Amsterdam un séminaire théologique. — Plus considérable est aujourd'hui le groupe des réformés séparés (*afgescheydte gemeinde*). Ce sont les calvinistes stricts, qui ont fait dissidence à Amsterdam en 1834, au nombre de 4,000 environ ; ils ont aujourd'hui près de 200 paroisses, avec 63,470 membres. Ils obéissent à un synode et entretiennent un séminaire théologique à Kampen. — Les luthériens sont dans les Pays-Bas une petite minorité ; ils forment deux groupes ecclésiastiques distincts. Le plus considérable, reconnu par l'Etat, s'appelle simplement Eglise luthérienne et est presque entièrement dominé par le rationalisme ; il compte 54,318 membres dans 51 paroisses, desservies par 62 pasteurs. La constitution de l'Eglise est presbytérienne et synodale. Un séminaire théologique à Amsterdam prépare leurs pasteurs. — Les luthériens séparés ou rétablis (*herstelde luthersche kerk*) ont cherché depuis 1791 le salut des anciennes doctrines de leur Eglise dans la dissidence. Ils comptent 7 paroisses, 11 pasteurs et 9,822 membres. — Les mennonites ou baptistes sont presque aussi anciens en Hollande que la réformation elle-même. Leur nombre est évalué à 41,893 ; ils possèdent un séminaire théologique à Amsterdam. — Parmi les adhérents d'autres confessions protestantes, citons encore 334 moraves et 576 anglicans. — L'Eglise catholique se divise dans les Pays-Bas en deux rameaux très inégaux en importance. Le catholicisme romain compte plus de 1,300,000 adhérents, répandus surtout dans les provinces du Brabant septentrional, du Limbourg et de la Gueldre. La réformation avait brisé la hiérarchie catholique dans les Provinces-Unies ; le jansénisme avait achevé de l'y faire disparaître. Pendant longtemps, les catholiques hollandais avaient été dirigés par des vicaires apostoliques. En mars 1853, le pape Pie IX crut pouvoir y rétablir la hiérarchie régulière en créant l'archevêché d'Utrecht, avec les quatre évêchés suffragants de Bois-le-Duc, de Harlem, de Bréda et de Ruremonde. Cet acte du saint-siège réveilla dans le pays d'anciennes passions antiromaines, et les Chambres crurent devoir adopter, le 10 septembre 1853, une loi de précaution contre les empiétements possibles des évêques. Aujourd'hui, les catholiques jouissent de la liberté la plus complète et leur clergé touche un traitement de l'Etat. Les 5 diocèses se divisent en 61 décanats et 915 paroisses desservies par 560 curés et 731 vicaires et chapelains. Les couvents sont assez nombreux dans le pays. Les expulsions des religieux allemands, à partir de 1872, en ont encore augmenté le nombre. La seule province de Limbourg renfermait en 1876, 67 maisons religieuses, dont 28 avaient été créées dans les trois dernières années. — L'Eglise d'Utrecht, reste du jansénisme séparé de Rome dans les premières années du dix-huitième siècle, est aujourd'hui fort peu nombreuse, 5,337 membres ressortissant de l'archidiocèse d'Utrecht et des diocèses de Harlem et de Deventer. — Les juifs forment deux groupes distincts, juifs hollandais et juifs portugais. — Bibliographie : Jacobi, *Neuester Religionszustand in Holland*, 1777 ; *Proeve eener kerkelijke statistick der Nederlanden opgemaakt in* 1833 ; *Exposé historique de l'état de l'Eglise réformée des Pays-Bas*, de la part de la réunion wallonne, Amst., 1855 ; *Staats-Almanak voor het koningrijk der Nederlanden*, 1879 ; *Allgemeene statistick van Nederland*, publiée par la Société néerlandaise de statistique, Leyde, 1869-1879, etc. E. VAUCHER.

PÉAGERS. Depuis que les Romains étaient devenus les maîtres de la Palestine, ils y avaient établi, de même que dans les provinces limitrophes de l'Asie, leurs impôts (τέλη, *vectigalia, portoria*) sur les marchandises importées, et en partie aussi exportées (Tite-Live, 32, 7 ; Cicéron, *Verrines*, 2, 72). La totalité des impôts d'une province était affermée à des chevaliers romains (*publicani*) pour un certain nombre d'années (cinq, d'ordinaire), qui plaçaient des employés de péage, soit Romains, soit indigènes, dans les ports et les villes frontières, avec l'injonction de rendre leurs fermages aussi lucratifs que possible (Suétone. *Octavius*, 24 ; Tacite, *Annales*, 4, 6 ; 13, 50 ; Tite-Live, 25, 3 ; Dion Cassius, 42, 212). Ces percepteurs ou receveurs subalternes (*exactores, portitores, visitatores*) sont appelés τελῶναι dans le Nouveau Testament (Josèphe, *De bell. jud.*, 2, 14, 4 ; Luc XIX, 2, mentionne à Jéricho la présence d'un ἀρχιτελώνης), et sont souvent placés sur une même ligne avec les pécheurs (Matth. IX, 10 ss. ; XI, 19 ; Luc V, 30 ; VII, 34), avec les fornicateurs (Matth. XXI, 31 ss. ; cf. Tertullien, *De pudic.*, 9), avec les païens (Matth. XVIII, 17), avec les brigands et les meurtriers (*Mischna Nedar.*, 3, 4). Les Juifs ne recevaient pas leur témoignage devant les tribunaux et les excluaient de la communauté religieuse ; aucune aumône ne devait être acceptée de leur caisse. Cette haine profonde avait sa source dans l'établissement même des impôts qui paraissait vexatoire aux Juifs (Jean VIII, 33), dans la brutalité avec laquelle les marchandises étaient visitées, dans la cupidité dont se rendaient coupables les employés souvent peu honnêtes, dans les exactions et les abus de tout genre qu'ils commettaient impunément (Luc III, 12 ss. ; XIX, 8 ; cf. Cicéron, *De officiis*, 1, 42). Il s'ensuivait que ce n'étaient que des gens de basse extraction qui briguaient ces emplois, ce qui augmentait encore le mépris qui pesait sur tous les gens de péage. — Voyez Waldenström, *De publicanis*, Upsal, 1744 ; Struckmann, *De portitoribus in N. T. obviis*, Lemgov., 1750.

PEARCE (Zachary), théologien anglican, né à Londres en 1690, mort à Little-Ealing en 1674, fit d'excellentes études classiques et, après avoir occupé plusieurs cures importantes, fut nommé successivement doyen de Winchester, évêque de Bangor, puis de Rochester, et doyen de Westminster. On a de lui, outre un *Recueil de sermons sur des sujets variés* (Londres, 1777), et un écrit apologétique intitulé : *Défense des miracles de Jésus-Christ* (1732), dirigé contre Woolston, un *Commentaire sur les quatre Evangiles et sur les Actes des apôtres* (1777), qui se distingue par une érudition remarquable pour le temps où il parut.

PEARSON (John), évêque de Chester, né à Snoring, dans le comté de Norfolk, en 1613, mort à Chester en 1686. Après de solides études classiques à Eton et à Cambridge, il occupa une série de cures et de chapelainies, jouissant de larges bénéfices qu'il perdit à l'époque de la Révolution. Partisan décidé de la monarchie et de l'Eglise anglicane, il fut comblé de faveurs lors de la restauration des Stuarts, et professa successivement au *Jesus College* et au *Trinity College* de Cambridge. Sa science, son impartialité, l'élévation et la fermeté de son caractère ne contribuèrent pas peu au prestige de cette université. Baxter l'appelait la force et l'honneur de son parti. En 1672, Pearson fut promu à l'épiscopat de Chester. Ses principaux écrits sont: 1° *Exposition of the Creed* (Londres, 1659), devenu classique en Angleterre, où il est considéré comme l'ouvrage théologique le plus parfait qui soit sorti d'une « plume anglaise ; » il en parut une traduction latine en 1691, et de nombreux abrégés à l'usage des étudiants. C'est une tentative heureuse de construire l'édifice de la théologie systématique sur la base du symbole dit des apôtres. Les nombreuses citations des Pères et les notes savantes dont cet ouvrage est accompagné lui assurent une valeur durable ; 2° *XXIV Lectiones de Deo et attributis ejus* (1688), essai ingénieux d'accommoder les formules de la scolastique aux doctrines bibliques ; 3° *Vindiciæ Epistolarum S. Ignatii* (1672), défense érudite de l'authencité des épîtres d'Ignace; 4° *Annales Cyprianici* (1682); 5° *Critici sacri* (1660). Les *Œuvres posthumes* de Pearson ont été publiées par Dodwell à Londres, en 1688. On y trouve une dissertation sur l'avènement et la succession des premiers évêques de Rome, et une dissertation critique sur la série des événements de la vie de saint Paul. Une nouvelle édition, plus complète et précédée d'une biographie, a été publiée par Churton, à Londres, 1844, 2 vol.

PÉCAH (Pèqakh; Φακεέ), fils de Rémaljah (Es. VII, 4), général de l'armée d'Israël sous le roi Pekachjah, profita de sa position pour tuer le roi et monter sur le trône, qu'il occupa pendant vingt ans. On ne sait rien sur son gouvernement intérieur, mais sa politique étrangère fut pour le moins imprudente. Vers la fin de son règne il s'unit au roi de Damas Rézin, pour attaquer le royaume de Juda, alors gouverné par Achas. Ce dernier appela à son secours Tiglath-Piléser, roi d'Assyrie, qui vint détruire Damas et ravager Israël. Les habitants du pays au delà du Jourdain furent emmenés en captivité et bientôt Pékah tomba comme il était monté. Il fut mis à mort par Osée, fils d'Ela, qui lui succéda. C'est à ces événements que se rapportent les oracles d'Esaïe VII; VIII, 1-9; XVII, 1-11.

PÉCHÉ. Tel est le nom donné au mal moral par l'homme religieux, c'est-à-dire par celui qui se sent sous la dépendance d'un Dieu créateur, personnel, vivant, et se sait responsable envers lui. Avant donc de retracer l'histoire des idées sur ce grand phénomène, d'en fixer la notion, de chercher à l'expliquer et de décider enfin ce que nous devons en penser nous-mêmes, il est indispensable de rappeler ce qu'enseignent sur ce point capital les documents des deux principales religions monothéistes dont les traditions ont formé la base de notre société occidentale.

I. Données bibliques. L'Ancien Testament présente le péché sous des aspects divers : « ce qui manque le but, détourne du droit chemin » (Gen. IV, 7), une violation (intentionnelle ou non) du droit divin ou humain, une révolte contre Dieu, la perversité, la culpabilité, l'opposé du souverain bien (Gen. VI, 5), la vanité (Exode XX, 17). Ce péché est un état général de l'humanité entière s'accusant dans les sentiments les plus secrets (Lévit. IX, 17; Gen. VI, 5.9; Gen. VI, 5.9; VIII, 21 ; Pr. VIII, 5), tout en différant d'intensité de peuple à peuple, d'individu à individu (Gen. VI, 8; IX, 21.22; VIII, 20; Ex. II, 5; XXXIV, 7; Nombres XVII, 18; Deut. V, 9), sans que ce fait implique que les charges ou les bénéfices s'héritent indépendamment de la condition morale des descendants (Exod. XX, 5; Deut. IV, 16; Jérém. XXXI, 29; Ezéch. XVIII, 23; XXXIII, 17 ; Exod. XX, 5). Bien qu'une justice relative soit possible même chez les païens (Gen. XIV, 18; XX, 4-7), de fait aucun homme n'arrive à être parfaitement juste (1 Rois VIII, 46; Ps. CXLIII, 2 ; Es. XLIII, 27; Prov. XXIX, 9 ; Eccl. VII, 20). L'état de péché s'hérite (Ps. LI) : on peut être pécheur coupable, sans l'être devenu par un acte personnel de liberté (Nomb. XVIII; Gen. XIX, 16; XX, 9; XXVI, 10; Exode XX; cf. Gen. IX, 18-25; Nombres, XIV, 18). Si l'Élohiste semble insinuer (Enoch et Gen. VI, 4) que la mort pourrait bien ne pas être la condition naturelle de l'être fini, le jéhoviste la présente, avec toutes les suites du péché, comme une conséquence de ce dernier (Gen. II, 7 ; III, 19). — Le Nouveau Testament prêchant la repentance à tous suppose que tous les hommes sont des pécheurs, des malades, ayant besoin de médecin (Matth. VII, 11 ; Marc I, 15 ; II, 17), des débiteurs (Matth. VI, 12; Luc XI, 4). Pour Jacques, le péché est la rupture de l'harmonie chez l'homme ; sous le rapport de la connaissance, il engendre le doute, et, quant à la volonté, l'homme est double de cœur (I, 6.8; III, 11 ; IV, 8). Paul, se plaçant comme Jacques sur le terrain anthropologique, présente avant tout le péché comme une contradiction avec Dieu, comme l'opposé de la justice, accusant ainsi le point de vue religieux. Cet état général de l'humanité provient de l'incrédulité. Jean, se plaçant au point de vue théologique, décrit le péché comme les ténèbres, l'inimitié contre Dieu incarnée dans le monde, toutefois à des degrés divers, suivant les individus (XI, 52 ; VII, 6). Il hésite quand il s'agit de décider si le mal physique est toujours l'effet du péché (IX, 3; V, 14). Pierre, dans un passage trop négligé (1 P. III, 18.19), se légitime comme l'apôtre de l'espérance ; il n'y a damnation définitive que quand l'Evangile a été sciemment et personnellement repoussé. Pour l'épître aux Hébreux, il n'y a qu'un seul péché par excellence, l'incrédulité, l'abandon de la foi (XII, 1.4; III, 13), irrémissible de sa nature. L'Ancien Testament ne place la généralité du péché dans aucun rapport exprès avec la faute du premier couple. Paul l'explique par l'unité de la race, c'est-à-dire l'union étroite avec le premier homme. Il n'y a pas eu imputation du péché d'Adam à ses descendants, mais tous ceux-ci ont été constitués pécheurs, parce qu'ils ont personnellement péché en acte, en tant (ἐφ ᾧ) qu'ils ont péché. Pour ce qui est de la cause anthropologique du péché, Jean la voit dans l'absence de l'amour de Dieu auquel s'est substitué l'amour du monde. Paul, plus psychologique et plus subjectif, la place dans la chair, entendant par là, non la matière seule, mais la matière terrestre animée, douée de vie, constituant la substance de l'organisme corporel, servant par cela même à désigner la parenté physique, les maladies corporelles, la nutrition corporelle et la vie physique. Ce n'est du reste pas en vertu de sa base substantielle primitive, en lui-même et pour lui-même, que le corps est, avec ses membres, au service du péché, mais par un effet de la chute : « La chair n'a pas été créée pécheresse, elle l'est devenue. » Au reste, même après la chute, la chair au sens physique, n'est pas devenue le siège du péché. Bien souvent, chez Paul (2 Cor. I, 12-17; 1 Cor. I, 26; II, 5. 13), le mot chair a perdu son acception primitive (être sensible, physique), pour prendre le sens dérivé d'homme matériel, non pas seulement d'être physique et sensible, mais d'être intellectuel, religieux et moral, possédant tous les caractères psychologiques, en deçà de la grâce. Le péché a son siège dans l'homme non pas au sens physique, anatomique, mais dans l'homme tout entier, dans la totalité de ses facultés. — Quand il s'agit de déterminer la part de l'individu et de l'espèce dans le fait du péché pour lequel ils sont l'un et l'autre facteurs, les écrivains bibliques se bornent à trancher implicitement cette question capitale qu'ils n'abordent jamais d'une manière directe. Dorner a montré récemment (*Dogm.*, II, Ire partie, p. 29-39, que les rapports entre l'individu et l'espèce sont établis de trois points de vue divers qui vont se développant successivement et se complétant, non sans entrer parfois en conflit. D'après l'Ancien Testament, il y a prédominance, dans les premiers âges, de la vie de l'espèce sur celle de l'individu. C'est ce que Dorner appelle le point de vue physique. Quand on considère ainsi les choses, on dit que l'iniquité des pères sera punie chez les enfants qui sont aussi présupposés coupables jusqu'à la troisième et quatrième génération. C'est de ce point de vue que sont appréciés le déluge, le jugement frappant Sodome et les arguments présentés par Abraham pour sauver la ville. Si le facteur individuel demeurait exclu, tel homme aurait le droit de se tenir pour meilleur par le seul fait qu'il appartiendrait à une race supérieure, à celle d'Abraham par exemple, tandis que d'autres devraient se tenir pour mauvais par le fait qu'ils appartiendraient à une race maudite. On voit apparaître en second lieu le point de vue juridique qui fait prévaloir le droit personnel. En s'adressant à la volonté, en réveillant l'idée de devoir personnel et le sentiment correspondant de la responsabilité individuelle, la loi devait donner l'éveil au subjectivisme. Sous le coup des malheurs des temps on répudie l'héritage des pères: l'idée de la solidarité exclusivement physique est exprimée et répudiée sous la forme du proverbe populaire tiré de la comparaison de raisins verts mangés par les pères, dont les dents des enfants sont encore agacées. Chacun entend être responsable uniquement de ses faits et gestes. Ezéchiel déclare aux mécontents qu'ils souffrent non par le fait de l'héritage, mais pour ne pas avoir répudié la succession. Jérémie donne pour trait caractéristique du règne du Messie, que personne ne souffrira plus pour les péchés d'autrui. Le proverbe connu n'aura plus cours, et chacun mourra pour son iniquité. La vie de l'espèce passera à l'arrière-plan, l'accent sera mis sur le facteur personnel, la liberté deviendra l'élément décisif. Jusqu'à la venue de ces jours heureux, le subjectivisme, de son côté, ne doit pas méconnaître ce qu'il y a de relativement vrai dans la solidarité physique rattachant les fils aux pères, de sorte que chacun possède les caractères de sa race. Mais que faire en attendant? C'est ici que l'on voit apparaître l'angoisse, le doute à l'endroit de la justice, de l'ordre moral, de Dieu lui-même. Le grand rôle que joue l'idée de justice dans l'Ancien Testament, soulève inévitablement le terrible problème de la théodicée. On voit apparaître alors la conception morale des rapports de l'individu et de l'espèce qui seule peut faire la part de l'élément général et de l'élément particulier, du socialisme et de l'individualisme. En souffrant plus que ce qui lui revient de droit, le fidèle rend un service inappréciable à la communauté : il est une preuve vivante que l'amour de Dieu et de la justice n'est pas une forme prudente de l'égoïsme, par une simple apparence, mais que le bien peut avoir lui aussi ses amants passionnés et désintéressés. — Tout le monde ne paraît pas avoir été de cet avis dans ces anciens jours; car c'est, semble-t-il, pour affermir cette vérité capitale, cet évangile anticipé, que le livre de Job aurait été écrit. Satan, qui se connaît en hommes, surtout quand il s'agit de ses congénères, croit avoir pressenti dans le riche seigneur du pays de Huts le type antique d'un utilitaire, d'un de ces hommes complexes toujours prêts, soit à lui vendre leur âme, soit à faire le bien, pourvu que dans les deux cas ils trouvent leur profit. Est-ce d'une manière désintéressée que Job craint Dieu? Qu'il perde le profit que lui rapporte sa crainte de Dieu, et son orgueil froissé se révoltera. « Il te maudira en face. » Elihu sait mettre le doigt sur le point faible de cette piété intéressée. A la vérité, la puissance sans la piété ne séduit pas Job ; mais la piété sans la gloire ne lui sourit pas davantage. Il ne se représente pas que les deux choses puissent être séparées ; il les aime autant l'une que l'autre, ce qui revient à dire qu'il aime la piété pour le profit qu'elle rapporte. Ainsi parle Elihu, le profond psychologue. Mais ce n'est là que le début de l'œuvre. Il ne faut rien moins que l'intervention de Dieu lui-même pour faire sentir à Job le bonheur d'une piété désintéressée; ce n'est qu'après avoir entendu le discours de Jéhovah que Job s'humilie et se repent. Trouver son plaisir en Dieu, le servir pour lui-même, c'est le spiritualisme à sa source. Job n'est pas l'Evangile, mais c'en est une lueur, un rayon lointain dans un ciel encore sombre. C'est une protestation de l'âme religieuse et saine contre le légalisme et ses funestes conséquences; c'est un redressement de la piété dans le sens de l'Evangile. Souffrir ainsi de manière à montrer que l'on sert la vérité sans jamais s'en servir, que l'on aime le bien par lui-même, c'est souffrir pour l'honneur du bien, dans l'intérêt commun, pour les autres, à la place des autres. Ils ne perdent pas leur temps, ils ne sont pas sans valeur sociale, ces hommes qui s'obstinent à défendre une grande cause dont l'heure n'est pas encore venue, en dépit des sarcasmes des utilitaires triomphants qui ont hâte de la déserter, dès qu'ils s'aperçoivent que, bien loin de payer des dividendes sur la foi desquels ils s'étaient engagés, la noble entreprise ne donne pas même d'intérêts. — Avec le christianisme, l'individualité atteint son développement complet : la valeur de l'individu est inappréciable (que donnerait l'homme en échange de son âme, de lui-même? Matth. XVIII, 12.16; 1 Pierre II, 5); aussi, en dernière analyse, la décision finale dépend-elle de lui, de sa seule volonté (combien de fois ai-je voulu... et vous ne l'avez point voulu!); chacun portera son propre fardeau (Matth. XXIII, 37; Gal. VI, 4). Est-ce à dire que le complet et légitime développement de l'individu détourne d'aimer l'espèce? Ils sont au contraire rattachés plus étroitement que jamais par un lien autrement fort que celui de la nature, de la famille, de l'histoire : « Celui qui aime son père et sa mère plus que moi n'est pas digne de moi; » les disciples qui font la volonté du Maître constituent sa mère et ses frères (Matth. X, 37; XII, 47.49). Le Christ est devenu le fondateur d'une humanité nouvelle; il a éveillé une conscience nouvelle de l'union avec l'espèce, tout en réalisant à ces deux égards ce qui existait primitivement. L'individu se met librement, sans abdiquer, au service de l'ensemble; il y a au contraire une exaltation de l'individualité s'élevant à sa plus haute puissance. La charité chrétienne rapproche les membres épars de l'humanité; elle réveille le sentiment d'une œuvre, d'une destinée et aussi d'une culpabilité communes. — C'est alors que se pose le grand problème de la culpabilité personnelle. Paul, poursuivant la ligne de Jean, remonte jusqu'à Adam. De même que le Christ n'est pas seulement le premier anneau de la série des hommes nouveaux, mais la cause de l'humanité chrétienne; de même, il doit avoir considéré Adam comme cause, d'une façon ou d'une autre, de l'état de péché de la famille humaine tout entière (Rom. V, 18; XI, 32; Gal. III, 22). Ces passages ne sauraient signifier que chaque membre de la race naisse personnellement coupable. Il suffit de rappeler avec quelle insistance, là même où il s'efforce d'établir l'état de péché général et la culpabilité commune, Paul revient à l'idée que tous sont dans cette condition, parce qu'ils ont péché tous personnellement. Jésus donne à comprendre que les mêmes faits bruts et empiriques ne sauraient être considérés comme expression du même état moral (Luc XII, 47). Le Sauveur tient dans sa main des balances autrement délicates que celles avec lesquelles on prétend apprécier la valeur des hommes soit devant les tribunaux, soit dans les livres des moralistes, souvent si superficiels et si iniques. Cette moralité vraie, réelle, sortira des effets divers aussi dans la vie éternelle (Matth. XI, 22.24; Luc X, 12; Marc X, 21). Bien que tous les hommes aient également besoin de rédemption, ils se distinguent par le fait qu'ils sont plus ou moins réceptifs pour l'Evangile. A cette réceptivité plus ou moins grande correspond un degré différent de péché et de culpabilité. Le plus grave de tous les péchés est celui contre le saint Esprit. Il consiste à rejeter Christ le Sauveur pour se plonger dans une incrédulité définitive, alors qu'il a déjà commencé à faire sentir ses attraits au cœur et à la conscience. Il n'est nulle part dit dans l'Ecriture que l'état de péché dont chaque homme hérite doive nécessairement aboutir à cet endurcissement. Le christianisme, au contraire, accuse à tel point la responsabilité individuelle que nul homme ne peut être perdu par ce seul fait qu'il appartient à une race pécheresse. — Ces données bibliques élémentaires trouvent de l'écho dans toute conscience chrétienne; elles peuvent se justifier au point de vue rationnel auprès de toute conscience spiritualiste prenant la vie au sérieux, et assez vigoureuse pour ne pas se laisser voiler la vue des faits par la tyrannie des théories et de la logique formelle. Toutefois, elles n'ont pas satisfait la conscience chrétienne, et elles ne pouvaient la satisfaire. A moins que la raison ne se fixât dans un état d'innocence rappelant celui d'Adam avant la chute, elle devait entrevoir, chercher à résoudre les divers problèmes que soulève le fait du péché, soit en prolongeant les grandes lignes tracées par la Bible, soit en essayant de systématiser les données diverses qu'elle contient.

II. Histoire de la doctrine du péché. Elle se divise forcément en deux parties : l'une exposera les définitions diverses, les théories mises en avant sur le péché ; la seconde s'attachera spécialement à faire connaître les causes que la spéculation plus ou moins chrétienne a prétendu assigner à ce phénomène si important. — 1. *Définitions du péché.* Toutes les controverses diffuses, incompréhensibles au premier abord, dont nous aurons à retracer aussi brièvement que possible l'histoire longue et subtile, ont une cause commune. La conception morale et chrétienne des rapports de l'individu et de l'espèce, bien loin de faire prévaloir tous ses droits, a été constamment méconnue pour céder la place à l'idée juridique, physique même. C'est en exagérant le point de vue inférieur, la conception physique, que les gnostiques dualistes et les mystiques manichéens ouvrent l'histoire de notre doctrine. Nous assistons à la première tentative que fait le monde païen pour tirer à lui le christianisme faible encore, en l'interprétant à la lumière des idées qui constituaient l'atmosphère intellectuelle de l'époque. Depuis les Perses dualistes en Orient, en passant par Platon dans notre Occident, qui voyait le mal dans la matière, grâce au philonisme et au néoplatonisme présentant le corps comme une prison de l'âme, une conception sérieuse du mal régnait partout. Les gnostiques dualistes se font donc l'écho des idées du temps quand ils divisent les hommes en deux classes : les psychiques et les pneumatiques. Les premiers sont substantiellement mauvais, les seconds substantiellement, physiquement bons ; les uns et les autres sont réfractaires à toute rédemption. Il ne saurait être question d'une nouvelle naissance, même pour les pneumatiques. Tout ce qu'ils peuvent faire, grâce au *pneuma*, c'est arriver à la vraie connaissance, c'est-à-dire reconnaître leur bonté native. Sans admettre la division des hommes en deux classes opposées, le manichéisme prétend que tous sont « sauvables, » bien que dans chacun se trouvent des principes opposés ; le dualisme des classes est donc transféré dans l'individu. La partie spirituelle est bonne et à l'image de Dieu, la matière tient du Malin ; elle est primitivement hostile à Dieu. Le mal réside ainsi dans le corps, appendice déplorable dont nous sommes redevables à une espèce de fatalité. Le sentiment de la culpabilité est compromis ; la rédemption consiste en une délivrance du corps ; la morale se transforme en une physique aboutissant à la gymnastique de l'ascétisme. — Tout en protestant contre ces hérésies, tout en niant le dualisme sous toutes les formes et en se refusant à voir dans le péché un fait physique, n'ayant rien à démêler avec la liberté, les Pères de l'Eglise, jusqu'au commencement du cinquième siècle, ne font guère avancer la formation du dogme. Etablis sur le terrain éminemment religieux et moral, ils se bornent à proclamer les deux parties essentielles du péché : sa généralité, la nécessité du facteur humain. Cédant au besoin de réagir contre les hérétiques, qui voient dans le mal une substance, une matière physique, ils inclinent à le présenter comme une négation pure et simple, comme un non-être qui ne doit pas être. Les hellénisants, comme Clément, font consister le mal dans l'absence de la vraie connaissance, ou aussi dans une faiblesse de la volonté, résultant de la faiblesse humaine. Partant de l'idée que Dieu seul au fond possède la vraie réalité, ils se représentent, en fidèles disciples de Platon, le monde créé comme un intermédiaire entre l'être et le non-être. C'est de cette misère, de cette faiblesse qu'il est surtout nécessaire d'être racheté par Dieu. Mais encore ici, toujours en réaction contre le fatalisme immoral, les Pères relèvent la capacité pour le bien chez l'homme naturel, et surtout la liberté, jusqu'à compromettre les droits et les besoins de la grâce. Plusieurs Pères insistent d'une manière tellement exclusive sur l'élément humain ou mieux individuel, qu'ils ne voient dans le péché qu'une simple répétition, par chaque individu, de la faute d'Adam : Irénée, Clément d'Alexandrie, Athanase, Grégoire de Nysse. Les Pères grecs enseignent, en conséquence, que les enfants ne peuvent avoir fait ni bien ni mal. Tout partisan qu'il est du traducianisme, Tertullien pense que la capacité de faire le bien n'est pas enlevée à l'homme par la chute. Il ne croit pas à une culpabilité héréditaire ; les enfants, selon lui, naissent innocents et non pas coupables ; voilà pourquoi il ne veut pas que l'on se hâte de les baptiser. Ambroise admet la culpabilité native ; Cyprien veut que l'on se hâte de baptiser les petits enfants pour détourner d'eux *contagium mortis antiquæ ;* Lactance voit dans le corps le siège et l'organe du péché au sens des manichéens ;

Origène est néoplatonicien; il admet une chute de chaque individu dans une vie antérieure, à la suite de laquelle il aurait pris une âme et un corps pour descendre dans ce monde. — Ce n'est que dans la controverse pélagienne que la question du péché se pose sur le terrain chrétien, avec un vif sentiment de la haute portée du débat. Dès leur premier conflit, le point de vue individualiste et le point de vue socialiste accusent leur antithèse autant que faire se peut pour occuper chacun la position extrême. Les pélagiens veulent tout faire dépendre exclusivement de la volonté individuelle; le péché est un fruit de la libre volonté; le mal et le bien ne sont pas quelque chose de donné en nous, mais exclusivement le fruit de nos œuvres : à la conception physique du péché ils opposent la notion exclusivement morale et subjective : *Non naturæ delictum est, sed voluntatis; omne bonum ac malum non nobiscum nascitur, sed agitur*. Les fruits de la libre activité individuelle rentrent seuls dans la catégorie de moralité. La culpabilité n'est pas seule intransmissible, le péché lui-même ne saurait s'hériter. Chacun possède en naissant exactement, ni plus ni moins, la même nature qu'Adam au jour de la création et avant la chute. Le péché personnel d'Adam peut avoir eu pour lui de funestes conséquences, mais il n'a affecté ni la nature humaine en général, ni même celle du premier homme. Le seul effet que peut avoir eu le péché d'Adam pour ses descendants, c'est de leur laisser un mauvais exemple qu'ils auraient imité et qui, par la suite, aurait fait du mal une habitude répandue dans l'humanité. Mais la liberté individuelle ne plane pas moins intacte et toujours identique à elle-même au-dessus de ces influences extérieures. Chacun possède la faculté de mener une vie sainte, comme le prouve la conduite des hommes pieux d'entre les païens. Cette liberté inadmissible de faire le bien, l'homme, il est vrai, ne la tient pas de lui-même, mais du Créateur; elle provient de la grâce créatrice (*gratia creans*). Tout le mal dans le monde résulte des actes libres des individus; à la doctrine du péché originel, les pélagiens opposent celle de la liberté héréditaire et inaliénable : le mal ne saurait être héréditaire (*vitium naturæ*). Cet atomisme, qui rompt tout lien entre les individus et l'espèce, atténue également la notion du péché. La concupiscence, d'où naît le péché quand l'individu ne le tient pas en bride, ne saurait être une conséquence de la faute d'Adam : elle fait originairement partie intégrante de la nature humaine, qui est primitivement sujette à la mort, indépendamment du péché. — Augustin se place au pôle diamétralement opposé. Le péché de l'orgueil et de la désobéissance, librement commis par Adam, a corrompu sa nature, qui s'est ensuite transmise à ses descendants. La corruption ne s'hérite pas seule, mais aussi la culpabilité (*reatus*) et le châtiment : elle n'entraîne pas seulement châtiment et condamnation, elle est elle-même un châtiment : preuve en soit la nécessité du baptême des enfants. Du fait du remède en usage on conclut à la nécessité du mal qu'il est censé guérir. La conception superstitieuse du baptême *ex opere operato*, délivrant les hommes de la condamnation éternelle, conduit à conclure qu'ils sont coupables de naissance. Mais comment la corruption et la culpabilité peuvent-elles se transmettre? Ici Augustin hésite, oscille, se tempère et finalement se contredit dans ses impuissants efforts pour concilier deux intérêts inconciliables. D'après Tertullien, Adam est *fons generis et princeps*, son âme est *matrix omnium*, matrice humaine de tous les hommes qui en poussent comme des rejetons, et cela *per traducem*. Comment les descendants pourraient-ils différer de cette âme matrice qui a été corrompue par le péché ? Le péché originel (*malum originale*), provenant du péché libre d'Adam, se transmet donc à tous au moyen de la procréation: il produit la mort et rend la nouvelle naissance indispensable pour tous. Avec la nature corrompue procédant d'Adam se transmet également la culpabilité reposant sur elle (*culpa*). Tel est le traducianisme pur, proprement dit. Adam est bien conçu comme un individu historique, mais qui, par le fait même qu'il est à la tête de la série, occupe une position très importante, unique. L'état de péché de tous les descendants a sa raison d'être exclusivement dans le premier péché libre d'Adam, sans le concours d'aucun péché de leur part. Ils en subissent les conséquences comme celles d'un mal qui est en même temps le châtiment de la faute. Augustin partage cette opinion de Cyprien, d'Hilaire, d'Ambroise. Il part d'une propagation du péché d'Adam à ses descendants, il voit dans le premier homme *totum genus humanum radicaliter institutum ;* il affirme qu'Adam est l'humanité entière en germe en quelque sorte : *ipsum esse totum genus humanum*. Mais ce traducianisme est trop exclusivement physique pour Augustin. Il peut sans doute expliquer la transmission du péché, mais non celle de la culpabilité que l'évêque d'Hippone admet également. Que faire alors ? La culpabilité des descendants ne saurait pourtant être considérée comme un malheur, une fatalité, une destinée, une espèce de sort jeté sur les hommes, bien qu'innocents en réalité. Augustin veut que les descendants soient volontairement et pécheurs et coupables, responsables de leur état de péché. *Sine voluntate peccatum esse non potest*, dit-il, *nec originale peccatum*... Or Irénée, Athanase, Grégoire de Nysse avaient soutenu qu'Adam n'est pas simplement un individu, mais encore l'homme universel, l'homme genre, l'idée de genre au sens réaliste et platonicien. Nous aurions donc été réellement contenus en lui. Alors les descendants ne sont plus simplement souffrants, passifs ; ils sont « actifs » dans le fait du péché, mais en Adam. Augustin appelle au secours de son traducianisme cette conception réaliste de l'espèce, qui depuis lui n'a pas encore disparu ni de la dogmatique ni de la philosophie. Il est donc entendu que, selon Augustin, le péché ne peut être imputé qu'au *peccans volens*. Mais tous étaient notre premier père et lui n'était rien d'autre que leur totalité, ou mieux lui-même et non leur simple somme : *Omnes fuimus in illo uno, quomodo omnes fuimus ille unus*. La règle fondamentale d'Augustin, en vertu de laquelle nul ne saurait être pécheur sans l'avoir voulu, se trouve donc sauvegardée. Nous sommes tous impliqués dans le péché d'Adam : *Omnes fuerunt ratione seminis in lumbis*

Adami. Nous avons encouru justement pour châtiment la mort spirituelle et la mort corporelle; nous sommes devenus *massa perditionis*, absolument incapables de faire le bien; nul ne peut être sauvé que par l'élection divine produisant en quelques-uns la grâce irrésistible. Augustin ne prétend pas que tous les hommes aient existé personnellement en Adam, mais seulement quant à leur volonté. Toutefois, sans vie personnelle et consciente, il n'y a pas de volonté personnelle, mais une simple nature. Or cette nature doit agir purement et simplement comme elle est; elle ne saurait se corrompre: elle est tenue de produire infailliblement ce qu'elle est en elle-même. Pour obtenir ce que l'on s'était promis de l'hypothèse de l'homme général, la solution de l'énigme de la corruption et de la culpabilité générales, il faudrait faire un pas de plus dans l'incompréhensible, j'ai presque dit dans l'absurde, dans la sombre caverne du réalisme fantastique, si l'on veut. Il faudrait admettre une préexistence effective de tous les descendants dans Adam lui-même. Mais Adam cesserait alors d'être une personne historique, concrète, pour devenir une simple idée, le symbole d'une nature, de la notion d'espèce humaine. Cependant Augustin n'entend pas ainsi les choses: il voit bien en Adam, comme le catéchisme, une personne libre, concrète, agissante, l'ancêtre historique de nous tous. Augustin fait ainsi jouer à Adam un double rôle dans le but de concilier l'inconciliable : la corruption et la culpabilité de chaque membre de la race par un acte volontaire et l'accomplissement de cet acte volontaire par un individu concret, personnel. L'évêque africain tient surtout à l'idée que tous les descendants d'Adam ont été activement complices de sa faute. Aussi trouve-t-il tout naturel qu'en vertu du péché originel une partie des enfants, les non-baptisés, soient damnés avec tous les païens. Chacun n'est-il pas en effet sous le coup *antiqua debiti obligatione*, à moins que l'élection divine ne le délivre du poids de sa dette? En même temps qu'Augustin faisait face au pélagianisme envahissant, il devait se garder de donner des gages au manichéisme battant en retraite. S'il soutient contre le premier que le péché est bien quelque chose de positif, il affirme avec non moins de décision, et cela sans se contredire, qu'il est quelque chose de négatif, en opposition aux seconds qui en font une substance physique, une matière. Quant à l'origine du mal, elle ne doit être cherchée ni en Dieu, ni en la matière, ni dans la nature, mais dans la libre volonté du premier homme. — Il est impossible d'opter entre le pélagianisme et l'augustinisme : ils compromettraient de part et d'autre la portion de vérité qu'ils représentent en poussant la tendance à l'extrême : il n'y a donc qu'à les renvoyer dos à dos, non sans constater la supériorité relative du moins défectueuse. Le pélagianisme a quelque chose d'attrayant : il prend en main les intérêts de la morale; il repousse l'absurde idée qui fait naître l'homme coupable et condamné; il accentue fortement la responsabilité personnelle et la culpabilité, pour tout dire en un mot il est franchement individualiste. Mais cet individualisme superficiel et incomplet aboutit à l'atomisme : le pélagianisme professe une morale de moine qui lui fait placer la valeur des actions dans l'acte brut, isolé, concret, sans tenir nul compte du souffle qui doit l'animer. Augustin est beaucoup plus profond quand il fait consister la moralité dans la disposition générale, fondamentale, d'où viennent tous les actes, dans l'esprit animant la vie. Néanmoins, il fait trop peu de cas de la liberté; il place l'homme si haut avant la chute que celle-ci devient inexplicable; il est faux, inhumain, injuste, aveuglé par l'esprit de système, quand il ne voit rien que des vices éclatants dans les vertus païennes. Tout infralapsaire qu'il est, par la prédestination absolue, ce *Deus ex machina* qui seul peut le tirer de l'impasse dans laquelle il s'est engagé, il paye lui-même un large tribut à ce paganisme à l'égard duquel il est injuste. Toutefois, Augustin rachète ce défaut grave par un sens religieux incontestable et profond, tandis que Pélage compromet les vérités qu'il veut défendre, justement par les lacunes manifestes de son sentiment chrétien. On peut donc dire qu'Augustin a eu le mérite d'introduire la vraie notion chrétienne du péché et de jeter les bases de notre anthropologie. Mais comment ne pas déplorer qu'il l'ait acculée dans une impasse d'où elle n'a pas encore réussi à sortir, malgré les fréquentes protestations de la conscience chrétienne contre les fictions de la logique et de l'esprit de système ? Par sa théorie réaliste de l'espèce, notion éminemment fantastique et païenne, étrangère à la religion et à la morale, Augustin a introduit dans la dogmatique un élément hétérogène que l'organisme n'a pas encore réussi à expulser, en dépit des convulsions de tout genre que cet idéalisme platonicien n'a cessé de provoquer dans le cours des âges. — L'augustinianisme et le pélagianisme n'ont su qu'accuser fortement l'antithèse du socialisme et de l'individualisme, du réalisme et du nominalisme, mais sans arriver à la synthèse. Ainsi, d'une part, le péché procède entièrement de la volonté libre de l'homme, il n'est qu'un accident, mais l'individu arrive au monde coupable, il est obligé de pécher; de l'autre, l'individu est là parfaitement isolé, avec sa liberté d'indifférence pour le bien et pour le mal, fièrement campé dans une plaîne déserte, comme un pic isolé menaçant le ciel, sans racines, sans contreforts d'aucun genre le rattachant à une grande chaîne. Le semi-pélagianisme, il est vrai, ne voit plus dans l'homme naturel ni un mort, ni un être en santé, mais un malade; on lui reconnaît la liberté de désirer le bien, de commencer, de compléter l'œuvre du salut. Jean Damascène, chez les Grecs, nie la culpabilité native et la corruption originelle des descendants d'Adam. Scott Erigène, par contre, obéissant à sa tendance platonisante, déclare absolument nécessaire le mal qui, pour Augustin, ne l'était que relativement. Il devient un facteur indispensable, comme l'ombre dans un tableau. Le moyen âge, fidèle à toute sa tendance, considère les rapports de l'individu et de l'espèce du point de vue exclusivement juridique. Les enfants héritent bien de l'actif et du passif de leurs parents, pourquoi n'acquitteraient-ils point leurs dettes morales comme ils acquittent leurs dettes d'argent? La culpabilité morale est donc considérée comme une dette privée, une espèce d'hypothèque (*debitum*), grevant la succession de chaque homme. La scolastique trouva ainsi un moyen ingénieux de concilier, en apparence du moins, Pélage et Augustin. On est unanime pour déclarer que les descendants ne possèdent plus la justice originelle perdue par Adam. Du reste, en la perdant, la postérité d'Adam n'a rien perdu d'essentiel; elle s'est trouvée exactement dans la même position qu'Adam entre le premier et le second acte créateur, avant l'adjonction des dons surnaturels (*dona superaddita*), en possession par conséquent de la liberté de choix, tout comme leur premier père avant la chute. Ce qui achevait de faire passer le pélagianisme à la faveur des formules augustiniennes, c'est la circonstance que les docteurs de l'époque étaient volontiers pour le créatianisme. Dieu étant censé créer immédiatement une âme chaque fois qu'il naissait un enfant, celle-ci ne pouvait être que pure. Il n'y avait donc plus lieu à rédemption; les pierres d'attente de l'Evangile dans la conscience humaine se trouvaient renversées. — Pour tenir en échec, du moins quant à la forme, le pélagianisme dont l'esprit avait tout envahi, il ne restait plus que la conception juridique des rapports de l'individu et de l'espèce. C'est Abélard et Duns Scott qui poussent plus loin que personne le pélagianisme faisant la base de la conception du moyen âge. Le péché ne s'hérite pas, mais seulement le châtiment du péché, la mort; la nature humaine n'est ni corrompue, ni même blessée. Aussi quand Pierre Lombard dit que tous ont péché en Adam, il entend que Dieu les tient, comme descendants d'Adam, pour complices de ce péché (*originis originans*), grâce auquel Adam a perdu les dons surnaturels; encore ici il s'agit d'une pure imputation juridique. Anselme et Thomas d'Aquin prennent le péché plus au sérieux. La substance du péché originel est, au point de vue formel, pour Anselme, *privatio justitiæ originalis*, au point de vue réel, *justitiæ debitæ nuditas*. La concupiscence est un désordre des facultés, une blessure faite à la nature humaine, d'après P. Lombard. *fomes peccati, languor naturæ*. Pour Anselme et pour P. Lombard, le péché originel est vraiment péché. Aussi les enfants sont-ils damnés. Thomas d'Aquin prétend prouver que le péché originel entraîne culpabilité en comparant l'humanité à un grand corps comme un état; il y aurait solidarité entre les membres et la tête. C'est un mélange du point de vue juridique et du point de vue physique ; il n'y a pas simplement imputation au sens strict du mot. — Si Rome, au concile de Trente, se borna à enregistrer pour l'essentiel la doctrine scolastique sur le péché, le protestantisme ne la réforma pas. Il eut, il est vrai, une notion sérieuse, religieuse, profonde du péché, qui rappelle Augustin ; mais il ne sut pas renouveler la doctrine traditionnelle en la passant au creuset de son propre principe, la justification par la foi, qui n'est autre que l'avènement du spiritualisme, du subjectivisme, exigeant que tout, en religion, soit apprécié au point de vue religieux et moral. En maintenant d'une part l'unité de l'espèce, qui entraîne la nécessité du péché pour tous, et de l'autre la liberté de l'individu, la Réformation, bien loin de résoudre l'antithèse, ne fit que l'accuser encore plus fort que jamais. Néanmoins, sans tirer la chrétienté de l'impasse dans laquelle elle était engagée depuis Augustin, la Réformation rectifia ou compléta la doctrine courante en plusieurs points, tout en l'exagérant à quelques autres égards, mais en répandant en même temps çà et là, et comme à son insu, de précieux germes d'avenir. La Formule de concorde condamne un reste de manichéisme reparaissant chez Flacius, et, en opposition au pélagianisme, on maintient que la concupiscence est bien *reatus et culpa*. Quant au côté spirituel du péché, il n'est pas un simple *defectus*, mais un *affectus* qui ne devrait pas être. L'homme est par conséquent en contradiction avec la *justitia originalis*, avec l'image de Dieu, avec l'idée de la norme d'après laquelle il est jugé. Le seizième siècle protestant est déjà moins heureux lorsqu'il s'agit de déterminer la portée du péché originel. D'après la Confession d'Augsbourg, tous ceux qui naissent par la voie naturelle, ne sont pas seulement corrompus, pécheurs, mais damnés, « sans en excepter les enfants qui meurent sans baptême. » Les théologiens luthériens ont trois expédients pour rendre compte de cette culpabilité native et héréditaire : la transmission (traducianisme) par la conception ; la position qu'occupe Adam comme *caput totius humani generis* ; enfin la complicité du genre humain tout entier : *in lumbis Adæ peccantis*. — Calvin, qui admet aussi que le péché originel entraîne la culpabilité individuelle de chacun des descendants, considère Adam comme la racine du genre humain : du moment où elle est corrompue, elle ne peut produire que des rejetons corrompus. Les incohérences de la doctrine officielle deviennent ici manifestes. Pour que nous soyons coupables, il faut que nous ayons réellement concouru comme complices, de notre volonté libre, à la faute d'Adam. Les théologiens ont toujours eu beaucoup de peine à renoncer à cette imputation-là, qu'ils appellent immédiate. Adam étant considéré comme la tête physique de l'humanité, on disait que dans la volonté d'Adam se trouvaient renfermées les volontés de tous les descendants : *locatæ erant omnes voluntates posterorum*. Mais nous connaissons déjà les difficultés insurmontables de cette hypothèse. Les descendants d'Adam conquièrent bien une espèce de préexistence, mais c'est aux dépens d'Adam : celui-ci perd sa signification historique et concrète pour devenir un simple symbole de l'espèce. Aussi, préfère-t-on l'explication par le traducianisme empruntée à Tertullien par la Formule de concorde. Nous n'aurions pas débuté par être chez Adam, à titre de volonté individuelle, mais nous aurions commencé tout simplement par procéder de lui. Et cela de la manière suivante : ce ne serait pas la culpabilité qui se serait d'abord et immédiatement communiquée aux descendants, mais le péché *seul*, la corruption. De cette corruption immédiate serait ensuite procédée médiatement la culpabilité. Cette corruption immédiate de chaque individu, au moyen de sa volonté consciente, occasionne à son tour le péché, de nouveaux péchés déterminés et concrets, dont on est coupable. L'individu ne serait donc ni responsable ni coupable par suite de cette corruption héréditaire ; celle-ci procéderait d'Adam seul ; ce ne serait que d'une façon médiate, par l'intermédiaire de notre propre corruption héréditaire, qu'il pourrait être question d'une imputation soit du péché en général, soit de celui d'Adam en particulier. Mais c'est ici que le problème se complique : est-il compatible avec l'ordre moral du monde de laisser s'hériter une corruption qui, d'elle-même, doit engendrer une culpabilité, entraînant damnation? Pour justifier le fait que tous sont enlacés, enchevêtrés dans le péché générique, on s'avisa alors d'un expédient qui n'a de sens que si l'on part de l'hypothèse d'une imputation immédiate ! Adam, dit-on, n'est pas seulement la tête physique, mais encore la tête morale de l'humanité, de sorte que ce qu'il fait est considéré par Dieu comme si l'humanité entière l'accomplissait. Seulement, comment Adam peut-il représenter les intérêts de tous, jouer le rôle de tous, *personam omnium gerere*, aussi longtemps que chaque individu est responsable personnellement pour son propre compte, « alors que nul ne saurait être bon ou mauvais par procuration? — Nous glissons ainsi sur le terrain de la « théologie fédérale, » qui a régné chez les réformés. Adam devient la tête de la confédération de l'humanité entière ; en cette qualité, il aurait signé à l'avance le traité, la convention que voici : son action, bonne ou mauvaise, aurait engagé l'humanité entière. Mais comment un tel contrat aurait-il pu engager les descendants d'Adam qui n'ont pas signé au protocole? Hollaz, théologien luthérien, a recours, pour lever la difficulté, à ce qu'il appelle *scientia Dei media*, ou aussi *futurabilium*. Si les descendants ne préexistaient pas déjà réellement, ils existaient cependant idéalement à titre d'idées, pour Dieu. Dieu aurait donc prévu que, placés dans la position d'Adam, ils auraient finalement tous pris exactement la même résolution ; qu'ils se seraient tous comportés identiquement comme lui : bref, Dieu aurait appliqué sur une vaste échelle le proverbe : *Ab uno disce omnes*. Et voilà comment corruption, culpabilité, punition auraient équitablement pu passer des uns aux autres. Qui n'aperçoit de suite le déterminisme de nature qui pointe à peine voilé par cette hypothèse ? Une décision identique, que Dieu voit d'avance comme devant être prise par tous, produit tout à fait l'impression d'une détermination naturelle, nécessaire. Adam n'aurait fait que mettre au jour le tout premier, ce qui devait découler forcément de la nature humaine sortant des mains du Créateur. La conscience chrétienne vient ici joindre ses protestations à celles de la raison ; il est inadmissible qu'une culpabilité de l'individu qui n'est pas réelle, soit traitée comme si elle l'était et soit punie. Il semble donc plus simple, avec les symboles officiels, de dériver la corruption de l'humanité de celle d'Adam, et de n'arriver que médiatement, par l'intermédiaire de celle-ci, à la culpabilité des descendants. Quant aux tentatives des théologiens de rattacher la culpabilité héréditaire à la corruption héréditaire et de mettre cette dispensation en accord avec la justice de Dieu, nous venons de voir qu'elle ne saurait aboutir. Que faire ? Se borner à affirmer l'imputation tout en renonçant à l'expliquer? Mais c'est inadmissible ! En effet, on rend ordinairement compte de la transmission de la corruption aux descendants par l'hypothèse du traducianisme. Or c'est justement la théorie du traducianisme qui, bien loin d'impliquer notre participation personnelle au péché *originis originans* d'Adam, l'exclut au contraire. C'est donc là encore une lacune incontestable dans la conception dogmatique du seizième siècle. On sait que quelques théologiens, sinon l'Eglise, ne reculèrent pas devant l'idée de faire un pas décisif en avant. Nous touchons ici au point délicat de la théologie réformée qui, à tant d'autres égards, renferme plus qu'aucune autre de précieux germes d'avenir pour la solution du problème du péché. Calvin, dépassant Augustin et tombant dans un déterminisme moral et religieux, fait agir Dieu en vue de la chute et se place ainsi au point de vue supralapsaire. Il n'échappe au suprême péril de faire Dieu l'auteur du mal que par une grave inconséquence qui d'ailleurs lui fait grand honneur : *Cadit homo Dei providentia sit ordinante*, dit-il, *sed suo vitio cadit*. L'esprit spéculatif et la conscience chrétienne nous paraissent dans cette formule s'étreindre vigoureusement et faire un dernier effort pour se supplanter. Les deux réussissent à se maintenir debout. Il est vrai que c'est aux dépens de la logique qui fait les frais d'une prétendue conciliation: au fond, Calvin se borne à juxtaposer deux thèses exclusives l'une de l'autre. Théodore de Bèze va plus loin encore; le dualisme est hardiment placé en Dieu lui-même : Il faut absolument qu'il y ait des élus et des réprouvés pour servir à manifester deux attributs essentiels de Dieu, la miséricorde et la justice. Mais nous sommes déjà hors de la question proprement dite du péché : nous avons remonté jusqu'au faîte celle des arêtes de la pyramide par laquelle le calvinisme tient au passé, tournons-nous vers une autre face qui va nous offrir de précieuses perspectives d'avenir. — La doctrine réformée reprend tous ses avantages quand il s'agit de déterminer l'intensité du péché ou mieux de constater les restes de l'image de Dieu. D'après la théologie luthérienne, la dépravation de l'homme est totale, sa corruption complète. Il est comparé à une pierre, *lapis*, *truncus*, *limus*, à un tronc d'arbre, à une statue de sel. Ce n'est pas tout : il ne prend pas seulement une attitude passive à l'égard du bien, *mère passive*, il se montre hostile: il est donc pire qu'une statue de sel ou un tronc d'arbre qui ne peuvent du moins offrir aucune résistance à la grâce. Les forces de l'homme sont à tel point anéanties que, bien loin de pouvoir commencer l'œuvre du salut, il ne saurait même y concourir, quand Dieu la commence en lui. Toute liberté pour le bien a donc disparu dans l'homme naturel. Sans doute, en ce qui concerne les affaires de la vie, la *justitia civilis*, il y a encore quelques étincelles, *scintillula*, de la connaissance de Dieu, quelques *reliquiæ*, mais *valde debiles :* l'homme peut rechercher les choses honnêtes. Mais à quoi bon ce *liberum arbitrium in civilibus!* L'Eglise réformée professe en somme la même doctrine; le peu de liberté qui reste à l'homme n'est que pour le mal, elle ne sert qu'à le rendre responsable des actes concrets de péché. Cependant l'incapacité pour le bien n'est pas aussi fortement accusée que chez les luthériens. Calvin, du moins, admet que l'homme naturel, non content de faire le bien dans le domaine des choses civiles, peut réagir contre le mal moral, désirer le bien spirituel, le pressentir, le goûter, le faire même dans une certaine mesure. Bref, bien loin de placer tous les hommes au même degré de l'échelle morale, il reconnaît parmi eux des degrés divers de moralité. Mais voici une contradiction aussi instructive que frappante. Les luthériens accusent plus fortement que les réformés l'intensité de la corruption native, et cependant ils ne veulent pas admettre la prédestination absolue, impérieusement réclamée par cette anthropologie étrangement pessimiste qui en fournit toutes les bases! Calvin, lui, qui admet des degrés divers de moralité entre les hommes, n'en tient nul compte, les considère comme nuls et non avenus, quand il s'agit de l'œuvre subjective de l'appropriation du salut, pour recourir à la solution par la prédestination contre laquelle proteste son anthropologie. Cette contradiction manifeste montre que, de part et d'autre, on a fait fausse route: la vraie solution de la question du péché n'est pas encore trouvée. — On ne fit rien pour la préparer dans la période, aussi stérile que longue, qui sépare le seizième siècle de l'avènement de la théologie moderne. Chez les réformés, l'école de Saumur, impuissante à mettre d'accord la justice de Dieu et le fait du péché et de la culpabilité héréditaires, les nie, ou mieux ne se doute même plus des problèmes à résoudre. Les arminiens et les sociniens nient le péché originel pour ne voir dans la corruption universelle qu'un produit de l'habitude. Tandis que Leibnitz déclare le mal nécessaire, les rationalistes, fidèles à toute leur tendance, voient en lui une lacune intellectuelle, mais non morale. Les idées des supranaturalistes s'échelonnent entre celles de l'orthodoxie et du rationalisme, en penchant dans le sens de l'activité libre et en repoussant la culpabilité héréditaire. Reinhard, pour qui la chute provient de la manducation d'un fruit empoisonné, voit dans le péché la transmission de la maladie résultant de cet empoisonnement. — 2. *Causes du péché.* Cette question, fort complexe, n'a pas moins de trois faces. On peut entendre par là : 1° les causes négatives ou mieux les conditions négatives; 2° les causes qui ne sont que des définitions du péché; 3° les causes proprement dites ou premières établissant les rapports du péché avec Dieu et l'ordre moral du monde. — Les conditions *sine quâ non* du péché sont de deux classes, les unes objectives, les autres subjectives. Quant aux premières, il ne peut y avoir péché que s'il existe préalablement une loi dont l'homme n'est pas libre mais tenu d'exécuter les prescriptions, expression à la fois de l'essence de Dieu et de celle de l'homme (Lév. XIX, 2; XI, 44; Matth. V, 8; Deut. XXX, 14; Rom. VII, 22.23). Cette idée si simple, si élémentaire, a cependant été attaquée de deux côtés et, dans un cas comme dans l'autre, en invoquant l'autorité de Paul. Sans péché, disent les uns, il n'y aurait pas de loi; l'état normal d'innocence est celui où il n'existe pas de loi ni au-dessus de l'homme, ni en dehors de lui. Quand le bien domine tout l'homme (désirs, volonté, connaissance), il ne s'affirme pas comme loi ; celle-ci implique toujours désaccord, manque de concordance entre ce qui est et ce qui doit être. Mais puisque l'état dans lequel le bien anime l'homme intérieurement est reconnu comme normal, n'est-ce pas dire qu'il est légal? N'y aurait-il pas un arbitraire éclatant à refuser de considérer cet état comme la norme, la mesure de la valeur de l'homme en général, excepté dans le cas où la condition empirique de l'individu ne correspondrait pas à ce qui doit être? De quelque façon que la loi habite en l'homme, en son intelligence, en sa volonté, en son être tout entier, elle demeure identiquement la même. Si elle était née du péché, la loi serait tout simplement une chose à abolir. En raisonnant ainsi, on aboutit immanquablement à l'idée qui ne fait du mal qu'une apparence subjective ou au manichéisme. Si le mal existe dans l'univers, antérieurement à toute loi, il ne peut être que quelque chose de physique, relevant soit du Créateur, soit de quelque puissance mauvaise primitive. Les défenseurs de l'idée que nous combattons en appellent encore à un fait incontestable. L'homme, disent-ils, ne débute pas par la perfection; il a une mission morale à réaliser. Qu'est-ce à dire, sinon que l'imperfection morale précède la loi? —Mais toute imperfection n'est pas nécessairement mauvaise, surtout celle du début, qui est inévitable. Qu'est-ce qui constitue l'homme pécheur? Non pas, certes, le fait qu'il ait, planant devant lui, un idéal à réaliser, une tâche à accomplir, mais bien le fait qu'il demeure en arrière, en dessous, qu'il s'oppose à la tâche qui lui incombe (1 Cor. XV, 45; cf. Rom. V, 12). La loi vient si peu du péché que, d'après l'apôtre, elle est la cause objective rendant le péché possible (Rom. IV, 15). Est-ce à dire que la loi soit la cause de la réalisation du péché, ce qui le ferait passer de la simple possibilité à la réalité? Il est manifeste que les passages de Paul cités en faveur de cette seconde opinion ont un tout autre sens que celui qu'on prétend leur attribuer (Rom. III, 7; V, 20; Gal. III, 22; 1 Cor. XV, 56; Rom. VIII, 3). La loi ne produit pas elle-même le péché par une « action positive et de son propre fait, » mais bien la puissance de la chair, en face de laquelle la loi devient une impulsion trop faible pour le bien. En outre, la loi augmente, malgré elle, le péché, devient une puissance de péché, en tant que manifestant la colère, le déplaisir de Dieu, elle provoque par cela même une crise. Sans contredit, la loi ne peut, à elle seule, surmonter le péché, mais il y a loin de là à admettre qu'elle le produise : c'est la chair qui le produit. La loi, la conscience de la loi ne suffisent pas non plus à produire le péché. Le désaccord entre ce qui est et ce qui doit être demeure innocent, aussi longtemps que la volonté d'accomplir son devoir ne fait pas défaut. — Cela bien constaté, nous passons à la condition *sine quâ non* du péché, à sa cause effective qui est nécessairement subjective. Pour que l'homme puisse faire le mal, il faut qu'il soit un être moral: il doit posséder deux choses, la conscience et la volonté; la première ayant mission d'assujettir la seconde à la loi objective. Pour désigner la conscience, dont la présence est partout supposée, soit chez Adam et Eve avant et après la chute, soit chez Caïn (Gen. III, 4 ; cf. XLII, 23 ; XLIV, 16), l'Ancien Testament emploie le mot *cœur* comme centre de la vie humaine tout entière (1 Sam. XXIV, 6; 2 Sam. XXIV, 10; 1 Rois II, 44; cf. Rom. II, 15). Le mot employé par le Nouveau Testament (συνείδησις) la présente à la fois comme un œil et comme une lumière (Luc. XI,34 ; Matth. VI, 22). Ces images impliquent qu'il y a dans l'homme une faculté morale de voir (côté réel de la conscience) et une faculté de discerner, d'apprécier le bien et le mal (côté formel) d'après la plus ou moins grande participation à la vérité intérieure. Toute la prédication de Paul aux païens implique la persistance chez eux de cet élément réel de la conscience (Rom. II, 12-16). — Nous passons à ces causes du mal qui n'en sont, après tout, que des définitions. Métaphysiquement parlant, le mal ne saurait être le premier, et cela pour une raison fort simple, c'est qu'il ne se comprend pas par lui-même, qu'il est en contradiction avec lui-même, qu'il a besoin du bien pour être compris, tandis qu'il est contraire à la notion du bien qu'il puisse exister antérieurement à lui quelque chose sans quoi il ne pourrait être. Et cependant l'absoluité exclusive du bien (de la substance duquel a besoin pour exister le mal lui-même qui ne saurait exister par soi) n'est pas admise par tous. Il y a donc deux classes de dualismes. Nous ne nous arrêterons pas dans ce moment au dualisme théologique plaçant en Dieu lui-même les deux principes, car il est en contradiction avec la notion même de Dieu. Quant aux dualismes cosmologiques, pour les réfuter, il suffit de démontrer qu'ils aboutissent en dernière analyse à un dualisme théologique. Il n'y a pas lieu de s'arrêter au dualisme à la mode, renouvelé des Hindous, de l'école de Schopenhauer, qui voit le mal dans le fait même de l'existence du monde. A ce compte-là il n'y aurait plus de mal, de manque d'harmonie dans le monde lui-même; toute l'antithèse du bien et du mal consisterait dans l'opposition de Dieu et du monde. Dieu se serait mis en opposition avec lui-même en faisant cette mauvaise plaisanterie que l'on appelle le monde. Il ne pourrait y avoir un dernier vestige de dualisme que dans le fait que l'univers n'est pas encore arrivé à l'anéantissement qui pour lui serait le bien idéal. Lorsque, au contraire, on voit dans le monde un mélange essentiel et primitif du bien et du mal, on peut aboutir à trois espèces de dualismes cosmiques, qui placent le mal dans l'élément physique. Il y aurait du mal, d'après les uns, simplement parce qu'il y a fini. C'est le point de vue de la *Théodicée* de Leibnitz. Ce dualisme implique premièrement que la limitation est mauvaise en soi, secondement qu'il n'y a qu'une seule espèce de réalité (celle de Dieu qui lui seul possède « l'aséité ») ; que, contrairement à l'idée de création, il n'est pas donné au monde d'exister *a se*, par lui-même ; troisièmement qu'il est procédé de Dieu par émanation, qu'il est une partie moindre de Dieu et par cela même mauvaise. Mais est-ce bien là la définition du fini? Ne consiste-t-il pas plutôt dans le fait qu'il n'est pas posé de lui-même et par lui-même? Or le fait qu'il est posé par Dieu est loin d'impliquer à lui seul que le monde est imparfait et encore moins mauvais. Tout ce que l'on peut affirmer, c'est que le mal n'est possible que s'il y a quelque chose de fini. Mais il est encore autre chose, le mal, que sa condition *sine quâ non*, le fini, il est un manque, l'absence de ce qui doit être, un manque plaçant l'homme en opposition, en contradiction avec l'idée même de son être. Il implique la présence d'une certaine force faisant servir à un mauvais usage des facultés bonnes en elles-mêmes. Voir dans le fini l'essence même du mal, c'est à la fois en étendre trop la sphère (le déclarer inévitable, éternel) et faire trop peu de cas de l'action et de la puissance du bien. La mission morale de l'homme disparaîtrait par conséquent avec cette notion du mal. La perfection morale (qui ne le serait plus) consisterait dans la suppression de l'existence particulière. Cette idée si répandue résulte d'une confusion : on ne distingue pas entre l'infinité extensive et physique (qui n'appartient qu'à Dieu et non aux créatures) et l'infinité intensive du bien, de l'être fini, il est vrai, mais d'un prix infini, qui peut se trouver même dans un être métaphysiquement fini. — On peut encore, et d'une manière plus plausible, mettre l'accent sur l'idée de « devenir » qui est nécessairement une limite. L'idée du devenir implique imperfection; or, sans devenir on ne pourrait concevoir des créatures vivantes. Mais si le mal ne consistait que dans le devenir, comme celui-ci a été voulu par le Créateur, le mal cesserait d'être absolument mauvais. La circonstance que l'idée n'est pas encore réalisée ne saurait entraîner blâme en soi, du moment où la loi innée de l'être implique, exige qu'il ne se développe que peu à peu. Le fait de se développer peu à peu dans le temps ne devient mauvais que si, au lieu de se poursuivre, le développement s'arrête. Il y a dans ce dernier cas plus que simple manque de perfection; il y a substitution d'un développement anormal à un développement normal. Au lieu d'avancer en ligne droite on s'engage dans des chemins de traverse dont on ne peut plus se tirer qu'en revenant sur ses pas. — On peut voir aussi dans le mal l'opposé de l'ordre, de l'harmonie, de la beauté. Mais si cette harmonie n'est conçue que physiquement ou esthétiquement, nous n'aurions encore que le mal physique. En son lieu et place, le mal peut devenir bien, comme les dissonances dans la musique. Ce dualisme tempéré blesse le sentiment moral en ce qu'il ne fait du mal qu'une simple apparence résultant de ce que l'élément concret, individuel n'est pas saisi dans son intime rapport avec l'ensemble. — C'est déjà mieux de voir en Dieu le principe de l'ordre, dans le mal celui du désordre, l'arbitraire, le hasard, le chaos. Reste à savoir si cet ordre n'est conçu que comme utile et beau, ou s'il est le nécessairement bon en soi. Dans le premier cas on revient au point de vue esthétique. Si l'on fait consister le mal dans un simple état chaotique, il suffit de rappeler que ce n'est pas assez; pour donner le mal, il faut encore le concours de la volonté positive. La catégorie du mal n'est pas applicable à un simple désordre cosmique, si grand qu'il soit d'ailleurs. — On place, en troisième lieu, le dualisme dans l'homme: il renferme naturellement deux principes essentiellement contraires, l'esprit et la matière, dont l'union donne un corps animé, bien que chacun des éléments constitutifs continue à suivre ses propres lois. De sorte qu'il serait impossible d'avoir des êtres corporels et spirituels qui fussent purs. La morale se transformerait en hygiène ; la rupture avec le mal devrait consister en la séparation d'avec le corps, rupture qui permettrait à l'esprit de laisser épanouir toutes ses perfections. Pour que l'action du corps sur l'esprit entraîne le péché, il ne suffit pas que l'esprit soit faible, il faut que l'esprit consente au mauvais désir, qu'il l'approuve. Or ce concours de l'esprit est en contradiction avec la définition même que ce dualisme en donne. De sorte que c'est dans l'esprit lui-même qu'il reste à découvrir ce germe du mal. — Passons à la conception purement intellectuelle du mal. Le mal n'est qu'une ombre. une apparence, s'attachant fort étroitement à la conscience même de la loi. Au début de l'humanité les choses ne pouvaient correspondre parfaitement à l'idéal normal, légal, de sorte que ce premier degré de développement, qui n'est pas mal en lui-même, semble l'être, nous produit l'effet de l'être : c'est là une précieuse impulsion pour s'élever plus haut que ce premier degré imparfait. La rédemption débarrasserait de cette illusion de la conscience : cette rédemption consisterait à reconnaître que le devenir et l'imperfection relative qu'il implique ne sont pas choses mauvaises en elles-mêmes, mais quelque chose de bon au contraire. quand Dieu les considère du point de vue absolu. Toutefois, ce n'est pas encore saisir ni toute la portée du mal, ni ce qui en constitue l'essence. N'est-il pas, avant tout, contradiction à la forme normale de développement impliquée dans la loi? A cette explication se rattache l'idée bien connue qui voit dans la chute le premier pas dans la voie du développement moral, un pas de géant fait par l'humanité. Mais ce développement a été anormal et non pas régulier. Or cette irrégularité n'était nullement impliquée dans l'idée de liberté. Il peut être nécessaire de passer de l'innocence à l'acte libre, sans que cela implique qu'il soit bon, nécessaire que la liberté se mette en opposition avec la loi. Pour arriver à la notion du mal il faut toujours tenir compte du rôle joué par la liberté. C'est là justement ce que font les penseurs qui mettent en avant la conception juridique du mal. Ici enfin nous sommes établis sur un terrain ferme : le péché nous apparaît comme la violation d'une loi parfaitement juste, comme l'injustice. C'est là le point de vue de l'Ancien Testament qui n'est pas sans avoir ses côtés défectueux. Les préceptes concrets jouent ici un très grand rôle pour faire connaître ceci comme bien, cela comme mal. Mais les prescriptions ont beau se multiplier, elles ne sauraient jamais porter sur toutes les faces de la morale ; elles laissent donc beaucoup de questions morales indéterminées, et partant beaucoup de mal encore inconnu. S'il n'y avait de mauvais que ce qui est positivement interdit, le domaine des choses moralement indifférentes serait bien vaste. Aussi le christianisme n'a-t-il pas prétendu achever la connaissance du bien et du mal en multipliant les préceptes; il nous donne à contempler la loi morale parfaite devenue en Christ un personnage historique. Et puis, qu'il est donc défectueux le point de vue légal! L'observation mécanique, purement extérieure, des devoirs moraux ne serait pas un mal. On ne comprend pas encore que pour être le bien, le bien doit être fait parce qu'il est bien. Enfin il suffit de rappeler le côté purement extérieur, formaliste, qui résulte inévitablement du point de vue juridique. Combien de mobiles fort peu moraux (crainte, espoir de certains avantages) peuvent conduire à une observation littérale de la loi qui n'est que de l'égoïsme! L'observation légale extérieure, possible à divers égards, rend aveugle pour l'essentiel. — Nous arrivons enfin à la conception subjective et morale du péché, déjà entrevue par l'Ancien Testament lorsque, condamnant les mauvais désirs, il fait porter le jugement moral sur l'intérieur et non pas seulement sur l'extérieur. Ici, cependant, il y a encore des précautions à prendre. Si l'on ne portait son attention que sur la bonne intention intérieure, la fin justifierait les moyens. On ne se demanderait pas si le but objectif est lui-même bon en soi, et si le sujet le tient pour tel. Il suffirait alors du bon motif pour être en droit de bouleverser de fond en comble le monde moral objectif tout entier. Il importe donc de faire la synthèse des deux facteurs et de dire avec les stoïciens qu'il n'y a de bien que quand le bien est voulu et accompli dans des dispositions en accord avec lui. Et puis, par quel mobile le bien sera-t-il fait? C'est ici que nous rencontrons Kant avec son moralisme pur et simple. Le respect pour la loi de la raison pratique décide de tout. Le lien intime entre la morale et la religion étant méconnu, Kant peut bien avoir une idée très profonde du mal, mais il ne connaît pas le péché. Il est tout une partie de la sphère du mal qui se trouve méconnue, elle est justifiée, si même elle n'est transformée en bien. Il suffit de rappeler le manque d'humilité, caractère de tous les stoïciens, et l'attitude de l'autonomie absolue. Le respect suffit, l'absence d'amour n'est ni péché, ni même imperfection. Ce qui constitue le mal, ce n'est pas seulement la contradiction de l'homme avec lui-même, mais son opposition à Dieu: voilà l'essence de ce fait religieux appelé le péché. Jetant un regard en arrière, cette conception doit s'approprier tout ce qu'il y a de relativement vrai dans les points de vue précédents. Au fond, ces diverses définitions du péché rentrent dans deux grandes catégories, suivant que l'on fait prédominer le point de vue de la matière (définitions physiques et intellectuelles) ou celui de la liberté (définitions juridiques et morales). — Nous retrouvons de nouveau sous un autre aspect le grand problème qui domine toute cette étude: la question des rapports de l'individu et de l'espèce. Ici encore le réalisme et le nominalisme, le socialisme et l'individualisme se trouvent en présence. Mais l'idée de Dieu ne peut être entièrement exclue, puisqu'elle est le principe de la nature et de l'esprit, et que sa volonté est le législateur des deux. Les uns font donc consister le mal dans la puissance que le fini (la matière, le corps) exerce sur l'esprit ; les autres le voient dans un abus de la liberté, dans une révolte contre l'ordre divin. Tandis que les premiers voient le mal dans la faiblesse de l'esprit, dans la sensibilité, dans une débilité anormale, les autres le placent dans une force de mauvais aloi, dans une certaine culpabilité, Les plus équitables des représentants des deux tendances conviennent néanmoins qu'il faut faire une synthèse, les combiner pour arriver à voir dans le péché une résultante, une coïncidence de la sensibilité, tout ce qui se rapporte au côté sensible de notre être, au corps, en tant qu'organe de l'esprit (il faudrait pouvoir dire « corporéité »), et de l'égoïsme.— Ici deux voies peuvent s'ouvrir : si l'on ne réussit pas à faire rentrer la sensibilité et l'égoïsme dans une notion plus générale qui les embrasse, il s'agit ou bien, avec Rothe, de dériver l'égoïsme de la sensibilité, ou, avec Julius Müller, de dériver la sensibilité de l'égoïsme. Rothe a varié, mais pour n'admettre qu'une simple nuance. Tandis que la première édition de son *Ethique* présente la matière comme une antithèse indispensable pour que Dieu, de toute éternité, pût arriver à la connaissance de lui-même, dans la seconde la simple possibilité de la matière lui suffit pour expliquer cette psychologie divine ; Dieu étant ainsi devenu libre de réaliser ou non la matière, celle-ci n'est plus pour lui une limitation, un obstacle. Il n'en demeure pas moins certain que de toute éternité, pour arriver à la pleine et entière conscience de lui-même, Dieu a dû se représenter la pensée de son contraire, libre d'ailleurs de réaliser ou non cette pensée que logiquement il ne pouvait se dispenser d'avoir. Il l'a réalisée, cette idée, pour posséder en elle la présupposition indispensable du monde. Etant donnée la richesse de l'idée de Dieu, son contraire doit être d'abord le non-être réalisé, c'est-à-dire le fini, le limité; en second lieu, l'opposé de l'esprit, c'est-à-dire l'ensemble de toutes les négations de Dieu, l'élément réel dans la création. Sous l'action de Dieu, cette matière se différencie, se forme : la personnalité finit par surgir. Mais cette origine de la personnalité dit assez combien elle tient de près à la matière ! Nous voici enfin arrivés à l'idée de Rothe sur le bien et sur le mal. Le bien consiste d'abord en ce que la matière ne détermine pas l'esprit, mais soit déterminée par lui ; secondement en ce que la personnalité, tenant la nature soumise et d'accord avec elle-même, s'ouvre à la communion de l'amour. Le mal, de son côté, a deux formes corrélatives : la sensibilité, alors que la matière domine avec le consentement de l'esprit d'abord, puis l'égoïsme (l'opposé de l'amour), grâce auquel l'individu, fermé à tout amour, s'affirme, se pose comme but et se sert du monde entier comme moyen. Ces deux formes principales du mal auraient leur source, leurs racines dans le principe matériel. Voici comment la chose arrive. Chaque individu est par nature une combinaison défectueuse de la matière. Celle-ci n'est pas immédiatement dominée par la personnalité, elle la domine au contraire ; c'est là ce qui nous donne la sensibilité (*Sinnlichkeit*). Considérée sous son aspect naturel, l'individualité possède aussi une tendance à l'égoïsme, au lieu d'être ouverte à l'amour. — Mais, qui donc admettra qu'en se pensant lui-même, Dieu doive, puisse penser quelque chose d'anti-divin comme réalisable par lui-même, Dieu ? Le non-divin que Dieu doit penser pour arriver à la conscience de lui-même, n'est pas encore l'anti-divin. Pour que tout non-divin fût par cela même anti-divin, il faudrait que Dieu élevât la prétention de demeurer le seul et unique être. Mais par cette voie-là on ne saurait arriver à l'idée d'une création par Dieu de quelque chose de non-divin, distinct de Dieu. Pour Dieu, en effet, que peut être l'anti-divin ? Ce qu'il ne peut penser possible, par son moyen à lui Dieu, ce qu'il doit concevoir comme exclu d'une façon absolue de la notion, de la volonté divines. Si Dieu avait une part quelconque à l'affirmation de l'anti-divin, celui-ci cesserait par le fait même d'être l'anti-divin. Rothe admet que la matière est réceptive pour l'esprit divin, qu'elle peut être organisée, pénétrée par lui. Elle ne peut donc lui être opposée d'une façon absolue. Il n'a pas non plus prouvé que pour la construction de l'univers la force divine eût besoin d'un élément anti-divin, qu'un simple non-divin fût insuffisant. Faut-il admettre qu'il n'est pas prouvé que la matière soit anti-divine ? Alors il n'est pas non plus établi que la combinaison de la personnalité et de la matière doive nécessairement aboutir au péché. Rothe avoue que la chose n'eut pas lieu en Christ, quoiqu'il fût un vrai homme. Il y a plus, d'après l'auteur de l'*Ethique*, la notion même de personnalité implique qu'elle est libre, qu'elle ne doit pas être dominée par la matière. N'est-ce pas avouer que pour que le péché devienne possible, il faut que la liberté succombe aux attraits de l'égoïsme sensible ? C'est donc nous pousser à chercher l'origine du mal dans les régions de l'esprit ? La matière nous fait comprendre que le mal est possible, elle n'explique pas encore sa réalisation, comment il a passé de la nue possibilité à la réalité. Ensuite l'individualité. l'égoïté, condition *sine quâ non* de la déviation, de la concentration égoïste, n'est pas déjà quelque chose de mauvais en soi, mais un fait innocent : il faut voir en elle l'expression de la pensée créatrice de Dieu qui a voulu plusieurs moi, plusieurs individus. Il n'y a péché que lorsque l'individualité, dont l'universel et le divin doit être un facteur, se révolte contre lui et contre l'amour. Remarquons enfin que l'orgueil spirituel, qui n'a rien à démêler avec la sensibilité, peut prendre une forme hostile au corps, aux sens, au principe matériel et à l'égotisme légitime (Col. II, 23). Il est contradictoire de faire procéder la matière de Dieu, tout en la déclarant anti-divine, en soi hostile à Dieu. Nous avons d'abord des esprits purs qui contemplent Dieu sans avoir aucune conscience de la sensibilité, du monde. Il n'est pas aisé de comprendre comment ils pourront devenir pécheurs. D'abord d'où proviendra la toute première opposition à Dieu, ce premier égotisme, qui devra être de nature exclusivement spirituelle ? Ce que Dieu veut doit également être bon pour eux. Leur faute ne s'explique que s'ils ont eu une conscience incomplète et de Dieu et d'eux-mêmes. Dira-t-on qu'ils étaient appelés à se développer? Dans ce cas, la liberté ne peut avoir été complète dès le début, car elle est toujours en corrélation étroite avec le développement de la conscience de soi. En outre, la volonté ne peut avoir été créée parfaite dès le commencement. Dirons-nous qu'une conscience parfaite et une volonté imparfaite peuvent avoir coexisté dès le début? Mais alors, comment s'explique la chute avec une si claire conscience et de l'importance et des conséquences de cette chute? Et remarquez bien que cette chute si incompréhensible, tous les individus de la race humaine l'ont accomplie isolément, chacun pour son propre compte, sans exception aucune. C'est là un élément incontestable de déterminisme que J. Müller ne réussit pas à dissiper en nous présentant les anges comme des esprits purs qui, en persistant dans le bien, auraient démontré pratiquement que ceux de leurs congénères qui sont devenus des hommes n'étaient pas contraints de tomber. On ne réussit pas à s'expliquer la chute d'esprits en pleine jouissance de la contemplation de Dieu. Non seulement on ne réussit pas à expliquer l'origine d'un égoïsme qui n'aurait d'abord été que spirituel, mais, en second lieu, on ne conçoit pas comment de l'égoïsme purement spirituel, on fera provenir le péché consistant en la « prédominance » de la sensibilité. D'après J. Müller, le corps, l'élément sensible. est, au début, quelque chose de tellement étranger, accidentel pour l'homme, que l'on ne conçoit pas qu'il puisse avoir des désirs sensibles. Dira-t-on que dès le tout premier moment, alors qu'ils contemplaient Dieu, ces esprits purs aient soupiré après l'existence corporelle, ce qui aurait été le commencement et l'occasion du péché? C'en serait fait alors de la théorie de Müller. Cette pyramide si élevée subirait une révolution qui la ferait reposer sur sa pointe. L'égoïsme spirituel cesserait d'être le premier péché. Nous serions arrivés comme Rothe à découvrir le principe du mal dans la sensibilité. — Dorner prétend remonter, quant au péché, soit formel, soit réel, à l'élément général commun à ces deux formes de péché (égoïsme, sensibilité) et montrer que son explication reproduit tous les éléments de vérité contenus dans les définitions diverses qu'il vient de critiquer. On obtient ainsi une construction logique, parfaitement équilibrée et équitable du péché sous ses formes les plus variées, une vraie philosophie, une pathologie du mal sous tous ses aspects et avec toutes ses variétés. L'élément général et commun serait le mensonge. En vérité, comment ne pas être surpris de voir s'établir tant d'ordre, de logique dans ce que l'on est habitué à considérer comme le désordre même, l'irrégularité par excellence? Le fait si complexe du péché nous semble être historiquement et pratiquement une chose moins régulièrement anormale. Au point de vue de l'idée, Dorner lui-même s'est chargé de réfuter cette construction si savante. Il dit fort bien que, loin d'être le fruit de vues si diverses, de réflexions si étendues et si profondes, si savantes, si complètes, le péché n'a jamais lieu que là où une certaine clarté de la conscience psychologique fait défaut. Dorner tombe donc en plein dans cet idéalisme, dans cet intellectualisme qu'il a si bien reproché à d'autres docteurs. Le péché vraiment classique dont il a donné la savante anatomie, ne pourrait être commis que dans cette économie dont nous parle saint Pierre, à titre de péché contre le saint Esprit, et encore par des hommes qui auraient eu à leur disposition toutes les ressources de la théologie allemande sans vouloir en profiter. Ainsi que le remarque fort bien Ritschl, le péché ne constitue pas une unité, un organisme découlant d'un principe ; il n'est qu'une unité relative, la résultante de toutes les actions et de toutes les mauvaises inclinations isolées et concrètes. — Cela étant, comparons maintenant les théories destinées à expliquer le péché historique, empirique. Tout ce que l'on peut demander, c'est que si elles ne réussissent pas à expliquer le péché, qui est peut-être inexplicable, ces théories n'aboutissent pas à nier le fait incontestable dont elles tendent à découvrir l'origine et qui constitue leur propre raison d'être. Ainsi le mal ne pouvant être procédé de Dieu, puisqu'alors il ne serait plus qu'une simple apparence, il ne reste plus qu'à en découvrir dans la créature, non pas l'origine nécessaire, il serait contradictoire de chercher l'origine nécesaire de ce qui ne doit pas être, mais l'origine empirique. On l'a cherchée dans le caractère fini de l'homme. Le mal ne serait pas quelque chose de durable, de persistant, mais une première étape à parcourir pour arriver au bien, un degré inférieur de développement, une phase imparfaite mais nullement anormale du devenir. L'homme ne saurait se développer en ligne droite, il faut qu'il se trouve en présence de thèses et d'antithèses successives, ressort indispensable pour s'élever à des synthèses toujours supérieures. D'après les uns, le point de départ de l'antithèse serait fourni par le corps. Celui-ci, selon Schleiermacher, prendrait le devant, si bien que quand l'esprit se développerait à son tour, il se trouverait trop faible, en face de son antagoniste, déjà en pleine possession de l'empire, de tous les droits acquis du premier occupant. Rothe, lui, explique pourquoi une communication de l'esprit conférant à l'homme la force de résister victorieusement à la sensibilité, ne pouvait avoir lieu dès le début. C'est que l'esprit, la partie rationnelle, ne saurait être créée ; elle ne pouvait faire son apparition que lorsque son milieu, le théâtre de son activité, aurait été convenablement préparé par le développement préalable de la vie physique. Cette priorité du développement du corps ne suffit pas à elle seule pour tout expliquer. Si les instincts corporels sont primitivement bons, tout l'organisme dans un état normal, on ne voit pas pourquoi la simple circonstance que l'esprit se développerait le dernier suffirait pour amener le désordre. L'organisme physique étant ordonné en vue de la personnalité, on ne voit décidément pas pourquoi ils entreraient en conflit. Aussi Rhote est-il obligé de recourir à la théorie de la matière. Ce serait la matière qui rendrait l'individualité naturellement défectueuse. De sorte que nous aboutirions à un dualisme. Du reste, comme Schleiermacher, Rothe admet que Christ a été un vrai homme sans participer au péché. De sorte que, d'après ces deux théologiens, la nature humaine ne serait pas pécheresse en elle-même, mais par le fait de Dieu qui aurait été négativement la cause du développemennt anormal, en ne communiquant pas l'esprit avec une intensité suffisante pour que ce développement fût normal. — D'autres ont pris pour point de départ l'esprit : le mal serait nécessairement procédé des lois présidant au développement spirituel, soit de la volonté, soit de l'intelligence. Ainsi, que faut-il pour que l'homme se développe? Il doit vouloir substituer une forme de vie à une autre. De là le conflit entre la vie naturelle, qui ne veut pas céder, et l'autre qui prétend la supplanter. Ainsi naît la lutte entre l'esprit et la chair, le développement anormal Les choses se passent de même sur le terrain de la conscience psychologique : on ne peut s'affirmer soi-même, se prendre pour centre qu'en s'opposant à la conscicence, soit de l'espèce, soit de Dieu. Il faut sans doute admettre ces conditions indispensables du devenir, toutefois elles n'impliquent pas la nécessité, mais la simple possibilité d'un développement anormal, à moins que l'on ne tienne le développement successif, dans le temps, déjà pour mauvais par lui-même. L'entrée en action de la liberté ne saurait en soi engendrer le mal ; l'état antérieur non plus ; créé par Dieu, il doit être bon ; le concours réciproque du corps et de l'esprit non plus, puisqu'ils sont faits l'un en vue de l'autre et que le premier possède la flexibilité suffisante pour se plier aux exigences du second. Tout le côté innocent de la vie naturelle est là comme attrait, ferment pour l'esprit mis en demeure d'affirmer sa liberté. Mais il ne résulte nullement ni de la nature de l'esprit, ni de celle du corps, que cet attrait doive nécessairement triompher et prendre la haute main. — Des considérations analogues peuvent être présentées au sujet du développement de la conscience psychologique qui ne saurait non plus être nécessairement anormal. D'après Hegel, la noblesse de notre nature consiste en ceci : l'homme ne peut demeurer simple produit naturel; il faut qu'il s'affirme et qu'au moyen de la raison et de la liberté, il devienne en fait ce qu'il est en soi, en idée. Dans sa première phase il rappelle la vie grossière des animaux, il est enfoncé dans la sensibilité, l'animalité et l'égoïsme. Mais c'est là une pure affirmation gratuite : rien ne prouve que l'homme doive débuter ainsi : on ne voit décidément pas pourquoi, pour se développer, la vie morale aurait dû avoir nécessairement besoin de matériaux mauvais. Au fait, Hegel admet bien le caractère innocent de cette toute première phase animale : il ne fait apparaître le mal que plus tard, avec l'intervention du facteur individuel, reflet de l'individualité. Mais il ne prouve jamais que l'esprit individuel doive se développer dans le sens de l'égoïsme. On ne voit pas pourquoi la liberté débuterait nécessairement par l'arbitraire et le mal. Pour vouloir le bien, le général, dit encore Hegel, il le faut distinguer de son contraire, de l'égoïsme individuel qui, pour être nié de la bonne manière, doit débuter par exister bien réellement. Mais ne peut-on nier le mal, le repousser, que s'il débute par être réel ? Pour prendre une résolution morale, libre et consciente, il suffit que l'agent soit placé en face de deux alternatives possibles. Rien n'établit que le mal, la réalité du mal, soit indispensable au développement du bien, ne fût-ce que comme simple phase transitoire. La pensée du mal n'est pas déjà en soi une pensée mauvaise : elle n'implique nullement le mal réel, ni chez soi, ni chez les autres, elle est donnée avec le simple fait de la loi. Au sens rigoureux du mot, il ne peut y avoir mal, là où manque totalement la distinction du bien et du mal, par conséquent la pensée du mal. Qu'arriverait il donc si la pensée du mal ne pouvait provenir que de l'expérience du mal? Il faudrait alors que l'action mauvaise eût eu lieu afin de pouvoir avoir lieu. — A toutes ces dérivations du mal, Dorner oppose deux assertions : on ne saurait prouver qu'un individu qui se développerait d'une façon parfaitement normale cessât pour cela d'être un homme. Il y a contradiction à vouloir prouver que le mal est nécessaire, ne fût-ce que comme phase transitoire. Pourquoi telle forme de notre vie peut-elle être traitée de mauvaise? Parce qu'elle ne correspond pas d'une façon adéquate à notre norme de vie, qui comprend non pas seulement une, mais la totalité des phases de notre existence. Tout cela implique que chaque phase idéelle peut devenir réelle chez l'homme (comme ce fut le cas chez Christ), sans cela cet idéel deviendrait quelque chose d'impossible, d'irréalisable, une ombre; le mal à son tour prendrait le même caractère. Lors donc qu'aujourd'hui le mal peut paraître nécessaire au bien, ce ne saurait être qu'à la suite d'un accident. Une seconde considération à faire valoir c'est que toutes ces théories aboutissent au dualisme. Si le mal était indispensable au développement de l'homme, même à simple titre de phase transitoire, il serait partie intégrante de la notion d'homme ou du moins de la notion de développement humain. L'absolue obligation du bien et l'absolue nécessité du mal se prendraient corps à corps dans l'homme. Et puis, pourquoi Dieu aurait-il imposé le mal qu'il hait, comme transition indispensable pour arriver au bien ? Il faudrait qu'il y eût été contraint à son tour par une puissance avec laquelle il aurait dû compter. Nous nagerions ici en plein dualisme. Or, c'est porter atteinte à la toute puissance de Dieu, que de placer le mal, soit dans le fini comme tel, soit dans la matière qui offrirait une résistance invincible. Mais ce dualisme physique ou cosmologique doit être poussé plus loin encore. Comme les êtres raisonnables et personnels peuvent seuls être mauvais, il faut placer le mal dans un être doué d'intelligence et de volonté. Nous voici arrivés à l'Ahriman des Perses, au Satan des sectes du moyen âge. Cette théorie a été mise en avant par Daub, dans son *Judas Iscariot*, mais sans rencontrer le moindre écho. — Toutefois le besoin irrésistible d'unité qui domine l'esprit humain ne peut s'arrêter là. Il faut concilier ces deux puissances en présence. On y arrive en supposant que finalement l'une l'emporte sur l'autre, le bien sur le mal. Qu'est-ce à dire ? sinon que l'antithèse, le dualisme n'est que temporaire ? Mais s'il doit finir dans le temps, c'est qu'il aura aussi commencé dans le temps. Et puis, ce qui doit un jour succomber ne peut, en dernière analyse, avoir été exactement de même nature, aussi divin que ce qui triomphe définitivement. Les deux procèdent d'une cause première commune qui ne peut être que le point d'indifférence suprême. Nous aboutissons au dualisme théologique. Il a été remis en honneur de nos jours avec éclat par deux philosophes célèbres, Schelling et Hegel, qui se sont bornés, du reste, à systématiser de leur mieux une donnée originale empruntée au célèbre mystique, le cordonnier allemand Jacob Bœhme. Sans antithèse, sans opposition, sans lutte, point de vie. Il y aurait donc eu primitivement en Dieu un côté ténébreux et un côté éclairé. A la suite d'une lutte, le principe lumineux éclate comme un éclair à travers l'esprit de feu qui demeure toujours comme la base de la vie divine interne. Le mal serait provenu du fait que le principe premier aurait agi égoïstement, en suivant sa volonté particulière. Schelling et Hegel arrivent ainsi à identifier entièrement la vie de Dieu et celle du monde : c'est du panthéisme pur allant chercher la cause du mal, soit dans l'essence même de Dieu, soit dans tel ou tel attribut divin. Schelling et Hegel n'ont pu s'en tenir longtemps à la définition du principe premier par l'indifférence suprême des contraires. Et le fait se conçoit aisément. Comment déduire les antithèses, les oppositions de ce qui ne les contenait pas, de ce suprême zéro, dont l'unique trait caractéristique est l'indifférence? Aussi ont-ils cherché, chacun à sa façon, à animer cette unité suprême. Nous n'aurions plus au point de départ une absence complète d'antithèses, mais une pénétration réciproque de toutes les antithèses, une espèce de chaos divin constituant la vie divine parfaite. Schelling et Hegel ne diffèrent ici qu'en un point : pour le premier, le chaos divin, à la base de tout, ce premier œuf du monde est « volonté; » selon Hegel, il est « pensée. » Au fait, il serait plus vrai de dire : force aveugle, d'une part; pure et simple possibilité de penser, d'autre part. Les deux philosophes demeurent d'accord sur un point : il leur faut absolument des oppositions, des antithèses en Dieu, sans quoi point de vie. Seulement, d'après Schelling, nous aurions l'antithèse de l'égoïté, de l'individualité et de la volonté universelle; d'après Hegel, l'antithèse de l'être existant simplement en soi et ensuite pour soi (conscient, s'affirmant avec réflexion). Ce n'est qu'après avoir triomphé de cette lutte qu'il porte dans son sein, que Dieu arrive à la perfection : selon Schelling, à exister de fait, comme esprit, personnalité absolue, à ce degré d'existence où la vie particulière est entièrement animée, pénétrée par la vie universelle; d'après Hegel, à l'état d'esprit absolu existant en soi et pour soi. De l'avis de ces deux philosophes gnostiques cette lutte aboutissant à l'harmonie n'a pas lieu seulement dans le sein de l'essence divine : le monde en est également le théâtre; l'histoire humaine doit être à son tour une histoire divine; tout ce procès divino-humain doit se dérouler successivement, historiquement dans le temps. Dieu se condamne au devenir, il en accepte toutes les conséquences : naissance de Dieu, du monde, origine du mal, tout cela ne forme qu'un seul et unique grand poème, la tragédie divino-humaine. Vatke (*Die menschl. Freiheit in ihremhrem Verh. zur Sünde*, etc.), Romang (*Ueber Willensfreiheit und Deter.*), Zeller (*Ueber das Böse;* Théol. Iahrb., 1847, 27), Blasche (*Das Böse*, etc.) se rattachent plus ou moins au point de vue de Hegel; M. Ch. Secrétan (*Philosophie de la liberté*) rappelle plutôt le gnosticisme de Schelling mis au service de la théologie piétiste du Réveil. — Mais comment la vie divine pourrait-elle être parfaite, absolue, si elle impliquait l'antithèse, si elle était soumise à un développement successif? Ne faut-il pas, au contraire, que, de toute éternité, elle porte en soi l'unité absolue et aussi la distinction des éléments qui la constituent? Si elle vivait de contradictions, la vie générale ne serait-elle pas à son tour une contradiction? Du moment où le mal ferait partie intégrante du procès de la vie divine, ce serait une contradiction éternelle contre l'idée de Dieu elle-même. Dans tous les essais d'expliquer l'origine nécessaire du mal, un point doit demeurer parfaitement intact: le procès de la vie divine doit être tenu hors de cause. Dieu dans sa divine essence doit avoir été éternellement parfait, parachevé. Il ne saurait y avoir dans son être aucun conflit d'aucun genre. Sans cela le mal qui jaillirait de la lutte cesserait d'être une réalité pour devenir une simple apparence. C'est là ce que Schleiermacher méconnaît (quand il veut faire procéder le mal de l'amour divin), ainsi que tous ceux qui (comme Thomas d'Aquin, Augustin, Scott Erigène, Leibnitz, Th. de Bèze, les supralapsaires en général) prétendent dériver le mal des attributs divins (toute-puissance, beauté, intelligence, justice) — Toute tentative de prouver la nécessité du mal a pour résultat de le faire procéder de Dieu, qui est en effet la cause de tout ce qui est nécessaire. En faisant remonter le mal à Dieu on le transforme en simple apparence. Or il est une cruelle réalité. Il ne reste plus qu'à chercher la cause du mal dans la créature. Dieu, en créant l'homme intelligent, lui aurait, par le fait même, donné la possibilité de faire le mal; l'homme, usant de sa liberté, serait tombé. La présence de la liberté, condition indispensable pour que l'homme puisse être moral, vu qu'il doit l'être mais ne peut être contraint de l'être, implique la possibilité du mal. Cette possibilité est devenue réalité par le fait de la liberté humaine. Nous nous trouvons ainsi en face de l'arbitre humain hors d'état de remonter plus haut. Le mal a fait son apparition parce que l'homme l'a voulu. Vouloir remonter plus haut, prétendre trouver une explication du mal ailleurs que dans la volonté humaine, c'est retomber dans l'une ou dans l'autre des théories qui viennent d'être indiquées. Est-ce là tout? La faculté d'agir arbitrairement suffit-elle pour expliquer le mal? La liberté n'est-elle que l'arbitraire? A ce compte, on ferait également le bien arbitrairement, c'est-à-dire qu'on ne le ferait pas. Mais à côté de cette simple liberté de choix qui n'est qu'un des éléments de la liberté, il faut encore autre chose. L'homme n'est pas sorti des mains du Créateur dans un état de complète indifférence morale. Il était dans une condition morale qui pouvait, à son gré, être confirmée ou compromise suivant l'attitude qu'il prendrait à l'égard de la tentation. L'homme, sans doute, ne saurait rien créer, au sens propre du mot; cependant, par le fait de la liberté, il possède la faculté de décider exclusivement de lui-même quelle valeur il assignera aux mobiles. L'état de péché est un fait général incontestable. Le péché n'est pas, comme le veulent les pélagiens, le produit de l'acte individuel d'un chacun, mais une disposition naturelle, innée. Comment ce fait incontestable s'accorde-t-il avec la liberté humaine et la notion de la culpabilité? Nous voyons reparaître à nouveau la grande question : quelle est la part de l'individu, quelle est la part de l'espèce dans le fait incontestable du péché? Comment la liberté individuelle, qui doit nous expliquer le péché, s'accommode-t-elle du fait que nous naissons tous pécheurs? Comment le fait que tous naissent pécheurs s'accorde-t-il avec la justice de Dieu? Voilà enfin le problème décisif carrément abordé. Il s'agit d'abord de rendre compte du phénomène de la généralité du péché. De la réponse à cette question dépend, en effet, la solution de toutes les autres. — Le problème peut être abordé par trois faces diverses. On peut prendre son point d'appui dans l'individu, dans l'espèce, ou dans l'une et dans l'autre à la fois, comme partie constitutive de la notion d'homme. Les individualistes, ou mieux les atomistes, partant de l'individu, voient dans la généralité du péché un effet de l'exemple. Pélage ne le conteste pas, seulement il part de l'idée que la liberté d'indifférence demeure toujours identique à elle-même : elle n'est en rien affectée par les divers actes de péché que commet un homme, qui se trouve tout aussi libre après qu'avant, ni, dans l'espèce, par l'action des diverses générations qui se succèdent. A cela s'ajoute volontiers l'idée que les enfants naîtraient dans une sorte d'innocence rappelant le paradis. Nous retrouvons ici l'idée favorite de J.-J. Rousseau: l'individu sort pur des mains du Créateur, la société le corrompt. Comment expliquer cette généralité du péché, si chaque individu vient au monde pur et innocent? Il ne suffit pas d'en appeler aux mauvais exemples. D'où peuvent donc être venus les premiers tentateurs qui ont donné le mauvais exemple? Car enfin ils doivent être nés purs comme tous les autres Etrange liberté native que celle qui n'a pas encore permis à un seul membre de l'espèce de résister victorieusement à la tentation du mauvais exemple! Il est contradictoire d'admettre d'une part l'intégrité de la liberté chez tous, et de prétendre expliquer la généralité du mal par le fait du mauvais exemple et de l'influence de la communauté. Dira-t-on que ces influences agissent accidentellement? Alors elles n'expliquent rien. Verra-t-on en elles des causes réelles et effectives (éducation, esprit général, mœurs)? Mais il faut alors renoncer à cette notion de la liberté qui isole complètement l'individu de l'espèce : Pélage et Augustin se trouvent placés sur le même terrain. Les deux écoles ne diffèrent dès lors que du plus au moins : la liberté d'indifférence ne suffit plus à tout expliquer. J. Müller, plus profond que Pélage, échappant au dualisme entre l'esprit et le corps d'Origène et au déterminisme de Schelling (qui veut que nous apportions dans le monde un caractère indélébile par suite d'un choix définitif librement accompli dans une vie antérieure), a dit le dernier mot de l'atomisme en cherchant à le rendre évangélique. La généralité du péché, dit-il, est un fait incontestable; cela implique une perturbation de la volonté. D'où vient celle-ci? Rien n'autorise à croire qu'elle ait pour cause un acte individuel dans l'existence actuelle. Nous nous trouvons pécheurs à l'éveil de notre vie morale, sans savoir comment nous le sommes devenus. Et cependant la conscience nous présente tout péché comme une faute, impliquant que nous aurions pu agir autrement; tandis que notre vie empirique, bien loin de déposer en faveur d'une liberté pure, accuse un mélange constant de liberté et de dépendance. Il faut donc sortir des étroites limites de ce monde. L'acte indispensable pour constituer chacun de nous pécheur, s'est accompli antérieurement au temps. C'est là l'unique moyen de rendre compte de ce sentiment de culpabilité d'une profondeur insondable qui ne cesse de nous dominer. Ainsi s'explique cette mélancolie énigmatique, cette tristesse profonde qui, s'emparant de préférence des âmes nobles et élevées, forme comme l'arrière-plan de la conscience humaine. Tout s'explique donc. L'humanité est pécheresse parce que la totalité des individualités qui la constituent s'est, chacune pour son compte, isolément, librement décidée pour le mal. Ce point de vue est partagé dans une certaine mesure par Benecke, Rückert, Fichte le jeune. Il était également admis par Gaussen, dont le calvinisme plus ou moins classique est bien connu, quoique cet écrivain soit resté entièrement étranger à toute spéculation moderne. Cette coïncidence étrange est importante; elle établit que l'idée fausse de la culpabilité native a poussé les esprits les plus dissemblables à chercher la solution dans la même direction. C'est là le dernier mot de cette vieille école augustinienne qui ne sait pas comprendre qu'il puisse y avoir péché, c'est-à-dire dérogation à l'idéal moral, sans culpabilité individuelle, tout en prétendant que nous naissons coupables. La solution si péniblement cherchée d'une énigme imaginaire finit par être fantastique à force de vouloir être logique. En allant jusqu'au bout dans cette fausse voie, J. Müller a eu le grand mérite de faire comprendre qu'il eût été plus sage de ne pas s'y engager. D'autre part, les objections que fait Dorner aux idées de Müller paraissent inspirées par la conception réaliste de l'humanité sans laquelle il ne pourrait plus être question d'une parfaite homoousie du Christ et des hommes, la doctrine de l'expiation et de l'Eglise se trouveraient atteintes. Mais il ne serait pas impossible que les appréhensions de Dorner devinssent pour certains esprits des présomptions favorables à la notion nominaliste du genre humain. —Correspondant aux théories qui viennent d'être exposées, nous en trouvons trois autres chez les théologiens qui font prédominer la notion réaliste de l'espèce. Le péché originel ne serait qu'une amorce, une sollicitation; il n'y aurait péché que pour celui qui mordrait librement à l'amorce. C'est méconnaître la distinction capitale entre le péché et la culpabilité. Les sollicitations subjectives du mal sont déjà péché, moralement appréciable, sans qu'il y ait culpabilité. La liberté d'indifférence, que ce point de vue paraît impliquer, est chimérique pour quiconque songe au trésor de mauvais désirs, de convoitises de tout genre dont l'individu fait la découverte en son cœur, sans qu'il puisse se reprocher d'avoir lui-même accumulé toutes ces richesses si variées. L'homme n'est pas libre à ce point en face du péché dans lequel il naît, ce qui ne veut dire nullement qu'il soit coupable avant d'avoir accepté la succession et de l'avoir fait valoir. Pour en finir avec le réalisme, nous citerons une remarque de Dorner autorisant à dire que ce théologien devrait rompre plus rondement avec cette fiction qu'il ne sait se décider à le faire. Si les individus étaient un produit exclusif de l'espèce, ce qu'il y a de relativement vrai dans le point de vue du créatianisme se trouverait sacrifié. Entre Dieu et l'individualité s'intercalerait l'espèce qui viendrait jouer le rôle de l'âme du monde : il n'y aurait plus de rapport immédiat entre Dieu et le monde. Dieu n'a pas abdiqué sa force créatrice en faveur de l'espèce. Chaque individualité est le produit d'une pensée divine créatrice. Enfin, si tout péché n'était qu'un simple épanouissement du péché originel, un fait exclusif de l'espèce, l'incrédulité en proviendrait aussi nécessairement : plus d'appropriation subjective du salut; tous seraient forcés d'être incrédules, il n'y aurait de magiquement sauvés que ceux que Dieu aurait élus. On le voit, nous sommes à la source abondante des fictions antiques, si chères aux socialistes autoritaires de toutes les nuances. — Nous arrivons aux théories qui professent vouloir tenir compte des deux facteurs (l'espèce et l'individu), bien qu'à leur insu elles penchent dans un sens ou dans l'autre. Les uns (Lange, Thomasius, Philippi, Ebrard), tout en disant que nous naissons coupables, veulent faire une place à la responsabilité individuelle. Ils tombent dans la logomachie en s'obstinant à déposer le vin nouveau dans les vieilles outres de la tradition augustinienne. D'autres (Nitzsch, Schenkel, Opitz, De Wette), tout en constatant le grand rôle de l'espèce, inclinent cependant à placer le centre de gravité dans l'individu. Prononçant enfin le mot devant lequel tant d'autres reculent, ils répudient l'idée de toute culpabilité héréditaire. Martensen n'est pas le moins décidé. La corruption native doit être considérée comme un sort, une destinée, *Schicksal*; ce n'est que quand le péché de l'espèce se transforme en péché propre des individus qu'il devient leur faute : point de responsabilité sans cette appropriation personnelle. Au sens positif, le péché originel n'est ni péché proprement dit, ni un fait coupable, mais une puissance cosmique, une manière d'exister n'entraînant culpabilité que quand l'individu s'approprie le développement anormal de l'humanité. En vérité, l'individualiste le plus exigeant ne saurait mieux dire. Quoique trop occupé d'une idée spéculative sur laquelle nous aurons à revenir, Dorner, tout en prétendant concilier les droits de l'individu et ceux de l'espèce, finit, lui aussi, après toutes les précautions possibles, par prendre place dans les rangs de ceux qui font prédominer l'individualisme.

III. Théorie du péché. Dans quel sens nous prononcerons-nous à notre tour? Convient-il de prendre parti pour la liberté ou pour le déterminisme? S'il fallait en croire Baur, l'hésitation ne serait pas permise.

Déjà en 1836, il présentait le déterminisme comme le trait le plus caractéristique, le plus précieux du protestantisme en opposition au catholicisme qui serait, lui, foncièrement pélagien et par cela même antichrétien (*Gegensatz des K. u. des P.*, p. 171). Ce n'est pas que le célèbre critique se fasse illusion sur les inconvénients des deux tendances dont l'une enlève au christianisme son caractère spécifique, absolu, tandis que l'autre aboutit à une négation de la liberté, contre laquelle se révolte la conscience morale de l'humanité ; mais il se prononce sans hésiter pour le déterminisme, comme sauvegardant mieux les intérêts moraux et religieux. Il est vraiment étrange d'entendre le plus perspicace des critiques tenir un pareil langage. Toute son *Histoire des dogmes* n'est-elle pas là pour prouver que le sentiment religieux est singulièrement accommodant de sa nature et doué d'une flexibilité sans bornes ? N'a-t-il pas réussi à se maintenir plus ou moins intact et pur au sein de tous les cultes divers dont l'histoire des religions nous déroule le tableau souvent bizarre? Et pour ne pas sortir du christianisme, où en serions-nous s'il fallait faire appel au seul sentiment religieux et moral pour décider de la valeur d'un système? Qui ne sait qu'abandonné à lui seul, le sentiment religieux, en raison même de son ardeur et de son intensité, est constamment exposé à s'accommoder sans scrupules de toutes les aberrations du mysticisme et de tous les ossements desséchés de la superstition? Nous sommes certes loin d'oublier que les doctrines n'ont de valeur que comme expression intellectuelle des sentiments religieux et moraux, mais nous maintenons aussi que le sentiment religieux doit se laisser guider, purifier par la raison chrétienne pour arriver à s'exprimer dans des dogmes toujours plus chrétiens. Sans contredit, soit dans le catholicisme, soit dans le protestantisme, on n'a que trop bien réussi jusqu'à aujourd'hui à faire bon ménage avec le déterminisme. Ce n'est certes pas là une des preuves les moins éclatantes de l'impérissable vitalité du christianisme, qu'il ait pu se maintenir, se propager, arriver jusqu'à nous, à travers une atmosphère qui devait lui être à tant d'égards délétère. On sait aujourd'hui ce qu'il faut penser des efforts divers auxquels se livrent avec tant de complaisance les représentants de la spéculation moderne pour faire aboutir le déterminisme religieux de Calvin au déterminisme pur et simple, au panthéisme sans phrase. Du reste, Baur reconnaît qu'il y a dans le calvinisme lui-même certains éléments hétérogènes et réfractaires qui le poussent dans le sens de la liberté. « Dans la notion calviniste du mal, dit-il, il reste toujours quelque chose de contraire au sentiment moral. Malgré soi, on est porté à s'éloigner de l'idée de l'absolue dépendance de l'homme pour revenir à celle de la détermination libre dont la conscience immédiate de l'homme ne semble pas pouvoir se passer, en vue de se rassurer à l'égard de l'intérêt moral qui doit être sauvegardé dans la notion du mal. » Or, cette dernière racine d'amertume, sur laquelle la liberté risque de bourgeonner encore, consiste simplement en ceci : il n'est pas aussi aisé que le voudrait Baur, de réduire la notion calviniste du mal à n'être qu'un *fas* négatif, un bien « moindre, » une condition du bien. Le mal demeurant toujours quelque chose de positif chez Calvin, la conscience morale, prise de scrupules, éprouve le besoin de l'expliquer non par la dépendance absolue de Dieu, mais par une décision libre de l'homme qui en serait l'unique auteur responsable. Recueillons ces précieux aveux ; rapprochons-les des déclarations calvinistes que nous avons signalées ailleurs sur les restes de l'image de Dieu qui ont pour conséquence inévitable des degrés divers de moralité parmi les hommes. Ce que Baur, de son point de vue exclusivement intellectualiste, considère comme une inconséquence de Calvin, nous apparaît à nous comme un correctif précieux, indispensable, distinguant le déterminisme moral et religieux du réformateur, du déterminisme exclusivement philosophique de la spéculation moderne. C'est justement parce qu'il était avant tout un homme religieux que, malgré lui, en dépit de la logique, sans s'en douter, Calvin a déposé dans son système de précieux germes d'avenir qui, tout en scandalisant ses disciples suivant la chair, doivent servir, entre les mains des disciples suivant l'esprit, à dépasser la doctrine du maître en la rectifiant et en la complétant. Bien loin donc d'être condamné à opter entre le pélagianisme et le déterminisme, il faut les répudier au même titre : l'un est l'anthropologie, l'autre est la théologie d'un même système resté trop païen auquel il importe de substituer enfin la conception morale et religieuse que réclame l'Evangile. — Du reste, nous n'avons que de trop bonnes raisons de nous tenir en garde contre le déterminisme ; il est venu de bonne heure arrêter tout le développement théologique dans nos pays de langue française. Nous renvoyons au volume de M. Ch. Secrétan, *La méthode*, qui reproduit en appendice les pièces d'une brillante controverse provoquée, en 1853, par les articles de MM. Scherer, L. Durand, Fr. Chavannes et Colani, sur le péché. M. Secrétan est parmi nous l'éloquent défenseur d'un réalisme qui ne recule pas devant l'impertinence logique de vous demander, à vous et à moi, si nous nous sommes avisés de nous repentir du péché d'Adam. Je sais bien que l'on nous crie que toute l'économie de la dogmatique chrétienne est bouleversée dès que l'on devient nominaliste, mais qu'importe ! Il s'agit justement de savoir si toute cette dogmatique n'a pas été construite sur la base d'un réalisme venu d'ailleurs, n'ayant rien de chrétien et impuissant à résister aux protestations de la conscience chrétienne, telle qu'elle se dégage du mouvement religieux du seizième siècle, qui arrive aujourd'hui seulement à dire son dernier mot. Un fait caractéristique demeure hors de tout doute : par la plus heureuse des coïncidences, la conscience chrétienne se déclare ouvertement individualiste au moment même où, dans toutes les sphères, la science moderne se proclame nominaliste. Grâce à Dieu, les droits de l'individualité sont cependant suffisamment compris aujourd'hui pour que, dans cette question capitale du péché, dont la solution donne le ton à la dogmatique tout entière, on puisse rompre résolument avec une anthropologie des patriarches d'Orient qui nous présente naïvement celui qui reçoit les dîmes comme dîmé à son tour en faveur de Melchissédec, alors que Lévi était encore dans les reins d'Abraham. Pour conclure notre étude, nous n'avons à consulter que la conscience chrétienne ayant su profiter des dogmes du passé au point de savoir s'en émanciper. « La source de la volonté morale, dit M. Secrétan, c'est l'individu. L'individu, comme tel, est d'une valeur absolue, parce qu'il est un être moral, parce qu'il est libre, parce que ses déterminations individuelles s'appellent le bien et le mal. La question qui nous occupe doit être amenée à ces termes, et jugée par le tribunal de la conscience. Il est impossible de rattacher nos déterminations morales à l'espèce et d'y voir la manifestation d'un être général que nous appellerions l'espèce humaine ; ce serait décliner la responsabilité personnelle, ce serait renverser dans son principe la loi dont nous sommes intérieurement contraints de reconnaître l'intérêt suprême et qui fait notre dignité » (p. 278). On ne saurait asseoir sur un sol plus ferme le fanal appelé à éclairer le penseur désireux, après une navigation longue et accidentée, d'éviter les nombreux récifs qui hérissent l'entrée du port. — Nous concluons : 1° La notion atomistique du péché, telle qu'elle se trouve chez Pélage et J. Müller, méconnaît le rapport étroit entre l'individu et l'espèce ; la théorie augustinienne qui proclame la race entière coupable du péché du premier homme méconnaît, de son côté, les droits de l'individualité. La vérité se trouve dans une conception moyenne qui cherche à distinguer entre les apports de l'espèce et ceux de l'individu. Contrairement à l'idée pélagienne, l'homme ne naît pas dans un état d'innocence semblable à celui d'Adam avant la chute et doué d'une entière liberté d'indifférence à l'endroit du bien et du mal. L'homme vient au monde déjà enclin au mal, déterminé dans le sens du péché, dans un état anormal, contraire à la loi de Dieu, opposé à l'idée de son propre être. Le péché originel héréditaire a, sans contredit, une portée morale, puisqu'il complique d'une façon fort diverse et très profonde la tâche que chacun de nous doit remplir. Cette condition dans laquelle naissent tous les hommes ne s'explique ni par une notion réaliste de l'espèce, ni par une imputation du premier péché et de ses conséquences à tous les descendants d'Adam, ni par une convention tacite et fictive entre Dieu et le premier homme traitant comme chef de la race, ni par une prévision divine, ni par une chute individuelle dans une existence antérieure, mais simplement par la solidarité. Contrairement à la notion réaliste qui la confond avec la complicité ou la coopération, la solidarité est un rapport supposant au moins deux facteurs distincts. « Dans le langage juridique, dit M. H. Marion, au sens étroit, on appelle *solidaires* des personnes obligées les unes pour les autres et chacune pour toutes. Chacun est tenu, par exemple, au payement total de la dette commune (*solidus*, entier ; *solidum pretium*, somme intégrale ; *in solidum*, solidairement)... L'idée de solidarité est en général celle d'une relation constante, d'une mutuelle dépendance entre les parties d'un tout... Par solidarité morale, il faut entendre les conditions déterminantes de la moralité, soit dans l'individu pris à part, soit dans un groupe spécial, soit dans toute l'espèce. La liberté morale, en effet, est limitée, liée à des conditions; elle est engagée dans des faits donnés, qui ont leurs lois ; elle est en chacun de nous, à chaque instant *solidaire* de quelque chose qui n'est pas elle, qui ne dépend pas d'elle et dont elle dépend. *Non omnia possumus omnes*, nous ne pouvons pas tous également et à tout instant faire tout indistinctement, ni tout vouloir. Il y a solidarité morale entre tous les membres d'une société petite ou grande, organisée ou non ; il y a solidarité morale entre les générations qui se succèdent, c'est-à-dire que chaque société humaine, bien qu'elle soit composée d'individus dont chacun est une personne et a ses destinées à part, forme un tout vivant dont les parties composantes sont solidaires soit dans un même temps, soit dans le cours de l'histoire. Et de même l'humanité entière, toute composée qu'elle est de groupes distincts, ayant leur vie propre, a à son tour une vivante unité ; c'est pour ainsi dire une même personne morale, d'une durée indéfinie, ayant ses destinées collectives, à laquelle concourent tous les groupes à la fois, tous les âges à la suite. Sous le rapport physique, physiologique, économique, religieux et moral, les membres de l'espèce bénéficient du bien que font leurs ascendants ou leurs contemporains, comme aussi ils subissent les conséquences de leurs fautes sans avoir, dans un cas plus que dans l'autre, été responsables ni actifs. » — 2° Les conséquences résultant pour chaque individu du péché des ascendants ne doivent pas être considérées comme des châtiments, mais simplement comme des infortunes. Né malheureux et non coupable, moralement malade, l'homme ne devient moral, bon ou mauvais, que lorsqu'il use de la liberté qui lui reste pour accepter ou pour répudier l'héritage, en confirmant ou en effaçant, autant qu'il est en son pouvoir, les restes de l'image de Dieu qui se trouvent en lui. L'homme ne naît donc en aucune façon déterminé au péché proprement dit, mais uniquement dans des conditions fort diverses, plus ou moins défavorables pour subir cette épreuve qui le constitue pécheur volontaire et responsable. C'est de l'action de ces deux facteurs, le déterminisme natif, d'une part, l'action de la liberté de l'autre, que se dégagent les nombreux degrés de moralité des individus, fort divers de forme, d'intensité, qu'aucune règle juridique ou morale ne saurait constater ; le regard de Dieu auquel n'échappe aucun élément de la question peut seul apprécier chaque individu aux balances du sanctuaire. « On parle de la moralité, dit M. H. Marion, comme de la chose la plus simple. Ce qui est simple, c'est la notion abstraite de devoir, mais rien n'est plus complexe que la vie morale et concrète, avec tout ce qu'elle comporte de mobiles en conflit, d'influences subies, d'actions et réactions de toute sorte, qui font, en fin de compte, la conduite bonne ou mauvaise, les âmes saines ou corrompues. La moralité d'un homme dépend des aptitudes natives qui composent son tempérament moral, ou caractère, et qui, dès le berceau, l'inclinent davantage vers tel mode d'action ou vers tel autre. Ce qu'il peut avoir de spécialement libre est solidaire de tout ce qu'il reçoit de la nature. Une certaine constitution physique lui vient de ses parents avec la vie; il la subira avant de songer, et peut-être sans songer jamais à la modifier; il la subira jusqu'à la dernière tentative qu'il pourra faire pour la changer. Il ne fera rien qu'avec elle et par elle... Qu'y a-t-il de choquant à ce que la force morale soit inégalement répartie, pourvu que chacun ne soit obligé que dans la mesure de ses forces. De cette inégalité native ne résulte nullement l'irresponsabilité universelle, mais seulement l'inégale responsabilité des individus, laquelle est de toute évidence. S'il s'agit des sanctions dernières, tous ceux qui les admettent ne proclament-ils pas nécessaire qu'il nous soit demandé compte exactement et uniquement de ce que nous aurons fait? Et quant à la vie présente, où serait le mal si, en raison de notre impuissance à mesurer les forces d'autrui, nous devenions moins prompts et plus indulgents en nos jugements? » — On le voit, nous rompons carrément avec Augustin et avec toute la tradition ecclésiastique sur deux points fondamentaux : nous reconnaissons qu'il ne peut y avoir péché sans acte personnel de liberté, en entendant par là de simples dispositions morales héréditaires contraires à la loi de Dieu. Mais nous maintenons tout aussi fermement que ces dispositions natives n'entraînent ni culpabilité, ni responsabilité. Nous conservons donc l'idée du péché originel, mais en expliquant qu'il n'est pas à proprement parler péché, puisqu'il est dépouillé de son aiguillon, de son trait caractéristique, fondamental, le remords. Ritschl rompt d'une façon plus radicale avec Augustin pour se rapprocher de Pélage, il est vrai, sous le point de vue formel, plus encore que sous le point de vue réel. Il ne veut pas entendre parler de péché originel; il se contente de l'universalité du péché, qui est à ses yeux un fait. A l'appui de sa théorie, qui ne voit dans le péché de chacun que la résultante de l'accumulation de plusieurs actes de volonté également individuelle, Ritschl en appelle à l'éducation, qui n'est possible que dans son hypothèse, et au fait de divers degrés de moralité qui ne se conçoivent pas dans l'hypothèse du péché originel. « Ce dogme suppose en effet, dit-il, que tous les descendants d'Adam occupent le même degré de l'échelle du mal et que ce degré est devenu le plus élevé possible, qu'ils sont transformés en ennemis de Dieu et en suppôts du diable. » On le voit, Ritschl ne réussit à se débarrasser de la notion du péché originel qu'en tombant dans des exagérations faites pour surprendre chez un homme qui professe comme lui un respect absolu des faits. Ce n'est certes pas de nos jours que l'on présente ainsi la doctrine, si tant est qu'on l'ait jamais fait. A entendre Ritschl, il faudrait voir dans le péché originel comme une incubation maligne sous une haute pression, envoyant à chaque individu le même degré de méchanceté, exactement comme cette cloche du gazomètre qui refoule pour chaque bec la quantité de gaz indispensable pour qu'il puisse éclairer. Il est évident, au contraire, que le péché originel se borne à fournir à chaque individu une matière première que celui-ci est appelé à manipuler en toute liberté. Méconnaître que nous naissons à bien des égards déterminés sous le rapport moral, intellectuel et physique, c'est s'inscrire en faux contre les faits les mieux établis des sciences naturelles et des sciences morales ; c'est repousser arbitrairement toute la tradition chrétienne, et cela au moment où la doctrine de l'évolution, si fort à la mode, prend plaisir à mettre hors de toute atteinte la portion de vérité évangélique si fort compromise par l'augustinisme. On ne saurait trop remarquer, en effet, que les sciences naturelles, en même temps qu'elles nous débarrassent du cauchemar du réalisme platonicien, nous fournissent, par la doctrine de l'hérédité, ce qui suffit amplement à la conscience chrétienne pour maintenir le lien étroit entre les individus et l'espèce, tout en se proclamant franchement nominaliste. Nul n'a plus le droit de douter que certaines particularités accidentelles chez les ascendants puissent se fixer et finir par devenir permanentes, héréditaires chez les descendants. Le fait physiologique de l'hérédité est tellement bien établi que pour expliquer la taille variable des Français des diverses provinces, Broca ne reconnaît qu'une seule influence générale, l'hérédité ethnique. Et d'après le Dr Chervin, malgré les croisements et les invasions, le fond de la population française se rapporte toujours à deux races antiques : aux Celtes, aux yeux et aux cheveux foncés, de petite taille, et aux Kymris, aux yeux clairs, à la chevelure blonde et la taille haute. Qui ne sait aussi que dans certaines familles on voit des talents, des aptitudes, des types moraux même se transmettre de génération en génération ? Dans tous les domaines, nous devons faire au déterminisme une large part qui n'est en aucune façon exclusive de la liberté relative revenant à chacun. Prétendre qu'à tous égards chaque homme arrive au monde table rase, doué d'une complète liberté d'indifférence, équivaut à soutenir que l'enfant de la race caucasique et le négrillon qui viennent au monde blancs l'un et l'autre, ne diffèrent que du fait de leur libre arbitre. L'hérédité morale, bien que plus délicate à constater que les autres, ne fait aucun doute comme loi empirique. « Nul ne s'imagine, dit M. Marion, qu'un enfant qui vient de naître puisse tout devenir indifféremment, j'entends avec une égale facilité. On ne trouverait personne, Ritschl excepté, pour soutenir que sa moralité future ne soit en rien prédéterminée par les aptitudes propres avec lesquelles il vient au monde. Car il s'en faut qu'il soit table rase... Il apporte une complexion intellectuelle et morale particulière qui fera son individualité. Si l'on en pouvait douter, il n'y aurait qu'à considérer combien l'identité de milieu et d'éducation est impuissante à produire chez deux frères, voire chez deux jumeaux, l'identité de caractère... Si l'hérédité n'explique pas tout à elle seule, nulle autre explication ne dispense de reconnaître l'hérédité. Le bon sens public ne s'y trompe pas ; et quoique l'attention des moralistes se soit trop peu arrêtée sur un point de cette importance, le proverbe : *Bon chien chasse de race*, est l'expression populaire d'une profonde vérité morale... Nous devons à ceux qui nous donnent la vie quelque chose de nos qualités d'esprit et de nos tendances morales. Savoir quoi, voilà le difficile » (p. 52 ss). — 3° Le sort à venir et définitif d'aucun homme n'est déterminé ni par le fait du péché originel dont il est affecté dès sa naissance (les enfants soit des chrétiens, soit des païens ne peuvent être considérés comme perdus), ni nécessairement par la condition morale dans laquelle il se trouve en quittant ce monde, mais uniquement par la crise suprême qui le met en demeure, soit dans l'économie actuelle soit plus tard, de se déterminer pour le mal, en dépit des lumières de la conscience, des appels de l'Evangile, ou de rentrer dans l'ordre voulu de Dieu, en faisant sien l'idéal pour lequel il est créé et qu'il sait avoir des droits imprescriptibles sur lui, comme constituant sa vraie nature. Ritschl, se fondant sur le fait que ce dernier péché, le péché contre le saint Esprit, est seul mortel, irrémissible, fait rentrer tous les autres dans une seule et unique catégorie, les appelant tous péchés d'ignorance. Ce terme, évidemment, ne peut avoir qu'une signification fort relative, alors qu'il s'agit de désigner les péchés autres que celui contre le saint Esprit qui seul est fait avec pleine et entière conscience. Mais les autres transgressions ne peuvent pas rentrer indistinctement dans la catégorie des péchés d'ignorance. Celle-ci se trouve beaucoup trop vague, indécise, quand il s'agit de désigner les péchés en eux-mêmes. Chacun sait qu'il ne se rencontre pas d'homme qui, une fois ou l'autre, ne fasse le mal, tout en sachant qu'il est mal. Or, bien que cette faute puisse être un acheminement au péché définitif, une préparation, ce n'est pas encore là le péché définitif, et on ne peut pas dire non plus que ce soit un simple péché d'ignorance. Comme le fait remarquer Dorner, l'ignorance ne saurait constituer le trait caractéristique du péché, puisque le manque de connaissance accompagne précisément les premiers développements de l'homme dans la phase d'innocence. A ce compte-là l'homme devrait devenir moins pécheur à mesure qu'il s'instruirait : or les faits déposent contre cette doctrine socratique. En refusant, avec Ritschl, de faire intervenir la volonté comme facteur, on arrive à confiner à un déterminisme naturel contraignant l'homme à pécher d'une manière aveugle, instinctive. Alors de quel droit présenter le péché comme n'ayant sa raison d'être nécessaire ni dans l'ordre du monde établi par Dieu, ni dans la liberté humaine primitive? Le péché accepté peut conduire à l'esclavage du mal, à la fausse sécurité, à l'endurcissement. Quant à l'objet, on distingue entre péché contre Dieu, contre soi-même, contre le prochain; et au point de vue subjectif, en péchés en pensées, en paroles, en actions; au point de vue légal, on obtient les péches d'omission et ceux de commission. Quant au degré d'intensité, repoussant l'idée stoïcienne qui présente tous les péchés comme égaux entre eux, on peut admettre la distinction entre péché véniel et péché mortel, avec la réserve expresse que le péché contre le saint Esprit est l'unique péché mortel. — 4° Le péché primitif d'Adam (*originis originans*) ne s'explique ni par l'action d'un principe mauvais résidant en dehors de l'homme (manichéisme et Daub), qui en tout cas n'en aurait été que l'occasion; ni par un décret divin (supralapsaire); ni par une définition du péché le faisant disparaître (la théologie spéculative qui voit en lui un degré nécessaire du développement établi par Dieu); ni par le caractère primitivement mauvais de la nature humaine (Rothe), ce qui serait substituer un développement métaphysique à un développement moral; ni par une avance que la chair prendrait sur l'esprit (Schleiermacher, Hegel, Scherer); ni par une liberté abstraite, liberté d'indifférence de chaque individu (Pélage); ni par un acte intelligible de liberté dans le temps (Kant) ou antérieurement au temps soit individuel (J. Müller), soit collectif, en vertu d'une conception réaliste de l'espèce impliquant complicité avec Adam (Schelling, Ch. Secrétan), mais exclusivement par l'usage anormal que l'homme a fait de sa liberté, alors qu'en passant de l'état d'innocence à celui d'homme complet, il a troublé le jeu régulier de ses forces naturelles, bonnes d'ailleurs et entièrement suffisantes pour lui permettre de se développer d'une manière normale. Sans doute, si le darwinisme est le vrai, s'il est certain que nos ancêtres velus aient sauté d'arbre en arbre, gambadant avec leurs cousins germains simiens dans les forêts vierges de la Lémurie, il va bien sans dire que les chutes qu'ils peuvent avoir faites alors ne sauraient avoir une grande portée morale. Pour tomber, il est indispensable de s'être élevé, soit d'une façon naturelle, soit par intervention divine, peu importe, de l'animalité pure (problématique ou réelle) à l'humanité, jusqu'à une certaine hauteur morale et intellectuelle. L'état antérieur au péché ne doit être conçu ni trop haut ni trop bas; l'Adam primitif ne peut avoir été, comme dit Pascal, ni ange ni bête, mais simplement un homme innocent, un enfant. L'essentiel, c'est que le mal moral soit conçu comme procédant exclusivement de la créature; il ne peut, sous aucun point de vue, être rapporté à Dieu; il constitue sur notre terre ce qui ne doit pas être, la suprême contingence, un effet du hasard, un déplorable accident. Cette solution si simple de l'énigme n'a jamais, nous le savons, réussi à satisfaire les esprits spéculatifs : ils ont toujours éprouvé le besoin de placer le péché, ce qui ne doit pas être, dans un rapport quelconque avec l'ordre moral, avec ce qui doit être. Dorner n'échappe pas à la fascination générale; il y a un chapitre de sa *Dogmatique* (II, p. 182) destiné à fixer la place du péché dans l'orde moral de l'univers. Le fait que l'humanité entière a été entraînée malgré elle dans le péché d'Adam et que l'histoire de la race en a été si fatalement affectée, est un phénomène d'une trop grande importance pour que la conscience chrétienne et la science n'y voient que la suite d'une simple permission de Dieu. Cette idée-là ne conduit pas seulement au déisme, d'après Dorner, mais, en face de la propagation de la puissance du mal, dont le bien ne peut triompher, nous en viendrions à dire que le mal a, en quelque sorte, renversé l'idée du plan divin. En exploitant la loi physique de la propagation de l'espèce, le mal serait entré en possession du monde, si bien que Dieu aurait l'air d'avoir établi cette loi de la descendance en vue du péché. Dorner se croit donc obligé de montrer comment, en dépit de la réalité universelle du péché, le plan divin n'a été en rien affecté. Le mal, dont Dieu n'est pas la cause, dès qu'il a fait son apparition, est compris dans le plan de la Providence, toute sainte et toute puissante; malgré sa grande puissance, le mal ne peut avoir rendu vain un plan de Dieu meilleur, pour lui en substituer un autre moins bon. Mais ce que le péché avait pensé à mal, Dieu l'a pensé à bien. « Ce n'est qu'après avoir reconnu ce fait que l'on peut comprendre l'énigme de la propagation universelle du mal et qu'elle est fermement reliée au péché d'Adam. » N'avons-nous pas dans ces paroles un exemple saisissant de la faculté que possèdent certains esprits spéculatifs de se donner l'air de dénouer un nœud gordien au moment même où ils se bornent à le serrer toujours plus? — La question est cependant d'une admirable simplicité: faut-il être supralapsaire ou infralapsaire? Etes-vous supralapsaire? tout est dit. Le péché n'avait pas été seulement prévu comme possible, Dieu avait compté sur lui et avec lui comme avec une réalité et en avait tenu compte dans la formation de son plan, qui, en effet, n'a été nullement changé. Etes-vous, au contraire, franchement infralapsaire? Admettez-vous que non seulement Dieu n'a pas été l'auteur direct du mal, mais qu'il n'a pas non plus donné à l'homme, en le créant, une nature devant *inévitablement* tourner à mal? Alors il faut avouer sans difficulté que le plan de Dieu a été modifié: vous n'avez plus le droit de vous scandaliser à la pensée que le fait nouveau du péché puisse avoir eu pour résultat de substituer un plan moins bon du monde à un plan supérieur. Il faut se proclamer hardiment optimiste et déterministe avec Leibnitz, soutenir au nom de la logique et en dépit de toutes les protestations du cœur et de la conscience, que nous sommes dans le meilleur des mondes possibles, ou ne pas barguigner quand il s'agit de s'incliner devant les conséquences inévitables de l'idée de liberté franchement acceptée. Dorner oscille sans cesse entre les deux conceptions, aussi ne réussit-il en aucune façon à résoudre le problème. Les appels que le savant professeur fait à la théologie biblique ne font en rien avancer la question. Dieu, dit-il, fait rentrer le mal qu'il n'a pas produit dans le plan de sa Providence; c'est par le résultat final que le plan divin du monde doit être apprécié. Or ce résultat final n'est nullement affecté ni compromis par les perturbations résultant du jeu de la liberté humaine. Le mal devient, malgré lui, un agent dans les mains de Dieu pour servir au triomphe du bien. Ces considérations-là n'ont rien à faire dans une dogmatique qui se pique d'être scientifique. Il ne s'agit pas de savoir si Dieu a su tirer le meilleur parti possible du mal, mais bien s'il l'a le premier voulu, si dans son plan il en a tenu compte comme d'un facteur inévitable, nécessaire. Si le Créateur a prévu le péché et s'il a compté d'avance sur lui pour arrêter son plan, alors vous êtes supralapsaire, vous retombez dans le déterminisme de Leibnitz; s'il ne l'a pas prévu, convenez que Dieu a dû avoir au moins deux plans hypothétiques du monde, laissant à la liberté humaine le droit de décider lequel des deux se réaliserait. — Cette conception se trouve également chez Dorner; il veut que l'on accorde un rôle bien effectif à la liberté humaine dans la réalisation du plan moral du monde, et il signale les conséquences résultant de ce fait. « Il faut alors reconnaître, dit-il, que l'ordre moral du monde, tel qu'il est aujourd'hui, ne peut être résulté exclusivement et *à priori* d'un décret divin immuable; la sagesse divine contemplant toutes les possibilités, comme aussi celle du mal, tient compte comme facteur de la liberté humaine et de la manière dont elle pouvait se déterminer et dont elle s'est décidée. » Qu'est-ce à dire, sinon qu'il ne peut être question d'un plan meilleur du monde arrêté par Dieu auquel le péché de l'homme en aurait substitué un inférieur? Tout au plus pourrait-on parler de deux plans également possibles dont la réalisation (de l'un ou de l'autre) aurait dépendu de l'attitude prise par l'homme. Mais nous préférons, au risque de scandaliser tous ceux qui inclinent vers le supralapsarisme, ne parler de plan d'aucun genre, par la raison fort simple qu'en prétendant comprendre l'incompréhensible, nous attribuons à Dieu un plan qui est tout simplement le nôtre. Il y a longtemps déjà que tous ces dogmes de plan divin, des décrets éternels, dont on nous déroule complaisamment les articles, comme si l'on avait écouté aux portes alors que se rédigeait le protocole devant fixer, *à priori* et exclusivement de droit divin, la philosophie de l'histoire du monde, nous produisent l'impression de quelques feuilles éparses du livre du Destin voltigeant autour des hautes cimes toujours un peu froides et aujourd'hui bien désertées de la dogmatique chrétienne. Chacun les fait parler à sa façon, comme les oracles de la sibylle antique. Pourquoi, si l'on persiste à nous les objecter, si, malgré nous, à notre corps défendant, on nous contraint à nous placer à ce point de vue, ne les ferions-nous pas parler à notre manière et dans notre esprit, ces décrets éminemment fictifs? En effet, ce n'est pas l'anthropomorphisme en lui-même que nous condamnons, puisqu'il est inévitable, mais un anthropomorphisme relevant en droite ligne du paganisme. Comme chez tous les spéculatifs qui appartiennent encore au passé, cet anthropomorphisme archaïque joue chez Dorner un rôle étrange. Le savant professeur trouve moyen de prendre sous sa haute protection les formules les plus choquantes que les Pères de l'Eglise, élevés dans une atmosphère païenne, ont introduites dans notre monde religieux: *O certe necessarium Adæ peccatum, quod Christi morte deletum est! O felix culpa quæ talem ac tantum meruit habere redemptorem*! Dorner, il est vrai, ajoute une réserve: « Ce qu'il y avait de nécessaire, c'est, non pas l'introduction du péché, mais la conservation et la propagation du mal non voulu de Dieu et du péché originel! » C'est toujours la même confusion signalée plus haut. Cette réserve est impuissante à enlever à ces formules classiques ce qu'elles renferment d'éminemment païen. — La conscience humaine est devenue trop chrétienne aujourd'hui pour accepter un pareil langage. L'émancipation et la formation de l'individualité, dont nous sommes redevables à l'Evangile, sont suffisamment avancées pour que nous éprouvions enfin le besoin de prendre au sérieux les intérêts de la liberté soit en Dieu, soit en l'homme, de façon à considérer l'histoire du monde comme la résultante du jeu effectif de ces deux facteurs. Du moment où le Dieu personnel, libre, voulait, dans son amour, créer un être libre à son image, il devait, de toute nécessité, courir toutes les chances de la grande entreprise devant aboutir à la constitution de notre monde. Impuissant lui-même à prévoir l'usage que ferait de la liberté le collaborateur intelligent et moral qu'il jugeait bon de se donner, il devait être prêt à tout événement, suivant que l'épreuve tournerait bien ou mal. Nous ne savons que trop comment elle a tourné, nous les héritiers de tant de siècles de misères et d'iniquités, de souffrances et de péchés combinés. Notre conscience est aujourd'hui trop profondément chrétienne pour qu'elle puisse mettre d'aucune façon ce triste héritage, dont nous aggravons le passif après en avoir souffert, en rapport quelconque avec la volonté causale de celui que nos mères nous ont appris à adorer comme le Dieu qui est amour. C'est justement parce que nous sentons vivement tout ce qu'emporte de souffrances, d'horreur de tout genre, ce mot péché, que nous repoussons au nom de l'*à priori* de la conscience chrétienne, toute théorie plaçant le fait du mal dans un rapport quelconque avec la causalité divine. Nous croyons rendre à Dieu le plus éclatant hommage d'adoration intelligente que puisse lui vouer une créature désireuse de l'aimer toujours mieux, en affirmant hautement que dans notre monde d'êtres libres, responsables, les choses iraient sans contredit moins mal qu'elles ne vont, si le fait avait en rien pu dépendre du Tout-Puissant. Le péché est le grand hasard du monde, ce qui est sans avoir aucune raison d'être; fruit de la liberté chez Adam, il devient chez les descendants une calamité, une misère, un malheur, quelque chose comme une fatale destinée. Le plan de Dieu, si plan il y a, est arrêté non pas en vue de nous enlacer dans les filets du mal, mais en vue, au contraire, d'en rompre les mailles serrées. Nul homme toutefois ne sera la proie involontaire de cette terrible fatalité; le péché n'aura pour victimes définitives que ceux qui auront refusé d'accepter le remède que nous apporte Jésus-Christ. C'est là tout l'Evangile. — A ceux qui nous accuseraient d'affaiblir la notion du péché, il suffirait de répondre que nous nous bornons à la prendre au sérieux, ce que l'on est généralement fort loin de faire. Il est temps d'en finir avec cette théologie cruelle qui condamne libéralement sans pitié à une mort éternelle, par suite du péché d'Adam, quiconque n'a pas eu le privilège d'apprendre certaines formules magiques chargées de conjurer les mauvais esprits. Eh quoi! ces habitants de l'Asie, victimes de père en fils depuis des siècles des horreurs sans nombre et sans nom d'une civilisation abominable; ce nègre de l'Afrique qui ne connut jamais que les joies folâtres de l'enfance et les cruautés de la civilisation; l'Esquimaux blotti dans sa hutte de neige, qui ne reçoit que les courtes visites d'un soleil froid et pressé de disparaître, tous ceux qui, sur notre pauvre terre, portent une face humaine, depuis les portes d'Eden jusqu'à la Canaan d'en haut, périssent sans retour, dans l'immense majorité, sans en excepter les petits enfants à la mamelle, et cela par le simple fait du péché d'Adam, qui les aurait tous constitués responsables, pécheurs, coupables ! Vous croyez cela ? Vous tenez cet innombrable troupeau des déshérités pour plus coupables que malheureux? Vous irez jusqu'à dire que chacun a la portion de misères physiques, intellectuelles, morales et sociales qui lui revient équitablement par suite de la part qu'il a eue dans le péché (*originis originans*) de notre premier père! Il est grand temps alors de cesser de calomnier l'Evangile auquel vous prétendez croire; rentrez en vous-mêmes pour apprendre à considérer le péché en face, dans tout son sérieux, sous peine de prendre rang parmi les pharisiens toujours repoussés par celui qui fut la manifestation vivante de l'amour du Père. Ce n'est pas au moyen de fictions juives, percées à jour, que l'on réussit à faire taire la voix importune, éloquente, de tant de misères et de souffrances. Oui, le mal est grand, oui, les douleurs sont poignantes, terriblement multipliées, infiniment diversés, sur tous les points de notre pauvre terre où respire quelque être humain. Nous n'atténuons pas le péché, nous n'en voilons pas les funestes conséquences; nous demandons, au contraire, que l'on ose regarder en face le navrant spectacle qu'il nous offre, et cela avec le sérieux, la réflexion convenant à un cœur sensible, sympathique, à un chrétien sachant rester humain. A une conception fataliste, déterministe du mal et de ses suites, il est temps de substituer la conception chrétienne, morale, spiritualiste, individualiste. Ah ! certes, elle est lourde la part de déterminisme que nous subissons tous, mais elle est sans prix aussi cette étincelle de liberté qui nous permet, quand nous voulons, d'aller nous jeter dans les bras de l'éternel amour qui, après avoir travaillé dès le berceau de l'humanité à briser la chaîne du péché, a fini par nous donner son Fils pour nous ouvrir le chemin de la vie éternelle. Le péché varie infiniment de forme, d'intensité, comme aussi la responsabilité ; mais une pensée consolante domine ce lugubre spectacle : celui-là seul qui péchera mourra. Il sera tenu équitablement compte de tout, alors que chacun sera pesé aux balances du sanctuaire. Nul n'est autorisé à renier Pierre lorsqu'il parle des espérances d'un avenir lointain à l'usage certainement de la plus grande portion de l'humanité. — Après avoir cherché à dégager la notion chrétienne du péché des diverses superfétations incomprises, compromettantes de la dogmatique traditionnelle, nous avons été agréablement surpris de nous trouver d'accord avec un publiciste qui venait d'arriver à des résultats presque identiques, en parlant des simples faits moraux, étudiés d'une façon sérieuse, indépendante. Cette harmonie, est trop frappante pour ne pas être signalée. En fidèle disciple de Kant, qui nous parle du mal radical, M. Renouvier insiste sur l'importance du problème du péché. « Une civilisation de surface, dit-il, à qui il plaît de se détourner du problème du mal ou de se payer de solutions insuffisantes, est exposée, dans la suite des âges, à périr comme celle de l'antiquité, à être absorbée par la fermentation des masses dont elle va se séparant de plus en plus... A mon avis, la religion n'est rien si elle n'est la reconnaissance du péché dans le général et dans le particulier et la rédemption du pécheur... Il n'y a pas d'indifférence qui tienne ni d'espoir de progrès qui suffise. La question nous étreint; elle n'a jamais souffert qu'on la remît aux siècles futurs ou qu'on la classât sans plus de façon dans les desiderata des sciences. » Notre moraliste est trop sérieux, trop pratique pour se déclarer satisfait des explications des métaphysiciens et des économistes, tous imbus d'un froid optimisme ; ils ne savent que traiter le mal à la légère et le nier. « Les conceptions, dit-il, qui offrent à l'individu en tout temps, en tous lieux, en toutes conditions un moyen de surmonter le mal et de s'assurer ce qu'en religion on nomme le salut, c'est-à-dire le bonheur, sont les seules à la hauteur du sentiment humain. » M. Renouvier ne peut donc s'accommoder de toutes les explications qui ne voient dans le mal qu'une pure négation, les ombres faisant seules valoir la lumière. Notre philosophe constate : 1° un accord profond entre une doctrine rationnelle du péché, mais élevée au-dessus des platitudes du commun rationalisme, et l'ordre des sentiments d'où la doctrine chrétienne de la chute est née; 2° que, comme conséquence, le christianisme, sans rien sacrifier de sa morale propre, de la morale de la foi et de la grâce, du péché originel et de la rédemption, est appelé à occuper dans les sociétés humaines une place que la philosophie pure est impuissante à lui disputer, à remplir une fonction à laquelle la raison scientifique serait incapable de suppléer. En opposition à ceux qui ne voudraient parler que d'un de péché universel, M. Renouvier entend maintenir l'idée de péché *originel*, pourvu qu'on n'y sous-entende rien de contraire au caractère exclusivement personnel de la faute et de la responsabilité proprement dites. C'est que ce terme *originel* a le mérite de rappeler une vérité que le mot *universel* ne rendrait pas sans beaucoup d'explications: « à savoir, que les hommes subissent, par voie de solidarité, les conséquences des fautes les uns des autres ; que le mal moral est ainsi l'objet d'une transmission et d'un héritage... Leurs descendants ne sont pas tombés sous la condamnation pour d'autres péchés que les leurs propres, mais bien parce qu'ils ont tous été pécheurs. L'hérédité physique et physiologique des penchants satisfaits, malgré la conscience et fortifiés par cette satisfaction même, puis la solidarité provenue des coutumes et des institutions, de l'éducation et de l'imitation, voilà ce qui les a rendus pécheurs... Voilà ce qu'il y a de vrai dans cette corruption de la nature humaine qui n'est ni un miracle, ni un mystère, mais un fait qui se répète tous les jours sous nos yeux sur une autre échelle incessamment variable. » Voici comment le caractère essentiellement individuel du péché se trouve fort bien caractérisé, après avoir écarté toute question d'origine : « Je pars de l'homme vraiment homme, dit M. Renouvier, c'est-à-dire élevé à la conscience morale, sans avoir besoin de savoir comment il est ainsi fait ou ainsi devenu.

Je le conduis, ce qui est l'affaire d'un jour, d'une heure, à ce point que nous connaissons tous (heureux qui ne le connaît qu'imparfaitement par le témoignage de son propre cœur), à ce point où, sachant qu'il a fait ce *qu'il ne devait pas faire*, qu'il a manqué à la loi, il s'est trouvé dans la situation critique de se sentir dégradé, d'avoir perdu l'estime de soi-même et de chercher de mauvaises raisons pour se prouver qu'il *a bien fait*, en faisant le mal, et de se justifier à ses propres yeux, en dépit de sa conscience. Voilà, je crois, un fait, un phénomène réel, s'il en fut jamais. » A partir de cette première chute individuelle s'établit ce que M. Renouvier appelle excellemment la *solidarité personnelle*, expression des plus heureuses qui traduit en japhétique ce que, dans le langage sémitique, on appelle l'endurcissement par Dieu lui-même, le fait psychologique incontestable que l'homme devient l'esclave du bien et du mal qu'il accomplit. « Nos actions sont comme nos propres enfants, elles vivent et agissent en dehors de notre volonté. Bien plus, des enfants peuvent cesser d'exister, mais jamais des actions : elles ont une vie indestructible soit en dedans, soit en dehors de la conscience que nous en avons... Nous nous préparons à des actions soudaines en bien ou en mal par le choix réitéré du bon ou du mauvais, qui détermine insensiblement notre caractère. Nos vices deviennent pour nous une tradition morale, comme la vie de l'humanité en général forme la tradition de la race humaine, et avoir agi une fois avec noblesse semble un engagement pour le faire toujours. » Ainsi parle le siècle. Son langage a beau paraître hétérodoxe, il est incomparablement plus sérieux que celui des théologiens attardés qui nous demandent de nous repentir du péché d'Adam, plus chrétien que celui du professeur Hodge (de Princeton, Etats-Unis), qui, peu avant sa mort, présentait l'imputation du péché d'Adam à ses descendants comme doctrine réformée, bien que Calvin fût le premier à la répudier. — En répudiant au nom de l'Ecriture et de la conscience chrétienne ce que renferme de factice et d'arbitraire la notion augustinienne du péché, nous entendons s'écrouler avec fracas tout l'édifice de fictions dont cette maîtresse erreur était la pierre angulaire. Rien ne porte plus d'aplomb : les ais disjoints craquent et crient ; les colonnes vacillent ; les ingénieux restaurateurs occupés à concilier l'inconciliable ne font déjà plus illusion qu'aux hommes intelligents doués d'une perspicacité par trop mousse. Placés de nouveau en face du péché, fait poignant, personnel, nous voyons surgir une nouvelle conception générale de l'univers faisant suite à une dogmatique chrétienne renouvelée. Tous les optimismes disparaissent avec le déterminisme qui en est la clef de voûte indispensable : l'optimisme spéculatif des intellectualistes qui a trouvé sa formule logique dans l'idéalisme de Leibnitz, l'optimisme des évolutionistes modernes volontiers empiriques, matérialistes, et nous évitons de tomber dans le pessimisme, car nous croyons à l'Evangile. Entre l'Eden des anciens jours, dont les portes sont décidément fermées à jamais, et les parvis de la Jérusalem d'en haut, largement ouverts à tous, se déroule lentement, péniblement, la lugubre, l'interminable tragédie du péché : les péripéties sont infinies, les épisodes variés, le nœud va constamment se dénouant et se renouant à nouveau, les complications paraissent inextricables. Cependant l'action avance avec une irréprochable unité: à la fois spectateur et acteur, chacun de nous doit finir par être la victime ou le héros. Jésus-Christ a vaincu le péché; chacun de nous est mis en demeure de le vaincre à son tour, appuyé sur la force de celui qui nous a laissé un modèle afin que nous suivions ses traces. Agir et lutter, succomber et se relever, combattre tout meurtri, en puisant dans l'expérience de chaque chute une ardeur nouvelle pour attaquer avec plus de succès l'ennemi, tel est, de l'âge de discrétion au repos du tombeau, le partage de quiconque aspire au titre de disciple de celui qui n'eut pas un lieu pour reposer sa tête. C'est pour fonder un royaume éternel avec tous les hommes de bonne volonté qui auront librement consenti à devenir ses collaborateurs que Dieu a créé le monde. Si un quiétisme superficiel et bruyant, faisant à la théologie orthodoxe l'injure de se réclamer d'elle, se déclarait naguère vaincu et, tout en maudissant le rationalisme, confiait à un syllogisme le soin de sanctifier les hommes sans combat, la notion individualiste du péché, reprenant fidèlement la tradition de l'Eglise réformée, convie à l'action, à une conquête incessante sur le péché en soi-même et dans le monde. Ce train de guerre ne doit cesser pour le chrétien que le jour où, ayant répudié jusqu'au dernier lambeau de cette robe de Déjanire dans laquelle il fut emmailloté, donnant force et puissance à ces restes de l'image de Dieu qui sont en lui, il sera devenu, en vertu de la liberté individuelle, l'esclave définitif du bien qu'il aura contracté l'habitude d'accomplir avec joie. Voilà les grandes, les saisissantes réalités; qui ne fut jamais aux prises avec elle ignora toujours ce qu'est la vie et son prix. Ici plus d'*opus operatum* d'aucun genre, ni sacerdotal ou sacramentel, ni intellectuel ou doctrinal ; la magie et le fétichisme ont cédé la place aux luttes de la conscience. Ce n'est pas au moyen d'une fiction que l'on prétend être sauvé, parce que l'on sait bien que l'on n'a pas été perdu par une fiction, mais que l'on se perd soi-même. Il s'agit de se mesurer avec un ennemi qui ne fait pas de quartier : il a mille moyens infaillibles de tuer sans miséricorde quiconque ne sait pas en triompher. — Oh ! que ce combat du péché est donc solennel et riche en conséquences ! Combien est décisive la responsabilité d'un chacun ! Cette lourde chaîne de souffrances, d'iniquités, de mensonges de tout genre que nous trouvons si pesante, tout en concourant parfois à la transmettre plus lourde encore à nos descendants, est formée par une série infinie d'actes individuels ; elle ne peut être brisée sans retour qu'à la suite d'une série tout aussi nombreuse de victoires, de triomphes individuels sur le péché. Quelle est donc solennelle, cette pauvre vie, toujours si sérieuse, parfois si courte ! Tout manquement à un devoir, toute violation du droit a des effets infinis, tout bon vouloir, au contraire, produit un bien durable. Nul de nous ne peut rien faire sans augmenter le bonheur des gens de bien, de Dieu lui-même, ou sans fournir de nouveaux prétextes au rire sarcastique du méchant et des siens. Lutter toujours sans rien pour vous encourager, dans la joie quand on peut, dans la tristesse quand elle est la plus forte, dans la santé comme dans la maladie, faible ou puissant, combattre tout seul au besoin, sans tenir compte des clameurs des esprits frivoles courant à leurs plaisirs, en bravant les regards hautains du pharisien en pleine jouissance des fruits de sa foi victorieuse à bon marché, qui vous trouve inquiet, importun. Qui dira le prix de la fidélité, de la délicatesse de conscience! Ce qui n'est pas fait avec foi est péché; tout devient important, les petites choses comme les grandes. Nul n'est admis à s'excuser en prétextant le péché d'Adam: faillir en trahissant la vérité est se montrer incomparablement plus coupable que notre premier père. Quiconque, n'importe sous quel prétexte, juge opportun d'être infidèle à la portion de lumière qui l'éclaire, de céder au mal que sa conscience réprouve, de transiger tant peu que ce soit avec la voix du devoir parlant haut et ferme, celui-là s'engage insensiblement mais sûrement dans ce sentier ténébreux, glissant, où, pris de vertige, on finit par n'être plus maître de soi, au point de commettre le péché contre le saint Esprit, qui ne peut être pardonné ni dans ce siècle, ni dans le siècle à venir.

Bibliographie: Œhler, *Théologie de l'Ancien Testament*, trad. de l'allemand par M. de Rougemont, Paris, 1876, 2 vol.; H. Schultz, *Alttestamentliche Theologie*, 2 vol., 1869; J. Müller, *Die christliche Lehre von der Sünde*, 1844, 2 vol.; Dorner, *System der christlichen Glaubenslehre*, Berlin, 1879, 2 vol.; A. Ritschl, *Die christliche Lehre von der Rechtfertigung und Versöhnung*, Bonn, 1870, 3 vol.; Baur, *Der Gegensatz des Catholicismus und Protestantismus*, 1836; Nitzsch, *Eine protestantische Beantwortung der Symbolik D. Möhler's*, Hambourg, 1835; Ch. Secrétan, *Recherches de la méthode*; Astié, *La théologie allemande contemporaine*, 1875; Marion, *De la solidarité morale*, Paris, 1880; *La critique religieuse*, avril 1880. J.-F. Astié.

PEINES (chez les Hébreux). D'après la législation de Moïse, les peines ont pour but d'extirper du sein du pays et du peuple d'Israël le mal (Deutér. XIII, 6; XVII, 7. 12; XXII, 21. 22. 24, etc.). Par la peine, le droit lésé doit être rétabli, la loi maintenue et défendue contre les transgressions ultérieures. C'est pourquoi la peine est édictée par la loi elle-même. Conformément au sentiment du droit inné dans l'homme qui, au point de vue concret, devient un désir de vengeance, la peine prend primitivement le droit de représailles; elle se fait loi du talion. Nous la trouvons sous cette forme chez les anciens Hébreux, tout aussi bien que chez les Egyptiens, les Grecs, les Romains et les anciens Germains. Mais dans le code pénal des Hébreux le droit de se rendre justice est restreint sensiblement, la vengeance est ramenée à Dieu et la loi du talion élevée au droit légal des représailles. De là vient la distinction entre le meurtre et l'homicide, la fixation du nombre des coups à donner, le taux de l'indemnité pécuniaire à payer. La loi restreint pour ce motif la punition au coupable lui-même et n'admet pas que sa faute soit recherchée dans ses enfants. Les Hébreux n'instruisant pas les procès, ils n'admettaient pas non plus l'emploi de la torture pour extorquer un aveu de la part du coupable. La loi ne connaît ni peines infamantes, ni prison, mais simplement une détention jusqu'à la décision judiciaire. — D'après la loi mosaïque, les peines se divisent en peine capitale, punitions corporelles et amendes : 1° *Peine capitale*. La peine théocratique capitale par excellence, la lapidation, concerne les crimes commis contre Dieu et la théocratie, partant l'idolâtrie (Lévit. XX, 2; Deut. XVII, 2) et la séduction à l'idolâtrie, le blasphème (Lévit. XXIV, 16), la profanation du sabbat (Exod. XXXI, 14. 15), les sortilèges, l'évocation des morts, la divination, la fausse prophétie, l'accaparement de ce qui était spécialement consacré à Dieu (Juges XI, 31). La lapidation était prononcée en outre contre les fils insoumis, les fiancées qui n'étaient pas trouvées vierges et contre leur séducteur. D'après l'interprétation talmudique, les mauvais traitements exercés contre les parents, l'inceste commis avec la mère, la belle-mère, la belle-fille, la sodomie, entraînaient après eux la lapidation. Cette peine était primitivement sans doute une exécution sommaire faite par la colère populaire, comme on la trouve, à des époques agitées, non seulement chez les Hébreux, mais encore chez d'autres peuples de l'antiquité, mais elle fut plus tard réglée légalement. La Bible ne fournit pas de détails précis sur l'exécution elle-même ; nous savons seulement que la lapidation légale se consommait en dehors du camp et de la ville (Lévit. XXIV, 14; Nomb. XV, 36; Act. VII, 56; XIV, 19), et que les témoins devaient jeter les premières pierres sur le condamné. D'après le Talmud, le patient, qu'on enivrait préalablement, était conduit au lieu du supplice; là, on le déshabillait, puis on le faisait monter sur un échafaudage élevé de deux fois la taille d'un homme, et un des témoins l'en précipitait en arrière. S'il ne mourait pas sur le coup, le second témoin lui lançait une lourde pierre sur la poitrine et le peuple l'achevait à coups de pierres, si la vie ne s'était pas éteinte. La seconde peine capitale, qui a un caractère plutôt politique, est la décapitation avec le glaive (2 Sam. I, 15; 1 Rois II, 25. 29. 31. 46, etc.), laquelle n'implique pas seulement la décollation, mais une exécution à mort, suivie de décollation (Saül et les fils d'Achab). Partout où la Bible dit qu'un homme doit être mis à mort, que son sang doit retomber sur lui, elle entend parler de la peine capitale. Devaient être punis de mort, d'après la loi : le meurtre ou l'homicide prémédité (Ex. XXI, 14 ; Deut. XIX, 11. 13), la révolte contre l'autorité, le rapt et la vente d'hommes, la violation intentionnelle de la loi (Nomb. XV, 30. 31). La loi condamnait aussi celui qui ne jeûnait pas le jour du grand pardon (Lévit. XXIII, 29), celui qui, étant impur, mangeait de la viande de sacrifice ou s'approchait du sanctuaire (Lévit. VII, 20; XXII, 3). Cette double peine capitale était aggravée encore soit par la combustion du supplicié, soit par sa pendaison à un arbre, soit par l'empalement (Lévit. XX, 14; Deutér. XXI, 22), soit par la mutilation du cadavre (2 Sam. IV, 12). Le pendu cependant devait être enterré avant la nuit, pour ne pas souiller la terre de Jéhovah (Deut. XXI, 22 ss.). D'autres fois on insultait à sa mémoire, en amoncelant un monceau de pierres sur son cadavre. Outre ces peines capitales ordonnées par la loi, la Bible en mentionne d'autres encore et qui sont d'importation étrangère : la combustion du corps dans un four ou son exposition au feu (2 Sam. XII, 31 ; Jér. XXIX, 22), la descente dans la fosse aux lions (Dan. VI), peines d'origine babylonienne; les prisonniers étaient sciés ou coupés en morceaux (2 Sam. XII, 31 ; 1 Sam. XV, 33), comme chez les Perses. Autre part, nous voyons qu'on pendait les condamnés ou qu'on les précipitait du haut d'une roche, comme chez les Romains ; on noyait les parricides (Matth. XIV, 6) ; les enfants étaient fracassés contre les rochers, lors de la prise d'une ville ennemie (Es. XIII, 16), et enfin on crucifiait (voyez *Crucifixion*). — 2° *Peines corporelles.* D'après la loi, toute blessure faite à un Israélite libre devait, punie par l'autorité, entraîner pour le coupable une blessure analogue, infligée par l'autorité (Exod. XXI, 23 ; Lévit. XXIV, 19). Nous trouvons des traces analogues de cette peine du talion chez les Indous, les Egyptiens, les Grecs et les Romains. Il est probable toutefois que des délits pareils pouvaient être rachetés par un payement en nature, comme cela se pratique aujourd'hui encore en Orient, dans tous les cas où la loi n'interdisait pas cette réparation pécuniaire, comme pour le meurtre. Par contre, la Bible mentionne fréquemment comme peine corporelle, les coups de bâton (Lévit. XIX, 20; Deutér. XXII, 18). Le délinquant, couché dans la position horizontale, recevait les coups en présence du juge, qui ne pouvait lui en faire administrer plus de quarante, ce nombre étant regardé comme la limite suprême de ce que pouvait endurer un homme ; on se servait pour l'exécution soit d'un bâton, soit d'un fouet (1 Rois XII, 11. 14). Dans la pratique rabbinique et, de peur d'enfreindre la loi, on ne donnait que trente-neuf coups, appliqués, avec des courroies tressées, sur le dos du patient penché en avant. Les instruments de supplice, désignés sous le nom de ç a k h r a b î m (1 Rois XII, 11 ; 2 Chroniq. X, 11. 14) et que Luther traduit par « scorpions, » désignent sans doute des bâtons garnis d'épines ou des fouets garnis de pointes, mais ne semblent avoir été employés qu'exceptionnellement et dans les cas où la loi prescrivait la peine de mort. Nous savons par le Nouveau Testament que le Sanhédrin pouvait appliquer dans les synagogues la flagellation (Matth. X, 17 ; XXIII, 34); chez les Romains elle était une véritable torture, mais on ne l'appliquait qu'aux gens non revêtus du titre de citoyens (Act. XXII. 25) ; elle fut infligée à Jésus-Christ (Matth. XXVII, 15, etc.). Les citoyens romains ne pouvaient être battus que de verges. Dans les temps d'émeute, on mutilait parfois le corps des victimes, en leur coupant le nez, les oreilles, la main ou le pouce, mais ce n'étaient pas là des peines légales (Juges I, 6. 7). L'impudicité de la femme, par contre, était punie de l'abscission de la main (Deutér. XXV, 11 ss.). Les ceps, dans lesquels on enfermait les pieds, étaient employés par les Romains contre les prisonniers (Actes XVI, 24); on les trouve cependant déjà mentionnés dans le livre de Job (XIII, 27) et dans Jérémie (XX, 2; XXIX, 26).— 3° *Amendes*. Les amendes étaient en usage chez les Hébreux, surtout dans le cas où l'exercice de la loi du talion était remplacé par une peine pécuniaire, qui devait être payée à l'individu lésé (Deutér. XXII, 19) et dont le montant était fixé, soit par l'estimation du juge (Ex. XXI, 29), soit par la loi elle-même (Deut. XXII, 19. 29). Une blessure faite, même involontairement, à un homme libre, et ayant entraîné l'incapacité de travail, se réparait par les frais de maladie et le remboursement du salaire manqué. Celui qui calomniait la jeune fille qu'il avait épousée, subissait une peine corporelle et payait 100 sicles d'argent au père de sa femme. Celui qui par un coup imprudent blessait une femme enceinte, devait s'entendre pour l'amende avec son mari (Ex. XXI, 22). Celui qui violait une vierge, était tenu de l'épouser et devait payer 50 sicles à son père (Deut. XXII, 28 ss.). Une blessure faite par un maître à son esclave entraînait pour ce dernier sa liberté. Les amendes étaient même appliquées à celui qui tuait le bétail d'autrui; il devait ou bien le remplacer en nature ou en payer le prix en argent. Il faut enfin ranger dans cette catégorie les amendes payées par les voleurs qui devaient rembourser le montant du vol, au moins doublé (Ex. XXII, 2), par les dépositaires infidèles (Ex. XXII, 6-10; Lévit. V, 21) et par celui qui s'appropriait un objet trouvé (Lévit. V, 22). — Sources : Michaëlis, *Mosaïsches Recht*. E. SCHERDLIN.

PEINTURE ET ICONOGRAPHIE CHRÉTIENNES. — I. L'art chrétien est presque aussi vieux que le christianisme lui-même. Dès la fin du premier siècle, et les recherches de M. de Rossi (voyez *Roma cristiana sotterranea*, Rome, 1864-1877; Allard, *Rome souterraine*, 3e éd. Paris, 1874; Kraus, *Roma soterranea*, Fribourg en Brisgau, 1872-1873; Kraus, *Die christliche Kunst in ihren frühesten Anfängen*, Leipzig, 1873; L. Lefort, *Chronologie des peintures des Catacombes romaines*, Paris, 1881, etc., etc.) ne laissent subsister aucun doute à cet égard, les catacombes de Rome furent ornées de peintures destinées à traduire les croyances et les aspirations de la communauté chrétienne. Il ne pouvait guère en être autrement: la nouvelle religion avait bien réussi à changer les dogmes, mais changer les mœurs est moins facile, et, dans la société gréco-romaine, l'art avait jeté des racines trop profondes pour que la simplicité prêchée par l'Evangile triomphât si promptement. Aussi voyons-nous percer partout, dans les chambres sépulcrales de Rome, dans celles de Naples, un peu plus tard dans celles de la Cyrénaïque, enfin dans celles d'Alexandrie (voyez Bayet, *Recherches pour servir à l'histoire de la peinture et de la sculpture chrétiennes en Orient avant la querelle des Iconoclastes*, Paris, 1879, p. 17-20), le besoin de compléter la littérature par la peinture et d'exprimer par des images les enseignements contenus dans les Evangiles. — Les sources auxquelles ont puisé les peintres de la primitive Eglise sont tout d'abord les textes sacrés. Ils empruntèrent à l'Ancien et au Nouveau Testament un grand nombre de représentations, parmi lesquelles nous citerons les suivantes : *Sujets de l'Ancien Testament*:

Adam et Eve ; Caïn et Abel ; l'Arche de Noé ; le Sacrifice d'Abraham; Moïse déliant ses sandales ; le Passage de la mer Rouge ; Moïse frappant le rocher ; David tuant Goliath ; Elie transporté au ciel ; la Vision d'Ezéchiel ; Daniel dans la fosse aux lions ; la Chaste Suzanne ; les Trois Hébreux dans la fournaise ardente ; l'Histoire de Jonas (on en connaît au moins une centaine de représentations) ; l'Histoire de Job. *Sujets du Nouveau Testament* : le Bon Pasteur ; l'Adoration des mages; la Guérison de l'aveugle-né ; la Guérison du paralytique ; la Résurrection de Lazare ; la Multiplication des pains ; l'Entrée de Jésus-Christ à Jérusalem ; la Cène ; le Christ siégeant au milieu des apôtres ; le Christ remettant à S. Pierre et à S. Paul les insignes de leur mission. — Les écrits des Pères ont également fourni un certain nombre de motifs. C'est ainsi qu'un des peintres des catacombes de Saint-Janvier, à Naples, a emprunté au *Pasteur* d'Hermas la gracieuse allégorie des jeunes filles bâtissant une tour. L'identité des deux scènes a été à la vérité contestée par M. Schultze (*Die Katakomben von San Gennaro dei Poveri in Neapel*, Iéna, 1877) ; mais cette opinion paradoxale ne soutient pas l'examen (cf. la *Revue critique* du 1er décembre 1877, p. 331). La mythologie païenne a, elle aussi, été mise à contribution. Mais les allusions sont si transparentes qu'il n'est pas possible d'hésiter sur leur signification. Tels sont : Orphée charmant les animaux; Ulysse et les Sirènes; Psyché (considérée comme le symbole de l'âme) et Eros ; les Enfants vendangeurs (allusion à la parabole de la vigne). Citons enfin les représentations empruntées au cycle cosmique et personnifiant les forces de la nature : les saisons, l'océan, le firmament. Cette classe de motifs, en quelque sorte neutres, continua d'être en honneur pendant de longs siècles. Elle fut complétée dans la suite par la personnification des fleurs, par les signes du zodiaque, etc., etc. — Prise dans son ensemble, la décoration des catacombes, ou, en d'autres termes, la peinture chrétienne primitive, exprime surtout les idées de résignation, la foi dans la miséricorde divine, l'espoir de la résurrection. Au milieu des persécutions les plus cruelles nulle plainte, nulle trace de colère. Une couronne, une palme, une colombe avec le rameau d'olivier tracées sur le tombeau du martyr, voilà les images par lesquelles les survivants éternisent le souvenir des luttes et des souffrances de celui dont ils ne devaient pas tarder, bien souvent, à partager le sort. Cette grâce, cette sérénité règnent jusque dans les moindres parties de l'ornementation ; elles forment certainement un des contrastes les plus saisissants que l'on puisse concevoir entre la situation matérielle d'une société et ses aspirations morales. Et cependant les dernières recherches tendent à prouver que ce sont les idées funéraires qui dominent dans les peintures des catacombes. Hâtons-nous d'ajouter que ces idées ont été transfigurées sous l'influence du génie antique, et que la mort ne se présente à nous que sous les formes les plus riantes. En rapprochant les sculptures des sarcophages, sculptures dont les plus anciennes remontent à peine au troisième siècle, de la *Commendatio animæ quando infirmus est in extremis*, M. Le Blant a en effet démontré que les sculpteurs n'avaient fait bien souvent que traduire les formules contenues dans cette litanie. C'est ainsi que l'auteur de la *Commendatio* supplie l'Eternel de délivrer l'âme du moribond de même qu'il a épargné la mort à Enoch et Elie; de même qu'il a sauvé Noé du déluge, arraché Job à ses passions, Isaac au glaive de son père, Moïse aux poursuites de Pharaon, Daniel aux lions, les trois jeunes gens à la fournaise ardente, Suzanne aux accusations mensongères, etc. Or, l'Enlèvement d'Elie, l'Arche de Noé, Job sur son fumier, le Sacrifice d'Isaac, le passage de la mer Rouge, Daniel dans la fosse aux lions, les trois Hébreux dans la fournaise, le Jugement de Suzanne, forment précisément les sujets traités de préférence dans les sarcophages. Dans cette lumineuse démonstration, M. Le Blant ne s'est, il est vrai, attaché qu'aux monuments de la sculpture. Mais nul doute que la corrélation établie entre la *Commendatio* et les sarcophages n'existe également entre ce texte et entre les peintures des catacombes, prototypes des sarcophages. — Malgré ces emprunts, il faut bien se garder de croire que l'Eglise ait exercé dès les premiers temps sur les œuvres des artistes un contrôle sévère. A cet égard la thèse soutenue par le père Garrucci (*Storia dell'arte cristiana*, I, p. 5-6) est, sinon entièrement fausse, du moins singulièrement exagérée. Dans sa magistrale *Etude sur les sarcophages chrétiens antiques de la ville d'Arles* (Paris, 1878), M. Le Blant a montré que dans les premiers siècles les artistes ont joui de la plus entière indépendance: le mysticisme raffiné qu'on a cru découvrir dans leurs ouvrages n'a le plus souvent existé que dans l'imagination des archéologues modernes. — Pendant longtemps, en se fondant sur les écrits des Pères, on a cru que l'Eglise était hostile aux arts, lorsqu'elle ne s'élevait en réalité que contre l'idolâtrie, ou bien que, mue par un sentiment de prudence, elle engageait les fidèles à ne pas multiplier dans les endroits trop en vue des images propres à appeler sur eux la colère des persécuteurs (voyez Kraus, *Die christliche Kunst in ihren frühesten Anfängen*, p. 85 ss.). Aujourd'hui, tombant dans l'excès opposé, on a voulu établir entre ces récits d'un côté, et de l'autre entre les peintures des catacombes et les sculptures des sarcophages, une corrélation trop étroite. Les Pères, on ne saurait le nier, ont encouragé dès le début la tendance au mysticisme. Ainsi que nous avons eu l'occasion de le démontrer dans notre compte-rendu de l'ouvrage de M. Le Blant (*Revue critique* du 29 mars 1879), Hermas déjà, dans son *Pasteur* écrit vers l'an 92, dépeint l'Eglise comme une tour, dont les différentes espèces de pierres représentent les différentes catégories de fidèles; les sept femmes occupées à la construction représentent la Foi et d'autres vertus; les six hommes les anges, etc. Les docteurs des siècles suivants ont encore renchéri sur ces subtilités. Chaque scène, on pourrait presque dire chaque personnage de l'Ancien et du Nouveau Testament, est devenu à leurs yeux un symbole, un emblème, et plus les interprétations étaient cherchées, plus elles les séduisaient. Malheureusement les motifs sur le sens desquels l'accord a pu s'établir sont bien peu nombreux. Ainsi que l'a fait remarquer M. Le Blant, les Pères ont tour à tour vu, dans les trois

Hébreux enfermés dans la fournaise ardente, l'image de la résurrection, celle de l'Eglise militante, celle du martyre, ou bien encore celle de la tyrannie qu'exercera l'Antechrist, tandis qu'en réalité ce tableau personnifiait tout simplement la foi dans la puissance divine. Même divergence pour Daniel exposé dans la fosse aux lions, pour Moïse frappant le rocher, pour la vigne, etc., etc. En face de cette débauche d'imagination, les artistes des premiers siècles défendent les droits du bon sens, comme aussi l'attachement aux règles professionnelles. Les symboles de la Résurrection sont ceux qu'ils représentent de préférence, parce qu'ils sont les plus clairs, partant les plus populaires. D'autre part nous les voyons plus d'une fois préoccupés des exigences de la décoration. Que de figures, auxquelles on a attribué jusqu'ici un sens mystérieux, ne sont uniquement destinées qu'à composer sur le plafond de quelque cubiculum un ensemble harmonieux et pittoresque, à remplir les lacunes laissées entre les sujets principaux ! Partant de ce principe qu'un fait souvent répété ne saurait être sans signification (*non vacat mysterio quod iteratur in facto*), toute une école s'est ingéniée de nos jours à découvrir le sens caché d'une foule de figures purement ornementales, tritons, hippocampes, fleurs, oiseaux, chevaux, télamons, mascarons, lièvres, etc. Les coquillages mêmes sont devenus à ses yeux le symbole de mystères augustes. Ils contiennent pour l'abbé Martigny (*Dictionnaire des antiquités chrétiennes*, sub verbo) une allusion à la Résurrection. Il suffit de rapprocher les fresques de la catacombe de Saint-Janvier de Naples des fresques païennes correspondantes, pour s'apercevoir que la plupart des motifs qui y sont représentés (vases de fleurs, hippocampes, béliers, panthères, oiseaux, griffons, masques, etc.) n'ont aucun sens symbolique, et qu'ils sont uniquement destinés à flatter la vue. — Mais, alors même que les peintres des catacombes consacraient leur pinceau à l'illustration des Ecritures, ils entendaient conserver une entière indépendance. Les exemples réunis par M. Le Blant sont à cet égard aussi probants que possible. Les urnes de Cana sont tantôt en nombre supérieur, tantôt en nombre inférieur au chiffre indiqué par saint Jean. David et Goliath ont la même taille, etc., etc. Ailleurs, s'inspirant des principes de la symétrie, les peintres des catacombes ont représenté aux côtés de la Vierge, tantôt deux, tantôt quatre mages, au lieu de trois, chiffre traditionnel. Cette indifférence en matière d'histoire peut d'ailleurs passer pour logique, étant données les aspirations de l'art chrétien primitif. Les faits historiques n'étant pour lui que des symboles, il était tout naturel qu'il ne tînt pas compte de la chronologie, de la couleur locale, ni même de la ressemblance physique. Partout des formules toutes faites, en comparaison desquelles celles du moyen âge auraient pu passer pour une manifestation du réalisme. C'est ainsi que les scènes tirées de l'Ancien Testament sont mêlées à celles du Nouveau Testament, sans égard à leurs dates respectives. Au lieu de les disposer dans l'ordre des temps, l'artiste les groupe selon ses préférences personnelles, ou selon les besoins de la décoration. Il y a des archéologues qui ont cru découvrir une pensée symbolique dans ce désordre. Hâtons-nous d'ajouter que rien ne justifie leur manière de voir. Pris isolément, les personnages représentés manquent de tout ce qui constitue l'individualité. Les types ne sont pas encore fixés. Dans les peintures des catacombes romaines, j'entends dans celles des premiers siècles, un adolescent imberbe représente le Christ, sans que rien dans sa physionomie rappelle un portrait. Souvent même les artistes ne se sont pas préoccupés de savoir si leurs héros étaient vieux ou jeunes. Même insouciance à l'égard du costume, qui est toujours le costume romain de l'Empire, qu'il s'agisse de patriarches, de prophètes ou d'apôtres. — La composition témoigne-t-elle du moins d'un effort plus sérieux? La beauté de l'ordonnance, la force de l'expression nous font-elles du moins oublier ce manque absolu de couleur historique? Certes, les sujets que nous avons énumérés plus haut se prêtaient à de brillants développements, et plus d'un artiste moderne a créé des chefs-d'œuvre en s'attaquant aux mêmes thèmes que ses prédécesseurs des catacombes. Mais c'était à la condition de recourir à une mise en scène dont ceux-ci ne semblent même pas avoir soupçonné la nécessité. Pour ces derniers le but principal est de tracer une image qui rappelle nettement aux fidèles quelque trait de l'histoire sainte, et qui traduise leurs convictions ou leurs espérances. Jamais l'action n'avait été simplifiée au même point; jamais on n'avait si entièrement supprimé tout mouvement dramatique. Un homme debout dans un coffre, c'est Noé dans l'arche; un homme s'inclinant devant un autre qui étend la main vers lui, c'est la guérison de l'aveugle. De personnages accessoires, de paysage ou d'encadrement architectural il n'en est pas question. Ces sujets étaient familiers aux chrétiens des premiers siècles; il ne fallait pas un grand effort d'imagination pour les comprendre, et en les regardant on songeait moins à l'habileté de l'artiste qu'à l'idée exprimée par lui. — Ce que nous venons de dire de la simplicité, de la nudité de la composition ne s'applique toutefois qu'aux scènes isolées. Quand l'emplacement est assez vaste, on s'occupe généralement d'y grouper un certain nombre de ces scènes, de les relier les unes aux autres, de composer, en un mot, un ensemble pittoresque. La richesse d'invention, le sentiment de grâce et de liberté, propres à l'antiquité, éclatent dans ces pages malheureusement trop rares. Prenons par exemple une des chapelles du cimetière de Sainte-Agnès. Le plafond y est orné de neuf compartiments, tous bordés de rouge et se détachant sur un fond blanc. Au centre, dans un médaillon, le Bon Pasteur portant une brebis sur ses épaules; aux quatre angles, des colombes avec des rameaux d'olivier; dans les quatre compartiments intermédiaires, Moïse frappant le rocher, Adam et Eve, Jonas couché sous la cucurbite, enfin une orante. L'intervalle entre ces différents motifs est rempli par des oiseaux s'avançant l'un vers l'autre, des vases remplis de fruits, des ornements de toute sorte. Il est impossible d'imaginer un ensemble plus riant et plus sobre. — Nous prenons congé de la peinture des catacombes sur cette impression, qui est certainement la plus favorable qu'on puisse retirer de son étude.

II. La publicité accordée au nouveau culte par l'édit de Milan a été pour la peinture une première cause de transformation, ou, pour mieux dire, un premier élément de force et de renaissance. Le cercle des idées s'élargit; les sujets acquièrent plus de précision et d'ampleur : à la place de symboles vagues ou timides nous trouvons les éclatantes manifestations d'une religion pressée d'affirmer son triomphe. L'art des basiliques se substitue à celui des catacombes. — La tâche qui s'imposait aux artistes du règne de Constantin avait de quoi effrayer les plus téméraires. Dans cette œuvre de réorganisation, il leur faut rompre avec les idées du paganisme aussi bien qu'avec celles du christianisme primitif, les unes et les autres également en contradiction avec les tendances nouvelles. Ils se voient réduits à faire face, avec un petit nombre de figures, dont le type n'est même pas encore fixé, aux exigences d'un public accoutumé aux compositions les plus brillantes. Le Christ, les apôtres, quelques saints, quelques scènes de l'Ancien Testament, tels sont les éléments dont ils disposent pour remplacer l'Olympe avec ses dieux, les souvenirs de l'histoire nationale, les représentations empruntées au théâtre et au cirque, bref l'infinie variété de ces images qui avaient fini par faire partie intégrante de la vie du peuple romain. — Les compositions des catacombes supposaient d'un côté une force d'abstraction, de l'autre un dédain du luxe difficiles à concilier avec les exigences du christianisme devenu religion d'Etat. Il fallut à la fois s'occuper d'orner avec plus de magnificence les sanctuaires ouverts aux fidèles, non plus dans les profondeurs de la terre, mais à la surface du sol, au cœur de la cité, et de les orner de sujets traduisant les idées de triomphe qui avaient succédé aux idées de résignation. On commença tout d'abord par restreindre le rôle de ces symboles graphiques, tenant de l'écriture plus que de la peinture ou de la sculpture, et rebelles à toute tentative de développement plastique. Si la vogue d'hiéroglyphes tels que le monogramme du Christ, l'α et l'ω, la colombe portant le rameau d'olivier, les corbeilles remplies de pain, le poisson, l'ancre, le trident, la balance, etc., etc., avait continué, elle aurait fini par nuire aux droits de la pensée et par annihiler la plus noble mission de l'art, la représentation de la figure humaine. Heureusement ces formules stériles ne tardèrent pas à disparaître, à l'exception du monogramme du Christ et des lettres α et ω, que l'on continue à rencontrer, mais à l'état de simples accessoires Parmi les sujets tirés des Ecritures, beaucoup partagèrent le sort de ces symboles et disparurent définitivement. La liste placée ci-dessous contient l'indication des scènes qui furent sacrifiées, ou du moins qui ne se maintinrent que dans les sarcophages, ces monuments d'un art attardé, et dans les mystérieuses portes de Sainte-Sabine de Rome, aujourd'hui attribuées au sixième siècle : Adam et Eve; l'Arche de Noé; le Sacrifice d'Abraham; David armé de la fronde; l'Enlèvement d'Elie; la Vision d'Ezéchiel; la Chaste Suzanne; Daniel dans la fosse aux lions; les Trois Hébreux dans la fournaise ardente; l'Histoire de Jonas; Job sur le fumier; la Guérison de Tobie; le Bon Pasteur portant la brebis sur ses épaules; Orphée charmant les animaux; Ulysse et les Sirènes; Psyché et Eros; Amours vendangeurs (ces deux derniers sujets se rencontrent encore dans le baptistère de Sainte-Constance à Rome, qui est du quatrième siècle; puis ils disparaissent à leur tour).— Le fonds commun à l'art des catacombes et à celui des basiliques est cependant assez considérable encore, malgré ces suppressions. Mais les principes qui inspirent les champions de l'ancienne et de la nouvelle école diffèrent essentiellement. Les premiers avaient détaché des Ecritures un certain nombre de scènes auxquelles ils attribuaient un sens propre, et qu'ils représentaient isolément, abstraction faite de leur place dans l'ensemble du récit. Leurs successeurs du quatrième siècle restituèrent à ces scènes leur place dans la série à laquelle elles se rattachaient, et s'efforcèrent de mettre de nouveau en lumière leur signification naturelle, parfois si étrangement dénaturée par l'esprit d'abstraction cher aux artistes des catacombes. En un mot, les représentations symboliques se transformèrent en représentations historiques. Désormais nous trouvons de vastes cycles, disposés dans l'ordre chronologique le plus rigoureux, et retraçant les principaux épisodes de l'histoire du peuple d'Israël, la vie et la mort du Christ, etc., etc. (mosaïques de Sainte-Marie Majeure, à Rome, du cinquième siècle, de Saint-Apollinaire Nouveau, à Ravenne, du sixième siècle, de l'Oratoire de Jean VII, à Saint-Pierre de Rome, du huitième siècle, miniatures de la *Genèse*, du *Josué*, fresques du pape Formose, à Saint-Pierre de Rome, etc., etc.). La transformation que nous venons de signaler a pour corollaire l'invention d'un grand nombre de sujets nouveaux. Parmi les motifs qui furent pour la première fois représentés dans les monuments postérieurs à l'ère des persécutions, nous citerons la Visitation, la Présentation au Temple, les différents épisodes de l'histoire de saint Jean-Baptiste, la Pêche miraculeuse, le Denier de la veuve, les diverses scènes de la Passion, la Crucifixion, dont les premiers exemples connus se trouvent dans le manuscrit syriaque de Rabulas, de l'année 586, et dans les fioles de Monza envoyées par saint Grégoire le Grand à Théodelinde (voyez Stockbauer, *Kunstgeschichte des Kreuzes*, Schaffhouse, 1870, p. 160-165), la Transfiguration, les Symboles des quatre évangélistes, l'Eglise *ex gentibus* et l'Eglise *ex circumcisione*, la figuration des cités de Bethléem et de Jérusalem, l'agneau mystique couché entre les sept chandeliers, les vingt-quatre vieillards de l'Apocalypse, etc., etc. — La rénovation que nous venons de constater dans les idées nous frappe également dans le style des peintures appartenant à la seconde période de l'art chrétien, c'est-à-dire à la période commençant avec la victoire de Constantin. C'est là un fait qui n'a pas été suffisamment remarqué, mais qui frappera tout observateur impartial : les peintures et les mosaïques exécutées pendant le règne de Constantin et celui de ses successeurs immédiats sont en progrès, non seulement sur les productions des catacombes, mais encore sur celles de l'art païen tel qu'il s'offre à nous dans les monuments du temps de Sévère ou de Dioclétien. La vulgarité des motifs traités par les peintres de la décadence (portraits d'athlètes, combats du cirque, natures mortes, etc.) avait fini par exercer l'influence la plus fâcheuse sur le style lui-même. Le modelé, la couleur, le groupement, les attitudes, tout était également mou, lâché, incorrect. D'un abaissement pareil à la barbarie absolue il n'y a qu'un pas, et encore aurait-on pu espérer de trouver chez les barbares une pureté et une élévation de sentiment que l'on chercherait en vain dans les dernières manifestations de la société païenne expirante.—La renaissance de la peinture chrétienne s'affirme dès le quatrième siècle ; elle arrive à son apogée au cinquième, et nous aurait certainement valu au sixième siècle encore un grand nombre d'œuvres remarquables, si la terrible guerre des Goths n'avait pas arrêté court, du moins en Italie, un mouvement qui promettait d'être si fécond. Nous voyons successivement le dessin reconquérir une fierté et une distinction, le coloris, un éclat et une sévérité que l'on ne connaissait plus depuis longtemps. Sans doute, il ne fut pas donné à tous les artistes d'allier, comme l'auteur de la mosaïque de Sainte-Pudentienne, la majesté de l'ordonnance à la vérité des attitudes, à l'exubérance de la vie. Mais la recherche de la grandeur et de la gravité devint du moins générale à partir de ce moment. L'art entre dans une voie nouvelle; il reconnaît que le premier de ses devoirs est d'édifier, et non plus de distraire. Dans l'*Ecclesia ex gentibus* et l'*Ecclesia ex circumcisione* de l'église Sainte-Sabine, à Rome (cinquième siècle), dans les apôtres du Baptistère des Orthodoxes, à Ravenne (même époque), on admirera tour à tour la pureté du dessin ou la vigueur de l'expression ; dans le Christ assis au milieu des brebis, et dans le saint Laurent marchant au supplice (mausolée de Galla Placidia, à Ravenne, même époque), l'élégance unie à la noblesse. L'élégance fut d'ailleurs la première des qualités qui disparurent devant l'envahissement de jour en jour plus sensible de la barbarie. Mais assez d'autres mérites subsistèrent jusqu'en plein sixième siècle, l'ampleur, la force, la fierté. Rarement école a su donner à une composition la solennité qui nous frappe dans les nombreuses représentations du Christ remettant aux princes des apôtres les insignes de leur pouvoir, ou enseignant au milieu de ses disciples. Nous voyons en même temps créer à Rome, à Naples, à Ravenne, à Milan, des ensembles décoratifs qui nous séduisent aujourd'hui encore par la richesse et l'exquise appropriation des ornements, ainsi que l'harmonie du coloris. — Ce n'est pas à dire toutefois que l'art (et en particulier la peinture) se soit élevé au niveau qu'il occupait sous Auguste ou sous Trajan. L'éducation des artistes chrétiens offrait bien des lacunes, et s'ils parvinrent à les dissimuler, par exemple en ce qui concerne l'insuffisance de leurs connaissances anatomiques, ce fut parce qu'ils substituèrent les figures drapées aux figures nues, si chères à leurs prédécesseurs païens. On ne peut à cet égard que souscrire aux judicieuses observations d'Emeric David : « Les draperies offraient encore des restes remarquables du beau style, les têtes de la vérité, on pourrait même dire quelque expression ; mais les contours des membres étaient souvent pauvres et lourds. Les articulations surtout commençaient à manquer de justesse, et ce vice radical, en mettant au jour l'ignorance des dessinateurs, annonçait plus que tout autre que la dégradation n'aurait point de terme » (*Histoire de la Peinture au moyen âge*, éd. de 1863, p. 18, 19). — L'abandon, de plus en plus marqué, de la tradition antique eut un autre résultat encore : au fur et à mesure que l'élément historique se substitua à l'élément symbolique, les artistes sacrifièrent davantage au réalisme. Tandis que pendant l'ère des persécutions ils avaient évité avec le plus grand soin tout ce qui rappelait les souffrances des martyrs, ils commencèrent, à partir du quatrième siècle, à se familiariser avec ces images. D'après le *Liber Pontificalis*, Constantin déjà aurait offert à la basilique de Saint-Laurent une représentation du supplice de ce saint : « *Constantinus (posuit)... ante corpus beati Laurentii martyris argenteis clusam sigillis passionem ipsius* (*in vita S. Silvestri*, § XXIV, éd. Vignoli, t. I, p. 99). Cependant, ainsi que nous le prouvent les bas-reliefs sculptés sur les deux colonnes, que M. de Rossi a découvertes dans la basilique de Sainte-Pétronille, et représentant le martyre de saint Nérée et de saint Achillée (*Bullettino di archeologia cristiana*, 2e série, VI, 1875, pl. IV), ces représentations étaient encore bien timides à ce moment. Dans celle de ces colonnes qui est entière, on voit simplement le bourreau brandissant le glaive qui doit frapper le saint. Le sculpteur du sarcophage de Junius Bassus, conservé dans les cryptes du Vatican, ne va même pas si loin : il se borne à nous montrer un soldat s'apprêtant à tirer son glaive pour trancher la tête à saint Paul. Dans la basilique libérienne de Sainte-Marie-Majeure, à Rome, le pape Sixte III (432-440) fit peindre sous les pieds des martyrs les instruments de leur supplice. L'inscription suivante, qui était autrefois tracée au-dessus de la porte principale de la basilique, et qui nous a été conservée par de Angelis (*Basilicæ S. Mariæ majoris de Urbe a Liberio Papa I usque ad Paulum V Pont. Max. descriptio et delineatio*, Rome, 1621, p. 88) permet du moins de conclure à une représentation de ce genre :

Virgo Maria tibi Xistus nova tecta dicavit
Digna salutifero munera ventre tuo
Tu genitrix ignara viri, te denique fœta
Visceribus salvis edita nostra salus.
Ecce tui testes uteri sibi præmia portant
Sub pedibusque jacet passio cuique sua.
Ferrum, flamma, feræ, fluvius, sævumque venenum :
Tot tamen has mortes una corona manet.

Cependant, si ces sujets conquirent peu à peu une place dans le domaine de l'art, on recula longtemps encore devant une interprétation trop littérale des actes des martyrs. Nous en avons la preuve dans une mosaïque du cinquième siècle, qui orne aujourd'hui encore le mausolée de Placidie, à Ravenne : on y voit saint Laurent s'avançant en triomphateur, et non condamné, vers le gril qui doit le consumer. — Il importe de constater, ici encore, le désaccord qui règne entre les littérateurs et les artistes. Les premiers, Pères de l'Eglise ou poètes, se plaisent à dépeindre les scènes de torture les plus repoussantes ; les seconds, tout en faisant un pas de plus que leurs prédécesseurs des catacombes, abordent ces sujets avec une réserve qui ne disparaît que lentement. Nul doute que les peintures décrites par Prudence avec tant d'amour comme se trouvant, l'une dans le cimetière d'Imola (martyre de saint Cassien ; ΠΕΡΙΣΤΕΦΑΝΩΝ, hymne IX, v. 17 ss.), l'autre dans la catacombe de saint Laurent (martyre de saint Hippolyte ; ΠΕΡΙΣΤΕΦΑΝΩΝ, hymne XI, v. 123 ss.), n'aient existé que dans son imagination. Rien de plus opposé, en effet, aux tendances des artistes de cette époque que des compositions du genre de celle que nous retrace le poète :

Exemplar sceleris paries habet inlitus, in quo
Multicolor fucus digerit omne nefas.
Picta super tumulum species liquidis viget umbris
Effigians tracti membra cruenta viri.
Rorantes saxorum apices vidi, optime papa,
Purpureosque notas vepribus impositas,
Docta manus virides imitando effingere dumos
Luserat, e minio russeolam saniem.
Cernere erat, ruptis compagibus ordine nullo,
Membra per incertos sparsa jacere situs.

Pour compléter le tableau des transformations subies par l'art chrétien à partir du quatrième siècle, il nous reste à mentionner la substitution de types déterminés aux figures si vagues, si impersonnelles des catacombes. C'est ici peut-être que le réalisme exerça l'influence la plus féconde. A la place de personnages abstraits, nous voyons enfin des individualités : saint Pierre est reconnaissable à sa chevelure et à sa barbe blanches et crépues ; saint Paul à son front découvert, sa barbe noire. En ce qui concerne le Christ, on hésite longtemps entre deux types, l'un qui s'inspire de l'Apollon antique, l'autre qui prend pour point de départ les représentations de Jupiter. Au sixième siècle encore, à Ravenne par exemple, le Christ se montre simultanément à nous sous ce double aspect, tantôt sous les traits d'un adolescent imberbe, tantôt sous ceux d'un homme dans toute la force de l'âge. Dans les autres figures, prophètes, apôtres, saints, les artistes du quatrième au sixième siècle recherchent avant tout la force de la caractéristique ; ce sont des physionomies énergiques, plus rudes que belles, plus austères que majestueuses, très vivantes d'ailleurs, et paraissant procéder de portraits plutôt que de formules traditionnelles. La mosaïque, la fresque, tels sont les deux procédés dont les peintres du temps de Constantin et leurs successeurs se servent de préférence. Mais les autres branches de la peinture ne tardent pas à être également mises à contribution : miniature, peinture sur panneau, broderie, tapisserie, etc. A l'exploitation en règle de ce vaste domaine, correspond la diffusion, dans toutes les parties du monde chrétien, du style dont nous avons essayé de déterminer les caractères principaux. La Gaule, la Grande-Bretagne, l'Espagne, la Grèce, l'Orient, ne tardent pas à se couvrir de cycles de peinture, plus ou moins considérables. Si, dans cette rapide revue, nous nous attachons plus spécialement à l'Italie, c'est que cette contrée privilégiée nous offre aujourd'hui encore une série vraiment unique de monuments appartenant aux premiers siècles. — Nous voyons surgir de tous côtés les compositions les plus considérables. Tantôt nous avons affaire à de vastes cycles historiques, retraçant les luttes des Hébreux, les miracles et les souffrances du Christ ; tantôt les artistes s'attachent à représenter de véritables apothéoses ; ici, le Christ trônant au milieu des apôtres et des confesseurs ; ailleurs, une longue procession de saints et de saintes s'avançant vers leur divin maître. La religion exerçait dès ce moment sur l'art une influence prépondérante : c'est à peine s'il peut encore être question de productions d'un caractère laïque. Comme au moyen âge, sciences, littérature, architecture, peinture et sculpture n'étaient plus guère que les servantes de la théologie. On a de la peine à découvrir de loin en loin la représentation de faits empruntés à l'histoire nationale ; la glorification des souverains régnants (statue de l'empereur Héraclius à Barletta, mosaïques détruites de Ravenne, de Pavie et de Naples représentant Théodoric victorieux, etc.) ; des tableaux de la vie publique ou privée. Désormais les meubles les plus modestes, et jusqu'aux ustensiles de cuisine (fouilles de Porto : de Rossi, *Bulletino di archeologia cristiana*) furent ornés de symboles religieux. Un général remportait-il une victoire, au lieu d'élever quelque arc splendide décoré de bas-reliefs, il fondait une basilique, dans laquelle il faisait peindre le Christ et les apôtres, tandis qu'il osait à peine rappeler par une modeste inscription son triomphe et la part qu'il avait eue à l'édification du monument (basilique de S. Agatha in Suburra, à Rome : FL. RICIMER VI MAGISTER VTRIVSQUE MILITIÆ ET EX CONSVL ORD. PRO VOTO SVO ADORNAVIT ; Ciampini, *Vetera monimenta*, t. I, p. 271). Les souverains eux-mêmes se bornaient le plus souvent à se faire représenter en buste sur les parois des basiliques, abandonnant la place d'honneur, l'abside, au Christ et à sa suite. L'empire de l'art religieux, tel que nous venons de le définir, était si bien établi dès la fin du cinquième et le commencement du sixième siècle, les formules en usage avaient reçu une consécration si grande que les hérésies alors florissantes n'eurent même pas le pouvoir de les modifier. Nous possédons aujourd'hui encore les grandes pages décoratives par lesquelles les Goths ariens et leur roi Théodoric ont voulu éterniser leur piété. Les mosaïques de l'un des baptistères de Ravenne (Santa Maria in Cosmedi) et de la basilique de Saint-Apollinaire Nouveau (frise supérieure), située dans la même ville, remontent certainement au règne de ce grand monarque. Mais il est impossible d'y saisir la plus légère différence avec les représentations admises dans l'art orthodoxe. Dans l'une, le Baptême du Christ, l'artiste arien a presque textuellement copié la composition exécutée au siècle précédent dans le Baptistère des orthodoxes; dans l'autre, l'admirable cycle de Saint-Apollinaire Nouveau, nous voyons, en une vingtaine de tableaux les miracles du Christ et les scènes de sa Passion (remarquons que la représentation de la Crucifixion y est encore soigneusement évitée), retracés avec une simplicité et une éloquence vraiment évangéliques. Un autre monument de la peinture arienne, les mosaïques dont Ricimer († 472) fit orner la basilique de S. Agathe in Suburra, ne nous est plus connu que par des dessins anciens conservés à la Vaticane (fonds latin, nº 5407, fol. 27 ss.). Ici encore la composition ne s'écarte en aucune façon de celles qui avaient cours dans l'art orthodoxe : nous y voyons le Christ assis sur le globe et entouré des douze apôtres. — Un double courant ne tarda d'ailleurs pas à s'établir; mais les divergences de dogmes n'y furent pour rien. D'un côté nous voyons s'accentuer et s'affirmer ce que l'on peut appeler l'art latin ; de l'autre prend naissance l'art oriental, ou, pour lui conserver son nom consacré, l'art byzantin. Les représentants des deux systèmes se rencontrent en Italie même : Rome et Ravenne deviennent chacune le siège d'une école bien caractérisée. Ici, l'influence antique continue à se faire sentir, non seulement dans les mosaïques de Sainte-Constance, de Sainte-Pudentienne, de Sainte-Sabine, de Sainte-Marie-Majeure, mais encore dans les sculptures des sarcophages et dans celles des portes de Sainte-Sabine. Mais peu à peu ces imitations engendrent la sécheresse. A Ravenne au contraire les compositions encore existantes sont pleines de poésie et de sève. L'action s'y distingue par sa vivacité, le coloris par sa chaleur et son éclat. Une imagination ardente, qui ne recule pas devant la subtilité, s'y substitue de bonne heure aux sévères traditions de l'art classique. Etudions séparément l'histoire de ces deux grands courants.

III. En Occident la période la plus glorieuse de l'histoire de la peinture chrétienne est sans contredit celle qui commence avec Constantin et qui se termine à la néfaste guerre des Goths. Les mosaïques du Baptistère de Sainte-Constance, dont nous avons été assez heureux pour reconstituer l'ensemble depuis longtemps détruit (*Revue archéologique*, 1878, t. I, p. 363 et suiv.), forment le point de départ de cette ère brillante, celles de saint Cosme et Damien (526-530), encore si pleines de vie et de grandeur, malgré l'incorrection du dessin, en marquent la fin. — La guerre entre les successeurs de Théodoric et les généraux de Justinien porta à l'art latin un coup dont il ne se releva pas. Il y a un abîme entre la mosaïque de Saint-Cosme et Damien (526-530) et celle de Saint-Laurent hors les murs qui lui fait suite (fin du sixième siècle) ; toutes les traditions du grand art ont disparu ; il ne reste plus que la richesse de la matière première. L'impéritie des peintres italiens était devenue si grande qu'à partir de ce moment ils se bornèrent le plus souvent à répéter les compositions de leurs devanciers, sans essayer d'y introduire la plus légère variante.— Cette fois-ci du moins le mal ne tenait pas à des causes politiques. La fin du huitième et le commencement du neuvième siècle ont marqué pour l'Italie, et en particulier pour les Etats de l'Eglise, une ère de calme et de prospérité qui contrastait singulièrement avec les épreuves de l'époque précédente. Charlemagne étendit sur la Ville éternelle sa main puissante, et il n'en fallut pas davantage pour lui assurer pendant de longues années tous les bienfaits de la paix. A cette tranquillité si favorable au développement des arts, se joignirent les encouragements prodigués aux artistes par les papes qui se succédèrent un demi-siècle durant sur le trône pontifical. Tous brûlaient de signaler leur règne par les fondations les plus somptueuses. Adrien témoigna de son goût et de son ardeur en défendant le culte des images, non seulement contre les Grecs, mais encore contre Charlemagne, qui de bonne grâce s'avoua vaincu dans cette lutte courtoise. Léon III, Pascal Ier déployèrent une activité sans égale pour restaurer et embellir les églises bâties par leurs prédécesseurs, pour en élever de nouvelles ; partout surgissent les monuments les plus magnifiques ; les vases d'or et d'argent offerts aux sanctuaires se chiffrent par centaines ; les autels, longtemps dépouillés, se couvrent de précieuses étoffes byzantines, de reliquaires disparaissant sous le poids des gemmes. Malheureusement, en nous plaçant au point de vue du style, les résultats obtenus sont loin d'être satisfaisants, non seulement dans l'architecture, mais encore dans la peinture (la statuaire n'existait plus que de nom). — L'infériorité si flagrante de l'Italie, en matière de littérature et de science, n'éclate pas moins dans le domaine de l'art. Sans avoir réussi à provoquer une culture artistique comparable à celle du temps de Théodoric, ces Francs que les Italiens ne cessaient de traiter de barbares, parvinrent, grâce à l'influence de Charlemagne, à éclipser leurs voisins d'outre-monts. Nous savons notamment que le grand empereur franc confirma par une loi l'obligation de peindre les églises sur toute leur surface intérieure. Les envoyés royaux étaient chargés, en inspectant les édifices consacrés au culte, d'examiner l'état non seulement des murs, des pavés et des autres parties essentielles, mais encore celui des peintures. (*Volumus itaque ut missi nostri per singulos pagos prævidere studeant... primum de ecclesiis, quomodo structæ aut in tectis, in maceriis, sive in parietibus, sive in pavimentis, nec non in pictura, etiam et in luminariis, sive officiis*). Des règlements plusieurs fois renouvelés déterminaient le mode des contributions destinées à ces dernières. S'agissait-il de la décoration d'une église royale, l'évêque et les abbés voisins devaient y pourvoir; pour les églises dépendant d'un bénéfice, c'était le bénéficier. Jusqu'au milieu des camps, si l'empereur faisait élever un oratoire, les murs étaient couverts de peintures sur toute leur surface. Tant qu'une église n'avait pas reçu ce genre d'ornements, on ne la croyait pas terminée. D'après les docteurs français, les peintures avaient un double objet : instruire le peuple, embellir le monument. Dans la pensée de Charlemagne, elles en avaient un troisième : effacer aux yeux des Saxons, par une extrême magnificence, la richesse de leurs anciens autels (Eméric-David, *Histoire de la Peinture au moyen âge*, éd. de 1863, p. 67. 68). Grâce à cette protection éclairée, la peinture franco-germanique l'emporta rapidement sur la peinture italienne. En commençant par les miniatures, puisque ce sont là les principaux monuments de la Renaissance carlovingienne parvenus jusqu'à nous, nous devons constater l'absence, dans les monastères de Bobbio, de Nonantola, de Novalesa, du Mont Cassin (voy. Caravita, *codici e le arti a Montecassino*, I, p. 29), de manuscrits comparables à ceux qui sortaient des monastères de Tours, d'Aix-la-Chapelle, de Saint-Gall. Qu'on s'attache au fini ou à l'élégance des initiales, à la profusion des ornements, à la noblesse des figures, ou au sentiment de la nature, nos enlumineurs l'emportaient à tous égards sur leurs ignares confrères de la Péninsule. Ils avaient eux-mêmes conscience de leur supériorité ; l'un d'eux, celui auquel nous devons la célèbre Bible conservée près de Rome, à Saint-Paul hors les murs, n'hésite pas à se proclamer leur rival et leur vainqueur : *Ingobertus eram referens et scriba fidelis Graphidas Ausoniæ æquans superansque tenore Mentis.* — La peinture proprement dite n'était pas moins florissante dans les contrées situées de ce côté-ci des monts. On est étonné de la variété des sujets, de l'ampleur de l'invention. A Aix-la-Chapelle, Charlemagne fait représenter les victoires qu'il a remportées en Espagne, puis les sept arts libéraux ; à Ingelheim, des épisodes ou des héros de l'histoire antique : Cyrus, Minos, Phalaris, Romulus et Remus, Annibal, l'empire d'Alexandre, l'empire romain, ou bien encore des événements contemporains : la victoire de Charles-Martel sur les Frisons; enfin des scènes de l'Ancien Testament rapprochées de scènes de l'Evangile : le Paradis, la chute des premiers hommes, Abel et Caïn, l'Annonciation, etc. Le dôme d'Aix-la-Chapelle fut orné par ses soins d'une mosaïque, représentant les vieillards de l'Apocalypse. Pour se procurer les matériaux nécessaires à cet ouvrage, l'empereur avait fait démolir des mosaïques de Ravenne. Mentionnons encore les vues de villes et les cartes géographiques gravées sur des tables d'argent. L'Italie n'avait rien à opposer à ces ouvrages si variés, si vivants. C'est à peine si ses artistes savaient encore reproduire, dans leurs lignes générales, les compositions qui avaient fait la gloire du cinquième et du sixième siècle. Le moment vint où ils ne furent même plus capables de faire tenir sur ses pieds une figure vue de face. La mosaïque de l'église Saint-Marc de Rome, exécutée entre 827 et 844, sous le pape Grégoire IV, marque à cet égard le dernier degré de l'abaissement. La supériorité de l'art franco-germanique ne dura d'ailleurs pas. La France, la Suisse, l'Allemagne, furent tour à tour envahies par le flot montant de la barbarie ; la culture artificielle provoquée par Charlemagne disparut sans laisser de traces ; dans la seconde moitié du neuvième et pendant tout le dixième siècle, il y eut peut-être encore des artistes, mais assurément plus d'art.

IV. C'est à ce moment que Byzance tendit à l'Occident une main secourable et lui communiqua libéralement les traditions recueillies par elle, comme aussi les conquêtes nouvelles réalisées surtout dans le domaine de la technique. Les cinq siècles écoulés depuis que l'art latin et l'art byzantin s'étaient trouvés face à face en Italie n'avaient cependant pas été pour ce dernier une période de prospérité, de calme absolu. Pour l'École orientale aussi, le sixième siècle, et en particulier le règne de Justinien Ier (527-565), avait marqué l'époque du développement le plus brillant. Bien des obstacles avaient, à partir de ce moment, entravé ses progrès. Une hérésie, qui avait failli ruiner à tout jamais l'art religieux, avait éclaté sous un des successeurs de Justinien. Nous voulons parler de la secte des iconoclastes. C'est peut-être la seule fois dans l'histoire que l'on a vu les productions de cette classe pacifique entre toutes, les peintres et les sculpteurs, devenir le point de départ d'une guerre civile. La proscription des images religieuses fut prononcée en 726 par l'empereur Léon l'Isaurien. Les luttes auxquelles cette mesure donna lieu se prolongèrent pendant cent vingt ans ; d'innombrables artistes tombèrent victimes de leur attachement aux pratiques de l'Eglise orthodoxe ; ils se transformaient aussitôt, aux yeux de leurs coreligionnaires, en martyrs. Les légendes les plus touchantes prirent naissance. On racontait que des peintres, des sculpteurs, auxquels on avait coupé les mains pour avoir représenté la Vierge, avaient recouvré l'usage de leurs membres grâce à l'intercession de leur patronne. On se tromperait d'ailleurs en croyant que les iconoclastes voulaient anéantir l'art lui-même. Les statues, les portraits des souverains continuèrent d'être exposés en tous lieux aux hommages de la foule ; les palais, comme Emeric David l'a fait remarquer (*Histoire de la Peinture au moyen âge*, éd. de 1863, p. 64), offraient une magnificence excessive. Les murs, les plafonds, les pavements de leurs palais étaient ornés de peintures et de mosaïques représentant des marines, des paysages, des chasses, ou encore des sujets historiques. Dans les temples même, il arriva plus d'une fois que l'on remplaça par des peintures allégoriques les images sacrées que l'on venait de détruire. — Malgré les persécutions des iconoclastes, l'école byzantine maintint pendant toute cette période sa supériorité sur l'école latine. Grâce à ses remparts qui bravèrent si longtemps les efforts des Barbares, grâce à une immense accumulation de richesses, Constantinople était comme une serre chaude dans laquelle les arts ne pouvaient manquer de prospérer. La vitalité de son école de peinture s'affirma à la fois dans la fresque, la mosaïque et la miniature (voyez le substantiel résumé de l'histoire de l'art byzantin fait par M. Unger dans l'*Encyclopédie* de Gruber et Ersch, première section, t. LXXXIV, p. 290-474 ; t. LXXXV, p. 1-66 ; voyez également les *Byzantinische Geschichts-Quellen*, *kunsthistorisch bearbeitet* du même auteur). Comparés à leurs confrères occidentaux, les artistes byzantins représentèrent longtemps non seulement le culte des traditions, mais encore le progrès. Si l'école dont ils étaient les champions jeta son plus vif éclat sous Justinien (527-565), nous assistons pendant la domination de la maison macédonienne (867-1057) à une véritable renaissance (voyez Unger, *op. cit.*, t. LXXXV, p. 5 ss.). La décadence commença à se faire sentir vers la fin du onzième siècle ; elle précéda cette longue période d'immobilité qui dure encore chez les moines du mont Athos, comme aussi dans les couvents de la Russie, et où des formules immuables remplacent toute invention et toute initiative. La comparaison des productions les plus récentes de l'art byzantino-russe avec les prescriptions du *Guide de la Peinture*, publié par Didron et M. P. Durand, prouve que depuis tant de siècles les règles iconographiques tracées par les Grecs du moyen âge n'ont pas cessé un instant d'être en honneur. Dans la Grèce antique, cet attachement à de certains principes a été la source des plus grands progrès ; ici, il n'a servi qu'à marquer l'arrêt complet de tout travail intellectuel. Tout était prévu dans ce code artistique rédigé par le moine Denys. On jugera par l'extrait suivant du degré de liberté et d'initiative qu'il laissait aux peintres : « L'ascension du Christ. Une montagne avec beaucoup d'oliviers. En haut, les apôtres étonnés, les regards au ciel et les mains étendues. Au milieu d'eux, la mère de Dieu regardant aussi en haut. A ses côtés, deux anges, vêtus de blanc, montrent aux apôtres le Christ qui s'élève. Les anges tiennent des cartels ; celui qui est à droite dit : « Hommes de Galilée, pourquoi restez-vous en extase les yeux au ciel ? » L'autre dit : « Ce même Jésus, qui vous quitte pour monter au ciel, viendra une seconde fois de la même manière dont vous le voyez s'élever au ciel. » Au-dessus d'eux, le Christ, assis sur des nuages, s'avance vers le ciel ; il est reçu par une multitude d'anges avec des trompettes, des tympanons et beaucoup d'instruments de musique » (Didron et Durand, *Manuel d'iconographie chrétienne, grecque et latine*, p. 204-205). Les prescriptions du second concile de Nicée n'avaient pas peu contribué à provoquer cet attachement aux formules consacrées. Voici comment les Pères s'exprimaient à cet égard : « *Non est imaginum structura pictorum inventio, sed Ecclesiæ catholicæ probata legislatio et traditio. Nam quod vetustate excellit venerandum est, ut inquit divus Basilius. Testatur hoc ipsa rerum antiquitas et patrum nostrorum, qui spiritu sancto feruntur, doctrina. Etenim, cum has in sacris templis conspicerent, ipsi quoque animo propenso veneranda templa extruentes, in eis quidem gratas orationes suas et incruenta sacrificia Deo omnium rerum domino offerunt. Atqui consilium et traditio ista non est pictoris (ejus enim sola ars est), verum ordinatio et dispositio patrum nostrorum, quæ edificaverunt* » (Labbe, *SS. Concilia*, t. VII, col. 831. 832).

V. Les dates ci-dessus rapportées montrent que ce fut précisément à l'époque de son déclin que l'école byzantine fut appelée à intervenir de la manière la plus efficace dans le développement de l'art occidental. En Italie, on n'avait toutefois pas attendu jusque-là pour invoquer le secours des artistes formés à Constantinople. Tout nous autorise à croire qu'une partie des mosaïques exécutées à Ravenne au cinquième et au sixième siècle a pour auteurs des maîtres grecs. Un texte authentique, dont l'importance a jusqu'ici échappé aux historiens, nous prouve que, dans une autre ville d'Italie, à Siponte, l'évêque fit également venir des artistes de Constantinople, dès le règne de l'empereur Zénon (474-491), qui était son parent. *Cum autem initiatum pulcherrimum opus (esset)... pulchriori et elegantiori opere consummare et aliam (ecclesiam) ad honorem B. Johannis Baptistæ juxta ipsius civitatis matricem ecclesiam construere disponeret, suas sacras litteras (episcopus) ad prædictum imperatorem transmisit, præsumens non modicum de copula sanguinis, qua sibi erat conjunctus, rogando quatenus doctissimos artifices ei transmittere dignaretur, qui in fabricæ artis peritia ab omnibus possent approbari*, etc., etc. (*Acta sanctorum*, VII février, p. 58). Au septième et au huitième siècle, comme on peut le voir par les mosaïques conservées à Rome dans les églises de Saint-Venance, de Saint-Pierre-ès-Liens et de Sainte-Marie-in-Cosmedin, des peintres grecs, dont une partie avait probablement été chassée par la persécution des iconoclastes, vinrent également travailler en Italie. Ils avaient été précédés par ces innombrables ouvrages, dès lors avidement recherchés des Italiens, dans lesquels éclatait l'habileté technique de leurs compatriotes : étoffes brodées, ivoires, pièces d'orfèvrerie. — Vers la fin du dixième siècle, une véritable colonie d'artistes grecs s'établit en Allemagne. Elle y avait été attirée par la fille de leur souverain, la princesse Théopanu, qui épousa en 972 l'empereur Othon II. Les nouveaux venus ne tardèrent pas à faire école : une suite assez nombreuse d'émaux nous permet de constater l'habileté de leurs élèves allemands (voy. les diverses publications de M. Aus'm Werth). — Un siècle plus tard, en 1070, l'abbé du Mont-Cassin, Didier (le futur pape Victor III), fit également venir de Constantinople une véritable phalange d'artistes. Le fait est attesté par le chroniqueur Léon d'Ostie : « *Legatos interea Constantinopolim ad locandos artifices destinat, peritos utique in arte musiaria et quadrataria... quoniam artium istarum ingenium a quingentis et ultra jam annis magistra Latinitas intermiserat, et studio hujus, insperante et cooperante Deo nostro, hoc tempore recuperare promeruit, ne sane id ultra Italiæ deperiret, studuit vir totius prudentiæ plerosque de monasterii pueris diligenter eisdem artibus erudiri* » (voy. Muratori, *Antiquitates italicæ medii ævi*, II, p. 361). A ce moment, le triomphe de l'influence byzantine était complet. On s'inspire de modèles byzantins d'un bout à l'autre de l'Italie, au nord, à Venise, à Murano, à Torcello; au midi, à Salerne, à Amalfi, à Ravello, à Palerme, à Montréal, etc., etc. Lorsque les artistes indigènes paraissent incapables de les interpréter dignement, on n'hésite pas à faire venir des originaux du plus grand prix. De ce nombre sont les portes de bronze de Saint-Paul hors les murs, à Rome, commandées à Constantinople, en 1070, par Hildebrand, le futur Grégoire VII. On admirait surtout l'habileté technique des Byzantins. Dès cette époque, elle avait éclipsé et fait oublier celle des artistes de l'antiquité. On peut s'en convaincre en parcourant le traité dans lequel le moine Théophile essaya de réunir les connaissances pratiques nécessaires aux peintres, aux verriers, aux émailleurs, aux orfèvres, etc., la *Schedula diversarum artium*. L'influence byzantine éclata surtout dans le domaine de la technique et dans celui du style. En ce qui concerne les dogmes et les tendances, les différences entre les deux rites étaient dès lors trop accentuées pour que les compositions ne s'en ressentissent pas. Une foule de sujets, populaires dans l'art byzantin, n'ont jamais été traités dans l'art occidental, et vice versa, ou bien l'ont été dans un esprit absolument différent. — Dans les derniers temps, quelques écrivains ont voulu contester l'influence byzantine, même circonscrite dans les limites que nous venons d'indiquer. En Italie surtout, le patriotisme local s'en mêlant, on a essayé d'établir que le royaume de Naples était, dès le douzième siècle, le centre d'un mouvement artistique important, et qui ne devait rien à Constantinople. Les auteurs de cette thèse ont publié à l'appui des monuments qui, si la date qu'ils leur assignent était vraie, trancherait définitivement ce problème en leur faveur. Mais vérification faite, ces prétendues peintures et sculptures du douzième et du treizième siècle appartiennent en grande partie au quinzième ou même au seizième siècle (Sur la question de l'influence byzantine voy. Crowe et Cavalcaselle, *Storia della Pittura in Italia dal secolo II al secolo XVI*, t. I, Florence, 1875, p. 178 ss.; Dobbert, *Ueber den Styl Niccolò Pisanos und dessen Ursprung*, Munich, 1873; Schnaase, *Geschichte der bildenden Künste*, t. IV, Dusseldorf, 1871, p. 718; Salazaro, *Studi sui monumenti dell' Italia meridionale*; id., *Sulla coltura artistica dell' Italia meridionale dal IV al XIII scolo*, Naples, 1877). — Pendant toute la période romane, le style que l'on s'accorde, à raison ou à tort, à qualifier de byzantin, domine dans l'art occidental. Gravité qui dégénère en roideur, recherche du luxe substituée à l'expression de la vie, et, par-dessus tout, esprit d'abstraction poussé à ses dernières limites, tels sont les caractères généraux de la peinture, depuis l'extinction de la dynastie carlovingienne jusqu'à l'avènement de l'École gothique.

VI. L'essor intellectuel qui succéda aux terreurs énervantes causées par l'approche de l'an mil, profita singulièrement à la peinture : la fresque, la mosaïque, la miniature, la tapisserie et, dans la suite, la peinture sur verre et l'émaillerie prirent un rapide développement, au point de vue matériel du moins, car au point de vue du style, ainsi que nous venons de le dire, les résultats ne répondirent pendant longtemps pas aux efforts. En Italie, on voit naître les vastes cycles de fresques de S. Angelo in Formis, près de Naples, de S. Urbano alla Caffarella, près de Rome, et des Quattro Coronati, dans la même ville, de Subiaco; en France, ceux de Saint-Savin, près de Poitiers, etc., etc. En Allemagne, saint Bernward, évêque de Hildesheim († 1023), exécutait de sa propre main des mosaïques dans son église, couvrait de peintures les murs et les plafonds, formait des élèves qu'il conduisait dans les cours où il était envoyé en ambassade, et leur faisait dessiner ce qu'il rencontrait de plus curieux (Emeric-David, *Histoire de la Peinture au moyen-âge*, éd. de 1863, p. 110). En Angleterre, sous le règne de Guillaume le Conquérant et sous celui de ses deux fils, Lanfranc, archevêque de Cantorbéry, rebâtit son église, couvrit entièrement les murs de tapisseries, et fit orner le plafond de peintures, dont la beauté, d'après

Guillaume de Malmesbury, ravissait les esprits. Son successeur, Anselme, orna le plafond de l'édifice d'une peinture élégante; Ernulfe, moine français, prieur sous Anselme, fit décorer le ciel d'une des chapelles de la cathédrale, de peintures qui charmaient tous les yeux. Avant même la conquête, un autre archevêque, Alfred, avait fait peindre le plafond de la cathédrale d'York (*i id.*). — En favorisant ainsi partout l'essor des arts, les dignitaires ecclésiastiques n'obéissaient pas seulement à leur amour de la magnificence, ils se conformaient encore aux prescriptions de l'Eglise. Le synode d'Arras, tenu en 1025, disait expressément que les peintures des temples étaient le livre des illettrés : « *Illiterati, quod per scripturam non possunt intueri, hoc per quædam picturæ lineamenta contemplantur.* » — Malgré tant de marques de sympathie prodiguées aux arts, malgré cette consécration officielle du rôle de la peinture, quelques esprits indépendants conservèrent jusqu'au bout leurs scrupules. Bien plus, jusqu'en plein seizième siècle, nous voyons se reproduire, d'une façon à peu près périodique, de certaines accusations contre l'ingérence excessive de l'art dans la religion. Au douzième siècle, sans aller aussi loin que les Pères de la primitive Eglise, Tertullien, Origène et, dans une certaine mesure aussi, Clément d'Alexandrie, ou bien que les iconoclastes, dont Charlemagne, comme on l'a vu, avait un instant épousé les théories, au douzième siècle, disons-nous, saint Bernard condamna l'abus que l'on faisait des représentations figurées dans les églises et surtout dans les couvents. La page, dans laquelle il combat ces tendances, est trop remarquable pour que nous ne la placions pas sous les yeux de nos lecteurs : « *Ommitto oratoriorum immensas altitudines, immoderatas longitudines, supervacuas latitudines, sumptuosas depolitiones, curiosas depictiones, quæ dum orantium in se retorquent aspectum, impendiunt et affectum, et mihi quodammodo repræsentant antiquum ritum Judæorum. Sed esto, fiant hæc ad honorem Dei... sed dicite, pauperes, si tamen pauperes, in sancto quid façet aurum... ostenditur pulcherrima forma Sancti vel Sanctæ alicujus et eo creditur sanctior quo coloratior. Currunt homines ad osculandum, invitantur ad donandum et magis mirantur pulcra quam venerantur sacra... Ponuntur dehinc in ecclesia gemmatæ non coronæ sed rotæ circumseptæ lampadibus, sed non minus fulgentes insertis lapidibus. Cernimus et pro candelabris arbores quasdam erectas, multo æris pondere miro artificio opere fabricatas, nec magis coruscentes superpositis lucernis quam suis gemmis. Quid putas in his omnibus quæritur : pœnitentium compunctio an ineuntium admiratio? O vanitas vanitatum, sed non vanior quam insanior! Fulget ecclesia in parietibus et in pauperibus egit. Suos lapides induit auro et suos filios nudos deserit. De sumptibus egenorum servitur oculis divitum. Inveniunt curiosi quo delectentur et non inveniunt miseri quo sustententur...* » — Heureusement ces théories d'ascète, qui auraient fini par amener la suppression complète des arts, ne trouvèrent d'écho que dans les couvents de l'ordre de Cîteaux, et là même il fallu renouveler à chaque instant les prohibitions. Exemples: 1134, défense d'orner les manuscrits d'initiales en couleur ou de miniatures ; défense d'orner les églises de vitraux peints (*vitræ albæ fiant sine crucibus et picturis*), défense de faire exécuter des sculptures ou des peintures trop riches ; 1157, défense de construire des clochers en pierres ; 1240, ordre d'éloigner des églises les tableaux d'autel, ou de les couvrir d'un badigeon blanc. L'image seule du Christ était tolérée ; 1235 : « *Pavimentum curiosum, quod est in ecclesia de gardo evertatur et ad antiquam simplicitatem ordinis redigatur,* » etc., etc. (voy. Dohme, *Die Kirchen des Cistercienserordens in Deutschland während des Mittelalters*, Leipzig, 1869 ; p. 22 ss. — Les autres grands docteurs de l'Eglise exercèrent au contraire, surtout en Italie, l'influence la plus féconde sur les arts. Les noms de saint Dominique, de saint François d'Assise, de saint Thomas d'Aquin sont intimement liés à la grande révolution qui s'accomplit dans le domaine de l'architecture, de la peinture et de la sculpture au douzième et au treizième siècles. Les artistes dominicains formèrent une école qui, pendant plus de trois cents ans, défraya l'Europe des maîtres les plus illustres (voy. le beau livre du P. Marchase, *Memorie dei più insigni pittori, scultori e architetti domenicani*, 4e édit., Bologne, 1878-1879). Saint François à son tour devint le centre d'un mouvement artistique intense. Longtemps encore après que Cimabué et Giotto eurent décoré la basilique d'Assise, son doux mysticisme inspira l'école ombrienne, et jusqu'à Raphaël, qui travailla plusieurs années dans la pieuse cité de Pérouse, et qui visita certainement le couvent fondé par le plus populaire des saints du moyen âge. Quant à saint Thomas, son influence vient d'être mise en lumière par le P. Marchese dans son ingénieux travail intitulé : *Delle benemerenze di S. Tommaso d'Aquino verso le arti belle*, Gênes, 1874. — On comprend que sous l'action de pareils conseillers, la peinture du moyen âge ait avant tout été un instrument au service de l'Eglise. La glorification du Christ, de la Vierge, des saints, le récit des souffrances et des miracles des martyrs, le rapprochement de l'Ancien et du Nouveau Testament, la représentation des joies célestes et des tourments de l'enfer, voilà des thèmes que la peinture traita à peu près exclusivement pendant plusieurs centaines d'années. Edifier les fidèles, telle était sa principale mission (*Picturas et ornamenta in ecclesia sunt laicorum lectiones et scripturæ*) ; et on peut l'affirmer son unique préoccupation. Parmi les qualités par lesquelles les artistes espéraient parvenir à ce résultat, la solennité figure au premier rang. La rigueur de l'interprétation passait à leurs yeux pour une condition non moins essentielle, auprès de laquelle l'observation, la recherche de la beauté, celle du mouvement dramatique ne comptaient pour rien. Sous l'influence des littérateurs, on en était revenu à un symbolisme encore plus étroit que celui des catacombes. Quelque subtiles que soient les explications de saint Augustin, elles peuvent à peine se comparer à celles des docteurs du moyen âge. — Le *Rationale divinorum officiorum* de Guillaume Durand, évêque de Mende († 1296), nous fournit à cet égard les enseignements les plus curieux. L'art y est assimilé à la liturgie ; l'auteur s'occupe, au même titre, des cérémonies du culte et « *De picturis, cortinis et ornamentis ecclesiæ, de campanis, de indumentis seu ornamentis ecclesiæ sacerdotum atque pontificum et aliorum ministrorum, de amictu, de alba, de cingula seu zona* », etc., etc. L'extrait suivant est bien propre à montrer à quel degré de raffinement les contemporains de Durand en étaient arrivés, en matière de symbolisme. « *Sciendum est autem quod Salvatoris imago tribus modis convenientibus in ecclesia depingitur ; videlicet aut ut residens in throno, aut pendens in crucis patibulo, aut ut residens in matris gremio... Quandoque etiam circumpinguntur quatuor animalia secundum visionem Ezechielis et ejusdem Johannis, facies hominis et facies leonis a dextris, facies bovis a sinistris, et facies aquilæ desuper ipsos quatuor. Hi sunt quatuor Evangelistæ; unde pinguntur cum libris in pedibus, quia quæ verbis et scriptura docuerunt, mente et opere compleverunt. Matheus figuram sortitur humanam ; Marcus figuram tenet leonis. Hi ponuntur a dextris, quia Christi nativitas et resurrectio fuerunt omnium lætitia generalis... Lucas vero vitulus est, eo quod a Zacharia sacerdote inchoavit et Christi passionem et hostiam spiritualibus protractavit. Vitulus quod est animal sacerdotum, sacrificiis aptum. Comparatur etiam vitulo, propter duo cornua quasi duo continens testamenta, et propter quatuor pedum ungulas, quasi quatuor evangeliorum sententias. Per hunc quoque figuratur Christus qui fuit pro nobis vitulus immolatus, ideoque ponitur a sinistris, quia mors Christi fuit apostolis tristis*, etc., etc.» (*Rationale*, livre I, chap. III, édit. de Lyon, 1481).— Proclamons-le cependant, à l'honneur de Guillaume Durand et de l'Église latine, même dans ces siècles de théocratie à outrance, on n'en vint jamais aux minuties de l'école byzantine. Durand constate les habitudes de ses contemporains, plutôt qu'il n'entend tracer des règles immuables. Après avoir passé en revue quelques-uns des principaux symboles, il fait même cette déclaration précieuse à recueillir : « *Sed et diversæ historiæ tam novi quam Veteris Testamenti pro voluntate pictorum depinguntur, nam*

Pictoribus atque poetis
Quodlibet audendi semper fuit æqua potestas. »

L'avènement du style gothique eut pour résultat de rompre l'uniformité de l'école byzantine et de ses congénères, et de substituer à la recherche de la pompe ou de la grandeur l'étude de la vie. Le maître qui imprima aux tendances nouvelles le sceau de la perfection fut un Italien, Giotto (1276-1336). Ce rénovateur de génie, le plus grand des peintres du moyen âge, prit pour base de sa réforme l'imitation de la nature. Plus de scènes de convention, plus de formules pompeuses et vides. Sans pousser encore le réalisme jusqu'à donner au Christ, aux apôtres, aux saints, les traits de ses contemporains, Giotto renouvelle ses types par un esprit d'observation qui forme le contraste le plus complet avec l'esprit d'abstraction de ses prédécesseurs. Le premier, il retrouve les lois de la structure du corps humain, et celles du mouvement. Ce ne sont plus des figures conventionnelles que nous avons devant nous ; ce sont des hommes, vivant d'une vie qui leur est propre, Le paysage reprend ses droits.

Enfin la représentation des épisodes de l'histoire sacrée abonde en traits saisis sur le vif, tour à tour spirituels ou touchants. — Tant de conquêtes auraient suffi pour rendre immortel le nom de Giotto. Mais il y a plus encore chez le fondateur de l'école florentine. Ses compositions révèlent un sentiment dramatique qui a dû rendre jaloux Michel-Ange et Raphaël. La force de l'expression, l'éloquence de l'attitude et du geste n'ont jamais été portées plus haut. Quoi de plus pathétique que saint François défiant les faux docteurs, que les sœurs de Lazare aux pieds du Christ. — A côté du dramaturge, il y a chez Gi otto un philosophe, j'entends un artiste qui sait traduire dans sa langue les idées les plus abstraites. Par lui l'allégorie pénètre dans la peinture religieuse et la renouvelle. Giotto ouvre la série de ces grandes compositions qui, pendant près d'un siècle, vont faire la gloire de l'Italie, le Triòmphe de la Foi et celui de la Pauvreté, le Triomphe de la Chasteté et de la Renommée, le Triomphe de saint François, de saint Thomas d'Aquin, de Charlemagne, etc., etc. Par la puissance de la conception, la beauté de l'ordonnance, la richesse des détails, ces grandes pages, que l'on peut aujourd'hui encore admirer à Florence, à Sienne, à Pise, à Assise, à Naples, à Avignon, etc.,etc., restèrent d'incontestables modèles, jusqu'au moment où Raphaël créa la Dispute du Saint-Sacrement et l'école d'Athènes. — Dans cet ensemble, moitié théologique, moitié philosophique, si fortement conçu, et élaboré sous l'influence directe de l'ami de Giotto, de Dante, il n'y avait point de place pour les représentations profanes, aussi ne faut-il chercher dans l'œuvre de Giotto ni scènes empruntées à l'histoire antique ou à l'histoire contemporaine, ni sujets de genre, ni portraits. Les tableaux eux-mêmes y sont rares ; à ces conceptions grandioses il faut le calme et l'ampleur de la fresque. L'influence de Giotto ne se borna pas à l'Italie. Un des chefs de l'école de Sienne, Simone Memmi, introduisit ses principes à Avignon, d'où ils se répandirent en France ; Thomas de Modène s'en fit le champion en Bohême, où un cycle important, les fresques du château de Carlstein, témoigne aujourd'hui encore de l'ascendant exercé par le rénovateur de la peinture sur ses contemporains non italiens. — Giotto compta des disciples éminents, Taddeo Gaddi, le Giottino, Pierre de Milan, etc., etc. Mais son école éprouva le sort de toutes les écoles : au bout de deux ou trois générations les principes proclamés par le maître avaient perdu leur vitalité ; la routine avait remplacé l'initiative. Au lieu de chercher et de créer, les disciples trouvèrent plus commode de répéter des formules toutes faites. Le style des derniers «Giottesques» ne le cède guère, pour la banalité et le maniérisme, à celui de ces Byzantins détrônés par l'immortel chef de l'école florentine.

VII. Le quinzième et le seizième siècle, en même temps qu'ils portaient la peinture à son apogée, devaient y introduire les modifications les plus profondes et en renouveler complètement la face. Sous l'action de la Renaissance d'un côté, de la Réformation de l'autre, l'art moderne, avec sa liberté illimitée, se substitue aux sévères traditions du moyen âge. Le lien qui rattachait les différentes formes du beau à la religion se relâche, on pourrait presque dire se rompt ; la théorie de l'art pour l'art, en d'autres termes la recherche d'effets purement pittoresques, prend naissance. On vit des écoles entières uniquement préoccupées, non plus d'atteindre un certain idéal religieux, mais de réaliser des tours de force d'ordre technique. L'un s'attachera à approfondir les lois de la perspective ; l'autre à révéler ses connaissances en matière d'anatomie. Pour les Vénitiens la puissance du coloris est le principal but de la peinture ; pour les Florentins c'est la fierté du dessin. En un mot la religion cesse d'être, sauf pour quelques maîtres attardés, la source première de l'art ; elle en devient le prétexte. — L'action de la Renaissance, ce grand mouvement qui a précédé, mais nullement déterminé la Réforme, a été plus complexe qu'on ne l'admet d'ordinaire. L'imitation de l'antique n'a pas été le seul but que se sont proposé les novateurs florentins du quinzième siècle, les vrais chefs de cette révolution ; l'exemple de Donatello, de Masaccio, de Paolo Uccello, d'Andrea del Castagno est là pour nous montrer que, tout en s'inspirant des monuments grecs et romains, ils ont en même temps cherché à se rapprocher de la nature. Ils sont tour à tour imitateurs et réalistes. Donatello surtout, le maître qui, avec Brunellesco, a été le vrai initiateur de la Renaissance, réunit en lui ce double courant. Tantôt nous voyons en lui le disciple le plus docile des anciens (plusieurs de ses ouvrages ont longtemps passé pour antiques), tantôt il copie la nature avec une fidélité qui fait le désespoir des réalistes modernes. Il se trouva cependant des artistes pour lutter contre cet envahissement du naturalisme. A Florence même un peintre dont on ne saurait prononcer le nom sans émotion, le tendre et suave Fra Angelico, se signala jusqu'au bout par son attachement aux règles de l'iconographie sacrée. L'école ombrienne ne fut pas moins inébranlables. Elle réussit, jusqu'au commencement du seizième siècle, à faire dominer les traditions médiévales et à maintenir entre l'artiste et le peuple ce courant de sympathie sans lequel l'art est exposé à devenir, comme il l'est depuis trois siècles, le patrimoine de quelques privilégiés. A la fin du quinzième siècle, un réformateur, dont on a voulu, bien à tort, faire un précurseur de la Réforme proprement dite (tout tend à prouver que son orthodoxie était inattaquable), Savonarole, mit son éloquence au service de ces idées. Il n'était nullement un ennemi de l'art, comme on l'a cru ; il suffit pour s'en convaincre de parcourir la récente publication de M. G. Gruyer (*Les illustrations de Jérome Savonarole publiées en Italie au quinzième et au seizième siècle et les paroles de Savonarole sur l'art*, Paris, 1889, p. 183 ss.). Mais il n'admettait que l'art religieux. C'était là encore, somme toute, un domaine suffisant pour y acquérir l'immortalité. L'exemple du plus fidèle disciple de Savonarole, Fra Bartolomeo, le prouve. Michel-Ange aussi, du moins dans ses peintures, subit l'influence du réformateur florentin. — Pendant que l'Italie retrouvait la nature en s'aidant des modèles antiques, une révolution analogue s'accomplissait dans les Flandres. En partant de principes différents les frères Van Eyck arrivèrent à des résultats presque identiques à ceux de leurs confrères de Florence. Eux aussi prirent pour base de leurs compositions, non plus des types conventionnels, mais des portraits; eux aussi s'efforcèrent avant tout de donner de la réalité la représentation la plus fidèle. Le secours que les novateurs florentins avaient tiré de l'étude de la perspective, les Van Eyck le cherchèrent dans le perfectionnement des procédés de peinture. S'ils n'inventèrent pas, comme on l'a cru longtemps, la peinture à l'huile, du moins ils la portèrent à un degré de perfection qui n'a pas été dépassé. A la liberté et à la sûreté du dessin, qualités propres aux Florentins, ils opposèrent la chaleur et la précision du coloris. Comme Masaccio, ils n'empruntèrent à l'art médiéval que la majesté de la composition, se réservant d'introduire dans les figures isolées et dans le paysage une vie absolument nouvelle. L'Adoration de l'agneau mystique, de Gand, est, à cet égard, dans les annales de la peinture septentrionale, ce que les fresques de l'église du Carmine sont dans celles de la peinture italienne. Les successeurs d'Hubert et de Jan Van Eyck, Rogier Van der Weyden et Memling, poursuivirent la voie tracée par leurs maîtres, et l'école flamande sut pendant plus d'un demi-siècle se conserver les suffrages des meilleurs juges, même des Italiens. Cependant le naturalisme exclusif, qui formait la base de son programme, offrait bien des dangers. Elle n'avait pas, comme les Italiens, la ressource de contrôler et de corriger ses impressions par l'étude de l'antique. Aussi ne parvint-elle pas à découvrir, ainsi que l'avaient fait ceux-ci, la formule du beau, à élaborer un canon définitif. Au seizième siècle il devint bien difficile aux derniers représentants de l'école créée par les Van Eyck de garder leur autonomie devant les principes supérieurs d'un Léonard, d'un Michel-Ange, d'un Raphaël, d'un Titien. Ils se laissèrent conquérir sans trop de résistance par ces grands maîtres, et n'aspirèrent plus qu'à passer pour des élèves dociles de ces « ultramontains, » dont leur prédécesseurs avaient un instant été les rivaux.—Il était réservé à Raphaël de concilier des tendances si opposées, et d'unir la puissance de conviction, qui distingue les peintres de la primitive Eglise, aux conquêtes des novateurs florentins : le sentiment de la vie, la force de l'expression, la pureté du style. Son œuvre est la synthèse à la fois la plus harmonieuse et la plus complète, non seulement de la peinture chrétienne, mais encore de l'histoire du christianisme. On découvrirait difficilement une corde qu'il n'ait pas fait vibrer, un point qu'il n'ait pas mis en lumière. L'enfance du Christ, si calme et si heureuse, ses luttes et ses miracles, les actes des apôtres, les triomphes des martyrs, la victoire de l'Eglise sous Constantin, le miracle de Bolsène, la gloire des élus, telles sont les scènes qu'il a illustrées avec le plus d'éclat. L'histoire du peuple d'Israël a trouvé en lui un interprète tout aussi éloquent. Dans les Loges, qu'on a si justement appelées la *Bible de Raphaël*, il nous retrace les scènes de la création, le bonheur et la chute de nos premiers parents, les différents épisodes du déluge, puis l'histoire d'Abraham, d'Isaac, de Jacob, de Joseph, de Moïse, de Josué, de David et de Salomon. Dans d'autres compositions, il raconte la création des étoiles (chapelle Chigi à Sainte-Marie du Peuple), la chute d'Adam et d'Eve, l'apparition de Dieu à Abraham, son apparition à Moïse, le jugement de Salomon (Stances du Vatican), la Vision d'Ezéchiel, etc., etc. — On peut affirmer que nul artiste n'est entré aussi loin que Raphaël dans l'intelligence des livres sacrés. Il en saisit d'instinct l'esprit; mais il tient aussi à corroborer ses impressions par une étude approfondie du texte. C'est ainsi qu'il parvient, non seulement à nous donner une interprétation plus fidèle que ses prédécesseurs, mais encore à renouveler complètement une foule de sujets. Les Loges et les Actes des Apôtres sont, à cet égard, un véritable tour de force. Les compositions semblent en vérité moulées sur les récits bibliques, et cependant elles satisfont, par la liberté et l'ampleur du style, aux exigences de la critique la plus sévère. Cette habitude de remonter sans cesse aux sources, de tout contrôler par lui-même a valu dans les derniers temps à Raphaël des éloges auxquels il ne se serait, à coup sûr, jamais attendu : on a voulu voir en lui un champion du protestantisme. L'impartialité nous fait un devoir d'affirmer que rien, dans l'œuvre du Sanzio, n'autorise une pareille appréciation. — Dans ce travail d'exégèse Raphaël s'est inspiré à la fois des peintres chrétiens primitifs et de ses prédécesseurs du quinzième siècle. Comme les premiers, il se plaît surtout dans la représentation de scènes calmes et pures ; le spectacle de la douleur n'a rien qui l'attire. Célèbre-t-il les martyrs, il nous les montre, non pas endurant de cruelles tortures, mais rayonnant d'une joie céleste (sainte Catherine d'Alexandrie, sainte Cécile, sainte Marguerite), et en quelque sorte transfigurés. Dans les tableaux consacrés à l'histoire du Christ, il semble également s'être souvenu des scrupules que les peintres des catacombes éprouvaient devant les scènes de la Passion. Il ne lui est arrivé qu'une fois de peindre une crucifixion, et encore cette œuvre date-t-elle de sa jeunesse. Mentionnons encore dans le même ordre d'idées ses deux Portement de croix, sa Mise au tombeau et ses deux Pietà. On arrive ainsi à un total de cinq ou six compositions, qui ne sont certes pas des plus parfaites, et qui forment une infime minorité dans son œuvre. En effet, les scènes qu'il affectionne dans l'histoire du Christ sont celles où on le voit jouant sous l'œil de sa mère, ou remettant à saint Pierre les insignes de son pouvoir, ou bien encore transfiguré sur le mont Thabor, ou enfin trônant dans toute sa gloire au milieu des élus (fresque de S. Severo à Pérouse ; Dispute du Saint Sacrement ; estampe connue sous le titre des « Cinq Saints »). Dans ces grandes pages la composition n'a pas moins d'ampleur et de majesté que dans les mosaïques du quatrième et du cinquième siècle, ni moins de pompe et d'éclat que dans les fresques du douzième et du treizième. Ce que Raphaël a emprunté à ses prédécesseurs immédiats, c'est leur émotion tout humaine, leur sentiment dramatique. C'est d'eux qu'il s'inspire dans ses délicieuses madones, où il compose, avec la figure de Marie et celle de son fils, la plus touchante des idylles; c'est eux qu'il prend pour modèles, quand il crée dans les Actes des Apôtres ces pages d'un pathétique si puissant. Le peintre favori de Jules II et de Léon X y oublie ses attaches aristocratiques pour rivaliser de simplicité et d'éloquence avec les récits de saint Luc. — Opposé en tout à Raphaël, Michel-Ange, loin de résumer en lui l'effort des générations qui l'ont précédé, rompt violemment avec la tradition. « Il répudie, comme l'a fort bien dit un critique autorisé, le grand héritage des siècles: tout ce précieux trésor de croyances, de légendes et d'imaginations est non avenu pour lui; il rejette le rituel esthétique du moyen âge et se passe de ses sujets, de ses types et de ses emblèmes. » On aurait de la peine à trouver dans son œuvre un saint nimbé, un ange pourvu d'ailes, à l'exception de sa statue du maître-autel de Bologne. « Aucun signe extérieur, ajoute M. Klaczko (*Causeries florentines*, Paris, 1880, p. 26), ne distingue ses apôtres, ses saints, ses bienheureux ou ses damnés; encore moins respecte-t-il le moule dans lequel la tradition populaire et artistique a, de tout temps, coulé les formes et fixé les traits des grandes figures de l'Evangile. Il pousse l'arbitraire à cet égard jusqu'à changer le type trois fois sacré et consacré du Christ et à refaire la sainte face gravée depuis si longtemps dans tous les cœurs chrétiens comme sur autant de suaires de Véronique; à côté des anges aptères et des saints sans nimbes, la chapelle du Vatican nous montre l'homme-dieu imberbe. » — En se plaçant au point de vue spécial de l'iconographie chrétienne, Didron a porté sur le Jugement dernier un arrêt plus sévère encore: « On s'enfonce de plus en plus dans la désolante réalité, et l'on arrive à Michel-Ange, qui montre Jésus-Christ, au Jugement dernier, sous l'aspect d'un Jupiter tonnant, faisant mine de vouloir châtier le genre humain à coups de poing. Triste aberration d'un homme de génie, qui dégrade ainsi la divinité tout entière, et particulièrement celle-là d'entre les trois personnes divines que son amour incroyable pour l'humanité a fait le type de la douceur infinie. Le peintre florentin a été plus loin encore que le texte du Damascène et les fresques byzantines; car son Christ est sans dignité, tandis que celui des Grecs est dur, mais reste noble » (*Iconographie chrétienne. Histoire de Dieu*, Paris, 1843, p. 243).

VIII. On a beaucoup discuté dans les derniers temps sur l'influence qu'ont exercée, en matière d'art, vers le second tiers du seizième siècle, la Réforme d'un côté et de l'autre la contreréforme. En ce qui concerne le contenu des compositions, parfois même leur style, cette influence est indéniable. En est-il de même de la valeur artistique des ouvrages composés à cette époque? Nous n'hésitons pas à répondre d'une manière négative. Les arts exigent pour prospérer un concours de circonstances des plus complexes, et l'on ne saurait établir de corrélation entre le développement moral, religieux ou politique et la production artistique. Assurément celle-ci portera toujours l'empreinte du milieu dans lequel elle se sera exercée, mais sa supériorité relative tiendra à des causes bien différentes. Il y a de grandes nations qui n'ont jamais pu constituer une école indigène, et il y a de grandes époques qui n'ont pas vu naître un seul chef-d'œuvre. — Examinons d'abord le premier problème. La Réforme a-t-elle été favorable aux arts? D'ordinaire on n'hésite pas à répondre d'une manière négative, et il faut avouer que d'innombrables arguments viennent à l'appui de cette manière de voir. Cependant la thèse contraire ne manque pas de défenseurs. Il y a une quarantaine d'années, Charles Grüneisen l'a soutenue dans deux ouvrages d'un grand mérite : *Niclaus Manuel. Leben und Werke eines Malers und Dichters, Kriegers, Staatsmannes und Reformators im XVI Jahrhundert* (Stuttgard, 1837) et *De protestantismo artibus haud infesto* (ib., 1839). Plus récemment, le regretté Alfred Woltmann l'a reprise avec un incontestable talent dans son *Holbein* (2e éd., Leipzig, 1874-1876). Son exemple a été suivi en Allemagne par M. Naumann (*Die protestantische Kunst*, Berlin, 1871), en France par M. A. Coquerel fils (*Rembrandt et l'individualisme dans l'art*, Paris, 1869). Charles de Villers a effleuré à peine la question dans son *Essai sur l'esprit et l'influence de la réformation de Luther*. Il en est de même de C.-A. Müller, *Des Beaux Arts et de la langue des signes dans le culte des Eglises chrétiennes réformées*, Paris, 1841, p. 10-12). — Constatons tout d'abord que par Réforme ou protestantisme ces auteurs entendent désigner une opposition plus ou moins vague aux dogmes de l'Eglise catholique, comme aussi l'interprétation individuelle des Ecritures, plutôt que la communauté de croyances renfermée dans la Confession d'Augsbourg ou dans tel autre symbole. « Qu'y a-t-il de catholique dans la *Cène* de Léonard de Vinci? dit M. Coquerel. Rien. Un protestant ne l'eût pas conçue autrement. Raphaël représente Savonarole comme un des champions de la théologie chrétienne. Evidemment cela n'était pas d'une orthodoxie catholique irréprochable. On a de Michel-Ange des poésies, d'admirables sonnets, dans lesquels il se montre, à mon gré, sur certaines questions de dogme, beaucoup trop calviniste. » Etant donné ce préambule, il était tout naturel que M. Coquerel, d'accord en cela avec M. Woltmann, mît hors de cause le protestantisme orthodoxe : « Ce qui a tué l'art protestant en Allemagne, dit le premier de ces auteurs, c'est surtout l'orthodoxie, le dogmatisme; c'est l'attachement à des règles étroites ; au lieu de représenter les sujets religieux selon son inspiration personnelle, fervente, vivante, chacun se croyait obligé de les traiter conformément aux strictes définitions des confessions de foi. » — A notre avis, la question doit être posée d'une manière différente. 1° La Réformation a-t-elle été favorable aux arts par ses actes? 2° Lui a-t-elle été favorable par son esprit? Sur le premier point, nul doute possible. La Réformation a causé la destruction des « images » non seulement en Allemagne et en Suisse (rappelons notamment le *Bildersturm* de Bâle), mais encore en France, où ses partisans accumulèrent les ruines. En Angleterre, la réaction contre le culte des images alla si loin que l'on édicta des peines sévères contre ceux qui osaient représenter la Trinité ou les saints. Ces excès dignes des iconoclastes trouvèrent des défenseurs même parmi les artistes. A Bâle, le peintre Jean Herbster renonça à la peinture, comme à une pratique païenne. Luther n'avait cependant pas condamné les arts. En 1529, dans la préface de ses *Chants religieux*, il fait cette déclaration dont la netteté ne laisse rien à désirer : « Je ne suis point d'avis que l'Evangile doive anéantir tous les arts, comme le croient quelques hommes superstitieux; je voudrais au contraire voir tous les arts, surtout la musique, au service de Celui qui les a créés et nous les a donnés. » — Nous arrivons à la seconde question : l'esprit de la Réforme a-t-il été favorable aux arts? Constatons tout d'abord que les nouveaux dogmes ont eu pour résultat de proscrire une foule de sujets. La glorification de la Vierge, celle des saints cessent de tenter le pinceau des peintres protestants. La révolution opérée par Luther ouvrit-elle, en échange, à l'art des horizons nouveaux? Nous ne le croyons pas. Quelque variée que paraisse l'œuvre des peintres allemands et suisses du seizième siècle, c'est-à-dire des artistes qui ont le plus directement éprouvé l'influence de la révolution religieuse, il serait difficile d'y rencontrer des thèmes qui n'aient pas déjà été traités par les peintres catholiques : ils s'attachèrent à illustrer de préférence les scènes de l'Ancien Testament. Mais Michel-Ange et Raphaël n'avaient-ils pas, l'un dans la chapelle Sixtine, l'autre dans ses Loges, montré le parti que l'on pouvait tirer de ces récits tour à tour si grandioses ou si gracieux? Dans le domaine de l'art profane, nulle innovation non plus : des portraits, des tableaux de genre, des scènes de la mythologie, des compositions allégoriques. La danse des morts, si magistralement représentée par Nicolas Manuel dans ses fresques, et par Holbein dans ses dessins sur bois, était un legs du moyen âge. Le *Triomphe de la Richesse* et le *Triomphe de la Pauvreté*, peints par le dernier pour la corporation des marchands allemands de Londres, se rattachaient à la série de Triomphes imaginés par Pétrarque : l'Amour, la Chasteté, la Mort, la Renommée, le Temps, l'Eternité. Il est d'ailleurs impossible de faire de Holbein un champion de l'art protestant. L'illustre artiste d'Augsbourg a pu, sur l'ordre des grands personnages qui l'employaient, faire des caricatures contre le clergé catholique (*Christus vera lux*); mais il n'a jamais pris fait et cause pour la Réformation, comme le firent Durer, Manuel, Cranach. C'est bien à tort qu'on a proclamé sa *Madone de Dresde* l'idéal de l'art protestant. On oublie, dans cette revendication, que la Madone de Dresde, ou plus exactement la *Madone de Darmstadt*, a été commandée par un catholique d'une orthodoxie parfaite, par un adversaire acharné des novateurs, le bourgmestre Meyer On oublie aussi que, longtemps avant Holbein, les naturalistes florentins, et Raphaël à leur suite, avaient représenté la Madone, non comme la reine des cieux, mais sous les traits d'une simple mortelle, d'une mère aimante. Le type et le costume peuvent avoir plus de distinction dans les tableaux exécutés sur les bords de l'Arno, mais en réalité dans ces ouvrages, aussi bien que dans la *Madone de Dresde*, Marie n'est-elle pas tout simplement une jeune Italienne choisie dans la bourgeoisie, quelquefois même, comme la *Belle Jardinière* et la *Vierge à la chaise*, de Raphaël, dans le peuple! — L'individualisme, auquel, d'après les partisans de la thèse que nous combattons, devaient conduire les principes de la Réforme, était-il donc une conquête si enviable en matière d'art? L'abandon de cet ensemble de règles, sans lesquelles une Ecole ne saurait subsister, n'exposait-il pas l'artiste à tous les dangers de l'isolement? Pendant quinze siècles la communauté des croyances et des traditions a, sans gêner l'essor d'aucun maître supérieur, soutenu une foule d'artistes de second ordre, qui, réduits à leurs seules forces, n'auraient pas tardé à succomber. Pouvait-on, sans les plus graves inconvénients, briser subitement les cadres de la peinture religieuse et livrer l'interprétation de chaque sujet à la fantaisie individuelle? La stérilité de l'art allemand, celle de l'art anglais pendant toute la seconde moitié du seizième siècle, sont là pour nous révéler les funestes conséquences de cette révolution. Bien plus, en renonçant aux cadres traditionnels, on supprimait cet élément d'émulation, grâce auquel les écoles de l'antiquité, comme celles du moyen âge et de la renaissance, ont atteint une si haute perfection. La nécessité de s'exercer dans des programmes tracés d'avance, de lutter avec des armes égales, a contraint tous les concurrents à tenter un suprême effort, pour réaliser de nouveaux progrès, pour affirmer leur originalité. Les ignorants seuls, en présence de ces sortes de concours, sont tentés de se plaindre de l'uniformité des compositions. Pour les connaisseurs, les différences de nationalité et de tempérament n'éclatent qu'avec plus de force dans ces essais en apparence identiques. Prenons par exemple la Mort de la Vierge, telle que l'ont traitée trois maîtres illustres, Martin Schoen, Jean Jobst et Durer. L'arrangement général de la scène ne diffère que peu, il est vrai. Mais quelle infinie variété dans l'exécution, dans la caractéristique des personnages, dans l'expression! Ce sont en réalité trois mondes différents qui se développent devant nous. — En résumé, parler d'une école de peinture protestante, c'est complètement méconnaître les conditions du développement des arts. Tel ou tel peintre de second ordre, comme Lucas Cranach, a pu consacrer son pinceau à la propagation des idées nouvelles. Mais est-on en droit d'opposer quelques exemples isolés à cet ensemble d'efforts et d'aspirations, à cette discipline qui distinguent non seulement les écoles italiennes, mais encore l'école de Durer et celle de Holbein? Si la renaissance, avec sa large tolérance, a favorisé l'essor des talents les plus variés, la Réformation, avec son programme trop exclusif, trop strictement confessionnel, était plus propre à décourager qu'à inspirer les artistes. — En étudiant l'influence exercée par la réaction catholique, par la contreréforme, nous trouverions qu'elle n'a pas été moins funeste. Mais il n'y aurait pas intérêt à pousser plus loin cet examen. A l'exception de l'école de Venise, école dans laquelle la recherche de l'éclat et de la couleur l'emporte presque toujours sur les préoccupations religieuses, la peinture italienne était bien morte dès cette époque. Ce n'est pas telle ou telle révolution morale ou religieuse qui aurait pu donner du génie aux Vasari, aux Zuccari, aux Pomarancio, aux Carrache, rendre à l'imagination italienne cette force, aux idées cette fraîcheur, au style cette science et cette pureté qui, au point de vue de l'art, importent plus que les dogmes ou la morale. Ce même affaissement, nous l'observons d'ailleurs aussi en France, où la peinture ne peut opposer à nos glorieux architectes et sculpteurs du seizième siècle que les noms des représentants (italiens) de l'école de Fontainebleau, ceux des Clouet, simples portraitistes, et de Jean Cousin, plus habile dans ses vitraux que dans son Jugement dernier. L'Allemagne, on l'a vu, n'a pas été mieux partagée, dans la seconde moitié du seizième siècle, et c'est en vain qu'on a voulu expliquer son impuissance par la guerre de Trente ans, oubliant que près de trois quarts de siècle séparaient celle-ci de la mort des derniers grands peintres allemands, Holbein, Schæufflein, les Beham, Cranach. En Espagne et en Angleterre on est forcé de recourir à des maîtres étrangers ; les Flandres enfin, dans leur ardeur à imiter l'Italie, se consumèrent en efforts stériles jusqu'au moment où le grand Rubens imprima aux arts une direction nouvelle. — L'espace dont nous disposons est trop restreint pour que nous puissions étendre au delà du seizième siècle cette rapide esquisse de l'histoire de la peinture chrétienne. Aussi bien cet art, en tant qu'interprète populaire des croyances religieuses, ne joue-t-il plus qu'un rôle effacé à partir de cette époque. Il se trouve encore des maîtres pour illustrer avec un incontestable talent les scènes des Ecritures : Rubens et Van Dyck, Poussin et Lesueur, Rembrandt, Murillo, Cornelius, Overbeck, Flandrin, etc., etc. Mais le courant de sympathie qui unissait l'artiste à la foule a été interrompu. C'est aux amateurs que les peintres modernes s'adressent ; c'est par les raffinements du dessin ou du coloris qu'ils nous séduisent, plutôt que par la profondeur de leurs convictions. La fantaisie individuelle a remplacé ces fortes règles qui donnaient à l'art chrétien primitif, comme à l'art du moyen âge, sa raison d'être, son caractère de nécessité si frappant. Il n'est pas au pouvoir d'un maître, quelque grand qu'il soit, de ressusciter le passé et de renouveler les sources de l'inspiration; tout au plus l'érudition peut-elle essayer de reconstituer les brillantes annales, désormais closes, de la peinture chrétienne. E. Müntz.

PÉLAGE Ier, pape de 554 ou 555 à 560. A la mort de Vigile, le diacre Pélage, Romain de naissance, l'homme le plus considérable du clergé romain, lui succéda. Pélage avait accompagné Vigile à Constantinople et avec lui il avait longtemps refusé de condamner les *trois chapitres*, c'est-à-dire les passages de Théodore de Mopsueste, d'Ibas et de Théodoret sur les deux natures du Christ, poursuivis de la haine des Grecs, mais avec le pape ou avant lui il avait faibli. Justinien avait ordonné son élection et les Romains s'étaient soumis. Mais une grande partie du clergé et de la noblesse se refusa à entrer dans sa communion : on l'accusait d'être complice de la mort de Vigile. S'il faut en croire Anastase, il avait cédé à l'empereur avant Vigile, et l'empereur avait projeté de faire de lui un antipape. Pélage ne trouva que deux évêques pour lui imposer les mains, assistés d'un prêtre comme troisième. Pour se justifier, le pape se mit à la tête d'une procession solennelle; aux côtés du patrice Narsès, il se rendit de Saint-Pancrace à Saint-Pierre, et du haut de la chaire, l'Evangile à la main, la croix sur sa tête, il prêta le serment d'innocence. Aquilée et Milan ne s'en séparèrent pas moins de lui et de l'Eglise romaine. Pélage eut pour successeur Jean III; il avait jeté les fondements de l'église des Saints-Philippe et Jacques, que l'on a appelée l'église des Saints-Apôtres. Ses lettres sont dans la collection des synodes de Mansi, vol. IX; le *Liber pontificalis* est presque avec elles la seule source de son histoire. — Voyez Héfelé, t. II, 2e éd.

PÉLAGE II (578-590), successeur de Benoît Ier, fut le prédécesseur de Grégoire Ier, qui fut son diacre et son ambassadeur à Constantinople et remplit auprès de lui le rôle d'Hildebrand. Il était Romain, mais fils d'un Goth. Elu en hâte, sans l'approbation de l'empereur, tandis que les Lombards menaçaient Rome, il sollicita à plusieurs fois, mais en vain, le secours de l'empereur. C'est alors que le pape écrivit à l'évêque d'Auxerre, Aunaire, ces mots prophétiques : « La providence de Dieu a voulu que vos rois soient d'accord avec l'Empire romain dans la confession de la foi orthodoxe, pour donner à cette ville, d'où est sortie la vraie foi, de fidèles voisins et des défenseurs. » Il s'en fallut de peu que Childebert fût le Charlemagne ou le Pépin de ce pape clairvoyant et habile. Pélage eut à combattre le schisme d'Aquilée, qui durait encore. Il mourut de la peste; il a laissé un monument admirable dans l'église de Saint-Laurent, dont la mosaïque, fac-similée dans les *Musaici* de M. de Rossi, reproduit l'image du pape et dont l'arc triomphal porte inscrit le nom de Pélage. Les lettres de Pélage II sont dans Mansi, t. IX. — Voyez les sources de son histoire dans Grégorovius, II, 3e éd. S. Berger.

PÉLAGIANISME ET SEMIPÉLAGIANISME. — I. Au commencement du cinquième siècle vivait à Rome un moine breton nommé Pélage. C'était l'époque où les idées d'Augustin sur le péché et la grâce commençaient à se répandre en Occident. Reçues avec faveur dans cette partie de l'Eglise où le terrain leur avait été admirablement préparé par les enseignements d'un Tertullien, d'un Hilaire de Poitiers, d'un Ambroise de Milan, elles rencontrèrent un adversaire décidé dans la personne de Pélage. Peut-être devait-il son éducation théologique à l'Eglise d'Orient, ainsi qu'on l'a supposé en l'absence de toute donnée certaine sur la première période de sa vie, à cette Eglise qui était restée fidèle à la doctrine du libre arbitre telle qu'Origène l'avait formulée, tout en proclamant également la nécessité de la grâce divine. Quoi qu'il en soit, Pélage paraît avoir été un homme d'une culture scientifique assez distinguée, mais chez qui la froide raison l'emportait de beaucoup sur la profondeur spéculative, un homme d'une piété éminemment légale, et qui, sévère envers lui-même avant de l'être envers les autres, s'efforçait de réaliser dans sa propre vie l'idéal d'ascétisme monacal qu'il s'était formé. La lettre qu'il adressa en 415 à une jeune fille du nom de Démétrias (*Epist. ad Demetriadem*), qui se destinait à la vie monastique, montre quelles étaient ses idées sur ce point. S'appropriant la doctrine des « préceptes » et des « conseils » évangéliques, il conseille à Démétrias non seulement de s'abstenir du mal qui est défendu, mais encore de se priver de certains biens dont la jouissance est permise, afin d'obtenir une plus grande gloire devant Dieu ; il lui enseigne à « faire plus que la loi n'exige » et à « s'élever par l'amour de la perfection au-dessus des commandements divins; » mais avant tout il lui recommande de rechercher la véritable humilité, et non celle qui n'est que le masque de l'orgueil. Ses adversaires mêmes, Augustin en particulier, rendirent hommage à la pureté de ses mœurs. A Rome, où il séjourna quelque temps et où il composa vers l'an 410 ses commentaires sur les épîtres de Paul (*Expositiones in epist. Pauli*), il fut vivement frappé des conséquences que les dogmes de la corruption originelle de la nature humaine et de l'action irrésistible de la grâce engendraient chez certains hommes, qui tiraient prétexte de ces doctrines pour s'abandonner à l'inertie morale. Il ne tarda pas à gagner à ses vues un certain nombre de disciples, dont le plus illustre fut un avocat du nom de Célestius, qui abandonna sa profession pour embrasser la vie monastique et associer ses destinées à celles de son maître. Bien qu'il comptât déjà des adversaires décidés dans les rangs du clergé italien, il ne fut cependant pas encore inquiété à cette époque pour ses opinions, à cause du respect universel que lui avait concilié l'austérité de sa vie. La controverse qui porte son nom eût peut-être tardé quelque temps encore à éclater, s'il n'avait eu l'idée de se rendre avec Célestius dans celles des provinces où l'influence d'Augustin se faisait le plus directement sentir, en Afrique. A l'encontre des autres grandes luttes dogmatiques qui agitèrent l'Eglise du quatrième au septième siècle, la controverse pélagienne commença, se développa et prit fin en Occident; elle n'intéressa l'Orient que d'une manière passagère, et n'exerça pas de longtemps sur la théologie de cette contrée une influence aussi profonde que sur la théologie occidentale. Chacune des deux grandes fractions de l'Eglise semble, en effet, avoir eu sa tâche particulière à remplir dans l'élaboration des dogmes chrétiens : si le problème métaphysique de l'essence de Dieu et de la nature de Christ ou du fondement objectif du salut sollicita tout particulièrement l'attention des docteurs orientaux, c'est le problème moral des rapports de la grâce divine et de la volonté humaine ou de la réalisation subjective du salut qui s'imposa davantage à la conscience religieuse de l'Eglise d'Occident. — En 411, Pélage et Célestin se rendirent ensemble à Carthage. Après un court séjour en Afrique, pendant lequel il eut avec Augustin une entrevue des plus courtoises, Pélage partit pour l'Orient; son compagnon demeura à Carthage et se crut bientôt assez bien établi dans l'estime du clergé de la ville pour solliciter une place de presbytre. Malheureusement pour lui, le diacre Paulin de Milan, qui se trouvait par hasard à Carthage, l'accusa, devant un synode convoqué en cette ville par l'évêque Aurélius (412), d'enseigner les sept hérésies suivantes : 1° Adam a été créé mortel et serait mort si même il n'avait point péché; 2° et 3° les conséquences pernicieuses du premier péché retombent sur Adam seul et non sur le genre humain, qui meurt tout aussi peu dans sa totalité par suite de la chute et de la mort d'Adam qu'il ne ressuscite tout entier en vertu de la résurrection de Christ ; 4° et 5° les nouveau-nés se trouvent dans le même état qu'Adam avant la chute, et, s'ils meurent sans baptême, ils obtiennent la vie éternelle ; 6° et 7° la loi est un moyen de parvenir au royaume des cieux aussi bien que l'Evangile, et il y a eu des hommes qui ont vécu sans péché, même avant la venue du Seigneur. Pour défendre ces propositions, Célestius allégua que l'Eglise ne s'étant pas encore prononcée sur la question de l'hérédité du péché qui formait le fond du débat, il était possible de lui donner n'importe quelle solution sans tomber dans l'hérésie ; il consentit en outre à admettre la nécessité du baptême des enfants, au moyen de la distinction subtile qu'il établit entre la vie éternelle, dans laquelle les enfants non baptisés pouvaient être admis, et le royaume des cieux, accessible aux seuls baptisés d'après Jean III, 5 : mais le synode n'admit pas ses explications et l'excommunia. De Carthage il se rendit à Ephèse, où il obtint la dignité de presbytre. A la même époque, Augustin entra à son tour en lice et dirigea contre les deux fauteurs de l'hérésie nouvelle son ouvrage *De peccatorum meritis et remissione ac de baptismo parvulorum libri III ad Marcellinum* (412). La deuxième phase de la lutte devait avoir l'Orient pour théâtre. — En Orient, où dominait le synergisme, Pélage trouva partout un excellent accueil, notamment auprès de l'évêque Jean de Jérusalem. Ici encore, comme il était arrivé à Carthage, ce furent des ecclésiastiques étrangers qui ouvrirent les hostilités contre la nouvelle doctrine. Les évêques Lazare d'Aix et Héros d'Arles, qui avaient été exilés en Palestine, et surtout un jeune ecclésiastique espagnol nommé Paul Orose, qu'Augustin avait chargé d'une mission auprès de Jérôme à Bethléhem, s'élevèrent énergiquement contre les doctrines de Pélage. Jérôme se joignit à eux pour diverses raisons, quoiqu'il inclinât lui-même vers le synergisme. Au synode de Jérusalem (415), Paul Orose se présenta comme accusateur de Pélage, et pour se couvrir de l'autorité d'Augustin, donna lecture d'une lettre écrite par celui-ci à un évêque de Sicile contre la doctrine pélagienne (*Epist.* 157 *ad Hilarium*). Le principal chef d'accusation qu'il formula contre son adversaire, fut d'avoir enseigné qu'il est possible à l'homme de vivre sans péché et qu'il lui est facile d'observer les commandements de Dieu. Mais l'évêque Jean, qui présidait le synode, prit fait et cause pour Pélage. Il n'avait pas craint d'assigner à celui-ci, bien qu'il fût un simple laïque, une place parmi les presbytres de l'assemblée, au grand scandale de Paul Orose et de ses amis. Le synode refusa de reconnaître l'autorité dogmatique d'Augustin, se déclara satisfait de l'interprétation très vague donnée par Pélage à la proposition incriminée (l'homme, dit Pélage, peut vivre sans péché, mais seulement s'il est soutenu par la grâce, *posse hominem esse sine peccato, non sine adjutorio*), et sans aucunement approfondir le problème soulevé devant lui, décida, à la demande de Paul Orose, d'en référer à l'évêque de Rome, comme d'une affaire concernant spécialement l'Eglise d'Occident. Les défenseurs de l'augustinisme, en minorité dans l'assemblée, avaient du moins réussi à empêcher que Pélage ne fût solennellement déclaré orthodoxe; un excès de zèle des évêques d'Arles et d'Aix compromit ce résultat. Ceux-ci, en effet, rédigèrent contre Pélage, dans le courant de la même année 415, un nouvel acte d'accusation qu'ils présentèrent au synode de Diospolis, présidé par l'évêque Euloge de Césarée. Au nombre des douze hérésies qu'ils lui reprochaient, figurent les cinq premières des propositions censurées en 412 par le synode de Carthage; voici les sept autres : 1° les riches ne peuvent entrer dans le royaume des cieux si, après avoir reçu le baptême, ils ne renoncent pas à tout ce qu'ils possèdent, et le bien qu'ils paraissent faire dans ce cas ne leur est pas compté ; 2° la grâce et le secours de Dieu ne sont pas accordés pour chaque acte isolé, mais résident dans le don du libre arbitre, dans la connaissance de la loi divine et de la doctrine chrétienne ; 3° le libre arbitre n'existe pas, s'il a besoin du secours de Dieu : chacun possède dans sa volonté le pouvoir de faire ou non une chose ; 4° la grâce divine nous est accordée selon nos mérites ; 5° le pardon est accordé aux repentants, non en vertu de la grâce et de la miséricorde de Dieu, mais selon leurs mérites et leurs efforts, quand par leur pénitence, il se sont rendus dignes de pardon ; 6° notre victoire nous vient du libre arbitre, non du secours de Dieu ; 7° nul ne peut être appelé fils de Dieu, s'il n'est devenu complètement exempt du péché. L'on ne devine que trop bien, à la lecture de ces propositions, combien l'idéal du monachisme, l'accomplissement de la justice propre par le renoncement volontaire aux biens terrestres et l'énergie morale déployée contre le péché, a influé sur l'idée que Pélage s'est faite de la vie chrétienne. Mis en demeure de se prononcer sur ces douze articles, Pélage refusa d'abord de dire son sentiment sur les cinq premiers, prétendant que c'était à Célestius et non à lui qu'ils appartenaient et qu'il fallait en demander compte, et s'efforça de justifier les autres au moyen d'explications ambiguës ; mais comme cette réponse ne contenta personne, il se décida à réprouver les cinq articles en question et à signer la sentence d'anathème lancée par le synode de Carthage contre Célestius. Nous ne savons par quelles subtiles distinctions, par quelles restrictions mentales Pélage justifia cet acte devant sa conscience : il lui valut du moins d'être reconnu comme orthodoxe par le synode. Cette décision souleva d'énergiques protestations en Occident. Augustin, quand il eut connaissance des actes du dernier synode, prouva aux évêques orientaux, dans son livre *De gestis Pelagii*, qu'ils n'avaient pas saisi la portée des doctrines de Pélage et qu'ils avaient été dupes de sa ruse, et déclara qu'en adhérant à la condamnation de son disciple, Pélage avait signé sa propre condamnation. En Orient, par contre, si Jérôme persista dans sa manière de voir à l'égard de Pélage et traita l'assemblée de Diospolis de « synode misérable, » Théodore de Mopsueste, le chef de l'école d'Antioche, prit ouvertement l'offensive contre Augustin dans son livre intitulé Πρὸς τοὺς λέγοντας φύσει καὶ οὐ γνώμῃ πταίειν τοὺς ἀνθρώπους. Selon lui, la mortalité, tout en étant le châtiment du péché, n'en est pas moins une condition imposée dès l'origine à la nature humaine, pour le plus grand bien de l'homme (*factum est propter inobedientiam quod et citra inobedientiam propter utilitatem nostram a creatore factum est*); l'homme, bien que placé sous l'influence de sa nature charnelle, n'en est pas moins resté libre et responsable de ses actes ; le péché n'est qu'une transition dans le développement spirituel de l'humanité, qui se terminera par le « rétablissement de toutes choses.» Prétendre que Dieu a condamné tout le genre humain pour le péché d'un seul, c'est lui attribuer une pensée indigne d'une homme sage et juste. — Après cet échec, les adversaires de Pélage revinrent en Occident et, se replaçant sur le terrain créé par le synode de Jérusalem, résolurent de soumettre le différend à la décision d'Innocent Ier, dans l'espoir de contre-balancer l'autorité du synode de Diospolis par celle du siège de Rome. Les évêques d'Arles et d'Aix rédigèrent sur ce qui venait de se passer en Asie un rapport que Paul Orose porta à la connaissance de l'Eglise d'Afrique. En 416, les conciles de Carthage et de Milévum en Numidie renouvelèrent contre la doctrine pélagienne la sentence de l'an 412, accusèrent Pélage et Célestius d'être les « ennemis de la grâce divine et particulièrement du baptême des enfants, » et demandèrent à Innocent Ier de s'associer à eux pour condamner une doctrine d'après laquelle l'homme serait capable de satisfaire par ses seules forces aux exigences de la loi divine, et d'après laquelle le baptême ne conférerait pas aux enfants la vie éternelle. Augustin envoya encore dans le même but, avec quatre de ses collègues africains, une lettre particulière à l'évêque de Rome, ainsi qu'un livre de Pélage dans lequel il avait relevé un certain nombre d'hérésies. Innocent, qui professait sur la grâce une opinion analogue à celle de l'évêque d'Hippone, loua fort les évêques africains de s'être adressés en cette circonstance au siège de saint Pierre, « devant lequel devaient être portées toutes les affaires de la chétienté ; » il approuva les décisions des synodes de Carthage et de Milévum et censura le livre de Pélage, mais déclara que faute de renseignements suffisants il ne pouvait se prononcer sur la sentence du synode de Diospolis. Les évêques africains furent trop satisfaits de la décision dogmatique de l'évêque de Rome pour protester contre les théories ecclésiastiques qui s'y trouvaient adjointes. Cependant Pélage et Célestius s'étaient préparés à la défense. Le premier adressa à Innocent une lettre et une confession de foi (*Libellus fidei ad Innocentium*), assez laconique, il est vrai, sur tous les points controversés, mais fort explicite sur une foule de questions étrangères au débat, le tout accompagné d'un certificat d'orthodoxie délivré par l'évêque Praylus de Jérusalem. Il se défendait dans cette confession contre le reproche d'enseigner la liberté morale de l'homme sans admettre également la nécessité de la grâce (*liberum sic confitemur arbitrium ut dicamus nos indigere Dei semper auxilio*), et de nier que le baptême fût nécessaire aux enfants pour leur ouvrir l'accès du royaume des cieux; il y accusait ses adversaires d'enseigner que Dieu a imposé aux hommes des commandements qu'il leur est impossible d'observer ; et de tomber dans les hérésies manichéenne et jovinienne en affirmant que certains hommes, les réprouvés, ne peuvent éviter le péché et la mort, tandis que d'autres, les élus, ne peuvent plus se perdre dans le péché ; contrairement à ces doctrines, il y soutenait qu'il est toujours possible à l'homme de commettre le péché ou de l'éviter. Célestius, qui dans l'intervalle avait séjourné à Constantinople, apporta lui-même à Rome une confession de foi (*Cœlestii symbolum ad Zosimum*) dans laquelle, renouvelant son système de défense de l'an 412, il déclarait admettre la nécessité du baptême des enfants, puisque le Seigneur avait fait dépendre l'admission dans le royaume des cieux de la réception de ce sacrement, mais considérait toutes les questions relatives à l'origine et aux conséquences du péché comme questions discutables, sur lesquelles d'ailleurs il était prêt à se soumettre à la décision de l'évêque de Rome. Quand Célestius et les documents expédiés par Pélage arrivèrent à Rome (416), Innocent n'était plus ; son successeur, Zosime, dogmatiste très médiocre, eut plusieurs entrevues avec Célestius, et il ne fut pas difficile à celui-ci de le convaincre de son orthodoxie, ainsi que de celle de son maître. Le nouveau pape adressa donc aux évêques africains deux lettres dans lesquelles il leur reprochait en termes assez vifs d'avoir trop facilement ajouté foi aux allégations d'hommes peu scrupuleux et prenant plaisir à troubler l'Église (Héros et Lazare) et d'avoir été amenés ainsi à soupçonner l'orthodoxie « d'hommes d'une foi aussi parfaite » (Pélage et Célestius, *tales tam absolutæ fidei*), alors qu' « il ne se trouve pas chez ceux-ci un seul passage où il ne soit question de la grâce divine et du secours de Dieu ; » il les accusait enfin d'avoir franchi, sous l'empire d'une curiosité indiscrète, les limites tracées par l'Écriture à nos connaissances théologiques et soulevé des questions indifférentes à la foi chrétienne. Revenant sur la décision du synode de Carthage de l'an 412, il les invitait même à envoyer l'un des leurs à Rome, dans le délai de deux mois, pour prouver la vérité des accusations élevées contre Célestius, s'ils ne voulaient pas perdre le droit de le considérer encore comme hérétique. Mais Zosime avait compté sans l'énergie des évêques africains, fort peu disposés à subir les empiétements ecclésiastiques de l'évêque de Rome, depuis que celui-ci s'était rangé en matière dogmatique du côté de leurs adversaires. En 417, ils décidèrent au concile de Carthage que force demeurerait aux décisions d'Innocent Ier et à leur propre sentence de l'an 412 aussi longtemps que Célestius et Pélage ne professeraient pas la doctrine augustinienne de la grâce, et qu'il n'était nul besoin d'instruire le procès une seconde fois devant le tribunal de l'évêque de Rome. Ces résolutions firent baisser le ton à Zosime. Il consentit à suspendre son jugement définitif jusqu'à plus ample information, et pour cacher sa défaite, il n'en exalta que davantage les prétendus droits du successeur de saint Pierre à la primauté ecclésiastique. — Enhardis par cette réponse, les évêques africains se réunirent encore en synode à Carthage, et le 1er mai 418 ils prononcèrent une condamnation solennelle de la doctrine pélagienne. Est déclaré anathème quiconque enseigne l'une des neuf propositions suivantes : 1° Adam a été créé mortel; 2° et 3° les enfants doivent être baptisés, non à cause de l'hérédité du péché d'Adam, mais en vue de leurs péchés futurs; ceux qui meurent sans baptême ne sont pas damnés, mais entrent dans un lieu intermédiaire entre le paradis et l'enfer; 4°, 5° et 6° toute l'efficacité de la grâce divine consiste à effacer les péchés déjà commis, et non à aider l'homme à n'en plus commettre à l'avenir; tout le secours qu'elle procure consiste à nous ouvrir l'intelligence sur ce que nous devons faire ou laisser, non à nous donner la force d'accomplir ce que nous avons reconnu être bon; elle facilite seulement l'accomplissement de ce que le libre arbitre, réduit à ses seules forces, ne pourrait accomplir que difficilement; 7°, 8° et 9° nous devons arriver à répéter par simple humilité, et non plus dans le sentiment de notre culpabilité personnelle, le passage 1 Jean I, 8, ainsi que la prière de l'oraison dominicale « pardonne-nous nos péchés »; en disant cette prière, nous devons penser uniquement aux péchés de nos frères et supplier Dieu de les leur pardonner. En même temps, les évêques africains employèrent un moyen plus efficace encore pour vaincre les derniers scrupules de Zosime. Augustin invita l'empereur Honorius, par l'intermédiaire du comte Valère avec lequel il était lié, à intervenir en faveur de la doctrine des Eglises d'Afrique, appel au bras séculier dont il s'est vanté plus tard dans sa polémique contre Julien d'Eclanum, et dès le 30 avril 418 Honorius ordonnait au préfet du prétoire Palladius de rechercher et de chasser de Rome tous les partisans de pélagianisme. Zosime alors changea d'attitude; il cita Célestius à comparaître derechef devant lui, et comme celui-ci s'y refusa et quitta volontairement l'Italie, il l'excommunia ainsi que Pélage. Non content d'avoir rompu avec ses anciens protégés, Zosime, subitement converti à l'augustinisme, résolut de faire servir l'autorité du siège de Rome au triomphe de cette doctrine. Il rédigea une encyclique (*Epistola tractoria*) dans laquelle il déclarait expressément adhérer aux décisions des derniers conciles africains et aux doctrines d'Augustin sur le péché originel, le baptême et la grâce, et invitait les évêques occidentaux à condamner avec lui l'hérésie pélagienne. Ceux d'entre eux qui refusèrent de signer ce document, furent destitués et bannis par l'empereur. Dix-huit évêques italiens subirent ce sort; le plus illustre d'entre eux fut l'évêque Julien d'Eclanum en Apulie, qui, après avoir vainement protesté contre les mesures de violence auxquelles venait de succomber son parti et réclamé la convocation d'un concile œcuménique pour y défendre sa doctrine, continua pendant quelque temps encore la lutte, désertée à partir de ce moment par Pélage et Célestius, contre la dogmatique d'Augustin, et réussit à donner à la doctrine pélagienne une cohésion qu'elle n'avait pas eue jusque-là. Avant sa destitution déjà, il s'était attaqué à la base même de la doctrine augustinienne du péché originel, en interprétant d'une manière plus rigoureuse le passage Rom. V, 12 (ἐφ' ᾧ signifiant selon lui « parce que, » *propter quod*, et non « dans lequel, » *in quo*, comme le voulait

Augustin), et il avait cherché à démontrer qu'en faisant de la concupiscence le siège du péché originel, Augustin en arrivait nécessairement à condamner le mariage même, puisque la concupiscence est inséparable de toute union matrimoniale, c'est-à-dire qu'il aboutissait au manichéisme. Augustin se défendit contre ce reproche dans son livre *De nuptiis et concupiscentia*, que suivirent bientôt après deux répliques successives de Julien, son ouvrage intitulé *Contra Julianum libri VI* (421) et son *Opus imperfectum* que la mort l'empêcha d'achever. — A partir de l'an 418, Pélage disparaît de la scène de l'histoire. Une tradition incertaine, conservée par Marius Mercator, porte qu'il est resté en Orient et qu'il y a été condamné par un concile réuni à Antioche. Célestius revint à Rome en 424 et essaya d'obtenir du pape Célestin une révision de son procès; mais il échoua et retourna en Orient, où il fut également frappé d'une sentence d'excommunication par un synode provincial, au dire de Marius Mercator. Quant à Julien, après avoir séjourné quelque temps en Cilicie auprès de Théodore de Mopsueste, il se rendit à Constantinople avec quelques-uns de ses compagnons d'infortune et demanda asile au patriarche Nestorius. Celui-ci accueillit favorablement sa demande, après qu'il se fut décidé à reconnaître que les effets pernicieux du premier péché s'étaient transmis à toute la descendance d'Adam et que le baptême était nécessaire. Mais cette alliance des pélagiens avec Nestorius, vivement attaqué à cette époque pour ses opinions christologiques, ne servit qu'à compromettre leur cause en Orient. Marius Mercator, présent alors à Constantinople, remit à Théodose II un *Commonitorium super nomine Cœlestii* qui décida du sort du pélagianisme dans cette partie de l'empire. En 431, le concile œcuménique d'Ephèse, après avoir excommunié Nestorius, lança l'anathème contre Pélage et Célestius, mais sans entrer dans l'exposition de leurs hérésies, et, chose plus grave, sans déterminer la doctrine orthodoxe sur les différents points controversés. A l'encontre des autres controverses théologiques du temps, la controverse pélagienne ne se termina point par la définition d'un nouveau dogme, établie par un concile œcuménique. La sentence du concile d'Ephèse ne fut qu'un simple écho des sentences portées antérieurement en Occident contre les auteurs de l'hérésie pélagienne, une adhésion purement extérieure aux décisions de l'Eglise d'Occident et qui n'impliquait aucunement un accord sur les doctrines qui formaient le fond du débat. En effet, si le pélagianisme strict y fut marqué du sceau de l'hérésie, l'augustinisme n'en devint pas pour cela dogme officiel de l'Eglise: les docteurs orientaux restèrent synergistes; en Occident, la voie demeura ouverte aux compromis entre les deux doctrines extrêmes, et les discussions continuèrent. — Le pélagianisme a été l'antithèse rigoureuse de l'anthropologie et de la sotériologie augustiniennes. L'homme, d'après cette doctrine, a été créé mortel; la mort spirituelle seule a été la conséquence du péché. La chute d'Adam n'a amené aucun changement dans la nature humaine, et ses effets ne se sont pas étendus à la totalité du genre humain. Chaque homme se trouve, au moment de sa naissance, dans le même état de neutralité morale dans lequel s'est primitivement trouvé Adam ; il sort des mains de Dieu sans péché et sans vertu, et c'est avec une pleine liberté qu'il se décide soit pour le bien, soit pour le mal. Le baptême des enfants est nécessaire, car il a été institué par le Seigneur; mais il n'est administré aux enfants qu'en vue de leurs péchés futurs, et non pour effacer en eux les conséquences du péché d'Adam. Aussi les enfants qui meurent sans baptême n'encourent-ils pas la damnation. N'étant ni bons ni mauvais de nature, et n'ayant encore mérité ni le royaume des cieux ni l'enfer, ils sont placés sur un degré inférieur de la félicité céleste : il est facile de dire où ils ne vont pas ; il est difficile de dire où ils vont. Nous naissons avec la capacité de faire soit le bien soit le mal, non avec la possession pleine et entière de l'un ou de l'autre. Ni le bien ni le mal n'existe en nous par le fait de la naissance ; il est accompli volontairement par nous, et nous sommes toujours capables de nous décider pour l'un ou pour l'autre, sans quoi les Ecritures excuseraient les pécheurs comme obéissant à une nécessité naturelle, au lieu de les accuser partout et toujours de transgressions volontaires. Il est donc possible à l'homme de vivre entièrement sans péché. Si néanmoins il nous est plus facile à un moment donné de faire le mal que le bien, la raison en est uniquement dans la puissance de l'habitude. « Rien ne nous rend plus difficile l'accomplissement du bien que la longue habitude des vices qui nous a envahis dès l'enfance, corrompus peu à peu pendant le cours des années, et qui nous tient ensuite si bien liés et assujettis qu'elle nous paraît posséder la puissance d'une nature. » A la mauvaise habitude il faut ajouter l'influence du mauvais exemple, la séduction qu'exerce sur nous la vue du péché d'autrui. L'Ecriture dit que nous avons tous péché en Adam, parce que nous avons tous subi la contagion du mauvais exemple donné par le premier homme et que nous sommes devenus ses imitateurs (« *in quo omnes peccaverunt,* » *propter imitationem dictum*, dit Pélage). Si le libre arbitre, qui existe chez tous les hommes, chrétiens, juifs ou païens, est sollicité au mal par la double influence de l'habitude et de l'exemple, il est secondé dans la pratique du bien, chez les chrétiens seuls, par la grâce divine. Celle-ci est nécessaire à l'homme, car elle lui facilite l'accomplissement du bien; elle ne lui est pas indispensable, car même sans elle l'accomplissement du bien est toujours possible; sa nécessité n'est donc que relative. Il y a eu, en effet, des justes sous chacune des trois économies qui se sont succédé dans l'histoire de l'humanité, celles de la nature, de la loi et de la grâce. La grâce confère à l'homme le pardon des péchés; elle illumine son intelligence en lui offrant les enseignements de la révélation ; elle l'encourage au bien, en lui présentant la loi divine à accomplir, et elle exalte sa puissance morale en lui donnant la promesse de la vie éternelle. Christ est la manifestation la plus éclatante de la grâce divine : il est devenu homme pour nous sauver, c'est-à-dire pour nous offrir, par l'exemple de sa vie parfaite et par l'excellence de sa doctrine, le stimulant le plus puissant que nous puissions trouver dans la voie de notre développement moral. D'imitateurs du péché d'Adam nous devons devenir imitateurs des vertus du Christ. La grâce ainsi définie est destinée par Dieu à tous les chrétiens; mais pour qu'ils l'obtiennent, il faut qu'ils s'en rendent dignes par un zèle sérieux pour la vertu. La vocation divine, en effet, ne s'adresse qu'à ceux dont Dieu sait d'avance qu'ils croiront et voudront se tourner vers lui ; nul ne la subit contre son gré. La prédestination est ainsi subordonnée en Dieu à la simple prescience.

II. L'opposition de Pélage, de Célestius et des autres défenseurs du pélagianisme strict ne fut pas la seule que rencontrèrent les doctrines d'Augustin. Il s'en forma une autre, moins décidée sans doute que la première, dans les cercles mêmes où l'influence de l'évêque d'Hippone avait le plus profondément pénétré, et qui devait réussir à faire abandonner aux représentants de l'augustinisme quelques-unes des positions que leur maître avait le plus énergiquement défendues. En se prolongeant, les controverses entre augustiniens et pélagiens eurent pour effet d'émousser les arêtes vives des deux doctrines extrêmes et d'opérer entre elles un double rapprochement : d'un côté, les pélagiens revinrent sur la doctrine de l'intégrité de la nature humaine après la chute et firent à la grâce une place plus large à côté du libre arbitre dans l'œuvre du salut ; de l'autre, les augustiniens atténuèrent la rigueur du dogme de la prédestination et s'attachèrent de préférence à celles des déclarations de leur maître dans lesquelles cette doctrine était présentée sous une forme mitigée, où la damnation des impies n'était pas rattachée directement au décret éternel de Dieu. Ces concessions réciproques cependant ne furent pas poussées assez loin pour aboutir à la formation d'une doctrine intermédiaire unique, sur laquelle les membres modérés des deux partis eussent pu se réunir; elles ne portèrent ni d'un côté ni de l'autre sur l'ensemble du système, mais seulement sur tel dogme particulier, les uns continuant à rejeter l'idée de l'action irrésistible de la grâce dans le cœur des élus et à attribuer au libre arbitre un rôle important dans l'œuvre du salut, les autres, à refuser au libre arbitre toute participation à cette œuvre et à faire dépendre le salut uniquement de la grâce et de la prédestination de Dieu. Ni les uns ni les autres ne se demandèrent si la révision partielle de la sotériologie qu'on venait ainsi d'opérer de part et d'autre n'entraînait pas une révision totale du système. Le pélagianisme modéré, c'est-à-dire mitigé dans ses prémisses anthropologiques, ou le *semipélagianisme*, tel qu'il fut appelé au moyen âge, et l'*augustinisme modéré*, c'est-à-dire mitigé dans ses conséquences métaphysiques, qui résultèrent de ce double rapprochement, souffraient donc l'un comme l'autre d'un vice de logique originel, qui devait les empêcher tous deux d'occuper une place définitive dans l'enseignement de l'Eglise. L'expérience a prouvé que celle des deux doctrines qui est sortie victorieuse de la lutte, après un triomphe passager de sa rivale, que l'augustinisme modéré n'a pu se maintenir dans sa pureté primitive, et qu'il a été bien vite amené, surtout sous l'influence croissante de la pratique monacale, à modifier également la base anthropologique sur laquelle il s'élevait et à attribuer au libre arbitre une place dans l'œuvre du salut qu'il lui avait d'abord refusée. Il a été condamné à dériver ainsi de plus en plus vers le semipélagianisme, parce que, infidèle à son principe métaphysique du « décret absolu » de Dieu, il avait consenti à ouvrir une porte dérobée à la conception pélagienne en faisant dépendre la damnation des impies, non plus d'un acte de la volonté divine, comme c'était le cas pour le salut des élus, mais de la simple prescience des déterminations de la volonté humaine. Le retour à l'augustinisme strict, vainement tenté au neuvième siècle par Gottescalc, fut l'œuvre des réformateurs du seizième siècle et des quelques « précurseurs de la Réforme » vraiment dignes de ce nom. — En 426, Augustin apprit que les moines d'Hadrumète, qui comptaient au nombre de ses plus zélés partisans, étaient divisés sur les conséquences religieuses du dogme de la prédestination. Les uns s'abandonnaient à une fausse sécurité spirituelle, les autres vivaient dans l'inquiétude, voire même dans le désespoir. Un troisième parti, exagérant le point de vue de l'évêque d'Hippone, s'autorisait de cette doctrine pour prétendre que tout effort moral est impossible à l'homme, puisque le libre arbitre n'existe pas ; que Dieu ne rendra pas à chacun, au jour du jugement, selon ses œuvres, et que, par conséquent, il ne faut réprimander personne s'il pèche, mais seulement prier Dieu de le ramener dans la bonne voie. D'autres enfin, et c'est ici la première manifestation de la tendance semipélagienne, rejetaient le dogme de la prédestination et de la gratuité absolue du salut par la raison que la damnation des réprouvés serait, d'après cette manière de voir, une injustice de la part de Dieu ; ils affirmaient la nécessité d'accorder au libre arbitre une part quelconque, quelque petite qu'elle fût, à côté de la grâce divine, dans l'œuvre du salut, et enseignaient en conséquence que la grâce est accordée à l'homme d'après les « quelques mérites » qu'il peut avoir. Augustin leur envoya deux ouvrages intitulés *De gratia et libero arbitrio ad monachos Adrumetinos* et *De corruptione et gratia ad eosdem*, et réussit à rétablir chez eux la concorde religieuse et l'unité de doctrine. — Le vrai foyer du semipélagianisme a été la Gaule méridionale. Le moine scythe Jean Cassien, après avoir séjourné quelque temps en Orient et avoir été consacré presbytre à Constantinople par Jean Chrysostome, fonda à Marseille un couvent qui ne tarda pas à devenir le centre d'un mouvement théologique important. Ses *Collationes Patrum XXIV* nous permettent de nous rendre compte de son enseignement ; nous y retrouvons, ainsi que dans son ouvrage intitulé *De institutis cœnobiorum libri XII*, le même enthousiasme pour l'ascétime monacal que nous avons déjà signalé chez Pélage. Sa doctrine se sépare, dès son principe fondamental, à la fois du pélagianisme strict et de l'augustinisme. Selon lui, le péché du genre humain a sa cause dans le péché du premier homme ; la chute d'Adam a porté un trouble profond dans la nature humaine. L'image de Dieu cependant n'a pas été entièrement effacée, mais seulement ternie dans l'homme ; le libre arbitre n'a pas été entièrement aboli, mais seulement affaibli en lui, si bien qu'il lui est impossible de parvenir au salut et de se maintenir dans la voie du bien sans le secours de la grâce. Au monergisme augustinien de la grâce divine et au monerginisme pélagien de la volonté humaine, Cassien oppose donc le synergisme de la volonté humaine et de la grâce divine. « Le libre arbitre et la grâce, dit-il, *Collat. XIII*, s'excluent, il est vrai, en apparence ; en réalité, ils s'accordent parfaitement. » Et plus loin : « Des germes de toutes les vertus sont implantés naturellement à toute âme par le bienfait du Créateur. Aussi faut-il se garder de rapporter au Seigneur tous les mérites des saints, de manière à n'attribuer à la nature humaine que le mal et la perversité. Mais s'ils ne sont réveillés par la miséricorde divine, ces germes ne peuvent croître et se développer jusqu'à la perfection. » L'initiative dans l'œuvre du salut appartient tantôt à la grâce, qui dans ce cas est « prévenante », tantôt au libre arbitre, et la grâce est alors « conséquente » : solution purement empirique du problème fondamental de la sotériologie. L'action de la grâce n'est pas irésistible ; le libre arbitre est toujours capable ou de l'accepter ou de la repousser. Tous les hommes ont été également destinés au salut ; l'idée de la bonté infinie de Dieu empêche de croire à l'élection d'une fraction seule de l'humanité. « Dès que Dieu voit en nous un commencement, une étincelle de bonne volonté quelque petite qu'elle soit, soit qu'il l'ait fait jaillir lui-même du dur caillou de notre cœur, soit que nous l'ayons fait naître par nos propres efforts, aussitôt il l'excite de son souffle et lui donne la croissance, car il veut que tous les hommes soient sauvés. Comment admettre en effet, sans un grand sacrilège, qu'il ne veuille pas le salut de tous, mais seulement celui de quelques-uns ? » Ceux qui acceptent le secours de la grâce et s'approprient ainsi le salut opéré par le Christ en faveur de tous les hommes, Dieu les a connus de toute éternité et les a prédestinés à entrer dans son royaume. Chez Cassien comme chez Pélage, la prédestination est donc subordonnée en Dieu à la prescience.—Les plus distingués d'entre les adhérents de Cassien, surnommés *massiliens* par leurs adversaires, furent Vincent de Lérins, Fauste de Riez, Gennadius et Arnobe le jeune. Augustin, informé par Hilaire d'Arles et Prosper d'Aquitaine, ses partisans dévoués, des tendances dogmatiques des massiliens, envoya en Gaule deux ouvrages intitulés *De prædestinatione sanctorum liber ad Prosperum* (429) et *De dono perseverantiæ liber ad Prosperum et Hilarium* (430), auxquels Vincent de Lérins répondit en 434 par son célèbre *Commonitorium pro catholicæ fidei antiquitate et universalitate adversus profanas omnium hæreticorum novitates*. L'auteur fait appel à l'autorité de la tradition contre les « nouveautés » que des docteurs illustres pourraient introduire par leurs opinions personnelles dans l'enseignement de l'Eglise, et il donne au dogme de la tradition sa formule définitive. Est orthodoxe, selon lui, toute doctrine qui possède le triple caractère de l'antiquité, de l'universalité et de l'assentiment général (*vetustas, universalitas, consensio*) c'est-à-dire qui a été crue en tout temps, en tout lieu et par tous (*quod semper, ubique et ab omnibus creditum est*). La deuxième partie de son livre, qui renfermait sans doute une application de cette méthode de polémique à l'augustinisme, a presque entièrement disparu. — Après la mort d'Augustin (430), Prosper d'Aquitaine continua, en prose et en vers (voir surtout son *Carmen de ingratis*, dirigé contre les détracteurs de la grâce, et son *Epist. ad Rufinum: de gratia et libero arbitrio*), la lutte contre le semipélagianisme. Il se rendit en 431 avec Hilaire d'Arles auprès de Célestin Ier, pour le décider à se prononcer en sa faveur, mais n'obtint de lui qu'une lettre fort vague, adressée aux évêques de la Gaule méridionale et qui laissait la question indécise. Il publia donc de nouveaux ouvrages de polémique, entre autres son *Liber secundus de gratia et libero arbitrio contra Collatorem* et son *Responsum ad capitula Gallorum*, dont l'apparition marque le commencement d'une phase nouvelle dans l'histoire de la controverse semipélagienne. Prosper, en effet, s'est efforcé de mitiger dans ces écrits la rigueur de la doctrine d'Augustin afin de la rendre plus acceptable à ses contemporains, et il est ainsi devenu l'auteur de l'*augustinisme modéré* qui devait triompher au siècle suivant dans l'Église. Il continue, il est vrai, à statuer en Dieu, à côté du « décret révélé » dont la réalisation est subordonnée à la conduite de l'homme et d'après lequel tous les hommes indistinctement sont destinés au salut, un « décret caché » et « absolu », n'appelant à la vie éternelle qu'un nombre déterminé d'élus ; il continue de même à identifier la prescience et la prédestination de Dieu, pour ce qui concerne le salut des élus: mais il consent à distinguer ces deux activités divines quant à la damnation des réprouvés et à ne faire dépendre celle-ci que de la seule prescience. La même tendance irénique se manifeste dans un écrit anonyme, longtemps attribué à Léon le Grand et intitulé *De vocatione gentium*. Cette atténuation de l'enseignement d'Augustin parut être une défection aux yeux de certains augustiniens rigides, et les porta à donner à la pensée de leur maître la forme la plus tranchante qu'elle était susceptible de recevoir. Il y eut, entre autres, un prêtre du nom de Lucidus, qui opposa à la doctrine de Prosper celle d'une « prédestination double » (*gemina prædestinatio*), d'après laquelle les uns sont prédestinés de toute éternité à la damnation, les autres à la vie éternelle. Cette doctrine pouvait également s'appuyer sur un certain nombre de passages d'Augustin, quoique le terme même de *gemina prædestinatio* ne se rencontre pas chez lui. Cette recrudescence de l'augustinisme strict effraya, paraît-il, les esprits et les rejeta pour quelque temps vers le semipélagianisme, résultat auquel contribua puissamment un livre anonyme, intitulé *Prædestinatus*, qui parut à cette époque. L'auteur, que l'on suppose être un semipélagien, énumère, entre autres hérésies, celle des « prédestinatiens » ; et pour atteindre ceux-ci plus sûrement, présente au lecteur l'écrit fictif d'un des partisans de cette hérésie, dans lequel sont exposées des doctrines qu'Augustin et ses disciples n'ont jamais professées. Il y est dit entre autres : Dieu a prédestiné les hommes soit à la justice, soit au *péché* ; ceux que Dieu a prédestinés à la vie ont beau être négligents, se livrer au péché, refuser d'entrer dans le royaume des cieux, ils y sont amenés contre leur gré; ceux que Dieu a prédestinés à la mort, quelques efforts qu'ils fassent vers le bien, travaillent inutilement. L'effet de cette publication ne se fit pas attendre. Le semipélagianisme fut sanctionné en 475 par les synodes d'Arles et de Lyon. À la demande de la première de ces assemblées, Fauste de Riez rédigea un exposé complet de cette doctrine dans son livre *De gratia Dei et humanæ mentis libero arbitrio*. Lucidus fut contraint, à Arles, de réprouver les propositions suivantes : 1° Le libre arbitre a été complètement anéanti dans l'homme par la chute d'Adam ; 2° aucun païen n'a pu être sauvé, depuis Adam jusqu'à Christ, par la « grâce première » de Dieu, par la loi naturelle donnée aux hommes en vue de l'arrivée du Seigneur, parce que tous ont perdu le libre arbitre en Adam ; 3° Christ n'est pas mort pour tous les hommes ; 4° les uns ont été prédestinés à la mort, les autres à la vie ; 5° c'est en vertu de la volonté de Dieu que les réprouvés tombent dans la mort éternelle, et ils y sont violemment poussés par cette volonté; 6° l'homme ne doit pas joindre l'effort à l'obéissance (c'est-à-dire il est inutile de travailler soi-même à son salut ; obéir à la grâce suffit. Ces deux dernières propositions sont manifestement empruntées au *Prædestinatus*) ; 7° celui qui pèche après avoir reçu régulièrement le baptême, meurt en Adam (c'est-à-dire tout péché commis après le baptême anéantit l'effet de celui-ci, qui est d'effacer la coulpe du premier péché). — Le semipélagianisme demeura victorieux pendant une vingtaine d'années. Le signal d'une nouvelle lutte contre lui partit de l'Orient. Bien qu'il eût dès l'origine séparé nettement sa cause de celle du nestorianisme (cf. Cassien, *De incarnatione Christi adversus Nestorium libri VII*), il y fut soupçonné de parenté avec cette hérésie et repoussé pour ce motif. Quand les moines scythes de Constantinople, monophysites fanatiques, eurent connaissance du livre de Fauste (520), ils protestèrent énergiquement contre les doctrines qui y étaient contenues, et prièrent, par l'entremise de l'évêque de Carthage Possessor, présent alors dans la capitale, l'évêque de Rome Hormisdas de condamner ce livre. La réponse d'Hormisdas ayant été ambiguë, ils s'adressèrent dans le même but aux évêques africains que l'invasion des Vandales avait chassés de leurs sièges et qui séjournaient alors, au nombre de soixante environ, en Sardaigne. Ces évêques se réunirent en synode et condamnèrent la doctrine de Fauste. L'un d'eux, Fulgence de Ruspe, rédigea une réfutation du semipélagianisme (*Libri VII contra Faustum*, qui est perdue, et une apologie de la doctrine d'Augustin (*De veritate prædestinationis et gratiæ Dei libri III*) qui a été conservée. De Sardaigne, le mouvement antipélagien gagna bientôt la Gaule ; l'augustinisme modéré y trouva de nouveaux défenseurs en la personne des évêques Avitus de Vienne et Césaire d'Arles et, en 529, les synodes d'Orange et de Valence lui assurèrent la victoire sur le semipélagianisme. Cette victoire cependant ne fut obtenue qu'au prix de nouvelles et importantes concessions faites à la doctrine adverse. D'un côté, le dogme augustinien du péché originel fut admis dans toute sa rigueur; l'œuvre entière du salut, depuis les premiers commencements de la repentance et de la foi, fut attribué exclusivement à l'action prévenante de la grâce, c'est-à-dire rapportée directement à la prédestination divine, la prédestination au péché étant rejetée comme blasphématoire. De l'autre, la damnation des réprouvés fut rattachée, non plus à la prédestination, mais à la simple prescience de Dieu, et, par une inconséquence frappante vis-à vis des principes qu'on venait d'établir, l'action de la grâce fut liée à l'administration des sacrements ecclésiastiques et, de la sorte, universalisée comme celle-ci, et la réalisation subjective du salut fut abandonnée au bon vouloir de l'homme : « Nous croyons, déclarèrent les membres du synode d'Orange, que tous les baptisés, après avoir reçu la grâce par le baptême, peuvent et doivent, avec le secours et la coopération du Christ, accomplir ce qui est nécessaire au salut, s'ils veulent s'y appliquer avec fidélité. » L'on renversait ainsi d'une main ce que l'on avait édifié de l'autre ; les doctrines augustiniennes du « décret absolu » de Dieu et de l'action irrésistible de la grâce, à peine reconquises, étaient aussitôt abandonnées : le semipélagianisme n'avait pas trop à se plaindre de sa défaite. Les deux partis sortirent de la lutte visiblement épuisés l'un et l'autre. Aucun des représentants du semipélagianisme ne fut personnellement condamné ; Fauste de Riez put même être vénéré en Provence comme un saint. Les différentes doctrines qui s'étaient combattues pendant un siècle continuèrent à compter chacune des représentants, à l'exception toutefois du pélagianisme strict, qui seul fut définitivement vaincu dans cette longue controverse. — Les trois écrits susmentionnés de Pélage ont été conservés dans les œuvres de Jérôme (édit. Martianay et Pouget, Paris 1706, V); des fragments d'autres de ses écrits (tels que son *Liber de natura*, ses *Libri IV de libero arbitrio*, son *Epist. ad Innocentium* et ses *Capitula sive Eclogæ*) se rencontrent chez Augustin (*De natura et gratia* ; *De gratia Christi et de peccato originali*; *De gestis Pelagii*) et chez Jérôme (*Dialogi contra Pelagianos*). Il ne reste que des fragments des ouvrages de Célestius (*Definitiones*; *Symbolum ad Zosimum*) et de Julien d'Eclanum (*Libri IV ad Turbantium episcopum contra Augustini primum de nuptiis*; *Libri VIII ad Florum contra Augustini secundum de nuptiis*) chez Augustin (*Contra Julianum*; *Opus imperfectum*) et dans les *Subnotationes adv. Julianum Eclan.* de Marius Mercator. Les nombreux ouvrages de polémique d'Augustin contre les Pélagiens se trouvent dans le tome X de ses œuvres (édit. des Bénédictins); il y faut ajouter ceux de Jérôme (*Epist. ad Ctesiphontem* ; *Dialogi c. Pelagianos* tome IV, édit. citée), de Paul Orose (*Apologeticus contra Pelagium de arbitrii libertate*, édit. Havercamp, Liège, 1738, p. 558), de Marius Mercator (*Commonitorium adv. hæreses Pel. et Cœl.*, *vel etiam scripta*

Juliani; *Commonitorium super nomine Cœlestii*, édit. Baluze, Par. 1684, p. 1 et 132). Voir les actes des Conciles, chez Mansi, IV; Fuchs, *Bibl. der Kirchenversammlungen*, *III*; Hefele, *Conciliengesch.*, II. Consulter sur l'hist. du pélagianisme et du semipélagianisme: Vossii *Hist. de controversiis quas Pelagius ejusque reliquiæ moverunt libri VII*, Lugd. Bat., 1618 (Amst., 1655); Norisii *Hist. pelagiana et dissert. de syn. V œcumenica*, Patavii 1673; Garnier, *Dissert. VII quibus integra continetur Pelagianorum historia*, Paris, 1673 (dans son édition de Marius Mercator, I, 113); Petavius, *De theol. dogmatibus*, Paris, 1644-50, III; Walch, *Gesch. der Ketzereien*, Leipz., 1762, IV et V; Wiggers, *Pragmat. Darstellung des Augustinismus u. Pelagianismus*, 2 vol. Berlin, 1821; Voigt, *Comm. de theoria Augustiana, Pelagiana, semipelagiana et synergistica in doctrina de peccato originali, gratia et libero arbitrio*, Gött., 1829; Lentzen, *De Pelagianorum doctrinæ principiis*, Coloniæ ad Rh., 1833; Jacobi, *Die Lehre des Pelagius*, Leipz. 1842; puis, la littérature indiquée aux articles *Jean Cassien*, *Vincent de Lérins*, *Fauste de Riez*, *Prosper d'Aquitaine*, *Fulgence de Ruspe*, etc.; enfin Sirmond, *Histor. prædestinatiana*, Paris, 1640; Mauguin, *Vindiciæ prædestinationis et gratiæ*, Paris, 1650, II; l'*Hist. littér. de la France*, II; Geffken, *Hist. semipelagianismi antiquissima*, Gött., 1826; Wiggers, *De Joanne Cassiano Massiliensi, qui semipelagianismi auctor vulgo perhibetur*, Rotochii, 1824; L.-F. Meyer, *Jean Cassien, sa vie et ses écrits*, thèse de Strasbourg, 1840. A. JUNDT.

PELET DE LA LOZÈRE (comte), homme d'État français, né le 12 juillet 1785 à Saint-Jean du Gard, mort à Villers-Cotterets le 6 février 1871. Après de fortes études faites à Paris, Lyon et Genève, il fut nommé auditeur au Conseil d'Etat (1806) et ensuite administrateur général des forêts de la couronne. Après la Restauration, il fut préfet du Loir-et-Cher et montra, dans ces diverses fonctions, autant d'énergie que de droiture. M. Pelet entra dans la vie politique comme député de Blois dont le collège électoral lui renouvela quatre fois son mandat législatif. Après avoir fait partie de la chambre des Pairs et occupé successivement les ministères de l'instruction publique et des finances sous le gouvernement de Juillet, M. Pelet se retira de la vie publique, laissant après lui une haute réputation d'intelligence et de probité. M. Pelet de la Lozère s'était associé au mouvement religieux qui marqua les premières années du siècle, et avait accepté de faire partie du comité de la Société biblique. Il était membre du consistoire de Paris où il siégea presque sans interruption depuis 1815 jusqu'en 1868. Alors qu'il était au ministère, il intervint dans les conflits de l'Eglise réformée en nommant directement Ad. Monod professeur à la faculté de Montauban. On doit à M. Pelet de la Lozère quelques ouvrages dont le plus remarquable est celui qu'il composa en réunissant des notes prises au conseil d'Etat que présidait Napoléon Ier, *Opinions de Napoléon sur divers sujets de politique et d'administration, recueillis par un membre de son Conseil d'Etat*, un *Précis de l'histoire des Etats-Unis d'Amérique depuis leur colonisation jusqu'à ce jour*, 1845; un recueil de *Pensées morales et politiques* qui montrent en lui un penseur original, un observateur éclairé, un esprit libéral et droit, etc. — Sources : *Le comte Pelet de la Lozère*, notice sur sa vie et ses écrits par E. Dhombres, 1873.

PÉLISSON-FONTANIER (Paul), fils d'un conseiller en la chambre de l'Edit de Castres, et de Jeanne de Fontanier, naquit à Béziers en 1624. Après avoir achevé, en 1635, ses humanités au collège de Castres, dirigé par l'Écossais Morus, il alla étudier la philosophie à Montauban et le droit à Toulouse. Il composa dès l'âge de dix-neuf ans une paraphrase des *Institutes* de Justinien, qu'il fit ensuite imprimer à Paris (1645), où il vint compléter ses brillantes études. Il se lia étroitement avec Conrart et La Bastide, ancien de Charenton, ainsi qu'avec le pasteur Alexandre Morus, sans doute son camarade d'enfance, et surtout avec la fameuse Mlle de Scudéry. Son second ouvrage fut une *Histoire de l'Académie française* (1653), qui lui procura l'honneur d'entrer dans cet illustre corps sans l'avoir demandé. Le grand dilapidateur des deniers de l'Etat, Fouquet, jugea prudent d'avoir sous la main une plume si habile, et prit Pélisson à son service. Celui-ci ne tarda pas à découvrir les vols et pilleries du déplorable émule de Mazarin, et la corruption qu'il pratiquait sur la plus large échelle, « l'achat de la conscience des hommes et de la vertu des femmes. » Non seulement il se fit son complice, mais il s'enrichit lui-même par les procédés peu scrupuleux alors fort en vogue. Il fut arrêté avec Fouquet en 1661, et mis à la Bastille, où il écrivit le *Discours au roi par un de ses fideles sujets sur le procès de M. Fouquet*, pièce considérée comme un modèle d'éloquence judiciaire et un monument de fidélité courageuse. Ce discours a été trop vanté sous le dernier rapport ; car il ne contient rien qui ne s'accorde avec l'intérêt personnel de l'auteur. Quand le procès de Fouquet, qui dura trois ans, fut achevé et le criminel muré dans le château de Pignerol, Pélisson flatta si bien le roi, du fond de la Bastille, que celui-ci prit intérêt à lui, et souhaita qu'il se rendît digne de ses grâces en abjurant le protestantisme. Pélisson se mit alors à étudier la controverse avec le désir de plaire à Sa Majesté, et sortit de prison après avoir promis d'embrasser prochainement le catholicisme. Cette promesse lui valut une pension et le titre d'historiographe de Louis XIV, qu'il adula sur toutes choses d'une façon que Boileau lui-même jugeait excessive. Colbert voulut d'abord l'obliger à restituer deux cent mille livres que la justice lui réclamait ; mais un mot du roi y mit bon ordre. Il fut même question de donner Pélisson pour précepteur au Dauphin ; toutefois la conversion n'étant pas encore effectuée, ce fut Bossuet qui obtint la place. Aussitôt Pélisson abjura (8 octobre 1670), non sans avoir préalablement conféré avec Arnaud, Nicole, Bossuet, et écrivit au roi, le jour même, que sa conversion n'était que le résultat d'une conviction lentement mûrie. « Son changement, dit Rapin-Thoyras, son neveu, lui procura la faveur du roi, qui lui fit acheter une charge de maître des requêtes et lui fournit plus de la moitié de l'argent nécessaire. » Les grâces et les abbayes plurent sur lui, surtout quand il eut pris le petit collet (1675). L'année suivante, qui était celle du jubilé, le nouvel abbé profita d'un accès de dévotion du roi, pour imaginer de mêler à la religion les procédés employés par Fouquet dans un but d'intrigue et de luxure, c'est-à-dire d'acheter, de « brocanter les consciences, » selon le mot de Michelet. Au mois de novembre, il établit la caisse des conversions, alimentée par les revenus des abbayes de Cluny et de Saint-Germain-des-Prés, par le tiers des économats du royaume et des dons extraordinaires du roi ; il écrit aux évêques qu'ils ne peuvent mieux faire leur cour qu'en opérant beaucoup de conversions pour peu d'argent, et que les listes passeront sous les yeux du roi. On peut aller à la rigueur jusqu'à cent francs, dit-il, mais seulement dans les cas exceptionnels ; pour les cas ordinaires, le taux doit être fort au-dessous de ce chiffre. En Dauphiné, la moyenne fut de sept francs soixante centimes par tête, et en Aunis, de douze francs soixante centimes. Vers la fin de 1682, après la première dragonnade, l'abbé Pélisson affirmait que le chiffre de ses convertis s'élevait à cinquante-huit mille cent trente ; mais « on l'accusa, dit son biographe, M. Marcou, d'avoir laissé se glisser ou d'avoir introduit un peu de désordre dans cette immense gestion. » Il semble puéril, après cela, de se demander si l'abbé fut opposé aux mesures de violence qui précédèrent la Révocation et à celles qui la suivirent. Il fit jeter sa propre sœur dans un couvent de Lavaur, et ne l'expulsa du royaume qu'après s'être pleinement convaincu qu'elle mourrait plutôt que d'imiter son exemple. Enfin la maladie survint ; l'abbé Pélisson avait pris jour avec Bossuet pour communier ; mais le curé de Versailles, accouru pour le confesser, fut si mal reçu, qu'en sortant il alla se plaindre au roi. Quelques jours plus tard, Pélisson mourait sans s'être confessé et sans avoir communié (7 février 1693) ; le curé soutint qu'il était mort huguenot et fut blâmé de cette imprudence par ses supérieurs. Les catholiques s'indignèrent de l'affront fait à leurs sacrements ; les sceptiques, qui n'avaient pas attendu jusque-là pour railler, raillèrent de plus belle, et nous ne voyons pas que les protestants aient triomphé des remords qui auraient assailli le malheureux à ses derniers instants. Bossuet crut devoir démentir, dans une lettre rendue publique, le retour de Pélisson au protestantisme ; il ne contestait pas que le défunt fût mort sans communion, mais il expliquait le fait autrement que le curé : ce n'était pas l'intention, c'était le temps de communier qui avait manqué au malade. Du curé ou de l'évêque lequel se trompait ou voulait tromper ? Le successeur de Pélisson à l'Académie française, Fénelon, a naturellement suivi, non la version populaire, mais l'autre, l'officielle, l'épiscopale. La première reçoit cependant une confirmation singulière d'une lettre du 18 février 1693, adressée à Rapin-la-Fare, frère de Rapin-Thoyras, lettre non destinée à la publicité et imprimée pour la première fois en 1858 dans le *Bulletin de l'histoire du protestantisme*. — Voyez F. L. Marcou, *Etude sur la vie et les œuvres de Pélisson*, Paris, 1859, in 8°; D'Olivet, *Hist. de l'Académie fr.*, Paris, 1729, in 4° ; Fénelon, *Eloge de Pélisson*, dans les *Œuvres*, Versailles, 1820, in 8°, XXI, 131 ; Ancillon, *Vie de Conrart* ; Marturé, *Hist. du pays castrais* ; Nayral, *Biographies castraises* ; Delort, *Hist. de la dé-*

tention de Fouquet, de Pélisson et de Lauzun ; Camille Rabaud, *Hist. du prot. dans l'Albigeois*, Paris, 1873, in 8° ; *Bulletin de l'hist. du prot. fr.*; VI, 71 ; VII, 27, 29, 131 ; XII, 431 ; 2e série XVI... *Mém. de Jean Rou*, Paris, 1857, in 8°, II, 304 ; Haag, *La France prot.* ; Elie Benoît, *Hist. de l'édit de Nantes*, IV, 351. O. Douen.

PELLA, ville située sur la frontière septentrionale de la Pérée (Josèphe, *De bello jud.*, 3, 3, 4), faisait, d'après Pline (*Hist. nat.*, 5, 18, 16), partie de la Décapole et était éloignée de cinq lieues de Scythopolis. Conquise par Antiochus le Grand en 218, détruite par Alexandre Jeannée, parce que ses habitants refusaient d'embrasser le judaïsme (Josèphe, *Antiq.*, 13, 15, 4), Pella fut rétablie par Pompée qui l'annexa à la province de Syrie. Pendant la guerre de Judée, vers 68 ou 69 avant J.-C., elle devint le lieu de refuge des chrétiens de la communauté de Jérusalem, persécutés, encore en route, par des zélotes juifs (Apoc. XII, 13-17 ; cf. Eusèbe, *Hist. eccl.*, 3, 5, 3 ; Epiphane, *Adv. hæres.*, 29, 1 ; Lequien, *Oriens christ.*, III, 698). Pella devint le siège d'un évêque qui dépendait du métropolitain de Césarée.

PELLISSIER (Charles-Marie-Athanase), né à Bordeaux le 9 août 1810, mort au hameau de Madère, situé près de cette ville, le 17 août 1871, pasteur auxiliaire de l'Eglise réformée de Bordeaux, fut à la fois un des chefs du parti libéral, un prédicateur éloquent et un homme de bien. *Vir bonus ac dicendi peritus*, telle était sa devise. Il était né catholique, mais dès son enfance, et à l'époque de sa première communion, il se révoltait déjà contre le dogme de la présence réelle. L'influence de sa tante Mme Lambert, née Anne-Rébecca Brett, originaire de Springroves, comté de Kent, en Angleterre, s'exerça sur lui et le développa au point de vue spirituel. Il embrassa la carrière du barreau et étudia successivement à Poitiers et à Paris. De retour à Bordeaux, Pellissier se mêla à l'opposition qui déjà se formait contre le gouvernement de Juillet. Pendant un voyage qu'il fit à Paris en 1837, il fut dangereusement malade, et son attention se porta sur la Bible qui devint dès lors son livre de prédilection. Il fit pour la première fois acte de protestantisme le 10 décembre 1841 dans une Eglise anglicane où fut béni son mariage. A la fin de cette même année, le P. Lacordaire était venu donner à la cathédrale de Saint-André de Bordeaux des conférences dans lesquelles il attaquait le protestantisme. Ce fut alors que Pellissier publia une brochure intitulée : *Lettre à M l'abbé Lacordaire par un chrétien biblique*, brochure où il défendit avec vaillance le protestantisme. Cet écrit eut un tel retentissement que M. Maillard, président du consistoire de l'Eglise réformée de Bordeaux, sollicita Pellissier d'entrer dans le corps pastoral. Il dut se rendre alors comme étudiant à la faculté de théologie protestante de Montauban. Il y présenta, le 10 juillet 1844, son premier sermon qui le fit qualifier de « rationaliste sans fraude » par Adolphe Monod, alors profeseur à la faculté. Il faut remarquer à cette époque de la vie de Pellissier la visite qu'il fit à Paris à l'illustre Lamennais dont le dernier mot fut celui-ci : « Soyez évêque, *in partibus incertorum*. » Le sermon de Montauban ayant fait quelque bruit, son auteur se décida à le publier. Après son premier grand examen, Pellissier, encore inscrit au tableau des avocats de la cour royale de Bordeaux, vint diriger dans cette ville « l'institution collégiale protestante » qui n'eut aucun succès. Le 10 juin 1846, il soutint sa thèse intitulée : *Une étude sur la législation mosaïque* ; il suppléait à ce moment-là un des pasteurs titulaires de l'Eglise de Bordeaux. Dès le 14 juin 1847, le consistoire de cette Eglise décida qu'il resterait attaché à son service pour la prédication et l'aumônerie des prisons, à l'exclusion de toutes autres fonctions pastorales, et notamment de la célébration des sacrements. Sa consécration, présidée par le pasteur Jousse. eut lieu à Montcarret (Dordogne) le 6 janvier 1848. Il publia ensuite dans le *Disciple de Jésus-Christ* une série d'études religieuses qui lui valurent d'être réfuté par M. Fauvety dans la *Revue philosophique et religieuse*, et quelques poésies qui lui valurent une lettre élogieuse de Lamartine. Ses démêlés avec le consistoire de Bordeaux commencèrent en 1855, et bientôt quelques Eglises des environs, celles de Royan, Libourne, Gensac, Sainte-Foy, Clairac, et la Mission intérieure du Gard lui demandèrent des prédications. Mais après un sermon prêché à Royan le 28 novembre 1860, à l'occasion d'une consécration, il se forma contre lui un courant d'opinion qui eut son centre à Bordeaux même, où le consistoire, après avoir repoussé une demande formelle de destitution, décida que des observations seraient faites à Pellissier sur la nature de sa prédication. Malgré certaines réactions qui se manifestèrent en sa faveur au sein du corps électoral religieux de Bordeaux, Pellissier demeura jusqu'à sa mort pasteur auxiliaire et ne parvint pas au titulariat. Dans les derniers temps de sa vie, il fit preuve d'un patriotisme ardent ; quelques jours avant la conclusion de la paix, en 1871, il s'était épuisé à réconcilier MM. Jules Simon et Gambetta qui représentaient tous deux à Bordeaux les deux tendances du gouvernement de la Défense nationale. Il était déjà fort affaibli et presqu'au seuil de la tombe, lorsqu'il présida aux obsèques de M. Küss, maire de Strasbourg. Pellissier devait s'éteindre, moins de six mois après, brisé par les émotions au milieu desquelles il avait passé les dix dernières années de sa vie. On peut juger à des points de vue différents la hardiesse de ses opinions religieuses et faire à leur sujet les réserves les plus expresses, on peut critiquer sa prédication dont le domaine était essentiellement limité, mais qui était toujours originale et ardente : il est impossible de ne pas admirer en lui une âme vaillante et élevée, un cœur honnête et bon et une droiture à toute épreuve. Autant il avait de la répugnance pour les habiles et les fanatiques, autant il avait de l'estime et de l'affection pour des adversaires loyaux et tolérants. — Sources : E Paris, *Un apôtre de la révolution religieuse*, Paris, 1876. L. LARNAC.

PELLICAN (Conrad Kürsner), né à Rouffach en Alsace, le 8 janvier 1478, dut dès l'âge de quinze ans, pour pouvoir satisfaire sa soif d'étude, entrer malgré le vœu de ses parents dans l'ordre des minorites. Après avoir passé quelques années à Tubingue, il accompagna en 1499 son professeur Paul Scriptoris, nommé vicaire-général en

Alsace, et fit pendant le voyage la connaissance d'un juif converti qui lui fit don d'un exemplaire manuscrit d'Esaïe, d'Ezéchiel et des douze petits prophètes. Sans le secours d'aucun maître il se mit à déchiffrer le volume sacré. Reuchlin d'abord, puis plus tard le juif espagnol Matthieu Adriani, l'introduisirent dans les mystères de la conjugaison hébraïque, et il y fit tant de progrès, qu'en 1500, ayant pu se procurer une Bible hébraïque, après la possession de laquelle il soupirait « comme un cerf après des courants d'eau, » il la lut tout entière et composa même pour son usage un dictionnaire hébreu. En 1501, quoiqu'il n'eût pas encore atteint l'âge canonique de vingt-quatre ans, il reçut la prêtrise et, l'année suivante, il était nommé lecteur de théologie dans le couvent des minorites à Bâle. En 1517, après avoir visité une partie de la France et de l'Allemagne, il fit un séjour à Rome. Pendant les deux années qu'il y passa, sa confiance dans l'Eglise fut ébranlée; en 1519, revenu à Bâle, il embrassa avec ardeur les idées de Luther. Bientôt il trouva dans Œcolampade et dans Luthard des hommes animés des mêmes dispositions que lui, et avec eux il prépara les Bâlois à recevoir la Réforme. En 1526, Zwingle, qui faisait grand cas de la science philologique de Pellican, l'appela comme professeur à Zurich. Pellican y arriva le 21 février 1527 et déposa pour toujours, en y entrant, le capuchon du moine. Quoique avancé en âge, il se maria avec une jeune femme que ne rebuta point sa pauvreté. En 1541, les Zurichois, reconnaissants des services qu'il leur rendait, lui donnèrent la bourgeoisie d'honneur. Pendant quinze ans encore, jusqu'à Pâques de 1556 où il mourut, il remplit avec une grande fidélité les fonctions de professeur de grec et d'hébreu. Pellican a laissé une petite grammaire hébraïque, *de modo legendi et intelligendi Hebræa*, publiée en 1503, avant celle de Reuchlin, un dictionnaire hébreu et des commentaires sur l'Ancien Testament, les épîtres de Paul et les épîtres catholiques. La *Chronique de sa vie*, composée par lui-même, est la principale source pour sa biographie.

LOUIS RUFFET.

PELT (Antoine-Frédéric-Louis), théologien protestant, né à Ratisbonne en 1793, mort en 1861, d'origine danoise. Disciple de Schleiermacher, il enseigna successivement à Berlin, à Greifswalde et à Kiel et exerça les fonctions de surintendant à Kemnitz. Son esprit cultivé, l'impulsion féconde qu'il reçut de la philosophie de Hegel, sa piété large et bienfaisante l'élevèrent au-dessus du point de vue borné de l'école rationaliste et de l'école supranaturaliste et lui permirent de collaborer d'une manière heureuse à la révolution théologique inaugurée par son maître Schleiermacher. Pelt écrivit contre Strauss son livre *La lutte de la foi* (1837), des *Leçons sur le protestantisme et la théologie spéculative*, et une série d'articles dans une revue intitulée *Mitarbeiten zur deutschen Theol. der Gegenwart* (1838), ainsi qu'un *Commentarius in Epistolas ad Thessalonicenses* (1829). Mais son ouvrage capital est une *Encyclopédie théologique* (Hamb. et Gotha, 1843), qui groupe d'une manière vraiment organique les diverses branches de la théologie et se distingue par une grande richesse d'aperçus heureux et une variété étonnante de connaissances historiques.

PÉNATES (Dieux). Voyez *Rome* (Religion de l'ancienne).

PÉNITENCE, le quatrième des sept sacrements de l'Eglise catholique. — Dans un sens général, la pénitence est un moyen de réparer une faute commise et d'en obtenir le pardon. Elle consiste tantôt dans l'accomplissement d'un rite expiatoire, tantôt dans la soumission volontaire à une souffrance, à un châtiment (*pœnitentia*, de *pœna*) correspondant à la transgression. On la rencontre dans toutes les religions et dans tous les cultes. Dans l'Ancien Testament elle a pour expression les rites de purification, les sacrifices expiatoires, le jeûne, etc. Plus tard les prophètes s'élèvent au-dessus de ces formes de l'expiation juridique, et réclament la repentance du cœur (Ps. LI, 19) et le changement de vie (Esaïe I, 16-17 ; Ezéchiel XXXIII, 14-15). L'Évangile développe la pensée des prophètes : la repentance devient une conversion, un changement complet (μετανοία), un renouvellement de l'être tout entier, une régénération. Il n'y a plus de condamnation pour ceux qui sont ainsi nés de nouveau, et qui marchent non selon la chair mais selon l'esprit. Tout en restant fidèle en principe à ces doctrines si simples et si élevées, l'Eglise primitive ne tarda pas à s'en écarter dans la pratique. Une discipline sévère régnait dans les anciennes communautés ; ceux qui, après le baptême, s'étaient rendus coupables de quelque grande faute étaient exclus de la communauté d'après l'exemple donné par Paul (1 Cor. V, 1 ss.). Cette exclusion n'était pas définitive et le coupable, le *pénitent*, pouvait être réintégré dans l'Eglise (2 Cor. II, 6 ss.). Mais on ne tarda pas à lui infliger de dures expiations et une confession publique de ses péchés (Irénée, *Adv. hæres.*, I, 13 ; Tertull., *De pœnit.*, 2. 4. 9. 10 ; Cyprien, *Epist.* 10. 13, 31 ; Lactance, *Institut div.*, IV, 30 ; Origène, *In Levit.*, hom. II, 4), suivant pour cette dernière condition quelques exemples anciens et la recommandation d'un apôtre (Matth. III, 6; Marc, I, 5; Act. XIX, 18; Jacq. V, 16). La communauté elle-même prononçait la réintégration, et laissait à Dieu le pardon (Cyprien, *Epist.*, 52.55; Jérôme, *Com in Matth.*, *III*, 16). Comme cette confession publique pouvait avoir quelques inconvénients, l'usage s'établit, dès le troisième siècle, de confesser les péchés secrets à un prêtre chargé spécialement de cette fonction (πρεσβύτερος ἐπὶ τῆς μετανοίας, *pœnitentiarius*). Mais la confession secrète avait aussi ses dangers : en 390, à la suite d'une aventure scandaleuse, le patriarche de Constantinople Nectaire abolit les fonctions de *pœnitentiarius*, et son exemple fut suivi par la plupart des évêques d'Orient (Socrate, *Hist ecclés.*, V. 19 ; Sozom., *Hist ecclés.*, VII, 16). Toutefois cet usage se généralisa rapidement, grâce surtout aux efforts de Léon le Grand, qui préférait la confession secrète parce que beaucoup de pécheurs pouvaient être détournés de la confession publique par la honte ou par la crainte des châtiments civils. Il pensait du reste que la confession à Dieu, d'abord, puis au prêtre, suffit, et que celui-ci ne joue que le rôle d'intercesseur (*precator ; Epist.* 168, 2). Ces idées se maintinrent longtemps dans l'Eglise. Le trente-troisième canon d'un concile tenu à Châlons en 813, s'exprime ainsi : les uns disent qu'il faut se confesser seulement à Dieu, les autres qu'il faut se confesser aux prêtres : l'un et l'autre sont très utiles. Confessons-nous à Dieu qui pardonne ; et, selon la recommandation de l'apôtre, confessons-nous les uns aux autres, et prions les uns pour les autres. La confession qu'on fait à Dieu efface le péché, celle qu'on fait à un prêtre enseigne comment il est effacé (Mansi, XIV, p. 100). Au douzième siècle encore, la confession n'est pas généralement considérée comme nécessaire au pardon des péchés : la repentance intérieure suffit (Gratien, *Decret.*, II, 33, 3 ; P. Lombard, *Sentent.*, lib. IV, dist. 17). Mais vers cette époque commença à se propager, sur l'autorité d'un traité *De verâ et falsâ pœnitentiâ*, attribué faussement à Augustin, l'idée que le prêtre a le pouvoir de lier et de délier, de pardonner ou de retenir les péchés. Cette théorie ne fut d'abord admise qu'avec beaucoup de restrictions. « *Deus*, dit Pierre Lombard, *tribuit sacerdotibus potestatem solvendi ac ligandi, id est ostendendi homines vel ligatos vel solutos* » (*Sentent.*, lib. IV, dist. 18). Richard de Saint-Victor pense que le prêtre peut remettre la peine du péché, mais pas la coulpe (*Tract. de potest. ligandi et solvendi*, c. 12), tandis que Thomas d'Aquin dit que le prêtre ne peut remettre les péchés qu'indirectement, il est vrai, mais peut remettre la peine et la coulpe (*Summa*, p. III, supplem, qu. 18, art. 1). Dès lors la doctrine du pouvoir des chefs l'emporta, et l'ancienne formule déprécative : *Misereatur tuî omnipotens Deus, et dimittat tibi omnia peccata tua, et perducat te ad vitam æternam*, fut remplacée, dans la confession, par la formule indicative : *Ego absolvo te* (Thomas d'Aquin, *Summa*, p. III, qu. 84, art. 31). Il en résulta également que l'usage de se confesser à des laïques en cas de nécessité disparut peu à peu, le prêtre seul pouvant donner l'absolution. Enfin, en 1215, pour répondre aux cathares, vaudois et autres hérétiques qui prétendaient qu'il est inutile de se confesser aux prêtres, le quatrième concile de Latran, sous la direction d'Innocent III, fit un devoir à tout fidèle parvenu à l'âge de raison, de se confesser au moins une fois l'an à un prêtre, sous peine d'excommunication et de privation de la sépulture chrétienne (4ᵉ conc. de Latran, can. 21 : *omnis utriusque sexûs fidelis*, etc.). Cette décision eut dès lors force de loi et fut maintenue et confirmée par le concile de Trente (sess. XIV, can. 5). — Dès la fin du onzième siècle, il y eut à Rome, sous le titre de *pœnitentiarius*, un prêtre chargé d'assister le pape dans la pratique de la confession ; la plupart des évêques ne tardèrent pas à avoir aussi un pénitencier ; l'institution de ces pénitenciers, devenus de plus en plus nécessaires pour l'examen des *cas réservés*, fut recommandée par le quatrième concile de Latran (1215 ; can. 10) et définitivement établie par le concile de Trente (sess. 24). A Rome, les cas réservés sont examinés par la Pénitencerie romaine, sous la direction du grand pénitencier (*pœnitentiarius major*). — La confession fut de bonne heure complétée dans l'Eglise par la *satisfaction* (expression juridique introduite dans le latin théologique par Tertullien, *De jejunio*, 3), c'est-à-dire que le confesseur imposait à son pénitent une expiation proportionnée aux péchés commis. Ces expiations ou pénitences étaient d'abord très dures et pouvaient durer très longtemps, même toute la vie. Elles s'adoucirent peu à peu et finirent par se borner à la prière, au jeûne et à l'aumône. D'abord simples témoignages de la sincérité du repentir, elles devinrent dans la suite un véritable *opus operatum*; on pouvait, au moyen âge, faire accomplir par d'autres tout ou partie de la pénitence imposée (Bède le Vén., *Pœnitent.*, X, 8), et un recueil de règles de pénitence fait la remarque qu'on peut accomplir en six jours une pénitence de sept années de jeûne, en se faisant aider par un nombre suffisant de jeûneurs (Mansi, XVIII, p. 525 ss.). Thomas d'Aquin explique que, comme «remède, » la satisfaction fournie par l'un ne peut pas servir à l'autre, mais que, comme « dette, » l'un peut très bien payer pour l'autre (*Suppl.*, qu. 13, art. 2 ; cf. *Cat. Rom.*, II, 5, 72). Les pénitences à imposer pour l'expiation de tel ou tel péché furent d'abord réglées par l'usage, puis par les canons des conciles (Ancyre, 314 ; Nicée, 325, etc.); et comme il y avait des différences assez notables dans la pratique des Eglises, on ne tarda pas à composer des recueils de règles de pénitence. Ces livres pénitentiaires (*Libri pœnitentiales*) sont très nombreux dans l'Eglise catholique ; ils ont été la plupart du temps compilés les uns sur les autres, et quoiqu'ils se soient modifiés selon l'esprit de chaque époque, il n'est pas toujours facile d'en établir la date et la véritable filiation. Nous citerons pour l'Eglise d'Orient les trois lettres de Basile le Grand à Amphilochius d'Iconium, deux traités attribués à Jean le Jeûneur [†595], et dont l'authenticité est contestée (dans Morinus, *De disciplinâ in administratione sacramenti pœnitentiæ*, Append., p. 76 ss.), et quelques autres productions du même genre dont les auteurs sont inconnus (Morinus, *ibid.*, p. 118 ss.). Mais c'est surtout dans l'Eglise d'Occident que les livres pénitentiaires se sont multipliés. Il en existait un dans l'Eglise d'Afrique dès le milieu du troisième siècle (Cyprien, *Epist.* 2), renfermant les décisions des conciles africains concernant les *lapsi*. Les plus importants sont ceux qui sont attribués à Théodore, archevêque de Cantorbéry, mort en 690 (voy. Kunstmann, *Die lateinischen Pönitentialbücher der Angelsachsen*), à Bède le Vénérable (*Liber de remediis peccatorum* ; voy. Kunstmann, *ibid.*), à Egbert, archevêque d'York (*Confessionale Egberti*, *Pœnitentiale Egberti* ; voy. Wasserschleben, *Beiträge zur Geschichte der vorgratianischen Kirchenrechtsquellen*) ; un *Liber pœnitentialis*, rédigé par Halitgarius, évêque de Cambrai (neuvième siècle ; voy. Wasserschleben, *ibid.*), et dont le sixième livre porte le titre de *Pœnitentialis romanus*, titre porté également par d'autres ouvrages du même genre ; le *Liber pœnitentiæ* de Raban Maur ; la décrétale *De pœnitentiâ* de Gratien, etc. Quelques-uns de ces livres se rapportent spécialement à la vie monacale (voy. l'ouvrage de Wasserschleben, *Die Bussordnungen der abendländischen Kirche*, Halle, 1851). Lorsque, par suite du caractère sacramentel attribué à la pénitence, l'absolution fut donnée après la confession, et non après l'accomplissement des pénitences imposées, ces livres perdirent peu à peu de leur importance. — A la doctrine de la satisfaction se rattache très étroitement celle des indulgences (voy. ce mot) qui n'étaient à l'origine qu'un adoucissement ou un rachat des pénitences imposées par l'Eglise. — D'après la doctrine actuelle du catholicisme, telle qu'elle a été fixée par le concile de Trente, la pénitence est un sacrement dont la contrition, la confession et la satisfaction constituent la matière; les paroles de l'absolution en sont la forme. La contrition est le regret douloureux du péché et la ferme résolution de ne plus le commettre. La confession doit comprendre tous les péchés mortels même les plus secrets: celle des péchés véniels est facultative. L'absolution dans certains cas, sauf au lit de mort, est réservée aux évêques, aux supérieurs des communautés, et même au pape (voy. l'art. *Cas réservés*). Les prêtres seuls ont le pouvoir d'absoudre, et leur absolution est valable, même quand ils sont en état de péché mortel (Conc. Trid. sess. XIV; *Cat. conc. Trident*, II, *de pœnitentiâ*). — Les usages et les doctrines de l'Eglise grecque diffèrent très peu de ceux de l'Eglise romaine. Elle voit également dans la pénitence, qu'elle nomme le second baptême, le baptême de larmes, une condition nécessaire au pardon. La confession est précédée des « prières de repentance ». Le prêtre prononce la formule d'absolution en mettant sur la tête du pénitent l'extrémité de son étole (voy. Boissard, l'*Eglise de Russie*, I, p. 334 ss.). — Nous avons vu que déjà, avant la Réformation, les cathares et les vaudois avaient déclaré inutile la confession auriculaire. Wiclef fut du même avis. Luther maintint d'abord la pénitence au nombre des sacrements; il conserva la confession (*Conf. d'Augsb.*, art. 11) et même la confession auriculaire avec l'absolution pour ceux qui désiraient assister à la sainte cène (*ibid.*, art. 25) avec cette restriction que l'énumération de tous les péchés n'est pas obligatoire. La confession elle-même n'est toutefois pas considérée comme absolument nécessaire : la chose nécessaire est la vraie pénitence, c'est-à-dire la douleur sincère que produit le péché, la foi au pardon, le renoncement au mal (*ibid.*, art. 12). Si la confession est conservée, c'est surtout à cause de l'absolution, qui en est la partie principale, pour la consolation des consciences effrayées (*ibid.*, art. 25.) La confession auriculaire n'a pas tardé à tomber en désuétude; les tentatives faites dans notre siècle pour la rétablir n'ont pas abouti, et il n'y a plus aujourd'hui dans l'Eglise luthérienne qu'une confession générale et publique après la lecture de laquelle le pasteur prononce l'absolution conditionnelle. — L'Eglise réformée fut plus radicale et supprima tout net la confession auriculaire. La confession helvétique déclare que la confession qu'on fait à Dieu, soit dans son particulier, soit au temple, lorsqu'on récite la confession publique, est suffisante. Elle ne condamne pas ceux qui confessent leurs fautes à un ami ou à un pasteur, pour trouver auprès de lui un encouragement et une consolation, mais elle ne recommande pas non plus cette pratique (*Conf. Helv.*, I, cap. 14). C'est aussi l'avis de Calvin, qui recommande, le cas échéant, de s'adresser de préférence à un pasteur (*Inst. chrét.*, lib. III, cap. 3, 18; c. 4, 12-14). Tout ce qui concerne la satisfaction et les indulgences a été naturellement aboli dès l'origine de la Réforme. — Voy., outre les histoires des dogmes, Klee, *Die Beichte*, 1828 ; Mohnike, *Das sechste Hauptstück im Katechismus*, 1830 ; Siemers, *Die sakramentalische Beichte*; Binterim, *Die vorzüglichsten Denkwürdigkeiten der christkatholischen Kirche*, 5e vol., 2e et 3e parties; Hase, *Handbuch der protestantischen Polemik*, p. 394 ss. EUG. PICARD.

PÉNITENTIAIRE (Système). Le mot *prison* (dérivé de prendre, *prehendere*), désigne à la fois les maisons destinées à la garde des prévenus, et celles où l'on renferme les condamnés. — Nous possédons peu de renseignements sur le régime des prisons dans l'antiquité. Il est clair que chez les peuples nomades, vivant sous la tente, l'emprisonnement d'une certaine durée ne pouvait guère prendre place dans le code pénal : voilà sans doute pourquoi la législation mosaïque, élaborée pendant le long voyage du peuple hébreux à travers le désert, inflige de préférence des amendes, la peine du talion ou la mort. Lorsque Israël eut pris possession de Canaan, on établit un certain nombre de prisons régulières, quelques-unes dans les citernes desséchées (voir Jérémie), ou dans les forteresses comme celle de Machéro, où fut enfermé Jean-Baptiste. D'après un usage, conservé sous la domination romaine, on mettait en liberté un certain nombre de détenus à l'occasion des fêtes de Pâques. Pilate voulut vainement faire profiter Jésus de cette faveur que la foule réclama pour Barrabas. — Il existait en Judée six villes de refuge, où les meurtriers pouvaient trouver un asile contre la vengeance du plus proche parent de la victime appelé Vengeur du sang, à la condition de se soumettre à un jugement régulier. Ce droit d'asile, absolu cette fois, fut attribué longtemps à beaucoup de sanctuaires païens, particulièrement en Grèce, et à plusieurs Eglises chrétiennes jusqu'au moyen âge. L'abus qu'on en fit en amena la suppression graduelle. Il n'existe plus aujourd'hui que pour les condamnés politiques réfugiés en pays étranger. — Le caractère particulier de la jurisprudence hébraïque est une identification absolue du domaine civil et du domaine religieux. La Loi de Moïse réglait tout. Pendant longtemps les Romains respectèrent cette constitution du peuple juif. Toutes les fois qu'ils voulurent y toucher, ils provoquèrent de terribles révoltes, dont la dernière, sous Vespasien, amena la ruine de Jérusalem. Les conquérants réservèrent seulement les droits sacrés des citoyens romains : Paul en profita. Les gouverneurs devaient également ratifier les condamnations capitales. C'est ainsi que Jésus, condamné par le grand prêtre Caïphe comme violateur de la loi, ne put être exécuté qu'après l'autorisation de Pilate. Selon la loi juive, il aurait dû être lapidé par le peuple : s'il fut crucifié par les soldats romains, c'est qu'on l'avait accusé en même temps d'avoir attaqué le gouvernement impérial en se déclarant roi des Juifs. — D'après une conjecture dont la probabilité est contestée, les Egyptiens auraient fait de chaque pyramide une prison en même temps qu'un lieu de sépulture. En général, les anciens considéraient les prisons souterraines comme offrant plus de garanties contre les tentatives d'évasion : c'est là qu'ils enfermaient les détenus les plus dangereux. — Les Grecs envoyaient dans les mines et les carrières les prisonniers de guerre, les esclaves fugitifs et les personnes condamnées pour un crime capital. Les *latomies* de Syracuse (*latumiæ*, carrières de pierres), où furent jetés les débris de l'armée de Nicias, étaient célèbres dans l'antiquité. La petite lanterne que les captifs portaient au front est sans doute l'origine de la légende des cyclopes à l'œil unique. Les citoyens retenus dans les prisons ordinaires paraissent avoir été traités avec humanité : on leur permettait parfois de recevoir leurs amis. Cependant on prenait contre eux des précautions assez sévères : le *Phédon* nous apprend que Socrate était attaché dans son cachot. C'est là que les condamnés à mort buvaient le poison. — La prison pour dettes existait dans l'antiquité : Miltiade y mourut pour n'avoir pu s'acquitter envers le trésor public. — Nous retrouvons chez les Romains cet usage des anciennes carrières de pierres comme lieux de détention. Dans les unes appelées *lapicidinæ*, le prisonnier était enchaîné; dans les autres connues sous le nom de *latumiæ*, on abandonnait à eux-mêmes les détenus avec un peu de paille et quelques haillons. Les gardiens n'avaient presque aucun rapport avec eux et se bornaient à leur descendre des aliments par un soupirail. Quant aux condamnés aux mines (*ad metalla*), tous les renseignements s'accordent à nous représenter leur sort comme affreux, c'était le châtiment le plus redouté par les esclaves; ces derniers étaient d'ailleurs mis aux ceps dans certaines prisons spéciales (*ergastula*). Les Romains avaient aussi des prisons analogues aux nôtres (*carceres, malæ mansiones*). Des officiers (*commentarii*) étaient chargés de surveiller la dépense et de tenir le livre d'écrou. La principale prison de l'ancienne Rome était située au pied du mont Capitolin, elle était composée d'une chambre carrée de six mètres de côté appelée la Mamertine (du roi Ancus Martius ou Mamercus, qui la fit construire); au-dessous était un cachot souterrain nommé le *Tullianum* (du roi Servius Tullius), où l'on descendait avec une échelle. On y exécutait les condamnés, qui étaient ensuite exposés sur l'escalier de la prison (*scalæ gemoniæ*, gémonies), en face du forum. La Mamertine est aujourd'hui l'église de Saint-Joseph, et le Tullianum, celle de Saint-Pierre dans la prison. Les apôtres Pierre et Paul y furent, dit-on, enfermés (Dezobry). — La prison préventive n'existait sous la république romaine que pour le sacrilège ou la haute trahison; sous l'empire on permettait souvent à l'accusé de fournir caution ou de garder les arrêts dans la maison d'une personne notable. Enfin il pouvait parfois circuler librement et recevoir ses amis sous la garde d'un soldat qui ne le quittait jamais. Telle fut longtemps la situation de Paul pendant son séjour à Rome. — Dès le deuxième siècle, les chrétiens avaient formé des associations pour adoucir le sort des prisonniers : ils achetaient à prix d'or la permission de visiter leurs frères détenus. — Constantin, Théodose et Justinien promulguèrent plusieurs lois pour améliorer la situation matérielle des prisonniers, séparer les sexes, prévenir les violences des geôliers ; les juges et les évêques furent invités à visiter les prisons chaque dimanche. Les conciles de Carthage (253) et de Nicée (325) appellent l'attention des anciens de chaque église et des procureurs des pauvres sur la nécessité de venir en aide aux chrétiens jetés dans les cachots. — La férocité des mœurs du moyen âge se retrouve naturellement dans le régime pénitentiaire de cette époque. C'est plutôt un esprit de vengeance cruelle que le désir de la justice qui anime les pouvoirs publics contre les détenus de toute catégorie Dans les monastères mêmes, les délinquants sont traités avec une sévérité outrée ; les prisons ecclésiastiques (*decanica*) étaient devenues horribles. L'opinion publique finit par être scandalisée d'un pareil état de choses : un capitulaire de Charlemagne enjoignit aux moines de l'abbaye de Fulda de tempérer la dureté de leurs punitions disciplinaires. Mais que pouvait un décret isolé contre l'esprit barbare de la société féodale? Dans les *in pace* des convents comme dans les oubliettes des châteaux, sous les plombs de Venise comme dans les cachots de l'inquisition, les prisonniers étaient victimes des traitements les plus barbares. Entassés dans des salles étroites, obscures, mal aérées ; jetés parfois au fond de basses fosses humides où ils descendaient suspendus à des cordes; chargés de fers, à peine nourris, soumis à la torture. oubliés parfois sans aucun jugement pendant des années entières, ils y périssaient en grand nombre. — Tout individu, toute communauté ayant droit de haute ou basse justice avait sa prison particulière. On distinguait en conséquence les prisons seigneuriales, les prisons royales, enfin les prisons de l'officialité destinées à toutes les personnes, ecclésiastiques ou autres, qui relevaient de l'autorité de l'évêque. Ces dernières n'étaient pas les moins terribles.— Le pouvoir central, en se développant à mesure que s'agrandissait la monarchie, fit contrepoids dans une certaine mesure à l'arbitraire des seigneurs; mais l'autorité royale elle-même n'était exempte ni de caprice, ni d'inhumanité : les cages de fer inventées par La Balue, et ces lettres de cachet, si souvent obtenues par surprise ou intrigue, en sont des preuves. Les principales prisons de l'ancien Paris étaient For-l'Evêque, Bicêtre, la Conciergerie, le grand et le petit Châtelet, etc., enfin la Bastille, démolie par le peuple les 14 et 15 juillet 1789. On cite parmi les prisons d'Etat celles des îles Sainte-Marguerite, de Pignerol et du Mont-Saint-Michel. Les prisonniers politiques mis au secret dans ces châteaux disparaissaient sans laisser de traces et y étaient souvent enfermés pour la vie.— Dans les prisons ordinaires, si l'on en excepte quelques criminels assez dangereux pour être mis au secret, la promiscuité était la règle. On y entassait les prévenus avec les coupables de toute catégorie et de tout âge. Parmi les mesures louables qui, sous l'ancienne monarchie, avaient pour but d'atténuer le mal, on doit citer l'ordonnance qui enjoignait aux membres du Parlement de visiter en corps les prisonniers cinq fois par an, pour écouter leurs doléances et accorder des grâces quand il y avait lieu. — Tel était l'état des prisons françaises. Il était peut-être plus déplorable encore dans les pays voisins. Pendant la guerre de Sept ans, un Anglais, John Howard, pris sur mer et jeté dans une de nos prisons, oublia ses souffrances personnelles pour ne songer qu'à celles de ses compagnons de captivité. Il s'empressa, aussitôt qu'il fut rendu à la liberté, de visiter les prisons d'Europe, et publia, en 1877, un ouvrage sur la question pénitentiaire qui excita une émotion universelle et ouvrit l'ère des réformes. — L'organisation actuelle des prisons françaises date, comme presque toutes nos institutions administratives, de la Révolution, du Consulat et de l'Empire. La Constitution de 1791 divisa nos établissements de détention en quatre catégories : 1° les prisons préventives, comprenant les maisons d'arrêt et les maisons de justice; 2° les prisons pénales criminelles (bagnes, maisons de force, maisons de gêne); 3° les prisons pénales correctionnelles; 4° les prisons de jeunes délinquants. Un décret de 1810 établit les cinq classes suivantes : 1° maisons de police municipales; 2° maisons d'arrêt; 3° maisons de justice; 4° maisons de correction (départementales); 5° maisons de détention (centrales). Le décret de 1856 qui règle tous les détails d'organisation intérieure sur lesquels nous reviendrons plus loin, constate qu'au point de vue administratif, nos prisons se divisent en trois catégories : maisons centrales; prisons départementales; prisons cantonales ou municipales. Il faut y joindre les lieux de déportation établis d'abord à Cayenne, puis à la Nouvelle-Calédonie ; enfin les pénitenciers militaires. Les bagnes de Brest, de Toulon et de Rochefort ont été supprimés. — Depuis le commencement du siècle, la nécessité d'améliorer notre système d'emprisonnement a fréquemment attiré l'attention des hommes d'Etat et des philanthropes. En 1819 fut créée la Société royale pour l'amélioration des prisons. En 1831, M. de Tocqueville, chargé avec M. de Beaumont d'aller étudier le régime des prisons en Amérique, en rapporta un livre plein d'observations éloquentes et profondes sur le système pénitentiaire aux Etats-Unis. En 1840 et en 1843, la Chambre mit à l'étude le régime cellulaire, et la loi du 18 mai 1845 décida qu'on en ferait l'épreuve. C'est de cette époque que date la création de Mazas. — L'année 1840 vit naître une institution qui suffirait, dit lord Brougham, à la gloire de la France pour un siècle. Nous voulons parler de la colonie agricole de Mettray, fondée par M. Demetz, à l'imitation du *Rauhe Haus*, du Dr Wichern, de Hambourg, et destinée aux enfants envoyés en correction. Divisés en petits groupes appelés « famille, » à la tête desquels sont placés des « frères aînés » ou surveillants; soumis à une discipline paternelle, trouvant là une bonne éducation morale, l'instruction élémentaire et professionnelle, les enfants y échappent à une corruption qui devient inévitable dans les conditions ordinaires. Mettray a son drapeau, sur lequel est inscrite la devise : Honneur et Patrie ; c'est une école plutôt qu'une prison. La Colonie protestante de Saint-Foy, où l'éducation est fondée sur une base essentiellement religieuse, date de 1842. Ces divers essais conduisirent à la loi de 1850 qui organisa les colonies agricoles, confiées surtout à l'initiative individuelle, l'Etat ne se réservant de fonder des colonies publiques que si les colonies privées ne suffisaient pas. Cette loi de 1850 qui séparait en France les jeunes détenus des adultes provoqua une réforme semblable en Angleterre : la loi de 1854 sur les *Reformatories* opéra la même séparation entre les enfants et les hommes. En 1857, les Anglais firent un pas de plus, en créant, pour les enfants les moins coupables, les Écoles industrielles, qui ont pris depuis un développement si considérable et que nous étudierons en détail. — Dès que l'opinion publique eut compris l'intérêt vital qui s'attache à ce grand mouvement de réforme dans le domaine pénitentiaire, les spécialistes de tous les pays civilisés sentirent l'utilité d'assemblées internationales où toutes les questions relatives au régime des prisons pourraient être étudiées et discutées en commun. Le premier Congrès de ce genre se réunit à Francfort-sur-le-Mein en 1846, sous la présidence du Dr Mittermaier de l'université d'Heidelberg; il se composait de soixante-quinze membres dont quarante-six Allemands. Le deuxième tint ses séances à Bruxelles en 1847; ses membres étaient au nombre de deux cents. Le troisième, dont les délibérations portèrent aussi sur une foule de sujets de l'ordre politique, eut un grand retentissement : il fut convoqué à Francfort-sur-le-Mein en 1857. — Ces trois assemblées étaient composées de simples particuliers. Les deux derniers Congrès pénitentiaires internationaux réunis, le premier à Londres en 1872, le second à Stockholm en 1878, comptèrent parmi leurs membres un grand nombre de délégués officiels des principaux gouvernements entraînés enfin dans le mouvement provoqué par l'initiative privée. Des résultats importants ont déjà été obtenus. C'est dans les comptes rendus des travaux de ces deux dernières assemblées, documents aussi remarquables par la sûreté des informations que par l'étendue et la profondeur des recherches, que nous puiserons les éléments nécessaires pour établir l'état présent de la question. — En tout pays, en tout temps, le pouvoir judiciaire a professé qu'il avait pour mission de défendre le droit contre la violence; mais en réalité cette prétention de faire justice à chacun est au-dessus des forces humaines; sans parler de cette foule d'actes répréhensibles, souvent peu dissimulés, qui échappent nécessairement à toute action législative, le juge ne saurait pénétrer au fond des consciences, démêler les secrets motifs, les influences variées qui établissent une énorme différence morale entre deux actes extérieurement semblables et frappés du même châtiment légal. En présence du crime, la société, comme l'individu, n'a qu'un droit : défendre son existence. Les lois qu'elle promulgue n'ont qu'un but : frapper les actes qui rendraient la société impossible. Quant aux règles de la justice, elle doit évidemment s'y conformer, sous peine de perdre toute autorité sur l'ensemble des hommes dont les volontés multiples et les intérêts divergents ne peuvent s'accorder que sur le terrain commun du droit. Ceci posé, nous comprenons pourquoi la société du moyen âge, comme l'antiquité tout entière, a pensé que le meilleur moyen de se mettre à l'abri des tentatives criminelles était d'intimider les volontés mauvaises en exerçant de terribles vengeances sur les coupables surpris en faute, en les flétrissant à jamais. De là tous ces supplices dont l'idée seule nous épouvante, et qui, en général, avaient leur origine moins dans une cruauté irréfléchie que dans la raison d'Etat. La flagellation, les mutilations de toute sorte, la crucifixion, la marque au fer rouge, la torture appliquée aux prévenus, comme aux condamnés, la roue, le bûcher, furent longtemps regardés comme nécessaires pour sauvegarder l'ordre public. Les jurisconsultes étaient persuadés que ces châtiments affreux pouvaient seuls inspirer une terreur salutaire. Ces peines ont disparu (depuis un siècle environ) du code des principaux peuples civilisés. Le progrès des lumières et de l'aisance avait adouci les mœurs : ces supplices révoltaient l'instinct général. De plus, on s'était aperçu qu'ils n'atteignaient pas leur objet : le nombre des délits ne diminuait pas. C'est que la plupart des crimes sont commis avec l'espérance de l'impunité, sous l'empire de passions monstrueuses, et qu'ils ont des causes trop profondes pour que la crainte du châtiment suffise à les faire disparaître. En outre, une peine démesurée exaspère et ne moralise pas; la vue de ces exécutions barbares émousse la sensibilité des foules : par un effet singulier, mais incontestable, la cruauté de la loi devient en quelque sorte contagieuse et amène une recrudescence du mal. Enfin, si le coupable n'a pas été mis à mort, s'il rentre dans la société aussi ignorant, aussi misérable, aussi farouche, peut-être plus corrompu qu'avant sa condamnation, il est clair que des récidives incessantes deviennent inévitables. Ces idées sont aujourd'hui universellement admises, et les penseurs modernes ne sont en désaccord que lorsqu'il s'agit de les faire passer dans le domaine de la pratique. On s'est demandé avant tout si la peine de mort ne devait pas être effacée de nos codes. Les partisans de cette réforme font valoir que les erreurs, irréparables en pareil cas, de la justice humaine, sont une honte pour la société; ils rappellent que, sous Louis XVI, on n'osa d'abord supprimer la torture que provisoirement, par la crainte, mal fondée, de voir les crimes se multiplier; qu'on pourrait au moins généraliser l'essai fait en Toscane et dans certains cantons suisses, c'est-à-dire supprimer la peine de mort pour un temps en se réservant de la rétablir en cas de nécessité absolue. Cette thèse, plaidée avec éloquence par MM. Victor Hugo et Jules Simon, n'a pu encore obtenir la majorité dans nos assemblées législatives. — Si les opinions varient sur cette question, tous les jurisconsultes reconnaissent l'urgence et la possibilité de réformes qui seules pourront faire de l'emprisonnement une peine efficace et moralisatrice. Tous proclament que l'ancien système de l'emprisonnement en commun doit être absolument condamné. Libres de communiquer entre eux, les détenus subissent la contagion du vice, sortent de la prison plus corrompus qu'ils n'y étaient entrés, y forment leurs complots et s'y créent des relations funestes : il faut à tout prix les isoler. C'est à Philadelphie (Etats-Unis) que le système cellulaire, c'est-à-dire l'isolement absolu du prisonnier (*confinement*) pendant toute la durée de sa peine, fut appliqué pour la première fois. Des cas nombreux de folie, de suicide, des maladies de langueur, ne tardèrent pas à faire condamner un régime qui méconnaît si durement l'un des instincts les plus impérieux de la nature humaine: le besoin de société. — A Auburn (Etat de New-York), on se borna à prescrire la séparation pendant la nuit, le travail en commun pendant le jour, et le silence en tout temps. C'est le régime de nos maisons centrales dans lesquelles, en outre, les détenus sont répartis en plusieurs catégories selon leur degré de culpabilité. On comprend combien il est difficile, malgré la surveillance la plus sévère, d'empêcher toute communication entre tant d'hommes réunis dans les ateliers de la prison. De plus, les condamnés se connaissent, peuvent se retrouver après leur libération: de là d'odieux chantages. On voit donc ici reparaître quelques-uns des inconvénients de l'emprisonnement en commun. — Le caractère particulier du régime pratiqué en Angleterre (servitude pénale anglaise) est un système destiné à encourager la bonne conduite et la soumission du détenu. La durée de sa peine est divisée en quatre périodes ou « stages » pendant lesquelles sa situation devient graduellement plus douce. Les condamnés à la servitude pénale, c'est-à-dire à quatre ans et au-dessus, sont donc répartis en quatre classes; pour être promus à une classe supérieure, ils doivent avoir gagné un certain nombre de « marques » ou bons points: ils peuvent ainsi obtenir leur libération provisoire. Tous débutent par faire neuf mois de cellule. La discipline est d'ailleurs fort sévère: on ne recule pas devant les peines corporelles.—Sir Crofton, Irlandais, a imaginé une disposition particulière qui mérite d'être étudiée. Le prisonnier libéré provisoirement est placé dans une sorte d'établissement mixte (prison intermédiaire), d'où il peut sortir pendant le jour pour chercher du travail: le soir il est obligé d'y rentrer. Cette faveur, s'il en abuse, lui est retirée. On le préserve ainsi des premiers périls et des premiers embarras d'une liberté dont il a perdu l'habitude; c'est une transition entre la captivité et la libération complète.—Chacun de ces quatre systèmes renferme, à notre avis, des éléments dignes d'être conservés. Proclamons avant tout la nécessité d'isoler les détenus les uns des autres sans les priver cependant de toute société. L'organisation du pénitencier de Louvain (Belgique) nous semble offrir un modèle à cet égard. Les prisonniers sont en cellules, mais reçoivent régulièrement par jour un certain nombre de visites, du directeur, de l'aumônier, du médecin, des gardiens, des contre-maîtres. Il manque malheureusement à ce système la visite des membres des sociétés charitables. « La cellule est fermée du côté du vice, ouverte du côté de la vertu. » On recueille les bons effets de l'isolement en évitant les dangers qu'il présente. On est libre, dans ces conditions, de faire agir sur le détenu tous les moyens moralisateurs: travail, instruction, charité, etc. L'opinion se ralliera probablement à un système prescrivant le régime cellulaire, adouci par l'organisation des visites, et appliqué aux courtes peines ou aux premières années de peines plus longues. Les criminels, isolés les uns des autres, resteraient en contact avec la société. — La loi votée en France en 1875 a prescrit l'établissement du système cellulaire dans les prisons départementales. En outre, on fait en ce moment un essai comparatif à la prison de la Santé, où cinq cents cellules ont été disposées pour les condamnés qui préfèrent y subir leur peine. — En ce qui concerne le régime économique des prisons, les opinions se partagent entre le système de la régie et celui de l'entreprise particulière. Quelle que soit la méthode que l'on préfère, il ne faudrait pas, dans le but de diminuer la dépense, exploiter les détenus et sacrifier un intérêt supérieur à un intérêt immédiat. Qu'une prison suffise à son entretien (*self supporting*), si cela est possible, rien de mieux ; mais il s'agit avant tout d'améliorer l'état moral du détenu pour empêcher les récidives. Qu'on lui laisse donc le temps nécessaire à son instruction ; qu'on n'épuise pas ses forces et son courage par un travail excessif ; qu'il recueille de ses efforts des économies suffisantes pour faire face aux premières nécessités après sa libération ; enfin qu'on prenne garde de faire aux ouvriers honnêtes une concurrence désastreuse, comme les couvents. — Plusieurs publicistes, se fondant sur la prospérité que l'Australie doit aux convicts anglais, préconisent les avantages de la transportation qui débarrasse la mère patrie d'éléments de trouble, et place les libérés dans un milieu plus favorable à leur relèvement. Il se présente en effet des cas où la transportation a un caractère d'utilité incontestable, mais gardons-nous d'en abuser, d'y voir un remède définitif. Elle n'intimide pas toujours ; puis il arrive nécessairement une époque où les populations des pays d'outre-mer, devenues nombreuses et régulièrement organisées, peuvent à bon droit refuser d'accueillir les dangereux colons qu'on leur envoie. — Il ne suffit pas d'adopter le système d'emprisonnement le plus favorable à la régénération du détenu ; on ne fait ainsi qu'atténuer le mal ; il faudrait l'attaquer à son origine, c'est-à-dire détruire les causes qui perpétuent le recrutement de la population des prisons. Les deux principales sont la récidive et la situation des enfants abandonnés ou formés au mal par leurs parents. — Le libéré qui cherche du travail se heurte à la défiance universelle. Qui peut en effet répondre que son repentir est sincère ? Le mieux pour lui serait sans doute de se livrer à une industrie, à un commerce où personne ne fût obligé de lui accorder sa confiance : mais où trouver un pareil gagne-pain? Il a une profession : il faut bien qu'il l'exerce ; il est plus souvent ouvrier que patron ; s'il trouve un premier emploi et réussisse à cacher son passé à ceux qui l'entourent, il est sauvé, sa place dans la société est reconquise. Mais la difficulté est précisément de rentrer dans les rangs des travailleurs honnêtes une fois qu'on en est sorti. S'il n'y réussit pas, ses ressources s'épuisent peu à peu et la récidive est inévitable. Lorsqu'il est placé sous la surveillance de la police, c'est-à-dire s'il ne peut, sans être en rupture de ban, sortir d'une circonscription déterminée, ni entrer dans certaines grandes villes, sa situation devient encore plus difficile. Mais lors même (ce qui est désirable) que la législation serait modifiée sur ce point, le libéré verrait souvent se dresser devant lui d'insurmontables obstacles. Le seul remède est le patronage exercé soit par l'administration elle-même, soit par des sociétés charitables ; mais il est évident qu'on ne peut, à moins de s'exposer à de cruels mécomptes, recommander un libéré sans la conviction qu'il est redevenu honnête homme. Et cette conviction, on ne peut l'acquérir qu'en complétant les renseignements tirés des notes officielles par les observations recueillies dans les visites faites au détenu dans sa prison pendant une période assez longue. Alors seulement, outre les premiers secours qu'on lui accorde (vêtements, bons de nourriture, etc.), on pourra en toute sûreté chercher pour lui une place et le présenter à un patron. — Partout où elles ont été fondées, les sociétés de patronage ont eu pour effet de diminuer la récidive dans une forte proportion. Philadelphie possède une société de ce genre depuis un siècle ; l'Angleterre a suivi cet exemple dès 1802, et presque tous les pays civilisés regardent ces institutions, dont le nombre s'accroît tous les jours, comme une nécessité de premier ordre. La Suisse impose le patronage administratif à certains libérés. Les sociétés de patronage françaises sont de création assez récente. La première fut fondée en 1832 en faveur des jeunes détenus de la Seine, et ses efforts furent couronnés d'un tel succès que le nombre des récidivistes, parmi les libérés de cette catégorie, s'abaissa de soixante-quinze à six pour cent. Vers la même époque, les visites de Mme Elisabeth Fry dans nos prisons et l'influence de son active charité provoquèrent l'établissement de plusieurs sociétés, entre autres celle des Dames protestantes de Saint-Lazare, et celle des Dames de Montpellier (1839), en faveur des femmes libérées. Depuis, le mouvement a pris une grande extension : en 1867, fut fondée la Société de patronage des prisonniers de la maison centrale d'Eysses (Lot-et-Garonne) ; en 1869, celle qui protège les libérés protestants de Paris ; en 1870, la Société générale de patronage, qui étend son action sur un grand nombre de départements ; en 1876, la Société générale des prisons, présidée par M. Dufaure. — L'administration pénitentiaire prête, sous toutes les formes, son concours à toutes ces institutions qui ont pour résultat d'atténuer sa tâche et présentent au plus haut point le caractère d'établissements d'utilité publique. — Empêcher les récidives par le patronage est une œuvre excellente, prévenir les premières chutes en s'opposant à la corruption précoce de l'enfance vaudrait mieux encore. — Lorsque l'enfant se trouve privé de la protection de ses parents, morts, malades ou en prison ; quand ils l'abandonnent à tous les dangers du vagabondage ; ou bien lorsqu'ils l'instruisent eux-mêmes au vol et au vice, le devoir du législateur n'est-il pas d'intervenir, de seconder la philanthropie pour mettre un terme à une situation qui est un danger pour la société ? On parle du respect de l'autorité paternelle, des droits des parents ; mais l'enfant n'a-t-il pas, lui aussi, des droits sacrés que doit protéger la puissance publique ? — Actuellement les enfants arrêtés pour vagabondage ou quelque délit sont relâchés quand les parents les réclament et que la faute n'est pas trop grave, ou bien envoyés dans une maison de correction jusqu'à leur vingtième année. Cette dernière mesure, qui peut avoir des conséquences si graves pour l'avenir, pour la moralité de l'enfant, n'est appliquée qu'à la dernière extrémité. Si, d'autre part, on relâche le jeune délinquant, la situation qui a provoqué sa chute demeurant la même, il retombe perpétuellement, les arrestations se multiplient, et il aboutit presque toujours à la maison centrale ou à la prison. L'assistance publique recueille les enfants abandonnés âgés de moins de douze ans, mais son action ne s'étend pas sur les enfants victimes de parents coupables et corrupteurs, ni sur les jeunes vagabonds de douze ans et au-dessus. Pour conjurer les périls de cette situation, il ne suffit pas de recueillir ces enfants la nuit dans quelques maisons hospitalières analogues aux *lodging-houses* de New-York, il faudrait des internats où la loi permît de les retenir et de leur donner une éducation élémentaire, morale et professionnelle. C'est ce que les Anglais ont compris dès l'année 1857, faisant un pas de plus dans la voie où nous les avions précédés par notre loi de 1850. Ils ont créé, à côté de leurs maisons de correction (*reformatories*), où sont envoyés les jeunes délinquants tout à fait corrompus, un grand nombre d'établissements d'un genre particulier qu'ils appellent Ecoles industrielles, où les sociétés charitables ont le droit de retenir, en vertu d'une loi qui nous manque encore en France, et à la suite d'un jugement qui leur en donne le pouvoir, les enfants de cette catégorie qui sont plus malheureux que coupables. Ces établissements sont plutôt des écoles professionnelles que des prisons; quelques-unes sont établies sur des vaisseaux, dans le port de Londres, et forment des marins pour le service de l'Etat. — On prépare en ce moment, en France, un projet de loi destiné à combler cette lacune. En attendant, l'initiative privée s'est mise à l'œuvre; une école industrielle a été fondée récemment à Paris, rue Clavel, 7; M. Bonjean, fondateur de la colonie agricole d'Orgeville, vient de créer une société générale pour la protection de l'enfance abandonnée; enfin l'assistance publique annexera prochainement à son administration un service qui s'occupera des enfants moralement abandonnés de douze ans et au-dessus. — La science pénitentiaire se résume donc en trois grands principes : prévenir les chutes par l'éducation; établir un système d'emprisonnement moralisateur; patronner les libérés. — Avant de se séparer, le Congrès de Stockholm a nommé une commission internationale permanente, qui vient de se réunir à Paris, et chargée de préparer, par des études approfondies, particulièrement sur la statistique des prisons, les travaux du prochain Congrès pénitentiaire qui doit se réunir à Rome en 1882. — Voyez : *Revue pénitentiaire*, 2 vol.; le *Code des prisons*, 4 vol.; le *Congrès de Londres*, 1872, 1 vol.; le *Congrès de Stockholm*, 1878, 2 vol.; J. Arboux, *Les prisons de Paris*, 1881 ; *La question pénitentiaire*, ouvrage où nous avons nous-même réuni tous les éléments du sujet que nous venons de résumer. E. Robin.

PÉNITENTS (Ordre des), se dit des dominicains, ainsi que du tiers-ordre de Saint-François. Certaines confréries laïques qui s'assemblent dans le temps de carême, pour faire des prières et des processions publiques, se donner la discipline, etc., portent aussi le nom de pénitents bleus, verts, violets, gris, noirs et blancs, selon la couleur de leur vêtement. On les trouve en Languedoc, à Avignon, et principalement en Italie.

PENN (William). Voyez *Quakers*.

PENTATEUQUE (voyez les articles *Genèse*, *Deutéronome*, *Josué*, (Loi) *Mosaïque*, *Esdras*). Dans le premier de ces articles nous avons analysé le livre de la Genèse et indiqué la répartition des matières qui le composent entre deux documents principaux, d'origine et de caractères différents, le document élohiste-prophétique et le document élohiste-théocratique ou élohiste-sacerdotal. Les trois livres qui suivent, Exode, Lévitique et Nombres, ne se rattachent point immédiatement à la Genèse, en ce sens du moins que le fil du récit se rompt dans celle-ci à la mort de Joseph, et que les premiers versets de l'Exode nous montrent la faible troupe qui entourait Jacob et Joseph transformée en un peuple nombreux. Nous n'apprenons absolument rien sur ce qui a pu se passer pendant la période intermédiaire, que les textes semblent restreindre à la durée de quatre ou cinq générations. Les livres d'Exode-Lévitique-Nombres s'occupent exclusivement de l'émigration des Israélites et des faits qui l'ont préparée immédiatement. Au cours des faits se rencontrent les lois dont la promulgation est rattachée à l'époque du voyage; ces lois sont en partie intercalées dans la narration, en partie elles forment des séries plus ou moins longues de statuts. Tantôt elles se groupent en petits codes relatifs à certaines matières particulières, tantôt elles restent isolées et comme noyées dans l'histoire, où du moins elles se suivent et se combinent sans aucun ordre systématique. — Les quinze premiers chapitres de l'Exode racontent d'abord succinctement les vexations endurées par les Israélites en Egypte, puis la vocation de Moïse et les efforts faits par ce prophète à l'effet d'obtenir pour son peuple la permission de quitter le pays de sa servitude, enfin l'émigration elle-même. Les récits compris entre le seizième chapitre de l'Exode et le quatorzième chapitre des Nombres, ainsi que la législation qui y est rattachée, ont pour théâtre les environs du mont Sinaï et sont rapportés aux deux premières années de la migration. Avec les derniers chapitres du même livre et le Deutéronome tout entier, nous nous trouvons sur les bords du Jourdain et dans la quarantième année du séjour dans le désert, de sorte qu'il y a là une lacune de trente-sept ans, sur lesquels le texte glisse sans s'y arrêter. Enfin le livre de Josué, que l'unanimité des critiques contemporains considère comme le complément indispensable des cinq livres précédents, nous fait assister à la conquête. — L'ensemble du Pentateuque présente les mêmes particularités littéraires que la Genèse, nombreuses répétitions et contradictions, combinaison de divers récits en un tout d'apparence homogène, dont un examen attentif démontre le caractère officiel. Citons-en quelques exemples. La généalogie de Moïse et de son frère Aaron se lit Exode VI, 6 ss.; Nombres III, 1, 17; XXVI, 58 ss. Le beau-père de Moïse est tantôt appelé Réguel, prêtre de Madian (Exod. II, 18; Nombres X, 29), tantôt Jéthro (Exode III, 1; IV, 18; XVIII, 1). Au chap. IV, 20 de l'Exode nous lisons que Moïse, après avoir reçu la mission d'aller en Egypte pour en ramener les Israélites, prit avec lui sa femme et ses fils. Mais plus loin (chap. XVIII, 2) nous apprenons que, lorsque déjà la grande caravane des émigrés était arrivée au Sinaï, Jéthro alla au-devant de son gendre et lui amena sa fille et ses petits enfants. Dans les deux textes, Exode XVII et Nombres XX, la localité qui a été le théâtre du miracle de l'eau sortie du rocher est nommée Mériba, lieu de la querelle, parce que les Israélites avaient murmuré contre Dieu et contre Moïse. Mais la première fois la scène se passe au Horeb, presque aussitôt après la sortie d'Egypte, la seconde fois à Kadès, à l'autre extrémité du désert. Au chap. XXIV de Nombres, verset 25, il est dit que Balaam, après avoir à plusieurs reprises béni les Israélites et prédit leur glorieux avenir, bien qu'il eût été mandé pour les maudire, se retira dans son pays sur les bords de l'Euphrate. Mais au chap. XXXI, 8, et Josué XIII, 22, il est censé être resté dans le voisinage, car les Israélites l'égorgent. Une confusion bien étrange se fait remarquer dans les traditions relatives au fameux héros Caleb, lequel joue, à côté de Josué, le principal rôle dans la conquête. D'après Nombres XIII, 6; Caleb est Judéen. Mais au chap. XXXII, 11, il est Kenizzite, c'est-à-dire Edomite (Genèse XXXVI, 11). D'autre part, et d'après Gen. XV, 19, les Kenizzites étaient déjà établis dans le pays de Canaan au temps d'Abraham. D'après Nombres XIV, 21 ss., tous les Israélites sortis d'Egypte et témoins des miracles opérés pendant le trajet du désert, devaient mourir avant d'entrer en Canaan, à l'exception du seul Caleb (cf. Deutér. II, 15). En revanche, Moïse, au moment où le peuple est arrivé au terme de ses pérégrinations, lui adresse un discours où il déclare que les auditeurs actuels sont ceux-là mêmes qui se sont montrés récalcitrants et rebelles durant tout le temps de la migration et encore à Kadès (Deut. V, 2 ; IX, 7, 23 ss.). Tous les événements un peu considérables se présentent avec un cortège de répétitions qui s'expliquent par la combinaison de plusieurs récits parallèles. La mission de Moïse, par exemple, est racontée deux fois. Chap. III, 1; VI, 1, Dieu se révèle à Moïse au Horeb dans le buisson ardent, l'envoie vers les Israélites, qu'il a pris en pitié, et lui enjoint de les emmener sous le prétexte d'un sacrifice à faire dans le désert. A cette occasion il dit : Je suis celui qui est. Moïse, craignant que les Israélites ne l'écoutent pas, objecte qu'il ne sait pas parler. Il lui est promis que son frère Aaron parlerait pour lui et que lui, Moïse, serait le Dieu d'Aaron, c'est-à-dire qu'il l'inspirerait. Des miracles confirment ces promesses. Moïse part, rencontre son frère en route, et tous les deux vont accomplir leur mission ; le peuple les reçoit avec joie, mais loin de réussir, ils ne font qu'aggraver la situation. Chap. VI, 2-12, Dieu se révèle à Moïse, il n'est pas dit où, et l'envoie délivrer son peuple. Du prétexte il n'en est pas question. A cette occasion, il se nomme Jahveh. Le peuple refuse d'écouter le prophète. Celui-ci, découragé, craint naturellement que Pharaon ne l'écoute pas davantage, et il ajoute qu'il ne veut pas parler. La suite manque, seulement, au vers. 13, Aaron, dont il n'avait pas encore été question, est tout à coup introduit comme envoyé également en Egypte. Après cela (chap. VI, 14-27), il est intercalé une notice généalogique sur les tribus de Ruben, de Siméon et de Lévi. Enfin, vers. 28, Dieu parle à Moïse octogénaire en Egypte, se nomme Jahveh et l'envoie demander la liberté des Israélites. Moïse objecte qu'il ne sait pas parler, il lui est répondu qu'Aaron serait son prophète et que lui serait Dieu pour Pharaon, etc. — Dans l'histoire des plaies d'Egypte, on peut distinguer, comme dans le récit de la Genèse relatif au déluge, la combinaison de deux relations qui ont dû exister à l'origine d'une manière indépendante. On peut faire la même remarque sur le récit du passage de la mer Rouge, bien que le départ soit plus délicat à opérer (Exode XIV). Les entrevues de Moïse avec Dieu sur le mont Sinaï se multiplient d'une façon si étrange que le fait ne peut s'expliquer qu'en admettant une pluralité de récits primitifs parallèles (voyez Exode XIX, 3, 7, 8, 14, 20, 25 ; XX, 18 ; XXIV, 1, 3, 9, 12, 18 ; XXXI, 18 ; XXXII, 15, 31 ; XXXIV, 2, 29). L'exploration du pays de Canaan par des espions envoyés par Moïse fait reconnaître une double source (Nombres XIII, XIV), etc., etc. Des remarques semblables pourraient être faites pour les parties législatives qui contiennent non moins de divergences que les parties consacrées au récit des événements. — L'étude détaillée des textes d'Exode-Lévitique-Nombres a permis d'établir ce qui revient aux principaux documents qui sont la base de la rédaction, le document élohiste prophétique et le document élohiste-sacerdotal. C'est ce dernier qui revendique pour lui le plus grand nombre de morceaux parce que les textes législatifs les plus considérables doivent lui être attribués, et on voit que ces textes prennent ici plus d'importance que le récit des événements. Nous ne saurions ici entrer dans le détail comme nous l'avons fait pour la Genèse. Mentionnons toutefois quels morceaux l'un des critiques les plus compétents a assignés au document élohiste, autrement dit à la *Grundschrift*. Ces morceaux sont les suivants : *Exode* I, 1, 5. 7. 13. 14 ; II, 23 (en partie). 24. 25 ; VI, 2-13. 16-30 ; VII, 1-13. 19. 20 (en partie). 22 ; VIII, 1. 3. 11 (en partie). 12-15 ; IX, 8-12 ; XI, 9, 10 ; XII, 1-23. 28. 37 a. 40-51 ; XIII, 1. 2. 20 ; XIV, 1-4. 8. 9. 10 (en partie). 15-18. 21 (en partie). 22. 23. 26. 27 (en partie). 28. 29 ; XV, 22. 23 (en partie ?). 27 ; XVI (à l'exception de quelques additions postérieures) ; XVII ; XIX, 2 a ; XXIV, 15-18 a ; XXV, 1 ; XXXI, 17 ; XXXV, XL. *Lévitique* I, 1 ; XXVI, 2 (sauf quelques additions telles que XX, 24 ; XXV, 19-22) ; XXVI, 46 ; XXVII. *Nombres* I, 1 ; VIII, 22 ; IX, 1 ; X, 28 ; XIII, 1-17 a ; 21 ; 25 ; 26 (en partie). 32 (en partie) ; XIV, 1-10 (sauf des additions plus récentes) ; 26.38 (idem) ; XV ; XVI, 1 a. 2 (en partie). 3-11. 16-22. 23. 24 (en partie). 26 (en partie). 27 (en partie). 35 ; XVII ; XVIII ; XIX ; XX, 1 (en partie). 2-13 (sauf quelques additions et changements). 22-29 ; XXI, 4 (en partie). 10. 11 ; XXII, 1 ; XXV, 1.5 (retravaillé). 6-19 ; XXVI, 1-9 a. 12-58. 59 (en partie). 60-66 ; XXVII ; XXX, 2-17 (?) ; XXXI ; XXXII, 2. 3 ?. 4-6. 16-32. 33 (en partie). 40 ; XXXIII, 1-39. 41-51. 54 ; XXXIV ; XXXV ; XXXVI (Th. Nœldeke, *Untersuchungen zur Kritik des Alten Testaments*, 1869, p. 144 ; voyez aussi Kayser, *Das vorexilische Buch der Urgeschichte Israels*, 1874). Le travail le plus complet sur ce sujet est celui de J. Wellhausen qui a paru dans les *Jahrbücher für deutsche Theologie* de Gotha, sous le titre de *Die Composition des Hexateuches*, 1876, III, p. 392-450; IV, p. 531-602; 1877, III, p. 407-479. Cette monographie doit être considérée comme donnant sous leur forme la plus rigoureuse les résultats obtenus par le travail des cinquante dernières années sur la composition de l'Hexateuque (Pentateuque-Josué).—Après ces renseignements sur la *composition littéraire* du Pentateuque, nous sommes en mesure d'aborder la question de son *origine*. Depuis longtemps les juifs et les chrétiens ont considéré Moïse, non seulement comme l'auteur de la législation contenue dans le Pentateuque, mais comme l'auteur, au sens précis du mot, de cette œuvre considérable. Cette opinion se fait jour déjà dans quelques passages des livres les plus récents de l'Ancien Testament. Transmise par la Synagogue à l'Eglise chrétienne, elle y fut reçue sans contestation comme sans examen pendant seize siècles. Spinoza, le premier, s'attaqua vigoureusement à l'opinion traditionnelle en signalant maint passage du Pentateuque inconciliable avec l'idée reçue. Un siècle plus tard (1753) un médecin français, Astruc, sans contester l'origine mosaïque des cinq livres, faisait remarquer dans la Genèse, l'alternance singulière des noms de la divinité. Il était ainsi amené à y voir une compilation d'œuvres antérieures. On possédait désormais les deux instruments à l'aide desquels on pouvait entreprendre de résoudre un problème dont on ne comprenait pas encore la complexité: la critique des faits et la critique littéraire. A quoi il faut joindre un troisième élément et non le moins important : les autres livres de l'Ancien Testament devenant l'objet d'études de plus en plus complètes, on arrivait à comprendre et à connaître avec précision les principales phases du développement moral et religieux du peuple israélite. On mettait en lumière les traits distinctifs de la littérature prophétique, et par là on trouvait un terme de comparaison solide avec les institutions et les conceptions religieuses dont tel des documents contenus dans le Pentateuque offrait la trace. Par un judicieux emploi de ces différentes ressources, on est arrivé à des résultats qui, sans être inattaquables, ne seront plus, selon toute probabilité, modifiés que sur des points secondaires. — Il y a quarante ans encore (vers 1840), la critique n'était point encore arrivée à des conclusions positives qu'elle pût substituer, de l'assentiment de tous, à une tradition dont la fausseté était dès lors surabondamment démontrée : « On entrevoyait, dit M. Reuss, dans le Pentateuque en général et dans la Genèse, en particulier, un plan suivi avec une régularité non méconnaissable. On constatait, d'un autre côté, la présence d'un certain nombre de morceaux qui ne s'accordaient pas avec le reste, ou qui du moins semblaient avoir une origine différente et être des hors-d'œuvre qu'il fallait retrancher pour retrouver la forme primitive et authentique de la composition principale. De là se dégagea finalement, et d'une manière très nette, l'hypothèse du *Supplément*. » On admettait donc un original (*Grundschrift*) amplifié par des additions partielles et sans lien entre elles. L'auteur supposé de l'original fut appelé l'*élohiste*, l'addition fut attribuer au *jéhoviste*, et on crut pouvoir regarder ce dernier comme le rédacteur définitif, sans avoir besoin d'un troisième écrivain, considéré comme compilateur des deux ouvrages antérieurs. Le tout devait avoir été rédigé pendant les règnes des premiers rois, de Saül à Salomon. D'après Ewald, la chose irait moins simplement ; il échelonne la composition du Pentateuque sur une série de dates qui vont de Moïse lui-même à la première moitié du septième siècle avant l'ère chrétienne, et introduit un grand nombre de divisions qui compliquent le problème sans le faire avancer sérieusement. Malgré la grande faveur dont jouissait l'hypothèse du supplément jéhoviste intercalé dans l'original élohiste, on finit toutefois par constater « qu'il était impossible de considérer l'auteur jéhoviste comme un écrivain qui se serait borné à interposer une relation plus ancienne. Il fallait de toute nécessité voir en lui un auteur indépendant, qui aurait écrit l'histoire de son côté et sans connaître l'autre composition, et attribuer le travail d'assemblage à une tierce personne. On dut supposer aussi deux rédactions fondamentales, représentant deux formes différentes de la tradition nationale, lesquelles tantôt se rapprochaient au point de devenir presque identiques, de manière que le rédacteur définitif pouvait en omettre l'une pour ne pas se répéter; tantôt restaient à une distance plus ou moins grande l'une de l'autre, de sorte que le rédacteur ne pouvait les laisser subsister côte à côte qu'en se trompant sur la possibilité de les considérer toutes les deux comme également fondées » (Reuss). On reconnut d'ailleurs que tous les morceaux où la divinité portait le nom d'Elohim ne s'accordaient pas entre eux, et l'on parla volontiers d'un second élohiste, dont on ne retrouvait d'ailleurs que des fragments. On arrivait alors à la combinaison suivante : 1° Le premier élohiste, judéen contemporain de David ; 2° le jéhoviste, ephraïmite, au commencement du neuvième siècle ; 3° le second élohiste, également ephraïmite, un siècle plus tard. Toutefois quelques critiques considéraient ce dernier écrivain comme antérieur au jéhoviste qui lui avait emprunté une partie de ses matériaux. Le rédacteur du tout serait contemporain du roi Josias. Dans tout cela nous négligeons le Deutéronome (voyez l'article spécial consacré à ce livre) que l'on s'accordait à placer dans la seconde moitié du septième siècle, et que l'on considérait unanimement comme formant la partie la plus récente du Pentateuque. — Toutefois en abordant de près l'étude de la législation dite mosaïque, on s'aperçut qu'il y avait de très fortes raisons pour revendiquer en faveur des lois qui forment la majeure partie du livre de l'Exode-Lévitique-Nombres une origine relativement très récente. Par la comparaison avec la législation deutéronomique, on vit qu'il fallait les placer plus bas que celle-ci, en un mot que la majeure partie du code mosaïque n'avait pu être écrite ni pour les nomades du désert, ni pour le peuple des temps héroïques d'Israël, ni même pour les contemporains des prophètes (là se plaçait le Deutéronome), mais pour la petite communauté de la restauration. Or, cette législation ne saurait se séparer du document élohiste pris en son entier; donc c'est l'écrit élohiste, considéré jusqu'ici comme formant la partie la plus ancienne du Pentateuque, qui en est la plus récente. Cette conclusion, si étonnante qu'elle puisse sembler au premier abord, a trouvé dans MM. Kuenen, Reuss, Wellhausen, des défenseurs aussi énergiques que bien informés dont l'opinion a toute chance de prévaloir définitivement ; pour notre part nous n'hésitons nullement à nous rattacher à cette vue, qui gagne tous les jours en force et en solidité. — Il ne saurait donc plus être question de reconnaître Moïse soit comme l'auteur du Pentateuque dans son entier, soit comme l'auteur d'un des principaux documents dont la combinaison et les remaniements successifs ont amené le Pentateuque à l'état où il a été connu de la Synagogue et de l'Eglise chrétienne. C'est tout au plus si l'on peut faire remonter au chef de la migration israélite la version primitive du Décalogue. Il nous faut descendre de l'époque de Moïse jusqu'au huitième siècle environ, en pleine floraison du prophétisme, pour trouver une époque favorable à la composition d'une première histoire d'Israël, qui s'étendait depuis la création du monde jusqu'à l'établissement en Canaan et dont le Pentateuque actuel a conservé, bien que sous une forme fragmentaire, la plus grande partie (document *jéhoviste*). C'était bien un livre d'histoire, et la législation, particulièrement la législation rituelle, n'y occupait qu'une place minime. Par contre, la fin du huitième siècle voit paraître un code législatif considérable, encadré dans une série de discours et d'exhortations dont la scène est placée aux plaines de Moab: le tout est placé dans la bouche de Moïse et tire une solennité particulière de la perspective de sa mort prochaine (noyau du *Deutéronome*). L'œuvre est enfin reprise après l'exil ; une nouvelle histoire d'Israël est écrite, accompagnée de dispositions législatives abondantes et détaillées. Ce troisième ouvrage, dont la combinaison avec les deux précédents constitue notre Pentateuque actuel, est le document *élohiste*. Pour se rendre compte, d'une manière assez grossière d'ailleurs, de la proportion en laquelle ces trois écrits distincts, à l'origine et aujourd'hui encore facilement discernables et susceptibles d'être restitués presque complètement, entrent dans la Pentateuque-Josué, on peut établir le calcul suivant. Première édition du Pentateuque ou écrit jéhoviste : quatre-vingts chapitres environ. En y joignant l'œuvre du deutéronomiste, on arrive au chiffre de cent vingt ; le chiffre total de deux cent dix, correspondant à l'ensemble de l'ouvrage, est atteint par l'adjonction de l'écrit élohiste qui représente ainsi quatre-vingt-dix chapitres contre quatre-vingts appartenant au jéhoviste et quarante seulement à l'auteur du Deutéronome. La caractéristique de ces trois documents est singulièrement instructive ; le plus ancien respire l'esprit prophétique, dans le second il y a une alliance de l'esprit prophétique avec les inclinations sacerdotales, et le troisième est dû à une inspiration toute sacerdotale, on pourrait presque dire cléricale. Les traits qui distinguent ces trois œuvres sont donc autre chose que de simples différences de style ou des variantes plus ou moins importantes dans l'énoncé des faits et des lois; elles répondent à des étapes bien marquées du développement de la pensée religieuse au sein du peuple israélite. — A la première éclosion de la littérature prophétique correspond l'ouvrage où l'un des conducteurs spirituels du petit peuple essaye de raconter son histoire, en faisant de dispositions législatives éparses, déjà existantes, et de récits isolés en cours dans la nation un tout qui conduirait ses lecteurs depuis l'origine du monde jusqu'à la prise de possession du pays de Canaan. La législation, malgré l'importance que l'auteur inconnu attache aux scènes du Sinaï, est encore bien primitive : principaux devoirs moraux, quelques prescriptions concernant la vie civile, des indications générales sur le culte, sur les trois fêtes principales à célébrer en l'honneur de Jahveh, sur la consécration des premiers-nés. Toutes ces recommandations étaient placées sous l'autorité de Moïse, considéré comme le premier et suprême législateur. Mais la législation n'est évidemment pas ce qui préoccupe l'auteur : ce qui l'intéresse avant tout c'est la merveilleuse histoire du passé. Il emprunte à la tradition populaire et reproduit, sans doute avec la plus grande liberté, les grandes figures des ancêtres mythiques du peuple, d'un Abraham, d'un Isaac, d'un Jacob, d'un Joseph. Ces ancêtres deviennent sous sa main de véritables types dans lesquels il se met à marquer à l'avance les qualités qui devaient distinguer leurs descendants. L'écrivain prophétique s'attache surtout à montrer la haute protection de Jahveh se manifestant d'une façon toujours plus décisive. L'idée dominante de cette histoire du passé, de cette sorte d'épopée en prose, c'est l'idée du choix que Jahveh a fait d'Israël pour son peuple particulier, conception chère aux prophètes et mise par eux en un relief admirable. Aussi ce livre est-il, selon l'heureuse expression de M. Reuss, la véritable *histoire sainte* d'Israël. — Toutefois cet ouvrage ne pouvait suffire au but que se proposaient les prophètes, à savoir, ruiner l'idolâtrie et asseoir le culte de Jahveh d'une façon inébranlable. L'écrit jéhoviste n'excluait pas la pluralité des lieux de culte (Exode XX, 24). Cette liberté n'était pas conciliable avec la pureté de la religion ; maint exemple trop éclatant en faisait foi. Pour atteindre leurs fins, il fallait aux conducteurs spirituels du royaume de Juda un livre contenant des prescriptions précises, à la fois contre le culte rendu à des divinités étrangères et contre l'adoration de Jahveh telle qu'elle se pratiquait sur une multitude de hauts-lieux. Il fallait, en second lieu, que ce livre reçût l'approbation royale et, par là, imposât son autorité au peuple. C'est ce qui fut fait sous Josias par l'apparition d'un livre qui forme le noyau du Deutéronome actuel. A côté de prescriptions anciennes se trouvent en effet des recommandations nouvelles qui insistent sur l'abolition de l'idolâtrie et du culte pratiqué sur les hauts-lieux. La sécheresse de la partie proprement législative est tempérée par de chaudes allocutions où l'écrivain, mêlant aux souvenirs du passé tantôt la promesse, tantôt la menace, rattache étroitement les destinées futures d'Israël à sa fidélité envers la loi nouvelle. Josias reconnaît l'autorité du «livre de la loi,» en fait jurer l'observation au peuple solennellement convoqué et n'hésite pas à en appliquer autour de lui les sévères prescriptions (2 Rois, XXII et XXIII). Quelques années plus tard, l'auteur du Deutéronome fondit son œuvre avec celle de son prédécesseur, le jéhoviste, en y ajoutant quelques développements (Deut. I, 1 ; IV, 40 ; chap. XXIX ss.) et certaines parties du livre de Josué. Ainsi fut formée une *seconde édition* du Pentateuque. Quand la restauration jérusalémite se produisit au sixième et surtout au cinquième siècle, par les soins d'Esdras et de Néhémie, un nouveau code fut introduit, correspondant à des circonstances absolument différentes. La loi deutéronomique ne réglait en effet que d'une manière sommaire et incomplète le sort des prêtres, auxquels revenait désormais la première place dans la petite communauté de Jérusalem ; tout ce qui concernait leurs droits et leurs fonctions devait revêtir une forme arrêtée. Autrefois, par exemple, tous les descendants de Lévi qui se consacraient au sacerdoce avaient les mêmes droits. Le cours des événements avait supprimé cette égalité originelle ; les prêtres des haut-lieux, qui s'étaient transportés à Jérusalem après la suppression de leurs lieux de culte multiples, n'y avaient reçu que des emplois inférieurs ; c'était le premier pas vers une séparation, que consomme la nouvelle loi, entre les simples lévites et les prêtres. L'histoire, telle que la rapportaient les documents antérieurs, ne pouvait pas non plus convenir au point de vue actuel des prêtres. Le passé qui y était décrit ne correspondait plus exactement aux conceptions présentes d'une communauté religieuse, pénétrée des obligations du culte, fidèle à observer les commandements de Dieu, à visiter son sanctuaire, à veiller à l'entretien de ses serviteurs, exactement soumise aux prêtres et n'ayant d'ailleurs, en présence de la domination étrangère, d'autre chef national que le grand prêtre. Il est donc à supposer qu'Esdras aura employé les années qui précédèrent son action commune avec Néhémie, à mettre en ordre l'ensemble des prescriptions civiles et spirituelles élaborées depuis l'exil dans les groupes sacerdotaux, de façon à les appliquer exactement au nouvel ordre de choses. Cela fait, ce légiste donne solennellement communication au peuple de la loi qui doit désormais régler ses actions (Néhémie VIII). — La plupart des critiques qui se rangent à ces vues estiment que la rédaction définitive du Pentateuque, sauf quelques modifications secondaires, serait l'œuvre d'Esdras lui-même : de cette manière on a l'avantage de se rencontrer avec une tradition juive qui voit dans Esdras le restaurateur de la loi mosaïque. Toutefois, «il n'est pas vraisemblable, dit avec raison M. Reuss, que le Pentateuque entier dans sa forme actuelle, cet amas confus d'éléments hétérogènes, ait pu être l'objet d'une promulgation telle qu'elle a dû être faite d'après le récit authentique émané du législateur même (Esdras).» D'où le savant critique conclut que la promulgation solennelle faite par Esdras d'un code législatif approprié aux nouveaux besoins de la nation a été bien certainement le dernier acte de ce genre dans le sein de la communauté de Jérusalem. Mais ce ne serait qu'un peu plus tard, dans le courant du siècle qui sépare Néhémie d'Alexandre le Grand, qu'on aurait conçu le projet de fusionner les deux codes, code jéhoviste-deutéronomique et code élohiste-esdraïque, pour en faire un grand et seul tout. « L'idée de l'unification de ces documents, dit M. Reuss, se présentait tout naturellement à l'esprit des directeurs lettrés de la chose publique. On y travailla avec plus ou moins d'entente. Personne ne peut plus dire l'époque précise où cette œuvre fut entreprise ou achevée : la tradition n'a pas conservé les noms de ceux qui se sont chargés de cette tâche. On a pu être tenté de dire qu'ils s'en sont acquittés assez maladroitement... Nous devrions plutôt savoir gré à ces naïfs et modestes rédacteurs qui, au lieu d'effacer les contradictions et de modifier ou de supprimer ce qui ne s'accordait pas, se sont bornés à lui assurer sa place à l'aide de quelques soudures. En conservant ainsi à peu près intacts des documents remontant à une si respectable antiquité, ils nous ont ménagé les moyens d'en étudier l'histoire littéraire. Un trait caractéristique de l'écrivain élohiste ou sacerdotal, c'est la rigueur et la précision tout artificielles de son cadre : au premier aspect on s'y est laissé tromper ; son imagination se complaît en des créations hérissées de chiffres et tirées au cordeau. » Les lois qui règlent le culte et ses cérémonies, et forment le Lévitique en entier et la moitié de l'Exode et des Nombres, appartiennent dans leur totalité à l'écrivain sacerdotal. A cet auteur appartiennent aussi les catalogues des ancêtres d'Abraham donnés dans la Genèse avec les indications chronologiques d'apparence exacte qui les distinguent des documents analogues. C'est un ami de la statistique, un homme de règle et d'ordre, souvent long, parfois monotone dans ses procédés. C'est avant tout un législateur des rites, et ce but, il ne le perd pas de vue, même quand il raconte. Cette considération jette une vive lumière sur des développements qui resteraient incompréhensibles sans cette circonstance. Ainsi cette longue et minutieuse description du camp israélite dans le désert, qui remplit les premiers chapitres des Nombres et dont le caractère factice saute aux yeux de quiconque réfléchit, n'a pour but que d'apprendre au lecteur que le tabernacle, le sanctuaire de Jahveh, doit être le centre d'Israël, autour duquel le peuple entier se groupe comme un seul homme. Cette leçon, il la donne sous la forme indirecte d'un fait du passé. Dans le voisinage immédiat du tabernacle sont les lévites ; mais au milieu d'eux les prêtres, descendants d'Aaron, tiennent la place d'honneur. La sauvage exécution des Madianites, par exemple, rapportée au chap. XXXI des Nombres, doit être considérée comme une simple image, mais une image expressive et vivante des exigences de Jahveh que ne saurait satisfaire le demi-accomplissement de ses ordres, interdisant tout rapport avec les peuples étrangers, en particulier les mariages mixtes (voyez *L'origine et la composition du Pentateuque*, dans *Mélanges de critique religieuse*, par Maurice Vernes, Paris, 1880). — Quelques personnes pensent pouvoir échapper à la nécessité, qu'elles redoutent, de sacrifier absolument le point de vue de la tradition relativement à l'origine du Pentateuque, en assurant que les critiques ne s'entendent point ici entre eux sur les questions les plus graves. Ces personnes sont mal informées. Les points sur lesquels la critique indépendante marche de concert, depuis nombre d'années déjà, sont les suivants : 1° le livre de Josué a appartenu primitivement au Pentateuque et doit être traité conjointement avec les livres dits de Moïse ; 2° le Pentateuque-Josué a été le code de la restauration judéenne qui a suivi l'exil de Babylone : c'est sous son autorité que l'Etat juif a été rétabli par Esdras et Néhémie ; 3° le Pentateuque-Josué est le fruit de la combinaison d'un certain nombre d'ouvrages qui ont existé antérieurement à l'état isolé : ces ouvrages sont le document *jéhoviste* (ainsi dénommé d'après l'appellation divine qu'il préfère, *Jéhova*, plus exactement *Yahveh*), le document *deutéronomique* et le document *élohiste* ou *sacerdotal*. Or, le point qui divise encore la critique est celui-ci : Quelle a été la succession chronologique des trois principaux documents dont la réunion constitue le Pentateuque-Josué ? Faut-il dire : 1° document élohiste-sacerdotal ; 2° jéhoviste ; 3° document deutéronomique ; ou bien : 1° document jéhoviste ; 2° document deutéronomique ; 3° document élohiste-sacerdotal ? Précisons encore les faits. On s'accorde volontiers sur la date où l'écrit *jéhoviste* a pu voir le jour ; on ne dispute guère non plus sur l'origine de l'écrit *deutéronomique*. La querelle en revanche se reporte, avec une extrême vivacité, sur la date de l'écrit *sacerdotal*. D'après les uns, il date du temps de David ou de Salomon, pierre d'attente de la construction qui ne sera élevée que cinq siècles plus tard, après l'exil de Babylone ; d'après les autres, il a été *fait* pour et par l'époque à laquelle il a *servi*, c'est-à-dire pendant et après l'exil (voyez *Bulletin critique de la religion juive*, dans la *Revue de l'histoire des religions*, t. I, p. 206). Nous avons indiqué plus haut pourquoi la solution adoptée par M. Reuss semblait devoir être préférée à l'hypothèse qui place la confection du document élohiste-sacerdotal dans les premiers temps de la royauté israélite. Toutefois nous n'avons pas pu faire valoir une des considérations les plus graves qui militent en sa faveur, c'est l'ignorance absolue de la tradition antérieure à l'exil (livres historiques et prophètes), à l'endroit des prescriptions contenues en cet écrit. Il faut conclure de ce silence à la non-existence de ces lois tout le temps que dura le royaume de David et de ses successeurs. M. Reuss traite de ce point avec tout le détail nécessaire dans son *Introduction* au Pentateuque. Nous n'avons pour notre part qu'une seule réserve à faire sur la solution présentée plus haut ; tout en laissant le Deutéronome à la place que la critique revendique pour lui, nous avons trouvé singulier le silence de Jérémie à l'égard de la tentative réformatrice de Josias, dont ce livre aurait été à la fois l'occasion et le drapeau. Nous en conclurions donc volontiers que le Deutéronome explique bien le point de vue des contemporains de Josias et de Jérémie, mais que l'histoire postérieure a transporté dans le domaine des faits ce qui n'était qu'une conception idéale; en d'autres termes, que le Deutéronome n'a point été *mis en action* par le roi Josias dans les termes et de la manière que prétend l'écrivain des Rois. — La question de la succession des différents documents du Pentateuque a été remarquablement traitée par J. Wellhausen (*Geschichte Israels*, vol. I, 1878). Nous avons reproduit sous une forme libre une partie de cet important ouvrage dans la *Revue de l'histoire des religions* (*Histoire du culte des Hebreux*, d'après J. Wellhausen, première partie : l'unité du sanctuaire; deuxième partie : les sacrifices et les fêtes; troisième partie : les prêtres et lévites; 1880, t. I, p. 57; t. II, p. 27 et 169). L'auteur y établit, entre autres, d'une façon très heureuse, que le document jéhoviste *ne sait rien* de l'unité du culte, que le deutéronomiste *réclame* cette unité comme une institution qui n'a pas encore prévalu dans la pratique, que le code sacerdotal enfin ou document élohiste la considère comme *existant de tout temps;* c'est-à-dire qu'il la voit si complètement établie autour de lui, comme ce fut le cas après l'exil, qu'il en transporte l'origine sans hésitation aux époques les plus reculées. L'histoire de la critique du Pentateuqne est traitée d'une façon très complète et avec un luxe admirable de preuves et de détails dans l'*Introduction* de la troisième partie de l'Ancien Testament de la *Bible* de Reuss (*L'histoire sainte et la loi*, *Pentateuque-Josué*, 2 vol., Paris, 1879). Nous y renvoyons nos lecteurs, qui y trouveront la justification des principales thèses avancées dans cet exposé nécessairement succinct. — Le Pentateuque, combinaison des principaux documents où le judaïsme ancien a résumé ses vues du passé, ses conceptions religieuses, sa législation à différentes époques, reste un document d'une valeur inappréciable, dont les travaux entrepris depuis la fin du siècle dernier ont mis en lumière l'étonnante complexité, en même temps qu'ils permettaient de mieux classer et par suite de mieux apprécier la richesse des informations de toute nature qu'il apporte à l'histoire de l'Orient ancien et tout d'abord du judaïsme. — Pour la bibliographie, voyez Reuss. MAURICE VERNES.

PENTECOTE (Πεντηκοστή, Act. II, 1), grande fête religieuse, célébrée chez les Juifs et dans l'Eglise chrétienne cinquante jours après la fête de Pâque. — I. Chez les Israélites, et plus tard chez les Juifs, la fête de la Pentecôte était une fête d'actions de grâces célébrée à la fin de la moisson. Nous la trouvons mentionnée sous les noms de fête de la moisson (Exod. XXIII, 16), fête des premiers fruits (Nomb. XXVIII, 26), à cause des offrandes qu'on faisait le jour de la fête, fête des semaines (Exod. XXXIV, 22; Deut. XVI, 10; 2 Chron. VIII, 13), à cause des sept semaines qui la séparent de la fête de Pâque. Elle fut désignée plus tard chez les rabbins sous le nom de k h a g k h a m i c h i m, fête des cinquante (jours), expression qui, traduite en grec, est devenue ἡ πεντηκοστή. En Palestine, l'orge commençait à mûrir vers le milieu du mois de nisan, qu'on appelait primitivement, pour cette raison, le mois des épis (a b i b). Avant de commencer la récolte de l'orge, on célébrait une première fête, qui inaugurait la moisson, et qui est devenue dans la suite la fête de Pâque (voyez ce mot). Le rite caractéristique de cette fête était l'offrande de la première gerbe, qu'on agitait devant l'autel (Lévit. XXIII, 10 ss.). Après la récolte de l'orge venait celle du blé (Ruth I, 22; II, 23; 2 Sam. XXI, 9), et cinquante jours après la fête de l'inauguration, on célébrait une fête d'actions de grâces qui clôturait la moisson. Ces deux fêtes étaient primitivement étroitement rattachées l'une à l'autre, et ne formaient en quelque sorte qu'une seule fête en deux actes; elles sont mentionnées l'une après l'autre, comme deux fêtes distinctes, dans les énumérations des fêtes que nous trouvons dans le Pentateuque, et la dernière est spécialement désignée sous le nom de fête des moissons, etc., et finalement de Pentecôte. Le livre du Lévitique en attribue l'institution à Moïse (Lévit. XXIII, 15). Les deux fêtes ont sans doute une origine commune très ancienne, mais elles n'ont dû être célébrées régulièrement et généralement par les Israélites qu'après qu'ils eurent quitté l'état nomade pour devenir sédentaires et agriculteurs. On la célébrait le cinquantième jour après le 16 nisan, quel que fût le jour de la semaine. On a prétendu, il est vrai, en se basant sur Lévit. XXIII, 11. 15. 16, que cette fête se célébrait toujours le lendemain d'un sabbat. Mais le sabbat dont il est question au verset 11 peut très bien désigner le premier jour de la fête des pains sans levain, qui était solennisé comme un sabbat (cf. Deut. XXIII, 32), et il faut bien que la tradition l'ait entendu ainsi, car c'est le 16 nisan, second jour de la fête des azymes, que la première gerbe était offerte (Josèphe, *Antiq.*, III, 10. 5), et c'est à partir de ce jour qu'on comptait les sept semaines. — La fête de la Pentecôte était solennisée comme un sabbat (Lévit. XXIII, 21; Nomb. XXVIII, 26). Tous les hommes devaient venir se présenter devant l'Eternel (Exod. XXIII, 17; XXXIV, 23). On offrait par agitation deux pains de fleur de farine levés; on sacrifiait en outre sept agneaux d'un an sans défauts, un jeune taureau, deux béliers, avec les offrandes et les libations habituelles, puis un bouc comme victime expiatoire et deux agneaux comme sacrifice pacifique (Lévit. XXIII, 17 ss.). Chaque Israélite devait en outre faire une offrande volontaire plus ou moins grande selon les bénédictions qu'il avait reçues (Deut. XVI, 10). La Pentecôte resta pendant longtemps une fête purement agricole; du moins nous ne trouvons nulle part dans l'Ancien Testament que les Israélites aient célébré en même temps le souvenir de la promulgation de la loi sur le Sinaï. Ni Josèphe ni Philon n'en parlent; le Nouveau Testament lui-même ne contient rien qui puisse nous faire supposer qu'au temps apostolique la Pentecôte ait été autre chose qu'une fête de la moisson. Mais il est certain que dans la suite, sans qu'on puisse préciser la date de la transformation, la signification de la fête changea: elle fut à peu près exclusivement consacrée au souvenir de la promulgation de la loi. *Festum septimarum est ille dies quo lex data fuit*, dit Maïmonides (*Moreh Nebuch*, 3, 43). Elle est désignée dans les liturgies de la Synagogue sous le nom de fête de la promulgation de la loi, et tout le rituel de la fête se rapporte à ce souvenir. Restreinte à l'origine à un seul jour, elle est actuellement célébrée pendant deux jours. — II. La *Pentecôte chrétienne* est la fête de l'effusion du saint Esprit sur les apôtres et de la fondation de l'Eglise. Le jour de la Pentecôte qui suivit la mort de Jésus, les disciples, réunis dans un même lieu, furent tout à coup saisis d'une sorte d'extase, dans laquelle ils se mirent à proférer des sons inarticulés et incompréhensibles pour ceux qui furent témoins de cette scène. Ce phénomène, qui semble s'être renouvelé fréquemment dans certaines communautés chrétiennes de l'époque (1 Cor. XIV; Act. X, 46; XIX, 6; Marc XVI, 17) et dont l'apôtre Paul nous a laissé une description assez détaillée (1 Cor. XIV), se trouve raconté Act. II, d'une manière qui en dénature complètement le caractère (voyez l'art. *Glossolalie*). Au milieu de l'étonnement excité par ce fait étrange, Pierre prit la parole et déclara que c'était là une manifestation de l'Esprit de Dieu, et qu'ainsi était accomplie la prophétie de Joël (III, 1-3). Dès lors cette extase fut considérée comme une preuve manifeste de la présence du saint Esprit (Act. X, 44 ss.; XIX, 6). Il est fort probable que dans les communautés judéo-chrétiennes, on a de bonne heure, en célébrant la Pentecôte, fêté en même temps le souvenir de cette première manifestation visible du saint Esprit; mais on n'a aucun témoignage direct d'une célébration régulière de la Pentecôte pendant les premiers siècles de l'Eglise. Ce qui a existé le plus anciennement sous le nom de Pentecôte était non une fête d'un jour, mais une fête de cinquante jours, allant de la fête de Pâque à ce que nous appelons dans un sens plus restreint, la Pentecôte (Tertull., *De idolatr.*, 14; *De Baptism.*, 19). C'était une fête joyeuse, rappelant le temps que Jésus avait passé sur la terre après sa résurrection, et embrassant la fête de la résurrection, celle de l'Ascension et celle de l'effusion du saint esprit. Pendant ces cinquante jours, on ne jeûnait pas et on priait debout (Tertull., *De coronâ milit.*, 3). Dans la suite, ce groupement de fêtes se désagrégea; chacune d'elles eut une existence indépendante, et la Pentecôte ne fut plus que la fête du saint Esprit. Elle eut, comme les autres grandes fêtes, une vigile, et au moyen âge elle s'étendit jusqu'au dimanche suivant, pour se restreindre à quatre, à trois, puis à deux jours. Dans l'ancienne Eglise, le jour de la Pentecôte était consacré au baptême des catéchumènes. Dans l'Eglise catholique actuelle, on administre le sacrement de la confirmation le dimanche qui suit. Enfin, dans beaucoup d'Eglises protestantes, c'est ce jour-là qu'a lieu la réception des nouveaux membres. — Voyez Augusti, *Denkwürdigkeiten aus der christl. Archæologie*, II° vol.; Binterim, *Die vorzüglichsten Denkwürdigkeiten der christkatholischen Kirche*, vol. V. Eug. Picard.

PÉRATES. Voyez *Ophites*.

PÉRÉE. Voyez *Palestine*.

PÉRÉFIXE (Hardouin de Beaumont de) naquit en 1605 d'une famille du Poitou et d'origine napolitaine. Son père, maître d'hôtel du cardinal de Richelieu, lui fit faire de bonnes études, d'abord à Poitiers, puis à Paris. Le jeune Hardouin les parcourut avec distinction, et, après avoir obtenu le titre de docteur en Sorbonne, il entra dans les ordres, vocation à laquelle il se destinait depuis son enfance. Il se fit bientôt remarquer dans les chaires de Paris comme prédicateur; son talent précoce ayant attiré l'attention sur lui, il fut appelé, avec la protection du puissant cardinal, à devenir précepteur de Louis XIV. Nommé plus tard évêque de Rodez, il donna peu après sa démission de cette charge, à cause de l'impossibilité où il se trouvait de résider dans son diocèse. Devenu confesseur du roi et membre de l'Académie française, il fut fait archevêque de Paris, proviseur de la Sorbonne et chevalier des ordres du roi. Péréfixe est surtout connu par ses démêlés avec les jansénistes, et par sa théorie de la foi divine et de la foi humaine, véritable invention de casuiste en délire. Plein de confiance dans les jésuites, il se laissa trop guider par eux et suivit leurs conseils avec une docilité qui lui fit commettre des actes opposés à son caractère naturellement doux et bienveillant; c'est ainsi qu'il persécuta les religieuses de Port-Royal au sujet du fameux «formulaire,» se faisant l'instrument des haines de la redoutable compagnie. Il mourut le 31 décembre 1670, âgé de soixante-cinq ans. — On a de lui : 1° *Institutio principis*, c'est un recueil de conseils et de préceptes sur les devoirs d'un roi enfant; 2° *Histoire de Henri le Grand*, *roi de France et de Navarre* (Henri IV), livre excellent où il y a des pages touchantes. Péréfixe écrivait avec élégance, il était d'un commerce aimable et homme de mœurs vertueuses. A. MAULVAULT.

PEREIRA (Antonio de Figueiredo), naquit à Maçao le 14 février 1725. Après avoir suivi les cours des jésuites au collège de Villa-Viçosa, il quitta ses maîtres et prit l'habit des Pères de l'Oratoire dans la maison du Saint-Esprit de Lisbonne. Artiste et savant, il acquit une grande renommée par ses études sur la grammaire latine (*Exercicios da lingua latina e portugueza*, Lisb., 1751 et 52; *Novo methodo da Grammatica latina*, Lisb., 1752; *Parte segunda*, 1753; 10e éd., 1797, in-8°; *Defensa da novo methodo*, 1754, in-4°). En 1759, le roi Joseph Ier (Don Jozé I), suivant les inspirations de Pombal, exila les jésuites, parce qu'ils avaient trempé dans la conspiration ourdie en 1758 par le duc d'Aveiro contre la famille royale. Dans la lutte qui éclata à cette occasion, Pereira embrassa avec ardeur la cause du trône et défendit, dans de nombreux écrits, les idées et les tendances de l'école régalienne. Les plus importants sont : *Doctrina veteris Ecclesiæ de suprema regum etiam in clericos potestate*, 1765, in-fol.; trad. franç., Paris, 1766; *Tentativa theologica* : un essai sur la faculté des évêques de pourvoir, en cas de différend avec le saint-siège, à tous les cas réservés au pape, 1766 et 69, in-4°; trad. franç., Lyon, 1772; trad. ital., 1767 et 70; trad. latine de l'auteur avec notes, Lisb., 1769; trad. esp. et allem.; *Demonstraçaon* : démonstration théologique, canonique et historique sur le droit des métropolitains de confirmer et de sacrer les évêques suffragants nommés par le roi, Lisb., 1769; Ven., 1771, in-4°; trad. allem., J.-T. Le Bret, *Magazin zum Gebrauch der Staaten und Kircheng.*, v. 3 et ss. Enfin un *Abrégé de la vie de Gerson*, tiré de ses écrits et des actes du concile de Constance. Cette fidélité à la cause du roi, qui alla jusqu'à l'adulation (voyez le *Parallèle d'Auguste César et de Don Joseph, roi magnanime du Portugal*, Lisb., 1775, et les *Prières ou vœux de la nation portugaise à l'ange de la garde du marquis de Pombal*), ouvrit à Antonio Pereira la carrière des honneurs. Nommé député ordinaire du tribunal royal de la censure, créé en 1768, et premier interprète dans les bureaux des affaires étrangères et de la guerre, il quitta la profession de religieux et se voua entièrement aux études et à la vie publique. En 1772, il fut élu député de la junte du subside littéraire et de l'instruction publique et membre de l'Académie des sciences, qui, en 1792, lui conféra le titre de doyen. Le 14 août 1797, il mourut, âgé de soixante-douze ans. Un catalogue de ses œuvres politiques et de ses études historiques et littéraires, qui, pour la plupart, concernent le Portugal (Lisb., 1800, in-4°), contient 169 écrits divers : 68 livres imprimés, 45 manuscrits, 10 traductions, 10 inscriptions et 26 pièces de musique, avec la vie de l'auteur. La *Biographie universelle* donne des notes détaillées sur les principales publications. Quoique absorbé par des travaux de diverse nature, Pereira ne cessa pas de s'intéresser à la théologie. En 1778 parut à Lisbonne sa traduction de la Bible, sous la titre de : *Biblia sagrada, o velho e o novo Testamento, traduzida em portug. secundo a Vulgata com notas e liçoes variantes*, Lisboa, 1778-90, 23 vol. in-8° ; 2e éd., 1791-1803, in-8° ; 3e éd., 1794, in-4°, avec le texte latin et des corrections nombreuses. C'est cette version que reproduit la Société biblique britannique. EUG. STERN.

PÈRES. On a coutume d'appeler ainsi les théologiens orthodoxes qui ont contribué à la fixation définitive du dogme de l'Eglise et qui sont reconnus également par les Eglises d'Orient et d'Occident ; on peut en arrêter la liste, pour l'Eglise latine, à saint Grégoire le Grand († 604), et pour l'Eglise grecque, à saint Jean de Damas († 754). La définition catholique est plus large ; elle applique le nom de Pères de l'Eglise aux saints docteurs antérieurs au treizième siècle, dont l'Eglise a reçu et approuvé les décisions sur les choses de la foi. On appelle patrologie l'étude des questions littéraires relatives aux écrits des Pères, patristique celle de leur doctrine. Au sommet de la hiérarchie des Pères se placent les docteurs de l'Eglise. L'Eglise grecque et l'Eglise latine ont chacune quatre docteurs principaux : saint Basile, saint Athanase, saint Grégoire de Nazianze et saint Jean Chrysostome, d'une part ; saint Augustin, saint Ambroise, saint Jérôme et saint Grégoire le Grand, de l'autre. Boniface VIII, en 1298, a fixé ce nombre de quatre, déjà établi par l'art et l'usage ; saint Léon le Grand, saint Thomas d'Aquin, saint Bernard (1830), saint Hilaire de Poitiers (1852) et saint François de Sales (1878) y ont été ajoutés plus ou moins récemment, ainsi que saint Cyrille d'Alexandrie, saint Anselme, saint Pierre Damien, saint Bonaventure, saint Pierre Chrysologue et saint Alphonse de Liguori. — On place, chronologiquement, en tête des Pères les Pères Apostoliques, Barnabas, saint Clément de Rome, l'auteur de l'épître à Diognète, Ignace, Polycarpe et Hermas (édition de Coutelier, 1672, republiée par

Le Clerc, 2e éd., 1724 ; dernières éditions, postérieurement à la découverte de Bryennius, 1875 ; Gebhardt, Harnack et Zahn, 3 vol., 1876-1877, 2e éd. du t. I, et *editio minor*, 1877 ; Hilgenfeld, *Novum Testamentum extra canonem*, 1866-1877, et Funk, 1878). Après eux viennent les premiers apologistes, Justin le martyr, Athénagore, Théophile d'Antioche, Hermias et Méliton (éd. de dom Maran, 1742; *Corpus apologetarum* d'Otto, 2e éd. depuis 1876). On doit y ajouter, en tête de beaucoup d'anciens dont les livres sont perdus (Grabe, *Spicilegium*, 1700 ; Routh, *Reliquiæ sacræ*, 1846-1848), Quadratus et Aristide, ce dernier dont l'*Apologie*, ouvrage contesté, a été publiée en 1878 par les mékhitaristes. — Les Pères grecs, ainsi nommés pour la langue dans laquelle ils écrivaient plutôt que pour leur séjour, sont Irénée (éd. Massuet, 1734 ; Stieren, 1853 ; Harwey, 1857), Clément d'Alexandrie (éd. Dindorf, 1869), Denis d'Alexandrie, saint Athanase (éd. Montfaucon, 1698, et éd. Thilo, 1853), saint Basile (éd. Garnier, 1721 ss.) et saint Grégoire de Nazianze, dit le théologien (éd. des bénédictins, 1788, complétée de 1837 à 1840; extraits de ces deux auteurs par Goldhorn, 1854), saint Grégoire de Nysse (éd. Fronton le Duc, 1615), Chrysostome (éd. Montfaucon, 1718 ss.; extraits par Dübner, 1861), enfin le Damascène (éd. Lequien, 1748). — Les Pères latins sont Tertullien (éd. Rigault, 1675, et Oehler, 1853), les apologistes Minucius Félix et Firmicus Maternus (éd. Halm, *Patrol.* de Vienne, 1866), Lactance (éd. Fritzsche, 1842), Arnobe (éd. Reifferscheid, *Patrol.* de Vienne, 1875), saint Cyprien (ib., par Hartel, 1868-1871), saint Ambroise (éd. des bénéd., 1686 ss.), saint Augustin (éd. des bénédictins, 1679 ss.), saint Jérôme (éd. Martianay, 1693 ss., et Vallarsi, 1734 ss.), saint Hilaire de Poitiers (éd. des bénéd., 1693), saint Léon le Grand (éd. des Ballerini, 1755 ss.), saint Grégoire le Grand (éd. des bénéd., 1705) et beaucoup d'autres. On ne compte pas parmi les Pères les auteurs ecclésiastiques dont l'orthodoxie ou les mœurs ont été attaquées; l'Eglise catholique n'admet à ce titre que les auteurs qui ont été honorés par l'usage ou par un décret du titre de saint : c'est ainsi que Papias, Tatien, Origène, Eusèbe ne figurent pas au nombre des Pères. — La plus importante *Patrologie* antique est sans doute la *Bibliothèque* de Photius († 890, éd. Bekker, 1824), sorte de revue des auteurs ecclésiastiques ; avant lui saint Jérôme composa son célèbre traité *De viris illustribus*, auquel se joignent bientôt les ouvrages analogues de Gennadius, puis d'Isidore de Séville, d'Ildefonse de Tolède, d'Honorius d'Autun, de Sigebert de Gembloux, d'Henri de Gand, de Pierre du Mont-Cassin et de Trithème (publiés, avec les notes d'Aubert Le Mire, par J.-A. Fabricius, 1718). La Réforme a produit le livre classique de Daillé, *De usu patrum* (1632) ; Bellarmin publia en 1613 son *De scriptoribus ecclesiasticis;* après lui, Cave (*Hist. litter.*, 1688 ss., édit. d'Oxford, continuée par Wharton, 1740 ss.), Du Pin (*Nouv. Bibl. des auteurs eccl.*, 1686 ss., 47 vol.), R. Ceillier (*Hist. génér. des auteurs sacrés*, 1729 ss., 23 vol.; nouv. éd., 1860 ss.), Cas. Oudin (*De script. eccl. antiquis*, 1722), Tillemont, qu'on ne peut oublier ici, laissèrent des monuments impérissables. En nos temps, la patrologie n'est plus guère traitée que par monographies; des auteurs catholiques, Mœhler (1839), Fessler (1850), Alzog (3e éd., 1876, trad. fr. sur une édition antérieure), ainsi que Boehringer (*Kirchengeschichte in Biographien*, 2e éd., 1873 ss., sans parler de Neander, ont seuls composé des traités de quelque importance; il faut mentionner, sur la patrologie latine, la *Geschichte der christlich-lateinischen Literatur* de Ebert (1874). — Les grandes collections n'ont jamais manqué; la plus ancienne est la *Magna Bibl. veterum Patrum* de Margarin de la Bigne, Paris, 1575, et mieux, Paris, 1654, 17 vol. in-fol.; la meilleure, la *Maxima Bibliotheca veter. Patrum*, Lyon, 1677, 27 vol. in-f° (les Pères grecs en traduction seulement); il n'en faut point séparer la *Bibliotheca græco-latina veter. Patrum* de Gallandi, 1765 ss., 14 vol. in-fol., recueil de 380 écrivains, dont 180 ne se trouvent pas dans la *Bibliotheca Patrum Maxima*. L'Académie de Vienne publie, depuis 1866, un *Corpus Scriptorum ecclesiasticorum latinorum*, établi sur les bases de la meilleure critique. On ne doit pas être ingrat envers la mémoire de l'abbé Migne, dont la *Patrologie grecque-latine*, la plus insuffisante, compte 161 volumes, et la *Patrologie latine*, qui comprend une partie du moyen âge, 222 volumes. Un bon critique aura pourtant toujours crainte que l'habitude de cette édition, facile à consulter et pourvue à la fin de riches indices, ne désaccoutume les travailleurs des éditions vraiment scientifiques et originales, les seules qu'un savant, sauf exception et à moins de force majeure, ait le droit de citer. La *Patrologie* de Migne, après l'incendie qui en a anéanti une partie et après la mort du fondateur de cette grande œuvre, a été acquise par la maison Garnier frères, qui la continue en concurrence avec la Librairie des sciences ecclésiastiques. Nous ne saurions dire aucun bien de la collection que le P. H. Hurter publie à Innsbruck sous le titre de: *SS. Patrum Opusula selecta*, en latin seulement, in-32, 41 vol. parus en 1880.

S. BERGER.

PERGAME (Πέργαμος), ville située dans la grande Mysie, sur les bords du Caïque et du Titan, et à quinze lieues au nord de Smyrne. Une communauté chrétienne s'y était établie de bonne heure (Apoc. II, 12; cf. I, 11). Pergame, qui avait été la résidence des rois d'Asie, de la dynastie d'Attale, et dont la bibliothèque avait acquis une grande célébrité (Strabon, XIII, 623; Pline, XIII, 21), était au siècle apostolique la capitale de la province romaine d'Asie et le siège d'un tribunal supérieur. Elle renfermait un temple très ancien dédié à Esculape qui attirait les pèlerins de toutes les contrées de l'Asie (Tacite, *Annales*, III, 63; Philostrate, *Apollonius*, IV, 5; Martial, IX, XVI, 2). D'abord simple évêché suffragant d'Ephèse, Pergame fut érigée en métropole au neuvième siècle, selon de Commanville (*Ire Table alphab.*, p. 185), mais, selon d'autres, sur la fin du treizième ou au commencement du quatorzième siècle. Elle a eu seize évêques, dont le premier, Carus, fut ordonné par saint Jean l'Evangéliste, suivant les Constitutions apostoliques. Pergame a eu aussi des évêques latins;

on n'en connaît qu'un, Agnisius, dominicain, qui siégeait vers l'an 1297. Il s'est tenu deux conciles à Pergame, l'un en 152 et l'autre en 1301.

PERGE (Πέργη), ville maritime de la Pamphylie, située sur les rives du fleuve Cestrus, à 60 stades de son embouchure. Elle avait un temple célèbre dédié à Artémis (Cicéron, *Verrines*, I, 20; Ptolémée, V, 5; Strabon, XIV, 667; Pline, V, 26). Paul et Barnabas touchèrent Perge dans leur premier voyage de mission (Actes XIII,13 ss.). Perge, unie plus tard à Silœum, a eu onze évêques.

PÉRICOPES. Sous le nom de péricopes (περεκοπαί), on comprend des passages de l'Ecriture choisis d'après un principe déterminé par le cycle des événements de l'année ecclésiastique, pour être lus et expliqués dans les exercices publics du culte. L'Eglise chrétienne emprunta cette coutume à la Synagogue. La loi de Moïse devait être lue à tout le peuple d'Israël, à la fête des Tabernacles (Deut. XXXI, 10-13). Philon et Josèphe font remonter à Moïse lui-même l'usage de l'expliquer chaque sabbat. De temps immémoriaux, elle était divisée en cinquante-quatre sections ou paraches (*lectio selecta, non continua*), auxquelles vinrent s'ajouter plus tard les haphtares ou passages prophétiques. La tradition juive (dans le *Thisbi* de Benoît Lévita) désigne Antiochus comme la cause indirecte de cette adjonction: *Antiochus improbus, rex Græciæ, interdixit Israelitis ne legem legerent. Quid fecerunt Israelitæ? Sumserunt Paraschem ex prophetis, cujus argumentum simile erat argumento Paraschæ illius sabbathi.* Des critiques modernes, Vitringa entre autres, l'attribuent aux Samaritains. En tous les cas, cette coutume paraît établie depuis longtemps à l'époque de Jésus-Christ. Jacques, à la conférence de Jérusalem, la fait remonter à Moïse (Act. XV, 21); Paul, à Antioche en Pisidie, parle des « paroles des prophètes qui se lisent chaque jour de sabbat » (XIII, 27). — L'Eglise chrétienne conserva cet usage, et joignit bientôt les écrits du Nouveau Testament à ceux de l'Ancien. C'est ce qui résulte d'une description du culte chrétien que nous trouvons dans Justin Martyr (*Gr. apol.*, c. LXVII): τὰ ἀπουνημονεύματα τῶν αποστόλων ἢ τὰ συγγράματα τῶν προφητῶν ἀναγινώσκεται, μεχρὶς ἐγχωρεῖ (*quoad tempus fert*); et dans Tertullien (*Apologeticus*, c. XXXIX): *Cogimur ad divinarum litterarum commemorationem, si quid præsentium temporum qualitas aut præmonere cogit aut recognoscere.* Origène mentionne l'explication de Job dans la ἑβδόμας μεγάλη: *In conventu ecclesiæ in diebus sanctis legitur passio Jobi, in diebus jejunii, in diebus abstinentiæ, in diebus, in quibus tanquam compatiuntur ii, qui jejunant et abstinent, admirabili illi Jobo, in diebus, in quibus in jejunio et abstinentia sanctam domini nostri Jesu Christi passionem sectamur* (*In Jobum*, hom. I). Ambroise, à Milan, imitait cet exemple: *Audistis librum Job legi, qui solemni munere est decursus et tempore* (*Ep.* XX *ad Marcellinum*). On ne peut pas inférer des *Homélies* d'Origène, qui ont été expliquées les jours de semaine, qu'il y avait alors une *lectio continua*. En tous les cas, parmi les écrits lus, se trouvaient aussi des apocryphes: d'après Eusèbe (*H. E.*, 3, 3), le Pastor d'Hermas et la 1re Epître de Clément de Rome aux Corinthiens; d'après Sozomène, l'Apocalypse de

Pierre dans les Eglises palestiniennes. — Le concile de Laodicée (59e canon) [360-364] et celui d'Hippone (36e canon) [393] arrêtèrent que les écrits canoniques seuls devaient être lus, mais les passages pouvaient être librement choisis par les prédicateurs. C'est ce qui résulte du témoignage positif de saint Augustin : *Memini autem caritas vestra dominico præterito, quantum Dominus adjuvare dignatus est, disseruisse nos de spirituali regeneratione, quam lectionem vobis iterum legi fecimus, ut quæ tunc non dicta sunt in Christi nomine adjuvantibus orationibus vestris impleamus* (*Com. ad Johan.*, tract. XII). Déjà pourtant on lisait successivement un passage des Evangiles et des Epîtres : *In memoria retinentes pollicitationem nostram, congruas etiam ex evangelio et apostolo fecimus recitari lectiones* (Augustin, *Sermo*, 362). De même Jean Cassien (*Instit.*, III, 6) dit qu'il était d'usage en Egypte, *in die vero sabbati vel dominico utrasque de novo recitant testamento, id est unam de apostolo vel Actibus apostolorum et aliam de evangeliis.* Les constitutions apostoliques (VIII, 5) exigent formellement la lecture de passages pris dans l'Ancien et dans le Nouveau Testament. — On doit admettre que ces lectures, de bonne heure, se concentrèrent sur des passages stéréotypés, lors du retour des grandes fêtes d'abord, et bientôt durant toute l'année. Cela arrangeait à la fois les auditeurs et les prédicateurs. Chrysostome (11e *Hom. s. saint Jean*) conseille à ses auditeurs de se préparer au sermon en méditant à l'avance la péricope du jour. Ailleurs (58e *Hom.*) il dit qu'une année suffit pour faire passer devant les auditeurs les principaux passages de l'Ecriture. Optat de Milève (*De schismate donatistarum*, IV, 5) reproche aux donatistes d'avoir emprunté à l'Eglise catholique les péricopes hebdomadaires pour les interpréter en conformité avec leurs principes séparatistes. Mais c'est Jérôme [† 420] qui paraît avoir été, le premier, l'auteur d'un système de péricopes. Outre divers témoignages formels (Berno de Reichenau, Ives de Chartres, Hugues de Saint-Victor, etc.), nous avons un document attribué à Jérôme lui-même, une lettre à un nommé Constance, qui figure comme prologue de son lectionnaire. Il explique le mot de *comes* qu'il lui donne : il accompagne les clercs à travers les offices de l'année et il introduit les fidèles dans l'essence même de la Bible qu'ils n'ont pu se procurer dans son entier. Jérôme constate que, de son temps, il y a beaucoup de lectionnaires. Il a voulu leur donner *caput causamque rationabilem*, c'est-à-dire faire commencer l'année ecclésiastique à Noël et non à Pâques (septuagésime) et lier les péricopes entre elles par un lien organique (*singulis festivitatibus, quod aptum vel competens esset, quæ lectio præsenti festivitati congruat... Omnia secundum tempus esse legenda*). L'évêque Damase introduisit ce lectionnaire dans la liturgie des églises de la ville et de la province de Rome, d'où il se répandit dans tout l'Occident, bien que nous trouvions encore, après Jérôme, de nouveaux systèmes de péricopes, par exemple à Vienne, à Massilie, dans les Eglises de Gaule et d'Espagne. Mabillon découvrit dans le couvent des bénédictins de Luxovium un lectionnaire qui remonte au septième siècle, et qui est le plus vieux de l'Eglise gallicane. Le moine Augustin, l'apôtre de l'Angleterre, demande : *Cur, cum una sit fides, sunt ecclesiarum consuetudines tam diversæ? et altera consuetudo missarum est in Romana ecclesia, atque altera in Galliarum ecclesiis tenetur?* Et Grégoire le Grand écrit : *Mihi placet, ut sive in Romana, sive in Galliarum seu in qualibet ecclesia aliquid invenisti, quod plus omnipotenti Deo possit placere, sollicite eligas* (*Ep.* XI, 64). C'est Charlemagne qui ordonna dans un édit de 801 (*capitulare Aquisgranense*, c. IV) : *ut omnibus festis et diebus dominicis unusquisque sacerdos evangelium Christi prædicet.* — Nous possédons deux recensions ou textes du *Comes* de Jérôme, l'un édité par Pamélius, l'autre par Baluze. Le premier paraît plus ancien, car, pour les services de semaine, il se borne au mercredi et au vendredi ; de plus, il ne tient compte que de peu de fêtes de saints ; il date probablement du neuvième siècle et a été composé en Gaule après l'édit de Charlemagne (ainsi le 25 avril, jour de grande fête à Rome, est passé sous silence). Le texte de Baluze, composé par Théotinch sur la demande du comte Hechiard d'Amiens, est de la même époque ; il contient un passage biblique pour chaque jour de l'année, destiné sans doute à être lu dans les couvents. — Charlemagne ne se borna pas à prescrire l'uniformité dans l'usage des péricopes ; vu l'ignorance des prêtres, il y joignit un recueil de sermons modèles des Pères, composé non par Alcuin, mais par Paul Diacre (Warnefride), et connu sous le nom de *Homiliarius Karoli*. En voici le titre complet : *Homiliæ seu mavis sermones sive conciones ad populum, præstantissimorum ecclesiæ doctorum, Hieronymi, Augustini, Ambrosii, Gregorii, Origenis, Chrysostomi, Bedæ, etc., in hunc ordinem digestæ per Alchuinum levitam* (éd. Col., 1530). Il ordonna d'en faire une traduction en langue allemande et romane, à l'usage du peuple. Déjà dans le *capitulare Francofurtense* de 794, c. LII, nous lisons : *Ut nullus credatur, quod non nisi in tribus linguis Deus adorandus sit : quia in omni lingua Deus adoratur et homo exauditur, si justa petierit.* Celui de 813, c. XIV, porte : *De officio prædicatoris ut juxta quod intelligere vulgus possit, assiduæ fiant prædicationes*) ; il fut confirmé par les décrets de plusieurs synodes, en particulier de celui de Tours en 813, c. XVII : *Quilibet episcopus habeat homilias continentes necessarias admonitiones, quibus subjecti erudiantur in rusticam Romanam linguam aut Theotiscam, quo facilius cuncti possint intelligere, quæ dicuntur.* Ce recueil devint la norme pour tout le moyen âge, et en ce qui concerne le choix des textes, et en ce qui regarde l'interprétation exégétique et l'application homilétique. Nous n'en possédons probablement pas le texte original que Mabillon prétend avoir vu au couvent de Reichenau, que l'abbé Gerbert assure avoir découvert à Saint-Blaise, et que Ranke affirme avoir trouvé dans la bibliothèque grand-ducale de Carlsruhe. Les plus anciennes recensions, depuis celle imprimée à Spire en 1482, sont enrichies d'additions manifestement postérieures (fêtes de saints dont les noms mêmes sont inconnus à l'époque de Charlemagne, etc., etc.). Le texte de Mabillon présente certaines divergences avec l'ordre des péricopes suivi aujourd'hui dans l'Eglise catholique et qu'explique son origine gallicane, non moins que sa dépendance de Pamélius et de Baluze, dont la provenance est la même. — L'Eglise luthérienne conserva l'usage des péricopes qui représentaient, aux yeux du peuple, le résumé de l'Ecriture sainte et constituaient, bien mieux que le catéchisme, la *Biblia laïcorum*. Luther publia à la fin de 1521, à Wittemberg, la première partie de son *Auslegung der Episteln u. Evangelien, die nach Brauch der Kirchen gelesen werden* (la deuxième partie parut en 1524, la dernière fut publiée par Stephan Rodt en 1527), dont il a dit lui-même que c'était son meilleur ouvrage (*mein allerbestes Buch*). Tout en s'accommodant au choix des péricopes traditionnelles, qui était très populaire en Allemagne, Luther s'exprima parfois en termes très vifs sur les textes peu heureux en ce qui concerne les époques de l'année, ainsi que sur la limitation de la connaissance scripturaire qui en résulte. Frédéric le Sage introduisit dans ses Etats la *Postille* de Luther comme livre ecclésiastique. L'exemple de Luther trouva de nombreux imitateurs : Mélanchthon, *Annotationes in evangelia, quæ diebus dominicis et festis publice leguntur*, dans le *Corpus Reform.* de Bretschneider, XIVe et XXIVe parties ; Bugenhagen, *Postillatio in evangelia usui temporum et sanctorum totius anni servientia*, Argent., 1524 ; George Major, *Homeliæ in evangelia dominicalia et dies festos*, 7 parties, Wittemb., 1559. Grâce à ces travaux, le système des péricopes, incomplet dans l'Eglise catholique (le 6e dimanche après l'Epiphanie; les 25e, 26e et 27e dimanches après la Trinité manquent) fut complété, sans que l'on réussît à réparer certaines omissions à jamais regrettables, telles que les Béatitudes, la parabole de l'Enfant prodigue, celle du Semeur, les scènes de Béthanie et de Gethsémané. Toutefois, toutes les Eglises de la Réforme luthérienne allemande ne se lièrent pas aux anciennes péricopes d'une manière absolue et uniforme, et de nos jours beaucoup d'entre elles les ont ou laissées tomber en désuétude ou remplacées par d'autres systèmes (voy. Ranke, *Krit. Zusammenstellung der innerh. der ev. K. D. eingef. Perikopenkreise*, Berl., 1850). Zwingle, à Zurich, remplaça l'usage de prêcher sur les péricopes par des prédications sur des livres suivis de la Bible. La liturgie de Genève emprunta à l'Eglise de Montbéliard (Wurtemberg) l'usage des lectures bibliques : « Avant le sermon un étudiant en théologie, faisant la fonction de lecteur, lit en chaire quelque portion de l'Ecriture sainte. » Toutes les Eglises réformées adoptèrent la règle de Genève, s'efforçant ainsi de concilier l'ordre et la liberté. Il est toutefois à regretter qu'un grand nombre de prédicateurs négligent de se fixer une suite de lectures bibliques en harmonie, soit avec les dates de l'année ecclésiastique, soit avec les textes de leurs sermons, ou, ce qui serait préférable, avec tous deux à la fois. — Voyez Suckow, *Die kirchl. Perikopen*, 1830; Matthæus, *Die evang. Perikopen des Kirchenjahrs*, Ansb., 1844-45, 2 vol. ; F. Strauss, *Das evang. Kirchenjahr*, Berl., 1850 ; Piper, *Der verbesserte evangel. Kalender*, 1850 ; Bobertag, *Das evang. Kirchenjahr*, Berl., 1853 ; 2e éd., 1857 ; Nebe, *Die evang. u. epist. Perikopen des Kirchenjahrs*, Wiesb.,

1875, 8 vol.; Sommer, *Die evang. u. epist. Perikopen*, Erl., 1875 2 vol., et l'article de Ranke dans la *Real-Encykl.* de Herzog.

F. LICHTENBERGER.

PÉRIGUEUX (*Petragorium*) a remplacé la capitale des *Petrocorii*, *Augusta Vesuna*, et se compose de deux villes qui avaient une existence distincte jusqu'en 1240; la première, connue sous le nom de la Cité, et le Puy-Saint-Front. Saint-Etienne fut la première cathédrale; la célèbre et admirable église de Saint-Front fut d'abord élevée par l'évêque Chronopius dont Fortunat a rédigé l'épitaphe, au commencement du sixième siècle, elle fut consacrée en 1047 sous l'évêque Giraud de Gourdon. Le siège, supprimé en 1801, fut rétabli en 1818. Quant à saint Front (*Frontus*, *Fronto*) lui-même, le fondateur de cet évêché, on reconnaît que tout est incertain sur lui; c'est au deuxième concile de Limoges, de 1034, que l'abbé de Saint-Martial répondit au prêtre périgourdin Pierre qui vantait son saint : « Taisez-vous, mon frère, *melius est ut sileas*... Le livre sur saint Front, sur l'autorité duquel vous vous appuyez, a été fait de nos jours, par amour du gain, par Gauzbert, que l'évêque de Limoges, Hildegaire, avait empêché d'être chorévêque. » L'évêque de Périgueux, Arnaud, était présent et ne répondit rien. On peut voir les actes si contestés de saint Front dans les *Acta sanctorum*, oct. XI, et dans le livre de du Bosquet, et comparer les *Monuments sur Sainte-Marie-Madeleine* de Faillon (cf. Pergot, la *Vie de Saint F.*, Pér., 1861). Au reste, on touche du doigt l'origine et les sources de la supercherie littéraire de ces documents apocryphes, que personne ne défend. — Voyez *Gallia christiania*, II (Bordeaux); *Soc. franç. d'archéol.*, Congrès de Périgueux, 1858; J. Du Puys, *L'état de l'Egl. du Périgord*, Périg., 1629, in-4°, et avec annot. de l'abbé Audierne, 2 vol. in-4°, 1841-1843. S. BERGER.

PÉRIPOT Duran, surnommé Ephodeo, rabbin aragonais, célèbre par ses études sur la grammaire, les mathématiques et le Talmud, vécut à la fin du quatorzième siècle. Sous la pression de la violence, il embrassa la religion chrétienne, mais bientôt après, regrettant sa décision, il quitta sa patrie avec Bonet (David Ben Garon ou Goren) et se rendit en Egypte pour y professer librement sa foi. Son ami s'étant arrêté à Avignon, se laissa persuader par Paul de Burgos à rester chrétien. Il fit part à Péripot de sa décision et l'engagea à l'imiter; mais celui-ci lui reprocha sa défection dans une lettre pleine d'une ironie si fine que les chrétiens se trompèrent longtemps sur sa portée. Cet écrit, intitulé: Al tehi caavodecha, «Ne sois pas comme tes Pères, » est une apologie du judaïsme. Il a été commenté par R. Jos. Ben. Sem Tob et parut avec le commentaire à Constantinople. Une autre apologie de la loi de Moïse : Chelimad hagoiim, « Confusion des Gentils, » est restée inédite. Les publications les plus importantes de Péripot sont : Une grammaire philologique et critique de la langue hébraïque, Mâasé Ephod (Exode XXVIII, 8. — *Œuvre du Pectoral*). L'auteur, dans cet ouvrage, passe en revue les enseignements des docteurs juifs et donne quinze règles pour étudier l'hébreu. Le dominicain Sanctes Pagninus (1477-1541) l'a traduit en latin : *Liber Ephod, grammaticam continens Hebraicam, Latine donatus* (Quétif et Echard, *Script. ord. Prædicat.*, II, 118) ; un ouvrage sur l'astronomie : Chesev Ephod (Exode XXVIII, 15, — *Ceinture du Pectoral*), en vingt-neuf chapitres ; un commentaire sur le Moreh Nebuchim de Maimonide, imprimé dans les éditions de Venise et de Sabioneta ; des explications de divers traités de Aben-Ezra ; deux lettres et une élégie sur la mort de R. Abraham, fils d'Isaac Levita. — Voyez Chr. Wolf, *Bibl. hebr.*, Hamb., 1715, I, 992 ; J.-R. de Castro, *Bibl. Esp.*, I, 234, Madr., 1781 ; G.-B. de Rossi, *Dizionario storico degli autori Ebrei*, II, 89, Parma, 1802 ; *Annali ebreo-tipogr.*, p. 17 ; *Biblioth. giudaica anticristiana*, p. 88 ; *Cod. Heb.*, II, 177.

EUG. STERN.

PÉROU. La République du Pérou s'est déclarée indépendante du joug espagnol le 28 juillet 1821. Sa population, recensée en 1876, s'élève à 2,699,945 habitants, auxquels il faut ajouter les tribus indiennes jusqu'ici restées rebelles à la civilisation et dont on évalue la force à 350,000 âmes. Les Péruviens sont en grande majorité d'origine indienne. Le *Journal de la Société de statistique de Paris* (1879, nº 7) évalue les Indiens à 1,554.678, les blancs à 371,197, les métis à 669,457, les nègres à 52,588 et les Asiatiques à 51,186. La presque unanimité de la population se rattache au catholicisme romain, qui compte 2,644,055 adhérents. On trouve de plus, sur le territoire de la République, 5,087 protestants, 498 israélites, 27,073 adhérents d'autres cultes et 22,393 persones dont le culte n'a pu être constaté. — Le Pérou est régi par la Constitution du 31 août 1867, qui proclame la religion catholique romaine religion de l'Etat et interdit l'exercice public de tous les autres cultes. — Sous la domination espagnole, l'Eglise catholique s'était élevée au Perou à une grande splendeur; ses richesses étaient immenses et son luxe inouï. Les couvents étaient aussi nombreux qu'opulents, et les établissements ecclésiastiques de toute nature couvraient la surface du pays. Depuis l'indépendance, l'Eglise catholique a perdu beaucoup de son ancienne prospérité, et les nécessités financières de l'Etat ont notamment engagé le gouvernement à séculariser à plusieurs reprises les biens d'un certain nombre de couvents riches. Cependant, malgré ses pertes, l'Eglise catholique reste encore au Pérou dans une situation assez brillante; si ses biens ont été diminués, elle en conserve encore assez pour pouvoir déployer toujours un luxe considérable. Le gouvernement péruvien n'a pas, comme la plupart des autres Etats de l'Amérique du Sud, pris à l'égard de l'Eglise une position hostile. La plupart des présidents qui se sont succédé ont au contraire favorisé le clergé, et les conflits entre l'Eglise et le pouvoir civil ont été assez rares. Cependant le gouvernement possède le droit de nomination des évêques et les considère comme des fonctionnaires de l'Etat sur lesquels il exerce un certain droit de discipline. Ainsi, en 1873, lorsque l'évêque Huerta quitta son diocèse et s'obstina à n'y point résider, le gouvernement fit saisir ses revenus sans que ses rapports avec la cour de Rome aient été troublés pour cela. Le chef de la hiérarchie péruvienne est l'archevêque de Lima (évêché le 19 mars 1539, archevêché le 11 février 1546); il est assisté de sept évêques suffragants, ceux d'Arequipa (1609), de Maynas (27 juin 1805), de Cuzco (4 septembre 1538), de Guamanga (20 juillet 1609), de Huanuco (27 mars 1865), de Puño (7 avril 1862) et de Truxillo (15 avril 1577). Les paroisses sont au nombre de cinq cent cinquante-sept seulement, mais la plupart d'entre elles sont desservies par plusieurs prêtres. Malgré les sécularisations, les couvents tant d'hommes que de femmes sont restés nombreux dans le pays. Le clergé est généralement plus estimé au Pérou que dans les autres régions de l'Amérique du Sud, et il semble qu'il le mérite davantage. — Le protestantisme ne compte guère que des adhérents étrangers; cependant une société anglaise s'est donné la mission de répandre dans le peuple des traductions espagnoles de la Bible, mais les résultats de ce travail ont été minimes jusqu'à ce jour. — Bibliographie : *Almanach de Gotha*, 1881 ; Martin's, *The Statesman's Yearbook*, 1881; Behm et Wagner, *Die Bevœlkerung der Erde*, VI, 1880; P.-M. Cabello, *Guia politica, ecclesiastica y militar del Perù*, 1869; Grandidier, *Voyage dans l'Amérique du Sud, Pérou et Bolivie*, 1863 ; Baldomero Menendez, *Manuel de geografia y estadistica del Peru*, 1877 ; d'Ursel, *Sud Amérique. Séjours et voyages au Brésil, en Bolivie et au Pérou*, 1879; Wappæus, *Die Republic. Peru*, dans Stein, *Handbuch der Geographie und Statistik*, III, 1864. E. VAUCHER.

PERPÉTUE (Sainte), martyre montaniste, née à Carthage, morte vers l'an 202. Elle avait vingt et un ans, était mariée et avait un jeune enfant qu'elle nourrissait, lorsqu'on l'arrêta comme chrétienne pendant la persécution qui éclata en Afrique sous Septime Sévère. Elle fut enfermée dans un cachot avec son nourrisson et y reçut le baptême, en dépit des menaces de son père, qui était païen. Perpétue eut des visions qu'elle raconta aux diacres qui la visitaient. C'est ainsi que le Christ lui apparut sous la forme d'un berger et lui offrit du fromage fabriqué avec du lait de ses brebis. Elle confessa courageusement sa foi devant le tribunal et fut exposée avec d'autres chrétiens, parmi lesquels Revocat, Félicité, Saturnin, Secondule et Satyre, aux bêtes de l'amphithéâtre. Mais, comme elle ne mourut pas de ce supplice, elle reçut le dernier coup de la main d'un gladiateur. Les actes de Perpétue, rédigés vraisemblablement par un montaniste, furent retrouvés par Holsténius, bibliothécaire du Vatican, publiés par Possin à Rome et par Valésius à Paris, insérés par Ruinart dans les *Actes des martyrs*, et par Papebrock dans le Recueil des bollandistes, à la date du 7 mars. — Voyez Basnage, *Annales Pol. Eccl.*, II, 224 ss.; Ittig, *Diss. de hæresiarchis ævi. apost. et apostolico proximis*, Lips., 1690; Orsi, *Diss. apolog. pro SS. Perpetuæ et Felicitatis orthodoxia*, Florent., 1728 ; Tillemont, *Mém. eccl.*, III ; Fleury, *Hist. eccl.*, V.

PERPIGNAN (*Perpinianum*), ville épiscopale qui succéda, en 1602, à l'ancien évêché d'Elne (*Helena*), connu depuis 589. Elle eut une université fondée en 1349 par Pierre d'Aragon. La cathédrale est dédiée à saint Jean-Baptiste. — Voyez *Gallia chr.*, VI; Puiggari, *Catal. biogr. des év. d'Elne*, Perp., 1842.

PERREYVE (Henri) [1831-1865], orateur et écrivain catholique distingué. Né à Paris, il embrassa, après de brillantes études, le sacerdoce à vingt ans, grâce à l'influence qu'avait exercée sur lui le Père Lacordaire. Nature ardente et modeste, artistique et pieuse, il se livra à un travail excessif qu'interrompaient des accès fréquents de maladie. Aumônier du lycée Saint-Louis et du collège de Sainte-Barbe, jeune, enthousiaste, usant ses forces à la solution du problème insoluble de réconcilier le siècle avec Rome, souffrant « de la disproportion ridicule entre ce qu'il désire et ce qu'il est, » consumant sa faible constitution dans les efforts et les sacrifices d'un ministère tout de dévouement, il ne tarda pas à succomber à la tâche et mourut à l'âge de trente-quatre ans, dans la fleur de sa jeunesse. De 1861 à 1865, Perreyve avait occupé la chaire d'histoire ecclésiastique à la Sorbonne. Nous avons de lui : un écrit ascétique, *La journée des malades;* les *Lettres de l'abbé Perreyve*, Paris, 1872; 4e éd., 1880; les *Lettres à un ami d'enfance*, Paris, 1879, qui contiennent des pages tour à tour enjouées et graves, mais toujours d'un naturel parfait. Le Père Gratry, dont il était l'élève, a écrit une *Vie de Henri Perreyve*, Paris, 1866.

PERROT (Emile), conseiller au parlement de Paris, « l'un des plus entiers et droits hommes de son temps, » selon le témoignage de Crespin (*Hist. des martyrs*, 1572, f. 711), doit être rangé parmi les plus célèbres jurisconsultes protestants du seizième siècle. Né vers 1504, il fit ses études au collège Le Moine, où il eut Farel pour un de ses maîtres, et où il enseigna lui-même, en 1524, comme régent des classes de grammaire. Trois ans plus tard, il alla étudier le droit à Toulouse, et partit de là, vers le milieu de 1528, pour se rendre à l'Université de Padoue; mais à cause des agitations politiques de la Péninsule, il dut s'arrêter vingt mois peut-être à Turin. Il écrivit de cette dernière ville, en novembre 1529, une lettre confidentielle qu'il fit passer par les mains de Farel, et dans laquelle il révélait à Pierre Giron, secrétaire de la ville de Berne, un complot tramé par les cinq cantons catholiques, l'empereur et le pape, contre les cantons évangéliques. On sait que l'empereur, après son couronnement à Bologne, tourna son attention du côté des luthériens d'Allemagne et non du côté de la Suisse réformée; mais l'avis secret de Perrot dut permettre aux Bernois de prendre leurs mesures en conséquence. Il continua ses études de droit en Italie: à Padoue, où il était à la fin de 1530, surtout à Marostica, petite ville de Lombardie, où il se confina pour éviter tout dérangement, et il ne rentra en France qu'en 1533, après avoir obtenu son diplôme de docteur. Il fit alors imprimer à Lyon le principal de ses ouvrages, qui le mit d'emblée parmi les maîtres de la science des lois et lui ouvrit les portes du parlement: *Æmilii Perroti, Parisiensis jureconsulti, ad Galli formulam et ei annexam Scevolæ interpretationem glossæ*, apud Sebastianum Gryphium, Lugduni, 1533, in-4o (voyez la *bibliothèque* d'Antoine du Verdier, Lyon, 1585. *Supplément.* Mattaire, *Annales typographici*, t. II, p.782).—Il composa aussi un poème sur la première croisade: *Lotareis*

Æmilii Perroti Galli, de bello sacro a Godefrido et principibus Lotharingiis suscepto ad Hierosolymæ urbis liberationem. Ad Franciscum et Carolum, principes Lotharingicos. Ce poème n'a jamais été imprimé ; on ne sait où se trouve le manuscrit, et il serait intéressant qu'on le retrouvât pour pouvoir en apprécier la valeur. On ignore même combien de chants le poète avait composés. Quoi qu'il en soit, il a eu le premier l'idée de chanter cette immortelle épopée qui devait plus tard illustrer le Tasse. Le sujet n'était donc pas mal choisi. Mais l'auteur a eu le tort d'écrire son œuvre en latin; il se figurait sans doute que les langues modernes n'étaient ni assez formées, ni assez nobles pour exprimer les sentiments héroïques. — Nous soupçonnons, mais sans en avoir la preuve documentée, le rôle qu'il a dû jouer au parlement de Paris quand cette assemblée souveraine avait à juger ses frères les évangéliques de France, en particulier lors de l'enregistrement de l'édit de Châteaubriand (27 juin 1551), vrai code de persécution où toutes les lois antérieures contre l'hérésie furent coordonnées en quarante-six articles. Il était certainement du nombre de ces conseillers qu'on accusait « d'estre assez mal soigneux et peu diligents à faire leur devoir dans cette sainte et louable œuvre tant agréable à Dieu, » et pour la surveillance desquels on tint des mercuriales tous les trois mois. Mais cette partie de sa vie nous est complètement cachée. Nous connaissons mieux sa douceur, sa piété évangélique, sa largeur chrétienne et son amour de la paix, par les précieuses lettres qui nous restent de sa correspondance avec son maître et ami Farel. Il était *navré* des tristes divisions qui, depuis le mois de décembre 1524, avaient éclaté entre les évangéliques au sujet de la sainte cène (lettre du 6 janvier 1529). Nature mystique, il ne pouvait comprendre ces âcres conflits sur une question de pain et de vin. Il mourut en 1556. Il avait épousé, vingt ans auparavant, Madeleine Gron ; de ce mariage naquirent plusieurs enfants, dont deux, Denis et Charles, entrèrent dans le ministère évangélique et furent nommés pasteurs par la Compagnie de Genève, le 10 novembre 1564. La bonne semence que leur père avait jetée dans leurs cœurs, par l'exemple et les leçons du foyer domestique, avait donc porté ses fruits. Denis se retira bientôt du ministère (1566), pour se rendre à Paris auprès de sa mère, veuve ; c'est là qu'il fut tué à la Saint-Barthélemy, à l'âge d'environ trente-deux ans. Mais Charles vécut plus longtemps, et sa foi douce et naïve aussi bien que la singulière destinée des ouvrages qu'il avait composés méritent une notice à part. — Voyez A.-L. Herminjard, *Corresp. des réformateurs*, t. I et II, passim ; *Bulletin du prot. fr.*, trois articles de nous sur Emile Perrot, t. XIX et XX, 1870 et 1871 ; *Petri Bunelli... et Pauli Manutii Epistolæ ciceroniano stylo scriptæ*, Genevæ, H. Stephanus, 1581, in-8°. Ce recueil ne renferme pas moins de vingt et une lettres adressées, de 1530 à 1532, à Perrot par Bunel, son condisciple et ami. Bunel était et resta catholique; mais ces deux jeunes hommes, d'une grande pureté morale et d'une incontestable supériorité d'esprit, étaient faits pour s'entendre et s'aimer, malgré la diversité de leurs opinions religieuses.

CHARLES DARDIER.

PERROT (Charles), fils du précédent, né à Paris en 1541, mort pasteur à Genève le 15 octobre 1608, doit être classé, comme ses amis Isaac Casaubon et le Hollandais Utenbogaert, parmi ces hommes de paix qui furent si rares et si méconnus dans ce rude seizième siècle porté à tous les excès de doctrine et de violence. Il fut nommé par la Compagnie à la cure de Moëns, petit village du pays de Gex, au-dessus de Fernex, le même jour que son frère Denis était nommé à celle de Satigny (10 novembre 1564). Trois ans plus tard, il passa à la ville et fut reçu bourgeois gratis (1567). Il fut trois fois recteur de l'académie : en 1570, 1588 et 1590. En 1572, on lui confia la tâche de lecteur en théologie, espèce de professorat secondaire, irrégulier et honoraire, qui devait correspondre aux *privatim docentes* des universités allemandes, et en 1580 il fut chargé de remplacer dans l'enseignement de la théologie Théodore de Bèze et La Faye, envoyés tous les deux au synode de Montbéliard. Ses collègues avaient une grande confiance dans son savoir et aussi dans sa capacité. Le 16 octobre 1573, la Compagnie lui remet « les papiers de feu M. Calvin » pour qu'il puisse les revoir, et, « communiquant le tout à M. de Besze, adviser ensemble d'en faire une fin. » Le résultat de ce travail fut la collection des *Epistolæ et responsa*, publiée à Genève en 1575, avec la vie de Calvin par Bèze. Une seconde édition, qui est pourtant identique à la première, mais augmentée de seize lettres nouvelles, parut l'année suivante, à Lausanne, et cette édition fut encore l'œuvre de Perrot. L'éditeur avait scrupuleusement transcrit le texte qu'il avait sous les yeux, mais le conseil s'en formalisa et lui fit des remontrances parce que, dans une des nouvelles lettres imprimées, le réformateur taxait les Genevois de légèreté (1er mars 1576). On aurait voulu qu'il modifiât ou supprimât le paragraphe accusateur. Il fut également chargé par la Compagnie, le 8 juin 1576, de revoir les règlements officiels sur le collège et l'académie qui avaient été rédigés par Calvin et publiés sous le nom de *Leges academiæ*. Il prit dans cette circonstance une courageuse initiative qui montra sa largeur d'esprit et fit entrer l'Eglise de Genève dans une voie assez différente de celle du réformateur : il proposa que les étudiants ne fussent plus obligés de signer, à leur entrée à l'école, la confession de foi latine, longue de huit pages petit in-4°, à laquelle les élèves comme les professeurs et les régents étaient tenus jusqu'alors d'apposer leur signature. La Compagnie et le conseil consentirent à cette suppression, et le considérant qui la motive en rehausse l'importance : « D'autant, dit le registre, que cela oste le moyen et aux papistes et aux luthériens de venir et profiter en ceste église, et qu'il ne semble raisonnable de presser ainsi une conscience qui n'est résolue de signer ce qu'elle n'entend pas ; joinct que ceux de Saxe ont prins occasion de ceste ordonnance, de faire signer la confession d'Augsbourg aux nostres, qui vont de par de là. » Cette voie de liberté ne sera reprise et agrandie qu'un siècle et demi plus tard, sous l'impulsion du pieux Alphonse Turrettin. D'après le témoignage d'un contemporain, les prédications de Perrot étaient éloquentes, et nous savons par les registres du conseil qu'il plaidait avec chaleur la cause des petits et des pauvres. Ainsi, le 1er décembre 1573, il prit vivement la défense des réchappés de la Saint-Barthélemy qui affluaient à Genève et dont le conseil d'Etat, dans un moment d'extrême disette, avait renvoyé un grand nombre de la ville. Il se plaignit avec amertume de tant de cruauté, disant que sur mille personnes il n'y en avait pas deux qui fussent charitables. Une autre fois, en avril 1597, il déclara du haut de la chaire que la permission de prêter à huit pour cent n'était pas chrétienne, mais que c'était une permission judaïque. Dans les deux cas, il dut subir les remontrances du conseil, et tout en maintenant sa liberté de prédicateur, il promit de ne rien dire qui pût déplaire « à Messieurs. » Son humilité était aussi sincère que son amour de la paix. Il mourut subitement à l'âge de soixante-sept ans, honoré et chéri par ses concitoyens de toutes les classes. Il avait épousé, en 1566, la fille de spectable Cop, et Théodore de Bèze avait assisté au contrat. En 1571, il se remaria avec la fille de Simon Caillate, de Paris. Ses fils s'allièrent aux plus grandes familles de Genève, les Minutoli, les De Chapeaurouge, les Saladin, les Rilliet. Il laissa à ses héritiers de nombreux ouvrages dont pas un ne vit le jour. Le magistrat le plus influent de cette époque, le froid et inflexible jurisconsulte Lect, véritable successeur de Calvin et de Bèze, s'opposa absolument à leur publication; il prit même sur lui, poussé par ce qu'il croyait être l'intérêt de l'Etat et de l'Eglise, d'en détruire quelques-uns. Ce qu'il en resta, biffé, raturé officiellement aux endroits compromettants, douteux ou obscurs, ne fut rendu à ses fils (Denis et Timothée) qu'après douze ans de réclamations et d'instances, de la part surtout du premier, qui paraît avoir partagé plus que le second les opinions de son père. La perte de ces ouvrages est regrettable à jamais. Nous savons le titre de plusieurs d'entre eux, parce qu'ils sont donnés dans le cours de ces longs et tristes débats : *De extremis in Ecclesiâ vitandis; Annotations sur le catéchisme*, ou *Symbole et Oraison dominicale; Le mesnage de la foy; Adagia sacra*, recueil de pensées pieuses, soit rédigées par lui, soit choisies dans les documents de l'antiquité ecclésiastique ou sacrée ; *Commentaires sur saint Augustin* et *sur l'Institution de Calvin; notes* mises à la marge d'une *Biblia græca*. Le premier ouvrage nommé devait être le plus important. Nous voyons dans le *Journal de Pierre de l'Estoile*, à la date du 28 septembre 1607, que l'un des fils de Perrot eut à Paris, avec le célèbre chroniqueur, une conversation de laquelle il résulte que Charles Perrot songeait à ce moment à publier ce manuscrit; mais la mort le surprit avant d'avoir réalisé ce projet. Les imputations que le calviniste Lect articulait contre lui étaient alors d'une gravité extrême, et elles devaient être fondées, car elles étaient bien dans le tempérament religieux du paisible et timoré Perrot : il allait jusqu'à accuser les réformateurs de précipitation et d'imprudence en faisant le schisme; son opinion était qu'il aurait fallu gémir et demeurer dans l'Eglise romaine. Nous comprenons que cette opinion, très contestable, n'ait été défendue par aucun des collègues de l'auteur, malgré leur sympathie pour lui et leur vénération pour sa mémoire. Il ne fut pas compris par son siècle, mais on doit dire qu'il ne le comprenait pas non plus. La tolérance, l'esprit de support ne devait venir aux chrétiens qu'après de longues et douloureuses épreuves. Il se peint à merveille par ces mots de sa main dans l'*Album amicorum* de Jean Durant (qui appartient aujourd'hui à M. Henri Bordier); après avoir inscrit le texte 1 Cor. XIII, 4 : « La charité est patiente, elle est pleine de bonté; la charité n'est point envieuse; la charité ne se vante point, elle ne s'enfle point, » il ajoute : « C'est le passage de l'Apostre qui me revient le plus en ce temps, où tout le contraire se pratique trop, pour mémoire de l'entière amitié d'entre moy, Charles Perrot et Jehan Durant, mon honoré compère, cher cousin et intime ami. Ce 4e de juin 1584. » Nous pouvons aussi lui faire l'application du passage Matth. V, 9, qu'il aimait à citer : « Heureux les pacifiques, ils seront appelés fils de Dieu. » — Voyez *Fr. prot.*, VIII, 195; J.-E. Cellérier, *Notice biogr. sur Ch. Perrot*, Genève, 1856; Cellérier, *Trois hommes de paix au seizième siècle*, dans *La seule chose nécessaire*, Harlem, IV, 67-87; *Bulletin*, passim.

CHARLES DARDIER.

PERSE (Religions de la). — I. SYSTÈME RELIGIEUX DES ACHÉMÉNIDES. Les documents les plus anciens et les plus authentiques de la Perse, ces inscriptions gravées par Darius et ses successeurs sur les murs de leurs palais et sur la paroi polie des rochers de leur empire permettent de tracer les linéaments d'une religion assez simple en apparence, mais laissant entrevoir une complication dont il est impossible de déterminer le degré. Dans ce système religieux, le « grand dieu » s'appelle Auramazdâ (nom écrit une seule fois Aura Mazdâ) : « C'est lui qui a créé le ciel, qui a créé cette terre, qui a créé l'homme et lui a donné le bien-être (? *Shiyâti*); » c'est lui qui confère la puissance au roi et lui donne la victoire sur ses ennemis du dehors et du dedans, fait réussir ses entreprises, et le protège contre tout mal, spécialement contre les troupes hostiles (des mauvais génies ?), la disette et le mensonge. Toutefois Auramazdâ n'est pas un dieu unique, il n'est que « le plus grand des dieux ; » on lui en associe d'autres, les « dieux » sans qualificatif, ou les « dieux de la tribu, » qui partagent avec lui l'œuvre de protection. Deux de ces dieux seulement sont nommés, et cela dans les deux dernières inscriptions; ce sont : Mithra, cité dans l'une et dans l'autre, et Anahata, cité avec Mithra dans l'avant-dernière, toujours en compagnie d'Auramazdâ; Artaxerxès Ochus réclame l'assistance d'Auramazdâ et de Mithra, Artaxerxès Mnémon celle d'Ahuramazdâ, d'Anahata et de Mithra, déclarant en outre que c'est par la faveur d'Anahata et de Mithra qu'il a reconstruit le palais de Suze incendié. Mithra est un dieu solaire, lumineux; Anahata est une divinité qui préside aux eaux: le culte de ces deux principes de vie et de fécondité serait donc associé à celui d'Auramazdâ. Voilà tout ce que nous pouvons tirer des inscriptions des Achéménides: on a cependant voulu y découvrir quelque chose de plus. Sans insister sur ces points trop minutieux, nous citerons seulement l'interprétation proposée par M. Oppert pour le mot difficile *Shiyâti*, qui, selon lui, désigne « le bon principe. » Dans le passage sur lequel il s'appuie principalement pour la faire admettre, les autres interprétes avaient vu la qualification de *Aurâ* (Divinité?) attribuée à *Shiyâti*. M. Oppert repousse cette interprétation, qui pourtant semblerait favorable à son système, et ne veut voir dans *Aurâ* que le nom d'Auramazdâ. Il est certain que *Shiyâti* est quelque chose de très important, mais faut-il y voir le bon principe? Il est permis d'en douter. Ni le bon principe, ni le mauvais bon principe ou les mauvais génies et leur opposition ne nous paraissent clairement désignés dans les inscriptions des Achéménides. On ne peut en faire sortir ces notions que par d'ingénieuses subtilités, par des interprétations qui n'emportent pas la conviction et ne doivent être admises qu'avec réserve.—En somme, un dieu supérieur qui est le grand créateur et protecteur, Auramazdâ, deux principales divinités secondaires, Mithra et Anahata (la lumière et l'eau), d'autres divinités générales ou locales en nombre inconnu, mais certainement considérable : tel est le système religieux dont les grands traits se dégagent avec clarté des documents perses émanés des Achéménides. Quelle en est l'origine? Et d'abord, quel nom lui donner? Platon, qui n'est pas précisément une autorité historique, mais qui était contemporain des Achéménides et vivait durant la période où leurs relations avec les Grecs étaient devenues le plus actives et le plus fréquentes, revêtant même parfois une forme quasi amicale, Platon, que nous pouvons par conséquent considérer comme un écho (et un écho intelligent) de la voix publique, appelle ce système « la magie (μαγεία) de Zoroastre fils d'Oromaze » (Acibiade Ier). — Oromaze est bien le Auramazdâ des Achéménides; mais ceux-ci ne disent absolument rien de Zoroastre, son prétendu fils. Il n'en est pas moins évident que leur système religieux se relie à celui de ce célèbre docteur : les noms divins cités dans les inscriptions perses sont zoroastriens. Toutefois le système religieux de ces inscriptions est bien plus simple que celui qui est venu jusqu'à nous sous le nom de Zoroastre. D'où vient cette différence? De ce que la religion, encore à l'état naissant, n'avait pas encore reçu tous ses développements? ou bien de ce qu'une réforme radicale en avait dégagé les altérations et les superfétations accumulées dans la suite des temps? ou tout simplement de ce que les inscriptions ne pouvaient, par la force des choses, nous donner sur le système religieux alors admis que de maigres détails? Il est impossible de ne pas admettre cette dernière hypothèse, mais elle n'exclut pas une des deux autres. Et même il serait possible de les accueillir toutes les trois dans une certaine mesure. En effet, il est certain, tout d'abord, que le système religieux esquissé par les Achéménides dans leurs inscriptions n'est pas complet; de plus, il est fort possible qu'ils aient adhéré à une réforme religieuse proclamée par Zoroastre, que certaines autorités font vivre vers les commencements de leur dynastie. Et cette réforme, si elle a existé, aura pu se trouver inutile, soit que les altérations anciennes aient reparu, soit que des altérations nouvelles se soient produites; car la rédaction des livres religieux mis sous le nom de Zoroastre, bien postérieure aux inscriptions des Achéménides, accuse un système religieux bien plus compliqué.

II. Zoroastre et ses écrits. Les choses ont pu se dérouler de la manière que nous venons d'indiquer, mais la diversité, la contrariété, la confusion, l'incertitude et l'insuffisance des témoignages ne permettent aucune affirmation positive. Si quelques-uns placent Zoroastre au sixième siècle, d'autres le font remonter à quelques siècles plus tôt. En outre, on a admis l'existence de plusieurs Zoroastre; il y en aurait un qui serait le fondateur, un autre qui serait le réformateur de la religion, sans parler des docteurs intermédiaires. Même incertitude sur le lieu de sa naissance; on le fait naître en différents pays, ce qui, du reste, est inévitable s'il y a eu plusieurs Zoroastre. Néanmoins les témoignages les plus dignes de foi semblent s'accorder pour faire vivre Zoroastre et placer le berceau du système religieux dont il aurait été l'auteur ou le rénovateur dans la Bactriane. Son véritable nom est *Zarathustra* (brillant comme l'or)? (*Zerdust*, en persan); il avait pour père Pourushâçpa (riche en chevaux). Le roi de Bakdhi (Bactres) était alors Vistâçpa (persan : Gushtasp ; grec : Hystaspes). Le spectacle des mœurs régnantes dégoûta du monde l'austère Zoroastre; il se retira au désert, où il vécut plusieurs années dans une caverne, s'entretenant avec le dieu qui lui enseigna la vraie religion. De retour à Bactres, il lutta pour faire prévaloir ses doctrines et gagna à sa cause le roi Vistâçpa, ce qui assura son triomphe. Parmi les adversaires qu'il vainquit, on cite une députation de docteurs indiens qui, après discussion, adoptèrent l'enseignement de Zoroastre. Les ennemis héréditaires des Aryens, les Touraniens, ayant envahi le pays et livré Bactres au pillage, Zoroastre périt dans la bagarre. Il avait épousé trois femmes dont les deux premières seulement lui donnèrent des enfants, l'un desquels le seconda dans son œuvre : la troisième doit, dans la suite des siècles, mettre au jour deux docteurs qui convertiront le monde au zoroastrisme. Quoique le nom du roi bactrien, protecteur de Zoroastre, soit le même que celui du père de Darius (Vistâçpa), les Achéménides et les rois de Bactriane sont géographiquement et généalogiquement distincts et éloignés les uns des autres. Il y a là deux branches plus ou moins divergentes d'une race commune. Cette différence, qui affecte les peuples aussi bien que les dynasties, est également accusée par les idiomes; le dialecte des Achéménides s'écarte notablement, malgré une parenté manifeste, de celui des livres de Zoroastre. Ici encore, il y a des considérations chronologiques dont il est nécessaire de tenir compte. Nous ne pouvons songer à traiter ces points délicats; nous nous bornerons à dire qu'il y a, entre les Achéménides de l'histoire et les sectateurs immédiats de Zoroastre selon la tradition, un lien réel, mais dont il est à peu près impossible de préciser la nature, des relations qu'on ne peut essayer de caractériser sans recourir à la conjecture.—Quelle que soit l'époque où Zoroastre a vécu et l'œuvre qu'il a accomplie, on lui attribue vingt et un livres qui devaient former un très vaste ensemble. La plupart de ces ouvrages, dont on ne saurait aujourd'hui déterminer la vraie origine, auraient péri par l'effet des désordres et même des persécutions qui suivirent la mort d'Alexandre. Après une longue période de déclin et d'effacement, l'enseignement de Zoroastre reprit son empire sous les Sassanides (222-647). Le culte fut réorganisé, les débris de la littérature religieuse recueillis et arrangés de manière à répondre à certaines exigences. C'est ce recueil, représentant plus ou moins fidèle, reste mutilé de l'ancien, qui est venu jusqu'à nous. Poursuivi de nouveau avec plus d'âpreté que jamais, après la chute des Sassanides, par les farouches et intraitables sectateurs du Koran, il fut porté dans l'Inde, où les disciples de Zoroastre allèrent chercher un refuge. Ces proscrits, connus sous les noms de Parsis et de Guèbres, répandus dans le Guzarat et à Bombay, conservèrent leurs livres religieux avec un soin jaloux, les respectant plus qu'ils ne les comprenaient. En 1723, un exemplaire de ces livres, le premier qui parvint en Europe, fut apporté en Angleterre; depuis, ils furent recherchés avec curiosité; on sait quelle persévérance Anquetil Du Perron déploya pour se procurer les écrits de Zoroastre, dont il rapporta à Paris une collection précieuse, et en publier une traduction complète, bien imparfaite sans doute, mais qui a été le point de départ des savants travaux dont ce recueil est devenu l'objet. *Zend-Avesta* est le nom donné par les Persans aux écrits de Zoroastre; les érudits d'Europe sont assez disposés à supprimer le premier terme de ce composé. On est à peu près d'accord pour admettre que *Avesta* signifie « loi. » L'Avesta est donc la Loi. Quant au mot *Zend*, le sens en est plus incertain : selon les uns, il signifie « texte, » selon d'autres, « prière. » Ce mot sert aussi à désigner la langue dans laquelle sont écrits les livres sacrés des Parsis. Mais aujourd'hui beaucoup de savants européens, principalement ceux d'Allemagne, ont adopté pour cette langue le nom d' « ancien bactrien. » Le Zend-Avesta est formé des livres suivants : 1° le Vendidad (vingt-deux chapitres), série d'instructions données par Ahura-Mazdâ à Zoroastre sur sa demande : ce livre est un dialogue perpétuel entre le dieu et son disciple favori; 2° et 3° le Vispered (vingt-sept sections) et le Yaçna (soixante-dix sections), livres liturgiques relatifs à l'exercice du culte et à la célébration du sacrifice, appelé Yaçna en zend ou ancien bactrien. Les Parsis entremêlent ces deux livres, le Vispered et le Yaçna, et les réunissent au Vendidad en donnant à l'ensemble la dénomination commune de Vendidad-Sadé. En dehors du Vendidad-Sadé, il existe un certain nombre de fragments, pour la plupart des hymnes, formant diverses classes comprises sous le titre général de Khorda-Avesta (Petit Avesta). Enfin, une littérature spéciale se groupe autour de l'Avesta; parmi ces ouvrages accessoires, l'un des plus importants est le Boundehesch, dont la traduction fait partie du Zend-Avesta d'Anquetil. Nous allons essayer maintenant d'esquisser la religion exposée dans les livres de

Zoroastre, en observant les divisions suivantes : *Croyances*, *Morale*, *Culte*.

III. Système zoroastrien. 1° *Croyances*. Il y a un génie, un esprit du bien, Çpenta-Mainyus, ordinairement appelé Mazdâ, Mazdâ-Ahura, Ahura-Mazdâ (« divin, grand savant, »; Ormazd); il est l'auteur de tout bien; il a créé cette terre agréable « où tout pourtant n'était pas joie. » Il est l'auteur de toute prospérité physique, de toute perfection morale. Mais il y a aussi un génie, un esprit du mal, Aghra-Mainyus (Ahriman), qui se plaît à contrarier Ahura-Mazdâ; à chaque création de celui-ci, il oppose une création pernicieuse, des fléaux physiques tels que l'hiver, des insectes, des animaux malfaisants; des calamités morales telles que le doute, l'orgueil, le meurtre, l'impureté ; des pratiques dangereuses comme l'enterrement et la crémation des corps. La somme des maux créés par Aghra-Mainyus contre Ahura-Mazdâ est juste de 99,999 ; en un mot, il est l'auteur de tout mal. Il y a donc une lutte perpétuelle, un duel séculaire engagé entre ces deux génies opposés : effort constant d'Aghra-Mainyus pour détruire ou déshonorer l'œuvre d'Ahura-Mazdâ, effort constant d'Ahura-Madzâ pour conserver sa propre œuvre et faire disparaître les maux qu'apporte son adversaire. Mais les deux génies ne sont pas seuls à soutenir cette lutte de tous les instants, une armée divine combat sous les ordres de chacun d'eux. Les Yazatas (Izeds) forment la milice d'Ahura-Mazdâ, les Daêvas (Divs) celle d'Aghra-Mainyus. Les uns et les autres sont en nombre infini ou indéfini, mais il y a entre eux une sorte de hiérarchie; Ahura-Mazdâ et Aghra-Mainyus ne sont respectivement que le premier des Yazatas et le premier des Daêvas. Parmi leurs innombrables subordonnés, quelques-uns se distinguent par une supériorité et des fonctions éminentes. Au premier rang des Yazatas se placent les six Amesha-Çpentas (saints immortels, Amshaspands) : Vohumano (Bahman), « le bon esprit, » qui préside aux troupeaux; Asha-Vahista (Ardibehesh), « la pureté excellente, » qui préside au feu; Xatra-Vairya (Shariver), « le roi désirable, » qui préside aux métaux; Çpenta-Armaiti (Sapandomad), «le génie de la terre; » Haurvatat (Khordad), « la totalité, » et Amĕrĕtât (Amerdad), « l'immortalité, » ces deux derniers ordinairement associés, unis ensemble pour présider à la conservation et à l'entretien des êtres. Le Feu, « fils d'Ahura-Mazdâ, » est quelquefois compté comme un septième Amesha-Çpenta. Les divers génies qui président aux divisions du temps semblent venir à la suite des Amesha-Çpentas et sont d'ordinaire invoqués immédiatement après eux. Mais il est certains Yaratas qui paraissent aussi importants, sinon plus importants que les Amesha-Çpentas. — Au premier rang vient Mithra avec son cortège, « Mithra qui a mille oreilles, dix mille yeux, » Mithra « aux vastes campagnes, le plus puissant, le plus fort, le plus vigoureux des Yazatas. » C'est presque un rival d'Ahura-Mazdâ; il est souvent associé d'une manière spéciale au génie du bien; on en trouve des exemples dans le Zend-Avesta comme dans l'inscription perse d'Artaxerxès Ochus. On va même jusqu'à dire que Ahura-Mazdâ lui aurait fait un sacrifice, qu'il est le Yazata par excellence. Cette sorte de quasi-supériorité attribuée à Mithra vient probablement de ce qu'il représente le soleil, cet objet suprême d'adoration. Et, en effet, ses mille oreilles, ses dix mille yeux ne font-ils pas penser à l'Hélios d'Homère, qui voit et entend tout (ὅς πάντ ἐφορᾷ καὶ πάντ ἐπακούει)? Mithra n'est pourtant pas, au moins dans la phase du zoroastrisme que représente le Zend-Avesta, le soleil lui-même ; il semble être surtout la lumière, lumière physique et lumière morale : de là, sans doute, la fonction qui lui est attribuée de présider à la bonne foi dans les conventions, à la fidélité dans les relations sociales, de protéger la vérité contre le mensonge ; car « il est véridique et ne peut être trompé. » La suite de Mithra est nombreuse : à sa droite se tient Çraosha « le saint, pur et victorieux, » armé de sa massue ; à sa gauche, Rashnu le juste ; Veretraghna court devant lui, sous la forme d'un sanglier ; Ashi-Vanuhi la pure et Parendi viennent par derrière ; toutefois Ashi-Vanuhi est aussi représentée comme conduisant le char de Mithra : elle est appelée fille de Ahura-Mazdâ et sœur des Amesha-Çpentas, sœur aussi de Çraosha et de Rashnu. Parendi est le génie des trésors. Ne semble-t-il pas que Mithra (dont le nom est identique au sanskrit Mitra, un des noms du soleil) fasse bande à part dans le panthéon zoroastrien ? — Parmi les autres objets d'adoration proposés aux sectateurs de Zoroastre, nous devons citer l'astre Tishtrya, Ardwiçura-Anahita, le Feu, les Fravashi-Tishtrya (Tir), le premier des astres, est l'étoile Sirius ; il dispense les biens aux campagnes et au bétail, il contient la semence des eaux. Ardwiçura-Anâhita est un génie féminin, la source des eaux ; on l'appelle sainte, pure, bonne et vivifiante. On trouve dans les inscriptions perses cette divinité invoquée en même temps que Mithra : le Zend-Avesta ne fait pas, que nous sachions, l'association de Mithra et d'Anahita, mais il énumère avec complaisance les sacrifices offerts à Ardwiçura-Anahita par les héros de la tradition, Yima, Kava-uç et bien d'autres. Même des monstres comme Dahâka, des ennemis comme les Touraniens, ont sacrifié à la pure Ardwiçura. Le Feu est déclaré constamment fils d'Ahura-Mazdâ ; nous avons déjà dit qu'il est compté comme un septième Amesha-Çpenta ; il est de tous les Amesha-Çpentas celui qui s'approche le plus de l'homme. On dit aussi quelquefois que les Yazatas sont issus de lui. Quant aux Fravashis (Ferouers), il est assez difficile de dire au juste ce qu'il faut entendre par ce terme : il semble que ce soient les âmes soit des vivants, soit des morts, ou des génies protecteurs, quelque chose d'analogue aux bons génies ou aux anges gardiens. Les Fravashis sont purs, terribles, impétueux ; ceux des vivants sont plus puissants que ceux des morts, mais ceux des justes l'emportent sur tous les autres, et, parmi ceux-ci, les Fravashis des premiers adorateurs de Mazdâ, en particulier celui de Zoroastre. On invoque sans cesse le Fravashi de Zoroastre et les Fravashis des justes. Le Feu, les Amesha-Çpentas ont aussi leurs Fravashis : Ahura-Mazdâ lui-même a le sien, le plus grand, le meilleur, le plus beau, le plus intelligent, le mieux fait, le plus élevé en pureté. On a voulu voir dans les Fravashis les feux de la voûte céleste, les étoiles; mais cette explication se réfère à des notions relativement modernes. Telle est, décrite en peu de mots, la milice d'Ahura-Mazdâ ; elle est nombreuse. La hiérarchie n'en est pas parfaitement fixée ; les fonctions n'y sont pas toujours nettement déterminées; il y a, au moins en apparence, plus d'un double emploi. La milice d'Aghra-Mainyus est tout aussi nombreuse, mais elle est plus confuse et décrite avec moins de précision, ce dont il ne faut pas s'étonner.—Parmi les innombrables Daêvas, création d'Aghra-Mainyus au même titre que les Yazatas le sont d'Ahura-Mazdâ, quelques-uns (les Darvands) sont désignés comme adversaires spéciaux des Amesha-Çpentas; mais ce ne sont pas ceux qu'on met le plus souvent en scène, et ils ne sont guère connus que par leurs noms. Akomano est l'adversaire de Vohumano, Andra celui de Asha-Vahista, Çaurva celui de Xathra-Vairya, Naoghaiti celui de Çpenta-Armaiti, Tauru et Zairika) représentant la faim et la soif), ceux de Haurvatât et Ameretât. Parmi les autres, les plus fréquemment cités sont Aeshma, violent, impétueux, furieux; Ashemaogha, impur, violent, plein de mort, et qui, chose assez curieuse! prétend à une sorte de perfection morale, pousse à l'abstinence, au jeûne, accomplit même des cérémonies de purification. On comprend que toutes ses vertus sont fausses, aussi est-il considéré comme le Daêva protecteur de l'hérésie et des fausses doctrines; Buiti, la Druje pernicieuse qui trompe les mortels et que Aghra-Mainyus lança des régions septentrionales contre Zoroastre pour le faire périr ; Açtovidhôtus, « qui disjoint les os,» le Daêva destructeur des corps : quand un homme se noie, ce n'est pas l'eau qui lui donne la mort (l'eau est pure et bienfaisante), c'est Açtovidhôtus; la Druje Naçus (grec : νέκυς), Daêva de la corruption, de l'infection, de l'impureté, de la décomposition, qui arrive impétueusement du septentrion pour prendre possession du mort, qui du mort s'élance sur le vivant, dont elle souille les vêtements, dans lequel elle pénètre par toutes les ouvertures, et qui multiplie les maladies et les fléaux, si on ne la chasse par des cérémonies purificatrices ; Vizaresho, qui lie et emporte l'âme du méchant ; Bushyançta aux longues mains, qui cherche à replonger dans le sommeil tous les êtres du monde corporel au moment même où ils se réveillent. A ces Daêvas individuels il faut ajouter les Daevas qui forment des tribus et représentent soit des peuplades, soit des associations maudites: tels sont les Karapanas et surtout les Yâtus, magiciens; il y a des magiciens humains, mais aussi des magiciens Daêvas. A cette tribu mâle des Yâtus, il faut joindre la tribu femelle des Pairika (persan: Pari ou Péri, « fée »), magiciennes et séductrices. On a déjà vu, par ce qui précède, qu'il existe des Daêvas femelles; telles sont la Druje Buiti et la Druje Naçus. Ce mot Druje est visiblement apparenté à ceux qui désignent le mensonge dans le persan moderne (darugh) et dans le perse des Achéménides (dragua). On peut donc considérer les Drujes comme des Daêvas du mensonge, quoique le mensonge n'ait pas un rapport direct bien apparent avec l'action spéciale de telle ou telle

Druje, de la Druje Naçus, par exemple ; mais il faut se rappeler que le mensonge, abhorré des Perses, est l'attribut général des Daevas, ils sont trompeurs et menteurs en même temps que promoteurs de tel ou tel vice, de tel ou tel fléau. Il n'est pas étonnant qu'un titre rappelant le mensonge soit accolé au nom des plus redoutés d'entre eux. Nous avons esquissé les armées des deux grands adversaires qui ne sont pas directement aux prises l'un avec l'autre. S'il est un passage qui semble supposer une lutte personnelle entre eux, ce passage est unique et l'interprétation douteuse. C'est par leurs subordonnés qu'ils soutiennent l'interminable duel. Du sommet du Garo-Nman, où il a établi sa demeure avec les Amesha-Çpentas, Ahura-Mazdâ dirige le combat contre Aghra-Mainyus qui rassemble ses Daêvas sur la cime de l'Arezura. Ces lieux sont aussi la demeure des hommes qui ont quitté ce monde. Dès qu'un homme est mort, les Daêvas rôdent autour de lui ; le Daêva Vizaresho saisit, au bout de trois jours, les âmes des méchants, et les entraîne liées vers le pont Cinwat. Les bons et les méchants affluent et se pressent à l'entrée de ce pont ; les premiers réussissent à le traverser et atteignent le Haraberezaiti (le célèbre mont Albourz), résidence lumineuse et fortunée d'Ahura-Mazdâ et des Yazatas ; les autres, repoussés, tombent entre les mains des Daêvas qui les entraînent dans leur demeure ténébreuse. — En dehors des deux esprits adverses et de leurs troupes innombrables, le système zoroastrien admet diverses autres existences dont il faut bien dire un mot : tout d'abord le temps sans bornes et la lumière increée. Il est deux ou trois fois question du temps sans limites ; une interprétation inexacte d'Anquetil lui avait attribué le pouvoir créateur ; le texte parle seulement de choses créées *dans* le temps infini. Le temps n'est donc qu'un milieu, mais il est éternel. Quant à la lumière, elle est déclarée à plusieurs reprises créée par elle-même *(qa-dhâta)*, c'est-à-dire increée. Du reste, il y a plusieurs sortes de lumières, les unes créées par elles-mêmes, les étoiles en font partie, les autres créées par autrui. On a discuté l'expression *qa-dhata* « créé par soi » et on a cherché à en restreindre la portée. Il semble pourtant bien clair que le Zend-Avesta admet des choses existant par elles-mêmes par opposition à des choses créées. Ainsi le pont Cinwat a été créé par Ahura-Mazdâ ; mais le Minwan, dont la nature est, il faut bien le dire, mal déterminée et qui semble être le lieu où ce pont se trouve (peut-être l'espace en général) est déclaré créé par lui-même. Il y a donc des choses que Ahura-Mazdâ, le génie supérieur, aurait faites, et d'autres qui n'auraient été faites par personne. Quelle est, à cet égard, la situation du génie du mal Aghra-Mainyus ? Est-il créé par lui-même ou créé par un autre, lequel ne pourrait être que Ahura-Mazdâ ? Nous croyons que l'Avesta évite de s'expliquer sur ce point délicat. La création par Ahura-Mazdâ est inadmissible ; elle implique contradiction. Aghra-Mainyus serait donc *qa-dhâta* « créé par lui-même. » On n'ose pas l'affirmer ; mais la conséquence semble forcée. Je veux bien que la conception d'Aghra-Mainyus soit une création postérieure dans le système religieux de Zoroastre ; j'admets encore que son infériorité soit reconnue (elle est un des éléments constitutifs du système), et que sa défaite finale définitive soit annoncée. Malgré cela, les passages dont on prétend tirer ces données ne sont ni aussi explicites qu'il le faudrait, ni d'une ancienneté suffisamment démontrée. Le génie du mal a beau être honni et conspué, il a beau être repoussé et ne pouvoir réussir à l'emporter définitivement malgré des attaques réitérées, il ne laisse pas que d'apparaître comme un obstacle indestructible dont on ne peut assigner l'origine, dont on ne peut prévoir le terme. Outre ces notions métaphysiques, le Zend-Avesta nous offre certaines conceptions relatives à l'origine des êtres, celles du taureau primitif et du premier homme Gayo-Maratan (Kayomors) cités ordinairement ensemble, quoiqu'il soit plus souvent question du second que du premier. Le taureau primordial représente la création animale tout entière virtuellement renfermée en lui ; Gayo-Maratan représente l'humanité. Nous n'insistons pas sur les différents monstres malfaisants de la création d'Aghra-Mainyus. — Nous ne pouvons pas même parler longuement des héros célébrés dans l'Avesta, héros dépeints sous des traits mythiques, mais qui évidemment appartiennent à l'histoire. Nous dirons cependant un mot de Yima, fils de Vivanghat : Yima (le Jemshid des Persans), le brillant Yima, pasteur des peuples, faisait le bonheur des hommes; il leur donna une foule d'institutions utiles. Mais son règne si long et si prospère finit déplorablement ; la cause de sa chute est expliquée diversement et demeure obscure. La tradition varie sur ce point : selon les uns, il aurait conçu de mauvaises pensées qu'on ne fait pas connaître ; selon d'autres, il aurait appris aux hommes à manger de la viande, et c'est ce qui l'aurait perdu. On dit qu'il fut scié en deux par son frère Çpitura. Il existe entre la religion des Aryas de l'Inde et celle des Aryas de la Bactriane des relations qui ont donné lieu à des recherches et à des discussions. Et tout d'abord, on a reconnu qu'un certain nombre de noms propres sont communs aux deux systèmes. Les mots zends Ahura, Daêva, Mithra correspondent aux mots sanscrits Asura, Dêva, Mithra. Vêrêtraghna est Virtrahân (ou Virtraghna), « meurtrier de Virtra, » un des surnoms d'Indra. Ce nom d'Indra lui-même, on a cru le reconnaître dans l'Andra du Zend-Avesta. Yima, fils de Vivanghat, dont il était question tout à l'heure, est bien, quant au nom, le Yama, fils de Vivaçvat des Hindous. Un mauvais génie bactrien porte le nom de Gandarewa, visiblement identique à celui des Gandharvas de l'Inde. Les identifications que l'on a pu ainsi constater ne sont pas fort nombreuses, mais elles sont frappantes et portent sur des noms importants. Une particularité remarquable de ces rapprochements est que les mots zends sont souvent pris dans un sens contraire à celui des mot sanskrits correspondants Ainsi, Ahura est, en zend, le nom du génie du bien; les Asuras de l'Inde sont de mauvais génies. Les Dêvas de l'Inde sont, en général, des êtres bienfaisants ; les Daêvas de la Bactriane composent l'armée du mal. On avait cru pouvoir conclure de là à une opposition complète, une contradiction formelle entre les deux religions. Cependant l'opposition se réduit à peu près aux mots très importants, il est vrai, qui viennent d'être cités. Pour Vêrêtraghna, l'opposition n'existe pas, puisque c'est le nom d'une créature d'Ahura-Mazdâ; seulement, si le Daêva Andra est bien Indra, nous aurions le phénomène curieux d'un dieu indien dédoublé dans l'Avesta, et combattant à la fois sous un nom dans l'armée du bien, sous un autre nom dans l'armée du mal. Le Gandarewa zoroastrien est un mauvais génie : les Gandharwas indiens semblent être devenus de bons génies; mais leur nature est équivoque : on les présente parfois sous un jour peu favorable : c'est une question au sujet de laquelle il faut se tenir sur la réserve. Même prudence en ce qui touche le Yima de l'Avesta et le Yama des livres sanskrits: celui-ci est devenu positivement le dieu des morts, et, dès l'origine, c'est à son nom que se rattachent les notions sur l'autre monde. Mais le Yima bactrien, ce roi brillant et fortuné, finit si mal, qu'on ne saurait dire si son nom représente en définitive les splendeurs de la vie ou les horreurs de la mort. Il en est résulté que, après avoir exagéré l'opposition de la religion bactrienne et de la religion indienne, on a tenté de les rapprocher, de les unir, presque de les confondre par l'interprétation des mythes que leurs traditions respectives ont conservés, en particulier celui de l'orage, que certains érudits sont enclins à retrouver partout. Nous ne pouvons entrer dans ce débat. L'opposition des deux systèmes n'est pas douteuse, elle est attestée et par les faits linguistiques que nous avons rappelés, et par la tradition qui nous montre Zoroastre disputant avec des brahmanes de l'Inde et les amenant à lui. Mais, d'autre part, la communauté d'origine est incontestable : on a même proposé, non sans raison, de voir dans Ahura-Mazdâ des Aryens de Bactriane, le Varuna des Aryens de l'Inde, le Ouranos des Hellènes (identique à Varuna), le dieu unique et primitif de la race aryenne qui aurait ainsi commencé par le monothéisme. Le nom de Varuna a donc disparu du panthéon iranien, bien que l'épithète Ahura(=Asura), qui, sans lui être spéciale, lui est appliquée de préférence, y ait été conservée. Mais les Aryens de l'Inde associaient Mithra, le ciel diurne, et Varuna, le ciel nocturne, donnant au second une supériorité marquée. Il est évident que les Aryens de la Bactriane ont dû faire le contraire; ils ont exalté Mithra, subalternisé et rejeté Varuna. Le dissentiment, manifesté de la sorte, se sera accentué par l'introduction du nom d'Ahura-Mazdâ, qui peut avoir été soit un dédoublement de Mithra, soit un rappel en même temps qu'une transformation du nom d'Ahura-Varuna. Qui sait même si le génie du mal, Aghra-Mainyus, n'est pas, lui aussi, une transformation, mais une transformation en mal, de ce même Varuna, le dieu ténébreux, combattu par Mithra, la lumière, et Mazdâ, la science? Cette révolution, dans ses deux phases, mais surtout dans la dernière, se lierait au problème de l'explication du mal. Les Aryens de l'Inde l'auront résolu par la théorie de la transmigration, ceux de la Bactriane, par le dualisme. Le rôle de

Zoroastre, du grand Zoroastre, aura été, soit d'introduire dans la religion de son peuple cet élément caractéristique, soit de donner à la notion dualiste un plus grand développement ou de lui faire prendre sa forme et sa place définitives ; car il est de toute évidence que c'est le dualisme, la théorie de l'organisation de la lutte du bien et du mal, qui distingue le système religieux exposé dans le Zend-Avesta. — 2° *Morale.* Une morale se caractérise moins par les préceptes qu'elle donne que par le principe générateur dont elle dérive. Epicure et Zénon étaient arrivés à des conclusions à peu près identiques, mais ils étaient partis de principes opposés, et cette contradiction originaire, se faisant sentir de plus en plus, accrut constamment l'opposition que d'heureuses inconséquences avaient pu dissimuler jusqu'à un certain point et pour un certain temps. Le principe de la morale zooastrienne se confond avec la dogmatique : c'est la lutte contre le mal. L'homme prend part à ce grand duel d'Ahura-Mazdâ et d'Aghra-Mainyus, des Yazatas et des Daêvas ; il est à la fois l'auxiliaire et le protégé, soit du génie du bien, soit du génie du mal. Mais qu'est-ce que le bien ? Qu'est-ce que le mal ? Il n'est pas un acte de la vie, même le plus indifférent, qui ne soit rangé dans l'une ou l'autre catégorie. Tout ce qui nuit physiquement, moralement, socialement, est une œuvre d'Aghra-Mainyus et doit être combattu par l'adorateur d'Ahura-Mazdâ. Dès lors la guerre contre les ennemis du peuple d'Ahura-Mazdâ, les mesures hygiéniques et salutaires propres à combattre la contagion et la maladie, ont autant d'importance, sinon plus, que les prescriptions de la morale proprement dite. Les fléaux physiques étant, autant que les transgressions morales, l'œuvre du génie du mal, les précautions à prendre à l'égard des corps morts donnent lieu à de nombreuses et minutieuses prescriptions; la conduite à tenir à l'égard des animaux, selon qu'ils sont réputés bienfaisants ou malfaisants, est aussi réglementée avec beaucoup de soin. Les premiers doivent être l'objet d'une protection qui va presque jusqu'au culte ; ils sont les alliés d'Ahura-Mazdâ ; les autres sont de la bande d'Aghra-Mainyus : il faut les détruire sans pitié. Quant aux devoirs moraux proprement dits, on n'en trouve pas dans le Zend-Avesta un résumé clair et précis. Il est plusieurs fois question des péchés de la pensée, de la parole, du corps, auxquels sont opposées des vertus correspondantes ; mais cette division qui, dans le brahmanisme et le bouddhisme, où elle se retrouve, donne lieu à une nomenclature et à une classification de dix actes bien déterminés, n'est pas l'objet de la même attention dans ce qui nous reste des écrits attribués à Zoroastre. Parmi les actions ou les sentiments condamnés dans l'Avesta, nous citerons le meurtre, le doute, l'incrédulité, l'orgueil, la magie, créations d'Aghra-Mainyus. L'apostasie, les violences contre les hommes et les animaux du bon parti, la violation de la foi jurée et des conventions, le refus de vêtements et d'aliments à ceux qui en ont besoin, sont l'objet d'une réprobation sévère. L'Avesta se prononce aussi contre le sommeil prolongé (il faut veiller sur les agents du mal), contre le jeûne et l'abstinence (il faut être fort et bien nourri pour soutenir la lutte). Les manquements contre la chasteté sont caractérisés avec soin ; les plus graves et les plus odieux sont des crimes inexpiables: il est dit de la pédérastie qu'elle identifie dès cette vie le coupable avec les Daêvas. Les rapports entre les deux sexes ne paraissent pas réglementés avec une clarté suffisante : il est pourvu à la propagation de la race (mazdéenne), et la naissance des enfants impose des devoirs qui ne sont pas oubliés; mais l'union conjugale ne semble pas bien déterminée, et elle paraît comporter une assez grande latitude. Dans tous les cas, la polygamie est permise ; elle est sanctionnée d'ailleurs par l'exemple de Zoroastre. Il a été question tout à l'heure de crimes inexpiables. La conséquence des actes est un élément important de la morale religieuse et même de toute morale. Dans la plupart des systèmes, on peut même dire dans tous, mais surtout dans le système zoroastrien, les bonnes actions amènent à leur suite le bonheur ; les mauvaises, le malheur. Mais peut-on se dérober à la conséquence des actes coupables? Quelquefois, pas toujours. Les actes répréhensibles se partagent en deux classes : ceux qui peuvent être expiés, ceux qui ne le peuvent pas. De ceux-ci il n'y a rien à dire, sinon que les coupables sont une proie dévolue aux Daêvas. Quant à l'expiation, elle s'accomplit en frappant avec deux instruments cités très souvent: l'aiguillon (*astra*) et un autre mal défini appelé *Çraoshocarana*, terme dont le sens véritable est inconnu et qui paraît désigner une sorte de chasse-mouche ou fouet. Le nombre des coups à donner avec ces deux instruments est quelquefois porté à mille, ce qui semble une peine excessive et intolérable. Aussi a-t-on prétendu que l'auteur du crime à expier est condamné non à recevoir les coups, mais à les porter lui-même aux animaux nuisibles. De cette façon l'expiation d'un acte contre Ahura-Mazdâ se manifesterait par un redoublement obligatoire pour la défense de sa cause. Cette explication est-elle vraie? Nous ne savons. En tous cas, elle ne paraît pas encore définitivement ni universellement admise. Il existe un autre mode d'expiation moins douloureux et plus intelligible, sinon plus satisfaisant; il consiste à réciter plusieurs fois quelqu'une des invocations contenues dans l'Avesta et désignées par les premiers mots de chacune d'elles. Les plus célèbres sont le Ashèm-vohu et le Ahuna-vairyo, celle-ci particulièrement connue sous le nom de Honover, par suite des contractions propres au langage moderne. Cette prière est réputée la meilleure; c'est celle qui produit le plus grand effet et mérite le plus grand respect. Quand la Druje, à la voix d'Aghra-Mainyus, s'élança du septentrion pour tuer Zoroastre, la première chose que fit le saint fut de réciter ce célèbre Honover. Aussi cette invocation a-t-elle été divinisée par les Parsis. On a voulu tirer de ce fait des conséquences exagérées et rapprocher le Honover zoroastrien du λόγος de saint Jean. Nous ne pouvons y voir qu'une divinisation superstitieuse et grossière d'une certaine prière, ou même de la prière en général, et surtout de la prière considérée comme un talisman. L'emploi des invocations comme préservatif et moyen de purification, est fortement recommandé dans l'Avesta, et des formules spéciales sont prescrites pour les différents cas. Ces procédés mécaniques et extérieurs de purification sont à peine combattus par la déclaration qui met la pureté dans le cœur. A deux reprises, l'Avesta déclare que la pureté est le plus grand bien de l'homme après la naissance, que l'homme vraiment pur est celui qui maintient pures ses pensées, ses paroles et ses actions. Mais quelque importance qu'on attribue à ce passage vraisemblablement moderne et interpolé; il ne supprime pas ceux d'après lesquels la purification s'acquiert ou se recouvre par des moyens tout extérieurs : en réalité, il laisse subsister le problème de l'effacement de la souillure qui a été contractée. Au-dessus de ces procédés d'expiation et de purification si imparfaits se place la sanction suprême. Nous en avons déjà parlé; il suffit de la rappeler en peu de mots. Le pont Cinwat est le rendez-vous des morts; ceux qui sont purs ou purifiés par l'expiation le traversent et arrivent dans la résidence lumineuse des Yazatas; les impurs, les auteurs de crimes inexpiables ou non expiés, sont arrêtés et entraînés dans la demeure ténébreuse des Daêvas. — 3° *Culte.* Quel est maintenant le culte adapté à ce système religieux que nous appelons MAZDÉISME, parce que Mazdâ est le suprême objet d'adoration? Le fidèle de cette religion s'appelle *mazdayaçna*, c'est-à-dire « sacrificateur à Mazdâ. » L'expression contraire *daêvayaçna*, « sacrificateur aux Daêvas, » qui se rencontre parfois, mais rarement, semblerait indiquer une religion, des rites opposés; mais elle n'est que l'antithèse de mazdayaçna et s'applique d'une manière générale à tout ce qui n'est pas mazdéen, en particulier aux adversaires soit du mazdéisme, soit des mazdéens. Le sacrifice à Mazdâ est donc la forme la plus élevée du culte mazdéen. En quoi consiste ce sacrifice? Principalement et primitivement dans l'offrande du *haoma*, jus d'une plante que l'on broyait dans un mortier. Le haoma de l'Avesta est identique au *soma* védique : l'offrande de cette liqueur est un des points de contact les plus caractéristiques du culte des Aryas de la Bactriane et de celui des Aryas de l'Inde. Aussi est-ce une très ancienne forme du culte qui a fini par perdre de son importance, ce qui n'a pas empêché d'en conserver le souvenir et de diviniser le haoma. Ce haoma était la principale offrande; ce n'était pas la seule : on offrait aussi des plantes, des parfums, des objets utiles aux prêtres. Enfin, comme leurs frères de l'Inde, les Aryens de la Bactriane ont conservé et consigné dans leurs livres religieux le souvenir de sacrifices d'hommes et d'animaux accomplis dans les âges reculés. Mais il y a une pratique dont l'importance croissante a peu à peu laissé loin derrière elle toutes les autres, c'est le culte ou plutôt l'entretien du feu. On l'entretenait sur des autels établis en plein air sur des lieux élevés et appelés dâdgâh et aussi atesh-gâh, atesh-yêdêh; on lui offrait le haoma. Aujourd'hui, les Parsis entretiennent le feu dans leurs temples, genre d'édifices que les anciens mazdéens ne connaissaient pas; Hérodote le dit formellement des Perses, et aucun texte zoroastrien connu ne contredit ce témoignage. Un certain nombre de jours de l'année étaient consacrés aux divers génies de la suite d'Ahuramazdâ et conséquemment signalés par des actes religieux ; il existait d'ailleurs un très grand nombre de cérémonies purificatrices et expiatoires à accomplir. Pour l'offrande du haoma, pour l'entretien du feu, pour l'accomplissement des cérémonies, il y avait des prêtres qui, avec les guerriers et les agriculteurs, formaient les trois premières classes de la nation. On les appelait *athrava*, « gens du feu ; » mais ils portaient des noms particuliers, selon le genre d'occupation ou la portion du service dévolue à chacun. Parmi ces nombreux officiants, on distinguait le zaotar, qui récitait les prières et les invocations, et le raethwiskara, qui présidait aux purifications. Ces deux offices ou, du moins, ces deux noms ont seuls subsisté dans le culte, et aujourd'hui les cérémonies mazdéennes sont accomplies par le jouti (forme moderne du mot zaota), assisté du raspi (le rathwi ou rathwis-kara d'autrefois). Parmi les pièces et les ustensiles qui composaient l'attirail obligatoire de tout prêtre mazdéen et même de tout fidèle pour l'exercice de son culte privé, nous citerons le koçti, sorte de ceinture ou de cordon sacré ; le penon ou paitidhana, pièce d'étoffe qu'on se mettait devant la bouche en priant et en approchant du feu, de peur de le souiller par son haleine, le bareçma (barsom), branche ou faisceau de branches, le mortier et la tasse pour broyer et offrir le haoma, l'aiguillon et le çraoshocarana pour frapper les animaux nuisibles ou accomplir certaines macérations. — Nous ne pouvons entrer dans le détail des pratiques minutieuses, des observances multipliées dont se composait et se compose encore la vie du fidèle mazdéen. Elles sont toutes inspirées par cette pensée fondamentale du dogme, de la morale et du culte : lutter contre la puissance du mal, refouler ses envahissements, faire disparaître la souillure qui résulte de ses trop nombreux triomphes, et effacer les traces de son passage. Le mazdéisme, persécuté avec une rage furieuse par les premiers disciples de Mahomet, proscrit dans son culte extérieur, dans ses doctrines, dans ses livres, dans son écriture même, se réfugia dans l'Inde, où les débris de la société religieuse dispersée reconstituèrent, sous le nom de parsisme que nous lui donnons, leur ancien culte. Toutefois la vieille religion ne disparut pas complètement du sol natal : elle y manifesta sa résistance de plus d'une manière. Le premier schisme qui éclata dans l'islamisme trouva les Persans prêts à accueillir le parti de l'opposition. Voilà comment il se fait que les Persans sont Chiites, adhérents de la secte d'Ali. La littérature persane a débuté par un retour aux traditions historiques et religieuses de l'ancienne Perse et du Zend-Avesta. Des termes religieux empruntés à ces temps reculés sont encore dans la langue : il est vrai que cet argument n'est pas très probant, car les Turks, dont le dévouement à l'orthodoxie musulmane ne peut faire de doute, ont aussi conservé des expressions de leur ancien paganisme. Mais, en Perse, une sorte de réaction sourde contre les enseignements de l'Islam, un esprit qui s'alimente d'inspirations de nature différente, neutralise jusqu'à un certain point l'influence du culte dominant; les traces du zoroastrisme ne sont pas complètement effacées, et les véhémentes diatribes par lesquelles les écrivains et surtout les poètes persans expriment leur aversion pour la destinée à propos d'événements fâcheux dont ils ne pourraient sans impiété faire remonter la responsabilité jusqu'à Dieu, sont un souvenir de l'indestructible haine que tout bon mazdéen doit nourrir pour Ahriman (Aghra-Mainyus), l'infatigable auteur de tous les maux. — Consulter principalement sur le zoroastrisme : Anquetil Du Perron, *Zend-Avesta, ouvrage de Zoroastre*, Paris, 1771, 2 tom. (3 vol.); Eugène Burnouf, *Commentaire sur le Yaçna*, Paris, 1833, in-4°; *Etudes sur les langues et les textes zends*, Paris, 1850, in-8° (extrait du *Journal asiatique*); Fr. Spiegel, *Avesta, die Heiligen Schriften der Parsen*, Leipzig, 1852-1863, 3 vol. in-8°; le même, *Commentar über das Avesta*, Leipzig, 1864-68, 2 vol. in-8°; le même, *Eran das Land zwischen dem Indus und Tigris*, Berlin, 1863, in-8°; Windischmann, *Die persische Anahita oder Anaïtis*, Munich, 1858, in-8°; *Zoroastrische Studien*, Berlin, 1863, in-8°; Haug, *Essays on the sacred language, writings and religion of the Parses*, Bombay, 1862, in-8°; le *Arda Viraf nâmeh*, traduit par J.-A. Pope, Londres, 1816, 1 vol. in-8°; *même ouvrage*, texte pehlvi par Hoshangji Jamaspi Asa, et traduction anglaise par Haug, Bombay et Londres, 1872, in-8°; Dr Ferd. Justi, *Der Bundehesch, zum ersten Male herausgegeben, transcribirt, übersetzt und mit Glossar versehen*, Leipzig, 1868, in-4°; de Harlez, *Avesta, livre sacré des sectateurs de Zoroastre*, 3 tom., Liège, 1875-1877; *Des Origines du zoroastrisme*, 1879-80 (*Journal asiatique*); Darmesteter, *Ormazd et Arihman*, Paris, 1879, in-8°; *The Zend-Avesta, part I, The Vendidad* (*sacred Books of the East*, Londres et Oxford, in-8°); Abel Hovelacque, *L'Avesta, Zoroastre et le Mazdéisme*, Paris, 1880, in-8°. L. FEER.

PERSE (Le christianisme en). Au commencement du quatrième siècle le nombre des chrétiens était déjà très considérable en Perse. Au concile de Nicée (325) nous voyons figurer un évêque persan du nom de Jean. L'Eglise persane était dans des rapports intimes avec l'Eglise syrienne, et le patriarche d'Antioche la comptait dans sa juridiction. Le primat de l'Eglise de Perse avait son siège à Séleucie-Ktésiphon. En l'absence d'une traduction de la Bible autorisée, les chrétiens persans se servaient de la traduction syrienne qui, pour les besoins du culte, était traduite en langue nationale. On ne connaît point de persécutions avant l'époque de Constantin. Cet empereur profita d'une ambassade politique envoyée au roi Sapor II (309-380), pour recommander à sa bienveillance les nombreux chrétiens de son royaume. Mais deux causes principales contribuèrent à enlever aux chrétiens de la Perse la tolérance dont ils avaient été l'objet de la part du gouvernement et à attirer sur eux de cruelles persécutions : d'une part, le zèle fanatique pour la religion nationale de Zoroastre qui s'était réveillé depuis la chute des Arsacides; d'autre part, les guerres incessantes entre les Perses et les Romains. Les mages entretenaient sans relâche le soupçon que les chrétiens de la Perse favorisaient en secret les intérêts de Rome, et les Juifs persans ne manquaient pas de fortifier ces calomnies.—La première grande persécution éclata en 343, sous Sapor II. Elle débuta par un édit qui imposait aux chrétiens une lourde capitation. L'évêque Syméon de Séleucie, un vieillard vénéré, fut chargé de faire rentrer cet impôt, et comme il s'y refusa, il parut un second édit qui ordonna de détruire toutes les églises chrétiennes et de faire exécuter les membres du clergé des trois degrés supérieurs. Syméon subit joyeusement le martyre avec cent autres prêtres. L'année suivante (344), un nouvel édit étendit la peine de mort à tous les chrétiens sans exception, et plusieurs milliers d'entre eux scellèrent de leur sang leur foi : Azades, l'eunuque favori du roi, ne fut pas même épargné ; mais son supplice fit une telle impression sur Sapor qu'il restreignit de nouveau l'application de la peine de mort aux prêtres et aux moines. La persécution continua pendant trente-cinq ans et sévit à diverses reprises avec une telle vigueur qu'elle n'épargna aucune condition, aucun âge, aucun sexe. L'empereur Jovin, après une campagne malheureuse, fut obligé de faire la paix avec les Perses et de leur céder les provinces disputées ainsi que la forteresse de Nisibis. L'émigration fut toutefois permise aux chrétiens. — Après la mort de Sapor II, l'Eglise de la Perse jouit de quarante années de sécurité et retrouva son ancienne prospérité. Le roi Jezdegerdes Ier (399-420) se montra pendant longtemps le protecteur et l'ami des chrétiens, grâce surtout aux éminents services que lui rendait l'évêque Maruthas de Tagrit en Mésopotamie, en qualité d'ambassadeur à la cour de Byzance. Mais l'évêque Abdas de Suse ayant fait abattre un temple consacré au culte du feu et s'étant refusé à le rétablir, les mages profitèrent de la colère du roi pour obtenir l'exécution d'Abdas et la destruction de plusieurs temples chrétiens (418). Ce fut le signal d'une nouvelle persécution qui dura trente ans et sévit surtout avec fureur au commencement du règne de Varanes V (420). Les Actes des martyrs sont remplis des descriptions des supplices les plus atroces et les plus raffinés. Malgré la vigilance des gardiens établis sur les frontières, beaucoup de chrétiens persans réussirent à gagner les terres de l'empire romain. Le refus de les livrer amena une nouvelle guerre avec le gouvernement de Byzance. Sous le règne de Jezdegerdes II, les nestoriens persécutés par les orthodoxes se réfugièrent en Perse, où ils cherchèrent à gagner l'Eglise chrétienne à leurs doctrines. A la tête de cette agitation se trouvait Barsumas, devenu évêque de Nisibis, après son expulsion d'Edesse, et Maanès d'Ardischir. Barsumas ayant été excommunié par le métropolitain de Séleucie Babu, le roi Pherozès fit exécuter ce dernier (465), et une nouvelle persécution éclata contre les catholiques, tandis que les nestoriens reçurent l'autorisation d'exercer librement leur culte. Ceux-ci ayant réussi à faire accepter leurs doctrines par l'Eglise de Perse tout entière, les chrétiens jouirent d'une tolérance ininterrompue sous les Sassanides. Les études théologiques participèrent de ce renouvellement de prospérité, et l'école de Nisibis se vit entourée au sixième siècle d'une grande considération dans tout l'Orient. — Le roi de Perse Chosroès ayant porté ses armées victorieuses jusqu'à Chalcédoine (616), les chrétiens des provinces conquises se virent persécutés avec une nouvelle cruauté. Mais l'empereur Héraclius, à la tête d'une armée composée de Slaves, d'Avares, de Huns et de Turcs, battit Chosroès et brisa d'une manière définitive la puissance des Perses (628). — Voyez Eusèbe, *De vita Constantini*, IV, 9-13; Sozomène, *Hist. eccl.*, II, 8-14; VII, 21, ss.; Socrate, *Hist. eccl.*, VII, 18-21; Théodoret, *Hist. eccl.*, I, 24; V, 38 ss.; Jérôme, *Chronic. ad an.* 343; Assemani, *Act. SS. martyr. Orient. et Occid.*, Rom., 1748, t. I; Elisæus, *The history of Vartan, translated from the Armenian*, by Neumann, Lond., 1830, § 312; Procope, *De bello persico*; Malcolm, *The history of Pers.*, trad. en allem. par Becker, Leipz., 2 vol.; Blumhardt, *Missionsgesch.*, II, II, 129 ss.; Neander, *Kirchengesch.*, II, I, 211 ss.

PERSE. La population de la Perse est assez diversement évaluée par les voyageurs, et à défaut de documents officiels authentiques, il faut se contenter de ces évaluations approximatives qui donnent à la Perse environ 7,000,000 d'habitants. La presque totalité de cette population est mahométane, du rite schiite, et les dissidents sont tout au plus au nombre de 100,000, juifs, guèbres ou parsis et chrétiens arméniens et nestoriens. Le schah de Perse est loin d'avoir sur la religion de son pays l'autorité dont jouit le sultan des Turcs, et sur bien des points son pouvoir est très limité. Les musulmans schiites du royaume sont soumis à une hiérarchie religieuse à plusieurs degrés. Les prêtres persans forment plusieurs classes soumises les unes aux autres. Les plus hauts dignitaires en sont actuellement les mouchtahid, au nombre de cinq. Lorsqu'une vacance se produit dans leurs rangs, il y est pourvu par cooptation; cependant l'opinion publique, en désignant un sujet, exerce le plus souvent une influence considérable sur la nomination. Le schah n'a aucun droit d'intervenir dans cette élection. Immédiatement après les mouchtahid viennent les cheiks ul-Islam, ou gardiens de la foi. Il y en a un dans chaque grande ville, nommé et salarié par le gouvernement. Au-dessous de ces dignités, les ministres de la religion se divisent en trois classes : les mooturells, dont un est attaché à chaque mosquée et à chaque lieu de pèlerinage; les muezzins ou ministres de la prière, et les mollahs ou directeurs des rites. — Les juifs, évalués à 16,000, et les guèbres, ou parsis, au nombre de 7,190 âmes, mènent en Perse une vie difficile, en butte aux vexations et aux persécutions de toute nature. — Les chrétiens jouissent d'une plus large tolérance. Ils appartiennent à plusieurs dénominations. Les nestoriens, au nombre de 4,100 familles ou 25,000 âmes, vivent tranquillement, retirés dans les montagnes, et ne sont guère connus par les tentatives missionnaires, du reste assez peu heureuses, qu'ont entreprises parmi eux des sociétés anglaises et américaines. — Les arméniens (4,660 familles, 26,035 âmes) sont un peu plus connus. Ils sont divisés en deux groupes, l'un indépendant, l'autre rattaché, tout en conservant son ancien rite, à l'Eglise catholique. Chacun à son évêque particulier, résidant à Ispahan. — Plu-

-sieurs missions tant catholiques que protestantes sont installées dans les environs du lac Ourmia. La plus importante des œuvres protestantes est celle de l'American Board, qui travaille surtout au relèvement des anciennes Eglises nestorienne et arménienne. — Bibliographie : *Almanach de Gotha*, 1881 ; Martin, *The Statesmen's Yearbook*, 1881 ; Blaramberg, *Statistique de la Perse*, 1853 ; Marsh, *A Ride through Islam, being a Journey through Persia*, etc., 1877; de Molon, *De la Perse*, etc., 1875 ; Polak, *Persien. Das Land und seine Bewohner*, 1875; Thomson, *La Perse*, dans le *Bulletin de la Société de Géographie*, juillet 1869 ; R.-G. Watson, *A history of Persia* (au dix-neuvième siècle), 1873, etc.

E. Vaucher.

PERSÉCUTIONS des chrétiens sous l'empire romain. On distinguait autrefois dix persécutions générales contre les chrétiens. Cette division est très arbitraire, et elle est abandonnée aujourd'hui. A vrai dire, la persécution, une fois commencée, ne s'arrêta jamais. Effroyable à certains moments, presque nulle à d'autres, elle ne cessa pas d'être permise, et, à dater de l'édit de Trajan, d'être légale. Nous diviserons l'histoire des persécutions des chrétiens en trois grandes périodes. La première s'est écoulée depuis l'origine du christianisme jusqu'à Trajan et a précédé le premier décret contre les chrétiens. La deuxième commence avec le règne de Trajan et s'étend jusqu'à l'avènement de Décius ; c'est la plus longue. La persécution est légale, elle se développe, grandit en étendue et en intensité, mais elle reste locale et dépend du caprice des gouverneurs. La troisième, enfin, commence avec le règne de Décius et s'achève en 311, à la promulgation du premier édit de tolérance. La persécution est générale ; elle dépend d'édits précis et cruels qui lui donnent une ténacité implacable. Elle a pour grande cause la raison d'Etat. La prompte disparition du christianisme est devenue pour l'empire d'une impérieuse nécessité. Il s'agit pour lui de vaincre ou de mourir.

I. *Depuis l'origine du christianisme jusqu'à l'édit de Trajan.* — Le premier des persécuteurs fut Néron (voyez ce mot). Nous ne mentionnons que pour mémoire l'assertion de Tertullien, d'après laquelle Tibère ayant lu le récit de la vie, de la mort et de la résurrection de Jésus-Christ, aurait voulu mettre celui-ci au rang des dieux. Ne l'ayant pas obtenu, il chercha au moins à empêcher la persécution. Ce récit n'a aucun fondement. Sous Claude, les juifs furent chassés de Rome (Actes XVIII, 2). Suétone dit qu'ils s'étaient soulevés, *impulsore Chresto*, « poussés par Chrestus.» Il y a là une confusion sans importance entre les juifs, les chrétiens et Jésus-Christ. — Pourquoi Néron persécuta-t-il les chrétiens ? Il n'existait aucun décret contre eux et Néron n'en promulgua point. Pendant toute cette première période la légalité du christianisme ne peut être contestée (voyez Aubé, *De la légalité du christianisme au premier siècle*, appendice du tome I de l'*Histoire des persécutions*). Les chrétiens ont le droit pour eux, et la persécution de Néron, comme celles qui suivirent jusqu'à Trajan, fut arbitraire et illégale. Il est vrai que Cicéron avait écrit (*De legibus*, II, 8) : « Personne ne doit avoir de dieux particuliers, personne ne doit en introduire de nouveaux, ni d'étrangers, s'ils ne sont pas reconnus par les lois de l'Etat.» Mais il est clair que cet exclusivisme n'était plus pratiqué depuis le grand réveil religieux du règne d'Auguste et depuis la faveur accordée par certaines classes, et en particulier par les femmes, aux cultes venus de l'Egypte et de l'extrême Orient (G. Boissier, *La religion romaine d'Auguste aux Antonins*, vol. I, passim). Ce que nous appelons l'intolérance religieuse et doctrinale n'existait pas dans l'antiquité. Le judaïsme, qui avait des synagogues à Rome, est là pour le prouver, et cette ville tolérait les cultes les plus étranges à côté du culte public et officiel qui relevait de l'empereur. Pendant longtemps le judaïsme et le christianisme ne furent pas distingués par les Romains. Le livre des Actes des apôtres nous montre çà et là les premiers missionnaires chrétiens aux prises avec l'autorité romaine. Celle-ci est, en général, large et tolérante. Elle les laisse faire, pourvu qu'ils ne portent aucune atteinte aux lois. La persécution de Néron ne fut donc que le caprice d'un tyran. Il se souciait peu des croyances particulières des chrétiens, et ne les poursuivait que parce qu'il trouvait ingénieux de les accuser de l'incendie de Rome. La populace leur reprocha d'autres crimes. Le récit de Tacite (*Ann.*, XV, 44) a ici une grande importance. Il signale contre les chrétiens des accusations d'infamie que nous retrouverons plus tard. Il les croit des derniers bas-fonds de la société, et il est à remarquer qu'il ne les confond pas avec les juifs; mais cela vient de ce qu'il écrivait dans un temps où ils n'étaient plus confondus. Cependant l'accusation de haïr le genre humain qu'il applique aux chrétiens était la même que l'on portait contre les juifs. Il est donc probable que, déjà sous Néron, les chrétiens commençaient à devenir suspects Rome ne voulait pas de culte secret. Elle craignait les complots, les conspirations, les attentats. Aussitôt qu'un culte étranger mêlait la politique à la religion il était poursuivi. C'est ainsi que les druides furent persécutés en Gaule sous Claude et sous Néron, non parce qu'ils ne croyaient pas aux divinités romaines, mais parce qu'ils prêchaient la révolte à leur peuple. Si les juifs furent chassés de Rome sous Claude, c'est pour un motif analogue. Ce n'est certainement pas parce qu'ils n'étaient pas païens. Les chrétiens, sans doute, ne mêlaient pas la politique la religion et ne faisaient rien contre l'empire, mais leur foi leur interdisait bien des actes qui étaient des crimes envers l'Etat. Ils vivaient retirés, ne se souciaient pas des affaires publiques et méprisaient leur patrie terrestre. Cela suffisait pour qu'aux yeux des païens ils méritassent d'être traités en conspirateurs, et c'était précisément cet éloignement des fêtes publiques et ce dédain de la joie qui les faisaient accuser de misanthropie et de haine des hommes. On ne les accuse pas encore du crime de lèse-majesté, mais on y arrivera bientôt. Tacite invoque bien contre eux la raison d'Etat, mais il écrivait sous Trajan; s'il eût écrit en l'an 64, au moment de la persécution, il ne l'aurait sans doute pas invoquée. Les chrétiens n'étaient alors ni assez nombreux, ni assez puissants pour être considérés comme dangereux. Il est évident que Néron ne vit pas dans le christianisme un péril. Il n'y eut chez lui ni calcul, ni longue préméditation, mais caprice de tyran, emportement passager d'un fou furieux. Il fallait trouver des coupables, détruire les soupçons de ceux qui nommaient tout bas l'empereur lui-même, et alors il accusa les chrétiens. On ne sait si la persécution s'étendit plus loin que Rome. Il est possible que çà et là quelque magistrat zélé ait voulu imiter le maître et ait persécuté les chrétiens de sa province. La rédaction de l'Apocalypse, à cette époque même, semble le prouver. — La persécution ne pouvait être de longue durée. Après la mort de Néron, le calme se rétablit. Vespasien (voyez ce mot), jaloux d'effacer les souvenirs odieux du règne de son prédécesseur, voulait l'apaisement et l'ordre. Il laissa les chrétiens tranquilles. Ceux-ci, du reste, étaient trop peu nombreux pour lui porter ombrage. Mais il va sans dire qu'il n'y avait rien dans sa tolérance qui ressemblât au respect moderne du droit de la conscience. L'antiquité l'ignorait totalement; s'il laissa vivre les chrétiens, c'est que leur existence n'était pas illégale. Titus continua cette politique. Il est possible que dans le peuple on persista à railler les chrétiens et, çà et là, à les persécuter. — Sous Domitien (voyez ce mot) la haine se réveilla. Jaloux de son pouvoir, inquiété par ce qu'il ne comprenait pas, il devint peu à peu ombrageux et cruel. Il se mit à persécuter les honnêtes gens, les politiques soupçonnés de regretter la liberté, les stoïciens qui prêchaient la vertu. Il ne fut plus permis de penser librement (Tacite, *Hist.*, I, 1). Les chrétiens devaient naturellement avoir à souffrir sous son règne, mais s'ils furent sérieusement persécutés, ce ne fut que la dernière année. Cette question de la persécution des chrétiens sous Domitien reste assez délicate et obscure. Aucun édit n'était promulgué contre eux. Domitien les a-t-il désignés par ces termes : *collegium illicitum*, d'un de ses décrets? Les chrétiens n'étaient encore pour les Romains que des sectaires juifs et le judaïsme n'était pas illicite. Nous n'avons aucun détail sur les véritables causes de la poursuite dont ils furent l'objet et sur les exécutions qui eurent lieu. Cette partie du récit de Tacite est perdue. Suétone est vague et incomplet. Dion Cassius (abrégé par Xiphilin, 67, 14) mérite peu de confiance. Il n'est pas prouvé que Flavius Clemens et Domitilla fussent chrétiens. La première lettre de Clément aux Corinthiens n'est pas d'une date assez certaine pour faire autorité, et c'est plus tard, au second siècle, que Meliton de Sardes nomme Néron et Domitien comme ayant été des persécuteurs. Tertullien, Eusèbe et Lactance n'ont que de vagues affirmations. Domitien, peu de temps avant sa mort, aurait, d'après eux, ordonné quelques poursuites. Cette tradition avait sans doute son fondement, mais nous n'en savons pas davantage. Il ne nous est parlé ni d'édits contre les chrétiens, ni de poursuites systématiquement exécutées. Une seule chose est certaine, c'est que les philosophes et les libres penseurs furent persécutés par Domitien. Après lui, Nerva (voyez ce mot) publia un édit général de pacification qui plaçait tout le monde sous la loi commune. Les chrétiens en profitèrent sans que le prince prît aucune mesure spéciale en leur faveur. Telle fut cette première période de l'histoire des persécutions. Les chrétiens ont une existence légale. Aucun édit n'a encore été publié contre eux et les poursuites ordonnées par tel ou tel empereur ne sont que des coups d'autorité sans base juridique. — II. *De Trajan à Décius.* — Les chrétiens étaient devenus très nombreux, et dès le commencement du second siècle, ils formaient un puissant parti distinct du judaïsme. Désormais un empereur soucieux des intérêts de l'Etat les considérera comme des ennemis et les mettra hors la loi. Le premier de ces souverains fut Trajan (98-117) (voyez ce mot). Les cultes étrangers n'étaient tolérés qu'à une condition : ne porter aucune atteinte à la religion de l'Etat et à ses lois. Les cultes de l'Orient étaient admis à Rome parce qu'ils n'étaient pas exclusifs ; ils ne portaient aucun ombrage aux vieux dieux du Latium ou de l'Olympe. Ils ne demandaient qu'à être laissés libres. Il en résultait une tolérance de fait, mais dont le christianisme ne pouvait pas profiter, parce qu'il se présentait comme la seule religion vraie à l'exclusion de toute autre croyance. Nous avons déjà dit que le chrétien se trouvait obligé de vivre hors de la loi commune et de se tenir loin des principaux actes de la vie publique, car sans cesse il y rencontrait la nécessité d'adhérer à des rites et à des cérémonies religieuses que sa conscience réprouvait. Il ne pouvait manger de viandes sacrifiées aux idoles ; il ne pouvait sacrifier lui-même aux images de l'empereur. Le nouveau dogme de la divinité de César lui était odieux, et Rome y tenait d'autant plus qu'il consacrait l'institution de l'empire. Le chrétien qui ne l'admettait pas était *irreligiosus in Cæsarem.* Il violait sans cesse la terrible loi de lèse-majesté. Sa religion se trouvait donc *illicita.* Il ne prenait non plus aucune part aux jeux du cirque ; il se désintéressait des questions politiques. Il espérait même un changement dans la constitution de l'Etat. Enfin ses relations sociales avec les païens étaient des plus difficiles. Le service militaire lui semblait impossible, car le soldat devait souvent brûler de l'encens devant la statue de l'empereur. Tous ces crimes les chrétiens les avaient commis depuis le premier jour ; mais on ne commença à s'en inquiéter qu'au second siècle, parce que jusque-là le christianisme avait été confondu avec le judaïsme. Or les juifs non plus ne sacrifiaient pas aux images de l'empereur et ne se mêlaient pas aux païens. Ils étaient sans doute fort méprisés, mais n'étaient pas sérieusement persécutés. Ce qui exaspéra contre les chrétiens et les fit charger de crimes dont on n'avait jamais songé à accuser les juifs, c'est certainement leur propagande. A la fin du premier siècle, ils avaient fait un nombre considérable de prosélytes. Les païens se convertissaient en foule. La lettre de Pline, dont nous allons parler, l'affirme positivement. Si les juifs avaient fait plus de prosélytes, ils auraient sans doute été poursuivis davantage. Pline le Jeune, gouverneur de Bithynie, écrivit à l'empereur (*Epist.*, X, 97) pour lui demander quelle conduite il devait tenir à l'égard des chrétiens. La question se pose à lui à cause du grand nombre des conversions. Les temples sont abandonnés. Quant à lui, il est convaincu de l'inanité des accusations portées contre les chrétiens, car il a fait donner la question à deux esclaves diaconesses et il n'a rien trouvé qu'une superstition absurde et monstrueuse. Trajan lui répond (*Ep.* 98), et trace, en termes très précis, la conduite à tenir. Il ne permet des poursuites que s'il y a dénonciation, et encore n'admet-il pas les dénonciations anonymes ; mais « s'ils sont accusés formellement et convaincus, qu'ils soient punis. » L'authenticité de ces deux lettres ne peut être sérieusement contestée. Il résulte de celle de Pline: 1° que des poursuites avaient lieu çà et là contre les chrétiens; 2° que rien de légal n'avait encore été formulé contre eux. Trajan, dans sa réponse, montre une tolérance relative. Si les chrétiens ne sont pas traduits devant le juge, on les laissera en repos. Cette indulgence a trompé Méliton et Tertullien, qui ont cru Trajan favorable à l'Eglise. L'erreur est grave, car Trajan rend la persécution légale. Il sanctionne d'un décret l'opinion publique qui était défavorable aux chrétiens et voyait en eux des ennemis. Leur religion même est condamnée, les poursuites seront désormais permanentes. Il est à remarquer que Trajan ne définit pas le crime commis par les chrétiens. Ils se trouveront donc à la merci des magistrats ; ceux-ci les laisseront tranquilles, s'ils sont humains, et les enverront à la mort s'ils ne le sont pas. Il en sera ainsi jusqu'à Décius et même jusqu'à Constantin. Il faut noter aussi que la magistrature n'ordonnait de poursuites que si elle était saisie de la question. Elle ne se mettait pas la première en mouvement. Nous en avons une preuve remarquable dans l'histoire de Justin martyr, qui, malgré ses deux apologies, la dernière surtout, si agressive et si violente, ne fut pas d'abord inquiété. On poursuivit de son temps des chrétiens qui étaient, au point de vue romain, bien plus innocents que lui. — On ne sait rien du nombre des martyrs sous Trajan. Ignace fut alors mis à mort ainsi que Simon, le successeur de Jacques à Jérusalem. Trajan voyait certainement dans le christianisme un foyer d'opposition. Cette religion créait une nouvelle manière de comprendre les rapports des hommes entre eux, une égalité des classes qui pouvait être dangereuse, et une souveraineté de Dieu qui, devant passer avant l'empereur et avant la loi, renfermait bien des germes de dissolution pour l'avenir. A partir de ce moment, ce seront les meilleurs empereurs, les plus intelligents, les plus désintéressés, les plus dévoués à l'Etat qui seront souvent les plus impitoyables persécuteurs, par exemple Marc-Aurèle ; tandis que les fous et les imbéciles pourront être des monstres de cruauté et cependant laisser, comme Commode, les chrétiens en paix. Ils ne sont pas assez intelligents pour deviner en eux des ennemis de l'empire. — Adrien (117-138) (voyez ce mot), qui succéda à Trajan, ne prit aucune mesure nouvelle contre les chrétiens. Le caractère de cet empereur a été merveilleusement décrit par M. Renan (*l'Eglise chrétienne*, chapitre I). Il nous le montre se faisant initier aux mystères d'Eleusis et en même temps pleinement porté à la bienveillance envers les chrétiens. On essaya de sévir contre eux, il arrêta les violences. Nous avons son décret. Ce n'est ni la tolérance ni l'abrogation de la persécution, c'est purement et simplement la confirmation de l'édit de Trajan. Il réprouve la calomnie et les condamnations sommaires; mais, comme il déclare que ce qui est illégal doit être châtié, les chrétiens pouvaient toujours être accusés et livrés à la foule qui les réclamait pour l'amphithéâtre. D'après la tradition, il y aurait eu sous le règne d'Adrien un certain nombre de martyrs à Rome, mais tout ou presque tout est légendaire dans les récits conservés ici par Ruinart (*Acta sincera*). — Dans toute cette première moitié du second siècle, nous voyons grandir et s'affirmer toujours plus la haine des basses classes pour les chrétiens. Le peuple sera, dans cette deuxième période, le principal auteur et le principal exécuteur de la persécution. L'empereur et les magistrats seraient portés à la mansuétude, mais le peuple n'en veut pas. Nous avons une lettre d'Adrien à Muncius Fundanus qui, authentique ou non, accuse cet état de l'opinion publique. Les cris : « Les chrétiens aux lions ! » « les chrétiens au feu ! » commencent à retentir dans l'amphithéâtre. Cette haine s'explique par l'attitude ordinaire des chrétiens ; nous l'avons dit, ils ne s'occupaient pas des affaires publiques et étaient *infructuosi homines*. Leur culte était secret, leur attitude plus ou moins mystérieuse. Cela suffisait pour que la foule stupide et fanatisée les chargeât de tous les crimes. La crédulité populaire accueillait les accusations les plus ineptes et les plus odieuses. Refusant de croire à leur austérité et à leur sainteté, on décrivit d'abominables cérémonies accomplies par eux pendant la nuit. Ils mangeaient la chair d'un enfant et se livraient à une débauche infâme. Peu à peu on les accusa de tous les crimes ; tous les malheurs publics étaient voulus et préparés par les chrétiens. — C'est à Adrien que furent présentées les apologies de Quadratus et d'Aristide. A partir de ce moment, ces justifications adressées aux empereurs devinrent nombreuses. Leurs auteurs réclament leurs droits : ils parlent au nom de la justice, de la conscience, de la raison. Ils accusent leurs ennemis et les attaquent. Nous avons là une preuve du grand nombre des chrétiens. Ils ont conscience de leur force, ils savent la vitalité de leur foi religieuse. — Antonin le Pieux (138-161) (voyez ce mot) continua, avec plus de douceur encore, la politique d'Adrien. Eusèbe lui a même attribué un édit de tolérance qui se trouve dans Justin martyr (1re *Apologie*). Mais il est certainement inauthentique. Du reste, Antonin n'a jamais passé pour un persécuteur de l'Eglise. Il est probable que s'il eut à s'expliquer sur le compte des chrétiens, il le fit avec modération. Cependant les édits étaient là et il ne les a pas révoqués. Çà et là la violence populaire s'est déchaînée, attribuant aux chrétiens les famines, les tremblements de terre, les débordements du Tibre, les incendies. Il faut placer sous le règne d'Antonin la mort de Polycarpe et celle des douze Philadelphiens dont Justin parle dans sa seconde apologie. — Marc-Aurèle (161-180) fut un persécuteur. Dans l'article que nous avons consacré à cet empereur, nous avons longuement exposé les causes de la persécution atroce qui sévit sous son règne. L'empereur suit au fond la même politique que ses prédécesseurs. Lui-même est insouciant, quelques magistrats seraient portés à la clémence, mais le peuple est féroce. Il dénonce les chrétiens et obtient l'exécution de l'édit de Trajan. Les persécutions restent locales, mais peuvent dépasser en horreur, à Lyon, par exemple, tout ce que l'on verra plus tard. Il est possible que Marc-Aurèle ait été guidé aussi par la raison d'Etat, mais ce n'est que sous Décius qu'elle fut la cause principale des poursuites. — L'avènement de Commode (180-192) (voyez ce mot) fut une délivrance pour l'Eglise. Cependant sa situation restait des plus précaires. Le moindre caprice du tyran pouvait d'un jour à l'autre rendre aux édits toute leur force. Sous les princes Syriens (193-235) nous voyons persister la même politique. Les troubles de l'Etat, les guerres civiles, les malheurs publics sont toujours attribués par le peuple aux chrétiens. La persécution, toujours légale, est essentiellement le fait de la multitude et elle ne cesse plus (Clém. d'Alex. *Stromates*, II, 20, 125). L'ouvrage de Tertullien (*Ad martyr.*) nous montre quel degré de violence elle pouvait atteindre dans certaines parties de l'empire. — Septime-Sévère (191-211) (voyez ce mot), d'abord favorable, changea d'attitude et persécuta l'Eglise; il aggrava l'édit de Trajan en interdisant de changer de religion. M. Aubé a retrouvé dans cinq manuscrits latins de la Bibliothèque nationale de Paris un récit du martyre de Félicité et de Perpétue, non cité par Ruinart, et qui semble contenir des fragments de l'interrogatoire des martyrs (*Académie des inscriptions*, compte rendu de la séance du 1er octobre 1880). Cette découverte a une certaine importance, car nous ne connaissions jusqu'ici que les récits des auteurs chrétiens sur la mort de leurs frères. — Nous ne pouvons nous étendre sur le règne des successeurs de Septime-Sévère. Nous renvoyons le lecteur aux articles spécialement consacrés à chacun de ces empereurs : Caracalla (211-217), Héliogabale (218-222), Alexandre Sévère (222-235), Maximin de Thrace (235-238) (voyez ces mots). — Sous Philippe l'Arabe (244-248), l'Eglise jouit d'un grand calme ; la bienveillance de cet empereur pour les chrétiens était telle qu'Eusèbe affirme, mais à tort, qu'il avait embrassé le christianisme. Nous voici arrivés au terme de la seconde période de l'histoire des persécutions. Parmi les empereurs, les uns ont été persécuteurs, les autres tolérants. L'édit de Trajan a dominé toute cette époque. Nous avons vu qu'il autorisait à la fois ces deux attitudes, la tolérance et les poursuites. Celles-ci restèrent locales et dépendirent uniquement des magistrats et des gouverneurs. — III. *De Décius à Constantin.* — Jusqu'ici le grand ennemi du christianisme a été le peuple. Sans la haine des basses classes, sans les calomnies stupides répandues contre les chrétiens, sans les accusations de débauches ignobles et de crimes monstrueux, ceux-ci n'auraient eu à redouter que le décret de Trajan qui, entre les mains de magistrats tolérants, était peu dangereux. C'était le peuple qui se chargeait, comme sous Marc-Aurèle par exemple, de se faire justice lui-même en suscitant des troubles qui provoquaient des persécutions atroces. L'empereur va maintenant changer d'attitude. Il ne s'agira plus pour lui de sévir contre des sectaires isolés qui commettent des illégalités, mais de détruire une puissance terrible, qui, si elle n'est pas vaincue, vaincra certainement. Ce qui était comme un instinct chez Marc-Aurèle, deviendra chez Décius (249-251) (voyez ce mot) et ses successeurs un acte réfléchi, patriotique, une nécessité impérieuse de la vie de l'empire. Un des deux adversaires doit succomber. L'empereur voit clairement à qui il a affaire désormais. Ces partisans indomptables de la liberté de conscience, ces adversaires acharnés du vieux paganisme, représentent le plus formidable pouvoir que Rome ait encore rencontré sur son chemin. Les barbares qui menacent les frontières sont peu à craindre comparés à ces ennemis du dedans. La persécution devra être à l'avenir une question politique de première importance. Elle atteindra alors un caractère de violence qu'elle n'a pas encore connu. Elle sera toujours *générale*. Ce ne sera plus la populace, ce sera l'empereur qui persécutera. La décomposition effrayante de l'empire apparaît, en effet, toujours plus évidente en même temps que les succès des chrétiens sont plus éclatants. Il n'y aura plus d'empereur intelligent et dévoué à sa tâche qui ne comprenne qu'un de ses plus grands devoirs est d'être un violent persécuteur. La destruction du christianisme sera la première et la plus chère de ses préoccupations. Pour tous les détails de la persécution sous Décius, nous renvoyons le lecteur à l'article que nous avons consacré à cet empereur. — Gallus (251-253) (voyez ce mot) continua la persécution ordonnée par Décius. Valérien (253-260), d'abord très favorable à l'Eglise, se tourna ensuite contre elle. Il promulgua de nouveaux décrets plus précis encore et plus cruels que ceux de ses prédécesseurs. En 258, il ordonna la mort des évêques, des prêtres, des diacres, la décapitation des sénateurs et des chevaliers, si, après avoir été dépouillés de leurs dignités et de leurs biens, ils persévéraient, enfin l'exil des matrones et de tous les chrétiens « de la maison de César. » C'est sous son règne que périt l'évêque de Rome Xystus. Gallien (260-268) (voyez ce mot) fut trop insouciant des intérêts de l'Etat pour persécuter l'Eglise. — Sous Aurélien (270-280) (voyez ce mot), la paix continua. Ce ne fut qu'à la fin de sa vie qu'il décréta la persécution, mais trop tard. Il vint à mourir et son décret ne fut pas exécuté. Ses successeurs laissèrent aussi l'Eglise en repos. La dissolution de l'empire semble désormais trop avancée pour qu'il puisse longtemps résister. Le christianisme va-t-il donc l'emporter ? Oui, mais avant de mourir le paganisme essayera une dernière lutte, un combat désespéré, l'horrible persécution de Dioclétien (284-305) (voyez ce mot), appelée l'ère des martyrs. Ce sera le dernier effort du paganisme expirant, effort suprême qui n'aboutira pas. Le lecteur trouvera les détails de ce dernier drame aux mots *Dioclétien*, *Galérius* et *Constantin*. Galérius, avant de mourir, signera le premier édit de tolérance. L'Etat désormais doit compter avec les chrétiens. Il n'a pu se sauver en les vainquant, il essayera d'échapper à la mort en faisant alliance avec eux. Constantin adopte, dans ce but, la foi chrétienne. Il parviendra, par ce coup de génie, à donner un regain de vie à l'empire expirant. Au fond, il suivra la même politique que Galérius le persécuteur. Au commencement du quatrième siècle, les évêques sont partout poursuivis, quelques années plus tard ils sont les maîtres du monde. Le contraste est aussi grand que possible, et cependant rien n'est changé dans les dispositions de l'empereur. Il veut toujours le salut de l'Etat. Impossible par la persécution, il l'essaye par la tolérance.— Telle a été l'histoire des persécutions de l'Eglise, duel gigantesque dans lequel un des adversaires disposait du plus formidable pouvoir qui fut jamais, puisqu'il s'appelait l'empire romain ; l'autre, au contraire, n'a pas tiré une fois l'épée, il n'a lutté que par la persuasion et la patience. Il n'a prêché que le scandale de la croix, et cependant c'est lui qui a vaincu. L'histoire n'a jamais eu à enregistrer un aussi étonnant triomphe. En 313, l'édit de Milan pacifiait définitivement l'Eglise.— Bibliographie : Les sources païennes font presque entièrement défaut ; nous ne possédons que les quelques détails épars dans Tacite et Suétone, la lettre de Pline et la réponse de Trajan. Cela nous mène au commencement seulement du second siècle. Nommons aussi Dion Cassius, abrégé par Xiphilin. Les sources chrétiennes antiques sont les Pères de l'Eglise, et en particulier Eusèbe, *H. E.*; Tertullien, *Apolog.*, *De idolatria*, *De fuga in persecutione*, *De corona militari*, etc.; Cyprien, *De lapsis*, *Epist.*; Justin, *Dial. avec Tryphon;* Origène, *Homélies*, *Exhortations aux martyrs*, etc., et celles des Apologies présentées aux empereurs qui nous ont été conservées. L'ouvrage le plus authentique que l'antiquité nous ait légué sur les persécutions des trois premiers siècles a été publié par le bénédictin dom Ruinart, dans la seconde moitié du dix-septième siècle, sous ce titre : *Acta martyrum sincera et selecta*. Ces actes avaient été trouvés au mont Cassin par Lucas Holstenius (voyez l'art. *Actes des Saints*, la partie consacrée aux actes des martyrs, t. I de l'*Encyclopédie*, p. 51-54). M. Edm. Leblant a entrepris la critique des *Acta sincera* et la recherche d'autres documents sur les persécutions (voyez les *Comptes rendus de l'Académie des inscriptions*, juillet, août, septembre 1880 ; son mémoire sur les *bases juridiques des poursuites dirigées contre les martyrs*, même Académie (séance du 9 novembre 1866) ; enfin, dans la *Revue archéologique* de septembre 1874, son travail sur les *Martyrs chrétiens et les supplices destructeurs du corps*). On peut consulter aussi de Rossi, *Bulletin d'archéologie chrétienne ;* Wieseler, *Die Christenverfolgungen der Cæsaren bis zum dritten Jahrhundert*, 1878 ; Edm. de Pressensé, *Histoire des trois premiers siècles de l'Eglise chrétienne*, II, p. 92, p. 354 ss.; p. 374 ss.; Renan, *L'Antéchrist*, *les Evangiles*, *Marc-Aurèle*, *l'Eglise chrétienne*, passim; B. Aubé, *Hist. des persécutions de l'Eglise jusqu'à la fin des Antonins,* Paris, 1875, I.

EDM. STAPFER.

PERSÉPOLIS, ancienne ville de Perse et capitale de ce royaume ; elle était située sur une rivière que Strabon et Quinte-Curce nomment l'Araxes, et Ptolémée Rhogomanes. Elle possédait un palais magnifique dans lequel se trouvaient réunis de grands trésors (Diodore de Sicile, XVII, 71). Lors de son expédition, Alexandre le Grand le fit incendier avec une partie de la ville (Strabon, XV, 729). Antiochus Epiphane tenta également, mais en vain, le pillage de Persépolis (2 Mach. IX, 1 ss.). Les géographes se demandent s'il ne faut pas identifier cette ville avec Pasargade (en persan, camp des Perses), qui est située à peu de distance au sud-est, avec ses tombeaux de rois et les monuments que Cyrus y fit élever après sa victoire sur les Mèdes (Pline, VI, 29; Strabon, XV, 730). Toute la contrée entre Persépolis et Pasargade est encore aujourd'hui parsemée de ruines grandioses d'édifices, parmi lesquels brillent au premier rang le fameux Tschihl-Minar ou portique à quarante colonnes, qui a une si grande importance pour l'histoire du costume de l'ancien Orient. — Voyez Chardin, *Voyage en Perse*, Londres, 1686 et 1711 ; Bannier, *Voyage de Corneille Bruyn*, Paris, 1725, IV, 382 ss.; Ker Porter, *Travels*, I, 576 ss.; Heeren, *Ideen*, I, 194 ss.; Ritter, *Erdkunde*, II, 86 ss.; Hœck, *Monum. vet. Pers. et Med.*, p. 4 ss.; Flandin, *Voyage en Perse*, 1843 ; Vaux, *Niniva et Persépolis*, Londres, 1851 ; l'article de Spiegel dans la *Real-Encycl.* de Herzog, XI, 402 ss., et celui de Lassen dans l'*Encycl.* d'Ersch et Gruber.

PÉRUGIN (LE). Pietro Vanucci, peintre célèbre, né en 1446, à Pieve, petite ville de l'Ombrie, près de Pérouse, qui lui a donné son nom, mort en 1524, est le chef de l'école romaine et le maître de Raphaël. Il unit la suavité du mysticisme religieux de l'école de Pérouse au réalisme de l'école florentine, et excelle à reproduire le recueillement, l'adoration, l'extase d'une âme qui s'absorbe dans la communion avec Dieu. Ses têtes de jeune femme à l'ovale pur, au front élevé, au regard candide, et ses têtes de vieillard, pleines de gravité et d'onction, réalisent l'idéal du genre, tandis qu'il a moins bien réussi à peindre l'âge mûr dans la force de la passion et avec l'énergie de la volonté. Son dessin est gracieux, son coloris chaud, bien que l'ensemble ne manque pas d'une certaine sécheresse et d'une absence parfois sensible de naturel. Nous citerons, parmi ses meilleures œuvres, une *Adoration des Mages* à l'église Santa Maria Nuova de Pérouse, une autre à San Francesco del Monte, une troisième à San Agostino ; les fresques du collège del Cambio, également à Pérouse ; une *Descente de croix* et une *Vierge adorant l'enfant Jésus*, dans la galerie Pitti à Florence ; une *Madonne* sur son trône, entourée de quatre saints, dans la galerie du Vatican ; les fresques de la chapelle Sixtine dont une seule, représentant la *Remise des clefs à saint Pierre*, s'est conservée ; un *Mariage de la Vierge*, à Caen, et les *Noces de Cana*, au Louvre.

PESSIMISME. Ce mot, formé par opposition à celui d'optimisme, sert de drapeau à une école philosophique contemporaine qui ne soutient pas toujours, il est vrai, que le monde soit le pire possible, mais déclare au moins qu'il est très mauvais. Ce n'est que d'assez loin que l'on peut rattacher aux vues de cette école certaines paroles amères et désespérées telles qu'on en trouve d'une façon sporadique dans la littérature de tous les peuples (voyez dans la Bible : *l'Ecclé-*

siaste et Job). La connexion est déjà plus sensible lorsqu'il s'agit de cet esprit de romantisme mélancolique, de « désespérance, » que respira d'une manière plus ou moins générale la littérature des dernières années du dix-huitième siècle et du commencement de celui-ci : le Werther de ce Gœthe plus tard si olympien, le René de Chateaubriand, l'Obermann de de Sénancourt, les œuvres de Byron, de Heine, parfois celles de Lamartine, etc. (voyez P. Charpentier, *Une maladie morale ; le mal du siècle*, Paris, 1880, et le compte rendu de F. Brunetière dans la *Revue des Deux Mondes*, t. XLI, p. 454). On trouve, dans les moralistes sévères ou caustiques, dans Swift, Pascal, Larochefoucauld et bien d'autres, des appréciations très sombres de la nature humaine : c'est là un pessimisme partiel qui peut s'allier fort bien, du reste, avec une foi générale tout optimiste. Une observation restrictive toute semblable doit être faite au sujet du jugement si rigoureux que portent contre la vie et son prétendu bonheur des hommes comme Hume dans ses *Dialog. concerning natural religion* (1779), Voltaire dans *Candide*, Maupertuis dans son *Essai de philos. morale* (1749), (voyez *Vie de M.*, par Angliviel de la Beaumelle ; *Hist. philos. de l'Acad. de Prusse*, par Bartholmess, et un article de J. Soury, dans le *Temps*, 21 nov. 1880), Kant, dans son traité *Ueber das Misslingen aller philos. Versuche in der Theodicee* (1791). Essentiellement dirigés contre la manière superficielle dont certains optimistes prétendent se défaire du problème du mal, de tels écrits n'enseignent pourtant pas le pessimisme ; les uns laissent irrésolue une question qu'ils se bornent à agiter, les autres vont jusqu'à annoncer expressément une vie à venir où se réalisera ce triomphe du bien qui fait aujourd'hui défaut ; souvent même c'est au nom de l'existence du désordre actuel qu'on a proclamé la nécessité pour la raison d'admettre un avenir réparateur. Il ne serait pas exact non plus de ranger parmi les pessimistes ces innombrables mystiques d'autant plus méprisants pour la terre et son maigre bonheur qu'ils la comparent à ce ciel dont ils ont la nostalgie et sur lequel ils comptent avec une joyeuse espérance. Les diverses tendances qui viennent d'être rappelées présentent toutes des coïncidences partielles avec l'école pessimiste actuelle, qui parfois a pu leur emprunter des armes ; mais les ancêtres proprement dits de cette école sont ailleurs. Pour inscrire ici leurs noms avec un peu de certitude, il faudrait posséder sur le larmoyant Héraclite et sur Timon « le misanthrope » (vers 440 av. J.-C.) des renseignements plus complets et plus sûrs que ceux que nous fournit la tradition. On peut être plus catégorique au sujet de cet Hégésias, ὁ πεισιθάνατος (300 av. J.-C.), qui, déclarant le bonheur impossible à atteindre et dépeignant la vie comme pleine de misères, conduisait ses auditeurs au suicide ; en effet, chez ce philosophe cyrénaïque, aux yeux duquel le plaisir seul était un bien et qui ne croyait évidemment pas à l'immortalité de l'âme, la condamnation de l'existence actuelle ne pouvait point avoir de correctif. On vit plus tard chez Lucrèce (voyez Martha, *Le poème de L.*) l'épicurisme aboutir d'une manière toute semblable au mépris de la vie et à une tristesse sans autre espérance que le repos absolu de la mort. Mais le précurseur le plus authentique et le plus complet du pessimisme moderne, celui que ce dernier lui-même reconnaît volontiers pour tel, c'est la philosophie de certaines écoles indoues et surtout le bouddhisme : née (au sixième siècle av. J.-C.) d'un profond sentiment du malheur de l'existence, cette religion prêche à ses adeptes la destruction des désirs et celle de la sensation du monde phénoménal au moyen de l'ascétisme et de l'extase, le tout pour arriver à un état définitif de repos nommé *nirvâna* et qui ne serait, selon l'opinion de plusieurs savants, que le néant pur. — C'est de deux côtés à la fois et d'une manière également indépendante que le pessimisme a reparu de nos jours en Italie et surtout en Allemagne. Le comte Giac. Léopardi, né à Récanati (Ancône) en 1798, et mort en 1837, s'est fait connaître à la fois par ses travaux d'érudition philologique, par ses poésies et par ses opuscules philosophiques. Dans ses vers mêmes (trad. de M. Aulard avec un *Essai sur les idées philosophiques de L.*) on voit se mêler à un lyrisme des plus élevés et à des accents patriotiques qui ont enthousiasmé l'Italie, l'inspiration d'un fatalisme plein d'amertume, auquel il s'était converti de bonne heure et qu'il a surtout exposé dans ses œuvres morales en prose (*Opuscules et pensées*, trad. d'Aug. Dapples, avec préface renfermant des indications bibliographiques, Paris, G. Baillière, 1880). Léopardi, qui ne croit pas aux espérances religieuses, ne voit dans la réalité présente que souffrances et misères, et se complaît à décrire avec ironie l'infinie vanité de toutes choses. En somme, la vie est un malheur, elle n'est bonne qu'à être méprisée, et la mort seule est enviable. Léopardi tenait beaucoup à ce qu'on ne prît pas son pessimisme pour un simple effet de son tempérament ou de ses circonstances, mais pour une conclusion philosophique, et c'est bien en effet par des arguments réfléchis qu'il cherche à démontrer « l'infélicité » universelle. Toutefois on ne trouve pas chez lui de système dans le sens complet du terme : il n'essaye pas d'expliquer d'où vient ce mal qu'il décrit avec tant d'énergie, il n'établit ni les bases d'une métaphysique, ni les principes d'une morale, et lorsqu'il s'agit de nous détourner du suicide, auquel paraîtrait nous inviter son appréciation de la vie, il ne nous offre pas d'autre raison valable que celle-ci, c'est que nous pourrions, en nous tuant, faire de la peine à ceux qui nous aiment (voyez art. de E. Krantz dans *Revue philosoph.*, oct. 1880). — Il en est autrement dans la branche allemande du pessimisme, qui constitue une véritable école philosophique. Son chef, Arthur Schopenhauer, naquit à Dantzig en 1788, d'un banquier et d'une femme-auteur. Il visita comme adolescent la France et l'Angleterre, ne resta que peu d'années dans une maison de commerce à Hambourg et, sitôt son père mort, entra à l'université de Gœttingue où E. Schulze (dit Ænésidème) fit naître en lui le goût de la philosophie et lui fit lire Kant et Platon. Il entendit ensuite Fichte à Berlin, passa quelque temps à Weimar, où il fréquenta Gœthe et l'orientaliste Majer, puis se retira à Dresde pour y écrire son principal ouvrage. Il visita l'Italie, puis se rendit, dans l'intention d'y professer, à Berlin, où il ne parvint pas à se créer un auditoire, mais où il demeura toutefois, sauf un nouveau voyage en Italie, jusqu'au moment où les approches du choléra (1831) le firent fuir à Francfort-sur-le-Mein. C'est là qu'il passa le reste de ses jours, en célibataire original et misanthrope. La gloire qu'il avait longtemps attendue lui avait enfin souri dans les dernières années de sa vie ; elle devait grandir encore après sa mort, survenue en 1860. Schopenhauer croit à la nécessité de la métaphysique et en même temps à sa possibilité ; mais il ne lui permet pas de sortir des limites de l'expérience, elle a seulement à en comprendre l'ensemble et, dans ce sens, à l'expliquer, tandis que les sciences spéciales n'en embrassent jamais qu'une partie : son rôle est d'être une cosmologie, elle doit se garder de jamais jeter ses regards au delà du monde et de dégénérer en théologie. Reprenant avec plus de rigueur l'analyse faite par Kant au début de sa critique de la raison pure, Schopenhauer pose dès la première ligne cet aphorisme : « Le monde est ma représentation, » l'objet n'existe que par rapport au sujet qui le perçoit, comme le sujet, à son tour, n'existe que par rapport à l'objet perçu par lui. En effet, le temps, l'espace et la causalité, ces formes par lesquelles doivent nécessairement passer toutes nos représentations des choses, sont subjectives de leur nature ; elles ne nous permettent donc de connaître que des phénomènes, des apparences, et jamais la chose en soi. Notre propre être lui-même, quand nous le considérons comme objet, ne nous apparaît, lui aussi, que de cette manière phénoménale; toutefois nous pouvons encore le considérer autrement : nous avons intérieurement la conscience immédiate de notre être, et dans cette sorte d'intuition nous reconnaissons, comme constituant notre essence intime, la volonté. Ce qui est ainsi chez nous le vrai fond, le véritable être en soi, nous devons tenir pour certain que c'est également ce qui constitue le vrai fond de tous les autres êtres : le monde, quand nous ne le considérons plus comme objet, mais en soi, est donc volonté, mot qu'il faut prendre ici dans un sens différent du sens usuel, car il doit embrasser non seulement la volonté consciente telle qu'elle se manifeste chez l'homme, mais encore l'instinct de l'animal, le principe vital de la plante, la force physique ou chimique de l'atome, en un mot ce ressort intime qui constitue comme le caractère de tous les êtres et leur véritable essence. En réalité il n'y a qu'une volonté unique qui s'objective et nous apparaît fractionnée en divers êtres, échelonnés de la matière brute jusqu'à l'homme. Notre intelligence elle-même n'est ainsi qu'un effet de la volonté générale objective dans un corps humain et particulièrement dans un cerveau capable d'engendrer la pensée consciente. N'ayant à sa base qu'un vouloir aveugle, le monde n'est nullement le meilleur des mondes, ainsi que l'ont dit tant de philosophes, c'est au contraire le pire possible : il n'a de bien que juste ce qu'il faut pour n'être pas incapable de subsister. L'existence n'est qu'un combat incessant, une horrible curée où l'on se dévore mutuellement et où chacun fait souffrir les autres sans parvenir à jouir lui-même; la volonté est, par sa nature propre, condamnée à ne ressentir que les résistances qu'elle rencontre : tout plaisir est donc négatif, la souffrance seule est réelle ; la douleur et l'ennui sont les tristes pôles entre lesquels oscille tout ce qui vit, et que les ravissements de l'art (sur lequel Schopenhauer a une théorie imitée de Platon) et de la philosophie nous permettent seuls d'éviter pour quelques instants. Il faut donc viser à éteindre l'existence, non pas en tuant ce corps qui n'est qu'une apparence, mais en refoulant ce ressort intime, ce « vouloir-vivre » qui est notre véritable essence. Un premier pas à faire dans cette voie, c'est de nous dépouiller de notre égoïsme naturel et d'arriver à la sympathie, à la pitié universelle, qui nous sort de notre individualité bornée en nous rappelant que tous les êtres (et non seulement les humains) sont en réalité de la même substance que nous. Mais pour atteindre vraiment le but il faut aller plus loin encore, il faut renier toute volonté par l'ascétisme et par la chasteté, qui constituent la renonciation complète à notre propre être et à sa reproduction dans d'autres êtres semblables. Plus fidèle en théorie qu'en pratique à ces austères maximes, Schopenhauer professe une grande admiration pour le monachisme chrétien et surtout pour le bouddhisme, tandis qu'il ne peut assez exhaler son mépris pour l'optimisme judaïque, pour l'amour et pour les femmes. Le système de Schopenhauer, exposé principalement dans son grand ouvrage *Die Welt als Wille und Vorstellung* (2 vol. in-8°, 1819, 44 et 59 ; une traduction par M. Burdeau est sous presse), a été repris et développé par lui sur divers points dans d'autres écrits. On possède, traduits en français (Paris, 1877-81) : *Essai sur le libre arbitre*, où Schopenhauer établit le déterminisme absolu de nos actes et de notre caractère, tandis qu'il rejette la liberté dans un monde nouménal ; *Le fondement de la morale* ; *Aphorismes sur la sagesse dans la vie* ; et *Pensées, maximes et fragments* tirés de divers écrits. Schopenhauer se montre dans ces divers ouvrages savant érudit, moraliste spirituel, écrivain clair et généralement agréable, quand il ne s'abaisse pas à être grossier, ce qui lui arrive trop souvent, surtout quand il se met à parler de Fichte, de Schelling et de Hegel. L'un des disciples de Schopenhauer qui a le plus fait pour sa gloire, Frauenstædt, outre divers écrits philosophiques, a donné sous la forme de lettres (*Briefe ü. d. Schop. Philos.*, Leipzig, 1854), un exposé succinct de la philosophie de son maître ; mais il en adoucit l'idéalisme et le pessimisme. — Ed. de Hartmann, le plus célèbre de beaucoup des pessimistes actuels, est né à Berlin en 1842. De très bonne heure, après un court service dans l'armée, il se livrait à la philosophie et dès l'âge de vingt-cinq ans terminait la rédaction de sa *Philosophie des Unbewussten* (Berlin, 1869, et dès lors plus de 7 édit.), travail très ingénieux et très savant dans lequel il cherche à opérer une alliance entre le dynamisme pessimiste de Schopenhauer et l'intellectualisme optimiste de Hegel. Partant des phénomènes de l'instinct et d'autres semblables, il déclare que tous les êtres qui composent le monde ne sont que les manifestations passagères mais réelles d'une seule et unique puissance fondamentale, qu'il appelle l'*Inconscient* parce qu'elle ne possède point la conscience d'elle-même, mais qui est souverainement intelligente pourtant et qui a parfaitement organisé le monde. Celui-ci est donc le meilleur possible, ce qui ne l'empêche pas d'être très mauvais et très malheureux. En effet, si nous croyons parfois au bonheur, ce n'est qu'en vertu d'une ruse de la nature qui nous fait prendre le change sur le prix de la vie, afin de nous en faire accepter le fardeau ; mais, qu'on fasse impartialement le bilan des biens et des maux, et l'on verra sans peine que l'existence présente est en réalité malheureuse : les avantages qu'on vante le plus, santé, richesse, etc., ne sont que des biens tout négatifs, des absences de maux ; les seuls biens positifs sont les joies que procurent l'art et la sience, or elles sont extrêmement rares et d'ailleurs chèrement payées par le fait qu'elles supposent un organisme nerveux très délicat, ce qui veut dire très exposé aux mille déplaisirs de chaque jour. Quant à la vie à venir, elle et ses espérances sont chimériques : il n'y a pas d'immortalité pour l'individu. Resterait l'espérance d'un progrès de l'humanité, mais l'histoire montre que le développement de la civilisation n'apporte point le bonheur; c'est l'intelligence seule qui en profite, et pour constater toujours plus nettement la misère radicale de l'existence. Plus on avancera donc, plus on sentira peser ce fardeau ; mais de là même viendra la délivrance, et elle viendra sûrement : le monde doit un jour rentrer dans le repos du néant dont il n'est sorti jadis que par un hasard malheureux. Deux forces distinctes quoique co-éternelles existent en effet dans l'Inconscient primitif : à côté de cette sagesse admirable dont il a été question plus haut et que M. de Hartmann appelle l'Idée, se trouve en lui une puissance irrationnelle, la Volonté. Cette dernière a eu le déplorable caprice de vouloir s'objectiver dans un monde extérieur, forcément malheureux ; tout ce que l'Idée a pu faire, n'ayant pas à elle de force propre pour lutter contre sa compagne, cela a été d'imposer au monde ainsi créé des lois si ingénieuses qu'elles y ont fait naître des êtres conscients d'eux-mêmes, capables de comprendre leur misère et de souhaiter un jour le néant. M. de Hartmann nous annonce que lorsque ce jour sera venu pour l'humanité tout entière, le soupir unanime de notre race ne manquera pas de la puissance nécessaire pour s'exaucer lui-même et faire rentrer l'univers dans le non-être. Pour le moment, et afin de hâter la venue de ce jour de la délivrance suprême, il nous faut tous rester à notre poste, et cela non point pour nous livrer à un inutile ascétisme mais pour travailler activement à la marche de ce progrès au bout duquel seul apparaîtra le salut. On a une traduction de la *Philosophie de l'Inconscient*, avec introduction par D. Nolen (Paris, 1877). Il y en a également de l'opuscule de Hartmann sur *Le darwinisme*, et de celui intitulé *La religion de l'avenir* (*Die Selbstzersetzung des Christenthums und d. Relig. d. Zukunft*, Berlin, 1874). Dans ce dernier écrit, Hartmann proclame le christianisme définitivement déchu : il a eu sa force au moyen âge; la Réforme, et surtout le protestantisme libéral qui ont voulu l'adapter à notre époque, lui ont ôté toute sève en lui infusant un plat optimisme ; la religion de l'avenir doit être un pan-monothéïsme pessimiste quant à l'individu, mais prêchant à l'égard de l'univers la possibilité d'une évolution rédemptrice (voyez compte rendu dans *Revue de théol.* de Lausanne, juil. 1875). La morale de Hartmann (*Phænomenologie des sittlich. Bewusstseins*, Berlin, 1879) a fait l'objet d'un compte rendu détaillé de Th. Reinach dans la *Revue philosoph.*, t. VII, p. 383, 527, 621. ss. — A. Taubert, dans un petit volume intitulé *Der Pessimismus u. seine Gegner* (Berlin, 1873), défend Hartmann tout en reconnaissant que le nom de pessimisme ne convient pas exactement à une doctrine où le monde, très mauvais, est pourtant le meilleur possible ; les noms de *malisme* ou de *misérabilisme* vaudraient mieux. Taubert soutient aussi que le progrès de l'intelligence ne fait qu'aggraver la misère en la rendant plus sensible, mais il croit qu'on pourrait par divers moyens, et surtout par la bienveillance, adoucir pour une bonne part les maux de l'humanité. En somme, son pessimisme n'est guère tragique, aussi ose-t-il nous l'offrir comme un élément de bonheur : en nous montrant que les joies sont illusoires et en nous préservant par là de maintes déceptions, cette doctrine, nous dit-il, n'enlève pas la joie elle-même, mais bien plutôt la rehausse comme un cadre noir rehausse un tableau. — Pour Jul. Bahnsen (mort récemment) il en est autrement (*Beiträge z. Charakterologie*, 2 vol. 1867 *Z. Philos. d. Geschichte*, 1871 ; *Das Tragische als Weltgesetz*, 1877 (voyez compte rendu de ce dernier ouvrage par Burdeau dans *Rev. philos.*, V, p. 577); *Der Widerspruch im Wissen und Wesen der Welt*, 1881). Plus pessimiste que Schopenhauer, encore plus opposé que lui à l'admission d'une intelligence dans le principe du monde, il déclare qu'il ne voit dans les choses nulle finalité quelconque, nul ordre vraiment logique, et nie dès lors qu'on puisse trouver quelque jouissance dans la science ou dans l'art. Quant à une délivrance finale, c'est pure chimère : non ! le mal est profond, complet et irrémédiable (voyez sur Bahnsen les art. de Hartmann, *Rev. philos.*, III, p. 10 et 145). — Le pessimisme n'a pas trouvé jusqu'ici de représentant systématique en France ; mais on peut signaler son inspiration dans plus d'une des *Poésies philosophiques* de Mme L. Ackermann et dans quelques-unes des théories exposées, d'un ton passablement sceptique du reste, par E. Renan, dans les *Dialogues philosophiques* (1876). — Nous n'aborderons pas ici la critique de systèmes si divers et que nous avons à peine esquissés d'ailleurs, mais nous ajouterons un mot sur leur rapport général avec le christianisme. Ce dernier a certainement dans la doctrine de la chute son côté pessimiste, et même il faut avouer que sous la plume de tel ou tel de ses interprètes, ce pessimisme relatif s'est vu pousser au delà de ses bornes normales : Calvin, par exemple, avec son supralapsarisme, le jansénisme avec son infime minorité d'élus, Jos. de Maistre avec son terrorisme religieux, ne nous donnent-ils pas du monde une si épouvantable idée que la non-existence en eût été préférable ? Mais ce sont là des écarts. L'Evangile est une « bonne nouvelle, » il annonce la réparation des brèches; et il peut le faire, il peut, quelque sombre qu'il nous peigne la réalité présente, nous prêcher « la vie, » « l'espérance, » parce qu'à la source de toute existence il met le Dieu personnel tout puissant et plein d'amour comme de sainteté. Le mal n'est dès lors qu'un accident, et qu'un accident réparable, quelle qu'en soit du reste la tragique étendue. Mais y a-t-il en effet un mal à réparer, un mal grave, profond, que le simple progrès de la civilisation ne suffise point à éliminer? Voilà ce qu'on a nié souvent et de manière à menacer par la base toute la doctrine chrétienne. Sur ce point, au moins, le pessimisme se charge de réfuter nos adversaires : il démontre, non sans force (quoique tous ses arguments ne puissent nous convenir), la première partie de notre credo; mais il s'arrête impuissant dans ces bas-fonds ténébreux. Athée, au moins dans le sens religieux du mot, et ne sachant voir que désordre sensible là où il y a encore et surtout désordre moral, il se persuade que le mal est inséparable de l'existence elle-même; de là l'impossibilité où il se trouve de nous proposer autre chose qu'un but négatif, dont il cherche vainement à corriger les conséquences morales au moyen d'imaginations absurdes. Le pessimisme moderne nous semble une démonstration du néant de la vie quand l'Evangile n'est pas à sa base; il réalise le mot de l'apôtre au sujet de ceux qui sont « hors du Christ: » il est « sans espérance et sans Dieu dans le monde. » « La connaissance de Dieu sans celle de notre misère fait l'orgueil, a dit Pascal. La connaissance de notre misère sans celle de Dieu fait le désespoir. La connaissance de Jésus-Christ fait le milieu, parce que nous y trouvons et Dieu et notre misère. » — Sources : Caro, *Le pessimisme au XIXe siècle*, Paris, 1878 et 80; Jam. Sully, *Pessimism* (Londres, 1877; une trad. est sous presse pour paraître chez Baillière; voyez un compte rendu par Ribot, dans *Rev. philos.*, IV, p. 334); J. Lebeau, *Le pessimisme* (thèse, Genève, 1878); J.-A. Porret, *Le Bouddha et le Christ*, Lausanne, 1879. Voyez les histoires de la philosophie pour Schopenhauer et Hartmann. Sur le premier on peut lire en français : Barholmess, *Hist. critiq. des doctr. relig. de la phil. mod.*, t. II; Fouillée, *Hist. de la phil.*; art. de E. Charles dans le *Diction. des sc. philos.* de Franck; Foucher de Careil, *Hegel et Schopenh.*, Paris, 1862, et surtout Ribot, *La philos. de Schopenh.*, Paris, 1874; voyez dans la *Rev. des Deux Mondes*, art. de Saint-René Taillandier, 1er août 1856, de Challemel-Lacour, 15 mars 1870, de Janet, 15 mars et 1er juin 1877 et 1er mai 1880. Sur Hartmann, voyez art. de Ch. Secrétan dans *Rev. chrét.*, 1872, p. 529 et 593, et dans *Rev. de théol.* de Lausanne, avril et juillet 1872; art. de A. Réville dans *Rev. des Deux Mondes*, 1er oct. 1874; Franck, *Philosophes modernes*, 1879; O. Schmidt, *Les sciences natur. et la phil. de l'Inc.*, trad. avec préface de Soury, Baillière, 1879; voyez aussi la préface de Nolen à sa traduction de la *Phil. de l'Inc.* On trouvera dans cette dernière, ainsi que dans Ueberweg, *Gesch. der Philos.*, une bibliographie étendue sur Schopenhauer, Hartmann et la polémique relative à la philosophie de ce dernier. A consulter encore les art. de Franck dans *les Débats*, 8 oct. 1856; de L. Dumont, dans *Rev. des cours scientif.*, 7 sept. et 28 déc. 1872, 26 juil.

1873, 3 juin et 14 oct. 1876 ; l'art. de Fouillée sur la morale du pessimisme dans *Rev. des Deux Mondes*, 1er mars 1881 ; et, au point de vue du positivisme, les dernières pages de *la Mort et le Diable*, par P. Gener, 1880. Ph. Bridel.

PESTALOZZI (Jean-Henri) [1746-1827], pédagogue distingué, qui mérita de recevoir le surnom emphatique de maître d'école du genre humain. Sa vie présente un mélange singulier d'infortunes tragiques et de plaisantes maladresses. Ses idées sur le relèvement moral du peuple et la réforme de l'instruction primaire sont le résultat d'une sorte d'intuition plutôt que d'une élaboration lente et réfléchie ; elles demeurèrent incomplètes faute de pouvoir se débarrasser des obscurités et des contradictions dont elles étaient entachées. La grande originalité de Pestalozzi, et aussi le secret de la puissante influence qu'il exerça, il faut les chercher dans l'amour ardent qu'il portait aux pauvres et aux enfants. — Originaire de Zurich, Pestalozzi, après des études négligées et des débuts malheureux dans la carrière du droit, se voua tout entier à l'éducation de la jeunesse. En lutte lui-même avec le besoin, il fonda à Neuhof, près de Lenzbourg, une école d'enfants pauvres qu'il dirigea pendant plus de vingt ans avec une rare abnégation et un dévouement à toute épreuve. Après les guerres de la Révolution, il fonda un orphelinat à Stanz et une école modèle à Burgdorf, transférée plus tard à Yverdon, dans laquelle il mit en pratique sa méthode aux yeux de l'Europe attentive. Parmi les nombreux ouvrages de Pestalozzi, nous ne relèverons que son roman *Lienhard et Gertrude* (1781) et son traité pédagogique le *Livre des mères* (1803). Son roman, écrit sur d'anciens livres de comptes afin d'économiser le papier, est l'histoire d'une famille pauvre de paysans bernois. L'auteur a le sentiment très vif des souffrances du peuple et l'exprime avec une admirable simplicité. Gertrude est l'image de la femme dévouée et vaillante qui, à force de sens, de fermeté et d'une activité infatigable, parvient à triompher des embarras de son ménage, de la faiblesse de caractère de son mari, et des difficultés sans cesse renaissantes contre lesquelles elle a à lutter, soit dans son intérieur, soit avec ses voisins. Toute l'Allemagne s'enflamma pour cette idylle villageoise, qui précéda de dix ans l'apparition de *Hermann et Dorothée*. Quant à la méthode de Pestalozzi, elle n'est qu'une application et une systématisation plus ou moins heureuse des principes de J.-J. Rousseau. Les jugements différents qui ont été portés sur elle s'expliquent par les contradictions qu'elle renferme, et qui font que l'on a pu tour à tour louer son auteur d'avoir rendu l'instruction plus intelligente et le blâmer de l'avoir « mécanisée, » sous prétexte de la simplifier. Le premier, Pestalozzi a employé la méthode intuitive (*Anschauungsunterricht*), en opposition avec la méthode scolastique. Il a demandé que les *realia*, c'est-à-dire les images, les représentations fidèles des objets, précédassent, dans l'enseignement, les *nominalia*, les dénominations abstraites. L'idée claire doit être le but, l'intuition le moyen de l'éducateur. Pour occuper et intéresser à la fois tous les élèves, Pestalozzi recommande l'emploi des moniteurs ou de l'enseignement mutuel, ainsi que la récitation simultanée. Malheureusement le pédantisme maladroit avec lequel notre scolarque poursuit l'application de ces principes, justes en eux-mêmes, aboutit, contre son intention, à cette mécanisation rationnelle de l'éducation que l'on a pu, à bon droit, reprocher aux écoles établies d'après son système. Pestalozzi se montra indifférent mais non hostile au christianisme. Il ne polémisa jamais dans son établissement contre la Bible ; mais il remplaça le catéchisme par un cours de religion naturelle. L'éducation, selon lui, doit reposer sur un principe religieux. Dans son *Livre des mères*, il expose qu'il faut élever les enfants pour Dieu d'abord, comme le bien suprême à la réalisation duquel doivent tendre tous leurs efforts, pour la famille ensuite, pour la société en dernier lieu. Appliqué sans relâche à inculquer aux hommes de son temps un respect plus grand pour la jeunesse et un intérêt plus soutenu pour les écoles, Pestalozzi a rendu un service immense à son pays et à toute l'Europe civilisée. On a pu railler l'engouement qui s'empara soudain de tous les esprits pour les questions scolaires, et dire qu' « on faillit oublier les hommes pour les enfants ; » il serait plus opportun de rappeler que s'occuper avec intelligence des enfants, c'est encore le moyen le plus assuré d'avoir un jour des hommes dans le sens éminent de ce mot. C'est au soin donné aux écoles, ainsi qu'au perfectionnement constant apporté aux méthodes d'enseignement, que l'Allemagne est redevable des fortes générations qui ont assuré sa grandeur dans notre siècle. — Voyez l'autobiographie de Pestalozzi, intitulée *Chant du cygne*, et sa *Revue hebdomadaire de l'éducation des hommes*. Les *Œuvres complètes* de Pestalozzi ont paru à Brandebourg, 1872, en 16 vol. ; la monographie de Seyffarth, *J.-H. Pestalozzi, nach seinem Leben u. aus seinen Schriften dargestellt*, Leips., 1872 ; Pompée, *Etudes sur la vie et les ouvrages de Pestalozzi*, Paris, 1850 ; R. de Guimps, *Histoire de Pestalozzi, de sa pensée et de son œuvre*, 1873.

PÉTAU (Denys), un des plus célèbres érudits du dix-septième siècle, naquit le 21 août 1583 à Orléans, où sa famille comptait depuis longtemps parmi les premières de la bourgeoisie. Son père, un marchand plus curieux de belles-lettres que versé dans le négoce, lui fit donner une excellente éducation. Dès sa jeunesse, Denys Pétau vécut dans un étroit commerce avec les anciens auteurs et se distingua par son élégance pour la versification grecque et latine. Un de ses grands-oncles, conseiller à la cour de Paris, Paul Pétau, lui transmit son goût pour les recherches archéologiques et chronologiques. Lorsqu'il étudiait en Sorbonne, sa capacité pour le travail était déjà assez puissante pour qu'il se délassât des cours qu'il entendait par une pratique assidue des manuscrits de la bibliothèque du roi. Isaac Casaubon, frappé de l'étendue de ses connaissances, l'engagea à les mettre à profit en entreprenant un nouvelle édition des *Œuvres* de Synésius. Un hommage plus flatteur encore lui fut rendu en 1602, lorsque, âgé de dix-neuf ans à peine et à la suite d'un brillant concours, il fut nommé professeur de philosophie à l'université de

Bourges ; mais il ne garda pas longtemps ce poste, où il était cependant fort apprécié. Le souverain ascendant sur lui exercé par Fronton-du-Duc le détermina, au moment où il allait prendre les ordres et devenir chanoine de la cathédrale d'Orléans, à entrer dans la compagnie de Jésus et à se consacrer tout entier à l'enseignement dans les colléges de son ordre. Après avoir commencé en 1603 son noviciat à Nancy et subi ses deux années d'épreuves à Pont-à-Mousson, après avoir professé la rhétorique successivement à Reims (1609-1613), à la Flèche (1613-1618), à Paris, au collège de Clermont (1618-1621), Pétau vit s'ouvrir en 1621, par son appel à la chaire de dogmatique ou de théologie positive, une carrière plus digne de son talent, carrière qu'il parcourut sans interruption pendant vingt-trois années et à laquelle il ne renonça qu'en 1644, vaincu par les infirmités. Après sa retraite et malgré son état de souffrance, il voulut donner à la société qu'il avait si fidèlement servie une dernière preuve d'affection, en gardant au collège de Clermont les fonctions de bibliothécaire. Il mourut en 1652. — L'étroit commerce que dès sa jeunesse Pétau avait entretenu avec l'antiquité classique l'avait admirablement préparé pour les éditions qu'il donna de plusieurs auteurs grecs du cinquième au neuvième siècle. Il avait, sur le conseil de Casaubon, commencé avec Synésius (Paris, 1614, in-fol.) ; il continua avec les *Harangues* de Thémistius (1618, in-4°), les *Œuvres complètes* d'Epiphane (1622, 2 vol. in-fol.), le *Breviarum historicum* de Nicéphore. Son goût pour la versification grecque, qu'il ne cessa de cultiver pendant ses heures de loisir, lui permit d'atteindre à la facilité, si ce n'est à une irréprochable correction, et à l'élégance dans ses *Opera poetica* (1620, in-8°), ses *Carmina græca* (1621, in-8°), enfin sa *Paraphrasis Psalmorum omnium nec non canticorum* (Paris, 1627, in-12). La chronologie, pour laquelle il avait reçu de son grand-oncle Paul Pétau les indications premières, exerça aussi de bonne heure sur lui un vif attrait. Les travaux de Joseph Scaliger, son prédécesseur immédiat, furent par lui soumis à une révision minutieuse et à des corrections sagaces, mais dont l'âpreté dépare la très réelle valeur. L'*Opus de doctrina temporum* (Paris, 1627, 2 vol. in-fol.) s'efforça de concilier et de grouper dans un ensemble systématique, les procédés cycliques et mathématiques auxquels avaient eu recours les anciens pour la mesure du temps. L'excellent abrégé qu'il en donna lui-même quelques années après, sous le titre de *Rationarium temporum*, eut l'honneur de la traduction dans presque toutes les langues de l'Europe, ainsi que de très nombreuses éditions (la première en date est celle de Paris, 1633, la meilleure celle de Leyde, 1745, 2 vol. in-12). Pétau résuma avec le même bonheur l'histoire universelle dans ses *Tabulæ chronologicæ regum dynastiarium urbium, rerum virorumque illustrium a mundo condito*, Paris, 1628 ; Wesel, 1762). Nous mentionnerons enfin de l'infatigable chercheur dans le domaine chronologique son *Uranologion sive systema variorum auctorum qui de sphera ac sideribus eorumque motibus græce commentati sunt* (1630, in-fol.), avec l'appendice *Variarum dissertationum ad Uranologion libri octo quibus ad cælestium rerum ac temporum scientiam necessaria tractantur*, 1703 à Anvers-Amtersdam, avec une préface de Hardouin; en 1734-36 à Vérone; en 1767 à Venise, en 3 vol. in-4°. — Le P. Pétau, avec son tempérament altier et irascible, fut, à propos de chaque question un peu épineuse, entraîné dans d'incessantes controverses, et tout d'abord avec Saumaise, qui lui ressemblait fort par la solidité et la pesanteur de l'érudition. La dispute s'engagea à propos d'un opuscule sur le *De pallio* de Tertullien, dans lequel le professeur de Leyde s'était dédaigneusement exprimé sur l'édition d'Epiphane. L'ombrageux jésuite lui répondit sous le voile de l'anonyme par le *Antonii Kerkœtii Amerorici animadversorum liber ad Cl. Salmasii notas in Tertullianum de pallio* (1622). A partir de l'année suivante, s'ouvrit un feu roulant de répliques et de dupliques qui, de part et d'autre, exhalèrent une véhémence et une amertume dont on se serait cru délivré au siècle de Louis XIV. Une nouvelle querelle éclata en 1629 entre les deux mêmes fougueux lutteurs à propos des *Exercitationes in Solinum*, publiées par Saumaise et auxquelles Pétau riposta par ses *Miscellaneæ exercitationes in quibus ad Solinianos commentarios Cl. Salmas. Quædam scitu non indigna disputantur*. Les deux infatigables antagonistes croisèrent une troisième fois le fer en 1640, lorsque Saumaise, qui avait toujours le privilège de l'offensive, eut émis dans son *Fœnus trapezeticum* quelques vues sur la puissance épiscopale qui blessèrent le savant historien du dogme et l'engagèrent à faire paraître ses *Dissertationum ecclesiasticarum libri duo in quibus de episcoporum dignitate et potestate deque aliis ecclesiasticis dogmatibus disputatur* (1641). Cette interminable dispute entre deux adversaires également pourvus d'opiniâtreté et de doctes arguments fut close par le monumental ouvrage de Pétau: *De ecclesiastica hierarchia libri quinque in quibus potissimum de episcopis et presbyteris deque eorum differentia disputatur* (Paris, 1641, in-fol.). La discussion que Pétau avait soutenue plusieurs années auparavant sur le sacrement de la pénitence avec le doyen Maturin Simon d'Orléans avait pris un cours beaucoup plus paisible, peut-être grâce à l'humeur conciliante de ce dernier, *Appendix ad Epiphanianas animadversiones seu elenchus dipunctiuncularum Maturini Simonis de pœnitentiæ ritu in vetere ecclesia* (Paris, 1624). Lorsque Grotius, dans deux dissertations anonymes, eut revendiqué pour les laïques le droit d'administrer la cène, le jésuite, malgré sa haine ardente contre l'hérésie, usa de la même modération relative dans sa *De potestate consecrandi et sacrificandi sacerdotibus a Deo concessa deque communione usurpanda diatribe*. Les derniers débats auxquels fut mêlé le P. Pétau ne purent que diminuer sa réputation de controversiste. Invité par ses supérieurs, après la maladroite incartade de son collègue Nouet, à soutenir contre le grand Arnauld l'honneur quelque peu ébranlé de la compagnie, il s'efforça lourdement et scolastiquement, en français et en latin, avec des armes poudreuses et un style vieilli, de réfuter le livre *De la fréquente communion*, et ne réussit qu'à mieux en faire ressortir la clarté de langage et la rectitude de pensées. Voici les titres de ses propres productions : *De la pénitence publique et de la préparation à la communion* (1643), *De lege et gratia libri duo* (1648), *De Tridentini concilii interpretatione et S. Augustini doctrina* (1649), *De adjutorio sine quo non et adjutorio quo* (1650). Nous en arrivons enfin au *De theologis dogmatibus*, l'œuvre capitale quoique inachevée de Pétau, celle qui nous donne aujourd'hui la plus juste idée de ses vastes et laborieuses recherches. L'orthodoxe écrivain n'avait nullement entendu, comme ses modernes successeurs, exposer les vicissitudes inhérentes à chaque dogme, leur genèse, leur transformation, leur disparition finale, mais il s'était proposé, tout au contraire, d'établir historiquement la perpétuité et l'immutabilité de toutes les croyances garanties par l'Ecriture sainte et la tradition ecclésiastique. Sa devise était restée celle de son ordre *Nova quærant alii ; nihil nisi prisca peto.* A certains endroits, il semble, il est vrai, secouer le joug de la scolastique pour subir l'influence indirecte de la Réforme; toutefois l'œuvre, dans son ensemble, est inspirée par une conviction profonde de l'identité du dogme à travers les siècles, et Pétau aurait repoussé comme la plus damnable des hérésies la suggestion que les Pères auraient pu, sur une croyance fondamentale quelconque différer entre eux Le plan que, malgré son âge déjà avancé, avait conçu l'infatigable jésuite était trop vaste pour aboutir à sa complète réalisation. La mort l'arrêta au moment où il achevait le livre consacré à l'incarnation du Christ et ne lui permit d'aborder ni les sacrements, ni la foi et la grâce, ni les vertus théologales, ni les péchés capitaux. Aucun de ses confrères n'osa après lui, d'une main maladroite et téméraire, poursuivre l'érection de cet imposant édifice, qui, malgré ses défauts et ses lacunes, n'en fait pas moins encore aujourd'hui honneur à la science catholique, et auquel, parmi les œuvres protestantes de la même époque, il n'en est point qui puisse lui être comparée pour la sûreté de l'érudition et l'abondance des renseignements. La première édition fut celle de Paris (1644-1680, 5 vol. in-fol.) ; la dernière, celle de Rome, à laquelle présidèrent les jésuites Passaglia et Schrader (1857). Parmi les intermédiaires nous mentionnerons celles d'Amsterdam-Anvers (1700, 6 vol. in-fol.), que Jean Leclerc pourvut de notes excellentes, et de Venise, que dirigea le P. Zaccaria (1757, 2 vol. in-fol.). — Sources : H. de Valois, *Oratio in obitum D. Petavii*, Paris, 1653, in-4° ; Léon Allatius, *Melissolyra de laudibus* ; D.-P. Oudin, dans le XXXVIIe tome des *Mémoires* de Nicéron ; Bonafedi, *Ritratti poetici e storici;* J. Leclerc, *Bibliothèque choisie*, II; Eckstein, dans l'*Encycl.* d'Ersch et Gruber; Stanonick, *Dionysius Petavius*, Gratz, 1876. E. STRŒHLIN.

PETAVEL (Abram-François), poète et théologien, né le 1er avril 1791, mort le 14 août 1870, était fils d'un magistrat de Neuchâtel en Suisse. Il travailla pendant sa longue carrière au relèvement des études dans sa ville natale. Le mouvement commercial, qui a marqué à Neuchâtel la fin du siècle dernier, avait entièrement absorbé les esprits ; Ostervald, Bourguet et Bertrand n'avaient pas laissé d'héritiers de leur savoir. Enfant précoce, sorti à treize ans du collège, A.-F. Petavel se vit privé des ressources d'un enseignement supérieur. Peu de temps après, le général Oudinot vint occuper la principauté neuchâteloise (1806) ; il invita à sa table le jeune homme devenu capitaine de la compagnie des cadets. De l'avancement lui était offert pour le cas où il entrerait dans la grande armée. Interpellé sur ses intentions : « Je serai ministre, dit-il. — Ministre de quoi ? — Du saint Evangile. — Mais, s'écria un officier, prêtres et ministres sont des fourbes. — Des fourbes ! Si vous étiez un ecclésiastique, monsieur, seriez-vous fourbe ? — Bien répondu, » reprit un autre officier. A.-F. Petavel obtint finalement de son père la permission d'aller étudier à Zurich ; il y suivit avec ardeur les leçons de J.-J. Hottinger, qui s'attacha à lui et lui dédia plus tard ses *Opuscula philologica*. Après des examens distingués, son élève eut l'honneur de conquérir à Berlin, à l'âge de vingt et un ans, le premier diplôme de docteur en philosophie conféré par l'université de cette ville. De retour dans sa patrie en 1813, il fut chargé de l'enseignement des lettres grecques et latines et y joignit jusque vers 1830 celui de la rhétorique, enfin on lui donna des collègues. En 1836, il présida à la dédicace du gymnase et, en 1841, comme recteur, à l'inauguration de l'Académie, dont Agassiz, Hollard, Matile, Guyot, Sau, Prince et Du Bois de Montperreux furent les principaux titulaires. Les allocutions qu'il prononça dans ces circonstances et dans les jours de *promotions* ont été réunies sous le titre de *Discours sur l'éducation*. La pensée qui s'y retrouve toujours, c'est la nécessité absolue de mettre à la base de toute étude la foi chrétienne et la vie avec Dieu. *Piè doctus et doctè pius*, cette heureuse expression d'un Père de l'Eglise caractérisait l'enseignement du professeur neuchâtelois ; il avait insisté pour que dans l'Académie on fît une place à l'interprétation purement philologique du Nouveau Testament au bénéfice de tous les étudiants et non pas seulement des théologiens. — D'abord disciple de Platon, il était devenu, dès 1819, un chrétien convaincu et, avec James Du Pasquier et Félix Neff, un fervent promoteur du Réveil religieux. Il prit une part considérable à la formation de la Société neuchâteloise des missions ainsi qu'à celle de l'Alliance évangélique. A titre de membre de la vénérable classe des pasteurs et de concert avec son ami Claude de Perrot, il sollicita et obtint la fondation d'une faculté de théologie ; mais l'œuvre à laquelle il se consacra surtout fut le relèvement spirituel et national du peuple d'Israël et son rapprochement de l'Eglise chrétienne. Cette mission toute spontanée devint l'objet de la plupart de ses écrits : *Appel aux Eglises chrétiennes en faveur du peuple d'Israël* (1835) ; *Conversion du docteur Capadose* (1837) ; *La Fille de Sion, ou le rétablissement d'Israël* (1844-1868) ; *La kabbale, ou la philosophie spéculative des Hébreux* (1847) ; *Adresse à la maison d'Israël* (1856) ; *Israël, peuple de l'avenir* (1861) ; *L'époque du rapprochement* (1863), etc. — *La Fille de Sion*, poème en sept chants, épique, didactique et lyrique, est remarquable par la pureté de la forme ; les notes font preuve d'une sérieuse érudition d'hébraïsant.

De 1851 à 1854, l'auteur employa ses semaines de congé à la réalisation d'un vœu nourri depuis longtemps, celui de visiter et d'évangéliser les synagogues de France ; il fit ainsi la connaissance personnelle de la plupart des rabbins français. En 1868, il assista à la séance annuelle de l'Alliance israélite universelle ; le discours qu'il prononça à la demande de M. Crémieux, président de la société, rencontra le plus chaleureux accueil. Sur son lit de mort, la triste nouvelle de la guerre franco-allemande préoccupait douloureusement ses heures d'insomnie ; il souffrait en particulier de la position fausse des Israélites qui, se trouvant incorporés dans les deux armées ennemies, allaient porter les uns sur les autres une main fratricide, tandis que la Bible, lui semblait-il, assignait à ce peuple un rôle pondérateur et pacifique au milieu des autres nations. Il donna essor à ses sentiments en dictant une lettre qui fut expédiée de sa part aux deux monarques belligérants ; celle adressée au roi de Prusse rappelait les rapports soutenus par l'auteur de la lettre avec le feu roi Frédéric-Guillaume IV, lequel s'était montré sympathique à l'idée d'un rétablissement du peuple juif. — « L'image de M. le professeur Petavel ne s'effacera jamais de la mémoire de ceux qui l'ont vu, ne fût-ce qu'une fois, mais il serait bien difficile de donner une idée de lui à ceux qui n'ont jamais eu le bonheur de le connaître. Il réunissait les traits les plus divers ; on trouvait en lui, avec la sérénité du patriarche, l'enthousiasme, l'élan, la gaieté du jeune homme, avec le goût artistique d'un homme nourri des lettres classiques, les saillies prime-sautières d'un Neuchâtelois de vieille roche. Il joignait à une grande simplicité de vie et de manières, cette urbanité constante et cette parfaite courtoisie dont le siècle dernier ne nous a pas laissé le secret. Son profond savoir ne l'empêchait pas d'écouter les plus petits avec une humilité non feinte et qui semblait presque de la docilité. Il aimait passionnément la solitude et la nature, et son plus grand plaisir était de gravir en toute saison la montagne qui domine la ville pour passer dans un chalet des journées et même des semaines, seul, à méditer et à travailler ; pourtant nul homme n'était plus sociable et ne jouissait davantage des charmes de la conversation. On se souviendra longtemps de l'accueil épanoui qu'il faisait à tous et de son incomparable hospitalité ; en le voyant on ne pensait pas d'abord à un pasteur, à un missionnaire, à un apôtre, à un Père de l'Eglise, mais plutôt à un de ces hommes de la Genèse pour qui ce que nous appelons le monde invisible était voisin et présent, qui marchaient avec Dieu, qui s'entretenaient avec lui : patriarches ou voyants. » — Ces dernières lignes sont dues à la plume de M. Félix Bovet, *Union libérale* de Neuchâtel, 20 août 1870. D'autres traits ont été empruntés aux notices publiées par MM. Wolfrath, Nagel, Andrié, pasteur à Berlin, Aug. Bost, Staaff, *La littérature française*, et Echlin, *Poètes neuchâtelois*, 1879.

PETIT (Jean), né à Hesdin, dans le pays de Caux, vers l'an 1360, mort en 1411, étudia le droit civil et canonique, devint licencié dans l'un et l'autre droit, puis docteur en théologie. Plusieurs écrivains ont prétendu qu'il entra dans l'ordre des cordeliers, mais beaucoup d'autres l'appellent docteur séculier. Il exerça son talent oratoire dans la carrière du barreau et de la chaire, puis il entra au service du duc de Bourgogne Jean sans Peur, dont il devint l'avocat consultant, maître des requêtes et conseiller intime. Ce prince ayant fait assassiner son cousin Louis, duc d'Orléans, chargea Jean Petit de justifier ce crime dans l'assemblée qu'il convoqua en 1408 à l'hôtel Saint-Paul, en présence du dauphin et de toute la cour. Petit s'acquitta de cette tâche et prononça en faveur de son maître un plaidoyer qui parut en 1408, sous le titre de *Justification du duc de Bourgogne*, et dans lequel il soutint qu'il est permis de tuer un tyran et même que le meurtrier devait être récompensé. Cette doctrine, contre laquelle personne n'osa protester sur-le-champ, fut réfutée peu après par Pierre Cousinot, par Gerson, chancelier de l'Université, et par Gérard de Montaigu, évêque de Paris. Elle fut solennellement condamnée par le Parlement et par le concile de Constance, et donna lieu à la célèbre controverse du *probabilisme*.(voyez ce mot). Jean Petit a laissé, en outre, plusieurs opuscules théologiques qui n'ont pas été imprimés et dont les titres sont indiqués dans la *Nouvelle biogr. génér.* Quant à son *Plaidoyer*, Montrelet l'a inséré dans sa *Chronique*, l. I, c. xxxix, et Dupin l'a publié dans son édition des *Œuvres* de Gerson, t. V, p. 15-42.

PETIT (Samuel), pasteur et professeur, l'un des plus savants orientalistes de son siècle, naquit à Nimes le jour de Noël 1594 et y mourut le 12 décembre 1643. Il était d'une famille originaire de Paris que la persécution avait transplantée dans le Languedoc. Après avoir fait de brillantes études classiques sous la direction de son père, pasteur à Saint-Ambroix, il se rendit à Genève pour y étudier la théologie. Son goût et ses aptitudes le portèrent surtout vers l'étude des langues de l'Orient : l'hébreu, le chaldéen, le syriaque, le samaritain, l'arabe, le copte même. Il eut occasion de montrer son savoir sous ce rapport dans une circonstance curieuse racontée par son biographe, le docteur Pierre Formy, son gendre. Un jour, pendant qu'il visitait avec quelques amis la synagogue juive d'Avignon, un rabbin se mit à les accabler de malédictions, persuadé que pas un des visiteurs ne comprenait la langue hébraïque dont il se servait ; mais notre érudit lui répondit immédiatement dans cette langue, et le pauvre rabbin, effrayé, se jeta à ses pieds, implorant son pardon, et dut entendre pour sa peine une exhortation que Petit s'empressa de lui faire pour le conjurer de s'attacher à Jésus-Christ, le Messie véritable. Il avait à peine vingt ans et demi quand le pasteur Faucher, de Nimes, fut chargé par le synode de demander pour lui la chaire d'hébreu à l'académie de cette ville (Reg. consist., t. XI, p. 184, 29 juin 1615). Il rendit aussi des « services extraordinaires » à l'Eglise de Nimes en remplissant des fonctions pastorales, et il reçut pour cela une « gratification » (14 novembre 1618 et 25 septembre 1619, t. XI, f. 429 et 472). Au mois d'août 1622, alors que Nimes relevait à grands frais ses fortifications, on mit trois soldats en garnison dans sa maison et on le menaça d'emporter ses meubles s'il ne payait pas « pour les réparations des fossés. » Il fit intervenir en sa faveur le consistoire, qui chargea « deux anciens de parler aux messieurs du conseil de direction » pour qu'on ne le molestât point et qu'il pût rester dans la ville, « considéré le danger des guerres » où l'on était (3 août 1622, t. XII, f. 246). Après la destitution, comme principal du collège, d'Adam Abrenethée par le duc de Rohan, le conseil déclare qu'il est nécessaire de choisir, pour le remplacer, quelqu'un qui « par ses vertus, qualités et bonnes mœurs, relève la réputation du collège, grandement affaiblie par la nonchalance du dit sieur Abrenethée » (Arch. commun., L. L. 19), et le choix tomba sur Petit. Il fut envoyé à la cour, en 1633, pour les affaires du Petit Temple, dont les jésuites voulaient s'emparer, et il fut payé de ses frais de voyage, avec remerciements, dans la séance consistoriale du 22 juin (t. XIV). Il fut envoyé aussi comme député, avec le diacre de Fontfroide, au synode national d'Alençon, qui se tint du 28 mai au 10 juillet 1637 ; il fut un des sept commissaires chargés d'examiner l'affaire de MM. Testard et Amyraut, accusés d'hérésie à cause de leur universalisme, affaire qui se termina à l'honneur de ces derniers. Il rentra à Nimes le jeudi 13 août, et il rendit compte, le 19 du même mois, de ce qui s'était passé à cette assemblée, « de quoy la compagnie a esté grandement satisfaite, et a remercié le dit sieur Petit et en sa personne aussy le dit sieur de Fontfroide. » Sa réputation grandissait à chacun de ses ouvrages. Les voici dans l'ordre de leur publication ; ils furent tous imprimés à Paris, chez Charles Morel : *Miscellaneorum lib. IX*, Paris, 1630, in-4° ; *Eclogæ chronologicæ, in quibus de variis Judæorum, Samaritanorum, Græcorum, Macedonum, Syro-Macedonum, Romanorum typis, cyclisque veterum christianorum paschalibus disputatur*, Paris, 1632, in-4°, réimp. en partie dans plusieurs recueils ; *Variarum lectionum lib. IV, in quibus ecclesiæ utriusque fœderis ritus moresque antiqui, sacri item ejusdem atque ecclesiastici scriptores illustrantur, explicantur, emendantur*, Paris, 1633, in-4°, réimp. dans le t. IX des *Critici sacri* (Amst., 1698, in-fol.) ; *Leges atticæ. Sam. Petitus collegit, digessit, et libro commentario illustravit. Opus juris, literarum et rei antiquariæ studiosis utilissimum, VIII libris distinctum, in quo varii scriptorum veterum græcorum et latinorum loci explicantur et emendantur*, Paris, 1635, in-fol. de 557 pages. Cet ouvrage est dédié à F.-A. de Thou, fils de J.-A. L'entête des chapitres du livre premier donnera une idée de la masse de choses qui y sont étudiées : *De deorum cultu, sacris ædibus, diebus festis et ludis. De sacrorum ministris. De legibus. De senatusconsultis et plebiscitis. De civibus aboriginibus et adscititiis. De liberis legitimis, nothis, adoptivis. De servis et libertis. — Sam. Pet. Observationum libri III, in quibus varia veterum scriptorum loca, quæ ad philologiam, jurisprudentiam et utriusque ecclesiæ judaïcæ atque christianæ historiam pertinent, illustrantur, aut emendantur*, Paris, 1641, in-4° de 372 pages. Dans un avertissement au lecteur, l'auteur dit qu'il a composé cet ouvrage dans sa maison de campagne tout près de la ville, *intra primum a civitate lapidem*, et alors qu'il était affaibli par la peste qui sévissait dans le pays.

On voit que notre savant ne pouvait pas ne pas travailler. L'*Index auctorum explicatorum, illustratorum, emendatorum* contient cinquante-trois noms d'auteurs grecs, latins ou hébreux. Petit ne put mettre au jour un ouvrage *In Josephum*, en deux volumes, auquel il travaillait quand la mort le surprit. Le manuscrit se trouve aujourd'hui dans la Bibliothèque d'Oxford. Il laissa aussi en manuscrit un ouvrage en latin dont la traduction française parut en 1670 : *Traduction du Traité de Samuel Petit, professeur en théologie à Nimes, touchant la réunion des chrétiens*, in-12, 68 p. A la suite de cette traduction, l'auteur, qui pourrait bien être d'Huisseau lui-même, a mis, p. 69-107, *Quelques observations qui ont été faites sur un livre latin du sieur Gaussen*. Le traité de Petit se divise en trois parties : Les différentes causes de la division ; effets principaux de cette division ; les principaux remèdes de la discorde. Parmi les diverses causes de la division, notre professeur place en première ligne la multiplicité des dogmes, qu'on a même « obscurcis de ténèbres très épaisses ; » et comme principal remède, il veut qu'on revienne à la simplicité de l'Evangile. On comprend que d'Huisseau, dans sa lutte contre le calvinisme rigide, ait songé à traduire ces pages qui lui donnaient gain de cause à bien des égards. Petit ne quitta point sa ville natale, malgré les offres séduisantes qui lui furent faites de bien des côtés. Le cardinal Bagni vint tout exprès à Nimes pour le supplier d'aller à Rome, où il aurait annoté les manuscrits du Vatican sans qu'il fût inquiété pour sa foi religieuse. L'archevêque de Toulouse, D. de Montchal, l'avait aussi en haute estime (*pariter in sinu fovebat*, dit Formy) ; et il eut soin de convoquer ses assemblées à Nimes, pour jouir le plus souvent possible de sa conversation. L'éminent professeur était en correspondance avec toutes les illustrations européennes de l'époque : Saumaise, Gassendi, Justelli, Rivet, Turrettin, Alex. Morus, Gronovius, etc. Son biographe s'était proposé de publier cette correspondance ; malheureusement il n'a pas tenu parole. Samuel Petit avait épousé, en 1619, Catherine Cheiron, fille d'Isaac Cheiron, docteur en droit et principal du collège de Nimes. Il en eut plusieurs enfants, qui moururent en bas âge. Il ne conserva qu'une fille, Antonia, née le 18 juin 1625, qui épousa, le 18 avril 1632, le docteur Pierre Formy, dont le père était pasteur à Mauguio. Sa richissime bibliothèque fut convoitée par bien des personnes. Quelques jours après sa mort, un diacre de Nimes, le sieur de Langlade, en offrit cinq cents écus (séance du 23 décembre 1643). Mais elle fut cédée, le 9 octobre 1651, au prix de cinq mille livres tournois, à Jacques de Ranchin fils, conseiller du roi en la cour du parlement de Toulouse et chambre de l'édit séant à Castres, et à Raymond de Gasche, min. de Castres. — Voyez *Sam. Petiti vita, a Petro Formio descripta*, 1673, 6 p.; la *Fr. prot.*, t. VIII, 204; A. Borrel, *Hist. de l'Egl. réf. de Nimes*, 1856, p. 178. CHARLES DARDIER.

PETITOT (Jean), peintre huguenot, né à Genève en 1607, mort en 1691, excella surtout dans la miniature. Attaché d'abord au roi d'Angleterre Charles Ier, qui le chargea de faire des copies des tableaux de van Dyck, il vint en France avec lui et jouit quelque temps de la protection de Louis XIV ; emprisonné au For-l'Evêque après la révocation de l'édit de Nantes, il n'en sortit que quand on craignit pour ses jours. Bossuet avait vainement tenté de le convertir. Petitot est le créateur de la peinture sur émail : ses ouvrages se distinguent par une finesse de dessin, une douceur et une vivacité de coloris admirables. Le musée du Louvre possède une collection de ses émaux ; elle a été gravée par Blaisot, avec notices, Paris, 1863, 3 vol. in-4°.

PÉTRARQUE (François), issu d'une famille d'exilés florentins réfugiés à Arezzo, y naquit le 20 juillet 1304. Après avoir commencé ses études à Pise, il suivit son père à Avignon et pour lui plaire s'occupa de jurisprudence à Montpellier et à Bologne. Les études littéraires toutefois le captivaient bien plus que la chicane, et ses amis favoris furent toujours les classiques latins et les jeunes poètes de la jeune langue italienne : Cino di Pistoja, Cecco d'Ascoli, Guido delle Colonne, Fra Guittone d'Arezzo, etc. Le Dante lui paraissait peut-être trop supérieur pour qu'il pût l'estimer et l'aimer ; sa réputation de poète cependant n'aurait été en aucune manière obscurcie s'il avait estimé le Dante à sa juste valeur comme génie et comme caractère, en tout différents des siens propres. Quoique prêtre, à cause de sa pauvreté, Pétrarque ne le fut jamais par vocation, aussi fut-il reçu à bras ouverts par la cour d'Avignon, lorsque Giacomo Colonna, plus tard évêque de Lombez, le présenta comme poète aimable et comme restaurateur de la poésie latine classique. Pétrarque écrivit en vers latins un poème de l'Afrique imité de Silius Italicus et quelques églogues aujourd'hui oubliées qui remplirent d'admiration les prélats d'Avignon. La célébrité de Pétrarque, au point de vue linguistique et littéraire, est indiscutable ; poète dans le vrai sens du mot, créateur d'un genre de poésie, il est également considéré, après le Dante et Boccace, ses contemporains, comme un des principaux constructeurs de la langue italienne. — Au point de vue moral et religieux, lorsque l'on connaît la vie du poète, la lecture de ses sonnets et de ses *canzoni* n'inspire ni enthousiasme ni admiration. Il aime, en poésie, Laure de Noves, femme de Hugues de Sade et mère de douze enfants ; il en glorifie la beauté, la chasteté, la fidélité, ce qui ne l'empêche nullement de déclarer le mariage nuisible aux études, de prôner le concubinage ecclésiastique en en donnant l'exemple dans sa vie privée, et de célébrer enfin la folie de ceux qui se remarient pour fuir les tentations de la chair. Son amour platonique pour Laure, célébré par une longue série de littérateurs, ne peut en aucune manière cacher sa vie privée, ni même l'excuser. Cet amour toutefois a été fécond, et, après ses gracieux sonnets, ses éloquentes et émouvantes *canzoni*, il a produit un poème sublime intitulé : *Trionfi in vita e, in morte di madonna Laura*, que M. de Rougemont a ingénieusement comparé à l'Ecclésiaste pour ce qui concerne la progression des idées et des tableaux poétiques (voyez *Etudes sur l'Ecclésiaste*, Neuchâtel, Mignot, 1835). En voici le résumé succinct : L'amour mondain du prêtre est vaincu par la chasteté de Laure, mais la mort enlève Laure et sa vertu. L'amour pur du poète triomphe alors de la mort en immortalisant la chaste amante, lorsque le temps qui détruit toute belle renommée dissipe les chants du poète pour être à son tour et pour toujours vaincu par la véritable éternité divine, dans laquelle tous ceux qui se sont aimés se rencontreront. Ce poème n'est pas original; des traces visibles peuvent en être retrouvées dans la poésie provençale et espagnole du temps ; mais l'idée dominante en est belle, sainte, pure comme celle de la Divine Comédie et supérieure à toutes les fadeurs des *canzoni* de Pétrarque et de leurs imitateurs. —Outre ses poésies, Pétrarque a écrit plusieurs traités prolixes et sans importance sur les questions politiques, pédagogiques et religieuses. Honoré par les princes italiens, Robert de Naples, les Visconti, les Gonzague, les Coreggio, Malatesta, par Charles IV, par Pompée de Posidonius et Boccace, il obtint, en 1341, le triomphe et la couronne de laurier au Capitole. Vers la fin de sa vie, il se retira dans une villa d'Arqua, près de son canonicat de Padoue, et y mourut penché sur son manuscrit de Virgile (1374). Son gendre, François de Brossano, car il eut des enfants quoique prêtre, fut son héritier. Pétrarque a été considéré par quelques esprits exaltés comme un réformateur avant la Réforme, parce que, avec le Dante, il flagelle les vices des cours papales de Rome et d'Avignon et parce qu'il exprime avec un art admirable des pensées religieuses sublimes sur l'immortalité de l'âme et sur la puissance du péché (voyez les sonnets LXXXII, LXXXV, ce dernier surtout, puis les sonnets LXXXVI et XC). Il dévoile les turpitudes de Rome et d'Avignon, mais sans se prononcer contre l'Eglise en elle-même, qui lui avait procuré des biens et des honneurs. Ses poésies politiques n'eurent pour but que de hâter le retour de la papauté à Rome et de prêcher à cet effet la paix aux petits princes italiens (voyez canzone II et IV, dans la troisième partie de ses *Rime*). Les trois sonnets XIV, XV et XVI de cette troisième partie sont célèbres par leurs invectives contre Rome : « Source de douleurs, asile de colère, temple de l'hérésie et des pires erreurs. Tu fus Rome, mais tu n'es aujourd'hui dans ta déchéance qu'une impie Babylone pour laquelle on gémit et on pleure, etc.... » Ces imprécations, que nous trouvons déjà dans le Dante au sujet de la fausse donation de Constantin, n'ont pas empêché leur auteur d'être un très fidèle serviteur de l'Eglise. — Voyez *Rime di F. Petrarca*, Milan, 1860. Il y a sur Pétrarque toute une bibliothèque de monographies et d'études littéraires. P. LONG.

PÉTROBUSSIENS. Voyez *Bruys* (Pierre de).

PEZ (Bernard), bénédictin allemand, né à Ips en 1683, mort en 1735, entra de bonne heure dans le monastère de Molk, et voyagea avec son frère dans diverses contrées de l'Allemagne, afin de recueillir les chroniques, les chartes et d'autres documents du moyen âge. Il a laissé : 1° *Acta et vita Wilburgis virginis cum notis*, Augsb., 1715 ; 2° *Bibliotheca Benedicto-Mauriana, seu de vitis et scriptis Patrum e congregatione S. Mauri*, 1716 ; 3° *Thesaurus anecdotorum novissimus, seu veterum monumentorum præcipue ecclesiasticorum collectio*, 1721-23, 5 vol. in-fol.;

4° *Bibliotheca ascetica antiquo-nova*, Ratisb., 1723-40, 12 vol. in-8°, etc., etc.

PFAFF (Christophe-Matthieu) [1686-1760], célèbre théologien wurtembergeois. Né à Stuttgard, élevé au séminaire de Tubingue, il se livra avec passion à l'étude de la philologie biblique et à celle des langues orientales, et, après un certain nombre de voyages scientifiques accomplis avec un grand succès, il séjourna pendant trois ans à la cour des ducs de Savoie et découvrit plusieurs manuscrits importants à la bibliothèque de Turin. L'accueil que Pfaff reçut des savants de Paris et de Hollande, l'érudition solide dont il fit preuve, en particulier dans le domaine de l'histoire ecclésiastique, la clarté et la pénétration de son esprit, la souplesse de son caractère, attirèrent sur lui l'attention générale et lui valurent des témoignages d'estime même de la part de ses adversaires. Nommé professeur et chancelier à l'université de Tubingue, abbé de Lorch, comte palatin et membre de l'Académie des sciences de Berlin, il commença en 1717 son enseignement, qui fut des plus brillants, mais qu'il cessa brusquement en 1757 sans que l'on ait trop su pourquoi. Pfaff passa les dernières années de sa vie à Giessen, en qualité de surintendant des Eglises de la Hesse, de professeur et de chancelier de l'université. L'activité littéraire de Pfaff fut très considérable. C'est sous sa direction que fut publiée, en 1729, in-fol., la nouvelle traduction allemande de la Bible, connue sous le nom de *Bible de Tubingue*. Partisan d'une plus grande autonomie de l'Eglise, il défendit le système collégial contre les partisans du territorialisme dans ses *Discours académiques sur le droit protestant* (Tub., 1742). Essentiellement favorable à l'union entre les deux Eglises protestantes, Pfaff se montra également conciliant à l'égard des catholiques. Il combattit l'orthodoxie scolastique de son temps et rendit pleine justice aux piétistes, alors même qu'il ne partageait pas leurs principes ascétiques. On trouvera l'énumération complète des écrits de Pfaff dans Hirsching, *Historisch-literar. Handbuch*, t. VII.

PHANUEL, Pniël, Pnuël ; Φανούηλ, ville située au delà du Jourdain, au N.-E. de Succoth (Juges VIII, 8 ss.), avec un château fort que détruisit Gédéon. Plus tard, le roi Jéroboam Ier fit rétablir les fortifications de la ville (1 Rois XII, 25). La tradition veut que Phanuël ait reçu son nom de la théophanie racontée Gen. XXXII, 30 ss. ; elle se serait élevée à l'endroit où Jacob lutta contre l'ange de l'Eternel. Elle était arrosée par le fleuve Jabbok, et fut donnée à la tribu de Gad (cf. Josèphe, *Antiq.*, VIII, 3 ; Rosenmüller, *Alterthümer*, II, 31 ss. ; Raumer, *Palæstina*, p. 169).

PHARAON, Pareôh, Φαραώ, nom commun à tous les rois d'Egypte cités dans la Bible. Parfois cependant, mais très rarement, ce nom est joint à des noms de personnes, comme Pharaon Nécho (2 Rois XXIII, 29) et Pharaon Hophra (Jér. XLIV, 30). Depuis Jablonsky (*Opusc.*, édit. le Water, I, 374), on a expliqué le mot de Pharaon d'après le kopte *p-uro*, c'est-à-dire le roi; mais le mot *p-uro* ne se trouve pas dans les caractères hiéroglyphiques, et le roi y est toujours désigné, soit par le mot *suten*, soit par le mot *honef*, ce qui signifie Sa Majesté. C'est pourquoi Lepsius et Chabas ont tenté une autre explication du mot Pharaon, en décomposant l'hébreu pareôh en p-ra, ce qui signifierait le soleil. Cette hypothèse, toutefois, ne s'accorde pas avec l'écriture hiéroglyphique, qui n'ajoute jamais le disque du soleil dans les caractères qui désignent le roi. Aussi le dernier exégète du mot Pharaon, Ebers, a-t-il adopté l'explication de M. de Rougé, qui accorde la désignation de Pharaon, *per-aa* (la grande maison) avec le pareôh des Hébreux ; or, il est indubitable que le roi d'Egypte est appelé souvent « la grande maison. » — Voyez Horapollon, *Hieroglyphica*, éd. Leemans, Amsterd., 1835 ; Ebers, *Ægypten und die Bücher Mosis*, Leipzig, 1868.

PHARISIENS. Lorsque Esdras et Néhémie rétablirent la nationalité juive, il se forma en Palestine un parti particulièrement favorable à leurs réformes politiques et religieuses, le parti des hassidim (les pieux, les dévots). Ils devinrent très puissants, et plus tard l'insurrection de Judas Machabée fut à la fois un soulèvement des patriotes contre Antiochus Epiphane et une protestation du parti des hassidim contre l'infidélité de certains Juifs disposés à accepter les idées grecques et subissant l'influence de l'étranger. Les hassidim commencèrent alors à se mêler de politique. Un certain nombre d'entre eux, voulant rester mystiques et contemplatifs, se séparèrent et devinrent les esséniens (voyez ce mot). La majorité, au contraire, entra résolument dans la lutte et fut l'âme du mouvement insurrectionnel. Les hassidim, partisans de ces idées nouvelles, reçurent le nom de pharisiens. Ce nom parut pour la première fois sous les Machabées, en même temps que le nom d'hassidim disparaissait. Le mot pharisien (perouschim en hébreu, *Sota*, III, 4 ; *Judajim* IV, 6-8 ; perischin en araméen) signifie séparé (perischout signifierait insociabilité, ἀμιξία en grec). L'insociabilité à l'égard des païens était en effet considérée par les pharisiens comme un grand devoir religieux et social. Ils ne se séparaient nullement de la masse du peuple juif ; Hillel, le plus grand d'entre eux, dira plus tard : « Ne te sépare pas de la communauté » (*Aboth*, II, 4) ; mais ils se séparaient de tout ce qui n'était pas authentiquement juif ; ils se séparaient de l'étranger, comme autrefois les hassidim, et des esséniens qu'ils blâmaient de ne pas se joindre à eux. Ils n'étaient point, comme eux, des sectaires ; ils représentaient, au contraire, le judaïsme le plus strict, le plus orthodoxe ; ils n'étaient qu'une tendance au sein du judaïsme, la plus attachée à la foi religieuse et nationale. Cette tendance était, du reste, dans les traditions du peuple. Eteindre l'idolâtrie, empêcher la nation de subir l'influence des religions et des cultes étrangers, avait été la première préoccupation de Moïse et des prophètes. Esdras et Néhémie avaient poursuivi ce but toute leur vie, et les pharisiens, reprenant ces idées antiques, devinrent rapidement très populaires ; mais ils rencontrèrent l'opposition des prêtres et des grands qui entouraient le souverain, qui formaient la noblesse et qui étaient hostiles à toute exagération religieuse. Il se forma alors deux partis : les pharisiens, docteurs de la loi, instruisant le peuple, fondant des écoles, et leurs ennemis les saducéens. Il est fort possible que leurs deux noms ne fussent que des sobriquets que les adversaires se lançaient mutuellement par mépris. Il est certain qu'eux-mêmes ne se donnent jamais ces noms par lesquels nous les désignons aujourd'hui, et que dans le Talmud et dans les Evangiles ils impliquent presque toujours une idée de blâme. — La parti pharisien se constitua définitivement à ce moment précis où la guerre contre l'ennemi du dehors étant finie et les Asmonéens définitivement vainqueurs, la lutte des patriotes commença contre l'ennemi du dedans, c'est-à-dire contre les Juifs Tsadoukims (saducéens). L'histoire de la dynastie asmonéenne est avant tout l'histoire de la lutte des deux partis pharisien et saducéen. Nous nous bornerons à la résumer rapidement. Les pharisiens, qui avaient dirigé l'insurrection machabéenne, triomphèrent d'abord avec elle ; mais, après la mort de Judas Machabée, les partisans des idées étrangères, les saducéens, reprirent le pouvoir. Jean Hyrcan, d'abord indifférent aux uns et aux autres, finit par favoriser les saducéens dans la lutte politique, religieuse et sociale qu'ils livraient aux pharisiens. Aristobule, son successeur, continua ses traditions et rétablit la royauté, ce qui froissa profondément les pharisiens, dont les préférences étaient plus ou moins républicaines. Les idées saducéennes semblaient devoir l'emporter définitivement, mais, à la mort d'Aristobule, Salomé, sa veuve (connue aussi sous le nom d'Alexandra), épousa son beau-frère Alexandre Jannée, et grâce à elle, les Pharisiens retrouvèrent leur ancienne influence. Le frère de la reine, Siméon ben Schetach, devint le chef du parti. Les saducéens furent chassés du Sanhédrin. Cependant Alexandre Jannée était resté partisan secret des saducéens. Un jour, dans une cérémonie publique, il eut l'imprudence de violer ouvertement les coutumes pharisiennes. Le peuple indigné souleva une formidable émeute, suivie d'une répression terrible, dans laquelle huit cents pharisiens furent crucifiés et leurs femmes et leurs enfants égorgés. Alexandra, restée veuve pour la seconde fois, rendit aux pharisiens leurs prérogatives. Siméon ben Schetach reprit son influence, et le parti tout entier se livra à de sanglantes représailles contre les saducéens. A la mort d'Alexandra, la guerre civile éclata. Aristobule, fils de la reine, se mit à la tête des saducéens et fut vainqueur. La lutte n'en continua pas moins jusqu'à la fin de la dynastie asmonéenne. Avec l'avènement d'Hérode le Grand, les luttes à main armée prirent fin et une phase nouvelle de l'histoire des pharisiens et des saducéens commença. C'est à dater du règne de ce prince que la direction de la vie religieuse fut définitivement laissée aux pharisiens. L'indépendance nationale étant perdue, les luttes des deux partis ne furent plus que des controverses religieuses. Les passions politiques n'en subsistaient pas moins, les pharisiens continuaient à entretenir au sein du peuple l'ardent amour de la patrie et lui prêchaient avant tout la haine d'Hérode. Ce prince ne représen tait à leurs yeux que la domination étrangère. Ses instincts cruels et barbares, ses mœurs païennes et voluptueuses lui aliénèrent la masse de la nation. On vit paraître quelques prédicateurs publics parmi les pharisiens; c'était la première fois. Judas, fils de Sariphée, et Matathias, fils de Margaloth, furent deux tribuns pharisiens très populaires. Ils poussèrent le peuple à arracher l'aigle romaine placée par le tyran sur le grand portail du temple. Ils furent, pour ce fait, condamnés à être brûlés vifs. Josèphe donne à ces tribuns du peuple le nom de brigands, mais à tort; il veut flatter par cette insulte les païens pour lesquels il écrit. Ces prétendus brigands n'étaient que des patriotes exaltés. Quelques-uns cependant finirent par se faire voleurs de grand chemin ; ils tenaient la campagne et excitaient le peuple à la révolte. Judas le Galiléen ou le Gaulonite fut un de ces républicains exaltés se rattachant par leur exclusivisme au grand parti pharisien. — L'histoire évangélique qui commence à la mort d'Hérode le Grand nous montre les pharisiens en présence du Christ et des apôtres. On a souvent mal compris les curieux détails que nous donnent les Evangiles sur les pharisiens. On a oublié que ces détails sont nécessairement incomplets, et on a cru que les évangélistes faisaient des Pharisiens des sectaires hypocrites et orgueilleux, des tartufes jouant la comédie de la dévotion ; rien n'est plus faux. Si un certain nombre de pharisiens ont été hostiles au Christ, tous ne l'ont pas été. Jésus allait prendre ses repas dans des maisons habitées par des pharisiens ; ce sont des pharisiens qui le préviennent qu'Hérode veut l'arrêter (Luc XIII, 31). Il demeure chez des pharisiens dans ses voyages (Luc VII, 36). Un pharisien l'invite un jour à manger à sa table (Luc XI, 37); il l'étonne par sa largeur de vue, car il n'a pas fait d'ablutions avant le repas. Le Christ prononce, il est vrai, de sévères paroles contre les pharisiens (Luc XIV, 1 ; Jean III, 1; VII, 44). Mais il faut remarquer que s'ils ont lutté contre le Christ, c'est surtout par la parole, par la discussion Ils n'étaient certainement pas en majorité dans le Sanhédrin quand Jésus fut condamné à mort. Bref, il est facile de voir que les pharisiens, dans l'Evangile, sont les uns favorables, les autres défavorables au christianisme naissant. Cette double opinion nous est expliquée par le Talmud. Nous savons que vers la fin du règne d'Hérode, les pharisiens se divisèrent en deux partis ennemis, les uns se rattachant au célèbre Hillel, qui venait de mourir, les autres à son adversaire Schammaï. Ces deux partis formèrent au sein de leur tendance une droite et une gauche aussi acharnées l'une contre l'autre qu'autrefois les pharisiens et les saducéens. Les hillelistes, plus tolérants, plus modérés, représentaient le judaïsme libéral. Les schammaïtes, étroits, fanatiques, mais plus populaires que leurs antagonistes, parce qu'ils haïssaient davantage encore l'étranger, représentaient le judaïsme conservateur. Ce sont ces derniers qui donnaient prise aux reproches que fait Jésus aux pharisiens (Matth., XXIII et parall.). Leur dévotion exaltée entraînait les défauts qui l'accompagnent d'ordinaire : l'esprit de jugement, le dédain de l'opinion adverse, l'étroitesse, l'intolérance. Jésus s'est élevé contre ces pharisiens *teints*, comme on disait de son temps, et c'est eux que nous décrit le Talmud dans le célèbre passage sur les sept espèces de pharisiens (*Sota*, 22 b., et *Berakhoth*, 13 b.).— Il nous reste à exposer les idées sociales et dogmatiques des pharisiens. Au point de vue *social*, les pharisiens combattaient trois ennemis : l'étranger, le sacerdoce saducéen et les patriciens riches. Ils avaient pour alliés dans cette triple tâche les masses populaires (Jos., *Ant.*, XIII, 10, 6) et en particulier les femmes (*Ant.*, XVII, 2, 4). Leur influence sur le peuple était si grande que celui-ci était tout entier, suivant l'expression de M. Reuss, « dressé à la pharisienne. » Sans être opposés au sacerdoce en soi, puisqu'un pharisien pouvait être prêtre (Jos., *Vita*, § 1-2), les pharisiens tendaient à donner plus d'importance à la synagogue qu'au temple. Le temple pouvait disparaître, le judaïsme n'en subsisterait pas moins, grâce à la synagogue, et c'est en organisant la synagogue, en lui donnant une vie indépendante du temple, qu'ils sauvèrent le judaïsme. Le juif emportait partout avec lui dans le monde les rouleaux de la loi et fondait des synagogues. Les plus sages des pharisiens, prévoyant la destruction de la patrie visible, se préoccupaient uniquement de sauver la religion de leurs pères et ne poursuivaient plus la chimère impossible d'une nationalité terrestre indestructible. Ce fut après la disparition du temple qu'ils arrivèrent, instruits par l'expérience, à cette conception purement spiritualiste. Ils créèrent alors le judaïsme qui existe encore aujourd'hui, ce judaïsme sans patrie, qui n'est plus qu'une croyance religieuse et n'a pas besoin du temple et de ses sacrifices pour subsister ; la synagogue lui suffit. Les pharisiens qui ont accompli cette grande œuvre ont été une des gloires les plus pures du peuple d'Israël. Patriotes inflexibles, vrais continuateurs des prophètes, ils mettaient l'honneur de Dieu au-dessus de toute chose ; refusant de plier devant l'étranger, certains d'avance de succomber dans la lutte, ils soutenaient jusqu'au bout la gloire de leur religion, consentant à périr eux-mêmes pourvu que Jéhovah et la loi ne périssent jamais. Une de leurs fondations, en vue de cette destruction possible de la nationalité juive qu'ils avaient d'avance devinée, avait été la création de grandes confréries ou associations religieuses. Les prêtres qui vivaient de l'autel mangeaient des viandes sacrifiées et faisaient de leur table une sorte d'autel. Les pharisiens, par opposition à la fois et par imitation, instituèrent des festins au caractère religieux célébrés loin du temple avec n'importe quelle viande. Ils établirent des repas sacrés où tout le monde était prêtre, car tout le monde y était admis. C'est dans ces confréries qu'on mangeait l'agneau pascal le soir du premier jour de la Pâque, et ce fut là sans doute l'origine des agapes chrétiennes. Cependant, il faut le reconnaître, malgré cette intelligence de l'avenir, le pharisien plein de science, de vertu et de piété, n'était pas diplomate et n'avait point d'habileté ; à cet égard, il était inférieur au saducéen, personnage plein de bon sens et de sagesse pratique. Il disait : tout ou rien. Le triomphe de la foi nationale étant assuré, on peut toujours aller de l'avant. Ses devises favorites étaient les passages suivants : Exode XIV, 16; Psaumes CXVIII, 8, et XXXIII, 18. Il savait se révolter et combattre, et il l'a assez montré, mais c'était sans calcul, sans réflexion. Sa foi naïve faisait sa force dans la bataille et pouvait le rendre indomptable, mais dans la vie ordinaire elle lui interdisait l'habileté mondaine et pouvait le rendre incapable; cependant il finira par l'emporter. La lutte du pharisien et du saducéen n'est en réalité que la lutte éternelle du libéral contre le conservateur. Lequel des deux vaincra? celui qui apporte la liberté? celui qui revendique l'autorité? le partisan du progrès ou le réactionnaire? Ce sera le pharisien novateur; car il représente l'avenir, la démocratie, la liberté. — La dogmatique des pharisiens n'était qu'une exagération logique de la dogmatique juive de leur temps. La loi passait avant tout dans les préoccupations d'un juif rigide; les pharisiens étaient les plus stricts observateurs de la loi. Ils pensaient qu'on ne pouvait trop faire pour elle, et c'est dans leurs rangs que les scribes et les docteurs de la loi se recrutaient en grand nombre. Les pharisiens passaient pour interpréter très exactement la Thorah (Jos., *D. B. J.*, II, 8, 14; *Vita*, § 38; Actes XXII, 3; XXVI, 5;. Phil. III, 5; Jos., *Ant.*, XVII, 2, 4). Leur idéal était de faire de chaque Juif un connaisseur et un observateur de la Loi. Le premier devoir à remplir était de se séparer de tout ce qui était païen et, par suite, n'était pas légal. Déjà sous Esdras et Néhémie, nous voyons paraître cette préoccupation. Les Machabées ne se soulevèrent que pour empêcher la violation de la loi. Plus tard, les pharisiens, rendus à la vie privée et n'ayant plus à faire de politique militante, s'occupèrent, à partir du règne d'Hérode le Grand, et sans doute à l'instigation de Hillel, de poser ces règles certaines, ces indications précises que le Talmud nous a conservées et qui doivent aider à accomplir la loi. Ils l'entourèrent d'une « haie » de préceptes. Ils fondèrent à côté de la loi écrite une loi orale destinée à la sauvegarder. Ils songèrent à tous les cas particuliers qui pouvaient se présenter en présence d'un ordre de Moïse et les prévinrent. Cette tradition prit bientôt une valeur égale à celle de la loi (Jos., *Ant.*, XIII, 16; 2 sect. XV, 2; Marc VII, 3), et pour assurer son autorité ils en firent remonter l'origine jusqu'à Moïse (*Aboth*, I, 1 ss.; *Peah*, II, 6; *Edujoth*, VI, 1; *Jadajim*, IV, 3). Assurer le repos du sabbat fut une de leurs plus chères préoccupations, et ils fixèrent à trente-neuf le nombre de travaux interdits ce jour-là. Ils donnèrent aussi les préceptes les plus minutieux sur les applications diverses à faire des lois sur la pureté. Qu'est-il permis? qu'est-il défendu? Telles étaient les deux questions qu'ils passaient leur vie à résoudre. On comprend que de là à une pratique purement extérieure et machinale, il n'y avait qu'un pas, ils le franchirent aisément. Pour plusieurs d'entre eux, la religion ne fut plus qu'une série de pratiques indépendantes des sentiments intérieurs. L'acte passait avant l'intention; le fait accompli avait plus d'importance que la disposition du cœur. Ce formalisme a certainement été un des motifs principaux des reproches que leur fit Jésus. L'enseignement du Christ a été en grande partie une protestation et une réaction contre ce qu'on devait appeler plus tard « le pharisaïsme. » — D'après le second livre des Machabées et surtout d'après Josèphe, les pharisiens se préoccupaient beaucoup d'un certain nombre de doctrines qui pouvaient passer pour nouvelles : c'était la résurrection des corps et la Providence, dit le second livre des Machabées : c'était l'immortalité de l'âme et le destin, dit Josèphe, toujours occupé de faire des pharisiens des philosophes. Voici le résumé de ce que Josèphe nous enseigne sur ce sujet (*D. B. J.*, II, 8, 14 ; XVIII, 1, 4 ; Actes XXIII, 8) : « Les pharisiens enseignaient que l'âme est impérissable, que les bons revêtiront un autre corps, que les méchants seront châtiés d'une peine éternelle. Ils croient tous aux anges et aux esprits, et enfin ils sont tous dépendants de Dieu et de la fatalité. » Cependant, d'après Josèphe lui-même, ils ne niaient pas le libre arbitre, mais s'arrêtaient à une sorte de juste milieu : « Quelque chose est l'œuvre du destin, mais dans une certaine mesure il dépend de l'homme que les événements surviennent ou ne surviennent pas » (*Ant.*, XIII, 5, 9). Nous lisons aussi dans la Mischna : « La Providence veille sur nous, mais le libre arbitre a été donné à l'homme. » (*Aboth*, III, 15). Nous pensons que leur foi en la Providence faisait partie de leur programme politique ; Dieu n'abandonnera pas son peuple, si désespérée que soit sa cause. Il va sans dire que Josèphe ne mérite pas d'être pris au sérieux quand il fait des pharisiens des stoïciens et des saducéens des épicuriens (*Vita*, deux fois, et *Ant.*, XV, 10, 4). Il semble que la question de la prescience divine et de la liberté humaine était agitée en Palestine dans les écoles (*Berakhoth*, IX, 5). Les pharisiens soutenaient que les maux comme les biens venaient de Dieu ; les saducéens prétendaient que l'homme seul était l'auteur du mal. Quant à la résurrection des corps, ils y tenaient d'autant plus que les saducéens la niaient. Cette doctrine était de formation récente ; elle servait à soutenir la foi de ceux qui ne recevaient pas leur récompense sur la terre. Les pharisiens affirmaient la résurrection de la chair au sens le plus matériel. Que devinrent-ils ? Pendant la guerre de 66-70, ils se séparèrent de leur extrême gauche, des fous furieux qui restèrent dans la ville sainte et périrent sous les ruines fumantes du temple, et les vrais représentants du pharisaïsme, sortis de la ville, conduits par leur chef R. Johanan ben Zaccaï, se réfugièrent à Jabné. Ils avaient avec eux la loi de Moïse et toutes les traditions orales que l'on avait sans doute déjà commencé à rédiger. Ces traditions devaient former la Mischna et plus tard le Talmud. Le nom de pharisien disparut alors peu à peu ; il ne resta plus que celui de juif. Leur œuvre était achevée ; ils avaient assuré la perpétuité de la religion de leurs pères. — Sources: Josèphe, *De bello judaïco*, II, 8, 14 ; *Ant. jud.*, XIII, 5, 9 ; Ewald, *Geschichte des Volkes Israël*, IV, 357 ss., 476 ss. ; Geiger, *Urschrift und Uebersetzungen der Bibel*, § 101-158 ; *Sadducäer und Pharisäer ; Das Judenthum in seiner Geschichte*, 2ᵉ éd., Breslau, 1865, 7ᵉ et 8ᵉ leçons ; Grætz, *Geschichte der Juden*, III, 71 ss., 455-463 ; Langen, *Das Judenthum in Palestina zur Zeit Christi*, p. 186 ; Schürer,

Neutestamentliche Zeitgeschichte, p. 423 ss., p. 114 ss.; Reuss, *La théologie chrétienne au siècle apostolique*, I, p. 61, et *Revue de théologie* de Strasbourg, III ; Munk, *La Palestine*, p. 512 ss. ; Derenbourg, *Histoire et géographie de la Palestine*, ch. IX, p. 78 et p. 452, note IV ; Ed. Stapfer, *Les idées religieuses en Palestine au temps de J.-C.*, ch. IX ; Nicolas, *Des doctrines religieuses des Juifs*, ch. II, etc. ; Cohen, *Les pharisiens*, 2 vol. in-8°, Paris, 1877.

EDM. STAPFER.

PHÉNICIE. — On donne le nom de Phéniciens aux populations qui étaient établies sur la côte de Syrie, entre le Liban et la mer Méditerranée. On comprendra sous la même rubrique les tribus de même race qui étaient restées dans l'intérieur des terres, entre le désert d'Aram, la frontière d'Egypte et le pays des Philistins, et que l'on désigne plus généralement sous le nom de Cananéens. Ni l'un ni l'autre de ces noms ne paraît avoir été usité par les Phéniciens. Le nom de Canaan ne paraît qu'une seule fois sur leurs monuments ; c'est sur une monnaie qui a pour légende : *Laodik èm-bi-Kenu'an*, « Laodicée, mère en Canaan. » Les Phéniciens se désignaient eux-mêmes par des noms plus particuliers: Giblites, Tyriens, Hittites, Sidoniens ; le dernier seul paraît avoir pris par la suite une acception plus large. Ces différentes tribus n'ont jamais eu d'unité politique ; elles formaient autant de petits Etats indépendants, ayant chacun ses chefs et sa vie propre, mais appartenant tous au même groupe de populations, et se rattachant aux mêmes origines et aux mêmes migrations.

I. ORIGINE DES PHÉNICIENS. Dès une très haute antiquité on trouve les Phéniciens établis sur la côte à laquelle ils ont donné leur nom, au milieu de populations sémitiques. Leur langue différait à peine de l'hébreu. Il semblerait donc naturel de les considérer comme un rameau de la famille des peuples sémitiques. Mais cette manière de voir est battue en brèche par le témoignage presque unanime de l'antiquité. D'après une tradition rapportée par Hérodote, et qu'il avait prise aux Phéniciens eux-mêmes, ils habitaient, à l'origine, les bords de la mer Erythrée, c'est-à-dire du golfe Persique, et non, comme on pourrait être tenté de le croire, de la mer Rouge. Ils la quittèrent, par la suite, ajoute l'historien grec, pour venir habiter la côte de Syrie, ou du moins la partie de cette côte qui s'étend jusqu'à l'Egypte, et porte le nom de Palestine (Hérodote, II, 89). Cette tradition, qui ne laisse place à aucune équivoque, quoi qu'en ait dit Movers (art. *Phénicie*, dans l'*Encycl.* de Ersch et Gruber, p. 327), comprend sous le nom de Phéniciens toutes les populations que le livre de la Genèse fait descendre de Canaan, tant les habitants de la côte que les Cananéens de l'intérieur, qui s'étendaient, avant l'invasion des Hébreux, jusqu'au torrent d'Egypte. Homère (*Odyssée*, IV, 84), et à sa suite Eustathe (*Schol. in Odyss.*), Strabon (I, I, p. 2; II, p. 37 ss. ; XVI, IV, p. 784), Pline (*Hist. nat.*, IV, 36), répètent la même donnée. Elle est enfin d'accord avec la table généalogique du 10e chapitre de la Genèse. Dans la généalogie des fils de Noé, on lit (Gen. X, 6), que « les fils de Cham furent

Cus, Misraïm, Put et Canaan. Canaan (v. 15-19) engendra Sidon, son premier-né, et Het; puis les Jébusiens, les Amorrhéens, les Guirgasiens, les Héviens, les Arkites, les Siniens, les Arvadiens, les Tsémariens et les Hamatites; après quoi les familles des Cananéens se dispersèrent. Les limites des Cananéens allèrent depuis Sidon, du côté de Guérar, jusqu'à Gaza, et du côté de Sodome, de Gomorrhe d'Adama et de Tseboïm, jusqu'à Lescha. » Ce passage, capital pour l'objet qui nous occupe, présente donc les Cananéens comme proches parents des peuples couchites et des Egyptiens, et comme formant avec eux le groupe des peuples chamitiques. — On a cherché à expliquer la place faite par la Genèse aux Cananéens, par l'antipathie qu'inspirait aux Hébreux un peuple rival, auquel ils disputaient la Palestine. Cette classification n'aurait d'autre but que d'en faire les descendants de Cham, c'est-à-dire un peuple maudit. Mais, à ce compte, les Hébreux auraient dû en faire autant pour les Moabites, les Ammonites, et surtout les Iduméens et les Amalékites, leurs ennemis traditionnels. Ce ne sont là d'ailleurs que des raisons de pur sentiment, qui ne tiennent pas devant le témoignage des auteurs grecs et des Phéniciens eux-mêmes. Les faits qui précèdent avaient amené autrefois déjà le baron d'Eckstein à admettre que les peuples chamitiques étaient primitivement groupés sur les bords du golfe Persique, d'où ils s'étaient dispersés pour se rendre, les uns en Mésopotamie, d'autres au sud de l'Arabie et en Egypte, d'autres enfin en Phénicie. Sa théorie a été reprise dans ces derniers temps, en particulier par M. Maspéro (*Hist. anc. des peuples de l'Orient*, p. 147 ss.; 168 ss., 188 ss.), et par M. Lepsius (*Die Völker und Sprachen Afrikas. Einleitung zur nubischen Grammatik*, Weimar, 1880, p. XC-CXII), qui lui a donné la force d'une véritable démonstration. Les Phéniciens appartenaient à la race couchite. Le tombeau de Rechmara, qui date du règne de Thoutmosis III, représente, parmi les tributaires qui viennent apporter leurs offrandes, une longue file de Phéniciens chargés des objets de leur commerce, d'or, d'argent, de lapis-lazuli, puis surtout de ces vases en métal richement décorés qui étaient un des produits les plus célèbres de l'art phénicien. Or non seulement ils n'ont pas le type sémitique, mais ils ont la barbe rare et la peau rouge, et présentent la plus grande analogie avec les Egyptiens. Les rares bas-reliefs phéniciens qui nous ont conservé des figures humaines accusent les mêmes traits. Les Phéniciens n'étaient qu'un rameau détaché d'un groupe beaucoup plus important qui joue un rôle capital sur les monuments égyptiens, les habitants du pays de *Poun-t*, c'est-à-dire de la large bande de terrain qui s'étendait depuis le golfe Persique jusqu'à la côte de Sômal, en passant par l'Arabie du Sud. Le nom même de la Phénicie n'est que l'élargissement du nom de *Poun-a*, par lequel on désignait leurs ancêtres établis sur les bords du golfe Persique ; seulement les Egyptiens en ont étendu le sens à toutes les populations de l'Arabie méridionale. Les Phéniciens ont d'ailleurs emporté ce nom avec eux jusque dans leurs plus lointaines colonies, et la langue latine nous l'a conservé sous la forme *Pœni, Puni-ci.* La Phénicie ne tire donc pas son nom des Palmes (φοίνιξ), ni de la pourpre, ni même de la rougeur de ses habitants, c'est le pays des *Pœni*, de même que la pourpre n'est pas avant tout la couleur rouge, c'est la couleur qu'on fabriquait en Phénicie ; le palmier (φοίνιξ) est l'arbre des Pœni, le phénix, l'oiseau des Pœni. Tous ces noms nous ramènent à une époque où les Phéniciens n'étaient pas encore fixés sur la côte de la Méditerranée ; car si les palmes viennent en Phénicie aussi bien qu'au sud de la Babylonie, le phénix n'est pas un oiseau palestinien, on ne le trouve qu'en Arabie.

II. Histoire. Les plus anciens établissements des Phéniciens sur le golfe Persique offrent le même caractère que ceux qu'ils fondèrent plus tard sur la côte de Syrie. Ce n'était pas sur le continent même, c'était sur des îles, en général peu éloignées de la côte, ou sur des promontoirs, qu'ils plaçaient leurs comptoirs, qui étaient en même temps des forteresses et des sanctuaires, que l'on apercevait de loin, et où les matelots venaient chercher un refuge contre les tempêtes et les pirates. Nous les verrons faire la même chose à Tyr, à Sidon, et plus tard dans les îles et sur les côtes de la Méditerranée, à Chypre, à Malte, à Monaco, à Carthage. C'est la méthode que suit encore aujourd'hui une nation qui présente, par la manière dont elle entend la colonisation, les plus grands rapports avec les Phéniciens, l'Angleterre. Les Phéniciens avaient leurs principaux établissements dans les îles Bahreïn ; deux d'entre elles portaient le nom de Tsour (Tyr) et d'Arad (Strabon, l. XVI, p. 766; Pline, VI, 32). Peut-être ,en dirigeant des explorations de ce côté, trouverait-on encore la trace du séjour des Phéniciens dans ces parages. — A quelle époque et à la suite de quelles circonstances les quittèrent-ils? Il est difficile de le dire. Eux-mêmes attribuaient leur départ à des tremblements de terre, mais il en faut sans doute chercher la véritable cause dans de nouvelles invasions qui vinrent les chasser du pays qu'ils occupaient. Quoi qu'il en soit, on les trouve établis, à une époque fort reculée, sur la côte de Syrie. Les Tyriens, au dire d'Hérodote (II, 44), plaçaient la fondation de leur ville et du temple de Melqart en l'an 2750 avant l'ère chrétienne. Sidon et Byblos étaient plus anciennes. Les Phéniciens ne font leur entrée dans l'histoire que longtemps après. La première fois qu'ils sont nommés sur les monuments égyptiens, c'est sous la 18e dynastie, à l'époque de Toutmès, III, vers l'an 1600 ou 1700, à la suite de l'expulsion des Hyksos, qui amena les armées égyptiennes jusqu'en Assyrie. A cette époque déjà ils occupaient la côte de Syrie, où ils avaient fondé la plupart des villes dont on rencontre le nom dans l'histoire : Marath (*Marathus*), Arvad (*Aradus*), Tripolis, Botrys, Sinna Arka, Byblos (*Gebal*), Berouth, Sidon, Sarepta (*Zarpath*), Tyr, Aksib, Akko (*Saint-Jean d'Acre*). D'autres tribus s'étaient établies dans l'intérieur des terres, sur les deux rives du Jourdain, dans le pays montagneux qui sépare la côte du désert de Syrie, et s'étendaient depuis le Liban jusqu'au sud de la mer Morte. La plupart d'entre elles, par un phénomène qui est commun à presque toutes les tribus nomades de l'Asie occidentale, étaient divisées en deux tronçons, l'un au nord, l'autre au sud. La plus importante était celle des Hittites, les Hétas des textes égyptiens, assez puissante pour que les rois d'Egypte aient à plus d'une reprise traité avec elle. La Bible elle-même (Gen. X, 15 ; cf. Movers, *Die Phönizier*, II, I, p. 74) semble distinguer les Hittites des autres tribus cananéennes et les mettre à leur tête. Les Hittites du nord, qui étaient les plus puissants, occupaient les deux versants de l'Amanus, jusqu'à l'Oronte d'une part, jusqu'au Taurus de l'autre. Ceux du sud étaient établis dans la contrée qu'on a appelée plus tard la Montagne de Juda. Puis venaient les Amorrhéens, qui formaient eux-mêmes plusieurs royaumes : à l'est du Jourdain, les royaumes de Basan et de Ga'aad, qui avaient pour capitales, l'un Edréi, l'autre Hesbon. Les Amorrhéens occidentaux étaient répandus sur presque toute la surface de la Palestine. Une tribu avait poussé jusque dans la vallée de l'Oronte, où elle possédait la célèbre Kadès ; une autre vivait au bord de la mer entre Ekron et Joppe ; une troisième, installée à Jébus, autour du mont Moriah, se faisait appeler Jébusites ; d'autres, enfin, s'étaient fixés près de Sichem et au sud d'Hébron, en assez grand nombre pour imposer aux montagnes qui bordent la mer Morte le nom de monts des Amorrhéens (*Maspéro*, p. 193). Il faut citer ensuite les Hivites (Héviens) qui vivaient à l'orient de Sidon, dans la vallée du haut Jourdain, et dont les colonies allaient au nord jusqu'à Hamath, au sud jusqu'au pays d'Edom ; et les Girgasiens, qui habitaient ou paraissent avoir habité à l'est du Jourdain. Les Cananéens de l'intérieur restèrent presque tous agriculteurs ou nomades, et ils n'acquirent jamais l'importance politique de leurs voisins de la côte. Ils paraissent avoir joué, au début de leur histoire, un certain rôle dans les guerres de conquête de l'Egypte, à laquelle ils barraient le chemin de l'Asie. On a même prétendu que ces Hivites formaient, dans l'Asie occidentale, un véritable empire, auquel se rattacheraient les traces de civilisation antique et les inscriptions encore mal connues qu'on trouve au nord de la Syrie et jusque dans le Taurus, mais il n'y a pas encore de preuves suffisantes qu'un pareil état de choses ait jamais existé. Quand les Hébreux firent invasion dans le pays de Canaan, la puissance des Cananéens était en tout cas sur son déclin ; les Hébreux les chassèrent d'une grande partie de la montagne, mais les Cananéens gardèrent pendant longtemps la plaine, et la plupart des villes fortes qui commandaient les grandes routes, ou qui leur servaient de points stratégiques : Dor et Joppe, sur la route qui allait de l'Egypte à Damas en longeant la mer, Megiddo dans la vallée de Jizréel, Beth-Sémes, et Beth-Sean sur le gué du Jourdain, au sortir du lac de Génésareth. Du côté de la mer Morte, ils conservèrent longtemps un poste avancé au milieu des Hébreux, Jérusalem (Juges I). Les Hébreux ne savaient pas faire de sièges, et c'est par surprise qu'ils s'emparèrent des deux ou trois villes qui leur ouvrirent la Palestine (Josué VI et VII). Ce n'est que sous le roi David, quand la nation eut acquis, avec l'unité politique, des moyens qui lui faisaient défaut auparavant, que les Juifs s'emparèrent de Jérusalem, qui devint dès lors leur capitale. A partir de ce moment, les Cananéens furent repoussés au nord de la vallée de Jizréel, et ils n'eurent plus avec les Juifs d'autres rapports que ceux qu'ils pouvaient avoir avec des voisins qui étaient tantôt leurs alliés, tantôt leurs ennemis. Toute l'histoire des Phéniciens est donc concentrée autour des villes de la côte qui formaient la Phénicie proprement dite.—Le caractère de cette histoire est déterminé par la situation géographique de ces villes. Resserrés par le Liban, qui ne leur permettait pas de se développer du côté de l'intérieur des terres, les Phéniciens se sont jetés du côté de la mer et sont devenus marins et commerçants. Un autre caractère qui découle de celui-là, c'est qu'ils n'ont jamais eu de territoire à proprement parler. La Phénicie se composait d'une série de ports, sièges d'une petite aristocratie de marchands qui rayonnaient sur tout le monde. Leur puissance résidait dans leurs colonies. Presque toutes leurs villes étaient bâties sur le même modèle. Elles se composaient de deux villes : l'une sur la terre ferme, l'autre sur une île ou sur un promontoir ; à l'abri de cette île se trouvait le port. C'est ainsi que l'on a Byblos et Palé-Byblos, Sidon et Palé-Sidon, Tyr et Palé-Tyrus, Dor et Palé-Dorus. Un dernier trait qui se rattache aux précédents, c'est que ces villes n'ont jamais connu l'unité politique telle que nous l'entendons. C'étaient des villes libres, gouvernées chacune par de petits rois, et formant une sorte de confédération qui n'excluait pas les rivalités ; de telle sorte que chacune d'entre elles a eu son histoire, de même que chacune a eu ses dieux et ses traditions. Pourtant, dès la plus haute antiquité, nous voyons une de ces villes s'emparer de la suprématie sur les autres; mais cette suprématie, dans le cours des siècles, se déplace, en allant du nord au sud, et passe successivement de Byblos à Sidon et à Tyr. Byblos et Bérouth (*Berytus*) étaient les plus anciennes parmi les villes de la côte de Phénicie. Byblos (en phénicien *Gebal*, « montagne ») était située sur une élévation près de la mer ; de là son nom ; on le retrouve encore aujourd'hui sous la forme *Djebeil*. Les textes égyptiens offrent une légère variante : ils l'appellent *Gapuna*. Ce nom vient d'ailleurs d'une racine de la même famille, et a le même sens. Les traditions nationales, conservées sous forme de cosmognonies par Sanchoniathon, représentent ces deux villes comme les plus anciens établissements de la côte. Les Giblites étaient-ils de race cananéenne? Movers (*Die Phönizier*, II, I, p. 104 ss.) a soutenu la thèse contraire ; il a fait remarquer que la Bible les distingue toujours nettement de leurs voisins phéniciens ; leur panthéon même et leur culte avaient un caractère différent des cultes cananéens. D'après lui, les Giblites auraient été des Araméens, très proches parents des Hébreux. Cette thèse, considérée longtemps comme un paradoxe, a reçu une certaine confirmation de la découverte de l'inscription de Byblos. Cette inscription présente, en effet, plusieurs particularités grammaticales qui en rapprochent la langue de la langue hébraïque (voyez plus loin, au paragraphe *Langue*). Peut-être n'y a-t-il là qu'une influence des dialectes araméens, mais peut-être aussi doit-on y voir un fait primitif. Byblos cessa de très bonne heure d'avoir une part active dans l'histoire de la Phénicie, mais elle ne cessa pas d'exister d'une vie indépendante et d'avoir ses rois. Nous en connaissons cinq ou six, qui se placent au cinquième et au quatrième siècle : Elpaal, Aïnel, Azbaal, Adrammelek (Adommelek?), Jaharbaal (Jehaubaal?), Jehaumelek. — Les premiers développements de la puissance phénicienne en dehors de la côte asiastique se rattachent à l'hégémonie de Sidon. La Genèse (X, 15) appelle Sidon le premier-né de Canaan. Nous ne savons rien sur l'histoire intérieure de Sidon durant cette première période de l'histoire des Phéniciens, qui s'étend à peu près jusqu'à l'an 1000 avant Jésus-Christ, mais c'est à cette époque qu'il faut placer la fondation de leurs premières colonies, qui avaient Sidon comme métropole. Elles s'étendaient, au nord, le long des côtes de Carie et de Cilicie, jusqu'à la mer Noire. A l'ouest, les Sidoniens s'établirent à Chypre et en Crète, et de là ils rayonnèrent sur les îles environnantes, Melos (Cinyras), Pholegandros, Oliaros, Thera, Calliste (Œa), Anaphe, Rhodes, Thasos. Puis ils prirent pied sur le continent grec, au sud de l'Italie, et en Afrique, où ils fondèrent Kambe, qui devint plus tard Carthage, sous la domination tyrienne, et Utique. Les Grecs ont personnifié sous les traits de Cadmus, « l'oriental » (*Kedem*, Orient), fils du roi légendaire de Sidon, Agénor, les migrations des Phéniciens et leur influence sur le développement de la société grecque. Non seulement Cadmus apporta aux Grecs l'alphabet phénicien (voyez plus haut l'article *Ecriture*), qu'ils ont continué à appeler « les lettres cadméennes, » ou les caractères phéniciens (φοινικήια), mais la tradition le représente comme le fondateur de Thèbes (voyez Preller, *Griechische Mythologie*, II, 22-29). D'autres points, soit du continent grec, soit du Péloponèse, soit des îles, portent des traces profondes de l'influence phénicienne, tant dans les noms géographiques que dans les traditions locales relatives à leur origine et dans leur mythologie. Cette action paraît s'être exercée sur trois points principaux : en Béotie, dans le Péloponèse et dans l'île de Chypre. Les terres cuites et les poteries appartenant à l'art grec primitif, que l'on a retrouvées partout où les deux races se sont rencontrées, présentent une telle ressemblance avec les objets d'art phéniciens, qu'il est fort difficile de les distinguer. La légende rapportée par Procope (*De bello vandal.*, II, 10), d'après laquelle il y avait à Tigisis en Mauritanie, au sixième siècle de l'ère chrétienne, deux cippes sur lesquels on lisait l'inscription suivante en langue punique : « Nous sommes ceux qui ont pris la fuite devant Josué, fils Navê, le pillard, » ne mérite aucune créance. Du temps de Procope, personne n'était en état de lire une inscription phénicienne gravée 1500 ans avant l'ère chrétienne, si tant est que les Phéniciens se soient déjà servis de l'écriture à cette époque. Elle exprime pourtant une idée juste. L'invasion des Hébreux, en refoulant les Cananéens, dut les rejeter du côté de la mer et donner un nouvel essor à leurs colonies. Ces migrations, qui ont exercé une influence profonde sur les débuts de la civilisation grecque et dont la science retrouve aujourd'hui les traces, furent bientôt à peu près oubliées ; mais l'action des Phéniciens s'est perpétuée par le commerce d'échange que leurs marchands entretenaient dans tous les ports de la Méditerranée, quand leur puissance maritime se fut développée sous la suprématie de Tyr. Ce commerce a été la source d'une action moins profonde, mais beaucoup plus étendue, sur les populations grecques et italiotes. — Vers l'an 1000 ou 1100, Tyr remplace Sidon comme métropole de la Phénicie; mais les Phéniciens ont continué à s'appeler les Sidoniens sous la domination de Tyr, et les rois de Tyr à porter le titre de rois des Sidoniens. La situation géographique de Tyr était beaucoup plus forte que celle de Sidon. Elle se composait de deux villes : l'une, Palé-Tyrus, l'ancienne ville, bâtie sur le continent; l'autre sur une île. C'est là que se trouvaient le temple et les deux colonnes de Melqart, l'Hercule tyrien. D'après la cosmogonie tyrienne que nous a conservée Sanchoniathon, les deux villes avaient été fondées par deux frères, Samêroumos et Ousôos. Tyr a-t-elle eu toujours des rois? Certaines raisons donnent lieu de croire qu'elle était gouvernée, dans l'origine, par deux suffètes, analogues aux deux rois de Sparte. Cette double magistrature aurait correspondu aux deux moitiés de la ville (Movers, *Phœn.*, t. II, I, p. 353). Le livre de Sirach (XLVI, 18), s'appuyant sans doute sur un passage du livre de Samuel, l'affirme. Il est certain que toutes les colonies tyriennes présentaient la même organisation. Ce fait, connu de tout temps pour Carthage, nous est attesté pour Gadès, par Tite-Live (XXVIII, 37), et pour l'île de Malte, la Sardaigne, la Sicile, et peut-être même pour Marseille, par les inscriptions; à moins qu'il ne faille admettre que Gadès seule fait exception, et que les suffètes mentionnés dans tous les autres cas sont ceux de Carthage. A Tyr même, nous verrons les suffètes reparaître momentanément à la place des rois. Les premiers rois de Tyr que l'histoire nous fasse connaître sont Abibaal, le contemporain de David, et son fils Hiram (voyez 1 Rois V, VII, IX, X, et les passages correspondants des Chroniques). Une coupe en bronze, avec inscription phénicienne en caractères fort anciens, trouvée récemment dans l'île de Chypre, mais qui paraît venir de la côte de Syrie, porte le nom de Hiram, roi des Sidoniens. Est-ce le contemporain de Salomon? Cela se peut; toutefois il est aussi possible que le roi mentionné sur cette inscription soit un autre Hiram, plus récent; peut-être celui qui vivait du temps de Salmanazar et qui eut des démêlés avec l'île de Chypre, peut-être un autre encore. En tous cas, le règne de Hiram est un point qui paraît solidement établi. A sa mort commence une lacune qui va jusqu'à Ithobaal (Ethbaal), dont la fille Jézabel épousa le roi d'Israël Achab (2 Rois XVI, 31). Cette lacune est comblée par un fragment de Ménandre, qui nous a été conservé par Josèphe (cf. *Apion*, I, 18, 19). D'après Ménandre, Hiram eut pour successeurs Balézor (et non Baleastart, ainsi que le dit Movers), son fils, et Abdastart. Ce dernier périt dans une révolution du palais et fut remplacé par ses assassins qui étaient les fils de sa nourrice. Trois d'entre eux se succédèrent sur le trône. Ce sont, suivant l'ingénieuse correction de M. Oppert, Methuastartus, fils de Déléastrate, Asterymus son frère et Phélès (*Salomon et ses successeurs*, p. 81). A la mort de ce dernier le pouvoir tomba entre les mains d'Ithobaal, qui devint le fondateur d'une nouvelle dynastie (vers 875). Ithobaal était prêtre d'Astarté; par là s'explique la haine violente de Jézabel et d'Athalie contre les prophètes de Jéhovah, et leurs efforts pour introduire le culte d'Astarté à Samarie et à Jérusalem. Ithobaal eut pour successeurs Balezor, Mutton et Pygmalion. C'est sous le règne de Pygmalion que se place l'histoire de la fondation de Carthage par Didon. Elle nous est rapportée par Ménandre (*loc. cit.*), Justin (XVIII, IV, 3 ss.) et Virgile (*Enéide*, I, 341 ss.). Mais cette histoire, empreinte d'un caractère légendaire difficile à méconnaître, ne doit être acceptée qu'avec beaucoup de réserve. L'existence même de Pygmalion et de Didon (Elissa) est contestable; en tous cas, dans leurs traits, la mythologie se mêle à l'histoire. Le seul fait certain est la fondation de Carthage par une colonie tyrienne (vers l'an 800). La ville nouvelle (*Kart-hadast*) vint s'établir sur l'emplacement de l'ancienne Kambe, la colonie sidonienne. La fondation de Carthage, qui marque l'apogée de la grandeur de Tyr, n'est que le couronnement d'un grand mouvement de colonisation parti de Tyr, et qui lui avait déjà donné, sur la côte d'Afrique, Hippo, Hadrumète, Leptis. Mais ici, comme dans bien d'autres cas, c'est la colonie qui supplanta la métropole, et à dater de ce moment l'influence de Carthage ne cessa pas de grandir, à mesure que celle de Tyr allait en s'affaiblissant. — A partir du huitième siècle, un nouveau facteur entre dans l'histoire de Phénicie, l'Assyrie, qui, dans sa marche vers l'Occident, pour atteindre l'Egypte, devait soumettre la côte de Syrie. Aussi, durant toute la période des guerres de l'Assyrie et de la Chaldée contre l'Egypte, voyons-nous la Phénicie et le royaume d'Israël associés au même sort et souvent alliés. Nous avons, pour nous guider durant cette période, les extraits de Ménandre, les inscriptions assyriennes, et quelques indications éparses des prophètes, d'Hérodote ou de Bérose. Dès le neuvième siècle, les Phéniciens étaient tributaires des rois d'Assyrie. Les inscriptions cunéiformes mentionnent les tributs payés à Assurnazirhabal par les rois de Tyr, de Sidon, de Byblos, d'Aradus; à son successeur Salmanazar II par Matinbaal, roi d'Aradus, à la suite de la bataille de Karkar, où Benhadad, roi de Damas, fut battu avec Achab, roi d'Israël, et ses autres alliés; à Binnirari par les rois de Tyr et de Sidon; enfin à Tiglath-Pileser par Hiram, roi de Tyr, Sibittibihli de Byblos et Matanbil d'Aradus (Schrader, *Keilinschr. u. das A. T.*, 143, 147, 310). La première rencontre de Tyr avec l'Assyrie eut lieu sous le règne du roi Elulaios. Ménandre (apud *Joseph.*, IX, XIV, 2) nous en a conservé le souvenir. Le règne de ce roi, que les inscriptions cunéiformes appellent « Lulii de Sidon, » fut marqué par deux grands événements. Il débuta par une campagne navale contre l'île de Chypre, qui s'était révoltée; puis, quand il eut soumis les Cypriotes, Elulaios refu a le tribut aux Assyriens. Salmanazar faisait à ce moment le siège de Samarie; il se porta contre Tyr. Toute la côte, Akko, Sidon, Palé-Tyrus même, séparèrent leur cause de celle de l'île de Tyr et fournirent des vaisseaux à Salmanazar. Les Tyriens battirent cette flotte, mais ils durent subir un blocus de cinq ans qui les privait d'eau, car Tyr n'avait pas même, comme Aradus, de fontaine sous-marine. Tyr fut-elle prise? Sargon, le successeur de Salmanazar, qui mit fin à cette guerre, se vante d'avoir vaincu les Tyriens; Ménandre affirme qu'il se retira en laissant une armée d'observation, et Esaïe (XXIII) consacre toute une prophétie à la destruction de Tyr par les Assyriens. A la mort de Sargon, Elulaios prit de nouveau part à la révolte de l'Asie occidentale contre les Assyriens; à l'arrivée de Sanchérib (701), il dut s'enfuir à Chypre, laissant le trône à Ithobal (Tubalu), une créature des Assyriens. Aradus et Byblos se tirèrent d'affaire en payant tribut (Schrader, *loc. cit.*, p. 170 ss., 186). Peu après, nous voyons Sidon se révolter, sous Abdmilcuth (Abdastart Rawl., *Inscr. Cun.*, t. I, pl. 45), contre Essarhaddon (vers 680); mais l'année suivante, les Assyriens en tirèrent vengeance. Baal, roi de Tyr, Milkiasaf, (corr. Oppert), de Byblos, Kulubaal d'Aradus, dix rois de Chypre, sont nommés sur une inscription d'Essarhaddon parmi ses tributaires. Enfin, Baal, de Tyr, et Jakinlu, d'Aradus, s'étant de nouveau révoltés sous Assurbanipal (vers 668), Baal fut vaincu et Jakinlu se donna la mort. La dernière période de la grande lutte de la Phénicie et des peuples de la côte contre l'Assyrie est marquée par l'invasion du roi d'Egypte, Neko, et la bataille de Circesium. Les Phéniciens avaient pris parti pour Neko; aussi, lorsqu'il eut été battu à Karkemich, les armées chaldéennes se tournèrent contre la Phénicie, l'envahirent, ainsi que la Syrie et la Palestine, et emmenèrent une partie de ses habitants en exil. Mais, après leur départ, les rois de Tyr et de Sidon formèrent une vaste conjuration où entrèrent le roi de Juda et la plupart des peuples de la côte de Syrie; Nébucadnezar revint, soumit toute la Phénicie, et porta le siège devant Jérusalem, qui succomba, en 586. L'île de Tyr seule résista, et elle endura un siège de treize ans, dont l'issue est douteuse. Les passages des prophètes qui s'y rapportent ont été interprétés dans des sens différents. Il semble pourtant ressortir de certaines autres indications historiques que Tyr ne fut pas prise, et que Nébucadnezar dut se contenter d'un accommodement. Ce qui est certain, c'est que, quand Apriès (Hophra) tenta de nouveau, quelques années après, la conquête de l'Asie, il eut contre lui les Phéniciens. A l'aide de matelots grecs, il battit dans une bataille navale les flottes des Tyriens et des Cypriotes, et s'empara de Sidon. Mais sa domination ne fut pas de longue durée, et, avec Cyrus, toute la Phénicie passa sous la suzeraineté des rois de Perse. Ménandre fournit, sur les variations que subit le gouvernement de Tyr durant cette période, des détails assez différents. Voici comment il raconte la succession des événements: C'est sous un roi nommé Ithobal que Nabuchodonozor assiégea Tyr treize ans durant. Puis vint Baal, qui régna dix ans. Puis on établit des suffètes. Eknibal, fils de Baslachos, jugea pendant deux mois ; Kelbes, fils d'Abdaios, dix mois; Akbar, le grand prêtre, trois mois; puis Mutton et Gerostrat, tous deux fils d'Abdelim, six ans ; en même temps qu'eux, Balator fut roi pendant un an. Après sa mort, on fit venir de Babylonie Merbaal, qui régna pendant quatre ans; puis son frère, Eirômos (Hiram), qui règna vingt ans. C'est de son temps que Cyrus devint roi de Perse.—Si Tyr n'avait pas été détruite par Nébucadnezar, sa puissance avait reçu un rude coup, car, au début de la période persane, nous trouvons la suprématie entre les mains de Sidon. Durant cette période, les Phéniciens furent successivement les vassaux de la Perse, puis d'Alexandre, puis de ses successeurs, et souvent leurs alliés. C'est à l'aide de la flotte phénicienne que Cambyse conquit l'Egypte (526), et ce fut la répugnance des Phéniciens à combattre leurs frères qui l'empêcha de déclarer la guerre à Carthage (Hérodote, III, 19). Mais les Perses avaient surtout besoin du secours des Phéniciens dans leur lutte contre la Grèce. De là vient le rôle capital que jouèrent les Phéniciens durant deux siècles, et les privilèges nombreux que leur accordèrent les rois de Perse. Darius, fils d'Hystaspe, les comprit dans la 5e satrapie, en leur ajoutant la Philistée et l'île de Chypre, en ne leur imposant qu'un tribut annuel presque dérisoire de 350 talents. A partir de ce moment, les Phéniciens furent les capitaines des flottes persanes, et remportèrent des victoires signalées contres les Grecs d'Asie Mineure et ceux des Iles (Hérodote, VI, 14 ; VIII, 67, 90). Mais, déjà sous Xerxès, les relations des deux peuples commencèrent à s'altérer. Les Phéniciens virent leur puissance maritime amoindrie par les défaites que leur infligèrent les Grecs. Ces dispositions ne firent que s'accentuer sous Artaxerxès II Mnémon. Enfin, en 351, sous Artaxerxès Ochus, Sidon se révolta et massacra la garnison persane ; mais, trahie par son roi Tennès, elle fut prise, réduite en cendres et ses habitants vendus comme esclaves. L'arrivée d'Alexandre fut saluée comme une délivrance. Sitôt après la bataille d'Issus (333), Byblos, Aradus, Sidon firent leur soumission. Alexandre déposa le roi de Sidon Straton (qu'il ne faut pas confondre le Philhellène) et le remplaça par un rejeton de l'ancienne famille régnante, Abdalonyme. Tyr, cette fois encore, fut seule à résister, mais elle fut prise après un siège de sept mois et durement traitée. Ces événements sont nécessaires pour nous faire comprendre la série des rois mentionnés sur la grande inscription du sarcophage d'Esmounazar. Elle en mentionne trois : Esmounazar (II), qui régna quatorze ans, son père Tabnit et son grand-père Esmounazar (I). Le nom de Tabnit correspond bien à celui de Tennès ; mais la haine des Sidoniens pour celui qui les avait trahis permettrait difficilement de reconnaître dans ce Tabnit le roi qui vivait en 351. On considère en général ces trois rois comme antérieurs à Straton le Philhellène, et on les place au commencement du quatrième et à la fin du cinquième siècle ; mais cette opinion a été fortement contestée dans ces derniers temps et ne doit être acceptée qu'avec une certaine réserve. Deux autres inscriptions, l'une trouvée à Sidon, l'autre trouvée à Délos et faite à l'occasion d'une théorie de marins tyriens, portent la mention d'un roi des Sidoniens qu'elles nomment Bodastart, mais nous ne savons auquel des Straton ces indications se rapportent. Pendant la période syro-macédonienne, Aradus et Byblos reprennent le premier rang, ainsi qu'une ville, fondée par des colonies de Tyr, Sidon et Aradus, Tripolis (la triple ville). Tripolis devint le siège d'une confédération représentée par trois cents sénateurs, qui siégeaient sous la présidence des rois de Byblos, de Tyr et d'Aradus. A partir de ce moment, la Phénicie prend le nom de Syro-Phénicie, par opposition à la Liby-Phénicie. Cette division persista jusque sous les Romains. En l'an 64 avant Jésus-Christ, Pompée réduisit la Phénicie en province romaine et y abolit la royauté. — L'importance de l'histoire politique des Phéniciens est peu de chose, comparée à l'influence extrêmement étendue qu'ils ont exercée sur le monde et au rôle immense qu'ils y ont joué. L'esprit phénicien, doué d'une grande activité et de tendances toutes pratiques, était étranger à la poésie, aux beautés idéales et à la belle littérature ; mais il a porté tout son effort sur les connaissances utiles. Les Phéniciens ont créé l'alphabet, et ils ont fait faire des progrès sensibles aux sciences exactes, au calcul, à la géométrie, à la mécanique, à l'astronomie, et surtout à la géographie, dont ils ont, plus qu'aucun autre peuple, reculé les bornes. Ils ont enfin importé en Occident, par leur commerce, sous la forme de représentations figurées, la plupart des types créés par l'imagination orientale, et ils ont exercé par là une action profonde sur la religion primitive des Grecs, sur leurs beaux-arts et leur littérature.

III. Langue. On a parlé ailleurs fort en détail de l'écriture phénicienne (voyez l'article *Ecriture*). La langue des Phéniciens était un dialecte sémitique. Il y a entre leur langue, telle que nous la font connaître les monuments, et les relations des auteurs anciens sur leurs origines un désaccord qui a fait tenir pendant longtemps les renseignements des anciens pour inexacts, et est encore de nature à inspirer des doutes sérieux aux meilleurs esprits. Il convient de faire pourtant plusieurs remarques. D'abord, il n'y a pas entre les peuples couchites et les peuples sémitiques proprement dits une différence comparable à celle qui existe entre les sémites et les indo-européens ; ce sont deux rameaux d'un même tronc, qu'on a appelé dans ces derniers temps le groupe *sémito-chamite*. L'égyptien lui-même, quoique fort différent de l'hébreu et infiniment plus riche que lui, le rappelle par bien des côtés ; il possède un grand nombre de racines qui sont communes aux deux langues, et, dans les conjugaisons et les flexions de la grammaire égyptienne, on trouve l'explication de presque toutes les formes sémitiques. En second lieu, l'écriture phénicienne, négligeant les voyelles, nous laisse dans une ignorance absolue sur les différences souvent très profondes que les changements de voyelles peuvent introduire dans l'organisme d'une langue. L'écriture influe beaucoup sur la prononciation d'une langue ; si les Egyptiens avaient inventé l'alphabet, ils auraient été amenés à beaucoup simplifier leur langue ; même dans l'état actuel, de l'égyptien écrit en caractères hébreux présenterait avec les langues sémitiques une ressemblance beaucoup plus grande que ne pourrait le faire soupçonner la lecture des hiéroglyphes. Il est enfin possible que le contact prolongé des Cananéens et des Hébreux ait amené une certaine fusion entre les deux langues. Un fait certain, c'est que les Hébreux et les Phéniciens se comprenaient mutuellement ; nulle part il n'est question d'interprètes dans leurs relations politiques, et l'étude des textes confirme pleinement les conclusions auxquelles conduit à cet égard la lecture des livres historiques de l'Ancien Testament.— Les monuments de la langue phénicienne sont très rares. Ce sont d'abord les inscriptions (voyez l'article *Inscriptions*), puis deux ou trois scènes du Pœnulus de Plaute, que l'on a longtemps considérées comme ne présentant aucun sens, mais qui sont en réalité, on en a aujourd'hui la certitude, une page du phénicien vulgaire d'Afrique. Ces scènes sont accompagnées d'une traduction juxta-linéaire en latin, qui facilite l'interprétation et permet d'en contrôler l'exactitude. Il faut citer ensuite les noms propres, les noms géographiques et quelques mots isolés qui se trouvent dans la Bible, ou bien épars sur les inscriptions assyriennes ou égyptiennes ; enfin les renseignements très précis et très nombreux que l'on trouve dans les œuvres de saint Augustin, qui avait vécu à Carthage au sein même de la société phénicienne. On trouvera une étude détaillée de la langue phénicienne dans Schröder, *Die phönizische Sprache*, Halle, 1869, in-8°, et dans B. Stade, *Erneute Prüfung der zwischen dem Phönicischem und Hebræïschen bestehenden Verwandtschaft* (fait partie du volume de *Morgenländische Forschungen*, composé pour le cinquantenaire de M. le professeur Fleischer, Leipzig, 1875, in-8°). Il faut en rapprocher sans cesse le *Corpus inscriptionum semiticarum*, qui a ajouté un grand nombre de formes nouvelles à celles que l'on possédait auparavant. Les racines phéniciennes sont à peu près identiques à celles de l'hébreu ; c'est, en grande partie du moins, à l'aide du dictionnaire hébreu que l'on déchiffre les inscriptions phéniciennes; pourtant un certain nombre de mots sont réfractaires à cette analyse. Une autre différence que présentent les deux langues, c'est qu'on rencontre dans le langage courant des Phéniciens des mots qui n'existent en hébreu que dans le langage poétique. La grammaire phénicienne paraît représenter un état de la langue plus primitif et moins arrêté que l'hébreu; elle a quelque chose de plus flottant et de plus grossier. Il est vrai qu'il est très difficile de distinguer ce qui vient de l'écriture et ce qui tient à la langue elle-même. Non seulement les Phéniciens n'écrivaient pas les voyelles, mais ils n'avaient pas de lettres quiescentes, c'est-à-dire de consonnes destinées à marquer la place des voyelles longues. Souvent même ils supprimaient des lettres radicales que nous sommes habitués à considérer comme essentielles au mot, l'*aleph* en particulier ; ils ne tenaient pas non plus compte du *iod* du duel ; on peut douter qu'ils écrivissent le *hé* final des verbes *lamed-hé*. Au contraire, certains mots, qu'on s'attendrait à voir écrits sans quiescentes, en prennent, comme l'article, qui s'écrit par un *iod*, a ï t au lieu de è t. Ces différences n'étaient pas seulement le fait de l'écriture. Pour s'en convaincre, on n'a qu'à comparer l'inscription de Mésa, qui répond, pour la date, aux monuments phéniciens les plus anciens et qui est écrite en hébreu ; le système des quiescentes et des consonnes faibles y est beaucoup plus parfait et se rapproche beaucoup plus de l'hébreu tel que la Bible nous le fait connaître. Les permutations de consonnes sont fréquentes en phénicien ; elles portent principalement sur les sifflantes et les gutturales ; pour les sifflantes, elles consistent principalement dans l'emploi fréquent du *samech* à la place du *zaïn* et quelquefois même du *sin ;* en tous cas, dans les transcriptions de noms propres grecs ou latins, le *samech* et le *sin* sont employés alternativement pour rendre le *sigma* final. Les permutations des gutturales sont encore plus fréquentes (Schröder, *Phön. Spr.*, p. 79 ss.). En général, le phénicien, même sans tenir compte du néo-punique, qui représente le dernier degré d'altération de la langue, a une certaine tendance à affaiblir les gutturales ; quelquefois il les supprime entièrement soit au commencement des noms propres, soit dans le courant des mots ; il lui arrive même de confondre le *het* et le *kaph*. Enfin, dans un grand nombre de cas, le *hé* est remplacé par le *tav*, qu'on ne rencontre plus qu'à l'état d'exception dans ces différents emplois en hébreu. Les nasales sont aussi fréquemment remplacées par des semi-voyelles ; ainsi natan, donner, devient en phénicien iatan. Les différences du phénicien et de l'hébreu sont encore plus sensibles pour les thèmes pronominaux, et d'une façon générale pour les suffixes, les préfixes, et toute la partie de la grammaire qui concerne les flexions. Le trait le plus remarquable, celui qu'on a le plus longtemps hésité à admettre, c'est le changement du pronom suffixe de la 3e personne, qui s'écrit en phénicien par un *iod*, comme celui de la première, et non par un *vav*, comme en hébreu; ce pronom est en outre le même pour le masculin et le féminin. Au pluriel, le phénicien forme le suffixe de la 3e personne en nâm au lieu de hem, par la suppression du *hé*, qui est remplacé par un *nun ;* ce *nun* d'ailleurs reparaît aussi avant le pronom suffixe de la 2e personne singulier. Le pronom démonstratif se présente sous des formes assez indécises. Il perd son *hé* final, qui tantôt disparaît entièrement, tantôt est remplacé par un *aleph*, ze, ou par un *nun*, zen. Quelquefois même l'aleph se place avant le *zain*: az. Là encore le féminin est identique au masculin. Un trait commun à toutes ces formes est la confusion fréquente du masculin et du féminin, confusion que l'on retrouve peut-être jusque dans les verbes. Dans la conjugaison, certaines personnes comme la 3e personne pluriel du parfait, qui est *ou* en hébreu, ne se marquent pas du tout, de telle sorte qu'on peut hésiter si l'on est en présence d'un singulier ou d'un pluriel. Au *hiphil*, le *hé* préfixe est remplacé par un *iod*. Enfin, dans les substantifs, la terminaison du féminin est constamment en *t* au lieu d'être en *h*. — En résumé, la grammaire phénicienne se distingue de la grammaire hébraïque, pour la phonétique, par la place considérable qu'elle fait aux semi-voyelles *j* et *v*, et par la suppression presque complète du *hé*; pour les flexions, par la confusion fréquente des genres, et quelquefois par l'absence de signes distinctifs du singulier et du pluriel; pour la déclinaison enfin, par l'absence de notation du duel, et par la terminaison du féminin, où l'*h* est remplacé par le *t*. Un dernier point très important, que la multiplication des inscriptions phéniciennes a mis en lumière dans ces dernières années, c'est l'existence, dans la langue phénicienne, de différents dialectes. La langue des inscriptions de l'île de Chypre se distingue par certains traits particuliers de celle de la côte de Phénicie, et la langue de Carthage se distingue de l'une et de l'autre; on n'en citera qu'un trait caractéristique: c'est la substitution de l'*aleph* au *iod*, comme marque du pronom suffixe de la 3e personne. La langue de Byblos se sépare encore plus nettement des autres, et on y voit reparaître certaines formes propres à la langue hébraïque, que le phénicien avait abandonnées; ainsi, à la 3e personne, là où le phénicien met un *iod*, la langue punique, un *aleph*, à Byblos, on met un *vav*. Ainsi se trouve confirmée l'opinion de ceux qui voient dans les Giblites une population apparentée de plus près aux Hébreux que le reste des Cananéens.

IV. Littérature. Il ne nous est presque rien resté de la littérature des Phéniciens: les fragments cosmogoniques de Sanchoniathon, et quelques extraits d'historiens cités par Josèphe ou par les Pères, et des inscriptions. Il a été question ailleurs des inscriptions (voyez l'article *Inscriptions*); celles que nous possédons ne sont que peu de chose à côté de celles qui sont détruites ou qu'on pourra encore trouver. Les Phéniciens possédaient une littérature historique conservée soit sous forme d'inscriptions, dans les temples, soit sous forme de livres qui constituaient les annales des différentes villes (Philon ap. Euseb., *Præp. evang.*, X, 9; Josèphe, *c. Apion*, I, VII, 17; *Antiq.*, VIII, V, 3). Une ville de Phénicie portait même le nom de « ville des livres, » Qiriatsefer (Jug. I, 11, 15). L'antiquité grecque nous a conservé le nom de trois historiens phéniciens, Mochus, Hypsicrate et Theodotus; leur personnalité même est douteuse et les livres qui portaient leurs noms sont perdus; mais ces livres avaient été remaniés ou traduits par des Grecs, Ménandre, Chaitus, Dius, Julius, etc., dont les Pères, surtout Eusèbe, dans sa *Préparation évangélique*, et Clément d'Alexandrie, dans les *Stromates*, nous ont conservé quelques extraits. Comme les chroniques du moyen âge, ces histoires commençaient toutes par une cosmogonie, pour aboutir aux temps héroïques, et à l'histoire proprement dite. Les fragments cosmogoniques de Sanchoniathon sont le seul spécimen un peu complet que nous possédions de ce genre de littérature. Ce n'est pas une cosmogonie unique, mais une série de cosmogonies de Byblos, de Tyr, d'Aradus; et chacune de ces cosmogonies a un caractère particulier, qui se trahit non seulement par les noms de dieux différents, mais par le caractère propre des légendes locales dont elles sont composées. Sanchoniathon est un nom d'homme; ce point, longtemps discuté, est aujourd'hui établi par les inscriptions où on le trouve à différentes reprises. Il n'y a pas lieu de douter qu'il ait existé, mais son ouvrage ne nous est arrivé que traduit, défiguré par Philon de Byblos et Porphyre, qui ont hellénisé les noms de dieux et introduit dans ces morceaux mythologiques les tendances évhéméristes de leur époque (voyez Lenormant, *les Origines de l'histoire d'après la Bible*, p. 554 et ss.); et c'est d'après ces auteurs qu'Eusèbe cite les fragments qu'il nous en a conservés. Aux fragments de Sanchoniathon il faut joindre enfin ceux de Damascius et de Phérécyde. Les Phéniciens avaient aussi des poètes. Leurs poésies érotiques étaient célèbres et nombreuses : « Toute la Phénicie en est pleine, » lit-on dans Athénée (XV, 53, p. 697 ; cf. Esaïe, XXIII, 15, 16; XXVI, 13). Mais, en général, leur poésie, comme leur histoire, revêtait un caractère religieux (cf. Virg., *Enéid.*, I, 741-748). — On possède beaucoup plus de renseignements sur la littérature des Carthaginois, soit qu'ils écrivissent plus, soit parce qu'elle nous est mieux connue, grâce aux Romains. Les Carthaginois avaient l'habitude de graver dans leurs temples, sur des colonnes ou sur des plaques de marbre ou de bronze, le récit de leurs expéditions lointaines. Tite-Live nous a conservé le souvenir de la grande inscription bilingue, phénicienne et grecque, qu'Hannibal avait déposée dans le temple de Junon Lacinienne, près de Crotone, et qui contenait le récit de ses campagnes lors de la deuxième guerre punique. Hannibal, d'ailleurs, était versé dans les sciences grecques et phéniciennes, et avait composé des ouvrages dans les deux langues. Ce n'est pas le seul exemple d'un homme d'état écrivain que nous ait légué l'histoire de Carthage. Les lettres y étaient fort en honneur, Carthage avait ses savants et ses bibliothèques. La littérature des Carthaginois portait l'empreinte de leur esprit, tout entier dirigé vers les connaissances pratiques. Ils avaient beaucoup écrit sur la géographie; Aristote, Salluste et Servius mentionnent aussi des livres d'histoire écrits en langue punique. Enfin, leurs traités sur l'agriculture avaient une grande renommée. Le plus célèbre était celui du général Magon, qui fut traduit quatre fois en latin, dont la première, par ordre du sénat romain, puis aussi en grec ; celui d'Hamilcar avait été également traduit en grec. Ces ouvrages ont servi de base aux travaux de Virgile et de Columelle. On trouvera de plus amples renseignements à ce sujet dans Movers (art. *Phœn.*, dans l'*Encycl.* Ersch et Gruber, p. 442 ss.).

V. Religion. La religion des Phéniciens présente le même caractère que leur art, leur écriture, toute leur civilisation en général; elle marque le passage des religions orientales à la religion grecque. Les Phéniciens ont pris à l'Egypte et à l'Assyrie la plupart de leurs dieux, et c'est en passant par leur milieu qu'un grand nombre de ces divinités se sont introduites dans le panthéon grec. Ils ont été, en commerce comme en religion, les grands commis voyageurs de l'antiquité entre l'Orient et l'Occident. A ce caractère, il faut en ajouter un autre qui tenait à leur état politique ; chaque ville avait ses dieux, comme ses rois et ses colonies ; il n'y a donc pas un panthéon phénicien à proprement parler, il n'y a que des familles divines, qui varient d'une ville à l'autre, et rentrent partiellement les unes dans les autres. Les sources de la mythologie phénicienne sont de plusieurs sortes. Il faut placer au premier rang les inscriptions phéniciennes et les monuments. Les inscriptions nous fournissent des renseignements de deux sortes. D'abord elles contiennent des noms de dieux, presque toutes ces inscriptions ayant un caractère religieux ; le nombre des divinités qu'elles nous font ainsi connaître est relativement considérable. Ces indications ont une importance capitale, parce qu'elles sont de première main ; elles nous arrivent sans passer par des intermédiaires qui les altèrent et les traduisent pour les approprier à leur langue et à leurs idées. En outre, les inscriptions ayant une provenance géographique certaine, on parvient presque toujours à déterminer la patrie, quelquefois même l'emplacement du temple des divinités qu'elles nous font connaître. Malheureusement les inscriptions sont encore peu nombreuses et leurs données sur les dieux de la Phénicie très fragmentaires. Les noms propres les complètent dans une certaine mesure. En phénicien, presque tous les noms d'hommes sont formés à l'aide de noms divins, ils sont théophores; il suffit d'isoler l'élément divin pour faire une idée des dieux qu'invoquaient ceux qui portaient ces noms. Une autre source de renseignements nous est fournie par la littérature des peuples qui se trouvaient en contact avec les Phéniciens; tout d'abord la Bible, puis les inscriptions égyptiennes, enfin les auteurs grecs, Hérodote, Pausanias, Strabon, Polybe, Lucien, Plutarque. Là encore nous avons des documents contemporains, qui ne nous fournissent pas seulement des noms de dieux, mais les placent dans leur milieu, et jettent une certaine lumière sur le caractère, la signification religieuse, le culte, les représentations figurées de ces différentes divinités. On y trouve le lien qui manque aux inscriptions, c'est-à-dire la mythologie ; mais cette mythologie est traduite en grec ; les noms de dieux phéniciens sont rendus par les noms grecs correspondants, et ces identifications sont souvent trompeuses; il ne faut en user qu'avec une grande réserve ; elles ne nous prouvent pas qu'il y eut une parenté réelle entre les dieux que l'on donne pour identiques, mais seulement qu'à une certaine époque, les Grecs les ont considérés comme équivalents. En dernier lieu, nous plaçons les renseignements des auteurs phéniciens, les cosmogonies de Sanchoniathon, de Bérose, de Phérécyde. Cette source est certainement la plus riche et la plus complète, mais elle est très mélangée. A côté de données fort anciennes, prises dans les temples mêmes de la Phénicie, elles portent des traces nombreuses d'un syncrétisme de basse époque, et risquent d'induire en erreur ceux qui les prennent pour base de leurs travaux. — Le nom de dieu le plus répandu en Phénicie était celui de Baal. C'est le seul à peu près que les livres historiques de l'Ancien Testament connaissent. Moloch n'est jamais donné expressément, dans les textes bibliques, comme une divinité phénicienne. C'est aussi le le nom qui revient le plus souvent, soit dans les dédicaces des inscriptions, soit, en composition, dans les noms propres. Baal signifie « le Maître. » Le nom de Baal était-il un nom propre de dieu, ou le nom générique de la divinité ? Il paraît avoir été avant tout un titre honorifique qui pouvait s'appliquer à toutes les divinités. On le trouve associé au nom de Melqart, dans l'inscription bilingue de Malte, et il sert à former la plupart des noms des dieux locaux. Chaque endroit avait son Baal, Baal-Sidon, Baal-Tars, Baal-Peor, Baal b'Altiburos. Telle est sans doute aussi l'origine de l'expression Baalim « les Baals, » qu'emploie l'Ancien Testament. Mais il ne faut pas croire que ces différents noms répondissent nécessairement à des principes différents. Le nom de Baal désignait plus spécialement le dieu suprême des Phéniciens, l'époux d'Astarté. Pour les Cananéens de l'intérieur, le fait paraît certain ; mais on peut l'établir même pour les Phéniciens de la côte, dont le panthéon était infiniment plus riche. Eux aussi avaient un dieu Baal; cela ressort des inscriptions où le temple de Baal est mentionné, à côté des temples d'Astarté et d'Esmun, et surtout de noms divins tels que Astoret-Sem-Baal, « Astarté nom de Baal, » ou « des cieux de Baal ; » Tanit Pené-Baal, « Tanit face de Baal » ou « de la Face de Baal. » Ces noms, et d'autres du même genre, prouvent avec évidence qu'à côté d'Astarté les Phéniciens plaçaient un dieu Baal dont elle était la *parèdre*. La grande inscription d'Oum-el-Aouamid est dédiée à un dieu qui porte le titre de « Baal des cieux, » Baal-Samaïm. Ce nom reparaît en Sardaigne sur une inscription trouvée à Cagliari, sous la forme contractée Bôsamaïm ; mais là, l'épithète mythologique se trouve associée à un vocable géographique, et ce dieu est qualifié de Bôsamaïm be EiNoçim, le Baal Samaïm de l'île des Eperviers, en grec Ἱεράκων νῆσον, non loin de Cagliari. Peut-être le nom de Baal-Samaïm, « Baal des cieux, » était-il le nom complet du Dieu suprême, qui est appelé d'habitude du simple nom de Baal, κατ' ἐξοχήν. — A la suite de Baal, il faut placer Moloch, « le Roi, » ou du moins la famille des Molochs, qui correspond à celle des Baals. Nous adoptons la prononciation courante, faute de savoir quelle était la vraie façon de prononcer ce nom divin. Le nom de Moloc ou Melek revient fréquemment dans les noms propres : Abdmelek, Melekjaton, Germelek ; mais on ne le trouve jamais employé isolément, comme nom de Dieu. On ne le trouve même pas accompagné de déterminatifs, comme le nom de Baal. Il ne paraît que trois ou quatre fois sur les inscriptions, associé, soit au nom de Baal, soit au nom d'Astoret, et d'une façon si étrange, qu'on peut se demander s'il faut lire *Moloc-Baal*, *Moloc-Astoret*, ou bien *Maleak-Astoret*. En somme, nous n'avons qu'un exemple certain de l'emploi du mot Melek comme nom divin en phénicien, c'est le nom de Melqart, le dieu tutélaire de Tyr. Melqart est une forme conctractée de Melek-Qart, « le Roi de la ville ; » son nom complet était Baal-Melqart ou Melqart Baal-Tsor. Le caractère de Melqart nous est assez connu, grâce à de nombreux témoignages des auteurs anciens, pour que nous puissions reconnaître sous ses traits le même dieu que les Hébreux adoraient sous le nom de Molek ou de Milkom, et qu'ils appelaient l'idole des Ammonites. Melqart était l'Hercule oriental ; les Grecs en ont emprunté les principaux traits, et la plupart des travaux d'Hercule ne sont que l'expression mythologique des migrations des Tyriens, qui portaient avec eux le culte de leur dieu. Partout où, sur la côte de la Méditerranée, on trouve des Héraclée, on peut être sûr qu'on est en présence d'un sanctuaire tyrien. Le centre du culte de Melqart était à Tyr; il y avait deux temples; l'un d'eux, l'ancien, était sur le continent; l'autre, plus célèbre, s'élevait dans l'île de Tyr ; on y voyait encore du temps d'Hérodote, deux colonnes, l'une d'or, l'autre d'émeraude. Au dire d'Hérodote, il n'y avait pas d'autre représentation du dieu dans le temple. On retrouve ces deux colonnes à Gibraltar; les colonnes d'Hercule, à Malte, les deux colonnes sur la base desquelles se trouve l'inscription bilingue de Malte. — Les Phéniciens avaient encore d'autres noms généraux pour désigner la divinité. L'un des plus usités était *Adôn*, « le Seigneur, » qui est également devenu le nom propre d'un dieu, Adonis, dont le culte, assez récent, s'est répandu jusqu'en Grèce, et est devenu l'un des plus célèbres de l'antiquité. Il est probable pourtant que la forme est née grecque, non pas directement du radical, mais du nom sous lequel on invoquait ce dieu-enfant : *Adoni*, « mon seigneur. » Le mythe d'Adonis, amant de sa mère, nous fait pénétrer, mieux qu'aucun autre, dans l'esprit de ces religions, dans lesquelles on voit toujours un couple divin s'unir, pour donner naissance à un troisième être qui devient égal au premier, ou, en langage mythologique, qui devient l'époux de sa mère Le centre du culte d'Adonis était le Liban. Peut-être doit-on le reconnaître dans le B a a l L i b a n o n dont le nom figure, accompagné du titre *Adoni*, sur les fragments de coupes de bronze du Cabinet des médailles. Du Liban, il avait passé dans l'île de Chypre, où on le retrouve à chaque pas et sous toutes les formes. Mais c'est à peine si les inscriptions nous fournissent la trace de son culte ; sur presque toutes, sinon sur toutes, Adon est un titre honorifique, qui s'ajoute aux noms des dieux comme aux noms des grands personnages. Il en est de même d'un autre nom divin, *El*, que l'on trouve associé indifféremment aux noms de dieux et aux noms de déesses Enfin, tous les dieux étaient compris dans un terme encore plus général, les *Alonim*, qui semble, dans certains cas, être pris comme un collectif et rappelle le nom d'Elohim, qui est de la même racine.— Tandis que Baal, Melqart, Esmoun se partagent l'adoration des fidèles, nous ne trouvons guère, sur les monuments phéniciens, en dehors de l'Afrique, qu'une seule déesse, qui paraît avoir absorbé toutes les autres, c'est Astoret. Elle figure presque exclusivement dans les noms propres, avec Milkat. Ce dernier nom répond il à une divinité distincte, faisant pendant à Moloch? On serait tenté de le croire ; pourtant nous ne la retrouvons pas en dehors des noms propres, sauf dans un cas douteux (*Inscr. d'Esmounazar*), qui semblerait en faire un synonyme d'Astarté. C'est d'ailleurs la conclusion à laquelle conduit aussi le passage où Jérémie (VII, 18 ;

XLIV, 17, 18, 19, 25) parle du culte de la Meleket Hassamaïm. La Meleket Hassamaïm, la « Reine des cieux, » devait correspondre au Baal Samaïm. Astarté n'était pas seulement une divinité cananéenne ; son culte avait été importé de Tyr par Athalie, la fille du grand prêtre d'Astarté, Ithobal, roi de Tyr. L'inscription d'Esmounazar l'appelle Astoret-Sem-Baal ou Astoret-Seme-Baal, c'est-à-dire « Astarté nom de Baal, » ou « Astarté des cieux de Baal. » La première des deux traductions, qui n'est pas certaine, semble confirmée en quelque mesure par un attribut d'une autre déesse dont il sera question plus tard, Tanit-Penè-Baal, « Tanit face de Baal ; » elle est pleinement d'accord avec le caractère que les Phéniciens attribuaient à leurs divinités femelles. Les déesses étaient une sorte de dédoublement du dieu mâle, ce que l'on rendait en disant qu'elles étaient la face du dieu, ou le nom du dieu, suivant une expression chère aux Hébreux ; elles n'étaient que la première des émanations innombrables qui occupaient les degrés inférieurs de l'échelle divine. Astarté était la déesse de la lune, qui est l'image et comme le pâle reflet du soleil ; mais elle était en même temps la déesse de la planète Vénus ; ce double caractère, qui lui a toujours été refusé par Movers, semble ne pouvoir guère être mis en doute. Les peuples sémito-chamites ne faisaient pas entre la déesse chaste et la déesse impudique la distinction que l'art grec a consacrée ; la même déesse était tour à tour vierge et mère, chaste et courtisane. Il n'est pas d'endroit fréquenté par les Phéniciens qui n'ait conservé la trace du culte d'Astarté. Elle figure sur les inscriptions de Chypre, à Citium et à Idalium ; de Malte, de Sicile, de Sardaigne, de Carthage. En dehors des inscriptions, beaucoup de noms géographiques, en particulier les nombreux Port-Vendre (*Portus Veneris*) contiennent le souvenir de sanctuaires que les Phéniciens lui élevaient. Le plus célèbre était celui de la Vénus Erycine Astoret-Erek, Astoret-erek-hayim, sur le mont Eryx en Sicile. Tandis que Baal était un nom générique désignant, dans certains cas, un dieu particulier, « le dieu » par excellence, Astoret était un nom propre. On le faisait précéder, en général, du titre honorifique de *Rabbat*, « la Grande Dame, » qui s'appliquait aussi d'ailleurs à d'autres déesses. — Astarté formait à Tyr, avec Baal et Melqart, une sorte de triade qui occupait le faîte du panthéon phénicien. Cette triade n'était pourtant pas la même dans toutes les villes du littoral ; ses éléments variaient suivant l'importance locale des différentes divinités. A Sidon, elle paraît avoir été composée de Baal Astarté et Esmoun (*Inscr. d'Esmounazar*, lin. 14 ss.), mais partout l'élément féminin paraît avoir été représenté par Astarté. Byblos fait exception. Byblos se distinguait par son culte, comme par sa langue, du reste de la Phénicie. A Byblos, le premier rang appartenait à une déesse, la Baalat-Gebal, qui était universellement connue sous le nom de Baalat ; les Grecs en ont fait Βῆλτις. Son temple était un des plus célèbres de la côte de Phénicie. Sur la grande inscription de Byblos, trouvée dans les ruines du temple, elle est invoquée seule par le roi Jehamelek, l'auteur de la dédicace. Le bas-relief qui surmonte le cippe la représente sous les traits d'une Athor, avec deux cornes et un disque au milieu. En effet, dans l'antiquité déjà, son culte était confondu avec celui de la déesse Isis (Lucien, *De dea Syra*, c. VI ; Plutarque, *De iside et Osir.*, c. XVI), qui était, par certains côtés, un doublet de la déesse Hahtor. Son époux n'était pas un Baal, ainsi que le nom de Baalat pourrait le faire supposer ; Sanchoniathon l'appelle El, et son dire semble confirmé par la présence fréquente du nom de ce dieu dans les noms propres des rois de Byblos, Aïnel, Epaal, etc. On ne l'a encore rencontré sur aucune inscription. Le troisième personnage de la triade de Byblos était Adonis. Carthage possédait en tête de son panthéon une triade analogue à celle de Tyr, composée de Baal-Hammon, de Tanit et d'Esmoun ; mais à Carthage, comme à Byblos, c'était la déesse qui tenait la première place. Tanit était la divinité poliade de Carthage. Dans le traité d'Annibal avec les Grecs. elle est appelée le « Génie de Carthage, » δαιμων Καρχηδονίων. Les Grecs l'identifiaient avec Artémis. Peut-être, dans l'origine, était-elle aussi une déesse vierge ; mais dès la période de l'indépendance de Carthage, ses traits s'étaient confondus avec ceux d'Astarté. Baal-Hammon était le grand dieu adoré dans toute la Libye, identique peut-être au dieu de Thèbes Amoun. Quant à Esmoun, il en sera question plus loin. A côté de ces *magni dii*, les Carthaginois avaient un panthéon très nombreux : Sakôn, Aris ; parmi les divinités femelles, Astoret, Illat, et de ces divinités complexes, formées à l'aide du mot *Tsid*, qui n'est autre que le nom du dieu Set, suivant Schöder, mais qui peut être aussi un souvenir de l'ancienne religion sidonienne : Tsid-Ta-nit Mearat, Tsid-Melqart (cf. la *Sidonia Dido* de Virgile). Une inscription mentionne deux déesses qu'elle appelle Rabbat-Umma, « la grande mère, » et Baalat Hahedrat, « la maîtresse du sanctuaire ? » Ces indications, encore assez incomplètes, nous prouvent que si Tanit tenait la première place dans l'adoration des fidèles, il était à côté d'elle d'autres divinités, encore imparfaitement connues, qui occupaient un rang plus élevé peut-être en mythologie. A côté de ces divinités, qui formaient le fond commun de la religion phénicienne, les Phéniciens en avaient un grand nombre d'autres, étrangères dans le principe, mais qui avaient reçu droit de cité chez eux. Nulle part on ne remarque mieux le caractère syncrétique de la civilisation phénicienne. La plupart d'entre elles se rattachent, par leurs origines, à l'Egypte, et présentent, d'autre part, des assimilations avec la mythologie grecque. Osiris, Horus, Phtah, Bast, Harpocrate, avaient leurs adorateurs. Une inscription d'Athènes porte le nom d'un Phénicien qui s'intitule « prêtre de Nergal. » Une inscription bilingue, trouvée à Larnax-Lapithou, dans l'île de Chypre, contient une dédicace à la déesse Anat, dont le nom est rendu, en grec, par Ἀθηνη. D'autres dieux étaient purement sémitiques. Tels sont Semes, « le soleil » (Abdesemes, Ἡλιόδωρος), et Resef. Resef était l'Apollon phénicien. Il nous est connu par les monuments égyptiens, où il porte le nom de Raspu, et par les inscriptions. Ses traits étaient ceux d'un dieu sémitique, et ses attributs ceux de l'Apollon Ekatébolos que l'on adorait à Amyclée, dans le Péloponèse. Il paraît avoir été particulièrement vénéré dans l'île de Chypre, où il porte le titre soit de Resef-Hes, soit de Resef-Mikal. Un autre groupe de divinités, qui avaient entre elles certains liens assez difficiles à déterminer, et paraissent avoir eu une grande importance, était formé de Esmun, Sakon (Askoun), Phtah, Paam (Pygmai). Esmun avait pour correspondant dans la mythologie grecque, Esculape (Ἀσκληπιος). Comme lui, il était adoré sous la forme d'un serpent : c'était un dieu guérisseur. Son nom, « le huitième, » le rattache au groupe des sept Cabires, dont il était le prince. Il avait d'autre part certains liens de parenté avec Hermès, ainsi que l'atteste le nom d'Hermopolis, donné par les Grecs à la ville de Smouneïn, en Egypte, qui lui était consacrée. Par ce côté, il se rapproche également d'un autre dieu, Sakon (Ger-Sakon, « l'hôte de Sakon, » en langue punique Giskonn; Sanchoniathon, « Sakona donni, » etc.), Askoun,-Adar, sur une inscription phénicienne d'Athènes, que les auteurs anciens appellent Σῶκος, et qu'ils identifient avec Hermès. Phtah, l'Hephaistos phénicien, est également une divinité égypto-cananéenne. Il appartient, lui aussi, au cercle des Cabires; il est étroitement apparenté aux Patèques, dont le nom n'est peut-être que la transcription grecque de son nom. Nous le retrouvons en Chypre, sous le nom de Poumai, Πυγμαῖος, probablement un dérivé d'un autre nom divin, Paam, que l'on rencontre sur une inscription phénicienne d'Egypte, et qui signifie « la trace » ou « le pas » de Dieu. Le dieu Pygmée était une des formes du dieu nain, de l'Hercule grotesque qui est représenté sous les traits de Phtah. Ainsi s'explique la parenté qui s'est établie entre lui et Melqart d'une part, Adonis de l'autre, et le dire d'Hésychius : Πυγμαῖος, Ἄδωνις παρὰ Κυπρίοις. Au fond, le dieu Pygmée est l'Adonis primitif. — Tout ce groupe de divinités est caractérisé par deux traits distinctifs: ce sont tous des dieux nains ou des dieux-enfants, deux choses qui, au point de vue mythologique, reviennent au même, au point de vue iconographique, se confondent presque complètement. En second lieu, ils sont adorés sous forme de *patèques*, ou de ξοανά, c'est-à-dire de sculptures le plus souvent en bois, à la figure grimaçante et aux formes disproportionnées, portant une tête monstrueuse sur des jambes naines. Souvent le corps était remplacé par une gaine analogue à celle des Hermès grecs. Astarté avait aussi ses xoana. La Phénicie nous présente enfin des divinités complexes, formées par la réunion de deux divinités différentes, souvent l'une mâle, l'autre femelle : Esmun-Astoret, Esmun-Melqart, Esmun-Adoni, Moloc-Baal, Moloc-Astoret. Ces associations ont été appelées par les Grecs d'un nom qui devait désigner primitivement l'une d'elles en particulier, du nom d'hermaphrodites. L'île de Chypre est le lieu principal de ces identifications. Chypre était le point de rencontre du monde oriental et grec, et c'est par elle qu'ont passé la plupart des mythes égyptiens et orientaux pour pénétrer en Grèce. On y rencontre aussi quelques autres divinités plus obscures et dont la signification mythologique nous échappe jusqu'à présent : Sasam, Dôm; c'est enfin là qu'il faut chercher l'origine de la plupart des héros qui se sont introduits dans la mythologie grecque. Les divinités que nous avons passées en revue n'épuisent pas encore le panthéon phénicien. Pour les Phéniciens, la plupart des phénomènes de la nature, ou même des objets matériels, étaient divinisés. Il suffit, pour s'en rendre compte, de lire le protocole du traité d'Hannibal rapporté par Polybe (IX, 2). Les montagnes avaient leurs dieux, le Baal-Labanon, le Ζεῦς Κάσιος, etc.; il en était de même des rivières, des sources, des grottes, des rochers, de certains arbres, Ζεῦς Δημαρους, Baal Thamar. Tout devenait symbole, et les symboles, à leur tour, étaient adorés comme des dieux. Tel est le sens des bétyles dont on retrouve le culte partout où s'est fait sentir l'influence de la Phénicie. Le mot bétyle b e t h - E l, « maison de Dieu, » est une expression générale qui sert à désigner toutes les pierres sacrées, c'est-à-dire toutes les pierres qui étaient considérées comme la résidence d'un dieu. Rien n'était plus variable que la forme et que la valeur religieuse de ces pierres. Quelques-unes d'entre elles étaient célèbres par tout le monde, et étaient considérées comme l'expression la plus haute de l'incarnation de la divinité. Il en était ainsi de la Diane d'Ephèse et de la Vénus de Paphos. En général, c'étaient des cailloux ovoïdes, le plus souvent noirs, des aérolithes ou des pierres qui y ressemblaient par leur nature volcanique et leur aspect mystérieux. D'autres fois, c'étaient des cippes, c'est-à-dire des pierres que l'on dressait en l'honneur d'une divinité, et qui acquéraient, par cette consécration, une valeur religieuse spéciale. C'était moins que des dieux, mais plus que de simples ex-voto. On les désignait aussi du terme de n e c i b ou de m a c c e b e t, que l'on faisait suivre du nom de la divinité. Les h a m a n i m paraissent avoir désigné des monuments analogues. En général, ces pierres étaient coniques ou ovoïdes, quelquefois elles avaient la forme de pyramides. Peut-être faut-il établir une distinction sous ce rapport entre celles qui représentaient des divinités mâles ou femelles. D'autres fois c'étaient des colonnes comme dans le temple de Melqart, à Tyr. Toutes les divinités à peu près avaient leurs bétyles; pourtant on est amené à reconnaître que l'on représentait plus volontiers sous cette forme les dieux du second degré, qui parfois acquéraient une importance de premier ordre, mais n'occupaient qu'un rang inférieur dans l'échelle mythologique; c'était une forme inférieure de la divinité, ce qui ne l'empêchait pas de jouir d'une célébrité qui souvent éclipsait les anciens dieux.

VI. Culte. L'adoration des pierres sacrées et des montagnes était intimement liée au culte des hauts-lieux. Il en a été question ailleurs (voyez l'article *Hauts-Lieux*). Les temples reproduisaient en grand la disposition des hauts-lieux. Ils se composaient dans le principe d'un réduit couvert pour l'image de la divinité, et d'un autel. L'idole elle-même était le plus souvent dans un petit ναός, une arche, en bois doré ou en pierre. Dans les grands temples, à côté du sanctuaire principal étaient une série de chapelles latérales, consacrées à d'autres dieux, que l'on pouvait venir y adorer, et qui y avaient sans doute leurs niches et leurs statues. Les parois du temple et les portiques qui l'entouraient étaient garnis des *ex-voto* des fidèles.— Les sacrifices formaient le centre du culte. Les sacrifices humains étaient le sacrifice par excellence. Ils étaient spécialement usités en l'honneur de Melqart, d'Astarté, à Laodicée, de Tanit, à Carthage. La forme la plus fréquente de ce mode de sacrifice était le sacrifice des premiers-nés, ou plus généralement des nouveau-nés. C'était une manière de consacrer à la divinité les prémices de ses richesses. Tels étaient les enfants que l'on faisait passer par le feu en l'honneur de Moloch. Cette habitude paraît avoir subsisté jusqu'à la fin. Pourtant, de bonne heure, on voit s'introduire l'idée de la substitution. Cette substitution pouvait se faire de différentes manières : tantôt on substituait à celui que l'on voulait épargner, ou l'on se substituait à soi-même, un animal domestique, un bélier, un bœuf, un veau, un oiseau, ou même un cerf ; tantôt on lui substituait une pierre, qui devenait le représentant d'un sacrifice fictif et qu'on érigeait en l'honneur de la divinité. La prostitution sacrée était une autre forme de cette consécration à la divinité. De là vient le nom de kedesim, (ou kelbim, « chiens »), que portaient les hiérodules, c'est-à-dire les hommes et les femmes attachés aux temples, et qui y exerçaient des métiers souvent inavouables. D'autres fois cette consécration n'était que temporaire ; on sacrifiait sa virginité à la déesse, et on lui payait sa dette au moyen d'un séjour plus ou moins prolongé dans son temple. Ces pratiques avaient fait des temples phéniciens établis à l'entrée des ports de la Méditerranée de véritables maisons de prostitution, connues du monde entier. Il suffit de lire à ce sujet la description que fait Cicéron, dans les *Verrines*, du temple de la Vénus Ericine. L'habitude de se couper les cheveux à certaines fêtes, de porter des anneaux aux oreilles ou au nez, les amulettes diverses, étaient autant de marques de ce servage sacré : on était l'homme d'un dieu. Cette vie religieuse groupait autour des temples un personnel nombreux qui habitait dans leurs dépendances. A côté des prêtres et des prêtresses, parmi lesquels il y avait encore des degrés, car nous possédons les noms des grands prêtres et des grandes prêtresses, les inscriptions mentionnent des hiérodules, des parasites, des almées, des barbiers sacrés, des portiers. On trouvera des détails curieux relatifs à ce fonctionnement sur les plaques de marbre avec inscriptions peintes à l'encre qui ont été récemment trouvées dans l'île de Chypre. Les Phéniciens avaient un rituel qui rappelle de très près celui du Lévitique. Les différents tarifs des sacrifices, celui de Marseille en particulier, fournissent des indications très détaillées sur cet objet. — Les idées des Phéniciens sur la vie future paraissent avoir été très vagues. En tout cas, nous en savons fort peu de chose. L'inscription d'Esmounazar mentionne les *refaïm*, et les représente comme couchés sous terre : « qu'il n'ait pas de couche parmi les refaïm. » Le roi lui-même, qui parle de son tombeau, se représente comme couché dans son sépulcre, dont il énumère les différentes parties ; toute sa crainte est qu'on ne soulève le couvercle et qu'on ne vide son sarcophage. Pourtant l'existence de divinités infernales (Silius Italicus, IV, 81 ss., 819) semblerait prouver la croyance à une sorte de survivance. Le plus clair de l'immortalité consistait pour eux d'abord dans une postérité nombreuse, et puis dans ces monuments, en forme d'obélisques ou de pyramides, qu'ils dressaient en terre au-dessus de la place de leur caveau, et qui restaient comme le témoin du mort parmi lès vivants. Ils les appelaient *Maccebet Bahayim*, « Cippus inter vivos. » La question de l'immortalité de l'âme chez les Phéniciens est d'ailleurs obscure, et a besoin de nouveaux textes pour être éclaircie.

VII. Beaux-Arts. Les Phéniciens étaient de grands architectes. En dehors de l'architecture, leur art était étroitement lié à la religion, l'art étant l'expression des idées, qui revêtaient presque toujours chez eux la forme de mythes. Mais, d'autre part, les représentations figurées ont été une des sources principales de la mythologie, qui y a puisé des thèmes auxquels elle a donné une signification religieuse ; les objets d'art donnent naissance aux dieux : *simulacra*, *numina*. Tout l'art phénicien est un art d'emprunt. Les Phéniciens ont pris à l'Egypte et à l'Assyrie des types qu'ils ont transmis à la Grèce. Les plus anciens monuments phéniciens nous font assister aux débuts de l'art plastique. Ils se composent de terres cuites, qui ressemblent à s'y méprendre aux monuments correspondants de l'art grec le plus archaïque, tel qu'on le trouve dans l'île de Théra. Ce sont des statuettes grimaçantes représentant des divinités, le plus souvent nues, dans les attitudes les plus diverses, ou bien des vases en forme d'animaux, très grossiers et qui dénotent l'enfance de l'art, des poissons, des cygnes, des canards, des chevaux, des cavaliers. A une époque un peu plus avancée, ces vases prennent des formes plus régulières et se couvrent de raies rouges et noires formant des dessins géométriques ; enfin on y voit paraître des sujets qui rappellent l'art étrusque. C'est le seul côté par où l'art phénicien soit original (voyez Cesnola, *Cyprus*, tab. VI IX et p. 391 ss.; Heuzey, *Terres cuites du musée du Louvre*, liv. I-III). Dès que la sculpture sur pierre paraît, on y reconnaît le caractère d'une imitation ; on peut même y suivre le double courant, assyrien et égyptien, que nous avons signalé plus haut. Ce sont en général des bustes, ou bien des statues en pied, assez raides, les pieds réunis et les bras collés au corps. Cette imitation a, comme tout ce qu'ont fait les Phéniciens, une certaine lourdeur qui est surtout sensible sur les bas-reliefs des sarcophages. Le travail des métaux formait certainement la partie la plus caractéristique de l'art phénicien. Ils avaient pour ce travail une grande réputation d'habileté, que nous attestent les livres des Rois, Homère, Strabon ; leurs artistes, h a r a s i m, étaient célèbres par tout le monde. Ils excellaient surtout dans la confection de ces coupes en métal repoussé appelées m e r o v k ' a, qui étaient recouvertes de sujets disposés en cercles concentriques, et représentaient des scènes de chasse, de guerre, ou des sujets mythologiques. Dans ces dessins, il faut distinguer les sujets d'imagination, qui ont un caractère indépendant et original, des figures mythologiques, qui sont des emprunts directs faits à l'Egypte ou à l'Assyrie. Quelquefois, sur une même coupe, on voit au centre un dieu assyrien et sur les rebords des figures égyptiennes. Mais là même, ces sujets d'emprunt sont interprétés d'une façon indépendante, et sur plus d'un de ces vases on peut saisir l'origine et assister à la naissance de mystères dont la Grèce s'est emparée (voyez les coupes de Palestrina, et les différentes coupes de Chypre conservées au musée du Louvre). Certaines coupes portaient le nom de « coupes sidoniennes. » Diverses sortes de vases portaient d'ailleurs, chez les Grecs, des noms empruntés au phénicien. Les bas reliefs en métal qu'on appliquait aux portes ou aux corniches, le placage si fort usité pour la décoration intérieure des édifices, étaient poussés à un haut degré de perfection. Ils savaient aussi fondre des colonnes massives en airain ou en or, et ils atteignaient dans la confection des chapiteaux une rare finesse. Les Phéniciens savaient aussi travailler le marbre. Le temple de Salomon était presque en entier un monument de l'art phénicien (1 Rois VII, 13-50; 2 Rois XXV, 13 ss. ; cf. Strabon, III, 5). Enfin, il faut ajouter le travail de gravure des pierres précieuses, la fabrication du verre, la confection d'étoffes fines et de la pourpre. Cette dernière fabrication a été dès longtemps, en raison de son importance commerciale, l'objet de travaux approfondis, au sujet desquels on peut consulter Movers, *Encycl* , p. 373 ss.

VIII Commerce. Ces différents objets formaient le fond du commerce d'exportation des Phéniciens. Mais ces grands commis voyageurs de l'antiquité ne bornaient pas leur commerce aux productions de leur pays Tout ce qui, dans une partie quelconque du monde connu, pouvait devenir objet de commerce, entrait dans leurs vaisseaux. Les termes de phénicien et de marchand étaient synonymes ; on disait le cananéen comme on dit aujourd'hui dans certaines provinces « le colporteur » (Prov. XXXI, 24 ; Job XL, 30). Le Phénicien frétait un vaisseau et le chargeait de marchandises qu'il allait vendre à l'autre bout du monde ; souvent ces hommes restaient ainsi la plus grande partie de leur vie absents (Plaute, *Poen.*, V, II, 54 ss.; 2 Arrien, *Anabas.* VI, 92 ; V, 6 ; VI, 1). Tantôt sur des coquilles de noix (γαῦλοι), tantôt sur des navires au long cours, auxquels ils donnaient le nom de vaisseau de Tarsis (voyez *Tarsis*), ils s'aventuraient le long des côtes, cherchant un endroit favorable au débouché de leur marchandise. Quand ils l'avaient trouvé, ils jetaient l'ancre, débarquaient leurs richesses sur la côte, parfois même pénétraient dans l'intérieur des terres, et faisaient leurs affaires (Homère, *Odyssée*, XV, 451). Par là s'explique le grand nombre de bijoux, de vases précieux de provenance phénicienne, qu'on a trouvés en Italie et, récemment encore, à Palestrina. Une inscription phénicienne, gravée sur l'un de ces vases, établit d'une façon incontestable leur provenance. Les droits commerciaux des Phéniciens étaient réglés par des traités (voyez le premier traité de Rome avec Carthage). —

Les Phéniciens n'avaient pas de colonies proprement dites. Sur les points les plus importants de la Méditerranée, ils établissaient un comptoir avec une forteresse et un temple ; c'était en général à l'abri d'un promontoir, sur lequel s'élevait leur chapelle. Même en Afrique, les Carthaginois n'ont jamais pratiqué la colonisation à la manière des Romains ; jamais ils n'ont cherché à s'assimiler les populations de l'intérieur des terres ni à s'y établir d'une façon durable ; leur politique était une politique commerciale, analogue à celle que pratiquent encore actuellement les Anglais en Inde. Ils se bornaient à occuper quelques points principaux, qui leur servaient d'entrepôts et dont ils assuraient la sécurité au moyen de soldats indigènes. De là vient le peu de traces qu'a laissé leur domination chez les populations du nord de l'Afrique. Les Phéniciens ne bornaient pas leur commerce à la Méditerranée ; ils étaient en relation constante avec les îles Canaries et avec la mer du Nord ; ils allaient même encore plus loin. Il suffit de citer le voyage de découvertes d'Himilcon sur les côtes de l'Europe occidentale (Arrien, *Or. marit.*, V, 383, 412), et le Périple de Hannon, dont le récit, consigné sur une colonne, était conservé dans le temple de Kronos à Carthage (*Geogr. Græci min.*, I, 13 et 14). Le marché du monde entier leur appartenait. Ezéchiel (XXVII et XXVIII) donne une description des plus détaillées et des plus instructives du commerce de Tyr. D'ailleurs, pour se rendre compte du nombre considérable d'objets qu'ils ont introduits dans la circulation, il suffit de parcourir la liste presque interminable des mots qui ont été empruntés par les Grecs au phénicien. Un grand nombre de matières premières, de métaux, d'essences d'arbres, de plantes aromatiques, de pierres précieuses ; les noms des différentes sortes de vases, des instruments de musique, des étoffes, du matériel nécessaire pour écrire, rentrent dans cette catégorie. Enfin, il faut ajouter la traite des esclaves, qui était un des commerces les plus lucratifs de l'antiquité, et que les prophètes dénoncent à plusieurs reprises à la vengeance de Jéhovah. Le nom même des arrhes, ἀῤῥαϐών, est un mot phénicien : erâbôn. Les noms des poids et mesures leur étaient également empruntés, ou étaient parvenus par leur intermédiaire en Grèce. Comparez μνα, mnat; κεράτιον, gêrâh; κάϐος, kab; κόρος, kôr; σάτον, seah; δραχμή, darkemôn. Leur système de numération était des plus simples. Jusqu'à dix, ils alignaient des barres verticales qu'ils groupaient trois par trois, en inclinant la dernière, pour marquer la fin ; 7 s'écrivait donc I III III. Dix était marqué par une barre horizontale, vingt par deux barres horizontales réunies par un trait transversal. Cent était un grand signe dégingandé qui n'était primitivement qu'un *iod* (la 10e lettre de l'alphabet — 10 dizaines). Au delà, ils paraissent avoir marqué les centaines par des points qu'ils mettaient avant le signe cent ; on n'a pas encore rencontré le signe mille. Mais, pour plus de sûreté, ils avaient introduit dans le commerce l'habitude, qui s'est conservée depuis, d'écrire le nombre en toutes lettres avant de le transcrire en chiffres. Le calcul, l'astronomie et la géométrie, en général les sciences exactes, leur doivent beaucoup. — Les Phéniciens sont restés en possession du marché de l'Orient jusque sous l'empire romain. La destruction de Tyr par Alexandre et la fondation d'Alexandrie leur avaient porté un coup sensible. Ce fut comme une nouvelle phase de la lutte de l'Egypte contre l'Assyrie. A partir de ce moment, Alexandrie accapara une partie du transit de l'Orient, mais elle ne réussit pourtant pas à l'enlever entièrement aux villes de la côte de Syrie. Ce n'est qu'au moyen âge que les marchands de Venise remplacèrent définitivement les Phéniciens. Les Phéniciens devaient en effet leur puissance à une situation exceptionnelle. Ils étaient en possession de la seule route qui fît communiquer directement l'intérieur de l'Asie avec l'Occident; aussi est-ce par leur intermédiaire que se sont introduites en Europe non seulement les richesses du sol de l'Asie, mais la plupart des idées qui avaient cours en Orient. Ils apportaient avec eux ces scènes de la vie orientale, ces mythes naturalistes et ces histoires légendaires, réduits à leur plus simple expression, sous la forme d'images, gravées sur leurs coupes de métal ou sur leurs vases de terre, et ils les débitaient aux habitants des îles, qui croyaient y reconnaître une ancienne parenté avec les histoires de leurs ancêtres. Les Phéniciens ont fait pour toutes choses ce qu'ils ont fait pour l'écriture ; ils ont puisé dans le fonds intarissable des anciennes civilisations orientales, et en ont extrait quelques types, qui ont servi de modèles aux Grecs. C'est par la Phénicie que les Grecs ont connu l'Orient, mais les Phéniciens ne sont jamais sortis du rôle d'intermédiaires. La seule chose qui leur soit restée en propre, c'est l'instrument même du commerce, le signe de l'échange, l'écriture.

PHILIPPE BERGER.

PHILADELPHIE, ville de la Lydie, située à 28 milles au sud-est de Sardes, au pied du mont Tmolus. Il s'y trouvait une communauté chrétienne dont il est fait mention dans l'Apocalypse (I, 11 ; III, 7 ss.). D'abord simple évêché suffragant de Sardes, Philadelphie fut érigé en métropole dès le neuvième siècle et remplaça Sardes, lorsque cette dernière cité fut détruite par Tamerlan.

PHILASTRE (Saint), évêque de Brescia, né au commencement du quatrième siècle, probablement en Italie, mort vers l'an 387. On sait peu de chose sur sa vie. Ordonné prêtre, de mœurs sévères et instruit dans les Ecritures, il parcourut presque toutes les provinces de l'empire romain pour combattre les juifs, les païens et les ariens. Il déploya surtout un grand zèle dans l'Eglise de Milan, dont l'évêque Auxence, le prédécesseur d'Ambroise, avait embrassé l'arianisme. A un âge assez avancé, Philastre fut nommé évêque de Brescia, assista au concile d'Aquilée en 381 et vit saint Augustin à Milan en 384. On a de Philastre un *Liber de hæresibus* qui est pour l'Eglise latine ce que le Πανάριον d'Epiphane est pour l'Eglise d'Orient, à savoir une nomenclature de toutes les hérésies qui ont paru depuis la création du monde. Publié pour la première fois par Sichard à Bâle, en 1528, ce curieux catalogue a été inséré dans toutes les *Bibliothèques des Pères*. La meilleure édition est celle que Fabricius donna en 1721, à Hambourg, à laquelle il joignit un commentaire érudit et une préface où il réunit tout ce qui concerne la vie et l'histoire de l'ouvrage de Philastre, notamment une *Vita Philastri*, par Gaudence, son successeur. En 1738, Galéard, dans sa *Collectio veter. patr. eccl. Brixiensis*, compléta le texte de Fabricius en y ajoutant les six hérésies (107e, 114e, 117e, 140e, 151e, 154e) qui manquaient, l'original en comptant, d'après le témoignage de saint Augustin (*Ep.* 222), cent cinquante-six dont vingt-huit avant et cent vingt-huit après Jésus-Christ. La dernière édition est celle qu'Œhler publia en 1856, à Berlin, dans son *Corpus hæreseologicum*, t. I, p. 1-185. C'est à tort qu'on a attribué à Philastre les *Acta SS. Faustini et Jovitæ* et les *Acta S. Afræ*, qui décèlent un âge bien postérieur. On trouve un extrait assez complet du *Liber de hæresibus* de Philastre dans Schrœckh, *Kirchengesch.*, IX, 363 ss.

PHILÉMON. Dans le Nouveau Testament, nous trouvons une très courte épître avec cette adresse : « Paul, prisonnier de Jésus-Christ, et Timothée, notre frère, à Philémon, notre bien-aimé et notre collaborateur, et à Appia, la bien-aimée, et à Archippe, notre compagnon d'armes, et à l'Eglise qui se réunit dans ta maison. » D'après es indications parallèles de l'épître aux Colossiens (Col. IV, 9-17), Philémon était un riche chrétien de Colosses ou des environs que Paul avait converti, qui se consacrait avec beaucoup de zèle à la diffusion de la foi chrétienne (Phil. V, 1. 5), et exerçait à l'égard de tous ses frères une généreuse hospitalité. Sa maison servait de centre et de lieu de réunion à une petite congrégation chrétienne dont il était le chef. L'hypothèse assez singulière de M. Wieseler d'après laquelle Philémon aurait habité Laodicée et la lettre qui porte son nom serait l'épître aux Laodicéens mentionnée Col. IV, 15 et 16 (il n'y a pas eu de lettre proprement adressée aux Laodicéens) n'a pas le moindre fondement (voyez Wieseler, *Chronologie des apostol. Zeitalters*, 1848). La confiance avec laquelle Paul lui écrit est la meilleure garantie de l'élévation de son caractère et de ses sentiments. Dans son Commentaire, Théodoret nous dit qu'on montrait encore au cinquième siècle la maison de Philémon à Colosses. Avec moins de vraisemblance encore, la tradition ecclésiastique en a fait un évêque de Colosses ou de Gaza et un martyr du temps de Néron (*Const. apost.*, VII, 46). On admet généralement qu'Appia, mentionnée à côté de lui, était sa femme ; d'autres veulent encore qu'Archippe fût son fils. Tout ce qu'on peut dire avec probabilité, c'est que ces personnes appartenaient du moins au cercle de sa famille. D'après Col. IV, 17, Archippe semble avoir été un jeune diacre de la communauté chrétienne de Colosses. — Rien de plus précis que l'occasion qui dicta à Paul sa courte lettre à Philémon. Durant sa captivité, l'apôtre avait rencontré et converti un esclave de Philémon, Onésime, qui s'était sauvé de la maison de son maître après une grave infidélité et que Paul veut lui renvoyer avec quelques lignes de recommandation et d'intercession personnelle. On ne saurait trop se féliciter de la présence de cette lettre parmi les épîtres de Paul auxquelles elle ressemble si peu. Ailleurs l'apôtre nous apparaît presque toujours en lutte, avec la tension de la polémique ou les soucis de son œuvre ; ici nous le surprenons en quelque sorte au repos, dans le commerce doux et charmant de l'amitié chrétienne ; il se révèle en ces quelques lignes mieux que partout ailleurs, avec l'enjouement naturel de son esprit et l'exquise délicatesse de son cœur, avec le sourire et l émotion tempérant l'austérité habituelle de son âme (v. 9, 11, 12, 18, 20). On ne trouve ici ni exposition dogmatique ni prédication morale, mais uniquement l'affaire toute particulière qui lui tient à cœur. Toutefois, on remarquera dans la marche générale de ce billet une certaine analogie avec les autres épîtres : même forme d'adresse et de salutation suivie de la même action de grâces, par laquelle Paul avait l'habitude d'entrer en matière. A cet éloge de la piété de Philémon, il joint avec beaucoup de finesse la prière qu'il va lui adresser en faveur de son protégé. Il paraît décidément que le cas d'Onésime était grave, car Paul croit encore nécessaire, pour donner plus de poids à son intervention, de rappeler son âge et sa captivité (v. 8 et 9). Les explications dans lesquelles il entre enfin, la sollicitude qu'il témoigne pour Onésime, le choix même de ses expressions sont vraiment touchants (v. 12). Il se sépare de lui avec regret et ne le fait que par un scrupule de la plus tendre délicatesse (v. 13 et 14). Il l'appelle son frère, il demande à Philémon de lui faire le même accueil qu'à lui-même. Il lui adresse une série de salutations et le prie, avant de finir, de lui tenir un logement prêt pour son retour qu'il espère prochain. Ce billet de quelques lignes tient intimement à la lettre aux Colossiens dont il ne doit pas être séparé, et par celle-ci à la lettre aux Ephésiens. L'entourage de Paul est absolument identique. A l'exception de Jésus Justus, nommé Col. IV, 11, on trouve des deux parts les mêmes personnages (cf. Phil. 23, avec Col. IV, 10, 12, 14, 16). Onésime accompagnait Tychique, le porteur de la lettre aux Colossiens (Col. IV, 9.) Voici comment Paul en parle en cet endroit : « Avec Tychique, je vous ai envoyé Onésime, le fidèle et le bien-aimé frère qui est un de vos compatriotes. » Il ne peut donc y avoir de doute. L'épître à Philémon a été, d'origine, attachée à l'épître aux Colossiens, et sans doute c'est la circonstance qui l'a sauvée, alors que tant d'autres lettres personnelles de Paul se sont perdues. Il était prisonnier au moment où il écrivait ces épîtres. On ne peut donc hésiter pour la date qu'entre la captivité de Rome et celle de Césarée. Nous avons donné à l'article *Colossiens* les raisons qui nous font préférer cette dernière. Quant à l'authenticité, elle n'a jamais été sérieusement contestée, pas même par Baur (*Paulus der Apostel*, 1re édit., p. 475,), et, en vérité, elle ne saurait l'être. Cette courte lettre, d'un tour littéraire si exquis, a une importance très grande pour l'histoire de la morale paulinienne. La conversion d'Onésime fut sans doute la première occasion qui mit sérieusement l'apôtre en face de la question des rapports du christianisme et de l'esclavage. Il l'a résolue d'une façon aussi profonde qu'originale. Il ne croit pas que l'entrée d'un esclave dans l'Eglise annule *ipso facto* les droits légaux de son maître chrétien sur lui.

Mais, d'un autre côté, il fait ressortir l'égalité dans laquelle l'un et l'autre se rencontrent. L'esclave n'est pas seulement un frère dans la foi, c'est un frère selon la chair et selon la nature. La racine de l'esclavage est coupée, Paul en a eu le sentiment; l'esclave chrétien doit être affranchi par son maître. C'est ce que l'apôtre veut sans doute insinuer à Philémon, quand il lui dit, avant de finir : « Confiant pleinement dans ton obéissance, je t'ai écrit, sachant que tu feras encore plus que je ne te recommande. » Qu'est ce *plus* qu'attend Paul, sinon le libre affranchissement par Philémon de son esclave Onésime? — Outre tous les ouvrages et commentaires généraux sur les épîtres de Paul : Wildschut, *De vi dictionis et sermonis elegantia in epist. ad Phil. conspicuis*, 1809; C.-R. Hagenbach, *Pauli ad Phil. epist.*, 1829; M. Rothe, *Pauli ad Phil. epist. interpretatio*, 1844; S. Denme, *Erklærung des Briefs an Phil.*, 1844; A. Koch, *Commentar üb. den Brief an Phil.*, 1846; H. Petermann, *P. epist. ad Phil. ad fidem vers. orient. vet. una cum earum textu originali græc.*, ed. 1844. A. SABATIER.

PHILIPPE LE TÉTRARQUE. Voyez *Hérodes* (les).

PHILIPPE, apôtre de Jésus-Christ, originaire de Bethzaïde, en Galilée, appelé l'un des premiers à suivre le Maître, et assez fréquemment nommé dans les évangiles, sans que l'on puisse y trouver une indication précise sur son caractère ou sur ses talents spéciaux (Matth. X, 3; Marc III, 18; Luc VI, 14; Jean I, 43 ss.; VI, 5 ss.; XII, 21 ss.; XIV, 8 ss.; cf. Actes I, 13). La tradition veut qu'il ait prêché l'Evangile en Phrygie, où il aurait eu pour disciple Polycarpe; il aurait été crucifié à Hiérapolis pour s'être opposé au culte des serpents (Théodoret, *In Ps.* 116; Nicéphore, *Hist. eccl.*, II, 39; Eusèbe, *Hist. eccl.*, III, XXXI, V, XXIV). D'autres légendes placent la sphère de son activité missionnaire en Scythie (Abdias, *Hist. eccl.*, X). On cite aussi un évangile de Philippe qui aurait circulé parmi les gnostiques (Epiphane, *Hæreses*, XXVI, 26, 13; cf. Fabricius, *Codex apocr. N. T.*, I, 375 ss.; Kleuker, *Apocryphen des N. T.*, I, 561 ss.; Thilo, *Prolegom. ad acta Thomæ*, p. 60 ss.)

PHILIPPE, l'un des sept diacres de la communauté de Jérusalem (Actes VI, 5). La légende le dit originaire de Césarée. Il prêcha l'Evangile avec succès en Samarie et fit sur la route de Gaza la rencontre de l'eunuque de la reine d'Ethiopie qu'il baptisa (Actes VIII, 5 ss.; XXI, 8). On montre encore, dans les montagnes de Juda, la source d'eau près de laquelle se serait passée cette scène (Troilo, *Reise in Palæstina*, p. 431; Fuller, *Miscellaneæ*, II, 8). D'après les Actes des martyrs grecs, Philippe fut nommé évêque à Tralles, dans l'Asie Mineure, et y termina ses jours; la tradition latine le fait mourir à Césarée (*Acta SS. ad 6 jun.*).

PHILIPPE-AUGUSTE. Philippe II, dit Auguste, roi de France de 1180 à 1223, appartient à l'histoire de l'Eglise par le rôle qu'il a joué dans les croisades, par ses démêlés avec la papauté et par le caractère gallican de son administration, par l'ardeur avec laquelle il persécute les juifs et les hérétiques et par les grands événements dont la France méridionale fut le théâtre pendant son règne, enfin par la protection qu'il accorda aux lettres et par la fondation de l'université. La France doit voir en lui l'un des plus illustres champions de son unité, le premier qui réunit en un faisceau compact les forces éparses et encore étrangères et ennemies entre elles de la nationalité française. A son avènement, la royauté, entourée de puissants vassaux, appelée aussi à lutter dans ses domaines particuliers, qui ne dépassaient guère l'Ile de France et l'Orléanais, contre plus d'un petit souverain féodal, venait de perdre, par le divorce de Louis VII et d'Eléonore de Guyenne, quatre provinces Le jeune Philippe, né en 1165, du troisième mariage de Louis VII avec Alix de Champagne, sacré en 1179 à Reims, roi à quinze ans, en 1180, sentit de bonne heure sa faiblesse et consacra avec succès tout son règne à affermir la puissance et la dignité de sa couronne. Unissant par son mariage avec Isabelle de Hainaut, descendante, par les princes lorrains, des Carlovingiens, les droits de deux dynasties, il s'affranchit dès le début de la tutelle arrogante de sa mère et de ses quatre oncles et, tenant en échec le puissant comte de Flandre, Ferrand, acquit l'Artois en 1191 et se rendit maître des villes fortes de la Somme. S'il songea un moment, après Bouvines, à cette grande question, quelquefois entrevue et si souvent négligée dans le cours des siècles, des frontières naturelles de la France, héritière de la Gaule, il sut reconnaître les nécessités du moment et ne sacrifia jamais la réalité à la chimère. Le poème de son historien Guillaume le Breton nous montre quel rôle considérable jouaient à la cour les souvenirs de Charlemagne ; le roi sut en tirer habilement parti pour appeler et retenir près de lui ses grands feudataires et coupa court ainsi à toutes leurs menées ambitieuses en les associant à ses projets. C'est dans sa lutte avec les Plantagenets que Philippe-Auguste remporta les plus grands avantages. Longtemps tenu en échec par la réserve prudente et l'habileté consommée du vieil Henri II, il eut beau jeu contre le courage brutal de Richard Cœur de Lion et contre la couardise de l'ignoble Jean sans Terre. Dès 1197, nous le voyons combattre Richard et renouveler presque chaque année des engagements meurtriers dans les environs de Gisors. De 1199 à 1205, il enleva à Jean la Normandie, l'Anjou, le Maine, le Poitou et la Touraine. Ses conquêtes reçurent des grands vassaux une sanction légale après le meurtre d'Arthur de Bretagne par son oncle Jean en avril 1203. Si nous y joignons l'acquisition du Berry, de l'Auvergne, des deux Vexins français et normand, nous comprendrons toute l'importance de ces acquisitions que le roi rendit sûres et durables pour la couronne par l'institution de baillis royaux et de prévôts, représentants de son autorité. Aussi, quand l'Angleterre, la Flandre et l'Allemagne coalisées projetaient l'invasion de la France, qu'elles se partageaient déjà, Philippe-Auguste put-il prendre l'offensive avec l'appui des milices des bonnes villes auxquelles il avait accordé des chartes de commune. La bataille du pont de Bouvines (27 juillet 1214) fut plus que la défaite honteuse de l'Allemagne ; ce fut une victoire essentiellement populaire et nationale, dont la mémoire reconnaissante des générations a encore mieux conservé le souvenir que l'abbaye de la victoire élevée près de Senlis. Nous ne pouvons que relever en passant, à l'honneur de ce règne, Paris fortifié et embelli, la voirie organisée, les archives nationales instituées (1194) ; l'admirable cathédrale de Reims consacrée (1215). L'ère intellectuelle prenait un nouvel essor et commençait à subir l'influence d'Aristote et des Arabes. Philippe-Auguste, en organisant, en 1215, l'université de Paris, à laquelle il accorda de nombreux privilèges et dont il soumit les écoliers à une juridiction indépendante, assura pour plusieurs siècles sa prépondérance scientifique. Esprit froid et politique, économe, l'œil ouvert sur tout, mûrissant lentement ses projets et les réalisant par une exécution rapide, supérieur à son siècle, il n'en a pas moins subi toutes les passions et tous les préjugés. Nous le voyons prononcer les peines les plus sévères contre les blasphémateurs et poursuivre sans pitié les hérétiques et les patarins. En 1201, il livre l'hérésiarque Errand entre les mains du comte de Nevers, qui le fait brûler vif; en 1204 et en 1209, il fait condamner comme entachés de panthéisme les écrits d'Amaury de Bène, professeur de théologie à Paris et serviteur du dauphin Louis. Les juifs furent les objets tout particuliers de sa colère. En 1182, sur le conseil de l'ermite Bernard de Vincennes, il chassa les juifs, qu'il accusait d'avoir profané les vases sacrés qui leur avaient été remis en gage et d'avoir exigé des intérêts usuraires. Mais ils purent rentrer dans le royaume au bout d'un certain nombre d'années moyennant des contributions écrasantes. Dans ses rapports avec l'Eglise, Philippe-Auguste maintint avec fermeté la séparation du temporel et du spirituel et résista, avec l'appui de ses grands vassaux, aux prétentions arrogantes de la papauté. Parmi les cinquante-deux ordonnances qui émanent de lui, ce roi législateur en a consacré quelques-unes à mettre un frein à ces empiétements. Il enjoint, en 1190, de ne conférer les bénéfices qu'aux plus dignes, sous réserve du droit de régale; il conserve, au détriment de Rome, l'usage des bénéfices vacants. C'est en vain qu'Innocent III cherche à appliquer, en 1204, le principe de la renonciation évangélique ou intervention directe du pape dans l'affaire de Philippe-Auguste contre le meurtrier d'Arthur. Non moins énergique vis-à-vis du clergé national, il le force, malgré les réclamations du pape, à acquitter les droits féodaux. Philippe-Auguste n'a joué dans les croisades qu'un rôle secondaire. Après avoir perdu six mois en Sicile en vaines querelles avec Richard, il regagne la France aussitôt après la prise de Saint-Jean-d'Acre. Il fut simple spectateur de la quatrième croisade, que raconta l'un de ses sujets, Geoffroy de Villehardouin, et qui eut pour résultat la fondation de l'empire latin de Constantinople en 1204. La croisade de Simon de Montfort contre les albigeois, qui occupe la fin de son règne, se fit sans doute avec le concours de ses grands vassaux, mais sans que lui-même voulût s'y associer. La royauté est restée étrangère au hideux massacre de Béziers et aux événements qui suivirent le meurtre de Pierre de Castelnau et la bataille de Muret jusqu'à la mort de Montfort devant Toulouse. Les faits politiques de cette croisade, aussi atroce que sanglante, ne furent recueillis que plus tard par la couronne de France. Philippe-Auguste suivit le mouvement irrésistible des esprits qui amenait la création des grands ordres mendiants de Saint-Dominique et de Saint-François d'Assise, en autorisant la création par Jean de Matha, à la suite d'une vision de l'ermite Félix de Valois, de l'ordre des trinitaires (1198). Il n'a pas eu à regretter l'échec de son fils Louis dans sa tentative de s'emparer de l'Angleterre en 1216, tentative qu'il avait hautement désapprouvée. Cependant, il avait eu lui-même, quelques années auparavant, l'espoir de s'en rendre maître, quand il l'eut reçue des mains du pape Innocent III, irrité contre Jean sans Terre, mais en cette circonstance le pape se joua indignement de lui et l'abandonna, quand il eut réussi à obtenir du misérable Jean toutes les concessions qu'il en attendait. L'épisode le plus célèbre de la vie de Philippe-Auguste est, avec la victoire de Bouvines, la romantique et touchante histoire d'Agnès de Méranie. Il avait épousé, en 1193, Ingeburge, princesse de Danemark. Pris, aussitôt après son mariage, d'un sentiment de répugnance invincible, que l'opinion populaire attribua au démon, il obtint de la complaisance du clergé un décret de divorce que rien ne justifiait et se moqua des menaces du vieux pape Célestin III. En 1196, après avoir repoussé la tentative de conciliation du synode provincial de Paris, il épousa Agnès de Méranie (ou Moravie), pendant que l'infortunée Ingeburge était enfermée à Etampes comme une prisonnière d'Etat. Innocent III, indigné, prit en main la cause de l'épouse outragée. En 1199, le cardinal-légat Pierre lança au concile de Vienne l'interdit sur le roi et, en 1200, le pape l'étendit au royaume. Pendant dix mois, tous les services religieux cessèrent, les morts demeurèrent sans sépulture, les malades sans consolation et les fidèles sans sacrements. Philippe-Auguste dut céder devant les menaces de l'opinion et se séparer d'Agnès, qui mourut de douleur à Poissy et dont les enfants furent légitimés par le pape, saisi de compassion. Il ne rappela que plus tard à sa cour la reine légitime. Quand il mourut à Mantes, en 1223, Philippe-Auguste laissa à son fils Louis VIII, époux de Blanche de Castille, de nombreux trésors, un pouvoir respecté, un pays florissant. —Sources : Rigord et Guillaume le Breton, *Vie de Ph.-Aug.* ; Guillaume le Breton, *La Philippide*, dans les tomes XI et XII de la *Collection Guizot* des *Mémoires sur l'hist. de Fr.* ; Guillaume de Nangis, *Chronique*, Guillaume de Tyr, XVI, XVII, XVIII; Villehardouin, *Hist. de la conq. de Const.* ; les *Chroniques* de la croisade des albigeois; Schulz, *Phil.-Aug. u. Ingeb.*, Kiel, 1804; Capefigue, *Hist. de Phil.-Aug.*, 2 vol.

A. Paumier.

PHILIPPE IV LE BEL, roi de France de 1285 à 1314, rompit ouvertement avec toutes les traditions du passé et accomplit de grandes choses par des procédés odieux et qui révoltent la conscience. Il s'entoura dès le début de légistes et de conseillers empruntés aux rangs inférieurs de la société. Ses confidents intimes, ce sont les deux Marigny, dont la fortune scandaleuse sera couronnée par un supplice infâme; un Pierre de Brosses, qui mourut sur l'échafaud, victime de la jalousie des grands; un Pierre Flotte, un Plasian, un Nogaret, petit-fils d'albigeois, qui met au service du roi la haine de tout un peuple. Ces légistes, naguère instruments obscurs de l'ignorance féodale, devinrent sous lui les maîtres, mais ce gouvernement nouveau coûtait horriblement cher; l'or était rare et l'industrie à peine naissante, aussi la royauté besogneuse eut-elle recours aux moyens les plus odieux tels que l'impôt de la maltôte, qui a provoqué à plusieurs reprises de si effroyables insurrections populaires, la gabelle et surtout l'altération fréquente des monnaies. Pour abattre les résistances furieuses de la féodalité, la royauté dut s'appuyer sur le tiers état et favoriser les communes, elle fit la première convocation des états généraux qui figure dans notre histoire. Si ce règne manque de grandeur, si le malheur des temps pousse le peuple à la révolte et contraint le roi à chercher un refuge dans le Temple, nous lui devons pourtant l'affermissement du pouvoir central, l'abolition des guerres privées, un frein sérieux mis à l'arbitraire de l'inquisition et des juridictions féodales, un commencement de droit moderne et d'égalité devant la loi. Un tel régime est peu favorable aux entreprises militaires et, pas plus que Louis XI, Philippe le Bel n'aime les longues campagnes. C'est à prix d'argent qu'il acquiert Montpellier au midi et Valenciennes au nord, qu'il ajoute le Quercy à la couronne et qu'il rattache en 1310 la ville impériale de Lyon à la grande famille française. En 1290, le Maine et l'Anjou constituent la dot de la femme de Charles de Valois, fille du roi de Naples. Au début de son règne, il sut profiter des embarras d'Edouard Ier, engagé dans la conquête du pays de Galles et de l'Ecosse, pour le citer en 1293 devant le tribunal de ses pairs à l'occasion d'obscures querelles de matelots et pour se rendre maître de l'Aquitaine et de la Guyenne, qu'Edouard recouvra le 20 mai 1303 à la suite de nos revers en Flandre. Dès 1291, le traité de Tarascon, par lequel Charles de Valois renonça à ses prétentions sur l'Aragon, mit fin à la guerre d'Espagne, héritage de l'intervention de Philippe le Hardi dans les affaires des infants de Lacerda. Guy de Dampierre, comte de Flandre, ayant voulu marier sa fille Philippe à Edouard Ier sans le consentement de son suzerain, dut la livrer en otage et fut amené prisonnier au Louvre après la victoire sanglante remportée à Furnes par Charles de Valois le 13 août 1397. Mais les exactions du gouverneur Jacques de Châtillon provoquèrent une réaction sanglante. Le 21 mars 1302, à l'instigation de Pierre Kœnig, les Brugeois massacrèrent deux mille Français. Ces vêpres brugeoises furent bientôt suivies de la honteuse défaite de la chevalerie française devant Courtrai, le 11 juillet 1302. La rude bataille de Mons-en-Puelle (18 août 1304) aboutit à une paix qui assura à la France la possession de la Flandre française à titre d'un gage provisoire, qui devait tendre à rester définitif. La vie privée de Philippe ne fut pas plus heureuse et plus pure que sa vie publique. Sa femme, Jeanne de Navarre, princesse instruite, à laquelle nous devons la fondation du collège de Navarre et de Champagne, mais orgueilleuse et cruelle, se vit en butte aux accusations les plus odieuses, qui ont donné naissance à la légende de la Tour de Nesle. Les trois brus du roi, accusées d'adultère, furent rasées et emmurées, après que leurs complices, vrais ou prétendus, eurent péri dans les plus affreux supplices. Philippe infligea aux juifs les mêmes traitements que ses prédécesseurs. Nous les voyons chassés du royaume à trois reprises, en 1291, en 1306, en 1310, et acheter chaque fois leur retour par des sommes considérables, que leur avaient conservées leurs lettres de change. Quant aux débiteurs, ils n'y gagnèrent rien, puisqu'ils durent verser le montant intégral de leurs créances entre les mains des agents du fisc. Dans sa lutte contre les empiétements du pouvoir spirituel, Philippe eut pour lui les traditions de saint Louis, son aïeul, et de la pragmatique, le sentiment national et l'intérêt public soulevés par la prétention du pape de soumettre la France au Saint-Empire. Si les deux principaux personnages de ce drame tragique et sombre sont aussi peu sympathiques et dignes d'intérêt l'un que l'autre, le principe subsiste dans sa grandeur et le conflt n'en aurait pas moins éclaté, si les deux adversaires avaient été plus nobles et plus purs. Boniface VIII, parvenu à la papauté à force d'intrigues basses et peut-être criminelles, s'était montré à l'origine favorable et même partial envers la dynastie capétienne. Choisi comme arbitre en qualité de *persona privata* dans la querelle de Philippe et d'Edouard Ier au sujet de l'Aquitaine, il se prononça en faveur du premier ; il fit tout son possible pour assurer aux Capétiens les couronnes d'Aragon, de Naples et de Hongrie, il canonisa saint Louis au début même de la lutte, mais son ambition était trop démesurée pour ne point blesser l'orgueil du roi. Aveuglé par l'immense triomphe du jubilé de 1300, aspirant à réaliser à son profit la monarchie universelle, il voulut porter atteinte aux antiques prérogatives des rois de France et ressusciter les arrêtés de Grégoire VII contre les drois de régale. De son côté, Philippe avait frappé de droits considérables les biens de mainmorte, exclu les ecclésiastiques de tous les tribunaux et constitué ainsi un parlement entièrement laïque, et déclaré passibles des peines les plus sévères les prêtres ouvertement coupables, quand même ils auraient été absous précédemment par les tribunaux ecclésiastiques. En 1296, Philippe mit un impôt d'un cinquième sur les biens ecclésiastiques ; aussitôt le pape, par sa bulle *Clericis laïcos*, menaça d'excommunication les pouvoirs civils qui oseraient taxer les biens du clergé et les membres du clergé qui oseraient acquitter les taxes. Le roi répondit par la défense d'exporter du royaume toute matière d'or et d'argent, ce qui enlevait à Rome le nerf de la guerre. Boniface, exaspéré, envoya comme légat à la cour de France une de ses créatures, Bernard de Saisset, évêque de Pamiers. Non content de chercher à relever contre son suzerain le royaume de Languedoc, Saisset le qualifia d'homme de ri n et lui tint le langage leplus arrogant. Arrêté aussitôt, convaincu de trahison, il fut renvoyé avec ignominie au pape, qui répondit par la bulle *Ausculta, fili*, que le roi fit brûler le 11 février

1302 sur le parvis Notre-Dame. Les états généraux, convoqués dès le 10 avril de la même année, furent ouverts par un discours de Pierre Flotte, qui dénonça les empiétements insolents du pape contre l'indépendance de la nation et par un réquisitoire violent de Robert d'Artois. Seul le clergé conserva une attitude respectueuse vis-à-vis du saint-siége. Les légistes répandirent dans le public une prétendue bulle insolente du pape et une réplique plus insolente encore du roi. Du reste, nous voyons l'opinion publique soutenir énergiquement la couronne. Pendant que les mystères, premier germe de notre théâtre, tournent en dérision Boniface VIII et que Jean de Meung flétrit les vices du clergé, Occam se prononce contre lui, Gilles Romain, premier précepteur du roi, rédige son traité *De regimine principis*, favorable à la royauté; Jean de Paris (voyez notre article *Jean de Paris*) écrit dans le même esprit son ouvrage *De potestate regia et papali*. Mais la défaite de Courtrai rendit l'espérance au pape, et le 13 novembre de cette mémorable année 1302, au concile de Latran, il établit dans sa bulle *Unam sanctam*, la monarchie universelle de l'Eglise et l'unité du pouvoir et excommunia le roi sans le nommer encore. En 1303, le roi riposta par une nouvelle réunion des barons et des évêques au Louvre, obtint l'assentiment de tous, même des templiers, contre le pape et chargea Nogaret, soutenu par le bandit Sciarra Colonna, de prévenir par la force la bulle d'excommunication du pape. Qui ne connaît les scènes odieuses d'Anagni (7-10 septembre 1303), qui furent suivies de la mort furieuse du pape à Rome dès le 11 octobre (voyez *Boniface VIII*). Son successeur Benoît XI chercha à réparer ses torts sans porter atteinte à la bulle *Unam sanctam* et mourut empoisonné au moment où il allait engager de nouveau la lutte. On y vit la main du roi. Après de longs débats, la fraction française du conclave désigna à son choix Bertrand de Goth, archevêque de Bordeaux, ennemi du roi, mais que l'on savait facile à gagner à prix d'argent. Des écrivains modernes ont nié l'entrevue entre Clément V et Philippe, ainsi que les conditions qui furent imposées au pape (voyez *Clément V*). Ce qui est certain, c'est qu'il fut la créature du roi et le jouet de son arrogance. Son sacre à Lyon donna lieu à des scènes douloureuses, et il commença, en se fixant à Avignon, le célèbre schisme et la captivité de Babylone. Il n'échappa à la dure nécessité de condamner Boniface VIII qu'en abandonnant lâchement les templiers à la rapacité du roi. Le concile de Vienne de 1311 s'occupa sous sa présidence de la réforme de l'Eglise, des crimes reprochés aux templiers, des croisades et de certaines sectes mystiques affiliées aux hérétiques flamands. Clément V légitima solennellement la mémoire de Boniface VIII, mais dut entendre de dures vérités de la bouche de Guillaume Durand, évêque de Mende, dont le traité *De modo celebrandi generalis concilii* renferme des idées libérales. Clément V supprima, le 22 mars 1312, l'ordre des templiers, dont les membres français avaient été arrêtés dès 1307 par la police royale. Tout est obscur dans ce procès aussi odieux que tragique: la procédure fut cruelle et inique, les reproches adressés aux templiers vagues et avancés sans preuves (voyez *Templiers*) On ne sait rien de prétendues abjurations, de rites infâmes, de l'idole Baphomet, de la croix outragée. Ce qui demeure, c'est que l'ordre s'était corrompu avec le temps, qu'un long contact avec l'islamisme avait relâché les mœurs et amené dans l'ordre un courant de libre pensée analogue à celui que nous retrouvons chez l'empereur Frédéric II. Les richesses de l'ordre étaient immenses, son pouvoir considérable. Le despotisme et l'avarice se réunirent dans l'âme de Philippe pour assurer leur perte. L'abandon du procès par la juridiction papale est une présomption en faveur de l'innocence des templiers. Après un procès où toutes les formes de la justice, tous les droits de l'humanité furent violés avec la complicité des états généraux de Tours (1308), cinquante-neuf templiers furent brûlés en 1310 en vertu d'une sentence du synode de Paris. Jacques Molay, assassiné sans jugement et brûlé à Paris le 11 mars 1314, avait, dit-on, assigné son bourreau devant le tribunal de Dieu. Après avoir réuni en août les états à Paris, Philippe le Bel mourut sans avoir pu jouir des trésors dont un crime avait livré la majeure partie entre ses mains. — Sources: le *Continuateur* de Guil. de Nangis; Jean de Saint-Victor, *Chronique;* Dupuy, *Hist. du diff. de B. et de P.*, Paris, 1655 ; Baillet, *Desmeslez de B.*, Paris, 1718; Boutaric, *La France sous Philippe le Bel*, Paris, 1861 ; Raynouard, *Procès des templ.*, 1813 ; Michelet, *Procès des t.*; 2 vol. ; Rabanis, *Clément et Ph.*, 1858.

A. PAUMIER.

PHILIPPE DE NÉRI (Saint) naquit à Florence en 1515 et mourut à Rome le 26 mai 1595. L'anniversaire de sa mort est célébré aujourd'hui encore avec beaucoup de pompe par l'Eglise romaine et par les prêtres oratoriens de l'Italie. Comme tous les saints qui lui ressemblent il montra de bonne heure une aptitude spéciale pour les exercices de piété et pour la vie solitaire; il abandonna les richesses mondaines que lui offrait un oncle en le nommant son héritier; il brûla même les quelques poésies légères qu'il avait composées dans sa jeunesse et pendant qu'il était précepteur dans la famille Caccia de Rome (1533), pour s'adonner complètement à l'étude de la philosophie et de la théologie et pour arriver, après une longue série de privations matérielles et intellectuelles, à l'ordre de prêtrise qu'il ne demanda qu'en 1551. Jusqu'à cette époque, malgré les corruptions du clergé romain qu'il avait sans cesse sous les yeux, il s'en était toujours cru indigne. Avant d'être consacré, en 1538, il s'occupait avec zèle des pauvres et des malades, et en 1548 il avait fondé la confrérie de la Sainte-Trinité, dont le but spécial était le soulagement des pauvres pèlerins qui se rendaient chaque année à Rome et qui y arrivaient le plus souvent malades et dénués de tout. Il fonda ensuite la congrégation des prêtres de l'oratoire de Jésus, dont les membres, sans faire de vœux spéciaux, s'occupaient de l'instruction des enfants et des pauvres. Elle fut approuvée en 1575 par Grégoire XIII, mais ce n'est qu'en 1583 que l'église de Notre-Dame de Vallicella, auprès de laquelle Néri fonda l'oratoire, lui fut accordée. Avant la mort de son fondateur, l'ordre des oratoriens ou des philippiens se répandit en Italie, à

Florence, Naples, San-Severino, Palerme, Lucques, Padoue, Ferrare et à Thonon (Savoie). Paul V confirma l'ordre en 1612. Deux ans avant la mort de Néri, le célèbre Baronius lui succéda dans la direction de la communauté, et c'est, dit-on, à l'instigation du saint qu'il entreprit la compilation de ses Annales. La vie de Philippe de Néri fut simple, austère, remplie par l'étude et la pratique de la charité; nous regrettons que les légendes nécessaires à la béatification et à la canonisation, et qui lui donnent des pouvoirs magiques et prophétiques, l'aient couronnée de l'auréole du ridicule. Grégoire XV le canonisa en 1622. Il méritait mieux. — Sur la vie et sur les œuvres de Néri, voyez : *Acta sanctorum*, mai, V; *Die vigesima sexta*, Venise, 1741 ; Gallonius, *Vita S. Phil. Nerii*, Rome, 1602; D.-M. Manni, *Ragionamenti sulla vita di S. Filippo Neri*, Florence, 1761 et 1785; il corrige en partie les exagérations de Gallonius, de Bacci et de J. Barnabeo; *Instituta congregationis oratorii a S. Philippo Nerio fundatæ summatim collecta*, Brixiæ, sans date, mais apparemment du commencement du dix-septième siècle; *Le vite dei Pädri, dei Martiri e dei Santi principali*, traduction de l'ouvrage de A. Butler, Venise, 1824 ; *Pregi della congregazione dell'oratorio di S. F. Neri*, opera postuma di un prete dell'oratorio, Venezia, 1825; *De D. Philippi Nerii singulari prorsus humilitate oratio*, Padoue, 1846. P. Long.

PHILIPPE LE MAGNANIME, landgrave de Hesse, fut un des protecteurs les plus brillants de la Réforme. Né à Marbourg le 23 novembre 1504, il perdit son père dès l'âge de cinq ans, et Maximilien l'ayant déclaré majeur à quatorze ans, il dut prendre très jeune les rênes du gouvernement. C'était une nature chevaleresque, ayant plus d'un trait de ressemblance avec François Ier, son contemporain; comme celui-ci, il avait un esprit alerte et vif, une très grande bravoure, des instincts nobles et généreux, une ambition entreprenante et en même temps tous les avantages physiques, un corps vigoureux, rompu à tous les exercices et à toutes les fatigues, mais, comme lui aussi, il se laissait entraîner, par l'exubérance de la santé, à une vie légère et sensuelle. Cependant il avait moins d'égoïsme et de frivolité, plus de conscience et des sentiments religieux plus sérieux que le roi de France. Nous avons montré, dans l'article *Hesse* (VI, p. 235), comment il fut gagné à la Réforme et quelle position douteuse il prit entre Luther et Zwingle. En 1521, à la diète de Worms, il n'avait pas encore pris parti; cependant il alla rendre visite à Luther et lui dit : « Si vous avez raison, docteur, que Dieu vous soit en aide! » En 1523, il épousa une fille du duc Georges de Saxe, mais son beau-père ne réussit pas à lui faire partager sa haine des nouvelles doctrines. Philippe prit une part active à la guerre des Paysans, tenta vainement de réconcilier Luther et Zwingle au colloque de Marbourg (1529), signa la Confession d'Augsbourg, et quitta furtivement la diète, le 8 août 1530, pour se préparer à toute éventualité. Il fut l'âme de la Ligue de Smalcalde, et montra la plus grande audace dans la défense de la Réforme. A une réunion des membres de la Ligue, à Smalcalde (février 1537), le légat du pape s'étant présenté chez lui, pour l'inviter à envoyer des délégués au concile, il lui fit dire qu'il n'avait pas le temps de le recevoir et alla, au même moment, rendre visite à Luther malade. Mais son action fut pendant quelques années paralysée par une vilaine affaire, sa fameuse bigamie. Sa femme ayant peu de charmes, Philippe, entraîné par l'exubérance de la santé, se livra aux plaisirs faciles, et les maladies qui en furent la conséquence étaient invariablement accompagnées de remords de conscience, qui disparaissaient de nouveau le jour de sa guérison. Ayant connu à la cour de sa sœur une jeune fille de seize ans, d'une grande beauté, Marguerite de Saal, et voyant que celle-ci ne répondait pas à sa passion, il conçut l'idée d'un second mariage, pour lequel il sut obtenir le consentement de Christine, sa femme. On sait avec quelle faiblesse les réformateurs s'y prêtèrent. Ce mariage fut béni (4 mars 1540) par Mélander, en présence de Mélanchthon. L'affaire fut ébruitée ; Philippe en craignit les conséquences, et, ne trouvant pas auprès des princes protestants l'appui qu'il leur demandait, il se rapprocha de l'Empereur, sans pourtant déserter complètement la cause de la Réforme. Mais, en 1544, il retrouva son ancienne énergie et tint tête à l'Empereur à la diète de Spire, et comme celui-ci, après la paix de Crespy, montrait des velléités belliqueuses, Philippe travailla à reconstituer la ligue protestante et à préparer la lutte. La guerre de Smalcalde n'éclata que quelques années après; on en connaît l'issue malheureuse et la dure captivité de Philippe. Quand, après cinq ans, il recouvra la liberté, il se montra plus calme et plus humble, se consacra presque uniquement à son pays qui avait beaucoup souffert de toutes ces guerres, et s'efforça de rétablir la paix entre les luthériens et les zwingliens. Malade pendant les dernières années de sa vie, il eut de grandes souffrances physiques. Sentant sa fin approcher il reçut la cène avec ses fils le jeudi saint (1547), et le jour de Pâques, il se coucha en disant : « Je sens une joie céleste inexprimable. » Il mourut le lendemain, 31 mars 1547, âgé de soixante-quatre ans. — Voyez Ranke, *Deutsche Gesch. im Zeitalter der Ref.* ; Christ. Rommel, *Phil. der Grossmüthige*, etc., *nebst Urkundenbuch*, 3 vol., Giess., 1830 ; *Urkunden, aus der Ref. zeit*, publiés par Neudecker, Cassel, 1836 (contient beaucoup de lettres de Philippe) ; divers ouvrages de Rommel, Rinck, Hachmutt, etc., Klüpfel, art. de la *Real Encyclopædie* de Herzog. CH. PFENDER.

PHILIPPE II, fils de Charles V et d'Isabelle de Portugal, naquit le 21 mai 1527. Peu de semaines auparavant, les armées de l'Empereur étaient entrées victorieuses à Rome. Charles comprit que, s'il voulait profiter de son succès, il était indispensable de ménager l'opinion publique et interdit les réjouissances populaires qui devaient accompagner la cérémonie du baptême. Elevé par doña Leonor Mascarenas et plus tard par Juan Martinez Siliceo, à cette époque professeur de théologie à Salamanque, de 1546 à 1557, archevêque de Tolède, et par don Juan de Zuniga, grand commandeur de Castille, le jeune prince se distingua par sa sobriété, son austérité, sa foi ardente et la gravité mélancolique de son caractère. Pâle et blond, il ressemblait à son père, mais il n'avait ni l'aménité, ni la bienveillance, ni l'esprit ardent et entreprenant qui, pendant sa longue et brillante carrière, valurent à Charles V l'admiration de ses contemporains et les éloges des historiens On ne le vit jamais à la tête de ses armées, il ne paraissait que rarement aux fêtes publiques et, vers la fin de sa vie, il cessa même de se montrer au peuple dans la galerie qui conduisait de sa chambre à la chapelle. Charles était Flamand de tempérament et d'éducation; Philippe, Espagnol de goût et de tendance d'esprit. Lors d'un premier voyage en Allemagne, entrepris par l'ordre de son père pour gagner les suffrages des électeurs, il s'aliéna, par « son naturel sévère et intraitable, » ceux qu'il aurait dû gagner à sa cause (*Relat.* di Michele Soriano; cf. Estrella, *El viage del principe Don Phelipe*, Anvers, 1552; W. H. Prescott, *Hist., du règne de Philippe II*, 5 vol., Paris, 1860, I, p. 75). — Après l'abdication de Charles V (1556), Philippe II se vit à la tête de la monarchie la plus puissante du monde. Roi d'Espagne, de Naples et de Sicile, duc de Milan, souverain de la Franche-Comté et des Pays-Bas, roi titulaire de l'Angleterre par son mariage avec Marie la Catholique, son pouvoir s'étendait en Afrique, sur les îles du cap Vert et les Canaries, sur Tunis et Oran, en Asie, sur les Philippines et les Moluques, et embrassait, en Amérique, les Indes occidentales, le Mexique et le Pérou. Son règne commença sous d'heureux auspices. Les succès du duc d'Albe dans les Etats de l'Eglise et la victoire de Saint-Quentin brisèrent l'alliance que le pape Paul IV, ennemi déclaré de l'Espagne, avait conclue avec la France et parurent continuer les traditions glorieuses du règne précédent (1557-1559). Mais quand, après la mort de l'Empereur (21 sept. 1558), Philippe rentra en Espagne (août 1559), la situation changea, et la dissemblance des caractères et des tendances, des vues et de la politique des deux princes éclata au grand jour. Ardent à l'action, Charles V était partout où sa présence semblait nécessaire : il commandait les armées, présidait les diètes et dirigeait les conseils. Retiré dans son palais à Madrid, Philippe ne quitte la capitale que pour aller chasser à Aranjuez ou pour passer quelque temps à l'Escurial, sa résidence favorite, qu'il fait construire dans les solitudes de la Guadarrama, en l'honneur de saint Laurent et en mémoire de la glorieuse journée de Saint-Quentin. Catholique convaincu et ennemi déclaré du protestantisme, Charles V avait néanmoins toujours subordonné l'intérêt religieux aux nécessités de la situation politique. L'idée dominante du règne de Philippe II est le triomphe du catholicisme au sein de ses Etats et de l'Europe; l'unité politique entée sur l'unité religieuse, la théocratie fondée sur le respect des lois de Dieu et de la volonté souveraine du roi. Quelquefois ces deux éléments se confondent à ses yeux. Persuadé de travailler à l'avancement du royaume de Dieu, toute opposition et même toute volonté contraire ou étrangère à la sienne lui semble être un attentat contre Dieu. Prosterné devant le crucifix, il prononce un jour ces paroles remarquables qui en peu de mots, résument sa pensée tout entière: « Toi qui gouvernes toutes choses, j'implore ta divine majesté pour que tu me conserves dans la résolution où je suis de ne jamais souffrir que je devienne ou que je sois appelé le seigneur de ceux qui te repoussent pour leur maître » (Strada, *De bello belgico*, I, 185; Prescott, *loc. cit.*, II, 196). L'hérésie est pour lui un crime de lèse-majesté et la rébellion un sacrilège. Les moyens déloyaux et les procédés arbitraires répugnaient au caractère chevaleresque et généreux de l'Empereur; ce n'est qu'à regret qu'il avait recours à la violence. Quand, après la révolte et la prise de la ville de Gand, Albe lui conseilla de la raser jusqu'à terre, l'Empereur, jouant sur le nom français de la ville, lui demanda combien il faudrait de peaux d'Espagne pour faire un pareil *gant* (Strada, *loc. cit.*, I, p. 368; Prescott, III, p. 34). Dominé par les maximes des jésuites, le roi ne connaît ni ménagements, ni scrupules. Dans la guerre sainte contre les hérétiques, les infidèles et les païens, tous les moyens lui semblent permis: le mensonge, la dissimulation, l'assassinat, « en homme persuadé que sa religion couvre tout, pourvu qu'il soit prêt à lui tout sacrifier » (Guizot, *Introd.* à Mottley, *Hist. de la fundacion de la Republica de las Provincias Unidas*, trad. fr., I, p. 54). Quand il accorde à Marguerite de Parme, régente des Pays-Bas, les concessions réclamées par les circonstances, il fait appeler un notaire pour prendre acte de ses paroles et, en présence du duc d'Albe et de deux juristes, il déclare qu'il n'a pas remis de son plein gré à la régente le pouvoir de pardonner et qu'il se réserve le droit de punir les coupables (*Corresp. de Philippe II*, I, 443). On sait qu'il fit assassiner le prince d'Orange (1584) et exécuter secrètement le baron de Montigny (16 oct. 1570). C'est par son ordre qu'Antonio Perez fit frapper nuitamment Escovedo, secrétaire de don Juan d'Autriche (1578). La mort de don Carlos, prince héritier de la couronne, issu du mariage du roi avec doña Marie de Portugal, sa première femme, lui est imputée à juste titre. Si les rapports des ambassadeurs florentin et anglais (30 juillet et 5 août), qui parlent d'un empoisonnement, ne sont pas conformes à la vérité, si l'on n'a pas trouvé dans le cercueil la tête du jeune homme séparée du tronc, il est certain que sa mort a été la suite naturelle de la politique ombrageuse de son père, de l'éducation qu'il lui fit donner et des traitements qu'on lui infligea. Au lieu d'imprimer à cet esprit mal pondéré une direction salutaire, le roi le tint systématiquement éloigné des affaires et le poussa pour ainsi dire dans les aventures qui rendirent son emprisonnement nécessaire (Guell y Rente, *Philippe II et don Carlos devant l'histoire*, Paris, 1878). On peut même affirmer que don Juan d'Autriche est une victime du despotisme étroit et jaloux de Philippe, qui, en cette occasion, prouva que son intérêt personnel, sa propre grandeur et l'avenir de sa dynastie lui étaient plus chers que le triomphe de la cause religieuse. Malgré les conjonctures les plus favorables et les pressantes sollicitations de Grégoire XIII et des Guises, il laissa le brillant vainqueur de Lépante sans secours et sans appui, quand, fatigué du rôle secondaire qu'on lui avait fait jouer, il conçut le plan hardi de fonder un empire indépendant à Tunis et, après la prise de cette ville par les Turcs, en Angleterre et dans les Pays-Bas. Philippe devint pour un moment l'allié des provinces rebelles et d'Élisabeth, ses pires ennemis, et don

Juan mourut tristement, rongé par la doulèur de se voir condamné à l'inaction, ou peut-être empoisonné, le 1er octobre 1578, à l'âge de trente-trois ans (Ranke, *Die Osmanen u. die spanische Monarchie im 16. u. 17. Jahrhundert*, 4e éd., Leipz., 1877, p. 136). — Un roi, une loi, une foi, telle est la pensée inspiratrice de la politique intérieure et extérieure de Philippe II. Il lui sacrifie son existence tout entière, les richesses de l'ancien et du nouveau continent, les revenus et la prospérité de ses Etats. De son cabinet, il gouverne le monde entier. Les courriers se succèdent sans relâche à sa porte. Les dépêches, les rapports des conseils, les lettres des gouverneurs s'entassent sur sa table. Infatigable à la tâche, il dépouille la correspondance, étudie les affaires courantes, médite les résolutions à prendre, annote les délibérations des ministères et prend connaissance des négociations des cours étrangères. A minuit, il veille encore, signant des actes importants ou rédigeant des notes pressées. Si l'on songe à l'immense étendue de son empire, on ne peut s'empêcher d'admirer une force de travail aussi inaltérable que féconde; mais les historiens constatent les effets désastreux que cette passion de tout voir et de tout diriger et les procédés dilatoires qui en résultèrent exercèrent sur la marche des affaires. Le principe que le roi aimait à répéter : « Moi et le temps, nous en valons deux autres, » lui a été fatal; car souvent il lui a fait perdre le moment propice et favorable à l'action qui, une fois passé, ne se retrouve plus. Il est bien éloigné de la pensée moderne, que le roi règne, mais qu'il ne gouverne pas. L'administration, la justice, la nomination aux charges de l'Etat, tout est centralisé dans sa main. Les cortès, assemblées à de rares occasions, ne peuvent présenter leurs plaintes et leur requêtes qu'après le vote des impôts. Privées d'influence, leur action s'arrête. Dix ministères ou conseils composés, à peu d'exceptions près, d'Espagnols, les remplacent. Les ministres ne sont que des organes de la volonté royale. Cependant le conseil d'État joue sous ce règne un rôle important; car, si Philippe se montre ferme et inébranlable dans le but qu'il poursuit, il hésite dans le choix des moyens. Toute décision à prendre lui pèse. Sa volonté incertaine flotte entre les mesures les plus contradictoires. Souvent il passe d'un extrême à l'autre. Soupçonneux et rancuneux, il obéit plutôt à ses impressions qu'à la raison. La clémence lui semble interdite. La rigueur s'impose à lui comme un devoir religieux, auquel il ne peut se soustraire sans devenir infidèle à sa mission. « Dieu sait, écrit-il à la régente, sa sœur, comme j'aurais voulu éviter de répandre une goutte de sang chrétien, mais j'ai toujours été résolu de vivre et de mourir dans la foi catholique. Je ne pouvais être content de voir mes sujets agir autrement, et je ne sais comment il eût été possible de les en empêcher, sans punir les transgresseurs » (Prescott, *loc. cit.*, II, p. 173). Dans ces circonstances, Figueroa, comte de Féria, le cardinal Espinosa, que la faveur du roi éleva aux plus hautes dignités et que sa disgrâce perdit, Ruy Gomez de Silva qui, dans le conseil, représentait la politique de la conciliation, et le duc d'Albe qui prônait la sévérité, acquirent une grande influence sur l'esprit du souverain. Après le départ du duc d'Albe pour les Pays-Bas et la mort de Ruy Gomez, Antonio Perez réussit à s'emparer de la direction des affaires, grâce à l'empressement qu'il mit à servir les pensées les plus secrètes du roi. Mais, impliqué dans des intrigues dont le mystère n'a pas encore été complètement dévoilé, il tomba et vit l'amitié que le roi lui avait témoignée faire place à la haine la plus implacable (Mignet, *Antonio Perez et Philippe II*, 2e éd., Paris, 1846). Granvelle lui succéda et se distingua par l'énergie de son caractère et sa longue expérience, formée à l'école des grands maîtres et mûrie au sein des luttes de son existence orageuse. — Pour terminer les différends judiciaires, Philippe dota son pays d'un nouveau code de lois : *la Nueva Recopilacion*. — Quant à l'Eglise, elle n'est pas moins asservie que l'Etat aux volontés du roi. Devenue Eglise nationale sous Ferdinand et Isabelle, elle conserve ce caractère sous les règnes de Charles V et de Philippe II. Ce prince surpasse ses ancêtres par sa dévotion extraordinaire. Il fait rechercher pieusement et à grands frais les reliques des saints et des martyrs dans les pays devenus protestants, il entoure les prêtres d'égards et de démonstrations de respect et de soumission. Dans toutes les circonstances difficiles, il a soin de consulter les théologiens. Au moment d'entreprendre la guerre avec le pape Paul IV, quand il prend la décision d'envoyer le duc d'Albe dans les Pays-Bas, quand il médite la conquête du Portugal ou convoite la couronne de France, il convoque des juntes de théologiens et leur demande leur avis, quitte à leur inspirer les résolutions qu'il compte suivre. Mais, plein de soumission pour la papauté en matière de dogme et toujours disposé à mettre son épée au service de sa cause, quand il croit les intérêts de l'Eglise en péril, il ne dévie pas d'une ligne de la politique suivie par ses prédécesseurs à l'égard du saint-siège et ne se montre pas disposé à tolérer, dans la direction des affaires ecclésiastiques de son royaume, d'autre volonté que la sienne. Il veille avec un soin jaloux sur tous ses droits. Par la nomination aux bénéfices et aux dignités, il s'attache indissolublement le clergé qui, dans sa dépendance, attend du trône tous les avancements et tous les honneurs. Tous les appels à Rome sont sévèrement interdits. Aucune bulle papale ne peut paraître sans *placet*. Les statuts et décrets du concile de Trente ne sont tolérés qu'avec des restrictions importantes, concernant les droits de la couronne. Un commissaire assiste aux délibérations des conciles provinciaux qui, de 1564 à 1587, siègent à Tolède, à Valence, à Salamanque, à Grenade, à Saragosse et à Tarragone, pour introduire dans les diocèses les réformes de Trente. Dans les conclaves, Philippe ne se contente pas de *l'exclusive* ; il ne se borne pas à écarter les candidats dont le choix ne lui est pas agréable ; il pousse l'audace jusqu'à user de l'*inclusive* et propose au vote des cardinaux ceux qu'il désire voir revêtus des insignes pontificaux. C'est ainsi que Grégoire XIV est nommé. De là une lutte mémorable entre deux pouvoirs également infaillibles et également jaloux de leur autorité. Pie IV, qui, dans ses lettres, affirme qu'il a soin de maintenir le lien de la paix avec l'Espagne comme une condition indispensable au bien et à la sécurité publique (Pallavicino, *Dell'istoria del concilio di Trento*, III, lib. XXI, ch. VII, n° 7, Roma, 1664), éclate, en présence des cardinaux et de l'ambassadeur Vargas, en plaintes amères contre les prétentions exorbitantes du roi (mai 1562). Pie V essaye de briser la résistance du roi, en lui enlevant les subsides du clergé : l'impôt dit la *Cruzada*, l'*Escusado* et le *Subsidio*; mais la guerre avec les Turcs l'oblige à changer d'attitude. Grégoire XIII continue la lutte sans succès aucun. Sous le règne de Sixte V, l'ambassadeur espagnol, Olivares, propose au roi de se séparer de Rome et de convoquer un concile national. Il espère triompher par ce moyen de la résistance du pape, le forcer d'éloigner l'ambassadeur français et le mettre dans la nécessité de déclarer que jamais il ne recevra Henri de Béarn dans le giron de l'Eglise (1589). Les services que le roi rend à la chrétienté catholique maintiennent le saint-siège dans une constante minorité. Le pouvoir religieux des papes doit servir les vues politiques du roi : la monarchie universelle être espagnole d'abord et catholique ensuite (Martin Philippson, *Philipp II von Spanien u. das Papsthum*, dans Sybel, *Hist. Zeitschrift*, XXXIX, p. 298 et 419, 1878 ; cf. Gams, *Kirchengeschichte von Spanien*, III, IIe part., p. 513 ss., Ratisb., 1879). — La politique extérieure et les guerres de Philippe II ne sont qu'une vaste croisade entreprise au nom de la foi, dans l'intérêt de l'Eglise. En Amérique, les colons et les moines travaillent à répandre la civilisation et à convertir les indigènes. Les luttes contre les résistances nationales, chantées par Ercilla dans son poème illustre l'*Araucana*, portent le caractère de guerres saintes. C'est pour établir l'unité religieuse en Espagne que don Pedro Guerrero, archevêque de Grenade, Espinosa et Diego Deza enlèvent aux Maures toutes leurs franchises, leurs coutumes et leurs costumes nationaux. Les victoires remportées par les armes espagnoles sur les rebelles de la Sierra des Alpujarras (M. de Circourt, *Hist. des Arabes d'Espagne*, t. II) et sur les Turcs, leurs alliés, sont célébrées par l'Eglise tout entière. La glorieuse journée de Lépante (7 octobre 1571) semble ouvrir en Orient une ère nouvelle. Mais l'attention du roi est absorbée par l'extension du protestantisme. Etouffé par l'inquisition en Espagne, cet ennemi redoutable du despotisme royal trouve dans les Pays-Bas et en Angleterre des partisans énergiques et convaincus. En 1559, Philippe, de retour en Espagne, assiste avec sa jeune épouse, Isabelle de France, au premier autodafé de Valladolid. En 1561, l'introduction de seize évêchés nouveaux, munis de pouvoirs inquisitoriaux étendus, provoque, dans les Pays-Bas, un soulèvement général. Ni la clémence de Marguerite, ni la rigueur fanatique du duc d'Albe et la cruelle exécution des comtes d'Egmont et de Hornes, ni le courage de don Juan, ni la prudence d'Alexandre Farnèse ne parviennent à rendre le calme aux provinces embrasées. Après la mort de don Juan, Philippe, maître du Portugal (1580) et de ses immenses colonies, aspire à la domination universelle. Il prépare une expédition formidable contre l'Angleterre et met en jeu tous les ressorts de son pouvoir pour écraser ses adversaires. Tout semble favoriser ses plans. Orange tombe assassiné (1584), Henri III de France subit le même sort (1589) ; mais l'Armada, la flotte invincible, est détruite par la tempête et battue par les Anglais (1588). Alexandre Farnèse, obligé de combattre Henri de Béarn en France, perd les avantages qu'il a obtenus dans les Pays-Bas et meurt au milieu de ses succès (1592). Clément VIII, élu pape, accorde l'absolution au prince huguenot, converti au catholicisme. Philippe alors comprit que tout était perdu. Heureux de sauver du naufrage les provinces du Sud, il en confie l'administration à sa fille Isabelle et à son gendre, l'archiduc Albert. Brisé, fatigué, souffrant d'une cruelle maladie, il meurt le 13 septembre 1598, laissant son royaume amoindri, affaibli et épuisé. Un jour on l'entendit dire avec larmes : « Dieu, qui m'a accordé dans sa bonté un aussi vaste empire, ne m'a pas fait la grâce de me donner un héritier capable de continuer mon œuvre. » Philippe III, né de la quatrième femme du roi, Anne d'Autriche, lui succéda. Il était faible de constitution et pauvre d'esprit.— C'est ainsi que se termina la lutte mémorable du passé contre l'avenir, du despotisme contre la liberté, de la domination autoritaire, fondée sur le système catholique, contre l'indépendance religieuse. La liberté sortit victorieuse du combat, et l'Espagne, épuisée par tant de guerres, inaugura la triste période de déclin et de décadence morale dont elle n'a jamais pu se relever. C'est que la liberté est aussi nécessaire à l'âme humaine et au développement des Etats que l'air à la poitrine. Enlevez aux nations cet élément vital, et vous les condamnez forcément à mourir. La gloire extérieure la plus brillante et le développement de la plus vaste puissance ne sauraient consoler les peuples de la perte du plus noble et du plus précieux des biens ; car la puissance fondée sur le despotisme porte en son sein le germe de la dissolution. — La source la plus importante pour l'histoire de Philippe II est : L. Cabrera de Gordoba, *Felipe segundo, rey de España*, 2 part., 4 vol. La première partie parut à Madrid, 1619, in-fol. ; l'ouvrage complet, Madrid, 1876-77 ; Cesare Campana, *La vida del catholico D. Filippo II*, Vicenza, 1605-1609, 5 t. en 3 vol. in-4°; Rob Watson, *History of the reign of Philip the II*, Lond., 1777-78, 2 vol. in-4° — Tandis que les auteurs catholiques plus anciens essayent de faire l'apologie de Philippe, des écrivains modernes prononcent sur lui les jugements les plus rigoureux. Gams (*Kircheng.*, loc. cit., p. 530) termine son étude par ces mots remarquables : « Lorsqu'une pauvre créature veut prendre à Dieu toutes ses charges et les porter seule, elle deviendra forcément un chevalier à la triste figure. » Un tableau impartial de ce règne, fondé sur les documents historiques de l'époque, a été donné par W. Prescott, *Hist. of the reign of Philip the second*, 3 vol.. New-York, 1855-1858, Philad., 1874, ouvrage malheureusement inachevé, et par Léop. Ranke, *Die Osmanen u. die spanische Monarchie*, Leipzig, 1877, 4ᵉ éd. — Aucun roi n'a plus écrit que Philippe II. Les documents de son règne ont été publiés en partie dans la *Coleccion de documentos ineditos*. Voyez surtout les vol. II, III, IV, VII, XII, XIV, XV, XVIII, etc.; en partie par M. Gachard, *Correspondance de Philippe II sur les affaires des Pays-Bas*, 5 vol., Bruxelles, 1848, etc.; par Tomas Gonzalez, *Apuntamientos para la historia del rey don Felipe segundo de España, por lo tocante á sus relaciones con la reina Isabel de Inglaterra*, 1558-1576; dans *Memorias de la Real Academia de la Historia*, t. VII, Madrid, 1832, et par d'autres historiens; Alex. Dumesnil, *Histoire de Philippe II*, 2e éd., Paris, 1824; cf. Ch. Weiss. L'*Espagne depuis le règne de Philippe II jusqu'à l'avènement des Bourbons*, Paris, 1844; Döllinger, *Documente zur Geschichte Carl's Philipps II u. ihrer Zeit. Aus spanischen Archiven*, Ratisb., 1862; Baumstark, *Philipp II, König von Spanien*, Frib., 1875. EUG. STERN.

PHILIPPES (Φίλιπποι). Cette ville de la Macédoine, autrefois si célèbre, n'existe plus aujourd'hui. C'est le premier point de l'Europe où le christianisme se soit implanté. Elle avait dû son origine à des mines d'or découvertes dans les montagnes voisines et s'était d'abord appelée Κρηνίδες, à cause des nombreuses sources d'eau vive coulant de tous côtés. De ce bourg obscur de Crénides, Philippe de Macédoine, séduit par les avantages de la position au point de vue militaire, avait fait une forteresse et une cité florissante. C'est à ce prince qu'elle dut sa fortune et son nom. En l'an 42 avant l'ère chrétienne, la victoire qu'Octave et Antoine y remportèrent sur Cassius et Brutus, les derniers défenseurs du parti républicain, lui donna une célébrité nouvelle. L'empereur Auguste y cantonna les partisans d'Antoine et en fit une colonie romaine avec le *jus italicum* (Act. XVI, 12; Dion Cassius, LI, 4; Pline, *Hist. nat.*, IV, 18; les monnaies et les inscriptions chez Heuzey, *Mission de Macédoine*, partie relative à Philippes). Le livre des Actes la nomme « la première ville de cette partie de la Macédoine » (XVI, 12). Si l'auteur avait voulu dire, ce qui n'est pas absolument clair, que Philippes était la capitale de ce district de la Macédoine, ce serait une erreur, car nous savons par Tite Live (XLV, 29) que le chef-lieu de la région était Amphipolis. Mais il s'agit probablement ici d'un simple titre ou appellation honorifique comme en avaient les principales villes d'Asie (voyez Marquardt, *Röm. Staatsverwaltung*, I, p. 187 ss., Leipzig, 1871). Quoi qu'il en soit de ce détail, la ville, admirablement située sur un promontoire de la chaîne du Pangée, à trois lieues de la mer, dominant une plaine riche arrosée par les sources du Gangitès ou Gangas, était à cette époque très peuplée, laborieuse et riche. Elle était plus latine que grecque. On aurait dit un canton du Latium jeté en pleine Thrace. Les cultes latins y avaient été transplantés de toutes pièces. Le polythéisme y était moins compliqué et plus moral qu'ailleurs. Les mystères du Bacchus de Thrace et ceux du dieu Sabazias couvraient des idées élevées. Il y avait là bien des attaches pour la religion évangélique. Les juifs étaient peu nombreux: ils n'avaient point de synagogue. Les personnes qui suivaient leurs coutumes et célébraient le sabbat se réunissaient hors des faubourgs, sur les bords du Gangitès. Paul arriva à Philippes vraisemblablement dans le courant de l'année 53, pendant son second voyage missionnaire (Act. XVI ss.); il était accompagné de Timothée et de Silas. Il put s'adresser à la petite assemblée judaïsante un jour de sabbat, près de la rivière que nous venons de nommer. Une marchande de pourpre, nommée Lydia ou la Lydienne, fut convertie la première ; elle offrit aux apôtres l'hospitalité dans sa maison, qui devint tout naturellement le centre et le point d'appui de la première communauté chrétienne. La guérison d'une esclave, diseuse de bonne aventure, amena l'arrestation de Paul et de Silas. Ayant excipé de leur qualité de citoyens romains, ceux-ci furent bien vite relâchés, mais durent quitter la ville. Cependant la nouvelle Eglise s'accrut rapidement. Paul y séjourna à diverses reprises et il s'établit entre lui et les principaux membres de la communauté des liens d'affection intime et persévérante dont témoignent la seconde épître aux Corinthiens et surtout l'épître aux Philippiens. C'était une Eglise presque entièrement composée de pagano-chrétiens. — Sur la position géographique de Philippes on peut consulter Strabon, VII; Appien, *De bellis civilibus*, IV, et surtout Heuzey, *La mission de Macédoine*. A. Sabatier.

PHILIPPIENS (Epître aux). L'Eglise de Philippes avait plus d'une fois soutenu de ses dons l'apôtre Paul, qui ne voulait rien recevoir de ses autres Eglises (2 Cor. XI, 9 ; Phil. IV, 15). Elle ne l'oublia pas durant ses longues années de captivité. Nous savons en particulier qu'elle lui envoya Epaphrodite avec des secours à Rome (Phil. II, 25 ; IV, 10). Cette assistance arriva dans un moment opportun. Le vieil apôtre était dans la détresse. Cette visite d'Epaphrodite releva son âme et lui donna quelques jours de joie douce et de paix (IV, 18 et 19). Epaphrodite resta assez longtemps auprès de lui ; il fut malade et exposa même sa vie pour le service de l'Evangile. Lorsqu'il fut sur le point de retourner à Philippes, Paul lui donna une lettre pour la communauté chrétienne de cette ville, notre épître aux Philippiens, où, dans une grande simplicité d'allures et une grande variété de tons, il laisse épancher la source de ses sentiments, de ses dispositions présentes et de son affection émue pour ses chers Philippiens. L'instruction dogmatique n'y est pas la chose essentielle ; car ce n'est pas une préoccupation de ce genre qui lui met cette fois la plume à la main ; c'est une inspiration du cœur, un besoin de parler parce qu'il est ému, de dire et sa tristesse et sa joie, sa reconnaissance, son affection, ses espérances et ses craintes. C'est presque un chapitre de confession intime et suprême, l'adieu du grand apôtre à son œuvre et à ses amis. Il ne saurait y avoir le moindre doute sur le lieu de la composition de cette lettre. Tout fait songer à Rome et confirme la tradition antique sur ce point. Les versets I, 12-18, donnent tout de suite l'idée d'une Eglise nombreuse et agitée par la lutte des partis qu'il faut chercher à Rome et non à Césarée. Le prétoire (I, 13), c'est la caserne même de la garde impériale (Suétone, *Tiber.*, 37), et il n'est pas besoin de songer ici au palais d'Hérode à Césarée. Enfin, ce qui est décisif, Paul fait saluer les Philippiens par les gens de la maison de César (IV, 22), qu'on ne peut point transplanter à Césarée. L'Epître aux Philippiens a donc été écrite durant la captivité de Paul à Rome, plutôt vers la fin que vers le commencement, dans les années 62 ou 63 de notre ère. Timothée était auprès de Paul et lui est associé dans la salutation. La lettre est adressée aux *saints* qui sont à Philippes, aux *épiscopes* (au pluriel, ce qui prouve qu'ils sont identiques aux *presbuteroi)* et aux diacres. Après avoir adressé à Dieu ses actions de grâce et les vœux de son cœur aux Philippiens (I, 3-11), Paul leur donne des nouvelles sur sa situation à Rome et les progrès qu'y fait la prédication de l'Evangile. Ses chaînes sont devenues célèbres dans tout le prétoire. Les autres prédicateurs en ont repris courage et parlent avec plus de hardiesse. Il est vrai que quelques-uns agissent dans un esprit de jalousie et d'hostilité (les judéo-chrétiens) et cherchent à aggraver ses peines, mais il ne regarde pas à lui-même; tant qu'il ne s'agit que de sa personne, on le verra patient, et il est disposé à se réjouir d'une prédication de Christ même faite dans l'intention de l'affliger. Tel est le sens naturel de ces versets (I, 16-18), où l'on a voulu voir une avance au judéo-christianisme pour en tirer un argument contre l'authenticité de l'épître. Si l'on veut se convaincre que les sentiments de Paul n'ont pas changé, il faut comparer les premiers versets du chapitre III. Paul est prêt à vivre et à mourir. Il balance en lui-même les chances et les avantages de cette double alternative. Cependant il espère encore sa délivrance et fait attendre sa prochaine visite. Ni cette espérance ni cette promesse ne se réalisèrent. Voilà un trait qu'un écrivain postérieur faisant parler, Paul n'aurait pas imaginé. Toute cette lettre est vivante comme un entretien. Deux thèmes alternent sans cesse. Paul parle des Philippiens et puis de lui, pour revenir encore à eux et à lui. Le chapitre II est tout entier consacré à exprimer la sollicitude de l'apôtre pour ses amis de Philippes; il leur recommande la paix, la charité, le dévouement réciproque. C'est ici qu'il introduit l'exemple du Christ qui, étant l'image de Dieu, n'a point songé à ravir pour lui-même l'égalité avec Dieu, mais s'est abaissé, anéanti, est devenu obéissant jusqu'à la mort de la croix, et par ce renoncement à lui-même a véritablement conquis le droit de régner avec Dieu sur toute créature (II, 1-11). Baur a trouvé dans cet admirable passage une contre-partie de l'histoire de la *Sophia* valentinienne (non proprement de la *Sophia*, mais de son rejeton, le dernier des éons) qui tombe dans le néant et aspire à retourner jusqu'à l'Etre suprême. Il n'y a rien de semblable. Ce qui est ici caractéristique et ce qui manque dans la gnose, c'est que la cause de l'abaissement du Christ est son obéissance à Dieu et son dévouement aux hommes. Le passage des Philippiens n'est que le développement de celui de 2 Cor. VIII, 9, où le dévouement est prêché aux chrétiens au nom du même renoncement de Christ (Cor. I, 4; II, 20; III, 13). La christologie des épîtres de la captivité est sans nul doute plus explicite que celle des grandes épîtres, mais elle n'en est que le prolongement inévitable. Il n'y a ici aucune influence étrangère venant altérer la pensée de Paul, qui suit au contraire sa direction première avec conséquence et fidélité. La manière dont se termine ce second chapitre, les détails sur Timothée et sur Epaphrodite semblent indiquer que Paul songeait à finir ici sa lettre. Le fait est qu'il recommence au chapitre III, comme à nouveau. Quelques critiques, exagérant cette solution de continuité, en ont conclu que notre épître actuelle était la réunion de deux épîtres indépendantes. Sans nier la possibilité historique d'un phénomène littéraire semblable (voyez la fin de l'épître aux Romains et l'interpolation de 2 Cor. VI, 14 ; VII, 1), nous pensons qu'il n'est pas nécessaire de recourir à une telle hypothèse. Il suffit de supposer que Paul, interrompu dans la rédaction de sa lettre, l'a reprise quelques jours après et lui a donné des développements nouveaux. Un avertissement des plus sévères à l'égard de ceux de la circoncision lui a paru indispensable. Les mêmes critiques qui tout à l'heure trouvaient l'apôtre trop tolérant, le trouvent ici excessif et ne veulent le reconnaître ni dans un cas ni dans l'autre. Comparez cependant le mot κατατομή au mot presque identique de Gal. V, 12, et les *chiens*, les *mauvais ouvriers*, avec les ἐργάται δολιοι de 2 Cor. XI, 13. Si, au premier chapitre, Paul se montrait si patient, c'est qu'il ne s'agissait que d'injures faites à sa personne; s'il retrouve ici ses anciennes expressions les plus violentes, c'est qu'il s'agit de l'œuvre du Christ et de la paix des Eglises. Pour retrouver le prédicateur bien authentique de la justification par la foi dans la mort et la résurrection du Christ, qu'on lise le développement qui suit III, 7-11. Jamais Paul n'a été plus lui-même. On s'est arrêté au doute que Paul semble exprimer au verset 11 : « Si toutefois je puis atteindre à la résurrection des morts. » Ce n'est pas là, dit-on, la certitude habituelle de la foi de l'apôtre. Interpréter ce texte de cette façon, ce n'est pas le comprendre. Remarquez le verbe καταντήσω dont Paul se sert. Il s'agit d'une rencontre, de la rencontre de Paul vivant encore avec le Christ triomphant descendant du ciel. En d'autres termes, ce dont il doute, c'est d'être encore vivant lors de la venue prochaine du Seigneur; mais l'histoire de sa pensée prouve qu'il avait à peu près renoncé à cette espérance à partir de la seconde épître aux Corinthiens (2 Cor. V, 1-10). Quant à l'assurance de son salut, il n'en a jamais été plus certain, car elle ne repose pas sur ses propres efforts, mais sur le fait supérieur que Christ, par sa grâce, s'est à jamais emparé de lui (III, 12). Toute cette seconde partie de sa lettre témoigne au vif de la sollicitude paternelle de l'apôtre. S'il se laisse aller à l'ardeur de son zèle en parlant des mauvais ouvriers évangéliques, il souffre dans son cœur et il fond en larmes en écrivant ces dures paroles (III, 18). Ni la doctrine ni les sentiments ne laissent l'impression d'une imitation postérieure. Avant de finir, Paul mentionne deux femmes, Evodie et Syntyche, auxquelles il recommande l'union et la paix. Toutes deux ont travaillé avec lui pour l'Evangile. Des critiques par trop ingénieux (Schwegler, Volkmar) ont voulu voir là des noms symboliques représentant deux partis en lutte dans l'Eglise : εὐοδία=ὀρθοδοξία, le judéo-christianisme, et συντύχη (venu à l'Evangile par fortune), les pagano-chrétiens. Ce sont des jeux d'esprit. Ces noms propres n'ont rien d'étrange. Celui d'Evodie est assez fréquent; celui de Syntyche s'est retrouvé dans des inscriptions grecques (Renan, *Saint Paul*, p. 147 ; Perrot, *Exploration de la Galatie*, p. 88 ; Lebas (Waddington), III, n° 722). Rien n'est donc plus simple que de les prendre pour deux femmes en vue dans l'Eglise de Philippes, deux *anciennes*, plutôt que deux diaconesses chargées de diriger la partie féminine de la communauté. Ce n'est pas la seule trace d'une sorte de presbytérat féminin dans les Eglises apostoliques, où la séparation des sexes était rigoureuse (cf. Tite II, 3-5; 1 Tim. V, 9-13). Paul recommande ces deux femmes à l'attention d'un troisième personnage qu'il nomme son γνήσιος σύνζυγος, et où M. Renan a voulu voir l'épouse même de l'apôtre, traduisant « ma digne compagne ou conjointe. » Il s'agit évidemment ici d'un collaborateur dans l'œuvre missionnaire. Le mot γνήσιος serait singulier, s'appliquant à la prétendue femme de Paul. D'ailleurs, toute cette histoire de son prétendu mariage avec Lydie de Philippes est un roman qui ne tient pas devant l'affirmation de I Cor. VIII, 8. Luther avait trouvé juste en voyant ici, sous cette appellation, le chef du presbytérat de Philippes. Paul mentionne enfin Clément parmi d'autres compagnons d'œuvre. Baur, Schwegler ont voulu y avoir le Clément romain si célèbre au second siècle. Remarquons tout d'abord qu'il serait tout à fait étrange qu'un faussaire de cette date introduisît d'une façon si subordonnée un personnage ecclésiastique de cette importance, en second lieu que le Clément romain n'a dans la tradition aucun lien quelconque avec les Eglises de Macédoine. Quoi d'étonnant qu'il y ait eu à Philippes, du temps de Néron, un chrétien du nom de Clément? Ce Clément même semble être mort au moment où Paul écrit, car il est mis avec d'autres ouvriers dont « les noms, dit l'apôtre, sont écrits dans le livre de la vie. » — L'authenticité de l'épître aux Philippiens n'a donc pas été sérieusement atteinte. Baur et ses disciples stricts sont restés isolés dans leur contestation systématique. Hilgenfeld (*Hist. krit. Einleitung*, 1875), Renan (*Antéchrist*, Introduction), Pfleiderer (*Der Paulinismus*) et la plupart des critiques indépendants ont revendiqué victorieusement cette épître comme l'œuvre de Paul. C'est sa doctrine, c'est son style, surtout c'est son cœur. Il s'y montre avec toutes les richesses de sa pensée et toutes les délicatesses morales de son âme. Il a été touché de l'affection des Philippiens et de leur assistance. Il remercie avec la reconnaissance la plus émue et le détachement le plus entier. De même il est en face de la mort et ne sait pas ce qu'il doit désirer de vivre ou de mourir; mais il est également prêt à accepter l'un ou l'autre. Toutefois, cette soumission chrétienne est bien loin de l'*ataraxie* des anciens; rien de plus mobile, de plus changeant que les dispositions intimes de l'apôtre flottant entre la crainte et l'espoir, entre la joie et la tristesse. Cette épître fut sans doute la dernière de Paul. C'est le coucher du soleil après une fatigante journée d'été. La force du grand lutteur s'est pénétrée de douceur. Nous surprenons bien encore quelques éclats de son tempérament ardent, mais ce sont les derniers restes d'une nature que les épreuves et les expériences ont mûrie, adoucie, et qui ne fut jamais plus près de l'idéal même de la vie du Christ. — Littérature: Outre les introductions critiques et commentaires généraux portant sur le Nouveau Testament tout entier, parmi les écrits spéciaux, nous citerons : Hoog, *De cœtus christianorum Philippensis conditione primæva*, 1825; F.-H. Rheinwald, *Comm. über den Brief Pauli an die Philip.*, 1834; W. Schinz, *Die christl. Gemeinde zu Philippi*, 1833; C.-S. Matthies, *Erklær. des Brief. an die Phil.*, 1835; A. V. Hengel, *Comm. perpetuus in ep. ad Phil.*, 1839; H.-G. Hœlemann, *Comm. in ep. Pauli ad Phil.*, 1839; A. Rillet, *Commentaire sur l'épître de l'ap. Paul aux Philippiens*, 1841; C.-A. Lünemann, *Pauli ad Phil. epist. defensa*, 1847; B. Weiss, *Der Philipperbrief ausgelegt*, 1859.

A. Sabatier.

PHILIPPISTES. Uoyez *Mélanchthon*.

PHILIPPS (George), jurisconsulte célèbre, né à Kœnigsberg en 1804, mort en 1860, débuta dans la carrière de l'enseignement à Berlin, et fut amené, par sa conception autoritaire de l'Eglise et du caractère essentiellement juridique de ses symboles, à embrasser le catholicisme (1828). Il professa successivement le droit à Munich, le droit canonique à Inspruck et l'histoire du droit à Vienne. En 1838, il fonda avec Gœrres le recueil périodique intitulé : *Feuilles historico-politiques pour l'Allemagne catholique*. Il a laissé, en outre, plusieurs ouvrages, parmi lesquels nous citerons : 1° *Histoire d'Allemagne, par rapport surtout à la religion, au droit et à la constitution politique*, Berlin, 1832-34, 2 vol.; 2° *Le droit canonique*, Ratisb., 1845-1857, 5 vol.; *Les synodes diocésains*, Frib., 1849-1850.

PHILISTIE. On désigne sous le nom de Philistie la bande de terre assez étroite qui s'étend au S.-O. de la Palestine, du torrent d'Egypte (Ouady-el-Arich) à Loudd et à Jaffa, entre la Méditerranée à l'O. et la chaîne de Juda à l'E. Le nom hébreu de ce pays, Péleschet, s'étendit à tout l'ancien pays d'Israël, que les auteurs grecs désignèrent sous le nom de Palestine ; il se retrouve dans celui de Falestin, sous lequel les Arabes désignent de nos jours l'ancienne contrée des Philistins. Cette grande plaine, la Séphélah de Josèphe, séparée de la mer par une ligne de dunes, se couvre à l'E. de collines basses, qui s'avancent comme des éperons de l'E. à l'O., laissant entre elles de petites plaines où se réunissent, à l'époque des pluies, les eaux de nombreux ouadys et offrant des points isolés ou des mamelons, nommés tells, admirablement disposés pour servir de forteresses ; nous citerons, en allant du S. au N. : le Tell-el-Hasy, le Tell-el-Monchiyéh, le Tell-el-Mansourah, le Tell-Bournat, le Tell-es-Safiyéh (la Blanche Garde des croisades), le Tell-Djézer (l'antique Guezer), etc. Ces collines, qui se relèvent en échelons vers l'E., forment le premier étage du massif de Judée. Elles viennent s'appuyer sur une chaîne de mamelons hauts de 4 à 500 mètres, dirigés à peu près du N. au S. et qui constituent le second étage du massif. Ces hauteurs, sur lesquelles se trouvent Beït-Djibrin (Eleuthèropolis), Tell-Zakhariyèh, etc., servaient de ligne frontière, souvent disputée, entre les Israélites et les Philistins. La plaine elle-même, d'une fertilité remarquable et arrosée par quelques cours d'eau (voyez l'article *Palestine*), produit d'abondantes moissons. Avec un système d'irrigation bien entendu, elle deviendrait une des régions les plus prospères de la Syrie. —

Histoire. Au nombre des fils de Mitsraïm, la table généalogique de la Genèse compte les Caslouhim, d'où sortirent les Pelichtim (en grec, Φυλιστιείμ, Παλαιστῖνοι ; en latin, *Philistini* et *Palæstini*) et les Caphtorim, mot que la version des Septante et la Vulgate rendent par Cappadoces. Ailleurs, les Philistins sont confondus avec les Caphtorim, peuple venu de Caphtor (Amos IX, 7). Jérémie les désigne sous le nom de *restes de l'île de Caphtor* (XLVII, 4). Etienne de Byzance nous présente la ville de Gaza comme une colonie crétoise ; mais la plupart des commentateurs voient dans l'île de Caphtor, l'île de Chypre. On peut donc admettre que les Philistins sont originaires de Chypre et qu'ils ont peut-être colonisé la Crète. C'est de là qu'ils seraient venus en Egypte avec la grande migration des peuples de l'Archipel et de l'Asie Mineure. D'après M. Maspero, ils faisaient partie des tribus qui envahirent l'Egypte au temps de Ramsès III. Battus par ce prince, ils obtinrent de lui la permission de s'établir sur la côte S.-O. de la Syrie, dans le pays qui fut plus tard connu sous le nom de Philistie, et dont nous avons marqué ci-dessus les limites. Ce pays, où l'on trouvait plusieurs villes fortes, telles que Gaza, Ascalon, Achdod, Ekron et Gath, était la clef de l'Egypte ; aussi les Pharaons avaient-ils cherché depuis longtemps à s'en assurer la possession. Thoutmès III, Séti Ier, Ramsès II avaient entretenu des garnisons sémitiques à Gaza. Ramsès III obéit à la même pensée politique en introduisant dans ce pays une tribu étrangère, sur la fidélité de laquelle il pensait pouvoir compter. « Les Philistins trouvèrent la campagne et les bourgs dont elle était semée occupés par les Awim, qui n'offrirent aucune résistance. Ils prirent possession des cinq villes et s'unirent par des alliances répétées à la population primitive, dont ils adoptèrent la langue et la religion : Marna de Gaza et les dieux-poissons d'Ascalon, Dagon et Derkéto, devinrent leurs dieux. A leur entrée dans la Palestine, les Israélites, intéressés à ne pas attirer sur eux la colère des Egyptiens, n'eurent garde d'attaquer les Philistins, vassaux directs des Pharaons. Les Enakim, chassés des environs d'Hébron, et les Amorrhéens, dépossédés de leurs montagnes, trouvèrent un asile assuré sous les murs d'Ekron, d'Achdod et de Gath. L'arrivée de ces fugitifs accrut le nombre des Philistins et ne contribua pas peu à l'affermissement de leur puissance. Les cinq « villes sœurs » devinrent bientôt les capitales de cinq principautés unies par un lien de fédération très étroit. Gaza exerçait d'ordinaire une sorte d'hégémonie, justifiée par l'importance militaire et commerciale de sa position ; venaient ensuite, par rang d'influence, Achdod, Ascalon, Gath et Ekron. Chacune d'elles était gouvernée par un chef militaire ou *seren*. Les cinq sarnim se réunissaient en conseil pour délibérer des affaires et offrir les sacrifices au nom de la confédération ; ils faisaient la guerre en commun, chacun à la tête du contingent de la cité dont il était le chef. Leur principale force consistait en chars montés par la noblesse et en archers dont l'adresse était proverbiale en Israël » (Maspero, *Histoire ancienne des peuples de l'Orient*, p. 303). Ils paraissent avoir eu de bonne heure une flotte assez importante à leur disposition, peut-être avec l'appui des Egyptiens, et ils excellaient à la piraterie. Leurs vaisseaux partis d'Ascalon ou de Maioumas, le port de Gaza, écumaient les mers et couraient sus aux Phéniciens ; même une de leurs flottes attaqua Sidon, battit l'escadre sidonienne et prit la ville, portant ainsi un coup mortel à la domination des Sidoniens. Leur puissance augmentant, ils se tournèrent vers les Hébreux et dirigèrent contre les tribus de Dan, Siméon et Juda une série d'attaques qui durèrent tout le temps des juges et dont le résultat fut de tenir ces tribus sous leur dépendance (Juges X, 7-8 ; XIII, 1). Plus tard, ils se portèrent contre les tribus du centre, les battirent en plusieurs rencontres et s'emparèrent de l'arche (1 Sam. IV). La victoire remportée sur eux par Samuël (1 Sam. VII) arrêta leurs progrès, sans détruire leur suzeraineté sur Israël. David les battit en plusieurs rencontres dans la plaine des Réphaïm, sous les murs de Sion, qu'il venait de conquérir ; il les poursuivit de Gabaon jusqu'à Guézer (Tell-Djézer) (2 Sam. V, 17-25 ; 1 Chron. XIV, 8, 17), et, passant de la défensive à l'offensive, il porta la guerre sur leur territoire. Après une longue série d'incursions, de surprises, d'escarmouches, les Philistins furent réduits à demander la paix, qu'ils n'obtinrent qu'en abandonnant aux Israélites Gath et les villages de son ressort ; ils gardèrent, il est vrai, les quatre autres villes, mais leur puissance militaire ne se releva pas de ce coup. Pourtant, à la faveur des guerres civiles qui désolèrent Israël et Juda, et des invasions étrangères, ils recouvrèrent leur indépendance et reprirent quelques villes du Midi. Alliés aux Arabes, ils envahirent le royaume de Juda et pillèrent le palais du roi Joram (2 Chron. XXI, 16-18). Les rois d'Assyrie s'allièrent d'abord aux Philistins contre les Juifs, mais cette alliance ne tarda pas à peser aux princes philistins qui, dès le temps d'Ezéchias, se rapprochèrent des rois de Juda pour lutter contre les Assyriens. La défaite du roi de Gaza et de Chabak, roi d'Egypte (715), par Sargon et les échecs successifs de Tahraqa réduisirent les petits princes de la Philistie au rôle de simples vassaux des Sargonides. A la chute de l'empire assyrien, ils ne recouvrèrent leur indépendance que pour tomber aux mains de l'Egypte Psamétik Ier prit Achdod après un long siège. La défaite de Nékao II à Karkémich leur donna un maître nouveau, Nabuchodonosor. Dans la lutte qui s'établit entre le conquérant asiatique et l'Egypte, leur pays, situé sur la route des armées, eut cruellement à souffrir. Les Chaldéens lui laissèrent encore un reste d'indépendance, mais bientôt la trace historique de ce peuple se perd dans la vaste monarchie des Perses. — Maspero, *Histoire ancienne des peuples de l'Orient*; Guérin, *Description de la Palestine* : *Judée*, t. II. AD. CHAUVET.

PHILOMÈNE (Sainte), nom d'une des martyres les plus récentes et les plus populaires, particulièrement en Italie, où elle est invoquée comme la patronne des prisonniers. D'après la légende, elle était fille d'un prince grec. L'empereur Maxence, ayant vaincu et fait prisonnier son père, devint éperdument amoureux de la fille ; comme elle refusa de céder à sa passion, en disant qu'elle avait voué à Dieu sa virginité, le prince ordonna de la jeter au fond de la mer avec une ancre attachée à son corps ; mais le corps ayant miraculeusement surnagé, Maxence fit trancher la tête à la jeune vierge. Le nom même de cette sainte était inconnu dans les Actes des martyrs, lorsqu'en 1802 on découvrit, dans les catacombes de Sainte-Priscille, une pierre sépulcrale en terre cuite, avec une inscription portant les mots *Lumena Pax Tecum Ei*, avec une ancre et une palme. Sous la pierre se trouvaient des ossements humains, à côté desquels était un vase de verre à demi brisé, et dont les parois étaient couvertes d'un résidu rougeâtre (le vin de la communion), que l'on prit pour du sang desséché. C'est sur ces données que se fabriqua la légende. Quant au corps de la prétendue sainte, il fut donné à un missionnaire nommé François de Lucia, qui le fit transporter à Mugnano, près de Naples. Les nombreux miracles opérés par l'intercession de la sainte y attirent encore aujourd'hui un grand concours de pèlerins. Grégoire XVI autorisa, le 20 janvier 1837, une messe et un office en son honneur, et fixa le 11 août pour la célébration de sa fête. — Voyez Gaet. Moroni, *Diction.*, XXIV, 304 ss. ; Bunsen, *Hippolytus*, I, 166.

PHILON, philosophe judéo-alexandrin, né environ l'an 20 avant Jésus-Christ, d'une bonne famille d'Alexandrie, frère de l'alabarque ou premier magistrat juif de la cité. On ne sait rien de sa vie, sinon qu'il fut député par ses coreligionnaires d'Alexandrie auprès de l'empereur Caligula en l'an 40, à un âge déjà avancé, pour fléchir la colère du despote irrité de ce que les Juifs avaient refusé de l'adorer (Josèphe, *Ant. jud.*, XVIII, VIII, 1; *Opera Philonis*, éd. Mangey, *De legatione ad Cajum*, II, 545-600). La tradition d'après laquelle il aurait, à la fin de sa vie, été converti au christianisme à Rome par saint Pierre (Jérôme, *Catal.* ; Photius, CIII-CV) est purement légendaire. Sa remarquable activité littéraire s'épuisa presque tout entière en commentaires philosophiques sur le Pentateuque, dont un grand nombre sont parvenus jusqu'à nous, soit dans le texte grec original, soit dans une version arménienne, et constituent le monument de beaucoup le plus important de la philosophie judéo-alexandrine. La classification de ses écrits par ordre chronologique a donné lieu à de nombreuses discussions (voyez Gfrörer, *Philo und die jüdisch-alexandrinische Theosophie*, Stuttgard, 1835, 2e éd., I, p. 7-37 ; J.-G. Müller, art. *Philo*, dans la *Real-Encycl.* de Herzog, 1re éd.). L'ordre le plus plausible paraît être celui-ci : les œuvres philosophiques, les commentaires sur la création, sur la partie historique du Pentateuque, sur la législation mosaïque, et les écrits politiques. Leur authenticité est généralement admise ; violemment attaquée par Kirschbaum (*Der jüdische Alexandrinismus, eine Erfindung christlicher Lehrer*, 1841), elle a été victorieusement défendue par Groszmann (*De Philonis Judæi continua serie*, 1841). Il faut faire exception cependant pour les traités *De Mundo*, *De Jona et Samsone*, dont l'inauthenticité est avérée, et pour la célèbre description des Thérapeutes, *De vita contemplativa*, dont les travaux de M. Nicolas (*Rev. de théol.*, janvier 1868) et de M. E. Lucius (*Die Therapeuten*, Strasbourg, 1880) ont établi le caractère apocryphe. Les traités *De mundi incorruptibilitate, I De Providentia* (en arménien), paraissent douteux. M. Frankel a aussi attaqué le *Quod omnis probus liber*. Les *Quæstiones et solutiones in Genesin* (en arménien) pourraient bien n'être qu'un extrait des œuvres de Philon, intéressant en ce qu'il présente d'une manière plus continue que les traités épars conservés en grec la suite des commentaires, telle que l'auteur l'avait conçue et telle qu'il l'a probablement réalisée. Le style de Philon aussi bien que ses idées lui ont valu l'honneur d'être comparé à Platon : « Ou Platon philonise, ou Philon platonise, » disait-on de lui. Son genre littéraire offre des rapports frappants avec celui de Sénèque, quoiqu'il n'ait jamais eu de relations avec ce philosophe, comme on l'a prétendu. Nourri de la littérature et de la philosophie grecques (il cite soixante-quatre auteurs grecs) et cependant très attaché à l'autorité de la révélation mosaïque, il s'efforça de concilier ces deux ordres de convictions, en montrant que c'étaient là en réalité les deux faces d'une même vérité ; grâce à la méthode de l'interprétation allégorique, alors généralement acceptée dans toutes les écoles, grâce à son ignorance de l'histoire et à l'absence d'une notion claire de la réalité concrète, grâce à la combinaison de dialectique et de mysticisme qui fait le fond de son caractère, il retrouva dans le Pentateuque les idées des philosophes grecs et montra que ceux-ci avaient enseigné fragmentairement la vérité contenue tout entière, et dès la plus haute antiquité, dans les écrits du prophète juif, et même qu'ils lui avaient fait des emprunts. On trouvera dans le savant travail de M. Siegfried (*Philo von Alexandria als Ausleger des A. T.*, Iéna, 1875) un exposé minutieux des procédés de l'interprétation allégorique appliquée par Philon, dans laquelle le sens réel se volatilise à tel point que les personnages concrets deviennent les symboles d'idées abstraites (p. ex. l'histoire d'Adam et d'Eve symbolise les rapports de l'intelligence et des sens, les trois patriarches représentent les trois états de l'âme tendant à la perfection). En vertu même de son origine, la doctrine de Philon trahit des influences très diverses ; le stoïcisme, le platonisme, le syncrétisme philosophique de son époque et la théologie juive lui ont fourni les éléments d'une philosophie religieuse, renfermant des idées élevées, destinées à un grand avenir, mais toute remplie de contradictions. Nulle part il n'en donne un exposé systématique ; la forme de ses œuvres l'en dispensait. Le traité *De mundi opificio* est celui où la rigueur philosophique est le moins maltraitée ; mais on aurait tort de se borner à la lecture de ce seul traité pour se rendre compte d'une doctrine, dont le caractère essentiel consiste justement dans la nature de ses contradictions. Philon considère l'existence de Dieu comme évidente ; le monde sensible, changeant, ne peut pas être sa cause à lui-même (*De mundi op.*, I, 2, 3 ; *De conf. ling.*, I, 419 ; *De mon.*, II, 214-217). Il y a deux principes dans l'univers : le principe actif, l'Intelligence suprême, universelle, ou Dieu, et le principe passif ou la matière. Mais c'est ici que se révèle la contradiction fondamentale du système : ces deux principes, qui sont par essence séparés l'un de l'autre, sont cependant combinés dans l'univers entier. D'une part, Dieu est l'Etre parfait, absolu, pur esprit, immuable, éternel, sans relations avec le fini, indéfinissable, que l'on ne peut désigner autrement que par le terme le plus abstrait τὸ ὄν (*De somn.*, I, 655; *De prof.*, I. 570; *De nom. mut.*, I, 579, 582; *Quod det. pot. ins.*, I, 208; I *Leg. all.*, I, 50; *De cher.*, I, 122, etc.). D'autre part, il est universellement actif, il pénètre, contient, remplit toutes choses (*De migr. Abrah.*, I, 466; *Res. Noe*, I, 402); il est l'Etre universel, la raison dernière de toute réalité (I *Leg. all.*, I, 52; *Quod det. pot. ins.*, I, 222). Enfin, d'après une troisième catégorie de déterminations, Dieu est gouverneur de l'univers, père, miséricordieux, aimant, etc. (*Quod D. immut.*, I, 277, 284; III *Leg. all.*, I, 130; II *De Somn.*, I, 682). La matière est au-dessous, comme Dieu est au-dessus de toute détermination; elle est ce qui reste lorsqu'on dépouille les choses de leurs attributs et de leurs formes (*De sacr.*, II, 261; *Quis rer. div. hær.*, I, 495); elle est inerte, elle est le non-être, et cependant elle oppose de la résistance à l'action divine. — Pour concilier ces affirmations contradictoires, Philon a recours à un moyen qui éloigne la difficulté sans la résoudre; il se représente que Dieu agit dans le monde par des intermédiaires qui sont, en rapport avec les trois catégories des déterminations de Dieu, des idées-types (influence platonicienne), des puissances (influence stoïcienne), ou des anges (influence juive). Ces intermédiaires de nature mal définie, réciproquement irréductibles, sont combinés de manière à former le Logos de Dieu (voyez l'article *Logos*). Philon ne s'est jamais fait et ne pouvait pas se faire une idée claire des rapports entre ce Logos, composé d'éléments hétérogènes, et Dieu. Cependant il admet un commencement de la création (ou plus exactement, de l'organisation du monde), quoiqu'il partage l'idée de Platon, que le temps lui-même ne commence qu'avec la création (I *Leg. all.*, I, 44). Les notions d'extension, de rayonnement lui servent parfois à caractériser l'origine des intermédiaires; mais toute détermination exacte aurait établi ou bien leur séparation ou bien leur confusion avec l'essence divine, et aurait entraîné par conséquent la séparation ou la confusion de Dieu et du monde. Il n'est pas question d'émanation. La cause finale de la création est la bonté de Dieu (*De cher.*, I, 162). — L'homme se compose d'un corps matériel et d'une âme spirituelle; quelquefois Philon distingue l'esprit et l'âme sensitive ou psyché; du reste, sa psychologie est très variable (*Quod det. pot. ins.*, I, 207; I *Leg. all.*, I, 45, 49; *De conf. ling.*, I, 408). L'intelligence humaine est de même nature que le Logos; elle est invisible; elle prend connaissance du monde sensible par l'intermédiaire des sens, mais elle est capable d'acquérir directement la connaissance de ce qui est immatériel (*De mundi op.*, I, 16; I *Leg. all.*, I, 49; *De septen.*, II, 287). Tantôt elle est considérée comme un morceau, tantôt comme un rayonnement du Logos (*De mundi op.*, I, 35); ailleurs c'est Dieu qui, par son pneuma, lui a donné la vie, l'immortalité et la capacité de s'élever jusqu'à l'Etre suprême (I *Leg. all.*, I, 50). Dans le traité *De gigantibus*, Philon attribue l'incorporation des âmes à une chute antérieure. Il recommande l'étude scientifique comme une bonne préparation à la science réelle, qui est intuitive, produite par Dieu en nous dans l'union mystique de l'intelligence et du divin. La connaissance supérieure est un acte de foi (*De congr. quær. erud. grat.*, I, 519; *De migrat. Abrah.*, I, 441, 463-466; III *Leg. all.*, I, 93; *Quis rer. div. hær.*, I, 484, etc.). — La cause du mal est l'obscurcissement de l'âme par la matière; celle-ci attire l'homme par la volupté, détourne l'âme sensitive de l'intelligence, donne naissance à des représentations irrationnelles des choses, et par suite aux désirs et aux passions (III *Leg. all.*, I, 109; *De migr. Abrah.*, I, 437). La vertu résulte de la vraie connaissance (*De prof.*, I, 558). L'ascétisme recommandé par Philon est tempéré ; il ne s'agit pas de vaincre le corps en le torturant, mais en le soumettant entièrement à l'esprit. Le corps est le sépulcre de l'âme, mais l'âme doit pouvoir sortir de son sépulcre (I *Leg. all.*, I, 64; III *Leg. all.*, I, 116; *De prof.*, I, 551; *De gig.*, I, 267; *Quod det. pot. ins.*, I, 195). L'éloge des Thérapeutes, dans le *De vita contemplativa*, faussement attribué à Philon, avait donné à sa morale un caractère ascétique beaucoup trop prononcé. — Quoique très attaché au judaïsme, à l'observation de la loi en tant que symbole de vérités religieuses abstraites, Philon fait preuve d'une grande largeur religieuse; il est antiformaliste, sincèrement pieux. Il semble rêver parfois pour le peuple juif le rôle de grand prêtre du genre humain dans des conditions universalistes (*De Abrah.*, II, 2, 15; *De exsecr.*, II, 435; *De præm. et pœnis*, II, 422; III *De vita Mosis*, II, 179; *De post. Caini*, I, 212; *De migr. Abrah.*, I, 450; *De leg. ad Cajum*, II, 546). Nulle part il ne fait mention d'un Messie. — Philon ne créa pas sa philosophie de toute pièce; elle existait déjà avant lui, mais il est probable qu'il la consolida par son vaste travail, et il est certain que par ses nombreux écrits il contribua beaucoup à la propager. L'influence de cette philosophie est sensible, non seulement dans certains écrits du Nouveau Testament (épîtres deutéro-pauliniennes, ép. aux Hébreux, écrits johanniques), mais encore chez les gnostiques, chez les Pères d'Alexandrie et chez les fondateurs de la philosophie néo-platonicienne. — Ouvrages à consulter, outre ceux qui ont déjà été signalés dans l'article *Logos* ou qui ont été cités dans les lignes précédentes : Fabricius, *Dissertatio de platonismo Philonis*, Leipzig, 1693; Dähne, *Geschichtliche Darstellung der jüdisch-alexandrinischen Religionsphilosophie*, 2 vol., Halle, 1834; Georgii, dans *Illgen's Zeitschrift für hist. Theol.*, 1839, 3e et 4e livr.; Grossmann, *Quæstiones Philoneæ*, Leipzig, 1829; Bucher, *Philonische Studiën*, Tübingue, 1848; F. Delaunay, *Philon d'Alexandrie*, Paris, 1867; Stahl, dans *Eichhorn's Bibliothek*, XIV, IV, 5, p. 769; Schæffer, *Quæstiones philonianæ*, 1829; Zeller, *Die Philosophie der Griechen*, 2e éd. V,, p. 293-367 (excellent); E. Schürer, *Lehrbuch der N. T. Zeitgeschichte*, Leipzig, 1874, p. 655-665; voyez également les Histoires des Juifs d'Ewald, de Jost et de Grætz, et un article de ce dernier dans les *Monatschrifte für Gesch. und Wissenschaft des Judenthums* de 1872; Agathon Harnoch, *De Philonis judæi Λογῳ inquisitio*, Regiomonti, 1879. — La meilleure édition de Philon est encore celle de Mangey (Londres,

1742). Editions Richter, 8 vol., 1828-1830, et Tauchnitz, 8 vol., 1851-53. Œuvres arméniennes publiées à Venise par Angelo Maï et par Aucher, 1826. JEAN RÉVILLE.

PHILOSOPHIE DE LA RELIGION. La religion a tenu dans tous les temps et dans tous les lieux, elle tient encore une trop large place dans la vie des peuples et dans celle des individus, pour que la raison humaine n'ait pas éprouvé le besoin de se rendre compte de ce qu'elle est, des faits psychiques desquels elle dérive, des principes d'après lesquels elle se produit sous tant de formes diverses. On ne comprendrait pas comment, quand on a senti le besoin d'avoir une philosophie du droit, une philosophie de l'histoire, une philosophie des beaux-arts, etc., on n'aurait pas cherché à avoir une philosophie de la religion. Et en effet, depuis le milieu du dix-septième siècle jusqu'à nos jours, on a fait de nombreux essais de ce genre ; il faut reconnaître toutefois qu'ils laissent tous à désirer (voyez une intéressante notice historique et critique de ces divers essais par M. G. Ulrici dans la *Real-Encykl.* de M. Herzog, t. XII, p. 700-725, art. *Religionsphilosophie*). On ne saurait s'étonner qu'aucun de ces essais, dont la plupart sont cependant sortis de la plume d'écrivains éminents, n'ait réussi à présenter une idée suffisante de ce grand et difficile sujet. On se trouve ici en présence de difficultés qu'on serait presque tenté de déclarer insurmontables. Pour dresser une philosophie de la religion, la condition indispensable est de les juger toutes avec la plus entière impartialité; et il n'est pas de sujet sur lequel il soit plus difficile de faire abstraction de ses propres convictions, soit religieuses, soit philosophiques. Il ne serait pas moins indispensable de connaître à fond toutes les pièces du procès, c'est-à-dire toutes les religions qui se sont produites dans l'histoire. Toutes en effet doivent être appelées en témoignage, depuis la plus rudimentaire et la plus grossière jusqu'à la plus élevée et la plus spiritualiste. Or, il y a à peine un quart de siècle qu'on a des notions bien fondées sur les religions les plus considérables de l'antique Orient ; quoique tout ce qui s'y rapporte ne soit pas encore définitivement acquis, l'essentiel en est connu, et à la rigueur, cela suffit. Jusqu'alors on n'en avait qu'une connaissance vague, sans certitude, et variant entre bien des explications arbitraires, le plus souvent erronées. — La philosophie de la religion n'est possible qu'à la condition de partir de ce principe que toutes les religions qui se produisent dans l'histoire, sont des cas particuliers et divers d'un même et unique genre, ou pour parler le langage de l'école qui donne une formule, par elle-même plus claire, ce nous semble, que toutes les explications qu'on pourrait essayer de donner de ce principe, qu'elles sont toutes des différences spécifiques d'un genre prochain qui est la religion considérée *in abstracto*. (Ce même principe est à la base de la philosophie du droit, par exemple, qui doit partir de cette idée, que toutes les législations sont des différences spécifiques du droit *in abstracto*, qui en est la cause prochaine.) Ce n'est pas dire qu'elles se valent toutes ; bien loin de là (de même que ce n'est pas à dire que toutes les législations se valent pour être des différences spécifiques de cette cause prochaine qu'on appelle le droit *in abstracto*). Elles diffèrent entre elles à des degrés aussi divers que possible. Mais pour pouvoir juger de leur ressemblance, pour pouvoir l'expliquer, il faut nécessairement admettre qu'elles appartiennent à une même famille. Quand il s'agira d'expliquer en quoi elles diffèrent, tout en étant de la même famille, du même genre, si ce mot de famille scandalise, il y aura lieu à faire intervenir un autre principe dont il sera parlé plus loin (il en est à peu près de même dans la philosophie du droit). Mais si vous voulez montrer ce qu'il y a de commun entre toutes les religions, ou, en d'autres termes, que les religions sont toutes des religions et non pas des phénomènes issus de différentes causes, ce qui est une question de première importance pour une philosophie de la religion, il faut partir du fait qu'elles sont toutes des manifestations diverses de la religion *in abstracto*. On cherhera plus tard par suite de quel autre principe elles diffèrent tant entre elles, tout en étant des formes du même genre, ce qui est une autre question tout aussi importante pour la philosophie de la religion. Or ce principe d'un même genre, sans lequel on voudrait en vain trouver une explication philosophique de la religion et des religions, n'est pas en ce moment une conception universellement admise, il s'en faut de beaucoup. C'est à la philosophie de la religion d'en prouver la vérité par des faits et des raisons incontestables. Elle doit même commencer par là ; c'est la première question qu'elle doit résoudre, si elle veut se légitimer elle-même. — Après cela, elle devra chercher en quoi consiste ce que nous appelons la religion *in abstracto* dont elles dérivent toutes, sous des formes fort différentes. C'est la seconde grande question qu'elle aura à traiter. Ici se présentent bien des systèmes, il serait plus exact de dire bien des hypothèses différentes. Il peut être utile de les discuter, ne fût-ce que pour déblayer le terrain ; mais qu'on les discute ou non, il faut en venir à reconnaître que la religion a sa raison dans notre nature. On peut déjà le prévoir, en la trouvant établie sous une forme ou sous une autre dans toutes les sociétés humaines. Les exceptions qu'on a signalées sont le fait d'une erreur d'optique, ou, pour mieux dire, d'un manque de jugement des voyageurs et des navigateurs qui n'ont pas su reconnaître la religion sous les formes en usage parmi les tribus et les peuplades sauvages qu'ils visitaient : Benj. Constant en a donné des preuves irrécusables (*La religion*, t. I, p. 4-6). On ne saurait arrêter son attention sur les religions sans reconnaître aussitôt ce fait manifeste, que, quand elles diffèrent entre elles sur un si grand nombre de points, elles s'accordent toutes à réclamer la faveur et le secours de Dieu, ou d'une puissance, ou de diverses puissances qu'elles considèrent comme élevées au-dessus de l'homme et de la nature et qu'elles tiennent pour les protecteurs des faibles humains. Qu'il y ait des différences sans nombre dans la notion que l'on se fait de la nature de ce divin protecteur, depuis le sauvage qui prend un objet de néant pour son porte-bonheur, jusqu'au chrétien qui se le représente comme un pur esprit; comme aussi dans la notion des maux dont on lui demande d'être délivré, depuis le fétichiste qui est encore incapable de comprendre d'autres maux que la faim, la soif ou la maladie, jusqu'à celui qui est assez éclairé, assez intellectuellement et moralement cultivé pour tenir les souffrances du cœur et de l'âme pour plus poignantes que les douleurs physiques; comme encore dans la manière dont on croit pouvoir se rendre favorable son Dieu, depuis le pauvre habitant des côtes de l'Afrique qui pousse des bouffées de tabac devant son idole, jusqu'au disciple du christianisme qui répand ses gémissements et son repentir devant celui qu'il appelle son sauveur, qu'importe? Tout cela est le variable dans la religion, ce qui distingue et sépare les religions historiques les unes des autres; l'élément constant, partout et toujours le même, ce qui est le fond réel de la religion, ce qui en précise la nature même, c'est le recours de l'homme à son Dieu comme à son protecteur, à son sauveur. *Libera nos a malo*, ce cri de l'âme est toute la religion (P. Janet, *La morale*, p. 609). — L'origine de la religion est clairement indiquée par cela même, c'est parce que nous sommes des êtres faibles, misérables, exposés à des maux sans fin, et qu'en même temps nous en avons conscience, ou que nous sommes ainsi faits que nous pouvons en avoir conscience, que nous sommes des êtres religieux. Le sentiment des misères de l'existence humaine produit en nous un certain état d'âme qui nous pousse, qui nous force à chercher au-dessus de nous un remède, ou du moins un adoucissement à nos peines physiques et morales. C'est de là que naît en nous la religion, c'est-à-dire le recours de l'homme à Dieu considéré comme son protecteur. Enlevez cet état d'âme et le sentiment du mal physique et moral qui le produit, et nous n'aurons plus de raisons pour implorer le secours de Dieu; nous cesserons d'être par nature des êtres religieux. Nous avons besoin d'espérance, nous avons besoin de consolation, nous avons besoin d'aide, et comme en définitive l'espérance, la consolation, le secours ne peuvent venir que d'un être plus puissant que nous, nous sommes poussés par l'impulsion de notre propre nature à les demander à Dieu. Que de faits d'expérience ne pourrait-on pas mettre en avant pour montrer les rapports intimes, les liens indissolubles qui se trouvent entre la religion d'un côté et le sentiment des misères humaines de l'autre, si ce qui vient d'être exposé ne nous paraissait pas suffisamment évident pour rendre superflu tout développement ultérieur! — Il est une troisième question sur laquelle la philosophie de la religion est tenue de s'expliquer. Comment se fait-il que, procédant toutes d'un même état d'âme, les religions se produisent dans l'histoire sous tant de formes différentes? Cette question a été agitée; on en a proposé deux solutions, dont chacune a une certaine valeur, mais qui, même réunies, ne nous paraissent pas suffisantes. D'après l'une d'elles, les différences des religions s'expliqueraient par l'influence du climat (cette explication s'appliquerait également aux différences qui se produisent dans la morale, dans la législation, dans l'organisation sociale, etc. (Montesquieu, *Esprit des lois*, livres XIV-XVIII; voyez de Bonstetten, *L'homme du Nord et l'homme du Midi*). Ce dernier a appliqué cet essai d'explication des différences des religions par l'influence du climat à celles qui se remarquent entre le catholicisme et le protestantisme, qui ne sont en réalité que des formes diverses du christianisme. Il a fait remarquer, p. 37-48, que le catholicisme est la conception que les peuples du Midi ont dû se faire du christianisme, parce qu'ils éprouvaient naturellement le besoin d'une religion conforme au milieu dans lequel ils habitent, c'est-à-dire brillante, colorée, fleurie, pompeuse comme lui, tandis que le protestantisme est une conception du christianisme telle que pouvaient s'en faire les hommes du Nord que la sévérité de leur climat retient dans l'intérieur de la famille, rend plus austères, plus réfléchis, dans tous les cas moins expansifs et moins épris des choses extérieures. Il peut y avoir un certain fond de vérité dans ces remarques ingénieuses; il n'en est pas moins vrai qu'elles portent à peu près uniquement sur les différences des cérémonies, des pratiques, du culte, et qu'elles n'atteignent pas les différences des principes, des idées, du caractère même de ces deux religions, c'est-à-dire ce qui est le fait important et essentiel. Ajoutez que l'inquisition soutenue par Charles-Quint et Philippe II a fait plus que le climat pour retenir l'Espagne et l'Italie dans le sein de l'Eglise catholique. Enfin on ne voit pas que cette influence du climat sur les conceptions religieuses se soit fait sentir en général sur d'autres religions. Le bouddhisme est devenu dans le Tibet, contrée alpestre, une religion à cérémonies aussi pompeuses que le permet la pauvreté du pays, et d'un autre côté l'islamisme a conservé son culte aride et froid même dans ceux des lieux les plus favorisés de la nature, où il s'est propagé. — D'autres attribuent les différences qui distinguent les religions les unes des autres à l'influence de la race. Ceci est en un sens préférable; l'influence de la race est au moins un fait intellectuel et moral. Si nous appliquons ce principe aux différences du catholicisme et du protestantisme, comme nous avons fait déjà de l'influence du climat, nous trouverons qu'il les explique d'une manière plus satisfaisante. Le catholicisme est la religion des peuples de famille latine; or le génie latin ayant été avant tout gouvernemental, réglementateur et autoritaire, on ne sera pas étonné de le retrouver dans la forme religieuse qui lui est propre; et d'un autre côté on regardera comme tout naturel que le protestantisme, qui a pris naissance et s'est propagé parmi les peuples d'origine saxonne, ait été fait, pour ainsi dire, à leur image, et reproduise leur amour de la liberté individuelle. S'il convient de tenir compte de l'influence de la race, et même en une plus grande mesure que de celle du climat, ce n'est pas à dire toutefois que les différences qui se trouvent entre les diverses religions s'expliquent principalement par cette influence. Nous n'en voulons pas d'autre preuve que ce fait, certainement fort digne d'attention, qu'il n'est pas une seule des grandes religions qui se sont produites dans l'histoire, qui se soit établie décidément dans la race au sein de laquelle elle est née. Le christianisme, sorti des juifs, n'a pas été adopté par eux et est devenu la religion de ceux des indo-européens qui se sont fixés en Europe. Le bouddhisme, né et prêché dans l'Inde, a été exterminé dans ce pays, et s'est propagé parmi les peuples de la race jaune. L'islamisme, issu des Arabes, leur est devenu passablement indifférent, et n'a trouvé ses plus fervents adeptes que parmi les hommes de la race scythique. — D'autres, enfin, sont d'avis que la forme particulière que prend chaque religion dépend de l'état intellectuel et moral de ceux qui l'acceptent. Elle est puérile au milieu des peuplades qui ne s'élèvent pas au-dessus de l'enfance de l'esprit humain ; grossière et brutale chez des peuples croupissant dans l'ignorance et la barbarie ; plus ou moins spiritualiste parmi les nations cultivées, et dans la mesure de leur culture. Le christianisme ne s'est propagé que parmi des peuples préparés par la civilisation de la Grèce et de Rome à l'apprécier et à le comprendre ; partout ailleurs il a baissé peu à peu et a fini par disparaître. Il se traduit en catholicisme pendant le moyen âge, après que la décadence de plus en plus profonde eut laissé s'éteindre toutes les lumières. Il s'est montré comme protestantisme sous l'action du réveil de la raison à l'époque de la renaissance des lettres. Quand une nation s'élève intellectuellement et moralement, sa religion monte dans la même proportion, ou si, pour une cause ou pour une autre, cette religion n'a pas assez d'élasticité pour pouvoir se transformer, elle est abandonnée et enfin disparaît; la civilisation vient-elle à baisser, la religion baisse dans la même proportion ; l'histoire en donne des exemples. En somme, autant vaut une société humaine, autant vaut sa religion. Toute religion se règle sur le milieu intellectuel et moral dans lequel elle vit. — Bien d'autres questions appartiennent encore à la philosophie de la religion. Il faut qu'elle explique comment il se fait que toutes les religions se présentent comme des révélations. Les deux mots d'explication qu'en a donnés Th. Jouffroy (*Mélanges philos.*, 2e éd., p. 428-430, 447 et 448) ne sauraient certainement suffire. Il faut aussi expliquer pourquoi et comment les religions font place à d'autres ; comment il se fait qu'il y en a de stationnaires et qui ne font en vieillissant que se charger de plus en plus de nouvelles superstitions; il faut rechercher s'il y en a de progressives et s'il y a quelques lois qui président à leurs progrès. En un mot, tous les faits généraux qui se rapportent à l'histoire des religions sont du domaine de la philosophie de la religion. En réalité, c'est un travail gigantesque, devant lequel échouera longtemps encore, peut-être toujours, la raison humaine. MICHEL NICOLAS.

PHILOSTORGE, historien ecclésiastique grec, né à Borissus (Cappadoce) vers 360, mort vers 430. Il se rendit, à l'âge de vingt ans, à Constantinople pour compléter ses études littéraires et scientifiques, adopta les idées hérétiques d'Arius et d'Eunomius et composa une *Histoire de l'Eglise* depuis l'avènement de Constantin jusqu'à la mort d'Honorius en 425; dans laquelle il attaqua vivement les partisans de l'orthodoxie, à l'exception de Grégoire de Nazianze. Cet ouvrage est perdu, mais Photius nous en a laissé un assez long extrait, plein de renseignements curieux, publié pour la première fois en 1642 et plusieurs fois réédité depuis, notamment par H. de Valois, avec une traduction latine (Paris, 1673), concurremment avec l'*Histoire ecclésiastique* de Théodoret, Evagrius et Théodore. Photius l'accuse d'avoir grossièrement violé la vérité et prétend que son livre n'est pas une histoire, mais un panégyrique des hérétiques. Philostorge était très versé dans la géographie et l'astronomie, et il écrivait dans un style élégant, mais trop figuré, qui, par suite, manquait souvent de clarté.— Fabricius, *Bibl. græc.*, VII, p. 420.

PHILOXÈNE, également appelé Xenaias, théologien de la secte des jacobites syriens, né à Tahal, dans la Susiane, mis à mort en 522. Il fut nommé par l'empereur Zénon, évêque d'Hiérapolis en 485, puis banni par Justin Ier (518) en Cappadoce, où on le mit à mort en l'asphyxiant avec de la fumée. Il a laissé beaucoup d'écrits théologiques, notamment une bonne version syriaque des Evangiles, publiée à Oxford (1778, 2 vol. in-8°). La plupart de ses autres ouvrages se trouvent manuscrits dans la Bibliothèque vaticane. Ils sont en syriaque et très élégamment écrits.—Voyez Walch, *Historie der Ketzereien*, VI, s. 955.

PHOCAS (Saint), martyr à Sinope, était jardinier. On n'est point d'accord sur l'époque à laquelle Phocas fut mis à mort. Les uns veulent que ce soit sous Trajan, les autres prétendent que ce fut au temps de Licinius. Les Grecs célèbrent sa fête le 23 juillet, et les Latins, le 14 du même mois. Par une singulière anomalie, ce jardinier est devenu le patron des navigateurs, et les mythes de Castor et de Pollux furent reportés sur son nom. Les nautoniers de la mer Egée avaient l'habitude de chanter des cantiques en l'honneur de Phocas et d'invoquer son assistance lorsqu'ils se trouvaient en péril. Son couvert était mis à chaque repas et, après une traversée heureuse, le produit des portions destinées à cet hôte invisible était distribué, sous le nom de « part de Phocas, » aux pauvres. L'empereur d'Orient Phocas (602-610), célèbre par ses cruautés et ses complaisances pour le pape Grégoire Ier, auquel il décerna le titre de « patriarche œcuménique, » fit élever à Constantinople une superbe église au saint dont il portait le nom.

PHŒBÉ, Φοίβη, diaconesse de Cenchrée, près de Corinthe, dont l'apôtre Paul fait l'éloge Rom XVI, 1-2. On suppose que c'est elle qui a porté à Rome l'épître que l'apôtre a écrite aux chrétiens de cette ville. Les martyrologes en font mémoire le 3 septembre.

PHOTIN. Voyez *Lyon*.

PHOTIUS, patriarche de Constantinople, né dans cette ville vers 815. Il n'est pas moins célèbre dans l'histoire littéraire que dans l'histoire ecclésiastique. Son père, Sergius, un des chefs de la garde impériale, appartenait à une famille alliée à la famille impériale. Doué d'un génie extraordinaire et d'une ardeur infatigable, Photius acquit l'érudition la plus vaste dans les lettres et les sciences cultivées de son temps. L'empereur Michel III (842-867) le chargea d'une ambassade en Perse et le nomma ensuite commandant des gardes, grand écuyer, protosecrétaire et membre du conseil de régence. Après la déposition du patriarche Ignace (857), il fut malgré lui revêtu de cette haute dignité, bien que laïque, et on lui conféra en six jours les degrés du sacerdoce. En 857 un synode nombreux à Constantinople approuva cette élection. Mais les amis d'Ignace ne restaient pas tranquilles, c'est pourquoi Photius avec l'empereur invoquèrent le concours amical de l'évêque de Rome, Nicolas Ier, qui fit alors usage des *Institutions pseudoisidoriennes*, qui déclaraient le pape chef absolu de toutes les Eglises. Il condamna le synode convoqué par Photius et envoya à Constantinople deux légats pour en informer. L'empereur convoqua alors en 861 un second concile, où se trouvaient trois cent dix-huit évêques ainsi que les légats du pape, qui approuva l'élection de Photius et confirma la déposition d'Ignace. — Le pape cependant assembla à Rome en 863 un nouveau concile qui excommunia Photius. Les choses devinrent plus graves encore, lorsque le pape envoya en Bulgarie des légats qui, en calomniant le clergé oriental, tâchaient de le soustraire à la juridiction de Photius. C'est alors que Photius lança une circulaire en 867 (chez Rich. Montacutius, édit. des épîtres de Photius, Londini, 1857, ép. II, p. 47), où il défend l'Eglise orientale, s'élève contre le despotisme du pape et accuse l'Eglise latine d'accepter que le saint Esprit procède du Fils, d'imposer le jeûne du samedi, de permettre l'usage du lait et du fromage en carême, d'obliger tous les prêtres au célibat. En même temps, il convoqua un synode et excommunia à son tour le pape. Peu après, Basile le Macédonien fit assassiner Michel (867) et fut proclamé seul empereur. Comme Photius lui reprocha ouvertement son crime et lui refusa la communion, Basile chassa Photius du siège patriarcal, le relégua dans un monastère de l'île de Chypre et rétablit Ignace. Le pape Adrien II convoqua alors un concile à Rome et condamna Photius. Ignace aussi convoqua un concile à Constantinople (huitième synode œcuménique d'après les Latins) en 869, et Photius y fut anathématisé avec tous ses partisans. En même temps le pape y fut reconnû comme le premier et absolu maître de l'Eglise et supérieur aux synodes œcuméniques. Mais le synode n'accepta pas les prétentions du pape sur les Bulgares, qui, en attendant, étaient rentrés de nouveau dans l'Egliseorientale. — Un nouveau changement eut lieu. Basile, quoiqu'il eût exilé Photius pour des raisons politiques, estimait cependant son érudition et sa vertu ; c'est pourquoi il le rappela de l'exil et lui remit l'éducation de ses enfants. Après la mort d'Ignace, Photius ayant été rétabli, convoqua un concile (huitième concile œcuménique d'après les Orientaux) en 879, qui désapprouva les décrets du synode de 869 et reconnut Photius comme patriarche légitime. Le pape Jean VIII n'accepta pas ce synode, et c'est ainsi que l'union ecclésiastique entre Rome et Constantinople fut rompue et que le schisme commença.—Quoi qu'il en soit, Photius est incontestablement le défenseur de l'indépendance de l'Eglise orientale, et non le premier provocateur du schisme, comme quelques-uns le prétendent sans raison. C'est plutôt l'ambition des papes qui provoqua le schisme. Le fils de Basile, l'empereur Léon le Philosophe, chassa de nouveau Photius du siège patriarcal et le fit enfermer dans un monastère en Arménie, où il mourut en 891. — Nous avons de Photius: *Myriobiblon* ou *Bibliothèque*, témoignage de sa vaste érudition. On y trouve des extraits judicieusement choisis de près de cinq cents ouvrages dont la plupart sont perdus. La première édition est celle de David Hœschel (Augsbourg, 1601, in-fol.), en latin, par André Schott (Augsb., 1606, in-fol.), reproduite avec le texte grec et les notes d'Hœschel (Genève, 1612, in-fol. ; Rouen, 1653, in-fol.) ; *Traité contre les nouveaux manichéens ou les pauliniens*, en 4 livres, inséré dans les *Anecdota sacra et profana* de C. Wolf (Hambourg, 1722); *Epistolæ* (Londini, 1651, in-fol.), recueil de 248 lettres pleines d'érudition et d'éloquence, et traduites en latin ; *Collection de canons*, publiée dans le *Spicilegium romanum* de Maï ; *Nomocanon, id est legum imperialium et canonum, ecclesiasticorum harmonia*, publié dans le Recueil des canons ecclésiastiques (Paris, 1551, in-fol.), avec la traduction de Gentien Hervet et des notes de Théod. Balsamon; cet ouvrage est un abrégé d'un autre ouvrage en 14 livres, intitulé *Syntagma ou Traité méthodique* ; *Aphilochia*, dont il n'a encore été publié que quelques fragments : c'est un recueil de réponses aux questions d'Aphiloque, métropolitain de Cyzique, sur le sens de différents passages de l'Ecriture sainte; un traité *Adversos latinos, de processione Spiritus sancti*, inséré dans la *Panoplie d'Euthyme Tergobyste* (1770, in-fol.). On a de lui, enfin, un grand nombre d'opuscules restés manuscrits et dont Fabricius a donné la liste dans sa *Bibliotheca græca*. — Voyez Pichler, *Gesch. der kirchl. Trennung*, II, Munich, 1864 ; Guettée, *La papauté schismatique*, Paris, 1863 ; Jæger, *Histoire de Photius*, Paris, 1853 ; Hergenrœther, *Photius*; Cave, *Hist. lit.*, II, 47 ; Schrœkh, *Kg.* XXIV, 188; Le Quien, *Oriens christianus*, I, 246 ; Daniel, dans l'*Encyl.* d'Ersch et Gruber ; Gass, chez Herzog, *Real-Encyclopædie* ; G. Zotos, dans *Union chrétienne*, 1867 ; A.-D. Kyriakos, dans *Athenæum*, Athènes, 1874 (en grec); Dimitrakopoulos, *Grèce orthodoxe*, Leipz., 1872 (en grec).

I. Moshakis.

PHRYGIE, Φρυγία, contrée de l'Asie Mineure qui, d'après Actes XVI, 6 ; XVIII, 23, est expressément distinguée de la Galatie, et doit être, par conséquent, entendue de la grande Phrygie, ἡ μεγάλη Φρυγία, qui faisait alors partie de la province romaine d'Asie (Strabon, XII, 571 ; Ptolémée, V, 2). Elle était séparée au sud de la Pisidie par la chaîne du Taurus ; à l'ouest et au nord elle confinait à la Carie, à la Lydie, à la Mysie et à la Bithynie ; à l'est elle touchait à la Galatie, à la Cappadoce et à la Lycaonie (Strabon, XIV, 663 ; XIII, 628; Pline, V, 41). Le pays était bien arrosé et fertile, surtout en beaux pâturages. Parmi les villes de la Phrygie, le Nouveau Testament nomme Hiérapolis, Colosses et Laodicée.

PHUL, Phoul, Φοὺδ, peuplade lointaine que Esaïe LXVI, 19, met en rapport avec Lud. Bochart la place dans la petite île du Nil, Philæ, entre l'Egypte et l'Ethiopie, au sud d'Eléphantine (*Phal.*, IV, 26 ; cf. Strabon, XVII, 818; Diodore de Sicile, I, 22 ; Pline, V, 10). — Phul, Φουά, roi d'Assyrie, envahit le royaume d'Israël sous Menahem (771 ou 770 av. J.-C.) et ne se retira qu'après avoir frappé le pays d'un tribut considérable que les habitants riches furent obligés de payer (2 Rois XV, 19 ss. ; cf. 1 Chron. V, 26). On l'identifie généralement avec Sardanapale II.

PHUR, PHURIM. Voyez *Pour*, *Pourim*.

PHUTH, peuplade que Gen. X, 6, place à côté de Mizraïm et de Cusch, parmi les descendants des Chamites; Jér. XLVI, 9; Ezéch. XXVII, 10 ; XXX, 5 ; XXXVIII, 5 ; Nahum III, 9 ; Judith II, 23, le rangent à côté de Cusch, de Ludim et de Lubim. Josèphe croit y voir les Mauritaniens (*Ant.*, I, 6, 2). Les habitants de Phuth servaient dans la marine de Tyr et dans l'armée égyptienne.

PHYLACTÈRE, Φυλακτήρια (Matth. XXIII, 5), terme grec qui signifie proprement un préservatif contre certains maux ou certains dangers, tel que s'en servent encore les Orientaux, soit pour eux, soit pour leurs bestiaux. Chez les Israélites, les phylactères étaient des petites boîtes ou des rouleaux de parchemin sur lesquels certaines paroles de la loi étaient écrites ; ils les portaient sur le front et sur le poignet gauche (Deut. XI, 13-22 ; VI, 4-10; Exode XIII, 11-17 ; cf. Josèphe, *Ant.*, IV, 8, 13), afin de se rappeler que la loi devait pénétrer la tête et le cœur. Ils les regardaient aussi comme des amulettes contre les démons (Cant. VIII, 3). — Voyez Maimonides, *Jad hachas.*, 2, 3 ; Carpzov, *Apparatus*, p. 190 ss.; Othonius, *Lexic. rabbin.*, p. 756 ss. ; Wagenseil, *Sota*, c. II, p. 397 ss. ; Beck, *De Judæorum ligamentis precatoriis*, Iéna; 1674; idem, *De non phylacteriorum*, Iéna, 1675 ; Ugolin, *De phylacteribus Hebr.*, dans son *Thesaurus*, XXI ; Buxtorf, *Synag. jud.*, p. 170 ss.

PIARISTES (Les) ou clercs réguliers pauvres de la mère de Dieu, directeurs des écoles pieuses (*scholarum piarum*), occupent une place importante dans l'histoire des ordres religieux de l'Eglise catholique. Leur fondateur, José de Calasanz, naquit le 11 septembre 1556, à Peralta de la Sal, dans le royaume d'Aragon. Ses parents, don Pedro de Calasanz et Marie Gaston, étaient nobles. Théologien distingué et docteur en droit, gouverneur et official du district de Tremp, dans le diocèse d'Urgel, chanoine à Barbastro et à Séville, prêtre ardent et dévoué, il renonça à tous ses avantages et, malgré le brillant avenir qui s'ouvrait devant lui, vint à Rome au mois de mai 1592. Grâce à la protection du cardinal Marc-Antoine Colonna, le connétable, son frère, lui confia la direction spirituelle de ses enfants. Membre des congrégations des douze apôtres, des stigmates de saint François d'Assise, des suffrages et de la doctrine chrétienne, Calasanz alla, conformément aux statuts de cette dernière association, instruire les paysans qui se rendaient au marché et les enfants qui consentaient à le suivre et à l'écouter. La profonde ignorance qu'il rencontra partout le décida à se vouer entièrement à cette œuvre. Il loua quelques chambres près de la porte Settimania et, parcourant les rues du quartier populeux de Transtevere, il réunit autour de lui les enfants pauvres que les parents voulaient lui confier (1597). Le local étant devenu insuffisant, il transféra son école dans une maison située près de Saint-André della Valle. C'est là qu'il fonda avec les frères qui l'assistaient la congrégation des écoles pieuses. Les encouragements de Clément qui, dans un entretien particulier, s'intéressa vivement à ses travaux et lui alloua un don annuel de deux cents ducats, les secours du cardinal Giustiniani et de l'abbé Landriani et un legs du cardinal Lancelloti mirent en état de faire l'acquisition du palais Torres (1612). Approuvée par Paul V (6 mars 1617), la congrégation devint sous Grégoire XV un des ordres religieux les plus influents du temps (1621). De Rome, elle se répandit dans les Etats de l'Eglise, à Gênes, en Toscane, dans le royaume de Naples, en Sicile et en Sardaigne. Le cardinal François de Dietrichstein, évêque d'Olmutz, l'engagea à se fixer à Nicolsbourg et à Lypniek (1631). Ladislav IV, roi de Pologne, lui ouvrit ses Etats. En Espagne et en France elle eut de nombreux établissements. Après la mort de Calasanz (2 août 1648), que Benoît XIV béatifia (1748), cet ordre mendiant qui, par son abstention de tout ce qui touche à la politique, se distinguait avantageusement des jésuites, ses émules, mérita par son zèle pour l'instruction et son dévouement pour l'enfance, ses écoles gratuites et ses cours publics, les suffrages des dominicains (1686) et des franciscains (1695) et les éloges fondés des chefs de l'Eglise. — Source : Alexis de la Conception, *Vie du P. Joseph de Calasanz* ; R.-P. Joseph de la Conception, provincial des écoles pieuses d'Aragon, *Varones insignes en santidad de vida del instituto y religion de las escuelas pias*, 1 vol. in-4°, 1751 ; Jean-Baptiste de Lucques, *Religioso practico* ; H. Helyot, *Geschichte der geistl. und weltl. Klöster u Ritterorden*, trad. allem., vol. IV, Leipz., 1754, p. 331 ss.; Vic de la Fuente; *Hist. eccl. de España*, Madrid, 1874, t. V, p. 300. EUG. STERN.

PIC DE LA MIRANDOLE (Jean), issu d'une noble et ancienne famille lombarde, se rendit célèbre, vers la fin du quinzième siècle, dans l'Italie entière, par sa mémoire phénoménale, son esprit précoce et sa vaste érudition. Il naquit le 23 février 1463 et s'adonna dès sa plus tendre jeunesse aux études les plus variées : les langues anciennes, la poésie, l'art oratoire, le droit civil et le droit canon lui étaient familiers, et de fréquents voyages dans les villes universitaires de la France et de l'Italie augmentèrent encore son bagage de science. A Ferrare il entreprend la copie et la publication d'anciens manuscrits, à Padoue il se consacre pendant deux ans à l'étude de la philosophie ; puis, croyant que Platon avait puisé la plus grande partie de ses connaissances dans les livres des Chaldéens et des Egyptiens, il étudie avec ardeur les langues orientales. Trompé par un escroc qui lui vendit à un très haut prix soixante-dix prétendus manuscrits de la cabale hébraïque, il perd, en les ordonnant et en s'efforçant de les comprendre, plusieurs années de sa vie si courte et si remplie. Très lié avec Marsile Ficin, il professait avec lui la philosophie alexandrine tout en étant bon catholique. Innocent VIII lui permit même d'ouvrir à Rome, en 1486, un cours public de discussion sur neuf cents thèses philosophiques, théologiques, physiques, cabalistiques, etc. Quelques docteurs, envieux de son savoir et des louanges qui lui étaient décernées, trouvèrent que treize de ses thèses sentaient l'hérésie et l'en accusèrent auprès du pape, qui invita le jeune homme à plus de modestie et de prudence et défendit la soutenance publique des thèses incriminées ; mais Pic de la Mirandole, ne voulant pas donner si facilement gain de cause à ses obscurs détracteurs, répondit vivement à leurs accusations dans une apologie dédiée à Laurent de Médicis, et s'enfuit en France. Ses ennemis triomphèrent alors, heureux de sa désobéissance ; le jeune philosophe fut cité à Rome et un procès fut instruit contre lui. L'affaire aurait pu avoir des conséquences graves si Innocent VIII n'était pas mort au moment même de l'arrivée de Pic de la Mirandole à Rome. Le nouveau pape, Alexandre VI, par la médiation de Laurent le Magnifique, délivra le jeune homme de toute poursuite et annula le procès. Cette petite persécution, qui a fait parfois considérer Pic de la Mirandole comme un réformateur avant la Réforme, le décida au contraire à brûler ses poésies d'amour pour se consacrer tout à fait à l'étude de la religion et à la pratique des exercices de piété. Il s'établit à Florence, y fréquenta surtout la société de Savonarole et y mourut le 17 novembre 1494. Le jour qui précéda sa mort, il fit appeler auprès de lui, pour signer son testament et son codicile, Savonorale, le poète Poliziano et plusieurs ecclésiastiques. Ce testament, publié dans le *Giornale storico degli archivi toscani* (avril-juin 1857) et les *XII Regulæ J. Pici Mirandulæ breviter complectentes quidquid ad christiam vitam requiritur*, montrent clairement qu'il appartenait corps et âme à l'Eglise romaine. La première édition de ses œuvres fut faite à Bologne en 1496, grand in-folio, la seconde à Venise en 1498. Des trois éditions de Bâle, 1557, 1573, 1601, la première et la troisième contiennent la biographie de l'auteur écrite par son neveu Jean-François. La plus complète est celle de 1601 ; nous pouvons y remarquer un traité sur la réforme des mœurs, adressé à Léon X par Jean-François de la Mirandole (t. II). Les œuvres de Pic de la Mirandole n'offrent aujourd'hui qu'un léger intérêt ; leur forme scolastique, leur contenu philosophique rappellent les discussions du moyen âge et nous donnent une image précise des écoles du temps sans fournir des idées originales. Pic de la Mirandole fut un fort dialecticien, mais sans invention ; il était un érudit plutôt qu'un philosophe. Son curieux ouvrage intitulé : *Heptaplus de septiformi sex dierum Geneseos enarratione ad Laurentium Mediceum* (1486), est un commentaire cabalistique fort embrouillé du premier chapitre de la Genèse. Voici, parmi les thèses accusées d'hérésie, celles qui peuvent présenter quelque intérêt : 1° *De descensu Christi ad inferos.* Il soutient que le Christ descendit aux enfers *tantum secundum animam ;* 2° *De pœna peccati mortalis.* La peine, puisque le péché n'est pas infini, ne peut être infinie ; 3° *De adoratione crucis.* Il soutient que *nec crux Christi nec ulla imago adoranda est adoratione latriæ ;* 4° *A Deo an suppositari natura irrationalis possit.* Il affirme que non ; 5° *De magia naturali et cabala.* Il se fait fort de prouver que *nulla est scientia quæ magis certificet de divinitate*

Christi quam magia et cabala (I) ; 6° *Eucharistiæ sacramento*. Il soutient que sans la conversion ou l'anéantissement des substances matérielles il est impossible que la *transsubstantiation* s'opère ; 7° *De salute Origenis*. Il estime plus rationnel de croire Origène sauvé. Les six autres thèses n'ont pas d'importance. Indiquons parmi ses nombreux ouvrages les traités : *De Ente et uno*, *De hominis dignitate*, *In astrologiam l. XII*, *De studio divinæ et humanæ philosophiæ*, etc. — Sources : *Johannis Pici Mirandulæ Concordiæque comitis*, etc., etc.; *opera quæ extant omnia*, Bâle, 1601; R. Bartoli, *Elogio al principe Giovanni Pico, detto la Fenice degl'ingegni*, Guastalla, 1791 ; Litta, *Famiglie celebri italiane*, Milan ; Tiraboschi, *Memorie modenesi*, *La storia della lett. ital.*, et les principaux historiens de la Renaissance.

P. Long.

PICARDIE (La), ancienne province et grand gouvernement de France, était bornée au nord par le Boulonois, l'Artois et le Cambrésis, à l'est par la Champagne, au sud par l'Ile-de-France (voyez ce mot), à l'ouest par la Normandie et la Manche. Elle s'étendait de l'orient à l'occident sur une surface d'environ quarante lieues de longueur et quinze de largeur, et avait pour capitale Amiens. Elle se divisait en haute et basse Picardie : la haute comprenant la Thiérache (Guise, le Nouvion, la Capelle, Hirson, Aubenton, Vervins, Rozoy, Montcornet, Marle, Lafère, Ribemont), le Vermandois, séparé de la Thiérache par le cours de l'Oise, excepté au-dessus de Guise (Vermand, Ham, Saint-Simon, Saint-Quentin, Bohain, le Catelet), le Santerre (Péronne, Bray, Chaulnes, Roye, Montdidier, Rollot, Albert), l'Amiénois (Amiens, Picquigny, Poix, Conty, Doullens, Boves, Corbie, Rubempré); la basse comprenant le Ponthieu, séparé du Boulonois par la Cauche et du Vimeux par la Somme (Abbeville, Saint-Riquier, Rue, Montreuil, Pont-de-Remy, Saint-Pol), et le Vimeux, séparé de la Normandie par la Bresle (Saint-Valery, Crécy, Oisemont, Ayraines, Heucourt, Gamaches, Sénarpont). Elle relevait ecclésiastiquement des évêchés d'Amiens, Cambray, Laon, Soissons, Noyon et Beauvais. Au dix-septième siècle, le Boulonois et le Calaisis, ou pays reconquis, ont fait partie du gouvernement de Picardie, qui, au dix-huitième, comprenait aussi le Laonnois, le Soissonnais, le Noyonnais, le Valois et le Beauvoisis. Cette province forme aujourd'hui le département de la Somme et deux arrondissements du département de l'Aisne, celui de Saint-Quentin et celui de Vervins, représentant à peu près exactement le Vermandois et la Thiérache. Les synodes protestants rangeaient dans le colloque de Picardie : le Boulonois, le Calaisis, le Laonnois et le Soissonnais. — L'hérésie cathare, implantée dans la province au douzième siècle, et toujours incomplètement extirpée, avait frayé les voies à la Réforme. Celle-ci fut d'abord prêchée sur les confins de la Picardie et de l'Artois, par le futur martyr Louis de Berquin, dès 1526, puis à Amiens, par le chanoine Jean Morand, en 1533 ; à Montdidier, par le prêtre Augustin Richard de Vauvillé, en 1547, et, quelques années plus tard, par Michel de la Grange, brûlé vif en cette ville (1555). Vers le même temps, une visite de Guy de Bray (voyez ce mot), réformateur de la

Flandre, fortifia les petits troupeaux évangéliques de Montdidier et d'Amiens. Dès 1560, Montdidier eut un pasteur, et parmi ses ouailles figuraient presque tous les gens de robe, magistrats, procureurs, notaires, avocats. Après avoir pénétré dans le Ponthieu, l'Amiénois et le Santerre, la Réforme pénétra aussi en Thiérache, vers 1550, par les soins de Georges Magnier, bientôt envoyé aux galères; elle comptait assez de disciples à Lemé, Landouzy, Vervins, Guise, etc., pour qu'un ministre s'établît à Guise avant les troubles. En 1561, le prince Porcien, Antoine de Croy, récemment converti, organisa une autre Eglise à Montcornet. La même année, les assemblées d'Abbeville, fréquentées par le gouverneur de la ville, Robert de Saint-Delys, sieur d'Heucourt, et celles d'Amiens, suivies par les D'Ailly, vidames du lieu, se tinrent publiquement. A commencer par le prince de Condé, gouverneur de la province, la noblesse, non moins zélée que les clercs, organisa le culte dans ses châteaux, notamment dans ceux de Folleville, de Picquigny, d'Oisemont-en-Vimeux. Oisemont devint le centre d'une Eglise importante, à laquelle se rattachaient Heucourt, Ainval, Saint-Valery, etc. Les autorités étaient moins favorablement disposées dans le Vermandois, principalement à Saint-Quentin, où la Réforme ne pénétra qu'en 1561, portée par Philippe Véron, dit le Ramasseur, qui, après avoir prêché vingt ans en Saintonge, passa en Vermandois, puis en Auvergne. — Les frères Haag n'ont trouvé que six Eglises picardes existantes en 1562 (*France prot.*, X, 53) : Amiens, Picquigny, Pont-de-Remy, Montdidier, Boulogne, Bourg-de-Quincy, qu'il faut réduire à quatre, Boulogne n'appartenant pas réellement à la Picardie, et l'introuvable Bourg-de-Quincy n'étant que la répétition de Pont-de-Remy, écrit d'une manière peu lisible. A ces quatre Eglises de l'Amiénois, du Ponthieu et du Santerre, doivent être ajoutées les deux de la Thiérache, Guise (Tupigny) et Montcornet, celle de Saint-Quentin en Vermandois, celle d'Abbeville en Ponthieu et celle d'Oisemont en Vimeux, total neuf. Quand les massacres de 1562, commencés à Vassy, eurent déchaîné la guerre civile, il s'en fallut peu que les réformés de Saint-Quentin ne fussent égorgés. Ceux d'Amiens et d'Abbeville furent moins heureux. On vit, dit Bèze, les Eglises de Picardie « dispersées avec une horrible furie, sans qu'il y ait eu toutefois aucune résistance de la part de ceux de la religion, d'autant que les seigneurs et gentilshommes du pays qui pouvaient fortifier ceux des villes » avaient accompagné Condé à Orléans (avril 1562). D'Amiens, de Montreuil, Conty, Roye, Montdidier, une foule de fugitifs se réfugièrent à Dieppe, alors presque entièrement protestante. A Abbeville, la première victime fut le gouverneur, Robert de Saint-Delys; les violences durèrent du mois de juillet jusqu'en février de l'année suivante. A Montdidier, les catholiques désarmèrent les protestants; mais il n'y eut pas de meurtres, et le pasteur Laplace continua publiquement son ministère. Un synode de l'Ile-de-France, Picardie et Champagne y fut même tenu en 1563. L'année suivante, les réformés d'Amiens élevèrent un temple, dans le faubourg de Hem, sur une propriété de Mme d'Heucourt, veuve de Robert de Saint-Delys.

Le protestantisme s'étendait malgré la guerre civile : Jean de l'Epine prêchait dans les châteaux du Vermandois, un autre pasteur à Lafère et aux environs. A Vervins, le clergé s'efforçait de discréditer la Réforme par les exorcismes de la prétendue possédée Nicole Aubry (1565-1566). En 1566, une douzaine de réformés étaient noyés à Doullens; deux ans plus tard, on en massacrait vingt à Amiens, dont le temple fut démoli en 1569. A la suite de l'édit de Saint-Germain en Laye (1570), lequel n'autorisait la célébration du culte qu'en deux endroits de la province, aux faubourgs de Montdidier et à ceux de Ribemont (Aisne), les chapelles des seigneurs s'ouvrirent aux fidèles du voisinage; les protestants d'Amiens se réunissaient à Coisy. — La Saint-Barthélemy ne fit couler que peu de sang en Picardie; mais elle eut pour résultat la fuite des pasteurs et un grand nombre d'abjurations arrachées par la terreur. Peu après le 24 août, la populace renversa le temple de Montdidier, qui n'a jamais été relevé. Beaucoup de nobles picards avaient succombé depuis dix ans dans les combats, plusieurs périrent à Paris le 24 août; il fallut des années pour dissiper l'effroi. Puis survint la Ligue (1576-1594), dans laquelle entrèrent Péronne, Amiens, Abbeville, Montdidier; Saint-Quentin s'abstint, mais n'en jura pas moins, comme les ligueurs, l'extermination de l'hérésie. Cependant les assemblées recommencèrent à Coisy; en 1581, Pierre de Saint-Delys élut domicile à Allonville, moins éloigné d'Amiens que Coisy, et y ouvrit un lieu de culte, bientôt supprimé comme celui de Coisy, et qui ne fut rouvert qu'au bout de deux ans, à Picquigny, chez Mme d'Ailly. Lors de l'apparition de l'édit de Nemours (1585), qui interdit le culte réformé sous peine de mort et obligea les protestants à choisir entre l'abjuration et l'émigration, les ministres partirent, un grand nombre de fidèles émigrèrent à Dieppe, à Sedan, d'autres abjurèrent. Condé faisait une guerre implacable aux ligueurs et aux Espagnols; la famine et la peste, amenées par cette horrible lutte, achevèrent de désoler la province. Lorsque Henri IV triompha de la Ligue, la Réforme, naguère si florissante en Picardie, y était presque anéantie. L'auteur des *Plaintes des réformés* affirmait qu'en 1597, il n'existait point d'exercice public dans toute la province. — L'édit de Nantes (1598) n'autorisa cet exercice qu'en un seul lieu (Lehaucourt en Vermandois), et l'interdit dans les bailliages d'Amiens, Péronne et Abbeville, aussi bien que dans les villes et faubourgs de Guise et de Montcornet; mais, en revanche, il permit aux seigneurs haut justiciers de l'établir dans leur résidence. La liste des Eglises dressée en 1603 par le synode de Gap ne contient que Oisemont, Saint-Quentin, Guise. Aussitôt après la publication de l'édit, Routier, sieur de Bernapré, avait ressuscité l'Eglise dans son château d'Oisemont; mais, au bout de quelques années, pour complaire aux catholiques, il transporta le culte au milieu des champs, à Cannessières, concession qui, soixante ans plus tard, amena la suppression du droit d'exercice. L'Eglise de Saint-Quentin se réunissait à Lehaucourt, village appartenant à la famille d'Aumale et situé à neuf kilomètres nord de la ville. Le temple de Lehaucourt subsista jusqu'à la Révocation. L'Eglise de Guise avait ses assemblées à douze kilomètres nord-est de la ville, près de Leschelles, au hameau de Leval, fief de la famille de Dompierre de Liramont, qui possédait aussi la terre de Fontaine-lès-Vervins, où le culte se célébrait également quand la famille y résidait. Les réformés du comté de Marle, en grande partie trop éloignés de Leval pour pouvoir s'y rendre régulièrement, restaient privés de culte. En 1612, ils furent autorisés à se réunir au château de Gercis, comme si le châtelain, François de Gemart, écuyer, gouverneur de Vervins, avait eu droit de haute justice. Les temples de Gercis et de Leval subsistèrent jusqu'en 1664. La Thiérache possédait un troisième temple, à Vouel près de Lafère, autorisé par un arrêt de 1602 ; ce temple ne fut détruit qu'en vertu d'un autre arrêt du 14 mai 1685 (voyez *Ile-de-France*). Bien qu'elle manque à la liste de 1603, l'Eglise d'Amiens continuait cependant d'exister, et se réunissait, dès 1600, à dix-huit kilomètres nord de la ville, dans le château d'Havernas, propriété de Pierre de Saint-Delys, sieur d'Heucourt. En 1603, un autre lieu d'exercice fut ouvert au château de Guignemicourt, à dix kilomètres sud-ouest de la ville, et les deux cultes coexistèrent. Celui de Guignemicourt, dont la chapelle était trop étroite pour le nombre des assistants, fut transporté en 1611 sur le fief de Salouel, situé à une demi-lieue sud d'Amiens et appartenant à Mme d'Heucourt. Mais il fut défendu aux protestants amiénois d'établir des écoles. Bientôt le nombre des pasteurs s'accrut, parce que les seigneurs établirent le culte dans leurs châteaux. Vers 1641, Jephté de Rambures, sieur de Poireauville, fit élever à Vaudricourt, non loin d'Oisemont, un temple qui subsista jusqu'en 1665. En 1652, l'Eglise d'Abbeville fut rétablie à la suite de l'arrivée d'une petite colonie de drapiers hollandais; l'exercice se faisait à Saint-Riquier, chez Charles Fournier, baron de Neufville-les Saint-Riquier. L'Eglise de Montdidier fut recueillie en 1655 dans le château de Daniel de Brossart, sieur de Monthu, et l'exercice transporté par son fils, cinq ans plus tard, dans sa terre de Prouville. Prouville et Neufville ne formèrent qu'une paroisse jusqu'en 1665. D'autres lieux de culte furent ouverts : l'un à Becquigny, près Montdidier, un second chez Gédéon de Boitel, à Martinsart, près Albert, un troisième chez Louis le Carlier, à Herly, près Roye, un quatrième chez François de Gachon, à Contre (au sud d'Amiens), un cinquième chez Daniel de Boubers, à Bernâtre (arrond. de Doullens). — Cependant les évêques s'efforcèrent de mettre ordre à cette restauration du protestantisme : en 1664, le temple de Gercis fut démoli, l'exercice interdit à Leval, aussi bien qu'à Lemé, Landouzy et Fontaine. La défense de prêcher dans les annexes supprima les assemblées d'Herly, Annois, Villers-Saint-Christophe. Mais, la même année, Josué du Vez acheta la terre de Villers-lès-Guise, et des matériaux mêmes du temple de Gercis en construisit un nouveau à Villers, où l'on vitt des assemblées de quinze cents personnes. De son côté, D'Aurou, seigneur de Chery, y ouvrit un lieu de culte pour les protestants de Montcornet, Landouzy, etc. Les temples de Chery et de Villers ne tombèrent qu'à la Révocation.

En 1665, ceux de Salouel, Cannessières, Vaudricourt, Poireauville, furent rasés, celui de Bernâtre remis aux catholiques, le prêche interdit à Contre, à Becquigny, à Martinsart, et le droit d'exercice limité à trente personnes pour les sieurs d'Heucourt à Havernas, de Bernapré à Oisemont et de Rambures à Poireauville. Mais à Salouel, Mme d'Heucourt substitua Wargnies, plus rapproché d'Amiens que Havernas; à Cannessières De Bernapré substitua son château d'Oisemont, et au temple de Vaudricourt le sieur de Poireauville substitua son moulin de Vaudricourt. De Contre le culte fut transféré à Belleuse par le sieur de Gachon, et il continua, malgré l'interdiction, à Martinsart. La même année 1565, Van Robais, appelé par Colbert, s'établit à Abbeville avec une cinquantaine d'ouvriers hollandais ; il obtint la liberté de culte et un pasteur fut attaché à son établissement. Cependant, à mesure qu'on approchait de la date fatale de 1685, les lieux d'exercice étaient supprimés l'un après l'autre: Vaudricourt en 1671, Belleuse et Martinsart en 1675, Wargnies en 1680, Prouville en 1681, Oisemont en 1683. A la Révocation, il n'en restait qu'un seul dans l'ouest de la Picardie, celui de Saint-Riquier, qui disparut comme les autres. Puis on procéda aux abjurations forcées. Les exécutions militaires eurent le don d'opérer des conversions, dit le Bourgeois d'Abbeville dans son manuscrit. Les fidèles les plus résolus, ceux des campagnes, ne cédèrent qu'après avoir été accrochés dans leurs cheminées, chauffés, brûlés, étouffés dans la fumée. L'évêque d'Amiens accompagnait les dragons. Plus des trois quarts des protestants de la province émigrèrent en Angleterre et en Hollande. Des ouvriers saint-quentinois portèrent l'industrie de la gaze en Brandebourg. D'autres introduisirent en Angleterre le tissage des toiles fines ou batistes, et en Hollande celui des velours à dessins, dits velours d'Amiens, connus depuis sous le nom de velours d'Utrecht. Il y eut un quartier de Picardie à Edimbourg, un autre à Londres, et des réfugiés picards fondèrent près de Cassel le village de Friedrichsdorf, où la langue française s'est conservée jusqu'à nos jours. — La monstrueuse exhibition des cadavres des relaps traînés sur la claie, n'empêcha pas les assemblées de recommencer dès le lendemain de la Révocation. Le proposant Desgroux fut envoyé aux galères, sans doute pour avoir exhorté ses coreligionnaires, dont plusieurs le rejoignirent au bagne en 1686 et en 1687. Les assemblées se multiplièrent l'année suivante, grâce au dévouement des pasteurs du Désert. En 1688, Bernard était à Saint-Quentin, Cottin parcourait toutes les Eglises du Nord, et une assemblée fut surprise à Landouzy. En 1691, Masson mourait dans ce village, peu avant qu'y arrivât son collègue Givry, natif de Vervins, qui eut la joie suprême de recevoir dans la boîte à Cailloux, près de Templeux-le-Guérard (cant. de Roisel, Somme), l'abjuration de cinq cents anciens catholiques de sept villages. En 1695, Brousson visitait à son tour les Eglises de Picardie, qui ne virent plus de pasteurs qu'un demi-siècle plus tard. Malgré de nombreuses arrestations, les prosélytes de Givry demeurèrent fermes. En 1714, une carrière souterraine, située près de Templeux, fut murée à la sollicitation des curés, parce qu'il s'y tenait des réunions nocturnes. Après l'édit barbare de 1724, qui provoqua une nouvelle émigration, l'intendant Chauvelin écrivait : « Nous n'avons guère dans ce département que les environs de Saint-Quentin et de Péronne, où il y a encore un assez grand nombre de gens de la R. P. R. » De son côté, l'évêque de Noyon affirmait que la « perversion » faisait chaque jour des progrès près de Péronne; en 1727, il renouvelait ses plaintes et dénonçait les coupables. Du Vermandois le mouvement se communiqua à l'Amiénois; en 1743, des anciens catholiques embrassèrent la Réforme dans des réunions tenues à Senlis (arrond. de Doullens) par un meunier. Telle fut l'origine de la paroisse actuelle de Contay. Interrompues partout par la violente persécution de 1745, les assemblées recommencèrent en 1751, sans doute à l'arrivée du pasteur Pélissier, dit Dubesset, du surnom duquel M. Rossier a fait un ministre Duplessis qui n'a jamais existé. La persécution non moins violente de 1752 obligea Pélissier de se retirer en Hollande, d'où il revint cinq ans après. A l'ouest de Doullens, sur les confins de la Picardie et de l'Artois, Louis Duménil, de Grouches, se mit à son tour à faire des prosélytes, dont les descendants appartiennent également à l'Eglise de Contay. Enfin le Paul Rabaut du Nord, François Charmuzy, que la tradition (suivie par M. Rossier) a transformé en Charles Moisi (*musi* se dit pour *moisi* en picard), réorganisa en 1769 les Eglises de Lemé, Landouzy, Esquéhéries, Flavy-le-Martel, Hargicourt, Templeux, Lempire, Jeancourt, Lehaucourt, ainsi que celles du Cambrésis. Arrêté en chaire, le jour de Pâques 1770, à Nanteuil, il mourut en prison à Meaux, pendant l'instruction de son procès, qui pouvait se terminer par une condamnation capitale. Charmuzy eut pour successeur Briatte ; de 1771 à 1773, celui-ci visita deux fois par an toutes les Eglises du Nord et celles de la Brie, et n'interrompit son ministère qu'après l'arrestation de son collègue de Meaux, Broca. Un autre pasteur, nommé Loreille, faisait concurrence à Briatte, en 1772, et était accueilli à Landouzy et dans le Cambrésis. Trois ans plus tard, Bellanger, s'étant improvisé ministre, remplaçait Briatte ; il présidait, en 1776, le colloque des Eglises de Templeux, Hargicourt, Jeancourt, Heucourt et Cempuiz, dans lequel il prenait l'engagement de visiter chaque Eglise trois fois par an, au lieu de deux. Bientôt le nombre des pasteurs augmenta malgré la persécution. Il y en eut quatre au synode tenu à Bohain en 1779, bien que la Brie, qui avait aussi le sien, eût refusé de s'y faire représenter, à cause de l'irrégularité du ministère de Bellanger. Ces quatre étaient Bellanger, de la rue de Bohain (Lemé), pour la Thiérache, Dolivat, d'Hargicourt, pour la Picardie (c'est-à-dire le reste de la province), Fontbonne-Duvernet, pour le Cambrésis, et Racine, pour l'Orléanais et le Berry. Peu après le synode, Dolivat fut emprisonné, et relâché à condition de passer à l'étranger. Née le remplaça en 1780. Bellanger mit fin à son ministère la même année, et eut pour successeurs Rangdesadreit (1781-1782), et Gential, dit Lasagne (1783-1788). A partir de 1785, la formule « Au Désert » disparaît des registres de l'Eglise de Lemé, et trois ans plus tard, grâce à l'édit de tolérance (1787), la contrée, qui n'avait qu'un ministre en 1770, en comptait six : Lasagne à Lemé, Malfuson à..., Née à Hargicourt, Devismes à Quiévy en Cambrésis, Hervieux à La Ferté-sous-Jouarre, Moru à Loisy en Brie. Devismes consacrait une part de son temps aux fidèles de Contay et à ceux de la basse Picardie (Vraignes, Ainval, Vergies, Fresneville, Heucourt). A Abbeville, Saint-Valery, Oisemont, Neufville, Prouville, Herly, Belleuse, Montdidier, le protestantisme était absolument éteint. La Picardie compte actuellement 7,400 protestants et treize pasteurs prêchant dans trente-deux temples et douze oratoires : *Amiens*, Vraignes, Ainval, Flixecourt (Abbeville, Ailly) ; *Contay*, Harponville, Toutencourt, Warloy, Franvillers ; *Doullens* (Milly, Terramesnil) ; *Templeux*, Lempire ; *Jeancourt*, Vendelle ; *Hargicourt* ; *Nauroy*, Serain, Montbrehain, Levergies ; *Saint-Quentin*, Flavy-le-Martel (Lafère, Laon, Tergnier, Trosly); *Fresnoy* (Bohain, Essigny) ; *Grougis* (Guise) ; *Esquéhéries*, Floyon, Hannapes ; *Lemé*, Sains (Saint-Gobert) ; *Landouzy*, Neuvemaison, Parfondeval, Leuze. — Voyez L. Rossier, *Hist. des prot. de Picardie*, Paris, 1861, in-12 ; notre *Essai historiq. sur les Egl. réf. de l'Aisne*, Paris, 1860, in-8° ; *Bullet. de l'hist. du prot.*, 2e série, II, 166 ; IV, 245 ; XIII, 269 ; *Bullet. de la Société chrét. prot. du Nord*, Saint-Quentin, 1857, in-8°, p. 40 ; F. de Schickler, *Géographie historiq. de la France prot.*, Paris, 1879, grand in-8° ; Louandre, *Hist. d'Abbeville*, etc., Paris, 1844, in-8° ; le P. Daire, *Hist. d'Amiens*, 1752-1757, in-4° ; H. Lefils, *Hist. civile... de Saint-Valery*, 1858, in-8° ; Colliette, *Mém. pour... l'hist. du Vermandois*, Cambray, 1771, in-4° ; Amédée Piette, *Hist. de Vervins*, Vervins, 1841, in-8°, et *Hist. de l'abbaye de Foigny*, Vervins, 1847, in-8° ; l'abbé Pécheur, *Hist. de Guise*, 1851, in-8° ; *La Thiérache*, Vervins, 1872 ; *Annuaire prot.*, Paris, 1878, in-12. O. Douen.

PICARDS. Voyez *Bohème*.

PICOT (Pierre), descendant d'une famille française de Noyon en Picardie, émigrée pour cause de religion à l'époque de Calvin et alliée à celle de l'illustre réformateur, est né à Genève le 29 janvier 1746. Après avoir heureusement terminé ses études de théologie et reçu la consécration au saint ministère, il voyagea en France, en Hollande et en Angleterre, puis revint dans sa patrie où ses talents oratoires lui valurent de grands succès. Il remplit après cela, pendant dix ans, les fonctions de pasteur dans la paroisse rurale de Satigny et se fixa ensuite définitivement à Genève, où il fut nommé d'abord pasteur et professeur honoraire d'histoire ecclésiastique, puis professeur titulaire de dogmatique. Pierre Picot était fort apprécié dans la société genevoise pour la gaieté de son esprit et la bonté de son caractère ; on estimait, non seulement sa science théologique, mais ses talents poétiques et ses connaissances dans une science étrangère à ses occupations naturelles, mais pour laquelle il avait un goût prononcé, l'astronomie. Quand Pierre Picot mourut en 1822, il vivait dans la retraite et avait, depuis quelques années, renoncé à toute fonction officielle. Parmi ses écrits, on doit particulièrement mentionner une thèse en latin sur le déluge, présentée par lui à la fin de ses études de théologie; un « sermon d'actions de grâces pour la restauration de la république genevoise (1815), » et un volume de sermons publié après sa mort en 1833.

PICOT (Jean), fils du précédent, né à Genève le 6 avril 1777, fit avec succès ses études dans sa ville natale. Il se rendit ensuite à Paris pour étudier les sciences naturelles vers lesquelles le portaient soit ses goûts et ses dispositions, soit l'amitié qui le liait à son contemporain Aug. Pyr. de Candolle et au professeur Dolomieu qui reçut lui-même les deux jeunes gens dans sa maison. Forcé, bien à contre-cœur, de renoncer à l'étude de l'histoire naturelle, il revint à Genève, où il suivit les cours de l'auditoire de droit et fut reçu avocat en 1798. Dès lors, il servit son pays, soit comme adjoint du maire, soit comme conseiller de préfecture, et fut, en cette qualité, député auprès de Napoléon, avec lequel il eut quelques moments d'entretien; après la restauration, il fut nommé membre du conseil représentatif. Ces charges publiques lui laissèrent le temps de remplir une chaire de professeur d'histoire et de travailler à la publication de divers ouvrages historiques. Il fit d'abord paraître une *Histoire des Gaulois* (1804), plus tard, en 1808, des *Tablettes chronologiques*, et enfin, en 1811, une *Histoire de Genève* (3 vol.), où l'on retrouve les qualités qui distinguent ses autres ouvrages, c'est-à-dire, avant tout, la simplicité, l'intérêt et une parfaite clarté. Cet ouvrage, qui est inspiré par un esprit patriotique sans cesser pour cela d'être strictement impartial, expose les annales de la république genevoise jusqu'à sa réunion avec la France, c'est-à-dire surtout pendant la période où Genève occupa une position exceptionnelle dans le monde religieux, comme cité exclusivement protestante, de telle manière que l'auteur, sans se préoccuper spécialement des questions religieuses, y touche à chaque instant. Depuis lors, Jean Picot publia encore quelques ouvrages de statistique; mais, de bonne heure, il renonça aux fonctions officielles et à la publicité pour suivre ses goûts qui le portaient vers une vie tranquille et retirée. Sa parfaite bienveillance et la bonté de son caractère lui attiraient de la part de tous ceux qui l'entouraient une estime et une affection qui embellirent singulièrement les dernières années de sa vie. Jean Picot est mort en 1864, âgé de près de quatre-vingt-huit ans.

A. NAVILLE.

PICOT (Michel-Joseph-Pierre), né en 1770 à Neuville-aux-Bois, près d'Orléans, mort à Paris en 1841, se livra spécialement à l'étude de l'histoire ecclésiastique du dix-huitième siècle, et se consacra avec un grand zèle à la défense de la religion au sortir de la tourmente révolutionnaire. Il fut chargé en 1806 de diriger le *Mémorial catholique*, journal mensuel que l'abbé de Boulogne, plus tard évêque de Troyes, avait fondé, et en 1814 il dirigea *l'Ami de la religion et du roi*, qui devint bientôt l'organe officiel du clergé, et qu'il rédigea jusqu'en 1840. On a encore de l'abbé Picot: 1° des *Mémoires*, 1806; 2° *Mémoire pour servir à l'Histoire ecclésiastique pendant le dix-septième siècle*, Paris, 1806; 1815-1816, 4 vol. in-8°; 3ᵉ éd., 6 vol. in-8°; 3° *Essai historique sur l'influence de la religion en France pendant le dix-huitième siècle*, 1824, 2 vol.; 4° une édition des *Œuvres* de l'abbé de Boulogne, 1827; il y a ajouté un *Tableau religieux de la France sous le Directoire*, et un *Précis historique sur l'Eglise constitutionnelle*; 5° un grand nombre d'articles sur l'histoire ecclésiastique dans la *Biographie universelle*.

PICPUS ou **PICPUSSES**, religieux du tiers-ordre de Saint-François, appelés aussi pénitents. On les nomme picpus à cause d'un de leurs couvents qui fut bâti en 1601 à Picpus, petit village qui touchait au faubourg Saint-Antoine à Paris. Ce couvent a donné son nom à l'ordre entier. Ces franciscains se nomment à Paris religieux pénitents de Nazareth, et dans quelques provinces on les appelle tiercelins. Le couvent de Picpus a été fondé par Jeanne de Sault, veuve de René de Rochechouart, comte de Mortemar; Henri IV lui accorda des lettres patentes, et Louis XIII posa la première pierre de l'église. Supprimée en 1790, cette congrégation a été rétablie sous la Restauration.

PICTET (Bénédict), fils d'André Pictet, ancien syndic de la république de Genève, et de Barbe Turrettini, naquit à Genève le 30 mai 1655. Après avoir fait de brillantes études littéraires et théologiques dans sa ville natale, il visita, en compagnie d'Antoine Léger, la France, la Hollande et l'Angleterre, et se lia avec tout ce que le protestantisme comptait alors de distingué dans ces divers pays. A Leyde, il soutint des thèses publiques sous la présidence de F. Spanheim. Consacré au saint ministère le 29 juin 1678, B. Pictet fut nommé pasteur de Saint-Gervais, l'un des faubourgs de la ville, en 1680, puis professeur de théologie l'année suivante. Il devint recteur de l'académie en 1690 et exerça cette charge avec honneur pendant plusieurs années. La réputation de Pictet comme écrivain (il avait publié en 1696 une *Theologia christiana*) franchit bien vite les limites de sa patrie. En 1701, l'université de Leyde le sollicita de remplacer Spanheim qui venait de mourir, mais il refusa cet appel honorable, malgré les grands avantages qui lui étaient offerts, pour demeurer au service de son pays. — Partisan très convaincu du calvinisme de Dordrecht, quoiqu'il apportât dans son orthodoxie une onction que l'on connaissait peu à son époque, Pictet entra en lutte ouverte avec ceux de ses collègues de la compagnie, qui, partisans de l'abrogation du *Consensus*, demandaient que la souscription ne fût plus obligatoire pour les ministres de l'Eglise de Genève. Il maintint, dans une série de mémoires adressés au conseil, que cette signature était nécessaire pour conserver l'unité de la foi. « Prenez garde, écrivait-il, on nous ôte la formule : « Ainsi je pense, » puis on enlève les mots : « Ainsi j'enseigne, » et l'on dit qu'il faudra se contenter de ceux-ci : « Je n'enseignerai rien de contraire. » Sans doute à présent on ne veut plus rien au delà. J'appréhende pour la suite, je vois que les exhortations seront inutiles ; on attaquera le synode de Dordrecht... les confessions de foi. Je crains l'établissement de l'arminianisme et je redoute même des choses plus graves ; les esprits du siècle sont entièrement portés à la nouveauté... » Pictet avait vu juste, mais des signatures hypocrites eussent-elles pu conjurer la réaction qui montait? Il le comprit sans doute, car après l'abolition du *Consensus*, le 25 juin 1706, il fut un des premiers à accepter le formulaire qui le remplaça, formulaire qui se bornait à *exhorter* à n'enseigner rien dans l'Eglise et dans l'académie contre les canons du synode de Dordrecht. Au milieu de ces discussions, de travaux pastoraux des plus actifs, de prédications fréquentes et d'un enseignement suivi à l'académie, Pictet trouva le temps de publier des ouvrages considérables de théologie dogmatique et morale. Le nombre de ces écrits imprimés s'élève à plus de cinquante. On en trouvera la liste complète dans le *Dict. biogr. de Genève et de Vaud*, de M. A. de Montet, t. II, p. 293-294. Les plus célèbres sont sa *Theologia christiana*, Gen., 1696, publiée par lui en français en 1701 et en 1708, en 3 vol. in-4°, et sa *Morale chrétienne ou l'art de bien vivre*, Genève, 2 vol. in-12 (1692, 1693, 1700 et 1710). Ces deux vastes traités, qui embrassent l'ensemble de la morale et de la dogmatique, sont la fidèle expression de la foi de leur auteur. D'une orthodoxie irréprochable, ils n'ont rien de la sécheresse ni de la raideur scolastique du dix-septième siècle. On y trouve une largeur de vue et un esprit de tolérance dans les choses secondaires presque inconnus chez les théologiens immédiatement antérieurs. Pictet avait appris sa théologie ailleurs que dans les formules, dans un contact direct avec la Bible et la personne du Sauveur, et dans des relations constantes avec les malades et les mourants au chevet desquels on le rencontrait chaque jour. — A l'enseignement théologique, en effet, Pictet unit durant toute sa carrière l'enseignement pastoral ; il s'occupa activement aussi des pauvres et surtout des réfugiés pour la foi. Généreux jusqu'à la prodigalité, il sacrifia en faveur de ces derniers une grande partie de son avoir, et quand il eut perdu toute sa fortune, il sut encore s'ingénier pour leur venir en aide. Estimé de ses concitoyens qui admiraient la conséquence de sa vie avec ses principes, Pictet fut aussi l'objet de distinctions flatteuses de la part des étrangers. La société anglaise pour la propagation de la foi l'admit au nombre de ses membres correspondants (1706), et l'académie des sciences de Berlin parmi ses associés étrangers (1714). Pictet mourut le 10 juin 1724 d'une fièvre maligne. L'Europe protestante s'associa tout entière au deuil de la république. — Voyez E. de Budé, *Vie de Bénédict Pictet*, Lausanne 1874 ; Gaberel, *Hist. de l'Eglise de Genève*, t. III, etc. LOUIS RUFFET.

PIE Ier fut évêque de Rome, d'après la *Chronologie* de M. Lipsius, pendant quinze ou seize ans et mourut entre 154 et 156. Le vieux *Catalogue libérien* de 352 le fait régner de 146 à 161. Le *Catalogue félicien* de 530 nous dit qu'il était d'Aquilée et qu'il fut enterré auprès du corps de saint Pierre. Le *Catalogue de* 352, dont M. Lipsius fait remonter le témoignage à saint Hippolyte, écrit : *sub hujus episcopatu frater ejus Ermes librum scripsit*, etc., et le célèbre fragment de Muratori : *Pastorem vero nuperrime temporibus nostris in urbe Roma Herma conscripsit sedente cathetra urbis Romæ æclesiæ Pio eps. fratre ejus*, etc. (Harnack, *Zeitschr. f. Kirchengesch.*, III, 4, 1879 ; éd. Tregelles, Oxford,

1867, in-4°). C'est là tout ce que nous savons de précis sur cet antique évêque. Il régna entre Anicet et Hygin.

PIE II. Æneas Sylvius Piccolomini, de Corsignano, près de Sienne, fut élu le 27 août 1458 ; il avait tour à tour servi toutes les causes avec une adresse égale : secrétaire du concile de Bâle, il avait combattu les prétentions de la cour de Rome ; chargé par l'antipape Félix V d'une mission auprès de Frédéric III, il avait accepté de ce dernier les fonctions de secrétaire et de consulteur de l'empire, enfin il s'était rallié à Eugène IV, qui prit soin de sa fortune dans l'Eglise. Dès après son avènement, Pie II, qui de tout temps avait recommandé l'union aux chrétiens et signalé les progrès alarmants des Turcs, fit la paix avec les ennemis du saint-siège en Italie et convoqua une diète des princes italiens à Mantoue pour y préparer et proclamer la guerre sainte. Son appel ne fut pas entendu d'abord ; il fallut que le danger approchât de la Péninsule même pour réveiller les princes. « On a peu de crédit quand on dit aux autres : *allez ;* peut-être le mot *venez* fera-t-il plus d'effet. » Pie II voulut essayer d'entraîner les peuples à sa suite ; une foule indisciplinée et sans ressources s'assemble à Ancône, le pape en arrivant ne peut leur donner que les indulgences de l'Eglise : les croisés se dispersent et Pie II, découragé, meurt le 4 août 1464. Tout en se consacrant presque exclusivement aux préparatifs de la croisade, Pie II s'occupa des affaires spirituelles : par la bulle *Execrabilis*, 18 janvier 1460, il défend les appels au concile ; par une autre bulle datée du 26 avril 1463, il désavoue ce qu'il a écrit autrefois en faveur du concile de Bâle ; il obtient de Louis XI l'abrogation de la pragmatique sanction, par l'influence de Jean Gaufredy, évêque d'Arras (1463). Les humanistes avaient espéré que Pie II, qui était lui-même un écrivain et un savant distingué, serait avant tout le protecteur des lettres et de l'érudition ; il ne répondit qu'imparfaitement à leur attente : il fonda, il est vrai, le collège des abréviateurs, qui fut ouvert aux hommes les plus éminents de toute nation ; il continua de travailler à ses ouvrages, qu'il soumit au jugement des gens de goût ; il se fit lire les vers et les discours des littérateurs qui étaient accourus à Rome. Mais à cela se bornèrent les marques de sympathie qu'il accorda à ceux qui comptaient sur ses libéralités. — Voyez G. Voigt, *Ænea Sylvio de Piccolomini...* Berlin, 1856-1863, Gobellinus (Pius II), *Commentarius rerum memorabilium apud Sylvii opera omnia* ; Ant. Campano, *Vita Pii II.*

PIE III. François Piccolomini de Sienne, parent de Pie II, fut élu le 22 septembre 1503, malgré les intrigues et les menaces du cardinal d'Amboise, qui avait retenu près de Rome l'armée française. Le pontificat de Pie, qui ne dura que vingt-sept jours, permit aux cardinaux de se reconnaître et de fixer leur choix sur un pape capable et énergique. Les Vénitiens profitèrent de la faiblesse du gouvernement pontifical pour reprendre les places qu'Alexandre VI leur avait enlevées.

PIE IV. Jean Angelo de Médicis, Milanais, frère du fameux marquis de Marignan, fut élu le 26 décembre 1559. A ses débuts il se montre clément, mais après quelque temps, sur les instances, dit-on, de l'Espagne, il fait instruire le procès criminel des Caraffa, parents de Paul IV, accusés de violences, de concussions et d'assassinat, et prononce lui-même la sentence de mort contre le cardinal Caraffa, le duc de Palliano et deux autres membres de leur famille. Pie IV refusa toute influence à ses propres neveux ; un seul, Charles Borromée, cardinal à vingt-deux ans, partagea le pouvoir avec le pape, et ce fut tout profit pour l'Etat et pour l'Eglise. Persuadé que l'autorité pontificale ne peut se maintenir qu'avec l'appui des souverains, il s'efforce de vivre en paix avec eux; pour leur complaire et pour éviter la réunion d'un synode national en France, il se décide à convoquer le concile, qui « doit réformer, comme il dit lui-même, ce qui est à réformer dans le pape et dans ses affaires. » La dix-septième session du concile de Trente fut tenue le 18 janvier 1562, la vingt-cinquième et dernière le 4 décembre 1563 ; bien que la discussion ne portât que sur des questions de discipline intérieure et sur la hiérarchie, ou peut-être à cause de cela, les Pères eurent grand'peine à s'entendre avec les légats, et il ne fallut rien moins que l'éloquence du cardinal de Lorraine et l'adresse du cardinal Morone pour écarter des difficultés qui surgissaient à chaque pas. Les évêques espagnols défendirent avec énergie leurs antiques franchises, Ferdinand réclama avec insistance le mariage des prêtres et la communion sous les deux espèces, et pour hâter une solution qui tardait trop, la curie romaine se vit obligée de traiter directement avec les cours catholiques (voyez *Concile de Trente*). La bulle pontificale du 26 janvier 1564 confirme les décrets du concile, celle du 13 novembre suivant contient une profession de foi que devront signer tous les bénéficiers et supérieurs, tant séculiers que réguliers. Pie IV, peu versé dans la théologie, avait laissé aux congrégations le soin de trancher les questions religieuses et de soutenir les droits du saint-siège; il se plaisait aux fêtes, aux conversations; il s'entourait d'une cour brillante et froissait par ses allures profanes des hommes exaltés qui le jugeaient indigne de continuer l'œuvre de Paul IV. Il se rencontra même des fanatiques qui projetèrent d'assassiner le pape (1565). Pie fait publier un Index de livres défendus, conformément aux règles établies par le concile, et rédiger sous la direction de Charles Borromée le catéchisme qui ne parut qu'un an après sa mort (1567). Palestrina compose la *Missa di papa Marcello*, après quoi la congrégation des cardinaux décide qu'on ne s'en tiendrait pas uniquement dans l'Eglise au *canto fermo*. — Voyez les relations des ambassadeurs vénitiens L. Mocenigo, Gerolano, Soranzo, Giacomo Soranzo, Tiepolo, apud Albéri, II.

PIE V. Michel Ghislieri, de Bosco, près d'Alexandrie, fut élu le 7 janvier 1566 par le parti des rigoristes, sur la recommandation de Charles Borromée; il resta sur le trône pontifical ce qu'il avait toujours été, un moine sincèrement pieux et un inquisiteur fanatique. Persuadé que la réforme du chef et des membres pouvait seule assurer le triomphe de l'Eglise, il usa de tous les moyens, bons ou mauvais, pour rétablir la discipline et les mœurs, pour maintenir la pureté de la foi : donnant l'exemple d'une vie consacrée à Dieu, il se crut en droit d'exiger des autres l'austérité la plus sévère et de frapper sans pitié ceux qui manquaient à leurs devoirs religieux ou s'écartaient si peu que ce fût de la doctrine catholique ; « il n'eut jamais assez de bûchers et ne trouva jamais le saint-office assez rigoureux. » Sur sa demande, les inquisiteurs reprirent d'anciens procès oubliés ou revisèrent des sentences prononcées en pays étranger. Les évêques sont tenus à la résidence, les couvents soumis aux règles étroites de leur ordre ; la bulle du 29 mars 1567 frappe d'excommunication tous ceux qui aliéneront ou conseilleront d'aliéner les domaines de l'Eglise ; la bulle *In cœnâ Domini*, publiée avec de nouvelles additions, rappelle les prétentions du saint-siège et menace plus que jamais l'indépendance des souverains temporels. Malgré l'empressement que témoignaient la plupart des princes catholiques à seconder l'œuvre de restauration entreprise par Pie V, celui-ci trouva que Catherine de Médicis et même Philippe II ne faisaient pas assez. « J'ai recherché le bien sans égard pour personne, disait-il, et je me suis fait des ennemis ; depuis que je suis pape, je n'ai éprouvé que des désagréments et des déceptions. » A Rome même, où il voulait tout réformer et faire disparaître les abus qui rendaient la vie intolérable, il ne réussit qu'à changer les apparences; il publie une loi somptuaire (1567) dont les sévérités sont illusoires, il empêche la vénalité de la justice, et tous ceux qui sont accusés de quelque délit que ce soit prennent la fuite et vont rejoindre les brigands ; il réduit les dépenses de la cour, et malgré cela il se voit obligé de créer de nouveaux impôts. Les mesures qu'il prend dans l'intérêt de la moralité publique sont tellement excessives, qu'il les rapporte aussitôt, sur la demande des *conservateurs*. La politique extérieure lui promettait des succès plus sérieux; il était persuadé que les huguenots succomberaient en France et contribua de ses deniers à soutenir le parti catholique ; il encouragea le duc d'Albe qui essaya d'étouffer dans le sang la révolte des Pays-Bas ; il entrevit la possibilité de ramener l'Angleterre dans le giron de l'Eglise, en faisant assassiner la reine Elisabeth. A défaut de succès contre les protestants, il eut du moins la satisfaction d'arrêter les progrès des Turcs. Plus que personne Pie V fut ardent à prêcher la croisade : il promit des secours aux Vénitiens, il entraîna Philippe, il décida le choix de don Juan d'Autriche ; il ne s'en tint pas là : une flotte pontificale et une armée levée à grands frais et placée sous le commandement de Marc-Antoine Colonna, rejoignirent les Vénitiens et les Espagnols et eurent l'honneur de contribuer à la victoire de Lépante. Ce qui montre bien le rôle joué par Pie V, c'est qu'après sa mort, la Ligue des Etats chrétiens ne fit plus rien; elle avait perdu son chef. Pie V mourut le 1er mai 1572; il fut canonisé par Clément XI, le 22 mai 1712. Sous ce pontificat, la plupart des documents déposés à Avignon furent transférés à Rome. — Voyez Catena, *Vita di Pio V*, Roma, 1586 ; A. Maffei, *Vita di santo Pio V*, Roma, 1712 ; Relations de Paolo Tiepolo, Michele Soriano, apud Albéri, II; de Falloux, *Histoire de saint Pie V*,

Paris, 1843; A. Guglielmotti, *Marcantonio Colonna alla battaglia di Lepanto*, Florence, 1862.

PIE VI. Jean-Angèle Braschi, de Césène, fut élu le 15 février 1775, après quatre mois de conclave. Pie VI s'occupa tout d'abord des intérêts matériels de ses Etats : il fit dessécher une partie des marais Pontins, rouvrir la voie Appienne depuis Cisterna jusqu'à Terracine, agrandir le port d'Ancône; il introduisit l'éclairage des rues, pourvut par de fréquentes patrouilles à la sécurité publique. Rome attira de nombreux étrangers, souverains, savants et artistes, dans les premières années de ce pontificat, plus tard elle offrira une généreuse hospitalité aux émigrés de la Révolution française. Les réformes de Pie VI, son népotisme obérèrent les finances du saint-siège; le peuple fut écrasé d'impôts. Cette mauvaise situation n'était pas ce qu'il y avait de plus alarmant. Dans presque tous les pays catholiques, les gouvernements se mirent en opposition avec Rome : Joseph II, le grand-duc Léopold de Toscane, le roi de Naples contestent les droits du pape, les électeurs ecclésiastiques d'Allemagne publient la célèbre déclaration d'Ems, le concile de Pistoie, convoqué par ordre de Joseph II, prétend réformer l'Eglise. Souverains, philosophes et prêtres jansénistes semblent s'accorder pour amoindrir l'autorité du saint-siège, affranchir le clergé et faire triompher le pouvoir temporel. Ni le voyage du pape à Vienne, ni la bulle *Auctorem fidei* (1789), ne changent les dispositions hostiles de l'empereur et des évêques. La Révolution française réservait à Pie VI des difficultés bien autrement sérieuses : la loi sur les biens de l'Eglise de France, la constitution civile du clergé, l'abolition des vœux monastiques furent solennellement condamnées par le pape, qui frappa même d'excommunication les prêtres constitutionnels les plus influents. Pie VI, sans prendre une part active à la coalition des souverains, fut considéré comme un des adversaires les plus dangereux de la Révolution : il perdit Avignon, il fut menacé dans Rome même à la suite de l'occupation de Nice et de la Savoie. Mais ce ne fut qu'après les victoires de Bonaparte en Italie que Pie VI se vit contraint de faire abandon à la France d'une partie de son territoire italien : le traité de Tolentino lui enlève Bologne, la Romagne et lui impose l'occupation militaire d'Ancône ; il le laisse maître de ses autres Etats, sans exiger même la révocation de ses bulles de condamnation et la reconnaissance des réformes opérées dans l'Eglise française. Peu de temps après, le 28 décembre 1797, une émeute dans laquelle périt le général Duphot fournit à Berthier un prétexte pour s'emparer de Rome : Pie VI est fait prisonnier, il supplie qu'on le laisse mourir où il a vécu ; on lui répond qu'il peut mourir partout et on l'emmène de force, malgré ses quatre-vingts ans, d'abord à Sienne, puis à Valence, où il meurt le 29 août 1799. — Voyez Coppi, *Annali*; Botta, *Histoire de l'Italie*; Ferrari, *Vita Pii VI*, Padoue, 1802.

PIE VII. Barnabé-Louis Chiaramonti, de Césène, fut élu le 14 mars 1800 au couvent de San Giorgio, près de Venise, et rentra à Rome le 3 juillet. Le 11 août, Consalvi, le plus habile politique du collège des cardinaux, est appelé à la charge de secrétaire d'Etat, qu'il exercera au grand profit du saint-siège jusqu'à la mort de Pie VII. Bonaparte, vainqueur à Marengo, voulait rétablir en France le catholicisme de Bossuet et se servir, pour ses projets de restauration, de la papauté, comme d'un « levier d'opinion. » Il se mit en rapport avec Rome et réussit, après de longues négociations qui faillirent plus d'une fois être rompues par la résistance de Consalvi, envoyé à Paris, ou par l'impatience du premier consul, à faire accepter au pape le concordat du 26 messidor an IX (15 juillet 1801); il y ajouta de sa propre autorité les articles organiques contre lesquels Pie VII a toujours protesté (voyez *Concordat*). Le 16 septembre 1803, le concordat italien plaça l'Eglise de la Péninsule sous le même régime, ou peu sans faut, que l'Eglise de France. Pie VII, malgré ses scrupules et ceux des cardinaux, était ravi de voir « les autels relevés, l'étendard de la croix déployé de nouveau à tous les regards, les pasteurs légitimes placés à la tête des troupeaux, tant d'âmes égarées ramenées sur le vrai chemin et réconciliées avec elles-mêmes et avec Dieu; » mais à quel prix il obtenait ces heureux résultats, Napoléon le lui fit comprendre bientôt. Dans l'espoir de tirer par la condescendance et la persuasion quelque avantage de ses rapports avec l'empereur, il se décide à partir pour Paris et à y couronner le nouveau Charlemagne; sa complaisance ne lui rapporta rien; au contraire, Napoléon, maître de la Péninsule, supportait impatiemment l'indépendance temporelle et l'autorité spirituelle du pape: « Votre Sainteté est souveraine de Rome, mais j'en suis l'empereur, » disait-il, et sous prétexte que Pie VII faisait revivre des droits surannés sur le royaume de Naples et refusait de fermer ses ports aux Anglais, il envoya une armée d'occupation à Rome et réunit Urbin et Ancône à ses territoires (1808). En 1809, un nouveau décret enlève « à l'évêque de Rome les domaines que Charlemagne a concédés à titre de fiefs » et déclare Rome ville libre et impériale. Pie VII répond à ces mesures par une bulle d'excommunication; il est arrêté et conduit à Savone; dans cette dernière ville, seul, abandonné à lui-même, il se résigne à ratifier les décisions du synode de Paris, relatives à l'institution des évêques; il fait cette concession dans l'intérêt de la paix de l'Eglise et pour épargner aux prêtres des souffrances qu'on avait exagérées à dessein. A Fontainebleau, où on le mena malgré son état de faiblesse, il céda sur d'autres points et signa le concordat de 1813, mais ce fut pour révoquer aussitôt les articles qu'il avait accordés. Le 23 janvier 1814 il quitte Fontainebleau, le 24 mai il rentre dans sa capitale aux acclamations du peuple : trois mois après, l'ordre des jésuites, qui avait été autorisé en Russie dès 1801 et dans le royaume de Naples en 1804, fut solennellement rétabli par la bulle *Sollicitudo omnium*; la restauration de l'inquisition suivit de près. Consalvi était chargé de défendre les intérêts du saint-siège au congrès de Vienne : il s'acquitta de sa mission avec un talent extraordinaire, mais quoiqu'on lui eût accordé presque tout ce qu'il avait réclamé, il refusa de reconnaître la paix de Vienne, parce qu'il n'avait pas tout obtenu. La domination française avait laissé bien des traces dans les Etats romains ; Consalvi, par le *Motu proprio* de 1816, annonça qu'on n'abandonnerait pas toutes les institutions qui étaient reconnues excellentes ; malheureusement les finances donnèrent de grands embarras au gouvernement, de même que la juridiction et les sociétés secrètes. Peu à peu les anciens abus reprirent et l'administration romaine rentra dans l'ornière d'où la Révolution l'avait tirée. Pie VII signa des concordats avantageux pour le saint-siège avec l'Espagne, la France, la Bavière, Naples ; la bulle *De salute animorum* (1821) régla les rapports de Rome avec la Prusse. Pie VII mourut le 21 août 1823. — Voyez Artaud de Montor, *Histoire du pape Pie VII*; Henke, *Papst Pius VII*, Marburg, 1860 ; d'Haussonville, *L'Eglise romaine et le premier empire*, Paris, 1868-69 ; de Tournon, *Etudes statistiques sur Rome*, etc., Paris, 1831 ; Crétineau-Joly, *Mémoires du cardinal Consalvi*, Paris, 1864 ; Theiner, *Histoire des deux concordats*, Paris, 1869.

PIE VIII. François-Xavier Castiglioni, de Cingoli, fut élu le 31 mars 1829, sur la recommandation de la France ; il s'engagea envers l'Autriche à prendre Albani comme secrétaire d'Etat. Peu après son avènement, le parlement d'Angleterre vote le bill d'émancipation des catholiques (avril 1829) ; le bref du 25 mars 1830 règle la question des mariages mixtes. Le clergé de France, tout dévoué à la branche aînée des Bourbons, reçut de Pie VIII l'ordre de se soumettre au gouvernement de Louis-Philippe. Pie mourut le 1er décembre 1830. Sous ce pontificat, le Père Roothaan fut choisi comme général de la Société de Jésus (juillet 1829). — Voyez Artaud de Montor, *Histoire du pape Pie VIII*, Paris, 1844 ; Chateaubriand, *Mémoires d'outre-tombe*, t. X.

PIE IX, Jean-Marie Mastaï-Ferretti, de Sinigaglia, fut élu le 16 juin 1846 par les modérés du conclave, qui tenaient, selon le désir exprimé par Guizot, à donner à l'Eglise un pape « qui comprît l'esprit de son siècle et accordât au peuple les réformes dont il avait besoin. » Mastaï, qui avait fait des études fort incomplètes et qui s'était consacré avec un zèle infatigable à ses devoirs épiscopaux à Spolète et à Imola, passait pour un homme tolérant et pieux, capable de réparer les maux causés par la politique trop *roide* et trop *inerte* de Grégoire XVI. Son élection fit grande impression en Italie et en Europe, personne ne doutait que le saint-siège n'entrât résolument dans la voie des réformes ; les patriotes italiens, les libéraux conçurent des espérances exagérées et se trompèrent sur ce que Pie IX pouvait et voulait faire. Un mois après l'élection, l'amnistie combla les vœux des Romains et effraya les Grégoriens et l'Autriche qui pensait que le pape rouvrait les portes aux incendiaires de profession. Les réformes étaient à l'ordre du jour : le cardinal Gizzi, qui avait été choisi comme secrétaire d'Etat, travaillait sans relâche avec Pie IX. L'un et l'autre veulent sincèrement donner satisfaction à l'opinion publique en accordant quelque liberté à la presse, en réorganisant les écoles, en introduisant des laïques dans l'administration, en créant la consulte d'Etat, qui fut réunie le 15 novembre 1847 : malheureusement c'étaient là des promesses plutôt que des actes, et les populations, poussées par le sentiment national, excitées par les révolutionnaires qui rêvaient l'unité de l'Italie et la république, demandaient au pape d'aller plus vite et surtout d'aller plus loin. Pie IX cependant, dans son encyclique *Qui pluribus* du 9 novembre 1846, avait nettement déclaré qu'il ne s'écarterait pas de la tradition de la curie romaine et s'était énergiquement élevé contre les doctrines de liberté, contre les erreurs funestes qu'il condamnera plus tard dans le *Syllabus ;* il n'avait pas hésité à dire maintes fois qu'il léguerait intact à son successeur le pouvoir qui lui avait été confié et qu'il n'accepterait pas certaines formes de gouvernement qui détruiraient la puissance temporelle du pape telle que Dieu, dans ses desseins impénétrables, l'a établie. Mais ces déclarations passèrent inaperçues, Pie IX lui-même, entraîné par l'enthousiasme qu'excitaient ses moindres paroles libérales, sembla parfois ne plus s'en souvenir. De 1846 à 1848 « il entreprit généreusement et sérieusement, bien qu'avec timidité, inexpérience et incohérence, de résoudre la question posée devant lui, la réforme des abus et des vices du gouvernement des Etats romains. » — Quand survint la révolution de 1848, il n'était plus maître de s'arrêter ni de revenir en arrière : il s'associe, en faisant certaines réserves, au mouvement qui portait les Italiens vers l'unité, il engage l'empereur d'Autriche à renoncer à la domination dans la Péninsule. Il est réduit par les révolutionnaires à confier la présidence du ministère à Mamiani, qui se donne pour mission de laisser le pape dans la paix du dogme et d'appeler le parlement à s'occuper des intérêts temporels du pays. Rome était livrée au désordre, la cour ne pouvait s'entendre avec le ministère, et Pie IX résolut en septembre 1848 de tenter un essai de gouvernement constitutionnel sur les conseils et avec l'aide de l'ancien ambassadeur de France, Rossi, qui prit le titre de président du ministère. Rossi représentait le libéralisme modéré, qui comptait plus d'un chef distingué en Italie et même à Rome, mais qui dans ces temps troublés n'avait guère d'adhérents. Le jour de la réunion du parlement (16 novembre 1848), Rossi périt assassiné, et à partir de ce moment le radicalisme est maître dans Rome. Pie IX s'enfuit à Gaëte, proteste contre tout ce qui s'est fait et se fera, refuse le concours de la Sardaigne et réclame l'assistance de l'Autriche, de la France, de l'Espagne et de Naples : c'était dire clairement qu'il avait renoncé aux rêves d'unité nationale. Son exil dura seize mois : quand il revint à Rome (12 avril 1850) tout était changé; le pape réformateur avait perdu ses illusions, le peuple irrité et désabusé s'en prenait à lui de tous ses malheurs. Antonelli remplace Ferretti, successeur de Gizzi, dans la direction des affaires : il établit un conseil d'Etat, promet une consulte des finances, réorganise les Légations, promulgue une loi communale. Sauf ces modestes réformes et ces promesses qui ne pouvaient même pas contenter les moins exigeants, Antonelli ne fit rien pour gagner les Romains et pour répondre à l'attente du gouvernement français qui réclamait du pape quelques améliorations administratives en retour du service qu'il lui avait rendu et de la protection qu'il continuait de lui accorder. Rome rentra dans l'ancienne ornière; les prêtres reprirent toutes les fonctions, les jésuites seuls furent écoutés dans les conseils du souverain pontife. — A défaut de changements dans l'ordre temporel, Pie IX résolut d'en faire dans le dogme. Depuis des siècles l'Eglise était divisée sur la question de l'immaculée conception de la Vierge : les franciscains s'étaient prononcés pour, les dominicains contre l'adoration de la reine du ciel. Grégoire XV, en 1622, avait défendu de contester dans les écrits et même dans les conversations privées l'immaculée conception, dont il aurait voulu faire un article de foi ; Pie VII, à son retour d'exil, s'était empressé de recommander le culte de la Vierge, sa consolatrice dans le malheur. Pie IX fit un pas de plus : sans s'arrêter aux objections des théologiens les plus savants et les plus orthodoxes et après avoir pris l'avis individuel des évêques, il définit et proclama de sa propre autorité le privilège de la très sainte Vierge le 8 décembre 1854. Le dogme nouveau répondait, paraît-il, à un besoin des âmes ; cependant il fut introduit et imposé moins pour consoler les fidèles que pour fournir au pape l'occasion d'affirmer son infaillibilité et sa toute-puissance en matière de doctrine. On s'acheminait dès cette époque vers cette idolâtrie du pouvoir spirituel dont parle l'archevêque Sibour, qui devait faire disparaître dans l'Eglise « toute hiérarchie, toute discussion raisonnable, toute résistance légitime, toute individualité, toute spontanéité. » — La curie sut habilement profiter du vent de réaction qui soufflait sur l'Europe et arracher aux gouvernements de divers Etats des concordats qui étaient tout à l'avantage du saint-siège. Ce fut d'abord l'Espagne qui rétablit en 1851 la religion d'Etat puis ce fut l'Autriche qui renonça en 1855 à tous ses droits sur le clergé et abandonna aux évêques la surveillance et l'inspection des écoles ; elle permit aux prêtres de communiquer en toute liberté avec le pape et à celui-ci de publier ses bulles dans l'empire sans le *placet* du gouvernement. Le Wurtemberg, les Républiques de l'Amérique centrale, d'autres pays encore, sans aller aussi loin que l'Autriche dans la voie des concessions, consentirent également à placer l'Eglise catholique sous l'autorité absolue du saint-siège. Pie IX, toutefois, s'il voyait grandir chaque jour sa puissance spirituelle, sentait que son pouvoir temporel ne résisterait plus longtemps, à moins d'un miracle, aux attaques qui se renouvelaient sans cesse. Il avait oublié ou condamné les rêves d'autrefois, il avait fait alliance avec l'ennemi de l'Italie ; les Italiens n'avaient rien oublié. L'Autriche était restée pour eux le grand obstacle à l'unité nationale, l'étranger qu'il fallait à tout prix chasser de la Péninsule ; leurs rêves ne s'arrêtaient plus à une confédération sous la présidence du pape ; pape et princes devaient céder la place au roi de Sardaigne, chef unique de la nation. L'esprit rétrograde de la cour de Rome, l'obstination de Pie IX qui ne savait pas céder, ne fût-ce qu'en apparence, qui « pareil à une pierre, restait par son propre poids là où il tombait, » firent plus pour hâter le dénouement que les négociations habiles de Turin et les agitations des révolutionnaires; les plus modérés reconnaissaient qu'en fait d'aveuglement, Rome avait atteint les limites du possible et que la situation y était pire que sous Grégoire XVI; les patriotes aussi bien que les libéraux, et pour des raisons diverses, souhaitaient la chute d'un régime qui ne pouvait se comparer qu'à celui de la Turquie. La guerre d'Italie coûta au pape la Romagne ; un peu plus tard il perdit les Marches et l'Ombrie, et déjà en 1861 *Roma capitale* était le cri de ralliement des Italiens. Pie IX lance l'excommunication contre ceux qui ont envahi et usurpé ses domaines, il invoque les traités garantissant l'intégrité des Etats pontificaux; l'Europe reste indifférente; la France, qui a tout tenté pour sauver le pouvoir temporel, rend le saint-siège lui-même responsable de ses malheurs ; dans le clergé même des voix se font entendre, et Carlo Passaglia, ancien professeur de dogmatique au *Collegium romanum*, auteur de la brochure : *Pro causa italica ad episcopos catholicos* (1861), présente une adresse couverte des signatures de dix mille prêtres qui sollicitent le pape de renoncer au pouvoir temporel. La France et l'Italie tenaient à mettre fin à une situation embarrassante pour l'une et pour l'autre; elles signèrent le 15 septembre 1864, sans l'aveu et à l'insu de Pie IX, une convention d'après laquelle la garnison française quittait Rome dans un bref délai et Victor-Emmanuel s'engageait à protéger et à respecter l'indépendance du souverain pontife ; en même temps, le gouvernement italien transférait sa résidence de Turin à Florence, une dernière étape avant d'arriver à sa capitale définitive : Antonelli refusa de prendre connaissance de cette convention, qui resta pour lui et pour la cour nulle et non avenue. — Pie IX, tout préoccupé qu'il était des affaires politiques, ne perdait pas de vue les intérêts religieux : en 1861 il accueillit solennellement les archimandrites bulgares qui se rattachèrent à l'Eglise romaine, l'année suivante il canonisa les vingt-six martyrs qui, en 1594, avaient péri à Nangasaki· en 1864, Françoise-Marie des Cinq-Plaies fut proclamée sainte, et Marie Alacoque bienheureuse. Ces cérémonies attirèrent à Rome un grand concours d'évêques, en présence desquels Pie IX ne se fit pas faute de protester contre les violences dont il était l'objet. La question de la liturgie de Lyon fut tranchée par une décision souveraine du pape, et les délégués du clergé de Lyon envoyés à Rome comprirent que le temps des transactions était passé et que les derniers vestiges des Eglises nationales devaient disparaître. L'acte le plus important de cette époque, ce fut l'encyclique *Quanta cura*, suivie du *Syllabus* qui servit de réponse à certaines doctrines professées par des catholiques dans l'assemblée de Malines (1861) et au congrès scientifique de Munich (1863), mais qui surtout fut une déclaration de guerre à la société moderne. La convention de septembre, plus que les théories des savants, fut cause que Pie IX jeta ainsi le défi à tous les gouvernements et mit les fidèles dans « l'impossibilité de rester bons catholiques sans devenir mauvais citoyens. » Le *Syllabus*, qui compte quatre-vingts articles, énumère les principales erreurs de notre temps, il frappe du même anathème le socialisme, le libéralisme, les sociétés bibliques, l'école qui réclame l'Eglise libre dans l'Etat libre ; il s'attache avant tout à subordonner l'autorité civile à l'autorité ecclésiastique et à faire revivre, en les exagérant, les prétentions de Grégoire VII et d'Innocent III : en somme, c'est une œuvre de colère longuement méditée qui, dirigée contre les adversaires de la papauté, devint fatale à la papauté elle-même, malgré les efforts qu'on a faits pour en atténuer la portée et pour en excuser les violences par les malheurs du temps, par l'athéisme et le péril social. « Il y a des gens, disait à ce propos Massimo d'Azeglio, qui ont la manie du suicide ; on a beau les surveiller, ils trouvent toujours le moment pour se jeter par la fenêtre. » Pie IX ne croyait pas s'être suicidé; bien au contraire, il était convaincu que son pouvoir avait grandi depuis qu'il avait rompu avec le siècle et il se trouvait dans son entourage et dans l'Eglise des hommes qui l'encourageaient à aller jusqu'au bout et à soutenir, sans souci de l'opinion publique, « des doctrines outrées et outrageantes pour le bon sens comme pour l'honneur du genre humain. » — François-Joseph, que le pape avait naguère comblé de louanges et traité de « grand, » fut amené à donner à son empire, à la suite des événements de 1866, une nouvelle constitution qui proclamait la liberté de la presse et la liberté de conscience ; il établit le mariage civil et rendit à l'Etat la surveillance des écoles; Pie IX aussitôt proteste dans un consistoire contre les lois nouvelles qu'il appelle détestables et défend aux catholiques d'Autriche de les reconnaître et de s'y soumettre. Rome était devenue, surtout depuis les malheurs qui avaient atteint le saint-siège, un lieu de pèlerinage : les laïques y accouraient pour donner un témoignage de sympathie au chef de l'Eglise, les évêques pour prendre le mot d'ordre et recevoir des instructions: Pie IX se plaisait à parler, devant des foules recueillies, de ses épreuves et de ses espérances; il multipliait les fêtes anniversaires pour avoir plus fréquemment l'occasion de réveiller le zèle des catholiques. En 1867, lors du dix-huitième centenaire de la mort de saint Pierre, quatre cent cinquante évêques étaient réunis à Rome, Pie IX leur annonça qu'il avait l'intention de convoquer un concile œcuménique sous les auspices de la Vierge, pour qu'il guérisse les maux de l'Eglise; un an après, la bulle de convocation fut publiée et, le 8 décembre 1869, le concile du Vatican commença ses travaux. Pie IX et la curie romaine avaient peu de goût pour les discussions approfondies et ne supportaient guère l'opposition, même la plus mesurée; ils réglèrent à l'avance l'ordre des délibérations et firent élaborer par des théologiens dévoués, non seulement les questions qui devaient être soumises à l'assemblée, mais aussi les réponses qu'elle devait donner. Le concile n'était pas libre ; des voix courageuses protestèrent : Schwarzenberg, Dupanloup, Strossmayer, bien d'autres s'élevèrent contre la procédure qui était suivie et contre les doctrines exagérées que la majorité adoptait sans scrupule. Les Pères de ce « synode de flatteurs » votèrent les divers *schema* qui leur avaient été présentés sur les évêques, sur les prêtres, sur l'Eglise. Ce fut à l'occasion de ce dernier *schema* que la question de l'infaillibilité séparée et personnelle du pape, qui avait plus d'importance que tous les autres articles discutés et approuvés, fut posée devant le concile. Pie XI avait déclaré maintes fois qu'il croyait fermement à l'infaillibilité, et le parti de l'absolutisme spirituel espérait qu'elle serait votée par acclamation. Mais il se trouva dans l'assemblée et dans l'Eglise des prêtres qui eurent « le courage de se mettre en travers du torrent d'adulation, d'imposture et de servilisme où les catholiques risquaient d'être engloutis. » La lutte fut ardente ; les évêques opposants, dont les uns repoussaient le dogme nouveau, dont les autres le déclaraient inopportun, s'adressèrent à Pie IX lui-même, qui un moment parut se rendre à leurs prières. Mais la faction qui voulait « ériger une idole au Vatican » était la plus forte, et le 13 juillet 1870 le *schema* relatif à la primatie du pape fut soumis dans sa forme définitive au concile : quatre cent cinquante et un évêques donnèrent le *placet* sans condition, soixante-deux conditionnellement, quatre-vingt-huit eurent la hardiesse de prononcer le *non placet*. Voici le texte du décret : *Romanum Pontificem, cum ex cathedra loquitur, id cum omnium Christianorum Pastoris et Doctoris munere fungens pro suprema sua apostolica auctoritate doctrinam de fide vel moribus ab universa Ecclesia tenendam definit, per assistentiam divinam, ipsi in beato Petro promissam, ea infallibilitate pollere, qua divinus Redemptor Ecclesiam suam in definienda doctrina de fide vel moribus exstructam esse voluit; ideoque ejusmodi Romani Pontificis definitiones ex sese, non ex consensu Ecclesiæ, irreformabiles esse. Si quis autem nostræ definitioni contradicere, quod Deus avertat, præsumserit, anathema sit.* Le 18 juillet eut lieu la dernière séance du concile, qui fut ajourné au 8 novembre suivant, mais qui ne s'est plus réuni. — La guerre entre la France et la Prusse apporta peu après de grands changements dans la situation de la Péninsule ; le 5 septembre une émeute éclata dans Rome, le 12 les troupes italiennes franchirent les frontières de l'Etat pontifical, et le 22 Pie IX, assiégé dans sa capitale, fit arborer le drapeau blanc. Victor-Emmanuel, qui avait écrit au pape pour protester de son respect et de sa fidélité, et qui, à l'entendre, ne s'emparait de Rome que pour maintenir l'ordre et protéger le saint-père, consulta aussitôt les Romains, qui votèrent l'annexion à l'Italie. Le parlement de Florence décida, le 23 décembre 1870, la translation de la capitale à Rome et adopta, le 2 mai 1871, la loi des garanties qui assurait au pape une dotation de 3,225,000 lires, la possession du Vatican, de Saint-Jean de Latran, de Castel-Gandolfo et une complète indépendance comme chef de l'Eglise. Le pape repousse la loi avec indignation, refuse la dotation et s'enferme dans le Vatican, où il reste « captif » jusqu'à sa mort. Le denier de Saint-Pierre, organisé et administré par le ministre secrétaire d'Etat, suffit, malgré les nombreux abus de la cour et les malversations d'Antonelli, aux besoins du saint-siège ; les pèlerins qui affluent à Rome, plus nombreux et plus enthousiastes que par le passé, consolent Pie IX dans l'affliction : jamais souverain pontife ne fut plus puissant sur les âmes, plus respecté, plus adulé même que ne l'est ce vieillard charmant, qui fait accueil à tous, qui gagne les cœurs des plus indifférents par son doux regard et par sa voix mélodieuse ; les audiences qu'il donne, les exercices religieux auxquels il se livre, ne l'empêchent pas cependant de se consacrer, avec un zèle que ni l'âge ni la maladie ne lassent, aux affaires de l'Eglise. Il rétablit la hiérarchie en Ecosse, en Hollande, en Bulgarie, en Grèce (1870), comme il a déjà fait en Angleterre ; il crée le diocèse de Genève, de nombreux évêchés dans divers pays ; il engage une lutte mémorable avec l'empire d'Allemagne. La foi et la doctrine ne furent pas négligées ; armé de son infaillibilité, il prétendit imposer à tous les arrêts qu'il avait prononcés, et les croyances superstitieuses qu'il avait approuvées. Thiers avait soutenu que la puissance temporelle était un frein pour le pape, et que si ce dernier, au lieu d'être un souverain, n'était plus qu'un simple moine ou un prêtre, il ne se croirait plus soumis à aucune règle et exercerait son pouvoir spirituel en véritable despote ; il avait vu juste, pour Pie IX du moins, et chaque jour il devenait plus évident que dans le catholicisme il n'y avait plus place pour ceux qu'on appelait les libéraux, et que l'ultramontanisme tel que l'avaient compris Montalembert et ses amis était une hérésie aux yeux de Pie IX qui avait accompli des choses *inouïes* et s'était, il le disait lui-même, substitué à la tradition. S'il fut intraitable pour ses contradicteurs, il ne manqua pas d'indulgence pour ses adversaires politiques, pour ceux qui l'avaient dépouillé. On raconte qu'en apprenant la fin subite de Victor-Emmanuel, auquel il n'avait pas refusé les consolations de l'Eglise, « il est mort, dit-il, en chrétien, en roi et en galant homme : » le vieux pape mystique se souvint à ce moment qu'il était Italien. Pie IX mourut d'une hydropisie le 7 février 1878 ; Antonelli l'avait précédé de quelques mois dans la tombe. — Voyez *Mémoires* de Massimo d'Azeglio ; Petruccelli della Gatina, *Pie IX*, Bruxelles, 1866 ; Reuchlin, *Geschichte Italiens*, t. Ier ; Preuss, *Die römische Lehre von der unbefleckten Empfängniss*, Berlin, 1865 ; Dupanloup, *La convention du 15 septembre et l'encyclique du 8 décembre* 1865, lettre pastorale sur les malheurs et les signes du temps, l'athéisme et le péril social ; les brochures de La Guéronnière et Veuillot ; E. de Pressensé, *Le concile du Vatican* ; Pomponio Leto, *Otto mesi a Roma durante il concilio*, Florence, 1873 ; Friedrich, *Tagebuch während des Vaticanischen Concils geführt*, Nördlingen, 1871 ; Friedberg, *Sammlung der Actenstücke zum ersten Vaticanischen Concil*, Tübingen, 1872 ; Quirinus, *Römische Briefe*, Oldenbourg, 1870 *Ce qui se passe au concile, la dernière heure du concile*, Paris, 1870 ; *Acta et decreta S. et Œc. concilii Vaticani*, Fribourg, 1871 ; Zeller, *Pie IX et Victor-Emmanuel*, Paris, 1880.

G. Leser.

PIERIUS (Saint), savant presbytre d'Alexandrie, dirigea l'école des catéchètes après la mort de l'évêque Denys. Célèbre par son ascétisme et par son habileté dialectique, il mérita d'être appelé *Origenes junior* par Jérôme qui mentionne les *Pierii codices* sur le texte de la Bible, une homélie sur le prophète Osée, un commentaire sur l'évangile de saint Luc et sur la première épître aux Corinthiens. Après la persécution qui éclata sous Maxence, Pierius alla s'établir à Rome. Une église d'Alexandrie porta plus tard son nom. On célèbre sa fête le 4 novembre.— Voyez Jérôme,*In. Matth.*, XXIV, 36; Eusèbe,*Hist. eccl.*, VII, 32; Epiphane, *Hæres.*, LXIX, 2; Photius, *Biblioth.*, cod. CXIX; Tillemont, *Mémoires*, IV; Ceillier, *Hist. des aut. sacr. et eccl.*, III, 348 ss.; Guericke, *De schola Alex.*, I, 74 ss.; II, 28, 82, 325.

PIERRE (Saint), Πέτρος, araméen, Kephah, Κηφᾶς, le premier des apôtres de Jésus, appelé de son vrai nom Schimehon, d'où le grec Συμεών (Act. XV, 14; 2 Pierre I, 1) et plus ordinairement Simon, était fils, non de Jonas (Ἰωνᾶς), selon la leçon inexacte de l'évangile de Matthieu, mais de Iochanan (Jean), d'après la vraie leçon du quatrième évangile (I, 43; XXI, 15) confirmée d'ailleurs par celui des Hébreux. Originaire de Bethsaïda (Jean I, 45), frère d'André, il était pêcheur sur les bords du lac de Tibériade, lorsque Jésus l'appela et se l'attacha avec son frère pour en faire des pêcheurs d'hommes (Marc I, 16-18). Il était déjà marié et habitait avec sa belle-mère une maison d'un seul étage à Capernaüm (Marc I, 36 ; cf. II, 4). D'après le quatrième évangile, Jésus se serait déjà attaché Pierre en Judée, sur les bords du Jourdain, et lui aurait donné son surnom. Mais cette donnée paraît bien difficile, sinon impossible, à concilier avec le récit des synoptiques. Luc raconte encore d'une manière différente et plus miraculeuse la vocation de cet apôtre (V, 1-11). Le plus sûr est de s'en tenir à la version de l'évangile de Marc reproduite par celui de Matthieu, qui certainement nous donne la forme la plus ancienne, la plus simple et la plus historique de la tradition chrétienne sur ce point. Suivant le dire de Jean le presbytre, rapporté par Papias (chez Eusèb., *H. E.*, III, 39), Marc, interprète de Pierre, aurait mis par écrit ses souvenirs de la prédication évangélique de cet apôtre. Quel que soit son rapport avec l'écrit dont parle Papias, notre second évangile laisse bien entrevoir ce lien secret qui le rattache encore à Pierre. Rien n'est plus original que le début du ministère de Jésus d'après Marc. C'est un vendredi que Jésus appelle à le suivre Pierre, André et les deux fils de Zébédée. Ils viennent le soir encore à Capernaüm et Pierre donne l'hospitalité à son maître. C'est encore chez lui que Jésus se retire après sa première prédication et son premier miracle dans la synagogue. Cette maison de Pierre fut comme le centre de toute cette première action. C'est là que l'Evangile est né. — Pierre est à la tête de ceux qui suivent ou cherchent Jésus et ne veulent pas se séparer de lui (Marc I, 36). Dès cette première heure, il manifeste ce tempérament ardent et naïf qui le fait aimer. C'est le type le plus pur de cette foi populaire que fit naître spontanément la parole et la personne de Jésus. Il aura des faiblesses et des inconséquences, mais nulle fraude ni calcul. C'est un homme du peuple, chez qui le cœur domine, que l'enthousiasme soulève, que les événements contraires abattent et déconcertent du premier coup, mais qui se relève également vite et entier, parce qu'il n'y a dans ces natures ni fiel ni arrière-pensée. Jésus lui donna ce surnom de Pierre, à quel moment, il est difficile de le dire dans l'incertitude où nous laissent les textes divergents de Jean I, 43, de Matthieu XVI, 18, et de Marc III, 16. C'est ce dernier toutefois qu'il semble préférable de suivre. Jésus a dû baptiser ainsi Simon, fils de Jean, dès qu'il l'eut bien connu. Mais on se demande alors quelle raison put le porter à lui donner un surnom que dément tout le caractère de cet apôtre. Bien loin d'avoir la fermeté du roc, Pierre se présente à nous aux diverses époques de sa vie, comme une nature enthousiaste et faible. Il est le premier à confesser la messianité de Jésus (Matth. XVI, 17); mais après avoir mérité le grand éloge que le Maître fait de sa foi, il s'attire immédiatement ce véhément reproche : « Arrière de moi, Satan, tu m'es un scandale ; tu ne comprends pas les choses de Dieu, mais celles des hommes » (Matth. XVI, 23). Il tire l'épée pour défendre Jésus contre la bande qui vient le saisir, et un peu plus tard il le renie par trois fois sur le propos d'une servante (Matth. XXVI, 33, 51 et 69-75 ; Jean XVIII, 10 et 25-27). C'est lui qui a inspiré à Jésus cette parole qui le peint si bien : « L'esprit est prompt, mais la chair est faible » (XXVI, 41). Plus tard, à Antioche, il s'attire encore par son inconséquence les réprimandes les plus vives de Paul. Le nom de roc donné à un tel homme serait donc une ironie, s'il ne fallait supposer que Jésus a moins voulu marquer ce que Pierre était que ce qu'il devait être, et dans ce surnom a mis un avertissement perpétuel pour l'apôtre contre les défaillances de sa nature, ou bien qu'il a eu peut-être simplement en vue la part que Pierre devait prendre à la fondation de l'Eglise. Il est certain, en effet, que malgré toutes ses faiblesses passagères, Pierre n'a point trompé les espérances de Jésus et qu'il a été l'une des colonnes (στύλοι, Gal. II, 7) de l'Eglise apostolique. — Quoi qu'il en soit, Pierre est toujours en tête de la liste des douze apôtres institués par Jésus et même avec la désignation expresse de πρῶτος dans Matthieu. C'est lui qui paraît partout en première ligne, soit qu'il porte la parole au nom des autres, soit que Jésus lui adresse personnellement les paroles qu'il veut faire entendre à tous. Cette primauté de Pierre semble s'accuser davantage encore dans la fameuse déclaration : « Tu es Pierre et sur cette pierre je bâtirai mon Eglise » (Matth. XVI, 18). Cette parole est fort claire; elle ne s'applique pas à la confession de foi que Pierre vient de déposer, comme l'ont voulu la plupart des exégètes protestants, mais bien à la personne même de Pierre, comme le veulent les catholiques. Toutefois, ainsi entendue, cette déclaration n'implique aucune prééminence en dignité de Pierre sur les autres apôtres, ni surtout une sorte d'apanage qu'il pouvait laisser comme un héritage à des successeurs. Il y a ici une prédiction du rôle de Pierre dans la fondation de l'Eglise après la mort du Christ, mais rien qui puisse légitimer les prétentions de la papauté romaine, ni même une suprématie de Pierre quelconque, exclue formellement par d'autres paroles plus significatives encore de Jésus (Matth. XVIII, 18 ; XX, 25-28 ; XXIII, 8-12). Il y a plus. Nous devons faire une observation critique essentielle. Le récit de la confession de Pierre se retrouve dans les trois évangiles synoptiques et aussi dans Jean. De ces récits, le plus ancien est sans contredit celui de Marc qu'ont suivi Luc et Matthieu. Or, Matthieu est le seul qui ajoute à cette confession la réponse de Jésus : « Tu es Pierre et sur cette pierre je bâtirai mon Eglise. » Déjà ce mot d'église dans la bouche de Jésus rend ce texte suspect. Mais la preuve décisive qu'il n'était pas dans le récit primitif, c'est que Luc qui a reproduit ce dernier ne connaît pas cette addition. Nous devons donc la considérer comme une tradition postérieure que le rédacteur du premier évangile aura trouvée flottante dans l'Eglise et dont il a enrichi le récit de Marc qu'il avait, lui aussi, certainement sous les yeux. Ce texte ne saurait donc être pris pour une parole authentique de Jésus; il est d'origine postérieure et marque pour nous le point précis où l'histoire de Pierre fait place à sa légende dans l'Eglise. — D'après 1 Cor. XV, 5, et Luc XXIV, 34, 9, il fut le premier à qui Jésus apparut après sa résurrection. Le Maître le rétablit dans sa charge d'apôtre après la plus touchante des épreuves et lui prédit le martyre (Jean XXI, 15 ss.). Dans la primitive Eglise, Pierre garde parmi les apôtres ce rôle principal que nous avons déjà constaté dans les évangiles (Act. I, 14 ss.; II, 14 ss.; III, 1-26; IV, 8; V, 1, 15, 29). Le tableau de ces premiers jours a bien pu être idéalisé par la piété de la seconde génération chrétienne ; mais cette ardente initiative de Pierre est trop conforme à sa nature pour faire l'objet d'un doute. De même il entre hardiment dans la mission de Samarie (VIII, 14 ss.), puis visite les villes de la côte de Palestine et de Phénicie et baptise le centurion Corneille à la suite d'une vision symbolique des plus frappantes. Le premier d'entre les apôtres, il a quitté Jérusalem et s'est lancé bravement sur des routes inconnues où d'autres devaient aller plus loin que lui. Dans la primitive Eglise, il eut certainement ce rôle d'initiateur jusqu'à ce qu'il le laissât à saint Paul. Emprisonné à Jérusalem avec Jacques, fils de Zébédée, sur l'ordre d'Hérode, vers l'an 44, il échappa, contre toute espérance, au supplice que subit son collègue. Sans admettre l'historicité littérale du discours que Luc lui met dans la bouche lors des conférences de Jérusalem (Act. XV, 7-11), nous sommes amené à penser, d'après l'épître aux Galates, que Pierre prit une attitude confiante et joyeuse à l'égard de la mission païenne et fut comme séduit par les grands succès que Paul et Barnabas venaient raconter à Jérusalem. A ce moment il se trouve flottant entre les influences contraires de Jacques et de Paul, deux natures autrement fermes que la sienne. Venu à Antioche, il se laisse aller à manger librement avec les chrétiens d'origine païenne et à célébrer les agapes avec eux. Après l'arrivée des messagers de Jacques, il se retire et fait cause commune avec les judaïsants. Paul taxa d'hypocrisie une conduite qui n'était que de la faiblesse. Mais la vivacité même des paroles de Paul atteste en même temps combien Pierre s'était montré libéral avant ce qu'il lui reproche ici comme une défaillance. Paul a eu encore une fois l'occasion de parler de Pierre dans sa première épître à l'Eglise de Corinthe, où s'était formé un parti de Céphas

(1 Cor. I, 12-14). Il le fait dans les sentiments les plus pacifiques et le ton le plus conciliant (III, 10-15, 22, et IV, 6). Par cette même épître aux Corinthiens, nous apprenons que Pierre était sorti de la Palestine et faisait des courses missionnaires ayant sa femme avec lui (1 Cor. IX, 5). La tradition la nomme Perpetua ou Concordia et lui donne même une fille Petronilla (*Clém. recognit.*, VIII, 25,36 ; Jérôme, *adv. Jovinianum*, I, 26). — A partir de ce point se perdent les traces positives de Pierre et commence une tradition des plus complexes qu'il est fort malaisé de débrouiller. Elle a deux rameaux distincts à l'origine, qui plus tard se sont réunis et mêlés dans la légende des *Acta Petri et Pauli* : d'un côté, le rameau ébionite représenté par les Περίοδοι Πέτρου, les *Homélies Clémentines* et les *Recognitiones*, où l'on nous raconte les voyages de Pierre à la suite de Simon le Magicien, de Césarée à Antioche et d'Antioche à Rome; de l'autre, le rameau catholique représenté par Denys de Corinthe, Irénée, Eusèbe et Jérôme, qui font venir Pierre à Rome de concert avec Paul et racontent que les deux apôtres, après avoir fondé ensemble cette grande Eglise, y subirent le martyre le même jour. Tout le problème critique, dans cette fin de la vie de Pierre, est de savoir si la tradition orthodoxe est la fille de la tradition ébionite ou bien si elle lui est antérieure et parallèle, par conséquent indépendante. Dans le premier cas, la venue de Pierre à Rome serait une pure légende; dans le second cas, la tradition catholique pourrait avoir un élément primitif, historique. Ce qui prouve combien la question est obscure et la décision hasardeuse, c'est que les savants les plus libres de tout préjugé ecclésiastique et dogmatique hésitent ou se partagent. MM. Lipsius (*Die Quellen der römisch. Petrussage*, 1872) et Holzmann (article *Petrus* dans le *Bibel-Lexicon* de Schenkel), après Baur et Zeller se trouvent d'un côté, tandis que M. Hilgenfeld (*Historisch krit. Einleitung in das N. T.*, 1875) et M. Renan (*L'Antéchrist*) se trouvent de l'autre. Cette question de la venue et du séjour de Pierre à Rome, qui divise encore les savants de nos jours, a bien plus encore passionné les théologiens des siècles passés. Déjà dans les premiers temps de la Réformation, U. Velenus avait publié, dès 1520, un petit livre pour prouver que Pierre n'était jamais venu à Rome (*Liber quo Petrum Romam non venisse asseritur*). Il fut suivi ensuite par Flaccius Illyricus (*Historia certaminum*, etc., 1554) et les centuries de Magdebourg. Dans le même sens, Blondel rédigea son *Traité historique de la primauté en l'Eglise* (1641), et Saumaise son *De primatu papæ* (1645). Il faut lire surtout parmi ces anciens travaux, l'écrit de Spanheim *De ficta profectione Petri in urbem Romam* (1675). Toutefois la présence de Pierre à Rome a été soutenue non seulement par des catholiques ou des ultramontains, mais encore par Bleek (*Einleitung in d. N. T.*), Credner (*Einleitung in das N. T.*), Gieseler (*Lehrbuch der christ. K. G.*), etc., etc. — Nous devons nous contenter de passer en revue les principaux textes qui sont amenés dans la discussion. D'après la légende catholique, triomphante à partir du quatrième siècle, Pierre serait déjà venu à Rome et y aurait fondé l'Eglise chrétienne après sa sortie de prison dès l'an 42-43,

sous le règne de Claude. On utilise dans ce but cette expression vague d'Actes XII, 17 : « Et étant sorti, il s'en alla dans un autre lieu ; » ce qui veut dire simplement que Pierre chercha une autre retraite pour échapper aux recherches des agents d'Hérode Agrippa, et ne saurait en aucune façon impliquer un voyage comme celui de Jérusalem à Rome. En l'an 51 ou 52, nous le retrouvons encore à Jérusalem, puis en 54 à Antioche. Aussi cette dernière Eglise, concurremment avec Rome, a-t-elle compté l'apôtre Pierre parmi ses évêques (Eusèbe, *Chronic.*; Jérôme, *Ad Gal.* II, et *De vir. ill.* I), ce qui n'a pas plus de fondement que la légende romaine. Il est certain qu'en l'an 58, au moment où Paul écrivait son épître aux chrétiens de Rome, Pierre n'y avait pas encore paru, ni même en l'an 63, au moment de la composition de l'épître aux Philippiens. On voit donc que, prise dans la forme vulgaire d'un pontificat de Pierre à Rome ayant duré 25 ans, la tradition n'a pas même l'ombre d'un fondement. Il n'est pas moins remarquable que la seconde épître à Timothée qui, authentique ou non, n'en veut pas moins être datée de Rome, ne laisse pas soupçonner davantage la venue de Pierre en cette ville. Il en faut dire autant de l'épître aux Hébreux. L'Apocalypse semble commencer à rompre ce silence. Parlant de la chute de Rome, le voyant s'écrie : « Réjouissez-vous, ciel, et vous, fidèles, apôtres et prophètes, car Dieu sur elle a vengé votre cause ! (c'est-à-dire les supplices auxquels elle vous a condamnés ») (Ap. XVIII, 20). De ce texte il ressort qu'en l'année 69, en Asie Mineure, il était constant que des apôtres étaient morts martyrs à Rome. Or, la tradition n'a jamais connu d'autres apôtres martyrs à Rome sous Néron que Pierre et Paul. Ce témoignage de l'Apocalypse, négligé jusqu'ici, me semble le plus ancien et le plus décisif en faveur du martyre de Pierre à Rome. Il y en aurait un encore plus important au moins de sa présence dans cette ville, sinon de son martyre, dans la première épître de Pierre, si elle était authentique et s'il fallait entendre Rome sous le nom de Babylone d'où elle semble datée. Mais l'un et l'autre point sont contestés (1 Pierre, V, 13 ; voyez l'article suivant). Nous pouvons relever encore, dans le cercle des écrits du Nouveau Testament, une autre allusion au martyre de Pierre dans le dernier chapitre du quatrième évangile (XXI, 19). C'est une prédiction de Jésus, mais que l'auteur rapporte parce qu'au moment où il écrivait elle avait été accomplie. Il est vrai qu'il n'y a ici aucune indication du lieu où fut supplicié Pierre. Mais a-t-il jamais existé dans l'ancienne Eglise une tradition quelconque plaçant ce martyre autre part qu'à Rome, et croit-on qu'une Eglise d'Orient qui aurait compté Pierre parmi ses confesseurs l'eût cédé à Rome sans protestation? Antioche et Corinthe ont bien réclamé les prémices de son épiscopat, mais jamais la gloire de son martyre. — A ces témoignages vient s'ajouter celui de la première épître aux Corinthiens de Clément Romain (95). Au chapitre V il rappelle le double martyre de Pierre et de Paul d'une façon indubitable, et à Rome même. Il y faut ajouter toute la tradition ecclésiastique sur la composition de l'évangile de Marc à Rome à la suite des prédications de Pierre dans cette ville, tradition qu'a recueillie Clément d'Alexandrie à la fin du second siècle et qui remonte probablement jusqu'à Papias. L'auteur des lettres d'Ignace (*Ep. aux Romains*, 4) fait aussi de Pierre et de Paul les patrons de l'Eglise de Rome. Vers l'an 170, Denys de Corinthe fait aussi prêcher les deux apôtres en Italie et souffrir le martyre en même temps. (Eusèb., *H. E.*, II, 25, 8). Le canon de Muratori, qui remonte à la même date, suppose évidemment le martyre romain de Pierre. Irénée en fait le fondateur de l'Eglise de Rome (*Ad hær.*, III, 1). Enfin, Caïus, presbytre romain du commencement du troisième siècle, indique le Vatican et la route d'Ostie comme les lieux où l'on trouve les trophées du double martyre de Pierre et de Paul (Eusèb., *H. E.*, II, 25, 7). Il s'agit maintenant de savoir si l'hypothèse par laquelle MM. Lipsius et Holzmann expliquent la formation de cette tradition est admissible. Ils nous disent que c'est la tradition ébionite qui, faisant poursuivre l'apôtre Paul, sous le nom de Simon le Magicien, par Pierre, a transporté l'activité de ce dernier à Rome à la suite de l'apôtre des gentils. Mais M. Hilgenfeld (*Hist. krit. Einleitung*, p. 623) a démontré, et l'on peut voir par la série des textes apportés plus haut, que la tradition catholique est non seulement indépendante, mais encore antérieure à la tradition représentée par les *Homélies Clémentines*. Que celle-ci, à la fin du second siècle et plus tard, ait fourni des éléments à la tradition catholique, cela est parfaitement exact et prouvé par les *Acta Petri et Pauli*, mais si elle l'a enrichie, elle ne l'a pas créée. Nous maintenons donc, dans le seul intérêt de la vérité historique, la venue de Pierre et son martyre à Rome dans les dernières années du règne de Néron. Après cela, il était naturel que la légende associât de plus en plus intimement Pierre et Paul, les fît prêcher ensemble, fonder ensemble l'Eglise de Rome et mourir le même jour. C'est déjà ce que nous trouvons à partir de l'an 160 chez Denys de Corinthe et chez Irénée. C'est encore un développement de la légende que nous offre Origène (chez Eusèb. *H., E.*, III, 1), racontant que Pierre, par humilité, se fit crucifier la tête en bas. Les *Acta Petri et Pauli* y ajoutent un trait devenu populaire. Pierre fuyait pour éviter le supplice. Sur la voie Appienne, il rencontre le Christ. *Domine quo vadis?* lui demande-t-il. — *Iterum venio crucifigi.* Ceci ne semble-t-il pas faire pendant à la double scène du reniement et du relèvement de Pierre dans le quatrième évangile? Il semble donc que, jusqu'à la fin et même dans la légende, Pierre est resté l'homme prompt et faible, chancelant et heroïque, que les évangiles nous avaient d'abord révélé. Il a servi une cause plus grande que lui, et, de tous les apôtres, semblait peut-être le moins propre à devenir le centre du mythe théocratique sur lequel repose la papauté.—Le nom de Pierre se lit en tête de plusieurs écrits de l'antiquité chrétienne. Ce sont d'abord deux épîtres dans le Nouveau Testament dont il sera question dans les deux articles suivants. L'histoire des deux premiers siècles de l'Eglise chrétienne connaît encore un évangile selon Pierre, qui n'était probablement qu'une forme de l'évangile de Marc, une prédication et des voyages de Pierre

(Κήρυγμα Πέτρου et Περιόδοι Πέτρου), une apocalypse et des actes.

A. Sabatier.

PIERRE (Epîtres de). — Ire Epitre. Dans le canon actuel du Nouveau Testament, cette lettre vient après l'épître de Jacques, au second rang, dans le groupe des épîtres dites catholiques. Elle mérite ce titre non seulement par le cercle très vaste de lecteurs auxquels elle s'adresse, mais encore par l'absence de toute occasion historique particulière, comme par la teneur générale qui est celle d'une homélie propre à édifier l'Eglise en tout temps et en tout lieu. D'après l'adresse, elle était destinée « aux élus, étrangers et pèlerins de la dispersion, disséminés dans les provinces du Pont, de la Galatie, de la Cappadoce, de l'Asie et de la Bythinie, » c'est-à-dire à peu près toute la région connue aujourd'hui sous le nom d'Asie Mineure. Le mot de διασπόρα, qui rappelle déjà la suscription de l'épître de Jacques, pourrait faire supposer que l'auteur écrit à des chrétiens d'origine juive. Cette supposition qu'ont faite la plupart des Pères de l'Eglise est démentie de la façon la plus formelle par tout le contenu de l'épître et par une série de passages explicites qui prouvent que les destinataires de l'épître étaient sortis du paganisme (I, 14, 18; II, 9,10; III, 6; 4, 3, etc.). C'est dans un sens figuré qu'il faut dès lors entendre cette expression *les élus de la dispersion*, l'auteur considérant la terre sainte, Jérusalem et le temple, comme les symboles du royaume céleste, et les chrétiens sur la terre comme des étrangers et des pèlerins dont la vraie patrie est ailleurs. Malgré le caractère tout pratique des exhortations, l'épître suppose une situation dont on peut déterminer les grandes lignes. D'un bout à l'autre plane sur la pensée de l'auteur la préoccupation d'une persécution imminente, contre laquelle il veut prémunir et fortifier les chrétiens en vivifiant leurs espérances, dirigeant leur conduite et consolant leurs épreuves (I, 6 ; II, 12, 20 ; III, 13, 14, 15, 16-18 ; IV, 12, 13-17 ; V, 8-10). Aussi, sans essayer de résumer une épître toute pratique et qui se prête mal à l'analyse, nous nous contenterons de marquer les deux pôles entre lesquels se meuvent toutes les pensées de notre auteur. D'un côté, c'est l'espérance chrétienne du salut (et dans ce sens on a pu appeler Pierre l'apôtre de l'espérance); de l'autre, la nécessité de se sanctifier et de mener une conduite digne de cette vocation céleste, en sorte que les adversaires n'aient jamais rien à punir de répréhensible chez le croyant, et que s'il souffre, il ait la joie pure de souffrir uniquement comme chrétien. Dans la première partie de sa lettre, l'auteur insiste davantage sur les grands privilèges de la foi : que les chrétiens considèrent l'avantage qui leur est échu d'avoir vu la réalisation des promesses dont les prophètes n'avaient eu que la perspective ; qu'ils se souviennent à quel prix ils ont été rachetés par Christ ; qu'ils sachent qu'ils forment aujourd'hui le vrai temple de Dieu, une race sacerdotale, le peuple élu, une nation sainte.—La seconde partie développe plus particulièrement les devoirs qui découlent naturellement de ces privilèges. Les chrétiens doivent être saints, car leur maître est saint. Il faut qu'ils se recommandent à tous par leur vie publique et privée, qu'ils rompent avec toutes leurs anciennes habitudes païennes, qu'ils désarment ou confondent ainsi les soupçons d'une autorité ombrageuse ou les calomnies du monde ; qu'ils soient soumis à l'empereur et à ses agents, priant pour tous, ne rendant jamais le mal pour le mal, rendant compte de leur foi et de leur espérance, quand ils y sont appelés, avec douceur et respect, et s'ils doivent souffrir comme chrétiens, que du moins ce ne soit jamais comme meurtriers, larrons ou délateurs. Des conseils analogues sont adressés aux anciens des Eglises, et l'auteur termine en disant qu'il écrit ces quelques lignes par l'intermédiaire de Silvain, pour assurer à ses lecteurs que la doctrine de grâce à laquelle ils ont cru est la bonne ; il les salue enfin au nom de l'Eglise de Babylone et de son fils Marc.—Il nous semble que l'intérêt pratique de cette situation explique et justifie assez bien cette lettre tout entière, sans aller prêter à l'auteur je ne sais quelle diplomatie et quelle préoccupation dogmatique, comme l'ont fait Baur et bien d'autres critiques avec lui, qui veulent voir dans ces quelques pages l'œuvre d'un paulinisme tardif essayant de se faire recommander aux judéo-chrétiens par saint Pierre lui-même. Toutefois, plus on serre de près le problème de l'origine de cette épître, plus il se complique jusqu'à devenir inextricable. Il est très curieux de noter, par exemple, son double rapport littéraire, d'un côté, avec l'épître de Jacques, de l'autre, avec celles de Paul. Ce rapport est de telle nature qu'on ne peut nier que l'auteur ait eu sous les yeux l'épître de Jacques et deux ou trois épîtres au moins de l'apôtre des gentils, et leur ait fait des emprunts qui semblent être calculés comme pour se faire équilibre. Voici la double série des textes qui établissent cette singulière dépendance de la lettre de Pierre. Du côté de l'épître de Jacques, cf. 1 Pierre I, 1, 6, 7 avec Jac. I, 1, 2, 3 ; 1 Pierre I, 22 avec Jac. IV, 8 ; 1 Pierre I, 24 avec Jac. I, 10 et 11 ; 1 Pierre II, 1, 2, III, 21 avec Jac. I, 21 ; 1 Pierre IV, 7, 14 avec Jac. V, 8, 9 et II, 7 ; 1 Pierre IV, 8 avec Jac. V, 20 ; 1 Pierre V, 5,-9 avec Jac. IV, 6, 7. Du côté de Paul, ce sont surtout les épîtres aux Romains et aux Ephésiens qui offrent les parallèles les plus décisifs. Cf. 1 Pierre I, 5 et V, 1 avec Rom. VIII, 18 ; 1 Pierre I, 7 avec Rom. II, 7, 10 ; 1 Pierre I, 9 avec Rom. VI, 22 ; 1 Pierre I, 21 avec Rom IV, 24 ; 1 Pierre I, 22 avec Rom. VI, 17 ; 1 Pierre II, 10 avec Rom. IX, 25, 26 ; 1 Pierre II, 24 avec Rom. VI, 18 ; 1 Pierre III, 4 avec Rom. II, 16, 29 et VII, 22 ; 1 Pierre III, 7 avec Rom. X, 2 ; 1 Pierre III, 18 avec Rom. V, 2, 6 ; 1 Pierre III, 22 avec Rom. VIII, 34 ; 1 Pierre IV, 1 avec Rom. VI, 6 ; 1 Pierre IV, 13 avec Rom. VIII, 17. Ce sont surtout les chapitres XII et XIII de l'épître aux Romains que notre auteur a lus avec soin et reproduits en grande partie. Cf. Rom. XII, 1, 2, 3-8 avec 1 Pierre II, 5 ; I, 14, IV, 10 et 11 ; Rom. XII, 9, 10, 11, 13 avec 1 Pierre I, 22 ; II, 16, 17 et IV, 9 ; Rom. XII, 14-19 avec 1 Pierre III, 8-12 ; Rom. XII, 20, 21 avec 1 Pierre II, 12, 26 ; Rom. 13, 1-6 avec 1 Pierre II, 13, 14, 19 ; Rom. XIII, 7, 10 avec 1 Pierre II, 17, IV, 8, etc. La relation avec l'épître aux Ephésiens n'est pas moins étroite. Les deux lettres commencent de la même manière et offrent, soit dans les idées, soit dans les tournures de style, les rencontres les plus singulières. Cf. 1 Pierre I, 3 avec Eph. I, 3 ; 1 Pierre I, 10-12 avec Eph. III, 5, 10 ; 1 Pierre I, 14 avec Eph. II, 3 ; 1 Pierre I, 18 avec Eph. IV, 17 ; 1 Pierre I, 19 avec Eph. I, 4, 7 ; 1 Pierre I, 20 avec Eph. I, 4, 9, III, 9 ; 1 Pierre II, 1-2 avec Eph. IV, 22, 25 ; 1 Pierre II, 3 avec Eph. II, 7 ; 1 Pierre II, 4-6 avec Eph. II, 20-22 ; 1 Pierre II, 9 avec Eph. I, 14 ; 1 Pierre II, 11 avec Eph. II, 19 ; 1 Pierre II, 18 avec Eph. VI, 5 ; 1 Pierre III, 1, 5 avec Eph. V, 22, ; 1 Pierre III, 7 avec Eph. V, 25 ; 1 Pierre III, 18 avec Eph. II, 18 ; 1 Pierre III, 19, 20 avec Eph. IV, 8-10 ; 1 Pierre III, 22 avec Eph. 20-22 ; 1 Pierre IV, 3 avec Eph. IV, 17 ; 1 Pierre IV, 10 avec Eph. IV, 7 ; 1 Pierre V, 5 avec Eph. V, 21 ; 1 Pierre V, 8, 9 avec Eph. VI, 10, 17. — De ces rapprochements, il ressort que l'auteur de notre épître a emprunté à Paul toute sa terminologie religieuse : ce sont les mêmes expressions, la même distribution des idées, les mêmes liaisons et développements de phrases à l'aide de participes et de conjonctions. Enfin, il y a une étonnante coïncidence, 1 Pierre II, 6 et Rom. IX, 33, dans la reproduction de textes prophétique sous une forme qui s'éloigne également du texte hébreu et de la version grecque. Cependant on tirerait une conclusion exagérée de ces observations si, tout en constatant cette dépendance littéraire, on faisait de notre épître un pastiche sans originalité. Les expressions caractéristiques et uniques n'y font pas défaut (ἀναγεννᾶν, ἀδελφότης, ἀλλοτριοεπίσκοπος (*delator*), ἀμάραντος, etc.). De même pour les idées, sous une couleur générale très paulinienne, se révèle une conception très différente. Vous n'y trouvez point la théorie de la justification par la foi au sens de l'épître aux Romains. La notion de la foi s'y rapproche beaucoup plus de celle de Jacques que de celle de Paul. C'est la ferme assurance du salut à venir encore plus que l'union mystique avec la personne du Christ. L'auteur est aussi éloigné du paulinisme authentique que l'épître aux Hébreux, qui elle-même en est bien loin à nos yeux. Parmi ces originalités, il faut citer encore la manière dont il parle des prophètes (I, 10-12) et dont il présente l'exemple du Christ (II, 21 ss.), la prédication de l'Evangile aux esprits contemporains de Noé retenus dans la prison de l'Hadès, et sa notion du baptême (III, 19, 22). N'y aurait-il pas moyen, si ces faits étaient les seuls, de trouver une hypothèse qui les expliquât naturellement en maintenant l'authenticité de l'épître ? Ne pourrait-on pas dire que Pierre, qui peut-être ne savait pas écrire, et en tout cas savait fort mal le grec, a fait rédiger l'épître par un secrétaire ? « Je vous ai écrit, lisons-nous à la fin, par Sylvanus, notre frère fidèle. » En négligeant les deux mots ὡς λογίζομαι, qui surprennent dans cette phrase et sont fort difficiles à expliquer en tout état de cause, on pourrait penser que Sylvanus n'a pas été seulement le porteur, mais le rédacteur de la lettre. Or ce Sylvanus avait été l'ami et le compagnon de Paul ; il a signé avec ce dernier les lettres aux Thessaloniciens. Chargé d'écrire une lettre au nom de Pierre, quoi d'étonnant qu'il se soit souvenu du langage de Paul, le créateur du style épistolaire chrétien, et même ait pris pour modèles deux lettres spéciales dont il pouvait avoir des copies, comme celle aux Ephésiens et aux Romains? Toutefois, il faut reconnaître que cette hypothèse n'expliquerait pas la dépendance littéraire du côté de Jacques, et que dès lors elle n'est pas de nature à lever tous les doutes que les observations précédentes ont pu faire naître. — Voici d'autres faits propres à augmenter la perplexité. L'auteur écrit sous des menaces de persécution. On pourrait songer au règne de Néron ou à celui de Trajan. Mais sous Néron la persécution fut soudaine, violente et probablement locale (à Rome). Au contraire, dans notre épître, la persécution redoutée est universelle, dans tout l'empire (V, 9); elle est régulière et légale avec procédures devant les tribunaux. On est sous le coup de lois générales qui peuvent vous atteindre d'un moment à l'autre (I, 6). Ce que le peuple pensait des chrétiens rappelle le mot de Tacite (*Ann.*, XV, 44) : *Quos per flagitia invisos vulgus christianos appellabat* (IV, 14-15). Le nom de chrétien est déjà criminel. S'affilier à leur secte, c'est un méfait puni par des lois, comme sont punis les meurtriers, les voleurs, les malfaiteurs et les délateurs. Des enquêtes ont lieu et les chrétiens peuvent être appelés à répondre devant les juges (III, 15). Toute cette situation semble correspondre à celle que nous fait connaître la lettre de Pline à Trajan vers l'an 112. Pline était gouverneur de la Bithynie ; il demandait précisément à l'empereur si le nom de chrétien, à lui seul, constituait un crime. Cette question est résolue par notre épître qui, par ce côté du moins, semble être un document chrétien issu précisément de la persécution à laquelle présidait Pline le Jeune. Au chapitre IV, 15, à côté du « meurtrier, du voleur, » il est question d'une autre classe de criminels également punis par les lois : ἀλλοτριοεπίσκοπος. Ce surveillant d'autrui ne peut être que le délateur, cette profession qui avait si bien fleuri sous les mauvais empereurs, surtout sous Domitien, et que réprimèrent, les premiers, par des lois spéciales, Nerva et surtout Trajan. C'est encore là un indice embarrassant. Les défenseurs de l'authenticité se rejettent sur les affirmations de l'épître, qui porte non seulement à son front le nom de Pierre, mais fait parler l'auteur comme s'il avait vu Jésus (I, 8) et avait été le témoin de ses souffrances, et, en second lieu, sur l'antiquité de la tradition, qui attribue cette épître à Pierre d'une façon à peu près unanime et constante. Elle a toujours été parmi les homologoumènes du Nouveau Testament. Papias l'a connue et admise, Polycarpe la citait (Eusèbe, *H. E.*, III, 39 et IV, 14). Justin Martyr s'en est servi. De ce qu'elle manque dans le fragment de Muratori, on ne peut concevoir aucun soupçon sérieux ; pas plus que l'opposition tardive de Kosmos indicopleustès ne saurait troubler l'unanimité de l'Eglise. Il sera donc toujours très difficile de concilier cette tradition avec les résultats que semble donner la critique interne. On n'est pas non plus d'accord sur le lieu où l'épître aurait été écrite, c'est-à-dire sur le sens de V, 13. Est-ce à Babylone, sur l'Euphrate, qu'il faut songer? Est-ce à Rome? Nous pensons qu'il faut entendre Rome. Après tout, cela est plus simple et plus naturel. L'histoire n'a jamais rien su d'une Eglise de Babylone, et cette ville même, sans doute, n'existait plus guère vers le milieu du premier siècle. Il est vrai qu'on a voulu songer aussi à une Babylone d'Egypte ; mais en Egypte on n'a jamais trouvé la moindre trace d'une mission de Pierre. Toutefois, si Babylone doit être prise dans un sens figuré, notre épître n'est-elle pas alors postérieure à l'Apocalypse, où apparaît pour la première fois cette forme de langage ? — Littérature : Toutes les introductions critiques au Nouveau Testament et les commentaires généraux, surtout ceux de Calvin, de Wette, Meyer et la *Bible* de M. Reuss; H. Cludius, *Uransichten des Christenthums*, 1808 ; Meyerhoff, *Einleit. in die Petrin. Schrift.*, 1835 ; Schwegler, *Nachapost. Zeitalt.*, 1842 ; Weiss, *Der Petrinische Lehrbegriff*, 1855; Ewald, *Sieben Sendschreiben des N.Bundes*, 1870; T. Schott, *Der erste Brief Petri erklärt*, 1861 ; Renan, *L'Antéchrist*, 1874.

II. Epitre. Le Nouveau Testament renferme une seconde épître qui porte le nom de Simon Pierre et suit immédiatement la première. Elle est adressée à tous les croyants en général sans aucune désignation de lieu, en sorte qu'elle mérite encore mieux le nom de catholique ; c'est une sorte de mandement apostolique adressé à toute la chrétienté, dont le but est de combattre une fausse gnose superbe et railleuse qui tournait en ridicule la morale étroite des simples chrétiens et leurs espérances de la prochaine catastrophe apocalyptique qu'ils attendaient en vain (II, 1-3 ; III, 4-13). Ce double trait déjà nous fait descendre bien au delà de la première génération apostolique. Aussi bien, aujourd'hui, l'authenticité de cette lettre ne trouve guère de défenseurs. A l'égard d'aucun autre livre du Nouveau Testament les doutes de la critique ne se sont trouvés plus justifiés. Son histoire dans les premiers siècles de l'Eglise, son rapport avec l'épître de Jude, enfin son propre caractère concourent ensemble à démontrer son origine postérieure. Si elle était authentique, nous aurions une épître de Pierre adressée avant l'an 70 à toute la chrétienté. C'est dire assez qu'une lettre signée d'un tel nom aurait été répandue et connue partout et aurait été acceptée de bonne heure par toutes les Eglises. Or, il se trouve qu'elle a été beaucoup plus ignorée que l'épître de Jude, qu'il n'y en a pas une seule trace dans tout le second siècle. Irénée et Clément d'Alexandrie ne semblent encore connaître qu'une seule épître de Pierre (*Adv. Hær.*, IV, 9 ; *Strom.*, III). La Peschito l'a omise; c'est-à-dire que les Eglises syriaques ne l'avaient pas au troisième siècle dans leur canon. C'est à Alexandrie, semble-t-il, au temps de Clément et d'Origène qu'elle fait son apparition. Mais Origène, qui l'a connue, la tient pour douteuse (Eusèb., *H.E.*, V., 25) Eusèbe lui-même ne la tient pas pour canonique (III, 3). Jérôme nous dit encore : *Scripsit Petrus duas epistolas quæ catholicæ nominantur, quarum secunda a plerisque ejus esse negatur propter stili cum priore dissonantiam* (*De vir. ill.*- I). Il levait cette difficulté en supposant que Pierre avait écrit ses lettres en araméen et les avait fait traduire en grec par divers interprètes, hypothèse ingénieuse, mais vaine, car nos deux lettres ne sont pas des traductions. Dès le seizième siècle, les doutes reparurent ; Erasme et Calvin ne cachèrent point leurs scrupules ou leur embarras. Evidemment c'était la faiblesse et l'incertitude de la tradition ou le caractère du style, si essentiellement différent de celui de la première, qui entretenaient ces hésitations.— Des arguments plus décisifs ont entraîné la critique moderne. La plus grande partie de l'épître de Jude, idées et style, a passé dans la seconde épître de Pierre, sauf la citation du livre d'Henoch devenu sans doute bientôt suspect. Pendant longtemps on a pensé que la seconde épître de Pierre était l'original et l'épître de Jude la copie (Luther, Mill, Sembler, Michaëlis). Mais le rapport inverse est le véritable; personne n'en doute plus aujourd'hui; il suffit de comparer les deux textes avec attention pour voir que celui de Jude, le plus clair, le plus court, le plus original, est aussi le primitif. Comparez surtout les passages, 2 Pierre II, 4 ss.. avec Jud. 5-9; 2 Pierre II, 11 avec Jud. 9; 2 Pierre II, 12 avec Jud. 10; 2 Pierre III, 2 avec Jud. 17, etc. Une fois ce vrai rapport bien établi, la conclusion s'impose. Non seulement il est difficile de se représenter Pierre copiant une lettre de Jude de vingt lignes ; mais encore cette lettre de Jude elle-même est certainement postérieure à la mort de Pierre, et la question de l'authenticité de notre seconde épître est jugée. Nous ne nous arrêtons pas à signaler le contraste irréductible que cette épître forme avec la première attribuée au même apôtre. Celui qui a écrit l'une n'a pas certainement écrit l'autre. Elles diffèrent radicalement par les idées, le style et la manière de citer l'Ancien Testament. Toutefois, l'auteur de la seconde épître a connu la première (III, 1); il désigne celle qu'il écrit comme une seconde lettre adressée aux mêmes lecteurs, d'où il suit qu'oubliant la suscription de 1 Pierre I, 1-2, il se représente celle-ci comme une épître catholique semblable à la seconde. C'est dire qu'il vivait dans un temps où les lettres apostoliques étaient considérées, malgré leur destination locale primitive, comme adressées à toute la chrétienté et formaient déjà un recueil canonique émané de l'autorité suprême. Cela ressort encore mieux de la manière dont le même auteur parle des lettres de Paul (III, 15-16). Ce texte prouve qu'il avait déjà sous les yeux un recueil des épîtres de Paul qui circulait dans l'Eglise et qui avait besoin d'un commentaire orthodoxe, parce qu'elles n'étaient pas faciles à entendre. L'analyse détaillée de ce texte curieux prouverait encore mieux combien il est incompatible avec le nom et la personne de Pierre, et elle nous mène sûrement jusque dans la seconde moitié du second siècle, avant de rencontrer un état des choses ecclésiastiques qui le justifie. Citons encore deux ou trois traits curieux. L'auteur qui se donne pour Pierre dit avoir été témoin de la transfiguration et parle de la *montagne sainte* où elle a eu lieu (I, 16). Evidemment il est ici question, non d'une montagne en général, d'une montagne inconnue comme dans les synoptiques, mais d'une montagne déterminée, connue, nommée et peut-être déjà visitée en pèlerinage. Nous sommes donc à une époque où une légende spéciale s'était formée et répandue à ce sujet. De même, il est difficile de ne pas voir dans I, 14, une allusion positive à la tradition, rapportée dans l'appendice de l'évangile de Jean XXI, 19, morceau qui a été écrit certainement après la mort de tous les apôtres. Etudiez encore le passage III, 2, où il est question de *nos* ou de *vos* apôtres. Quelque leçon qu'on adopte, le caractère postérieur de notre épître en ressort toujours invinciblement, d'autant plus que ce texte est pris de Jude. S'il est positif que nous sommes en présence d'un pseudépigraphe des mieux caractérisés, il est plus difficile de déterminer le lieu et le temps de sa composition. On ne se trompera guère toutefois en le plaçant à la fin du second siècle, alors que la gnose avait jeté toutes ses hérésies, que les chrétiens commençaient à renoncer aux idées chiliastes que l'auteur veut défendre, que le montanisme travaillait à la même réaction, que se formait le canon du Nouveau Testament à côté de celui de l'Ancien, et que Pierre devenait de plus en plus le vrai chef de l'Eglise catholique. Nous répéterons ici ce que nous avons eu déjà souvent l'occasion de remarquer. Il ne faudrait point parler de faux ou de fraude à l'occasion de cet écrit mis sous le nom de Pierre. Non seulement la conscience littéraire de cette époque n'avait point cette idée de fraude, mais la pseudépigraphie était devenue dans le judaïsme, depuis des siècles, un genre littéraire parfaitement admis et richement cultivé, comme le prouve toute l'histoire des Apocalypses depuis Daniel. — Littérature : outre les introductions et les commentaires généraux sur tout le Nouveau Testament : Nitzsch, *Epist. Petri posterior auctori suo vindicata*, 1785; Flatt, *Genuina secundæ Pet. ep. origo defenditur*, 1806; Ullmann, *Der zweite Br. Pet. kritisch untersucht*, 1821; Olshausen, *De integritate et authentiâ Pet. ep. post.*, 1828; Kern, *De secunda Pet. epist.*, 1829; Daumas, *Essai d'une introduction crit. à la seconde ép. de Pierre* (thèse de Strasbourg), 1845; Ollier, même titre (thèse de Montauban), 1852.

A. Sabatier.

PIERRE D'ALEXANDRIE (Saint), patriarche et martyr, succéda en l'an 300 à Théonas. Pendant la persécution de Dioclétien, il montra autant de courage que de prudence, et sa sollicitude s'étendit sur les Eglises de l'Egypte, de la Thébaïde et de la Libye, qui étaient sous sa juridiction. Eusèbe le loue pour l'austérité de ses mœurs et pour sa connaissance de la Bible, et rapporte que dans la neuvième année de la persécution (311), il fut arrêté soudain sur l'ordre de Maximin et décapité sans avoir été jugé. En 306, il avait assemblé un concile dans lequel fut déposé Mélèce, évêque de Lycopolis, qui, entre autres crimes, avait été accusé de sacrifier aux idoles. Il nous reste de Pierre d'Alexandrie : 1° quatorze *canons pénitentiaux* sur la réadmission des relapses, que l'on trouve en grec et en latin dans toutes les collections des canons, dans l'édition des conciles du P. Labbe, et parmi les *Œuvres* de Grégoire le Thaumaturge, Paris, 1623; 2° un Λόγος περὶ μετανοίας ou traité sur la repentance; 3° des fragments d'écrits dogmatiques sur l'incarnation du Christ, περὶ Θεότητος et περὶ τῆς σωτῆρος ἡμῶν ἐπιδημίας. — Voyez Athanase *Contra arianos apologia*, § 59; Socrate, *Hist. eccl.*, I, 6; Eusèbe, *Hist. eccl.*, VIII, 13; IX, 6; Sozomène, I, 24; Théodoret, I, 9; IV, 7; Epiphane, *Hæres.*, 68; Galland, *Biblioth.*, IV, 108, 112; Routh, *Relig. sacr.*, IV, 21 ss.; Ceillier, *Hist. des aut. sacr. et eccl.*, IV, 17 ss.

PIERRE D'ALCANTARA, fils de don Pedro de Gravito, professeur de droit, et de D. Maria Villela de Senabria, naquit en 1499. Il étudia le droit canon à Salamanque. Les jeux et les amusements du jeune âge lui furent insupportablés et les études ne purent donner à ses aspirations les plus profondes la satisfaction qu'il cherchait. A l'insu de ses parents, il entra, à l'âge de seize ans, dans l'ordre des frères mineurs de la stricte observance. Il se signala aux couvents de Manjarretes, de Belvis, de Plasenzia et de Badajoz, comme prédicateur et comme réformateur des mœurs de son ordre, et excita l'admiration générale par sa parole émouvante et l'héroïsme de sa vie. L'implacable discipline de Juan de Guadaloupe ne lui suffisant pas, « il s'appliqua pour ainsi dire à rendre sang pour sang à Jésus-Christ. » En 1533 ou 1538 il séjourna dans les âpres solitudes de San Onufrio, de la Lapa. Là, il composa, à la demande de son ami et protecteur D. Rodrigo de Chaves un traité sur la prière et la méditation : *Tract. de oratione et meditatione*, qui, selon l'avis de plusieurs historiens, servit de modèle à Louis de Grenade. Dans cet écrit, Pierre d'Alcantara recommande la prière mentale, mais il a soin de prémunir les esprits contre les dangers d'une fausse dévotion, tentée de mépriser les voies ordinaires de la méditation et de la piété et d'arracher par des efforts inutiles ce qui est un don de la grâce divine. Après quelques voyages missionnaires (1535-40) et un séjour à la cour du roi de Portugal Jean III, où il provoqua plusieurs conversions importantes, il fut élevé par le chapitre d'Albuquerque à la dignité de provincial (1538-42). Dans cette qualité, Pierre s'appliqua à réaliser la pensée dominante de sa vie. Pour combattre efficacement la réformation de Luther, il travailla, soit par ses discours, soit par ceux de son ami Alvaro de Tavira, à faire triompher aux chapitres de Plasenzia (1540), de Mantoue (1548) et de Salamanque (1554) l'ascétisme le plus rigoureux des anachorètes du premier âge de l'Eglise chrétienne. L'opposition qu'il rencontra l'obligea à entreprendre à deux reprises un voyage à Rome : en 1554, pour obtenir de Jules III la ratification de ses plans, et en 1559, pour réclamer l'appui de Paul IV contre les hostilités des frères de son ordre. Pour répandre parmi ses moines l'esprit ascétique qui l'animait, Pierre fonda avec le Père Martin de Santa Maria, proche parent du duc d'Aveiro, un ermitage dans la Sierra de Arabida, non loin de l'embouchure du Tage, et un autre près de Coria, où il vécut avec Michel de Caténa dans l'intimité de l'évêque de cette ville. Le couvent de Il Pedroso fut construit d'après les indications personnelles du saint. Ces établissements formèrent, avec les couvents anciens et nouveaux qui acceptèrent la réforme, la province de Saint-Joseph qui, dans le cours d'un petit nombre d'années, eut des annexes en Italie, à Rome, au Maroc et même au Mexique. Pierre, après avoir rempli les fonctions de commissaire général des conventuels et secondé sainte Thérèse dans la réforme qu'elle introduisit parmi les carmélites, mourut le 18 octobre 1562. L'influence extraordinaire qu'il exerça sur ses contemporains s'explique par l'ardeur de sa foi et l'ascendant de sa personnalité. Il marchait toujours nu-tête et pieds nus, ne mangeait qu'une fois en deux et même quelquefois trois jours, et ne dormait qu'une heure et demie, adossé contre un mur ou la tête appuyée sur une pierre. La rigueur avec laquelle il se flagellait effrayait ceux qui par hasard étaient témoins « des coups épouvantables qu'il s'infligeait » et les chaînes et la cuirasse armée de pointes de fer dont il aimait à envelopper et à couvrir sa poitrine excitaient l'admiration et la pitié des fidèles. Cependant, quelque grand que fût son héroïsme, il convient de lui appliquer la parole de Jésus sur Jean-Baptiste : « Le plus petit dans le royaume des cieux est plus grand que lui » (Matth. XI, 11). Grégoire XIV le béatifia en 1622, et Clément X publia en 1669 la bulle de canonisation préparée par Clément IX. Outre son traité sur la prière et la méditation, on lui attribue un opuscule intitulé *De animæ pace*, qui, sans doute, est la deuxième partie de l'écrit précité, considérée par erreur comme un écrit séparé. — Les biographies les plus importantes sont celles de Juan, de Santa Maria, *Vida y excelentes virtudes y milagros de S. Fr. Pedro de Alcantara*, Mad., 1629 ; de Fr. Marchese, *Vita del. B. Pietro d'Alcantara, reformatore e fondatore d'alcune provincie di fratri scalzi di sàn Francesco*, Rome, 1667 ; trad. fr., Lyon, 1670, et Laurentius a Divo Paulo, *Portentum pœnitentiæ, sive vita S. Petri de Alcantara*, Rome, 1669, qui suit les traces du Père Marchese ; Wadding, *Annales Minorum*, t. XVIII, et *Acta SS.*. oct. VIII ; Migne, *Opp. SS. Teresiæ, Petri de Alcantara*, etc., Paris, 1845 ; *Des h. Petrus v. Alcantarà goldenes Büchlein über das innere Gebet oder die Betrachtung, von einem kath weltpriester*, Münster, 1840 ; Zœckler, *Petrus von Alcantara, ein Beitrag zur Geschichte der mönchisch clerikalen Contra-Reformation Spaniens im* 16 *Jahrhundert*, dans la *Zeitschrift für luth. Theologie*, de Rudelbach et Guerike, t. XXV, 1864.

EUG. STERN.

PIERRE D'AMIEN. Voyez *Damien*.

PIERRE DE BLOIS, théologien et historien célèbre, né à Blois vers l'an 1130, mort vers 1200. Disciple de Jean de Salisbury, il fit ses études en droit et en théologie à Bologne et à Paris, et acquit bientôt une grande réputation par son savoir. Vers 1167, Guillaume du Perche l'emmena en Sicile, où il devint précepteur du jeune prince Guillaume II, et garde du sceau royal. En 1175, il se rendit en Angleterre, où le roi Henri II le chargea de plusieurs négociations importantes ; puis il entra au service de l'archevêque de Cantorbéry, qui le nomma son chancelier et archidiacre de Bath. Plus tard il devint archidiacre de Londres. Parmi les nombreux écrits de Pierre de Blois, nous citerons : 1° un recueil de 183 *Lettres*, qui sont de précieux documents pour l'histoire politique et ecclésiastique de son temps ; 2° 65 *Sermons* ou *Exhortations*, remplis d'allégories ; 3° un traité *De transfiguratione Domini* ; 4° *Compendium in Job* ; 5° *De Ierosolymitana peregrinatione acceleranda*, énergique appel en faveur des croisades ; 6° *De confessione sacramentaria* ; 7° *De pœnitentia* ; 8° *De institutione episcopi* ; 9° *De Judæorum perfidia*. Les *Œuvres complètes* de Pierre de Blois ont paru à Paris, 1519, in fol. ; Mayence, 1600, in-4° ; *ibid.*, 1605, in-8° ; la meilleure édition est celle qui a été donnée par Goussainville,

Paris, 1677, in-fol.; elle a été reproduite dans la *Bibl. max. Patr.*, t. XXIV. — Voyez *Hist. litt. de la France*, XV, 341 ss.; Ceillier, *Hist. des aut. sacr. et eccl.*, XXIII, 206 ss.

PIERRE DE BRUYS. Voyez *Bruys*.

PIERRE DE CELLE, évêque de Chartres, né en Champagne, mort l'an 1187, avait été abbé de la Celle, près de Troyes, puis abbé de Saint-Remi à Reims. Parmi ses ouvrages, nous citerons : 1° *Expositio mystica et moralis Mosaici tabernaculi*, Paris, 1600, in-4° ; 2° *De panibus*, traité allégorique sur toutes les espèces de pain dont parle la Bible ; 3° *De conscientia liber* ; 4° 92 *Sermons* ; 5° un recueil de *Lettres*. Les *Œuvres* de Pierre de Celle ont été publiées par Ambr. Janvier, Paris, 1671, in-4°, et reproduites dans la *Bibl. max. Patr.*, XXIII, 636 ss.; les *Lettres* ont été éditées par Sirmond, Paris, 1613. — Voyez *Histoire litt. de la France*, XIV, 236 ss.

PIERRE L'ERMITE, chef de la première croisade, né à Amiens vers 1050, mort en 1115, à l'abbaye de Neu-Moutier, près de Huy, dans le diocèse de Liège. Il quitta la profession des armes pour embrasser la vie érémitique, et ensuite celle-ci pour la vie de pèlerin. Il entreprit en cette qualité un pèlerinage à Jérusalem en 1093. Profondément touché de l'état déplorable où étaient réduits les chrétiens et de la profanation des lieux saints, il résolut de travailler à la délivrance de Jérusalem, et en particulier à celle du saint sépulcre ; il soumit son plan à Siméon, patriarche de Jérusalem, qui lui remit une lettre adressée à l'Eglise romaine et à tous les grands de l'Occident. Encouragé par une vision dans laquelle le Sauveur lui promettait le succès de son entreprise, Pierre se rendit en Italie, où il fut favorablement accueilli par le pape Urbain II ; puis il parcourut toutes les contrées de l'Occident, traçant le tableau le plus émouvant de l'oppression des chrétiens et de la cruauté des Turcs. Il joua un rôle prépondérant au concile de Clermont et conduisit lui-même, avec Gautier sans Avoir, la première expédition qui échoua misérablement avant d'avoir pu se rendre en Palestine. Après la prise de Jérusalem, Pierre, jugeant son œuvre terminée, se retira dans l'abbaye de Neu-Moutier, où il finit ses jours. — Voyez Guillaume de Tyr, *Gesta Dei per Francos*, I, 11-17 ; Baronius, *Annales eccles.*; Pagi, *Critica*, ad ann. 1095 ss.; Labbe, *Concilia generalia*, IX; Michaud, *Hist. des croisades*, I, et notre article *Croisades*.

PIERRE MARTYR. Voyez *Martyr* (Pierre).

PIERRE DE CLUNY, l'illustre émule de Bernard de Clairvaux, né en Auvergne en 1092, était le septième fils d'une famille noble, dont tous les membres entrèrent au service de l'Eglise. Il nous a lui-même conservé dans ses écrits le souvenir ému de l'influence salutaire exercée sur lui dès son jeune âge par la piété de ses parents, en particulier par sa mère, qui termina ses jours dans un cloître. Elevé dans un couvent de Cîteaux près de Clermont, Pierre fit des progrès rapides dans le latin, qu'il écrivait avec une certaine élégance, et même dans le grec, et étudia la théologie dans les Pères et dans l'Ecriture sainte. Après avoir rempli avec distinction plusieurs emplois secondaires, il fut élu en 1122 abbé de Cluny en remplacement de Pons, dont l'ambition et les folles dépenses avaient exposé l'ordre tout entier au mépris et à la ruine. Pons, profitant d'une de ses absences, reprit possession de ses fonctions et Pierre dut se rendre à Rome pour obtenir sa condamnation définitive. Il consacra tous ses soins à l'acquittement de toutes les dettes, au rétablissement de l'ordre et de la discipline. Il savait unir la douceur à la fermeté ; supérieur à son siècle, il s'élevait au-dessus des minuties d'une piété rigoriste et étroite et cherchait surtout à développer chez ses moines, avec le goût de l'étude, l'amour de la vie intérieure. Quelques-unes de ses maximes rappellent la spiritualité et la douceur de saint François de Sales. Sans éviter complètement les subtilités de la scolastique, il s'attache surtout à un christianisme expérimental et pratique, tout en travaillant à rétablir une discipline sévère, comme l'attestent les statuts qu'il a rédigés (*Statuta congreg. Cluniac.* dans la *Bibliotheca Cluniac.*, 1534 ss.), il déploya beaucoup de largeur dans son application et sut éviter l'ascétisme rigoureux, dont les moines de Cîteaux semblaient vouloir faire montre. Il en résulta une polémique assez vive entre lui et saint Bernard. Il lui répondit avec modération et opposa à ses reproches de relâchement de la règle et du culte la diversité légitime des formes religieuses suivant les temps et les circonstances. Tout en défendant la pompe des cérémonies et la douceur de la règle, il affirma contre lui le spiritualisme inhérent à toute vraie piété, et ces deux grands hommes, supérieurs à des questions de costume et de sacristie, ne tardèrent pas à renouer dans des rapports affectueux, que la mort seule devait rompre. Souvent exposé aux violences d'une noblesse brutale, jalouse des terres et des richesses de l'ordre, Pierre, que ses contemporains ont avec justice appelé le « Vénérable, » fit de nombreux voyages en France et à l'étranger et entretint avec la cour de France, dont il recherchait l'appui, avec la papauté, avec les hommes politiques, les évêques et les savants de son temps, une correspondance aussi intéressante que volumineuse, qui est loin d'être sans valeur littéraire et qui nous fournit des renseignements précieux sur cette époque si troublée et si importante de notre histoire. Pierre de Montmartre en a publié à Paris, en 1522, une édition en six livres, qui renferme en outre ses poèmes. Pierre ne fit pas moins de cinq voyages en Italie, pendant lesquels il assista en 1134, à Pise, à un concile tenu contre Anaclet. Il avait d'autant plus de mérite à prendre le parti d'Innocent II que l'antipape, Pierre de Léon, avait appartenu à l'ordre de Cluny. Il contribua avec Bernard de Clairvaux à assurer à Innocent II l'appui de la cour et du clergé de France. En 1141 il rétablit la paix entre les villes de Pise et de Lucques ; en 1144 il présida à la déposition d'un évêque de Clermont; en 1150 il tint au pape Eugène III un langage énergique sur la nécessité de réformer les innombrables abus du haut et du bas clergé. Nous le voyons également en Espagne réconcilier les rois de Castille et d'Aragon. Dans un autre voyage il se fit traduire le Coran par Pierre de Tolède, le fit recopier par son secrétaire, Pierre de Poitiers, et publia l'année suivante un traité contre l'infâme secte des Sarrasins, dans lequel il combat la mission et les doctrines de Mahomet (*Contra nefandam sectam Sarracenorum*, Bibl. P. P. Max., XXII). Il écrivit aussi un traité contre les juifs. C'est principalement par les huit ouvrages qu'il composa contre Pierre de Bruys que nous connaissons les doctrines de cet hérétique, disciple inintelligent d'Abélard, auquel sa haine aveugle contre le clergé valut de nombreux partisans, dans cette Provence si travaillée par l'esprit de révolte et de libre examen. Nous y voyons son mépris absurde pour tout culte, pour tout symbole, son spiritualisme outré et ses attaques contre la doctrine catholique de la sainte cène. Pierre le Vénérable a enfin laissé des sermons, des poèmes et deux livres sur les miracles de son temps. Nous n'y relèverons que la croyance, alors commune, au christianisme de Sénèque et l'affirmation que l'extrême-onction peut être plusieurs fois administrée à cause des nouveaux péchés mortels que le malade guéri a pu commettre dans l'intervalle. Dans son couvent hospitalier de Cluny, outre plusieurs hôtes illustres, Pierre reçut Abélard malade et proscrit, qui mourut en paix après avoir reçu l'absolution et s'être réconcilié avec saint Bernard et la papauté. Pierre écrivit à cette occasion à Héloïse, en lui renvoyant cette dépouille bien-aimée, deux lettres remarquables par leur tendresse et leur élévation. Il retourna à Dieu le jour de Noël 1156, après avoir prononcé la veille son dernier sermon. — Sources ; Wilkens, *Petrus der Ehrw.*, Leipz., 1857 ; *Hist. litt. de France*, XIII ; Neander, *Der heil. Bernhard* ; C. Schmidt, article *Petrus der Ehrw.*, dans Herzog, *Real-Enc.* A. PAUMIER.

PIERRE LOMBARD. Voyez *Lombard*.

PIÉTÉ. Voyez *Religion*.

PIÉTISME. Voyez *Spener*.

PILATE (Ponce) [*pilum*, javelot, ou *pileatus*, affranchi coiffé d'un chapeau de feutre], sixième gouverneur (*procurator*) romain de la Judée (Luc III, 1), né en Italie, succéda à Valérius Gratus en l'an 27 et exerça pendant dix ans ses fonctions (Josèphe, *Ant.*, I, XVIII, 4, 2). A diverses reprises il excita des séditions à Jérusalem par ses actes arbitraires, et les réprima d'une manière sanglante (Luc XIII, 1 ss.). Des troubles du même genre éclatèrent en Samarie. Dénoncé auprès du proconsul de Syrie, Vitellius, Pilate fut destitué par lui et envoyé à Rome pour se justifier. Il n'y arriva qu'après la mort de l'empereur Tibère. Exilé à Vienne, en Dauphiné, il doit s'être tué de désespoir (Eusèbe, *Hist. eccl.*, II, 7). Le peu de données que l'histoire nous transmet sur Pilate ne nous permettent pas de porter un jugement sur l'ensemble de son administration. Son attitude dans le procès de Jésus s'explique sans peine. L'ayant reconnu innocent et victime du fanatisme des Juifs, il manqua de la fermeté de caractère nécessaire pour le sauver (Matth. XXVII ; Marc XV; Luc XXIII; Jean XVIII et XIX). La femme de Pilate s'appelait, d'après la tradition, Procla ou Claudia Procula. Son songe (Matth. XXVII, 19), après ce qu'elle avait entendu dire de Jésus, n'a rien que de naturel. Il est très probable que Pilate ait adressé un rapport officiel à Tibère sur le procès de

Jésus; Justin martyr (*Apol.*, I, 76, 84), Tertullien (*Apol.*, 5, 21), Eusèbe (*Hist. eccl.*, II, 2) et d'autres l'affirment positivement. Quant à l'authenticité des *Acta* ou *commentarii Pilati* qui circulaient parmi les chrétiens (Chrysostome, *Homil.* 8 *in pasch.*; Epiphane, *Hæres.*, 50, 1; Eusèbe, *Hist. eccl.*, I, 9; cf. II, 9, 5 et 7), il serait difficile de la prouver. Ce que l'on a conservé sous ce titre, soit en grec (Fabricius, *Apocr.*, I, 237, 239; III, 456 ss.), soit sous la forme de deux lettres latines à Tibère (*id.*, I, 298 ss.), sont des œuvres fabriquées beaucoup plus tard (cf. Altmann, *De epist. Pil. ad Tiber.*, Berne, 1755). — La littérature sur Pilate est très riche. Nous ne citerons que les dissertations les plus importantes : Hermansson, *De Pontio Pilato*, Upsal, 1624; Bürger, *De Pontio Pilato*, Misnie, 1782; Germar, *P. Pilati facinora in admin. terræ jud. commissa*, etc., Thorun., 1785; J. Müller, *De enixissimo Pil. Christum servandi studio*, Hamb., 1751; Niemeyer, *Charakter.*, I, 129 ss.; Gotter, *De conjugis Pilati somnia*, Ién., 1704; Kluge, *De somnio uxoris Pilati*, Hallæ, 1720; Herbart, *Examen somnii uxoris P.*, Oldenb., 1735; Lavater, *Pontius Pilatus*, Zurich, 1781; Dupin, *Jésus devant Caïphe et Pilate*, Paris, 1829.

PILET (Jean-Alexandre-Samuel), né à Yverdon (Suisse) le 19 septembre 1797, mort à Genève le 5 avril 1865, fit ses études pour le ministère à l'académie de Lausanne. Consacré en 1821, il fut nommé, dans la même année, directeur du collège de Morges, et succéda, en 1828, à Louis-Henri Manuel, comme pasteur de l'Eglise réformée française de Francfort-sur-le-Mein. Six ans plus tard, après un ministère abondamment béni et qui a laissé des traces profondes dans cette ville, Pilet rentra dans le canton de Vaud et desservit pendant dix-huit mois (1835-1836) la paroisse montagnarde d'Arzier-sur-Nyon. Son talent de prédicateur et le renom de sa science philologique lui valurent, en 1836, un appel de la Société évangélique de Genève qui lui offrait le poste de pasteur de l'Oratoire et de professeur d'exégèse et de critique sacrée à l'école de théologie qu'elle avait fondée cinq ans auparavant. Après bien des indécisions, Pilet accepta cette tâche considérable. Très attaché à l'Eglise nationale de son pays, il voulut conserver sa qualité de membre de son clergé et ne rompit définitivement avec elle qu'en 1845. En 1849, il prit part à la fondation de l'Eglise évangélique libre dont il demeura l'un des prédicateurs jusqu'en 1862. Des travaux excessifs minèrent lentement la forte constitution de Pilet et il dut, en 1862, renoncer successivement à ses fonctions de pasteur, puis de professeur. Trois ans après, il s'éteignait après une longue maladie dans laquelle il glorifia son maître par sa patience et sa douceur. — Samuel Pilet est un des représentants les plus distingués et les plus originaux du réveil. Pleinement d'accord sur les grands principes de la foi avec ses collègues à l'école de théologie, Merle et Gaussen, il ne laissa cependant pas d'avoir comme théologien son individualité et sa physionomie propres; aussi, malgré l'accord foncier de ses croyances avec celles du réveil, n'a-t-il ressemblé à aucun des hommes marquants de sa génération. Pilet a même réagi contre certaines tendances de la théologie du réveil et cherché un équilibre que celui-ci, du moins à ses débuts, ne poursuivit point suffisamment. « Sa nuance, a dit son biographe, le professeur Pronier (*Chrétien évangélique*, 1866), est celle d'une franche orthodoxie tout imprégnée de principes moraux, unissant l'appel à l'autorité et l'appel à la conscience, maintenant à la révélation la place suprême qui lui revient, sans oublier la valeur de l'effort individuel vers la vérité, réclamant enfin avec insistance les œuvres de la foi autant que la foi elle-même. Désireux de ne rien négliger, décidé à tenir compte de tous les éléments d'une question, à les contrôler avec soin, à en chercher l'équilibre, il entourait ordinairement de réserves délicates l'expression de son opinion. » Tel Pilet se montra dans sa chaire d'exégèse et de critique sacrée, n'avançant qu'avec prudence et repoussant avec énergie les systèmes absolus ; aussi exerçait-il une grande autorité sur ses étudiants par la loyauté de son enseignement, par son respect profond pour les Ecritures et par ce soin qu'il avait de ne jamais affirmer au delà du possible Il serait difficile aujourd'hui, pour ceux qui n'ont pas entendu Pilet, de se rendre compte de son enseignement. Il n'a malheureusement rien publié et les manuscrits qu'il a laissés ne sont que des notes dont seul il avait la clef. Un de ses cours, cependant, celui d'*Introduction générale au Nouveau Testament*, a été autographié. — Samuel Pilet n'a pas été seulement un professeur savant et un philologue distingué, il a été aussi un prédicateur éminent. On ne saurait juger de son talent par les quelques sermons qu'il a publiés, sermons d'où il a fait disparaître ce qui constituait surtout son originalité. Il faut aussi pour cela l'avoir entendu. Non qu'il se distinguât par l'éclat de la forme, la puissance de l'action, l'entraînement du débit. Il manquait au contraire presque entièrement des dons extérieurs. Son geste était rare et lourd, sa phrase parfois enchevêtrée, mais il possédait à un haut degré les qualités internes de l'orateur chrétien : des convictions fermes, un ardent amour des âmes, le besoin de communiquer à d'autres la foi qui l'animait, une vie intérieure sérieuse et profonde et une rare connaissance de l'Ecriture et du cœur humain. L'on comprendra qu'avec des dons pareils auxquels il ajoutait une grande puissance de travail, il ait pu maintenir pendant vingt-cinq ans au pied de sa chaire un auditoire nombreux et cultivé, quoiqu'il prêchât jusqu'à trois fois par semaine. Plus remarquable encore était Pilet dans ses leçons d'homilitique pratique, que fréquentaient des étudiants de l'académie. Là, se livrant avec liberté à son esprit naturel, il travaillait comme s'il eût été seul dans son cabinet. Un étudiant lisait un plan de sermon préparé d'avance sur un texte qu'il avait lui-même choisi. Après l'avoir soumis à la critique des assistants, Pilet le disséquait, faisait avec une lumineuse précision, parfois avec une verve caustique qui n'était pas sans causer quelque souffrance, la part du fort et du faible, dans le travail présenté, puis donnait ensuite son propre plan sur le texte indiqué. Les mots heureux, les images justes et piquantes sortaient à flots de sa bouche. On remarquait à l'œuvre ce don d'observation qui, dès son enfance, avait été l'un des traits les plus apparents de son individualité. Il analysait d'abord les mots et les idées du texte, puis s'efforçait d'en mettre en saillie la pensée centrale, maîtresse, la nuance qui la distinguait d'autres paroles scripturaires, et après avoir amplement développé toute la signification du texte choisi, il arrivait à l'application, à ce moment où, comme il disait dans son langage pittoresque, il fallait « serrer l'écrou. » Deux heures étaient généralement employées à ce palpitant entretien. — Outre quelques sermons, Pilet a publié un certain nombre d'allocutions adressées à ses étudiants et quelques directions pour s'approcher de la table du Seigneur, qui ont eu plusieurs éditions. Pendant son séjour à Francfort, Pilet fut un des collaborateurs de la feuille religieuse *Der christliche Hausfreund*. Il a pris aussi une part active à la traduction de l'Ancien Testament dite Version de Lausanne (Proverbes et Ecclésiaste). La Bibliothèque de l'Ecole de théologie possède en manuscrit plus de trois cents de ses discours. — Sources : *Chrétien évangélique* 1866, A. de Montet, *Dict. biogr. des Genevois et des Vaudois qui se sont distingués*, etc., Lausanne, 1878. LOUIS RUFFET.

PIN (Ellies). Voyez *Du Pin*.

PIRKHEIMER (Bilibald), célèbre humaniste, né à Eichstædt en 1470, mort à Nuremberg en 1530. Originaire d'une ancienne famille patricienne, le jeune Pirkheimer, plein d'ardeur pour le métier des armes, servit d'abord dans les troupes de l'évêque d'Eichstædt, puis étudia le grec et le droit à Padoue et à Pise. Nommé membre du conseil de la ville libre de Nuremberg, il fut chargé de diverses missions diplomatiques et militaires, et conquit ainsi les hautes faveurs de Maximilien Ier et de Charles-Quint. Lié avec les principaux humanistes et artistes de son temps, ami intime d'Albert Dürer, son compatriote, possesseur d'une riche bibliothèque, le riche patricien s'occupa avec zèle de l'amélioration des écoles et de la culture des lettres, dans sa ville natale. Sa maison était le rendez-vous des savants, et son hospitalité devint bientôt proverbiale. Partisan décidé de Reuchlin, il blâmait néanmoins la vivacité déployée par ce champion des lumières dans sa polémique contre les moines obscurantistes de Cologne, sans pour cela se refuser à collaborer aux *Epistolæ obscurorum virorum*. Il publia même en 1517 une *Apologie* de Reuchlin, dans laquelle il signala avec une grande vigueur les défauts des théologiens de son époque, les exhortant à étudier l'Ecriture dans le texte original et à conformer leur conduite à leurs croyances. — Pirkheimer salua les commencements de Luther comme l'aurore d'une ère nouvelle, et donna asile dans sa maison au réformateur saxon lorsqu'il traversa Nuremberg, après sa conférence avec le légat Cajetan. Il adressa une lettre très franche au pape Adrien, dans le but de lui faire parvenir une relation exacte des événements et de l'état des esprits en Allemagne. Après la seconde diète de Nuremberg (1524), Pirkheimer renouvela ses remontrances, en comparant l'attitude du parti catholique à celle des pharisiens à l'égard de Jésus. Il demande que l'on restitue le calice aux fidèles ; il regrette d'avoir cédé au désir de ses sœurs et de ses filles de prendre le voile ; il reproche aux moines de préférer les institutions humaines aux institutions divines, et d'accorder plus de prix aux œuvres et aux mérites des hommes qu'à la grâce et à la justice qui viennent par la foi en Jésus-Christ. Toutefois, Pirkheimer veut une réforme dans l'Eglise par l'Eglise, et, grâce à l'influence que ses sœurs et ses filles continuèrent à exercer sur lui, il blâme énergiquement toute rupture avec l'autorité du saint-siège. Catholique éclairé et ferme, il écrivit une *Apologie* en faveur des religieuses de Sainte-Claire qui avaient réformé leurs couvents d'après les traditions de leurs premiers fondateurs. Contre Œcolampade, il défendit la doctrine catholique de la sainte cène, en substituant néanmoins le terme de *commutari* à celui de *transsubstantiari*. La violence qu'il reprochait au tempérament de certains réformateurs et le peu de changement qu'il croyait pouvoir constater dans les mœurs des pays devenus protestants achevèrent de retenir dans les liens du catholicisme l'admirateur d'Erasme, qui d'ailleurs n'avait jamais compris le principe de la réforme nouvelle. C'est ce qui explique l'aveu qu'il fit en 1529 au prieur Kilian Leib, qu'au début il avait attendu de grandes choses de Luther, mais que bientôt il avait été détrompé. — Les *Œuvres* de Pirkheimer ont été publiées à Francfort en 1610. — Voyez Hagen, *Deutschland's litter. u. relig. Verhæltnisse im Reformationszeitalter*, 1841, I ; Münch, *Charitas Pirkheimer, ihre Schwestern u. Nichten*, Nuremb., 1826 ; id., *W. Pirkheimer*, 1831, et l'article de Herzog, dans sa *Real Enc.*, XI, 673 ss.

PIRMIN (Saint), apôtre de l'Allémanie, l'un des missionnaires les plus pieux, les plus intelligents et les plus actifs du huitième siècle. On ne sait rien de son origine, et les opinions diffèrent sur la situation de Melci (Meaux, Metz, Mels, dans le canton de St-Gal, Medelsheim, près de Deux-Ponts), où Pirmin exerçait les fonctions de chorévêque. Vers 725, il reçut un appel des princes allemanniens Berthold et Nebi de venir fortifier dans leur contrée le christianisme menacé par une recrudescence des mœurs et des superstitions païennes. Pirmin se rendit d'abord sur les bords du lac de Constance et érigea une abbaye de bénédictins dans l'île de Reichenau ; de là il passa en Alsace, où il fonda les abbayes de Murbach, de Neuwiller, de Marmoutiers et d'autres, dans les Grisons (Pfeffers), en Bavière, et enfin dans le Palatinat où il établit la puissante abbaye de Hornbach, qui devint un centre de culture chrétienne pour cette partie du Bas-Rhin, et où Boniface, l'apôtre de la Germanie, doit lui avoir rendu visite. Pirmin y mourut le 3 novembre 753 ou 758. On lui attribue une homélie sur l'Imitation de Jésus-Christ, qui porte le titre : *Libellus abbatis Pirminii, de singulis libris canonicis scarapsus* (chez Mabillon, *Vetera analecta*, Paris, 1723, p. 65-73). — Voyez la biographie de Pirmin, rédigée à Hornbach vers le milieu du neuvième siècle et publiée par Monc, *Quellensammlung zur badischen Landesgeschichte*, Carlrr., 1848, p. 30 ss. ; une autre du treizième siècle, intitulée *Vita metrica* (ibid., p. 39 ss. ; une du onzième siècle chez Mabillon, *Acta SS. ord. S. Bened.* sæc. III, 2, p. 136 ss. ; Hermann, *Chronicon* ad a. 724 ; Pertz, *Monumenta Germ.*, IV, 35, 36 ; XIII, 198 ; Hefele, *Gesch. der Einführung des Christenthums* *im südwestl Deutschland*, Tub., 1837 ; Rettberg, *Kirchengesch. D.*, II, 50 ss. ; Gœrringer, *Pirminius*, Deux-Ponts, 1841.

PISCATOR (Jean), Fischer, théologien calviniste, né à Strasbourg en 1545, où il professa la philosophie et la théologie. Accusé par Jean Andreæ et par Marbach de s'éloigner dans son enseignement des doctrines luthériennes, il dut quitter sa ville natale et, après avoir occupé des postes divers, il fut appelé à celui de recteur de la nouvelle académie réformée de Herborn : il y demeura jusqu'à sa mort (1625). C'est grâce à son activité que ce nouveau foyer de science protestante ne tarda pas à jeter un vif éclat et à attirer de nombreux étrangers de Pologne, de Hongrie et de France. Piscator était en correspondance avec la plupart des théologiens réformés de son temps, en particulier avec Théodore de Bèze. Parmi ses travaux littéraires, nous citerons surtout sa traduction de la Bible, dont la première édition parut à Herborn en 1602-1603, 3 vol. (la deuxième en 1604-1606; la troisième en 1624). Un appendice contient une table des matières, des indications chronologiques, géographiques et archéologiques. On a aussi de Piscator des commentaires sur le Nouveau Testament (1613, 1621, 1638, 1658) et sur l'Ancien Testament (1646), des écrits polémiques sur la sainte cène, la prédestination, la justification par la foi, etc., etc. Le synode national de Gap rejeta en 1603 la doctrine de Piscator sur l'*obedientia activa* du Christ, sous le prétexte qu'elle amoindrissait la valeur de son sacrifice expiatoire. Le synode de la Rochelle (1607) s'adressa même au comte Jean de Nassau, pour l'engager à réprimer l'hérésie du théologien de Herborn, que soutenaient, au contraire, un grand nombre de théologiens réformés marquants, tels que Caméron, Blondel, Cappel, La Placette, etc. — On trouvera le catalogue des ouvrages de Piscator dans l'article que Steubing lui a consacré dans la *Revue historique* de Ilgen (XI, 4, p. 98 et ss.); Schrœkh, *Kirchengesch*, V, 358 ; Tholuck, *Das acad. Leben*, II, 304.

PISGA, chaîne de montagnes à l'est de la mer Morte (Deut. III, 17, 27 ; Nombres XXIII, 14 ; Josué XII, 3), jadis la frontière méridionale du royaume de Sihon, puis celle de la tribu de Ruben. La montagne de Nébo, en face de Jéricho, en était l'une des cimes (Deut. XXXIV, 1) ; mais comme cette dernière était aussi comptée parmi les monts Abarim (Deut. XXXII, 49), il faut que la chaîne du Pisga en ait fait également partie.

PISIDIE, Πισιδία, province de l'Asie Mineure voisine de la Pamphilie (Actes XIII, 13 ; XIV, 24), habitée par une peuplade entreprenante et guerrière, descendue des derniers contreforts du Taurus et devenue maîtresse des villes de la plaine, parmi lesquelles la principale était Antioche. Les Romains, dans les armées desquels les Pisidiens servaient comme alliés, ne réussirent jamais à les soumettre ; ils se bornèrent à la possession d'Antioche, où fut transportée une *colonia juris italici*, ainsi que de quelques autres villes de la plaine.

PISTORIUS (Jean), théologien et historien, né à Nidda, dans la Hesse, en 1544, mort à Fribourg en Brisgau, en 1608. Sa principale sphère d'activité fut le pays de Bade, où il exerça une grande influence sur les fils du margrave Charles II. Luthérien d'abord, puis calviniste, Pistorius embrassa en 1588 le catholicisme, prit une part considérable aux colloques de Bade (1589), d'Emmendingen (1590), de Zurich (1602), etc., et travailla activement à combattre le protestantisme dans une série d'écrits polémiques, parmi lesquels nous signalerons son *Anatomia Lutheri, seu de septem spiritibus Lutheri*, 1595, son traité *De communione sub una*, et son *Theorema de fidei christianæ definita mensura*. Outre des ouvrages d'histoire concernant la Pologne, la Silésie et la Lithuanie, et des ouvrages de médecine sur les remèdes contre la peste, Pistorius a publié un curieux livre : *Artis cabalisticæ, hoc est reconditæ theologiæ et philosophiæ, scriptores*, Bâle, 1587, I, in-fol. ; le tome II, qui devait comprendre les principaux cabalistiques hébreux, n'a pas été publié. Notons aussi que Pistorius devint conseiller de l'empereur Rodolphe II, prévôt de la cathédrale de Breslau, et prélat domestique de l'abbé de Fulde. Pour la connaissance de sa vie et de son temps, on devra surtout consulter le récit que Pistorius a fait de la conversion du margrave de Bade, Jacques, avec un appendice contenant trois cents thèses contre la justification par la foi, Cologne, 1591; cf. Fecht, *Historia colloquii Emmendingensis*, Rost., 1709.

PLACIDE (Saint), fils de Tertulle, sénateur romain, fut mis, dès son enfance, dans le monastère de Subiaco, sous la direction de Benoît de Nursie. Il fut envoyé, en 541, en qualité d'abbé dans un monastère nouvellement fondé près de Messine, et y fut massacré par des pirates avec la plus grande partie de ses religieux, deux de ses frères, Eutyque et Victorin, et sa sœur Flavie, qui étaient venus de Rome pour le visiter. — Voyez Grégoire le Grand, *Dialogues*, l. II.

PLAIES D'ÉGYPTE. On entend par plaies d'Egypte les calamités qui, d'après le récit de l'Exode (VII-XII), frappèrent le peuple égyptien sur le refus réitéré du Pharaon Minystah de consentir au départ des Israélites. Les plaies sont au nombre de dix et se succèdent dans le récit biblique de la manière suivante : 1° l'eau du Nil est changée en sang; 2° 3° 4° les grenouilles, les poux, la vermine infestent le pays; 5° la peste éclate ; 6° la petite vérole fait d'innombrables victimes; puis viennent : 7° la grêle qui détruit tout sur son passage; 8° les sauterelles qui dévorent les moissons; 9° les ténèbres qui couvrent le pays, et enfin 10° les premiers-nés, parmi les bêtes et les hommes, sont frappés de mort. On remarquera que, d'après le récit de l'Exode, les premières calamités sont plutôt des témoignages en faveur du Dieu des Hébreux et de son existence ; à mesure qu'elles se succèdent, elles deviennent de plus en plus intolérables, jusqu'à ce que, par la mort des premiers-nés, la terreur atteint ses dernières limites parmi les Egyptiens. Toujours d'après l'Exode, les magiciens de l'Egypte peuvent imiter les premiers actes de Moïse, mais plus tard ils reconnaissent le doigt de Dieu et leur propre impuissance (Exode VIII, 18). — Il est incontestable que ces plaies sont en rapport intime avec les conditions climatériques de l'Egypte, que la plupart d'entre elles se reproduisent à des intervalles inégaux, mais que le récit les accumule dans l'espace d'à peu près une année, les faisant se succéder pour ainsi dire coup sur coup. Mais il est incontestable aussi que ces calamités ont été démesurément agrandies et accumulées par le récit de l'Exode, et placées, quelques-unes du moins, à des époques de l'année où elles ne pouvaient guère se produire d'après les lois naturelles. Sans chercher à les expliquer, nous ne saurions toutefois nous empêcher de dire que la plupart des plaies rapportées par l'Exode sont fréquentes en Egypte, et l'on en citerait sans peine des exemples analogues. Nous ne nions nullement que le récit biblique les considère comme des miracles provoqués par l'entremise de Moïse. Le but auquel elles tendent, c'est la délivrance du peuple de Dieu de la longue et pénible servitude qui a pesé sur lui depuis tant d'années. — Sources : Bauer, *Hebraische Mythologie*, I, 274 ss.; Rosenmüller, *Morgenland*, I, 275 ss.; Bertholdt, *De rebus a Mose in Ægypt. gestis*, 1795; Hengstenberg, *Moses*, etc., etc.

E. Scherdlin.

PLAIN-CHANT (Le) est un chant à notes égales, écrit dans l'un des divers modes qu'on obtiendrait en prenant successivement pour point de départ d'une nouvelle gamme chacune des notes de la gamme ordinaire, et en plaçant toujours les demi-tons entre *mi fa* et *si do*, à l'exception de deux gammes où, par euphonie, le *si* serait bémolisé. Au quatorzième siècle, on le nomma *cantus planus* et *cantus firmus*, plan, uni, égal, ferme, par opposition au *cantus mensuratus*, auquel le rythme, la mesure et des accidents chromatiques (le ♯ et le ♭), déplaçant les demi-tons ou en augmentant le nombre, donnaient de la couleur et du mouvement. Il y a deux sortes de chant, disait au seizième siècle Glaréanus : l'un simple et uniforme, usité communément dans l'Eglise, l'autre varié et multiforme. L'un était le plain-chant ou chant grégorien ; l'autre, le chant populaire, qui avait fait concurrence au premier durant tout le moyen âge. L'un, immuable, improgressif par sa nature, est aujourd'hui à peu près anéanti, tandis que l'autre a donné naissance à la musique moderne, ou plus exactement à la musique. — Chacun sait que la gamme diatonique, *do ré mi fa sol la si do*, se compose de deux tons, un demi-ton, trois tons, un demi-ton, en tout cinq intervalles d'un ton et deux intervalles d'un demi-ton. Or la constitution des modes dépend du nombre des demi-tons et du rang qu'ils occupent dans la gamme. La gamme de *ré* sans ♯ ni ♭, *ré mi fa sol la si do ré*, n'est pas dans le même mode que la première, parce que la position des demi-tons y est différente. En changeant comme à plaisir la place des demi-tons, les savants théoriciens du moyen âge avaient établi jusqu'à douze modes. L'instinct populaire, toujours entraîné vers le naturel et la simplicité, ne goûta point les complications infinies d'une telle langue musicale. Il fixa invariablement la place des demi-tons dans l'ordre ou la succession des sons, indépendamment du nom des notes et du point de départ de la gamme, de telle sorte que celle-ci pût commencer sur chacun des degrés de l'échelle sans que sa composition en fût aucunement modifiée. Des douze modes les peuples du Nord en ont fait deux : le majeur et le mineur, représentés par ces deux gammes : majeur, *do ré mi fa sol la si do*; mineur, *la si do ré mi fa sol ♯ la.* Dans le mode majeur, ainsi nommé parce que sa tierce (*do mi* = deux tons) et sa sixte (*do la* = quatre tons et demi) sont majeures, c'est-à-dire ont la plus grande étendue normale possible, les demi-tons se trouvent au troisième intervalle et au septième. Dans le mineur, ainsi désigné parce que sa tierce (*la do* = un ton et demi) et sa sixte (*la fa* = trois tons et deux demi-tons) sont plus petites, c'est-à-dire ont moins d'étendue que dans le mode majeur, l'ordre des intervalles est tout autre (un ton, un demi-ton, deux tons, un demi-ton, un ton et demi, un demi-ton), et les demi-tons, au nombre de trois, figurent au deuxième, au cinquième et au septième intervalle. Ainsi, tandis que dans la tonalité grégorienne chaque gamme engendrait un mode différent, les quinze gammes majeures de la tonalité moderne sont identiques, et ne diffèrent entre elles que par leur degré d'élévation dans l'échelle des sons. Il en est de même des quinze gammes mineures.— Ne pouvant ramener tous les chants de son temps aux quatre modes, ou séries de huit notes, institués par saint Ambroise (384), le pape saint Grégoire le Grand (590-604) inventa quatre nouveaux modes, auxquels quatre autres furent encore ajoutés dans la suite. Ayant remarqué que l'octave est formée d'une quinte (*ré mi fa sol la*) et d'une quarte (*la si ut ré*), il imagina de renverser l'ordre, c'est-à-dire de placer la quarte avant la quinte ; c'est ainsi qu'il donna à chaque mode authentique (αὐθέντης, faisant autorité) son mode plagal (πλαγίος, oblique, ou changement de côté) correspondant. En outre,il supprima comme de vaines superfétations les accidents chromatiques usités dans la musique grecque, pour adopter exclusivement le genre diatonique. Voici le tableau des huit modes ecclésiastiques, tel que le donne Fétis : 1er (authentique) *ré mi fa sol la si* ♭ *ut ré*; 2e (plagal) *la si* ♭ *ut ré mi fa sol la*; 3e (authentique) *mi fa sol la si ut ré mi*; 4e (plagal) *si ut ré mi fa sol la si*; 5e authentique) *fa sol la si ut ré mi fa*; (6e (plagal) *ut ré mi fa sol la si ut*; 7e (authentique) *sol la si ut ré mi fa sol;* 8e (plagal) *ré mi fa sol la si ut ré.* Ainsi les demi-tons se trouvent au 1er et au 4e intervalle dans le 4e mode; au 1er et au 5e, dans le 2e et le 3e mode ; au 2e et au 5e, dans le 1er mode ; au 2e et au 6e, dans le 8e mode; au 3e et au 6e, dans le 7e mode; au 3e et au 7e, dans le 6e mode; au 4e et au 7e, dans le 5e mode. Le sixième mode ecclésiastique correspond donc à notre mode majeur, avec cette différence qu'il ne peut exister que dans la gamme d'*ut*, tandis que notre majeur existe dans toutes les gammes. Il faut remarquer aussi que la constitution du cinquième mode se rapproche de celle du sixième. Or non seulement la plupart des chansons populaires du septième au quinzième siècle sont écrites dans les cinquième et sixième modes, mais de plus le chant populaire a transporté la sixième modalité dans d'autres gammes que celle d'*ut*, notamment dans la gamme de *fa*, en faisant descendre, à l'aide du *si* ♭, le premier demi-ton au troisième intervalle, et dans la gamme de *sol*, en faisant monter, à l'aide du *fa* ♯, le deuxième demi-ton (au septième intervalle, c'est-à-dire en donnant à cette gamme sa note sensible. De même que l'instinct populaire s'est borné à étendre le domaine du sixième mode pour en former le mode majeur, il n'eut qu'à introduire la note sensible dans le premier mode grégorien pour former le mode mineur. Cette évolution s'accomplit vers le douzième ou le treizième siècle. A dater de la fin du seizième, où les modes majeur et mineur passèrent dans toutes les gammes, la musique fut constituée sur une gamme essentiellement différente de celle du plain-chant, et désormais affranchie de toute entrave scolastique, elle réalisa des progrès dont la rapidité tient du prodige. La tonalité grégorienne reposait sur l'ordre diatonique, qui ne procède que par intervalles d'un ou de plusieurs tons non altérés, et dans lequel les demi-tons se présentent toujours forcément entre *mi fa* et *si do*, mais jamais ailleurs; tandis que la tonalité moderne, reposant à la fois sur l'ordre diatonique et sur l'ordre chromatique (χρῶμα, couleur), procède tantôt par des intervalles naturels, tantôt par des intervalles augmentés ou diminués, et jouit d'une entière liberté pour l'emploi des demi-tons. La première ne disposait que des touches blanches du clavier, à l'exclusion des touches noires (sauf le *si* ♭ usité dans les deux premiers modes ecclésiastiques), d'où il résulte qu'une phrase donnant à notre oreille l'impression de tel ton majeur ou mineur, est fréquemment suivie d'une note ou d'une phrase entière par laquelle cette impression est heurtée et l'unité du morceau détruite : discordance inévitable dans le système, parce que, au lieu de s'enchaîner étroitement, les sons restent fatalement vis-à-vis l'un de l'autre dans une indépendance presque absolue, faute de demi-tons qui, en modifiant l'étendue des intervalles, les mettraient en relation intime et proportionnelle les uns avec les autres. Deux exemples éclairciront notre pensée ; le premier est emprunté à l'antienne : *Exiit sermo*, le second à l'antienne : *Canite tuba :*

La tonalité grégorienne a donc pour caractère cette inflexible fixité des intervalles, en vertu de laquelle certains sons qui s'attirent sont condamnés à l'isolement, à l'immobilité, au repos éternel ; de là la raideur hiératique du plain-chant, son étrange impassibilité, son cachet religieux sacerdotal, à la fois archaïque et oriental ; de là cette dureté d'intonation qu'on rencontre jusque dans ce passage d'une hymne aussi estimée que le *Pange lingua :*

et même jusque dans le *Dies iræ* et le *Te Deum*, qui sont incontestablement les chefs-d'œuvre de l'art grégorien :

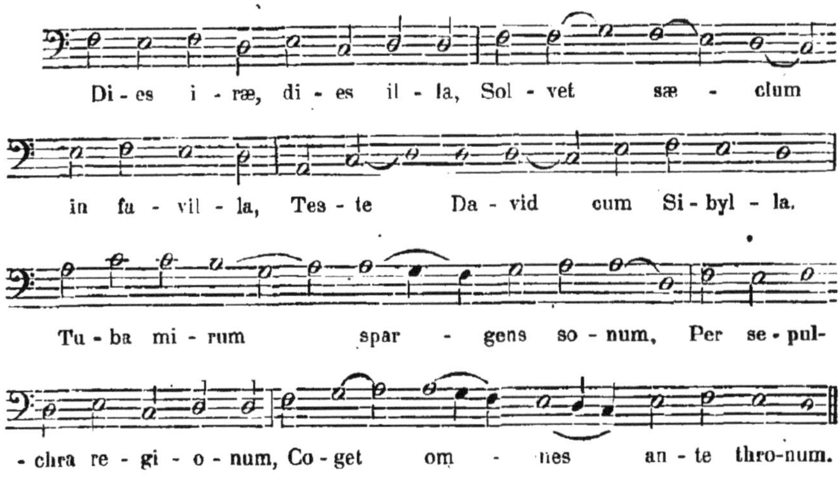

Di - es i - ræ, di - es il - la, Sol - vet sæ - clum

in fa - vil - la, Tes - te Da - vid cum Si - byl - la.

Tu - ba mi - rum spar - gens so - num, Per se - pul-

- chra re - gi - o - num, Co - get om - nes an - te thro-num.

Te De - um pa - trem in ge - ni - tum.

Te Fi - li - um u - ni - ge - - - ni - tum.

Te Spi - ri - tum sanc - tum pa - - - ra - - - - - - cli-tum.

Sanc - - tam et in - di - vi - du - am tri - ni - ta - tem,

On ne saurait mieux comparer ces mélodies pleines de grandeur qu'à des tableaux sans ombre, où les couleurs, non fondues ni adoucies, seraient invariablement disposées dans un ordre conventionnel, sans égard à leurs affinités ni à leurs dissonances. Dans l'ancienne tonalité dépourvue de note sensible, aucun des intervalles de la gamme n'avait de fonction particulière, aucun n'emportait plus que les autres l'idée de repos final, et partant la tonique, cet élément capital de la tonalité moderne, n'existait pas. De là le caractère vague, flottant, indéterminé, des modes grégoriens; de là ces finales suspendues qui, ne s'achevant pas, nous étonnent et nous troublent.

Il est rare qu'un morceau de plain-chant finisse sur la note pa laquelle il a commencé; certains airs finissent sur la quarte de leur note initiale, d'autres sur la quinte, un très grand nombre sur un intervalle de plus petite étendue : l'hymne *Christe redemptor* commence par un *ut* et se termine par un *ré;* l'hymne *Hostis Herodes*

commence par un *ré* et se termine par un *mi;* le psaume CXII commence par un *ré* et se termine par un *ut;* l'hymne *Jesus nostra* commence par un *fa* et se termine par un *mi;* l'hymne *Ad cœnam* commence par un *la* et finit par un *sol*. — La note sensible n'a pas seulement pour effet d'amener inévitablement la conclusion sur la tonique, elle permet en outre de passer d'un ton dans un autre. Prenons pour exemple le passage si dur et presque inchantable de la phrase citée plus haut du *Canite tuba : si la sol fa sol la sol la si la la sol fa sol;* ajoutez-y la note sensible, c'est-à-dire mettez un # au *fa*, aussitôt le vague, l'étrange, la dureté, disparaissent, la phrase s'assouplit, s'humanise pour ainsi dire; d'un mode ecclésiastique elle a passé dans le ton de *sol* majeur bien marqué, et passerait dans le ton de *sol* mineur si, en conservant le *fa* # on mettait un ♭ au *si*. Ajoutez à cette phrase : *si ré do # ré*, nous voici dans le ton de *ré* majeur, et dans le ton de *ré* mineur si l'on bémolise le *si*. Grâce à l'*ut* # la phrase est entrée d'un ton dans un autre. Ainsi la note sensible produit la modulation, en vertu de laquelle toute mélodie peut se promener dans les tons qui avoisinent le sien, à condition de rentrer dans le ton primitif et de se terminer sur la tonique. La mélodie grégorienne, au contraire, ne peut sortir d'un mode pour passer dans un autre : le plain-chant ondule, il ne module pas; c'est un esclave rivé à sa gamme factice et anormale. N'ayant en résumé qu'un seul ton, il manque de variété et tombe forcément dans la monotonie. La mélodie moderne n'aurait jamais vu le jour sans la note sensible, admirable création populaire, qui, déterminant et réglant l'attraction des sons, devint pour l'art le principe d'une liberté, d'une fécondité, d'une richesse inconnues jusque-là. Les théoriciens du moyen âge n'ignoraient pas cette attraction; mais comprenant qu'elle était contraire à l'essence du système grégorien, et pressentant vaguement que la note sensible pouvait ruiner les six modes où elle n'existait pas, ils lui déclarèrent une guerre implacable, plutôt que de reconnaître que leurs devanciers s'étaient trompés, et que la gamme populaire avait raison contre la science imparfaite de l'époque. Ils permettaient la finale sur le *mi*, mais non sur le *si*. Ils avaient en horreur l'intonation *fa si*, moins sans doute à cause de sa dureté qu'en raison de sa tendance presque invincible vers l'*ut*, et détruisaient cette tendance en bémolisant le *si*. Ils proscrivaient ce triton (intervalle de trois tons) comme l'abomination de la désolation, *diabolus in musica*, non seulement dans la mélodie, mais bien plus encore dans l'harmonie, parce que, dans l'accord *fa si*, en même temps que le *si* tend vers l'*ut*, le *fa* tend vers le *mi*, et que la dissonance ne trouve sa résolution que dans le nouvel accord *mi do*, auquel elle aboutit inévitablement. Cette double attraction faisait du triton, ou quarte augmentée, un élément de transition, c'est-à-dire de mouvement harmonique, tandis que la note sensible était un élément de modulation, c'est-à-dire de mouvement mélodique. Mais le mouvement, soit mélodique, soit harmonique, étant incompatible avec l'immuabilité des intervalles grégoriens, on s'efforça de supprimer l'attraction pour que l'attraction ne supprimât pas le système. Ce fut le système qui succomba dans la lutte. — Il va sans dire que la tonalité grégorienne, ne tenant compte ni des affinités des sons, ni de leur répulsion, et interdisant l'adoucissement des intervalles les plus rudes, ne pouvait engendrer l'harmonie, qui est la science du rapport des sons et l'art de les combiner ou de les opposer de manière à produire une suite d'accords agréables, expressifs et variés. La diaphonie du dixième siècle, laquelle ne consistait qu'en un accompagnement du chant à la quinte ou à la quarte, n'est pas une preuve sans réplique de l'impuissance de cette tonalité en matière d'harmonie; mais le clavier de l'orgue ou du piano fournit cette preuve avec une incontestable évidence. Les touches blanches ne donnent que trois accords parfaits majeurs, ceux d'*ut*, de *fa*, de *sol*, et quatre accords parfaits mineurs, ceux de *ré*, de *la*, de *mi* et de *si;* mais le quatrième était prohibé à cause de la dissonance *fa si*. En revanche, les deux premiers modes grégoriens autorisaient l'accord parfait majeur de *si* ♭. La série des accords ne pouvait être complétée qu'à l'aide des demi-tons, représentés par les touches noires dont la tonalité grégorienne repoussait l'usage. Harmonie et tonalité grégorienne sont donc choses contradictoires en principe. « Les modes de la tonalité du plain-chant ont été conçus, dit M. Danjou, pour un système de musique uniquement mélodique; car avant le septième siècle, l'idée de l'harmonie n'existait pas, et le chant ecclésiastique était déjà constitué ». « Le chant liturgique, dit M. d'Ortigue, est incompatible avec l'harmonie, et celle-ci en détruit radicalement le caractère », en confondant les divers modes dans la sensation unique d'un ton majeur ou mineur. C'est la chanson populaire, composée dans une tonalité non encore fixée mais pourtant différente, qui eut l'honneur d'enfanter l'harmonie. « Avec telle gamme, dit Fétis, l'harmonie est impossible; avec telle autre elle devient nécessaire. » La gamme nécessairement harmonique était celle des Barbares, auxquels on doit les premiers rudiments de l'harmonie consonnante, qui n'emploie que des accords parfaits. Soumise durant des siècles aux règles grégoriennes, elle n'admettait d'autre dissonance que la prolongation passagère d'une note sur une autre. Ces retards, bientôt résolus dans la consonance, étaient une infraction aux principes de l'ancienne tonalité, un premier pas vers l'émancipation. Lorsque la liberté d'examen eut été proclamée, Monteverde osa pratiquer sans préparation l'accord *fa si*, puis l'accord de septième dominante, *ut mi sol si* ♭; ce fut le signal de la révolution. Dès lors une harmonie nouvelle fut créée par l'attraction, l'harmonie dissonante, qui s'élança libre dans l'espace. Ce même triton que le moyen âge avait conspué et maudit, venait d'ouvrir le champ de l'infini à la musique triomphante et définitivement constituée. La Réforme avait été le résultat d'une première insurrection de l'esprit humain contre les erreurs et le despotisme de l'Eglise; la musique fut le résultat d'une autre insurrection analogue, et la première n'a pas peu contribué au succès de la seconde. — Non seulement le plain-chant est inférieur à la musique par sa tonalité, il est en outre privé du rhythme et de la mesure, dont le rôle est si important dans l'art moderne. « Le plain-chant, écrivait saint Bernard, est une prononciation simple et uniforme des notes, auxquelles on donne une valeur égale, sans accroissement ni diminution de durée. » Or le rhythme, c'est le mouvement et la vie. Chantez ou plutôt prononcez *la Marseillaise* à notes égales, l'hymne enflammé a disparu; il ne reste qu'une mélopée sans âme. En même temps qu'il rejetait l'élément chromatique, saint Grégoire, rejetant également l'accentuation prosodique tombée en désuétude, effaça toute distinction entre les syllabes longues et les syllabes brèves, de sorte que le chant grégorien fut à la fois exclusivement diatonique et non prosodié, c'est-à-dire atteint d'un double et incurable vice de conformation. « L'égalité des temps musicaux s'établit si bien, dit Fétis, qu'il n'apparaît pas un signe de durée dans tout le chant noté des antiennes et des graduels qui sont parvenus jusqu'à nous, depuis le huitième siècle jusqu'à la fin du treizième. » Quand la chanson populaire eut créé le rhythme mélodique, essentiellement musical et indépendant de toute prosodie, l'Eglise le proscrivit comme elle proscrivait la tonalité populaire. Cette aversion du rhythme n'a point cessé : Bossuet opposait les « chants de Sion » aux « chants de Babylone, » et les défenseurs éplorés du plain-chant répètent l'un après l'autre avec une pittoresque énergie : « Il ne faut pas que le diable batte la mesure dans le sanctuaire. » Pour eux, le rhythme, la tonalité moderne, l'expression, sont synonymes de passion et de mondanité; le plain-chant est la seule musique religieuse, la seule qui n'ait rien de terrestre, la seule dont la gravité convienne à l'adoration et soit en harmonie avec la sublimité du culte catholique. En vain la musique mondaine la plus inconvenante envahit-elle les cathédrales, surtout en Italie et à Rome plus qu'ailleurs, on s'obstine à prétendre que la musique n'a pas droit de cité dans l'Eglise. « Les chants en langue vulgaire n'ont jamais été admis par l'Eglise catholique comme partie intégrante du culte public; elle ne fait que les tolérer, écrit M. l'abbé Arnaud, et à condition que la musique sera grave, décente, religieuse. » A peine l'immense succès des chants rhythmés et mesurés de la Réforme, put-il forcer le concile de Trente à introduire dans les antiphonaires et autres livres liturgiques quelques notes longues et quelques brèves, pour essayer de donner au chant grégorien un peu d'accentuation prosodique, vaine tentative que l'ignorance des chantres condamnait d'avance à l'insuccès. La proscription du rhythme, la proscription du genre chromatique, la proscription de la musique (car les messes en musique ne sont elles-mêmes que tolérées, et cette tolérance va jusqu'au scandale, selon M. l'abbé Arnaud), voilà les services incontestables que, à dater de saint Grégoire, le sacerdoce a rendus à l'art musical. — Le plain-chant comprend deux parties distinctes : une partie monocorde et une partie mélodique. A la première appartiennent la psalmodie et le chant du prêtre à l'autel; à la seconde, les antiennes, graduels, hymnes et proses. Au lieu d'être lus d'une façon claire et intelligente, l'épître et l'évangile du jour sont chantés ou murmurés sur une seule note, laquelle ne baisse d'un demi-ton que sur l'avant-dernière syllabe d'une interrogation, pour remonter dans le ton sur la dernière syllabe. Ce chant sans mélodie, ce chant qui n'en est pas un, chant hiératique et contre nature réservé au représentant de la divinité, ce je ne sais quoi d'impersonnel et sans entrailles, étranger à tout sentiment humain, inspire, lorsqu'on y réfléchit, comme une sorte d'effroi, non seulement parce qu'il semble confiner au délire, mais encore parce qu'il est l'exacte expression musicale du despotisme le plus absolu et le plus redoutable, celui qui, décrétant la soumission aveugle, anéantit la personnalité humaine. Ce chant s'allie, du reste, parfaitement au langage inconnu que parle le prêtre, au demi-jour voilé du sanctuaire, à la lueur des cierges, à la richesse et à l'éclat des costumes, à l'or, à l'encens, à la pompe des cérémonies bizarres et d'un symbolisme impénétrable, à l'horreur sacrée du mystère qui va s'accomplir : un Dieu s'incarnant, pour s'immoler, dans l'hostie. Ainsi chantaient les prêtres d'Eleusis sacrifiant les victimes, et peut-être aussi la pythie, renversée sur le trépied prophétique, et rendant des oracles dans le paroxysme de l'exaltation nerveuse. Est-il besoin de demander si c'est ainsi que s'exprimait Jésus de Nazareth, lorsqu'il disait : Laissez venir à moi les petits enfants... Bienheureux ceux qui pleurent... La vérité vous rendra libres... Malheur à vous, scribes et pharisiens hypocrites! » — Bien qu'il soit aussi monocorde, le chant des psaumes produit une impression différente, d'abord parce que les psaumes sont faits pour être chantés, ensuite parce que la fin de chaque phrase y est marquée par une note qui descend d'une tierce majeure ou mineure, et la fin de chaque verset, par une cadence de même nature. La psalmodie ainsi suspendue a quelque chose d'original et de saisissant, surtout quand les voix d'enfants se mêlent à celles des chantres. Les autres parties de la messe ont à des degrés divers le caractère mélodique. Quant aux antiennes, dont les plus remarquables sont les *introït* du quatrième dimanche de l'Avent, de la Sexagésime, du deuxième dimanche de Carême, de la fête du saint Sacrement, du commun d'un confesseur pontife : *Statuit*, écrites par le clergé pour le chœur et non pour le peuple, dont tous les droits, y compris celui de chanter dans l'église, étaient confisqués dès le septième siècle, elles portent, aussi bien que les répons une empreinte sacerdotale qu'on ne retrouve point dans les hymnes et les proses. « Il est évident, dit Fétis, que le chant de ces pièces n'a point la même origine que les autres pièces de l'antiphonaire et du Graduel. En effet, si l'on examine avec attention les mélodies anciennes des hymnes et des proses, on y reconnaît un caractère de chant populaire qui me fait croire que ce genre de pièces n'ayant pas été destiné à l'office divin dans l'origine, mais plutôt aux fidèles, soit pour chanter en particulier, soit pour leurs assemblées, les prêtres chrétiens ont adapté à leurs textes originaux des airs connus de tout le monde ou faciles à apprendre et à retenir. » Plusieurs de ces morceaux produisent un grand effet. Parmi les proses il faut citer le *Victimæ paschali laudes*, le *Veni, sancte Spiritus*, le *Lauda, Sion*, le *Stabat mater dolorosa*, le *Dies iræ* (et l'office des morts tout entier), et parmi les hymnes, celle des dimanches de Carême, celle de la Passion, du saint Sacrement, celle de la Pentecôte, celle du commun d'un confesseur pontife; celles de saint Joseph, de saint Jean-Baptiste, de la dédicace de saint Michel, le *Te Deum*, et *Jam mæsta quiesce querela*. Le rite gallican en fournissait d'autres d'une grande beauté ; mais le rite romain est maintenant établi en France comme ailleurs. Doublez, triplez, décuplez, si vous le voulez, le nombre de ces morceaux, et vous aurez toutes les richesses du plain-chant. Qu'est-ce que cela en comparaison de l'inépuisable fécondité de la musique, des chefs-d'œuvre de Gluck, Marcello, Hændel, Mozart, Bach, Beethoven ? — Une plume élégante et autorisée a fort bien caractérisé le plain-chant dans la page suivante : « Que nous dit ce chant grave et d'une monotonie parfois funèbre ? Que ce soit le *Te Deum*, le *Magnificat* ou le *Miserere*, toujours il semble raconter la misère inéluctable de l'humanité résignée à souffrir, son appel à la justice éternelle et à la rédemption dans l'autre monde. Le rhythme qui est la vie, le verbe qui est la lumière, sont absents. Car ce n'est pas le verbe vivant créateur de la libre mélodie, qui traverse ces litanies. Sévère, triste, inflexible, la mélopée se prolonge dans le mode mineur sous les voûtes sombres de la basilique. On dirait la marche lente de l'humanité sans espérance à travers « la vallée de l'ombre de la mort. » C'est dans les églises écartées du grand chemin de la civilisation, dans les couvents millénaires que l'on retrouve encore l'impression primitive et grandiose du vieux chant grégorien. Je parcourais par une matinée splendide le vaste et beau cloître qui couronne le *Monte-Cassino*. Une procession sortant de l'église vint droit sur moi. C'étaient les pères du chapitre célébrant la messe du dimanche. Revêtus de l'étole blanche, ils s'avançaient gravement en deux files parallèles. En tête du cortège, un enfant balançait l'encensoir d'un mouvement monotone et marquait la mesure du chant incisif et solennel. Les voix aiguës des enfants de chœur suivaient à l'octave et dominaient les basses fortes et sonores des prêtres, qui s'élevaient en gammes mineures pour redescendre dans les profondeurs lugubres. La sombre psalmodie n'avait rien de la terre et rien du ciel. Mais il y avait une majesté terrible dans ce chant rigide et implacable, qui traversait la moelle des os. Cette procession sans public sous les arcades solitaires du cloître où l'on ne voit que la pierre blanche et l'azur éclatant, ces prêtres absorbés dans leur missel, ne chantant que pour eux-mêmes, semblaient des revenants en plein jour, des âmes voyageant dans l'éternité et pour qui toute mesure du temps a cessé... Sous cette mélodie funèbre le troupeau des fidèles se courbe dans la nef ténébreuse de l'édifice de l'église comme sous un vent de mort.

Palestrina... ouvrit le ciel au-dessus de ces têtes accablées » (Ed. Schuré, *Le drame musical*, Paris, 1875, I, 222.) — « La tonalité moderne, dit M. d'Ortigue, a tué la tonalité grégorienne. » C'était dans l'ordre. Toutefois le plain-chant, continuant à subsister à l'état de langue morte cultivée par quelques savants, ne manquerait pas de grandeur, s'il était venu jusqu'à nous dans sa pureté ; mais dès le dix-septième siècle les prêtres eux-mêmes cessèrent de l'apprendre, et les corrections qu'il subit à partir de ce moment l'ont défiguré au point de le rendre, assure-t-on, méconnaissable. De leur côté, les organistes ont singulièrement contribué à en altérer la physionomie. Voici sur ce point l'opinion de M. Danjou : « Divisant la cantilène antique en un certain nombre de phrases mélodiques qu'ils rangent arbitrairement dans les différents tons de la musique moderne, ils assignent par exemple le ton de *ré* mineur à l'ensemble du premier mode et y appliquent, suivant la marche du chant, des modulations en *sol* mineur, en *fa* mineur, en *fa* ou *ut* majeur. Les plus habiles n'emploient guère que l'accord parfait ; mais ils établissent toujours les modulations et actes de cadence conformes au sentiment de la tonalité actuelle. Or l'intervention de toutes ces combinaisons de l'art moderne constitue non seulement un anachronisme complet entre la mélodie et l'accompagnement, mais encore une altération monstrueuse du caractère essentiel du chant religieux. » M. Lemmens notamment ne s'est pas laissé arrêter par ces considérations : croyant remarquer une sorte d'analogie entre certains morceaux de plain-chant et certains airs de Mozart, il donne aux premiers un accompagnement imité de ceux de l'immortel auteur de Don Juan. — Les messes en musique et une autre cause encore ont accéléré la ruine de la tonalité grégorienne. « L'étude du plain-chant, dit encore M. Danjou, est complètement abandonnée à Rome. Comment en serait-il autrement ? La musique moderne a envahi le lieu saint... Le plain-chant est presque entièrement banni des églises paroissiales de Rome ; il faut aller dans quelque couvent de capucins ou de chartreux pour entendre exécuter, Dieu sait comment, le chant ecclésiastique ». « Ce n'est guère qu'à la chapelle pontificale, dit à son tour M. d'Ortigue, que le voyageur qui visite Rome peut espérer d'entendre de la musique religieuse. On n'exécute dans les autres églises de la capitale du monde chrétien autre chose que de la musique d'opéra sur des paroles sacrées. Il est juste de dire aussi que les cymbales et les grosses caisses y jouent un rôle important. » Cette prédilection malsaine pour les airs d'opéra et même pour les airs d'opéra comique, règne aujourd'hui partout, grâce aux séminaristes. » L'Eglise leur défend d'aller au théâtre, ajoute M. d'Ortigue, ils se dédommagent en transportant le théâtre à l'église. Voilà pourquoi les exercices, en général, dirigés par de jeunes ecclésiastiques, les mois de Marie, les confréries, les catéchismes de persévérance, retentissent d'airs mondains que nos ecclésiastiques trouvent bien plus expressifs, bien plus religieux, bien plus pieux que le plain-chant. » De 1845 à 1848 la *Revue de la musique religieuse, populaire et classique*, fondée par MM. Danjou, Fétis, S. Morelot, s'efforça de lutter contre le courant, et tenta vaillamment de rétablir la tonalité ecclésiastique ; il fallut bientôt renoncer à ce beau rêve. M. d'Ortigue avait un plus juste sentiment de la réalité lorsqu'il s'exprimait, peu d'années après, de la manière suivante dans son *Dictionn. de plain-chant* : « Le plain-chant n'existe plus, il a été absorbé par la musique mondaine... Nous savons très bien que tous nos efforts ne pourront redonner la vie à la tonalité du plain-chant ; mais dans l'impossibilité de ressusciter le chant ecclésiastique, nous aurons fait du moins son oraison funèbre. » — Voyez d'Ortigue, *Dictionn. de plain-chant*, Paris, 1854, in-4°; *La musiq. à l'église*, Paris, 1861, in-8°. ; Fétis, Préface de la *Biographie des musiciens*, édit. de Bruxelles, 1837, in-8°, *Gazette musicale* ; De la Fage, *Cours complet de plain-chant*, Paris, 1855, in-8°; J.-J. Rousseau, *Dictionn. de musiq.* ; Pierre Valfray, *Graduale romanum*, Paris, 1874, in-fol. ; *Antiphonarium romanum*. Paris, 1874, in-fol. ; *Antiphonarium romanum*, Toulouse, 1815, in-16 ; Dom Jumilhac, *La science et la pratique du plain-chant*, Paris, 1848, in-4° ; Félix Clément, *Hist. générale de la musiq. religieuse*, Paris, 1860, in-8°; *Influence de la Réf. sur la musiq.*, t. II de notre *C. Marot et le Psautier huguenot* ; le journal l'*Univers* du mois d'août 1880 ; Alexis Tiron, *Etudes sur la musiq. grecq.*, *le plain-chant et la tonalité moderne*, Paris, 1866, in-8°.

O. DOUEN.

PLANCK (Gottlieb-Jacob), historien célèbre, né à Nurtingen, dans le Wurtemberg en 1751, mort à Gœttingue en 1833. Après avoir terminé ses études à l'université de Tubingue et avoir professé pendant quelque temps à l'académie de Stuttgard, il fut appelé à recueillir la succession de l'historien Walch à l'université de Gœttingue, où il professa pendant près de cinquante ans; il remplit aussi, à partir de 1805, les fonctions de surintendant général des Eglises du Hanovre. Parmi les très nombreux ouvrages de Planck, nous citerons par ordre d'importance : 1° *Histoire de l'origine, des modifications et de la formation définitive du dogme protestant jusqu'à la Formule de Concorde*, Leipz., 1781-1800, 6 vol.; 2° *Histoire de la théologie protestante depuis la Formule de Concorde jusqu'au milieu du dix-huitième siècle*, Gœtt., 1831 ; 3° *Histoire de l'origine et du développement de l'organisation de l'Eglise chrétienne jusqu'à la Réformation*, Hanovre, 1803-1809, 5 vol.; 4° *Exposition historique et comparée des systèmes dogmatiques des diverses confessions chrétiennes*, Gœtt., 1796 ; 5° *Anecdota quædam ad historiam concilii Tridentini pertinentia*, Gœtt., 1761-1801 ; 6° *De la scission entre les principales communions chrétiennes et des moyens de les réunir*, Tub., 1803 ; 7° *De la situation actuelle des communions catholique et protestante en Allemagne*, Hanovre, 1816; 8° *Histoire du christianisme dans sa période de propagation par les apôtres*, Gœtt., 1819; 9° *De la valeur des preuves historiques en faveur de la divinité du christianisme*, Gœtt., 1822. — Planck attachait peu d'importance aux opinions dogmatiques. Il entourait le passé d'une vénération sans égale, montrait une tolérance respectueuse pour les convictions d'autrui et appliquait son incontestable talent de divination et de pénétration psychologique à faire revivre les héros de l'histoire et les événements auxquels ils ont pris part. Toutes ces qualités l'éloignaient du rationalisme qui affectait un superbe dédain vis-à-vis du passé, se montrait passablement intolérant dans ses jugements et incapable d'entrer dans la pensée des autres et de la comprendre. Cependant Planck révèle sa parenté avec le rationalisme par le procédé arbitraire au moyen duquel il explique l'organisme de l'histoire, cherchant l'origine des événements presque exclusivement dans les motifs personnels, souvent assez mesquins, de ceux qui en ont été les auteurs. On voudrait un coup d'œil plus ferme pour embrasser les vues d'ensemble et démêler les grandes lignes. C'est le pragmatisme le plus sec et le plus prosaïque. On doit relever par contre l'érudition solide de Planck, son activité infatigable, son caractère doux et conciliant, sa piété sincère. — Voyez Lücke, *G.-J. Planck*, Gœtt., 1838 ; Illgen, *Zeitschr. für histor. Theol.*, 1843, 4, p. 75 ss.; Reinwald, *Repert. für theol. Literat.* 1839, XXV, 105 ss.; *Allgem. Liter. Zeit.* de Halle, 1837, III, 281 ss.; Pütter, *Gesch. der Univers. Gœtt.*, II, 121 ; III, 283 ss.; IV, 270 ; Baur, *Die Epochen der kirchl. Geschichtschreibung*, p. 173 ss., et l'article de Henke, dans la *Real-Encykl.* de Herzog, XI 757 ss.

PLATINA. Barthélemy de Sacchi, plus connu sous le nom de Platina, est né à Pradena ou Platina, près de Crémone, en 1421, et mort en 1481. Il se voua d'abord à la carrière militaire, puis aux études. Recommandé chaudement au pape Pie II par le cardinal Bessarion, il reçut en 1464 la charge d'abréviateur apostolique et quelques bénéfices peu considérables. Paul II ayant aboli cette charge sans rembourser ceux qui en étaient pourvus, Platina lui écrivit une lettre indignée, en le menaçant d'un concile œcuménique. Arrêté à la suite de cette lettre, il subit pendant quatre mois les tortures d'une étroite captivité. Accusé plus tard d'avoir conspiré contre le souverain pontife et contre la religion chrétienne, en compagnie d'un certain Callimaque, on le mit à la question, sans qu'il fît aucun aveu. Ce ne fut que sous Sixte IV, le successeur de Paul II, que Platina rentra en grâce, et fut nommé bibliothécaire du Vatican. Outre des ouvrages de morale, on a de lui les vies des papes depuis Jésus-Christ jusqu'à Sixte IV, sous le titre de : *Opus in vitas summorum pontificum*, Venise, 1479 ; Nuremberg, 1481 ; Lyon, 1512, avec la continuation d'Onuphre ; Louvain, 1572 ; Cologne, 1600 et 1610. L'auteur a consulté avec soin, mais sans critique, ce que Damase, Anastase, Pandolphe de Pise, Martin Polonus, Ptolémée de Lucques et d'autres ont écrit sur la vie des papes ; parmi les faits qu'il rejette se trouvent ceux qui concernent la papesse Jeanne. Les jugements sur les mœurs du pape et du clergé sont empreints d'une grande franchise. — Voyez Molleri, *Dissertatio de B. Platina*, Altd., 1694 ; Nicéron, *Mémoires*, VIII, 278 ss.; Acrisi, *Cremona literata*, I, 310 ss.; Bayle, *Diction.*, III, 754 ss.; Schrœckh, *Kirchengesch.*, XXXII, 324 ss.

PLATONISME. On peut distinguer deux parties dans la philosophie de Platon : une partie régressive, ou propédeutique (ensemble des opérations intellectuelles et morales par lesquelles l'esprit s'élève de l'ignorance, ou de la sophistique, à l'état philosophique) ; une partie progressive (ensemble des conséquences qui découlent des principes philosophiques de Platon). Cette seconde partie se subdivise elle-même, car il y a à considérer successivement : 1° Les principes en eux-mêmes, c'est-à-dire les idées (théorie des idées) ; 2° l'idée agissant sur la matière comme principe plastique (théorie du monde ou physique) ; 3° l'idée comme terme de l'activité (théorie du bien moral ou de la vertu). — I. *Philosophie régressive ou propédeutique.* Une philosophie régressive comprend elle-même nécessairement deux parties : une partie critique, et une partie didactique ou positive. Dans le platonisme, la critique porte, d'une part sur l'esprit de la foule, ou conscience commune ; d'autre part sur l'état d'esprit des gens cultivés, mais qui ne possèdent pas la vraie science (sophistique). La partie positive consiste à faire passer l'intelligence, avec l'âme tout entière, de l'ignorance ou de la fausse science à la contemplation et à la possession de la vérité. — *Critique de l'état d'esprit de la foule relativement à la science et relativement à la vertu.* Le vulgaire confond la science et l'opinion vraie. Mais si la science est une opinion vraie, elle n'exclura pas l'erreur ; car il n'y a pas de criterium infaillible pour distinguer l'opinion vraie de l'opinion fausse. La science est un ensemble de jugements nécessaires dont on peut donner la démonstration et la preuve. Quant à la vertu populaire, elle n'est qu'une vertu apprise par tradition, enseignée par l'exemple, et fortifiée par l'habitude. Aussi cette vertu a-t-elle toutes sortes de défauts. Elle n'est pas réfléchie, et celui qui la possède est vertueux sans savoir ce qu'il fait ; « mieux vaudrait encore l'injustice volontaire et réfléchie que la justice involontaire et irréfléchie » (*Hip. min.*, 373 ; *Rép.*, II, 381, 382 ; VII, 535) ; elle n'est pas stable, non plus que rien de ce qui repose sur l'opinion ; elle n'est pas transmissible par l'enseignement ; elle est intéressée, n'étant qu'un calcul par lequel on se prive d'un plus petit plaisir pour en avoir un plus grand, tandis que la vertu véritable doit mourir au corps et aux sens (opposition entre l'esprit et la chair ; élan vers la vie spirituelle ; mais cette vie spirituelle est pour Platon essentiellement intellectuelle et non pas comme dans le christianisme faite de volonté et d'amour. (*Rép.*, II, 362, 364) ; elle est incomplète enfin, car elle permet le mal ; à savoir, le mal que nous faisons à nos ennemis (voy. *Mén.*, 71 ; *Crit.*, 49 ; *Rép.*, I, 334, 335, les passages où Platon enseigne à ne pas faire du mal à ses ennemis ; mais ce n'est point par principe d'amour, c'est seulement par principe de raison). — *Critique de l'état d'esprit des gens cultivés touchant la science et la vertu.* L'homme, disent les sophistes, est la mesure de toutes choses : le vrai est pour chacun ce qui lui paraît vrai (scepticisme) ; le bien ce qui lui paraît bon (égoïsme et hédonisme). Mais si le vrai c'est ce qui paraît tel à chacun, les hommes croyant en général à la vérité objective, il est donc vrai qu'il y a une vérité objective. Et d'ailleurs les hommes ne se trompent-ils pas sur leur avenir et sur leurs intérêts ? Il est donc faux que tout ce qui paraît vrai soit vrai. Enfin il faut bien qu'il y ait du vrai et du faux puisqu'il y a des méchants, c'est-à-dire des gens qui se trompent. D'autre part, le bien, non plus, n'est pas ce qui paraît tel. Le bonheur ou la vertu c'est de faire ce qu'on veut. Mais les tyrans, par exemple, font ce qu'ils désirent et non ce qu'ils veulent : car chacun veut son bien, et les tyrans sont les artisans de leur propre mal. L'injustice n'est pas un principe de puissance mais d'impuissance. Les bandes mêmes de voleurs ont besoin de justice pour subsister. L'homme le plus heureux est celui dont l'âme est pure de toute perversité, et mieux vaut subir l'injustice que de la commettre. L'homme le plus heureux, après celui-là, est celui qui, ayant fait le mal, subit le châtiment qui est la médecine de l'âme. L'homme le plus malheureux de tous est celui à qui le mal réussit et dont la corruption intérieure s'invétère et s'étend par l'impunité. — *Conversion de l'âme vers le bien et la vérité.* La conversion de l'âme vers le bien s'accomplit par l'*amour*. L'amour est causé par le souvenir des idées. L'âme reconnaît dans les choses sensibles les images des idées. Parmi les choses sensibles, celles où l'idée apparaît le plus clairement sont les choses belles. Le beau c'est la transparence de l'idée à travers le sensible. Le but de l'amour c'est la vie dans la région des idées et l'immortalité comme conséquence. L'immortalité peut être entendue de deux façons : 1° L'immortalité de l'espèce : c'est la continuation de l'existence sensible par un série de réalisations de l'idée dans le sensible ; 2° l'immortalité de l'individu, dont l'esprit, dégagé du sensible, participe à l'existence de l'idée. L'amour a pour fin tout ensemble ces deux immortalités. Du point de vue inférieur, on peut le définir le désir d'engendrer dans la beauté (*Banq.*, 206). Cette génération elle-même peut être ou corporelle, ou spirituelle. La génération spirituelle consiste à faire naître une âme à la vie de l'esprit par la transmission de la sagesse et de la vertu. Au point de vue supérieur, l'amour cesse d'avoir pour objet un individu. De la beauté d'un corps et d'une âme, il passe à la beauté du corps et de l'âme en général, à la beauté des actions, des sentiments et des pensées, à la beauté des lois, à la beauté des sciences, et par une initiation progressive, qu'anime l'enthousiasme, il s'élève enfin jusqu'à la beauté en soi, qui n'est que le bien sous un aspect particulier. L'amour ainsi entendu n'est donc en somme que le mouvement de la volonté par le bien. — La conversion de l'âme vers la vérité s'accomplit par la *dialectique.* Le dialectique est une méthode qui nous élève du sensible, objet de l'opinion, à l'intelligible, objet de la science ; elle nous fait passer des ombres de la caverne, à la lumière du soleil intelligible, qui n'est autre que le bien (*Rép.*, VII). La sensation n'est pas la science ; le travail logique de l'esprit sur les sensations, la généralisation, ne l'est pas davantage. La science commence avec la pensée discursive ou déduction des géomètres. « Mais les géomètres et les arithméticiens partant de propositions dont ils ne rendent compte ni à eux-mêmes ni aux autres, descendent par une chaîne ininterrompue de déductions jusqu'à la proposition qu'ils avaient l'intention de démontrer. » La vraie science n'est pas là. La méthode des géomètres suppose les principes du raisonnement et ne les établit pas. La dialectique nous pousse donc plus haut encore : la vraie science c'est la connaissance des principes qui n'ont pas besoin de démonstration, c'est la connaissance des idées. C'est par un organe spécial, l'intuition, que l'âme saisit les idées. Connaissance immédiate, vision sans intermédiaire, supérieure aux procédés multiples et mobiles du raisonnement, l'intuition est l'union intime de l'intelligence et de l'intelligible. La conversion de l'âme vers le bien et la vérité, est donc opérée par une sorte de purification. L'amour est une purification morale, la dialectique une purification intellectuelle ; l'une ne va pas sans l'autre, elles se supposent réciproquement, et les deux marchent de pair. — II. *Philosophie progressive.* — A. *Théorie des idées.* « Dans la réalité éternelle, il y a quelque chose qui fonde la possibilité des genres, des types, des lois auxquelles le monde sensible est soumis. Il y a, par exemple dans la réalité éternelle, un principe qui rend possible l'homme, un principe qui rend possible l'animal. Ce principe doit contenir éminemment en lui-même toutes les qualités positives qu'il communique à l'homme et à l'animal. Il est l'idéal de l'homme, l'idéal de l'animal. Mais ce n'est pas un idéal abstrait et stérile ; c'est au contraire la suprême réalité, puisque c'est le principe duquel les choses dérivent. On peut dire donc que ce principe réalise en lui, au plus haut degré, toutes les perfections de l'homme, de l'animal. Il est le modèle vivant, l'exemplaire éternel des choses. Ce modèle, Platon le nomme l'Idée » (Fouillée, *Hist. de la phil.*). — Quels sont les caractères des idées ? En premier l'idée est universelle ; elle est l'unité d'une multiplicité : ainsi percevant un nombre indéfini de choses belles, à l'occasion de ces sensations nous concevons l'idée du beau. En second lieu, l'idée est pure, sans mélange, parfaite. Les sens nous montrent toujours les contraires unis dans un même objet sensible ; par exemple, aucun objet sensible n'est simplement beau ; seule la beauté idéale est belle simplement, sans qu'aucune négation vienne s'ajouter à cette affirmation absolue. L'idée est encore impérissable et immuable. Enfin l'idée possède l'existence substantielle qui fait qu'une chose existe en elle-même et non dans une chose dont elle n'est que la qualité. — Le monde sensible se résout ainsi en éléments idéaux ; mais ces idées elles-mêmes, bien que chacune d'elles soit l'unité d'une multiplicité, ne se résolvent-elles pas en éléments plus généraux encore ? En posant les idées en dehors des choses, on a déterminé les principes des choses sensibles ; ne doit-on pas chercher maintenant les principes des idées ? Or l'idée est d'abord un principe d'unité. Mais elle est aussi un principe de distinction. En même temps qu'elle unit les êtres, elle les différencie. Dans le fond positif de l'idée, se trouve toujours comprise quelque possibilité de négation et de multiplicité qui devient un principe de distinction Si chaque idée présente ainsi à la fois unité et multiplicité, elle se résout nécessairement en deux éléments : l'un absolu et le multiple indéterminé.

Ce multiple. c'est ce qu'Aristote appelle la dyade indéfinie. « Platon, dit-il, posa comme principe des idées, l'unité et la dyade indéfinie, de laquelle sortent toutes les idées comme d'une matière »(*Mét.*, I, VI). Cette dyade indéfinie, principe d'indétermination, est en effet une sorte de matière métaphysique qui ne possède actuellement aucune qualité, mais qui renferme virtuellement toutes les qualités opposées ; l'unité en s'y appliquant, en détermine, en fixe une certaine portion, et voilà l'idée, une et multiple tout à la fois. (Platon ne parle nulle part de l'unité et de la dyade indéfinie dont Aristote lui attribue l'invention. Mais les quatre principes mentionnés dans le Sophiste peuvent aisément se réduire à deux, un principe d'unité ou de détermination, et un principe de multiplicité ou d'indétermination, lesquels en s'unissant donnent naissance à l'un-multiple). S'il en est ainsi, le platonisme semble se résoudre en un dualisme irréductible. Mais puisque la dyade indéfinie est absolument indéterminée par elle-même, elle est le non-être. L'un des deux termes de ce dualisme apparent est donc seul réel, l'autre est abstrait. Par la même raison, l'unité ne peut pas être indéterminée sous peine de devenir aussi un pur néant. L'unité est donc absolument déterminée en elle-même ; et c'est dans cette détermination complète que se trouve la raison de toutes choses. Tout est en elle et par elle ; rien n'est en dehors d'elle et sans elle. L'unité et la dyade indéfinie dont parle Aristote, ne sont donc que l'abstraction du contenu de l'unité absolue. — Cette unité absolue, les critiques ont voulu souvent en faire, d'après Aristote, le plus général et par suite le plus vide de tous les genres. « Il est incontestable que si l'on considère les idées au point de vue de la généralité logique, la dialectique, en nous élevant des individus aux espèces, des espèces aux genres, de ces genres à des genres plus étendus, jusqu'à celui qui domine tous les autres de son universelle étendue nous élève graduellement vers la plus abstraite des généralités, l'être indéterminé... Voilà ce que dirait un penseur moderne ; mais Platon l'entendait autrement. La généralité n'était pas à ses yeux l'unique caractère des idées ; un autre caractère non moins essentiel de ces principes, c'est la perfection. Aussi croyait-il, en s'élevant d'idée en idée, jusqu'à l'idée suprême, jusqu'à l'unité absolue, s'élever de perfection en perfection, non moins que de généralité en généralité. A mesure que l'extension augmente, pourrait-on dire, en traduisant sa pensée en langage plus moderne, la compréhension s'enrichit. On arrive enfin de progrès en progrès, à l'idée la plus vaste en extension et la plus riche en compréhension, qui ne suppose rien après elle, et qui, unissant dans son sein la multiplicité et l'unité, renferme en les conciliant tous les contraire (Liard, *Etude sur la Rép. de Platon*). Si donc, considérée d'un point de vue abstrait, cette idée est l'unité suprême, considérée dans sa nature intime, elle est la perfection suprême ou le bien. Et qu'est-ce que le bien, éternel, immuable, absolu, si ce n'est Dieu ? Dieu est donc le terme de la dialectique : c'est le soleil du monde intelligible, qui rend possible l'existence et la connaissance, principe éternel de l'être et de la pensée. —

B. *Théorie du monde.*— Le monde intelligible existe. Le monde sensible existe-t-il? Peut-être la pensée vraie de Platon est-elle que le monde sensible n'est que l'apparence d'une réalité réfractée indéfiniment dans le milieu de la sensation : c'est le monde des idées vu à travers la sensibilité (voyez le rapprochement fait par Schopenhauer, *Die Welt als Vorstellung*, III, § 31, entre l'idéalisme kantien et l'idéalisme platonicien). Dans le *Timée*, le monde sensible existe, mais comment existe-t-il? Par l'union de l'idée et de la matière. La matière que Platon appelle la place, l'indéfinissable, l'informe, l'indéterminé, le non-être, est la condition ou cause auxiliaire de l'activité créatrice. Cette matière, Dieu ne la crée pas, ne la tire pas de soi ; il ne fait que la façonner. Elle limite même l'action de l'idée. Et si elle est son auxiliaire indispensable, elle est aussi une entrave et une résistance : c'est d'elle que provient tout le mal qui existe dans l'univers. La doctrine du Timée n'est donc ni le système de la création ni le panthéisme : c'est le dualisme. Pourtant plusieurs interprètes estiment que la matière était, dans l'esprit de Platon, un principe négatif et logique plus qu'une réalité effective ; quelque chose comme cette limitation essentielle des créatures que Leibnitz concevait dans l'entendement divin : « Platon a dit dans le Timée que le monde avait son origine dans l'entendement et la nécessité, d'autres ont joint Dieu et la nature. On peut y donner un bon sens. Dieu sera l'entendement ; et la nécessité, c'est-à-dire la nature essentielle des choses sera l'objet de l'entendement, en tant qu'il consiste dans les vérités éternelles. Mais cet objet est interne et se trouve dans l'entendement divin. Et c'est là dedans que se trouve non seulement la forme primitive du bien, mais encore l'origine du mal : c'est la région des vérités éternelles qu'il faut mettre à la place de la matière quand il s'agit de chercher la source des choses » (Leibnitz, *Théod.*, I, § 20). De quelque façon qu'on l'entende, la matière doit être associée au principe organisateur pour la formation du monde. Elle en est en quelque sorte la mère ; Dieu en est le père. Le monde est le fils, fils unique, image de la divinité, Dieu à venir, Dieu visible, dont la perfection relative rappelle celle du père de l'univers. C'est la trinité platonicienne. — Ainsi est produit le monde ; mais pourquoi est-il produit ? « Dieu était bon, dit Platon (*Rép.*, VI) ; et celui qui est bon n'est avare d'aucun bien ; il a donc créé le monde aussi bon que possible, et pour cela il l'a fait semblable à lui. » La bonté intrinsèque ou perfection, devient pour ainsi dire expansive. Le mot bonté désigne non plus seulement l'être bon pour soi, mais l'être bon pour autrui. Pourtant il ne s'agit pas encore ici de volonté bienfaisante. « De cette idée qu'aussitôt qu'un être est parvenu à sa perfection et s'est affranchi du besoin, sa nature se développant librement, il se répand et se communique de tout son pouvoir, à cette autre idée que la bonté d'un être consiste précisément à vouloir le bien de tous les êtres, que la *bonté* véritable et la *bienveillance* ne font qu'un, en d'autres termes, que la perfection et l'amour sont une seule et même chose, il n'y avait qu'un pas : mais ce pas, il n'était pourtant pas donné de le faire ni à la philosophie platonique ni à aucune autre de l'antiquité païenne » (Ravaisson, *Mét. d'Aristote*, II, p. 432 ; voir tout le passage). Quoi qu'il en soit, comme l'être le meilleur en soi est aussi le plus réel en soi et le plus actuel, et que sa perfection est sa raison d'être, de même l'être le meilleur en soi est aussi le meilleur pour les autres, et sa perfection est leur raison d'être. L'idée de la perfection ou du bien fournit ainsi à la solution des deux grands problèmes de la métaphysique : l'existence de Dieu et l'existence du monde. — C. *Théorie de la vertu*. La philosophie n'est pas seulement pour Platon la recherche du vrai, mais la règle de conduite, la médecine de l'âme. C'est une purification des sens et des voluptés qui nous clouent au corps, c'est une initiation aux choses divines. « Nous devons tâcher de fuir au plus vite de ce séjour à l'autre. Or cette fuite c'est la ressemblance avec Dieu autant que la chose est possible ; et on ressemble à Dieu par la justice, la sainteté et la sagesse » (*Théét.*, 176). Lorsqu'on suit le platonisme jusqu'à cette hauteur, on n'est pas étonné de l'hommage que lui rend saint Augustin : « Que tous les philosophes, le cèdent donc aux platoniciens qui ont fait consister le bonheur de l'homme, non à jouir du corps et de l'esprit, mais à jouir de Dieu *De civ. Dei.*, l. VIII, c. VIII). — Pour la bibliographie de Platon, voy. l'article *Platon*, dans le *Dict. des sc. philos.* Sur les rapports du platonisme avec la philosophie Alexandrine, voy. dans le présent dictionnaire, les articles : *Alexandrie* (Ecole chrétienne d') ; *Alexandrie* (Ecole philosophique d') ; *Alexandrie* (Ecole juive d'). Sur les rapports du platonisme avec la philosophie chrétienne, outre les histoires générales de la philosophie, voy. Fouillée, *La philos. de Platon*, t. II, liv. V : le platonisme dans le christianisme ; J Fabre, *Hist. de la philos.*, t. I, ch IV : la phil. gréco-orientale ; Havet, *Le christianisme et ses origines*, t. I, ch. VII.

ELIE RABIER.

PLOTIN. Voyez *Alexandrie* (Ecole philosophique d').

PLUQUET (François-André-Adrien), savant ecclésiastique, né à Bayeux en 1716, mort à Paris en 1790, se fit recevoir licencié en Sorbonne, professa la philosophie morale au collège de France, et devint chanoine de Cambrai. Il était lié avec Montesquieu, Fontenelle, Helvétius. Parmi ses écrits nous citerons : 1° *Examen du fatalisme*, Paris, 1757, 2 vol. ; il en a paru en 1817 à Besançon une édition corrigée et complétée, en 3 vol. ; 2° *Mémoires pour servir à l'histoire des égarements de l'esprit humain par rapport à la religion chrétienne* ou *Dictionnaire des hérésies, des erreurs et des schismes*, Paris, 1762, 2 vol. in-8° ; Besançon, 1817, 2 vol. ; 3° *Traité de la sociabilité*, 1767 ; 4° *Livres classiques de la Chine*, trad. du latin du P. Noël, 1784-86 ; 5° *Essai philosophique et politique sur le luxe*, 1786 ; 6° *De la superstition et de l'enthousiasme*, 18[illegible]4.

PLYMOUTH (Frères de). Voyez *Darbysme*.

PNIEL. Voyez *Phanuël*.

POCOCK (Edward), orientaliste célèbre, né à Chivaly, dans le Berkshire, en 1604, mort à Oxford en 1691, fut nommé successivement chapelain de la factorerie anglaise d'Alep, puis professeur d'arabe et d'hébreu à Oxford. Parmi ses ouvrages nous citerons : 1° une traduction arabe du *Traité de la vérité de la religion chrétienne* de Grotius ; 2° des *Notes* sur les Epîtres de saint Pierre, de saint Jean et de saint Jude ; 3° des *Commentaires* sur Osée, Joël, Michée et Malachie ; ces notes et ces commentaires ont été imprimés avec quelques autres ouvrages de théologie, sous ce titre : *Theological Works*, Londres, 1740, 2 vol. in-fol. ; 4° *Porta Mosis*, Oxf., 1655, ouvrage de Maimonides, imprimé en caractères hébreux, et accompagné d'une traduction latine et de notes. Pocock a pris également une grande part à la *Polyglotte* de Walton ; on lui doit les parties de la version syriaque du Nouveau Testament, qu'il a accompagnées d'une version latine et de notes ; Vossius a publié ce travail, Leyde, 1630, in-4°.

POÉSIE (chez les Hébreux). Voyez *Hébraïque* (Poésie).

POIDS ET MESURES (chez les Hébreux). — I. POIDS. Chez les Hébreux, les poids étaient en général les mêmes que chez les Phéniciens, les Araméens et la plupart des nations de l'Asie occidentale, c'est-à-dire calculés d'après la règle des Babyloniens et des Assyriens. L'Ancien Testament cite comme poids chez les Hébreux : 1° *le talent* (kikkâr) ; 2° la *mine* (mânèh) ; 3° le *sicle* (chèqèl) ; 4° le *géra* (gurâh). Comme le texte de l'Exode (XXXVIII, 26 ss. ; XXX, 13) nous rapporte que le talent se composait de 3,000 sicles et le sicle de 20 géra, on a cru pouvoir en conclure que le talent-poids des Hébreux se montait à 3,000 sicles-poids et que la mine, dont 60 font un talent, comprenait 50 sicles. Mais ce calcul prématuré a été singulièrement dérangé par les découvertes archéologiques récentes. Il est aujourd'hui avéré que le talent de 3,000 sicles n'était pas un talent-poids, mais un talent-argent ; que pour le talent-argent, il fallait s'en rapporter au passage d'Ezéchiel XLV, 12, d'après lequel le talent-poids comprenait 60 mines à 60 sicles chacune, c'est-à-dire 3600 sicles. On doit ces éclaircissements à la découverte des poids normaux des Assyriens, déterrés dans le palais des rois de Ninive. Ces poids avaient la forme de canards ou de lions couchés, garnis la plupart du temps d'une anse sur le dos. Ils portent, en général, une double inscription, l'une araméenne, l'autre assyrienne et écrite en caractères cunéiformes ; la première indique le poids normal, la seconde donne le nom du roi sous lequel le poids a été fait. Un poids en bronze en forme de lion couché porte, par exemple, l'inscription araméenne : « *2 mines du pays* » et l'inscription cunéiforme : « Palais de Sanhérib (roi d'Assyrie), *deux mines du roi*. » Au moyen de ces poids, dont le musée britannique de Londres possède un grand nombre d'exemplaires, on a pu se rendre un compte exact du système des poids, mesures et monnaies des peuples de l'Asie occidentale. Les résultats acquis par une comparaison et un pesage minutieux sont les suivants : Le talent-poids babylonico-assyrien était de deux espèces : un talent lourd 60,6 kilogr., et un talent léger qui était de 30,3 kilogr. La mine qui en était la 60e partie pesait 1010, c'est-à-dire 505 gr. ; le sicle (60e partie de la mine) avait donc un poids 16,83, c'est-à-dire 8,41 gr.

Mais ce système de poids fut modifié en Palestine. Là le sicle, c'est-à-dire l'unité étalon, pesait non pas 16,83 gr., mais seulement 16,37 gr. Ces données sont fournies par Josèphe (*Ant.*, XIV, 14, 7, 1), d'après lequel la mine-argent des Hébreux était de 2 1/2 livres romaines, c'est-à-dire de 818,57. D'après cela la mine-poids juive était de 60 × 17,37 gr. = 982 gr., le talent de 58,932 kilog. Le sicle se divisait, comme nous le disions plus haut, en 20 géra à 0,868 gr. dont 10 faisaient une nouvelle sous-division, le bèka, c'est-à-dire 8,68 gr. Ce poids s'appelle chez les anciens Hébreux le *poids royal* (2 Sam. XIV, 26), proprement *pierre royale*, parce que primitivement on se servait sans doute de poids faits de pierres. Le sicle qui se réglait sur ce poids s'appelait *sicle sacré* (Exode XXX, 13 ; XXXVIII, 25), sans doute parce que l'étalon en était conservé dans le temple. Ce sicle portait ce nom par opposition au *sicle d'argent*, dont le poids était réglé d'après un autre taux, c'est-à-dire à 14,55 gr. (voyez Brandis, *Das Münz-Maass und Gewichtsystem in Vorderasien*, Berlin, 1866).

II. Mesures. De même que les poids, les mesures des anciens Hébreux ont pour origine Babylone et Ninive, mais ici se présente une difficulté ; les données bibliques sont en partie insuffisantes, en partie peu précises, et les indications fournies par le Talmud et les Rabbins sont loin de présenter un caractère très précis. Aussi ne s'étonnera-t-on pas que les savants diffèrent sensiblement dans leurs opinions à ce sujet. Nous pouvons néanmoins nous faire une idée relativement exacte des mesures des Hébreux : 1° *Mesures de longueur* : L'unité de longueur dans toute l'Asie était l'aune (ammâh) et principalement l'aune babyloniene de 525 millim. La longueur de l'aune est fournie par les monuments eux-mêmes. Les deux tiers de sa longueur formaient en général le pied qui était de 315-308 millim. Les Hébreux avaient adopté pour l'aune la même mesure (Ezéchiel). Au-dessus de l'aune, il faudrait admettre le double aune (gômed), si toutefois cette mesure désignait le double de l'aune (Juges III, 16) ; mais le contexte nous force à admettre plutôt une mesure plus petite, c'est-à-dire la *paume*. Au-dessus de ces deux mesures, nous trouvons la toise (qâneh) qui mesurait 6 aunes (Ezéch. XLI, 8), auxquelles on ajoutait parfois la largeur de la main (Ezéch. XLIII, 13). Au-dessus de la toise, les Hébreux n'ont pas de mesures précises de longueur. S'il est difficile de donner une idée mathématiquement exacte des mesures de longueur, la difficulté devient plus grande encore quand il s'agit des distances. — En effet, le passage de la Genèse (XXXV, 16), où il est question « d'un bout de chemin » (kiberath hâ'ârèç), ne fournit aucune indication précise. La Septante qui admet « une course de cheval » e la Peschito qui parle d'une « *parasange* » (30 stades, c'est-à-dire 3,750 pas) ont peut-être raison, si ces deux versions fixent la durée de la marche à environ une lieue, mais on ne saurait rien préciser à cet égard. La durée « *d'une journée de marche* » (Exode III, 18 ; V, 3 ; Deutér. I, 2) est tout aussi incertaine. Chez les Romains, la journée de marche d'une armée était de 160 stades, c'est-à-dire de 8 lieues ; Hérodote admet la même longueur chez les Perses. D'après le voyageur Kæmpfer, au contraire, la journée de marche n'était ni inférieure à 4 ni supérieure à 8 parasanges, c'est-à-dire elle variait de 4 à 8 lieues. La plus petite mesure pour les distances était le *pas* (2 Sam. VI, 13). — 2° *Mesures de capacité*. Ici encore nous connaissons d'après les textes bibliques des rapports approximatifs des mesures entre elles, mais ne saurions en déterminer la valeur absolue. Nous savons toutefois par l'ouvrage de Brandis, cité plus haut, que les mesures de capacité reposaient sur le système sexagésimal. Dans les inscriptions cunéiformes de l'Assyrie, nous trouvons comme unité le hômer (îmîr); dans l'Ancien Testament, les mesures de capacité sont les suivantes: *a*) le hômèr (khômer, khôr), la plus grande mesure de capacité, équivalant à peu près au boisseau (double décalitre), et servant à la fois pour les liquides et les solides ; le hômer contenait: *b*) 10 ephâ, qui se sous-divisaient en trois *c*) sèâh ou encore en 10 *d*) omèr. Le *e*) issârôn ou le dixième n'était probablement qu'un autre nom donné à l'omèr. Enfin, d'après les rabbins, le sèah se divisait en 6 khab (voyez à ce sujet les recherches extrêmement judicieuses de Thenius, dans ses commentaires sur l'Ancien Testament). — 3° *Mesures pour les liquides*. Elles sont réglées d'après les mesures pour les solides. En effet, le *bath* a la même contenance que le epha, c'est-à-dire est le dixième du hômèr. La sixième partie du bath était le hîn qui, à son tour, se divisait en 12 log. Esaïe (XL, 12) mentionne encore comme le tiers du log, le schâlisch. — Sources : Bœckh, *Metrologische Untersuchungen*, Berlin, 1838; Bertheau, *Zur Geschichte der Israëliten*, Gœtting. 1842 ; Thenius, *Die althebräischen Längen-und Hohlmaasse*, 1846; Brandis, *op. cit.*; Oppert, *L'étalon des mesures assyriennes*, Paris, 1875 ; Lepsius, *Die babylonisch-assyrischen Längenmaasse nach der Tafel von Senkreh*, Berlin, 1877 ; l'article *Mesure* dans Riehm, *Wörterbuch*, et dans Winer. E. Scherdlin.

POIRET (Pierre), le seul théologien mystique qu'ait peut-être possédé l'Eglise réformée française, naquit à Metz le 18 avril 1646. Son père, un habile forgeur d'épées, aurait désiré qu'il embrassât à son exemple une carrière artistique et le mit en apprentissage chez un sculpteur, mais le jeune homme n'y fit qu'un court stage et tourna de bonne heure ses regards vers le saint-ministère. En 1661 nous le rencontrons à Buchsweiler où il enseigne le français aux enfants de M. de Kirchheim, l'intendant des comtes de Hanau Lichtenberg ; en 1664 à Bâle où il s'occupe de philosophie cartésienne et commence la théologie. En 1668, il est nommé vicaire à Hanau et poursuit dans le même temps ses études à l'université de Heidelberg, en 1672; il devient titulaire de la cure d'Auweiler dans la principauté de Deux-Ponts. Les loisirs que lui laissaient les fonctions pastorales furent remplis par une lecture assidue de Tauler, d'A Kempis, et des principaux docteurs mystiques ; l'étroit commerce qu'il entretint avec eux à cette époque détermina pour toujours sa direction spirituelle. Les armées de Louis XIV chassèrent en 1676 Poiret de cette paisible retraite, et le forcèrent à chercher un refuge en Hollande où il songea un instant à se joindre à Leuwarden aux disciples de Labadie, puis à Hambourg auprès de Mlle Antoinette Bourignon (1677-1680). Les quarante dernières années de sa vie s'écoulèrent soit à Amsterdam où, selon l'expression de Bayle, il fuyait tout commerce avec la terre pour se plonger plus complètement dans le ciel, soit à Rheinberg près de Leyde, dans une solitude plus absolue encore, afin, au milieu d'un monde corrompu, de conserver intacte sa conscience (1688-21 mai 1719). — La vie de l'âme saisie jusque dans ses plus profonds et plus mystérieux replis captiva trop fortement Poiret pour qu'il prêtât une grande attention aux phénomènes du monde extérieur et aux événements qui agitèrent ses contemporains. Il n'attacha non plus qu'une médiocre importance aux dogmes et aux rites qui établissaient de son temps entre les différentes confessions chrétiennes d'infranchissables barrières, puisque l'essence de la religion consistait à ses yeux dans la morale ; aussi ne vit-on jamais de théologien plus tolérant. Cette largeur n'allait point cependant jusqu'à l'indifférence, et il lui arriva plus d'une fois de défendre les principales vérités chrétiennes contre les attaques de Spinosa. Le mysticisme de Poiret, qui n'eut rien de spéculatif, prit sa source dans son imagination ardente, dans sa sentimentalité sincère quoique confuse, dans ce qu'il appela trop ambitieusement peut-être la théologie du cœur et de l'amour. Il suppléa à l'indigence de ses conceptions originales en recueillant avec soin tous les passages de ses prédécesseurs qui lui parurent offrir quelque intérêt sans trop se préoccuper de leur provenance catholique ou réformée. La personne qui exerça sur lui l'ascendant le plus durable fut Mlle Antoinette Bourignon à laquelle l'unirent les liens d'une respectueuse amitié et qu'il défendit à plus d'une reprise contre ses persécuteurs. Le mysticisme n'est redevable à Poiret d'aucune découverte importante, d'aucun progrès réel. — Parmi ceux de ses ouvrages qui sont tenus dans la plus haute estime, nous indiquerons : *L'économie divine, ou Système universel et démontré des œuvres et des desseins de Dieu envers les hommes* (Amsterdam, 1687, 7 vol. in-8°); *La paix des bonnes âmes dans toutes les parties du christianisme sur les matières de religion, et particulièrement sur l'Eucharistie* (Amsterdam, 1687, in-12); *Les principes solides de la religion et de la vie chrétienne appliqués à l'éducation des enfants* (Amsterdam, 1705, in-12). Le solitaire de Rheinsberg rendit à la cause à laquelle il avait voué ses forces de beaucoup plus sérieux services en traduisant *l'Imitation de Jésus-Christ*, la *Théologie germanique*, les œuvres de Catherine de Gênes et d'Angèle de Foligny, en concentrant dans un opuscule latin les idées maîtresses de Jacob Bœhme, en publiant les œuvres complètes de Mme Guyon et de Mlle Bourignon et en accompagnant ces dernières d'une ample notice biographique : *Vie continue de Mlle Antoinette Bourignon reprise depuis sa naissance et suivie jusqu'à sa mort*, 1683, 2 vol. in-12°. Le *Catalogue des écrivains mystiques*, qui se trouve en tête de son édition de la *Théologie germanique* et qui a été souvent reproduit avec d'autres de ses ouvrages, possède encore aujourd'hui une réelle valeur bibliographique. Les écrits de Poiret ont eu fréquemment les honneurs de la traduction en latin, en allemand, en hollandais.

E. STRŒHLIN.

POITIERS (*Pictavis*), évêché dépendant de Bordeaux. Une découverte récente est venue ouvrir un jour nouveau sur les antiquités religieuses de cette ville. Le P. de la Croix a retrouvé, dans un lieu appelé le *Champ des martyrs*, un édicule chrétien de l'époque barbare. Sur le seuil sont gravés en capitales mérovingiennes des mots cabalistiques ; dans l'hypogée, enfoncé de quatre mètres et long de six, deux sarcophages grossiers sont placés dans deux *arcosolium*, et une inscription peinte au vermillon sur un de ces arceaux nous apprend que la chapelle contenait les reliques de soixante-douze martyrs, et que ce monument, construit par l'abbé Mellebaudis qui y avait préparé sa sépulture, fut restauré peu après sa consécration ; un petit bas-relief représente deux hommes en croix ; sur les murs on lit les noms d'Hilaire, Sosthènes, etc. Le monument semble remonter au sixième siècle (*Bull. Soc. ant. de l'Ouest*, 1879, p.477 ; 1880, p. 74 ; de Cessac, *Rev. archéol.*, 1879 ; le P. de la Croix prépare la *Monographie*, in-folio, de sa belle découverte). — L'histoire religieuse de Poitiers commence avec saint Hilaire † 366 (voyez cet article); Gaillard, *sur les Reliques de saint H.*, *Bull. Soc. ant. de l'Ouest*, 1861, p. 264 ; cf. Aubert, *Mém. soc. ant. de France*, 1879, p. 228) auprès duquel saint Martin vient s'établir à Ligugé (*Locociacus* ; voyez Chamard, *Saint M. et son monast. de L.*, Poitiers, 1873, in-12), et se continue avec saint Fortunat, vers 600 (voyez cet article) et sainte Radegonde (voyez Mabillon, *AA. SS. Ben.*, *I;* de Fleury, *Hist. de sainte Rad.*, 2e éd., 1874; Dümmler, *Rad. v. Thüringen*, dans la revue *Im neuen Reich*, 1871, p. 641). C'est vers l'an 544 que l'épouse délaissée de Clotaire Ier fonda à Poitiers, du consentement de son époux un monastère auquel un morceau de la vraie Croix, qu'on y déposa vers 568, donna son nom de Sainte-Croix (voyez *Mém. Soc. Ant. O.*; 1842, p. 103). C'est à Sainte-Croix que Chilpéric relégua sa fille Basine qui, peu après, en 589, quitta le couvent dans une véritable révolte avec une quarantaine de religieuses dirigées par Clotilde, la fille de Charibert, et accompagnées d'une foule de gens sans aveu qui ensanglantèrent la basilique de Saint-Hilaire où les rebelles avaient cherché un asile (Grég. T., *H. Fr.*, IX, 39 ss.; X, 15, ss.). Le sanctuaire de Saint-Hilaire, construit sur le tombeau du saint, existait déjà en 507 et fut visité par Clovis ; il devint plus tard une célèbre église collégiale (voyez-en l'histoire, par M. de Longuemar, *Soc. Ant. O.*, t. XXIII) ; devant l'église était placé le monument de saint Thaumastus, dont la poussière passait, au temps de Grégoire de Tours, pour guérir de la fièvre et des maux de dents, et au temps de Ruinart, pour calmer les coliques des enfants (Longnon, *Géogr. de la Gaule au sixième siècle*, p. 563). La basilique de Notre-Dame, également fondée par sainte Radegonde, servit d'abord de sépulture aux religieuses de Sainte-Croix ; elle prit plus tard le vocable de sa sainte fondatrice, qui y fut enterrée en 587 ; jusqu'à la Révolution, elle fut occupée par des chanoines réguliers. — On ne compte pas parmi les évêques de Poitiers le célèbre chronologiste Victorin, qui fut réellement évêque de Pettau en Styrie, *Petabionensis* (voyez Launoy, dans ses œuvres, II, 1). L'abbé Auber a essayé de sauver le caractère poitevin de Victorinus en l'identifiant avec saint Nectaire, que l'on donne avec aussi peu de fondement comme le premier évêque de Poitiers, mais dom Chamard (*Bull. Soc. Ant. O.*, XIV, 1874-76) n'a pas eu de peine à réfuter les étymologies sur lesquelles reposait ce rapprochement. Saint Emmeran, l'illustre évêque de Ratisbonne, fut, à une époque incertaine, évêque de cette ville où, du reste, son souvenir ne s'est pas conservé (d'après Rettberg, ce fut vers le milieu du septième siècle; la pierre qui donne la date de 652, comme celle de sa mort, est du treizième siècle seulement); sans doute il avait obéi à cette impulsion vers l'est qui poussa aux missions tant de grands chrétiens celtes et gaulois. — Dom Chamard a commencé à publier, dans les *Mémoires de la Société des Antiquaires de l'Ouest*, XXXVII, 1873, une histoire ecclésiastique du Poitou. Il faut avant tout consulter la table de la collection de cette Société imprimée en 1876. On n'a pu parler ici, ni des belles et célèbres églises de Poitiers, la cathédrale de Saint-Pierre, Notre-Dame, Saint-Jean, ni des importantes abbayes du diocèse, Saint-Maixent, fondé avant 507 par le reclus Maxentius, (*Monasticon Gallicanum*, pl. 18), Saint-Julien de Nouaillé (*Nobiliacus*, *ib.*, 20), Saint-Savin de Poitiers (*ib.*, 22), dont Mérimée a publié en 1845 les admirables fresques, et Charroux (*Carrofum*), qui doit sa célébrité à une relique de Jésus-Christ (voyez Brouillet, *Descr. des reliquaires trouvés dans l'anc. abb. de Ch.*, le 9 août 1856; Monseigneur Pie, *Allocution prononcée à l'occas. de la controv. soulevée à propos des reliquaires de Ch.*, Paris, 1863). Gilbert de la Porée, accusé, comme on sait, d'hérésie antitrinitaire (voyez cet article; Reuter, *Aufklärung*, II, 1877; Usener, dans les *Jahrb. f. prot. Théol.*, 1879, p. 183), Jean Bellesmains, Gauthier de Bruges, Bertrand de Maumont, qui consacra en 1379 la cathédrale, Jean du Bellay, occupèrent ce siège; en 1317, Maillezais et Luçon avaient été démembrés du diocèse par Jean XXII. On verra dans Héfelé, t. IV et V, l'histoire des nombreux synodes tenus à Poitiers. Nous ne parlerons pas ici de la prise de la ville par les protestants en 1562, de son pillage par le maréchal de saint-André, et du siège que Coligny lui fit subir en 1569. — Voyez *Gallia Chr.*, II; Dreux du Radier, *Bibl. hist. et crit. du Poitou*, P., 1754, 5 vol. in-12; l'*Hist. des év. de P.*, de J. Besly, P., 1647, in-4°; Auber, *Hist. de la Cath. de P.*, P., 1849, 2 vol., et *Vies des SS. de P.*, 1858, in-32; Filleau, *Tr. de l'Univ. de P.*, 1644, in-4°. Grégoire de Tours est l'historien classique des antiquités de Poitiers. S. BERGER.

POITOU (Le protestantisme dans le). La Renaissance et la Réforme eurent en Poitou le même berceau et firent ensemble leurs premiers pas: à Poitiers et à Fontenay, les deux centres de la province, ce furent des lettrés qui, dès le commencement du seizième siècle, donnèrent le branle à l'opinion. Calvin lui communiqua une nouvelle impulsion et en même temps lui imprima une direction lorsque, vers 1534, il passa à Poitiers. Le mouvement fut, dès lors, secondé par des professeurs, des médecins, des étudiants et même des moines et des prêtres, qui annonçaient l'Evangile du haut des chaires dont ils étaient encore en possession.

C'est par des membres du clergé qu'il fut prêché, pour la première fois, à Couhé, à Saint-Maixent, à Niort et à la Mothe-Saint-Héraye. Ces défections devinrent même si fréquentes qu'on défendit, en 1543, aux religieux et aux clercs de prêcher sans avoir été, au préalable, examinés par l'évêque. Des agents nombreux, sans autre vocation que celle qu'ils se donnaient à eux-mêmes, « couraient le pays, prêchant l'hérésie en chambre et en cachette, et étaient suivis par le commun peuple. » Parmi eux se trouvaient trois ou quatre des premiers disciples de Calvin, qui avaient quitté l'un sa chaire de droit et un autre son étude de procureur pour se faire missionnaires. Le roi donna, en 1544, les ordres les plus sévères contre ceux qui semaient ainsi « leur damnée doctrine » et enjoignit à son lieutenant de Poitou de les châtier et punir si rigoureusement que ce fût exemple et terreur à tous autres. » On avait, en 1534, brûlé une femme aux Essarts et depuis les arrestations avaient été très fréquentes, mais aucun autre bûcher ne paraît avoir été dressé jusqu'en 1546, époque où, les progrès de la Réforme amenant un redoublement de rigueur, une nouvelle exécution eut lieu à Poitiers. Le même arrêt qui l'ordonnait enjoignit à tous les habitants du diocèse « d'apporter, dedans huitaine, au greffe de la sénéchaussée tous les livres qu'ils avaient en français de la sainte Ecriture ou concernant la doctrine chrétienne, sous peine de confiscation de corps et de biens. » — De petits groupes de fidèles commencèrent à s'organiser, à partir de 1555, à Poitiers, à Loudun, à Fontenay, à Montaigu, à Chatellerault. En 1559, le protestantisme fit explosion partout, et dans beaucoup d'endroits les prédications se firent publiquement sur les places et sous les halles. C'était la réponse de la Réforme aux calomnies dont les premières assemblées secrètes avaient été l'objet. La noblesse, presque tout entière, donna aux idées nouvelles une adhésion qui en facilita singulièrement les progrès au premier moment, mais qui devait bientôt les faire dévier de leur véritable direction. En même temps, les Eglises se donnaient une organisation d'ensemble, et un premier synode décrétait une confession de foi et une discipline. Cependant la persécution redoublait. Une ordonance du lieutenant de la sénéchaussée, du 23 septembre, mettant les protestants hors la loi, permit à toute personne de leur courir sus, et enjoignit à tous manants et habitants du ressort d'aller à la messe au moins de trois dimanches l'un, et aux curés de donner à la justice, chaque lundi, la liste de ceux qui n'y auraient pas assisté, « lesquels, pour la désobéissance, seraient pris au corps et amenés prisonniers. » Il était pareillement enjoint à « toutes personnes de révéler à justice, dedans trois jours, les noms de ceux qui fréquentaient les sermons qui se faisaient ès assemblées de jour et de nuit, sur peine d'être punis comme fauteur et complices. » Un édit, le 9 novembre, prononça la peine de mort contre ceux qui assisteraient aux assemblées et, le 17 décembre, il en parut un second pour obliger, sous la même peine, ceux qui recevraient un condamné à mort à le livrer à la justice. Les parents eux-mêmes n'en étaient pas dispensés, et l'édit attribuait, par moitié, aux juges et aux dénonciateurs les amendes et les confiscations. Ces rigueurs n'arrêtèrent point le mouvement. En 1560 et 1561, les protestants étaient assez nombreux pour faire entendre leur voix dans les états provinciaux, réunis à Poitiers, qui demandèrent le libre exercice de la religion. Presque partout, du reste, les réformés prenaient la liberté que la loi leur refusait. Le massacre de l'une de leurs assemblées à Vassy fut le signal de la guerre civile. — Les événements militaires qui remplissent la fin du siècle sont en dehors de notre sujet. Tour à tour vainqueurs et vaincus, les huguenots durent plus d'une fois quitter leurs foyers pour se réfugier à la Rochelle, notamment à la suite de la Saint-Barthélemy et durant la Ligue. Un des derniers exploits de la Sainte-Union fut le massacre d'une assemblée de protestants à la Brossardière, près de la Châtaigneraie, en 1595. — Lorsque l'édit de Nantes régla la situation des réformés, le Poitou avait une trentaine de pasteurs desservant une cinquantaine de lieux de culte, presque tous dépourvus de temples. Le premier soin fut d'en construire. Mais l'ère des violences était à peine close qu'on entrait dans celle des chicanes et des vexations. Les droits, pourtant très restreints, que l'édit avait consacrés furent successivement contestés et retirés un à un. En 1634, les grands jours de Poitiers prononcèrent l'interdiction d'un grand nombre de temples. Pendant les années qui suivirent, les protestants furent exclus des maîtrises jurées, des grades universitaires et de la plupart des emplois. En 1665 presque toutes les églises furent interdites, et après la paix de Nimègue la conversion des hérétiques devint la principale préoccupation de Louis XIV. Les édits, les déclarations et les arrêts se succédèrent et bientôt, les lois les plus rigoureuses n'y suffisant pas, on chargea la troupe de ramener les dissidents au giron de l'Église. C'est sur le Poitou qu'on fit, au printemps de l'année 1681, l'essai des dragonnades, sous la direction de l'intendant Marillac. Les maisons des réformés furent mises au pillage, leurs meubles brisés ou vendus, et il n'est pas de cruautés, pas d'indignités qu'on n'imaginât pour contraindre les récalcitrants à aller à la messe. Un grand nombre de familles prirent le parti de quitter le pays, et la plupart y réussirent malgré la surveillance organisée sur les côtes et la frontière. — L'émigration d'une partie de la population et le découragement de ce qui restait ruina le pays. On voulait s'en aller et, en attendant l'heure propice, on n'ensemençait point pour l'année suivante. « Les terres en Poitou se donnent pour rien, écrivait Mme de Maintenon à son frère; la désolation des huguenots en fera encore vendre. Vous pouvez aisément vous établir grandement en Poitou; » et quelques jours après : « Vous ne sauriez mieux faire que d'acheter une terre en Poitou;... elles vont s'y donner par la fuite des huguenots. » — Le gouvernement ouvrit enfin les yeux et, à l'entrée de l'hiver, les dragons furent rappelés. Ils avaient fait en Haut-Poitou plus de trente mille conversions, y compris celles d'un certain nombre d'enfants au maillot, qui figurent sur la liste officielle signifiée depuis aux consistoires. Si ces prétendus convertis paraissaient dans un temple ils étaient traités comme relaps, c'est à-dire qu'ils devaient faire amende honorable, après quoi ils étaient bannis et leurs biens confisqués ; le temple était démoli et le ministre interdit. Au milieu de l'année 1685, le culte ne se célébrait presque plus nulle part. Le clergé, cette année-là, pour prix du concours que le bras séculier lui avait prêté, vota un don gratuit de trois millions. Au mois d'août les dragons furent de nouveau envoyés en Poitou et les horreurs de 1681 recommencèrent. A la fin de septembre, l'intendant Foucault garantissait à Louvois qu'il ne restait pas cent familles protestantes en Haut-Poitou. La mission bottée s'était cette fois étendue à toutes les provinces, et de tous côtés on annonçait que les réformés se convertissaient en masse. Louis XIV crut qu'il n'y avait plus qu'à frapper un dernier coup : l'édit de Nantes ou le peu qui en restait fut révoqué.—Les dragons ne ménagèrent plus rien ; tout, du reste, leur était permis, le viol et l'homicide exceptés. Dans une seule nuit, à Loudun, ils extorquèrent quinze cents abjurations. La noblesse, un peu épargnée jusque-là, fut traitée avec la dernière rigueur. Le 8 novembre, Louvois écrivait à Foucault « de faire entendre à tous qu'ils n'auraient ni paix ni douceur chez eux jusqu'à ce qu'ils eussent donné des marques d'une sincère conversion. L'inténtion du roi, ajoute-t-il quelques jours après, est que les dragons demeurent chez les gentilshommes de la religion prétendue réformée du Bas-Poitou jusques à ce qu'ils soient convertis et qu'on leur laisse faire le plus de désordre qu'il se pourra. » Louvois mande enfin à l'intendant « de faire mettre en prison les religionnaires chez lesquels il n'y aurait plus de quoi nourrir les dragons et de faire raser les maisons de ceux qui s'absenteraient. » Foucault assure que, grâce à ces moyens, il ne restait plus que cinq cents protestants en Poitou, « encore étaient-ils tous fugitifs ou prisonniers. » — On avait songé un moment à remplacer la mission bottée par des amendes ; mais l'intendant écrivit à Louvois « qu'il valait mieux se servir des dragons pour obliger les nouveaux convertis d'aller à la messe que de la voie des amendes, dont il restait des vestiges dans les suites. » Ces gens-là, paraît-il, craignaient l'histoire. Un siècle et demi auparavant, quand on brûlait les hérétiques, on jetait leur procès avec eux dans le bûcher. L'amende n'était pourtant pas toujours évitée : la loi en édictait une de mille livres contre quiconque donnerait asile aux malheureux protestants traqués de tous côtés. On ne voulait les laisser ni sortir du royaume ni y vivre dans leur religion. Ceux qui y persévéraient ou y revenaient étaient jetés dans les cachots et le corps des relaps était traîné à la voirie. On enlevait aux parents leurs enfants pour les faire élever dans les couvents. — Un an après la révocation, la cour put en constater les conséquences : le Poitou était ruiné et n'était pas converti. Les protestants, depuis longtemps évincés de tous les emplois, s'adonnaient à l'agriculture et à l'industrie ; on s'était arrangé de manière à leur livrer les sources de la fortune publique, qui se tarirent par suite de la persécution et de l'émigration. La disette se fit bientôt sentir et la misère amena la mortalité qui, dans l'automne de 1686, emporta dans certaines paroisses jusqu'à la moitié de la population. Un état de l'élection de Niort, dressé en 1716, quelques mois après la mort de Louis XIV, fait toucher au doigt les déplorables effets de son intolérante dévotion. Cette élection, composée de cent vingt-deux paroisses avait, depuis 1686, diminué de dix-huit cents feux, sans compter les pertes de la ville de Niort. Beaucoup de paroisses avaient perdu le cinquième, le quart ou le tiers de leurs habitants. On en cite une qui était tombée de trente-cinq feux à quatorze, et plusieurs qui ne pouvaient plus payer leur part d'impôt. A ces pertes il faut ajouter celles, déjà considérables, que le pays avait faites avant 1686. — Et à ce prix on n'avait pas même la satisfaction d'avoir réussi. Le dernier temple était à peine démoli que le prêche recommençait « au désert .» Un maître d'école, pour avoir pris la parole dans une réunion nocturne, près de Pouzauges, fut pendu, et deux des assistants furent envoyés aux galères. Cet exemple n'empêcha point les fidèles du Haut-Poitou de se réunir à leur tour, et bientôt ils s'enhardirent jusqu'à le faire en plein jour. Le 20 février 1688, une assemblée, qui se tenait près de Prailles, fut dispersée à coups de fusil. De temps à autre on pendait un prédicant et on envoyait quelques fidèles aux galères. Le gouvernement, pour ne pas se déjuger, était condamné à entretenir ainsi la terreur sans autre résultat, le plus souvent, que d'obliger les protestants à redoubler de précaution. Les prédicants étaient de simples paysans qui, au péril de leur vie, édifiaient leurs frères par des lectures pieuses. On continua à les pendre jusqu'en 1738. De loin en loin des pasteurs, venant de l'étranger ou du Midi, visitaient le Poitou, qui eut enfin, en 1740, un ministre en commun avec les provinces voisines. Au moment de la Révolution, le Poitou, divisé en vingt-huit groupes, avait sept pasteurs. Les départements de la Vienne, des Deux-Sèvres et de la Vendée, composés de l'ancienne province, comptent aujourd'hui quarante et une paroisses, réparties en sept consistoriales et desservies par quarante-sept pasteurs. — L'histoire a enregistré les noms d'un grand nombre de Poitevins protestants remarqués en leur temps et dont quelques-uns sont restés célèbres. Nous citerons seulement les théologiens Rivet et Daillé, les critiques Beausobre et Masson, l'orientaliste Bertrand, l'historien la Popellinière, le géographe Martineau, les Chauffepié, le navigateur Laudonnière, les médecins Collin, Saint-Vertunien, Guillemeau, Poupard et Gallot, les capitaines Chouppes, Puyviault et La Boullaye, le prédicant Berthelot ; des fidèles qui firent à leurs convictions le sacrifice de leur vie ou de leur liberté, Ballon, Béraudin, Bigot, Buron, Butaud, Hudel, Kerveno, Migault, Vernou, de nombreuses familles connues à des titres divers dans l'histoire du protestantisme, La Trémoille, Parthenay-L'archevêque, Saint-Gelais, Saint-George. — Voyez A.-F. Lièvre, *Histoire des protestants et des Eglises réformées du Poitou*, Paris, 1856-1859, 3 vol. in-8°; *Les Martyrs Poitevins*, Toulouse, 1874, in-12. A.-F. Lièvre.

POLAN (Armand), né à Oppeln, en Silésie, en 1561, mort en 1610 à Bâle, où il professa la théologie et l'exégèse de l'Ancien Testament depuis 1596. Pieux et érudit, très-versé dans la connaissance des langues et dans l'archéologie ecclésiastique, Polan fut l'une des gloires de l'université de Bâle; il fut mêlé à diverses discussions théologiques, en particulier à propos du dogme de la prédestination, et entretint un commerce épistolaire assidu avec Théodore de Bèze et un grand nombre de théologiens distingués de son temps. Parmi ses ouvrages, nous signalerons: 1° *Analysis Malachiæ*, Bas., 1597; 2° *Commentarium in Danielem*, 1599; 3° *Analysis Hoseæ*, 1601; 4° *Commentarium in Ezechielem*, 1607; 5° *Exegesis aliquot vaticiniorum V. T. de Christi nativitate, passione et morte, resurrectione et adscensu in cœlo*, 1608; 6° *De æterna Dei prædestinatione*, 1600; 7° *Symphonia catholica*, 1607; 8° *Theses Bellarminio potissimum oppositæ*, publiés après sa mort par J-G. Grosse, Bâle, 1613; 9° *Institutiones de concionum sacrarum methodo*, 1604; 10° *Syntagma theologiæ christianæ*, 1612.

POLE (Réginald), fils de sir Richard Pole, lord de Montague, descendait par sa mère, lady Marguerite, comtesse de Salisbury, du duc George de Clarence, frère d'Edouard IV. Né au mois de mars 1500 à Londres ou à Stoverton-Castle, il reçut sa première éducation au gymnase des chartreux de Scheen. A Oxford, il suivit les cours de Thomas Linacre et de Guillaume Latimer. Jouissant des revenus de plusieurs bénéfices, entre autres du décanat d'Exeter et d'une pension royale de cinq cents ducats, il continua ses études en Italie et entra en relations avec les hommes les plus illustres de son temps, Erasme, P. Bembo, J. Sadolet, J.-M. Giberti. Mais le culte de l'humanisme ne lui suffisait pas. T. Lupsetus et Chr. Longolius, deux savants renommés auxquels il accorda une généreuse hospitalité, remarquèrent son attitude réservée et son amour de la retraite (Christ. Longolii, *Epist.*, lib. IV, p. 190, Bas., 1562). Son inclination naturelle le portait à consacrer sa vie aux études et aux méditations religieuses et à passer ses journées à l'ombre d'un cloître ou au milieu d'amis, animés des mêmes sentiments que lui. L'époque où il vivait, le haut rang qu'il occupait et la position dans laquelle la fortune l'avait fait naître, l'arrachèrent, bien malgré lui, au silence du cabinet et l'entraînèrent dans la lutte passionnée des esprits et la chaude arène des discussions religieuses. Dans cette tourmente, Pole sombra. D'un caractère indécis et flottant, cherchant à tourner les difficultés et à éluder les chocs violents, faible dans l'action et défait avant d'avoir sérieusement combattu, il manqua d'énergie et de courage moral et ne fut grand que par son admirable résignation. — En 1525, Pole quitta l'Italie après avoir visité Rome. Quand éclatèrent en Angleterre les discussions violentes au sujet du divorce de Henri VIII et de la suprématie royale sur l'Eglise, il essaya de se soustraire à la pénible obligation d'opter entre l'approbation du roi ou celle de sa conscience. Il se retira à Paris et, comme là encore, le roi vint réclamer son appui, il alla, après un court séjour dans sa patrie, chercher un asile en Italie. Toutefois, son espoir d'y trouver le repos si ardemment désiré fut déçu. Paul III était monté sur le siège pontifical. Comprenant la nécessité de travailler au relèvement du peuple et du clergé chrétiens, il s'appliqua à faire l'essai loyal de la réforme de l'Eglise et choisit ses ministres parmi les hommes que la confiance publique désignait à son attention. En 1536, il convoqua G. Contarini, J.-P. Caraffa, R. Pole, J. Sadolet, G. Cortese, F. Fregoso et Thomas Badia à Rome, pour y délibérer sur les mesures à prendre pour la réorganisation de l'administration ecclésiastique (*Consilium delectorum cardinalium et aliorum S. R. E. prælatorum de emendanda ecclesia*, Romæ, 1538). Critiqué par Sturm, défendu par A. Pighius, cet écrit fut mis par Caraffa, devenu pape, en 1555, sur l'Index. — Vergerio l'édita, en 1555, avec l'épigramme mordante: *Dicunt et non faciunt*. Pole quitta à contrecœur la vie remplie de charmes qu'il avait menée à son arrivée en Italie, ses rapports épistolaires pleins de sympathie avec J. Sadolet, évêque de Carpentras, qui, grâce à lui, se livra sans réserve à la théologie (Quirini, *Epistolarum R. Poli*, 5 vol., Brixiæ, 1744; t. I, p. 410, 417, cf. J. Sadolet, *Epist.*, lib. XVI, p. 347, 471, Coloniæ, 1554); et ses discussions avec G. Contarini, A. Priuli, un noble Vénitien, et G. Cortese, abbé de San-Giorgio-Maggiore. Sous les frais ombrages des jardins de ce couvent (Ant. Brucioli, *Dialoghi della morale philosophia*, l. I, dial. XII, p. 82, Venet., 1537), ou dans les solitudes de la villa Treville de Priuli la société de ses hôtes et du moine Marcus, son père spirituel, avait transformé son séjour en un paradis divin (*Poli epp.*, t. I, p. 475, 479); tandis que l'amitié du sévère Caraffa et de M. Giberti, l'illustre évêque de Vérone, était devenue pour lui une source féconde en enseignements. Mais, une fois engagé dans la voie politique, Pole ne put plus reculer. A mesure qu'il se rapprochait du pape, il s'éloignait du roi, qui, voyant avec inquiétude son attitude hostile, lui demanda d'exprimer clairement ses vues sur la situation nouvelle de l'Eglise anglicane. Pole le fit, en 1535, dans son ouvrage: *Pro ecclesiasticæ unitatis defensione*, lib. IV, avec une véhémence si outrageante pour le roi que Contarini, qu'il consulta, lui conseilla d'en modifier le style (*Epp.*, I, p. 436). La première édition qui parut en 1539, à l'insu de l'auteur, fut supprimée par Pole. Dans deux apologies adressées l'une à Charles V (*Apologia ad Carolum V Cæsarem super quatuor libris a se scriptis de eccl. unitate*; *Epp.*, I, 66 ss.), l'autre à Edouard VI (*Apologia ad Eduardum VI regem* (*Epp.*, IV., 337), il s'expliqua sur la portée de sa pensée. Le livre fut imprimé à Strasbourg, en 1555, par P.-P. Vergerio et, en 1698, par J.-T. de Robaberti dans *Bibliotheca maxima pontificia*, t. XVIII, in-folio, avec d'autres écrits de Pole. Cuttberg Tunstall, Jean Stokesley, Gardiner et Bonner le refutèrent. Au dix-huitième siècle, il donna lieu à une controverse aussi savante que courtoise entre J.-G. Schelhorn (*Amœnitates historiæ ecclesiasticæ et literariæ*, Francf. et Leipz., 1737, t. I), et le cardinal Quirini, évêque de Brescia (*Epp.* I). — Nommé cardinal en 1536, Pole entreprit deux missions diplomatiques, la première (1537) à l'occasion d'une révolte qui gagna en Angleterre des proportions menaçantes; la seconde, en 1539, après que l'anathème eut été prononcé contre Henri, pour amener Charles V et François Ier à tenter une action commune dont les bases furent stipulées aux conférences de Nice par le souverain pontife et les deux souverains. La mauvaise volonté du roi de France et l'attitude menaçante des protestants d'Allemagne, qui trouvèrent en Henri un allié inattendu mais puissant, rendirent ces négociations inutiles, et Pole eut la douleur de voir ses deux frères et sa noble mère expier son dévouement pour l'Eglise romaine. Brisé de corps et d'âme, Pole trouva dans l'exercice de sa légation à Viterbe, au milieu d'amis dévoués, entre autres L. Becatelli, son secrétaire, Vittoria Colonna, marquise de Pescara, et Marc-Antoine Flaminio, le repos dont son cœur ulcéré avait besoin, et suivit avec le plus vif intérêt les essais de conciliation de la diète de Ratisbonne (1541). Amené par l'étude des saintes Ecritures et des Pères à comprendre que la doctrine de la justification par la foi est clairement enseignée par saint Paul, saint Augustin et saint Bernard, le parti modéré qui, depuis 1535, exerçait la plus grande influence dans les conseils de Paul III et se montrait animé du zèle le plus ardent pour la réforme des abus, ne désespérait pas de voir les ennemis de l'Eglise se réconcilier avec Rome. En donnant satisfaction aux exigences légitimes des luthériens et en accordant une place au dogme de la justification dans les enseignements de la doctrine chrétienne, il pensait rendre la paix aux partis hostiles, et enlever au schisme sa raison d'être. Dans ses lettres, Pole félicite son ami Contarini d'avoir remis en pleine lumière la perle précieuse que l'Eglise possédait, mais cachée et voilée dans son trésor : la doctrine de la justification par la foi (*Epp.*, III, 29, 30). Il se sent pénétré de joie à la nouvelle qu'un fondement solide et durable a été trouvé pour la paix et l'union des partis (*Epp.*, III, 25). Mais, malgré ses sympathies, il ne se sent pas le courage d'aller appuyer au sein du consistoire l'œuvre de la conciliation et, au moment décisif, Contarini lui-même hésite et recule. Car, en opposition à ces tendances conciliatrices, un parti puissant s'était formé, à la tête duquel on remarquait le cardinal Caraffa, qui, depuis longtemps, s'était separé de ses anciens amis. Cet homme altier réclamait la soumission sans condition aux lois du saint-siège et observait avec inquiétude les rapports que les prélats les plus illustres de l'Eglise entretenaient avec des hommes notoirement suspects d'hérésie. Si Vittoria Colonna reçoit de Giulia Gonzaga le commentaire de J. Valdès sur l'épître aux Romains, si Flaminio correspond avec Carnesecchi sur la présence réelle, et va s'asseoir aux pieds de J. Valdès, si Pole loue le livre *Du Bénéfice de Christ*, si Ochino est reçu favorablement par Giberti et Vittoria Colonna, ce sont à ses yeux autant de preuves que l'hérésie envahit l'Eglise. Il commence à mettre en doute l'orthodoxie du parti de la Réforme, et son attitude décidée arrête les progrès de la conciliation. On sait que l'œuvre de Ratisbonne échoua. Le parti de la conciliation dut céder le pas à la réaction triomphante. L'inquisition fut introduite, et si Contarini ne survécut pas à la ruine de ses espérances (1542), si Giberti le suivit de près au tombeau (1543), Pole se vit obligé de conjurer l'orage en sollicitant une entrevue avec Caraffa, et ne réussit pas à le persuader entièrement de son innocence. A partir de cette époque, il observa une attitude timorée, pleine de scrupules et peu en harmonie avec ses convictions précédemment énoncées. Chargé de présider le concile de Trente (1545) de concert avec Marcello Cervini et Giulio del Monte, il se retira sous prétexte de maladie, quand on aborda la discussion sur la justification par la foi en Jésus-Christ (1546). Le conclave de 1549 lui préféra le cardinal del Monte (Jules III) et Pole croyant son action sur les destinées de l'Eglise terminée, se retira au couvent des bénédictins de Maguzzano, près du lac de Garde. La nouvelle de la mort d'Edouard VI, de l'avènement de Marie Tudor et de la restauration du catholicisme lui ouvrit, à la fin de sa carrière, des horizons nouveaux et inespérés. Retenu pendant quelque temps par l'Empereur qui, instruit par ses expériences passées, redoutait son zèle trop ardent, et son manque de jugement politique dans la question de la restitution des biens ecclésiastiques sécularisés, il aborda à Londres le 24 novembre 1554, et le 30 il célébra avec pompes la réconciliation du pays avec le saint-siège. En 1555, il présida à Londres un concile national (*Synodus Legatina*), dont les canons prescrivent l'introduction de séminaires pour les jeunes gens de dix à quinze ans qui se vouent au saint ministère, l'instruction de la jeunesse dans les vérités de la foi, la réforme des universités et la réorganisation du culte (*Reformatio Angliæ, ex decretis R. Poli card.*, 1556, Rome, 1562; Venise, 1562). Elevé au siège archiépiscopal de Canterbury, après l'exécution de Cranmer (21 mars 1556), conseiller intime de la reine et primat d'Angleterre il concentra en sa main le pouvoir civil, politique et religieux ; mais tout en les désapprouvant, il n'osa pas arrêter les rigueurs de la réaction. Ses précautions furent inutiles. Caraffa, devenu pape sous le nom de Paul IV, ennemi juré de l'Espagne, lui enleva sa légation et le cita avec Morone à la barre de l'inquisition (1557). On comprend que ce coup aussi inattendu qu'injuste lui fut mortel. Il mourut le 18 novembre 1558, le lendemain de la mort de la reine. Peu de temps après, Elisabeth monta sur le trône et le protestantisme victorieux rentra dans ses anciens droits. — Outre les ouvrages cités on a de R. Pole : *Oratio R. P. qua Cæsaris animum accendere conatur et inflammare ut adversum eos qui nomen Evangelio dederunt arma sumat. Excerpta ex libris pro Eccles. Unit. defensione*, Venet.. 1554, in-4° ; *Discorso di pace di Mons. R. Polo card. e legato à Carlo V, Imperatore, et Henrico* II, *Re di Francia*, Roma, 1556, in-4°, trad. lat. de J. Pholio, Rome, 1555, in-4° ; *Liber de Concilio, De baptismo Constantini magni imperatoris*, avec l'écrit *Reformatio Angliæ*, Venet., 1562, in-8 ; *De summo Pontifice Christi in terris vicario ejusque officio et potestate liber ejus modum dialogi conscriptus*, Lovanii, 1569, in-8° ; *Copia delle Lettre del Rè d'Inghilterra e del cardinal Polo sopra la reduttione di quel regno alla unione della Chiesa*, 1555, in 4°. — La vie de Pole a été écrite par L. Beccadelli en italien (*Epp.*, V), A. Duditinas, évêque de Fina, l'a traduite en latin : *Vita R. Poli* ; Venetiis, 1563, in-4°, et *Epp.*, I ; cf. G. Burnet, *Reformations Geschichte der Kirche von England*, trad. de l'anglais, 2 vol., I, 187, 323 ; II, 147, 226, 264, 300, 342 ; L. v. Ranke, *Die römischen Päpste*, 5e éd., I, 137, Leipz,

1867 ; *Englische Geschichte*, I, p. 197 ss., 3e édit., Leipz., 1870 ; M. Kerker, *Reginald Pole. Ein Lebensbild. Sammlg hist. Bildnisse*, II, VII, Fribourg. 1874. EUG. STERN.

POLÉMIQUE. Chaque tendance religieuse, pour peu qu'elle soit saine et vivante, prend un caractère agressif contre les erreurs, soit théoriques, soit pratiques, qu'elle rencontre sur son chemin ou qu'elle discerne parmi ses propres adhérents. De là, les controverses qu'elle provoque, et dont la légitimité, voire même l'urgence, ne sauraient être contestées, bien que l'aveuglement dans le choix et la passion dans l'usage des armes employées aient jeté sur elles une notable défaveur et les aient fait considérer comme nuisibles plutôt que comme utiles à la cause de la religion. — Le christianisme, dans la personne de son fondateur et de ses premiers disciples, laisse percer une intention polémique très-visible : « Je suis venu apporter non la paix, mais l'épée, » a dit Jésus (Matth. X, 34), et ses apôtres ont combattu avec une grande force les erreurs judaïsantes et paganisantes qui menaçaient de troubler la pureté de la foi et de la vie chrétiennes. Les Pères apostoliques, les Pères et les docteurs de l'Eglise, depuis Irénée surtout, consacrèrent à la polémique une partie considérable de leur activité pastorale et littéraire. A mesure que l'orthodoxie de l'Eglise se formule avec plus de rigueur, à la suite des grandes controverses des quatrième, cinquième et sixième siècles, la lutte contre l'hérésie et contre le schisme devient plus vive et plus générale. Elle ne cesse même pas au moyen âge, alors que l'unité de l'Eglise visible, protégée et garantie par le pouvoir séculier, semble à l'abri de toutes les attaques du dehors. Restent les mahométans et les juifs contre lesquels il faut se défendre, ainsi que les hérésies et les sectes dont le nombre augmente à mesure que les maux de l'Eglise s'aggravent et que l'esprit humain se réveille de sa torpeur. — Après la Réformation du seizième siècle, les controverses éclatent, fréquentes et passionnées, d'une part entre les jésuites et les protestants, d'autre part entre les luthériens et les réformés : il s'agit de justifier les divergences confessionnelles de leurs Eglises respectives, tout en dévoilant les erreurs de leurs adversaires. La polémique tend à revêtir un caractère plus systématique. Des erreurs de détail sur tel ou tel dogme, sur telle ou telle question de morale ou d'organisation ecclésiastique, les controversistes remontent à la source d'où elles découlent, aux principes qui les expliquent. Tel est, en général, le caractère des ouvrages catholiques d'Alphonse de Castro (*Adversus omnes hæreses libri XIV*, Par., 1534), de Grégoire de Valence (*De rebus fidei hoc tempore controversis*, 1591), de Bellarmin (*Disputationes de controversiis christianæ fidei*, Ingolst., 1587), de Martin Bécan (*Manuale controversiarum hujus temporis*, May., 1630), de Bossuet (*Exposition de la doctrine de l'Eglise catholique sur les matières de controverse*, 1671), de Pichler (*Theologia polemica*, Augsb., 1719), des ouvrages luthériens de Chemnitz (*Examen concilii Tridentini*, 1565), de Hunnius (*Διάσκεψις de fundamentali dissensu doctrinæ Lutheranæ et Calvinianæ*, Vit., 1616), de Schlüsselbourg (*Hæreticorum catalogus*, 1597-1599), de Calov (*Sy-*

nopsis controversiarum, 1685), de Walch (*Einleitung in die polemische Gottesgelahrtheit*, Iéna, 1752), de Schubert (*Institutiones theologiæ polemicæ*, 1756-1758), de S.-J. Baumgarten (*Untersuchungen theologischer Streitigkeiten*, 1762-1764), de Mosheim (*Streittheologie*, 1763-1764), de Bock (*Lehrbuch für die neueste Polemik*, 1782), des ouvrages réformés de Hospinien (*Concordia discors*, Zur., 1609), de Daniel Chamier (*Panstratia catholica*, 1626), de Hoornbeck (*Summa controversiarum*, 1653), de François Turretin (*Institutio theologiæ elenchticæ*, Gen., 1681-1685). A mesure que l'esprit philosophique se propage davantage et que l'intérêt des luttes confessionnelles s'affaiblit, le nombre des ouvrages de polémique diminue. — Parmi les théologiens modernes, les uns placent, avec Schleiermacher, notre science à la tête de la théologie systématique ou philosophique, en tant qu'elle est destinée à mettre en évidence les principes mêmes sur lesquels repose le christianisme, dans son opposition avec les autres religions et avec les tendances maladives qu'il est appelé à combattre dans son propre sein et qui sont nées de l'indifférentisme (hérésies) ou du séparatisme (schismes). D'autres, au contraire, avec Lücke, rangent la polémique dans la théologie pratique et la considèrent comme une sorte de thérapeutique que le pasteur doit connaître pour démêler et réfuter les erreurs ou les vices en matière religieuse qu'il rencontre dans l'exercice des diverses fonctions de son ministère. Une opinion, de jour en jour plus nombreuse et plus autorisée, tend à confondre la polémique, comme science, soit avec la dogmatique, soit surtout avec la symbolique, à laquelle elle emprunte tous ses matériaux et toute la force logique de son argumentation. Nous citerons parmi les ouvrages ou les études modernes sur la polémique ceux de K. H. Sack (*Christliche Polemik*, Hamb., 1838) ; de Lücke (dans les *Studien u. Kritiken*, 1839, H. 1), de Kienlen (dans le même recueil, 1846, H. 4), de Steffensen (dans les *Theol. Mitarbeiten*, 1841, p. 3 ss.), et surtout de Hase (*Handbuch der protest. Polemik gegen die rœm. kath. Kirche*, Leipz., 1862 ; 4e éd., 1878), qui a cherché à lui assurer son droit permanent de cité dans l'ensemble des sciences théologiques.

F. Lichtenberger.

POLIANDER (Jean), Graumann, né à Neustadt, dans le Palatinat, en 1487, mort à Kœnigsberg en 1541, l'un des réformateurs de la Prusse, ce qui lui valut le surnon de *Prussorum evangelista* que lui donna Luther. Lié avec Erasme et les humanistes, il exerça de 1516 à 1522 les fonctions de recteur à l'école de Saint-Thomas de Leipzig. Ce fut la dispute que Luther soutint victorieusement contre Eck en 1519 qui détermina Poliander à se joindre au mouvement de la Réforme. Obligé de résigner sa charge, il se rendit à Wittemberg et suivit en 1525 l'appel du duc Albert de Prusse à Kœnigsberg où il travailla d'une manière active à affermir et à propager les doctrines évangéliques. Indépendamment de ses sermons, qui se distinguent par leur profondeur et leur énergie, il donnait des conférences sur l'Ancien et sur la Nouveau Testament pour ouvrir à la partie éclairée de la population les trésors de vérité renfermés dans la Bible. On a également de lui un certain nombre de cantiques. N'oublions pas de mentionner aussi les services que Poliander rendit, en qualité de pédagogue éprouvé, lors de la réorganisation des écoles, ainsi que ses controverses avec les anabaptistes.

POLIGNAC (Melchior de) naquit au Puy-en-Velay le 11 octobre 1661, d'une famille aussi ancienne qu'illustre. Conduit à Paris dès son enfance, il y fit ses humanités au collège de Louis-le-Grand, et sa philosophie au collège d'Harcourt. Bien qu'Aristote fût encore enseigné dans les écoles, le jeune Polignac lui préféra Descartes dont il embrassa les idées. Toutefois, il connaissait si bien les doctrines de ces deux maîtres, qu'il soutint chacun de leurs systèmes, en deux jours, au moyen de deux thèses qui lui valurent l'approbation des partisans de l'une et de l'autre de ces philosophies. Bientôt répandu dans le monde brillant que son nom et ses talents ouvraient devant lui, il fut mis en relation avec le cardinal de Bouillon qui se l'attacha et l'emmena à Rome où il se rendait pour le conclave destiné à donner un successeur au pape Innocent XI, mort depuis peu. L'abbé de Polignac eut part à l'élection d'Alexandre VIII et aux diverses négociations pendantes entre la cour de France et le Vatican. En 1693, il fut appelé à remplir les fonctions d'ambassadeur en Pologne, mais il échoua dans sa tentative de faire nommer le prince de Conti comme successeur de Sobieski. Disgracié pour cet échec, il se retira dans l'abbaye de Bon-Port qui lui appartenait, et s'adonna successivement aux sciences, à l'histoire et aux belles-lettres. Rappelé peu d'années après, il fut envoyé successivement à Rome, à Gertruidenberg et à Utrecht, en qualité d'envoyé extraordinaire. Quoique nommé cardinal en 1712, puis maître de la chapelle du roi, il essuya, à la mort de Louis XIV, une nouvelle disgrâce plus longue que la première. Rappelé à la cour en 1721, il partit pour Rome en 1724, à la mort d'Innocent XIII, pour participer à l'élection de son successeur Benoît XIII, et y fut chargé de représenter la France pendant huit ans. En 1726, il fut nommé archevêque d'Auch et, en 1732, commandeur de l'ordre du Saint-Esprit; de retour en France, il y vécut encore neuf années, entouré du respect et de l'estime de tous. Il mourut à Paris le 10 novembre 1741, âgé de quatre-vingt-un ans. Doué d'une intelligence d'élite aussi puissante qu'étendue, le cardinal de Polignac avait, comme en se jouant, abordé presque toutes les connaissances humaines, et était promptement devenu maître de plusieurs d'entre elles; sciences et lettres, arts et philosophie, il avait tout embrassé, tout étudié. On a de lui : *Anti-Lucretius, seu de Deo et Naturâ libri IX*, poème qui a été traduit en français et en italien. Le titre indique les vastes matières que traite l'auteur. Le cardinal de Polignac était en outre un antiquaire consommé, il a laissé une collection de marbres et de médailles qui a été achetée, à sa mort, par le roi de Prusse. Reçu à l'Académie française en 1704, pour remplacer Bossuet, il fut nommé membre de l'Académie des sciences en 1715 et de l'Académie des belles-lettres en 1717. — Voyez sa *Vie* par le P. Chrys. Faucher ; son *Eloge* par M. de Boze ; les *Mémoires de l'Académie des inscriptions* et les *Mémoires de Trévoux*. A. MAULVAULT.

POLYCARPE, évêque de Smyrne, et l'un des Pères les plus célèbres du deuxième siècle, fournit à la critique moderne le thème de combinaisons aussi ingénieuses que contradictoires, précisément à cause du très petit nombre de renseignements sûrs que nous possédons sur son compte de l'abondante floraison légendaire que suscita son martyre, et des très forts soupçons d'inauthenticité qui s'élèvent contre la lettre à lui attribuée par la tradition ecclésiastique. Quoique nous soyons aussi mal renseignés sur le lieu de son origine que sur les événements de sa première jeunesse, il est cependant assez vraisemblable qu'il vit le jour en Asie Mineure pendant la première moitié du deuxième siècle, et dans une famille de païens convertie au christianisme. D'après Irénée (III, 3) et Eusèbe (IV,14,3), après avoir figuré avec Ignace d'Antioche et Papias de Hiérapolis au nombre des disciples immédiats de Jean, il aurait été mis par cet apôtre à la tête de l'importante Eglise de Smyrne. Plus tard, nous retrouvons Polycarpe mêlé à la controverse que soutenaient les évêques d'Asie Mineure contre ceux d'Occident, à propos de l'époque de la Pâques, et affirmant d'après les indications de son maître, qu'il convenait de la célébrer le 14 nisan. Il vénérait trop profondément le témoignage apostolique pour céder aux raisons que lui développa son collègue Anicet dans la conférence qu'ils eurent à Rome, aux environs de 160, pour la solution de diverses difficultés ecclésiastiques. Quoiqu'ils persévérassent chacun dans leurs convictions respectives, et que les fidèles se fussent divisés à leur exemple en observants et en non-observants (τηροῦντες καὶ μὴ τηροῦντες), ils ne s'en séparèrent pas moins fraternellement, après avoir célébré ensemble l'eucharistie (Eusèbe, V, 23-26), L'Ecole de Tubingue a vu dans la position prise par Polycarpe au sujet de la controverse paschale, un argument contre l'origine apostolique du IVe Evangile, puisque d'une part l'autorité de Jean aurait été invoquée par les quartodécemvirs, et que de l'autre dans le IVe Evangile, Jésus célèbre la Pâque le 15 nisan avec ses disciples Ces conclusions ont été naturellement combattues par les partisans de l'authenticité, entre autres Bleek, Lücke, Ritschl. Durant sa vieillesse, Polycarpe jouit sur les Eglises d'Asie d'un ascendant incontesté. Lorsqu'il fut devenu octogénaire, il sembla à son entourage qu'il avait hérité de la longévité extraordinaire de son maître, l'apôtre Jean ; d'après la lettre des Smyrniotes aux Philoméliens, on lui aurait accordé le don de prophétie. Lui-même vivait dans la croyance que le monde était rempli de présages et de visions. On s'estimait heureux de posséder en lui le dernier témoin d'une période désormais disparue, on ne se lassait pas de l'entendre redire les discours qu'il avait ouïs de Jean et des autres disciples qui avaient vu le Seigneur. Parmi les jeunes gens qui furent favorisés de ses entretiens, se trouvait Irénée qui nous en a transmis l'écho et qui fut appelé dans la suite à jouer dans la fixation de la tradition apostolique un rôle de premier ordre. Les Juifs, au contraire, les païens, les hérétiques furent blessés par l'attitude dédaigneuse affectée envers eux par l'intolérant vieillard qui se regardait comme le type infaillible de l'orthodoxie, et avait coutume de s'écrier lorsqu'on anonçait devant lui quelque idée nouvelle : « Oh ! bon Dieu, à quels temps m'as-tu réservé pour que je doive supporter de tels discours ! » Son opiniâtre fidélité à ce qu'il croyait l'enseignement littéral des apôtres, son millénarisme passablement entaché de matérialisme, le remplissaient d'une égale aversion pour les montanistes et les gnostiques. Marcion l'ayant rencontré un jour dans un lieu public, lui demanda s'il le reconnaissait : « Oui, lui répondit l'irascible vieillard, je reconnais le premier-né de Satan ». Polycarpe ne revint de Rome à Smyrne que pour y subir le martyre. Un Phrygien nommé Quintus qu'avait gagné l'exaltation des montanistes, se dénonça lui-même et amena l'arrestation de onze autres de ses coreligionnaires. Polycarpe, qui avait toujours blâmé le zèle intempestif des chrétiens rigoristes, s'était réfugié dans une maison de campagne des environs, mais il se présenta avec une paisible dignité devant les satellites du proconsul, après s'être fortifié par une de ces longues prières qui lui étaient habituelles et où il embrassait l'Eglise catholique tout entière. Pendant son interrogatoire, son courage et sa présence d'esprit ne le trahirent pas un seul instant. « Insulte le Christ, lui cria Quadratus .» « Il y a quatre-vingt dix ans que je le sers et il ne m'a jamais fait aucun mal » répondit le vieillard, « je suis chrétien ». Comme les jeux du cirque étaient finis, il fut condamné au supplice du feu. Les Juifs satisfirent leur haine contre lui en apportant des fagots pour alimenter le bûcher. Les païens criaient : « Le voilà le destructeur de nos dieux, celui qui enseigne à ne pas sacrifier, à ne pas adorer », tandis que les chrétiens soutenant leur pasteur de leurs sympathies et de leurs prières répondaient : « Le voilà le docteur de l'Asie, notre vénérable père ». Il n'est point surprenant que dans des dispositions aussi exaltées, la légende se soit emparée de l'événement. D'après elle, le feu se serait formé en voûte au-dessus de la tête de la victime qui aurait relui comme une statue d'or au sein de la fournaise. Le corps serait resté intact, le bourreau lui aurait donné un coup de poignard et le sang se serait échappé de la blessure en telle abondance qu'il aurait éteint le bûcher. Une colombe, qui se serait élevée au moment où il aurait rendu le dernier soupir, aurait symbolisé le Saint-Esprit qui l'avait soutenu dans ses angoisses. Les Smyrniotes se plaisaient à montrer aux visiteurs chrétiens un magnifique cerisier qui avait crû miraculeusement sur le lieu du supplice. Les cendres enfin de l'héroïque martyr furent recueillies dans un lieu sûr où les fidèles se réunissaient chaque année pour célébrer l'anniversaire de sa mort et s'exhorter à marcher sur ses traces (Cotelier, *Biblioth. P. Apost.*, 1698 ; Olshausen, *Monum. hist. eccles.*, I, 1870 ; Edmond Le Blant, *Mémoire sur les supplices destructeurs du corps. Acad. Inscript.*, XXVIII, 1874). D'après la tradition ecclésiastique, Polycarpe aurait subi le dernier supplice en l'année 169, pendant la persécution qui sévit en Asie Mineure sur les ordres de Lucius Vérus et de Marc-Aurèle. L'Eglise grecque en célèbre l'anniversaire le 23 février, l'Eglise latine le 16 janvier sur la foi des Actes fabuleux de Saint-Plon, qu'on peut aujourd'hui consulter dans la collection des Bollandistes. — L'année 165 était universellement admise sur le témoignage d'Eusèbe, corroboré par celui du rhéteur Aristide (Masson, *Collectanea historica ad vitam Aristidis.*), lorsque M. Waddington, dans un mémoire aussi érudit qu'ingénieux sur la chronologie de la vie dudit personnage, présenté en 1867 à l'Académie des inscriptions et belles-lettres (*Mémoires de l'Institut de France*, XXVI), soumit ces allégations à un minutieux examen, les confronta avec celles de la « Lettre des Smyrniotes aux Philoméliens, se livra à de nouvelles investigations sur la liste des proconsuls et aboutit à la date de 154 comme la plus vraisemblable pour le martyre du vieil évêque. Quoique l'opinion traditionnelle ait trouvé un habile défenseur en M. Karl Wieseler (*Les Persécutions des Césars contre les chrétiens jusqu'au troisième siècle*, Gutersloh, 1878, l'année de la mort de Polycarpe, *Studien und Kritiken*, 1880), la thèse soutenue par l'éminent épigraphiste a rallié la majorité des suffrages : en France, ceux de MM. Renan (*L'Antechrist*, *Journal des savants*, 1874), et Aubé (*Histoire des persécutions*) ; en Allemagne, ceux de MM. Schürer (*Zeitschrift für hist. Theologie*, 1870, II) ; Gebhardt (*ibidem*, 1875, III); Hilgenfeld (*Zeitschrift für wissenschaftliche Theologie*, 1874, 1877, 1875); Holtzmann (*ibidem*, 1877); Lipsius (*ibidem*, 1874, *Jahrbücher für protestantische Theologie*, 1878) ; Th. Keim (*Aus dem Urchristenthum*, 1878). M. Lipsius, qui jouit d'une légitime autorité dans le domaine de la chronologie patristique, a quelque peu modifié les calculs de M. Waddington en plaçant le martyre dans l'année proconsulaire 155-156. Cet imposant concert n'a point réussi à convaincre M. Jean Réville qui, dans une thèse soutenue en 1880 devant la Faculté de théologie protestante de Paris, revient, en l'absence de tout motif irréfragable, au témoignage d'Eusèbe et assigne approximativement au martyre du vieil évêque l'époque de Pâques de l'année 160, peut-être même descendrait-il jusqu'à l'année 166 à cause des grands jeux célébrés à Smyrne sur l'ordre de Marc-Aurèle. Le souvenir de ces événements nous a été transmis dans une pièce presque contemporaine, l'Epître déjà mentionnée des Smyrniotes aux Philoméliens, mais cette lettre, si elle était demeurée jusqu'à nos jours à l'abri de toute attaque, n'en suscite actuellement que de plus fortes et plus sérieuses objections. MM. Schürer et Hilgenfeld, pour en sauver tout au moins la deuxième partie, se sont vus obligés de recourir au système des interpolations. MM. Gebhardt, Holtzmann, Keim, Lipsius, vont plus loin et rejettent résolument l'Epître dans son ensemble pour en attribuer la paternité à un chrétien du troisième siècle qui aurait été témoin de la persécution de Décius. Polycarpe lui-même, à l'exemple de Paul, d'Ignace et de plusieurs autres docteurs célèbres de cette période, aurait écrit plusieurs lettres soit à des particuliers, soit à des Eglises voisines pour les instruire et les exhorter. Une seule nous aurait été conservée, celle qu'il adressa aux fidèles de Philippes à propos de confesseurs destinés au martyre qui passèrent chez eux allant d'Asie à Rome. Malheureusement l'authenticité en est des plus contestées. Si l'opinion traditionnelle compte encore de nos jours des défenseurs tels que Gieseler, Neander, Möhler, Schliemann (*Clémentines*), Worker (*Lettres des P. Apost. Clément et Polycarpe*, traduction avec commentaires, Tubingue, 1880); Victor de Strauss (Heidelberg, 1860), la thèse négative avait déjà été soutenue au seizième siècle par les centuriateurs de Magdebourg, au dix-septième par Daillé, au dix-huitième par Semler. Bunsen et dans une mesure beaucoup plus restreinte Ritschl se sont efforcés d'en sauver tout au moins la majeure partie grâce au système des interpolations dont on s'était déjà servi pour les épîtres d'Ignace. Les arguments contre l'authenticité ont été réunis avec autant de perspicacité que de vigueur par Schwegler dans son *Montanisme* et son *Histoire du deuxième siècle*. L'Epître aux Philippiens, assez banale, n'a rien qui convienne spécialement au caractère de Polycarpe et rentre dans cette catégorie d'écrits si nombreux au deuxième siècle, qui essayent de concilier les prétentions rivales du paulinisme et du judéo-christianisme, de la justification par la foi et de l'ascèse. L'auteur s'efforce visiblement d'imiter les Epîtres pastorales ainsi que la première de Pierre et la première de Jean. La façon dont il rappelle aux Philippiens qu'ils possèdent une épître de Paul est à bon droit suspecte, de même qu'il est singulier de ne rencontrer dans un écrit tout tissu de citations et de réminiscences aucun passage du IVe Evangile. Les devoirs de l'épiscopat, la soumission que lui doivent les fidèles comme dans les épîtres d'Ignace, la haine du docétisme et des autres hérésies gnostiques, l'enthousiasme pour le martyre, telles sont les idées qui dominent dans ce court traité de morale. E. Strœhlin.

POLYCRATE, évêque d'Ephèse, soutint les doctrines des Eglises de l'Asie Mineure dans la controverse pascale qui éclata entre elles et l'évêque de Rome Victor, vers l'an 190. Nous n'avons sur lui que de très maigres renseignements. Il était le huitième évêque (ou ancien) de sa famille, et son orthodoxie brillait d'un vif éclat. Eusèbe nous a conservé un fragment de la lettre synodale qu'il adressa, au nom des Eglises d'Asie, à Rome, en réponse à l'encyclique de l'évêque Victor. Polycrate, pour justifier la pratique pascale de l'Orient, invoque l'autorité de l'apôtre Jean, dont le souvenir est demeuré vivant à Ephèse, ainsi que celle de l'apôtre Philippe ; s'il passe sous silence l'apostolat de Paul, c'est évidemment parce que Paul n'avait pas laissé d'instructions sur l'époque de la célébration de la Pâque. — Voyez Eusèbe, *Hist. eccl.*, V, 24 ; Jérôme, *Catalogus*, 25 ; Ceillier, *Hist. des Aut. sacr. et eccl.*, II, 203 ss., et l'article *Pâque*.

POLYEUCTE (Saint), martyr de l'Arménie, mort l'an 257. Il servait dans les troupes de l'armée romaine qui avaient leur quartier à Mélitène, sur l'Euphrate, lorsqu'il fut converti au christianisme par Néarque, un de ses amis Il fut pris peu de temps après sa conversion, et, après avoir subi divers supplices, il eut la tête tranchée. — Voyez Bollandus, *AA. SS.*, 13 febr. ; Tillemont, *Mémoires*, III.

POLYGLOTTES. On appelle ainsi les éditions de la Bible en au moins trois langues. On ne fait pas entrer dans ce compte les versions qui ne sont que la doublure d'une traduction ancienne retraduite en une langue plus connue ; ainsi le Nouveau Testament de 1584, qui comprend le texte grec, la version syriaque dite *Peschito* et la traduction latine faite sur le syriaque par le Fèvre de la Boderie, n'est pas une Polyglotte. La Polyglotte est avant tout un livre de science et d'étude, c'est pourquoi nous ne pouvons admettre à ce titre les nombreux manuscrits tels que les a produits l'antiquité chrétienne contenant, par exemple, l'ancienne version latine dite *Itala* à côté du grec, ni les lectionnaires coptes accompagnés d'une traduction arabe. Au contraire, il faut mettre au premier rang des monuments de la critique les *Hexaples* d'Origène (éd. Field, Oxford, 1875, 2 vol. in-4°), où les textes d'Aquila. Symmaque et Théodotion sont rangés à côté des Septante et de l'hébreu, écrit en lettres hébraïques et transcrit en caractères grecs. Sur toute cette ancienne période, comme sur l'ensemble de notre sujet, on lira les lumineuses remarques de M. Reuss dans l'article *Polyglottenbibeln* de *l'Encyclopédie* de M. Herzog. L'ouvrage classique est le traité de le Long, *Discours historique sur les principales éditions des Bibles polyglottes*, Paris, 1713, in-12, développé par Masch dans son édition de la *Bibliotheca sacra* (vol. I, 1778) et par G. Outhuys : *Geschiedkundig verslag der voornaamste uitgaven van het Biblia Polyglotta*, Franeker, 1822, in-8°. Il ne faut pas se hâter de dire que le moyen âge n'a pas été l'époque des traductions, non plus que celle de l'érudition .Au temps de Charlemagne, il se fit au moins une correction de la Vulgate (qui ne portait pas encore ce nom) d'après l'hébreu et, pour ne nommer que l'un des *Correctoires* du moyen âge, celui des dominicains, dont nous possédons l'autographe, de la main du cardinal Hugues de Saint-Cher, le correcteur sait fort bien appliquer les versions à la critique du texte en consultant tour à tour les *veri codices*, les *hebræi*, les *LXX*, les *antiqui* et les *moderni*. C'est presque une Polyglotte que le *Psautier quadruple* de Saint-Martin de Tournai, de l'an 1105 (Delisle, *Mél. de Paléogr.*, 1880), où les trois versions de saint Jérôme, la romaine, faible revision de l'ancien latin, la gallicane, revue sur les Hexaples d'Origène et l'hébraïque, reproduction fort exacte de l'original, sont accollées au texte grec, écrit en caractères latins. Le copiste avait si bien conscience de suivre de près les anciens textes, qu'il a joint à la version faite sur l'hébreu un alphabet de cette langue. Un autre *Psautier triple*, celui du moine de Canterbury, Eadwin, vivant vers 1130 (F. Michel, *Le Livre des Ps.*, 1876, in-4°, *Doc. inéd.*), contient à côté des trois textes latins dont l'un, l'*hebraica veritas*, serre l'original hébreu de plus près qu'à l'ordinaire, deux versions interlinéaires, l'une saxonne et l'autre normande. Mais de semblables efforts restèrent isolés et à peu près stériles. Bien peu après l'invention de l'imprimerie, dès 1475, l'impression de l'hébreu commence (cf. de Rossi, *De hebr. typogr. orig.*, 1776, in-4°). Le premier texte polyglotte qui ait été publié avec les caractères propres à chaque langue est, paraît-il, le Psautier pentaglotte, hébreu, grec, arabe et chaldéen, in-f°, avec traductions latines et avec la Vulgate, imprimé en 1516 à Gênes, chez Porrus, par les soins et avec les notes d'Agost. Giustiniani. Mais déjà la Polyglotte d'Alcala (en latin, *Complutum*) était imprimée, sinon publiée. Le Nouveau Testament était sorti des presses d'Arnao Guillen de Brocar le 10 janvier 1514 (nouveau style?), l'Ancien Testament est daté de 1517, mais l'ouvrage ne fut mis au jour qu'en 1522. Les collaborateurs de l'illustre archevêque de Séville étaient Antonio de Lebrixa (*Nebrissenus*), Diego Lopez de Zuniga (*Stunica*), Fernando Nunez de Valladolid (*Nonnius Pincianus*), Démétrius Ducas de Crète, Juan de Vergara et trois juifs convertis, Alonzo Zamora, Alonso Medico et Pablo Coronel. Leon X, auquel Giustiniani dédia aussi son Psautier, avait encouragé cette œuvre. Le cardinal avait acheté pour 4,000 ducats des manuscrits hébreux dont deux ont été retrouvés à Madrid (F. Delitzsch, *Complut. Varianten zum A. T.*, Leipz., 1878, in-4°); quant à ses manuscrits grecs, M. Delitzsch s'est consacré à les rechercher (*Stud. zur Entstehungsgesch. der Pol. des Card. Ximenes*, Leipz., 1871, in-4°; cf. S. Berger, *La Bible au XVIe siècle*, 1879); M. Reuss a donné la collation partielle, mais scientifique du Nouveau Testament grec de Ximenès (*Biblioth. Novi Test. græci*, 1872). On sait qu'il est élevé entre Semler et Goeze, au sujet de la Polyglotte, une ardente querelle d'où le texte d'Alcala, suspect à la critique par l'interpolation du passage *des trois témoins*, sortit néanmoins à son honneur (Semler, *Hist. u. krit. Samml. üb. die sogen. Beweisstellen*, I, 1764, et II, 1768; Kiefer, *Gerettete Vermuthungen üb. das Compl. N. T.*, publié par Semler, 1770, etc.; Gœze, *Vertheidigung der Compl. Bibel*, 1765, et *Ausführl. Verth. des Compl. N. T.*, I, 1766, II, 1796; cf. les biographies de Gœze par Rœpe et Boden). Dans l'Ancien Testament, la Vulgate occupe la place d'honneur entre l'hébreu et les Septante, « comme l'Eglise latine, placée entre la Synagogue et l'Eglise grecque ainsi que le Christ entre les deux larrons », mais ce qu'on vient de lire n'est qu'un bon mot d'Espagnol qu'il faut se garder de prendre au sérieux. On a joint au Pentateuque le Targoum d'Onkélos; le volume VI contient un dictionnaire hébreu. Le caractère grec du Nouveau Testament est beau, dans le style des manuscrits du treizième siècle, mais accentué d'après un système particulier; on en voit un fac-simile dans Scrivener (*Introd. to the Criticism of the N. T.*, 2e éd., Cambr., 1874; cf. Brunet). — La deuxième Polyglotte parut à Anvers, chez Plantin, de 1569 à 1573, en huit volumes in-f°, sous les auspices de Philippe II et par les soins de Benoît Arias Montanus (de la Sierra), assisté de Luc de Bruges, d'André van der Maas (*Masius*), de Guy le Fèvre de la Boderie, etc.; le Nouveau Testament contient le texte grec d'Alcala corrigé d'après Estienne (Reuss, *l. l.*, p. 75) et la *Peschito* avec la version latine de le Fèvre de la Boderie; l'Ancien Testament est accompagné de la traduction latine de Xantes Pagninus, revue par A. Montanus et des Targoums, qui sont traduits en regard en latin. Arias Montanus a joint à son édition de nombreuses dissertations et des dictionnaires. Ainsi que le dit R. Simon, « comme les Espagnols avaient été les premiers auteurs de cet ouvrage, ils furent aussi les premiers qui s'y opposèrent », mais Grégoire XIII témoigna de l'intérêt tout particulier qu'il portait à cette nouvelle édition de la Bible, qu'il appela *Opus Regium* (voyez les *Annales Plantiniennes*, *Bibliophile Belge*, 1856 ss.). — La Polyglotte de Paris fut imprimée chez Ant. Vitré, de 1628 à 1645, 9 tomes en 10 vol. gr. in-f° (voyez Lelong; A. Bernard, *Ant. Vitré et les caract. orient. de la B. polygl.*, P., 1857). Les collaborateurs de Michel le Jay, qui dirigea le travail, furent le P. Morin, de l'Oratoire, Ph. d'Aquin et les Maronites Gabriel Sionite, Jean Hesronite et Abraham Ecchellensis; le premier pasteur de la chapelle luthérienne de Paris, l'infortuné Jonas Hambræus fut, dit-on, tout au moins, attaché à la correction des épreuves. Le texte grec du Nouveau Testament reproduit à peu près celui d'Anvers (Reuss, *l. l.*). Le cardinal Duperron avait conçu le plan de cette grande œuvre, qui fut approuvée par le Clergé de France. La Polyglotte de le Jay contient l'hébreu, le samaritain, le chaldéen, le grec, le syriaque, le latin et l'arabe; faite sur un très petit nombre de manuscrits, elle se distingue plutôt par son luxe typographique que par son caractère scientifique. Telle est l'insuffisance des ressources critiques des auteurs, qu'ils n'ont fait usage, ni de l'édition des LXX d'après le *Vaticanus*, parue en 1587, ni de la Vulgate revisée par ordre de Clément VIII; ils en restent, pour la plus grande partie, à l'édition d'Anvers. Au reste, le Jay prétend dans sa Préface que la Vulgate est le seul et véritable original de l'Ecriture, lequel on doit consulter dans toutes les difficultés qui se présenteront. « Ceux qui prirent le soin de cette Polyglott dit R. Simon, ne purent s'accorder entre eux, et ils furent appliqués à satisfaire plutôt à leur passion en écrivant les uns contre les autres, qu'à se rendre utiles au public. » Chose remarquable, il n'y a pas un Mécène qui ne se soit intéressé à la Bible polyglotte; Richelieu avait fait enfermer Sionite pour ses démêlés avec le Jay; jaloux peut-être de la gloire de Ximenès, il voulut attacher son nom à cette grande publication; Le Jay repoussa ses offres, et s'en alla mourir dans la misère; sa fille vendit l'œuvre de son père au prix du vieux papier. — La Polyglotte de Walton (Londres, Roycroft, 1657, 6 vol. in-f°) est un monument achevé. Usher, Pococke, Edm. Castle (*Castellus*), S. Clarke et d'autres hommes éminents aidèrent Brian Walton de leurs conseils ou de leurs concours; dédiée à Charles II, Cromwell lui avait accordé l'exemption de l'impôt sur le papier. On y joint le *Lexicon heptaglotton* d'Edm. Castle (2 vol., 1686; voyez Brunet) La Polyglotte de Londres comprend l'hébreu avec la version d'A. Montanus, le Pentateuque samaritain, les Septante d'après l'édition vaticane, avec les variantes du *Codex Alexandrinus*, le Nouveau Testament grec d'après Estienne, les Targoums, y compris le samaritain, les versions syriaque, arabe, éthiopienne et persane, les fragments de l'*Itala* et la Vulgate Clémentine avec les corrections de Luc de Bruges. Chacune des versions orientales est traduite en latin. Ce grand ouvrage est encore aujourd'hui le manuel indispensable de l'étude. — Parmi les autres Polyglottes, il convient de nommer d'abord celle de Heidelberg (chez Commelin, 1587,

2 vol. in-fol.), que l'on attribue au Genevois C.-B. Bertram ; elle contient l'hébreu, le grec et le latin ; quoique le titre fasse mention de l'édition d'Alcala, l'hébreu suit, au jugement de M. Delitzsch, la Polyglotte d'Anvers ; le Nouveau Testament, imprimé en 1599 et décoré d'un nouveau titre en 1616, est celui de Plantin avec la version d'A. Montanus (Reuss, p. 78). Il faudrait encore mentionner la Polyglotte d'E. Hutter (Nuremberg, 1599, in-fol.). Il s'en imprimait à la fois des exemplaires ayant tour à tour la version française, italienne, allemande ou slavone. Hutter a publié également à Nuremberg, en 1599, le Nouveau Testament en douze langues, sorte de polyglotte occidentale, œuvre inutile en principe. Cette édition, qui n'a rien de scientifique, a été, pour le grec, *fabriquée* au mépris de toutes les règles de la probité littéraire, au gré de l'orthodoxie de l'auteur ; ces falsifications, dit M. Reuss, ne méritent pas ce nom parce qu'elles ne sont que ridicules (p. 105 ss.). Il existe plusieurs autres Polyglottes. L'édition de Stier et Theile (*B. Polygl. in usum manualem hebraice, græce ex LXX int., lat. ad vg. et germ. Lutheri*, Bielefeld, 1847-1856, 4 t. en 6 vol. in-8°) est une œuvre consciencieuse. Nous n'avons pas de raison de parler ici autrement que pour en indiquer le titre, de la Polyglotte de Bagster (Londres, 1831, 2 vol. in-fol.; déjà auparavant, de 1819 à 1828, et depuis, sans date), qui donne l'hébreu, y compris le Nouveau Testament de W. Greenfield, le Pentateuque samaritain, les Septante, la Vulgate, la *Peschito*, le grec de Mill, avec les variantes de Griesbach, l'allemand de Luther, l'italien de Diodati, le français d'Ostervald, l'espagnol de Scio et la version anglaise autorisée, avec les prolégomènes de S. Lee, et l'*Hexaglott Bible, comprising the Holy scriptures of the O. and N. T. in the orig. tongues, together with the LXX, the syriac (of the N. T.), the vg., the auth. engl. and german and the most approved french vss., ed. by* R. De Levante, Londres, 1876, 6 vol. in-4°. — On ne peut entrer ici dans le compte des éditions polyglottes des diverses parties de la Bible. Les seules que nous voulions nommer en ce moment sont le *Novum Testamentum triglottum* de Tischendorf (grec, latin et allemand, éd. II, Leipzig, 1865) et la publication de M. Eberh. Nestle, *Psalterium Tetraglottum, græce, syriace, chaldaice, latine, adjuv.* Perry, *ex codd. Vaticano et Sinaitico græcis, Ambrosiano syriaco, Amiatino latino et ex Lagardiana Targumi editione*, 2 fasc., Tubingue, 1877-1879, in-4°. Il en est aujourd'hui comme aux premiers jours de la Renaissance. Une Polyglotte est un livre de science ou elle n'est rien. Le Long dit fort bien : « La Polyglotte ne s'imprime pas pour les apprentis, mais pour les vétérans. » Une polyglotte qui ne poursuivrait que le but de la lecture ou de l'édification serait un livre inutilement coûteux. Nous cherchons dans les versions antiques les éléments de la critique du texte et d'abord l'histoire même de ces vieux documents, et si, dans l'état actuel de la science, la collation de toutes les anciennes versions dépasse les forces d'un homme, il faut que chacun apporte sa pierre à l'édifice en attaquant le travail par le détail. Que l'on pense que nous n'avons encore ni une édition scientifique ni une véritable histoire de la Vulgate. Richard Simon avait

conçu un autre projet, et fort remarquable. Une plaquette introuvable, datée de Patmos et signée non sans un orgueil d'ailleurs légitime, du nom d'*Origène* et intitulée *Novorum Bibliorum polyglottorum synopsis* (Utrecht, 1684, in-12 ; à la suite ; *Ambrosii ad Origenem Epistola de Novis Bibliis Polyglottis*, Utr., 1685; cf. *Histoire critique du Vieux Testament*, éd. d'Amsterdam, p. 521) n'est pas d'un autre que de lui, quoique l'auteur prétende être un homme simple, Belge d'esprit comme de nation. Il reproche aux Polyglottes beaucoup de place et de peine perdue et il voudrait que l'on imprimât simplement l'hébreu des masorètes, la *Clémentine* et les *Septante* d'après le *Vaticanus*, avec les variantes des versions étrangères qui dépendent de chacun de ces textes et des manuscrits. Dans l'*Histoire critique*, R. Simon ne parle plus de l'*Itala*, qu'il voulait, en 1684, imprimer pour l'Ancien Testament. Les quelques pages de R. Simon contiennent un vrai manuel de critique. « Ce projet me paraît si beau, dit le P. Le Long, il est si bien conçu, que je souhaiterais avec passion que l'auteur eût donné au public une Polyglotte sur ce modèle; il est certain qu'un ouvrage de cette nature est infiniment plus difficile que celui qu'a donné Walton. » Le Long ignorait alors que l'ouvrage du P. Simon existât. Il se trouvait, malheureusement, incomplet d'après le catalogue publié par l'abbé Saas en 1746 (p. 41), dans la bibliothèque de la cathédrale de Rouen. On l'a, en ces derniers temps, vainement cherché à la Bibliothèque publique de Rouen. Pour l'exécuter, le grand critique s'était servi d'un exemplaire de la Polyglotte de Londres, où il avait collé du papier blanc pour cacher ce qu'il voulait retrancher et écrire ce qu'il jugeait à propos de substituer (cf. Graf, *Strassburger Beitræge*, I, Iéna, 1847). La méthode de R. Simon se recommande encore aujourd'hui à tous les bons critiques. S. Berger.

POLYTHÉISME. Voyez *Paganisme*.

PONT, région de l'Asie Mineure, nommée Actes II, 9, et 1 Pierre I, 1, à côté de la Cappadoce, et située sur les bords du Pont-Euxin, depuis l'Halys jusqu'à la Colchide et à l'Arménie. De hautes montagnes la séparaient au sud de la Cappadoce ; la partie septentrionale formait une plaine. Depuis la défaite du dernier descendant de Mithridate par les Romains (66 av. J.-C.), le pays avait été partagé entre plusieurs petits princes, jusqu'à ce qu'il fût réduit en province romaine par Néron. Le Pont fut érigé en diocèse ou exarchat après la nouvelle division de l'empire d'Orient sous Constantin le Grand et Constance.

PONTIEN (Saint), évêque de Rome depuis 230 (21 juillet?) et successeur d'Urbain, fut, d'après le catalogue de 352, exilé avec le prêtre Hippolyte « dans l'île funeste de Sardaigne » en 235 ; il y abdiqua ou fut simplement destitué (*discinctus est*, et non *defunctus*) le 28 septembre de cette année ; c'est par erreur que le catalogue de 530 indique cette date comme celle de sa mort. Le même catalogue nous dit que saint Fabien alla chercher son corps et l'ensevelit au cimetière de Calliste ; Fabien ne fut pape qu'en 236, mais nous ne pouvons accepter le nom, du reste parfaitement admissible, de cet évêque sans rappeler que le document Félicien (de 530) déplace Antéros qu succéda à Pontien et qui fut pape en réalité du 21 novembre 235 au 3 janvier 236 où il mourut. Peut-être ce rapprochement même de Pontien et de Fabien explique-t-il le déplacement d'Antéros. La *Depositio* des martyrs donne le 13 août comme la date de l'ensevelissement de Pontien à Saint-Calliste et d'Hippolyte sur la Voie de Tibur. On a conservé la trace de cette cérémonie, c'est un *graffite* inscrit dans le plâtre frais de la crypte : ἐν θεῷ μετὰ πάντων, Ποντιανὲ, ζήσῃς. M. de Rossi a rappelé que d'après le Digeste (XLVIII, 24, 2) «si un homme a été déporté ou relégué dans une île, sa peine demeure après sa mort, et il n'est pas permis de le transférer ailleurs ni de l'ensevelir sans l'autorisation du prince. » On doit sans doute à Pontien le cimetière des saints Abdon et Sennes, qui portait d'abord son nom, *Ad ursum pileatum*, sur la Voie de Porto. — Nous avons suivi la *Chronologie des évêques de Rome* de M. Lipsius ; on comparera la *Roma Sotterranea*, vol. II, et le mémoire de M. Mommsen sur le *Chronographe de* 354. — Voyez Eusèbe, VI, 23 et 29.

POPE. Voyez *Eglise grecque*.

POPLICAINS ou poblicans, surnom donné : 1° aux *pauliciens* de Thrace par les croisés français lors de la quatrième croisade ; 2° aux *cathares* ou albigeois par le peuple en France (voyez ces articles).

PORDAGE (Jean), mystique anglais, né vers 1625 mort en 1698 à Londres, était médecin et pasteur à Bradfield, dans le Berkshire. Il tenta de rédiger en système les idées de Bœhme, et composa dans ce but une série d'écrits mystiques dont les deux principaux sont : la *Métaphysique divine* et la *Théologie mystique*, 1598. Il prétendit avoir des révélations et eut des disciples qui se dirent inspirés et formèrent à Londres la Société des philadelphes, avec le concours de Jeanne Leade et de Thomas Bromley. — Voyez Poiret, *Bibliotheca mysticorum selecta*, p. 174 ; Arnold, *Kezlergeschichte*, IV, 309 ; Corrodi, *Gesch. des Chiliasmus*, III, 330 ss., et les articles de Hochhuth dans la *Zeitschr. für histor. Theol.*, 1865, p. 173 ss., et dans la *Real-Encykl.* de Herzog, XII, 401 ss., où l'on trouve une analyse détaillée du système apocalyptique de Pordage.

PORPHYRE. Voyez *Alexandrie* (Ecole philosophique d').

PORTALIS (Jean-Etienne-Marie), né au Beausset, en Provence, en 1745, mort à Paris en 1807, fit ses études aux collèges des oratoriens de Toulon et de Marseille, et son droit à Aix, où il fut reçu avocat au parlement, et où, dès son début, notamment dans ses plaidoiries contre Beaumarchais et contre Mirabeau, il se plaça parmi les jurisconsultes et les orateurs les plus distingués de cette époque. Il publia alors plusieurs *Mémoires* remarquables, entre autres sa *Consultation sur la validité des mariages protestants en France*, Paris, 1770, et fut mis à la tête de l'administration de sa province peu avant la Révolution. Dans les derniers mois de 1793, il vint à Paris, où il ne tarda pas à être arrêté ; il ne recouvra sa liberté qu'après la chute de Robespierre, et fut élu en 1795 député de Paris au Conseil des anciens ; proscrit le 18 fructidor pour s'être opposé aux mesures violentes du Directoire, il se réfugia en Allemagne (1797), mais il revint dès 1800 et fut aussitôt appelé au Conseil d'Etat, et spécialement chargé de toutes les affaires concernant les cultes. Il fit rentrer en France les évêques démissionnaires qui en étaient exilés. En 1803, il fut élu au Sénat conservateur, et, l'année suivante, nommé ministre des cultes. Il était aussi membre de l'Académie française. Portalis prit une grande part à la rédaction du code civil et aux négociations relatives au concordat (voyez cet article). On a de lui un *Discours sur l'organisation des cultes et exposé des motifs du projet de loi relatif à la convention faite entre le saint-siège et le gouvernement français*, Paris, 1802; un *Traité sur l'usage et l'abus de l'esprit philosophique pendant le dix-huitième siècle*, précédé d'une Notice intéressante sur l'auteur, par son fils, Joseph Portalis, Paris, 1820, 2 vol.; enfin des *Discours, rapports et travaux inédits sur le concordat de* 1801, *les articles organiques publiés en même temps que ce concordat, et sur diverses questions de droit public concernant la liberté des cultes*, etc., Paris, 1844-1845, réunis par son petit-fils.

PORTE-GLAIVE (Chevaliers), *ensiferi*, ordre religieux et militaire fondé en 1204 par Albert Ier d'Apeldern ou de Buxhoff, troisième évêque de Livonie, pour conquérir ce pays encore habité par les païens. Modelé sur celui des Templiers, il s'appela d'abord ordre des Frères de la milice du Christ ou chevaliers de Livonie. Ils portaient une robe blanche, avec deux glaives rouges brodés sur la poitrine. L'ordre, déjà maître de la Livonie, entreprit en 1216 la conquête de l'Esthonie, qu'il soumit entièrement en 1223. A la suite de longs démêlés avec les évêques de Riga, le second grand maître, Volquin, se vit réduit à fondre son ordre dans celui des Chevaliers teutoniques. Cette fusion, qui s'effectua en 1237, se fit à la condition que la partie de la Livonie et de l'Esthonie appartenant aux chevaliers Porte-glaive formerait une maîtrise séparée et serait gouvernée par un provincial. En 1525, Albert de Brandebourg ayant vendu le duché de Livonie à Walter de Plettenberg, celui-ci reconstitua l'ordre; mais en 1561 le 50e maître provincial, Gottar Kettler embrassa le luthéranisme et céda la Livonie à Sigismond II, roi de Pologne. — Voyez Hélyot, *Hist. des ordres monast.*, III, 17 et 18; Bonanni, *Catalogo degli Ordini*, p. 37 ss.; Gaet. Moroni, *Diction.*, LIV, p. 157.

PORTIER (*ostiarius*, *janitor*, *æditus*). Dans l'Eglise grecque, les fonctions de portier des édifices religieux ne constituent pas un ordre ecclésiastique. Il n'en est pas ainsi dans l'Eglise latine qui les a toujours regardées comme formant l'un des ordres mineurs. Il en est fait mention dans la lettre de Corneille à Sabin d'Antioche, rapportée par Eusèbe (*Hist. eccl.*, IV, 43), dans Cyprien (*Epist.* 34), dans le quatrième concile de Carthage tenu en 398, dans le premier concile de Tolède (can. IV); dans le *Sacramentaire* de Grégoire Ier, dans Isidore de Séville, Alcuin, Amalaire, Raban-Maur, et tous les anciens liturgistes. Suivant le Pontifical romain, les fonctions de portiers marquées dans l'instruction que leur fait l'évêque et dans les prières qui l'accompagnent lorsqu'il les ordonne, sont de sonner les cloches, de distinguer les heures de la prière, de garder fidèlement l'église le jour et la nuit, d'avoir soin que rien ne s'y perde, d'ouvrir et de fermer à certaines heures l'église et la sacristie, d'ouvrir le livre à celui qui prêche. Pendant l'ordination, l'évêque leur fait toucher des clefs en leur disant : « Conduisez-vous comme devant rendre compte à Dieu des choses qui sont renfermées sous ces clefs. » L'attouchement des clefs est considéré comme la matière de cet ordre, et les paroles prononcées par l'évêque comme la forme. — Voyez Bingham, *Orig. ecclés.*, II, 3, 7 ; Fleury, *Instit. au droit eccl.*, I, 1, 6 ; Bergier, *Diction. de théol.*, V, 320.

PORT-ROYAL (des Champs), à deux heures de Versailles, par le plateau de Satory, la Minière et Liancourt ; vallée resserrée entre deux collines couvertes de bois, qu'on appela Port-Royal, parce que le roi Philippe Auguste, égaré à la chasse, avait retrouvé sa suite dans ce vallon. Au treizième siècle, Malthilde de Garlande y fit bâtir une église pour l'heureux retour de son mari, Mathieu de Momontrency, parti pour la quatrième croisade. A côté de l'église s'éleva un couvent de femmes de l'ordre de Cîteaux. L'abbaye de Port-Royal à laquelle le jansénisme a donné tant d'éclat, fut rasée en 1710 par l'ordre de Louis XIV. On voit encore aujourd'hui le mur d'enceinte, l'emplacement de l'église très bien marqué par les fûts de colonnes qui laissent voir le plan de l'édifice ; le cimetière, la fontaine de la mère Angélique, la prairie qui était autrefois arrosée par un étang; au delà de la prairie un cirque de rochers couronné d'arbres où les religieuses allaient écouter des conférences ; enfin, sur la colline, la maison des Granges habitée par ces hommes distingués qu'on appelait les solitaires de Port-Royal. Dans la vallée, à la place du chœur de l'ancienne église, s'élève une petite chapelle où l'on peut voir les anciens plans de l'abbaye et de ses dépendances, les portraits des personnages les plus marquants de Port-Royal, hommes et femmes, et d'autres souvenirs pleins d'intérêt. — L'abbaye de Port-Royal, tombée dans le plus triste relâchement, se releva au dix-septième siècle sous la main ferme de Jacqueline Arnaud, la mère Angélique (voyez ce nom). Nommée abbesse à onze ans, cette femme éminente, parvenue par un long travail spirituel à une conversion véritable, entreprit courageusement la réforme de sa communauté, et y rétablit malgré les plus vives oppositions la règle de saint Benoît. Cette réforme attira de toutes parts les religieuses les plus attachées à leur vocation; Port-Royal en compta jusqu'à 84 : c'est alors que la maison étant trop étroite et la localité malsaine, la mère Angélique acheta dans le faubourg Saint-Jacques une vaste maison qui est aujourd'hui l'hospice de la Maternité et qui s'appela le Port-Royal de Paris. L'abbesse vint s'y installer avec tout son monde, ne laissant à Port-Royal des Champs qu'un chapelain pour desservir l'église. Alors finit ce qu'on pourrait appeler la *période réformatrice* de Port-Royal 1608-1626. La période du *plein développement* lui succède, puis la période de *la lutte théologique*, puis celle de la *persécution à outrance* qui se termine par la destruction du monastère. Ici apparaît la grande figure de l'abbé de Saint-Cyran (Jean-Duvergier de Hauranne), qui fut le père spirituel de la communauté agrandie de Port-Royal comme Angélique Arnaud en avait été la mère. Saint-Cyran, ami de Jansénius (voyez *Jansénius*, *Saint-Cyran*), attaché comme lui aux doctrines augustiniennes, devint le confesseur des religieuses de Port-Royal, qui furent alors autorisées à joindre à leur titre celui de Filles du Saint-Sacrement et portèrent le scapulaire blanc avec une croix rouge, image du pain et du vin de l'Eucharistie. Saint-Cyran exerça la plus grande influence sur la mère Angélique et sur toute la famille de celle-ci, la famille Arnaud qui donna à Port-Royal une grande partie de ses membres. Parmi ceux-ci on peut citer outre la mère Angélique, sa sœur la mère Agnès, une autre sœur Marie-Claire, leur nièce Angélique de Saint-Jean, etc... et pour les hommes, Arnaud d'Andilly, le grand Arnaud, et leurs neveux, Antoine Lemaistre, Lemaistre de Séricourt, Lemaistre de Sacy. Ces trois jeunes gens, qui vivaient dans une pieuse retraite à côté de Port-Royal de Paris, devinrent les prémices des solitaires de Port-Royal des Champs. En effet, sur le conseil de Saint-Cyran, ils allèrent s'établir avec quelques autres amis dans le monastère abandonné, et comme les bâtiments étaient pour le moment inhabitables, ils montèrent sur la colline et se logèrent dans la maison des Granges où l'on voit encore leurs chambres. Leur ermitage se peupla bientôt d'hommes pieux, semblables, dit Lancelot, « à des naufragés qui cherchent un port. » Tels furent Arnaud d'Andilly, M. de la Rivière cousin de Saint-Simon, les célèbres médecins Hamon, Moreau, Pallu, les chroniqueurs de Port-Royal, Fontaine et Dufossé, l'historien Tillemont, le moraliste Nicole, le grand Pascal, etc. Attirés par ce foyer de vie chrétienne, vinrent s'établir dans les environs des familles nobles et pieuses, les de Liancourt, les de Luynes, Mmes de Gonzague, de Guémené, etc... La vie des solitaires se partageait entre des exercices spirituels très réguliers et très rigoureux, des travaux champêtres auxquels ne craignaient pas de se livrer ces hommes d'une classe élevée, et la direction de ce qu'on appela les petites écoles. Saint-Cyran recommandait beaucoup l'éducation de la jeunesse, se fondant sur la doctrine de la chute et sur la doctrine catholique de l'efficacité sacramentelle du baptême. Il fallait d'une part combattre la corruption naturelle, d'autre part développer le germe divin déposé par le baptême. L'éducation était avant tout religieuse et morale : on faisait constamment usage de la prière, on s'abstenait de punitions, on ne mettait ensemble que 5 ou 6 élèves : ceux-ci devaient se dire *vous* et on les appelait les petits messieurs de Port-Royal. Ce n'était pas seulement l'esprit qui était nouveau, c'étaient les méthodes dont plusieurs étaient hardies pour le temps (voyez *la Logique*, *Méthode grecque*, *Méthode latine*, *Racines grecques*, etc.). Les religieuses de leur côté avaient aussi des écoles pour les jeunes filles. Les liens les plus doux et les plus forts se formaient entre les maîtres et les élèves ; on le vit bien, lors de la dispersion des petites écoles. — Port-Royal atteignit l'apogée de sa prospérité et de sa gloire, lorsque la maison des sœurs de Paris étant devenue trop petite pour contenir toutes les religieuses, la moitié de celles-ci resta à Paris, et l'autre moitié revint avec la mère Angélique dans les bâtiment restaurés de Port-Royal des Champs (1648). — Mais alors commence la période des luttes théologiques qui entraînera pour l'illustre communauté la persécution et la ruine. Saint-Cyran, emprisonné par Richelieu dans le donjon de Vincennes, recouvre sa liberté après la mort du cardinal et n'a que le temps d'aller faire une visite à Port-Royal avant de mourir lui-même. Jansénius l'avait précédé de quelques années dans la tombe, et c'est après la mort de ces deux hommes qu'une lutte mémorable et prolongée s'engage sur leurs doctrines, entre Port Royal et les jésuites (voy. l'article *Jansénisme*). Le terrain *apparent* de cette lutte fut la question des cinq propositions contenues dans l'*Augustinus* de Jansénius, propositions condamnées comme hérétiques par les papes Urbain VIII et Innocent X. Le pape, disaient les jansénistes, a le droit de condamner les propositions hérétiques si elles se trouvent dans l'*Augustinus* : mais *en fait* elles ne s'y trouvent pas.—Le terrain *réel* fut la profonde divergence de doctrine et surtout d'esprit qui existait entre les jansénistes et les jésuites : les premiers soutenant les grandes doctrines augustiniennes du péché et de la grâce, les seconds les rejetant ou plutôt les tournant par leurs commentaires pélagiens ; les premiers prêchant une piété et une morale austères, les seconds une dévotion aisée ; les premiers publiant la Bible en langue vulgaire et insistant sur l'indépendance et la souveraineté des évêques, tout en respectant l'autorité du pape ; les seconds appartenant à ce que l'on a appelé depuis les tendances ultramontaines. A ces luttes théologiques vint se mêler une rivalité d'influence, les jésuites étant bien en cour et voyant avec ombrage les écoles des jansénistes faire concurrence aux leurs. Aussi est-ce contre les petites écoles de Port-Royal qu'ils dirigèrent leurs premiers coups. Dans cette querelle qui dura plus d'un demi-siècle (1650-1709) et qui se prolongea après la destruction de Port-Royal, les Jésuites se montrèrent d'une extrême violence : ils allèrent jusqu'à faire représenter dans leurs collèges une pièce de comédie où l'on voyait Jansénius traîné en enfer par les démons; jusqu'à soutenir qu'un jour, dans la forêt de Villers-Cotterets, Saint-Cyran, Arnaud et Jansénius s'étaient réunis pour renverser la religion catholique et établir sur ses ruines... le déisme! Les principaux incidents de cette longue lutte, qui ne s'apaisait un moment que pour recommencer avec plus de passion, sont les suivants : Le cas du duc de Liancourt auquel un prêtre de Saint-Sulpice voulait refuser l'absolution s'il ne retirait pas sa petite-fille du monastère de Port-Royal. Le grand Arnaud entra en lice pour disculper M. de Liancourt et défendre Jansénius. Les jésuites, réussissant à gagner Mazarin à leur cause, obtiennent la condamnation d'Arnaud en Sorbonne par 124 voix contre 71. Arnaud veut répondre à ce coup par un ouvrage sensé et savant, mais lourd et peu populaire. C'est alors que Blaise Pascal, tout jeune encore, défend bien mieux la cause janséniste en écrivant *les Provinciales* qui ont imprimé au front du jésuitisme une flétrissure immortelle. Les jésuites redoublent de fureur, et sur leurs instances, les Provinciales sont brûlées à Paris par la main du bourreau, tandis qu'on ferme les écoles de Port-Royal. — Un autre incident est celui du *Formulaire* imposé par le pape Alexandre VII et ainsi conçu : « Je me soumets sincèrement à la constitution de de N. S. P. le pape Innocent X. Je condamne de cœur et de bouche la doctrine des cinq propositions de Cornelius Jansénius contenues dans l'*Augustinus*, laquelle doctrine n'est point celle d'Augustin que Jansénius a mal expliquée contre le vrai sens de ce saint docteur. » Quatre évêques, les religieuses de Port-Royal de Paris et celles de Port-Royal des Champs refusent de signer ce formulaire. L'archevêque de Paris, Péréfixe, assisté de la force armée, fait enlever de Port-Royal de Paris seize religieuses suspectes d'hérésie, et il exhorte en vain celles des Champs à signer le formulaire : c'est alors qu'il prononce cette parole : « Vous êtes pures comme des anges, mais orgueilleuses comme des démons. » — Cependant plusieurs docteurs de Port-Royal conseillent de signer le formulaire avec des réserves d'interprétation : les consciences des religieuses sont à la torture : l'une d'elles, la sœur Dufossé, après avoir donné sa signature, la retire ; une autre, Jacqueline Pascal, qui a signé, meurt de chagrin et de remords. Louis XIV impose à Port-Royal des Champs un chapelain, une sœur tourière bien pensante, et entoure le monastère d'un cordon de troupes. Il ferme la maison des Granges et disperse les solitaires : Sacy, Fontaine et Dufossé sont mis à la Bastille, Arnaud réussit à se cacher de retraite en retraite. — Sur ces entrefaites se produit un nouvel incident. Alexandre VII meurt en 1667 : le pape Clément IX, homme doux et conciliant, offre aux jansénistes d'accepter le formulaire, mais avec des restrictions qui rassurent leur conscience. Ils acceptent, sur le conseil de leurs directeurs et de leurs amis de la cour; et c'est ce qu'on appelle la Paix de l'Eglise (1668) : les prisonniers sont délivrés, les solitaires reviennent aux Granges; Louis XIV reçoit avec affection Arnaud d'Andilly et le grand Arnaud auquel le nonce du pape dit : « Votre plume, monsieur, est une plume d'or. » A Paris les prédicateurs jansénistes sont suivis avec enthousiasme, et Arnaud est acclamé dans les rues. — Cependant les jésuites veillent et ne désarment pas. Fidèles à la devise : *Divide ut imperes*, ils cherchent à semer la division entre Port-Royal de Paris et Port-Royal des Champs. A l'instigation des jésuites le roi déclare *royale* la maison de Paris, et se réserve ainsi le choix de ses abbesses, tandis qu'il laisse encore à la maison des Champs le droit de choisir les siennes : il partage ensuite leurs biens qui étaient en commun et prépare ainsi leur désunion dans l'avenir. M. de Harlai, archevêque de Paris, prélat savant et mondain, défend à Port-Royal des Champs de recevoir des novices et renvoie même celles qui s'y trouvent : les solitaires sont chassés pour la seconde fois et ne reviendront plus. Quelques-uns se cachent dans les provinces, d'autres se réfugient à l'étranger, et si Louis XIV les laisse revenir, c'est à la condition qu'ils resteront dispersés et muets. — Un dernier incident se produit en 1701, on l'appelle le *cas de cons-*

cience. Plusieurs docteurs ayant posé en Sorbonne cette question : « Peut-on donner l'absolution à celui qui ne croit pas que les cinq propositions soient dans Jansénius et qui ne croit pas que l'Eglise puisse en exiger la croyance? » Les docteurs jansénistes affirmèrent qu'une telle personne était en état de grâce, les jésuites soutinrent le contraire et la querelle se ranima de plus belle. Le nouvel archevêque de Paris, M. de Noailles, pourtant favorable aux jansénistes, condamna leur solution du cas de conscience et le pape confirma l'anathème par la bulle *Vineam Domini.* La persécution recommence avec l'emprisonnement, les lettres de cachet, l'exil, et M. de Noailles veut en vain l'arrêter. La plupart des solitaires sont morts ainsi que leurs amis. La division semée par les jésuites porte enfin ses fruits ; les sœurs de Port-Royal de Paris demandent la suppression de l'abbaye des Champs et l'attribution de tous ses biens. Malgré les efforts de M. de Noailles, le tribunal ecclésiastique, qu'on nommait l'officialité de Paris, leur donne raison. Les pauvres religieuses des Champs ont la naïveté d'en appeler à la cour de Rome. Le pape répond par une bulle qui prononce la suppression de leur monastère, adjuge leurs biens à la maison de Paris et ordonne la dispersion des sœurs dans d'autres abbayes, quand l'archevêque de Paris le jugera à propos, *afin que ce nid d'erreurs soit arraché jusqu'en ses fondements.* M. de Noailles voulait laisser la mort faire son œuvre, mais le P. Letellier, confesseur du roi, était impatient et lui demanda la dispersion immédiate. Le 29 octobre 1709, le lieutenant de police d'Argenson amène devant le monastère 300 archers, cerne les murs pour prévenir toute évasion et fait ranger des voitures devant la porte. Puis il ordonne à la prieure de réunir sur-le-champ la communauté, à laquelle il donne lecture de l'arrêt de dispersion. Les sœurs, la plupart avancées en âge, se disent adieu les unes aux autres en pleurant, et montent dans les voitures qui doivent les transporter dans les diverses maisons religieuses où elles sont envoyées. En les voyant partir, toute la population éclate en sanglots auxquels se mêlent des murmures. Mais Letellier n'est pas satisfait, tant que les bâtiments restent debout. Deux édits successifs ordonnent la démolition du monastère, la démolition de l'église et même l'exhumation des morts. Quelques familles obtinrent la permission d'enlever les dépouilles mortelles de leurs parents, les Arnaud, les Sacy, les Lemaistre. L'exhumation générale eut lieu à la fin de novembre 1711: l'horrible besogne dura deux mois, non sans des profanations scandaleuses, et les restes humains accumulés dans ce coin de terre durant cinq siècles furent jetés pêle-mêle dans le cimetière du village de Saint-Lambert. — Ainsi fut détruit par le despotisme de Louis XIV cet asile de piété, de science et de vertu, d'où aurait pu sortir une réforme intérieure et vraiment nationale pour le catholicisme français. — Sources : Racine, *Histoire abrégée de Port-Royal; Mémoires pour servir à l'histoire de Port-Royal,* 3 vol. in-12, Utrecht, 1742 ; *Mémoires* de Lancelot ; *Mémoires* de Fontaine ; *Mémoires* de Thomas du Fossé ; *Vies intéressantes et édifiantes des religieuses de*

Port-Royal; *Nécrologe de Port-Royal*, etc...; Ernest Moret, *Quinze ans du règne de Louis XIV;* Sainte-Beuve, *Port-Royal*, 5 forts vol. in-8, 1860. L'importante collection bibliographique de Sainte-Beuve pour l'histoire de Port-Royal, qui forme une véritable bibliothèque, a été acquise par la Société d'histoire du protestantisme français, et se trouve au siége de la Société, 16, place Vendôme. Quelques volumes portent en marge des annotations de la main même de Sainte-Beuve.

ERNEST DHOMBRES.

PORTUGAL. Le royaume de Portugal comptait, en 1878, une population de 4,745, 124 habitants, presque unanimement catholiques. Quelques milliers de juifs et environ 500 protestants forment seuls minorité. La constitution du 29 avril 1826, revisée le 5 juillet 1852, proclame que la religion catholique romaine est la religion de l'Etat, mais garantit en même temps à toutes les autres confessions la liberté du culte privé. Cette tolérance est assez largement comprise par le gouvernement, mais ne met pas les dissidents à l'abri de troubles populaires assez fréquents excités par le clergé catholique. Jusqu'au milieu du siècle dernier, le Portugal a été un des pays de l'Europe les plus étroitement liés avec la cour de Rome; mais depuis lors les luttes entre l'Eglise et l'Etat ont été fréquentes, et les hommes politiques portugais se sont le plus souvent montrés assez mal disposés pour le saint-siège. La constitution de 1826, imposée au roi Jean VI, contient des dispositions sévères pour le clergé ; mais le parti catholique, ayant à sa tête le prétendant don Miguel, réussit assez longtemps, en soulevant une guerre civile, à en empêcher l'exécution. Cependant, en 1834, les couvents furent supprimés par la loi du 28 mai et leurs biens incamérés au domaine de l'Etat. On comptait alors dans le pays 632 couvents d'hommes et 118 de femmes, habités par 18,000 religieux et religieuses et possédant des revenus évalués à plus de 25 millions de francs. Mais peu après le clergé réussit à s'emparer de l'esprit de la jeune reine Marie, qui entama avec Rome des négociations pour un concordat. Le traité fut conclu en 1842, mais les Cortès refusèrent de le ratifier, et après de longues et pénibles négociations, dans lesquelles la reine se montra toujours l'alliée dévouée du pape contre son propre peuple, le gouvernement portugais consentit, en 1857, à un concordat, très favorable encore à Rome, mais néanmoins plus libéral que celui de 1842. — La hiérarchie portugaise comprend un patriarche, deux archevêques et quatorze évêques. Le patriarche de Lisbonne (titre accordé à l'archevêque de cette ville par la bulle *In supremo Apostolatus solio* du 7 novembre 1716) jouit de privilèges très étendus. Il a sous son autorité directe cinq évêques suffragants: ceux de Castelbranco (13 juin 1771), de Guarda (sixième siècle), de Lamego (cinquième siècle), de Leiria (22 juin 1545) et de Portalègre (2 avril 1551). L'archevêque d'Evora (quatrième siècle) a trois suffragants : Beja (10 juillet 1770), Elvas (9 juin 1570), Faro (sixième siècle). Enfin, l'archevêque de Braga (quatrième siècle) a six suffragants : Aveiro (12 avril 1774), Braganza et Miranda (22 mai 1545), Coïmbre (sixième siècle), Porto (sixième siècle), Pinhel (10 juillet 1770) et Viseu (sixième siècle). Ceux de ces sièges qui sont antérieurs à l'invasion des Sarrasins sont restés vacants pendant la durée de la domination musulmane, ou n'ont eu que des évêques missionnaires non résidants. Les prélats sont payés par la jouissance d'une portion des biens d'Eglise. A eux tous, ils se partagent un revenu que l'on évalue à 1,600,000 fr. Les paroisses, au nombre de 3,769, sont desservies par un clergé nombreux, mais généralement fort ignorant et assez peu respectable, qui fait ses études dans 6 séminaires. Le peuple portugais offre un singulier mélange de superstition et de scepticisme. Il méprise ses prêtres mais il les craint, et n'est pas loin de les considérer comme des espèces de magiciens, qu'on n'est pas tenu d'aimer, mais avec qui il serait imprudent d'être en mauvais termes. De là, dans la religion du peuple portugais, beaucoup de pratiques et de dévotions extérieures jointes à peu de foi et de moralité. Aucun peuple en Europe n'a été plus profondément abaissé par le catholicisme. — Le protestantisme est représenté en Portugal surtout par des étrangers. L'Eglise anglicane a des chapelains à Lisbonne et à Porto. Il existe à Lisbonne une petite Eglise de langue allemande placée successivement sous le patronage de plusieurs ambassades. Le prosélytisme, tenté surtout par des Anglais a déjà produit quelques résultats; mais des troubles populaires sont venus à plusieurs reprises en entraver les progrès.—Bibliographie: *Almanach de Gotha* 1881; Martin, *The Statesmens Yearbook* 1880; W. Kingston, *Lusitanian Sketches*, 1845; Aldana-Ayala, *Compendio geographico-estadistico de Portugal et sus posesiones ultramarina*, 1870; Balbi, *Essai statistique sur le royaume de Portugal*, 1862; Von Eschurge, *Portugal, ein Staats und Sittengemælde*, 1837; Pery, *Géographia es Estatistice geral de Portugal e Colonias*, 1876; Vogel, *Le Portugal et ses colonies*, 1866, etc. E. Vaucher.

POSITIVISME. On n'essayera pas ici d'exposer dans son ensemble la doctrine positiviste telle que l'a conçue Aug. Comte, ni d'indiquer les amendements divers que ses adhérents y ont successivement apportés. Ce travail a été fait tant de fois, et de telle manière, qu'il paraît superflu de le reprendre (voyez ci-dessous les ouvrages à consulter). On cherchera donc simplement à dégager le principe fondamental, l'idée mère de toute doctrine positiviste. Chacun pourra juger ensuite dans quelle mesure ce principe est la vérité.—Le positivisme est tout entier dans cette définition de la science: « Toute la science humaine se borne à constater les faits et leurs successions régulières ». Quel est le sens et la portée de cette définition? Pour le comprendre, il faut partir de la conception ordinaire et en quelque sorte classique de la science. Aristote a dit: « La simple connaissance des choses n'est pas la science. La simple connaissance consiste à savoir; la science à comprendre. On est savant lorsque, comprenant les choses, on est par suite en état de les expliquer; et comprendre, c'est savoir la raison, expliquer c'est dire la raison ». En effet, tant que l'esprit sait seulement qu'une chose est, il n'est point satisfait. Il est contraint sans doute d'avouer la réalité dont l'évidence s'impose, mais c'est une sorte de violence qui lui est faite; et, s'il est convaincu, il n'est pas éclairé. Par exemple, en géométrie,la démonstration par l'absurde nous force de reconnaître que telle proposition est vraie,puisque la contradictoire est fausse, et que de deux contradictoires, si l'une est fausse, nécessairement l'autre est vraie. Mais cette démonstration, quoique irrésistible, n'est point satisfaisante et ne saurait véritablement s'appeler scientifique. Seule la démonstration directe qui prouve qu'une proposition est vraie en vertu d'un principe où elle a raison, procure à l'esprit une pleine satisfaction, parce qu'elle donne tout à la fois la vérité et la raison de la vérité, la certitude et la lumière. Ainsi savoir véritablement, c'est comprendre ou expliquer; et comprendre, expliquer, c'est dériver une chose d'une autre. La science ainsi entendue, nous en trouvons le type accompli dans la déduction et le syllogisme. Si, d'une part, Socrate est homme; si, d'autre part, tout homme est mortel, la proposition Socrate est mortel est absolument certaine; et de plus on sait pourquoi elle est certaine. A l'égard de cette proposition, l'esprit ne saurait donc rien demander de plus.—Mais ceci même nous indique quelle est la condition d'une science parfaite. Dans tout syllogisme, la conséquence est certaine, et elle est comprise, parce qu'elle est déduite des prémisses. Mais comment peut-on la déduire des prémisses, sinon parce qu'elle y est contenue? Et comment y est-elle contenue, sinon parce qu'elle est ces prémisses mêmes, ou du moins une partie de ces prémisses? Déduire d'une chose autre chose que ce qui est en elle et par conséquent autre chose qu'elle-même ou une partie d'elle-même, c'est une contradiction. La condition de toute déduction c'est l'identité. Ainsi savoir c'est comprendre, c'est-à-dire dériver ou déduire; et dériver ou déduire c'est dégager le contenu du contenant, l'identique de l'identique. Par suite, si, dans la nature une chose est identique à une autre, (comme un tout, par exemple, à la somme des parties), elle peut dès lors s'y réduire ou s'en déduire; l'esprit peut passer sans solution de continuité de l'une à l'autre; cette chose est intelligible ou explicable : la science en est possible. Que si au contraire une chose se distingue par quoi que ce soit de particulier, d'original, de nouveau, elle ne peut sans contradiction se ramener à autre chose ou se déduire d'autre chose; entre elle et les autres choses il y a pour l'esprit une solution de continuité que rien ne peut combler; cette chose est donc inexplicable, inintelligible : la science en est impossible. Dans ce cas que restera-t-il à faire? Ceci seulement : constater par l'expérience dans quelles conditions, à la suite de quels phénomènes antécédents cette chose s'est produite; après quoi, si d'ailleurs on a des raisons de penser que le cours de la nature est uniforme, qu'elle procède toujours du même antécédent au même conséquent, on érigera en loi la succession constatée, et l'on saura de la sorte quand cette chose s'est produite dans le passé, quand elle se produira de nouveau dans l'avenir. Mais cette connaissance, fort importante à coup sûr, n'aura rien de commun avec la science, telle qu'on l'a définie plus haut, puisqu'elle ne donnera à l'esprit que le fait brut, à savoir la succession des deux termes et non la raison du fait, à savoir la liaison entre ces deux termes,

Ainsi, *a priori*, et avant de savoir ce que sont en réalité les choses dans la nature, on peut dire : la condition de la déduction ou de l'intelligibilité, ou de la science, ce qui est tout un, c'est l'identité. Au contraire là où apparaît la moindre différence, la moindre nouveauté, la déduction s'arrête, l'inintelligibilité commence, la science est tenue en échec. — S'il en est ainsi, le moindre regard jeté sur le monde nous fait voir que la science du monde est impossible. L'histoire du monde est une succession d'êtres et de phénomènes toujours divers, toujours changeants. Il y a donc antinomie entre la loi du monde qui est le changement et la condition de la science qui est l'identité : les choses sont foncièrement et à jamais incompréhensibles. Les philosophes et les savants ont été longtemps avant de se rendre à cette vérité que le grand Parménide dans l'antiquité et David Hume dans les temps modernes ont les premiers aperçue. Longtemps on a cru que la science du monde, la science telle que la définit Aristote, nous serait permise. Et en effet, si, dans l'ordre logique, il y a les principes qui expliquent les conséquences, dans la réalité n'y a-t-il pas les causes que l'on peut connaître et qui expliquent les effets ? — L'analyse faite par David Hume de la notion de causalité a dissipé cette illusion. Quand je dis : Tout homme est mortel, donc quelques hommes sont mortels, la conséquence était déjà enfermée dans le principe, puisqu'il n'y a entre le principe et la conséquence que la différence du tout à la partie. Le rapport entre les deux propositions est donc, comme dit Kant, un rapport analytique. Mais entre une cause quelle qu'elle soit et son effet, il y a nécessairement une différence, car s'il n'y en avait pas, la cause seule serait et il n'y aurait point d'effet ; donc l'effet tel qu'il est actuellement n'était pas dans la cause, et par conséquent si je dis : telle cause produit tel effet, c'est un rapport synthétique que j'énonce. Ainsi, partez d'un principe, l'analyse ou la déduction vous donne la conséquence ; mais partez d'une cause, il n'y a ni analyse ni déduction qui puisse vous donner l'effet. « La doctrine de Hume, sur la relation de cause à effet, dit le savant traducteur du *Traité de la Nature humaine* (introd., p. XXXIV) a été un événement de premier ordre dans l'histoire de la philosophie. Elle a montré que la nécessité causale n'avait rien de commun avec la nécessité logique, et n'est pas donnée dans la nature de l'antécédent causal, comme la nécessité logique de la conséquence dans les prémisses d'un raisonnement... que la détermination causale laisse subsister le mystère du commencement réel qui se manifeste en tout effet, et que c'est se payer de mots que de croire l'expliquer par cette image de préexistence des effets dans les causes. » C'est pourquoi les conséquences d'un principe peuvent être découvertes *a priori*. Mais il n'y a pas au monde un seul cas où les effets d'une cause puissent être découverts *a priori*. « Présentez, dit Hume, au plus fort raisonneur un objet qui lui soit entièrement nouveau, laissez-lui examiner scrupuleusement ses qualités sensibles ; je le défie après cet examen de pouvoir indiquer une seule de ses causes ou un seul de ses effets. » L'attention des savants s'est souvent portée depuis quelque temps sur les rapports des phénomènes mécaniques du cerveau avec la pensée. Ceux mêmes qui considèrent les mouvements cérébraux comme la condition nécessaire, suffisante, déterminante, comme la cause en un mot de la pensée, reconnaissent pourtant que, en raison de la différence entre ces deux sortes de phénomènes, le passage des premiers aux seconds est à jamais interdit à l'esprit humain. « Le pourquoi de la liaison, a dit le physicien Tyndall, doit rester éternellement sans réponse. » « A cet égard, dit le physiologiste Dubois-Reymond, il faut nous résigner à un éternel *Ignorabimus.* » Mais, ajoute Hume, qui avait déjà dit ce que disent ces savants, quel est donc le cas de causalité qui n'enveloppe exactement le même mystère, puisque, encore une fois, tout cas de causalité suppose entre la cause et l'effet une différence, et que toute différence, si on considère précisément ce par quoi deux choses diffèrent, en négligeant ce par quoi elles se ressemblent, est une différence absolue ? Il faut donc renoncer à poursuivre avec Leibnitz ce grand penseur qui voulait rendre le monde clair comme de l'algèbre, et qui ne voyait nulle part de problème inaccessible à notre raison, la chimère de la liaison et de la continuité. Tout commencement, disait-il, n'est qu'accroissement et que développement. Mais quoi ! quand une sensation, par exemple, s'accroît, n'y a-t-il pas quelque chose qui commence, à savoir la quantité même dont la sensation s'est accrue ? On a beau faire donc, on ne parviendra jamais à relier les uns aux autres les divers stades de la réalité, les divers moments de l'histoire des choses, soit hors de nous, soit en nous-mêmes. Relier est sans doute le premier besoin de l'intelligence qui ne comprend que ce qui est lié. Mais alors, pour que l'intelligence fût satisfaite, il faudrait que toute la nature, semblable à une figure géométrique éternelle, restât à jamais figée dans une immobilité absolue ; car dès que le plus petit changement se produit, dès qu'une modification quelconque de quantité ou de qualité s'introduit quelque part, quelque chose qui n'était pas est, et il n'y a pas de transition possible pour l'intelligence entre ce qui était tout à l'heure et ce quelque chose de nouveau qui est maintenant. Il faut donc reconnaître que dans le monde, les choses ont leur origine à une profondeur où notre intelligence n'atteint pas, dans des conditions que nous ne soupçonnons pas ; il faut renoncer à la science explicative. — Entrons dans ce point de vue et voyons quelle sera désormais l'œuvre de la science ; de la science du monde extérieur tout d'abord. La science du monde extérieur doit se proposer une double tâche. La première est toute préliminaire, elle consiste à nous mettre en présence de la réalité même, en dissipant les vaines représentations que, en vertu de notre organisation, nous nous faisons naturellement de la réalité. Nos sens, par lesquels nous sommes en rapport avec le monde extérieur, nous déguisent la réalité plus encore qu'ils ne nous la font connaître. Ils nous montrent les effets des choses sur nous, non les choses mêmes. Substituer la réalité à l'apparence, voilà la première œuvre de la science. En ce sens, on peut dire que la science consiste à montrer que ce qu'on croyait être n'est pas. Par exemple, faire la science de l'eau, c'est montrer que ce qu'on appelle proprement l'eau, l'eau telle qu'elle apparaît à nos sens, n'existe pas, et qu'en soi l'eau n'est qu'un groupement d'atomes d'hydrogène et d'oxygène. Faire la science de la chaleur, de l'électricité du son, de la lumière, c'est montrer que toutes ces choses ne sont pas et qu'il n'y a sous ces apparences que divers modes du mouvement. Cette œuvre de la science est déjà fort avancée; sans doute elle s'achèvera un jour. Sans doute un jour la science réussira à substituer à toutes les représentations que nous nous faisons des choses, cette unique réalité : l'atome en mouvement (si tant est pourtant que l'atome en mouvement soit la réalité, et non pas seulement un symbole, un signe de la réalité, plus simple et plus clair que les autres, mais pourtant un symbole et un signe encore). En négligeant ce doute, on ne peut qu'admirer sans doute, en tout ceci, la puissance de la science. Mais remarquons-le cependant, tout ce travail que notre siècle a poussé si loin ne consiste, en somme, qu'à écarter successivement de fausses apparences qui, comme autant d'écrans, s'interposent entre les choses et l'esprit; c'est un travail d'approche, rien de plus. Ce travail achevé, nous nous trouvons enfin en présence des choses; nous abordons de front la réalité, nous nous trouvons face à face avec elle; mais la science de cette réalité n'est pas encore commencée, elle reste tout entière à faire. Ici donc commence la seconde tâche, l'œuvre vraiment scientifique de la science. Or, par cela même que toute la réalité se trouve réduite à l'atome en mouvement, il peut sembler d'abord que la science de cette réalité, j'entends une science vraiment explicative, sera possible. Car s'il n'y a pas de lien logique imaginable entre deux phénomènes sensibles de qualité différente tels que l'éclair et le tonnerre, il semble qu'on puisse rattacher logiquement l'un à l'autre deux mouvements qui sont des phénomènes de même qualité. Si la réalité n'est que mouvement, la science se réduira à la mécanique, et la mécanique n'est-elle pas une science explicative? — Non, il n'en est rien. En mécanique, il est vrai, on peut faire usage de la déduction, mais c'est en s'appuyant sur des principes, sur des lois générales qui ne sont elles-mêmes que des propositions synthétiques, c'est-à-dire des propositions où l'attribut n'est pas déduit du sujet par l'analyse, des propositions qui ne sont ni nécessaires ni évidentes par elles-mêmes et qui ont dû être puisées dans l'observation. Ces lois une fois admises, on en déduit les phénomènes particuliers de mouvement; mais c'est exactement comme, en physique, une fois cette loi admise, que l'eau entre en ébullition à cent degrés, on en déduit que telle eau entrera en ébullition à cent degrés. La conséquence, il est vrai, découle du principe; mais comme le principe lui-même énonce un rapport dont la raison est ignorée, la même ignorance se retrouve dans la conséquence. Voici sur ce point capital le témoignage d'un savant dont on ne contestera pas la compétence : « Les lois de la dynamique, dit Delaunay (*Traité de méc. rationnelle*, 5e éd., p. 104), n'ont pu être établies qu'en partant d'un certain nombre de principes ou vérités fondamentales, dont la connaissance a été puisée dans l'observation des faits. Ces principes, qui sont au nombre de quatre, ne sont pas d'une évidence absolue, il a fallu des hommes de génie pour les démêler dans les phénomènes qui s'accomplissent sur la terre et dans l'univers. Aussi la vérité de ces principes ne peut-elle pas être reconnue d'une manière complète *à priori.* » Si donc tous les phénomènes ne sont au fond que des cas du choc, de l'impulsion, de la communication du mouvement, il se trouve que les phénomènes qui à cet état de simplicité semblaient devoir être parfaitement intelligibles, sont au contraire absolument mystérieux. « Retrouver, dit un professeur de hautes mathématiques à la Sorbonne (*La continuité et la discontinuité dans les sciences et dans l'esprit*, Rev. sc., 27 février 1875), à l'aide d'un travail patient d'observation, cette explication métaphysique du monde que les anciens philosophes voulaient donner *a priori*, c'est une chimère que l'on caresse volontiers et une espérance qui soutient encore plus d'un savant : le but est toujours le même, seulement on espère l'atteindre par une autre voie, plus longue assurément, mais que l'on dit plus sûre. La pénible route où les générations meurent et se succèdent n'aboutit point, elle se perd dans l'infini : aucun soleil ne se lèvera pour dissiper l'obscurité qui est au fond des choses et n'éclairera le divin sommet d'où l'on voudrait tout voir dans une pleine lumière. *Il n'y a pas d'explication.* Il n'y a que des faits qui, sans doute, semblent connexes, mais qui, peut-être, ne sont pas contenus les uns dans les autres; ils se suivent, mais rien ne prouve qu'ils s'engendrent..... En dehors des mathématiques il faut renoncer à rien expliquer; il faut observer les faits et les coordonner » (cf. Cl. Bernard, *Leçons sur les propriétés des tissus vivants*, dernière page). S'il en est ainsi, que penser de cette définition célèbre de la science : « La science consiste à dériver notre ignorance de sa source la plus élevée. » Elle est vraie si par science on entend la simple constatation des faits et de leurs successions. Mais si par science on entend l'intellection et l'explication, cette définition, si modeste en apparence, est encore trop orgueilleuse. De la réduction de tous les phénomènes au mouvement, et de l'incompréhensibilité des faits de mouvement, il résulte, au contraire, que notre ignorance s'étend à tout. Ce n'est pas au bout d'un long chemin éclairé d'une pleine lumière que nous rencontrons le mystère et la nuit. C'est au premier pas, c'est au premier plan; l'ignorance commence là où commence le réel, elle n'a jamais reculé, elle ne reculera jamais. En résumé, s'il s'agit de la science du monde extérieur, la science réussit dans la première partie de sa tâche, elle échoue dans la seconde. Ce qui n'est pas, ce qu'à tort et dupés par nos sens nous croyions être, la science nous l'apprend, en nous montrant ce qui est. Mais comment ce qui est, est-il? Elle est impuissante à nous le dire. La science réussit à dissiper nos illusions, elle ne connaît pas de remède à nos ignorances.— S'il s'agit maintenant de la science de nous-mêmes, du monde intérieur, ici point de fausses apparences ; nos états intérieurs nous apparaissent tels qu'ils sont, car l'apparence ne saurait dans ce cas se distinguer de la réalité même. Or ces états intérieurs sont spécifiquement distincts les uns des autres : une sensation de couleur n'est pas une sensation d'odeur, une sensation de saveur n'est pas une sensation de son. Cela étant, la succession de nos états intérieurs est nécessairement incompréhensible. Qu'on soit phénoméniste, qu'on soit matérialiste, qu'on soit spiritualiste, c'est-à-dire qu'on cherche comme antécédent à un phénomène psychologique, soit un autre phénomène psychologique ou physique, soit une substance matérielle, soit une substance spirituelle, peu importe. Ce en quoi et par quoi ce phénomène psychologique diffère du phénomène antécédent, ou d'une substance matérielle, ou d'une substance spirituelle, est toujours un *quid novum*, et, comme tel, un commencement absolu. Les spiritualistes ont cent fois raison lorsqu'ils font remarquer qu'entre une masse matérielle en mouvement et la moindre sensation la distance est infinie et le passage impossible. Mais comment ne voit-on pas qu'entre une sensation et telle substance ou telle force, immatérielle tant qu'on voudra, mais qui n'est pas en elle-même sensation, la distance n'est pas moindre, et que le passage n'est pas moins infranchissable ? De toute façon, l'apparition en nous d'une simple sensation est donc une énigme pour la raison. — Quelle conclusion tirer de tout cela? Cette ignorance irrémédiable des raisons explicatives, cette impuissance de comprendre le monde et de nous comprendre nous-mêmes nous force à réduire notre ambition et à nous contenter d'une science purement empirique ; science qui d'ailleurs ne manque ni d'attrait ni d'utilité) puisqu'elle seule permet de prévoir, d'agir, et par conséquent de vivre. Au point de vue pratique, une semblable science est parfaitement suffisante. D'où quelqu'un conclura peut-être que c'est l'action et non la spéculation qui est le but de la vie. En effet tout ce qui est nécessaire pour celle-ci nous fait défaut; tout ce qui est nécessaire pour celle-là nous l'avons, ou du moins nos efforts peuvent l'acquérir. — Mais, en outre, cette ignorance invincible a en elle-même son avantage : elle laisse à la croyance un champ illimité. On peut distinguer trois moments dans l'histoire de l'esprit humain. Au premier coup d'œil jeté sur les choses, l'homme voit partout des causes surnaturelles : la Divinité est partout, elle fait tout. Vient ensuite le savant qui découvre les causes naturelles et la succession régulière de ces causes et de leurs effets. L'ignorant disait: miracle ; il répond : conséquence. Mais après le savant vient le philosophe qui remarque que cette conséquence qu'on appelle effet ne peut se déduire de ce principe qu'on appelle cause ; et, sans contredire le mot du savant, il ajoute celui-ci : mystère. Mais, s'il y a mystère, qui osera se porter garant que le miracle n'en fait pas le fond ? Dans le simple fait de la conservation du mouvement, de la prolongation de l'existence, Descartes ne voyait-il pas un miracle incessamment renouvelé? Tant que rien n'est expliqué, tant que l'inconnu n'est pas éliminé, comment pourrait-on se vanter d'avoir éliminé Dieu? — De même au sujet du monde intérieur : dans ce peu que nous connaissons de nous-mêmes, nous ne savons où fonder ces choses auxquelles nous tenons par-dessus tout, en comparaison desquelles tout le reste n'est d'aucun prix et qui seules donnent du prix à tout le reste, la liberté morale et l'immortalité de la personne. Mais si nous savons que ce peu n'est pour ainsi dire rien, qu'une part immense de nous-mêmes, toute la partie profonde de notre être, tout ce qui expliquerait ce que nous sommes à nos propres yeux, nous est inconnu, nous pouvons croire que dans cet inconnu sont cachées les raisons secrètes et les moyens mystérieux par lesquels se réalisent la liberté et l'immortalité de notre être. Nous pouvons donc transporter dans cet inconnu notre foi morale, et nous le pouvons sans crainte qu'une science importune vienne jamais la déloger de ce domaine, puisque tant que nos facultés de connaître seront ce qu'elles sont, ce domaine restera fermé et inaccessible à la science. S'il en est ainsi, il faut savoir gré au positivisme de nous faire sentir plus que tout autre système la profondeur de notre ignorance et l'immensité de l'inconnu. Seulement, cet inconnu il ne faut pas, comme le font la plupart des positivistes, après l'avoir avoué, l'oublier ensuite et le négliger. Il faut au contraire en maintenir obstinément devant ses yeux « la vision aussi salutaire que formidable » (Littré). Dès lors le rôle de l'inconnu sera grand dans notre vie : il deviendra l'asile inviolable de l'espérance et de la foi. — Voyez, dans le *Dict. des sc. phil.*, les articles *Aug. Comte*, *Positivisme*, *Stuart Mill*. Outre les ouvrages indiqués dans ces articles, voy. Franck, *Philosophie et religion*, 1867 ; Caro, *Etudes morales*, 1855 ; Naville, *Revue chrétienne*, 1869 ; Secrétan, *Discours laïques*, 1877 ; Liard, *La science positive et la métaphysique*, 1879. E. Rabier.

POSSEVIN (Antoine), ou pour l'appeler par son vrai nom Possevino, jésuite célèbre par son habileté diplomatique et son absolu dévouement au saint-siège. Il appartenait à une noble mais pauvre famille de la haute Italie et avait vu le jour en 1534 à Mantoue. Le zèle avec lequel il poursuivait ses études attira sur lui à Rome l'attention du cardinal Hercule de Gonzague qui lui confia l'éducation de ses deux neveux, les fils du gouverneur du Milanais, et le chargea de les accompagner aux universités de Padoue et de Ferrare. Les services pédagogiques de Possevin furent amplement récompensés par l'octroi de la riche commanderie de Fossano en Piémont. Malgré l'accueil favorable qu'il recevait de toute part et l'estime dans laquelle le tenaient Paul Manuce, Bartolomeo Ricci et plusieurs autres savants distingués, il n'en résolut pas moins, en 1559, de se retirer du monde pour entrer dans la compagnie de Jésus. A peine y eut-il achevé son noviciat qu'il se vit chargé, par son général, d'une mission confidentielle auprès du duc Philibert-Emmanuel de Savoie et prit la part la plus active à la croisade dirigée contre les vaudois du Piémont (1561). Les évêques, lorsqu'ils eurent échoué dans leurs tentatives de conversion, furent autorisés à sévir par la flamme et le glaive et à « s'inspirer, ajoute mensongèrement Possevin, d'une coutume apostolique corroborée par tous les décrets des conciles [illegible] les édits des empereurs, puisque les hérétiques étaient tout semblables à des torches qui, si on ne les éteignait à temps, consumeraient, après les vallées des Alpes, l'Italie entière. »La répression fut poussée avec assez d'acharnement pour justifier les reproches du président de Thou dans son Histoire universelle. Non content de cette œuvre d'extermination, le fanatique jésuite ne cessa de convier le roi de France contre ces infortunés à une razzia tout aussi cruelle. Lui-même travailla énergiquement dans ce dernier pays à l'extirpation de l'hérésie soit par des missions en Normandie et dans la vallée du Rhône, soit par la fondation à Avignon et à Lyon de collèges de son ordre dont il fut le premier recteur (1562-1576).— En 1577 s'ouvrit pour ses talents diplomatiques une plus vaste carrière. Grégoire XIII l'accrédita à Stockholm en qualité d'abord de nonce, puis de vicaire apostolique pour lever les derniers scrupules du roi Jean et sceller sa rentrée officielle dans le giron de l'Eglise romaine. Après plusieurs années de négociations il échoua dans cette tâche délicate malgré les incontestables capacités qu'il y déploya, les lettres de recommandation dont l'avait muni Philippe II, l'offre d'un subside de 100,000 sequins pour les premiers frais de restauration de l'ancien culte, la menace qui avait d'abord fait impression dans le faible cerveau du monarque, de l'éternelle damnation des Wasa et des foudres divines. Plus nettement se dessinèrent les projets du Vatican et plus la nation suédoise dans son ensemble repoussa avec horreur la proposition d'une apostasie. Jean III lui-même renonça à ses visées premières lorsque la curie, malgré les promesses réitérées de son ambassadeur, lui eut refusé le mariage des prêtres, la prédication en langue vulgaire, la célébration de la Cène sous les deux espèces. Les travaux de Possevin en Pologne furent couronnés d'un meilleur succès et grâce à l'actif concours de la noblesse, il parvint sans trop de difficultés, à rétablir l'union entre Rome et le clergé lithuanien. Aucun moyen ne fut négligé par lui pour aboutir en Russie à un aussi glorieux résultat. Il profita très adroitement des victoires d'Etienne Bathory pour offrir à la cour de Moscou sa médiation intéressée, mais Iwan IV, aussitôt que le péril fut éloigné, lui accorda pour toute récompense le libre passage à travers ses Etats des légats qui se rendaient dans l'extrême Orient ainsi que pour les marchands italiens le plein exercice de leur culte (1585-1586). Possevin nous a laissé de ses négociations avec le czar un précieux document dans son ouvrage intitulé : *Moscovia sive de rebus moscoviticis et acta in conventu legatorum regis Poloniæ et magni ducis Moscoviæ* (Vilna, 1586, in-8°). En 1586, l'habile jésuite parut renoncer à la carrière où il s'était si fort illustré pour se vouer entièrement à des recherches érudites, mais il ne s'en occupa pas moins activement pendant un séjour à Venise, de lever l'interdit qu'avait jeté sur la République le pape Paul IV comme pendant un autre à Paris de reconcilier Henri IV avec la curie romaine. Cette dernière démarche déplut si fort à ses supérieurs qu'il fut relégué à Bologne dans un état mal dissimulé de disgrâce. Il mourut quelques années après dans la retraite, à Ferrare, le

16 février 1611. — Les ouvrages de Possevin sont aujourd'hui dépourvus de toute valeur scientifique. Ceux qui se rapportent à la controverse souffrent de son aveugle obéissance aux maximes de son ordre et de sa haine passionnée contre la Réforme. *Dello sacrificio del altare* dirigé contre P. Viret, 1565, Lyon, in-8o; *Il soldato cristiano*, un traité destiné au reconfort des troupes envoyées par Grégoire XIII à Charles IX, Rome, 1569, in-12; *Judicium de quatuor scriptoribus* (Lanoue, Duplessis-Mornay, Bodin, Machiavel, dont il n'avait pas même lu *le Prince* avant d'en entreprendre la réfutation. Sa *Bibliotheca selecta de ratione studiorum* (Rome, 1595, 2 vol. in-fol.), écrite dans le but exprès de glorifier les procédés d'éducation adoptés par sa compagnie et de donner une brève caractéristique des écrivains les plus célèbres, ne réussit pas à dissimuler son manque de profondeur sous un amas de détails superflus. Son meilleur ouvrage demeure l'*Apparatus sacer ad scriptores veteris et novi Testamenti, eorum interpretes, synodos et patres* (Venise, 1603-1606, 3 vol. in-fol.), quoique l'abondance de l'érudition ne puisse faire oublier le défaut d'une saine méthode critique. — Sources : Tiraboschi, *Storia della litt. italiana*, VII; Ginguené, *Histoire littéraire d'Italie*, VII ; d'Origny, *Vie de Possevin*, 1712, Paris, in-12.

E. Stroehlin.

POSTEL (Guillaume), qui fut tout à la fois un visionnaire célèbre et un savant fort estimé par ses contemporains, naquit le 28 mai 1503 au village de Dolerie, près de Barenton dans la Basse-Normandie (département de la Manche). Possédé dès son enfance d'une soif inextinguible pour l'étude, il se vit chassé par la peste et la famine de sa province natale et échoua, après toute une série de douloureuses pérégrinations, comme maître d'école à Say, près de Pontoise. Un invincible besoin d'apprendre l'attirait à Paris, mais il s'en vit repoussé par la malechance, si bien qu'après avoir été dépouillé de son maigre pécule par des voleurs de grande route, avoir langui dans un hôpital deux années entières et s'être enrôlé comme journalier pour les moissons de la Beauce, il n'y arriva qu'aux environs de 1520, et encore comme domestique du collège de Sainte-Barbe. Ses relations quotidiennes avec de jeunes israélites l'initièrent à l'alphabet et aux premiers éléments de l'hébreu. Grâce à ses veilles et à ses labeurs surhumains, il ne tarda pas à égaler dans la connaissance de cette langue les plus doctes de ses contemporains, en même temps qu'il était devenu par ses seules forces helléniste consommé, ainsi que maître de l'italien, de l'espagnol, du portugais, de la plupart des idiomes modernes. L'envoyé de France, la Forêt, l'emmena avec lui à Constantinople, dont le séjour lui servit pour une étude approfondie de l'arabe. Les nombreux manuscrits qu'il en rapporta ne parvinrent pas tous à Paris, leur destination primitive, mais furent quelque peu disséminés au hasard des circonstances : à Munich, pour l'acquit d'une dette que Postel avait contractée envers le duc de Bavière ; à Venise, chez Ant. Trepolo ; à Vienne, où l'empereur Ferdinand se rendit possesseur d'un précieux Nouveau Testament syriaque. François Ier nomma en 1539 professeur de mathématiques et de langues orientales au collège de France l'aventureux érudit qui groupa autour de sa chaire un nombreux auditoire, moins encore à cause de sa réputation d'esprit et de savoir qu'à cause de son goût pour les oracles, mais qui ne tarda pas à quitter ce poste avantageux à la suite de démêlés avec Marguerite de Navarre. Nous retrouvons tour à tour Postel à Vienne, où il aide Jean-Albert Widdmanstadt dans l'impression du Nouveau Testament syriaque; à Rome, où il s'enthousiasme pour Ignace de Loyola, mais se voit, peu après son admission, ignominieusement expulsé de la compagnie de Jésus à cause de ses rêveries cabalistiques et astronomiques; à Venise, où le tribunal de l'Inquisition le relâcha parce qu'il vit en lui plutôt un fou innocent qu'un hérétique dangereux. Il séjourna dans la suite à Bâle, à Genève, où Théodore de Bèze lui reprocha avec aigreur les extravagances de ses visions, à Dijon, où les mêmes divagations apocalyptiques lui valurent l'animadversion des magistrats. La vieillesse de Postel fut plus calme qu'on aurait osé l'espérer, après une existence aussi tourmentée. Reintégré par Henri II dans sa charge du collège de France, l'inquiet pèlerin passa les dix dernières années de sa vie dans une honorable et douce réclusion au monastère de Saint-Martin des Champs, où il mourut le 6 septembre 1581.—Il serait difficile de donner une esquisse même abrégée des théories de Postel, qui scandalisèrent si fort la plupart de ses contemporains, et où quelques idées justes émergent au milieu d'un fouillis d'erreurs. Nous dirons seulement que, d'après lui, la religion chrétienne ne contenait rien qui fût contraire à la raison humaine, et qu'il se faisait fort d'expliquer tous les dogmes, comme de dévoiler tous les mystères (*De rationibus Spiritus Sancti*, Paris, 1643, in-8°). Il enseignait également que l'âme de Jésus-Christ avait été unie avec le Verbe dès avant la création du monde; assignait au même monde, d'après un passage de la Cabale, une durée totale de 6,000 ans, et, croyait au rétablissement final et à la possibilité d'amener par les seules forces de la propre raison tous les peuples à l'Evangile (*La Doctrine du siècle doré ou l'évangélique règne de Jésus-Christ roy des roys*, Paris, 1551, in-16; *De Orbis terræ concordia*, libri IV, Paris, 1544, in-8°). Outre les écrits déjà mentionnés, nos possédons de Postel de nombreux travaux sur les langues orientales, l'histoire d'Israël, la géographie de la Palestine, l'astronomie et la cosmographie des anciens. E. STRŒHLIN.

POTHIN. Voyez *Photin*.

POTTER (Louis-Joseph-Antoine de), célèbre publiciste belge, né à Bruges en 1786, mort en 1859. Il fut attaché en 1815 à la légation des Pays-Bas à Rome, vint en 1823 se fixer à Bruxelles, et contribua puissamment, par ses brochures et ses pamphlets, à amener la révolution de 1830, qui sépara la Belgique de la Hollande. Nommé membre du gouvernement provisoire, il donna sa démission au bout de peu de mois, parce qu'il n'avait pas réussi à faire triompher ses idées libérales. Potter a laissé un grand nombre d'ouvrages, parmi lesquels nous citerons : 1° *Considérations sur l'histoire des principaux conciles, depuis les apôtres jusqu'au grand schisme entre les Grecs et les Latins*,

Brux., 1816, 2 vol., Paris, 1818 ; 2° *Esprit de l'Eglise ou considérations philosophiques et politiques sur l'histoire des conciles et des papes*, Paris, 1821, 6 vol. Ces deux ouvrages ont été refondus sous ce titre : *Histoire pholosophique, politique et critique du christianisme et des Eglises chrétiennes, depuis Jésus jusqu'à nos jours*, Paris, 1836-1837, 8 vol. L'auteur en a donné un abrégé dans son *Résumé de l'histoire du christianisme*, Brux., 1856, 2 vol. ; 3° *Vie de Scipion Ricci, évêque de Pistoie*, Brux., 1825, 3 vol. ; Paris, 1826, 4 vol. ; 4° *Lettres de Pie V sur les affaires religieuses de son temps en France*, Brux., 1827 ; 5° *Catéchisme rationnel*, 1827, réimprimé en 1862 par le baron de Ponnat. Tous ces ouvrages, conçus dans l'esprit philosophique du dix-huitième siècle, ont été mis à l'index à Rome.

POULAIN (Nicolas), pasteur, né aux Mesnils près Luneray (Seine-Inférieure), le 13 janvier 1807, mort à Genève, le 3 avril 1868. Il desservit les églises de Nanteuil-lès-Meaux (1832-33), du Havre (1833-56), de Lausanne (Suisse) (1857-62), de Luneray (1862-66) où, sur de pressants appels du conseil presbytéral, abandonnant avec une rare abnégation une situation des plus en vue, il se rendit dans l'espoir de mettre un terme aux divisions religieuses d'une paroisse qui lui était chère; ses efforts y furent couronnés de succès. Ce sont, du reste, de vivants et précieux souvenirs qu'il laissa partout comme pasteur; la dignité de sa vie, l'aménité de son caractère, un dévouement éclairé et sans réserve, une prédication fidèle et pénétrante, substantielle, lui gagnaient aisément l'estime et la sympathie générales. — Mais ce qui attira surtout l'attention sur M. Poulain, ce fut d'abord un ouvrage intitulé : *Qu'est-ce qu'un christianisme sans dogmes et sans miracles* (1863) ? qui, au principal, modèle de discussion, réduisait la grande question du surnaturel à une question, non de possibilité, mais de fait : les sciences de la nature, en effet, en même temps qu'elles sont obligées, pour expliquer l'existence du monde, de remonter à une cause consciente et libre, personnelle, absolue, attestent l'intervention successive de cette même cause dans l'acte créateur; ce serait donc un non-sens d'enfermer *a priori* Dieu dans les lois de l'univers ; les miracles sont à l'origine des choses ; pour les découvrir dans la suite, pour ajouter créance à ceux de la Bible en particulier, il ne faut qu'emprunter à la méthode historique ses procédés, les plus rigoureux si l'on veut. L'auteur confirme ces conclusions dans une *Réponse* (1864) *à trois lettres de M. Albert Réville*, dans lesquelles (*Notre christianisme et notre bon droit*, 1863) l'éminent, pasteur de Rotterdam, aujourd'hui professeur au collège de France avait, d'une manière remarquable, soutenu la contre-partie de la thèse de son adversaire. — Toujours noblement préoccupé de la vérité de sa foi, M. Poulain fit paraître, en 1867, un nouveau livre : *L'œuvre des missions évangéliques au point de vue de la divinité du christianisme*, d'une haute valeur apologétique, où, présentés sous une forme populaire, ce sont essentiellement des faits qui sont chargés de proclamer la grandeur des enseignements évangéliques, en d'autres termes, le secours spécial de Dieu, pour expliquer leur essor dans les circonstances les plus contraires : donc, une fois de plus, le surnaturel. — M. Poulain était tout désigné, par ses convictions et par ses travaux, pour accepter la place de rédacteur en chef de l'*Espérance*, organe de l'orthodoxie réformée nationale, qui lui fut offerte et qu'il occupa, gravement atteint dans sa santé, pendant quelques mois (1867-68). Chacun de ses articles y fut remarqué, et nous n'avons, en terminant, qu'un regret à exprimer : celui que ses fonctions pastorales, remplies avec tant d'amour, ne lui aient pas permis d'écrire plus tôt et davantage. Tels qu'ils sont, toutefois, avec leurs précieuses qualités de fond et de forme, les ouvrages sortis de sa plume (nous n'avons pas compté des sermons détachés publiés à différentes époques) suffisent à assurer à M. Poulain un nom honoré et durable dans l'histoire du protestantisme français. E. WEYRICH.

POULLE (Nicolas-Louis), célèbre prédicateur, né à Avignon en 1703, mort en 1781. Il vint à Paris en 1738, s'y livra à la prédication, obtint un grand succès par une diction élégante et ornée, et fut nommé abbé de Notre-Dame de Nogent-sous-Coucy, prédicateur ordinaire du roi et grand vicaire de Laon, à la suite d'un brillant *Panégyrique de saint Louis* qu'il prononça en 1748 devant l'Académie française. Il n'écrivait jamais ses sermons; aussi n'en possède-t-on que onze, qu'il dicta quarante ans après les avoir prononcés, et qui parurent à Paris, 1778, 1781, 1818, 1821, 2 vol. in-12. On admire surtout son *Exhortation de charité en faveur des enfants trouvés*, ses sermons sur *la Foi*, sur *la Parole de Dieu* et sur *le Service de Dieu*. *La Bibliothèque des orateurs chrétiens* contient les *Œuvres choisies* de l'abbé Poulle, 1828.

POURIM (yeméy pourîm ; ἡ Μαρδοχαική ἡμέρα, Esther IX, 24. 26; 2 Mach. XV, 36), fête juive célébrée le 14 et le 15 du mois adar (Esther IX, 21), en souvenir de la délivrance des Juifs, menacés dans leur existence par les projets d'Aman. Cette fête, dont la célébration s'est maintenue jusqu'à nos jours parmi les Juifs, était l'occasion de réjouissances publiques ; dans les synagogues on lisait à la communauté assemblée le livre d'Esther, et, pour se préparer à fêter dignement le souvenir de cette grande délivrance, on jeûnait la veille, (*Mischna Megilla*, 2,10). Dans le Nouveau Testament la fête de Pourim est désignée par le nom de ἡ ἑορτὴ τῶν Ἰουδαίων (Jean V, 1). — Sources : Wieseler, *Chronologische Synopse* ; Schickard, *De festo Purim*, 1634.

POUSSINES (Pierre), érudit français né à Lauran dans le diocèse de Narbonne, entra en 1628, après avoir achevé ses études préliminaires au collège de Béziers, puis dans la maison des jésuites de Toulouse, embrassa la carrière pédagogique et enseigna la rhétorique d'abord, et ensuite l'exégèse, soit à Montpellier, soit dans la capitale du Languedoc. Nous possédons un témoignage de l'esprit peu scientifique qui l'animait en matière scripturaire dans son *Diallecticon theogenealogicum sive Concordia Evangelistarum in genealogia Christi*, Toulouse, 1646, in-f°., un œuvre harmonistique des plus aventureuses. Deux éditions critiques, celle des *Opuscules* de Nicétas et celle des *Discours* de Polémon, le firent plus avantageusement connaître du monde érudit, et après lui avoir valu les éloges du P. Petau attirèrent sur lui l'attention de son général, qui l'appela en 1662 à Rome pour continuer l'*Historia Soc. Jes.*, momentanément interrompue par la mort de Sacchini. Nommé en récompense de ses labeurs professeur d'Ecriture sainte au collège romain, le diligent jésuite se trouva en relations suivies avec plusieurs grands personnages : la reine Christine de Suède ; les jeunes princes Orsini et Albani qui l'eurent pendant quelques années pour précepteur et dont le second ceignit la tiare sous le nom de Clément XI ; le cardinal Barberini. Ce dernier, qui était lui-même un bibliophile distingué, utilisa pour éditer l'*Histoire* de Pachymère des connaissances paléographiques déjà honorablement attestées par une longue série de travaux du même ordre. Le père Poussines profita à son tour de l'amitié de ce prélat ainsi que des brillantes relations qu'il avait contractées dans la ville éternelle pour se former une belle collection de médailles. Sa *Correspondance* très étendue aurait établi le cas que faisaient de lui à la même époque plusieurs savants français et italiens, s'il ne l'avait détruite lui-même avant sa mort par une obéissance scrupuleuse pour les Constitutions de sa Compagnie, afin de ne pas courir le risque de divulguer, ne fût-ce que par mégarde, un fait quelconque condamné à un éternel oubli. En 1682 nous retrouvons le persévérant travailleur à Toulouse, où l'affaiblissement de ses forces ne réussit point à refroidir son ardeur pour l'étude ; il s'occupait de son ouvrage apologétique sur l'accomplissement des prophéties : *Occursus prophetiæ et historiæ in mysteriis vitæ mortis et resurrectionis Christi*, lorsqu'il succomba à une longue et douloureuse maladie le 2 février 1686. — Poussines s'est acquis la juste renommée d'un critique érudit par les nombreuses éditions des chroniqueurs byzantins et des Pères grecs de second ordre auxquels il a consacré ses veilles et dont nous énumérons les principales : *Polemonis Sophistæ orationes*, Toulouse, 1637, in-8° ; *Theophylacti Institutio regia*, Paris, 1641, in-4° ; *Annæ Comnenæ Porphyrogenetæ Alexias*, Paris, 1651, in-f° ; *Sancti Nili Opera quædam*, Paris, 1659, in-4° ; *Nicephori Bryennii Commentarius de rebus byzantinis*, Paris 1661, in-f°. ; *Georgii Pachymeris Michel Palæologus*, Rome, 1666, in-fol. *Sancti Methodii convivium virginum*, Rome, 1667, in-fol. ; *Catena græcorum patrum in Evangelium secundum Mattheum*, Toulouse, 1646, in-fol. ; id., *secundum Marcum*, Rome, 1673, in-fol. ; *Thesaurus asceticus sive syntagma opusculorum Veterum de re ascetica*, Paris, 1684, in-4°. La plupart de ces éditions sont accompagnées de commentaires et de notes érudites qui en rehaussent singulièrement la valeur. Il collationna entre autres pour l'édition d'Anne Comnène le manuscrit envoyé de Rome par le cardinal Barberini au chancelier Seguier avec un autre que possédait Cujas et opéra sur le texte de la byzantine plusieurs ingénieuses rectifications ; il découvrit également, en feuilletant le second de ces manuscrits à la suite des *Histoires* de Procope, le récit de Nicéphore Bryenne dont n'existait plus l'original et qui fit l'objet d'une publication ultérieure. Le zèle littéraire du P. Poussines s'est encore manifesté par sa collaboration active à l'édition des « Conciles » entreprise par son collègue Labbe, par une traduction latine des *Lettres* de François-Xavier, par la collection d'un grand nombre de *Vies de saints* de la Grèce, de la Gascogne, du Languedoc qui furent insérées dans le Recueil des Bollandistes. Ce dernier travail fut précédé de trois savantes dissertations adressées sous formes de *Lettres* au P. Papenbrœck et publiées dans le *Propylæum*. Le révérend père intervint également dans les luttes que soutenait sa compagnie contre l'ordre rival des Frères Prêcheurs par son *Histoire des controverses des jésuites et des dominicains de* 1548 *à* 1613, à laquelle le P. Séry opposa sous le pseudonyme d'Auguste le Blanc son *Historia congregationum de Auxiliis*. Nous citerons encore de notre fécond auteur, mais parmi ses travaux de moindre importance la biographie d'un sénateur de Toulouse mort peu auparavant en odeur de sainteté : *Vita Arnaldis Boreti, senatoris tolosani*, 1639, in-8°; le panégyrique d'un des premiers compagnons de Loyola : *Epistola de Patris Paschasii Broetii, unius ex decem primis soc. Jes. patribus*, Paris, 1659, in-8° ; l'édition d'une *Harangue de l'empereur Léon à la louange de Nicolas, évêque de Myre*, Paris, 1639. Le père Poussines très méritant comme érudit ne possédait aucune des aptitudes de l'orateur et du poète comme ne le prouvent que trop abondamment ses : *Orationes XX cum dissertationibus*, 1654, in-8°, et ses *Catalecta variorum carminum libris tribus cum mantissa miscella*.— Voir pour plus de détails l'article du P. Théod. Lombard dans les *Mémoires de Trévoux*, nov. 1750.

E. STRŒHLIN.

POUZZOL, Ποτίολοι, *Puteoli*, ville maritime de la Basse-Italie, à huit milles de Naples, où l'apôtre Paul débarqua en venant de Rhegium (Actes XXVIII, 13). Les Romains y avaient envoyé de bonne heure et à diverses reprises des colonies (Tite-Live, 24, 12 ; 34, 45 ; Velléius Paterculus, 1, 15 ; Tacite, *Annales*, 14, 27). Le port de Puteoli était l'un des entrepôts les plus animés et les plus florissants de l'Italie ; les vaisseaux venus d'Alexandrie y faisaient d'ordinaire relâche et y déposaient leurs marchandises (Strabon, 17, 793 ; Pline, 59, 1 ; Suétone, 98 ; Sénèque, *Epître* 27). Même les voyageurs venant de Syrie pour se rendre à Rome prenaient terre à Puteoli (Josèphe, *Antiq.*, 17, 12, 1; 18, 7, 2). La légende désigne comme premier évêque de Puteoli saint Pantrobas, un des soixante-dix disciples, qui aurait été élève des apôtres Pierre et Paul. — Voyez Ughelli, *Italia sacra*, VI, 267, 286 ; de Commanville, *Ire Table alphab.*, p. 195 ; Mannert, *Geogr.*, IV, 725 ss.

PRADEL (Jean). Voyez *Vézenobre*.

PRADES (Jean-Martin de), abbé, né à Castelsarrazin vers l'an 1720, mort à Glogau en 1782, est devenu célèbre par une thèse de docteur qu'il soutint en Sorbonne et qui excita un vif scandale par les propositions contraires à la doctrine de l'Eglise et même aux principes du spiritualisme qu'il y présentait. On y remarquait en particulier un parallèle impie des guérisons d'Esculape et de Jésus-Christ. Le parlement et l'archevêque de Paris, la Sorbonne et Benoît XIV condamnèrent également la thèse. Mais craignant qu'on ne s'en tînt pas à cette condamnation, Prades se retira en Hollande, puis à Berlin, où il devint, sur la recommandation de Voltaire, lecteur du roi de Prusse. Soupçonné par Frédéric II d'avoir correspondu avec le duc de Broglie pendant la guerre de Sept ans pour le tenir au courant des mouvements de l'armée prussienne, il fut relégué à Glogau. Il publia alors une *Apologie* (1752) remplie d'invectives contre ses adversaires ; il en eut toutefois des remords et envoya une rétractation solennelle au pape Benoît XIV (1754), disant « qu'il n'avait pas assez d'une vie pour pleurer sa conduite passée. » Il en envoya des exemplaires à l'évêque de Montauban et à la faculté de Paris. On a également de l'abbé de Prades un *Abrégé de l'histoire ecclésiastique de Fleury*, Berlin, 1767, 2 vol., avec une préface de Frédéric II. Pour récompenser sa soumission, il fut nommé archidiacre du chapitre de Glogau et de celui d'Oppeln.

PRADT (Dominique Dufour, abbé de), homme d'Etat plus qu'homme d'Eglise, joua un rôle peu honorable sous le premier empire. Né à Allanches, en Auvergne, en 1759, mort en 1837, il était grand vicaire à Rouen, quand la Révolution éclata. Député aux états généraux, il prit parti pour la cour et émigra en 1791 ; mais il revint en France en 1801, et, grâce à Duroc, son parent, devint successivement aumônier de l'empereur, baron, évêque de Poitiers, archevêque de Malines. Chargé de quelques négociations, il aida à tromper Charles IV, et fut nommé en 1812 ambassadeur de Varsovie ; mais il s'acquitta fort mal de cette mission, et, quand la campagne de Moscou fut terminée, il fut renvoyé dans son diocèse. Il devint dès lors l'ennemi acharné de Napoléon, et se déclara des premiers contre lui quand les alliés furent entrés dans Paris. Il n'en fut pas moins très froidement reçu des Bourbons, et se vit même obligé de renoncer à son archevêché parce qu'il n'avait pas été nommé par le pape. Elu en 1827 député du Puy-de-Dôme, il se démit, trouvant la gauche trop timide. L'abbé de Pradt a composé une foule d'écrits de circonstance remarquables par l'esprit et par la prolixité, remplis d'attaques personnelles et de fausses prédictions. Outre son ouvrage capital, l'*Histoire de l'ambassade dans le grand-duché de Varsovie en* 1812, Paris, 1815, nous citerons seulement : les *Quatre Concordats*, 1818.

PRAGMATIQUE SANCTION. Voyez *Concordat*.

PRATEOLUS dont on a fait Pratéole, autrement dit, en français, Dupréau (Gabriel), quelques-uns écrivent du Préau, naquit à Marcoussi en 1511 et mourut à Péronne le 19 avril 1588. Il fut docteur de Sorbonne ; c'était un homme savant, mais dépourvu de goût et de mesure. Il n'est guère connu que par son zèle ardent à combattre les doctrines de la Réforme. Il a laissé un grand nombre d'écrits, dont plusieurs sont des essais de réfutation de Luther et de Calvin. Son style précipité et incorrect, ses idées bizarres l'ont classé depuis longtemps parmi les écrivains qu'on ne lit plus. Outre ses ouvrages de controverse, Pratéole en a donné sur la grammaire et sur l'histoire ; on lui doit aussi bon nombre de traductions, notamment celle de *La Géomancie*, de Catan. On trouve dans Lacroix du Maine et Duverdier, une longue nomenclature de ses écrits dont nous n'indiquerons que les suivants : *De vitis, sectis et dogmatibus omnium hæreticorum qui ab orbe condito ad nostra usque tempora proditi sunt elenchus alphabeticus*, Cologne, 1569, in-fol. ; *Histoire de l'état et succès de l'Eglise en forme de chronique générale et universelle*, Paris, 1585, quelquefois 1604, 2 vol. id-fol.

PRAXÉAS, célèbre antitrinitaire, originaire de la Phrygie, vivait au milieu du second siècle et s'acquit sous Marc-Aurèle la gloire d'un confesseur par la fermeté qu'il montra au milieu des persécutions. Vers la fin du second siècle, il vint à Rome où il sollicita et obtint une condamnation à l'adresse des montanistes et où il put exposer sans obstacle sa propre doctrine : il trouva même pour elle un ardent apôtre dans la personne d'un certain Victorin. Mais Tertullien, qui se trouvait alors à Rome, dévoila son hérésie et souleva contre lui un violent orage que Praxéas ne réussit qu'avec peine à calmer par un écrit qui pouvait être considéré comme une sorte de rétractation. Mais Praxéas continuant à répandre son hérésie et à calomnier le montanisme, Tertullien lança contre lui un pamphlet, *Adversus Praxeam*, destiné à révéler au monde à la fois les contradictions internes et les conséquences dangereuses de la doctrine de son adversaire. Celle-ci est connue sous le nom de patripassianisme. Partant de l'accusation de trithéisme dont se serait rendue coupable la doctrine orthodoxe, Praxéas enseignait sans hésitation que le Père lui-même est devenu homme en Christ, qu il a eu faim et soif, qu'il a souffert, qu'il a été crucifié. Il distingue, dans la personne du Christ, la nature humaine qu'il appelle le Fils ou Jésus, et l'esprit qui l'animait et qui était le Père éternel. Il s'appuyait principalement sur trois passages : Es. XLV, 5 ; Jean X, 30 et XIV, 9 ss. — Voyez Tertullien, ouvrage cité, et *De præscript.*, c. 53 ; Baur, *Dreieingk.*, I, 246 ; Hesselberg, *Tertullian's Lehre*, Dorp., 1848, p. 24 ss. ; Kurtz, *Handb. der allgem. Kirchengesch.*, I, 340 ss.

PRÉBENDE. Voyez *Bénéfices ecclésiastiques*.

PRÉCEPTES, c'est-à-dire actes par lesquels un supérieur intime sa volonté à un inférieur, avec obligation de s'y conformer. La qualité de la puissance législative détermine la qualité du précepte : de là cette distinction des préceptes en divins, en ecclésiastiques et civils, que renferment tous les manuels de morale. Tout précepte est ou affirmatif ou négatif, suivant qu'il commande ou défend un acte positif. D'après l'Eglise catholique, la loi chrétienne contient non seulement des préceptes, qui sont d'une étroite obligation pour chaque chrétien, mais encore des conseils, qui ne sont proposés que comme des moyens pour parvenir à la perfection chrétienne, et qu'il est libre à chacun de suivre ou de ne pas suivre (voyez l'article *Conseils évangéliques*). — On appelle préceptes noachiques un certain nombre de préceptes dont les rabbins prétendent que Dieu les donna à Noé et à ses fils, et dont l'observation était prescrite à tous ceux qui voulaient demeurer en Palestine (voyez l'article *Noé*).

PRÊCHEURS (Frères). Voyez *Dominicains*.

PRÉCONISATION (*præconizare, præconisare, præconari*). La préconisation est la déclaration que fait le pape, après une épreuve solennelle et un examen approfondi des titres, en séance du consistoire à Rome, de celui que le chef de l'Etat a nommé à un évêché. C'était une maxime reçue en France que la préconisation qui se faisait à Rome pour les bénéfices consistoriaux, sur le brevet du roi, ne donnait point droit au bénéfice. Un évêque qui s'est démis de son évêché n'en est dépouillé qu'après que sa démission a été acceptée par le pape et qu'on fixe à la préconisation qui est faite de son successeur en plein consistoire. Celui-ci n'a cependant dès lors aucune fonction à exercer dans le diocèse ; il ne peut y exercer les fonctions spirituelles qu'après sa consécration et sa prise de possession.

PRÉDESTINATION. — Ce terme désigne, dans son acception la plus générale, la décision souveraine par laquelle Dieu a irrévocablement disposé des destinées éternelles de ses créatures. Dans son développement historique le dogme de la prédestination est inséparable de la doctrine de la grâce, dont il n'est au fond que l'expression la plus complète et la plus rigoureuse. Aussi est-ce saint Augustin qui doit être considéré comme le véritable créateur de ce dogme. Nous en esquisserons d'abord l'histoire, nous en montrerons ensuite les racines bibliques, nous essayerons enfin de conclure en indiquant les difficultés du problème et la manière dont il faut le formuler pour en espérer la solution.

I. *Augustin.* La question ne se posa et ne fut vraiment débattue que pendant les controverses d'Augustin et de Pélage. La théologie des Pères grecs n'avait pas jusque-là abordé directement le problème, qui lui resta toujours plus ou moins étranger. Les indications éparses dans les ouvrages de ces Pères s'arrêtent à une solution bien plus rapprochée des idées de Pélage que de celles d'Augustin. Affirmant énergiquement l'universalité de la grâce de Dieu et le libre arbitre de l'homme, les Pères grecs font dépendre de la prescience divine la prédestination des individus au salut ou à la damnation ; ils distinguent en Dieu deux volontés ou plutôt deux modes d'action de la volonté divine : la rédemption de l'humanité entière est l'objet d'un plan idéal conçu par Dieu de toute éternité et par conséquent antérieur aux déterminations de la créature (θέλημα πρῶτον, θέλημα προηγούμενον) ; mais la pensée rédemptrice de Dieu ne se réalise au sein de l'humanité que dans la mesure où l'homme accepte librement la grâce offerte, en sorte que le décret divin, universel dans l'intention de celui qui l'a formé, est limité dans son application par la résistance du pécheur : Dieu élit et sauve ceux qui croient (θέλημα δεύτερον, θέλημα ἑπόμενον) (voyez Origène, *in Genes.*, III; *in Rom.* VIII, 28 ss. ; surtout Chrysostome, *in Ep. ad Eph. Homil.*, I ; Jean de Damas, *De fide orthod.*, II, 29). La condamnation du pélagianisme au concile d'Ephèse (431) ne réussit pas à ouvrir aux idées d'Augustin les portes de l'Eglise d'Orient, qui resta toujours réfractaire au dogme de la prédestination absolue ; aussi l'Eglise orthodoxe grecque, que la tentative réformatrice de Cyrille Lucar mit en demeure de se prononcer officiellement sur cette question, condamna-t-elle à plusieurs reprises, notamment au synode de Jérusalem (1672), la théorie énoncée dans la confession de foi de Cyrille (cap. III), et qui reproduit, en la mitigeant à peine, la doctrine de Calvin. — Les quelques données que renferment les écrits de Tertullien, Cyprien, Hilaire, Ambroise et Jérôme manquent de la précision et de la vigueur qui caractérisent le système qu'Augustin développa depuis l'année 396 et qu'il défendit énergiquement contre Pélage et ses adhérents. Voici les traits essentiels de ce système. Par suite de la transgression d'Adam, en qui tous ont péché, l'humanité est tombée sous la puissance du péché et sous le coup de la damnation (*massa peccati, massa corruptionis, massa perditionis*) ; depuis la chute, le pécheur ne possède plus que les facultés formelles de l'être humain, en ce sens que la volonté est restée volonté et que l'intelligence est restée intelligence, mais celle-ci ne s'applique qu'à l'erreur et celle-là se porte toujours au mal ; la créature déchue est si complètement asservie au péché que le désir même et la moindre velléité du bien ne peuvent surgir du fond de sa nature radicalement viciée. Si donc le salut est possible, il ne saurait être que l'œuvre de Dieu seul, le don de sa grâce souveraine et inconditionnelle. Dieu commence par donner à l'homme la volonté de croire, *voluntas credendi* ; par cette intervention de la grâce prévenante (*præveniens vel operans*), le *liberum arbitrium*, c'est-à-dire la faculté de faire le bien est créée (*statuitur*) dans l'homme. A partir de ce moment, la volonté nouvelle devient au service de la grâce coopérante (*cooperans, consequens, subsequens*) un facteur essentiel de la vie du chrétien. Enfin le *donum perseverantiæ* assure aux régénérés le secours divin, grâce auquel ils peuvent persévérer jusqu'au bout dans la lutte contre le péché. Dès lors, si c'est la grâce seule qui inspire au pécheur et le désir du bien et la force de l'accomplir, si la foi est sans réserve l'œuvre et le don de Dieu, il faut en conclure que le partage inégal de ce don a pour cause unique le bon plaisir de Dieu qui amène les uns à la foi et au salut, tandis qu'il abandonne les autres à leur incrédulité naturelle et à leur juste condamnation. Telle est la base anthropologique de la théorie de la prédestination à laquelle Augustin arrive encore par une autre voie, en partant de ses prémisses théologiques et spéculatives. Dieu, en effet, est l'être en soi, l'essence suprême, l'unique et souveraine réalité identique avec le souverain bien ; tout ce qui est réellement procède de lui et participe de son être. En conséquence, dans la sphère éthique et religieuse, le bien a nécessairement pour seul auteur Dieu lui-même, source unique de tout être et de toute bonté. Augustin applique rigoureusement au règne de la grâce sa conception spéculative de l'essence et de l'activité divines ; la volonté de Dieu s'exerce dans l'économie chrétienne de la même manière que dans le domaine de la création matérielle ; dans l'une et l'autre sphère l'attribut essentiel de la volonté divine est l'irrésistible puissance, l'efficacité parfaite et toujours sûre d'elle-même : la vocation que Dieu adresse sérieusement au pécheur est d'un effet aussi infaillible que les lois par lesquelles il gouverne le règne de la nature. Or, si la volonté de Dieu est aussi irrésistible dans l'économie de la grâce que dans le gouvernement de la création matérielle, si là où il y a réellement appel de la part de Dieu il y a aussi réponse de la part de l'homme (*Deus ita suadet ut persuadeat*), si cette réponse se traduit toujours en acte (*vocatio effectrix bonæ voluntatis*), il s'ensuit que là où il n'y a pas de résultat obtenu ni de fruit produit, c'est que l'appel de Dieu a manqué, c'est que la volonté divine n'a pas agi. Ainsi, soit que nous partions de l'homme déchu et incapable de désirer et de faire le bien, soit que nous partions de Dieu et du mode d'action de sa volonté toujours souveraine et irrésistible, nous aboutissons avec une égale nécessité à la doctrine de la prédestination. Les prémisses spéculatives de la doctrine sont empruntées à la philosophie platonicienne et forment l'antithèse du manichéisme ; les prémisses anthropologiques s'expliquent par la conversion et les expériences religieuses d'Augustin et forment l'antithèse du pélagianisme ; d'après le Père de l'Eglise, cette double série de thèses s'appuie également sur Phil. II, 13 et 1 Cor. IV, 7, qu'Augustin invoque tour à tour contre Pélage et contre les manichéens. Esquissons maintenant les principaux traits de la doctrine elle-même. En vertu d'un décret libre et absolu, Dieu a arraché à la masse corrompue et condamnée de l'humanité déchue en Adam un nombre déterminé d'âmes qu'il a prédestinées au salut pour manifester en elles sa miséricorde, tandis qu'en abandonnant les autres à la perdition éternelle il fait éclater sa justice. Cette prédestination ne repose pas sur la prescience divine, en ce sens que la foi prévue des fidèles serait le motif de leur élection ; au contraire, la foi est le fruit de la prédestination. Le nombre des élus est égal à celui des anges déchus dont ils prendront la place dans la cité céleste. L'effet de cette élection est assuré ; les élus ne peuvent plus déchoir de la grâce, puisqu'ils ont reçu le don de la persévérance ; ceux qui périssent n'ont jamais été des élus. En ne sauvant qu'un petit nombre d'âmes Dieu n'est pas injuste, car il ne fait qu'abandonner les autres au châtiment qu'elles ont mérité par leur péché. Sauf quelques rares exceptions, Augustin ne se sert du mot prédestination qu'à propos des élus : les réprouvés sont abandonnés, non point prédestinés à la damnation. Bien que Dieu agisse sur la volonté et dans le cœur des réprouvés et qu'il se serve d'eux pour exécuter ses jugements, il n'est pas permis de dire que Dieu prédestine au péché ; la première transgression, notamment, qui entraîna l'humanité dans le mal et la condamnation, est l'œuvre de la libre détermination d'Adam et ne doit pas être rapportée à un décret direct et positif de la volonté divine. Ces deux derniers points laissent une lacune manifeste dans la logique du système : elle sera comblée par Gottescalc, qui enseigne une prédestination double, et par la théologie réformée, qui fait rentrer la chute elle-même dans le plan de Dieu. Augustin recommande d'apporter une grande prudence à l'enseignement populaire et pratique de la prédestination ; cependant, dit-il, cette doctrine n'anéantit pas les efforts individuels, car le succès de ces efforts est un indice de la possession du don de la persévérance et, par conséquent, une présomption en faveur de l'élection divine; elle ne supprime pas davantage les appels et les réprimandes de l'Eglise, car c'est par des instruments humains que la grâce est offerte et qu'elle agit. C'est d'ailleurs un devoir d'humilité que de s'incliner devant le mystère insondable de la volonté divine, absolument libre dans ses motifs et ses déterminations; c'est un devoir de charité que d'espérer le salut de tous nos frères et de les tenir pour élus. Quant aux passages bibliques qui enseignent l'universalité de la grâce divine, Augustin en restreint la portée en les appliquant uniquement aux élus (surt. 1 Tim. II, 4). (voyez les traités d'Augustin : *De diversis quæstionibus ad Simplicianum De spiritu et litera*, *De gratia et libero arbitrio*, *De correptione et gratia*, *De prædestinatione sanctorum*).— Cette doctrine d'Augustin suscita de vives et ardentes contradictions. Pélage, partant de principes anthropologiques absolument opposés à ceux de son adversaire, devait rejeter nécessairement la prédestination. Les semi-pélagiens aussi, sans atténuer autant que Pélage la corruption de l'homme et tout en exaltant davantage la vertu de la grâce divine, protestèrent énergiquement contre ceux qui limitaient d'emblée la portée de l'œuvre rédemptrice et l'efficacité du sacrifice du Christ : affirmer que Dieu n'a pas voulu sauver tous les hommes ou que Christ n'est pas mort pour le monde entier, c'est, dit Jean Cassien, un sacrilège (*ingens sacrilegium*, *Collation. Patr.*, XIII, 7); Fauste de Riez y voit un retour pur et simple au fatalisme du monde antique (*lex fatalis*, *decretum fatale*, *fatalis constitutio*). — D'autre part, Augustin lui-même fut dépassé par des disciples qui renchérirent sur sa doctrine et en tirèrent des applications que le maître avait d'avance condamnées : le presbytre gaulois Lucidus, sur lequel on est d'ailleurs très-imparfaitement renseigné, paraît avoir ainsi exagéré l'enseignement d'Augustin et l'avoir poussé aux extrêmes limites du dualisme et du fatalisme. Au milieu de ces controverses, dont nous n'avons pas à raconter les phases ni à énumérer les champions (voyez l'article *Pélagianisme*), l'ouvrage anonyme *De vocatione gentium* mérite d'être signalé : transportant le problème des sphères inaccessibles de la spéculation pure dans le domaine de l'expérience et de l'histoire. l'auteur cherche la solution du problème dans une conception plus large de l'histoire, envisagée comme une éducation de l'humanité par la grâce divine (*gratia multiformis*). — Le synode d'Orange (529) assura le succès relatif de l'augustinisme ; il condamna le semi-pélagianisme de Cassien, et adopta les principales formules d'Augustin et de Prosper d'Aquitaine sur la grâce et le libre arbitre ; cependant il n'affirma pas explicitement la vertu irrésistible de la grâce et rejeta la prédestination au mal qu'Augustin avait d'ailleurs aussi repoussée (Mansi, *Sacr. Concil. Collect.*, t. VIII, p. 711 ss).

II. *Histoire du dogme dans l'Eglise catholique jusqu'à la condamnation du jansénisme.* Bien que l'autorité d'Augustin subsistât tout entière et qu'officiellement sa doctrine l'eût emporté sur celle de ses contradicteurs, le semi-pélagianisme s'introduisit de plus en plus dans l'Eglise. Sans doute Beda (*Exposit. allegor. in Cant. Cant.*) et Alcuin (*De Trin.*, II, 8) se rallièrent au dogme augustinien de la prédestination; Isidore de Séville enseigna même explicitement une prédestination double (*Sentent.*, II, 6; *gemina est prædestinatio, electorum ad requiem, reproborum ad mortem; utraque divino agitur judicio*); mais la pratique de l'Eglise fut plus puissante que la théorie, si bien que celle-ci finit par se modifier d'après celle-là. C'est ce qui explique l'issue de la controverse qui éclata au neuvième siècle en Gaule. Le moine Gottescalc, formulant le corollaire qui découle nécessairement de la doctrine d'Augustin, reprit la thèse d'Isidore de Séville, et soutint que si la félicité éternelle était un fruit de l'élection divine, les réprouvés aussi devaient être prédestinés (et non pas seulement abandonnés) à la damnation; aussitôt Hincmar de Reims et Raban Maur s'élevèrent contre le trop fidèle disciple d'Augustin. Bien que le moine, dont le courage grandissait avec les persécutions, fût défendu par Prudence de Troyes, Ratramne de Corbie, Servatus Lupus de Ferrières, bien que l'un de ses adversaires, Scot Erigène, eût avancé sur la prédestination des idées bien autrement hérétiques que celles de Gottescalc, celui-ci fut condamné par les synodes de Mayence (848) et de Chiersy (849-853). Le second concile de Chiersy (853), sous l'inspiration d'Hincmar, enseigna l'universalité de la grâce divine, reprit la distinction entre la prescience divine et la prédestination et conclut que si les élus sont sauvés par la grâce de Dieu, les réprouvés sont rejetés par leur propre faute. Il ressort de ces controverses du neuvième siècle que si la tradition d'Augustin n'avait pas cessé d'être vivante dans la conscience religieuse de quelques fidèles, elle ne put cependant réussir à réagir efficacement contre le semi-pélagianisme de plus en plus accentué que professait l'Eglise prise dans son ensemble, si bien que finalement l'on put condamner comme hérétique une affirmation bien plus conforme à la pensée d'Augustin que ne l'était la thèse contraire sanctionnée par le concile de Chiersy. — La même contradiction interne caractérise la scolastique du moyen âge. Saint Augustin reste l'autorité universellement reconnue et invoquée par ceux-là même qui ont absolument rompu avec sa doctrine du péché et de la grâce, de la chute et de la prédestination. Parmi les docteurs qui se rapprochent le plus de lui, Anselme, Lombard, Thomas d'Aquin, aucun n'adhère au dogme de la prédestination; Thomas notamment établit entre le *velle antecedenter Dei* et son *velle consequenter* une distinction analogue à celle qui était généralement en usage chez les théologiens de l'Eglise grecque. Quant à Duns Scot et à ses disciples, leur pélagianisme, à peine dissimulé, était absolument incompatible avec l'idée d'une prédestination rigoureuse, conçue indépendamment du mérite des saints ou du péché des réprouvés. Les voix isolées qui s'élevèrent en faveur de la doctrine d'Augustin restèrent sans écho ou furent étouffées comme hérétiques. Au quatorzième siècle Thomas de Bradwardine, archevêque de Cantorbéry, accusant l'Eglise tout entière d'avoir versé dans l'erreur de Pélage, remit en vigueur la doctrine de la prédestination, conséquence de sa spéculation déterministe (*Deus necessitat quodammodo quamlibet voluntatem creatam ad quemlibet liberum actum suum*). De Bradwardina l'augustinisme rigide passa à Wicleff (*Trial.*, II, 14 : *videtur mihi probabile... quod Deus necessitat creaturas singulas activas ad quemlibet actum suum*). Tandis que le réveil du sentiment de la grâce divine dans la conscience religieuse des réformateurs se traduisit tout d'abord par un retour aux formules les plus rigoureuses d'Augustin, l'Eglise catholique ne se départit pas du semi-pélagianisme qui trouva des défenseurs habiles dans Wimpina, Eck, Erasme (*Diatribe sive collatio de libero arbitrio*, 1524). Le concile de Trente, dont nous n'avons pas à examiner ici les décisions sur le péché, la grâce et la justification, ne formula explicitement que deux canons sur la prédestination : l'un déclare qu'il est impossible, à moins d'une révélation spéciale, de savoir si l'on est du nombre des élus ; l'autre affirme que tous les appelés sont en mesure de recevoir la grâce de la justification et rejette la prédestination au mal (sess. VI, can. 12, 17). Le jansénisme fit un dernier effort, aussi noble qu'infructueux, pour ramener l'Eglise à la tradition d'Augustin, mais les condamnations prononcées à plusieurs reprises par la cour de Rome contre les jansénistes (bulle d'Innocent X contre les cinq propositions tirées de l'Augustinus de Jansénius, 1653 ; bulle *Unigenitus*, 1713), achevèrent d'attester la rupture définitive de l'Eglise avec la doctrine de celui qu'elle ne cessait pas de vénérer comme l'un de ses plus grands saints ni même d'étudier comme son plus illustre docteur.

III. *Les Réformateurs et l'orthodoxie protestante.* Si l'Eglise romaine, cherchant à sauvegarder à la fois la grâce de Dieu et les mérites de l'homme, était condamnée par là même au semi-pélagianisme, les réformateurs, convaincus de leur propre néant, aiguillonnés par la conscience de leur péché, pénétrés du sentiment de la grandeur et de la sainteté de Dieu, aboutirent tous aux thèses les plus rigoureuses d'Augustin, dans lesquelles ils trouvèrent la traduction fidèle de leur propre expérience religieuse. A l'origine, en effet, tous les réformateurs adoptèrent la doctrine de la prédestination et l'affirmèrent avec une égale énergie ; elle faisait partie de leur doctrine de la grâce, qui elle-même était le fruit naturel de leur piété. Mais sous cette identité d'affirmation se révèle, dès le principe, une sérieuse différence de point de vue. Luther et Mélanchthon déduisent le dogme de la prédestination de leurs idées sur la nature humaine radicalement corrompue par la chute et, par conséquent, absolument incapable d'aucun bien ; les théologiens réformés, au contraire, notamment Zwingle, font découler la prédestination de l'absoluité de la cause divine. D'après la conception luthérienne, qui repose sur une base expérimentale et anthropologique, c'est parce que l'homme ne peut rien, qu'il faut que Dieu opère tout ; d'après la conception réformée, qui procède de prémisses spéculatives et théologiques, c'est parce que Dieu opère tout, que l'homme ne peut rien. C'est dire que le déterminisme théologique a rencontré son expression classique et rigoureuse dans l'Eglise réformée, non dans l'Eglise luthérienne.

Dans celle-ci la prédestination n'a eu, dès le début, qu'une valeur accidentelle et occasionnelle ; elle a pu être atténuée ou ignorée sans que le système dogmatique tout entier en fût atteint; postulat de l'anthropologie, elle a subi les destinées de celle-ci : affaiblir la corruption naturelle de la volonté déchue, c'était atténuer la rigueur du dogme de la prédestination, et un changement dans l'anthropologie devait nécessairement entraîner une modification dans la théologie : là est la clef de l'histoire du dogme dans l'Eglise luthérienne. Dans l'Eglise réformée, au contraire, le dogme de la prédestination occupe une place centrale, il est la clef de voûte de tout l'édifice ; y porter atteinte, c'est ruiner le système théologique tout entier ; de là l'ardeur que mirent tous les esprits logiques à fortifier et à défendre une position dont ils sentaient l'importance capitale ; l'abandonner, ce n'était pas seulement sacrifier un poste insignifiant, c'était livrer à l'ennemi la place elle-même : là est la clef de l'histoire du dogme dans l'Eglise réformée. Esquissons cette double histoire. — 1. *L'Eglise luthérienne.* C'est dans les angoisses d'une conscience troublée et dans le sentiment bienheureux de la miséricorde divine envers le pécheur que Luther trouva la solution religieuse du problème de la grâce. Avant sa controverse avec Erasme, il exprima déjà, à différentes reprises, les idées qu'il avait puisées dans son expérience chrétienne et qu'il justifiait par l'autorité de saint Paul et de saint Augustin. Au colloque de Leipzig, Carlstadt se fit contre Eck l'interprète des idées de Luther ; le *Commentaire sur l'épître aux Galates*, plusieurs passages des *Explications des Psaumes* renferment les éléments de la doctrine que le Réformateur développa dans son traité *De servo arbitrio* (1525), publié en réponse à l'ouvrage déjà cité d'Erasme. Impuissance de la volonté pécheresse à faire le bien et à se sauver elle-même, gratuité du salut par Jésus-Christ, telle est la thèse fondamentale du traité de Luther, dont la préoccupation essentielle est toute religieuse. Cependant, pour démontrer sa thèse, Luther, abandonnant le domaine de l'expérience religieuse, va plus loin et s'élève plus haut ; il s'engage dans la spéculation et il aboutit au déterminisme absolu. Afin de glorifier la grâce du Dieu sauveur et de saper par la base la doctrine du mérite des œuvres, il sacrifie le libre arbitre de la créature à la volonté immuable de Dieu. Si la volonté divine éclaire les uns et aveugle les autres, c'est qu'en définitive tout dépend de la volonté cachée de Dieu ; car il faut distinguer entre sa volonté révélée et sa volonté cachée. Celle-ci, mystère insondable, opère en tous et la vie et la mort et a décrété d'avance quels sont les hommes qui doivent être sauvés et quels sont ceux qui doivent être damnés. La volonté révélée, au contraire, la seule que nous connaissions, tend au salut de tous les hommes ; par elle, Dieu cherche les hommes et les attire à lui. Sans doute ce n'est pas la volonté révélée qui, en dernière analyse, décide du sort éternel des créatures, car il est possible que Dieu, en vertu de sa volonté cachée, décide le contraire de ce qu'ordonne sa volonté révélée (*Multa facit Deus quæ verbo suo non ostendit nobis.*

Multa quoque vult quæ verbo suo non ostendit se velle. Sic non vult mortem peccatoris, verbo scilicet. Vult autem illam voluntate imperscrutabili); il convient néanmoins de s'en tenir à la volonté révélée par Dieu dans sa parole et de s'y confier; attachons-nous donc à la parole divine, et faisons usage des sacrements, car par ces moyens de grâce Dieu atteste sa volonté de sauver le pécheur. Cette dernière remarque renferme le correctif des affirmations déterministes de Luther; le réformateur, insistant de plus en plus sur l'efficacité objective de la parole et des sacrements, fut amené par là même à reléguer à l'arrière-plan sa notion de la prédestination absolue. Sans doute il n'a jamais rétracté les conséquences extrêmes de sa doctrine de la grâce (voy. même la lettre écrite en 1537, probablement à Capito, Recueil de De Wette, V, 70 : *nullum agnosco meum justum librum nisi forte de servo arbitrio et catechismum)*; mais il s'attachait à la racine religieuse du dogme, c'est-à-dire à la gratuité absolue du salut et, s'il n'a pas rejeté les arguments par lesquels il avait essayé de démontrer cette doctrine capitale, il ne les a pas répétés non plus. Loin de là, détournant les regards de l'abîme insondable de la volonté cachée du Dieu tout-puissant, il s'attacha exclusivement à la volonté révélée du Dieu sauveur, qu'il ne voulut connaître qu'en Jésus-Christ : « Christ est le fondement et le miroir de la prédestination... Si tu écoutes Christ, si tu es baptisé en son nom, si tu aimes sa parole, c'est un indice certain que tu es prédestiné, et tu peux être assuré de ton salut » (*Comment. sur la Genèse*, 1536). — Mélanchthon professa d'abord une doctrine absolument conforme à celle de Luther : même intérêt religieux dans la négation des mérites de l'homme et l'affirmation de la grâce unique et souveraine, même argumentation déterministe pour étayer solidement la notion religieuse de la grâce, même glorification exclusive de la volonté partout agissante de Dieu, auteur de l'adultère de David aussi bien que de la vocation de saint Paul (*Comment. sur l'Ep. aux Rom.*, 1525), même adhésion sans réserve à la prédestination rigide. Cependant, dès l'année 1527, dans son *Commentaire sur l'épître aux Colossiens*, Mélanchthon atténua et rétracta même ces thèses excessives; la *Confession d'Augsbourg* passa la prédestination sous silence (l'art. 5, que l'on pourrait interpréter dans le sens de la prédestination, a une autre signification et une autre portée (voyez la déclaration très nette de Mélanchthon dans sa lettre à Brenz, 1531; *Corp. Ref.*, II, p. 547); dans ses dernières éditions des *Loci* (1543-1548), Mélanchthon combattit la prédestination avec une vigueur égale à celle qu'il avait déployée autrefois pour la défendre: après avoir commencé par l'augustinisme rigoureux il aboutit au synergisme, incompatible avec la doctrine d'Augustin sur la chute et la prédestination. Les raisons de ce changement si décisif et si hardiment affirmé furent multiples et diverses : l'étude des Pères grecs, tous défenseurs du libre arbitre et de l'universalité de la grâce divine, fit une impression profonde sur l'esprit de Mélanchthon, auquel la tradition historique et le consensus de l'Eglise imposaient bien plus qu'à Luther; le désir de sauvegarder la responsabilité humaine, la crainte de faire de Dieu l'auteur du mal, le danger des conséquences pratiques que l'on pouvait faire découler d'une prédestination absolue, le désir de glorifier la portée universelle et sérieuse de la grâce divine, tous ces facteurs concoururent à modifier profondément la doctrine de Mélanchthon, si bien que celui-ci aboutit finalement à des conclusions très rapprochées de celles d'Erasme (la définition du libre arbitre, donnée par Mélanchthon en 1548, est la même que celle d'Erasme : *facultas se applicandi ad gratiam*). Le récit des controverses synergistes ne rentre pas dans le cadre de cet article. Amsdorf, Flacius, les luthériens rigides, cherchant à faire ressortir d'une manière plus lumineuse la splendeur de la grâce divine sur le fond obscur de la nature déchue, reprirent le dogme de la prédestination, que combattirent Strigel et les philippistes. La *Formule de concorde* essaya de clore les débats en rejetant à la fois le pélagianisme, le synergisme et l'augustinisme rigoureux (art. XI, *De æterna prædestinatione et electione Dei*) ; mais ses résultats positifs sont moins nets et moins concordants que sa polémique : Dieu n'a pas créé la majorité des hommes avec l'intention de les damner et de révéler ainsi la gloire de sa justice ; l'appel que le Sauveur adresse aux hommes est universel et sérieux, en sorte qu'il ne saurait y avoir de contradiction entre la volonté révélée (*voluntas signi*) et la volonté cachée (*voluntas bene placiti*) de Dieu, Que reste-t-il donc de la doctrine de la prédestination? Il faut distinguer entre le savoir et le vouloir de Dieu, entre la prescience et la prédestination : la prescience s'étend au bien et au mal, mais elle n'a pas de vertu effective et déterminante, elle n'est pas la cause du mal et du péché, elle laisse intacte la responsabilité de l'homme ; la prédestination ou l'élection ne concerne que les enfants de Dieu et c'est elle qui détermine le salut des fidèles. Cette volonté rédemptrice, il ne faut pas la chercher dans le décret insondable d'une volonté cachée, mais dans la parole de Dieu révélée en Jésus-Christ. La parole de Dieu conduit l'homme à Christ et lui dit que quiconque croit en Christ est sauvé. Si vous avez pour vous les déclarations de la parole de Dieu et par elles Jésus-Christ lui-même, vous pouvez vous dire en toute assurance que vous êtes sauvé. Cependant la Formule de concorde ne dit pas que Dieu a élu de toute éternité ceux dont il connaissait d'avance la foi future, en sorte que cette foi prévue serait le motif de l'élection divine ; au contraire, la foi elle-même et la persévérance dans la foi sont des fruits de la grâce et de l'élection divines. Ce compromis de la Formule de concorde renferme des propositions absolument contradictoires : en partant de ses prémisses anthropologiques d'après lesquelles l'homme est même incapable de désirer la grâce puisqu'il est aussi inerte que la bûche et la pierre (art. II : *de libero arbitrio, sive de viribus humanis*), elle devait nécessairement aboutir à une prédestination absolue (voyez d'aill. p. 681-673, éd. Rechb. : *trahit Deus quem convertere decrevit*). Que signifie dès lors la condamnation prononcée contre les conclusions extrêmes, auxquelles la Formule n'échappe que par une inconséquence? Les décisions de la Formule de concorde n'étaient donc pas une solution véritable, et l'orthodoxie luthérienne, malgré sa soumission apparente et assurément sincère à l'autorité des livres symboliques, ne pouvait s'arrêter à des résultats aussi manifestement contradictoires. Sans noter les tâtonnements, les variations et les nuances faciles à saisir d'un dogmaticien à l'autre, on peut formuler de la manière suivante la doctrine à laquelle aboutit l'orthodoxie luthérienne : Dieu veut sérieusement le salut du genre humain tout entier (*voluntas antecedens seu universalis*) ; cependant, de toute éternité il a prévu qu'un grand nombre d'hommes ne croiraient pas à l'Evangile, en sorte que la portée universelle du salut se trouve restreinte de fait et limitée par la résistance des pécheurs, qui s'excluent par leur propre faute du bénéfice de la grâce divine, car Dieu n'élit que ceux qui croient (*voluntas consequens seu specialis*). Cette atténuation du dogme, qui répudie toute réprobation réelle tout en voulant maintenir une élection au vrai sens du mot, est non seulement inconséquente en elle-même, mais elle ne concorde pas avec les prémisses de la doctrine ; le synergisme seul eût pu servir de base à une pareille construction dogmatique ; or, il avait été condamné sans appel ; l'orthodoxie luthérienne aboutit à une antinomie flagrante : empruntant à Augustin sa conception du péché originel et de la corruption radicale de la nature humaine, elle redevient semi-pélagienne et synergiste par sa théorie de la *gratia resistibilis et amissibilis* et par sa condamnation du dogme de la prédestination. — 2. *L'Eglise réformée.* Dans le système dogmatique de Zwingle, la théorie de la prédestination repose, nous l'avons dit plus haut, sur une base essentiellement théologique et spéculative. Elève des philosophes non moins que disciple de l'Evangile, formé à l'école de Sénèque et de Pic de la Mirandole en même temps qu'aux pieds du Christ et des apôtres, Zwingle reproduit, en les accentuant avec plus d'énergie et en les poussant jusqu'aux limites extrêmes du panthéisme, les conceptions néoplatoniciennes d'Augustin sur Dieu, substance de tout phénomène et causalité de toute action (éd. Schuler et Schulthess, IV, 96, 143). Aussi le mal lui-même, tous les péchés et tous les crimes sont-ils l'œuvre de la Providence ; seulement ces crimes qui, pour l'homme placé sous la loi, sont des péchés entraînant la juste condamnation du coupable, ne sauraient être imputés à Dieu à titre de faute morale, puisque la volonté divine est absolument souveraine, placée en dehors et au-dessus de la loi ; or, là où il n'y a point de loi, il n'y a point de transgression (IV, 112, ss. ; IV, 6). Cette volonté souverainement irresponsable qui, appliquée à l'universalité des choses créées, est la Providence, s'appelle prédestination lorsqu'elle statue sur les destinées finales et éternelles des hommes : l'élection est la libre détermination de la volonté divine se rapportant à ceux qui doivent hériter du salut (III, 282, 283-372 ; IV, 115-108). Conçue de toute éternité, l'élection, loin d'être fondée sur la prescience divine, est indépendante de toute détermination humaine et absolument souveraine dans le choix de ses instruments : si elle semble agir surtout dans les limites du peuple chrétien, elle se réserve le droit de franchir ces limites et de choisir ses privilégiés parmi les gentils (IV, 65); si elle se sert ordinairement de la parole et des sacrements pour se réaliser sous la forme de la vocation et pour produire la foi, elle n'est pas liée à des moyens de grâce extérieurs (de là la possibilité du salut des enfants morts sans avoir reçu le baptême, *Fidei ratio*, éd. Niem., p. 22). Par cette affirmation décidée et conséquente de l'absolue souveraineté de l'élection divine, indépendante en dernière analyse et de l'Eglise et des sacrements, Zwingle se sépare nettement d'Augustin et de Luther: le Père de l'Eglise renferme le nombre des élus dans l'enceinte de l'Eglise visible, en dehors de laquelle il n'y a point de salut; Luther nie l'action de l'Esprit en dehors de l'usage de la parole et des sacrements et taxe d'aberration dangereuse et de suggestion diabolique toute spiritualité qui fait abstraction des moyens de grâce dont dispose l'Eglise (*Art. Smalcald.*, pars III, art. 8, § 3 ss., p. 331-2, éd. Hase); Zwingle, franchissant tous les moyens termes et toutes les causes secondes, maintient avec jalousie les droits imprescriptibles de Dieu seul, qui ne délègue son pouvoir à aucune créature, ni à la hiérarchie, ni au prêtre, ni au sacrement. Aussi est-ce Dieu seul qui fonde l'assurance du salut et de la grâce, assurance qui se confond pour les élus avec la certitude de leur propre existence; le croyant porte en lui-même le témoignage de l'adoption divine; fruit de l'élection, la foi en est aussi le signe manifeste et le gage assuré (*Fidei ratio*, p. 21, 22-23). Là résident à la fois la valeur religieuse et le nerf moral du dogme de la prédestination, qui, malgré son empreinte spéculative, n'est pas, aux yeux du réformateur, une simple théorie philosophique, une creuse et stérile abstraction. Hommage rendu à la toute-puissance de la grâce divine, témoignage de l'Esprit de Dieu dans l'esprit de l'homme, la prédestination est aussi l'aiguillon de la conscience morale, la sollicitation incessante à une activité sainte, seule en harmonie avec la volonté de celui qui a appelé les élus à une vie sans tache et irrépréhensible devant lui. Cependant Zwingle recommande d'user de prudence en enseignant ou en prêchant cette doctrine, susceptible d'être mal comprise des esprits profanes ou superficiels (VIII, 21). — Malgré le grand nom de Zwingle, ce ne fut que grâce à l'autorité et aux efforts de Calvin et de Bèze que le dogme de la prédestination devint un des dogmes essentiels de l'Eglise réformée; cependant, en professant cette doctrine, le réformateur de Genève, loin d'oser la moindre innovation, ne fit que continuer la tradition fondée par les autres réformateurs; il se montra même, au début, plus circonspect que Luther et Zwingle et évita avec soin leurs affirmations paradoxales. La première édition de l'*Institution de la religion chrestienne* (1536) renferme, il est vrai, tous les éléments du dogme que Calvin développa plus tard avec une inexorable logique; mais ces éléments sont épars dans le corps de l'ouvrage (*Corp. Ref.*, XXIX, 51, 60-61, 63, 71-73), et jamais l'on n'eût pu soupçonner que cette doctrine, sommairement indiquée, deviendrait l'un des fondements du système théologique tout entier. Cependant, dès 1539, Calvin consacra à la prédestination un chapitre spécial, dont le texte fut enrichi de quelques développements nouveaux dans les éditions qui suivirent jusqu'en 1554 (*C. R.*, XXIX, 862-902 : *De prædestinatione et providentia Dei*) ; la rédaction de l'édition définitive (1559) a subi des remaniements notables, sans que le fond des idées en ait été atteint. Les trois chapitres, dans lesquels Calvin expose sa doctrine, la justifie par les Ecritures et réfute « les calomnies desquelles on l'a tousiours à tort blasmée » (III, 21-23; *C. R.*, XXX, 678-711 texte latin ; XXXII, 454-504 texte français) sont non moins remarquables par la rigueur d'une logique implacable que par la ferveur d'un religieux enthousiasme ; ce sont les trois chants d'un poème, tour à tour triomphant et tragique, glorifiant à la fois la justice éternelle et l'éternelle miséricorde. Jamais la grandeur majestueuse et terrible de ce dogme ne s'est imposée à l'intelligence d'une manière plus superbe et plus accablante, mais jamais aussi la vie religieuse qui l'inspire ne s'est communiquée avec plus d'intensité à la foi qui « en ceste obscurité qui effraye plusieurs, voit combien ceste doctrine non seulement est utile, mais aussi douce et savoureuse au fruict qui en revient » (III, 21, 1). C'est qu'elle est pour Calvin le produit naturel de la piété, l'expression immédiate de la conscience chrétienne qui, se dépouillant de tout mérite, rapporte l'œuvre du salut à la grâce unique et souveraine de Dieu et fait reposer la certitude de la victoire finale sur l'immuable fondement des décrets éternels de Dieu : « Il y a deux raisons pour monstrer qu'il est plus que nécessaire que ceste doctrine se presche, et que nous en avons une utilité si grande, qu'il vaudroit mieux que nous ne fussions pas nais, que d'estre ignorans de ce que saint Paul nous déclare ici. L'une, c'est que Dieu soit magnifié comme il le mérite ; la seconde, c'est que nous soyons certifiez de nostre salut, pour l'invoquer comme nostre Père en pleine liberté. Si nous n'avons ces deux choses-là, malheur sur nous, il n'y a plus ne foy ne religion » (*Sermon II sur l'Ep. aux Ephés.*; Cf. *Congrégation sur l'élection éternelle*, *C. R.*, XXXVI, 103, 104, 108, 112 ; *Inst.*, III, 21, 1). En conséquence « nous appelons Prédestination le conseil eternel de Dieu, par lequel il a déterminé ce qu'il vouloit faire d'un chacun homme. Car il ne les crée pas tous en pareille condition : mais ordonne les uns à vie éternelle, les autres à éternelle damnation. Ainsi selon la fin à laquelle est créé l'homme, nous disons qu'il est prédestiné à mort ou à vie » (III, 21, 5). Analysons cette définition, en l'expliquant par des textes empruntés à Calvin lui-même. La prédestination divine est éternelle, supérieure à la catégorie du temps, en dehors et au-dessus de la vie de toutes les créatures, en sorte que la chute d'Adam non moins que la rédemption par Christ sont la réalisation de l'éternelle volonté de Dieu (III, 23, 7-8 ; II, 12, 1) ; elle est absolue, c'est-à-dire qu'elle n'a d'autre cause que le bon plaisir de Dieu, elle ne repose pas sur la prescience divine, et, loin de puiser ses motifs dans la foi et les œuvres des élus, elle est la cause souveraine et de la foi et des œuvres (III, 22, 2-3 ; III, 2, 11) ; elle est double, s'appliquant aux uns pour en faire des vases d'honneur, aux autres pour en faire des vases de colère (III, 23, 1) ; elle était individuelle, ne se rapportant pas seulement à l'ensemble, aux nations ou aux sociétés, mais déterminant le sort d'un chacun (III, 21, 5) ; elle est définitive et irrévocable, c'est-à-dire que « Dieu régénère les eleus à perpetuité par la semence incorruptible et ne souffre que iamais ceste semence qu'il a plantée en leur cœur périsse, tandis qu'aux reprouvez il fait sentir sa misericorde présente uniquement comme par une bouffée qui puis après s'évanouit » (III, 2, 11). L'élection se réalise dans le temps sous la forme de la vocation ; mais « il y a une double vocation : il y a la vocation universelle, qui gist en la prédication extérieure de l'Evangile, par laquelle le Seigneur invite à soy tous hommes indifféremment, voire même ceux auxquels il la propose en odeur de mort, et pour matière de plus grieve condamnation ; il y en a une autre speciale, de laquelle il ne fait quasi que les fideles participans, quand par la lumiere interieure de son Esprit il fait que la doctrine soit enracinée en leurs cœurs, combien qu'aucunes fois il use aussi d'une telle vocation envers ceux qu'il illumine pour un temps, et puis après à cause de leur ingratitude, il les délaisse et jette en plus grand aveuglement » (III, 24, 8). Calvin est entièrement convaincu que cette doctrine de la prédestination absolue est enseignée dans l'Ecriture sainte « en laquelle nous avons bonne reigle de certaine intelligence » (III, 21, 3) ; en se renfermant dans les limites de l'enseignement scripturaire, le croyant sera préservé à la fois de la curiosité orgueilleuse qui s'engage en un labyrinthe sans issue, et de la pusillanimité de ceux qui « admonestent qu'on se donne garde de s'enquérir aucunement de ceste doctrine comme d'une chose périlleuse », précaution respectable mais exagérée, car il n'est pas permis de « frauder les fidèles du bien que Dieu leur a communiqué ou d'arguer le Sainct Esprit comme s'il avoit publié des choses qu'il estoit bon de supprimer » (III, 21, 2-3). Le chapitre que Calvin consacre à prouver l'accord de sa doctrine avec l'enseignement biblique (III, 22), et dont il faut rapprocher surtout le commentaire sur l'épître aux Romains, chap. IX-XI, est dominé tout entier par les préjugés dogmatiques du réformateur, qui souvent violente les textes et leur impose de parti pris ses propres conclusions ; ici Calvin, admirable exégète quand il n'est pas égaré par ses préventions théologiques, cesse parfois d'être l'élève des auteurs sacrés et leur dicte ses propres oracles. Quant à ses adversaires, il le prend de haut avec ceux qui osent « gazouiller hardiment de ce haut mystère », « intenter procès à Dieu », « tancer et gergonner contre lui » (III, 22, 1). Parmi les objections qu'il rencontre sur son passage, il daigne à peine s'arrêter à celles qui signalent l'abus pratique auquel pourrait donner lieu la doctrine de l'élection divine ; à ceux qui oseraient faire un usage profane de ce mystère, à ces « chiens qui vomissent des blasphèmes », à ces « pourceaux qui grondent contre Dieu », Calvin répond que le but de l'élection est la sanctification des élus ; la prédestination ne reste pas transcendante et extérieure au croyant, elle devient immanente et se réalise dans la vie individuelle (III, 23, 12; cf. *Serm. III sur l'Ep. aux Ephés.*; *C. R.*, XXXVI, 89-90, 107); aussi ne supprimet-elle pas les exhortations morales et la prédication de l'Evangile, puisque Dieu se sert de ces moyens extérieurs pour appeler les élus, c'est-à-dire pour réaliser par la vocation le décret de l'élection divine (III, 24, 13-14 ; cf. *C. R.*, XXXVI, 95, 104). Cependant, si Calvin triomphe aisément des objections vulgaires et superficielles, que répond-il à ceux qui l'accusent de faire de Dieu un être partial et arbitraire, d'anéantir la réalité de la vie individuelle en l'absorbant dans l'action exclusive et incessante de la Providence, enfin de faire remonter au Créateur lui-même l'origine et la responsabilité du mal et du péché? Que la règle souveraine de la justice, c'est la volonté libre et absolue de Dieu (III, 23, 2); que sans doute Dieu opère tout en tous, mais qu'en une même œuvre, quand Dieu fait bien selon sa bonté, l'homme fait mal selon sa malice (*C. R.*, XXXV, 353-5) ; que « l'homme trebusche selon qu'il avoit esté ordonné de Dieu, mais qu'il trebusche par son vice (*cadit homo Dei providentia sic ordinante, sed vitio suo cadit*, III, 23, 8), affirmations paradoxales ou contradictoires, dont Calvin semble reconnaître lui-même l'insuffisance ou la faiblesse, puisqu'il finit toujours par se retrancher derrière le mystère insondable de la volonté divine. « Qu'ils me repondent pourquoi ils sont hommes plutôt que bœufs ou asnes : comme ainsi soit qu'il fut en la main et au pouvoir de Dieu de les faire chiens, il les a formez à son image... Quand on demande, Pourquoy est-ce que Dieu a fait ainsi ? Il faut respondre, Pource qu'il l'a voulu. Si on passe outre en demandant, Pourquoy l'a-t-il voulu ? c'est demander une chose plus grande et plus haute que la volonté de Dieu : ce qui ne se peut trouver » (III, 22, 1 ; 23, 2. 5). — La prédestination n'est pas enseignée avec une égale rigueur par tous les livres symboliques de l'Eglise réformée. La *Confess. gall.* (art. 12) et la *Confess. belg.* (art. 16) reproduisent le plus fidèlement les idées de Calvin ; celles-ci sont mitigées dans la *Confess. helvet. post* (cap. 10), dans la *Conf. angl* (art. 17), dans la *Confess. marchica* (art. 14). Le *Catéchisme de Heidelberg*, bien que composé par deux théologiens partageant les principes de Calvin, Ursinus et Olevianus, ne se prononce pas d'une manière explicite sur le problème ; cependant les questions 53 et 54 enseignent la persévérance finale des élus et les commentateurs du catéchisme développent et défendent le dogme en expliquant la question 54 (voyez déjà l'*Explicatio* d'Ursinus, ad quæst. 54 Cf. 21 et 27). — L'histoire du dogme après Calvin est l'histoire des atténuations apportées à la rigueur de la théorie calviniste et des efforts tentés par l'orthodoxie pour défendre et maintenir dans son intégrité une doctrine qui était devenue la clef de voûte du système tout entier. Mais ces controverses respirent un tout autre esprit que celui qui avait animé l'âge héroïque de la Réforme. L'affirmation de la grâce souveraine et de l'élection inconditionnelle du Dieu Sauveur et Juge, affirmation qui dans sa première vigueur n'avait été que l'écho d'une conscience pénétrée du sentiment du devin, se figea de plus en plus dans un formalisme rigide et étroit ; à la foi, fondée inébranlablement sur la volonté de l'Éternel et qui avait transformé les apôtres de la prédestination en héros armés de la grandeur et de la majesté de Dieu, succéda la logique de l'école, dont les discussions arides et subtiles finirent par mettre à nu tous les dangers d'une doctrine qui, une fois le sentiment religieux évanoui, pouvait mener à l'immoralité ou au désespoir. Deux opinions différentes se formèrent au sein des théologiens réformés, qui se partagèrent en *infralapsaires* et en *supralapsaires*. Le point débattu entre les deux écoles et dont on définit souvent fort mal la portée, concerne uniquement la suite logique des décrets divins dans leur conception idéale en Dieu. D'après les théologiens supralapsaires, le décret de l'élection ou de la réprobation est logiquement antérieur au décret qui a voulu la chute d'Adam en vue de la rédemption et comme condition nécessaire de la révélation de la grâce et de la justice divines : c'est l'*homo lapsurus et peccabilis* qui est sauvé ou rejeté. D'après les théologiens infralapsaires, le décret de l'élection ou de la réprobation est logiquement postérieur au décret général de la Providence dans lequel rentre aussi la chute d'Adam : c'est l'*homo lapsus et peccans* qui est sauvé ou rejeté. L'une et l'autre conception ne se distinguent pas en ce que l'une est déterministe, tandis que l'autre fait une part au libre arbitre ; bien au contraire, le déterminisme est à la base des deux explications, dont les modifications particulières et les conséquences sont trop subtiles pour qu'il vaille la peine d'y insister. Il importe seulement de rappeler que les théologiens infralapsaires entendent par *permissio Dei* autre chose que les luthériens : s'ils disent que Dieu *a permis* la chute, ils ont soin d'ajouter *permissio Dei nunquam est otiosa*. — Le mouvement qui, surtout en Hollande et en France, se prononça contre le dogme de la prédestination, doit être ramené à deux théologiens éminents, Arminius et Amyraut (voyez ces articles). Universalité du salut sérieusement annoncé et offert à tous les hommes, portée générale et efficacité parfaite de l'œuvre rédemptrice de Christ mort pour tous ceux qui s'approprient par la foi les mérites du Sauveur, liberté laissée à l'homme d'accepter ou de rejeter la grâce offerte, possibilité de perdre la grâce une fois obtenue, tels sont les traits caractéristiques de la doctrine arminienne. Développée après la mort d'Arminius (1609) par des théologiens distingués, notamment par Episcopius, elle fut condamnée par le synode de Dordrecht (1618-1619), qui confirma la doctrine de la prédestination, mais qui, sans rejeter explicitement le supralapsarisme, se prononça dans le sens infralapsaire. Les canons du Synode sont groupés sous cinq chefs principaux qui correspondent aux articles condamnés : cap. I : *De divina prædestinatione* ; cap. II : *De morte Christi et hominum per eam redemptione* ; cap. III et IV : *De hominis corruptionne et conversione ad Deum ejusque modo* ; cap. V : *De perseverantia sanctorum* (Collect. de Niemeyer, p. 690-728). — En France, une autre atténuation de la doctrine orthodoxe fut tentée par l'école de Saumur. Déjà l'Ecossais Caméron [† 1625], qui professa quelques années à Saumur, franchit les limites de l'orthodoxie calviniste sans donner cependant dans l'arminianisme. Mais l'essai le plus remarquable d'une modification du dogme fut celui de Moïse

Amyraut. La volonté générale de Dieu, dit Amyraut, est que tous les hommes soient sauvés ; aussi les appelle-t-il tous au salut ; cependant à cette invitation universelle la créature ne peut obéir effectivement à cause du péché, obstacle invincible à la naissance de la foi. Cette foi, condition du salut, est l'œuvre gratuite et souveraine de Dieu, qui ne la donne pas à tous les hommes, mais à ceux-là seuls qu'en vertu d'une volonté particulière, d'un décret spécial, il a prédestinés au salut (*Traité de la prédestination*, 1634). Ainsi, tout en plaçant d'emblée au premier plan l'universalisme de la grâce de Dieu, Amyraut retombe de fait dans le particularisme, puisque l'universalisme qu'il enseigne est purement idéal, et que, par contre, le décret spécial est seul décisif et entraîne le salut ou la perdition. Cet *universalisme hypothétique*, essai timide de conciliation entre le calvinisme et l'arminianisme, fut moins vivement combattu en France qu'à l'étranger, en Hollande et surtout en Suisse. Tandis que les synodes d'Alençon (1637) et de Charenton (1644-45) se bornèrent à inviter Amyraut à la prudence et à la réserve et que, satisfaits de ses explications, ils s'abstinrent de toute condamnation, quelques théologiens de Genève, Turretin, Tronchin, Prévot et Pauleint publièrent une dénonciation en règle contre Amyraut, dont la doctrine, ainsi que d'autres « nouveautés de Saumur, » fut condamnée par la trop fameuse *Formula consensus helvetica* (1674) que rédigea Heidegger, professeur à Zurich (Coll. Niemeyer, p. 729-739). — La doctrine de Pajon, disciple d'Amyraut, sur le mode d'action du Saint-Esprit, ne touche qu'indirectement au dogme de la prédestination, que Pajon déclarait admettre sans réserve, bien que sa conception de l'action de la grâce divine ne fût pas conciliable avec la prédestination dans le sens de Calvin.

IV. *Les temps modernes*. La fin du règne de l'orthodoxie marque aussi la dissolution complète du dogme de la prédestination. L'infiltration des idées sociniennes ou arminiennes dans le système dogmatique des Eglises réformées entama sourdement l'orthodoxie de ceux-là même qui prétendaient rester fidèles à la doctrine des confessions de foi. Cependant l'autorité de celles-ci ne tarda pas à être sapée. En 1722 la *Formula consensus* fut abolie comme *formula fidei*, et on ne lui accorda plus que le crédit d'une *formula doctrinæ*. Cette dernière restriction fut bientôt également éliminée ; Zurich et Genève ouvrirent de même leurs portes à l'hétérodoxie. En Angleterre, où le latitudinarisme trouva des représentants distingués dans l'orateur Tillotson et dans le théologien Burnet, le dogme de la prédestination fut en 1741 l'occasion de la scission entre les deux fractions de la secte nouvellement fondée des méthodistes : Whitefield se prononça en faveur du calvinisme rigoureux, Wesley embrassa les principes arminiens. En Allemagne, le rationalisme grandissant acheva d'enlever aux théologiens jusqu'à l'intelligence d'une doctrine, dont ils ne surent plus saisir la racine essentiellement religieuse. L'antipathie pour les idées d'Augustin sur la chute, la grâce et la prédestination devint si générale et si profonde qu'elle gagna les esprits les plus ouverts et les plus élevés : Herder appela l'anathème sur quiconque oserait ranimer les controverses éteintes. Mais le silence gardé sur des questions essentielles n'est pas une solution. Schleiermacher le sentit, il osa remettre à l'ordre du jour un problème qui, bien compris, sort des entrailles même de la conscience religieuse. Voici les circonstances extérieures qui l'amenèrent à renouveler un dogme vers lequel devait d'ailleurs le porter son esprit profondément religieux, d'accord cette fois-ci avec sa spéculation philosophique. L'union projetée en Prusse entre les deux grandes fractions de l'Eglise évangélique, attira de nouveau l'attention sur les divergences doctrinales qui séparent la confession luthérienne et la confession réformée. De part et d'autre on se montrait disposé à faire des concessions ; les réformés semblaient faire bon marché du dogme de la prédestination, et bon nombre de luthériens accordaient que l'interprétation réformée de la cène n'était pas de nature à justifier ou à motiver suffisamment leur séparation d'avec leurs frères réformés. Un théologien éminent, Bretschneider, fit un pas de plus dans ses *Aphorismes sur l'union des deux Eglises évangéliques*, 1819. Il fit ressortir l'antinomie qui est à la base de la solution luthérienne et que nous avons signalée plus haut : l'anthropologie augustinienne de l'orthodoxie aboutit nécessairement à la prédestination et l'on ne saurait renoncer à celle-ci sans en sacrifier les prémisses, c'est-à-dire sans atténuer le dogme de l'impuissance absolue et de la corruption radicale de l'homme naturel. C'est à ce moment que Schleiermacher intervint dans le débat en publiant son admirable étude sur la doctrine de l'élection (*Ueber die Erwæhlungslehre. Theol. Zeitschrift*, 1819 ; H. 1. *Sæmmtl. Werke*, Abtheil. I, Band 2, p. 393-484; cf. *Der christliche Glaube*, § 117-120). Acceptant la critique de Bretschneider et mettant en pleine lumière la corrélation indissoluble qui existe entre l'anthropologie d'Augustin et sa doctrine de l'élection, Schleiermacher affirme l'impuissance foncière de l'humanité en dehors de la grâce et il en tire résolument la conséquence de l'élection divine. Ainsi, tandis que Bretschneider sacrifie la conception augustinienne du péché et de la grâce afin d'écarter définitivement le terrible dogme qu'il veut achever sans retour, Schleiermacher se fait l'apologiste d'Augustin ou plutôt de Calvin, dont il défend à la fois les prémisses et les conclusions. Il ne faudrait pas, cependant, se faire illusion. En restaurant le dogme calviniste Scheiermacher le transforme; son déterminisme philosophique et religieux, excluant à la fois le pélagianisme et le manichéisme, aboutit au salut universel. Voici, en effet, la substance de sa doctrine. Schleiermacher résout la notion de l'élection dans l'idée plus générale du gouvernement divin de l'humanité : la formation de l'Eglise, c'est-à-dire de la communion vivante de ceux qui ont accepté la rédemption et sont unis avec Christ, se poursuit par une évolution graduelle, en vertu d'un triage opéré par Dieu qui sépare du monde ceux qui doivent former l'Eglise ; mais le dualisme qui résulte de cette élection progressive est purement passager et s'évanouira dans l'unité finale du plan divin, qui est le salut de l'humanité entière et la réconciliation définitive et absolue de tous les contraires. Réalisation historique et, par conséquent, successive du décret éternel de l'universelle rédemption, l'élection ne désigne que la loi divine en vertu de laquelle chacun est régénéré en son temps, de telle manière qu'il nous est impossible de penser qu'il eût mieux valu pour lui être régénéré plus tôt. De même que Christ n'a point paru au commencement du monde, mais à l'heure marquée par Dieu, ainsi la nouvelle création spirituelle qui procède de lui ne peut se développer que graduellement par un procès d'élimination et d'assimilation analogue à celui qui domine le règne de la nature, procès laborieux et pénible; mais qui finira par féconder et mûrir tous les germes de vie spirituelle déposés par Dieu dans le sein de l'humanité, et dont le terme glorieux, et dès maintenant assuré, sera l'éclosion parfaite et le triomphe incontesté du royaume de Dieu. — Parmi les théologiens contemporains, les uns sont dominés par l'influence de Schleiermacher et ont adopté ses conclusions, soit en maintenant son déterminisme dans toute sa rigueur (M. Schweizer à Zurich, M. Scholten à Leyde), soit en essayant de faire une part à la liberté humaine et sans accepter entièrement les conclusions eschatologiques du maître (Rothe) ; les autres ont repris plus ou moins franchement la distinction entre le savoir et le vouloir de Dieu, entre la prescience et la prédestination (Philippi ; voy. cependant les réserves de Thomasius, *Christi Person u. Werk*, I, 456-458). — En France et en Suisse, le réveil religieux du commencement du siècle, en vivifiant de nouveau dans les consciences le sentiment de la grâce et en remettant en lumière le fait de la justification gratuite, eut pour conséquence, chez quelques-uns de ses chefs, un retour à la doctrine de l'élection divine, que l'on trouvait enseignée dans les épîtres de saint Paul (César Malan) ; cependant ce mouvement religieux n'aboutit pas à une reconstruction théologique du dogme, et d'ailleurs l'orthodoxie même la plus décidée ne se montra pas disposée à se rallier à la confession de La Rochelle : c'est ce que démontra clairement le synode officieux de 1848.

V. *Conclusion.* Quelle est donc la racine biblique du dogme de la prédestination ? Quelle est la portée du problème qu'indique l'Ecriture sainte et qu'a formulé la théologie chrétienne ? Telle est la double question qu'il convient de se poser encore et dont la réponse servira de conclusion à cette étude. — Les prophètes d'Israël ont la conscience que leur nation a été élue du milieu des peuples, par un acte de la grâce divine, pour être le dépositaire des révélations de Jéhova et l'organe de sa volonté (Deut. VII, 6-8 ; Néhém, IX, 7 ; Exod. XIX, 6 ; Esaïe XLII, 1-8 ; XLI, 8-9 ; XLIII, 10 ; XLIV, 1-2 ; cf. Ps. XXXIII, 12 ; XLVII, 5; Gen. XXXII, 10) ; mais cette élection est un acte historique qui se réalise dans le temps, par la vocation d'Abraham, par la constitution théocratique du peuple sous Moïse, par la restauration d'Israël après l'exil. La notion d'une prédestination fixant irrévocablement le sort éternel des individus est étrangère à la conscience religieuse d'un peuple qui, d'un côté, n'envisageait l'individu que dans ses rapports avec la nation élue, et, d'autre part, ne s'éleva que fort tard à la conception d'une rémunération future. — Les indications que renferme le Nouveau Testament sont plus nombreuses et plus riches. Plus d'une parole de Jésus est empreinte du déterminisme essentiel au sentiment religieux, puisque toute piété véritable ramène tout à Dieu et fonde la vie individuelle sur l'activité divine: telles sont les déclarations Matth. XI, 25-26 ; XIII, 11-16 ; XXII, 14, qui subsistent à côté des appels réitérés de Jésus à la pénitence et à la foi, Matth. IV, 17 ; XXIII, 37. Cette antithèse fondamentale entre l'activité divine et la liberté humaine se trouve dans tous les écrits du Nouveau Testament (voy. 1 Pierre I, 2 ; Jean VI, 44 ; XII, 40), sans que les auteurs sacrés, l'apôtre Paul excepté, paraissent avoir soupçonné ici un problème à résoudre. Ecartant les passages qui se rapportent à l'action de la grâce et à l'œuvre du Saint-Esprit dans l'individu ou dans l'Eglise, ne nous attachons qu'à ceux qui traitent plus spécialement de l'élection et de la vocation divines. La rédemption, révélée en Jésus-Christ et réalisée par lui, doit être ramenée à un décret éternel de Dieu, décret inspiré par l'amour du Père, arrêté par sa volonté, conçu par sa sagesse (Κατὰ τὸ θέλημα τοῦ Θεοῦ καὶ πατρὸς ἡμῶν, Gal. I, 4. Cf. κατὰ τὴν εὐδοκίαν τοῦ θελήματος αὐτοῦ, Eph. I, 5 ; κατὰ τὴν βουλὴν τοῦ θελήματος αὐτοῦ, Eph. I, 11; cf. Luc VII, 30 ; Act. II, 23; IV, 28; XX, 27; κατὰ πρόθεσιν τῶν αἰώνων, Eph. III, 11 ; cf. I, 11. Rom. VIII, 29). Ce décret est universel, cette pensée d'amour du Père céleste embrasse l'humanité entière, le salut est sérieusement destiné et offert au monde entier que Dieu a aimé (Jean III, 16 ; Act. XVII, 30 ; Gal. III, 22 : Rom. XI, 32 ; I Tim. II, 4 ; Tit. II, 11; 2 Petr. III, 9 ; 1 Jean II, 2; cf. Ezech. XXIII, 11 ; XVIII, 23 et 32). Mais, dans sa marche progressive et son accomplissement historique, le plan de la rédemption s'organise et se réalise par un triage qui s'opère au sein de l'humanité, par un choix qui marque à chaque peuple et à chaque individu leur place dans l'économie divine (ἐκλογή, ἐκλέγεσθαι, Rom. IX, 11 ; XI, 5 ; XI, 28; Eph. I, 4; 1 Cor. I, 27-28 ; 1 Thessal. I, 4. De là le nom donné aux chrétiens ἐκλεκτοί, 1 Pier. I, 1; cf. 2 Jean 1). Cette élection désigne l'acte historique par lequel Dieu se recrute un peuple de fidèles au sein de l'humanité. — Réalisation et application de la pensée miséricordieuse du Dieu sauveur, l'élection, forme concrète de l'action de la Providence dans l'histoire, est une véritable éducation de l'humanité par la grâce de Dieu (le côté positif de cette action divine est fort bien exprimé par les verbes προετοιμάζειν, Rom. IX, 23 ; Eph. II, 10, et προχειρίζεσθαι, Act. XXII, 14 ; XXVI, 16 ; le terme ἀφωρίζειν Gal. I, 15 en désigne le côté négatif). Cette loi est, pour Paul, la clef de ce qu'on pourrait appeler sa philosophie religieuse de l'histoire, philosophie esquissée à grands traits dans les chap. IX à XI de l'épître aux Romains. Car, dit excellemment M. Sabatier, « l'apôtre ne se met pas à un point de vue spéculatif ,et ce n'est pas la question dogmatique de la prédestination qu'il discute. Il se place à un point de vue historique et cherche à résoudre une question historique, celle du rejet des Juifs et de l'avènement des gentils. Pourquoi les Juifs ont-ils été repoussés ? Parce qu'ils ont cherché la justice des œuvres et n'ont pas cru. Pourquoi les païens ont-ils été accueillis ? Parce qu'ils ont accepté la justice de la foi. Voilà une première solution de problème, la solution subjective, pleinement satisfaisante pour la conscience individuelle. Mais comment cette foi des uns et cette incrédulité des autres se rapportent-elles au plan divin? Paul répond sans hésiter : par l'une aussi bien que par l'autre, le plan divin se réalise. L'incrédulité des Juifs fait éclater la longue patience de Dieu et son éternelle justice ; la foi des païens manifeste les richesses de sa miséricorde. Dieu est toujours glorifié, et l'homme a la bouche fermée. C'est la solution objective, la solution dernière. Il n'y a point contradition, au sens de Paul, entre ces deux solutions, parce qu'il se refuse à comprendre l'une sans l'autre, parce que, à ses yeux, la prédestination divine se réalise précisément sous la forme historique de la responsabilité morale, et que la liberté humaine ne saurait s'exercer en dehors du plan divin. L'histoire est la résultante de l'activité divine et de l'activité humaine ; c'est toujours une même réalité, tantôt considérée du point de vue de l'homme, tantôt contemplée du point de vue de Dieu. La vérité consisterait, non à séparer ou même à juxtaposer ces deux points de vue, mais à les faire incessamment rentrer l'un dans l'autre « (*L'apôtre Paul. Esquisse d'une histoire de sa pensée*, Paris, 1870, 283-4 ; voy. la remarquable étude de M. Beyschlag, *Die paulinische Theodicee*, Berlin, 1868 : l'auteur nous semble avoir montré d'une manière décisive que l'apôtre, traitant une question d'expérience et d'histoire, s'élève sans doute à une solution qui peut être appelée une théodicée, théodicée aussi large que grandiose, mais n'admet nulle part un décret divin, disposant irrévocablement du destin final et éternel des nations et des individus). C'est dans ces trois chapitres de l'épître aux Romains que l'on devra chercher les éléments d'une solution, en partant d'une base expérimentale et historique et en écartant toute question de métaphysique pure qui ne saurait intéresser la conscience chrétienne. En procédant ainsi, on sauvegardera ce qu'il y a de vrai dans l'une et l'autre confession, et l'on aboutira peut-être, quoique par une voie différente, à la solution proposée par Schleiermacher (voy. Rothe, *Dogmat.* éd. par Schenkel, Bd. II, p. 23 ss.; Martensen, *Dogmatique chrétienne*, § 206-224).— Qu'il nous soit permis de présenter encore quelques réflexions dans le sens indiqué. L'œuvre de la rédemption, envisagée dans son côté transcendant et idéal, doit être ramenée à une pensée d'amour de Dieu, le Père céleste. Ce plan du salut embrasse l'humanité entière : l'affirmation de l'universalité de la grâce divine est sans contredit la thèse parfaitement justifiée des luthériens, des arminiens et de tous les adversaires du dualisme calviniste. Cependant, dans sa réalisation historique, la pensée divine, qui a pour objet le monde entier, ne peut agir que d'une manière successive ; le salut, c'est-à-dire la vie éternelle dans la communion filiale avec Dieu, ne peut être offert et efficacement approprié à l'humanité que par l'œuvre d'une éducation divine, qui amène l'espèce et les individus à une maturité de plus en plus avancée et qui mesure la clarté et la force de ses révélations aux dispositions intérieures réveillées dans les cœurs par l'action préparatoire de la grâce. Cette pédagogie divine s'applique aux nations comme aux individus : ainsi Jésus-Christ ne parut que lorsque les temps furent accomplis (Gal. IV, 4) ; ainsi Saul de Tarse ne devint Paul l'apôtre que lorsqu'il plut à Dieu de révéler en lui la gloire de son fils (Gal. I, 15-16). Si telle est la marche que suivent les révélations de Dieu et l'éducation divine de l'humanité, il est naturel, il est même nécessaire que cette révélation et cette éducation procèdent sous la forme de l'élection, par un triage successif, sacrifiant les uns et accueillant les autres, s'adressant à ceux-ci et négligeant ceux-là. Générale et universelle dans la pensée éternelle de Dieu, la rédemption, dans sa réalisation concrète, se spécialise et se limite : là est la raison d'être du particularisme de Calvin, qui est dans son droit contre les luthériens lorsqu'il affirme une électiou réelle et une vocation spéciale et particulière. Mais rien ne nous oblige, rien ne nous autorise à transporter dans l'éternité ce dualisme qui éclate dans le temps, rien ne nous autorise à le transformer en une loi définitive et irrévocable. Bien au contraire : ce dualisme est uniquement temporaire et transitoire, puisqu'il résulte de l'application concrète de la loi providentielle qui, au sein de l'humanité, recrute les membres du royaume de Dieu ; mais ceux-ci, à leur tour, les élus de la première heure, ne sont mis en possession de ce privilège divin qu'afin de le faire valoir en faveur de leurs frères : l'apôtre Paul, l'élu de la miséricorde du Christ, se sent sollicité par cette miséricorde, il se sent l'obligé et le débiteur des Juifs et des Grecs, il sait que le don qu'il a reçu doit porter des fruits pour ses frères (2 Cor. V, 14-15 ; 1 Cor. IX, 16-23 ; Rom. I, 11-14 ; 2 Cor. I, 3-7 ; 2 Rom. IX. 3). Cependant si le dualisme entre les élus et les non élus est temporaire et passager, s'il est destiné à s'évanouir dans la réalisation progressive du salut que Dieu offre et destine à tous les hommes, que deviennent les générations innombrables qui n'ont pas eu l'occasion d'entendre la parole du salut ou qui n'ont pas été en mesure de la saisir ? Dieu les condamne-t-il à d'éternels tourments, alors qu'en définitive, il serait lui-même responsable de leur perte ? Où donc seraient dès lors sa justice et sa charité ? (Celles-ci tiennent compte du degré de lumière et de la mesure des révélations divines accordées aux hommes. Luc. XII, 47-48 ; Rom. I, 18-24 ; cf. II, 5-10 ; V, 13 ; Matth. XI, 20-24 ; XII, 38-42). Ou bien ces générations seront-elles, comme des quantités négligeables dans l'ensemble des opérations divines, sacrifiées définitivement aux élus, qui n'auraient pu être reçus en grâce qu'au prix de la perte des réprouvés ? Solution également inadmissible, puisque chaque âme humaine a sa valeur propre, son prix inestimable, que l'univers entier ne saurait compenser (Matth. XVI, 26 ; cf. Rom. XI : le rejet d'Israël au profit des Gentils n'est que temporaire et transitoire). Il faut donc conclure que l'éducation de l'humanité par la grâce divine ne se renferme pas dans les limites de l'existence terrestre, qu'elle se poursuit au delà de la tombe, que ceux qui paraissent rejetés aujourd'hui pourront être élus demain, que les derniers ici-bas seront peut-être les premiers ailleurs, que le souverain Maître du champ de l'humanité se réserve son heure pour engager ceux qu'il appelle à être ses collaborateurs et ses héritiers. Cette hypothèse, que repoussait autrefois une orthodoxie sans entrailles, est assez répandue de nos jours, et on l'applique sans répugnance aux païens que n'éclaira jamais aucun rayon de la vérité évangélique ou aux enfants enlevés avant d'avoir pleinement pris conscience et possession de leur filialité divine révélée par Jésus-Christ; mais a-t-on le droit de la restreindre aux générations païennes et aux enfants morts en bas âge? N'y a-t-il pas, au sein de nos populations chrétiennes, des âmes qui n'ont jamais été mises directement en contact avec la vérité libératrice et sanctifiante de l'Evangile? Quoi qu'il en soit, s'il est vrai que l'œuvre pédagogique de la grâce divine se poursuit au delà de la vie terrestre, le problème de la prédestination aboutit au problème des destinées futures de l'humanité et de l'individu ; il se transporte sur le terrain de l'eschatologie. Sans nous engager sur ce domaine, disons seulement qu'admettre les peines éternelles c'est, en dernière analyse, conserver, que dis-je? aggraver un dualisme qui nous semble contraire non moins à la pensée théologique qu'à la conscience chrétienne. Celle-ci, affirmant que la grâce surabonde là où a abondé le péché, est autorisée à espérer qu'au terme des destinées de l'humanité, à l'époque bienheureuse où Dieu sera tout en tous, tout dualisme passager entre élus et réprouvés se résoudra dans l'harmonie éternelle unissant tous les enfants des hommes sous la bénédiction du Père céleste, qui ne veut pas la mort du pécheur, mais sa conversion et son salut. — Bibliographie : Maffei, *Storia delle dottrine corse ne'cinque primi secoli in proposito della grazia, del libero arbitrio e della predestinazione*, Trento, 1742 (trad. lat. par Reiffenberg, Francf., 1756 ;) Wœrter, *Die christliche Lehre von Gnade und Freiheit von der Apostel Zeit bis auf Augustin*, Fribourg, 1856 ; Landerer, *Das Verhæltniss von Gnade und Freiheit in der Aneignung des Heils* (Jahrb. f. deutsche Theol., 1857, 500-603 : le premier article, qui seul a paru, traite des Pères grecs et des Pères de l'Eglise latine avant Augustin). — Spécialement sur Augustin : outre les ouvrages indiqués dans l'article *Augustin*, voyez Dieckoff, *Augustins Lehre von der Gnade* (Theol. Zeitchrift, 1860, I ; Baltzer, *Des heiligen Augustinus Lehre ueber die Prædestination und Reprobation*, 1871 ; Dorner, *Augustinus, sein theologisches System und seine religions philosophische Anschauung*, 1873, p. 224 ss. ; Reuter, *Zur Frage nach dem Verhæltniss der Lehre von der Kirche zur Lehre von der prædestinatianischen Gnade* Zeitschrift für Kirchengesch. hgb. von Brieger, Bd. IV, 204-60). — Sur le moyen âge, Gottescalc, les scolastiques, le jansénisme, voyez la bibliographie indiquée dans les articles spéciaux de cette Encyclopédie ; Luthardt, *die Lehre vom freien Willen und seinem Verhæltniss zur Gnade in ihrer geschichtlichen Entwicklung dargestellt*, Leipzig, 1863 (passe sous silence la théologie réformée). — Sur les réformateurs et la théologie protestante, en particulier la théologie réformée, A. Schweizer, *Die protestantischen Centraldogmen in ihrer*

Entwickelung innerhalb der reformirten Kirche, 2 vol., Zurich, 1854-6 (ouvrage classique). Sur Luther : Müller, *Lutheri de prædestinatione et libero arbitrio doctrina*, 1832 ; Lüttkens, *Luthers Prædestinationlehre*, 1858 ; Philippi (Zeitschrift. von Kliefoth-Dieckhoff, 1860, p. 161 ss.) ; les monographies de Harnack (I, 149 ss.) et de Kœstlin (II, 32 ss ; 297 ss.) sur la théologie de Luther ; Kattenbusch, *Luthers Lehre vom unfreien Willen und der Prædestination nach ihren Entstehungsgründen untersucht*, 1875. Sur Mélanchthon : les monographies de Galle (p. 247 ss.) et de Herrlinger (p. 67 ss.) sur la théologie de M. Sur Zwingle, les monogr. de Zeller (p. 31 ss.) et de Sigwart (p. 104 ss.) sur la théol. du réformateur. Cf. en outre Hahn (Stud. und Krit., 1837, IV), Herzog, (ibid., 1839, III). Sur Calvin, outre les monographies citées dans l'article Calvin, Kreiher, *Die Erwæhlungslehre von Zwingli und Calvin in ihrem gegenseitigen Verhæltniss dargestellt* (Stud. und Krit., 1870, III). Beck, *Ueber die Prædest. Die august., luth. und calv. Lehre mit Rücksicht auf Schleiermacher* (id., 1847, I). Voyez aussi la controverse entre Ebrard et Schweier, *Tub. Theol. Jahrb.*, 1849, II ; 1851, III. ; Krummacher, *Das Dogma von der Gnadenwahl*, Duisb., 1856. En réponse à l'étude de Schleiermacher, citée plus haut, Sartorius, *Die lutherische Lehre vom Unvermægen des freien Willens zur hœheren Sittlichkeit, nebst einem Anhang gegen Schleiermachers Abhandlung von der Erwæhlung*, 1821. P. LOBSTEIN.

PRÉDICATION (Théorie de la). L'homilétique est la théorie de la prédication, l'ensemble des règles qui doivent présider à la composition du sermon, le résumé général des expériences qui peuvent aider à la bonne confection d'un discours religieux. Le mot homilétique vient de ὁμιλιτικὴ (τεχνὴ), art de discourir, de converser, de haranguer le peuple, ὁμεῖλειν. Ὅμειλος, foule, rassemblement, est un composé de ὁμῶς, ensemble, et εἴλω, presser, faire entrer.—Au fond il n'y a qu'une éloquence. On est éloquent au barreau, à la tribune, aux mêmes conditions que dans la chaire. Toutefois la chaire a des exigences spéciales : les sujets, l'auditoire, le milieu sont différents pour l'orateur. Les diversités sont frappantes : l'éloquence académique est surtout didactique, fine, brillante, incisive, s'adressant avant tout à l'intelligence. L'éloquence du barreau est bien un appel à la volonté et une sollicitation à une décision, comme dans la chaire ; mais le jury et le tribunal sont un auditoire d'une nature spéciale, le sujet est imposé, les dimensions et l'ordre du discours varient suivant le sujet. L'éloquence parlementaire veut elle aussi, en agissant par l'intelligence et le sentiment sur la volonté, provoquer un vote immédiat ; mais le milieu et la nature du sujet varient sans cesse, le débat est tumultueux et l'orateur a devant lui des auditeurs ardents à l'interruption et à la réplique. L'éloquence de la chaire est très spéciale par le lieu, l'auditoire, la nature et l'ordre du discours : l'orateur parle dans une église, devant un auditoire recueilli, sympathique d'ordinaire, en tout cas d'une opposition silencieuse ; il doit faire un discours grave, tempéré, de dimensions convenues : le sujet, les divisions, le mouvement dépendent de l'orateur. Ces différences saisissantes n'empêchent pas cependant qu'au fond il n'y a qu'une éloquence, c'est-à-dire une même façon d'être puissant par la parole sur un auditoire. Les règles générales sont évidemment les mêmes pour tous les genres d'éloquence. Donc, de même qu'il n'y a qu'une éloquence, il ne doit y avoir qu'une rhétorique. Mais l'éloquence de la chaire ayant des exigences spéciales, la rhétorique, dans son application à l'éloquence de la chaire, revêt un caractère particulier, et elle s'appelle alors l'homilétique. La rhétorique est le genre dont l'homilétique est l'espèce. — L'homilétique est la rhétorique spéciale à la prédication. L'homilétique tire sa valeur de la valeur même de l'éloquence de la chaire. Et l'éloquence de la chaire tire sa valeur de l'importance suprême de la parole. L'importance suprême de la parole découle : 1° de l'essence même de l'Evangile, 2° de la notion d'Eglise et de culte chrétien. 1° L'Evangile est une parole parce qu'il est une religion de sainteté et de liberté (1 Pierre IV, 11). Jésus, l'objet, le fond vivant de l'Evangile est une parole, la Parole (Jean I, 4 et 14). Sans doute, Dieu nous parle par des moyens divers : la nature, l'histoire, la conscience, les prophètes sont des paroles de Dieu (Hebr. I, 1 et 2), mais ces paroles sont imparfaites et incomplètes ; Jésus est la parole par excellence, la condensation de la parole divine sur la terre. Il est la pensée de Dieu, car la parole c'est la pensée et la pensée c'est la parole. Il a dit cette pensée éternelle de Dieu par sa vie et par sa prédication. Le prédicateur chrétien est appelé à dire cette parole de Jésus, non pas à répéter certains mots prononcés par le Seigneur, mais à se pénétrer de cette parole, à vibrer au souffle de cette parole et à en communiquer à ses frères les joies et les élévations. De là l'importance particulière de l'éloquence chrétienne. — 2° Cette importance découle aussi de la notion d'Eglise et de culte. L'Eglise est une parole et le culte est une parole. C'est parce que l'Evangile est une parole, c'est-à-dire une libre communication de pensée et de vie, que l'Eglise est une parole, c'est-à-dire une association spontanée des volontés et des esprits, une association qui vibre à la parole de Jésus, dont elle répercute au milieu du monde les accents divins, et aussi loin que se peut faire entendre sa voix. Le culte chrétien, en esprit et en vérité, est, avant tout, une parole, soit que le ministre parle des hommes à Dieu par la prière et par les chants, soit qu'il parle de Dieu aux hommes par la prédication. Grave et capitale pensée, différence radicale entre le culte chrétien et les cultes païens; le culte chrétien est fait pour l'homme, pour son bien spirituel, pour son salut. Le culte chrétien vise l'homme, c'est lui qu'il veut toucher, réformer, blesser, relever, sanctifier. Les cultes païens visaient et visent non pas l'homme mais la divinité; la divinité qu'il faut apaiser, rendre moins cruelle; la divinité capricieuse, changeante, accessible aux offrandes et aux sacrifices. Or, dans l'esprit de l'Evangile, ce n'est pas Dieu qui a besoin de changer, il est toujours le Père céleste ouvrant ses bras au fils repentant. Celui qui a besoin d'être changé, réconcilié, transformé dans son cœur, c'est l'homme. Voilà pourquoi le culte en esprit vise l'homme, et lui parle, et de façon à être entendu. L'histoire confirme de tous points cette vérité. Tant que l'Eglise demeure pénétrée de l'esprit de Jésus, le ministre, dans le culte, parlait à l'homme et dans la langue que l'homme pouvait entendre. Quand l'Eglise fut envahie par des éléments étrangers, grossiers, païens, le culte change, la parole n'occupe pas la place importante, la langue du culte est une langue incomprise, le fidèle n'a pas besoin d'entendre, il s'agit d'agir sur la divinité, et non plus sur l'homme. Mais à la Réformation, à la restauration de l'esprit évangélique, la parole reprend sa dignité et sa grandeur; l'autel, le rite, le sacrement, le mystère sont à l'arrière-plan, la chaire reprend la place centrale, la chaire, c'est-à-dire la parole, la persuasion, l'action directe sur les âmes. De là l'importance suprême de la parole dans le culte chrétien et protestant. — 1. *De l'éloquence comme art.* Il y a un art de la parole. On a contesté, à tort, à l'homilétique son droit d'être, et cela au nom de la nature et au nom de la piété évangélique. *A*) Au nom de la nature, on a reproduit la vieille opposition entre l'art et la nature. La nature, dit-on, est le meilleur guide, elle vous inspirera sûrement, l'art c'est le factice. Il faut répondre en condamnant absolument, au nom de la vérité psychologique et historique, l'opposition prétendue entre l'art et la nature. L'art fait partie de la nature. Il y a en nous le sens esthétique au même titre que le sens moral ou le sens religieux : nous sommes naturellement artistes comme nous sommes naturellement intelligents, libres. Le germe de l'art est en nous, et c'est ce germe que, de par la nature, nous devons développer. Il en est de l'opposition entre l'art et la nature comme de l'opposition entre la civilisation et la nature : or l'état sauvage n'est pas l'idéal. Il y a en nous l'instinct de l'harmonie; mais les premières manifestations informes de cet instinct seraient-elles à comparer avec les symphonies de Beethoven ou de Mozart? Ces admirables productions sont le développement suprême du germe en nous déposé. Les premiers traits raides, anguleux, impossibles sont les rudiments de la peinture : comparez-les aux chefs-d'œuvre des Raphaël et des Michel-Ange, qui sont le parfait épanouissement du germe instinctif. Il en est de même des littératures, il en est de même de l'éloquence. Bien loin de constater une opposition entre l'art et la nature, nous constatons que l'art est un élément de la nature, c'est un germe inné dont le développement est dans toutes les lois de notre être. *B*) Au nom de la piété évangélique, on conteste le droit de l'éloquence et de l'homilétique. On cite certaines paroles du Seigneur et de saint Paul, comme Matth. X, 19; 1 Cor. I, 17; 1 Cor. XI, 1. Les paroles du Seigneur s'appliquent à des situations exceptionnelles; et quant à saint Paul, les subtilités d'une certaine rhétorique et l'orgueil d'une prétendue science lui étaient odieux, mais quelle puissance, quelle profondeur, quel tact, quel art dans ses discours et dans ses lettres ! Bien plutôt il le faudrait citer comme modèle de l'éloquence : force, tendresse, nuances délicates, véhémentes images, progression, ironie, accumulations oratoires, etc. Se complaire, sous prétexte d piété et d'assistance divine, dans une attente béate, sans nul effort dans cet acte auguste de la parole, où surtout nous sommes ouvriers avec Dieu, c'est l'affaire de la sottise et de la paresse.—2. *De l'éloquence comme devoir.* L'art de la parole est le devoir du pasteur. *a*) L'art, qu'il ne faut pas confondre avec l'artifice, est l'emploi des moyens les plus propres à atteindre le but. Or le but du pasteur c'est de toucher, de réveiller, de sanctifier les âmes par la parole. Pour atteindre ce but sacré, il ne faut pas négliger les moyens de donner à sa parole le plus de force, de netteté, de pénétration possible, il ne faut pas négliger l'art. *b*) La vérité est éloquente par elle-même, mais elle n'apparaît pas toujours dans sa simplicité et dans sa beauté; elle est souvent cachée, obscure, couverte d'ombres. L'art consiste à dégager la vérité de tous ses voiles, à la placer en pleine lumière, à la produire en un jour tel que les yeux les moins bien disposés en puissent jouir. L'éloquence délivre la vérité de tout ce qui la cache et la souille. En travaillant à l'éloquence, le pasteur travaille à la vérité. *c*) La conscience est dans cette affaire directement engagée. Quel tourment pour celui qui parle, quand il a le sentiment qu'avec plus d'effort, plus de travail, plus de prière, il aurait pu présenter la vérité d'une manière plus impressive! C'est un remords quand le prédicateur doit s'avouer à lui-même qu'il n'a pas dit la vérité comme il aurait pu la dire, c'est-à-dire avec plus d'amour, d'intelligence et de puissance: car la vérité, présentée avec puissance, intelligence et amour, est d'autant plus la vérité. Au contraire, c'est le contentement et la joie de la conscience quand le prédicateur peut se rendre ce témoignage qu'il a fait devant Dieu tout son effort pour rendre la vérité aussi salutaire que possible. La tradition de l'Eglise est la confirmation de ce devoir. Il suffit de rappeler les chefs-d'œuvre oratoires qui ont illustré l'Eglise d'Orient et l'Eglise d'Occident. Depuis la Réformation, on sait à quelle hauteur s'est élevée l'éloquence dans l'Eglise catholique, surtout au XVIIe siècle. Les réformateurs furent les héros de la parole, la puissance oratoire de Luther ébranla l'Europe. On connaît l'épigramme célèbre de Th. de Bèze (il s'oubliait lui-même) sur l'éloquence savante de Calvin, impétueuse de Farel, onctueuse de Viret, et le protestantisme en France et au Refuge compte une suite ininterrompue de prédicateurs illustres. De tout temps, dans toutes les Eglises, une importance capitale a été accordée à l'art de la parole. — 3. *Du caractère spécial du sermon.* Des définitions célèbres de l'éloquence, « L'éloquence est la liaison des idées qui intéressent » (le prince de Ligne), « l'éloquence est l'expression juste d'un sentiment vrai » (La Harpe), « l'éloquence est l'art de bien dire ce qu'il faut, tout ce qu'il faut et rien que ce qu'il faut » (La Rochefoucauld), « c'est un don de l'âme qui nous rend maîtres du cœur et de l'esprit des autres » (La Bruyère), « l'éloquence consiste dans une correspondance qu'on tâche d'établir entre le cœur et l'esprit de ceux à qui l'on parle d'un côté, et de l'autre les pensées et les sentiments dont on se sert » (Pascal), la dernière, la plus vraie en soi, est celle qui s'applique avec le plus de justesse au discours religieux et écarte une prévention malheureuse à l'endroit de l'éloquence. L'éloquence repose sur l'accord et la sympathie des âmes. C'est en exprimant les idées et les sentiments qui s'agitent confus dans l'âme des auditeurs qu'on les gagne à la vérité. On les conquiert parce qu'on a des intelligences dans la place. Voilà pourquoi l'éloquence religieuse n'a vraiment de puissance que pour la vérité; elle ne saurait être funeste, parce que le bien seul trouve en nous un écho. Pour persuader l'erreur ou le mal, il les faut présenter sous l'aspect de la vérité et de la sainteté; essayez de faire l'apologie du mensonge, de l'hypocrisie, de la lâcheté, rien en nous ne répond ni ne vibre : la vérité seule est éloquente. Le sermon ou discours religieux est un appel vivant et ému à la conscience, une sollicitation de la volonté vers l'Evangile. Il n'est pas un simlpe enseignement didactique, il n'est pas non plus un simple acte de culte, une profession publique et solennelle de la foi. Il est un éveil des sentiments et des pensées qui se trouvent au fond des âmes, et qui sommeillent sous l'incantation du péché. Il est l'acte auguste du serviteur du Père de famille répondant à cet ordre de l'éternel amour : Contrains-les d'entrer. Par la force de ta parole, saintement émue, tendre, évangélique, pleine de vérité et d'amour, contrains-les d'entrer. Le sermon a donc un caractère essentiellement éthique, religieux et vivant. Toujours il peut et il doit se formuler en une proposition impérative : Tendez à la perfection, attachez-vous aux choses qui sont en haut, etc. C'est pourquoi on prêche non pas essentiellement sur quelque chose, on prêche pour quelque chose. On ne prêche pas avant tout pour développer une idée, on prêche pour produire une impression, une détermination, une décision de la volonté, on en veut à la conscience. Naturellement l'enseignement, l'histoire, les descriptions, les appels au sentiment et à la raison, loin d'être exclus du sermon, y ont leur place marquée. Notre volonté est sous l'empire de nos affections et de nos idées. Il faut donc parler au cœur, à l'imagination, à l'intelligence pour agir sur la conscience : ce sont là des moyens pour arriver au but, le but c'est la conscience. — 4. *Divisions*. La plupart des homilétiques sont divisées, comme les rhétoriques, en ces trois parties classiques et inévitables : l'invention, la disposition et l'élocution. Cette division n'est ni nécessaire ni heureuse pour l'homilétique ; elle est purement formelle et artificielle, ce qui est grave dans l'art de la parole chrétienne. Sans attacher une importance excessive aux divisions et aux cadres dans lesquels on répartit ses pensées, une division plus pratique, plus sérieusement fondée sur les exigences de la chaire, doit être établie. Or, pour faire convenablement un sermon, il faut au prédicateur ces trois choses : d'abord, une préparation à l'art de la parole, un apprentissage général et spécial ; puis, la matière de son discours, la connaissance des idées et des réalités religieuses qu'il veut exposer; enfin la forme la meilleure pour présenter ses pensées de façon à agir le plus efficacement sur son auditoire. Cette division apparaît aussi pratique que logique. L'homilétique comprendra donc ces trois grandes parties: la préparation, la matière, la forme. — *a. La prépa-*

ration. On doit distinguer une préparation générale, s'adressant à tout homme qui veut parler au public, et une préparation spéciale, nécessaire au prédicateur de la chaire chrétienne. La préparation générale est la base essentielle de la parole. Elle consiste dans l'étude persévérante, l'instruction large et profonde, dans ces connaissances variées et nécessaires qui sont le patrimoine commun des intelligences et qui s'appellent si bien les humanités. Il est impossible de parler sans cette préparation, sans cette haute culture, sans cet emmagasinement préalable des idées et des formes qui constituent le fondement même de la vie intellectuelle. Il y a là un acquis de faits, de principes, de notions générales, il y a là un acquis de mots, de phrases, de tours d'esprit, d'images, qui sont la condition première de la parole en public. C'est dans la jeunesse surtout, au moment favorable de l'assimilation, alors que les facultés sont admirablement disposées pour recevoir et pour retenir, que cette préparation générale doit se faire. Par et dans ces mêmes études on apprend à penser, à écrire, à parler. L'esprit se fortifie et s'agrandit par les connaissances des chefs-d'œuvre du passé et par les exercices persévérants puisés aux bonnes méthodes. De même qu'il y a une gymnastique qui fortifie et développe le corps, il y a une gymnastique de la pensée (logique, philosophie, critique) et il y a une gymnastique de la parole (exercices philologiques, littéraires, rhétorique générale). Il y a là pour tout penseur, pour tout écrivain et pour tout orateur un travail préalable d'école et d'atelier ; il en est de l'artiste de la parole et de la pensée comme de tous les artistes qui passent par le travail lent, dur, nécessaire et admirablement fécond de la préparation. La préparation spéciale à l'orateur chrétien apparaît tout aussi importante. Au barreau, quelle que soit l'ampleur de la culture générale, on ne saurait parler avec compétence et avec succès sans la connaissance spéciale du droit : à la chaire, quelle que soit la variété des connaissances et des talents naturels et acquis, on ne saurait parler avec sérieux et avec fruit sans la connaissance de la théologie. Toutes les branches de la science théologique convergent en un sens vers la prédication. Pour parler de l'Evangile, il faut connaître les Livres saints, les langues dans lesquelles ils sont écrits, les questions relatives à leur origine, à leur conservation et à leur interprétation. On ne saurait traiter des sujets de morale, de dogme, d'histoire, d'apologétique sans avoir étudié les sciences respectives qui s'occupent de ces grands objets. De plus, il est absolument nécessaire, avant de paraître dans la chaire, de s'être exercé à cet art difficile de la prédication après avoir mis à profit les conseils et les expériences des hommes compétents en cette matière. Ainsi préparé d'une façon générale et d'une façon spéciale, le prédicateur aborde sa tâche. — *b. La matière.* La matière du discours est fournie par les réalités morales et religieuses qui se trouvent dans la conscience et dans la Bible. Pour exposer et communiquer dignement ces vérités, il les faut posséder, on ne donne que ce qu'on possède : la foi, c'est-à-dire l'appropriation personnelle de ces vérités, est donc la condition première de toute prédication. C'est la foi seule qui donnera à la prédication la flamme, la puissance et l'autorité. Il n'est pas permis de parler de ce dont on n'est pas persuadé. Tout ce qui n'est pas de la foi est un péché, religieusement et oratoirement parlant. La Bible, où le prédicateur prend ses inspirations et ses textes, est le trésor inépuisable. Elle doit être considérée, dans l'homilétique, au double point de vue de la substance religieuse et de la forme littéraire. Quant au fond, il est nécessaire d'établir, au nom de l'histoire et du contenu même des livres sacrés, que la Bible n'est ni une dictée miraculeuse, ni un code sans vie, ni un joug imposé. Le principe protestant, le *testimonium Spiritus Sancti*, et la critique historique nous ont rendu la Bible dans son prestige et dans sa véritable autorité. Elle est une histoire, l'histoire et le drame de la conscience, le tragique effort de l'âme se dégageant de la chair et luttant pour l'esprit jusqu'au complet épanouissement de la vérité et de la sainteté en Jésus-Christ. Quant à la forme, la beauté littéraire et l'éloquence de la Bible ont été célébrées avec un remarquable accord. Il sera bon de ne pas s'en tenir ici à des généralités, mais il faudra montrer. par des exemples, des faits et des morceaux choisis avec tact, en quoi consiste le sublime de la Bible, à savoir en cette merveilleuse alliance de l'idée la plus haute et de la forme la plus vraie, si bien que la forme et le fond ne font qu'un, que les pensées de Dieu trouvent là leur expression définitive, qu'elles ne pourraient être dites autrement sans dommage, et qu'une fois proclamées, même dans cette langue orientale et lointaine, elles sont à jamais passées dans l'esprit et la vie de l'humanité. — En entrant dans les détails, le théoricien de la prédication montrera comment les différentes branches de la théologie et les institutions de l'Eglise fournissent la matière des discours de la chaire. C'est du dogme qu'il s'occupera tout d'abord. Les sermons de dogme pur comme de morale pure ne sont pas en honneur, et non sans raison. Le but à poursuivre c'est d'unir dans la prédication le dogme et la morale : il faut montrer l'idée dogmatique pénétrant la vie, et il faut montrer la vie pratique s'inspirant et découlant de la conviction religieuse. Le dogme est l'interprétation philosophique d'une réalité religieuse; il y a dans tout dogme un double élément : le fond, la réalité religieuse, puissante, éternelle, et la forme qui est d'un temps, d'un pays, d'un certain tour d'esprit philosophique. On doit faire effort pour dégager l'esprit vivant de la formule philosophique qui l'enserre, ne pas se blesser à la formule étrange et parfois dépassée, et présenter à l'auditoire la réalité sainte toujours présente sous l'enveloppe bizarre ou choquante. Reculer devant le sermon dogmatique serait une preuve de débilité intellectuelle et historique. Il y a dans la prédication bien entendue du dogme une haute édification et parfois des mouvements oratoires d'une grande puissance. Il en est de même des sermons de morale : ils ne sont secs et inefficaces que lorsque la morale est séparée de l'esprit évangélique. La prédication visant la concience et l'Evangile étant avant tout éthique, les sermons de morale sont naturellement indiqués. On peut présenter la morale au point de vue chrétien, comme antécédent : la loi est un pédagogue menant au Christ ; montrer l'impuissance de l'homme à accomplir la loi, le péché et le besoin de grâce d'un côté, et de l'autre le besoin d'un soutien, le Saint-Esprit ; et comme conséquent : la conversion est une sanctification, tous les devoirs découlent du don de l'âme à Dieu par Christ. On peut prêcher soit la morale générale : la conversion, la charité, l'humilité, l'espérance, soit la morale particulière : les devoirs des enfants, le respect dû à la vieillesse, l'instruction, le culte, mais en rattachant ces devoirs spéciaux au principe supérieur, à la morale générale. Il faut éviter, ceci est affaire de tact pastoral, certains sujets trop étroits qui ont discrédité les sermons de morale, écarter toutes les personnalités directes, se garder de discours exclusivement sociaux et politiques, d'autant qu'on a pour traiter ces matières la conférence, la revue et le journal. — L'apologétique fournit ample matière à la prédication : en un sens toute prédication est apologétique. L'apologétique a pour but de montrer comment l'Evangile répond aux besoins profonds de l'âme humaine. Elle peut se diviser en ces trois parties : philosophique ou psychologique, idée de la religion, du péché, de la souffrance morale, besoin d'un sauveur, critique ; histoire des religions montrant surtout comment elles ne rétablissent pas par le moyen moral, par une personne sainte, le lien brisé entre l'homme et Dieu ; positive, comment Jésus-Christ est la vraie médiation ou la vraie religion, en tant qu'il réunit par sa parole et sa vie saintes Dieu et l'homme séparés par le péché. Les sermons d'apologétique doivent être surtout positifs et affirmatifs. L'exposition des objections et des doutes et leur réfutation en chaire à de graves inconvénients. Ce n'est pas là ce que l'auditoire attend du prédicateur, il veut l'édification et non la discussion qui n'est pas là à sa place, d'autant que les adversaires sont absents. C'est un facile triomphe qui peut causer de grands dommages. Les sermons de controverse, d'Eglise à Eglise, de parti à parti, d'une manière générale ne sont pas de mise en chaire. Il faut toujours procéder par expositions affirmatives, ne pas attaquer des adversaires dont il est si aisé de dénaturer les pensées et les intentions. Votre affirmation, si elle est vraie, évangélique, appuyée de faits et de preuves, emporte et détruit les erreurs contraires. — La prédication trouve aussi ses sujets dans l'histoire. La Bible est une histoire, l'Evangile est une histoire. Les faits et les exemples frappent et instruisent mieux que les idées et les préceptes. *Longum iter est per præcepta, breve et efficax per exempla* (Sénèque, *Epist.* 6). Les beaux traits de l'Ancien Testament et les récits touchants de l'Evangile incarnent une vérité de la manière la plus saisissante. L'orateur se priverait d'une source abondante d'édification s'il négligeait les faits et les personnages bibliques. Il doit aussi éclairer ses exhortations par les exemples de piété que lui fournit l'histoire de l'Eglise, les premiers siècles, les persécutions, les dramatiques événements de la Réforme. Toutefois on ne saurait prendre pour texte d'un discours religieux la vie d'un personnage, aussi pieux soit-il, qui ne serait pas biblique : l'austérité huguenotte s'effaroucherait de ce procédé. Les panégyriques des saints et les oraisons funèbres qui ont produit des chefs-d'œuvre dans l'Eglise catholique sont un genre qui n'est pas sans danger et que ne comporte pas le tempérament protestant. Il y a d'ailleurs dans la Bible tant de traits admirables qui doivent devenir le texte des exhortations! Le discours sur une histoire biblique s'appelle d'ordinaire homélie. La différence entre l'homélie et le sermon n'est pas essentielle. Sans doute l'homélie est plus analytique, plus familière et comporte des explications plus variées et plus détaillées. Mais au fond le sujet est toujours un, les différentes parties du récit convergent vers un but unique. La différence entre le sermon et l'homélie est plutôt dans la forme, et surtout dans le texte, le sermon développant une proposition unique, l'homélie développant un récit étendu. — Enfin les fêtes chrétiennes offrent à certains jours au prédicateur le sujet de ses exhortations. Il faut toujours et directement prêcher sur la solennité qui réunit l'Eglise : la piété des fidèles le demande et elle serait déçue si l'orateur traitait un sujet étranger. Il y a d'ailleurs une matière si riche dans les fêtes chrétiennes. On trouverait d'abord une source abondante et trop peu connue d'édification dans leur genèse même, dans leur histoire, dans la manière dont elles sortirent des émotions et de la piété des fidèles ; par exemple l'institution tardive de Noël (la date symbolique du 6 janvier, l'Epiphanie, la Noël de l'Eglise d'Orient et la date symbolique du 25 décembre, la Noël de l'Eglise d'Occident) montrerait admirablement comment l'Eglise s'attacha tout d'abord aux faits rédempteurs avant de se préoccuper de la naissance, comment le 6 janvier et le 25 décembre indiquent par leur symbolisme la tendance idéaliste de l'Orient, le fils de Dieu, et la tendance réaliste de l'Occident, le fils de l'homme, comment la victoire définitive du 25 décembre marque le désir de l'Eglise d'avoir une fête plus intime, plus touchante, rappelant plus directement l'humanité de Jésus notre frère. Puis il y a dans les trois grands cycles des fêtes chrétiennes, dont Noël, Pâques et Pentecôte forment le point culminant, une variété très grande de sujets et d'aperçus. Il faut traiter pieusement ces institutions pieuses, ne pas se heurter à la lettre qui tue mais dégager l'esprit qui vivifie, saisir l'âme, la pensée, l'affirmation sainte dont chacune de ces fêtes est la glorification : le don de Dieu en Jésus-Christ, la résurrection et la vie, le triomphe de l'Esprit. La fête de la Réformation, récemment instituée, peut être d'une grande efficace, à la condition que nous ne versions pas dans le panégyrique des saints ; mais l'esprit des pères nous préservera de cette chute : rien n'est fortifiant et élevant comme la tradition, la nuée de témoins qui nous enveloppe. D'une façon générale il est nécessaire, en traitant des fêtes chrétiennes, de ne jamais oublier que ces institutions, comme les paroles du Seigneur, sont esprit et vie. Telle est, en un tableau succinct, la matière de la prédication. — *c. La forme.* Deux observations préliminaires. Le théoricien de la prédication doit éclairer et illustrer ses enseignements par les exemples tirés des grands orateurs de la chaire. Il doit avoir dans l'esprit et sous la main les passages remarquables qui sont comme la confirmation de ses théories. Ceci s'applique à la matière de la prédication : les grands sermons de dogme, de morale, d'apologétique, d'histoire, les homélies, les discours de solennités chrétiennes doivent être mis à profit et servir à l'appui. Mais ceci s'applique surtout à la forme de la prédication : aucun précepte ne doit être donné qui ne soit éclairé par l'exemple d'un grand orateur. En second lieu, le théoricien de la prédication doit être bref sur la forme de la prédication et doit uniquement insister sur le côté spécial relatif au discours de la chaire : en effet, tous les traités de rhétorique générale renferment les préceptes sur la disposition, l'élocution et l'action, applicables à tous les discours. L'homilétique ne veut s'occuper que des points particuliers au sermon. Le prédicateur doit être sans cesse préoccupé de sa tâche, et toutes ses lectures, ses méditations, ses conversations, ses études doivent converger vers ce point central de son œuvre. Quand une idée oratoire, un sujet de discours le frappe, il doit en prendre possession, les fixer dans son esprit, ou mieux, et par prudence, les noter sur le papier. Le moment de la décision pour le choix d'un sujet arrive. Il faut s'arrêter par un effort viril de volonté à un sujet et ne pas laisser flotter la pensée sur des sujets divers qui sollicitent l'attention. Le sujet bien arrêté, l'orateur doit y concentrer toutes les forces de son esprit, l'examiner sous toutes ses faces, et le réduire toujours à une proposition exhortative, simple et ferme. Il doit porter ce sujet avec lui et en lui, comme élément constant de méditation et de préoccupation ; cette gestation spirituelle est absolument nécessaire. Que le sujet soit un et intéressant. L'unité est la condition essentielle de la clarté et de la puissance. L'intérêt naîtra et du sujet en soi, pris objectivement, et de l'ardeur sainte, subjective, avec laquelle il sera présenté. — Le sujet ne va pas sans le texte. Le texte et le sujet ne font qu'un. L'usage du texte biblique est impérieusement commandé par respect pour la parole de Dieu, par respect de la tradition et par le secours immense qu'il fournit au prédicateur. Un texte heureux est une grande force, il aiguillonne la pensée, il éveille l'attention et il pénètre dans les âmes. Souvent le texte fournit le sujet, d'autres fois le sujet fait trouver le texte, d'ordinaire le texte et le sujet se présentent ensemble : peu importe, pourvu que dans l'œuvre de la composition du sermon, le sujet et le texte s'unissent dans une salutaire synthèse. Après cette incubation nécessaire, le discours se dessine vaguement dans ses grandes lignes. Il s'agit alors de donner de la précision, de la vigueur et du relief ; c'est le plan, la disposition. L'ordre est en tout nécessaire et il est, dans l'œuvre oratoire, la condition de la beauté. Un discours sans méthode est une monstruosité, comme un sujet difforme et repoussant. C'est la confusion, l'obscurité et l'impuissance. « Transportez d'un lieu à l'autre une partie quelconque du corps humain ou de celui d'un animal, encore que pas une ne manque, vous avez produit un monstre. Une armée en désordre se fait obstacle à elle-même » (Quintilien, l. VII). — Le discours doit avoir une entrée en matière, une exposition large et développée et une terminaison surtout exhortative et pressante, c'est-à-dire que dans le sermon il y a l'exorde, les diverses parties et la péroraison. On a discuté sur la convenance de l'exorde, des divisions et de la péroraison : discussions stériles, sous un nom ou sous un autre cette marche s'impose, il faut à un tout achevé un commencement, un milieu et une fin. Les règles les plus minutieuses se trouvent dans les traités d'homilétique sur les diverses parties du discours. On pourra les examiner en détail, donner de sages conseils sur l'exorde, sur l'administration et le groupement des preuves diverses, bibliques, philosophiques, historiques, sur la manière de clore le plus heureusement et le plus salutairement les discours. On pourra signaler, au milieu de ce luxe de règles et de préceptes, lesquels sont réellement utiles et de saison. Mais, avant tout, on devra faire ces trois choses : 1° par les chefs-d'œuvre des maîtres de la parole chrétienne exposer, d'une manière vivante et pratique, comment un sujet peut être développé et ordonné de façon à faire l'impression la plus profonde ; 2° faire un appel constant à l'individualité, ne pas l'étouffer sous les règles et les formules, la meilleure manière de saisir et de présenter une idée étant toujours la manière personnelle, et le précepte capital de l'éloquence étant celui-ci : soyez vous-même ; 3° conclure que la disposition la meilleure est celle qui donne au discours le plus de relief et de progression dramatique, si bien que la pensée s'incruste fortement dans l'âme de l'auditeur, entraîne sa volonté vers le but que l'orateur veut atteindre. *Quid aliud est eloquentia nisi motus animæ continuus?* (Cicéron). — Toutes les pensées demeurent indécises et flottantes si elles ne se fixent par l'écriture. On ne devient orateur qu'en écrivant. La plume est la meilleure maîtresse de l'éloquence, dit Cicéron. L'expérience a prononcé, et les grands orateurs ne sont des maîtres de la parole que parce qu'ils sont d'abord des maîtres dans l'art d'écrire. Une partie importante de l'homilétique sera donc l'élocution ou le style. Là seront traitées toutes les questions relatives au style, comment le style est l'homme même, imprimant son individualité sur la pensée, la faisant passer dans sa vie pour la communiquer aux autres ; comment écrire c'est à la fois bien penser, bien sentir, bien dire, et j'ajouterais bien ordonner ; comment le style est la vraie création personnelle. Là seront exposées et étudiées les qualités essentielles du style, la clarté, la pureté, la propriété, le naturel, la convenance, la noblesse, l'harmonie en même temps que les nombreuses figures oratoires si nécessaires au discours. Tout spécialement on insistera sur ces deux qualités maîtresses du discours religieux : la couleur et le mouvement. Quand on parle au peuple rassemblé dans une église, il ne suffit pas de formuler sa pensée, il faut la peindre, il faut qu'elle brille aux yeux de tous, c'est la condition de la popularité, de la clarté et de la puissance. Il est bien entendu que la couleur n'est pas l'enluminure, et que l'effort du prédicateur n'est pas de faire un discours éclatant : il est des couleurs douces, tendres, mystiques qui donnent au discours cette grâce évangélique, l'onction. Les figures seront ici un moyen précieux, mais surtout le grand secret de la couleur sera la méditation et la pénétration de la Bible, avec ses teintes innombrables, inspirées, allant de la simplicité la plus naïve jusqu'au sublime éclatant et triomphant. D'un autre côté, le mouvement sera nécessaire. Il ne s'agit pas de fatiguer à coups d'interrogations, d'exclamations et de figures l'auditeur haletant, il s'agit de tenir son attention en éveil, de ne pas laisser languir son intérêt, et de le presser vers le but de sanctification que le prédicateur poursuit sans cesse. — Enfin, une dernière partie de l'homilétique c'est la diction ou l'action. Dès l'entrée se pose la grave question de la récitation ou de l'improvisation. La question de la lecture du sermon en chaire est écartée par le fait que cette méthode n'est pas essentiellement oratoire : employée dans plusieurs contrées, elle tend à disparaître. L'improvisation, au sens absolu, idées, disposition et formes, est absolument condamnable ; ce n'est pas une méthode, c'est une témérité, une gageure et une irrévérence, c'est le fruit de la paresse et de l'orgueil. Quand on parle d'improvisation on entend l'improvisation après une préparation sérieuse ; savoir ce qu'on veut dire, mais ne pas savoir comment on le dira. De même quand on parle de récitation, on entend non un asservissement mécanique à des mots écrits, mais une reproduction vivante de la forme écrite de sa pensée. En principe il faut, sans hésitation, donner la préférence au sermon écrit. Il faut absolument que le prédicateur donne, par un labeur assidu, la forme la plus vraie à sa pensée, il ne le peut que par le style, le style c'est toujours la pensée. La pensée se présentant dès lors à notre esprit sous cette forme précise la mémorisation est chose toute simple, nous ne pouvons guère dire notre pensée que sous la forme que nous avons arrêtée avec sérieux et avec effort. En tout cas, l'improvisation, même après un grand travail de préparation, ne doit jamais être le fait d'un jeune prédicateur : il y a là trop de hasards à courir et qui jettent sur le ministère une défaveur méritée. L'improvisation ne peut être conseillée qu'après de longues années de travaux écrits. Elle est, suivant les natures et les aptitudes, le fruit et la récompense de patients labeurs. *Maximus studiorum fructus est, et velut præmium quoddam amplissimum longi laboris, ex tempore dicendi facultas* (Quintilien, X, 7). Les conseils sur la voix, le geste, l'attitude termineront cette dernière partie de l'homilétique. Une pensée qui doit être l'âme et le couronnement de la théorie de la prédication, c'est la pensée de la dignité et de la grandeur de la parole et de la responsabilité de l'orateur chrétien. Tout l'effort du prédicateur doit tendre à l'élévation, à la conversion et à la sanctification des âmes, c'est le but. Le moyen c'est l'art de la parole, non pas l'art pour l'art, mais l'art pour la vérité, pour la sainteté, pour l'Evangile, pour Dieu. De là le devoir pour l'orateur de progresser dans la piété et dans la science et de travailler sans relâche à l'œuvre sainte de la prédication.

Bibliographie : Les admirables et classiques traités de Cicéron et de Quintilien doivent être toujours étudiés et ne seront jamais consultés sans fruit par les orateurs. Quant aux traités spéciaux sur l'éloquence de la chaire, relevons dès les origines de la Réformation les traités de Mélanchthon, *De arte dicendi declamatio*, et d'Erasme, *Ecclesiastes*. En français, parmi les catholiques, il faut citer comme pouvant être utilement consultés Fénelon, *Dialogues sur l'Eloquence*, ouvrage si précieux, constamment réimprimé, et dont les éditions populaires se multiplient encore aujourd'hui ; le cardinal Maury, *Essai sur l'Eloquence de la chaire*, ouvrage trop vanté à tous les points de vue et au sujet duquel il faut faire les plus expresses réserves ; l'abbé Vétu, *Les vrais principes sur la prédication* ; l'abbé Bautain, *Essai sur l'art de parler en public*, c'est un traité utile, mais absolument systématique en faveur de l'improvisation. Le nombre des traités catholiques sur l'art de la chaire est énorme : on peut en voir la liste dans le *Dictionnaire des prédicateurs français*, 1757, ou dans Joly, *Histoire de la Prédication* ; ces traités sont complètement oubliés et ils ne sont ni consultés, ni connus, même par ceux qui y ont un intérêt direct. Il est juste cependant de citer les noms suivants dont les œuvres ne sont pas sans mérite, à en juger par les fragments que nous avons lus : tous sont du dernier siècle : le Père Gaichiès, *Maximes sur le ministère de la chaire* ; l'abbé de Villiers, *L'art de Prêcher*, en quatre chants, vers bien frappés et conseils solides comme ceux du Père Gaichiès, 1695 ; Arnaud, *Réflexions sur l'éloquence des prédicateurs;* Père Albert, *Véritable manière de bien prêcher* 1701 ; l'abbé Gros de Besplas, *Essai sur l'Eloquence de la chaire avec le tableau de ses progrès et de sa décadence*, 1767, aperçus brillants et justice relative rendue aux orateurs protestants. — Les homilétiques protestantes françaises méritent une place distinguée : Michel Lefaucheur, *Traité de l'action de l'orateur*, Paris, chez Augustin Courbe, en la galerie des merciers, à la palme, 1657, in-12, avec privilège du Roy ; autres éditions : Lyon 1676 ; Leyde, 1686. C'est un vrai petit chef-d'œuvre. Bien qu'il ne traite directement que de la dernière partie de l'homilétique, l'éloquent et savant pasteur donne des aperçus généraux sur la prédication : on doit relever dans ce traité la préoccupation de la piété comme base de toute éloquence, le caractère très français et très protestant, pratique, ferme et tempéré, la haute culture, la possession complète des lettres antiques, le souvenir toujours présent de Démosthène et de Cicéron, et enfin la forme littéraire très soignée et très pure. Jean Claude, *Traité de la composition d'un sermon*, dans les *Œuvres posthumes* de M. Claude, tome Ier, Amsterdam, chez Pierre Savouret, 1688, avec privilège de nos seigneurs les Etats : intéressant et remarquable à bien des égards, comme ne pouvait manquer de l'être un livre sorti de la plume du célèbre pasteur, « un des plus grands hommes de son ordre, » comme dit Bayle. Le traité étudie les cinq parties du sermon, l'exorde, la connexion, la division, la tractation et l'application. Toutefois ce traité ne répond pas au grand nom de l'auteur. Il y a un manque choquant de proportion entre les diverses parties, le style est terne, c'est à peine rédigé, il ne faut pas oublier que c'est une œuvre posthume, des plans de sermons très développés encombrent le livre. Surtout il y a trop de divisions, de subtilités, de règles parfaitement arides. Nous pensons que ce sont de simples notes auxquelles le professeur donnait la vie, quand il enseignait officieusement à l'académie de Nîmes, avant sa nomination à Paris. La Placette, *Avis sur la manière de bien prêcher*, Rotterdam, chez Abraham Acher, 1733. Le livre a été publié après sa mort par Cartier de Saint-Philippe. Il se divise en trois parties : 1° le choix des pensées et des réflexions qui doivent faire la matière d'un sermon ; 2° la manière de les exprimer ; 3° la manière dont on doit les prononcer. Conseils pleins de vérité, de piété et de sagesse, tels qu'on devait les attendre du Nicole protestant. Quelques erreurs à relever, une sévérité excessive vis-à-vis de ce que l'auteur appelle les ornements du style, et une condamnation de l'exorde comme inutile. Ostervald, *De l'exercice du ministère sacré*, Amsterdam, chez Bernard, 1737. C'est un cours bénévole fait aux étudiants de Neuchâtel, les académies n'enseignant exclusivement que les lieux communs de la rhétorique. Trois choses nécessaires pour le prédicateur : la piété, les dons, le travail. Règles utiles, pratiques sur la composition du discours. Manque de vues générales, n'est pas un traité systématique. Reinhardt, *Lettres sur ses études et sa carrière de prédicateur*, 1 vol. in-12, 1816, traduction par J. Monod et Stapfer. Fort instructif, vivant, donne sa manière personnelle de composer le sermon. N'est pas, à proprement parler, une homilétique. Chenevière, *Observations sur l'éloquence de la chaire*, Genève, 1824, remarques de bon sens et de finesse qui seront lues et méditées avec fruit. Vinet, *Homilétique*, in-8°, Paris, 1853, traité le plus complet et le plus scientifique sur la matière. Livre profond, grave, riche d'idées et de faits. Trois parties, suivant la méthode classique, l'invention, la disposition et l'élocution. Coquerel, *Observations pratiques sur la prédication*, Paris, 1860. L'éminent prédicateur donne les conseils de sa longue expérience, il veut être absolument pratique. Livre plein de vie, de piété, d'entrain et d'éclat. Il devrait être entre les mains de tous les jeunes prédicateurs. — Homilétiques anglaises : W. Perkins, *Art of Prophesying*, 1613 ; Sam. Hieron, *The preacher's Plea*, 1656 ; Bischof Chappel, *The preacher*, 1656 ; Seppens Robert, *The preacher's Guard and Guide*, 1664 ; Bischof Wilkins, *Gift of preaching*, 1667 ; Glanvn Joseph, *Essay concerning preaching*, 1678 ; Edwards, *The preacher*, 1705 ; Mather Cotton, *The student and preacher*, 1710 ; Jennings, *Discourses on preaching Christ*, 1723 ; Doddridge, *Lectures on preaching*, 1751 ; Fordyce, *Theodorus, a diologue on the art of preaching*, 1754 ; Campbell, *Lectures on pulpit eloquence*, 1775 ; Holland, *Discourse on the character, offices, and qualifications of the christian preacher*, 1780 ; Gregory, *Thougts, on the composition and delevery, of a sermon*, 1787 ; Williams, *Christian preacher*, recueil contenant des œuvres de Wilkins, Jennings, Frank, Watts, Doddrigge et Claude, 1800, 5e édition avec un appendice, 1843 ; Bramvell, *The salvation preacher*, un abrégé de l'éloquence chrétienne de Gisbert, 1809 ; Clarke, *Letter to a preacher*, 1819 ; Ware, *Hints on extemporaneous preaching*, 1824 : unitaire estimé, réimprimé dans la rhétorique sacrée de Ripley ;

Lloyd, *Extensy inquiry* : qu'est-ce que prêcher Christ et quelle est la meilleure manière de le prêcher? 1825 ; Pike, *Essay on preaching*, 1830 ; Porter, *Lectures on homiletics and preaching*, 1834 : professeur estimé, connu par des publications antérieures du même genre et qui contribua aux progrès de l'éloquence sacrée en Amérique. Sturtevant, *Preacher manual*, 1838; Bricknell, *Preaching*, 1841 ; Vaughan, *The modern pulpit*, 1842 ; Rawson, *Hints of pulpit preparation*, 1848 ; Ripley, *Sacred rhetoric*, 1849 ; Adams, *Notes of the minister of Christ for the times, drawn from the holy scriptures*, 1850 ; Spring, *The power of the pulpit*, 1854 ; Stevens, *Preaching required by the times*, 1855 ; Cubitt, *Dialogues on pulpit preparation*, 1856 ; Taylor, de Californie, *The model preacher*, 1859 ; Murray, *Preachers and preaching*, 1860 : recueil de lettres et d'articles. Alexander, *Thougts on preaching*, New-York, 1861 ; Moore, *Thougts on preaching*, London, 1861 ; Begg, *The art of preaching*, 1863 ; Schedd, *Homiletics and pastoral Thedogy*, New-York, 1867 ; Zincke, *The duty and the discipline of extemporary preaching*, 1867 ; Kidder, *A treatise on homiletics*, New-York ; Hoppin, *Office and work of the christian ministry*, 1869. Sur la bibliographie de l'homilétique anglaise on trouvera des détails intéressants dans les ouvrages suivants que j'ai surtout consultés : *Cyclopædia of biblical, theological and ecclesiastical litterature*, de M'Clustock et Strong, vol. IV, New-York, 1876 ; *Lectures of the history of preaching*, de Broadus, New-York, 1876, dans l'appendice ; et *Treatise on homiletics*, de Kidder, recente édition, New-York, dans l'appendice. Kidder signale aussi quelques traités d'homilétique en italien, parmi lesquels on peut citer, dans ce siècle, Chilesotti, *Défaut de la prédication moderne*, 1824 ; Luxardo, *Traité d'éloquence sacrée*, 1850; Ottaviano, de Savone, *Leçons d'éloquence sacrée*, 1852 ; Rebuffo, *Lettres sur l'éloquence sacrée* ; tous ces traités publiés à Gênes. — Homilétiques allemandes : on trouve épars dans les œuvres de Luther des conseils profonds et des mots révélateurs sur l'éloquence de la chaire. On les a recueillis : Lenz, *Gesch. der Homil.*, 11 § 3, et Jonas, *Die Kanzelberedsamkeit Luthers*, 1852. Les anciens ouvrages sur l'art de la chaire étaient écrits en latin, Baser, *Compendium theologiæ homileticæ*, 1677 ; Krumholz, *Compendium homileticum*, 1699 ; Leyser, *Cursus homileticus*, 1701 ; Loseber, *Breviarium oratoriæ sacræ*, 1715 ; Rambach, *Præcepta homiletica*, 1736 ; Mosheim, *Anweisung erbaulich zu predigen*, 1765, publié après sa mort ; Spalding, *Nutzbarkeit des Predigtamtes*, 1772; Steinbart, *Anweisung zur Kanzelberedsamkeit*, 1779 ; Ammon, *Ideen zur Verbesserung der herrschenden Predigtmethode*, 1795 ; Schott, *Theorie der Beredsamkeit*, 1815-1828 ; Théremin, *Beredsamkeit, eine Tugend*, 1814-1838 ; Marheineke, *Grundlegung der Homiletik* ; Stier, *Kurzer Grundriss einer biblichen Keryktik*, 1830 ; Palmer, *Evangelische Homiletik*, 1842, 5e éd., 1867 ; Ficker, *Grundlinien der evangelischen Homiletik*, 1847 ; Nitzsch, *Prakt. Theologie*, 1848, vol. II ; G. Baur, *Grundlage der Homiletik*, 1848 ; Schweizer, *Homiletik der ev. prot. Kirche*, 1848 ; Gaupp, *Homiletik*, 1852 ; *Geschichte der christ. Homiletik*, 1839 ; Beyer, *Das Wesen der christl. Predigt nach Norm in Urbild der apostol. Predigt*, Gotha, 1861 ; Kiroch, *Die populære Predigt*, Leipz, 1861 ; Hagenbach, *Grundl. der Liturgik u. Homiletik*, 1863 ; Nebe, *Zur Geschichte der Predigt*, Wiesb., 1879, 3 vol.; Sack, *Gesch. der Predigt in der deutsch. evang. Kirche von Mosheim bis auf Schleiermacher*, Heidelb., 1866 ; Kaftan, *Die Predigt des Evangel. im mod. Geistesleben*, Bâle, 1879 ; Rothe, *Gesch. der Predigt*, Brême, 1881 ; Harnack, *Prakt. Theol.*, 1878, vol. II ; Th. Weber, *Betrachtungen üb. die Predigtweise*, 1869 ; Steinmeyer, *Topik im Dienst der Predigt*, 1874 ; Cremer, *Aufgabe u. Bedeutung der Predigt in der gegenw. Krisis*, 1877 ; ainsi que les revues homilétiques : *Pastoralblætter für Homiletik, Katechetik u. Seelsorge*, par Zimmermann et Leonhardi (depuis 1859) ; *Mancherlei Gaben u. ein Geist*, par Ohly (depuis 1862) ; *Die Predigt der Gegenwart*, par Wendel (depuis 1864) ; *Die deutsche Predigt*, par Marbach (1873-1874). Dans l'Eglise catholique, en Allemagne, Zarbl, *Handbuch der kath. Homiletik*, 1838 ; Lutz, *Handbuch der kath. Kanzelberedsamkeit*, 1851 ; Hirscher, *Beitræge zur Homiletik und Katechetik*, 1852 ; Kehrein, *Gesch. der kathol. Kanzelberedsamkeit der Deutschen*, 1843, 2 vol. A. VIGUIÉ.

PRÉFACE. Voyez *Messe*.

PRÉFET. Il y a dans la chancellerie romaine trois officiers à qui l'on donne le nom de préfet : celui de la daterie, celui de la signature de grâce et celui de la signature de justice. On donne encore le nom de préfet aux chefs ou présidents des congrégations romaines. On nomme préfets apostoliques les chefs de missions qui ne sont pas revêtus du caractère épiscopal ; ils ont tous les pouvoirs d'un évêque, excepté celui de conférer les ordres sacrés.

PRÉLAT. On appelle prélat (*prælatus, quasi præ aliis latus*), tous ceux qui, dans l'Eglise catholique, exercent une juridiction ordinaire. Dans un sens plus étendu, on donne ce nom à tous ceux qui ont charge d'âmes. Les supérieurs réguliers sont dans ce cas. Dans l'usage toutefois on n'applique guère ce titre qu'aux cardinaux, archevêques, évêques et autres supérieurs séculiers et réguliers revêtus de charges éminentes ou jouissant des droits épiscopaux.

PRÉMICES, nom donné aux présents que les Hébreux faisaient à Jéhova d'une partie des fruits de leur récolte, pour témoigner leur reconnaissance (voyez *Sacrifices*). En termes canoniques, ce mot se dit d'un droit qui, dans certaines paroisses, en Béarn surtout, consistait en un certain nombre de gerbes que les paroissiens donnaient à leurs curés. Il se nommait aussi *pacaire*.

PRÉMONTRÉS (Ordre des). Les prémontrés étaient des religieux chanoines réguliers, ainsi nommés de l'abbaye de Prémontré, chef de leur ordre, située au diocèse de Laon, en Picardie, et fondée en 1120 par saint Norbert (voyez cet article). Ils suivaient la règle de saint Augustin. L'ordre des prémontrés se multiplia fort vite, et le nombre de ses monastères dans tous les pays du monde a été si grand, qu'on y compte mille abbayes et trois cents prévôtés, sans les prieurés, divisés en trente-cinq cyrcaries ou provinces. Ce fut surtout en Allemagne que les prémontrés s'étendirent et devinrent puissants.

Ils portaient une soutane blanche et un scapulaire blanc, et se faisaient remarquer, dans l'origine, par une grande austérité, s'abstenant entièrement de viande. — Voyez Hélyot, *Hist. des ordres relig.*, II, 185 ss.; Paige, *Biblioth. Præmonstr.*, II, 2; Hugo, *Annales Ord. Præmonstr.*, Nancy, 1734; Mœller, dans le *Evang. Jahrbuch* de Piper, 1850 et 1852.

PRESBYTÉRIEN ou **PRESBYTÉRAL** (Système). — Le système presbytérien, dans le sens le plus strict de ce terme technique, a pour traits essentiels le concours des éléments laïque et ecclésiastique dans le gouvernement de l'Eglise et le caractère électif et représentatif des corps dans lesquels s'unissent ces éléments (voy. l'art. *Eglises protestantes*, p. 345 et ss.). — Ce régime naquit, dans les Eglises de la Réforme, du désir de reproduire le mieux possible les institutions apostoliques. Les premières traces historiques s'en trouvent, au quinzième siècle, chez les vaudois du Piémont et chez les frères de Bohême, dont les presbyters participaient à la direction de l'Eglise sans cependant siéger dans les synodes. Des principes analogues se firent jour, au début de la Réforme, en Hesse, où Lambert d'Avignon fit instituer un moment (1527) un synode annuel dans lequel chaque Eglise avait des délégués laïques, et où l'on établit plus tard (1539) des anciens appelés à participer à la cure d'âmes; à Zurich, où il y eut quelque temps (1528-32) un synode en partie laïque; à Strasbourg, où l'on institua (1561) un conseil de 21 anciens, etc. — Dans son *Institution chrétienne*, Calvin déclara que chaque communauté devait avoir un pasteur pour l'enseignement, des diacres pour l'assistance et un sénat laïque pour la discipline; il ne s'expliqua, du reste, ni sur les autres fonctions de ce conseil, ni sur la place qu'y devait tenir le pasteur; suivant lui, l'élection des fonctionnaires ecclésiastiques devait se faire par les fonctionnaires en charge, sauf l'assentiment du peuple; ajoutons qu'il signalait l'opportunité d'un synode qui eût été, non point un rouage permanent, mais une assemblée extraordinaire convoquée, dans les grandes circonstances, pour résoudre les difficultés dogmatiques. Ces principes étaient très généraux, Calvin admettant une très grande liberté sur ce qui ne touchait pas aux fondements de la doctrine et de la discipline, et ils ne s'appliquaient qu'à la communauté locale, le réformateur ayant songé en première ligne aux villes libres qu'il connaissait surtout. L'Eglise de Genève fut, en effet, placée en bloc sous l'autorité d'un Consistoire présidé par l'un des syndics et composé de 6 pasteurs (nommés par les autres pasteurs, sous la réserve de la ratification du Petit Conseil et de l'assentiment tacite du peuple) et de 12 anciens (tirés, 2 du Petit Conseil, 4 du Conseil des Soixante et 6 du Conseil des Deux-Cents, et nommés par ce dernier Conseil sur la présentation du Petit Conseil et des pasteurs). Ces divers membres du Consistoire étaient élus pour une année, mais indéfiniment rééligibles. Le gouvernement que Calvin donna à l'Eglise de Genève était donc, si l'on veut, presbytérien, mais il n'était point synodal; il ménageait une part à l'élément laïque, mais il ne faisait pas place au système représentatif, à l'agrégation des communautés et à la hiérarchie des conseils ecclésiastiques. — Ce fut au milieu du seizième siècle que le véritable régime presbytérien-synodal surgit soudain en France, en Ecosse et dans les Pays-Bas, sous l'influence de certains principes généraux combinés avec les circonstances. En France, les congrégations réformées, déjà nombreuses, et pourvues de Consistoires composés d'anciens et de diacres, n'avaient encore aucun gouvernement commun, lorsqu'un premier synode général se réunit à Paris en 1559 sur l'initiative des pasteurs du Poitou; la Discipline ecclésiastique ébauchée par cette première assemblée et développée par les suivantes, établit un large système représentatif qui, après avoir fleuri surtout de 1598 à 1659, fut plus tard déformé par la déchéance des synodes électifs et leur remplacement par des commissions gouvernementales. En Ecosse, une organisation analogue, mais qui attribuait aux anciens laïques des fonctions encore plus spirituelles et un rang encore plus élevé, fut adoptée vers 1560 sous l'influence de Knox, complétée en 1578 sous celle de Melville et ratifiée par le Parlement en 1592, puis en 1689; cette constitution a été retenue jusqu'à nos jours, non-seulement par l'Eglise établie, mais encore par les grandes Eglises séparées et elle a passé, avec les colons écossais, en Irlande et dans les colonies britanniques (voir l'art. suivant). En Hollande, l'Eglise réformée reçut du synode d'Emden (1571) une constitution presbytérienne et synodale qui fut revue et développée par le synode de Dordrecht (1618 et 1619), mais qui ne fut jamais, ni sanctionnée intégralement par l'Etat, ni complètement appliquée par l'Eglise; altéré, de 1619 à 1816, par la suppression tacite du synode national, et de 1816 à 1852, par la disparition presque complète de l'élément laïque dans les corps religieux et par l'intrusion multiple du pouvoir civil dans le gouvernement de l'Eglise, ce régime n'a guère commencé à fonctionner régulièrement que dans la seconde moitié de notre siècle. — Le régime presbytérien s'introduisit également de bonne heure dans diverses parties de l'Allemagne, par suite d'infiltrations néerlandaises et wallonnes; en 1568, un synode tenu à Wesel détermina dans ce sens la constitution ecclésiastique de plusieurs des provinces rhénanes, et, comme les congrégations luthériennes de la Westphalie suivirent, au dix-septième siècle, l'exemple des communautés réformées voisines, l'Eglise unie de la Prusse rhénane et de la Westphalie put recevoir, en 1835, une constitution presbytérienne et synodale assez régulière; des conseils d'anciens avaient été établis, dès l'époque de la Réforme, dans le Palatinat (1570), dans le duché de Nassau (1578 et 1586), etc.; en outre, vers la fin du dix-septième et au commencement du dix-huitième siècle, les réfugiés français transportèrent leur organisation ecclésiastique dans le Hanovre et le Brunswick. Toutefois, en Allemagne, le régime presbytérien fut partout altéré par l'attribution au souverain d'une sorte de puissance épiscopale. — D'Ecosse, de Hollande et d'Allemagne, le presbytérianisme passa en Amérique, au sud de l'Afrique, en Australie; de France et de Suisse, des institutions analogues se transplantèrent, au seizième siècle, chez les calvinistes de la Bohême et de la Hongrie et, de nos jours, chez les réformés de l'Italie et de l'Espagne. — Dans les Eglises suisses de formation zwinglienne, l'autorité civile, en tant qu'assistée des avis du corps pastoral, fut considérée comme représentant d'une manière fort convenable le peuple de l'Eglise ; l'on n'établit donc, au début, aucun office spirituel entre celui du ministre et celui du magistrat, aucun corps ecclésiastique entre les synodes pastoraux et les conseils politiques. Ce n'est que dans notre siècle, et à la suite du mouvement d'idées enfanté par les révolutions de 1830 et de 1848, que les deux principes de l'autonomie de l'Eglise et de la représentation des simples fidèles dans ses corps directeurs ont conduit, dans les cantons allemands, à l'institution d'un régime vraiment presbytérien et synodal. A la même époque, les Eglises luthériennes ou unies d'Allemagne ont fait des pas sérieux dans le même sens. Luther, bien qu'il n'admît que l'office de diacre à côté de celui de pasteur, avait désiré que, pour l'exercice de la discipline, le pasteur s'entourât des conseils de quelques laïques expérimentés ; plus tard, Jaq. Andreæ, Gasp. Lyser, Er. Sarcerius avaient cherché, dans divers Etats allemands, à combiner le presbytérianisme avec le consistorialisme régnant ; plus tard, Spener, s'armant du principe du sacerdoce universel, avait réclamé l'adoption, dans l'Eglise luthérienne, de certaines institutions calvinistes ; plus tard, enfin, Schleiermacher avait plaidé la cause de la forme presbytérienne. Une fois l'Union confessionnelle introduite dans certains Etats et le régime parlementaire installé dans presque tous, la plupart des Eglises protestantes d'Allemagne ont successivement été dotées de conseils paroissiaux et de synodes représentatifs. — Si nous cherchons maintenant à dégager le système presbytérien pur de ses manifestations historiques, nous constatons d'abord que le pivot du système, c'est l'importance donnée à l'office d'ancien. Quelquefois, l'ancien est assimilé au presbyter apostolique ; on tend alors à en faire une sorte de pasteur secondaire, qui est élu à vie, qui reçoit l'imposition des mains, qui participe d'office à l'administration des sacrements, à la cure d'âmes et même à la prédication de la Parole ; mais cette organisation ne peut se réaliser que dans les lieux où il se trouve une élite d'hommes joignant à la piété la culture et le loisir, et elle n'a pu, par conséquent, prendre pied dans aucune des grandes Eglises réformées. A l'heure qu'il est l'ancien est plutôt envisagé comme un laïque pieux, qui doit, sans doute, assister de son mieux les ministres de la Parole, mais qui doit également représenter, dans les corps ecclésiastiques, les connaissances, les expériences, les tendances particulières du peuple chrétien, pour faire contrepoids aux préventions, aux déviations, aux ambitions possibles du corps pastoral. Toutefois, pour que ce délégué du troupeau soit un véritable ancien, et non un simple diacre ou un simple fabricien, il faut qu'il possède, en matière de gouvernement et de discipline ecclésiastiques, un pouvoir égal à celui du pasteur ; il faut qu'il participe, non seulement à l'administration des fonds et à la représentation des intérêts de la paroisse, mais encore à sa direction spirituelle. On peut ajouter qu'il n'y a pas de presbytérianisme réel là où le pouvoir ecclésiastique n'est pas soustrait à l'autorité civile et là où il n'est pas investi dans l'ensemble de l'Eglise, en d'autres termes, là où les anciens sont choisis par un des corps de l'Etat et là où ils sont nommés sans aucune intervention du troupeau. Avec cela, le mode d'élection des anciens et la durée de leurs fonctions ont beaucoup varié d'époque à époque et varient encore beaucoup d'Eglise à Eglise. — Le second trait caractérisque du système presbytérien est la présence, à la tête de ce qu'on peut appeler l'Eglise *composée*, d'une série de conseils ou de cours, formant une hiérarchie de ressorts et d'instances de juridiction. Aux deux extrémités de l'échelle nous trouvons, d'une part, le conseil paroissial ou presbytéral (session des Ecossais, consistoire des Hollandais), qui dirige la communauté locale, et, d'autre part, le synode général ou national (assemblée générale des Ecossais), qui gouverne l'ensemble de l'Eglise; entre ces degrés viennent se ranger le colloque (consistoire actuel des Français, presbytère des Ecossais, assemblée classicale des Hollandais) et le synode particulier ou provincial. Dans le système presbytérien pur, ces assemblées de divers degrés sont composées de membres députés par l'une à l'autre, sauf que tous les pasteurs font de droit partie du conseil du second degré et que ce conseil ou le suivant fonctionne uniquement comme cour d'appel et non pas en même temps comme degré d'élection. Quant à la proportion des députés laïques dans chaque assemblée, aux attributions de ces diverses cours, à la durée de leur mandat et à la fréquence de leur convocation, elles ont passablement varié avec les lieux et les temps. — Comme système de gouvernement ecclésiastique, le régime presbytérien synodal présente sans doute certaines imperfections. Cependant là où il a pu faire ses preuves, il a montré qu'il réussissait assez bien à concilier les droits respectifs de la collectivité et de l'individualité et à assurer à la fois la conservation et l'expansion de la vie chrétienne; en tous cas, en utilisant les aptitudes et en augmentant les prérogatives des laïques, il a contribué à éveiller et à maintenir leur intérêt pour les choses de l'Eglise. Aussi a-t-on vu, dans notre siècle, certaines institutions presbytériennes copiées, non seulement par les luthériens, mais encore par les congrégationalistes, par les méthodistes et par les épiscopaux eux-mêmes. — Ouvrages à consulter : Edm. Scherer, *Esquisse d'une théorie de l'Eglise chrétienne*, Paris, 1845; Bæumer, *Die Presbyterialverfassung in ihrer Begründung*, etc., Hamm, 1823; Nippe, *Die Presbyterialverfassung und deren Einführung in d. deutsch-ev. K.*, Berl., 1847; Miller et Lorimer, *Gesch. und Wesen der Presbyterialverfassung, nebst Beschreibung der wichtigsten Presbyterialverfassungen*, Halle, 1849; A. L. Richter, *Geschichte der ev. Kirchenverfassung*, Leipz., 1851; D. King, *An Exposition and Defence of the Presbyterian Form of Church Government*, Edimb., 1853; Lechler, *Gesch. der Presbyterial-und Synodalverfassung seit der Reformation*,

Leyde, 1854 ; Heppe, *Die Presbyterial-Synodalverfass. der ev. K. in Norddeutschland*, Iserlohn, 1868. F. CHAPONNIÈRE.

PRESBYTÉRIENS. — On réserve souvent le nom de presbytériens aux protestants de race anglo-saxonne qui ont repoussé, de propos délibéré, et le système épiscopal, et le système congrégationnel, pour se placer, eux et leur Eglise, sous le régime presbytérien et synodal. L'histoire ou, pour le moins, la statistique des presbytériens d'Ecosse, d'Angleterre, d'Irlande, des Etats-Unis, du Canada et de l'Océanie se trouve esquissée dans les articles consacrés à ces divers pays, ainsi que dans les articles *Iles britanniques* et *Puritains*. Nous nous bornerons donc ici à quelques mots sur la doctrine, le culte, l'organisation ecclésiastique et la vie religieuse de l'ensemble des presbytériens de langue anglaise. — 1° *Doctrine*. Les Eglises presbytériennes ont presque toutes maintenu à leur base la confession de Westminster (1645-46), qui a une couleur calviniste et puritaine prononcée. Les ministres et les anciens de la plupart de ces Eglises sont encore liés à ce symbole par des engagements assez rigoureux. Nous devons cependant excepter de cette règle générale, non seulement les *Non-subscribing Presbyterians* d'Angleterre et d'Irlande qui, tombés, au dix-huitième siècle, dans le latitudinarisme et le socinianisme, ont fini par se confondre avec les unitaires, mais encore l'Eglise presbytérienne du Cumberland (Etats-Unis), qui a cherché à combiner le presbytérianisme avec le méthodisme, et dont la profession de foi est plutôt arminienne que calviniste. Ajoutons qu'en Ecosse même, l'Eglise presbytérienne unie a récemment publié une déclaration dogmatique qui atténue sur divers points la rigueur du symbole de Westminster. Au reste, celles des Eglises presbytériennes qui n'ont encore revisé ni leur confession de foi, ni leurs engagements d'ordination, renferment, elles aussi, dans leur sein, des théologiens plus ou moins émancipés ; l'ancien rationalisme des « modérés » a fait son temps en Ecosse, mais l'ancienne orthodoxie des « sauvages » fait place, un peu partout, à une nouvelle école qui, tout en restant fidèle aux grandes doctrines évangéliques, s'efforce pourtant de leur donner une forme plus scientifique et plus libérale. — 2° *Culte*. Le culte presbytérien a un cachet avant tout didactique et pratique ; l'élément esthétique et mystique y est singulièrement sacrifié. Les temples ne renferment ni autel, ni baptistère, ni crucifix, ni cierges, ni images (sauf quelquefois sur les vitraux) ; l'orgue manque généralement aussi, et la chaire a souvent la forme d'une estrade à plusieurs places ; les pasteurs officiants revêtent cependant la robe noire et le rabat. Les presbytériens ont supprimé l'usage des liturgies et même la récitation du décalogue, du symbole apostolique et de l'oraison dominicale ; toutes les prières (que les fidèles écoutent debout, assis ou à moitié agenouillés) sont abandonnées à la discrétion du pasteur ; cependant l'agende trace d'avance l'ordre général de la « longue prière » qui, en Ecosse, dure de dix à quinze minutes. Pendant longtemps, les seuls chants usités dans les Eglises ont été les psaumes canoniques, rimés en quatrains monotones, et quelques paraphrases en vers de divers morceaux bibliques ; plusieurs petites Eglises repoussent encore l'invasion des «hymnes humains» et les plus grandes hésitent toujours à accepter les secours de la « musique instrumentale». Le sermon, qui est souvent une lecture, a généralement un caractère dogmatique ou exégétique, et il occupe la plus grande partie des deux ou trois services publics du dimanche. Le sabbat est observé très rigoureusement, mais les fêtes commémoratives des grands faits chrétiens ont été rejetées comme non scripturaires. La sainte cène n'est célébrée qu'à de rares intervalles ; son administration est précédée d'un sérieux exercice de la discipline et de nombreux services de préparation ; les fidèles communient assis à de longues tables. Les mariages étaient naguère toujours bénis dans la maison de l'épouse, sans robe ni liturgie ; les services funèbres consistaient en une prière faite au domicile mortuaire, sans qu'aucune parole fût ensuite prononcée sur la tombe du mort. La sécheresse et la rigidité de l'ancien culte puritain ont depuis quelque temps provoqué, dans les Eglises presbytériennes, un mouvement de réaction assez sensible ; la jeune école abandonne peu à peu le principe que tout ce qui n'est pas un commandement absolu de la Bible est une invention arbitraire et impie des hommes et elle commence à faire, dans son culte, quelques légères concessions à l'imagination et au sentiment. — 3° *Organisation ecclésiastique.* Les presbytériens reconnaissent trois ordres de fonctionnaires ecclésiastiques : les «ministres», auxquels ils réservent la prédication de la Parole et l'administration des sacrements, les «anciens» (*ruling elders*), qui sont chargés, de concert avec les ministres, du gouvernement et de la discipline de l'Eglise, et les «diacres», auxquels on confie les affaires temporelles et le soin des pauvres. Les anciens, qui cumulent quelquefois avec leur office celui des diacres, sont généralement, à l'heure qu'il est nommés par la congrégation ; cependant, le conseil de paroisse peut casser leur élection, sauf appel aux cours supérieures; ils sont installés publiquement et prennent un engagement solennel. La nomination des pasteurs se fait également par les paroissiens, mais leur vocation a lieu par l'intermédiaire du presbytère, qui peut écarter les choix indignes et par lequel les élus doivent être consacrés et installés ; un ministre ne peut, en outre, passer d'un poste à un autre sans l'agrément des deux presbytères intéressés. L'assemblée générale de la congrégation, composée des membres reçus à la communion et qui n'ont pas été placés sous discipline (les femmes y ont souvent droit de vote) se réunit ordinairement au moins une fois par an pour entendre le rapport du conseil de paroisse. Le conseil (*Church* ou *Kirk Session*), composé du pasteur et des anciens, a des pouvoirs administratifs et disciplinaires assez étendus. Chaque conseil de paroisse a au-dessus de lui un presbytère (*Presbytery*), composé des ministres du district et d'un ancien choisi par chacun des conseils paroissiaux du district ; ce corps surveille et visite les paroisses, examine et consacre les candidats au saint ministère et exerce la juridiction ecclésiastique sur tous les pasteurs de son ressort. Les synodes provinciaux (*Synods*), composés chacun du personnel entier de plusieurs presbytères, se réunissent deux fois par an pour juger les causes qui leur sont renvoyées par les cours inférieures. Les Eglises presbytériennes les plus importantes ont enfin, comme cour suprême, une assemblée générale (*General Assembly*), composée de ministres et d'anciens en nombre à peu près égal; en Ecosse, ces délégués sont élus par les presbytères et pour une année; en outre, aucune décision législative de l'assemblée générale ne peut lier l'ensemble de l'Eglise avant d'avoir reçu la sanction de la majorité des presbytères. Ajoutons que les Eglises presbytériennes anglo-américaines, au nombre d'une trentaine environ, ont formé, en 1876, une Alliance presbytérienne universelle, dans laquelle elles ont cherché à faire entrer aussi les Eglises réformées orthodoxes du continent européen, et que cette Alliance tient, tous les trois ans, un concile général (*General Presbyterian Council*), composé de délégués régulièrement élus par les Eglises, et autorisé à leur adresser des recommandations officieuses. — 4. *Vie morale et religieuse.* La discipline des mœurs s'exerce dans les Eglises presbytériennes plus que dans la plupart des autres Eglises protestantes; elle s'exerce, en tous cas, dans l'Eglise établie d'Ecosse plus que dans toute autre Eglise nationale. Les presbytériens se distinguent par un amour sincère de l'étude, par une connaissance approfondie de la Bible, par une sanctification rigoureuse du dimanche, par la célébration habituelle du culte domestique, par l'impulsion remarquable qu'ils savent donner aux réunions privées et aux associations volontaires; on vante les connaissances, l'honorabilité, le dévouement de leurs pasteurs, l'activité ecclésiastique, le zèle missionnaire, la libéralité chrétienne de leurs laïques. Certains critiques remarquent cependant que la passion des presbytériens pour l'indépendance et pour l'égalité leur donne parfois des allures hautaines, un ton tranchant, un esprit ergoteur; que l'intérêt avec lequel ils s'associent aux discussions publiques de leurs grands parlements religieux a pour contre-partie la ténacité de leurs préventions théologiques et l'âpreté de leurs controverses ecclésiastiques; que leur esprit d'initiative et d'entreprise individuelle imprime quelquefois à leur christianisme un caractère agité et bruyant, trop enclin à l'ostentation et point assez scrupuleux à l'égard du charlatanisme; enfin (cette remarque est d'A. de Mestral), qu'ils ont le tort d'aimer leur Eglise comme on aime une fille, et non une mère, de l'aimer pour ce qu'ils lui donnent, et non pour ce qu'ils en reçoivent. — Ouvrages à consulter: Cunningham, *Church History of Scotland*; Hetherington, *History of the Church of Scotland;* Killen, *Ecclesiastical History of Ireland*, London, 1875; Mac Crie, *Annals of English Presbytery;* Ch. Hodge, *Constit. History of the Presb. Ch. in the U. S. of America*, Philad., 1839 et ss.; Gillett, *History of the Presb. Ch. in the U. S.;* Webster, *History of the Presb. Ch. in America*, Philad., 1857; *History of the Division of the Presb. Ch. in the U. S.*, New-York, 1852; *Presbyterian Re-Union, a Memorial Volume*, New-York, 1871; Crisman, *Origines and Doctrines of the Cumberland Presbyt. Church*, Saint-Louis, 1877; *Report of Proceedings of the First General Presbyterian Council*, Edimb., 1877. F. CHAPONNIÈRE.

PRESBYTRE ou Ancien dans l'Eglise primitive. — La synagogue avait à sa tête un-collège d' « *anciens* » (πρεσβύτεροι), dont les membres remplissaient, suivant leurs aptitudes respectives, des fonctions diverses. L'Eglise adopta de bonne heure des institutions analogues. La charge des sept fonctionnaires nommés à Jérusalem, vers l'an 36, pour le « service des tables » (Act. VI,1-6) fut probablement la souche commune d'où sortirent, et les futurs διάκονοι, et les futurs πρεσβύτεροι que nous trouvons, dès l'an 44, installés dans la même communauté (Act. XI, 30). Quelques-uns des hommes chargés de l'administration économique de l'Eglise purent être, en effet, peu à peu appelés à se charger aussi, sous la haute inspection des apôtres, du gouvernement de l'Eglise (Act. XV, 2. 6. 22; XXI, 18) et du soin des âmes (Jacq. V,14), de la direction du culte et de l'instruction des fidèles. Lorsque l'Evangile passa de Jérusalem au reste de la Palestine, et de la Palestine au reste de l'Empire, cette institution des anciens fut imitée par les nouvelles Eglises. Chaque troupeau fut administré et dirigé par un corps de fonctionnaires assez indifféremment appelés πρεσβύτεροι (Act. XI, 30; XIV, 23; XV, 2 ss.; XX, 17 ss.; Jacq. V, 14; 1 Pierre V, 1; Tite I, 5; 1 Tim. V, 17. 19), ἐπίσκοποι (Phil. I, 1), ποιμένες (Eph. IV, 11), προιστάμενοι (1 Thess. V, 12; Rom. XII, 8), ou encore ἡγούμενοι (Héb. XIII, 7. 17. 24). Le titre juif d'ancien et le titre grec d'évêque désignent en tous cas dans le Nouveau Testament une charge identique (Act. XX, 17. 18. 28; 1 Pierre V, 2; Tite I, 5. 7; 1 Tim. III, 1. 2. 7; V, 17). C'étaient, semble-t-il, les chrétiens de profession qui, d'accord avec les fondateurs ou organisateurs d'Eglises, élisaient aux charges de la communauté, choisissant d'ordinaire pour conducteurs spirituels les premiers convertis (Clément Romain). Les simples fidèles avaient du reste le droit de participer au gouvernement de l'Eglise et d'intervenir dans son culte. En outre, l'enseignement paraît avoir été souvent abandonné, au début, soit à l'enthousiasme occasionnel du « prophète », soit à la parole plus contenue et plus rassise du « docteur ». Ce ne fut qu'à la fin de la période apostolique, au moment où l'hérésie commença à se glisser dans les congrégations chrétiennes, que la fonction de l'enseignement se réunit d'ordinaire, dans les mêmes individus, à la fonction du gouvernement. Cependant, bien qu'on distingue alors avec soin l'évêque du diacre (1 Tim. III, 5. 12), et qu'on désire que tout évêque soit propre à enseigner (1 Tim. III, 2), l'on admet encore que certains anciens ne vaquent point à l'enseignement (1 Tim. V, 17), et les deux classes des presbyters enseignants et non enseignants ne sont nullement séparées par la barrière que la Réforme laissa plus tard subsister entre les ecclésiastiques et les laïques. — Après la mort des apôtres, l'extension de l'Eglise, et aussi l'affaiblissement de la vie spirituelle et des dons extraordinaires, le développement de l'hérésie et des persécutions, augmentèrent peu à peu l'importance des charges ecclésiastiques. Plus exclusivement consacrés à leur office, les presbytres furent entretenus plus largement par les fidèles. Puis, l'un des membres du conseil prit sur les autres une prépondérance marquée, il devint le président permanent du presbytère, l'organe attitré de la communauté. Enfin, le titre d' « évêque » fut exclusivement réservé à ce doyen. Cette évolution graduelle ne s'accomplit pas partout avec la même rapidité. Ritschl nous semble avoir prouvé contre Rothe et Thiersch que ni Pierre, ni Paul, ni Jean lui-même n'ont fondé l'épiscopat avant de mourir. Dans Clément Romain, dans le *Pasteur d'Hermas*, l'évêque et l'ancien sont égaux en droit ; du temps des premiers Pères apostoliques, il n'y avait point encore d'épiscopat monarchique ni à Philippes, ni à Rome, ni à Alexandrie. Cependant on trouve déjà dans Clément Romain des germes bien déterminés de sacerdotalisme et de hiérarchisme, et le développement de l'épiscopalisme en Asie Mineure et en Syrie paraît avoir été, dès le commencement du second siècle, la grande œuvre d'Ignace d'Antioche (voy. les art. *Ignace*, *Eglise* et *Sacerdoce*). — Ouvrages à consulter : Ziegler, *Geschichte der kirchlichen Verfassungsformen in den ersten sechs Jahrhunderten der Kirche*, Leipz., 1798 ; Planck, *Gesch. der Entstehung und Ausbildung der christlich-kirchlichen Gesellschafts-Verfassung*, Hanovre, 1803 et ss.; Rothe, *Die Anfänge der christl. Kirche und ihrer Verfassung*, Wittenb., 1837 ; Thiersch, *Die Kirche im apostolischen Zeitalter*, Francf., 1852 ; Ritschl, *Die Entstehung der altkatholischen Kirche*, 2e éd., Bonn, 1857 ; Schaff, *Gesch. der apostol. Kirche*, 2e éd., Leipz., 1854 ; Lechler, *Das apostolische und das nachapostolische Zeitalter*, 2e éd., Stuttg., 1857 ; de Pressensé, *Hist. des trois premiers siècles de l'Eglise chrét.*, Paris, 1858 et ss. F. CHAPONNIÈRE.

PRÉTEXTAT (Saint), archevêque de Rouen, mort le 14 avril 586, était Gaulois d'origine. Promu à l'épiscopat vers l'an 555, il fut le parrain de Mérovée, second fils de Chilpéric. Vers l'an 576, Brunehaut, veuve de Sigebert, ayant été exilée à Rouen par Chilpéric, qui se laissait dominer par Frédégonde, Mérovée devint tellement épris de la reine d'Austrasie, sa tante, qu'il lui proposa de l'épouser, et Prétextat eut la faiblesse de bénir cette union. Transporté de colère, Chilpéric fit arrêter ce prélat, qui fut déposé dans le concile assemblé à Paris en 577, malgré les efforts de Grégoire de Tours. Exilé dans l'île de Jersey, il ne reprit possession de son siège qu'après la mort de Chilpéric ; mais Frédégonde, ne pouvant supporter les remontrances qu'il lui avait adressées, afin de l'exhorter au repentir, le fit assassiner. Prétextat avait assisté, en 557, au 3e concile de Paris, et, en 585, au 2e concile de Mâcon. — Voyez Grégoire de Tours, V, VII et VIII ; Ceillier, *Hist. des aut. sacr. et eccl.*, XVI, 576 ss.

PRÊTRE. Voyez *Sacerdoce*.

PRÊTRES DE LA MISSION. Voyez *Lazaristes*.

PRIÈRE. — Partout et toujours l'homme a prié, parce qu'il a eu partout et toujours le sentiment de sa faiblesse, et le sentiment d'une puissance supérieure dont il dépendait. Il n'y a pas de religion sans prière, et l'homme, à parler d'une manière générale, n'a jamais été sans religion. Jésus-Christ, en révélant à l'homme le vrai Dieu, lui a, par là même, appris la véritable prière, seule digne de Dieu, seule digne de l'homme; et, en réalisant l'union de l'homme avec Dieu, il a fait de la prière, non pas seulement un des actes particuliers de la piété, mais la disposition fondamentale de l'âme chrétienne. On ne saurait, en effet, trouver un terme plus exact que celui de prière pour désigner l'état habituel d'un être qui vit en communion avec Dieu et entretient avec lui un échange incessant. Ainsi comprise, la prière ne saurait être ni bornée ni liée à certains moments ou à certains lieux. Elle est constante et continue. Cela ne veut pas dire que la vie telle que la conçoit l'Evangile, soit toute mystique et contemplative : la prière n'exclut pas l'activité, mais la fortifie, et l'activité ne chasse point la prière, mais l'appelle et l'entretient. Jésus-Christ, dans sa vie à la fois si active et si recueillie, a donné le parfait exemple de cette harmonie féconde (Act. X, 38 ; Jean XVI, 32). Cette continuité de la prière est un idéal à poursuivre; elle est objet de préceptes et d'efforts (Luc XVIII, 1 ; Rom. XII, 12; Eph. VI, 18; 1 Thess. V, 17; Col. IV, 2, etc.). Le plus sûr moyen de s'en approcher toujours d'avantage, c'est d'instituer dans la journée des moments particuliers de recueillement et de prière, comme dans la semaine des jours sacrés, et dans l'année des solennités religieuses (Reinhard, *Syst. d. christl. Moral*, V, 206-210). La prière devient alors un acte particulier, tendant à créer la disposition à la prière permanente. Expression de la vie religieuse, elle en est l'aliment nécessaire. Consolation dans nos douleurs, remède à nos misères, elle est un privilège encore plus qu'un devoir ; elle est le besoin, non seulement de notre faiblesse, mais de notre amour. C'est une des fautes les plus graves et les moins pardonnables de l'Eglise catholique d'avoir outragé la prière, au point d'en avoir fait une pénitence et une punition. — Il est à peine nécessaire de remarquer que la prière doit jaillir du cœur de celui qui prie; qu'elle peut, dans certains cas, n'être pas parlée (Rom. VIII, 16), mais qu'elle courrait risque de se perdre en mysticité confuse ou en rêveries incohérentes si elle ne l'était jamais ; qu'enfin, l'on ne saurait trouver, dans des oraisons rédigées par autrui, une expression pleinement satisfaisante des ses émotions personnelles; que toutefois l'usage de formulaires de ce genre, peut-être indispensable dans le culte public (grandes discussions là-dessus entre les épiscopaux et les presbytériens d'Angleterre, voir la préface de Mosheim à Watt, *Anweisung z. Gebet*), n'est pas sans utilité pour l'individu comme préparation à la prière personnelle (Reinhard, *op. cit.*, V, 223-243 ; Rothe, *Theolog. Ethik*, p. 496). — Quant au fond, la prière se compose d'éléments divers : 1° l'*adoration* (voyez ce mot); 2° l'*humiliation*, c'est le retour inévitable que fait l'âme sur elle-même en présence du Très-Haut et du trois fois Saint ; 3° l'*action de grâces*, pour toutes choses (Eph. V, 20 ; Col. III, 17 ; 1 Thess. V, 18 ss.), car nous n'avons rien que nous ne l'ayons reçu (1 Cor. IV, 7 ; Jacq. I, 17), et les épreuves elles-mêmes sont, dans la pensée de Dieu, des bénédictions (Rom. V, 3-4 ; Jacq. I, 2-4) ; 4° la *demande* ou la prière proprement dite. Les termes employés dans le Nouveau Testament pour désigner la prière (εὐχή, Jacq. V, 15; δέησις, Luc I, 13; αἰτεῖν, etc.), les leçons et les promesses qui y sont relatives (Matth. VI, 5-13; VII, 7-11; Marc XI, 24; Luc XI, 2-13; Luc XVIII, 1-8; Phil. IV, 6; Eph. VI, 18; Col. IV, 2-4; Hébr. IV, 16; Jacq. I, 5-8; V, 13-18; 1 Jean V, 14); les prières de Jésus-Christ et des apôtres (Jean XI, 42; XVII; Act. I, 24; IV, 29-30; Eph. I, 15-19; Col. I, 9; Phil. I, 9, etc), tout indique que, pour le Maître comme pour les disciples, le trait distinctif de la prière, c'est de présenter à Dieu une demande (cf. Schmid, *Christl. Sittenlehre*, p. 605 ss.). Ceux qui prétendent que la prière ne doit être qu'une adoration ou un acquiescement, tout au plus sous forme de vœu, l'expression d'une résolution personnelle, se mettent en contradiction, non seulement avec l'enseignement et la pratique de Jésus-Christ, mais encore avec la conviction de tous ceux qui ont prié dans tous les temps et dans toutes les religions, et qui ont toujours entendu, quand ils priaient, demander quelque chose à la divinité. Il est impossible d'ailleurs que l'homme adore la Perfection infinie sans ressentir, par contre-coup, sa propre imperfection, et qu'il sente vivement sa misère en présence de Dieu, sans lui demander d'y subvenir. Il est impossible que l'homme, dans le péril ou dans la souffrance, s'approche de Dieu pour lui exprimer sa résignation, sans solliciter, de cet être infiniment bon et tout puissant, quelque secours, ne fût-ce que pour avoir une résignation plus grande encore et plus complète. On obtiendra de l'homme qu'il ne prie pas, plutôt que d'obtenir de lui qu'il prie, sans jamais rien demander. — Mais, que peut-on demander à Dieu? Tout ce qui constitue un bien réel pour l'homme, les grâces spirituelles, cela est évident, mais aussi les grâces temporelles. Vouloir borner les demandes du chrétien à ce qui regarde l'âme et l'éternité, ce serait introduire une limite que n'ont connu ni Jésus-Christ ni les apôtres (Matth. VI, 11; XXVI, 39, 44; cf. Jean XII, 27; Act. XII, 1; Jacq. V, 14); ce serait oublier que le lien entre le spirituel et le matériel est singulièrement étroit, si bien que l'un entraîne l'autre souvent; ce serait nier que l'existence terrestre soit un bien, ce serait enfin gêner l'élan de la prière et condamner l'enfant de Dieu à n'ouvrir jamais qu'à moitié son cœur au Père céleste. Il faut qu'un chrétien puisse dire à Dieu toutes ses préoccupations, toutes ses angoisses, et implorer avec confiance tous les secours dont il sent le besoin (Phil. IV, 6, ἐν παντὶ). Mais il serait bien peu le disciple de Jésus-Christ celui qui ne mettrait pas en première ligne dans ses prières comme dans ses efforts le royaume de Dieu et sa justice (Matth. VI, 33); 5° l'*intercession* (Gen. XVIII, 20; Ex. XXXII, 11-14). Le chrétien se sent toujours devant Dieu en communion plus ou moins étroite avec ses frères; il ne saurait demander des grâces pour lui sans les demander aussi pour eux. Il prie donc pour ses proches selon la chair et selon l'esprit, mais aussi pour ses ennemis (Luc VI, 28), pour ceux qui font l'œuvre de Dieu en ce monde (Rom. XV, 30-32; Eph. VI, 19-20; Col. IV, 3-4; 1 Thess. V, 25 ss.); pour ceux qui sont en autorité (1 Tim. II, 1-2);

enfin pour tous les hommes (1 Tim., *ibid*). Il n'y a pas plus de limite à son intercession qu'à sa charité.—Peut-on prier pour les morts? Le Nouveau Testament ne donne à cet égard ni précepte ni exemple. L'ancienne Eglise chrétienne priait pour les morts; l'Eglise catholique a mêlé tant d'abus et de superstitions à ces prières (voyez *Purgatoire*) que les protestants ont condamné cet usage. Toutefois, le langage réservé de l'Apologie de la confession d'Augsbourg, sur ce point, est à remarquer, et tel théologien évangélique n'a pas craint de déclarer la prière pour les morts permise, sous la condition d'une grande réserve (Rothe, *op. cit.*, p. 495 cf.; Ad. Wuttke, *Hand. d. christl. Sittenlehre*, II, 338, 567; Leibbrand, *Gebet f. d. Todten*, 1864; Stirm, *Jahrbuch, für d. Th.*, 1861; Reinhard, *op. cit.*, III, p. 295, 707, note *r*; Thiersch *Katholicismus u. Protestant.*, II, p. 200 ss).—La plupart des théologiens ont distingué diverses sortes de prières : la prière d'adoration, la prière d'actions de grâces, etc. Mais il ne faut pas oublier que ces sortes de distinctions n'ont rien d'absolu, et que, dans toute prière, se retrouvent, avec des proportions variables et sous des formes diverses, les différents éléments que nous venons de signaler. — Quel est l'effet de la prière? Il y a un effet qu'on pourrait appeler psychologique. Dans la mesure où la vie religieuse s'exprime, elle se réalise et se fortifie. D'ailleurs, l'âme s'oriente vers Dieu par la prière et se met dans la meilleure disposition pour recevoir son influence. Rien n'est plus certain; mais cette action psychologique épuise-t-elle tout l'effet de la prière? La prière n'a-t-elle d'action que sur l'homme qui prie? N'en a-t-elle aucune sur Dieu: Plusieurs le pensent (F. Pécaut, *De l'avenir du théisme chrétien*; Th. Bost, *Le protest. libéral*). Ce n'est pas ici le lieu d'exposer et de discuter les raisons sur lesquelles ils se fondent, et qui sont les mêmes que celles pour lesquelles on croit devoir nier toute action divine particulière ou surnaturelle (voyez *Surnaturel*). Nous ferons seulement deux observations. La première, c'est que cette manière de comprendre l'effet de la prière, si elle devenait générale, aboutirait promptement à faire cesser toute prière. Pourquoi demander à Dieu ce qu'il ne donne pas, ou du moins ce qu'on se donne soi-même? Si vous me persuadez qu'en disant à Dieu : « délivre-moi du mal, » je ne fais pas autre chose que dire : « je ferai tous mes efforts pour me délivrer du mal, » je ne continuerai pas longtemps à me servir d'une façon de parler dont vous m'aurez si bien démontré l'inexactitude : c'était hier illusion, ce serait mensonge aujourd'hui. D'ailleurs, tout l'effet de cette forme de langage serait manqué sur moi, du moment que j'aurais appris à n'y voir, moi-même, qu'une figure de rhétorique. Ce qui pousse l'homme à prier, et ce qui fait l'action psychologique de la prière, c'est la croyance qu'on peut être entendu de Dieu et exaucé. D'autres ont dit : pourquoi demander à un Dieu sage et bon ce qu'il doit être tout disposé à donner, sans attendre qu'on le lui demande? C'est ici une erreur inverse de la précédente : les premiers excluaient une intervention spéciale de Dieu, dans notre appropriation des grâces divines; ceux-ci tendraient à y supprimer l'intervention de l'homme lui-même. Ni les uns ni les autres ne comprennent assez que la vie religieuse normale est celle où Dieu et l'homme sont unis et où rien ne se fait par l'un des deux, si l'on nous permet ce langage, à l'exclusion de l'autre. — Voici notre seconde observation : L'exaucement de la prière, on a pu déjà le voir par bon nombre des passages cités dans le courant de cet article, est un des enseignements les plus explicites qu'ait donnés Jésus-Christ et qu'aient répétés ses apôtres. Cet exaucement est un fait d'expérience attesté par les chrétiens de tous les siècles (cf. Delitzsch, *Apologetik*, p. 233 ss.). Il est dans la nature des choses que la constatation de cet exaucement soit affaire de foi, et non de démonstration: là où le voyant reconnaît sans hésiter la main de Dieu, le non croyant a toujours la ressource de voir un singulier concours de circonstances, et rien de plus. D'autre part, bien des prières ne paraissent pas exaucées qui le sont d'une autre façon et mieux qu'on ne l'avait espéré; et, quant à celles qui restent manifestement sans réponse, ou bien c'est parce que nous ne demandions pas une chose véritablement bonne pour nous ou pour l'œuvre de Dieu (2 Cor. XII, 7-9), et nous ne saurions avoir la prétention d'imposer à Dieu nos volontés (ta volonté et non pas la mienne !), ou bien c'est parce que nous n'avons pas demandé comme il faut. En effet, l'exaucement n'est pas promis à toute espèce de prière, mais à celle-là seulement qui est faite avec foi (Matth. XXI, 22; Jacq. I, 6 ; V, 15), avec persévérance (Matth. XV, 22-28 ; Marc X, 46-53), conformément à la volonté de Dieu (Jean V, 14). Toutes ces conditions de la bonne prière, et d'autres qu'on pourrait ajouter sont contenues dans ces mots : prier au nom de Jésus-Christ (Jean XIV, 13.14; XV, 16; XVI, 23. 24 ; cf. Matth. XVIII, 19-20; Eph. V, 20; Col. III, 17). Prier au nom de Jésus-Christ, c'est s'autoriser de l'œuvre de rédemption qu'il a accomplie, et par laquelle un libre accès nous a été ouvert auprès de Dieu (Rom. V, 2; Eph. II, 18; III, 12); c'est s'appuyer sur celui en qui Dieu a mis toute son affection et en qui Dieu nous tient pour agréables et pour bien-aimés; c'est identifier notre cause avec la sienne, nous unir, nous confondre avec lui dans notre prière, comme il s'est uni et confondu avec nous sur la croix ; c'est nous emparer enfin de la solidarité qu'il a bien voulu établir entre lui et nous. Celui qui prie de la sorte ne peut ne demander que ce que Jésus-Christ approuve et inspire, que ce qu'il eût demandé lui-même. Une telle prière, dit Rothe (*ibid.*, p. 494), est absolument sûre d'être exaucée (*unbedingt erhœrlich*). — Remarquons en terminant que si chacun doit se mettre en rapport direct et personnel avec Dieu, et le prier dans la solitude (Matth. VI, 6), des encouragements spéciaux sont donnés à la prière faite en commun (Matth. XVIII, 19-20). L'oraison donnée comme modèle par le Maître à ses disciples met partout un *nous* et non un *moi*. C'est que l'individu n'est jamais complet dans son isolement ; il n'arrive, dans tous les domaines, à son plein développement que par la société de ses semblables. — Voyez Reinhard, *op. cit.*, III, § 351 : Schmid, *op. cit.*, p. 604-613 ; 670-682 ; Ad. Wuttke, *op. cit.*, I, 384-390; II, 243-249 ; Rothe, *op. cit.*, III, 493-499. CHARLES BOIS.

PRIESTLEY (Joseph), savant physicien et chimiste, en même temps que prédicateur unitaire anglican. Né en 1733 à Fieldhead, près de Leeds, dans une famille puritaine, mort en 1804 à Philadelphie, en Pensylvanie, il fut gagné aux idées sociniennes par l'étude des écrits de Hartley et de Lardner, et exerça les fonctions pastorales dans plusieurs communautés dissidentes et notamment à Birmingham. Dans une émeute populaire provoquée par ses idées politiques avancées, sa maison, avec sa bibliothèque, des manuscrits et des instruments de physique précieux, devint la proie des flammes : lui-même, il prit la fuite et alla s'établir avec sa famille en Amérique. Parmi les ouvrages de Priestley, qui sont au nombre de 150, nous signalerons : 1° *The scripture doctrine of remission*, 1761, dans lequel il cherche à prouver que la mort du Christ n'a pas suffi pour racheter entièrement le pécheur ; 2° *Considerations on Church authority*, 1769 ; 3° *Institutes of natural and revealed religion*, Londres, 1772-1774, 3 vol. ; 4° *History of the corruptions of christianity*, 1782, 2 vol. ; 5° *History of early opinions concerning Jésus-Christ*, 1786, 2 vol. ; 6° *General history of the christian Church, from the fall of the western empire to the present time*, 1802-3, 4 vol. Dans ses *Recherches sur la matière et sur l'esprit*, 1767, et dans son traité sur la *Necessité philosophique*, 1777, il démontre que les mobiles de l'homme sont nécessairement déterminés par les lois de la matière. Priestley a adressé des *Lettres* aux philosophes incrédules, pour leur démontrer l'existence de Dieu et l'utilité de la religion chrétienne, ainsi qu'aux Juifs, les pressant de reconnaître le Christ pour le Messie ; il a aussi écrit contre Gibbon, contre les disciples de Swedenborg, contre Thomas Payne, contre les *Ruines* de Volney, contre l'*Origine des cultes* de Dupuis. Ses *Mémoires* ont paru en 1806. Ses *Œuvres* forment 70 vol. Priestley, à cause de son enthousiasme pour la Révolution de 1789, avait été nommé citoyen français, membre de la Convention et correspondant de l'Institut.

PRIEURÉ. Voyez *Bénéfices ecclésiastiques*.

PRIMAT. On appelle primat un archevêque qui a une supériorité de juridiction sur plusieurs archevêchés ou évêchés. Le nom de primat ne désignait, à l'origine, que l'ancienneté de l'ordination s'il était appliqué à un évêque, et l'antiquité des Eglises s'il accompagnait un siège épiscopal. C'est ainsi que, selon la coutume d'Afrique, on voit quelquefois le nom de primat donné à l'évêque d'une bourgade. Ce fut le pape Grégoire VII qui accorda le droit de primatie à l'archevêque de Lyon sur les quatre provinces lyonnaises, qui sont celles de Paris, de Rouen, de Tours et de Sens. Le concordat de 1801 abolit tous les anciens titres, à l'exception de celui de métropolitain. En 1851, Pie IX reconnut, par un bref spécial, le titre de primat des Gaules à l'archevêque de Lyon, comme un souvenir de la haute puissance que l'Eglise de Lyon a longtemps exercée sur les quatre métropoles de Paris, de Rouen, de Tours et de Sens.

PRIME. Voyez *Heures canoniales*.

PRIMICIER, nom donné à ceux qui présidaient aux finances, puis aux premiers officiers dans chaque ordre, et enfin aux ecclésiastiques. Le premier chantre s'appelait aussi primicier, parce qu'il était marqué le premier sur la tablette enduite de cire qui contenait le nom des chantres (*primus in cera*). Aujourd'hui, le nom et l'office de primicier ne se sont conservés que dans un très petit nombre de chapitres, dans celui de Saint-Denis par exemple, dans lequel la dignité de primicier a été rétablie par un bref de Pie IX en date du 31 mars 1857.

PRISCILLE (Πρίσκιλλα, Πρίσκα), femme chrétienne, originaire du Pont, épouse d'Aquilas (voyez ce nom), dont il est question dans Actes XVIII, 2. 26; 1 Cor. XVI, 19; Rom. XVI, 3; 2 Tim. IV, 19). Le martyrologe romain place sa fête au 8 juillet.

PRISCILLIANISTES. Dans la seconde moitié du quatrième siècle, un Espagnol riche et instruit, nommé Priscillianus, fut amené par ses nombreuses lectures, ses méditations personnelles et ses entretiens avec plusieurs sectaires gnostiques ou manichéens venus d'Egypte, à se composer un système de doctrine particulier, très voisin du manichéisme, et qu'il réussit à faire partager à un grand nombre de ses compatriotes, entre autres à deux évêques, Instantius et Salvianus. La secte fut découverte en 379. Hyginus de Cordoue s'efforça, mais en vain, d'en ramener les membres à l'Eglise par la persuasion; en 380, le synode de Saragosse les excommunia et chargea les évêques fanatiques Idacius de Mérida et Ithacius d'Ossonoba de la répression de l'hérésie. Ceux-ci obtinrent de Gratien un édit défendant la diffusion de la nouvelle doctrine sous peine d'exil. Mais Priscillianus, qui dans l'intervalle était devenu évêque d'Avila, réussit, après avoir vainement essayé de gagner à ses vues le pape Damase et Ambroise de Milan, à corrompre un ministre de l'empereur, nommé Macédonius; l'édit fut révoqué, et Ithacius n'échappa à la prison que par une prompte fuite. Ce retour de fortune dura peu. Gratien fut assassiné en 383, et l'usurpateur Maxime se prononça contre les sectaires. Le synode de Bordeaux, chargé par lui de l'examen de leur doctrine, ayant destitué Instantius, Priscillianus demanda à comparaître devant le tribunal de l'empereur à Trèves, ce que le synode lui accorda. Le pouvoir civil obtenait ainsi l'autorisation d'instruire des procès ecclésiastiques, « abomination nouvelle et inconnue précédemment » contre laquelle Martin de Tours, présent alors à Trèves, protesta avec énergie. L'empereur dut lui promettre d'épargner du moins la vie des accusés. Ceux-ci, soumis à la torture, se reconnurent coupables de toutes les hérésies et de tous les crimes dont on les accusait, ensuite de quoi ils furent condamnés à la peine de mort et à la confiscation de leurs biens. Cédant aux instances d'Ithacius et de son parti, Maxime fit trancher la tête à Priscillianus et à six de ses principaux adhérents, parmi lesquels se trouvait une femme de haute naissance nommée Euchrotia (385), et envoya une commission militaire poursuivre en Espagne l'extirpation de la secte. Ce fut le premier sang versé par des chrétiens pour crime d'hérésie. Martin de Tours revint aussitôt à Trèves, rompit la communion ecclésiastique avec Ithacius et les évêques de son parti, et ne consentit à se réconcilier avec eux qu'après avoir obtenu le rappel de la commission militaire. L'attitude d'Ambroise de Milan, qui vint peu de temps après à Trèves, ne fut pas moins énergique. En Espagne, la nouvelle du supplice de leurs chefs ne fit qu'enflammer l'enthousiasme des sectaires. Leur nombre s'accrut rapidement, surtout après l'invasion des barbares ariens (409). En 415, un jeune presbytre espagnol, nommé Paul Orose, dirigea contre eux son *Commonitorium ad Augustinum de errore Priscillianistarum et Origenistarum*, dans lequel il engageait Augustin à entreprendre la réfutation de leur doctrine ; celui-ci prit en effet la plume dans ce but, sans toutefois pouvoir se consacrer à cette tâche autant qu'il l'eût désiré (*Liber ad Orosium contra Priscill.* ; *Liber de mendacio ad Consentium* ; *Epist.* 36, 140, 236). En 447, l'évêque Turribius d'Astorga adressa une supplique semblable au pape Léon le Grand, qui répondit (*Epist.* 15 *ad Turribium*) en invitant le clergé espagnol à s'assembler en synode pour pouvoir prendre des mesures plus efficaces contre les hérétiques ; et la même année encore, un concile, tenu on ne sait dans quelle localité d'Espagne (*concilium hispanum*), condamna la doctrine de la secte. Cette sentence fut renouvelée au siècle suivant par le concile de Braya (563). Depuis lors le nom des priscillianistes disparaît de l'histoire. — Les priscillianistes admettaient l'existence de deux principes éternels, l'un bon, l'autre mauvais, régnant l'un sur le monde des esprits, l'autre sur le monde matériel. De chacun de ces deux principes émanent douze puissances, représentées les unes par les douze patriarches de l'Ancien Testament, les autres par les douze signes du zodiaque. Descendues du royaume des esprits d'après le conseil des bons anges pour aller combattre les anges de Satan, les âmes humaines se sont laissé vaincre par ceux-ci et enfermer dans des corps charnels; mais elles s'affranchissent des liens de la matière et de l'influence des puissances sidérales en s'appliquant, sous la direction des puissances spirituelles auxquelles elles sont toujours libres d'obéir, à un rigoureux ascétisme. Les priscillianistes renonçaient aux repas de viande et au mariage ; mais, au dire de leurs adversaires, ils ne s'en seraient pas moins livrés à d'abominables orgies dans leurs réunions de culte. Pour achever la délivrance des âmes et acheter leur retour dans leur patrie céleste, il était nécessaire que le bon principe, un en lui-même, se manifestât à elles (sabellianisme). Mais, comme la divinité absolue ne peut entrer en contact avec la matière, Christ n'a pu revêtir qu'un corps apparent : il ne peut être question, à propos de lui, d'une naissance (docétisme). Les écrivains ecclésiastiques reprochaient encore aux sectaires de mentir sans scrupule et même de prêter de faux serments pour échapper à leurs adversaires, de jeûner le dimanche et à Noël, de s'occuper de magie et d'astrologie, de ne point manger le pain de la cène, mais de le conserver pour un usage sacrilège, et enfin d'accorder aux femmes une part active dans le culte. Outre l'Ecriture, ils se servaient encore, comme de livres sacrés, d'ouvrages de sciences occultes importés d'Orient, et d'un certain nombre d'apocryphes, entre autres d'une hymne que Jésus aurait chantée sur le chemin de Gethsémané. — Aucun des nombreux écrits composés par Priscillianus et d'autres membres importants de la secte n'a été conservé. Consulter, outre les ouvrages déjà cités, de Paul Orose, d'Augustin et de Léon le Grand : les lettres 53 et 76 de Jérôme; Sulp. Severus, *Hist. sacra*, II, 46-51 ; *Dialog.* III, 11 ss ; Pacatus Drepanius, *Panegyricus Theodosio I dictus a.* 391 ; Walch, *Ketzerhistorie*, III, 378 ss.; Van Fries, *Dissertatio critica de Priscillianistis eorumque fatis, doctrina, moribus*, Ultraj., 1745 ; Lübkert, *De hæresi Prisc.* Havniæ, 1840 ; Mandernach, *Gesch. des Prisc.* Trier, 1851 ; Kurtz, *Handb. der allgem. Kirchengesch.*, Mitau, 1858, I, 2, p. 240 ss. A. JUNDT.

PRISON. Voyez *Pénitentiaire* (système).

PROBABILISME. La morale semblerait devoir être le domaine particulier de la certitude : c'est là que règne en effet l'impératif catégorique avec son impérieuse évidence et ses injonctions absolues. Cependant, il se présente quelquefois des situations complexes, où l'on n'aperçoit pas avec une pleine clarté ce qui est commandé, ce qui est défendu, et où plusieurs voies, également bonnes en apparence, s'offrent à l'homme sincèrement désireux de faire son devoir. Dans ces cas difficiles, on cherche volontiers des lumières auprès des plus intelligents et des plus vertueux; mais, même avec leur aide, on n'arrive en général qu'à une solution plus ou moins probable. Ce probabilisme-là est inévitable, dans l'état actuel de la moralité humaine. Mais le plus souvent les hésitations proviennent du désir de concilier ensemble un respect apparent de la loi morale avec la satisfaction réelle de l'égoïsme et des passions : c'est alors surtout que se posent des problèmes susceptibles de solutions variables; et, qu'au lieu de considérer les choses au point de vue des principes, on cherche à autoriser ses défaillances des avis et des exemples d'autrui ; c'est alors qu'on laisse le domaine de la certitude pour entrer dans celui de la probabilité plus ou moins grande. Ce probabilisme-là est mauvais et funeste. Il est ancien dans le monde, étant un produit naturel et spontané de la lâcheté et de l'égoïsme humains (voyez Vinet, *Etudes sur Pascal*, p. 247). On pourrait en signaler des traces dans l'antiquité classique. Le Talmud en est plein. Les jésuites, par conséquent, ne l'ont pas inventé; ils n'ont été ni les premiers ni les seuls à s'en servir ou à l'enseigner. Leur nom est pourtant resté attaché à cette doctrine, parce qu'ils l'ont maniée avec une habileté sans égale, et l'ont portée doucement et sans reculer jusqu'à ses conséquences les plus extrêmes et ses applications les plus révoltantes. Ce n'est pas qu'il n'y ait eu des jésuites opposés au probabilisme. On cite même deux généraux de l'ordre, Vitelleschi (1617), Thyrsus Gonzalès (1691) qui l'ont combattu dans leurs écrits. Mais ce dernier, qui avait publié son ouvrage sur l'invitation d'Innocent XI, souleva une telle opposition parmi les révérends pères, que, sans l'intervention du pape, il eût été peut-être déposé pour crime d'hérésie (Wolf, *Gesch. d. Jesuiten*, I, 173). Quelques années auparavant (1687), la treizième congrégation, ayant appris que, aux yeux de plusieurs, la Société de Jésus passait pour avoir adopté à l'unanimité le probabilisme, se borna à déclarer qu'elle n'avait jamais empêché et qu'elle n'empêchait personne de professer la doctrine contraire. Elle évitait ainsi d'exprimer un avis officiel sur la valeur du probabilisme, mais elle n'en laissait que mieux voir où étaient les sympathies de la grande majorité de ses membres. D'ailleurs, quand on compte le grand nombre de jésuites qui ont enseigné le probabilisme, et le petit nombre de ceux qui l'ont combattu, quand on se rappelle l'obligation où sont les membres de la Société de ne rien publier sans l'autorisation des supérieurs, on comprend que Gonzalès, dans le rapport qu'il adressa au pape, peu de temps avant sa mort, ne se trompait pas de beaucoup en disant que le probabilisme était devenu un article de foi pour la Société de Jésus (Huber, trad. par Marchand, II, p. 65-68). — Résumons en quelques mots la théorie. Une opinion est appelée probable lorsqu'elle est fondée sur des raisons de quelque valeur. Un seul docteur grave peut rendre une opinion probable, par cela seul qu'il l'exprime, car il est évident qu'un tel homme ne s'attacherait pas à une opinion, s'il n'y était attiré par une raison bonne et suffisante. Quand une opinion a pour elle plusieurs docteurs graves, quand elle est depuis longtemps enseignée, elle présente le plus haut degré de probabilité. Au contraire, l'opinion qui n'a pour soi qu'un docteur, possède un degré inférieur de probabilité, proportionné d'ailleurs à l'autorité de ce docteur. En fait, il y a peu de questions où les docteurs ne soient pas d'avis différents ; mais tous ces avis, quelque contraires qu'ils puissent être, sont probables. Heureuse diversité et bien commode, pour laquelle Escobar bénissait avec effusion la divine providence, *quia ex opinionum varietate, jugum Christi suaviter sustinetur* (Escobar, *Univ. theol. mor.*, t. I, lib. 21, c. 2). Nous pouvons, en effet, choisir entre ces sentiments divers celui qui nous agrée le plus ; nous avons le droit de le suivre, quand même le contraire serait et nous paraîtrait plus probable. Il y en avait qui allaient jusqu'à dire qu'on pouvait préférer une opinion probablement probable ! Il ne fallait pas qu'un directeur, au confessionnal, pût gêner la liberté d'un pénitent qui aurait choisi l'opinion la moins probable et la plus commode. On y pourvut en décidant : 1° qu'un docteur, étant consulté, peut donner un conseil qu'il juge quant à lui absolument faux, si ce conseil est estimé probable par d'autres et s'il se rencontre *favorabilior seu acceptatior* pour celui qui consulte ; que même le directeur commet un péché, s'il ne s'accommode pas au désir du pénitent, demandant l'avis le plus favorable, quand même cet avis serait le plus improbable (*Moja*, *Medulla*, libr. I, tr. 1, c. 37) ; 2° que lorsqu'un pénitent a suivi une opinion probable, le confesseur se rendrait coupable de péché mortel, s'il refusait l'absolution parce que l'opinion suivie lui paraîtrait fausse. — Si l'on considère que cette théorie fait descendre sur le terrain mobile et incertain de la probabilité les principes fondamentaux de la morale qui sont et doivent rester ce qu'il y a de plus ferme et de plus certain au monde ; qu'elle enseigne positivement à agir contrairement à sa conviction personnelle et à sa conscience ; qu'enfin il n'est pas une infamie qui n'ait eu, pour elle, grâce à la direction d'intention, etc., l'opinion d'un docteur grave, on conviendra qu'il ne manque rien au probabilisme pour en faire un admirable système de destruction morale. — Voir la morale des casuistes, art. *Casuistique* ; J.-P. Moullet, *Compendium theologiæ moralis* 1834, ; Pascal, 5e et 6e *Provinciale* ; Stæudlin, *Gesch d. christl. Moral seit d. Wiederaufl.*, 1808, p. 489-497, etc. ; Concina, *Storia del probabilismo e rigorismo*, 1748 ; Cotta, *De probabilismo morali*, Ien. 1728 ; Sam. Rachel, *Examen probabilitatis jesuiticæ*, Helmst., 1664

CHARLES BOIS.

PROCLUS. Voyez *Alexandrie* (Ecole philosophique d').

PROCLUS (Saint), prélat grec, mort en 446. Il fut successivement secrétaire de saint Jean Chrysostome, évêque de Cyzique (426), et archevêque de Constantinople (434). Ce fut pendant son épiscopat que s'introduisit l'usage de chanter le trisagion (trois fois saint). On a de lui vingt et une homélies, une épître sur la foi, une épître en faveur de saint Athanase, un écrit sur la liturgie, etc. La plupart de ses compositions ont été publiées en grec et en latin (Leyde, 1617, in-8° ; Rome, 1630, in-4°), et en français par N. Fontaine, à la suite des œuvres de saint Clément d'Alexandrie (Paris, 1696, in-8°).

PROCOPE DE GAZA, rhéteur et théologien grec, né à Gaza (Palestine) vers la fin du cinquième siècle. Tout ce qu'on sait de sa vie, c'est qu'il enseigna la rhétorique sous le règne de Justin Ier, vers 520, et qu'il existait encore du temps de Justinien. On a de lui plusieurs écrits, parmi lequels nous citerons : un *Commentaire sur Esaïe*, publié en grec et en latin, par J. Courtier (Paris, 1580, in-f°) ; des *Scolies* sur les quatre livres des *Rois*, et sur les deux des *Paralipomènes*, traduites en latin (Leyde, 1620, in-4°) ; une *Explication des Proverbes de Salomon*, qui se trouve manuscrite à la Bibliothèque nationale de Paris ; soixante *Lettres* publiées dans la *Collection* d'épîtres donnée par Alde (Venise, 1499, in-4°).

PRODICUS. Voyez *Adamites.*

PROMOTEUR (*promotor*, *syndicus*, *procurator*), nom donné à celui qui requiert pour l'intérêt public dans les cours ecclésiastiques, comme les procureurs dans les cours laïques. Il informe d'office contre les ecclésiastiques qui sont en faute, les dénonce à l'évêque, veille à la conservation des droits, des libertés, de la discipline de l'Eglise. Il y a des pays où l'office de promoteur est confié à des laïques, même mariés ; mais en France on ne le donne qu'à des prêtres, d'après une décision du concile de Tours tenu en 1582. Les promoteurs ne peuvent posséder ni cure, ni bénéfice qui demande résidence hors la ville épiscopale. Ils ne peuvent ni accorder des monitoires, ni prononcer des censures, ni en absoudre.

PRONE, dérivé du latin *præconium*, *præonium*, *pronium*, cri public, annonce, publication, est une espèce de sermon familier qu'on fait tous les dimanches après l'Evangile de la messe, dans les églises paroissiales, pour instruire le peuple, et en même temps l'avertir des fêtes, des jeûnes, des bans ou annonces des ordres sacrés, des mariages, etc. On publie aussi au prône les excommunications.

PRONIER (César-Louis), né à Plainpalais, près Genève, le 19 octobre 1831, mort à bord de la « Ville-du-Havre, » le 22 décembre 1873, fit ses études classiques au collège de sa ville natale. En 1851, poussé par le goût des aventures, il partit pour les Etats-Unis où il s'établit sur une petite ferme qu'il avait achetée; mais bientôt dégoûté du rude travail de l'agriculture, il revint à Genève en janvier 1853 et se remit vigoureusement aux études. Après avoir pris à l'Ecole libre de héologie son grade de bachelier, il partit en 1857 pour Berlin avec l'intention d'y donner des leçons et d'y suivre quelques cours. L'année suivante, le presbytère de l'église évangélique de Genève l'en rappelait et lui confiait une œuvre importante d'évangélisation. Les goûts et les aptitudes de Pronier le portaient toutefois davantage vers le professorat; aussi, lorsqu'en juin 1860 le vénéré professeur Gaussen lui proposa de le suppléer dans son enseignement de la dogmatique, accepta-t-il avec joie. En 1863, cet enseignement, de provisoire, devint définitif. Dès lors, Pronier se livra avec un redoublement d'ardeur à ces vastes études dont de volumineux manuscrits sont la preuve palpable. Il enseigna tour à tour ou simultanément la dogmatique, la morale, l'apologétique, la théologie biblique de l'Ancien et du Nouveau Testament, l'encyclopédie des sciences théologiques, l'ecclésiologie, etc. Il trouva encore le temps de donner, dans des institutions privées, un cours de littérature comparée, d'écrire de nombreux articles de revues et de prendre part à des œuvres d'évangélisation intérieure, de bienfaisance ou de relèvement En 1868, il coopérait à la fondation du *Refuge*, et en 1870 créait, avec quelques amis, le journal la *Liberté chrétienne* (1870, 1871), destiné à plaider, à Genève, la cause de la séparation de l'Eglise et de l'Etat. Dans cette même année, il consacrait ses vacances à soigner les blessés de la guerre franco-allemande. En 1870, puis en 1873, le Comité central de l'Alliance évangélique l'invita à prendre part aux grandes assemblées tenues par elle à New-York. Pronier, qui ne reculait devant aucun devoir, accepta avec tremblement cet appel. En août 1873, assailli par de douloureux pressentiments, il partit pour l'Amérique. Après avoir pris part aux réunions de l'Alliance et y avoir lu un travail sur l'*Etat actuel du catholicisme en Suisse*, Pronier visita divers établissements théologiques de la Nouvelle-Angleterre. Il faisait provision d'observations en vue de l'école dont il était un des professeurs les plus dévoués. Le 15 novembre, accompagné de son ancien étudiant Antonio Carrasco, pasteur à Madrid, Pronier s'embarquait pour l'Europe. Le 22 novembre, il sombrait avec le navire qui le portait. Les dernières paroles qu'on recueillit de sa bouche furent: « Nous sommes entre les mains de Dieu. » Ces mots ont été la devise de sa vie. Pronier était un théologien croyant. Etranger à toute école, il n'appartenait ni à l'orthodoxie traditionnelle, ni à ce qu'on appelle du nom d'évangélisme. Disciple de la Bible, il s'efforçait d'en pénétrer le contenu et de le reproduire avec sincérité. Esprit ouvert à toutes les aspirations de la eunesse et de la science, il était réellement humain dans sa théologie. Sa foi qu'il avait conquise, qu'il conquérait chaque jour avait quelque chose de communicatif, aussi avait-il une grande autorité sur ses étudiants, auxquels il inspirait une vive confiance. Si Pronier n'était mort à quarante-deux ans, laissant une œuvre inachevée, le protestantisme de langue française aurait compté en lui un théologien distingué. Pronier n'a publié aucun ouvrage de longue haleine. Outre deux notices sur les professeurs *Gaussen* et *Pilet* (Chrétien évangélique, 1863, 1864, 1866), une traduction de la vie de *F.-W. Krummacher*, Genève et Paris (1870), des articles de Revues, on a encore de lui trois brochures : *Questions indiscrètes adressées à Mme Armengaud et à M. Ed. Krüger*, Genève, 1857 ; *La Suisse romande et le Protestantisme libéral*, Lausanne (1869) et *La liberté religieuse et le Syllabus*, Genève, 1870. Le soussigné a joint à son volume sur la *Vie de César Pronier*, Genève (1875), un recueil de *Poésies*, de *Pensées détachées* et quelques *Discours* extraits de ses manuscrits. Il a publié, en outre, deux travaux inachevés de son regrettable ami dans la *Revue théologique* de Montauban. Ils ont pour titre, l'un : *Du Christianisme envisagé dans ses caractères distinctifs et dans son essence* (1877), l'autre : *De la formation des convictions religieuses* (1878). Louis Ruffet.

PROPAGANDE (Congrégation de la). Etablie par Grégoire XIII, et augmentée par Clément VIII et Grégoire XV, pour propager la foi dans les pays infidèles, cette congrégation a pour attribution d'envoyer dans les pays infidèles ou hérétiques des missionnaires qu'elle distribue dans les diverses stations qui relèvent d'elle. Elle propose au pape les évêques, les vicaires apostoliques. Elle accorde directement aux missionnaires tous les pouvoirs spéciaux, les dispenses dont ils ont besoin ; elle répond à leurs doutes, leur donne des conseils, leur trace certaines règles, et fixe les limites des diverses missions pour éviter la confusion. Enfin elle est le juge ordinaire des controverses ou des conflits qui s'élèvent entre les missionnaires, entre les religieux des divers ordres, ou bien entre les missionnaires et le clergé indigène ; ou encore entre les religieux qui sont en mission et leurs supérieurs. La Propagande a aussi juridiction sur tous les évêques dans les pays hérétiques et schismatiques, comme les Etats-Unis, les Eglises d'Orient. — Voyez la bulle *Inscrutabili divinæ Providentiæ*, 22 juin 1862, de Grégoire XV ; Pallard, *Les Ministres ecclésiastiques du Saint-Siège*, p. 44 ss.; J. Stremler, *Des congrégat. romaines*, p. 537 ss.

PROPHÉTISME (chez les Hébreux). Depuis les temps les plus reculés jusque vers l'an 400 avant notre ère, il y eut presque toujours, au milieu du peuple d'Israël, des hommes d'une piété exceptionnelle, persuadés qu'ils recevaient de Dieu des révélations qu'ils communiquaient à leurs compatriotes d'abord par la parole, seulement et plus tard aussi par l'écriture. Avant Samuel on les nommait voyants (1 Sam. IX, 9); après lui on les nomma de plus en plus généralement *nâbî*, mot très exactement traduit en grec par προφήτης, et qui signifie, comme celui-ci, celui qui *profère*, qui *proclame* (la volonté de Dieu) cf. Ex. IV, 15 ss.; VII, ss.; Deut. XVIII, 18 ; Jér. XV, 19, et le nom du Dieu Nebo, en assyrien *Nabiur*, qui correspond à Hermès (interprète) dans la mythologie grecque, et à Mercure, *interpres Divûm*, *Enéide*, IV,. 378) dans la mythologie romaine, et qui est appelé dans les textes assyriens « le dieu intelligent », « l'auteur de l'*interprétation* » (Norris, *Assyr. diction.*, III, 933). On leur donnait aussi les noms de *contemplants*, *hommes de Dieu*, *serviteurs* ou *messagers de Jéhovah*, et ils se considéraient eux-mêmes comme des *sentinelles*, quelquefois comme des *pasteurs*, institués par Jéhovah pour veiller sur son peuple et le maintenir dans la moralité et dans le culte du vrai Dieu. — Déjà Abraham et les autres patriarches furent, dans un certain sens, des prophètes (Gen. XX, 7 ; Ps. CV, 15). Cependant l'histoire du prophétisme ne peut guère commencer qu'avec Moïse, qui, par les révélations exceptionnelles qu'il reçut, par l'action extraordinaire que sa parole exerça sur son peuple, par la foi au Dieu unique qu'il lui communiqua, mérite, à un degré éminent, le nom de prophète, qui lui est donné en effet (Nombr. XII, 6-8; Deut. XVIII, 15-18 ; XXXIV, 10 ss. ; Os. XII, 14). Il y avait, à côté de lui, d'autres prophètes, en particulier sa sœur Miriam, qui est nommée la prophétesse (Ex. XV, 20), et son frère Aaron, qui avaient la prétention, assurément justifiée, de parler, eux aussi, au nom de Jéhovah (Nomb. XII, 2) et à qui Dieu se révélait en vision ou en songe ; mais Moïse est placé fort au-dessus d'eux pour l'intimité du rapport qui existait entre lui et Jéhovah (v. 8), comme aussi pour la grandeur de la charge qui lui avait été confiée (v. 7). Malheureusement aucun des discours qu'il prononça devant le peuple d'Israël, en Egypte ou dans le désert, n'est parvenu jusqu'à nous, car ceux qui lui sont attribués dans le Pentateuque datent manifestement d'une époque postérieure. Il n'en est pas moins vrai que Moïse fut le premier et le plus grand des prophètes (Deut. XXXIV, 10), car il fut le fondateur du *monothéisme spiritualiste*, que les prophètes postérieurs se bornèrent à défendre contre le polythéisme, l'idolâtrie et le formalisme toujours prompts à renaître. Le polythéisme et l'idolâtrie, c'est-à-dire la représentation de Jéhovah par une image matérielle, contre lesquels Moïse avait toujours eu plus ou moins à lutter depuis la sortie d'Egypte, firent invasion, après sa mort, dans le peuple d'Israël, au contact des peuplades cananéennes. — Quelques rares prophètes semblent avoir essayé de résister au torrent, mais sans succès sérieux et durable, pendant la période des Juges (Jug. II, 1-5 ; VI, 7, 10 ; 1 Sam. II, 27-36). Parmi eux s'élève la grande figure de Debora, la « prophétesse » (Jug. IV, 4), dont le magnifique chant de victoire témoigne de la persistance de la foi en Jéhovah, à cette époque troublée. Il n'en est pas moins vrai que cette foi était singulièrement compromise et que Jéhovah (Iahvèh, Celui qui est) tendait de plus en plus à devenir pour les Israélites simplement leur dieu national, adoré, ailleurs que dans le sanctuaire principal de Silo, sous l'image d'un jeune taureau, et dont le culte n'excluait ni celui d'autres divinités ni des superstitions épouvantables, lorsqu'enfin Samuel vint reprendre l'œuvre de Moïse et rendre à Jéhovah son rang de Dieu unique. Pour protéger d'une manière durable la religion israélite contre les corruptions dont elle avait été l'objet pendant la période des Juges, Samuel jugea bon de fonder une école où, sous sa direction, des jeunes gens pieux se formaient au ministère prophétique. Il l'établit près de Rama, sa résidence habituelle (1 Sam. X, 3 ss.; XIX, 18-24). Ces jeunes gens nommaient leur maître *père*, et ils étaient désignés eux-mêmes, du moins plus tard, par le nom de *fils de prophètes*. Ils se livraient ensemble à des exercices religieux, accompagnés parfois de manifestations extraordinaires, analogues, en partie, à celles qui se produisirent dans l'Eglise primitive. Ils cultivaient en particulier la musique sacrée. On ignore si cette école se perpétua longtemps; mais cela est probable, d'après un texte d'Amos (VII, 14). Il s'en fonda d'autres plus tard, à Béthel, à Jérikho (2 Rois II, 3. 5) et à Guilgal (IV, 38; VI, 1 ss.), qui existaient du temps d'Elie et d'Elisée. C'est probablement dans ces écoles que l'on recueillit les antiques souvenirs de la nation et qu'on les mit par écrit. Quoiqu'on ne puisse pas affirmer que les prophètes que nous verrons bientôt aux côtés de David soient sortis de l'école de Samuel, cela est assez vraisemblable. D'une manière générale, cette institution dut exercer une grande influence sur le développement de la vie religieuse en Israël et contribuer puissamment au triomphe du culte de Jéhovah, qui signala le règne de David et les débuts de celui de Salomon. Mais ce qui y contribua davantage encore, ce fut l'influence personnelle de Samuel sur le peuple en général, et tout particulièrement sur Saül et sur David. — Saül ne réalisant qu'imparfaitement ce qu'il avait attendu de lui, Samuel favorisa l'avènement de David, qui, de concert avec les prophètes Gad et Nathan, restaura le culte de Jéhovah. Vers la fin du règne de Salomon, un autre prophète, Akhiyah, de Silo, indigné de la conduite du fils de David, favorise par une action symbolique le schisme des dix tribus, et, après que celui-ci a eu lieu, un prophète du royaume de Juda, Shemayah, détourne Roboam de déclarer la guerre à Jéroboam Ier pour le faire rentrer dans l'obéissance. Toutefois, un autre prophète de Juda (1 Rois XIII) et Akhiyah lui-même (XIV) annoncent à Jéroboam la ruine prochaine de sa maison, parce qu'il avait établi au sud et au nord de son royaume un culte idolâtrique, quoique monothéiste; et la même menace est adressée plus tard pour le même motif, par un prophète de Juda, Jéhu, fils de Hanani, à l'usurpateur Baësa, qui avait accompli la première (XVI). Lorsque celle-ci se fut accomplie à son tour et que sous Akhab, le successeur du fondateur de la nouvelle dynastie (Omri), un danger plus grand encore menaça le culte du vrai Dieu par suite du mariage de ce roi avec la phénicienne Izabel, Elie, Elisée, Michée, fils de Jimla, et d'autres encore luttèrent avec énergie contre l'invasion du polythéisme et favorisèrent l'avènement de Jéhu, qui mit un terme au culte de Baal et d'Astarté, mais se contenta de rétablir le culte idolâtrique de Jéhovah à Dan et à Béthel.

— Pendant que trois dynasties se succédaient et disparaissaient ainsi dans le royaume du nord, celle de David continuait à régner assez paisiblement à Jérusalem, malgré quelques invasions. Les prophètes du royaume de Juda n'eurent pas à soutenir une lutte aussi vive contre le polythéisme et l'idolâtrie : Shemayah, sous Roboam, Iddo ou Oded et son fils Azariah, sous Asa, Hanani et son fils Jéhu, sous Asa et Josaphat, Iakhaziel et Eliézer, sous Josaphat, adressèrent des remontrances ou des encouragements à ces divers rois, mais ils n'eurent pas, du moins les derniers, à combattre l'idolâtrie, qui avait été extirpée sans lutte par le roi Asa, sous l'influence du prophète Azariah. Ces divers prophètes ne nous sont connus que par les livres historiques et ne nous ont pas laissé d'écrits. Mais avec le règne de Joram, fils de Josaphat, l'époux d'Athalie, dans la première moitié du neuvième siècle avant notre ère, commence la série de ceux dont les écrits sont parvenus jusqu'à nous. On peut les diviser en quatre périodes : ceux du neuvième siècle, où les Hébreux ne sont encore en contact qu'avec les *peuples voisins*, Edomites, Philistins, etc., ceux du huitième (période *assyrienne*), ceux des derniers temps du royaume de Juda et de l'exil (période *chaldéenne*) et ceux de la restauration (période *perse*). A la *première période* appartiennent Abdiah, qui prononça une courte prophétie contre les Edomites, à la suite de la prise de Jérusalem par ce peuple et quelques autres peuplades voisines, sous Joram, Joël, qui prophétisa à Jérusalem à l'occasion d'une invasion de sauterelles pendant la première moitié du règne de Joas, et l'auteur inconnu d'une élégie sur une invasion dont le pays de Moab avait été le théâtre vers la même époque. Esaïe introduisit plus tard cette élégie dans le recueil de ses discours et c'est ainsi qu'elle nous est parvenue (XV-XVI, 12). A cette époque, le culte de Jéhovah régnait exclusivement et sans conteste à Jérusalem : le passage d'Athalie sur le trône et son entreprise audacieuse avaient naturellement produit une réaction énergique en faveur de la religion nationale. Mais vers la fin du règne de Joas, roi de Juda, le polythéisme s'introduisit de nouveau à Jérusalem. Les prophètes s'élevèrent naturellement contre lui, et l'un d'eux, Zacharie, fils du grand-prêtre Joyada (Joad), périt par ordre du roi que son père avait rétabli sur le trône. Le polythéisme avait certainement pénétré dans le royaume du nord plus profondément encore que dans celui du sud. En même temps, les armées israélites étaient battues à diverses reprises par les Araméens, qui s'avançaient, sous la conduite d'Hazaël, jusqu'aux portes de Jérusalem. C'est dans ces circonstances que dut être composée, un peu avant l'an 800, la belle prophétie Deut. XXXII, 1-43, qui reproche au peuple d'Israël son ingratitude et lui déclare que tous les malheurs qui l'accablent, toutes les défaites qu'il a essuyées sont le châtiment de son infidélité à Jéhovah. — *Deuxième période*. Cependant Jéroboam II, encouragé par une prophétie de Jona, fils d'Amittaï, rétablit les affaires du royaume d'Israël et lui rend un éclat éphémère. Mais l'idolâtrie et des vices de toute sorte continuent à y régner, pendant que les armées assyriennes s'avancent de plus en plus vers l'Occident, menaçant l'indépendance de tous les petits Etats des bords de la Méditerranée. C'est alors qu'Amos s'en va à Béthel annoncer la ruine prochaine de la maison de Jéroboam II et du royaume d'Israël. Osée le suit de près, annonçant la même chose dans son langage symbolique et hardi. Au milieu de l'anarchie effroyable qui suivit le meurtre du fils de Jéroboam II et pendant les invasions assyriennes qui mirent fin au royaume d'Israël, Osée continue ses prédictions menaçantes, l'auteur de Zacharie IX-XI, prêche en vain à Samarie et Esaïe dirige plusieurs de ses discours contre l'aveuglement et la présomption de ce malheureux peuple, qui succombe définitivement sous les coups de Salmanasar IV et de Sargon (722). Pendant ce temps, le royaume de Juda prospérait sous le règne d'Oziah et de Jotham et l'auteur de Zacharie, IX-XI, lui promettait les plus beaux triomphes (chap. IX). Mais bientôt le luxe, les superstitions et le polythéisme y pénètrent, surtout à partir de l'avènement d'Akhaz. Alors Esaïe se lève pour dénoncer au nom de Jéhovah un jugement purificateur. Ses prophéties, dirigées contre Juda, contre Israël et contre plusieurs peuples étrangers (nous ne pouvons songer à les résumer ici, même succinctement), se rangent autour de ces quatre dates principales : 1° Invasion des Araméens et des Israélites en Juda et intervention de Touglat-pal-asar en faveur d'Akhaz (735-32). 2° Siège de Tyr et ruine de Samarie par les Assyriens et première invasion de Sargon (725-20). 3° Maladie d'Hézékiah, ambassade de Merodak-bal-adan, roi de Babylone, et prise d'Asdod par Sargon (713-11). 4° Invasion de Senakhé-rib (702).— A la même époque, Michée prophétisait dans le même sens qu'Esaïe et annonçait la déportation des Juifs à Babylone par les Assyriens. Toutefois, cette menace ayant eu pour effet d'humilier le peuple, ne s'accomplit pas, et Esaïe put, au contraire, promettre la délivrance au moment de l'invasion de Sennakhérib. A la mort d'Hézékiah, le parti anti-prophétique et idolâtre reprit le dessus avec le roi Manassé, qui persécuta les prophètes et introduisit le polythéisme à Jérusalem. L'avénement de son petit-fils Josiah marque pour le prophétisme le commencement d'une nouvelle période, qui ne le cède guère en éclat et en importance à la précédente. — *Troisième période*. Nahoum et Sophonie prédisent la ruine de Ninive, qui ne tarda pas à succomber sous les coups des Mèdes et des Babyloniens (606). Sophonie, Habakouk, Jérémie et l'auteur de Zakarie XII-XIV annoncent le jugement qui va fondre sur le royaume de Juda, et sur les peuples voisins; après la première prise de Jérusalem (598), Hézékiel prophétise dans le même sens en Babylonie ; mais ils annoncent en même temps une restauration glorieuse, que Jérémie fixe à 70 ans environ à partir du moment où les Kaldéens ont obtenu la suprématie dans l'Asie antérieure. Jérémie prédit aussi la ruine de Babylone (l'authenticité de cet oracle, chap. L et LI, a été contestée pour des raisons futiles); et vers la fin de l'exil, le grand inconnu qui écrivit en Babylonie les chap. XL-LXVI du livre d'Esaïe annonce à son tour la délivrance prochaine des Juifs exilés, qu'il attend de Cyrus, et une restauration dépeinte sous des couleurs plus vives et plus merveilleuses encore que celles de ses prédécesseurs. — *Quatrième période.* Après la prise de Babylone par Cyrus, les Juifs rentrent dans leur patrie (536). Mais les peuples voisins de la Judée les calomnient auprès des rois de Perse, les représentent comme des rebelles qui méditent de recouvrer leur antique indépendance et réussissent à faire cesser les travaux pour la reconstruction de Jérusalem et du temple, jusqu'au commencement du règne de Darius, fils d'Hystaspe (520). Alors se lèvent presque en même temps Aggée et Zakarie. Aggée exhorte le peuple à reprendre les travaux de la reconstruction du temple, qui est bientôt achevé, et promet que la gloire de ce second temple sera plus grande que celle du premier. Peu après, Zakarie exhorte son peuple à la fidélité envers Jéhovah et dans une série de visions annonce que les nations païennes seront abaissées, que Jérusalem deviendra le centre religieux du monde, que Dieu enverra le Messie, et que cette grande œuvre s'accomplira, non par la force matérielle, mais par l'esprit de Dieu se manifestant par ses deux organes habituels: le sacerdoce et le prophétisme (cf. Apoc. XI, 4-6). Environ cent ans plus tard, Malaki, le dernier des prophètes, censure les sacrificateurs qui négligent leurs devoirs, les Juifs qui répudient leurs femmes ou qui en prennent d'étrangères, ceux qui doutent de la justice divine, ceux qui ne paient pas les dîmes et déclare que Dieu enverra bientôt son messager, un nouvel Elie, après quoi le Seigneur, le messager de la (nouvelle) alliance, (c.-à.-d. le Messie), viendra lui-même pour purifier son peuple. Depuis lors jusqu'au nouvel Elie et au fondateur de la nouvelle alliance que le dernier des prophètes avait annoncés, il n'est aucun personnage, aucun écrit, qui mérite pleinement de figurer dans l'histoire du prophétisme, à la suite des grands noms que nous venons d'énumérer. Le livre de Daniel doit être rangé dans la littérature apocalyptique plutôt que dans la littérature prophétique. La confession des péchés des Juifs dispersés (Bar. I, 15-III, 8) et le discours à Israël (III, 9-V, fin) qui composent le livre de Barouk, aussi bien que l'Epître (apocryphe) de Jérémie, ont trop manifestement le caractère d'œuvres d'imitation et manquent trop complètement d'originalité pour pouvoir entrer en ligne de compte. Le prophétisme finit avec Malaki. — On voit par ce résumé trop succinct de l'histoire des prophètes que leur but principal fut toujours de maintenir le peuple d'Israël dans l'adoration du Dieu unique ou de l'y ramener quand il s'en écartait. Ils combattent, non seulement le polythéisme, l'idolâtrie, toutes les superstitions païennes, mais aussi le formalisme dans le culte (non le culte lévitique lui-même, comme on l'a cru souvent d'après quelques textes mal interprétés: Amos V, 25; Jer. VII, 22 ss.) et tous les péchés de leur peuple sans exception. Le peuple du Saint d'Israël, comme ils nomment fréquemment Jéhovah, doit être saint. S'il est fidèle à son Dieu, il n'a rien à craindre : le Tout-Puissant le protégera contre tout danger. Israël n'a qu'à se confier en lui. C'est pour cela qu'Osée et Esaïe détournent les rois d'Israël et de Juda de recourir à l'appui de l'Assyrie contre les Araméens et les Israélites ou de l'Egypte contre les Assyriens. Cette politique, qui peut paraître naïve, était en réalité la suprême sagesse. C'est pour l'avoir dédaignée que le royaume d'Israël périt et que celui de Juda fut exposé aux plus grands dangers. Elle reposait sur cette ferme persuasion des prophètes que Jéhovah ne pouvait pas laisser périr le peuple avec lequel il avait fait alliance au Sinaï et qui était destiné à communiquer un jour au monde entier la connaissance du vrai Dieu. — Les prédictions des prophètes relativement à l'avenir de leur peuple et des peuples païens ont aussi la même base. Il faut qu'un jour le paganisme soit détruit et que Jéhovah soit adoré dans le monde entier. Il est donc impossible que le seul peuple qui connaisse le vrai Dieu périsse. S'il est infidèle, la sagesse de Dieu, aussi bien que sa justice, exige qu'il soit puni, d'autant plus sévèrement qu'il a été plus coupable; mais le châtiment a pour but et aura finalement pour effet de le régénérer; après avoir été dispersé par l'exil, il rentrera dans sa patrie comme un peuple nouveau, purifié, et, sous le sceptre puissant et pacifique d'un nouveau David, il reprendra la mission civilisatrice que Dieu lui a confiée. Des peuples nombreux accepteront la doctrine sortie de Jérusalem et reconnaîtront la ville sainte comme leur métropole religieuse. Quant à ceux qui refuseront de se convertir et viendront attaquer le peuple de Dieu, ils seront brisés, anéantis pour jamais. Qui pourrait méconnaître dans ce tableau les grands traits d'une philosophie de l'histoire, que les événements ont déjà confirmée en partie dans ce qu'elle a d'essentiel? Assurément, la restauration du peuple d'Israël après l'exil ne fut pas aussi glorieuse que les prophètes l'avaient espéré : les dix tribus ne revinrent pas, la royauté davidique ne fut jamais rétablie, le sacerdoce ne le fut que pour être de nouveau détruit, la ville de Jérusalem ne devint pas la métropole religieuse du monde. En un mot, la forme *extérieure* de l'histoire fut autre que les prophètes ne l'avaient entrevue. Ils avaient contemplé l'avenir à travers les institutions de leur temps, purifiées, ennoblies, spiritualisées; l'idée ne leur était pas venue qu'elles pourraient être abrogées et remplacées par des institutions supérieures. Faut-il donc s'en étonner? N'est-il pas plus juste, au contraire, d'admirer la profonde intelligence de ces hommes de Dieu, le coup d'œil sûr qu'ils ont jeté dans l'avenir, malgré les couleurs imparfaites dont leur imagination l'a parfois revêtu? Il est incontestable, en effet, que la venue de Jésus-Christ, la fondation et les progrès de l'Eglise ont réalisé et réaliseront de plus en plus ce qu'il y avait d'essentiel dans les espérances des prophètes. — Il faut se souvenir d'ailleurs que leurs promesses, comme leurs menaces, étaient toujours conditionnelles et dépendaient de la fidélité de ceux à qui elles étaient adressées. Or, qui pourrait soutenir que le peuple juif se soit montré digne, après l'exil, des grandes promesses qui lui avaient été faites? S'il renonça au polythéisme et à l'idolâtrie trop fréquents avant la ruine de Jérusalem, ce fut pour tomber dans un formalisme méticuleux, dans un orgueil spirituel, dans un esprit d'étroitesse et de fanatisme mille fois condamnés d'avance par les prophètes. Dans cette situation, il fallait de deux choses l'une : ou que les promesses divines ne s'accomplissent jamais ou qu'elles s'accomplissent sous une forme nouvelle et supérieure; c'est ce qui eut lieu en Jésus, le vrai Messie, quoiqu'il n'ait pas rétabli le trône matériel de David, comme les prophètes l'avaient dit, et dans l'Eglise chrétienne, le vrai Israël, chargé de répandre jusqu'au bout du monde la vérité religieuse et morale. — Toutefois, les apôtres ont espéré, et rien ne nous interdit d'espérer aussi, que les Juifs finiront par rentrer dans le royaume de Dieu, d'où ils se sont volontairement exclus. Mais ce n'est pas une raison pour imaginer que les promesses temporelles des prophètes, qui n'ont pas été accomplies par la fondation de l'Eglise, se réaliseront alors. Qu'on se rappelle seulement, pour comprendre combien un tel espoir est chimérique, que, d'après les prophètes, en particulier d'après Jérémie (XXXIII, 17 ss.) et Hézékiel (XLVI, 16 ss.), le descendant de David, qui rétablirait le trône de son glorieux ancêtre, devait avoir une nombreuse famille et que ses fils devaient lui succéder indéfiniment (voyez sur ce sujet Bertheau, *Die alttestamentliche Weissagung von Israel's Reichsherrlichkeit* dans les *Jahrbücher für deutsche Theologie*, 1859-60). — Quant aux prédictions spéciales, si un grand nombre se sont accomplies littéralement ou à peu près, non seulement parmi celles que rapportent les livres historiques, mais aussi parmi celles qui sont contenues dans les écrits des prophètes, comme celles de la ruine du royaume des dix tribus et du royaume de Juda, de Ninive, de Babylone, de Tyr, etc., celles du désastre de Sennakhérib, des 70 ans de l'exil et d'autres, il faut avouer que quelques-unes ne se sont pas réalisées aussi complètement que le langage des prophètes pouvait le faire supposer. Il est vrai que, par suite d'erreurs exégétiques, plusieurs prédictions qui se sont accomplies ont été rangées à tort dans cette catégorie. Ainsi, on a attribué à Amos lui-même la prédiction du meurtre de Jéroboam II, d'après le rapport inexact que son adversaire, le sacrificateur de Béthel, fit à ce roi des paroles du prophète (VII, 11), tandis qu'Amos avait parlé, non de ce roi personnellement, qui, en effet, mourut paisiblement sur le trône, mais de sa maison, de sa dynastie (v. 9) ; et son fils Zakarie fut, en effet, assassiné. De même, on a supposé que le prophète Osée avait prédit que les Israélites du royaume des dix tribus seraient emmenés *captifs en Egypte* et en Assyrie (VIII, 13 ; IX, 3, 6 ; XI, 5, 11), tandis que le prophète, dans les circonstances politiques où il vivait, ne peut avoir voulu parler que d'une *fuite en Egypte* et d'un exil en Assyrie, qui se réalisèrent l'un et l'autre. Il est vrai aussi que quelques-unes des prédictions non réalisées doivent s'expliquer par le caractère *conditionnel* des prophéties en général, dont nous parlions tout à l'heure. Ainsi, la prédiction de la ruine de Jérusalem *par les Assyriens* dans Michée (et dans Esaïe) ne s'accomplit pas parce qu'Hézékiah et son peuple s'humilièrent (Jér. XXVI, 18 ss.). Il est vrai enfin que plusieurs ont un caractère poétique et hyperbolique ou idéal, qui ne permet guère de croire que le prophète en ait espéré lui-même la réalisation littérale. Ainsi Abdiah, 18-21 ; Joel IV ; Hézék. XL-

XLVIII, etc. Il n'en demeure pas moins que plusieurs prédictions, qui n'ont pas, du moins pas au même degré, ce caractère idéal ou hyperbolique, ne se sont pas accomplies, du moins sous la forme dont le prophète les avait revêtues. Ainsi, Esaïe annonce pour un avenir rapproché une dévastation de la Palestine plus complète que celle qui eut lieu en effet (VII, 14-25), et il attribue aux Egyptiens un rôle plus considérable que celui qu'ils paraissent avoir joué à ce moment-là. De même, il annonce plus tard la prise de l'Egypte et de l'Ethiopie par Sargon (XX), tandis que nous savons maintenant par les nombreuses inscriptions de ce monarque qu'il ne pénétra pas en Egypte. Seulement nous savons aussi par les mêmes documents que le roi d'Ethiopie n'évita la défaite et l'invasion que par une sorte d'amende honorable bien autrement humiliante : il livra au roi assyrien son allié le roi d'Asdod, qui s'était réfugié auprès de lui! La preuve qu'Esaïe a considéré ces deux prédictions comme *suffisamment* justifiées par les événements, c'est qu'il les a laissées subsister et les a probablement insérées lui même dans le recueil de ses prophéties. Nous ne devons pas être plus difficiles que lui, et il faut nous souvenir que, d'après saint Paul, les prophètes de la nouvelle alliance (à plus forte raison ceux de l'ancienne) prophétisaient d'une manière incomplète (εκ μερους, 1 Cor., XIII, 9). Une autre de ces imperfections, c'est qu'ils ont cru souvent la ruine du paganisme et le triomphe du culte du vrai Dieu plus proches qu'ils n'étaient en effet (cf. Abd. 15; Joel IV, 14; Es. XIII, 6, etc.). On a souvent prétendu, il est vrai, que quelques-unes des prédictions des prophètes ne s'étaient *absolument* pas réalisées, en particulier celles d'Hézékiel contre Tyr et celles de Jérémie et d'Hézékiel contre l'Egypte. Mais si le récit de Flavius Josèphe, dans son *Archéologie*, n'a pas grande valeur historique et peut avoir été composé d'après ces prophéties, il n'en est pas de même des témoignages de Bérose et de Mégasthènes, qu'il cite dans son écrit *Contre Apion* (I, 19 ss.), et d'après lesquels Nabukodonosor s'empara de *l'Egypte...*, de *la Phénicie tout entière*, et même (d'après Mégasthènes) de la plus grande partie de *la Libye*. Il paraît donc plus sage d'admettre, en présence de ces témoignages, que ces prédictions se réalisèrent, sinon dans tous leurs détails, du moins quant à leur contenu essentiel comme celles d'Esaïe dont nous venons de parler. — L'écart assez fréquent et parfois considérable entre la prophétie et l'accomplissement est-il de nature à nous donner le droit de mettre en doute l'inspiration divine des prophètes ? Nous ne le pensons pas. Ils étaient fermement convaincus d'être les organes de Jéhovah, d'agir et de parler sous l'influence directe de son esprit, et rien ne nous autorise à supposer qu'ils se soient fait illusion à eux-mêmes, encore moins qu'ils aient voulu en imposer. Il faut reconnaître seulement que cette action divine, de quelque nature qu'elle fût, ce qu'il est à peu près impossible de préciser, n'a pas eu pour effet de les préserver de toute erreur. Au reste, rien ne prouve que cette action ait été la même pour tous : elle peut avoir varié, sinon en nature, du moins en intensité, suivant le caractère, l'intelligence, la réceptivité plus ou moins grande des individus sur lesquels elle s'exerçait. Bien plus, rien ne prouve qu'elle n'ait pas varié dans le même individu et qu'elle ait été toujours la même du commencement à la fin de son activité prophétique. En tout cas, elle n'a certainement pas eu pour effet de supprimer l'activité de l'intelligence humaine, comme on l'a supposé quelquefois; elle a dû au contraire l'élever à sa plus haute puissance, la rendre plus lucide et plus sûre, sans qu'il soit permis d'affirmer qu'elle l'ait toujours et chez tous soustraite à toute chance d'erreur. Une telle conclusion ne serait légitime que si elle était justifiée par les faits; or elle ne l'est pas. Il faut donc que la théorie qui identifie l'inspiration avec l'infaillibilité absolue, se modifie dans le sens que nous venons d'indiquer. Entre les deux théories opposées du prophétisme qui ont été jusqu'ici en présence et dont l'une dit : Inspirés, donc infaillibles, tandis que l'autre dit ; Faillibles, donc non inspirés, nous en concevons une autre, plus conforme aux faits, et qui se résume ainsi : Inspirés, mais faillibles; faillibles et pourtant inspirés. Nous n'admettons pas le dilemme dans lequel l'ancien supranaturalisme et le rationalisme, d'accord sur ce point, voudraient nous enfermer. Nul n'a le droit d'affirmer *a priori* de quelle manière Dieu doit se révéler aux hommes; les faits peuvent seuls nous renseigner sur ce point, et c'est aux théories à se modeler sur les faits, non l'inverse. — L'inspiration se manifestait souvent, au début et dans le courant du ministère des prophètes, sous la forme de visions, dont il n'est guère possible de méconnaître le caractère plus ou moins extatique (cf. surtout Esaïe VI). Le songe y jouait un rôle à peu près aussi important que la vision (Nombr. XII, 6 ; Joël III, 1, etc.), et il se peut que plusieurs des visions racontées dans les écrits prophétiques ne soient en réalité que des songes ou même que des images qui se sont présentées, peut-être pendant la nuit, à l'esprit de ces grands serviteurs de Dieu toujours préoccupés de l'avenir religieux et moral de leur peuple. Plus souvent encore ils ont dû considérer comme la voix de Dieu, et avec raison, la voix de leur conscience toute pénétrée de la pensée et de l'esprit de Jéhovah. Plusieurs théologiens, Hengstenberg, M. Godet, etc., ont supposé que les prophètes recevaient toutes leurs révélations, ou du moins la plupart, sous formes de visions, qu'ils auraient eues dans un état plus ou moins voisin de l'extase, et ils ont essayé, à l'aide de cette hypothèse, d'expliquer par une sorte d'illusion d'optique, produite par la perspective, les erreurs des prophètes dans leurs tableaux de l'avenir, en particulier, leurs prédictions des temps messianiques pour une époque plus rapprochée que celle où ils ont commencé en effet (cf. Godet, *Etudes bibliques, Ancien Testament, les Grands prophètes*). Mais s'il est incontestable que les prophètes ont eu des visions, rien ne prouve que la vision ait été la forme constante ou seulement habituelle de leurs révélations. Leur croyance à la proximité de l'époque messianique n'a pas besoin d'une explication spéciale : elle rentre dans la même catégorie que les écarts plus ou moins considérables que nous avons constatés plus haut entre les prédictions et leur accomplissement et doit être expliquée de la même manière par le caractère humain et par conséquent incomplet, imparfait de la prophétie. — Sur plusieurs questions moins importantes qu'il nous est impossible d'aborder ici, sur le faux prophétisme, sur les analogies extérieures et les différences fondamentales qui existent entre les prophètes hébreux et ceux des autres peuples de l'antiquité, sur la vie extérieure des prophètes, leurs actions symboliques, le caractère poétique et oratoire de leurs discours, etc., voyez Knobel, *Der Prophetismus der Hebræer*, 2 vol., 1837, l'ouvrage le plus important et le plus complet sur la matière, malgré quelques erreurs de détail ; Köster, *Die Propheten des A. und N. T.*, 1838; Hofmann, *Weissagung und Erfüllung*, 2 vol., 1841-44; Ewald, *Die Propheten des A. B.*, 2e éd., 1867-68, 3 vol.; Tholuck, *Die Propheten und ihre Weissagungen*, 1860; Bleek, *Einleitung in das A. T.*, 1860, 4e éd., 1878 ; Köhler, *Der Prophetismus der Hebr. u. die Mantik der Griechen*, 1860 ; Oehler, *Das Verhältniss der A. T.-lichen Prophetie zur heidn. Mantik*, 1861 ; Riehm, *Die messianische Weissagung*, 1875 ; Küper, *Das Prophetenthum des A. B.*, 1870 ; Kuenen, *Histoire critique des livres de l'A. T.*, t. II : *Les livres prophétiques*, trad. par Pierson, 1879 ; *De profeten en de profetie onder Israël*, 1875 ; trad. anglaise : *Prophets and prophecy in Israël*, 1877 ; Duhm, *Die Theologie der Propheten*, 1875; Reuss, *Les Prophètes*, 2 vol., 1876; J. Steeg, *Le Messie d'après les prophètes*, 1867 ; M. Vernes, *Le peuple d'Israël et ses espérances relatives à son avenir*, 1872; Revel, *Storia letteraria dell' Antico Testamento*, 1879 ; Bruston, *Histoire critique de la littérature prophétique depuis les origines jusqu'à la mort d'Isaïe*, 1881.

Ch. Bruston.

PROPITIATOIRE. Voyez *Tabernacle* et *Temple* de Jérusalem.

PROPRIÉTÉ (chez les Hébreux). La principale propriété chez un peuple agricole, comme l'étaient les Israélites, était la propriété foncière. D'après la loi de Moïse, tout Israélite qui n'était pas de la tribu de Lévi, avait droit à une part du sol du pays que Jéhovah, le maître de la Palestine, avait accordé comme propriété au peuple (Lévit. XIV, 34). Mais cette propriété était un bien inaliénable de la famille. Quand bien même elle pouvait être vendue ou cédée à un créancier pour l'extinction d'une dette, le vendeur et ses proches parents conservaient toujours le droit de la racheter (Lévit. XXV, 25), et dans l'année du jubilé elle revenait sans payement à la famille du propriétaire primitif. D'après ce système, il ne pouvait y avoir dans l'Etat théocratique ni mendiants, ni noblesse ; l'égalité des citoyens était soit maintenue, soit rétablie, et le peuple n'en était pas réduit à chercher d'autres ressources pour vivre (p. e. le commerce). On pouvait, pour un certain temps du moins, obvier au trop grand morcellement de la propriété entre les enfants d'un propriétaire, en leur accordant une partie des nombreuses terres restées incultes. D'un autre côté les familles sans enfants pouvaient laisser leurs propriétés à des enfants d'une autre famille, mais appartenant à la même tribu. A la longue toutefois cette organisation ne laissait pas de présenter de graves inconvénients, surtout chez un peuple généralement si riche en enfants. La loi touchant les droits des premiers-nés (droit d'aînesse) opposait aussi un obstacle à cette égalité voulue au point de vue de la propriété, et nous voyons, en effet, à l'époque antérieure à l'exil des riches acquérir une grande quantité de terres, surtout parce que les jubilés n'étaient pas toujours observés et que les rois confisquaient à leur profit la propriété des particuliers pour la distribuer à leurs favoris. Dans les temps postérieurs à l'exil, cette égalité exista moins encore et de nombreux mendiants se montrèrent en Palestine. Ajoutons que les propriétaires des terres avaient à payer, sous forme de dîmes, des impôts réguliers à Jéhovah, le véritable propriétaire du pays, c'est-à-dire aux lévites, et que les premiers-nés et le rapport des terres de la septième année leur étaient absolument enlevés. E. SCHERDLIN.

PROSÉLYTES, g-é-r-i-m, προσήλυτοι (1 Chron. XXII, 2; Matth. XXIII, 15; Actes II, 11; VI, 50). C'était le nom que portaient chez les Hébreux les païens qui voulaient se rattacher au mosaïsme : il signifie *étrangers*. On distinguait deux sortes de prosélytes : 1° les prosélytes de la porte, c'est-à-dire des étrangers païens qui pour pouvoir habiter la Palestine, en qualité d'esclaves ou d'hommes libres, se soumettaient à l'observation des sept préceptes noachiques qui, interdisaient le blasphème, l'idolâtrie, le meurtre, l'inceste, le brigandage, la révolte contre l'autorité, et l'usage de viandes saignantes (Ex. XII, 19 ; Lév. XVII, 12 ; XXIV, 16; Ezéch. XIV, 7). Moyennant cette observation, ils pouvaient demeurer dans la terre d'Israël et avoir part à la prospérité temporelle du peuple de Dieu. Il leur était permis d'entrer dans la première enceinte du temple, mais seulement par la porte des gentils ; ce qui leur a fait donner leur nom (Lév. XLV, 28). Chez Josèphe (*Antiq.*, 14, 7, 2 ; cf. Actes XIII, 50 ; XVI, 14 ; XVII, 4 ; XVIII, 7), les prosélytes de la porte s'appellent φοβούμενοι τὸν Θεὸν. — 2° Les prosélytes de la justice étaient ceux qui se convertissaient au judaïsme, s'engageaient à observer toutes les lois de Moïse, et avaient part à tous les privilèges temporels et spirituels du peuple de Dieu. La cérémonie de l'admission solennelle au sein du judaïsme d'un parfait prosélyte comprenait la circoncision, le baptême par immersion, en lui plongeant tout le corps dans un grand bassin d'eau, et le sacrifice. Les femmes étaient tenues au baptême et au sacrifice. La plus grande incertitude règne sur l'époque à laquelle fut introduit le baptême des prosélytes (Selden, *Jus natur.*, 2, 2 ; Lightfoot, *Hor. hebr.*, p. 220 ss. ; Hottinger, *Theol. jud.*, 29; Bengel, *Ueb. das Alter der jüd. Proselytentaufe*, Tub., 1814 ; Ernesti, *Opusc. theol.*, p. 255 ss. ; Bauer, *Bibl. Theol. des N. T.*, I, 276 ss. ; Schneckenburger, *Ueb. das Alter der jüd. Prosel.*, Berl., 1828), qui ne remonte certainement pas au delà de la destruction de Jérusalem, en 70 ap. J.-C. (*Gemara*, *Babyl. Jebamoth*, 46, 2 ; *Cherithut*, 9, 1 ; *Kiddusch*, 62, 2 ; *Avoda sara*, 57, 1). Le silence de Josèphe, de Philon et des auteurs des plus anciens Targoums est décisif à cet égard, bien qu'il soit probable que les Juifs, passionnés pour les lustrations, aient soumis, dès avant Jésus-Christ, les prosélytes qui voulaient embrasser le judaïsme à une purification qui leur enlevât toute souillure païenne. — Le prosélytisme, qu'encourageaient les oracles prophétiques (Es. IX, 2; XLII, 7; XLV, 6; Michée, IV, 2, etc.), prit de grands développements à l'époque des Machabées, et fut exercé avec un zèle, des ruses et des machinations plus ou moins licites, surtout par les Pharisiens (Matth. XXIII, 15; cf. Tacite, *Annales*, 2, 85; Horace, *Satires*, I, 4; Suétone, *Tibère*, 36; Josèphe, *De bello jud.*, 2, 17, 10; 7, 3. 3). Des peuplades entières, tels que les Iduméens sous Jean Hyrcan (Josèphe, *Antiq.*, 13, 9. 1; 15, 7, 9) et les Ituréens sous Aristobule (Josèphe, *Antiq.*, 13, 11. 3; 13, 15. 4), furent converties de force au judaïsme. En général, c'étaient plutôt des femmes que des hommes chez lesquels les faiseurs de prosélytes trouvaient accès, en grande partie sans doute parce qu'elles n'étaient pas obligées de se soumettre à une opération douloureuse (Josèphe, *Antiq.*, 18, 3. 5; cf. Actes XIII, 50; XVI, 14). La libération du service militaire (Josèphe, *Antiq.*, 14, 10. 13) ou l'appât d'un mariage (*id.*, 20, 7, 3), ou bien aussi le vide que laissaient dans les âmes les cultes païens et le scepticisme philosophique expliquent ces conversions au judaïsme; les prosélytes ont partagé d'ailleurs le mépris qui pèse d'ordinaire sur ceux qui changent de religion. — Voyez : Slevogt, *De proselytis Iudæorum*, Jen., 1651; J.-G. Müller, *De proselytis*, dans le *Thesaurus* d'Ugolin, XXII; Wæhner, *De Ebræorum prosel.*, Gœtt., 1743; Buxtorf, *Lexicon talm. et rabb.*; Bodenschatz, *Kirchl. Verfassung der Juden*, IV, 70 ss.; Saalschütz, *Mosaïsches Recht*, II, 690 ss.; l'article de Lübkert dans les *Stud. u. Krit.*, 1835, p. 681 ss., et le *Bibl. Realwœrterb.* de Winer.

PROSPER D'AQUITAINE. Il semble étrange qu'un homme d'une certaine valeur littéraire et qui, comme Prosper d'Aquitaine, a joué un grand rôle dans les controverses religieuses de son temps, n'ait pas laissé plus de traces de son existence et qu'on possède si peu de détails sur sa vie. Ils sont encore bien plus rares pour ceux qui, avec Ampère, refusent d'attribuer à Prosper deux petits poèmes, l'un *De Providentia divina*, qui renferme quelques passages entachés de semi-pélagianisme, l'autre *Adhortatio ad conjugem*, où se trouvent quelques beaux vers, plus harmonieux et d'une plus grande douceur que ses poésies authentiques. Né en Aquitaine vers l'an 400 et ayant fui dès sa jeunesse sa patrie exposée à toutes les calamités de l'invasion, Prosper se retira à Marseille, où il séjourna presque constamment. Nous ne connaissons d'autre incident de sa vie que ses voyages à Rome, où une tradition assez sérieuse fait de lui un notaire attaché au service de Léon Ier. Une autre tradition sans fondement fait de lui un évêque. Prosper n'a jamais embrassé l'état ecclésiastique, mais s'est signalé par l'étendue de ses connaissances littéraires et par sa prédilection pour les études et les controverses théologiques. Défenseur ardent de l'orthodoxie et grand admirateur de saint Augustin, il dénonça à ce dernier, en 427, de concert avec son ami Hilaire (que l'histoire ecclésiastique appelle, pour le distinguer des autres : *Hilarius Prosperi*) des moines de Marseille, qui cherchaient à relever le pélagianisme en affaiblissant la doctrine de la grâce et en assignant un rôle à la liberté de l'homme dans l'œuvre de son salut. Le chef de ce parti, qui prit un grand ascendant au sein de l'Eglise gallicane, alors aussi indépendante qu'éclairée, était Jean Cassien, disciple distingué de Chrysostome, supérieur du couvent de Lérins. Augustin répondit par ses deux traités, de l'élection des saints et du don de persévérance, mais déploya beaucoup plus de modération et d'indulgence que son fougueux admirateur. Après la mort d'Augustin, Prosper se rendit à Rome avec Hilaire. Il obtint du pape Célestin II une lettre adressée aux évêques de la Gaule, qui accordait de grands éloges à Augustin et s'élevait contre les docteurs qui soulèvent les questions subtiles. Par contre, dans un véritable esprit romain, elle se contentait d'aborder, en termes vagues, le sujet même de la controverse. En réalité, Prosper avait subi un échec et Vincent de Lérins, en 434, ne manque pas d'en triompher dans son *Commonitorium*. Prosper ne fut pas plus heureux dans sa tentative auprès du pape Sixte III, et dut se contenter de la polémique littéraire, dont il usa largement, mais sans y remporter les succès sur lesquels il croyait pouvoir compter. En 433 il s'attaqua au moine Cassien; en 435 il répond à Vincent de Lérins dans son *Liber contra collatorem* et dans ses *Responsiones ad capitula calumnantium*. Il composa encore, sur le même sujet, un *De gratia et libero arbitrio liber*, et un recueil d'épigrammes tiré des sentences d'Augustin, et qui ne vaut pas celui de Martial. En 440, nous le voyons à Rome, auprès de Léon Ier, dont il aurait rédigé des lettres contre Eutychès, et auquel il dédia un traité sur l'incarnation. Il fut témoin de l'invasion d'Attila et des angoisses de la capitale. Son principal ouvrage est son *Carmen de Ingratis*, dirigé contre l'ingratitude des semi-pélagiens, poème rude, au langage incorrect, d'une intolérance et d'une rigueur de doctrines excessives, dans lequel il évoque contre ses adversaires les pélagiens eux-mêmes, qui réclament leur condamnation. Il en vient à se réjouir, non seulement de la damnation des méchants, mais encore du sort fatal des nations qui n'ont jamais entendu prêcher l'Evangile. Toutefois il cherche, dans certains passages, à adoucir les angles les plus aigus de la doctrine augustinienne, et nous voyons se former, peu après sa mort, survenue en 460, un parti modéré avec l'auteur du traité *De vocatione gentium*, parti dont le succès fut assuré par les exagérations des prédestinatiens rigides. Outre un cycle pascal (444), et une exposition des cinquante derniers psaumes, Prosper a rédigé un *Chronicon consulare* qui va jusqu'en 378 et suivi d'un *Chronicon imperiale* qui s'arrête à 455, premier modèle de ces sèches chroniques du moyen âge, qui consacrent une ligne à un fait important et des pages à des futilités. C'est dans cette chronique qu'on voit cité un évêque Palladius, qu'on ne retrouve nulle part et qui aurait provoqué la première mission en Irlande. — Voyez : Canis, *Lect. Ant.*, I; Mangeant, *Prosp. opera*, Paris, 1711; *Hist. litt. de France*, tome II; Wiggers, *De Joh. Cas.*, Rot, 1824; Neander, *Kirchengesch.*, V; Ampère, *Hist. litt. de France avant le douzième siècle*, II.

A. PAUMIER.

PROTESTANTISME (Principe du). Ce titre suppose que le protestantisme, en dépit de la pluralité de ses origines historiques et des différences doctrinales qui existent dans son sein, possède une existence propre, et, en un sens, tout au moins, une réelle unité. En dehors de cette supposition il ne saurait être question de protestantisme, et encore moins d'un principe du protestantisme. Or, cette unité a été niée à des points de vue fort divers. D'abord au point de vue du catholicisme, lequel, se refusant absolument à concevoir l'unité religieuse sous une autre forme que celle d'une Eglise visible soumise à une autorité légale uniformément acceptée, n'a pas eu de peine à réduire à néant toute prétention du protestantisme à une unité quelconque. Il n'était même pas besoin pour cela du génie de Bossuet et des ressources qu'il a déployées dans son *Histoire des variations*. L'unité du protestantisme est également écartée, du moins implicitement, par deux tendances contraires qui se sont produites dans son sein même, D'une part, une tendance sectaire qui voudrait donner à telle confession protestante spéciale une valeur telle, que seule elle représenterait le vrai protestantisme, et de l'autre une tendance radicale qui voudrait dépouiller le protestantisme de toute affirmation religieuse positive pour n'y plus voir qu'une méthode qu'il aurait en commun avec d'autres systèmes. Pour nous, nous maintenons l'unité organique du protestantisme. Cette unité n'est, évidemment, pas de l'ordre légal. Elle n'en est pas moins réelle. — Elle repose d'abord, historiquement, sur la grande révolution religieuse qui a surgi au seizième siècle sur plusieurs points de l'Europe, avec cette simultanéité et cette indépendance qui, ensemble, sont le caractère des mouvements longtemps préparés, et au fond harmoniques. Malgré cette diversité dans l'origine historique, et d'autres diversités dont nous aurons à parler, cette révolution s'appelle pour tous, amis et adversaires, d'un seul nom que l'on n'a pas réussi à faire passer du singulier au pluriel; ce nom est celui-ci : la Réforme. Nous pourrions encore invoquer en faveur de l'unité réelle du protestantisme, et toujours sur le terrain des faits, bien des signes actuels; par exemple, l'institution de l'*Alliance évangélique* (voir l'article), et ce fait, plus significatif encore, de l'union en maint pays des protestants des diverses Eglises pour l'œuvre de la mission étrangère et intérieure. — L'unité du protestantisme repose ensuite sur certains principes communs à tous les protestants qui n'ont pas rompu avec les traditions essentielles de la Réforme. Sans doute, on discute sur la question de savoir quelles sont ces traditions essentielles, comme on discute sur toutes choses, et nous devons reconnaître que nous n'avons aucun critère légal qui nous permette de décider quelle est la ligne précise au delà de laquelle un homme ou une église cesse d'appartenir à la Réforme. Nous déclarons même renoncer à l'avantage que pourrait nous donner sur ce point la lettre des anciens symboles des diverses branches du protestantisme. Il n'en est pas moins vrai que celui-ci a ses traditions essentielles, et que s'il n'y a pas de limite légale entre ce qui est la Réforme et ce qui ne l'est pas, il y a, à cet égard, d'autres limites dont l'évidence s'impose au bon sens et à la bonne foi. Quelles sont ces limites, ou, en d'autres termes, quels sont les principes essentiels du protestantisme? C'est là ce que nous allons tout d'abord rappeler. Nous rechercherons ensuite si ces principes ne seraient pas eux-mêmes dominés par un principe supérieur.

I. Les principes essentiels du protestantisme. — 1° *Le libre examen.* S'il faut entendre par cette expression la souveraineté persistante de la raison en face de toute autorité religieuse, de quelque nature qu'elle soit, il est évident qu'on ne saurait considérer le libre examen comme l'un des principes, essentiels ou non, de la Réforme. On sait ce que les réformateurs ont pensé touchant les lumières naturelles de l'homme (*Conf. de la Rochelle*, art. IX), et l'on connaît la tendance anti-pélagienne de tout leur système. Mais s'il faut entendre par libre examen le droit absolu que possède l'individu de ne se soumettre, en dépit de toute autorité légale, qu'à une vérité qu'il aurait reconnue comme telle dans son for intérieur, il est évident que le libre examen est un des principes essentiels de la Réforme. En face d'une Eglise qui réclamait (et qui réclame encore aujourd'hui) de tout homme une foi implicite à sa doctrine officielle, la Réforme a proclamé le droit, pour tout homme, d'avoir sa foi à lui. C'est en vertu de ce droit que Luther, à Worms, refusa de se rétracter et qu'il y prononça ces paroles immortelles : « Il est dangereux d'agir contre sa propre conscience... Me voici, je ne puis autrement, que Dieu me soit en aide. Amen! » C'est en vertu de ce droit que, huit ans plus tard, les Etats évangéliques d'Allemagne *protestèrent* contre les décisions de la diète de Spire, qui prétendait défendre à la Réforme de s'établir là où elle n'avait pas encore pénétré et d'innover en rien là où elle s'était déjà établie. Ces états déclarèrent, en effet, en face d'une majorité oppressive que « dans les choses qui regardent l'honneur de Dieu et le salut de l'âme, chacun est responsable de lui-même devant Dieu. » Cet acte donna aux réformés un nom qui leur est resté, et qui est celui par lequel on les désigne le plus généralement aujourd'hui, le nom de *protestants*. Ce nom est loin de les définir complètement ; il a toutefois sa vérité et il a aussi sa grandeur. Nous savons que la Réforme, à ses débuts, n'a pas toujours été fidèle au principe du libre examen, ainsi entendu, et que là où elle a dominé, elle a trop souvent appliqué, en matière de respect des croyances, les principes de son temps. Nous nous souvenons en particulier de la Genève de Calvin. Mais il n'en reste pas moins vrai qu'elle a posé le principe du libre examen en matière religieuse et que, malgré ses propres inconséquences, elle l'a propagé dans le monde. — 2° *L'autorité de l'Ecriture sainte.* Si le libre examen, entendu comme précédemment, exclut toute autorité qui réclamerait une soumission implicite et aveugle, il n'a rien qui soit contraire à une autorité reconnue par l'être moral. Il est certain que la Réforme a été unanime à proclamer l'autorité religieuse de l'Ecriture sainte. Ce n'est point par là qu'elle a commencé. Il y a plus ; à cet égard nous remarquons dans son propre sein, certaines nuances,

Ainsi les Symboles *réformés*, proprement dits, sont plus explicites sur l'autorité de l'Ecriture et la mettent en une tout autre lumière que les symboles luthériens (comp. là dessus *Conf. d'Augsb.*, préambule des *art. contestés* et art. XV ; *art. de Smalk.* 1re partie, art. II ; *Form. de Conc.* 1re part. art. I ; avec *Conf. de la Roch.*, art V ; *Conf. Helv.* II, etc.) Il n'en est pas moins vrai que la Réforme est unanime pour voir dans l'Écriture la règle de la foi. Elle ne l'est pas moins pour déclarer que si c'est par l'Eglise que l'Ecriture nous a été transmise ce n'est pas elle qui nous en garantit la vérité. Calvin proteste contre cette idée avec une énergie singulière et s'il reconnaît que : « L'autorité de l'Eglise est comme une entrée pour amener les ignorants ou les préparer à la foi de l'Evangile, » il n'en déclare pas moins que : « Quant à ce que ces canailles demandent, dont et comment nous serons persuadés que l'Ecriture est procédée de Dieu si nous n'avons refuge aux décrets de l'Eglise, c'est autant comme si aucun s'enquerrait dont nous apprendrons à discerner la clarté des ténèbres, le blanc du noir, le doux de l'amour. Car l'Ecriture a de quoi se faire connaître, voir d'un sentiment aussi notoire et infaillible comme ont les choses blanches et noires de montrer leurs couleurs et les choses douces et amères de montrer leur saveur » (*Inst. chr.*, liv. I, ch. VII, § 3). « Cette Parole, écrit-il plus loin, n'obtiendra pas foi au cœur des hommes, si elle n'y est scellée par le témoignage intérieur du Saint-Esprit» (*Ibid.*, § 4). Nous voici bien loin de la foi implicite du catholique. Il serait facile de montrer que nous en sommes tout aussi loin avec Luther et avec Zwingle. On sait d'ailleurs les hardiesses critiques que Luther alliait à sa foi indomptable au Christ. Le Christ était pour lui le Maître de l'Ecriture. C'était à cause de lui qu'il croyait en elle. Là où il ne croyait pas en retrouver l'esprit, il n'y avait plus pour lui d'autorité, même dans l'Ecriture. Si Zwingle et surtout Calvin n'ont pas usé à cet égard de la même liberté, cette liberté n'en était pas moins impliquée par toute leur conception de l'autorité en matière de foi. Il suffit d'ailleurs de s'être approché quelque peu de ces hommes pour s'être aperçu que cette liberté n'était pas celle de l'indépendance à l'égard de l'autorité religieuse, mais bien au contraire celle qu'impliquait leur entière soumission à une autorité qui, pour eux, était l'âme même de l'Ecriture, nous voulons dire l'autorité du Dieu de Jésus-Christ. → 3° *La justification par la foi*. La doctrine de la Réforme, sur ce point, se lie intimément à sa conception de la chute. Tandis que pour le système catholique l'homme, après le péché, subsiste dans l'intégrité de sa nature, y compris son libre arbitre, et se trouve seulement dépouillé de la justice surnaturelle qu'il a reçue de Dieu à titre de don supplémentaire (voir *Concile de Trente*, V° sess. ; *Cat. romain* ; Bellarmin, *Disputationes de controversiis*) ; pour la Réforme tout entière l'homme après le péché est corrompu dans sa nature même et enchaîné au mal, car, dit Luther (*Com. sur la Genèse*) : « La justice n'est pas pour l'homme un don qui viendrait du dehors et qui serait distinct de sa nature... la nature d'Adam était d'aimer Dieu, de croire en lui et de le connaître ;»

et Calvin : « l'image de Dieu est l'entière excellence de la nature humaine » (*Inst.*, liv. 1er, ch. XV § 4). A cet égard l'unanimité des réformateurs et des symboles de la Réforme est entière. Il faut remarquer toutefois, que du côté luthérien, la négation du libre arbitre est plutôt envisagée au point de vue anthropologique, et y sert en quelque sorte de garantie à l'affirmation de l'incapacité où se trouve l'homme de se sauver par lui-même (Luther, de *servo arbitrio*), tandis que, du côté *réformé* proprement dit, cette négation est plutôt envisagée au point de vue théologique, et y apparaît surtout comme une conséquence de la souveraineté de Dieu (*Inst.*, liv. III *passim*, liv. II, ch. II, § 13 ; liv. I, ch. XV, § 16). En résumé, la Réforme a une conception beaucoup plus haute que le catholicisme, de la nature humaine en soi, et beaucoup plus profonde de la dégradation que le péché a produite en elle comme aussi du lien naturel qui unit l'homme à Dieu. Nous allons retrouver les conséquences de cette opposition dans la conception protestante de la justification par la foi. Cette conception occupe évidemment une place à part dans l'ensemble des principes de la Réforme. Sur aucun point l'accord des hommes et des symboles de la Réforme n'est plus éclatant. Pour eux c'est la foi et la foi *seule* qui justifie (*Conf. d'Augsb.*, art. IV, art. XX ; *Conf. de la Roch.* art. XX). On sait l'importance capitale que Luther attribuait à cette doctrine. « De cet article, dit-il, on ne peut rien céder dussent s'écrouler le ciel et la terre » (*Art. de Smalk.*). C'est qu'aussi sur aucun point le catholicisme ne s'était séparé davantage du christianisme apostolique. Quelle est, en effet, là-dessus, la théorie officielle de l'Eglise catholique ? Elle peut se réduire à cette affirmation : La justification est un acte progressif et divin qui rend l'homme participant de la justice et qui s'accomplit en lui par la foi et par les bonnes œuvres, lesquelles lui méritent effectivement la vie éternelle (Conc. de Trente, sess. VI ; Bellarmin, *De justificatione*). Cette affirmation est déjà grave par elle-même. Elle exclut la suffisance du pardon de Dieu pour la justification du pécheur. Elle fait de sa sainteté la mesure de la paix dont il peut jouir, c'est-à-dire qu'elle le maintient dans un trouble constant; sans compter qu'elle n'établit aucun lien organique entre la foi, pur acte d'intelligence (Bellarmin) et sa vie morale. Mais cette affirmation acquiert une bien autre portée encore, si nous la rapprochons de l'ensemble du système et notamment du rôle que le catholicisme donne à la hiérarchie vis-à-vis du fidèle. C'est la hiérarchie en effet qui est, à l'égard du fidèle, le canal exclusif de la grâce salutaire de Dieu. C'est elle qui la lui dispense ou la lui retire. C'est elle qui déclare suffisantes ou insuffisantes les œuvres de sa pénitence. Enfin cette affirmation acquiert une portée décisive si nous la rapprochons de la pratique du catholicisme. Nous n'y insistons pas. Rappelons seulement à cet égard la pratique scandaleuse et cependant officielle des indulgences qui fut, en Allemagne, l'occasion de la Réforme. On comprendra d'après tout cela le caractère profondément réformateur du principe de la justification par la foi. Proclamer ce principe, c'était, du même coup, mettre le croyant en pleine possession du pardon divin, l'émanciper du pouvoir oppressif de la hiérachie, le rendre à son Maître légitime et fonder en lui la sainteté sur la communion même où elle le mettait, par le Christ, avec le Dieu saint. Car si, au point de vue catholique, la foi était affaire d'intelligence, pour la Réforme elle était tout autre chose. Elle était « un plein assentiment donné à la promesse de Dieu » (*Apol. de la Conf. d'Augsb.*, art. II); « une confiance vivante en la grâce de Dieu, si certaine que l'on mourrait cent fois pour elle » (Luther, *Préf. de l'ép. aux Rom.*); « une confiance cordiale que le Saint-Esprit produit en nous par l'Evangile » (Catéch. de Heidelb.); une puissance qui « unit l'âme au Christ comme une fiancée à son fiancé. Tout devient commun entre eux » (Luther, *Liberté chrétienne*). « Par elle, dit Calvin, nous sommes entés au corps de Christ » (*Inst.*, liv. III, ch. II, § 30) « J'élève, dit-il ailleurs, en un degré souverain la conjonction que nous avons avec notre chef, la demeure qu'il fait en nos cœurs par la foi, l'union sacrée par laquelle nous jouissons de lui, en ce qu'étant ainsi nôtre, il nous départit les biens auxquels il abonde en perfection » (*Inst.*, liv. II, ch. XI, § 30). « Comme on ne peut pas déchirer Jésus-Christ par pièces ainsi ces deux choses sont inséparables, parce que nous les recevons ensemble et conjointement en lui, ascavoir justice et sanctification » (*Inst.*, liv. III, ch.XI, § 6).—4° *L'unité de la vie morale.* Le système catholique avait brisé l'unité de la vie morale. Il avait établi une distinction artificielle entre les péchés dont les uns dits *mortels* rendaient digne de l'enfer et ne pouvaient être effacés que par l'absolution et dont les autres, dit *véniels*, méritaient le purgatoire et pouvaient être effacés par des satisfactions canoniques. Il avait, d'un autre côté, établi, dans l'ordre des devoirs, une distinction non moins artificielle entre les *préceptes* considérés comme obligatoires et les *conseils* considérés comme facultatifs, en d'autres termes entre une vertu vulgaire et une vertu extraordinaire considérée, en quelque sorte, comme l'excès du pur accomplissement du devoir. La Réforme rétablit cette unité brisée. Sans méconnaître une certaine inégalité entre les péchés, elle reconnut que tous procèdent de la même source et ne peuvent être effacés que par le même moyen. Sans méconnaître non plus que les hommes sont appelés à des vocations différentes, la Réforme proclama la sainteté comme l'idéal de perfection que tous doivent atteindre et que personne ne peut dépasser. Elle rejeta notamment toute distinction, au point de vue moral, entre la vie laïque et la vie *religieuse*, ou plutôt elle fit de tout état légitime un état religieux. En d'autres termes elle revendiqua en face de l'ascétisme la sainteté de tous les liens naturels établis par Dieu même (voir en part. *Art. de Smalk.*; *Conf. de la Roch.*, art. XXIV; Luther, de *Matrimonio ;* Calvin, *Inst.* liv. II, ch. VIII, § 38-39 ; etc.—5° *Les sacrements, signes et moyens de grâce agissant par la foi.* Nous n'avons pas à toucher ici aux débats auxquels la question des sacrements a donné lieu au sein de la Réforme, ni aux différences qui peuvent exister sur ce sujet entre les protestants d'aujourd'hui

Il suffira à notre but de marquer sur quel point essentiel les diverses branches de la Réforme sont absolument d'accord en cette matière vis-à-vis du catholicisme, or ce point est celui-ci : tandis que, dans le système catholique, le sacrement agit avec efficacité, *ex opere operato*, sous la seule condition qu'il soit administré régulièrement et que celui qui le reçoit n'y mette pas un obstacle actif (*Trente*, sess. VII, can. 6,8 et 11; Bellarmin, *De sacr.* II, 1)—pour la Réforme le sacrement n'agit avec efficacité que pour celui qui le reçoit avec foi. A cet égard, les luthériens qui insistent avec une force si particulière sur l'élément objectif du sacrement, parlent absolument comme les réformés. « *Non sacramentum*, disait Luther à Cajetan, *sed fides in sacramento justificat.* » « Les sacrements, lisons-nous dans la confession d'Augsbourg (art. XIII) demandent donc la foi et l'on en fait un usage salutaire quand on les reçoit avec foi et que par eux, on est affermi dans la foi. » — 6° *L'Eglise, société des croyants.* Ce serait à tort que l'on accuserait la Réforme d'indifférence à l'égard de l'Eglise. Elle y a, au contraire, attaché, en théorie et en pratique une importance telle que non seulement elle ne conçoit pas le croyant sans l'Eglise (*Inst.*, liv. IV., ch. I, § 41), mais que partout, dès son apparition, elle a réalisé l'Eglise avec force dans les faits. Seulement elle a, de l'Eglise, une conception différente de celle du catholicisme. Cette différence est la conséquence nécessaire de l'opposition que nous avons signalée entre les deux systèmes à l'égard des principes qui touchent à l'appropriation du salut. Pour le catholicisme, on s'en souvient, le salut de l'individu a pour condition essentielle une soumission implicite de sa part aux doctrines et à la discipline de l'Eglise ; pour la Réforme, le salut a pour condition essentielle l'union morale de l'individu avec Dieu par le Rédempteur, en un mot, la foi. Il en résulte à l'égard de l'idée de l'Eglise les conséquences suivantes : *a.* Pour le catholique. l'Eglise est la société de tous ceux qu'unit le lien d'une commune obéissance à une autorité qui tombe sous les sens ; pour le protestant, l'Eglise est la société de tous ceux qu'unit le lien de la même foi au même Rédempteur, en d'autres termes la société des croyants (voir Bellarmin, *ouv. cité, De ecclesia militante* ; *Conf. d'Augsb.*, art. VIII ; *Conf. de la Roch.*, art. XXVII). *b.* L'Eglise au sens catholique est « une société aussi visible et tangible que la société du peuple romain, le royaume de France ou la république de Venise » (Bellarmin). L'Eglise au sens de la Réforme est invisible en elle-même (*Inst.*, liv. IV, ch. I, § 2). *c.* L'Eglise au sens catholique a sur la terre un chef visible sous lequel est constitué un véritable sacerdoce, qui administre de droit divin, les grâces divines, et dont le caractère est indélébile (*Trente*, 23e sess.). La Réforme ne connaît pas d'autre chef visible de l'Eglise que Jésus-Christ ; son pastorat n'est pas un sacerdoce, il n'est qu'une des fonctions de l'Eglise dont tous les membres sont sacrificateurs et rois (Luther, *Lettre à la noblesse allemande* ; Calvin, *Inst.*, liv. IV, ch. XVIII, § 17). *d.* Pour le catholique enfin cette expression, l'Eglise, n'a jamais qu'un sens, elle désigne toujours l'Eglise *catholique*, qui comprend tous les fidèles, et en dehors de laquelle il n'y a pas de salut, — pour le protestant, cette expression, l'Eglise, désigne tantôt l'Eglise universelle en elle-même, qui comprend tous les vrais croyants, tantôt l'Eglise empirique générale nécessairement mélangée, tantôt l'Eglise empirique particulière, organisée en un seul lieu, ou en des lieux divers, sous une forme sociale unique (*Apol. de la Conf. d'Augsb. Inst.*, liv. IV, ch. I, § 4). — Si la Réforme a établi avec toute la netteté désirable le principe de l'Eglise universelle, elle n'a été ni aussi précise, ni surtout aussi logique lorsqu'il s'est agi pour elle de déterminer dans la pratique, les caractères de l'Eglise visible ou empirique. Nous disons dans la pratique, car en théorie elle a parfaitement vu quels devaient être, d'après ses propres principes, ces caractères, c'est-à-dire qu'à une Eglise invisible dans laquelle on entre par la foi, correspond une église visible dans laquelle on entre par la profession de la foi. C'est ainsi que Luther écrit dans sa *Messe allemande* : « Ce que j'aimerais le mieux ce serait que ceux qui veulent devenir de sérieux chrétiens et qui confessent l'Evangile de la bouche et de la main, s'inscrivissent et se rassemblassent dans une maison, seuls pour prier, lire, baptiser, recevoir le sacrement, etc. » (voir aussi sa *Lettre à l'église de Leisznigk*, dans Zimmermann, *Ref. schrift. Martins Luthers*, 2e vol. p. 447). C'est ainsi que Calvin écrit dans la plus ancienne confession de foi de l'église de Genève (publiée en 1878 avec son *Catéchisme* de 1537 par M. M. Rilliet et Dufour) : « Combien qu'il n'y ait qu'une seule Eglise de Jésus-Christ, toutefois nous reconnaissons que la nécessité requiert les compagnies des fidèles être distribuées en divers lieux, desquelles assemblées une chacune est appelée église. Nous entendons que la droite marque pour bien discerner l'Eglise de Jésus-Christ, est quand son saint Evangile y est purement et fidèlement prêché, annoncé, *écouté et gardé*, quand ses sacrements sont droitement administrés, encore qu'il y ait quelques imperfections et fautes comme il y en aura toujours entre les hommes » (Art. XXVII). Il fallait même que tout habitant de Genève jurât la confession de foi dont nous avons tiré cet article. Il est vrai que s'i n'y consentait pas, il ne lui restait d'autre ressource que de quitter la ville. Ainsi se trouvait singulièrement réduite la portée de l'hommage que Calvin avait rendu au principe de la foi personnelle dans l'Eglise. Chez Luther cet hommage n'en vint pas non plus à se traduire dans les faits. Il en donne lui-même la raison dans le passage que nous avons cité de sa *Messe allemande* : « Les personnes manquent pour cela, ajoute-t-il ; nous autres Allemands, nous sommes un peuple sauvage, grossier, violent, avec lequel il n'est point aisé de commencer quoique ce soit à moins que la nécessité la plus impérieuse ne nous y contraigne. » Quoi qu'il en soit, après quelques hésitations, et pour des raisons diverses, la Réforme en vint bientôt, en matière d'Eglise, à mettre l'accent principal sur les éléments objectifs et entre ces deux notions de l'Eglise empirique que Mélanchton a formulées séparément, et d'après lesquelles cette Eglise serait ou « l'assemblée des appelés (*cœtus vocatorum*), ou « l'assemblée de ceux qui reçoivent la doctrine de l'Evangile et qui usent droitement des sacrements, » ce fut la première qui triompha. Les caractères auxquels on reconnut l'Eglise, devinrent esssentiellement d'une part la prédication de l'évangile et l'administration des sacrements, et de l'autre, chez les luthériens, le baptême reçu (*Petit catéch.* de Luther) et chez les *réformés*, la naissance de parents chrétiens (*Catéch.* de Calvin, de 1537, art. baptême). Il n'en reste pas moins que la Réforme, non-seulement a posé nettement le principe évangélique de l'*Eglise universelle* ou *réelle*, mais encore a vu, avec une grande clarté, quelles conséquences devait avoir ce principe dans la détermination de l'Eglise empirique. Elle n'a failli que dans l'application. Il serait facile d'en donner la raison. Nous nous bornons simplement ici à le constater.

II. Le principe du protestantisme. — Nous demandons maintenant si les principes essentiels que nous venons de rappeler ne sont pas eux-mêmes dominés et pénétrés par un principe commun qui serait le principe par excellence de la Réforme. Nous ne rappellerons pas les diverses hypothèses qui ont été émises à cet égard (voir en partie là desssus, Schenkel : *Das Princip des Protestantismus*, brochure qui forme la conclusion du grand ouvrage de l'auteur sur *l'Essence du protestantisme* 1852 ; l'étude sur *Le principe du protestantisme d'après la théologie allemande contemporaine*, de F. Lichtenberger, 1857 ; Œhler, *Lehrbuch der Symbolik*, 1876). De toutes ces hypothèses, la meilleure serait celle qui rendrait le mieux compte des principes du protestantisme, marquerait leur lien mutuel et ne dépendrait pas elle-même d'un principe supérieur. A ce point de vue nous ne saurions nous arrêter aux hypothèses qui verraient le principe du protestantisme soit dans le libre examen, soit dans l'autorité de l'écriture en matière de foi. Non-seulement on ne saurait saisir aussitôt le lien organique qui unirait chacun de ces principes aux autres conceptions essentielles de la réforme, notamment à celles qui touchent à l'appropriation du salut, mais encore chacun de ces principes dépend lui-même d'un principe supérieur. C'est au nom de la souveraineté de Dieu que la réforme a usé du libre examen et c'est en vertu de la communion retrouvée de l'être moral avec Dieu par Jésus-Christ que la réforme a proclamé l'autorité de l'écriture. Nous ne saurions non plus accepter l'hypothèse qui verrait (avec Baur, *Gegensatz des Cat. u Prot.*) le principe de la réforme dans une revendication des droits du sujet de la foi en face de l'objet croyant. Car si la réforme a revendiqué les droits de l'individu en face de l'Eglise, elle n'en a pas moins revendiqué les droits de Dieu sur l'individu. Elle n'est donc pas moins objective que le catholicisme. On pourrait même soutenir qu'elle l'est davantage, puisque le but auquel elle aspire est précisément de mettre l'homme en possession immédiate de l'objet suprême de la foi. Tout autrement plausible est l'hypothèse qui voudrait voir (avec Dorner, *Das Princip unserer Kirche* et *Gesch. der prot. Theol.*) le principe du protestantisme dans l'union intime du principe formel de l'autorité de l'écriture et du principe matériel de la justification par la foi. On peut en effet retrouver la trace de l'un ou l'autre de ces principes dans toutes les doctrines spéciales de la réforme. Il y a toutefois dans cette hypothèse une dualité qui laisse quelque trouble dans l'esprit et qui semble peu d'accord avec l'unité vivante dans laquelle nous apparaît la réforme en face du catholicisme. A moins que l'on ne considère l'un de ces principes comme dépendant de l'autre, ce qui reviendrait à faire de l'un de ces principes le principe même de la réforme. Nous avons vu ce qu'il fallait penser à cet égard de l'autorité de l'écriture. Aussi bien est-ce plutôt du côté de la justification par la foi que l'on est porté à regarder ici. C'est à ce résultat que se sont arrêtés certains théologiens (Œhler, par exemple) et ceux-ci peuvent invoquer avec une certaine apparence de raison une autorité vraiment exceptionnelle en cette matière, l'autorité de Luther lui-même (voir art. de Smalk, art. cité plus haut). Il est certain que pour Luther la justification par la foi était « l'article principal » de tout symbole et que sa proclamation a été le point de départ de toute sa réforme. Il est certain également que parmi les principes essentiels du protestantisme il n'en est point qui soit aussi fécond que celui-là et auquel se lient plus intimement tous les autres. On a pu s'en convaincre dans cet article même. Remarquons pourtant que cette formule : justification par la foi, si large et féconde soit elle, ne contient pas un mot sur l'objet de la foi qui justifie, et convenons surtout qu'il serait étrange en face du caractère et de l'importance absolument prépondérants que revêt dans le catholicisme la doctrine de l'Eglise et de son autorité de ne rien retrouver dans l'expression du principe de la Réforme qui répondît à ce fait. — C'est ainsi que nous sommes conduits à rappeler la fameuse formule de Schleiermacher : « Tandis que le catholicisme fait dépendre le rapport de l'individu avec le Christ de son rapport avec l'Eglise, le protestantisme fait dépendre le rapport de l'individu avec l'Eglise de son rapport avec le Christ. » On a remarqué avec raison que cette formule avait l'inconvénient de prendre en deux sens différents un même terme : l'Église. Il n'en est pas moins vrai qu'elle contient une telle part de vérité qu'il est désormais impossible d'y échapper absolument ; et, de fait, nous en retrouvons l'idée essentielle dans presque toutes les définitions qui ont été données depuis Schleiermacher du principe de la Réforme. Cette formule a notamment cet avantage qu'elle proclame du côté protestant le droit de l'individualité en face de la collectivité, sans écarter cependant celle-ci. Cela est bien dans l'esprit de la Réforme. Elle a conçu tout autrement que le catholicisme la position de l'individu en face de l'Église, mais elle n'a pas méconnu l'importance de l'Église. Bien au contraire, elle a attribué à celle-ci, par la place même qu'elle y aassignée à l'individu une cohésion autrement puissante que le catholicisme. Il en est, en effet, de la patrie religieuse comme de la patrie politique, nous lui appartenons d'autant plus que nos droits individuels y sont plus respectés. Il manque pourtant à cette formule ce qui manque à toute la théologie de Schleiermacher et ce qu'avait à un haut degré la Réforme, savoir la notion de l'autorité. Elle peut laisser croire que la Réforme a apposé essentiellement à une fausse autorité un sentiment individuel plutôt qu'une autre autorité. Schleiermacher a beau rappeler ici même que ce sentiment a un objet, que cet objet est le Christ et qu'il s'agit ici d'un rapport positif du croyant avec cet objet, ce mot *rapport* est trop faible lorsqu'il s'agit de définir la relation du sujet avec le souverain. Pour toutes ces raisons, nous préférons définir le principe de la Réforme de la manière suivante : *Souveraineté de Dieu, réalisée directement par Jésus-Christ dans l'individu pour le rétablissement de l'humanité dans la communion divine.* Il n'est pas un des principes essentiels du protestantisme qui ne dépende de la souveraineté de Dieu ainsi entendue. Qu'est-ce que le libre examen au sens de la Réforme, sinon le droit du Dieu souverain sur la conscience, maintenu en face de toute majorité et de toute hiérarchie? Qu'est-ce que l'autorité de l'Ecriture sainte, sinon la souveraineté de la parole de Dieu? Qu'est-ce que la justification par la foi, sinon le Dieu souverain, le grand offensé, rejoint directement par le pécheur en Jésus-Christ, l'homme-Dieu, et lui pardonnant sans réserve? Qu'est-ce que l'unité dans la vie morale, sinon le Dieu souverain réalisant sous des formes diverses sa propre vie dans les âmes réconciliées avec lui, y combattant tout péché quel qu'il soit, comme représentant une puissance organique attentatoire à ses droits et régnant au même titre sur tous les hommes qui lui appartiennent? Qu'est-ce que la force salutaire du Sacrement liée à la foi, sinon une affirmation nouvelle de la souveraineté de Dieu se réalisant directement par Jésus-Christ dans le fidèle sans qu'il soit besoin pour cela d'une action miraculeuse sans cesse renouvelée par une puissance médiatrice? Qu'est-ce que l'Église, société des croyants, sinon la somme et le but de tous ces principes réunis, savoir la souveraineté de Dieu réalisée directement par Jésus-Christ dans l'individu pour le rétablissement de l'humanité dans la communion divine? (voir sur ce point Schenkel, *ouvr. cité*). Remarquons, en outre, que si tous les principes essentiels de la Réforme dépendent du principe que nous venons d'invoquer, celui-ci ne saurait lui-même dépendre d'aucun d'entre eux. Cette formule est d'ailleurs exactement la contre-partie de celle par laquelle nous avions essayé précédemment de caractériser l'essence du catholicisme (voir l'article). Toutefois, en écartant la souveraineté médiatrice de l'Église entre Dieu et l'individu, elle reconnaît que ce n'est pas sur l'individu seulement que s'exerce la souveraineté de Dieu, mais sur l'humanité. Elle laisse en même temps une place au rôle pédagogique qui appartient à la société religieuse. Seulement, elle maintient que c'est par Jésus-Christ agissant directement sur l'initiative que la souveraineté de Dieu *se réalise* dans l'humanité. On pourrait également retrouver dans notre définition, en même temps que le caractère du Protestantisme envisagé dans son unité, la trace du caractère spécial de chacune des deux formes principales dans lesquelles il nous apparaît historiquement, la branche Réformée proprement dite et la branche Luthérienne. Car si la première semble avoir eu pour mission de mettre particulièrement en évidence le caractère absolu de la souveraineté de Dieu, la seconde semble avoir eu pour mission d'en faire ressortir surtout le caractère mystique.

Conclusion. Une question s'impose à nous à la fin de cette étude. Entre le principe du protestantisme tel que nous venons d'essayer de le dégager et le principe du catholicisme que nous avions essayé de dégager antérieurement, lequel est le plus conforme à l'essence du christianisme même? Or, nous l'avions reconnu, le christianisme est essentiellement la religion de la réconciliation ou de l'unité de Dieu et de l'homme apparaissant en Jésus-Christ et se réalisant par lui dans toute l'humanité (voir l'art. *Essence du christianisme*). Rappeler ce fait, c'est répondre à la question que nous venons de poser. Il est impossible de considérer de près le système catholique sans y retrouver sur tous les points l'affirmation implicite d'une sorte de *dualité* entre l'humanité et Dieu. Dans le catholicisme l'humanité semble constituer en face de Dieu une puissance ayant sa dignité par elle-même et traitant comme telle avec la puissance divine. La chute, c'est-à-dire la rupture avec Dieu, laisse subsister l'humanité dans l'intégrité de sa nature. Par contre, la Rédemption laisse subsister entre l'humanité et Dieu une distance qu'il faut combler par tout un système de médiateurs et de médiations. Ces médiations, il faut les renouveler sans cesse et cette nécessité est la preuve même de leur impuissance. Nous retrouvons dans la conception catholique de la vie morale de l'homme les traces de cette même dualité. D'une part, les exigences de la simple moralité humaine, de l'autre les exigences plus hautes de la vie proprement religieuse. D'une part de grandes facilités accordées, de l'autre une discipline implacable. On sait aussi comment ces deux ordres d'exigences se personnifient en deux ordres d'hommes dont les uns s'appellent *religieux* à l'exclusion des autres. Ainsi partout dans ce système, le divin et l'humain se côtoient sans jamais se pénétrer autrement que par intermittence. De là le caractère d'incertitude et de crainte que revêt presque toujours la piété du catholique. De là l'empreinte servile dont l'absence est si rare dans les actes souvent héroïques de son obéissance. De là aussi, en dépit de la prétention la plus hautement revendiquée par la société catholique, l'absence dans son sein de véritable unité. Car ces deux choses se tiennent, unité entre Dieu et l'homme, et unité entre les hommes. Multipliez les médiateurs entre Dieu et les âmes, vous les aurez par là même séparées les unes des autres. Ce n'est qu'en Dieu qu'elles se touchent véritablement; sans compter qu'il ne peut exister d'unité morale véritable qu'entre des êtres libres. On peut réunir sous une même forme les grains de poussière, on ne peut les lier véritablement entre eux; vienne un vent de tempête et ces grains de poussière se disperseront aux quatre vents des cieux. — Or il est impossible d'un autre côté de descendre dans les profondeurs de l'histoire et des doctrines de la Réforme sans y retrouver partout la revendication de cette unité entre l'homme et Dieu qui est l'essence même du christianisme. Pour la Réforme la nature humaine ne subsiste que dans son union avec Dieu. Séparez-la de Dieu elle perd tout ce qui faisait sa dignité, sa force et sa vie, elle devient esclave et meurt. On sait jusqu'à quelles sombres conséquences ce principe a conduit nos réformateurs, on sait aussi comment on a exploité contre eux ces conséquences. On les a accusés d'outrage à la nature humaine. Rien n'était plus injuste. Méconnaissant, comme ils l'ont fait, au moins en général, ce qu'il reste encore de divin dans l'homme déchu, ils ont par là même méconnu ce qu'il reste encore en lui de liberté. Mais en tirant cette conséquence, loin d'outrager la nature humaine ils lui rendaient, au contraire, un éclatant hommage puisqu'ils recónnaissaient par là qu'elle était tellement divine qu'en rompant avec Dieu elle rompait en quelque sorte avec elle-même. Ce n'est pas seulement d'une manière indirecte, par sa conception de la chute, que la Réforme reconnaît la divinité de la nature humaine. C'est d'une manière directe par tout l'ensemble de ses principes religieux et moraux. Si, une fois séparé de Dieu, l'homme se perd lui-même, une fois réuni à Dieu directement, par la foi au Christ, l'homme se retrouve lui-même tout entier. Il est à Dieu, Dieu est à lui. Les communications sont rétablies entre le père et l'enfant, elles ne dépendent pas de tout un système de médiateurs obligés, et de méditations intermittentes. Si Dieu se sert encore de moyens extérieurs pour communiquer sa vie à l'homme, mais ces moyens ne deviennent efficaces que par la foi de l'homme, et ils n'ont d'autre objet que de mettre l'homme en une possession toujours plus pleine de la vie de son Dieu. Dans cet ordre de pensées, aucune distinction ne se conçoit plus entre une moralité séculière et une moralité religieuse; toute la vie de l'homme est religieuse, en droit, aussi bien que la vie de tout homme; partout le divin doit pénétrer l'humain. De là le caractère de joie, de liberté d'une part, mais aussi d'austérité qui marqua à un si haut degré la Réforme, surtout à ses débuts, et dont l'évidence s'impose à ses adversaires aussi bien qu'à ses amis. De là aussi son caractère de vraie catholicité. Pour le protestantisme les limites de l'Eglise universelle ne s'arrêtent pas là où expire l'obéissance à une même autorité légale, elles s'étendent au contraire au point d'embrasser tout homme qui a retrouvé son Dieu au pied de la croix du Christ; car pour lui, le vrai lien de l'humanité nouvelle, c'est Dieu retrouvé et ressaisi, vivant dans les âmes et entre les âmes. Sans doute cette unité est intérieure, elle est « l'unité de l'esprit » et non celle de la chair; elle comporte de grandes diversités de forme entre les sociétés visibles qui la manifestent d'une manière toujours imparfaite, mais elle n'en maintient pas moins entre les membres de ces sociétés une solidarité autrement puissante que celle que crée une même soumission implicite à une autorité médiatrice. Enfin si le protestantisme se refuse à voir l'unité où elle n'est pas, il n'en doit pas moins, en vertu de ses principes, travailler à la réaliser telle qu'elle doit être, disons mieux, telle qu'elle sera, dans le fond et dans la forme, quand « Dieu sera tout en tous, » et il n'en répète pas moins, comme l'expression tout à la fois d'une réalité et d'une espérance, cet article de la plus ancienne confession de foi de l'Eglise chrétienne: « Je crois à la sainte Eglise universelle. » — Voir, pour la littérature du sujet, l'article *Symbolique.*

R. HOLLARD.

ERRATA

Tome IX,	page 627,	lignes 46 et 47,	supprimer :	près Mayence.	
— X,	— 435,	— 4	lire 1787,	au lieu de 1877.	
— X,	— 442,	— 43	— artificiel	—	officiel.

FIN DU TOME X

TABLE DES MATIÈRES

Saint-Germain. — Imprimerie D. Bardin, rue de Paris, 80.

www.ingramcontent.com/pod-product-compliance
Ingram Content Group UK Ltd.
Pitfield, Milton Keynes, MK11 3LW, UK
UKHW020147250726
13967UKWH00002B/907

9 782012 840782